理解しやすい
化学＋化学基礎

戸嶋直樹
瀬川浩司 共編

文英堂

はじめに

「化学基礎」・「化学」の学習を通して，化学的な自然観を身につけよう。

● 化学は，物質の構造や性質，および物質の状態変化や化学反応を対象とした学問分野で，身のまわりの全ての物質が教材となります。化学は，理学(基礎)と工学(応用)が最も密接に関係していることから，社会のいろいろな分野と深く関係している学問といえます。

● 化学は暗記物と思われがちですが，実は非常に論理だっています。化学では，世界共通語である元素記号や化学式を使って，全ての物質やそれらが示す現象を表し理解することができます。本書でも，化学のしくみや実験を，理論的かつ総合的な視点でとりあげています。本書や学校で知識を得るだけでなく，その知識を使って考える力，他と協働して新しいことを創造する力を身につけてください。

● 化学の専門家を目指すことだけでなく，日常生活を送るためにも化学の知識と理論が必須です。環境問題や，健康に関する医学や生物の知識を学び，考える上でも「化学の言葉で理解する」ことが必要です。化学が「Central Science」と言われるゆえんです。

● ノーベル化学賞を受賞した日本人はこれまで８人いて，そのうち７人が2000年以降の受賞です。そうした人たちも，高校生のあなたぐらいの年齢のときに身近な現象を目にして，なぜかな？どうしてだろう？と疑問に思い，よく観察し，よく考え，さらに新しいものを求めて追究した結果がノーベル賞にまでつながっています。

● 化学の世界には，まだ解明されていないことが山ほどあります。あなたも疑問を持って追究し続ければ，ノーベル賞を手にすることができるかもしれません。是非ともそんな夢を持って，化学を楽しんで下さい。

● 最後に，本書をつくるにあたって，長年にわたり高校化学教育に情熱を傾けておられる，歌川晶子，梶山正明，亀谷進，谷川貴信の諸先生に，終始熱心なご協力を頂きました。この場を借りて深く感謝します。

編　者　　しるす

本書の特長

1 日常学習のための参考書として最適

本書は，教科書の学習内容を8編，23チャプター，67セクションに分け，さらにいくつかの小項目に分けてあるので，どの教科書にも合わせて使うことができます。

その上，皆さんのつまずきやすいところは丁寧にわかりやすく，くわしく解説してあります。本書を予習・復習に利用することで，教科書の内容がよくわかり，授業を理解するのに大いに役立つでしょう。

2 学習内容の要点がハッキリわかる編集

皆さんが参考書に最も求めることは，「自分の知りたいことがすぐ調べられること」「どこがポイントなのかがすぐわかること」ではないでしょうか。

本書ではこの点を重視して，小見出しを多用することでどこに何が書いてあるのかが一目でわかるようにし，また，学習内容の要点を太文字・色文字やPOINTではっきり示すなど，いろいろな工夫をこらしてあります。

3 豊富で見やすい図・写真

本書では，数多くの図や写真を載せています。図や写真は見やすくわかりやすく楽しく学習できるように，デザインや色づかいを工夫しています。

また，できるだけ説明内容まで入れた図解にしたり，図や写真の見かたを示したりしているので，複雑な「化学基礎」と「化学」の内容を，誰でも理解することができます。

4 テスト対策もバッチリOK!

本書では，テストに出そうな重要な実験やその操作・考察については「重要実験」を設け，わかりやすく解説してあります。また，計算の必要な項目には「例題」を入れ，理解しやすいように丁寧に解説し，必要に応じて「類題」も載せました。

またチャプターの最後に「練習問題」，編末に「定期テスト予想問題」，さらに大学入試を意識した「総合問題」を入れてあり，解くことで実戦的な力を養えます。

本書の活用法

1 学習内容を整理し，確実に理解するために

POINT! ! 重要　学習内容のなかで，必ず身につけなければならない重要なポイントや項目を示しました。ここは絶対に理解しておきましょう。

補足　注意　視点　本書をより深く理解できるよう，補足的な事項や注意しなければならない事項，注目すべき点をとりあげました。

このSECTIONのまとめ　各セクションの終わりに，そこでの学習内容を簡潔にまとめました。学習が終わったら，ここで知識を整理し，重要事項を覚えておくとよいでしょう。また，□のチェック欄も利用しましょう。

2 教養を深めるために

発展ゼミ　教科書にのっていない事項にも重要なものが多く，知っておくと大学入試などで有利になることがあります。そのような事項を中心にとりあげました。少し難しいかもしれませんが読んでみてください。

重要実験　テストに出やすい重要実験について，その操作や結果，そして考え方を，わかりやすく丁寧に示しました。

参考　\ COLUMN /　直接問われることは少ないものの，理解の助けになるような内容です。勉強の途中での気分転換の材料としても使ってください。

3 試験に強い応用力をつけるために

例題　類題　計算問題は，「例題」と「類題」でトレーニングしましょう。すぐに 答 を見ずに，まず自力で解いてみるのがよいでしょう。

練習問題　各チャプターの終わりには，学習内容に関する基本的な問題をつけました。まちがえたところは，必ず本文にかえって読み返しましょう。

定期テスト予想問題　各編末には，定期テストと同レベルの問題をつけました。目標は正解率70％です。ここで学習内容の理解度を確認しましょう。

もくじ CONTENTS

第1編 物質の構成 化学基礎

第2編 物質の変化 化学基礎

CHAPTER 2 酸・塩基と中和

CHAPTER 3 酸化還元反応

CHAPTER 4 電池と電気分解

CHAPTER 5 化学が拓く世界

第3編 物質の状態と平衡 化学

CHAPTER 1 物質の状態変化

CHAPTER 2 気体の性質

CHAPTER 3 固体の構造

CHAPTER 4 溶液の性質

第4編 物質の変化と平衡 化学

CHAPTER 1 化学反応と熱・光

CHAPTER 2 化学反応の速さ

CHAPTER 3 化学平衡

第5編 無機物質 化学

CHAPTER 1 非金属元素の単体と化合物

第8編 化学が果たす役割 化学

第 1 編

物質の構成

CHAPTER

1 » 物質の探究

SECTION 1 物質の成分と元素

1 | 混合物とその分離

1 混合物とその分離

❶**純物質**　水や食塩(塩化ナトリウム)のように1種類の物質からなるものを**純物質**という。純物質は，**融点・沸点・密度・溶解度・電気伝導性などが一定**で，それぞれ固有の値をとる。

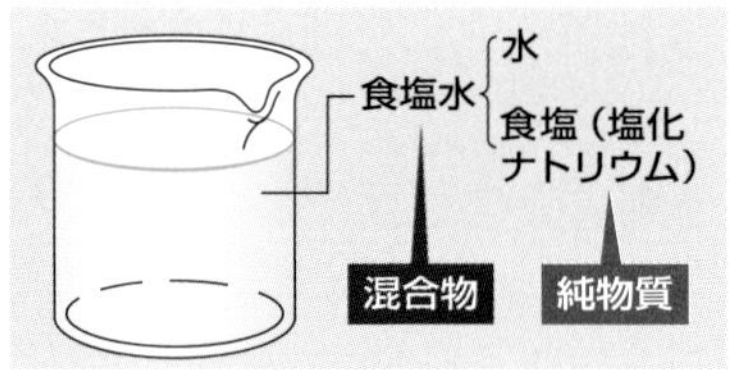

図1　混合物と純物質

❷**混合物**　食塩水(塩化ナトリウム水溶液)は，水と食塩(塩化ナトリウム)という，異なる純物質が混じりあってできたものである。食塩水のように，**2種類以上の純物質が混じりあってできたもの**を**混合物**という。

混合物は，海水や空気のように，含まれる各成分が均一に混ざっているもののほか，岩石のような不均一に混ざっているものもある。また，その**混じりあう物質の割合(組成)によって，融点や沸点などの性質が変化する**。★1

例 { 純物質…水，砂糖，食塩(塩化ナトリウム)，酸素，鉄など
　　混合物…食塩水，空気(☞表1)，海水(☞表2)，岩石，石油など

POINT!

純物質⇨1種類の純粋な物質のこと。(**融点や沸点が一定**)
混合物⇨2種類以上の純物質が混ざったもの。
(組成によって**融点や沸点が変化**)

★1 たとえば，食塩水の沸点は100℃より高く，凝固点(融点)は0℃より低い。食塩の溶けている割合に応じて沸点や凝固点(融点)が異なる。

表1 空気の組成と各成分の沸点(1気圧)

物　質	化学式	体積百分率〔%〕	沸点〔℃〕
窒　素	N_2	78.08	−195.8
酸　素	O_2	20.95	−183.0
アルゴン	Ar	0.93	−186.0
二酸化炭素	CO_2	0.039	−78.5(昇華)
ネオン	Ne	0.0018	−246
ヘリウム	He	0.0005	−269

表2 海水中に含まれる物質(水は除く)

物　質	化学式	質量百分率〔%〕
塩化ナトリウム	NaCl	77.9
塩化マグネシウム	$MgCl_2$	9.6
硫酸マグネシウム	$MgSO_4$	6.1
硫酸カルシウム	$CaSO_4$	4.0
塩化カリウム	KCl	2.1
その他	—	0.3

2 物質の分離と精製の方法 ①重要

混合物を，構成する物質(純物質)ごとに分けて取り出す操作を分離という。分離した物質から不純物を取り除き，より物質の純度を高める操作を精製という。

❶ろ過　液体とその液体に溶けない固体の物質を，ろ紙などを用いて分離する操作をろ過という。ろ紙を通過した液体をろ液という。ろ過はふつう，図2のような装置で行うが，図3のような装置で行う吸引ろ過もある。

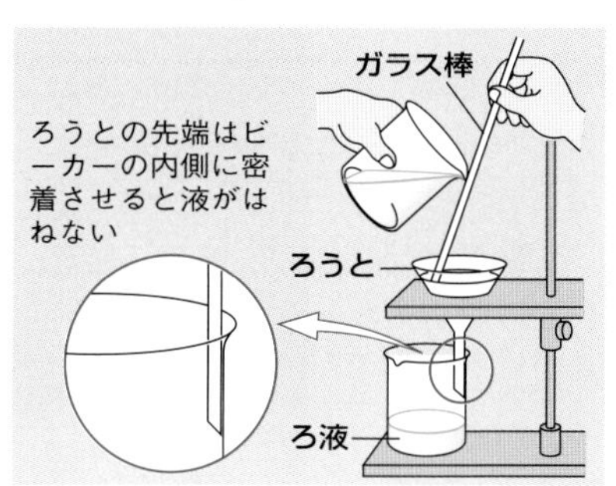

図2 ろ過の装置

視点 ろ紙は4つに折り，円すい形に開いてろうとにはめ，水にぬらしてろうとに密着させる。液はろ紙からあふれないように八分目以上は入れないようにする。

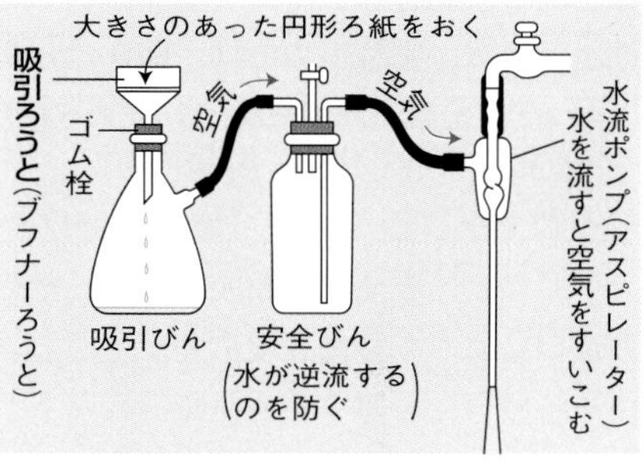

図3 吸引ろ過の装置

視点 液量や沈殿量が多い場合や，ふつうのろ過ではろ過しにくい場合に用いる。(ろうとの下の空気を除去して減圧し，ろうと上下の圧力差を大きくしてろ過速度を速める。)

❷再結晶　溶媒(ようばい)に溶ける物質の量が温度によって変化することを利用し，目的とする物質の結晶を析出させて不純物を取り除く操作を再結晶という。

たとえば，不純物として少量の食塩を含む硝酸カリウムを熱水に溶けるだけ溶かし，その後ゆっくりと冷却すると，温度による溶解度(☞p.84)変化の大きい硝酸カリウムのみが結晶として析出し，分離できる。

図4 硝酸カリウムの再結晶

❸蒸留・分留

①**蒸留** 2種類以上の物質を含む**液体を加熱して，生じた蒸気を冷却する**ことにより，蒸発しやすい成分を分離する操作を蒸留という。㊟ 食塩水(☞図5)，蒸留酒の製造

②**分留** 液体の混合物を沸点の差を利用し，**蒸留によって成分ごとに分離する**操作を分留という。

補足 石油(原油)は混合物なので，分留により各成分(ナフサ，灯油，軽油など)に分離できる。また空気は，液体空気の分留により，窒素や酸素が分離できる。

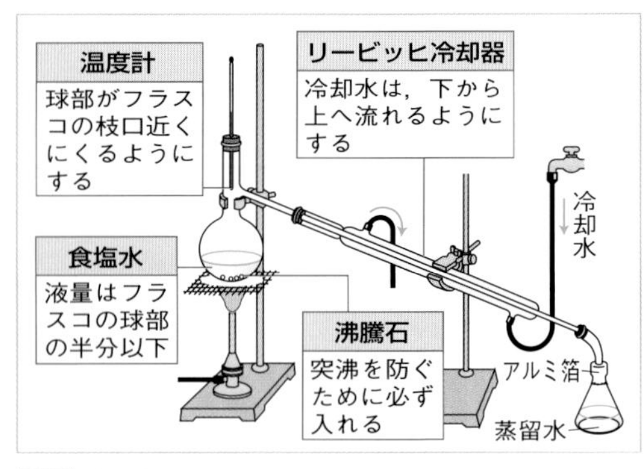

図5 食塩水の蒸留

視点 冷却水を下から上へ流れるようにするのは，冷却器全体に冷却水をいきわたらせ，冷却効率をよくするためである。また，アルミ箔でおおっている部分は，ゴム栓などで密栓してはいけない。

❹抽出

目的とする物質が，ある特定の溶媒に溶けることを利用し，混合物の中から目的とする物質を分離する操作を抽出という。実験室中では，図6の分液ろうとが使われる。

補足 緑茶，紅茶，コーヒーなどは，それぞれの葉やひいた豆から香りと味の成分を熱水(水)に抽出したものである。

図6 分液ろうと

❺クロマトグラフィー

液体に溶けた物質が，ろ紙やシリカゲルなどの表面を移動するとき，その物質と表面の吸着力の違いによって移動速度に差が生じる。これを利用して混合物を各成分に分離する方法をクロマトグラフィーという。クロマトグラフィーには，ろ紙を用いたペーパークロマトグラフィーや，薄層アルミ板やプラスチック板の表面にシリカゲルなどの吸着剤をぬったものを用いた薄層クロマトグラフィー(TLC)(☞図7)，シリカゲルなどの吸着剤をつめたガラス管を立てて上から溶液を流し込み，移動速度の違いで各成分に分離するカラムクロマトグラフィーなどがある。

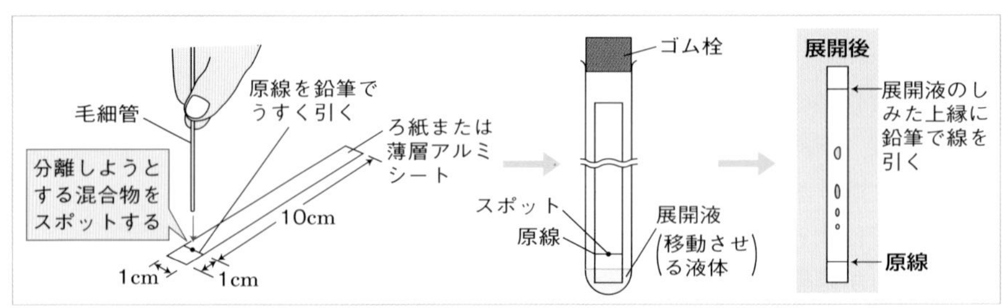

図7 ペーパークロマトグラフィー，薄層クロマトグラフィーの方法

❻昇華法　固体が直接気体になる変化を昇華といい，気体が直接固体になる変化を凝華という。[★1] 昇華を利用して，固体混合物から昇華しやすい物質を分離する操作を**昇華法**という。

たとえば，ヨウ素と塩化ナトリウムの混合物を加熱するとヨウ素のみ昇華する。これを冷却して再び固体を得れば，純粋なヨウ素を分離できる。

図8　ヨウ素・ドライアイスの昇華

2　元素と単体・化合物

1　元素

❶元素とその種類　水素や酸素のように，物質を構成する基本的な成分を元素という。元素の種類は，人工的につくられたものを含めて，**現在120種類程度が知られている。**そのうちの約90種類の元素が天然に存在する。

❷元素記号　元素を記号で表したものを元素記号という。元素記号はおもにその元素のラテン語名などの頭文字(1文字)または2文字をとってつくられている。頭文字は大文字で，2文字目は小文字で表記される。

	水		二酸化炭素	
純物質 ⇨	水		二酸化炭素	
成分元素 ⇨	水素	酸素	炭素	酸素
元素記号 ⇨	H	O	C	O

表3　おもな元素と元素記号およびその由来[★2]

日本語名	記号	ラテン語名	由来
水素	H	hydrogenium	「水をつくるもの」を意味するギリシャ語のhydrogenesによる。
炭素	C	carboneum	「炭(すみ)」を意味するラテン語carboによる。
窒素(ちっそ)	N	nitrogenium	「硝石(しょうせき)」を意味するギリシャ語のnitroと，「つくる」を意味するgennesによる。
酸素	O	oxygenium	酸のもとと誤って，「酸味」を意味するギリシャ語のoxyと，「つくる」を意味するgennesによる。
ナトリウム	Na	natrium	「炭酸ナトリウム」を意味するラテン語natronによる。
鉄	Fe	ferrum	「鉄」を意味するラテン語ferrum。

❸単体と元素　単体と元素は同じ名称でよばれることが多いが，**「単体」は実際に存在する物質そのもの**を示し，**「元素」は物質を構成する成分**を示す。

★1 気体が直接固体になる変化も昇華ということがある。
★2 元素の英語名はH…hydrogen，C…carbon，N…nitrogen，O…oxygen，Na…sodium，Fe…iron

2 単体と化合物

❶単体　空気中にある酸素は，酸素という元素Oのみからなる物質O_2である。また，金属の銀は，銀という元素Agのみからなる物質Agである。このように，**1種類のみの元素からできた純物質**を**単体**という。

(例)　窒素N_2，アルゴンAr，酸素O_2，オゾンO_3，金Au，銀Ag，ダイヤモンドC

❷化合物　水は水素Hと酸素Oを成分元素とする物質H_2Oである。また，酸化銀も銀Agと酸素Oを成分元素とする物質Ag_2Oである。このように，**2種類以上の元素からできている純物質**を**化合物**という。

(例)　二酸化炭素CO_2，塩化ナトリウムNaCl，硫酸H_2SO_4

単　体⇨1種類のみの元素からなる純物質
化合物⇨2種類以上の元素からなる純物質

❸同素体　**同じ元素からなる単体で，性質の異なる物質**を，互いに**同素体**であるという。たとえば，**ダイヤモンド**と**黒鉛**(グラファイト)(☞p.62)は，炭素Cのみからできた単体であるが，色，硬さ，熱や電気の伝えやすさなどの性質が異なる。炭素の同素体はこの他にも**フラーレン**(☞p.17)や**カーボンナノチューブ**(炭素原子が円筒状につながってできた構造をもつ)などがある。また，酸素には**酸素O_2**と**オゾンO_3**，硫黄Sには**斜方硫黄**，**単斜硫黄**，**ゴム状硫黄**，リンには**黄リン**と**赤リン**といった同素体がある。

図9　炭素Cの同素体

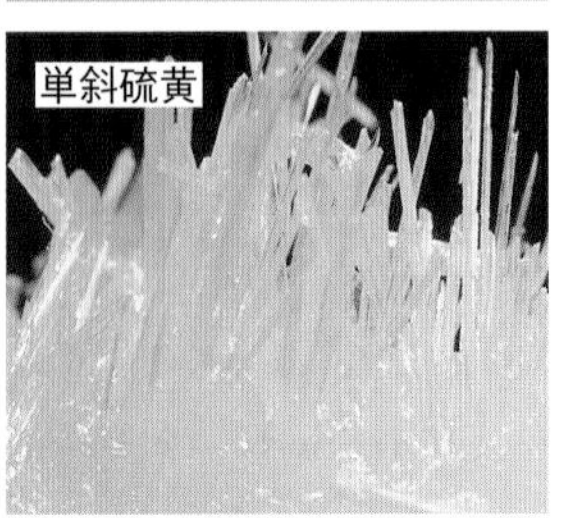

図10　硫黄Sの同素体

図11　リンPの同素体

同素体⇨**同じ元素からなる単体。**
性質が互いに異なる。
S，C，O，Pが重要。

❹同素体の相互作用　酸素O_2中で放電させるとオゾンO_3が生成し，オゾンを放置しておくと酸素に変化する。このように，**同素体は互いに変化しあう**こともある。また，炭素を酸素中で燃焼させても，オゾン中で燃焼させても，ともに二酸化炭素CO_2ができる。

> **COLUMN**
>
> **フラーレン**
>
> フラーレンは，C_{60}，C_{70}などの分子式で表される**球状の炭素分子**の総称である。1985年にクロトー(イギリス)らがすすの中から発見して以来，いろいろな種類のフラーレンが確認されており，新素材への応用が期待されている。
>
> 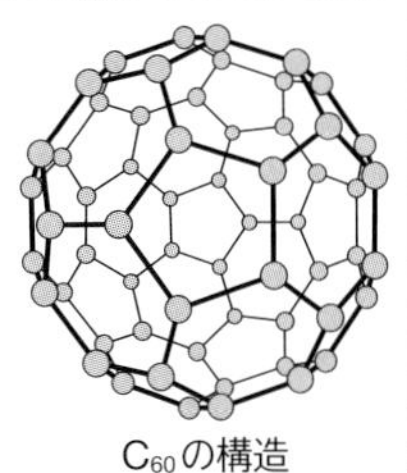
>
> C_{60}の構造

3 成分元素の検出　重要

❶炎色反応　ナトリウムやカリウムなどの元素を含む物質を炎の中に入れると，その**元素に特有な色の炎が現れる。**これを炎色反応といい，物質の成分元素を検出する1つの手段となる。リチウムLi，ナトリウムNa，カリウムK，カルシウムCa，バリウムBa，銅Cu，ストロンチウムSr，セシウムCsの塩化物などの固体または水溶液を白金線につけ，バーナーの外炎に入れると，それぞれ特有の炎色反応を観察できる。

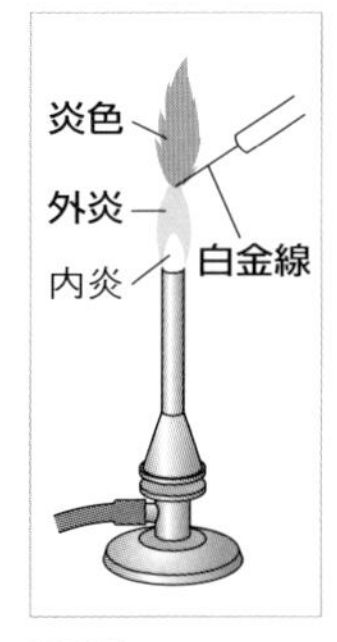

図12 炎色反応の実験

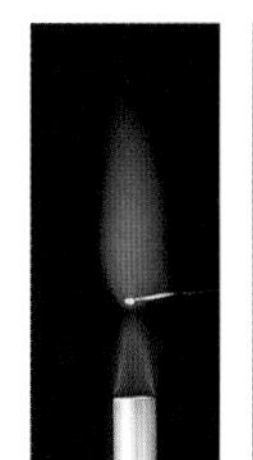

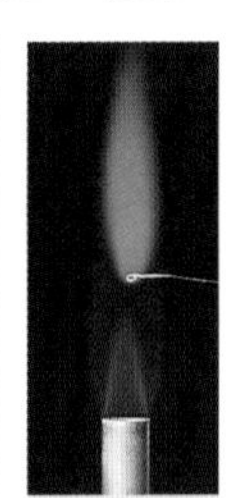

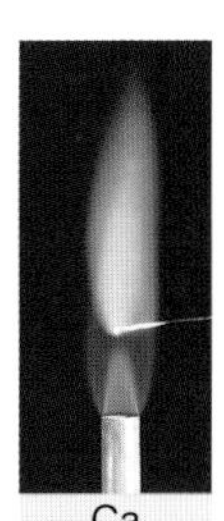

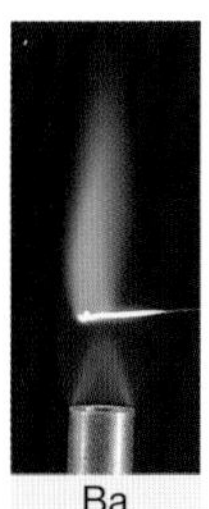

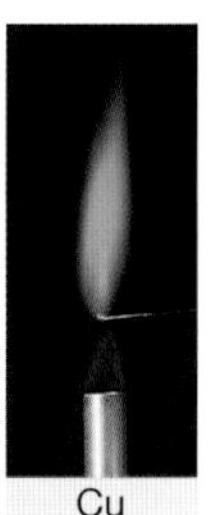

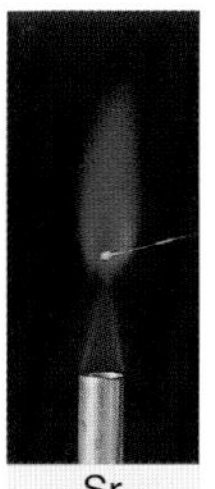

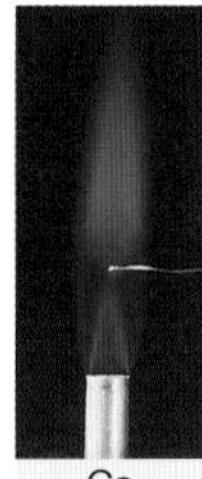

図13 いろいろな元素の炎色反応

[炎色反応の色]

リチウムLi⇨赤　　ナトリウムNa⇨黄
カリウムK⇨紫　　カルシウムCa⇨オレンジ(赤橙)
バリウムBa⇨黄緑　　銅Cu⇨青緑
ストロンチウムSr⇨紅　　セシウムCs⇨青紫

❷沈殿反応　図14のように，海水に硝酸銀水溶液を加えると水に溶けにくい塩化銀AgClの固体が生じ，水溶液が白く濁る。このように，水溶液の中に生じる不溶性の固体を沈殿という。硝酸銀水溶液によって**塩化銀の沈殿を生じたことにより，海水には，成分元素として塩素が含まれている**ことがわかる。

また，石灰水(水酸化カルシウム$Ca(OH)_2$の透明な水溶液)に二酸化炭素を通じると，炭酸カルシウム$CaCO_3$の白色沈殿を生じる。成分元素として炭素が含まれている物質を燃焼させると二酸化炭素を生じるので，**加熱や燃焼などによって発生した気体を石灰水に通じたときに白色沈殿が生じれば，もとの物質に成分元素として炭素が含まれていた**ことがわかる(☞図15)。

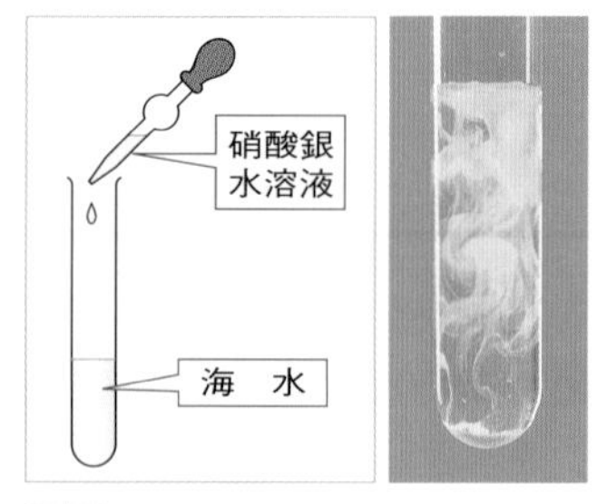

図14　塩素の検出

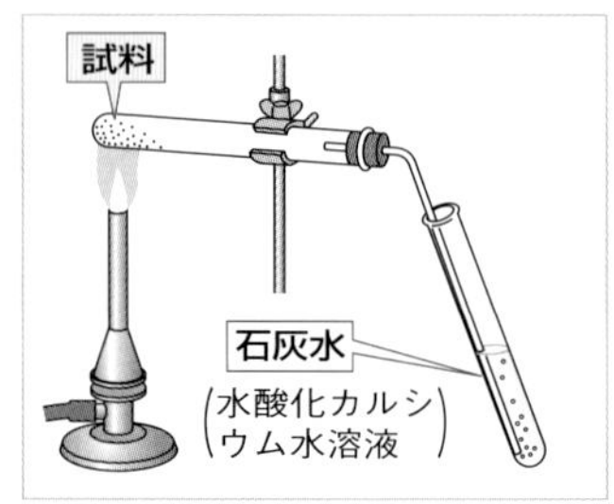

図15　炭素の検出

物質の成分と元素

□純物質と混合物 ☞p.12	・純物質…**1種類の純粋な物質**のこと。 混合物…**2種類以上の純物質が混じりあった**もの。
□元素と元素記号 ☞p.15	・**元素**…物質を構成する基本的な成分。 ・**元素記号**…元素のラテン語名などから1字(頭文字)または2字をとってつくった記号。
□単体と化合物 ☞p.16	・単体…**1種類の元素**からなる物質 化合物…**2種類以上の元素**からなる物質 } **純物質**
□同素体 ☞p.16	・**同じ元素からなる単体**で，性質が互いに異なるもの。硫黄S，炭素C，酸素O，リンPの同素体が重要。
□成分元素の検出 ☞p.17	・**炎色反応**…炎の中に入れると，特有の炎色を示すことにより，成分元素を検出。 ・**沈殿反応**…生じた沈殿により，成分元素を検出。

物質の三態と粒子の運動

1｜物質の三態と粒子の集合状態

1 物質の三態

❶物質の三態　物質は原子・分子・イオンなどの粒子からできていて，温度，圧力の条件を変えることで**どの物質にも固体・液体・気体の3つの状態ができる。**これを物質の三態という。水は，常圧下(1.013×10^5 Pa)では温度が0℃以下で固体(氷)，0℃から100℃では液体(水)，100℃以上では気体(水蒸気)の状態で存在する。

❷おもな物質の常温・常圧下での状態　次の**表4**に示した。

表4 常温・常圧(25℃，1.013×10^5 Pa)でのおもな物質の状態

	単体	化合物
気体	水素H_2　酸素O_2　オゾンO_3 窒素N_2　フッ素F_2　塩素Cl_2 ヘリウムHe　ネオンNe アルゴンAr　クリプトンKr キセノンXe　ラドンRn	二酸化炭素CO_2　一酸化炭素CO アンモニアNH_3　二酸化硫黄SO_2 塩化水素HCl　ヨウ化水素HI メタンCH_4　エチレンC_2H_4 プロパンC_3H_8　アセチレンC_2H_2　など
液体	臭素Br_2　水銀Hg★1	水H_2O　硫酸H_2SO_4　酢酸CH_3COOH エタノールC_2H_5OH　ベンゼンC_6H_6　など
固体	上記以外のすべての単体	塩化ナトリウムNaCl　塩化鉄(Ⅱ) $FeCl_2$ スクロース(ショ糖) $C_{12}H_{22}O_{11}$ など非常に多数

2 粒子の集合状態

物質の構成粒子は，絶えず不規則な運動をしており，互いにばらばらになろうとする傾向をもつ。一方，粒子間には引力もはたらくため，互いに集合しようとする傾向もある。物質の状態はこの2つの傾向の大小関係によって決まる。

❶固体　粒子間の距離が小さく，**粒子間に引力がはたらく。**粒子はそれぞれある定まった位置で振動している。多くは**規則正しい配列をした結晶状態**である。

❷液体　粒子間の距離が小さく，**粒子間に引力がはたらく。**粒子は定まった位置にとどまれず，配列は乱れており，所々に空所がある。よって**粒子は互いに入れ替わり移動するため，液体は流動性がある。**密度は固体よりやや小さいことが多い。

❸気体　粒子間の距離が大きく，**粒子間に引力がほとんどはたらかない。**粒子は気体分子として**自由に飛びまわっている。**

★1 常温・常圧で単体の液体は，この2つだけである。

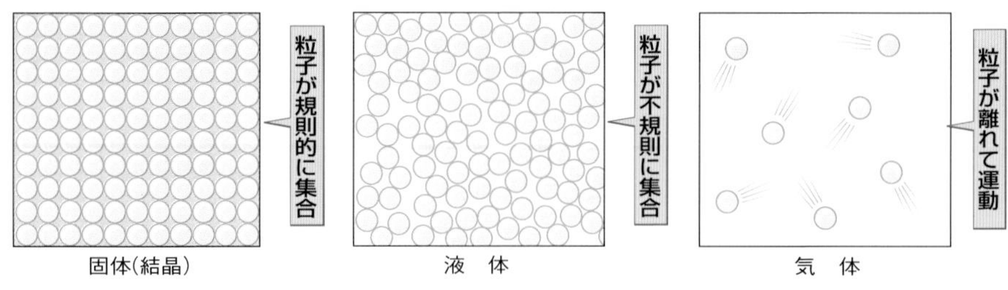

図16 物質の三態の粒子モデル

固体⇨粒子が規則正しく集合し，一定の位置にある状態。
液体⇨粒子が不規則に集合している状態。
気体⇨粒子がばらばらに離れて運動している状態。

3 物質の三態の変化 ！重要

❶状態変化　水(液体)は，1.013×10^5 Paのもと，0 ℃以下では氷(固体)に，100 ℃以上では水蒸気(気体)になる。水にかぎらず，**ほとんどの物質は，温度・圧力を変化させると，固体・液体・気体のいずれかの状態に変わる**。このような**物質の三態の間の変化**を**状態変化**という。

❷加熱による水の状態変化

図17は，1.013×10^5 Paのもとで，0 ℃以下の一定量の氷を加熱して100 ℃以上の水蒸気にしたときの温度変化と状態変化を示している。A→Bでは，固体(氷)の温度が上昇している。

B→Cでは，固体から液体(水)へと変化が進み，**固体・液体が共存している状態で温度が一定(0 ℃)に保たれている**。このときの温度を**融点**(ゆうてん)という。C→Dでは，液体の温度が上昇している。D→Eでは，液体から気体(水蒸気)へと変化が進み，**液体・気体が共存した状態で温度が一定(100 ℃)に保たれている**。このときの温度を**沸点**(ふってん)★1という。E→Fでは，気体の温度が上昇している。このとき，圧力一定では温度上昇とともに気体の密度が小さくなる。熱気球はこの原理を利用している。一方，液体を冷却すると固体に変化し，このときの温度を**凝固点**(ぎょうこてん)という。**純物質の融点と凝固点は同じ温度である。**

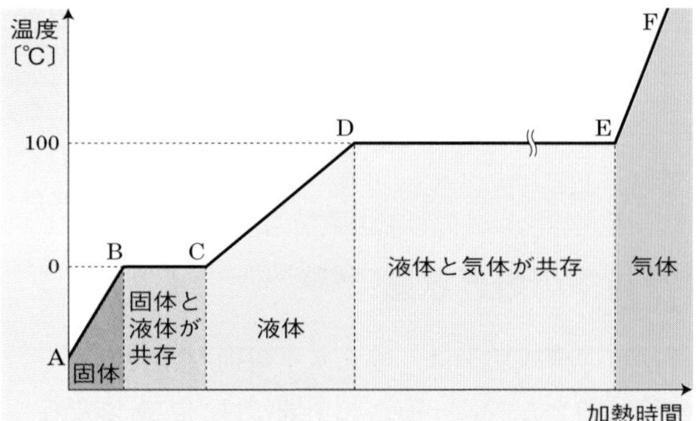

図17 加熱による水の状態変化

★1 大気圧(1.013×10^5 Pa)のもとで，蒸発した気体の圧力が1.013×10^5 Paになるときの温度である。

❸状態変化のよび方　固体→液体への変化を融解(ゆうかい)，液体→固体への変化を凝固(ぎょうこ)という。また，液体→気体への変化を蒸発，気体→液体への変化を凝縮(ぎょうしゅく)という。さらに，固体→気体への変化を昇華(しょうか)，気体→固体への変化を凝華(ぎょうか)という。

補足　昇華は，二酸化炭素が固体(ドライアイス)から気体になる場合や，ナフタレンなど防虫剤に使われている物質が固体から直接気体になる場合など，固体→気体の変化をおもにさす。また，気体から直接固体になる変化も昇華ということがある。

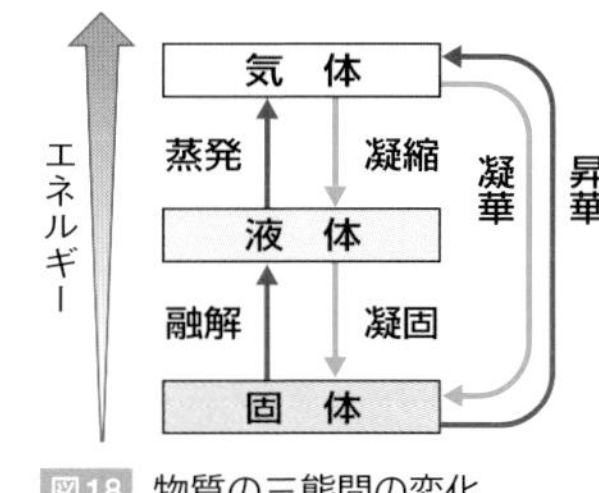

図18　物質の三態間の変化

POINT!

融解⇨**固体→液体** の変化。　凝固⇨**液体→固体** の変化。
蒸発⇨**液体→気体** の変化。　凝縮⇨**気体→液体** の変化。
昇華⇨**固体→気体** の変化。　凝華⇨**気体→固体** の変化。

4 化学変化と物理変化

❶化学変化　水素を空気中で燃焼させると水を生じ，水を電気分解すると水素と酸素を生じる。このように，**物質そのものが変化し，性質の異なる物質を生じる変化**を化学変化という。

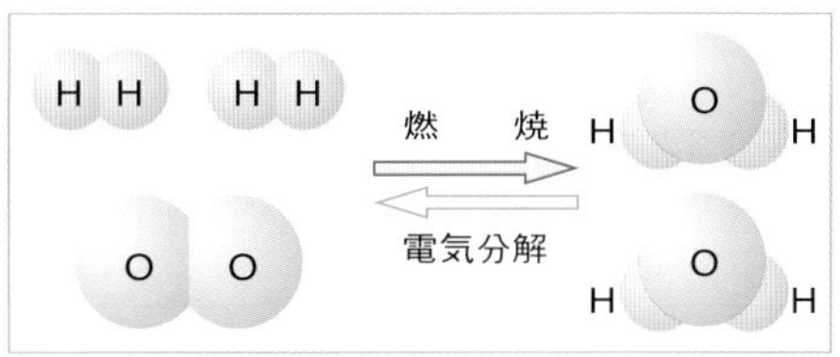

図19　化学変化(水の生成と分解)

❷物理変化　水は，常圧下ではそのときの温度によって状態が固体になったり，気体になったりするが，水分子自体が変化するわけではなく，水分子の配列が変化するだけである。このように，**物質の状態や形などが変わる変化**を物理変化という。状態変化は物理変化の1つである。

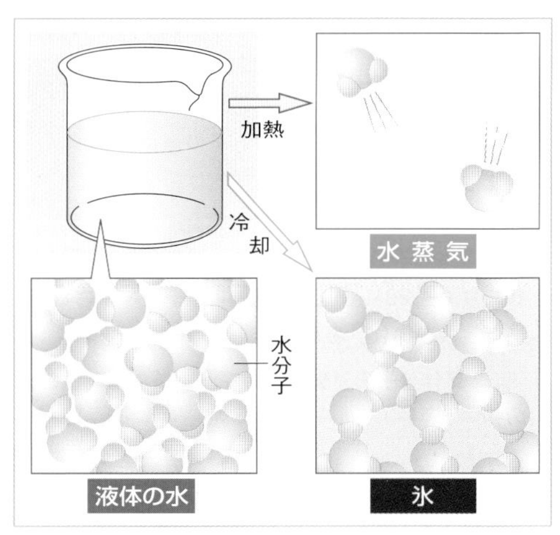

図20　水の物理変化

補足　物理変化か化学変化かの区別がつけにくい場合もある。たとえば，塩化ナトリウムNaClの結晶を水に溶かした場合，Na^+とCl^-の結合は切れるが，イオン自身は変化していない。その意味では物理変化といえる。しかし，厳密には，Na^+とCl^-は水分子と結合し，結合状態が変わることが知られている。この意味では化学変化といえる。

2 | 粒子の熱運動

1 粒子の拡散と熱運動

図21 臭素分子 Br_2 の拡散

視点 上下の容器内の臭素の濃度は，しだいに等しくなる。

❶拡散　図21のように赤褐色の臭素 Br_2 の気体を容器に入れ，その上に空気の入った容器をかぶせておくと，臭素の気体がゆっくりと散らばっていき，やがて２つの容器全体が均一に赤褐色になる。このように，**粒子が自然に散らばっていき，やがて物質の濃度が均一になっていく現象**を**拡散**という。

補足 拡散という現象は，液体中の分子やイオンでも見られる。

❷粒子の熱運動　拡散は，物質を構成する粒子が，その状態によらず常に運動しているために起こる。このような粒子の運動を**熱運動**といい，**粒子の運動は高温であるほど激しい。**

拡散……粒子が全体に広がっていく現象。
熱運動…物質をつくる粒子が温度に応じて行う運動。

＋発展ゼミ　気体分子の速さ

●気体分子は，自由に熱運動しており，互いに衝突したり，器壁にぶつかったりして，進む方向や速さが変化している。よって，同じ温度でも気体分子の速さはさまざまである。このため，気体分子の速さは，平均の速さで比較される。一般に，**気体分子の平均の速さは，温度が高いほど大きく**（☞図22），**同じ温度では分子量が小さい分子ほど大きい**（☞表5）。

表5 分子の平均の速さ〔m/s〕

気体	分子量	0 ℃	100 ℃
H_2	2.0	1840	2150
O_2	32.0	461	544
CO_2	44.0	394	460

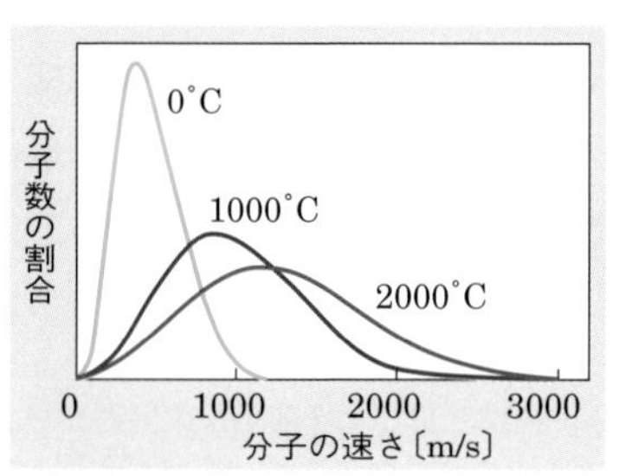

図22 窒素分子の熱運動と温度

補足 **気体分子の運動エネルギー**　質量 m，速さ v の物体の運動エネルギー E は，物理学の式により，$E=\frac{1}{2}mv^2$ と表される。したがって分子の回転運動を考えなければ，分子の運動エネルギーは分子の速さの２乗に比例し，分子の運動エネルギー分布のグラフは分子の速さの分布のものと似た形になる。

また，同じ温度では，平均の運動エネルギーは気体の種類によらず等しいので，**分子量の小さい分子ほど，速さは大きくなる。**

⊕発展ゼミ　温度と熱量

●**温度**　物質を熱すると，原子や分子の熱運動は激しくなる。温度は，原子や分子の熱運動の激しさを量として表したものである。

●**温度の種類**　温度にはセルシウス温度(セ氏温度)と絶対温度がある。セルシウス温度の単位は℃であり，絶対温度の単位はK(ケルビン)である。**1℃の温度変化は，1Kの温度変化と等しい。**

絶対温度において0K(セルシウス温度で−273℃)のとき，分子の熱運動が停止し，これ以上温度が下がらない。このときの温度を絶対零度という。セルシウス温度t〔℃〕と絶対温度T〔K〕の数値の関係は，$T = t + 273$である。

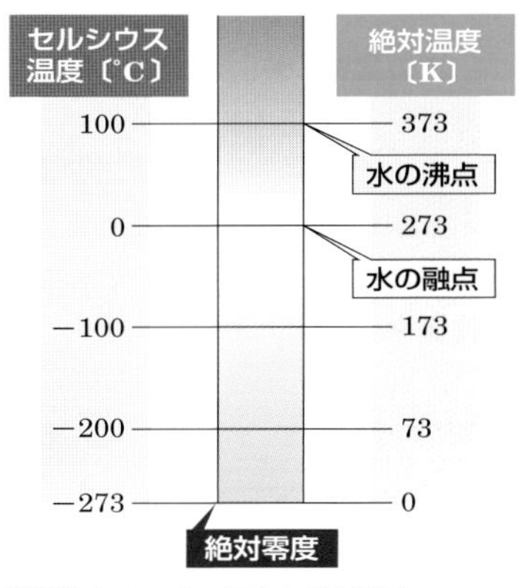

図23 セルシウス温度と絶対温度

●**熱量**　フラスコに水を入れ，ガスバーナーで加熱すると，時間がたつにつれて水の温度が上がっていく。このときに水が受け取ったエネルギーを熱(熱エネルギー)といい，熱の量を熱量という。熱量の単位はJ(ジュール)で表す。

このSECTIONのまとめ　物質の三態と粒子の運動

□物質の三態と粒子の集合状態 ☞p.19	・**固体**…粒子が規則正しく配列した状態。 ・**液体**…粒子が不規則に配列して集合した状態。 ・**気体**…粒子がばらばらに離れて運動している状態。
□融点と沸点 ☞p.20	・融点…一定圧力で固体が液体に変化するときの温度。 ・沸点…一定圧力で液体が沸騰して気体に変化するときの温度。
□状態変化 ☞p.20	・融解…**固体から液体**への変化。その逆は**凝固**という。 ・蒸発…**液体から気体**への変化。その逆は**凝縮**という。 ・昇華…**固体から気体**への変化。その逆は**凝華**という。
□化学変化と物理変化 ☞p.21	・**化学変化**…性質の異なる新しい物質が生じる変化。 ・**物理変化**…物質の状態だけが変わる変化。
□粒子の熱運動 ☞p.22	・**拡散**…物質の粒子が自然に全体に広がっていく現象。 ・**熱運動**…物質をつくる粒子が温度に応じて行う運動。

CHAPTER 1 練習問題 解答 ☞ p.535

1 〈物質の分類〉 テスト必出

次の文中の(　)に適当な語句を入れよ。

空気や海水といった2種類以上の物質からなるものを(　①　)とよぶ。これはさまざまな方法によって分離することができ，分離によって得られた単一な物質を(　②　)とよぶ。水も②であるが，これを電気分解すると水素と(　③　)を生じる。水素と③はこれ以上の成分には分けることができない。このような，1種類の成分だけからできている物質を(　④　)といい，水のように2種類以上の成分からできている②を(　⑤　)という。

2 〈混合物の分離〉

次の分離操作の名称を答えよ。

⑴　海水を加熱して，液体の純水を分離する操作。

⑵　大豆をジエチルエーテル中に入れて放置し，油脂成分をジエチルエーテルに溶かしだす操作。

⑶　円形ろ紙の中心部に水性の黒インクで印をつけ，ここに適量の蒸留水を滴下して，同心円状にインクの構成色素を分離する操作。

⑷　塩化銀の沈殿を含む水溶液から，塩化銀の沈殿のみを分離する操作。

3 〈同素体〉 テスト必出

次のア～オの組み合わせのうち，互いに同素体の関係にある組み合わせを2つ選べ。

ア　黄リンと赤リン　　**イ**　酸素とオゾン

ウ　フッ素と塩素　　**エ**　一酸化炭素と二酸化炭素

オ　マグネシウムとカルシウム

4 〈状態変化〉

次の記述に最も関係の深い状態変化の名称を答えよ。

⑴　タンスの中に入れた防虫剤が，半年ほど経つとなくなっている。

⑵　戸外に干しておいた洗濯物が乾いた。

⑶　アイスコーヒーに入っていた氷がなくなっていた。

⑷　鍋の料理を食べようとしたらめがねが曇った。

⑸　冬の寒い日の朝，水たまりに氷がはった。

CHAPTER

2 » 物質の構成

SECTION

1 物質の構成粒子

1 原子の構造

1 原子 重要

❶原子の大きさ　**物質を構成する最も基本的な粒子**が原子である。原子は，各元素の種類に応じてそれぞれ異なり，水素原子，酸素原子，窒素原子などとよぶ。原子の大きさは，元素の種類によっていくらか異なるが，その半径は10^{-10} m (100億分の1 m)[★1]程度であり，質量は10^{-24}～10^{-22} g程度である。酸素原子とゴルフボールの大きさを比べてみると約3億倍異なる(☞図24)。これはゴルフボールと地球の大きさの比とほぼ同じである。

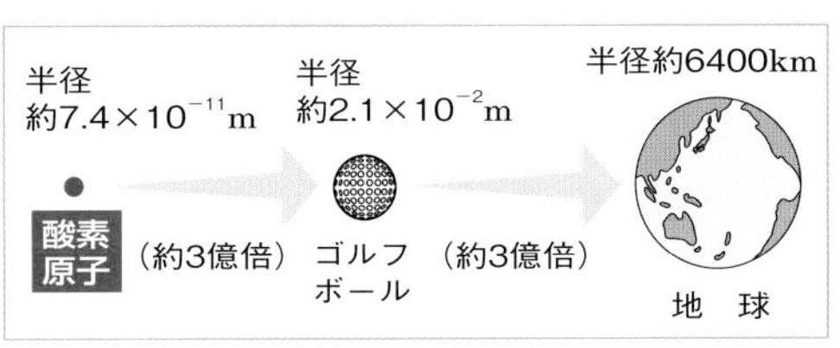

図24 原子の大きさ

❷原子の構造　原子の中心には原子核がある。原子核は小さく，半径が10^{-15}～10^{-14} m程度であり，正の電気を帯びた陽子と，電気を帯びていない中性子からできている。正の電気を帯びた原子核のまわりを負の電気を帯びた電子が取りまくように運動している。**陽子の数と電子の数は等しく，原子は電気的に中性である。**

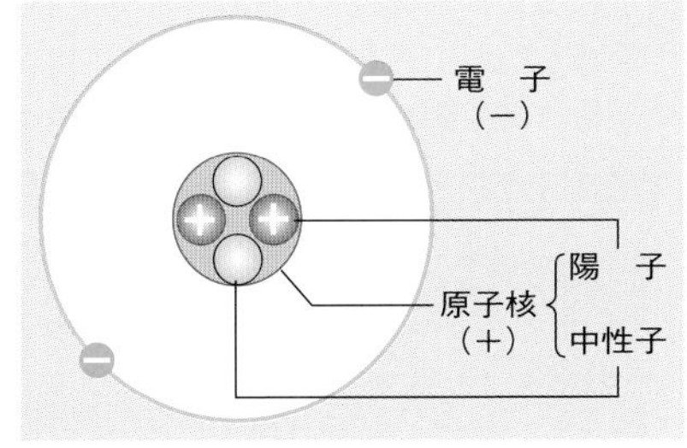

図25 ヘリウム原子の構造

★1 100億(10,000,000,000)は，10を10個掛け合わせた数で，これを10^{10}と書く。この逆数である100億分の1は$\frac{1}{10^{10}}$であり，これを10^{-10}と書く。なお，10^{-9} m＝1 nm (ナノメートル)である。

❸原子番号 原子核に含まれる**陽子の数は元素によって決まっている。**この数を原子番号という。たとえば，水素Hは陽子を1個もち原子番号1，ヘリウムHeは陽子を2個もち原子番号2となる。**原子では，電子の数が陽子の数に等しく，原子全体としては，電気的に中性**である。

表6 元素と原子番号

元素名	元素記号	原子番号	陽子の数	電子の数
水素	H	1	1	1
ヘリウム	He	2	2	2
リチウム	Li	3	3	3
炭素	C	6	6	6
酸素	O	8	8	8

補足 **陽子・電子の電荷(でんか)** 陽子は正に，電子は負に帯電(たいでん)しているが，その電荷の絶対値は等しい。その電気量は1.60×10^{-19}クーロンで(☞p.162)，これは電気量の最小単位である。

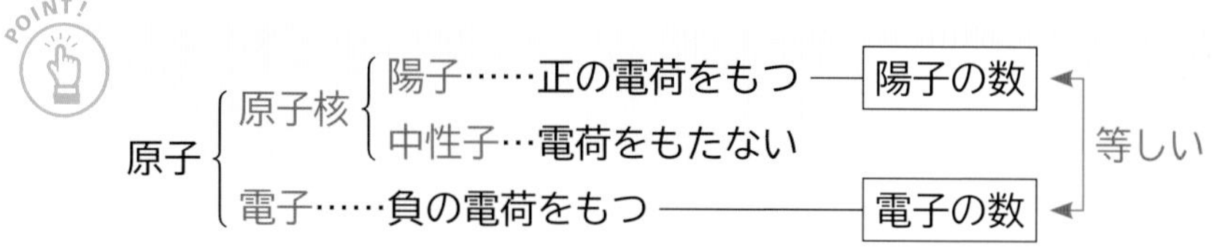

参考 原子の構造が明らかになるまで

●**電子の発見** 1897年，イギリスのトムソンは，真空放電の際に陰極から出る陰極線の研究をし，電極板に電圧をかけると直進していた陰極線が＋極側に曲がることから，**陰極線は負の電荷をもつ微粒子(電子)の流れであること**を発見した。陰極の金属の種類を変えても，同様の陰極線が発生するので，電子はすべての原子に共通して含まれていることもわかった。

●**原子核の発見** 1911年，イギリスのラザフォードは，薄い金箔(きんぱく)にラジウムから放射されるα(アルファ)線(高速度のHe原子の原子核He^{2+})を照射すると，α粒子の大部分が金箔を通過したが，α粒子のわずかなものは大きな角度で進行方向が曲げられた。この実験から，**原子の質量の大部分が原子の中心部分(原子核)に集中**しており，α粒子のはね返され方から，**原子核が正の電荷をもつ**こともわかった。

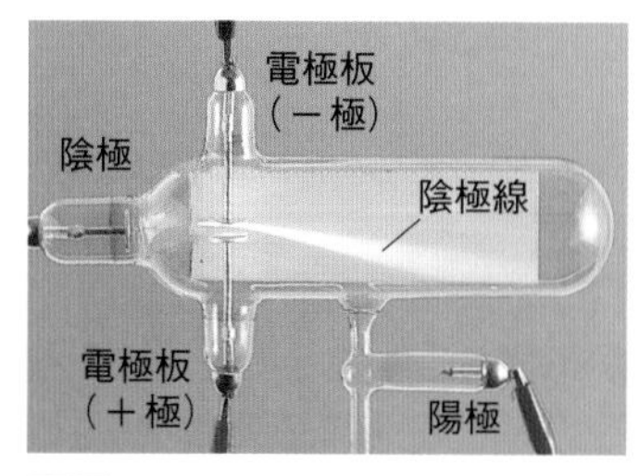

図26 陰極線の進み方

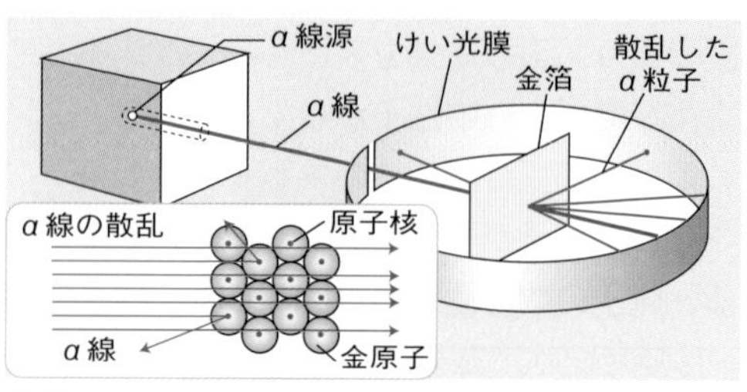

図27 ラザフォードの実験

2 質量数と同位体 ①重要

❶質量数　陽子・中性子・電子の質量を比較すると，次のようになる。

陽子の質量≒中性子の質量

電子の質量≒陽子の質量×$\frac{1}{1840}$

表7 陽子・中性子・電子の質量

粒　子	質　量〔g〕	質量比
陽　子	1.6726×10^{-24}	1
中性子	1.6750×10^{-24}	1
電　子	9.1095×10^{-28}	$\frac{1}{1840}$

このことから，原子の質量は，陽子と中性子からなる原子核の質量にほぼ等しく，陽子の数と中性子の数の和によってほぼ決まる。これらの数の和を質量数という。**質量数は，下のように，元素記号の左上に書き，原子番号は左下に書く。**

陽子の数 + 中性子の数 = 質量数

陽子の数 = 電子の数 = 原子番号

$^{12}_{6}C$ ← 元素記号

表8 原子を構成する粒子の数と質量数

原子(元素名)	原子番号	陽子の数	電子の数	中性子の数	質量数
$^{7}_{3}Li$ (リチウム)	3	3	3	4	7
$^{19}_{9}F$ (フッ素)	9	9	9	10	19
$^{24}_{12}Mg$ (マグネシウム)	12	12	12	12	24
$^{35}_{17}Cl$ (塩素)	17	17	17	18	35
$^{37}_{17}Cl$ (塩素)	17	17	17	20	37

原子 { 陽子の数 = 電子の数 = 原子番号⇨**元素の種類**が決まる。
　　　 陽子の数 + 中性子の数 = 質量数⇨**質量**が決まる。

（陽子の数 + 中性子の数）：原子核中の粒子

❷同位体　原子番号が同じであれば同じ元素であるが，同じ元素でも，原子核中の中性子の数が異なるために，質量数の異なる原子がある。このように，**原子番号が同じで，質量数が異なる原子を，**互いに同位体(アイソトープ)という。表8の塩素原子2種が互いに同位体である。**同位体は，質量が異なるだけで，化学的性質はほぼ等しい。**

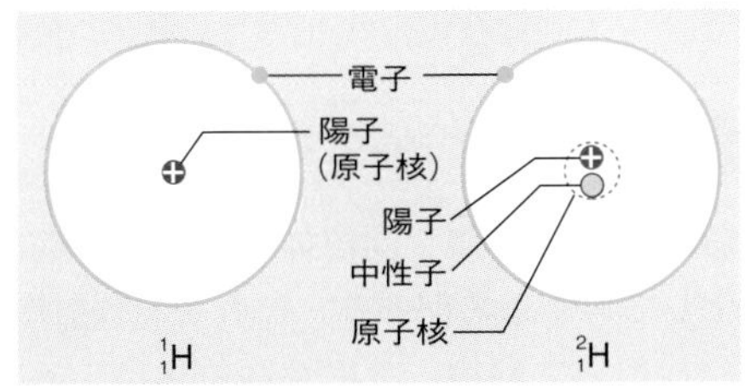

図28 同位体の表し方

視点　$^{1}_{1}H$の原子核は陽子のみからなるが，$^{2}_{1}H$の原子核は1個の中性子を含む。$^{2}_{1}H$は重水素(ジュウテリウム，記号D)という。

❸同位体の存在比　自然界に存在する**同位体の存在比(原子の数の百分率)は，ほぼ一定である。**

たとえば，天然の酸素には，質量数16, 17, 18の3種類の同位体$^{16}_{8}O$，$^{17}_{8}O$，$^{18}_{8}O$が存在するが，空気中の酸素でも，生物や岩石を構成している酸素でも，その存在比は表9のような一定の値を示す。

表9　同位体とその存在比

元素	質量数	同位体	存在比〔%〕
水素	1	$^{1}_{1}H$	99.9885
	2	$^{2}_{1}H$	0.0115
	3	$^{3}_{1}H$	ごく微量
炭素	12	$^{12}_{6}C$	98.93
	13	$^{13}_{6}C$	1.07
	14	$^{14}_{6}C$	ごく微量
酸素	16	$^{16}_{8}O$	99.757
	17	$^{17}_{8}O$	0.038
	18	$^{18}_{8}O$	0.205

同位体⇨**原子番号・陽子の数・元素が同じで，**
質量数・中性子の数・質量が異なる原子。

例題　**原子構造**

次の表の①～⑫に適切な数値または記号を入れて，表を完成させよ。

記号	原子番号	質量数	陽子数	中性子数	電子数
$^{12}_{6}C$	①	②	6	6	6
$^{13}_{6}C$	6	③	④	⑤	6
⑥	7	15	⑦	⑧	⑨
⑩	⑪	⑫	8	10	8

着眼　原子番号＝陽子の数＝電子の数…これにより元素が決まる。
さらに，質量数＝陽子の数＋中性子の数 である。

解説　⑥～⑫　原子番号7の元素は窒素N，陽子数が8の元素は酸素Oである。

答 ①6，②12，③13，④6，⑤7，⑥$^{15}_{7}N$，⑦7，⑧8，⑨7，⑩$^{18}_{8}O$，⑪8，⑫18

3 放射性同位体の利用

❶放射性同位体　同位体には，原子核が不安定で，放射線[★1]を出して別の原子に変化していくものがある。これらを**放射性同位体(ラジオアイソトープ)**という。

❷放射線の利用　放射性同位体は，放出する放射線を目印に元素を追跡し，化学反応のしくみや生体内での物質の動きを調べるのに利用される。放射線は，細胞を壊したり，遺伝子を変化させたりするので，医療，品種改良にも利用されるが，遺伝子を損傷させるなどの重大な害を与えることがあるので，注意が必要である。

★1 高速の^{4}He原子核の流れのα線，高速の電子の流れのβ線，短波長の電磁波のγ線など。

❸放射性同位体による年代測定　上層の大気では，窒素原子 ^{14}N が宇宙線の作用で ^{14}C に変わり，絶えずつくられている。一方，^{14}C は放射線を出して ^{14}N に戻るから，大気中の ^{14}C の割合はほぼ一定に保たれている。生きている動植物は，^{14}C を含む二酸化炭素を光合成や食物連鎖により取り込むため，生体内に大気中と同じ割合の ^{14}C を保つ。しかし，動植物が死滅すると，大気からの ^{14}C の吸収が途絶えるので，体内の ^{14}C は放射線を出して壊れて減り続ける。放射性同位体がもとの半分の量になるまでの時間を半減期といい，^{14}C の半減期は5730年である。よって，木材，骨，化石などに残る ^{14}C の割合を調べれば，その動植物が死んだ年代を推定できる。

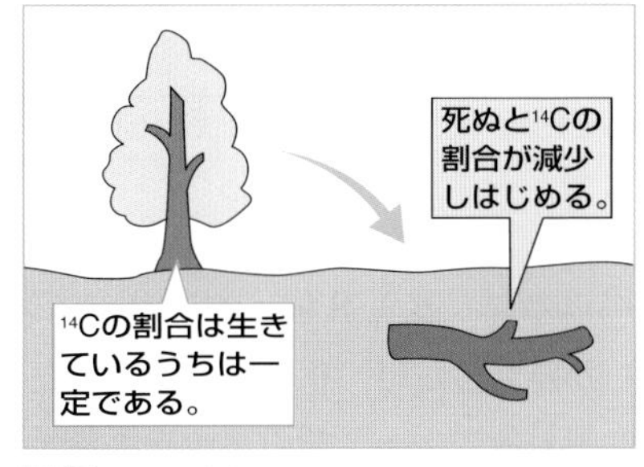

図29　^{14}C の減少

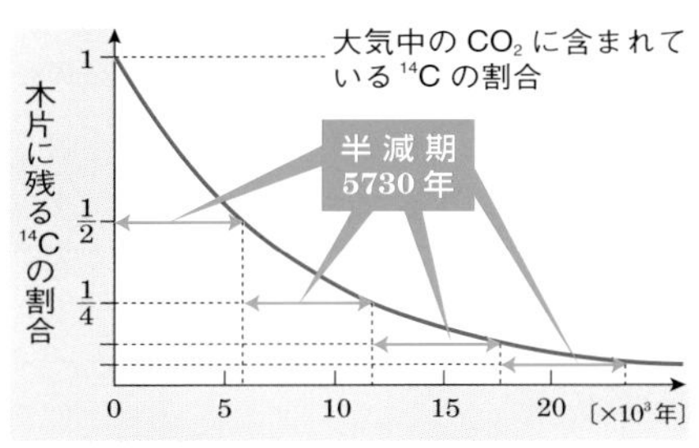

図30　^{14}C の減少のようす

2｜電子殻と電子配置

1 電子殻 ①重要

❶電子殻(かく)とそのよび方　原子では，原子核のまわりに，その原子番号に等しい数の電子が存在している。これらの電子は無秩序に存在しているのではなく，それぞれ決められた空間を中心に分布している。これらのそれぞれ決められた空間のことを電子殻といい，原子核に近い内側から順に，K殻，L殻，M殻，…とよばれる。★1

❷電子殻の最大収容電子数　それぞれの電子殻に入ることのできる電子の数(最大収容電子数)は，図31のように決まっている。この図から，K殻，L殻，M殻，…の順に，$n=1, 2, 3, \cdots$ とすると，**各電子殻に入り得る最大収容電子数は $2n^2$ で表されることがわかる。**

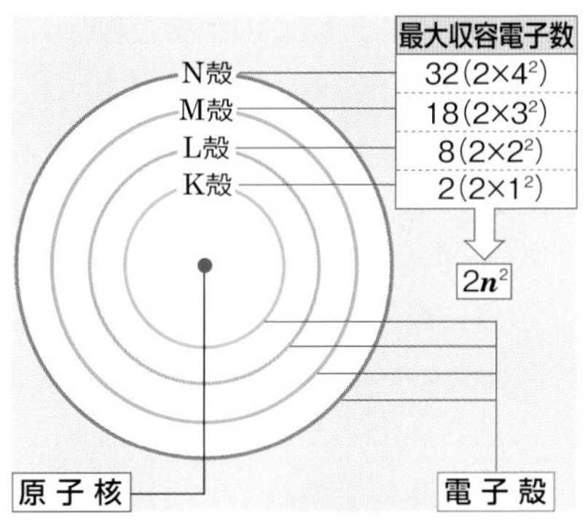

図31　電子殻と最大収容電子数

視点　電子殻は，内側からK殻，L殻，M殻，…とよばれ，各電子殻に入り得る電子の数は決まっている。

電子殻の最大収容電子数 ＝ $2n^2$

★1 電子殻のよび方は，内側から順にKからはじまるアルファベット1文字と決められている。

2 電子配置 ①重要

❶原子の電子配置 電子殻(かく)のエネルギーは，原子核に近い内側ほど低く，K殻，L殻，M殻，…の順に高くなっている。エネルギーが低いほうが安定であるから，電子は，原則として内側のK殻から順に入る。**表10**の電子の配列を原子の**電子配置**という。

❷価電子 最も外側の電子殻にある**最外殻電子**は，**エネルギーが高く，原子どうしが結合したり，化合物をつくったりするときに重要なはたらきをする。**このような最外殻の1～7個の電子を**価電子**とよび，他の電子と区別している。他の原子との結合しやすさなどの**元素の化学的性質は価電子の数によって決まる。**

表10 原子の電子配置(黒の太字は最外殻電子の数，青の太字は価電子の数)

元素		H	He	Li	Be	B	C	N	O	F	Ne	Na	Mg	Al	Si	P	S	Cl	Ar
原子番号		1	2	3	4	5	6	7	8	9	10	11	12	13	14	15	16	17	18
電子殻	K	1	**2**	2	2	2	2	2	2	2	2	2	2	2	2	2	2	2	2
	L			1	2	3	4	5	6	7	**8**	8	8	8	8	8	8	8	8
	M											1	2	3	4	5	6	7	**8**

❸貴ガスとその電子配置

①**貴ガス** 空気中に微量に含まれているヘリウムHe，ネオンNe，アルゴンAr，クリプトンKrなどの元素を**貴ガス**(希ガス)という。貴ガス原子は他の原子と結合しにくく，原子の状態で安定に存在するという共通の特徴をもっている。

②**貴ガス原子の電子配置** 貴ガス原子の電子配置は，**表11**に示すとおりである。HeやNeのように，最大数の電子が収容された電子殻を**閉殻**という。閉殻や，Ar，Kr，Xe，Rnのように**最外殻電子が8個の電子配置は安定している。**貴ガスの最外殻電子は，他の原子との結合や化学変化に関係しないので，**価電子の数は0とする。**

表11 貴ガス原子の電子配置

元素	原子番号	電子殻 K	L	M	N	O	P
He	2	2					
Ne	10	2	8				
Ar	18	2	8	8			
Kr	36	2	8	18	8		
Xe	54	2	8	18	18	8	
Rn	86	2	8	18	32	18	8

視点 最外殻電子はK殻では2個，それ以外では8個である。

貴ガス原子は，他の原子と反応しにくい。
➡電子配置は安定している。

貴ガス⇨**原子のまま安定**で，化合物をつくりにくい。
価電子＝最外殻電子⇨エネルギーが高く不安定で，**化学的性質を決める。**ただし，貴ガスの価電子は0とする。

下の図32は原子番号1～20の電子配置を価電子数別にまとめたものである。$_{19}$K と$_{20}$CaはM殻にまだ電子が入るのに，先にN殻に電子が入っている(☞ p.32)。

価電子数	1	2	3	4	5	6	7	0
電子配置	$_{1}$H							$_{2}$He
	$_{3}$Li	$_{4}$Be	$_{5}$B	$_{6}$C	$_{7}$N	$_{8}$O	$_{9}$F	$_{10}$Ne
	$_{11}$Na	$_{12}$Mg	$_{13}$Al	$_{14}$Si	$_{15}$P	$_{16}$S	$_{17}$Cl	$_{18}$Ar
	$_{19}$K	$_{20}$Ca						

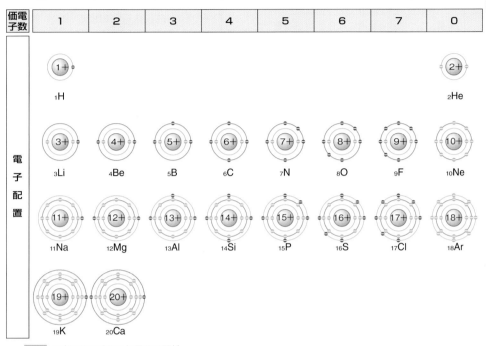

図32 元素の原子番号と価電子の関係

視点 赤の丸は価電子を表す。

発展ゼミ　KとCaの電子配置と電子の軌道

●**電子の軌道**　電子殻はそれぞれ，エネルギーのわずかに異なるいくつかの電子の軌道(オービタル)に分かれており，電子は軌道の中を動きまわっている。K殻($n=1$)には，球形の1s軌道がある。L殻($n=2$)には，1s軌道より半径が大きな球形でエネルギーの高い2s軌道と，それより少しエネルギーの高い亜鈴形(あれいがた)の2p軌道がある。2p軌道は，互いに直交しているp_x，p_y，p_zの3つの軌道からなり，それぞれ形とエネルギーが等しい。M殻($n=3$)には，球形の3s軌道が1つ，亜鈴形の3p軌道が3つ，さらに複雑な形の3d軌道が5つからなる。

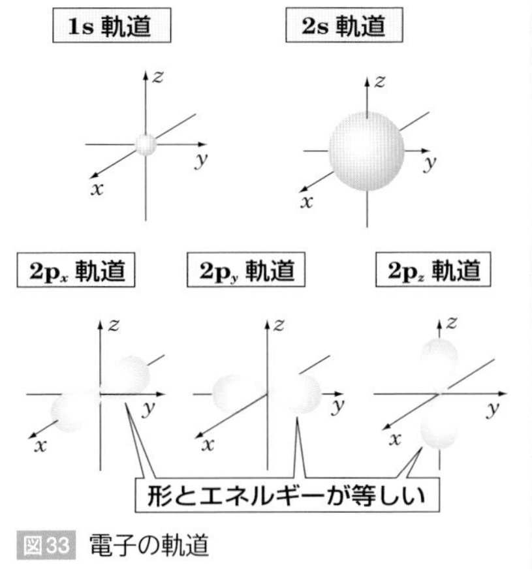

図33 電子の軌道

●**電子配置** 1つの軌道には2個まで電子が入ることができる。したがって，1つしかないs軌道には2個，3つあるp軌道には合計6個，5つあるd軌道には合計10個の電子が入ることができる。また，電子はエネルギーの低い軌道から順に配置される。この順序は，次のとおりである。

1s < 2s < 2p < 3s < 3p < 4s < 3d < 4p

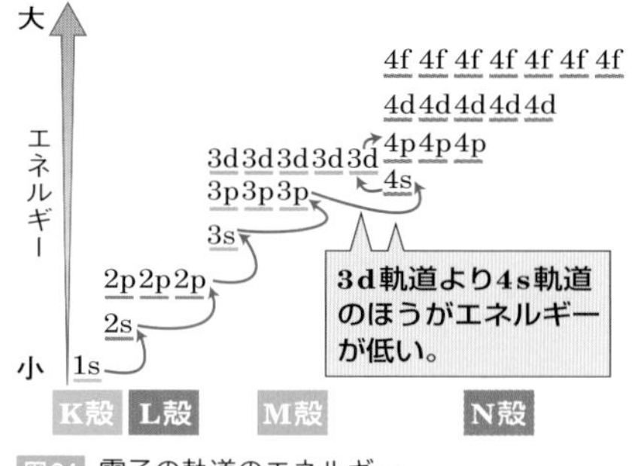

図34 電子の軌道のエネルギー

●**$_{19}$K，$_{20}$Caの電子配置** $_{18}$Arの最外殻であるM殻には3s軌道に2個，3p軌道に6個の電子が入る。次の$_{19}$K，$_{20}$Caでは，**M殻の3d軌道よりも，N殻の4s軌道の方がエネルギーが低い**ため，M殻の3d軌道を空にしたまま，N殻の4s軌道へ電子が入る。$_{19}$K，$_{20}$Caの価電子がそれぞれ1，2になるのはこのためである。

●**遷移元素の価電子** 次の$_{21}$ScからはM殻の3d軌道へ電子が入っていくため，遷移元素では最外殻電子は2個(まれに1個)とほぼ一定に保たれる。よって，遷移元素の価電子の数は，周期表の族の番号と特定な関係はない。

3 元素の周期律

1 周期律と周期表 重要

❶周期律

①**価電子の数の周期的変化** 元素を原子番号の順に並べ，価電子の数を比較すると，**価電子の数は周期的に変化する**ことがわかる。

②**元素の周期律** p.30で説明したように，原子の化学的性質を決めるのは価電子であるから，**元素を原子番号順に並べると，性質のよく似た元素が周期的に現れる**ことになる。この規則性を元素の周期律という。

❷**周期表** 元素を原子番号の順に並べ，化学的性質の似た元素が同じ縦の列に並ぶように配列した表を，元素の周期表という。

①**族** **周期表の縦の列。**左から順に1族，2族，…，18族とよぶが，同じ族の元素は，互いに性質がよく似ているので同族元素とよぶ。なお，同族元素のなかには，類似性が特に強いので特別な名称でよばれるものがある。

例 1族…アルカリ金属(Hを除く)　　2族…アルカリ土類金属
17族…ハロゲン　　18族…貴ガス

②**周期** **周期表の横の列。**上から順に第1周期，第2周期，…，第7周期とよぶ。元素の性質は原子番号とともに周期的に変化するが，そのひとまとまりのグループが周期である。**周期の番号は，電子の入っている電子殻の数と一致する。**

2 元素の分類 ①重要

❶典型元素と遷移(せんい)元素

①**典型元素**　周期表の両側にある1族，2族と，13族～18族の元素を典型元素という[★1]。**典型元素では，族の番号の1の位の数は，18族を除き，価電子の数と一致する。**よって，原子番号の増加につれて価電子が1ずつ増加し，元素の化学的性質が規則的に変化する。**典型元素は，元素の周期律がはっきり現れる。**

典型元素の価電子数⇨族の番号の1の位の数(ただし，貴ガスは0)

②**遷移元素**　3族～12族の元素を遷移元素という。原子の電子配置は複雑で，最外殻電子の数は，ほとんどの元素で2個(まれに1個)である。よって，性質は，原子番号が増加しても大きく変化せず，**横に並んだ元素の性質は似ている。**

❷金属元素と非金属元素

①**金属元素**　金属元素の原子は，**価電子の数が少なく，電子を放出しやすい。**電子を放出すると原子は正の電荷をもつ陽イオンになるので，この性質が強いほど**陽性が強い**という。アルカリ金属(1族)は陽性が強く，原子番号の大きいものは特に強い。金属元素の単体は光沢(金属光沢)があり，熱や電気をよく導く。

②**非金属元素**　金属元素以外の元素を非金属元素といい，すべて典型元素である。これらの原子は水素と貴ガス(18族)を除き，**価電子の数が多く，他の原子から電子を受け取りやすい。**電子を受け取ると原子は負の電荷をもつ陰イオンになるので，この性質が強いほど**陰性が強い**という。ハロゲン(17族)は，陰性が強く，原子番号の小さいものは特に強い。貴ガス(18族)は，陽性も陰性も弱い。

周期＼族	1	2	3	4	5	6	7	8	9	10	11	12	13	14	15	16	17	18
1	1 H																	2 He
2	3 Li	4 Be											5 B	6 C	7 N	8 O	9 F	10 Ne
3	11 Na	12 Mg											13 Al	14 Si	15 P	16 S	17 Cl	18 Ar
4	19 K	20 Ca	21 Sc	22 Ti	23 V	24 Cr	25 Mn	26 Fe	27 Co	28 Ni	29 Cu	30 Zn	31 Ga	32 Ge	33 As	34 Se	35 Br	36 Kr
5	37 Rb	38 Sr	39 Y	40 Zr	41 Nb	42 Mo	43 Tc	44 Ru	45 Rh	46 Pd	47 Ag	48 Cd	49 In	50 Sn	51 Sb	52 Te	53 I	54 Xe
6	55 Cs	56 Ba	57～71 *	72 Hf	73 Ta	74 W	75 Re	76 Os	77 Ir	78 Pt	79 Au	80 Hg	81 Tl	82 Pb	83 Bi	84 Po	85 At	86 Rn
7	87 Fr	88 Ra	89～103 **	104 Rf	105 Db	106 Sg	107 Bh	108 Hs	109 Mt	110 Ds	111 Rg	112 Cn	113 Nh	114 Fl	115 Mc	116 Lv	117 Ts	118 Og

金属元素　非金属元素

アルカリ土類金属

アルカリ金属 (Hを除く)

*ランタノイド (La～Lu)

**アクチノイド (Ac～Lr)

ハロゲン

貴ガス

図35 元素の周期表と元素の分類(赤文字は遷移元素)

★1 12族を典型元素に含める場合もある。

メンデレーエフの周期表の発見

●メンデレーエフは1869年，当時知られていた63種の元素のすべてを分類・整理しようとして，**原子の質量(原子量)の軽いものから順に並べ，化学的性質の似た元素が同じ縦の列にくるように配列した表をつくった。**メンデレーエフの周期表には，いくつかの空欄があったが，彼は，そこには，未だ発見されていない元素がおさまると考えた。さらに，空欄におさまる元素の存在とその性質を，周期表の上下，左右の元素の性質から予言した。

●メンデレーエフが周期表を発表した当初は，化学者の間で大きな反響はなかった。しかし，周期表の発表から6年後，彼の予言とよく一致した性質をもつガリウムGaが，17年後にはゲルマニウムGeが発見され，彼の周期表は広く認められるようになった。

表12　メンデレーエフの予言と発見されたゲルマニウム

	予　言	実際の性質
原子量	72	72.6
密度	5.5 g/cm^3	5.32 g/cm^3
色	灰色	灰白色
融点	高	937 ℃
酸化物	XO_2	GeO_2
塩化物	XCl_4	$GeCl_4$
塩化物の沸点	100 ℃以下	84 ℃

このSECTIONのまとめ　原子の構造と電子配置

□ 原子の構造 ☞p.25

・原子核｛陽子……正の電気をもつ。／中性子…電気をもたない。｝、電子………………負の電気をもつ。→ 全体として**電気的に中性**となる。

□ 原子番号と質量数 ☞p.26

・**原子番号＝陽子の数＝電子の数**
・**質量数＝陽子の数＋中性子の数**

□ 同位体 ☞p.27

・｛**原子番号**／**陽子の数**／**元素**｝が同じで｛**質量数**／**中性子の数**／**質量**｝が異なる原子

□ 電子殻と電子配置 ☞p.29

・**電子殻**…K殻，L殻，M殻など。内側からn番目の電子殻の**最大電子数は$2n^2$**。
・電子は，原則として内側の電子殻から順に配置される。
・**価電子(最外殻電子)**は，元素の化学的性質を決める。
・元素を原子番号順に並べると性質が似た元素が周期的に並ぶ。⇨**同数の価電子をもつ元素が周期的に現れる。**

CHAPTER 2 練習問題 解答 p.535

1 〈原子の構造〉

次の文の空欄に適切な語句を漢字で答えよ。

原子はその中心に（ ① ）の電荷をもった（ ② ）があり，そのまわりに（ ③ ）の電荷をもった（ ④ ）が存在している。②はさらに，①の電荷をもった（ ⑤ ）と電荷をもたない（ ⑥ ）という粒子からできている。

また，⑤の数は各元素に固有なもので（ ⑦ ）という。また，⑤の数と⑥の数の和を（ ⑧ ）という。同じ元素の原子でも，⑧の異なるものどうしを互いに（ ⑨ ）という。

2 〈原子の構造・同位体〉

次のア～オの原子について，下の問いに答えよ。ただし，Mは仮の元素記号である。

ア $^{12}_{6}M$　イ $^{14}_{7}M$　ウ $^{15}_{7}M$　エ $^{19}_{9}M$　オ $^{20}_{10}M$

(1) 互いに同位体である原子の組み合わせを，記号で答えよ。

(2) 電子の数が等しい原子の組み合わせを，記号で答えよ。

(3) 中性子の数が等しい原子の組み合わせを，記号で答えよ。

(4) 1つの原子の中で，陽子の数と中性子の数が等しい原子をすべて記号で答えよ。

3 〈電子配置〉 テスト必出

下の(1)～(6)の原子の電子配置を次のア～オから1つずつ選び，記号で答えよ。

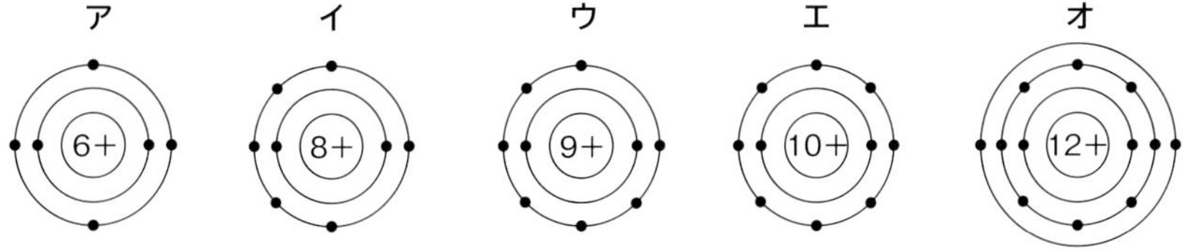

(1) 8個の中性子をもつ同位体の質量数が14になる原子

(2) 周期表の第3周期に属する原子

(3) 周期表の17族に属する原子

(4) 価電子の数が6個である原子

(5) 安定な電子配置をもち，化合物をつくらない原子

(6) 金属元素の原子

CHAPTER

3 » 物質と化学結合

SECTION 1 イオン結合とイオン結晶

1 イオンとイオン結合

1 イオンの存在

❶イオンの存在　純粋な水は，ほとんど電気を通さないが，塩化ナトリウム水溶液は電気をよく通し，電圧をかけると電気が流れて電球が点灯する。これは，水溶液中に正または負の電荷[★1]をもつ粒子が存在し，それらが移動できるためである。このような，**電荷をもつ粒子**をイオンという。

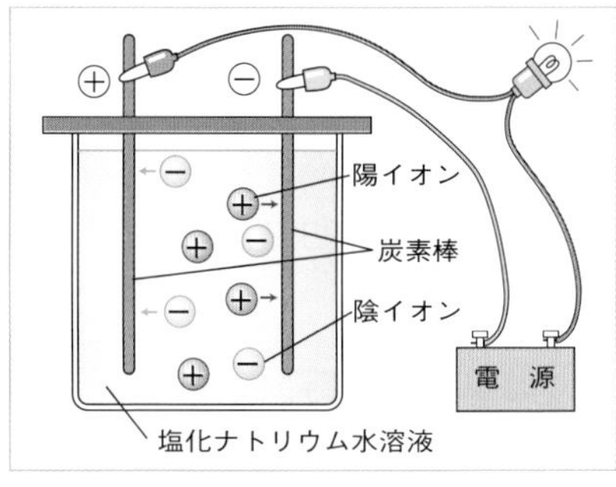

図36 電荷を帯びた粒子

❷陽イオンと陰イオン　原子は電気的に中性だが，**負の電荷をもつ電子を失うと正電荷を帯びた陽イオンになり，電子を得ると負電荷を帯びた陰イオンになる。**

2 イオンの生成

❶イオンの電子配置　貴ガス以外の原子は，電子を放出したり，受け取ったりして，**原子番号が最も近い貴ガスの原子と同じ電子配置をとろうとする傾向がある。**

❷陽イオン　価電子の少ない原子は，**価電子を放出して陽イオンになりやすい。**

① **ナトリウムイオン** Na^+　ナトリウム原子Naは1個の価電子を失って，ナトリウムイオンNa^+になる。電子配置は，ネオン原子と同じである(☞図37)。

② **マグネシウムイオン** Mg^{2+}　マグネシウム原子Mgは2個の価電子を失って，マグネシウムイオンMg^{2+}になる。電子配置は，ネオン原子と同じである(☞図37)。

★1 電気の量を正または負の符号を使って示したものを**電荷**という。

③ **アルミニウムイオン Al^{3+}**　アルミニウム原子Alは3個の価電子を失って，アルミニウムイオン Al^{3+} になる。その電子配置も，ネオン原子と同じである。

❸陰イオン　価電子の多い原子は，**電子を受け取って陰イオンになりやすい。**

① **塩化物イオン Cl^-**　塩素原子Clは7個の価電子をもち，電子1個を外部から得て塩化物イオン Cl^- になる。その電子配置は，アルゴン原子と同じである(☞図37)。

② **酸化物イオン O^{2-}**　酸素原子Oは6個の価電子をもち，電子2個を外部から得て酸化物イオン O^{2-} になる。その電子配置は，ネオン原子と同じである。

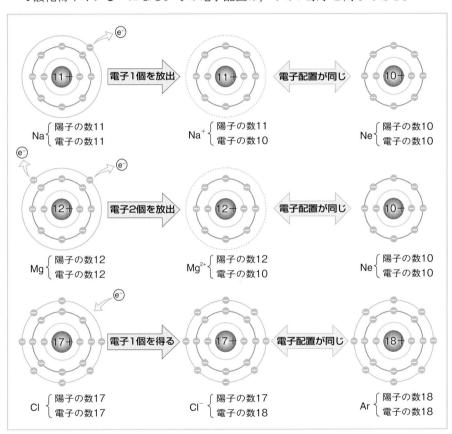

図37　イオンの生成と電子配置

視点　それぞれの変化は，次のような式で表すことができる。なお，e^- は電子を表す。

$Na \longrightarrow Na^+ + e^-$　　$Mg \longrightarrow Mg^{2+} + 2e^-$　　$Cl + e^- \longrightarrow Cl^-$

イオンの電子配置

⇨原子番号が近い貴ガスの原子と同じ。

3 イオンの価数

❶イオンの価数　原子がイオンになるとき，**失ったり，得たりした電子の数をイオンの価数という。**

❷イオンの表し方　イオンを表すには，マグネシウムイオン Mg^{2+} や塩化物イオン Cl^{-} のように，**元素記号の右上に電荷の符号と価数をつけた化学式を用いる。**

❸なりやすいイオンの価数　なりやすいイオンの価数は，典型元素の場合，原子の価電子の数，周期表の族の番号と密接な関係がある。

表13　周期表の族の番号と，なりやすいイオンの価数

周期表の族	1	2	13	14	15	16	17	18
価電子の数	1	2	3	4	5	6	7	0
電子のやりとり	電子1個を失って	電子2個を失って	電子3個を失って			電子2個を得て	電子1個を得て	
なりやすいイオンの価数	1価の陽イオン	2価の陽イオン	3価の陽イオン			2価の陰イオン	1価の陰イオン	
例	Na^{+}，K^{+}	Mg^{2+}，Ca^{2+}	Al^{3+}			O^{2-}，S^{2-}	Cl^{-}，I^{-}	

4 多原子イオン

●単原子イオンと多原子イオン　Na^{+}，Cl^{-} などのように，1個の原子が電荷をもつイオンを**単原子イオン**という。一方，複数の原子が結合した原子団が電荷をもつイオンを**多原子イオン**という。

例　アンモニウムイオン NH_4^{+} …N原子1個とH原子4個とが原子団をつくり，全体として電子が1個不足した1価の陽イオン(☞図38)。

〔構　造〕

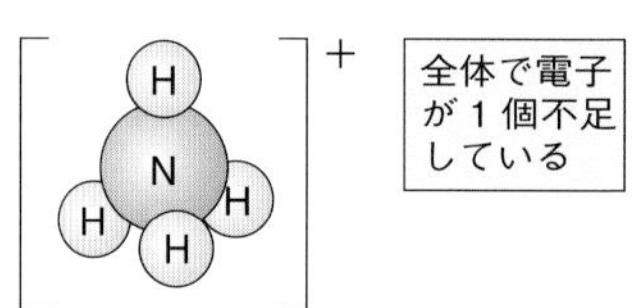

〔化学式〕

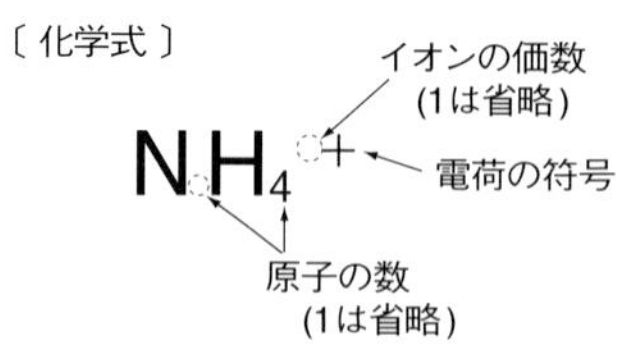

図38　アンモニウムイオンの構造と化学式

表14　おもな陽イオン・陰イオンとその化学式
(＊印は多原子イオン)

	陽イオン		陰イオン	
1価	水素イオン	H^{+}	フッ化物イオン	F^{-}
	リチウムイオン	Li^{+}	塩化物イオン	Cl^{-}
	ナトリウムイオン	Na^{+}	臭化物イオン	Br^{-}
	カリウムイオン	K^{+}	水酸化物イオン＊	OH^{-}
	アンモニウムイオン＊	NH_4^{+}	硝酸イオン＊	NO_3^{-}
2価	マグネシウムイオン	Mg^{2+}	酸化物イオン	O^{2-}
	カルシウムイオン	Ca^{2+}	硫化物イオン	S^{2-}
	バリウムイオン	Ba^{2+}	硫酸イオン＊	SO_4^{2-}
	銅(Ⅱ)イオン	Cu^{2+}	炭酸イオン＊	CO_3^{2-}
3価	アルミニウムイオン	Al^{3+}	リン酸イオン＊	PO_4^{3-}
	鉄(Ⅲ)イオン	Fe^{3+}		

5 イオン化エネルギーと電子親和力 (!)重要

❶イオン化エネルギー　原子から電子1個を取り去って，1価の陽イオンにするために必要なエネルギーをイオン化エネルギー★1という。イオン化エネルギーが小さい原子ほど，陽イオンにするために必要なエネルギーが少なくてすむため，1価の陽イオンになりやすい。

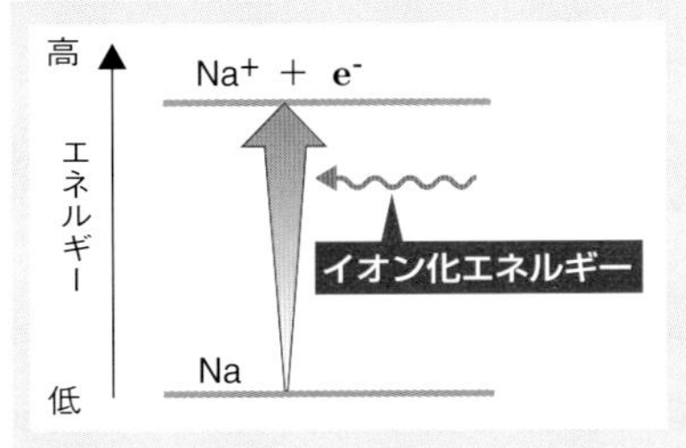

図39 イオン化エネルギー（e^-は電子を表す）

❷イオン化エネルギーの周期的変化

原子のイオン化エネルギーは，**価電子の数に関係した周期的な変化を示す。**すなわち，イオン化エネルギーは，価電子を1個もつリチウムLi，ナトリウムNa，カリウムKなどの**アルカリ金属原子のところで極小になり**，これらの原子が1価の陽イオンになりやすいことを示している。逆に，価電子をもたないヘリウムHe，ネオンNe，アルゴンArなどの**貴ガス原子のところで極大になり**，これらの原子が安定で，1価の陽イオンに最もなりにくいことを示している。

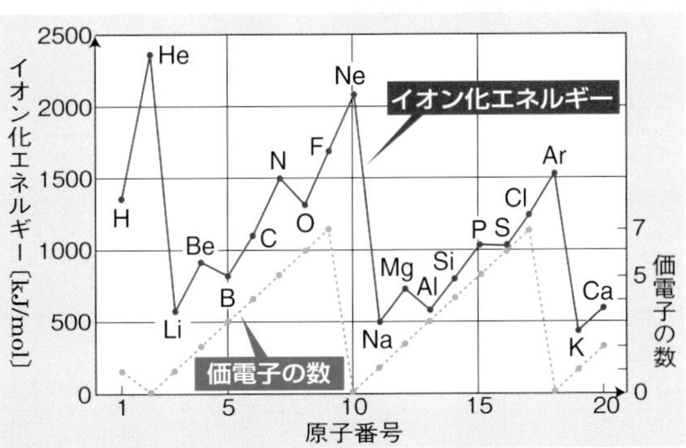

図40 イオン化エネルギーの周期的変化

❸電子親和力　原子が電子1個を受け取って，1価の陰イオンになるときに放出されるエネルギーを電子親和力という。電子親和力が大きい原子ほど，放出されるエネルギーが大きいため，1価の陰イオンになりやすい。フッ素F，塩素Cl，臭素Brなどの**ハロゲン原子は，他の原子に比べて電子親和力が大きく**1価の陰イオンになりやすい。

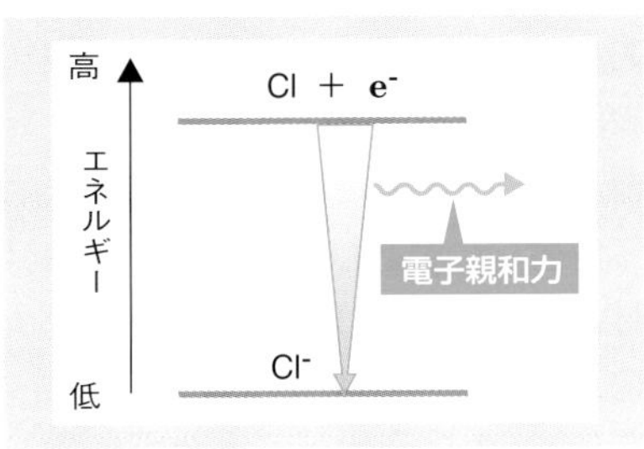

図41 電子親和力

表15 電子親和力の大きさ〔単位はkJ/mol〕

元素	H	Li	C	O	S	F	Cl	Br
電子親和力	72	60	123	142	201	328	348	324

★1 原子から電子1個を取り去る場合を**第一イオン化エネルギー**といい，単にイオン化エネルギーともいう。

❹原子の陽性・陰性　周期表の左に位置するアルカリ金属のように，イオン化エネルギーの小さい原子は，電子を失って陽イオンになりやすいので，**陽性が強い原子**といわれる。一方，周期表の右に位置(貴ガスを除く)するハロゲンのように，電子親和力が大きい原子は，電子を受け取って陰イオンになりやすいので，**陰性が強い原子**といわれる。

6 イオン結合とイオン結晶

❶イオン結合　塩化ナトリウム NaCl では，ナトリウム原子 Na が電子 1 個を放出してナトリウムイオン Na^+ になる。また，塩素原子 Cl はナトリウム原子が放出した電子を受け取って，塩化物イオン Cl^- になっている。

$$Na \longrightarrow Na^+ + e^-$$

$$Cl + e^- \longrightarrow Cl^-$$

このようにしてナトリウムイオンと塩化物イオンが生成し，この正と負のイオン間の電気的引力によって，塩化ナトリウムができる。

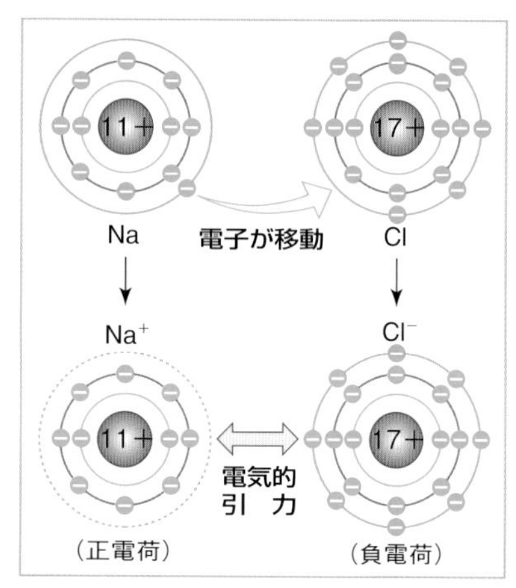

図42　イオン結合のしくみ

陽イオンと陰イオンとの**静電気力**(クーロン力(りょく))**による結合**を**イオン結合**という。

❷イオン結合からなる化合物

一般に，ナトリウムのような陽性の強い元素(金属元素)と，塩素のような陰性の強い元素(非金属元素)との化合物は，イオンからなる化合物と考えてよい。

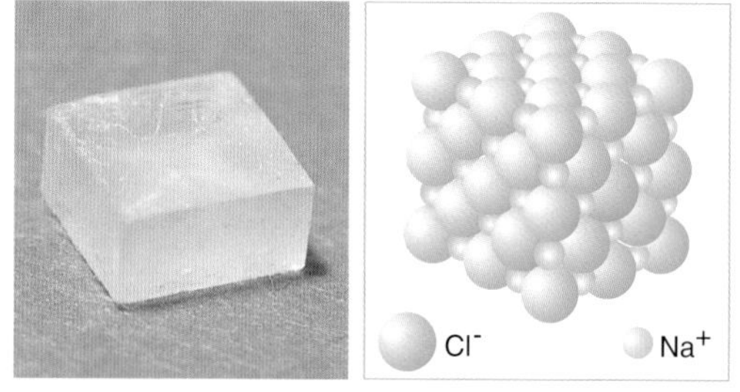

図43　塩化ナトリウムの結晶とその構造

視点　塩化ナトリウムの結晶では，ナトリウムイオン Na^+ と塩化物イオン Cl^- が交互に並んでいる。

❸イオン結晶　構成粒子(原子・分子・イオン)が規則正しく配列した固体を**結晶**という。陽イオンと陰イオンとがイオン結合で多数結合してできた結晶を**イオン結晶**という。

イオン結合⇨**陽イオンと陰イオンとの静電気力による結合。**
イオン結合からなる化合物⇨おもに**金属元素と非金属元素**からなる。

7 組成式 ①重要

❶組成式　イオン結晶では，陽イオンと陰イオンが交互に配列しており，**分子に相当するものは存在しない。**このような物質は，構成元素の原子数比で示す組成式で表す。たとえば，塩化マグネシウムは，マグネシウムイオン Mg^{2+} と塩化物イオン Cl^- が1：2の割合で結合してできた化合物なので $MgCl_2$ と表す。

❷組成式の書き方　**陽イオンを先に，陰イオンをあとに書く。**そして，正負の電荷はつり合い，電気的に中性であるから，**陽イオンの価数の総和と，陰イオンの価数の総和が等しくなるようにする。**すなわち，両イオンの＋と－とが互いに打ち消されるようにする。イオンの個数は右下に小数字で示すが，多原子イオンの場合は，(　)をつけてその個数を右下に書き添える。

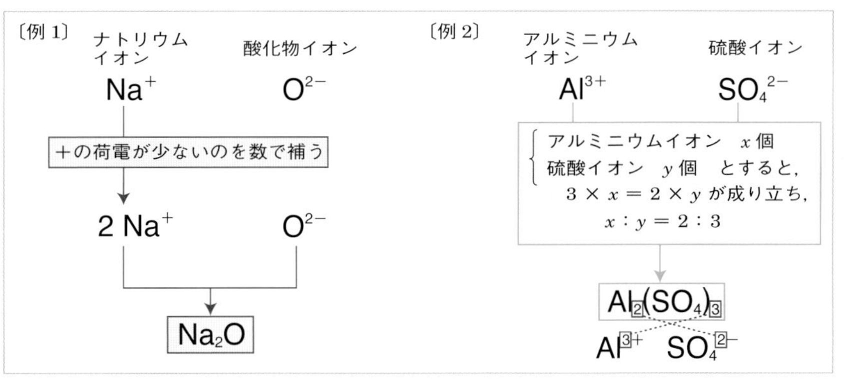

図44 組成式の書き方

❸組成式の読み方　**表16のように，イオン名から「物イオン」または「イオン」を除き，陰イオンを先に，陽イオンをあとに読む。**

表16 イオンからなる物質の組成式とその名称

化学式・組成式 イオン名(物質名)	Cl^- 塩化物イオン	SO_4^{2-} 硫酸イオン	PO_4^{3-} リン酸イオン
Na^+ ナトリウムイオン	$NaCl$ 塩化ナトリウム	Na_2SO_4 硫酸ナトリウム	Na_3PO_4 リン酸ナトリウム
Ca^{2+} カルシウムイオン	$CaCl_2$ 塩化カルシウム	$CaSO_4$ 硫酸カルシウム	$Ca_3(PO_4)_2$ リン酸カルシウム
Al^{3+} アルミニウムイオン	$AlCl_3$ 塩化アルミニウム	$Al_2(SO_4)_3$ 硫酸アルミニウム	$AlPO_4$ リン酸アルミニウム

補足　鉄(Ⅱ)イオン Fe^{2+}，鉄(Ⅲ)イオン Fe^{3+} のように2種類以上のイオンがある場合は，「鉄(Ⅱ)」「鉄(Ⅲ)」のようにイオンの価数も読む。

2 イオン結合でできた物質

1 イオンの大きさ

❶**同じ電子配置のイオン** O^{2-}，F^{-}，Na^{+}，Mg^{2+}は，いずれもネオンNeと同じ電子配置である。**これら同じ電子配置をもつイオンのイオン半径は，原子番号が大きいほど小さい。**

これは陽子の数がふえ，電子が強く原子核に引きつけられるためである。

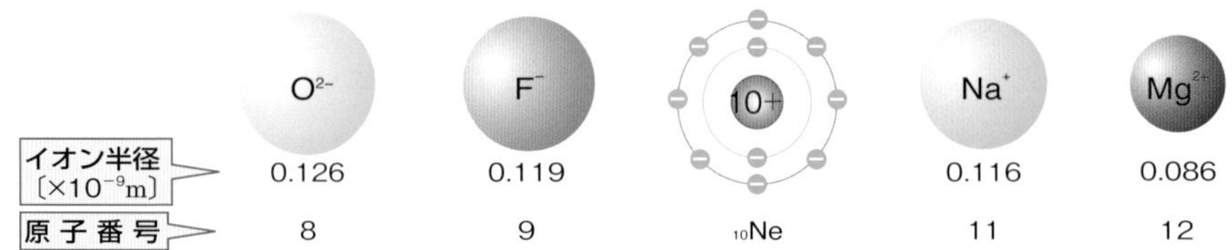

図45 同じ電子配置をもつイオンの大きさ

❷**同族元素のイオン** 元素の周期表の同族元素についてイオンの大きさを比較すると，表17のように，**周期表の下にあるものほど大きくなっている。**

表17 アルカリ金属のイオン半径

周期	イオン	イオン半径〔×10^{-9} m〕
3	Na^{+}	0.116
4	K^{+}	0.152
5	Rb^{+}	0.166

2 イオン結晶の性質 (!)重要

一般に，イオン結晶には，次のような共通する性質がある。

❶**融点・沸点** イオン結合は強い結合であるため，**融点・沸点はかなり高いものが多い。**

イオンを結合させている静電気力(クーロン力(りょく))は，**イオンの価数が大きく，イオン半径が小さいほど強くなり，融点は高くなる。表18**のように，価数が大きいイオン(ここではMg^{2+}，Ca^{2+}，Ba^{2+}，O^{2-})どうしが結合した物質のほうが，融点が高い。また，価数が同じ場合，イオン半径(ここでは$Cl^{-} < Br^{-} < I^{-}$)が小さいものからなる物質のほうが，融点は高くなる傾向がある。

表18 イオン結合による物質の融点・沸点〔℃〕

	イオン化合物		融点	沸点
塩	フッ化ナトリウム	NaF	993	1704
	塩化ナトリウム	NaCl	801	1413
	塩化カリウム	KCl	770	昇華
	臭化カリウム	KBr	730	1435
	ヨウ化カリウム	KI	680	1330
酸化物	酸化マグネシウム	MgO	2826	3600
	酸化カルシウム	CaO	2572	2850
	酸化バリウム	BaO	1918	～2000

補足 陽イオン，陰イオンの電気量をq_1，q_2，イオン間の距離をrとすると，クーロン力Fは次式で表される。$F = k \cdot \frac{q_1 \cdot q_2}{r^2}$ (k：比例定数)

❷硬さ　イオン結晶は**硬いが，外力を加えるともろくて割れやすい。**これは，外力により結晶中のイオンの位置がずれると，同種のイオンどうしが互いに向かいあい，反発力がはたらくためである。

補足 硬さは，固体どうしをこすり，ひっかき傷の有無で判断する。

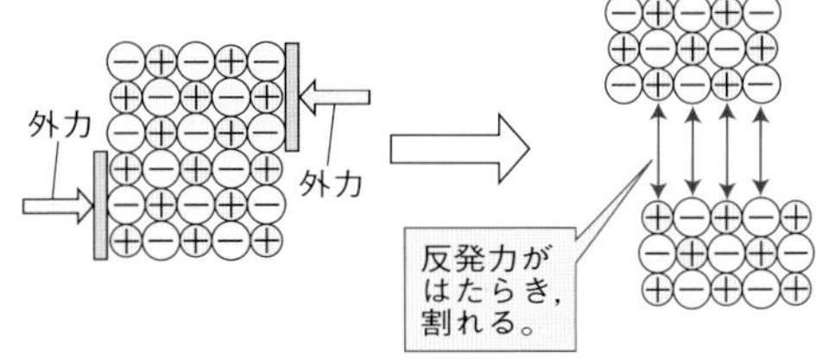

図46 イオン結晶のもろさ

❸電気伝導性　結晶は電気を通さないが，強熱して液体にすると，イオンが自由に動けるようになるので，電気を通すようになる。

補足 近年，イオンのみで構成され室温で液体である物質がつくられるようになった。この液体を**イオン液体**といい，電気伝導性が高い。多方面においての応用が検討されている。

❹水溶性　**水に溶けるものが多い。**イオン結晶が水に溶ける場合，陽イオンと陰イオンにわかれるため，イオン結晶の水溶液は電気を通す。このようにイオンにわかれる物質を電解質という。一方，砂糖(スクロース)やエタノール(アルコールの一種)のように，イオンにわかれずに分子のままでいる物質を非電解質という。非電解質の水溶液は電気を通さない。

3 水に溶けにくいイオン結晶

❶イオン結晶の水溶性　イオン結晶は水に溶けるものが多いが，ほとんど溶けないものもある。水溶液どうしを混合したとき，水に不溶な結晶が生じる場合，沈殿となる。

❷塩化銀AgCl　塩化ナトリウムNaCl水溶液や塩化カリウムKCl水溶液のように塩化物イオンCl^-を含む水溶液に，硝酸銀$AgNO_3$水溶液を加えると塩化銀AgClの白色沈殿を生じる。これは，塩化銀が水にほとんど溶けないためである。このような変化は，次のようなイオン反応式で表す。

$$Ag^+ + Cl^- \longrightarrow AgCl$$

この反応は水溶液中に含まれる**塩化物イオンCl^-の検出に利用**される。

図47 塩化銀AgClの白色沈殿

❸炭酸カルシウム$CaCO_3$　炭酸カルシウム$CaCO_3$も水にほとんど溶けない。したがって，塩化カルシウム$CaCl_2$水溶液のようにCa^{2+}を含む水溶液に，炭酸ナトリウムNa_2CO_3水溶液のように$CO_3{}^{2-}$を含む水溶液を加えると，炭酸カルシウム$CaCO_3$の白色沈殿を生じる。

$$Ca^{2+} + CO_3{}^{2-} \longrightarrow CaCO_3$$

4 おもなイオン結晶

❶塩化ナトリウム NaCl　食塩ともいう。天然には海水に主成分として約2.8％含まれており，岩塩としても存在する。日本ではおもに海水の蒸発によってつくられる。塩化ナトリウム水溶液を電気分解すると，水酸化ナトリウムや塩素が得られる(☞p.159)。このように化学製品の原料として工業的に大量消費されている。

❷炭酸カルシウム $CaCO_3$　天然には**石灰石**，**大理石**などの形として多量に産出するほか，貝殻(がら)や卵の殻の中にも含まれている。炭酸カルシウムを900℃以上に加熱すると，酸化カルシウムと二酸化炭素に分解する。

$$CaCO_3 \longrightarrow CaO + CO_2$$

❸酸化カルシウム CaO　生石灰ともよばれ，水を加えると，多量の熱を発生しながら，水酸化カルシウムになる。

$$CaO + H_2O \longrightarrow Ca(OH)_2$$

このように，水分を吸収しやすい性質を利用して菓子類の乾燥剤に用いられる。

❹水酸化カルシウム $Ca(OH)_2$　消石灰ともよばれ，水に少し溶けて強い塩基性を示す。安価であるため，酸性土壌の中和剤として，畑や花壇に用いられる。

水酸化カルシウムの飽和(ほうわ)水溶液を石灰水という。石灰水に呼気を吹き込むと炭酸カルシウムの白色沈殿を生じて，白濁する。

$$Ca(OH)_2 + CO_2 \longrightarrow CaCO_3 + H_2O$$

さらに呼気を吹き込むと水に可溶な**炭酸水素カルシウム**となって，白濁は消える。

$$CaCO_3 + CO_2 + H_2O \longrightarrow Ca(HCO_3)_2$$

このSECTIONのまとめ　イオン結合とイオン結晶

□イオンの生成 ☞p.36	・**イオンの電子配置**…原子番号が近い貴ガス原子と同じ。 ・**イオン化エネルギー**…原子から電子を取り去って，1価の陽イオンにするために必要なエネルギー ・**電子親和力**…原子が電子を受け取り，1価の陰イオンになるときに放出されるエネルギー
□イオン結合 ☞p.40	・**金属元素と非金属元素からなる多くの化合物**は，**イオン結合**で結ばれる。
□イオン結晶の性質 ☞p.42	・融点が高く，硬くてもろい。加熱融解したり，水溶液にすると，電気を通す。

2 共有結合と分子

1 | 分子の形成と表し方

1 分子の形成 ！重要

❶分子の存在　空気中には窒素，酸素，二酸化炭素などの気体が存在する。これらの物質の最小単位は原子そのものではなく，いくつかの原子が結びついた分子である。**分子は物質としての性質を備えた最小粒子**である。

補足 NaClなどのイオンからなる物質は，結晶の状態では分子を形成しない。

❷水素分子 H_2 と共有結合　水素原子HはK殻(かく)に1個の価電子をもつ。2個の水素原子Hが近づくと，各原子のもつ価電子は相手の原子の原子核にも引きつけられる。2個の水素原子の電子殻が重なりあい，2つの価電子が2個の水素原子核に共有されると水素分子 H_2 になる。このときそれぞれの水素原子はK殻に2個の電子が入っているヘリウム原子Heと同じ電子配置となる。このように，**2個の原子が価電子を出しあい，その価電子を両方の原子で共有してできる結合**を**共有結合**という。

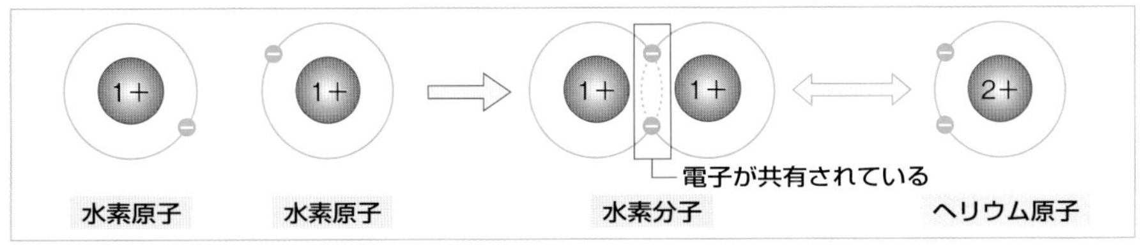

図48 水素分子の形成と共有結合

❸塩素分子 Cl_2 と窒素分子 N_2　塩素原子ClはM殻に7個の価電子をもち，安定なアルゴン原子Arよりも電子が8－7＝1個不足している。よって，1個の価電子を出しあい，2個の電子を共有すれば，それぞれの原子は安定なAr原子と同じ電子配置となる。同様に，L殻に5個の価電子をもつ窒素原子Nは，8－5＝3個の価電子を出しあい，6個の電子を共有する。

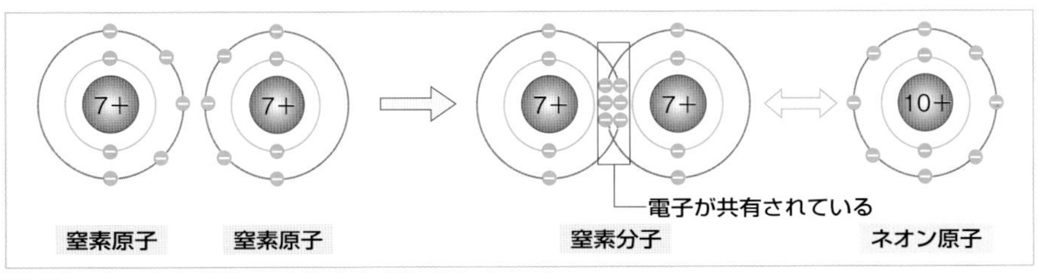

図49 窒素分子の形成と共有結合

共有結合⇨不足する電子を共有することによって補い，貴ガス(最外殻電子数 8；Heでは 2)と同じ電子配置になる。

2 電子式 ①重要

❶電子式　元素記号の周囲に，最外殻(かく)電子(価電子)を，図50のように点で示した式を電子式という。原子の電子式は，元素記号の上下左右に長方形を想定し，それぞれに 2 個ずつ，最大 8 個の電子がかける。4 個目までの電子はそれぞれ別の場所に 1 個ずつ入れ，5 個目からはすでに 1 個ずつ入った電子と対をつくるように入れる。

共有結合を考えるときには，電子式を用いるとわかりやすい。

❷不対(ふつい)電子と電子対　最外殻電子には，対になっていない単独の不対電子(・)と 2 個で対をつくっている電子対(：)の 2 種類がある。

❸共有結合　2 つの原子が不対電子を出しあって電子対をつくり，この電子対を共有することによって共有結合が形成される。共有されている電子対を共有電子対といい，**両者の元素記号の間にかく。**一方，結合に関与しない電子対を非共有電子対(または孤立電子対)という。

❹共有結合の表し方　電子式を使って，フッ化水素HF，水H_2O，アンモニアNH_3，メタンCH_4の共有結合のようすを表すと右の図51のようになる。

❺分子の電子式　原子の不対電子をすべて出しあって電子対をつくり，**分子中の各原子は貴ガスと同じ電子配置になっている。**すなわち，水素原子以外の原子では最外殻電子の数は 8 個になる(水素原子では 2 個)。

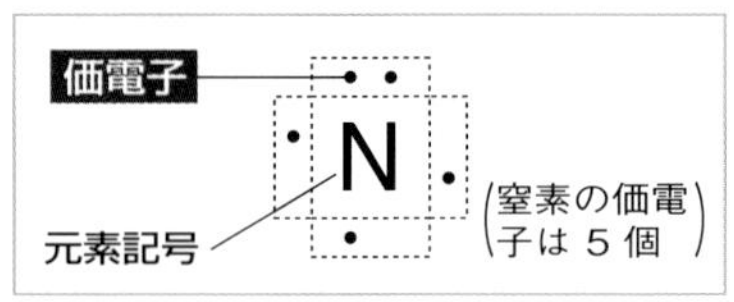

図50　原子の電子式の書き方

視点　①元素記号の上下左右 4 つの長方形を想定し，価電子をなるべく別べつの長方形に入れる。
② 4 つの長方形は等価であり価電子を 2 個までどこから入れてもよい。

表19　周期表14族～18族元素の電子式

族	14	15	16	17	18
電子式	·C·	·N·	:O·	:F·	:Ne:
	·Si·	·P·	:S·	:Cl·	:Ar:

補足　上表では，族番号 −10が最外殻電子の数となる。不対電子を赤丸で示した。

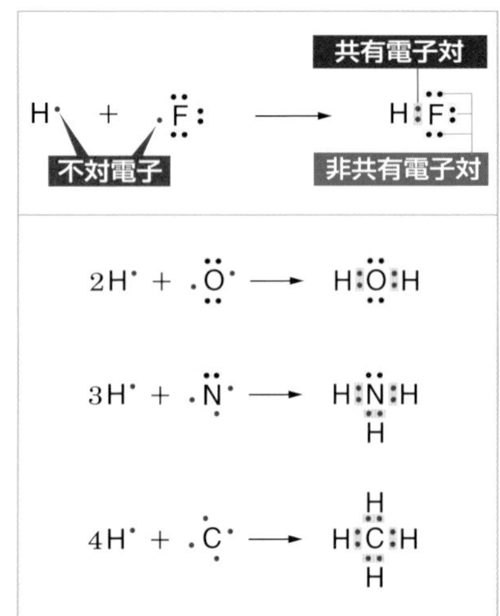

図51　不対電子と電子対

- 不対電子　⇨対になっていない単独の電子
- 共有電子対　⇨2原子間で共有しあって，結合をつくっている電子対
- 非共有電子対⇨原子間で共有されていない電子対

分子の電子式
- 原子の不対電子は，分子の共有電子対になるようにかく。
- 元素記号のまわりの電子の数は，Hは2個，他の元素では8個になることが多い。

例題　**電子式**

次の(1)～(4)の分子を，電子式で表せ。

(1)　四塩化炭素　CCl_4　　　(2)　二酸化炭素　CO_2

(3)　メタノール　CH_3OH　　　(4)　シアン化水素　HCN

着眼　各原子が不対(ふつい)電子を出しあうことによって共有電子対ができるが，共有結合したあとの各原子の電子配置は，一般的に貴ガス型の電子配置になることから考えよ。

解説　(1)　不対電子が残らず，各原子の電子配置が貴ガス型の電子配置(H原子のまわりに2個，他の原子のまわりには8個の電子がある状態)になるように組み合わせる。よって，

·Ċ· と :C̈l· から，電子式は

```
    ‥
   :Cl:
 ‥  ‥  ‥
:Cl:C:Cl:
 ‥  ‥  ‥
   :Cl:
    ‥
```
…答

(2)　Cの不対電子は4個，Oの不対電子は2個であるから，不対電子を2個ずつ出しあって2対の共有電子対となる。よって，

·Ċ· と ·Ö· から，電子式は :Ö::C::Ö: …答

(3)　·Ċ· と H· と ·Ö· から，電子式は

```
   H
   ‥  ‥
H:C:O:H
   ‥  ‥
   H
```
…答

(4)　H· と ·Ċ· と ·N̈· から，電子式は H:C⁝⁝N: …答

3 分子の表し方 ！重要

❶分子式 分子を構成する原子の種類と数を表した化学式を分子式という。

例 水素分子(水素原子 2 個) ⟶ H_2

水分子(水素原子 2 個と酸素原子 1 個) ⟶ H_2O

❷構造式 1 対の共有電子対を 1 本の線(価標)で表し，分子内の原子の結びつきを示した化学式を構造式という。構造式を書くときは，**各原子から出てくる線の数は不対(ふつい)電子の数と同じになるようにする。**

表20 分子式・構造式と分子の形

分子名	水 素	窒 素	酸 素	フッ素	二酸化炭素
分子モデル	H H (直線形)	N N (直線形)	O O (直線形)	F F (直線形)	O C O (直線形)
分子式	H_2	N_2	O_2	F_2	CO_2
電子式	H:H	:N⋮⋮N:	(★1)	:F:F:	:O::C::O:
構造式	H−H ↑ 単結合	N≡N ↑ 三重結合	O=O ↑ 二重結合	F−F	O=C=O

分子名	メタン	アンモニア	水	フッ化水素
分子モデル	H C H H H (正四面体形)	N H H H (三角錐形)	O H H (折れ線形)	H F (直線形)
分子式	CH_4	NH_3	H_2O	HF
電子式	H:C:H (上下にH)	H:N:H (下にH)	H:O:H	H:F:
構造式	H−C−H (上下に H)	H−N−H (下に H)	H−O−H	H−F

★1 O_2における二重結合のうちの 1 つの結合は，他の結合とは異なり，反結合性軌道という軌道が形成されたことによる複雑な結合のしかたをしており，通常の電子式の表示は不適切とされている。

❸原子価　構造式における各原子から出る線の数を原子価といい，不対(ふつい)電子の数と一致する。原子価は原子のもつ手(結合の手)の数ということもでき，各原子によってほぼ決まった数になる。

原子価を使って，構造式を求め，電子式を導くこともできる。

表21　電子式・結合の線(価標)の数・原子価

	炭素	窒素	酸素	フッ素
周期表の族	14	15	16	17
価電子の数	4	5	6	7
電子式	·Ċ· (不対電子4)	·N̈· (非共有電子対1, 不対電子3)	·Ö· (非共有電子対2, 不対電子2)	·F̈: (非共有電子対3, 不対電子1)
結合の線(価標)の数	−C− (4本)	−N− (3本)	−O−	−F
原子価	4	3	2	1

例 **[硫化水素]**　硫黄は，酸素と同じ16族だから原子価は2。水素の原子価は1だから次の組み合わせで分子ができる。−S− と −H から，

構造式は，H−S−H

電子式は，硫黄の非共有電子対を加えて，　H:S̈:H

[窒素分子]　−N− と −N− から，構造式は N≡N　電子式は N̈⋮⋮N̈

構造式は非共有電子対を書かないので，**構造式から電子式を導くときには，非共有電子対を忘れないように注意する。**

❹結合の種類　共有結合は，原子間の共有結合を何本の線で表すかによって次のように分類される。

- **単結合**……1本の線で表せる共有結合＝共有されている電子は2個(1対)
- **二重結合**…2本の線で表せる共有結合＝共有されている電子は4個(2対)
- **三重結合**…3本の線で表せる共有結合＝共有されている電子は6個(3対)

❺分子の分類　分子は，何個の原子からできているかによって，次のように分類される。

- **単原子分子**…1個の原子からなる分子　例 He，Ne，Ar
- **二原子分子**…2個の原子からなる分子　例 H_2，O_2，N_2，HCl
- **多原子分子**…3個以上の原子からなる分子　例 H_2O，CO_2，NH_3，CH_4

補足　貴ガスの原子は，原子のまま安定で，その1個の原子を分子ともみなせる。

❻分子と共有結合　非金属元素どうしの原子間は，おもに共有結合で結ばれ，分子をつくることが多い。すでに学習したように，金属元素と非金属元素が結合する場合の原子間は，おもにイオン結合で結ばれ，分子をつくらない。

構造式⇨分子内の原子の結びつきを線で示した式
不対電子の数＝結合の線の数＝原子価

4 配位結合

❶配位結合　共有電子対の電子が，一方の原子からのみ提供されてできる共有結合を，特に配位結合という。配位結合は共有結合の特別の場合である。配位結合をするものの例として，アンモニウムイオンNH_4^+，オキソニウムイオンH_3O^+のほかに，錯イオンがある。

❷アンモニウムイオン　濃塩酸(塩化水素水溶液)の入った試験管の口に，濃アンモニア水をつけたガラス棒を近づけると，揮発した塩化水素HClとアンモニアNH_3が接触して，塩化アンモニウムNH_4Clができ，白煙を生じる。このとき，NH_3分子の中のN原子の非共有電子対に塩化水素から生じた水素イオンH^+が配位結合してアンモニウムイオンNH_4^+ができている。

図52 NH_3とHClの反応

$$NH_3 \quad + \quad H^+ \longrightarrow NH_4^+$$

これを電子式で示すと，次のようになる(窒素原子からの電子を赤丸で表示)。このNH_4^+における４つのN－H結合はまったく同等で区別することができない。

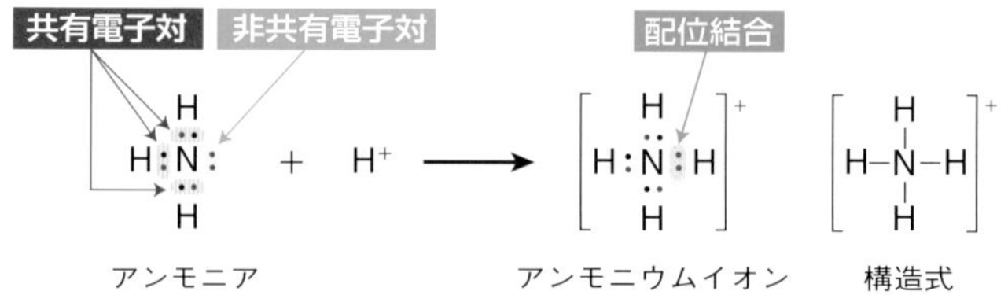

❸オキソニウムイオン　塩酸や硫酸などの酸の水溶液において，オキソニウムイオンH_3O^+が存在する。オキソニウムイオンも，水分子に水素イオンが配位結合してできたものである。

$$H_2O \quad + \quad H^+ \longrightarrow H_3O^+$$

この反応を電子式で示すと，下の左のようになる(酸素原子からの電子を赤丸で表示)。また，オキソニウムイオンの構造式は下の右のようになる。

H：Ö：H　＋　H^+　⟶　[H：Ö：H (下にH)]$^+$　　[H－O－H (下にH)]$^+$

オキソニウムイオン　　構造式

配位結合⇨一方の原子から**非共有電子対が提供されてできる共有結合。不対電子による共有結合と，電子の提供のしかただけが異なる。**

❹錯イオン　金属イオン(Cu^{2+}，Ag^{+} など)に，非共有電子対をもった分子や陰イオンが配位結合してできたイオンを**錯イオン**という。錯イオンにおいて，金属イオンに結合した分子や陰イオンを**配位子**といい，その数を**配位数**という。たとえば，銅のアンモニア錯イオン$[Cu(NH_3)_4]^{2+}$の配位子はNH_3であり，配位数は4である。

➕発展ゼミ　錯イオンの構造と名称

●銅のアンモニア錯イオン

硫酸銅(Ⅱ) $CuSO_4$ の青色水溶液にアンモニア水を加えると水酸化銅(Ⅱ) $Cu(OH)_2$ の青白色沈殿を生じるが，さらにアンモニア水を加えると深青色の溶液になる。これはNH_3分子がCu^{2+}と配位結合した錯イオン(テトラアンミン銅(Ⅱ)イオン)が生じるからである。

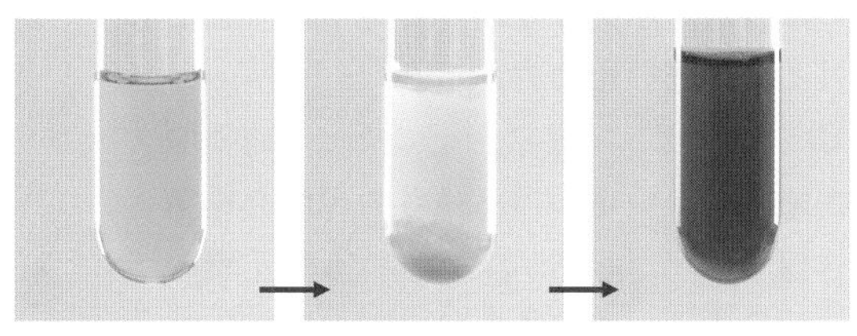

図53 テトラアンミン銅(Ⅱ)イオンの生成

$$Cu^{2+} + 4NH_3 \longrightarrow [Cu(NH_3)_4]^{2+}$$

直線形(2配位)

CN⁻　Ag⁺　CN⁻

ジシアニド銀(Ⅰ)酸イオン $[Ag(CN)_2]^-$ (無色)

正方形(4配位)

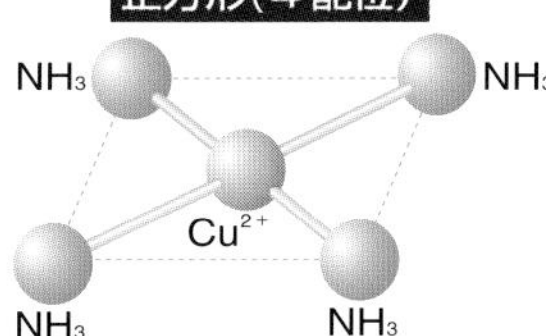

テトラアンミン銅(Ⅱ)イオン $[Cu(NH_3)_4]^{2+}$ (深青色)

正四面体形(4配位)

NH₃　Zn²⁺　NH₃　NH₃　NH₃

テトラアンミン亜鉛(Ⅱ)イオン $[Zn(NH_3)_4]^{2+}$ (無色)

正八面体形(6配位)

CN⁻　CN⁻　CN⁻　Fe³⁺　CN⁻　CN⁻　CN⁻

ヘキサシアニド鉄(Ⅲ)酸イオン $[Fe(CN)_6]^{3-}$ (黄色)

図54 おもな錯イオンの形と色

●錯イオンの名称　次のようにつける。

配位数＋配位子名

＋金属イオン(イオンの価数)＋イオン

ただし，錯イオンが陰イオンの場合は，「～酸イオン」と「酸」を入れてよぶ。

配位数は表22の左のような数詞が，配位子は表22の右のような名称がついている。

図54にあるおもな錯イオンの名称もこれにしたがってつけられている。

表22 配位数の数詞と配位子の名称

配位数	数詞
1	モノ
2	ジ
3	トリ
4	テトラ
5	ペンタ
6	ヘキサ

配位子	名称
NH_3	アンミン
CN^-	シアニド
Cl^-	クロリド
Br^-	ブロミド
OH^-	ヒドロキシド
H_2O	アクア

2 分子の極性と水素結合

1 電気陰性度と結合の極性 ①重要

❶共有電子対のかたより　塩化水素分子HClでは，共有電子対は塩素原子のほうに少し引き寄せられている。これは，塩素原子のほうが，水素原子よりも電子対を引きつける力が強いためである。

❷電気陰性度　共有結合をつくっている原子が電子対を引きつける強さの尺度を電気陰性度という。図55のように典型元素の電気陰性度は，**貴ガスを除いて，周期表で右上へ行くほど大きくなる。**図55において，電気陰性度が最も大きいのがフッ素Fである。

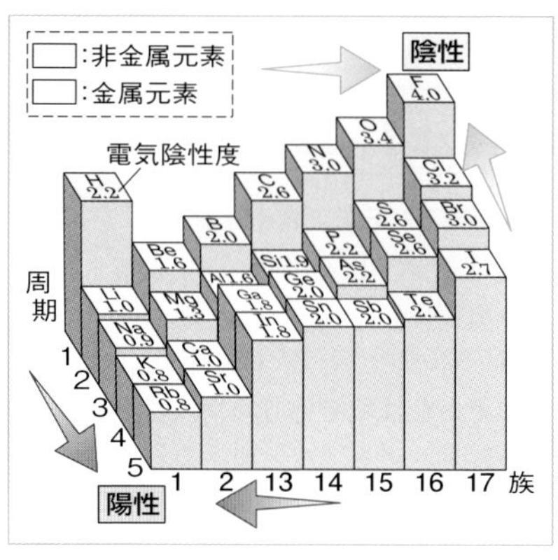

図55 電気陰性度(ポーリングの値)

補足 電気陰性度には，ポーリングによって，結合エネルギーから導かれたものと，マリケンによって，イオン化エネルギーと電子親和力の平均値から導かれたものがある。図55では，ポーリングの電気陰性度を表している。

❸結合の極性　異なる元素の原子間の共有結合では，電気陰性度の大きい原子のほうに，共有電子対はかたよって存在する。そのため，電気陰性度の大きい原子は，少しだけ負の電荷$\delta-$を帯び，電気陰性度の小さい原子は，少しだけ正の電荷$\delta+$を帯びる。

このように，結合に電荷のかたよりがあることを，結合に極性があるという。

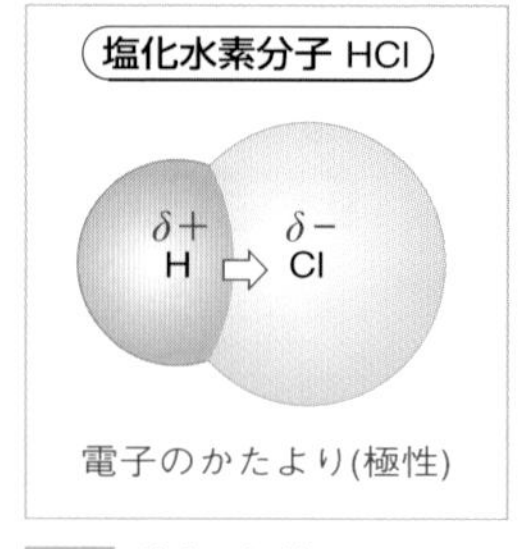

図56 結合の極性

❹電気陰性度と共有結合・イオン結合　**極性の強さは，結合した原子間の電気陰性度の差が大きいほど大きい。**

そして，電気陰性度の差が著しく大きい場合は，一方の原子に電子対が極端にかたよるため，イオン結合を形成する。

補足 一般に，ポーリングの電気陰性度の差が1.7以下の結合の多くは**共有結合**，電気陰性度の差が1.7以上の結合の多くは**イオン結合**として区別されるが，異種原子間の結合には，**共有結合性とイオン結合性の両方が含まれている。**たとえば，塩化水素分子H−Clの場合，約83 %が共有結合性で，約17 %がイオン結合性の結合である。

原子間	電気陰性度の差	
Cl−Cl	0	⇨ 極性のない共有結合
H−Cl	1.0	⇨ 極性のある共有結合
NaCl	2.3	⇨ イオン結合

2 極性分子と無極性分子

❶**極性分子と無極性分子**　水素分子H_2や塩素分子Cl_2のように，極性のない分子を無極性分子といい，塩化水素分子HClのように，極性のある分子を極性分子という。

❷**分子の形と分子の極性**　二原子分子の場合は，結合の極性が分子の極性になるが，**3原子以上の原子からなる分子では，分子の極性は分子の形が関係する。**たとえば，直線形の二酸化炭素分子O=C=Oは，2つのC=O結合に極性があるが，それらの方向が正反対なので互いに打ち消しあい，分子全体としては無極性分子である。これに対して，折れ線形の水分子は，全体として極性が打ち消されないので，極性分子である。分子間に電荷のかたよりによる静電気力がはたらくので，**極性分子では，無極性分子よりも分子間にはたらく力が大きい。**

補足　結合の極性はベクトルであり，分子内のすべての極性の和が0ベクトルであれば，無極性分子と判断できる（☞図58）。

> **COLUMN**
>
> ### 電気の力で曲がる水
>
> 水道の水を細く流し，これにナイロンの布でよくこすったプラスチック製の定規を近づけると，水が定規のほうに引き寄せられる。これは，**水が極性分子であることが1つの原因になっている。**つまり，定規の負の電荷に，水分子の正の電荷を帯びた部分が引きつけられることになり，“異種の電荷を帯びた物質どうしは引きあう”という原理がはたらくわけだ。
>
> 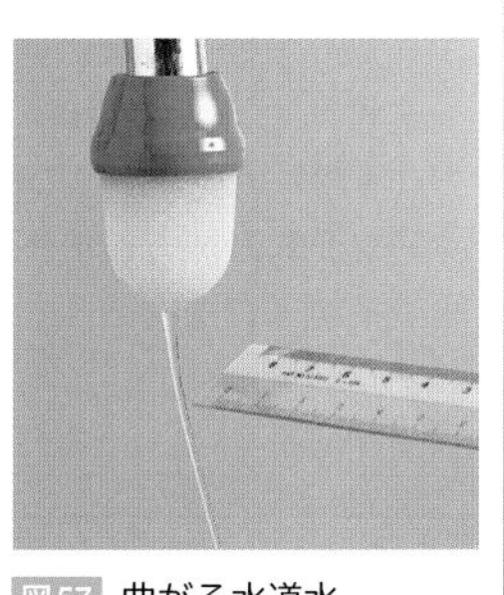
>
> 図57　曲がる水道水

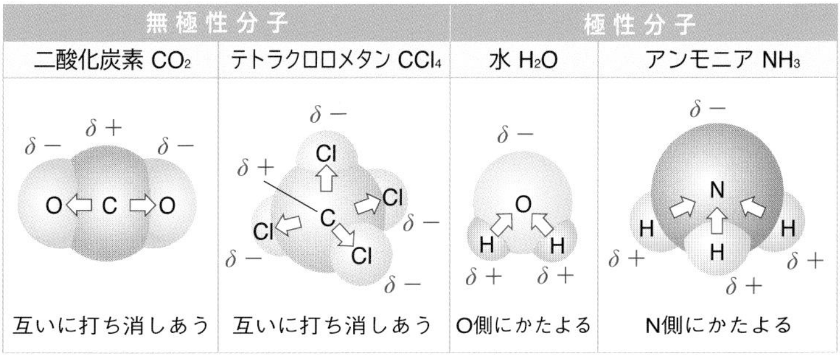

図58　分子の形と，無極性分子・極性分子

視点　⇨は，その結合だけの場合の共有電子対のかたよろうとする方向を示す。

無極性分子		極性分子	
二酸化炭素 CO_2	テトラクロロメタン CCl_4	水 H_2O	アンモニア NH_3
δ− δ+ δ− O⇦C⇨O	δ+ δ− δ− δ− Cl Cl Cl Cl C	δ− O H H δ+ δ+	δ− N H H H δ+ δ+ δ+
互いに打ち消しあう	互いに打ち消しあう	O側にかたよる	N側にかたよる

単体⇨無極性分子

異種二原子分子の化合物⇨極性分子

多原子分子の化合物
- **対称構造（直線形・正四面体形）⇨無極性分子**
- **非対称構造（折れ線形・三角錐形）⇨極性分子**

⊕発展ゼミ　電子の軌道と分子の形

●**メタンCH_4**　C原子の4個の価電子は，2s軌道に2個，2p軌道に2個あり，この状態では不対電子が2個しかなく，4個の水素原子と結合できない。C原子が4個の水素と結合する理由は次のように説明される。少しのエネルギーにより，2s軌道の電子1個が空席の2p軌道に移り，さらに2s軌道1個と2p軌道3個が混じりあって4個の等価な新しい軌道がつくられる。これをsp^3（エス・ピー・スリー）混成軌道という。

4個のsp^3混成軌道は，互いの電子の反発により正四面体の各頂点方向にのびた形をしており，4個の水素原子と共有結合したメタンCH_4は正四面体構造となり，結合角は109.5°となる。

●**アンモニアNH_3と水H_2O**　NH_3分子には非共有電子対が1対，H_2Oには2対あるが，この非共有電子対を含めると，正四面体に近い構造になる。これらの分子では，**非共有電子対による反発により，結合角は狭められて**，NH_3では106.7°，H_2Oでは104.5°になる。

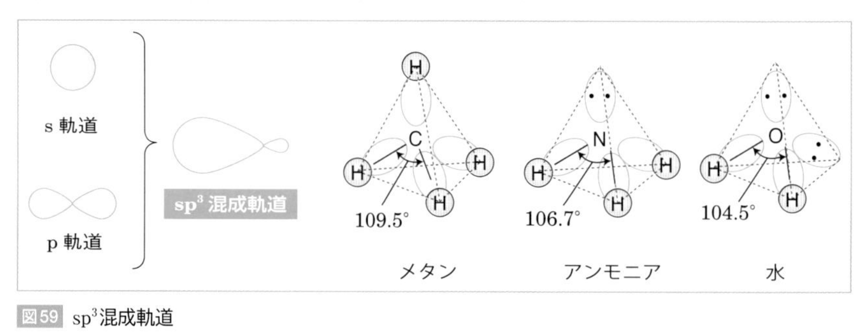

図59　sp^3混成軌道

3 分子間力と分子結晶

❶分子間力　二酸化炭素CO_2，ヨウ素I_2などの固体は，分子が規則正しく配列していて，分子間に弱い引力がはたらいている。このように，極性の有無によらず，すべての分子間にはたらく弱い力をファンデルワールス力という。ファンデルワールス力など，分子間にはたらく弱い力をまとめて分子間力という。

❷分子間力の強弱

①**分子量の大小**　右の図60は，ハロゲン，貴ガスの単体の融点と分子の相対的質量（分子量☞p.78）の関係をグラフにしたものである。このように，分子構造の似ている物質についてみれば，**分子量が大きいほど融点が高くなる**。これは分子量が大きいほどファンデルワールス力が強くはたらくためである。

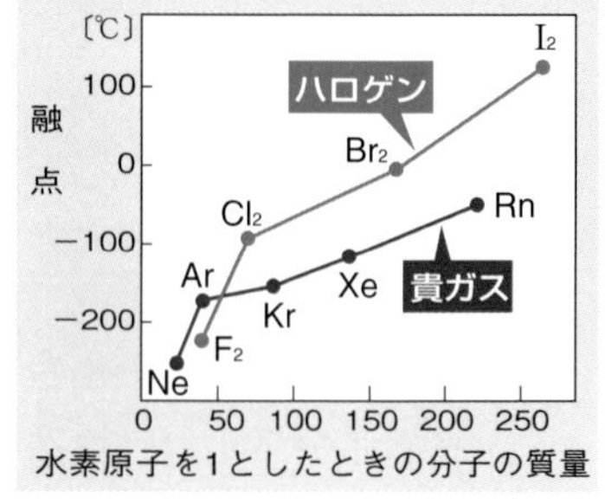

図60　無極性物質の分子量と融点

②**極性の有無** 極性分子では，分子間に電荷のかたよりによる静電気力がはたらくので，無極性分子よりも分子間力は大きい。そのため，分子の質量がほぼ等しい場合，無極性分子と極性分子を比べると**極性分子のほうが融点・沸点は高い。**

例 {無極性分子…フッ素F_2（分子量38）⟶ 沸点 −188℃
極性分子…塩化水素HCl（分子量36.5）⟶ 沸点 −85℃

❸分子結晶 二酸化炭素CO_2の結晶（ドライアイス）は，CO_2分子が図61のように規則正しく配列してできている。このように，多数の分子が規則正しく配列してできた結晶を，**分子結晶**という。分子結晶は分子間力が弱いため，一般に柔らかく，融点・沸点が低く，常温で液体や気体であるものが多い。また，昇華(しょうか)しやすいものが多い。

例 常温における分子結晶 ヨウ素I_2，ナフタレン$C_{10}H_8$，尿素$CO(NH_2)_2$

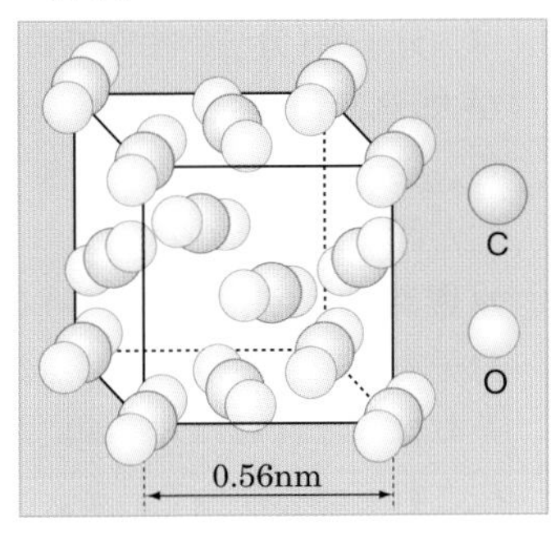

図61 ドライアイスの結晶構造

4 水素結合 ①重要

❶水素結合の形成 フッ化水素分子HFでは，水素原子Hに比べてフッ素原子Fの電気陰性度が大きい（☞p.52）。そのため，HF分子の極性は大きい。このとき，H原子にはもともと電子が1個しかなく，その電子がF原子に引き寄せられているため，H原子の原子核は裸に近い状態になっている。このような状態のH原子は，他の分子中の電気陰性度の大きい原子の非共有電子対と結びつくようになる。このように，**H原子をなかだちとしてできる分子間の結合を，水素結合**という。水素結合を形成する電気陰性度が大きい元素は，周期表の第2周期に位置するフッ素F，酸素O，窒素Nに限られる。

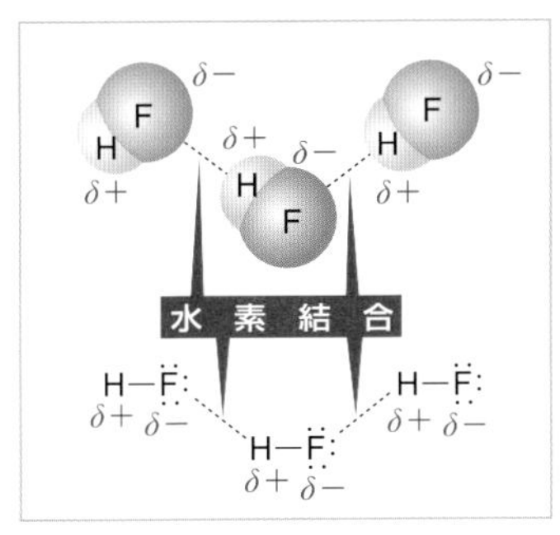

図62 HFの水素結合

補足 第3周期に位置する塩素の場合，電気陰性度は大きいが，第2周期に位置するF，O，Nより原子半径が一回り大きいため，水素原子に近づけず，強い引力がはたらかない。

水素結合⇨HF，H_2O，NH_3のH原子をなかだちとした分子間の結合

❷水素結合と沸点

①**分子量と沸点**　図63で，周期表の14族から17族元素の水素化合物の沸点を比較すると，全体として右上がりになっており，分子構造の似ている物質については，**分子量(分子の相対的質量，☞p.78)が大きいほど沸点が高くなる**ことがわかる。これは，分子量が大きいほど分子間力が強くなるためである。

②**水素結合と沸点**　HF，H_2O，NH_3は，分子量が小さいのに，沸点が異常に高い。それは，これらの**分子間に水素結合が形成されている**からである。

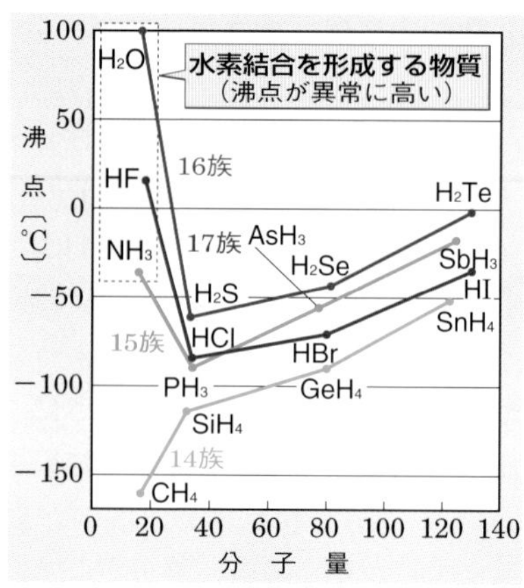

図63　水素化合物の沸点

③**水素結合の強さ**　共有結合＞水素結合＞ファンデルワールス力　の順に強く，その比は，およそ100：10：1である。

❸氷の結晶構造

氷は，水分子H_2Oが，図64のように規則正しく配列してできている。つまり，H_2O分子中のO原子を中心として正四面体の重心から頂点に向かって，O−H…Oと，O…H−Oの結合が連続した形になっていて，すき間の多い構造になっている。水は，この結晶構造がくずれた状態であり，すき間がなくなるので，体積は氷より減少する。このため，0℃の水の密度は，0℃の氷の密度よりも大きい。

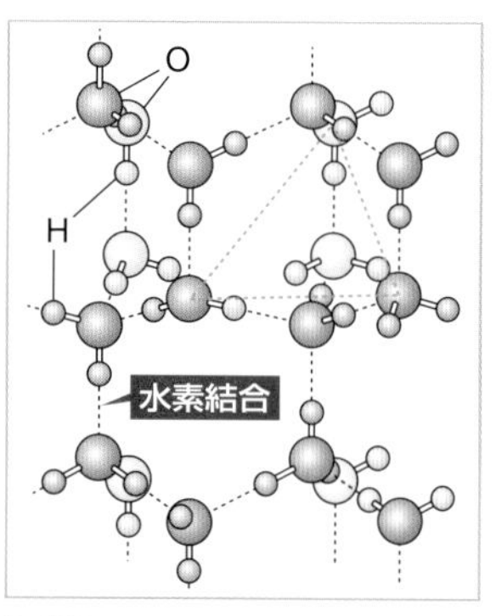

図64　氷の結晶構造

このSECTIONのまとめ　共有結合と分子

□分子の形成と表し方 ☞p.45	・**共有結合**…電子を共有して安定な電子配置をとる。 ・**電子式**…原子の**不対電子は，分子の共有電子対になる。** ・**構造式**…線を用いて原子の結合関係を示した式。 ・**配位結合**…一方の原子から非共有電子対が提供される。
□分子の極性と水素結合 ☞p.52	・**電気陰性度**…電子対を引きつける力の尺度。 ・**極性分子**…電気的なかたよりのある分子。 ・**水素結合**…HF，H_2O，NH_3の**H原子をなかだちとした**分子間の結合。

3 分子からなる物質

1 分子からなる物質

1 分子からなる物質の共通の性質

非金属元素の原子間はおもに共有結合で結ばれ，その多くは分子を形成する。分子間は弱い分子間力しかはたらかない。一般に，分子からなる物質や分子結晶には，次のような共通する性質がある。

❶融点・沸点　分子間力は弱い結びつきであるため，**融点・沸点は低いものが多く，常温で液体や気体であるものが多い。**また，ヨウ素I_2，ナフタレン$C_{10}H_8$などのように，昇華(しょうか)しやすいものが多い。

図65　昇華したヨウ素とその凝華

分子構造の似ている物質についてみれば，**分子量**(**分子の相対的質量**☞p.78)**が大きいほど融点が高くなる。**また，分子量が等しい場合，静電気力がはたらく**極性分子のほうが高くなる。**さらに，フッ化水素HF，水H_2O，アンモニアNH_3には，分子間に水素結合が形成されるため，融点・沸点はさらに高くなる。

❷硬さ　分子間力が弱いため，**分子結晶はやわらかくてもろい。**

❸電気伝導性　移動できる電子がないので，**電気を通さない。**

❹水溶性　水素H_2，メタンCH_4のようにほとんど水に溶けないものもあるが，塩化水素HClやスクロース(砂糖)のように水に溶けるものもある。水に溶ける場合，塩化水素HClのように陽イオンと陰イオンにわかれる電解質もあるが，スクロース，エタノール(アルコールの一種)，尿素$(NH_2)_2CO$のように，分子のまま溶ける非電解質もある。

2 非金属元素の単体の性質

❶貴ガス　貴ガスの原子の価電子の数は0個であり，化学結合をつくりにくい。したがって常温では**単原子分子の気体として存在する。**反応しにくいため，アルゴンAr，ネオンNeは電球や放電管などの封入ガスに，また，軽くて燃焼しないためヘリウムHeは，気球や飛行船用のガスに利用されている。

図66　Heガスが封入された飛行船

❷二原子分子　水素H_2，窒素N_2，酸素O_2およびハロゲンのフッ素F_2，塩素Cl_2，臭素Br_2，ヨウ素I_2は二原子分子からなり，常温でほとんどが気体であるが，分子量の大きいBr_2は液体，I_2は固体である。

❸多原子分子　黄リンP_4や硫黄S_8は，多原子分子であり，いずれも固体である。

❹共有結合の結晶　炭素Cとケイ素Siの単体は，結晶内の原子がすべて共有結合で結ばれ，小さな分子は存在しない。よって，分子からなる物質でなく共有結合の結晶(☞ p.62)に分類される。

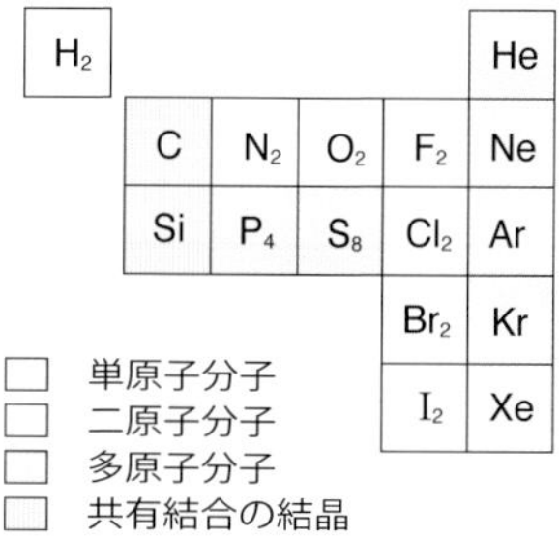

H_2					He
	C	N_2	O_2	F_2	Ne
	Si	P_4	S_8	Cl_2	Ar
				Br_2	Kr
				I_2	Xe

□ 単原子分子
□ 二原子分子
□ 多原子分子
□ 共有結合の結晶

図67 非金属元素の単体の化学式と分子・結晶の種類

補足 酸素O_2の同素体であるオゾンO_3は多原子分子からなる。

❺非金属元素の単体の反応性

①**水との反応**　フッ素は激しく反応して水を分解する。塩素，臭素は水に少し溶け，一部分が反応する。その他の単体は，水にほとんど溶けない。

②**水素との反応**　フッ素は低温，暗所でも爆発的に反応する。塩素は光を当てただけで爆発的に反応する。

③**燃焼**　黄リンは空気中に放置しただけで自然に発火する。硫黄は空気中で点火すると青い炎をあげて燃焼する。水素は空気中で点火すると爆発的に燃焼する。

3 水素化合物の性質

❶非金属のおもな水素化合物　水，フッ化水素を除いて常温で気体である。

アンモニアNH_3の水溶液は塩基性を示し，リトマス紙を青に変える。硫化水素H_2S，フッ化水素HF，塩化水素HClの水溶液は酸性を示し，リトマス紙を赤に変える。特に塩化水素の水溶液は塩酸ともよばれ，強い酸性を示す。硫化水素は，火山ガスや鉱泉(こうせん)に含まれる，無色であり腐卵臭の有毒な気体である。メタンはほとんど水に溶けない。

メタン CH_4 中性	アンモニア NH_3 弱塩基性	水 H_2O 中性	フッ化水素 HF 弱酸性
		硫化水素 H_2S 弱酸性	塩化水素 HCl 強酸性

図68 非金属元素の水素化合物

❷水の特異性

水は非常に身近な物質だが，次のような特異な性質をもっている。

①**氷の密度**　氷は，水分子H_2Oが他の水分子4個と水素結合で結びついたすき間の多い構造(☞ p.56)のため，**液体の水より密度が小さい。**

補足 水以外では，液体より固体のほうが密度が小さい物質は，ビスマスBiなどきわめてまれである。

②**4℃の水**　0℃の水は水素結合の一部が切れて，すき間に水分子が入り込み，密度は大きくなる。しかし，水素結合はかなり残っており，温度を上げると，水素結合が少しずつこわれて，4℃まで**密度はさらに大きくなる。**その後は熱運動による膨張がまさり，密度は小さくなる。

③**比熱**　**物質1gを温度1℃上げるのに要する熱量**を比熱という。水の水素結合は気体になるまで残っているので，水の温度上昇は水素結合を切りながら行われる。このため，**他の液体に比べてかなり大きい比熱をもつ。**この温まりにくく冷めにくい水の性質が，地球表面の急激な温度変化をおさえている。

補足　水の比熱は，鉄や銅の約10倍である。

④**溶解**　水は多くの物質をよく溶かす。塩化ナトリウムなどの**イオン結晶が溶けるのは，強い極性をもつ水分子が，イオンと結びついて取り囲み，イオン結合を弱めるため**である。このほか，塩化水素HClなどの極性分子や，アルコール・糖類(いずれも−OHをもつ)など，水と水素結合を形成する有機化合物もよく溶かす。

4 非金属元素の酸化物

❶炭素の酸化物　石油・石炭など，炭素あるいは炭素化合物を空気中で燃焼させると二酸化炭素CO_2を生じる。二酸化炭素は，無色・無臭の気体で，大気中に0.04％含まれる。地球温暖化への影響を及ぼす温室効果ガスで，排出量の制限が強く求められている。固体の二酸化炭素はドライアイスとよばれ，−79℃で昇華(しょうか)して熱を奪うので，冷却剤として用いられる。一酸化炭素COは，炭素の不完全燃焼などで発生する。水に溶けにくい無色・無臭の気体で，人体にきわめて有毒である。

❷窒素の酸化物　自動車のエンジン内で燃料が爆発的に燃焼するとき，高温・高圧になるため，大気中では通常起こりえない窒素と酸素との反応が起きて，わずかではあるが一酸化窒素NOが生じる。一酸化窒素は，大気中に出ると空気中の酸素や水と反応して硝酸HNO_3を生じるので，酸性雨の原因のひとつになる。

❸二酸化硫黄　石炭や石油などには微量の硫黄が含まれているため，これらの燃焼により二酸化硫黄SO_2が発生する。そのまま大気に放出されると，大気中で酸化され，雨水に溶けて硫酸H_2SO_4を生じ，酸性雨のもうひとつの原因物質となる。近年，わが国では科学技術の向上により，これらの排出量は減少している。

5 有機化合物

❶有機化合物　炭素を含む化合物を有機化合物といい，それ以外の物質を無機物質という。糖類やタンパク質，油脂など，動植物すなわち有機体の生命活動を維持する物質のほとんどは，有機化合物である。

補足　CO_2，CO，$CaCO_3$などは炭素を含む化合物であるが，習慣として無機物質として扱う。

❷炭化水素　炭素と水素だけでできている化合物を炭化水素という。

①**アルカン**　炭素原子どうしがすべて単結合で結合して，鎖状(環をつくらないという意味)の炭化水素をアルカンという。メタンCH_4は天然ガスの主成分であり都市ガスとして用いられる。エタンC_2H_6は石油化学製品の原料，プロパンC_3H_8は家庭用ガス，ブタンC_4H_{10}はライターの燃料に使われる。このように，炭素Cは，原子どうしがいくつも結ばれて安定な化合物をつくるという特徴がある。

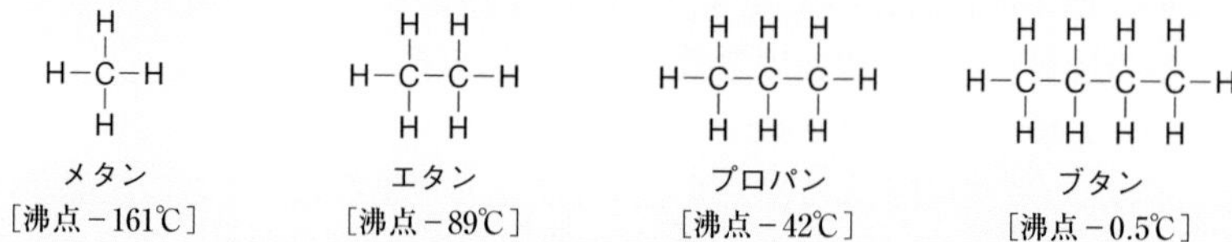

メタン［沸点−161℃］　エタン［沸点−89℃］　プロパン［沸点−42℃］　ブタン［沸点−0.5℃］

②**その他の炭化水素**　二重結合，三重結合をもつ炭化水素(例；エチレン，アセチレン)，環状構造をもつ炭化水素(例；シクロヘキサン，ベンゼン)などがある。

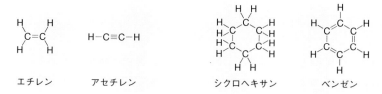

エチレン　アセチレン　シクロヘキサン　ベンゼン

❸アルコール　アルコールは，ヒドロキシ基−OHをもつ有機化合物である。メタノールCH_3OHは有毒な液体で，燃料，溶剤として用いられる。エタノールC_2H_5OHは燃料，溶剤のほか消毒薬として用いられる。また，発酵で生成したエタノールは飲料(酒類)として用いられる。これらのアルコールは，**水によく溶け，同分子量(☞ p.78)の炭化水素より沸点が高い。**これは，アルコール分子どうしの間に水素結合が形成されるからである。

❹カルボン酸　カルボキシ基−COOHをもつ有機化合物をカルボン酸という。ギ酸HCOOHはハチやアリの毒腺中に含まれており，酢酸CH_3COOHは食酢に4～5％含まれている。これらのカルボン酸は，刺激臭のある液体で，**水によく溶けて弱い酸性を示す。**また，カルボン酸の分子間にも強い水素結合が形成されていて，**同分子量のアルコールより沸点が高い。**

メタノール［沸点65℃］　エタノール［沸点78℃］　ギ(蟻)酸［沸点101℃］　酢　酸［沸点118℃］

6 高分子化合物

❶高分子化合物　ふつうの分子は，数十個以下の原子からなるのに対して，数千個以上の原子からなる大きな分子からできている化合物を高分子化合物という。

補足　高分子化合物のほとんどが**有機高分子化合物**であり，分子量は1万以上である。

❷単量体と重合体(じゅうごう)　高分子化合物は，小さな分子が次々と鎖のようにつながって形成される。この原料になる小さな分子を単量体(モノマー)といい，単量体が多数結合した高分子化合物を重合体(ポリマー)という。多数の単量体が結合して重合体になる反応を重合とよぶ。

❸付加(ふか)重合　ポリエチレンは，多数のエチレン分子$CH_2=CH_2$どうしが結合してできる重合体である。エチレンどうしが結合するとき，二重結合のうち片方の結合が切れて，となりのエチレン分子との結合に組みかえて，互いに連結していく。このような，二重結合などが開いて結合する重合を付加重合という。

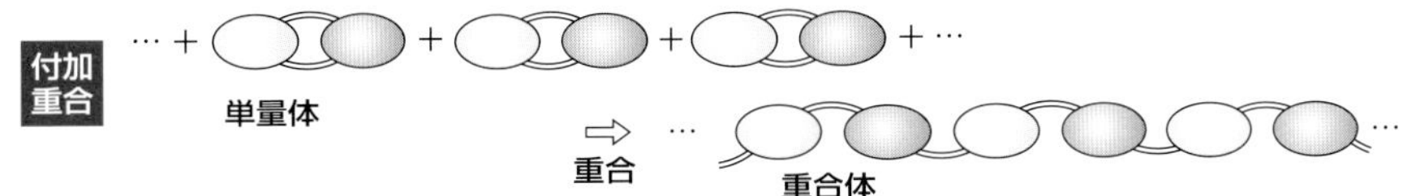

図69　付加重合のモデル

❹縮合(しゅくごう)重合　ポリエステルの1つであるポリエチレンテレフタラート(polyethylene terephthalate 略してPET(ペット))は，テレフタル酸分子$HOOC-C_6H_4-COOH$とエチレングリコール分子$HO-C_2H_4-OH$の間で，水分子が取れながら次々と結合してできる重合体である。このように，水のような小さな分子が取れて結合することを縮合といい，縮合による重合を縮合重合(重縮合)という。

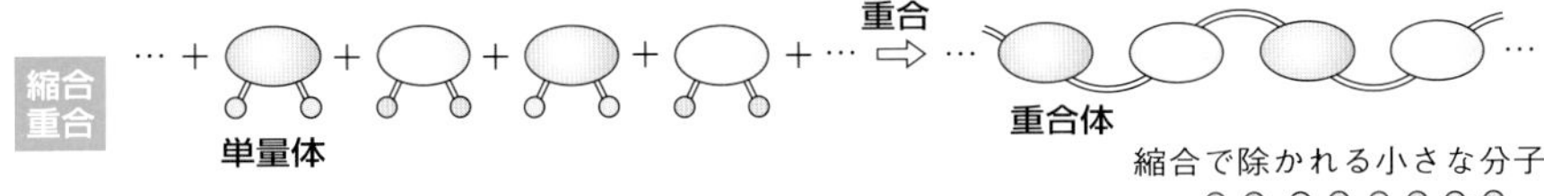

図70　縮合重合のモデル

❺プラスチックの用途　高分子化合物の1つである，プラスチック(合成樹脂)は合成繊維や容器，シートなど広く用いられる。プラスチックからできた物質は，熱や力を加えて変形できる。たとえば，ポリエチレンテレフタラート(PET)は，糸状に引き延ばせば繊維に，薄く広げるとフィルムに，型に入れて成形すればペットボトルなどの容器になる。

図71　PET製ワイシャツとペットボトル

2 | 共有結合の結晶

1 炭素原子がつくる共有結合の結晶 ①重要

❶ダイヤモンド　ダイヤモンドの結晶は，図72のように，1個の炭素原子に4個の炭素原子が共有結合で結合し，この結合がつぎつぎに立体的にくり返してできた構造になっている。このように，多数の原子がつぎつぎに共有結合して，全体が1つの分子とみなせる結晶を共有結合の結晶という。

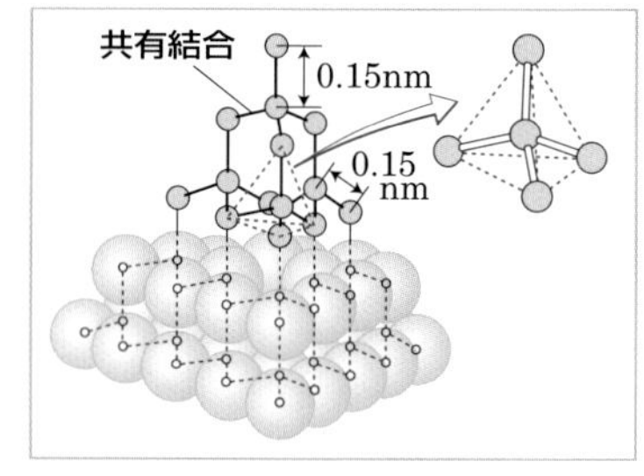

図72 ダイヤモンドの結晶構造

視点 正四面体の中心にあるC原子と，各頂点にあるC原子との間で共有結合が形成されている。

ダイヤモンドは，それぞれの炭素原子が他の4個の炭素原子と共有結合をくり返し，正四面体形の立体的な網目構造を構成している。このため，非常に硬くて，融点が高い。また，炭素原子の価電子4個とも共有結合に使われ，結晶内を動くことができる価電子がない。このため，ダイヤモンドは電気を通さない。

❷黒鉛（こくえん）　ダイヤモンドと互いに同素体（☞p.16）の関係にある黒鉛（グラファイト）も共有結合の結晶であるが結晶はやわらかく，電気伝導性もあり，ダイヤモンドとは性質が大きく異なる。

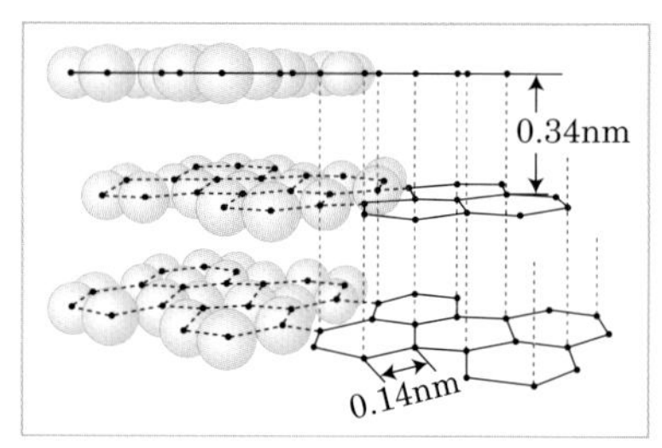

図73 黒鉛の結晶構造

視点 C原子が平面状に並び，層になっていること，また，価電子4個のうち3個が共有結合していることに注目する。

黒鉛は，図73のように，炭素原子が正六角形を基本とする網目状の平面構造をつくり，この平面構造は互いに弱い力（ファンデルワールス力☞p.54）で結ばれて積み重なっている。このため，結晶はやわらかく，なめらかである。また，炭素原子の価電子4個のうち3個が強い共有結合に使われ，残りの価電子1個は，平面構造の中を動くことができる。このため，黒鉛は電気をよく通す。

表23 ダイヤモンドと黒鉛の比較

物　質	色	硬　さ	電気伝導性	密度
ダイヤモンド	無色透明	非常に硬い	電気を通さない	3.5 g/cm^3
黒　鉛	黒色	やわらかい	電気を通す	2.3 g/cm^3

補足 ダイヤモンドが無色透明なのは，4個の価電子が強い共有結合に使われ，不安定な電子がなく，光を吸収しないからである。黒鉛は，4個の価電子のうち1個が不安定なので，光を吸収し，黒色となる。

2 共有結合の結晶の性質

❶**巨大分子** ダイヤモンドなどの共有結合の結晶は，全体が1個の大きな分子と考えられるので，巨大分子ともよばれる。しかし，特定の分子が存在しないので，化学式は，組成式が使われる。

図74 水晶(SiO_2の結晶)

❷**共有結合の結晶の例** 共有結合の結晶には，ダイヤモンドと黒鉛(こくえん)のほかに，ケイ素Siの単体，二酸化ケイ素SiO_2(石英，水晶)，炭化ケイ素SiCなど，C，Siの単体および化合物に多い。

❸**共有結合の結晶の性質** 共有結合の結晶では，結晶内のすべての原子が共有結合によって結合しているため，次のような性質がある。

①原子の配列がずれにくく，原子間の結合が切れにくいため，**硬く，融点が高い。**

②価電子が共有結合に使われているため，一般に**電気を導きにくい。**

③小さな分子やイオンに分かれないため，**水やその他の溶媒(ようばい)に溶けにくい。**

補足 黒鉛は，やわらかくて電気を通すなど，共有結合の結晶の例外的性質をもつ。

POINT!

共有結合の結晶
- **構造⇨原子が共有結合だけで結びついた結晶。**
- **性質⇨硬く，融点が高く，電気伝導性がない。**

このSECTIONのまとめ 分子からなる物質

□分子からなる物質 ☞p.57	・**分子内の原子は共有結合**で，分子間力は弱い結びつきでできている。分子からなる物質はやわらかく，融点は低い。電気伝導性がない。 ・**二原子分子の単体**…H_2，N_2，O_2およびハロゲン ・**有機化合物**…炭素を含む化合物。 ・**高分子化合物**…多数の原子からなる大きな分子。
□共有結合の結晶 ☞p.62	・すべての原子がつぎつぎに共有結合してできた結晶。 {**構造**…共有結合だけで結びついた結晶。 **性質**…硬く，融点が非常に高い。電気伝導性がない。 ・**黒鉛**…価電子の1つが共有結合していない，炭素の共有結合の結晶。やわらかく，電気を通す。

SECTION 4 金属と金属結合

1 金属結合と金属の性質

1 金属結合 ①重要

金属元素の原子は，イオン化エネルギーが小さく，原子の価電子は原子から離れやすい。そのため，原子が集まると，それぞれの原子の最も外側の電子殻は互いに重なりあってつながり，価電子はこの重なりあった電子殻を伝わって自由に移動できるようになる。このように，**特定の原子に固定されずに金属全体を自由に移動できる価電子**を自由電子という。この自由電子がすべての金属原子に共有されてできる結合を金属結合という。

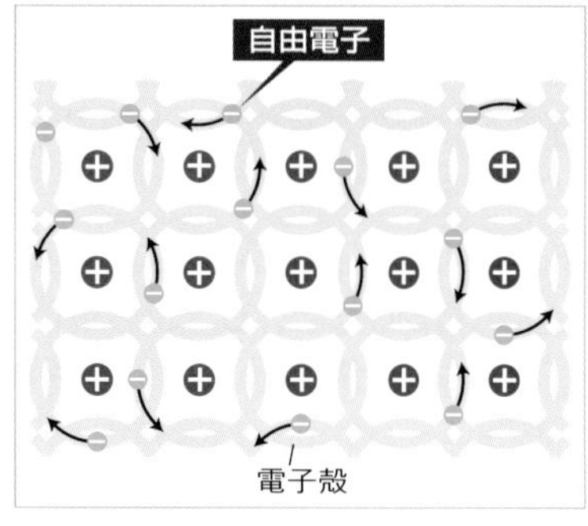

図75 金属結合のモデル

視点 金属では，原子の最も外側の電子殻が重なりあっていて，そこを価電子が自由に移動できる。

2 金属共通の性質

金属の性質は，金属中に存在する自由電子によるところが多い。

① **金属光沢**（こうたく） 金属がもつ自由電子が入射した可視光線のほとんどを反射してしまう。そのため，金属特有の金属光沢が見られる。

補足 電気を通す黒鉛（こくえん）も，自由電子に相当する電子をもち，金属と似たような光沢をもつ。

② **熱・電気をよく導く** 自由電子の移動によって，熱や電気のエネルギーが容易に運ばれるため，熱や電気の伝導性が大きい。

③ **展性・延性をもつ** 金属は，たたくと割れないで薄く広がる性質(展性)，引っぱると長く延びる性質(延性)がある。これは，共有結合のような方向性のある結合とは異なり，自由電子が動きながら原子を結びつけており，結合がすべての方向に一様にはたらくからである。

図76 展性と延性を利用した金ぱくと銅線

補足 金，銀，銅は，展性・延性に優れており，1 gの金は0.5 m^2に広げることができたり，2 km以上の線に延ばしたりすることができる。

金属結合⇨自由電子が全原子に共有されている結合。

金属の共通の性質
- ①金属光沢がある。
- ②熱・電気をよく導く。
- ③展性・延性をもつ。

発展ゼミ　金属の結晶構造

●**結晶格子**（こうし）　結晶内での粒子の配列構造を表したものを結晶格子といい，そのくり返しの最小単位を単位格子という。結晶は，単位格子が前後，左右，上下方向につぎつぎと配列された構造をとっている。

●**最密構造**　金属結合には方向性がないので，金属原子の配列の多くは，同じ大きさの球を一定の容器の箱の中に，できるだけ多数詰め込む場合と似ている。このような，球を最も密になるように配列した構造を最密構造という。

●**配位数**　結晶格子において，1個の原子に隣接している原子の数を配位数という。原子が最密構造をとる場合，配位数は12になる。

●**金属の結晶構造**　金属の結晶格子における原子の配列には，①体心立方格子，②面心立方格子，③六方最密構造がある。このうち，②面心立方格子と③六方最密構造は最密構造である。

①**体心立方格子**　立方体の中心と各頂点に原子が配列されている構造である。配位数は8である。たとえば立方体の中心の原子は，各頂点8個と隣接している。

②**面心立方格子**　立方体の各面の中心と各頂点に，原子が配列されている構造である。配位数は12である。たとえば，立方体の上の面の中心の原子は，同一平面の各頂点4個と下の層の4個(各面の中心)と，さらに単位格子の上の4個(図に破線で表示)と隣接しており，合計12個となる。

③**六方最密構造**　六角柱の下から，7個，3個，7個の原子がくぼみをうずめるように密に配列した構造である。配位数は12である。たとえば，正六角柱の上の面の中心の原子は，同一平面の各頂点6個と下の層の3個と，さらに単位格子の上の3個(図に破線で表示)と隣接しており，合計12個となる。

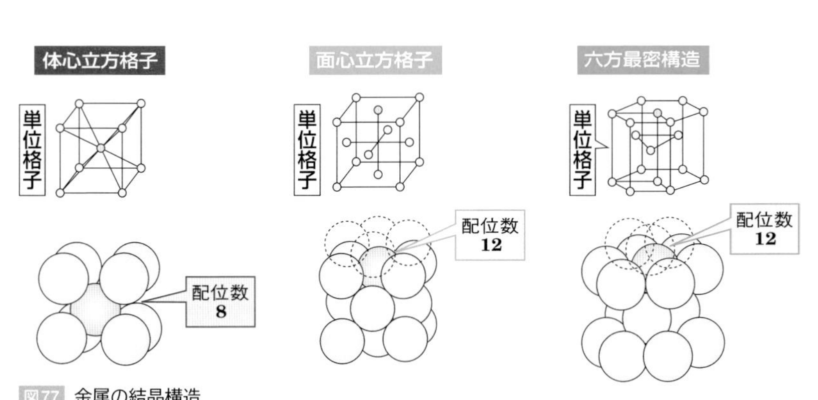

図77　金属の結晶構造

●**格子定数と原子半径の関係**　単位格子の立方体の一辺の長さaを格子定数という。原子半径rは，格子定数aを用いて，次のように表される。

①**体心立方格子**　面の対角線の長さは$\sqrt{2}a$である。図78において，三平方の定理より，

$(4r)^2 = a^2 + (\sqrt{2}a)^2$　　$(4r)^2 = 3a^2$

よって，$r = \dfrac{\sqrt{3}}{4}a$になる。

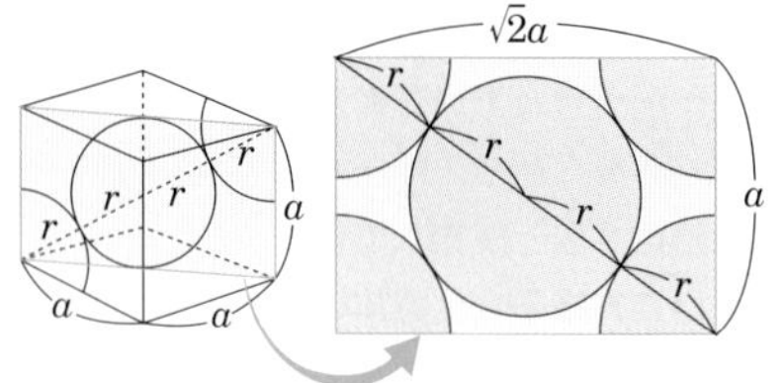

図78　体心立方格子の半径と格子定数の関係

②**面心立方格子**　図79において，三平方の定理より，

$(4r)^2 = a^2 + a^2$　　$(4r)^2 = 2a^2$

よって，$r = \dfrac{\sqrt{2}}{4}a$になる。

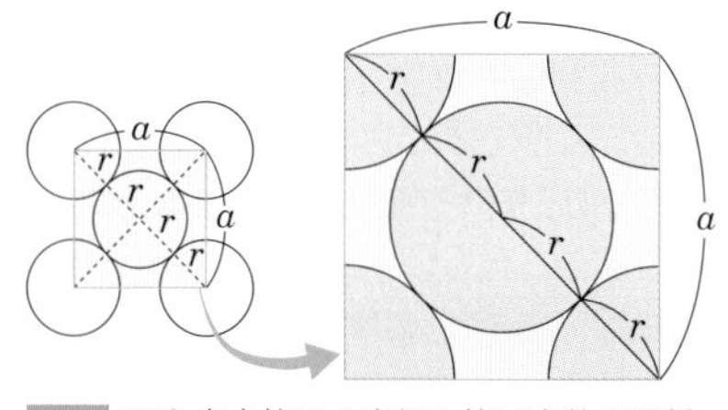

図79　面心立方格子の半径と格子定数の関係

●**単位格子中に含まれる原子の数**

①**体心立方格子**　図80のように，立方体の頂点には$\dfrac{1}{8}$個分の原子が，立方体の中心に1個分の原子があるので，

$\dfrac{1}{8} \times 8 + 1 = 2$

となり，単位格子中に含まれる原子は2個である。

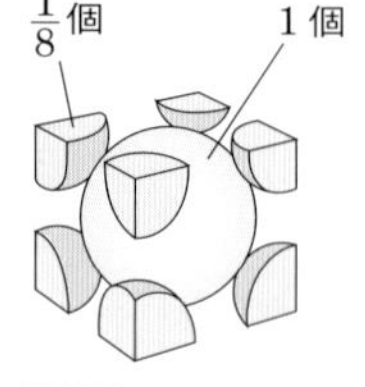

図80　体心立方格子の単位格子

②**面心立方格子**　図81のように，立方体の頂点には$\dfrac{1}{8}$個分の原子が，立方体の面の中心に$\dfrac{1}{2}$個分の原子があるので，

$\dfrac{1}{8} \times 8 + \dfrac{1}{2} \times 6 = 4$

となり，単位格子中に含まれる原子の数は4個である。

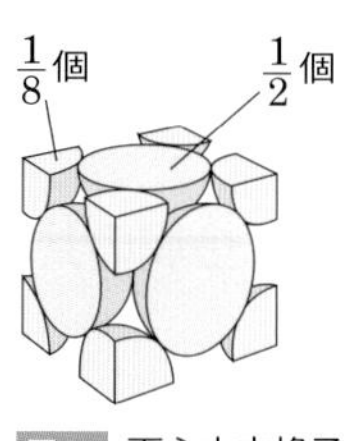

図81　面心立方格子の単位格子

③**六方最密構造**　図82のように，単位格子の頂点には$\dfrac{1}{12}$個分と$\dfrac{1}{6}$個分の原子が，単位格子の中心付近に1個分の原子があるので，

$\dfrac{1}{12} \times 4 + \dfrac{1}{6} \times 4 + 1 = 2$

となり，単位格子中に含まれる原子の数は2個である。

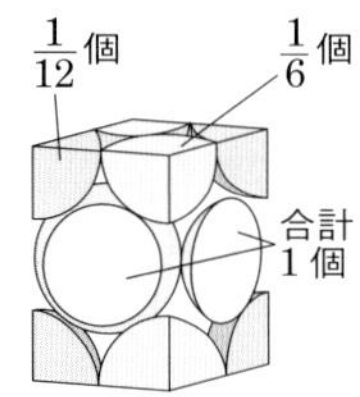

図82　六方最密構造の単位格子

●**充填率**（じゅうてんりつ）　単位格子中に原子が占める割合を充填率という。充填率は，次の式で求められる。

$$\text{充填率} = \frac{\text{単位格子中の原子の体積}}{\text{単位格子の体積}}$$

①**体心立方格子**　$r = \dfrac{\sqrt{3}}{4}a$より，$a = \dfrac{4}{\sqrt{3}}r$

単位格子中の原子の数は2個なので，

$$\text{充填率} = \frac{\frac{4}{3}\pi r^3 \times 2}{a^3} = \frac{\sqrt{3}}{8}\pi \fallingdotseq 0.68$$

よって，充填率は68 %である。

②**面心立方格子**　$r = \dfrac{\sqrt{2}}{4}a$より，$a = \dfrac{4}{\sqrt{2}}r$

単位格子中の原子の数は4個なので，

$$\text{充填率} = \frac{\frac{4}{3}\pi r^3 \times 4}{a^3} = \frac{\sqrt{2}}{6}\pi \fallingdotseq 0.74$$

よって，充填率は74 %である。これは，最密構造が示す充填率であり，六方最密構造でも全く同じ値になる。

2 金属結合でできた物質

1 金属の性質の比較

❶融点　典型元素の金属の融点は，比較的低くほぼ1000℃以下である。特に低いのは，アルカリ金属(☞ p.32)である。

遷移(せんい)元素の金属の融点は，水銀以外は比較的高く，ほぼ1000℃以上である。銀，銅の融点は1000℃前後であり，遷移元素の中では低い。5族，タングステンWなど6族の金属が非常に高い。

補足　遷移元素の金属は，内側の電子殻(かく)の電子も金属結合に寄与して結合が強くなる。

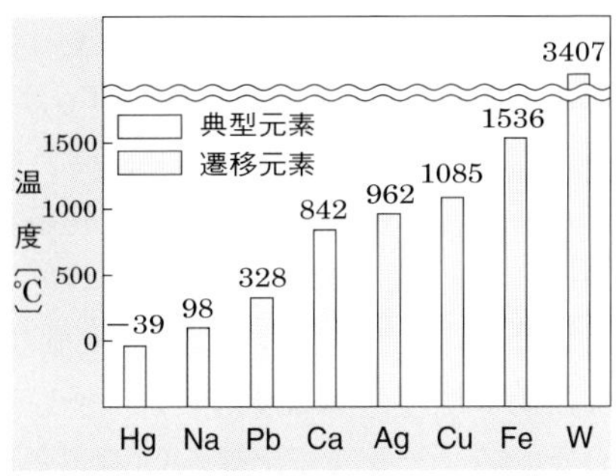

図83 さまざまな金属の融点

視点　典型元素の金属の融点は低く，遷移元素の融点は高い。

❷密度　アルカリ金属やマグネシウム，アルミニウムなど，周期表の左上に位置する典型元素の金属の密度は，比較的小さく，軽金属とよばれる。

一方，周期表の右下に位置する典型元素と遷移元素のほとんどが重金属である。

補足　密度が4～5 g/cm³以下のものを軽金属といい，それ以上のものを重金属という。

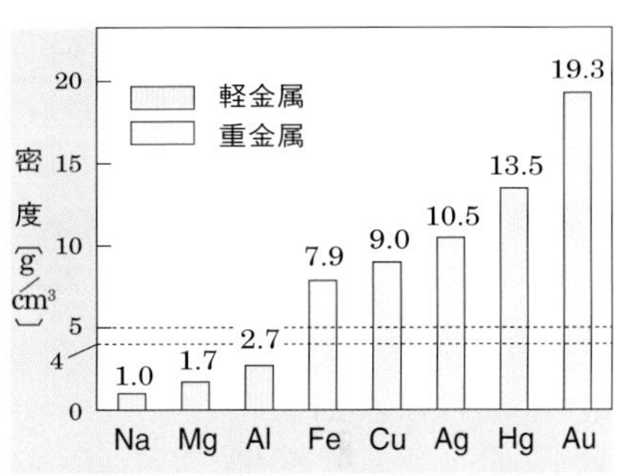

図84 さまざまな金属の密度

❸電気伝導性と熱伝導性　電気と熱の伝導の担(にな)い手がいずれも自由電子であるため，伝わりやすさに相関関係がある(☞ 図85)。

❹金属の化学的性質　アルカリ金属，アルカリ土類金属は，イオン化エネルギーが小さく，陽イオンになりやすい。そのため単体は，化合物になりやすい。

また，金，銀，銅のイオン化エネルギーは大きく，化合物になりにくく，逆に単体になりやすい。

おもな金属の陽イオンになりやすい順を示すと，次のようになる(☞ p.143)。

Li, K, Ca, Na, Mg, Al, Zn, Fe, Ni, Sn, Pb, Cu, Hg, Ag, Pt, Au

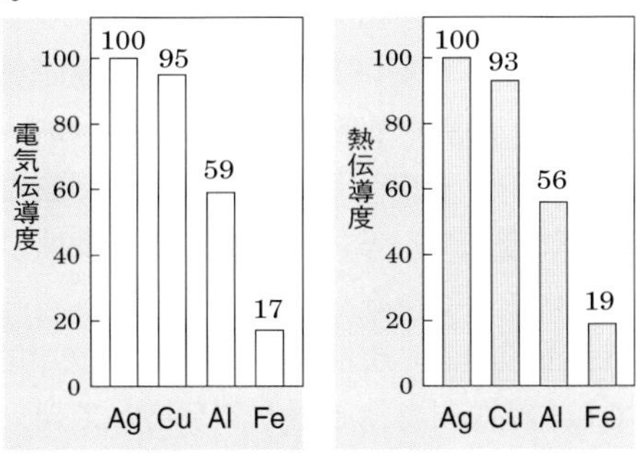

図85 電気伝導性と熱伝導性

視点　伝導度が最も高い金属である銀を100としたときの相対値を示している。電気をよく通す金属は熱もよく伝える。

2 金属の用途

❶金，銀　空気中でさびにくく，金属光沢を失わないので，金Auや銀Agは貴金属とよばれる[★1]。単体でも産出することがある金Auや銀Agは，古くから装飾品や貨幣に使われてきた。

図86 銀製の装飾品

❷鉄　製錬によって得られた鉄Feは，わずかに炭素Cを含み，その含有率によって，硬さや強靭さの性質が異なる。この性質を利用して，建築物，橋梁，鉄道，船舶，自動車，機械などに使われている。また，鉄鉱石が豊富に産出するので，最も安価な金属材料であり，生産量は他の金属より桁外れに多い。鉄はさびやすいので，ニッケルNiやクロムCrなどとの合金であるステンレス鋼として用いられることもある。

図87 鉄製の塔

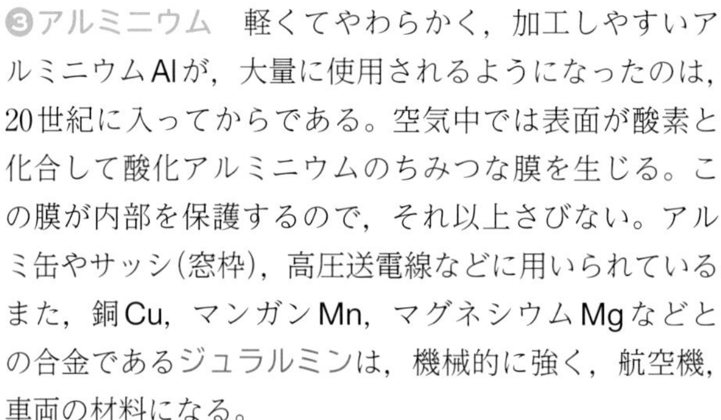

❸アルミニウム　軽くてやわらかく，加工しやすいアルミニウムAlが，大量に使用されるようになったのは，20世紀に入ってからである。空気中では表面が酸素と化合して酸化アルミニウムのちみつな膜を生じる。この膜が内部を保護するので，それ以上さびない。アルミ缶やサッシ(窓枠)，高圧送電線などに用いられている。また，銅Cu，マンガンMn，マグネシウムMgなどとの合金であるジュラルミンは，機械的に強く，航空機，車両の材料になる。

図88 アルミ缶

❹銅　古くから青銅器や貨幣，奈良の大仏などに使われてきた銅Cuは，現在でも鉄，アルミニウムに次いで生産量が多い。電気伝導性が大きいので電線として大量に用いられている。また，熱伝導性が大きいので調理器具，湯沸かし器などにも用いられている。

❺チタン　チタンTiは比較的軽く，酸化被膜により耐食性に優れている。機械的に強い多種のチタン合金が実用化されている。

❻ナトリウム　ナトリウムNaは空気中では瞬時にさびてしまう。また水と激しく反応して発火する。このため単体のナトリウムは，空気や水と遮断して保管する必要があり，身近な使用例はほとんどない。

図89 銅製の鍋と食器

★1 ほかにも白金Pt，パラジウムPdなどがある。また，銅を貴金属に含む場合がある。

3 物質の分類

物質の構成粒子と結合様式にもとづいて物質を分類すると図90のようになる。

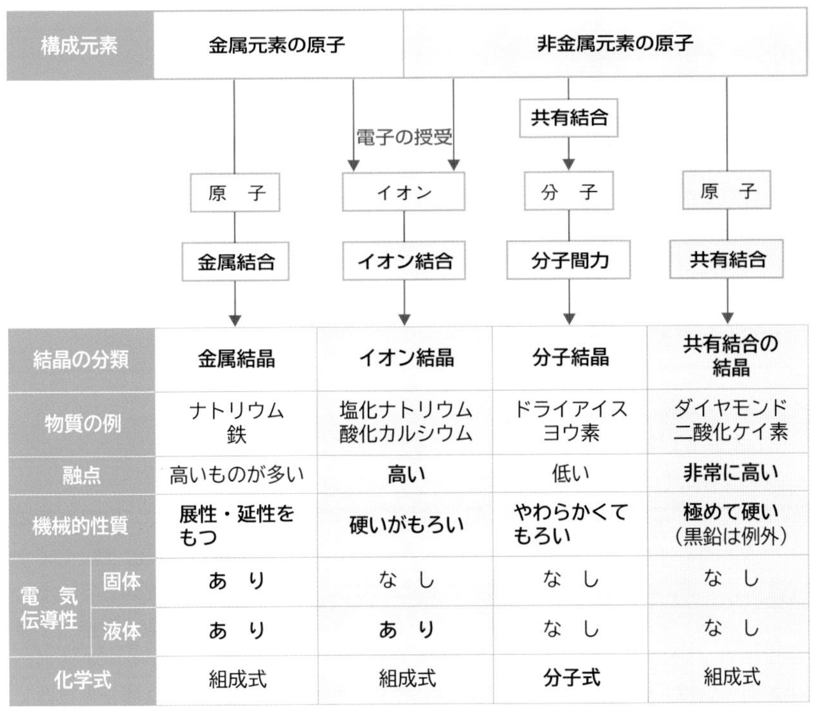

結晶の分類		金属結晶	イオン結晶	分子結晶	共有結合の結晶
物質の例		ナトリウム 鉄	塩化ナトリウム 酸化カルシウム	ドライアイス ヨウ素	ダイヤモンド 二酸化ケイ素
融点		高いものが多い	**高い**	低い	**非常に高い**
機械的性質		**展性・延性をもつ**	**硬いがもろい**	**やわらかくてもろい**	**極めて硬い** （黒鉛は例外）
電気伝導性	固体	**あ　り**	な　し	な　し	な　し
	液体	**あ　り**	**あ　り**	な　し	な　し
化学式		組成式	組成式	**分子式**	組成式

図90　結晶の分類チャート

このSECTIONのまとめ　金属と金属結合

□ 金属結合と金属の性質 ☞ p.64	・**金属結合**…**自由電子**が全原子に共有されている結合。 ・①**金属光沢**がある。 ②熱・電気をよく導く。 ③**展性**・**延性**がある。
□ 金属結合でできた物質 ☞ p.67	・融点は，**典型元素は低く**，**遷移元素は高い。** ・**鉄**は強靱で，最も安価で，最も生産量が多い。 ・**アルミニウム**は，ちみつな酸化被膜をつくる。 ・**銅**は，熱・電気の伝導性が銀に次いで大きい。

CHAPTER 3 練習問題 解答☞p.535

1 〈イオン結合と組成式〉

次に示す周期表の第3周期の元素の原子について，(1)〜(5)の問いに答えよ。ただし，(4)を除いて元素記号で答えること。

〈Na，Mg，Al，Si，P，S，Cl，Ar〉

(1)　3価の陽イオンになりやすい原子はどれか。

(2)　1価の陰イオンになりやすい原子はどれか。

(3)　最も安定な電子配置をもち，化合物をつくりにくい原子はどれか。

(4)　周期表の16族に属する元素の原子が，イオンになったときの化学式を示せ。

(5)　元素記号をXとすると，CaX_2で表される化合物をつくる原子はどれか。

2 〈イオン化エネルギーと電子親和力〉 テスト必出

次の文中の(　　)内のどれが正しいか。正しいものを選べ。

イオン化エネルギーは，原子を(陽，陰)イオンにするときに(吸収，放出)されるエネルギーである。イオン化エネルギーが(大きい，小さい)原子ほど，(陽，陰)イオンになりやすく，それらの原子は，周期表の(右上，右下，左上，左下)に位置している。電子親和力は，原子を(陽，陰)イオンにするときに(吸収，放出)されるエネルギーである。電子親和力が(大きい，小さい)原子ほど，(陽，陰)イオンになりやすく，それらの原子は，周期表の(右上，右下，左上，左下)に位置している。ただし，18族元素は除く。

3 〈イオン半径〉

右の表はナトリウムのハロゲン化物と2族元素の酸化物の融点を示したものである。

Naのハロゲン化物	NaF	NaCl	NaBr	NaI
融点〔℃〕	993	801	747	651
2族元素の酸化物	MgO	CaO	BaO	
融点〔℃〕	2826	2572	1918	

(1)　ナトリウムのハロゲン化物と2族元素の酸化物を比べると，明らかに2族元素の酸化物の方が融点が高い。この理由を説明せよ。

(2)　ナトリウムのハロゲン化物だけを比べると，融点はNaFが最も高く，NaIが最も低い。この理由を説明せよ。

4 〈組成式〉

次の陽イオンと陰イオンの組み合わせでできる化合物の組成式と名称をすべて書け。

Na^+，Ca^{2+}，Al^{3+}，OH^-，SO_4^{2-}

5〈電子式〉テスト必出

次の物質あるいはイオンの電子式を示せ。

(1) 窒素分子　(2) 水分子　(3) エチレン分子　(4) アンモニウムイオン

(5) 塩化マグネシウム

6〈水素結合〉

右図は，14，15，16，17族の水素化合物の分子量と沸点の関係を示したものである。

(1) 図中のA，B，Cにあてはまる分子の分子式を示せ。

(2) 15～17族の水素化合物は，14族の水素化合物と比べると沸点が高い。その理由を説明せよ。

(3) A，B，Cの沸点は，CH_4に比べて非常に高い。その理由を説明せよ。

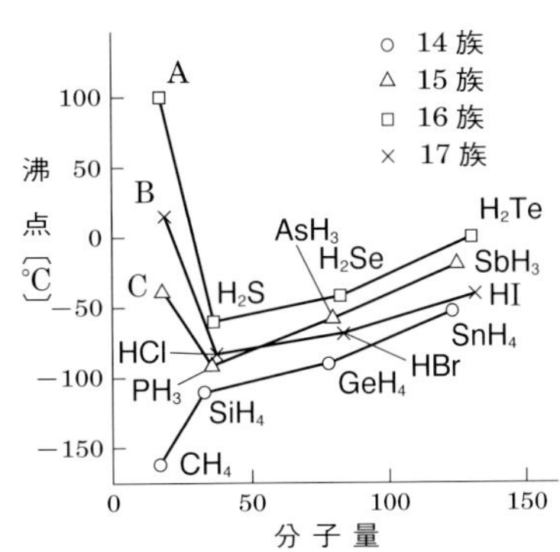

7〈金属〉

次の文のうち，金属共通の性質であるものをすべて選べ。

ア 金属光沢(こうたく)をもつ。　**イ** 密度が大きい。　**ウ** 融点が高い。

エ 展性，延性をもつ。　**オ** 熱，電気をよく伝える。

8〈結合〉テスト必出

次の物質の化学式を書き，その結晶に含まれる結合，引力をすべて示せ。

(1) フッ化カルシウム　(2) 亜鉛　(3) ヨウ素　(4) 石英

(5) 塩化アンモニウム

9〈結晶〉

次の(1)～(8)の結晶を，**ア** イオン結晶，**イ** 共有結合の結晶，**ウ** 分子結晶，**エ** 金属結晶に分類せよ。

(1) ケイ素　(2) グルコース(ブドウ糖) $C_6H_{12}O_6$

(3) クロム　(4) 酸化カリウム

(5) ドライアイス　(6) 銅

(7) 硝酸リチウム　(8) 炭化ケイ素

定期テスト予想問題

解答 p.536

時　間50分
合格点70点
得点

1 次の文中の下線部の語句が，元素を表しているものと単体を表しているものにそれぞれ分けよ。〔完答８点〕

(1) 酸素は水に溶けにくい。
(2) 骨にはカルシウムが含まれている。
(3) 植物の生育には窒素が必要である。
(4) アルミニウムに水酸化ナトリウム水溶液を加えると水素が発生する。
(5) ダイヤモンドと黒鉛は炭素の同素体である。

2 次の文中の(a)～(f)に最も適する語句を入れよ。〔各１点…合計６点〕

塩化ナトリウムと水の (a) から水を分離するには水を (b) させればよい。このとき行う操作を (c) という。2 種類以上の液体どうしの(a)についても同様に分離できるが，このときの操作をとくに (d) という。一方，温度による (e) の違いから，固体物質が精製できる。たとえば，少量の塩化カリウムを含む硝酸カリウムを，加熱して水に溶かしてから冷却すると，純粋な硝酸カリウムが析出する。このような物質の分離操作を (f) という。

3 気体分子の熱運動について，次のア～エから正しいものをすべて選べ。〔４点〕

ア　拡散は，気体中でも液体中でも見られる。
イ　粒子の熱運動は，高温であるほど激しいが，拡散の進む速さは温度に関係なく一定である。
ウ　気体分子の平均の速さは温度が高いほど大きい。
エ　同じ温度のもとでは，気体分子の動く速さはどれも同じである。

4 同位体に関する次の記述のうち，誤りを含むものはどれか。〔3 点〕

ア　原子番号が等しい。
イ　化学的性質はほとんど同じである。
ウ　同じ元素である。
エ　原子核が異なり，放射線を出すものもある。
オ　中性子の数が等しい。

5 下の表は，元素の周期表の一部を示したものである。表中に示した元素について，次の各問いに答えよ。〔各2点…合計12点〕

	1	2	13	14	15	16	17	18
1	H							He
2	Li	Be	B	C	N	O	F	Ne
3	Na	Mg	Al	Si	P	S	Cl	Ar
4	K	Ca						

(1) 陽子9個，中性子10個を含む原子を$^1_1$Hのような記号で示せ。

(2) P原子の価電子の数は何個か。

(3) イオン化エネルギーが最も小さい原子がイオンになったときの化学式を答えよ。

(4) Neと同じ電子配置である2価の陰イオンの化学式を答えよ。

(5) アルカリ土類金属に属する原子がイオンになったときの化学式をすべて答えよ。

(6) 元素記号をXとすると，酸素とX_2O_3で表される化合物をつくる金属元素はどれか。

6 右図は原子番号1から20までの元素について，原子のイオン化エネルギーと電子親和力を示したものである。

〔(1)〜(3)，(5)各1点，(4)2点…合計9点〕

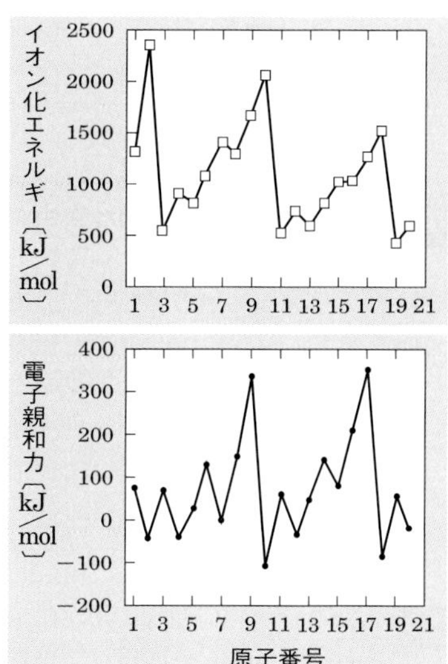

(1) イオン化エネルギーが周期的に小さくなる原子番号3，11，19の元素は周期表の何族に属するか。また，これらの元素は特に何とよばれるか。族の番号とその名称を答えよ。

(2) イオン化エネルギーが周期的に大きくなる原子番号2，10，18の元素は周期表の何族に属するか。また，これらの元素は特に何とよばれるか。族の番号とその名称を答えよ。

(3) 原子番号20の原子がイオンになったときの化学式を示せ。

(4) 原子番号13の元素と原子番号17の元素からなる化合物の組成式を示せ。

(5) 電子親和力が周期的に大きくなる原子番号9，17の元素の単体の分子式を示せ。

7 次の化合物の組成式を示せ。〔各2点…合計12点〕

(1) フッ化マグネシウム　(2) 硫化ナトリウム

(3) 硫酸アルミニウム　(4) 硝酸カリウム

(5) 硫酸アンモニウム　(6) 水酸化カルシウム

8　次の①～⑤の各分子について，下の問い(1)～(4)に答えよ。

〔(1)各２点，(2)各１点，(3)２点，(4)２点…合計19点〕

①　フッ化水素　②　硫化水素　③　二酸化炭素　④　アンモニア
⑤　四塩化炭素(テトラクロロメタン)

(1)　電子式を示せ。

(2)　立体的な形を**ア**～**オ**から選び，記号で答えよ。

ア　直線形　**イ**　折れ線形　**ウ**　三角錐形　**エ**　正方形　**オ**　正四面体形

(3)　極性分子をすべて挙げよ。

(4)　分子間に水素結合が形成される分子をすべて挙げよ。

9　次の各組の物質について，沸点が高いのはどちらか。ただし，カッコ内は分子量である。

〔各２点…合計８点〕

(1)　F_2(38)とCl_2(71)　(2)　HF(20)とHCl(36.5)

(3)　CH_4(16)とNH_3(17)　(4)　F_2(38)とHCl(36.5)

10　次の文の空欄に適切な語句を入れよ。

〔各１点…合計７点〕

ダイヤモンドと黒鉛(こくえん)は互いに炭素の(　①　)である。ダイヤモンドでは，それぞれの炭素原子が他の(　②　)個の炭素原子と(　③　)形の(　④　)結合がくり返された立体的な網目構造を構成している。一方，黒鉛では，それぞれの炭素原子が他の(　⑤　)個の炭素原子と④結合して，(　⑥　)形を基本とする平面の網目構造を構成している。この網目状の平面構造は互いに(　⑦　)で結ばれて積み重なっている。

11　次の(1)～(4)の結晶について，**A群**(粒子間の結合力)，**B群**(結晶の性質)，**C群**(実例)の各群から，それぞれ該当するものを１つずつ選べ。

〔各１点…合計12点〕

(1)　イオン結晶　(2)　共有結合の結晶　(3)　分子結晶　(4)　金属結晶

〈**A群**〉　**ア**　分子間力　**イ**　自由電子をなかだちとする結合
　ウ　電子対(つい)の共有による結合　**エ**　電気的引力による結合

〈**B群**〉　(a)　融点・沸点が一般に低く，やわらかいものが多い。
　(b)　融点が高く，非常に硬いものが多い。
　(c)　結晶の状態で電気をよく導き，展性・延性をもつ。
　(d)　結晶の状態では電気を導かないが，融解(ゆうかい)した液体状態では電気を導く。

〈**C群**〉　①　水晶　②　塩化カリウム　③　ナフタレン$C_{10}H_8$　④　アルミニウム

第2編

物質の変化

CHAPTER

1 » 物質量と化学反応式

原子量・分子量と物質量

1 | 原子量・分子量と物質量

1 原子量・分子量

❶原子の相対質量　質量数 1 の水素原子 ^{1}H の質量は，

$$0.00000000000000000000000167\ \mathrm{g}\ (1.67 \times 10^{-24}\ \mathrm{g})$$

である。このような小さな質量をもつ原子を実際の質量で扱うのはきわめて難しい。そこで化学では，質量数 12 の炭素原子 ^{12}C の質量 $(1.99 \times 10^{-23}\ \mathrm{g})$ を 12 とおいて表した各原子の相対質量を用いる。

例　$1.99 \times 10^{-23}\ \mathrm{g}$ ： $1.67 \times 10^{-24}\ \mathrm{g}$ ＝ 12 ： ^{1}H 原子の相対質量
(^{12}C 原子 1 個の質量)　(^{1}H 原子 1 個の質量)

$$\therefore\ ^{1}\text{H 原子の相対質量} = \frac{1.67 \times 10^{-24}\ \mathrm{g}\ (^{1}\text{H 原子 1 個の質量})}{1.99 \times 10^{-23}\ \mathrm{g}\ (^{12}\text{C 原子 1 個の質量})} \times 12 \fallingdotseq 1.0$$

原子の相対質量
⇨ ^{12}C 原子の質量を 12 としたときの各原子の質量(単位なし)。

補足　同位体(☞ p.27)の相対質量は，次のように計算できる(^{12}C ＝ 1.9926×10^{-23} g)。

同位体	原子 1 個の質量	相対質量
^{13}C	2.1592×10^{-23} g	$\dfrac{2.1592 \times 10^{-23}}{1.9926 \times 10^{-23}} \times 12.0 \fallingdotseq 13.003$
^{16}O	2.6560×10^{-23} g	$\dfrac{2.6560 \times 10^{-23}}{1.9926 \times 10^{-23}} \times 12.0 \fallingdotseq 15.995$

❷原子量　自然界に存在する物質中のアルミニウムやナトリウムなどの元素は，$^{27}_{13}Al$ および $^{23}_{11}Na$ の単一の同位体からなるが，多くの元素の場合，数種の同位体が含まれる（☞表1）。それぞれの**同位体の存在比はほぼ一定している**ので，各元素の原子1個の相対質量の平均値も一定である。この平均値が元素の原子量である。よって，単一の同位体からなるアルミニウムやナトリウムの原子量は，それらの原子の相対質量に等しい。数種の同位体を含む元素の原子量は，上表から，次のように求めることができる。

表1　同位体の相対質量と存在比

元素	同位体	相対質量	存在比〔%〕
水素	^{1}H	1.0078	99.9885
	$^{2}H(D)$	2.0141	0.0115
炭素	^{12}C	12（基準）	98.93
	^{13}C	13.003	1.07
酸素	^{16}O	15.995	99.757
	^{17}O	16.999	0.038
	^{18}O	17.999	0.205
塩素	^{35}Cl	34.969	75.76
	^{37}Cl	36.966	24.24

- **炭素の原子量**；　$12 \times \frac{98.93}{100} + 13.003 \times \frac{1.07}{100} \fallingdotseq 12.01$
- **塩素の原子量**；　$34.969 \times \frac{75.76}{100} + 36.966 \times \frac{24.24}{100} \fallingdotseq 35.45$

元素の原子量＝$\left[\text{同位体の相対質量}^{\star1} \times \frac{\text{存在比〔\%〕}}{100}\right]$の総和

例題　**同位体と原子量**

天然に存在するリチウムは，^{6}Li と ^{7}Li の2種の同位体からなり，それぞれの相対質量は，^{6}Li が6.02，^{7}Li が7.02である。リチウムの原子量を6.94とすると，^{7}Li の存在比は何%か。

着眼　元素の原子量は，各同位体の相対質量に存在比をかけて計算して求めた平均値である。存在比から平均値を求める式を思い浮かべよ。

解説　求める ^{7}Li の存在比を x %とすると，^{6}Li の存在比は $(100-x)$ %となるから，

$$6.02 \times \frac{100-x}{100} + 7.02 \times \frac{x}{100} = 6.94$$

が成り立つ。これを解いて，$x = 92$　　**答** 92 %

類題 1　天然に存在するホウ素は，^{10}B と ^{11}B の2種の同位体からなり，それらの存在比は，^{10}B が19.9 %，^{11}B が80.1 %である。また，これらの同位体の相対質量は，それぞれ，$^{10}B = 10.0$，$^{11}B = 11.0$ である。ホウ素の原子量を小数第1位まで求めよ。（解答☞p.538）

★1 同位体の相対質量が与えられていない場合には，**相対質量≒質量数**　と考えてよい。

❸**分子量**　原子と同じ基準（^{12}C = 12）で求めた**分子1個の相対質量**を**分子量**といい，**分子式に含まれる元素の原子量の総和**になる。たとえば，水分子H_2Oの分子量は，

$$\underbrace{1.0}_{\text{Hの原子量}} \times 2 + \underbrace{16.0}_{\text{Oの原子量}} \times 1 = \underbrace{18.0}_{H_2O\text{の分子量}}$$

㊐　HNO_3の分子量は　1.0 + 14.0 + 16.0 × 3 = 63.0

❹**式量**　**組成式やイオンの化学式に含まれる元素の原子量の総和**を**式量**という。イオンでは電子の出入りがあるが，電子の質量は原子に比べて非常に小さいので，その増減は無視して，**イオンを構成する原子の原子量の総和**で求める。

㊐1　塩化ナトリウム$NaCl$の式量は　23.0 × 1 + 35.5 × 1 = 58.5

㊐2　硫酸イオンSO_4^{2-}の式量は　32.1 × 1 + 16.0 × 4 = 96.1

2 物質量　重要

❶**アボガドロ数**　相対質量12の炭素原子12.0 g中には^{12}C原子が6.02×10^{23}個含まれる。この数を**アボガドロ数**という。炭素原子だけでなく，すべての原子はその原子量にgをつけた質量の中にアボガドロ数個の原子を含む。分子は，分子量にgをつけた質量の中に，アボガドロ数個の分子を含む。

そこで，化学では，この6.02×10^{23}**個を1つの集団**として扱う。

^{12}C原子12.0 g中の^{12}C原子数
水18.0 g中の水分子数
アルミニウム27.0 g中のアルミニウム原子数
} = 6.02×10^{23}個

❷**物質量**　物質の量を表すには質量，体積などいくつかの方法がある。化学では粒子の数に着目して量を表すことが多い。粒子の数を，アボガドロ数を単位として表す表し方を**物質量**といい，その単位はmol（モル）である。

$$6.02 \times 10^{23}\,\text{個} = 1.00\ \text{mol}$$

これは，鉛筆12本を1ダースというのと似ている。

6.02×10^{23}個	= 1.00 mol	12本	1ダース
6.02×10^{24}個	= 10.0 mol	120本	10ダース
3.01×10^{23}個	= 0.500 mol	6本	半ダース

❸**モル質量と原子量・分子量・式量**　原子量・分子量・式量にgをつけた質量の中に，それぞれ粒子が6.02×10^{23}個，すなわち1.00 mol含まれるのであるから，原子量・分子量・式量にgをつけた質量は，1.00 molあたりの質量ということになる。

物質1 molあたりの質量を**モル質量**といい，単位g/molをつけて表す。したがって，**原子量・分子量・式量にg/molをつけたものがその物質のモル質量である。**

物質量⇨mol単位で表した物質の量。

n〔mol〕⇔ $n \times (6.02 \times 10^{23})$〔個〕⇔ $n \times$ 式量〔g〕

表2　原子量・分子量・式量とモル質量の関係

物質・化学式	原子量・分子量・式量	1 molの質量	モル質量
炭素C	12.0（原子量）	12.0 g	12.0 g/mol
水H_2O	18.0（分子量）	18.0 g	18.0 g/mol
塩化ナトリウムNaCl	58.5（式　量）	58.5 g	58.5 g/mol

❹アボガドロ定数（ていすう）　アボガドロ数6.02×10^{23}個は，もともとは測定された値であるが，現在では，1 molあたりの粒子の数であるアボガドロ定数(記号：N_A)という物理定数として定義され，その値は厳密に　$6.02214076 \times 10^{23}$ /mol　である。

3 物質量と質量・体積　重要

❶物質量とモル質量　w〔g〕の物質の物質量を知りたい場合は，質量をその物質のモル質量M〔g/mol〕で割ればよい。また，n〔mol〕の物質の質量を知りたい場合は，nにその物質のモル質量をかければよい。すなわち，モル質量がM〔g/mol〕である物質n〔mol〕の質量がw〔g〕であるとき，nとMとwの間には，次の関係が成り立つ。

$$n〔\mathrm{mol}〕 = \frac{w〔\mathrm{g}〕}{M〔\mathrm{g/mol}〕}$$

例1　水27 gの物質量n〔mol〕は，$n = \dfrac{27\ \mathrm{g}}{18\ \mathrm{g/mol}} = 1.5\ \mathrm{mol}$

例2　水0.25 molの質量w〔g〕は，$w = 18\ \mathrm{g/mol} \times 0.25\ \mathrm{mol} = 4.5\ \mathrm{g}$

物質量n〔mol〕$= \dfrac{質量w〔\mathrm{g}〕}{モル質量M〔\mathrm{g/mol}〕}$　または$w = n \times M$

❷気体の物質量と1 molの体積　気体の体積は温度・圧力によって変化するが，同温・同圧のもとで物質量が等しい気体の体積は，種類によらず同じ[★1]体積である。たとえば，0℃，1 atm（1気圧）$= 1.013 \times 10^5$ Pa[★2]の状態を標準状態というが，標準状態における気体1 molの体積はどの気体についても22.4 Lである。ただし，温度が0℃でない場合や圧力が1.013×10^5 Paでない場合は，この関係は成り立たない。

★1 厳密には分子間力などの影響により，気体の種類によって少し異なる。

★2 Paは圧力の単位で，**パスカル**という。
1.013×10^5 Pa = 1013 hPa = 101.3 kPa = 1 atm = 760 mmHg，10^2 Pa = 1 hPa（ヘクトパスカル）

〔標準状態 (0℃, 1.013×10^5 Pa)〕

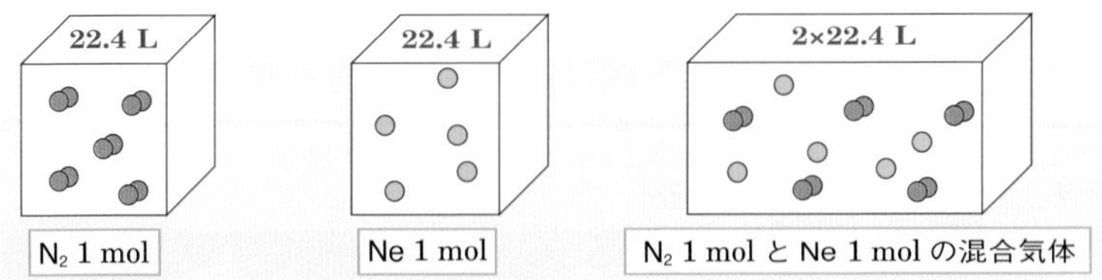

図1　標準状態における気体の物質量と体積

例　酸素 0.25 mol の標準状態における体積 V〔L〕は,

$$V = 22.4\ \mathrm{L/mol} \times 0.25\ \mathrm{mol} = 5.6\ \mathrm{L}$$

また，標準状態で，11.2 L の酸素の物質量 n〔mol〕は,

$$n = \frac{11.2\ \mathrm{L}}{22.4\ \mathrm{L/mol}} = 0.500\ \mathrm{mol}$$

標準状態で V〔L〕の気体の物質量　$n\,[\mathrm{mol}] = \dfrac{V\,[\mathrm{L}]}{22.4\ \mathrm{L/mol}}$

2　物質量計算

1　物質量と分子数・質量・体積　①重要

物質量から分子数，質量，気体の体積へと換算することができる。これからその換算のしかたを紹介する。

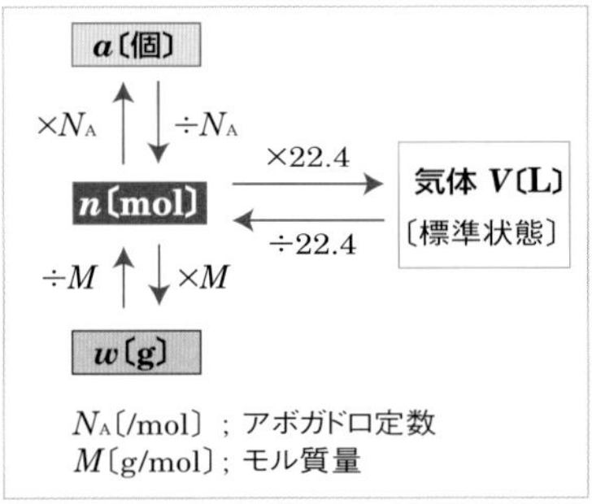

❶物質量 n〔mol〕⇄ 分子数 a〔個〕

物質量と分子数は，アボガドロ定数（ていすう）($N_A = 6.02\times10^{23}$ /mol) を使って換算する。

$$n = \frac{a}{N_A} \qquad a = n \times N_A$$

❷物質量 n〔mol〕⇄ 質量 w〔g〕

物質量と質量は，モル質量 M〔g/mol〕を使って換算する。

$$n\,[\mathrm{mol}] = \frac{w\,[\mathrm{g}]}{M\,[\mathrm{g/mol}]} \qquad w = n \times M$$

a〔個〕
$\times N_A$ ↑ ↓ $\div N_A$
n〔mol〕 →×22.4→ 気体 V〔L〕〔標準状態〕
n〔mol〕 ←÷22.4← 気体 V〔L〕
$\div M$ ↑ ↓ $\times M$
w〔g〕
N_A〔/mol〕；アボガドロ定数
M〔g/mol〕；モル質量

図2　量の換算

❸物質量 n〔mol〕⇄ 気体の体積 V〔L〕

物質量と気体の体積は，22.4（標準状態で 1 mol の気体の体積 = 22.4 L/mol）を使って換算する。ただし，標準状態のときだけしか適用できない。

$$n\,[\mathrm{mol}] = \frac{V\,[\mathrm{L}]}{22.4\ \mathrm{L/mol}} \qquad V = 22.4 \times n$$

補足　気体でない物質についての物質量と体積の換算は，式量Mと密度d〔g/cm^3〕を使って行う。

$$n\,〔\mathrm{mol}〕=\frac{d\,〔\mathrm{g/cm^3}〕\cdot v\,〔\mathrm{cm^3}〕}{M\,〔\mathrm{g/mol}〕}\qquad v=\frac{nM}{d}$$

2 分子数・質量・体積間の換算　①重要

基本的には，1 および図2に示された式を利用して，個，g，Lの単位で表された量を，まず，mol単位の量に変換する。その次に，表したい単位の量に変換する。

❶分子数（a〔個〕）と質量（w〔g〕）の変換

①物質の質量（w〔g〕）から分子数（a〔個〕）を求める計算

例　メタンCH_4（モル質量16 g/mol）3.2 g中に含まれる分子数を求める。

$$n=\frac{3.2\ \mathrm{g}}{16\ \mathrm{g/mol}}=0.20\ \mathrm{mol}$$

$$a=6.0\times10^{23}\ /\mathrm{mol}\times0.20\ \mathrm{mol}=1.2\times10^{23}\ (個)$$

②分子数（a〔個〕）から物質の質量（w〔g〕）を求める計算

例　メタンCH_4分子1.5×10^{23}個の質量w〔g〕を求める。

$$n=\frac{1.5\times10^{23}}{6.0\times10^{23}\ /\mathrm{mol}}=0.25\ \mathrm{mol}$$

$$w=0.25\ \mathrm{mol}\times16\ \mathrm{g/mol}=4.0\ \mathrm{g}$$

❷分子数（a〔個〕）と気体の体積（V〔L〕）の変換

①気体の分子数（a〔個〕）から気体の体積（V〔L〕）を求める計算

例　CH_4分子9.0×10^{23}個の標準状態における体積を求める。

$$n=\frac{9.0\times10^{23}}{6.0\times10^{23}\ /\mathrm{mol}}=1.5\ \mathrm{mol}$$

$$V=22.4\ \mathrm{L/mol}\times1.5\ \mathrm{mol}\fallingdotseq34\ \mathrm{L}$$

②気体の体積（V〔L〕）から気体の分子数（a〔個〕）を求める計算

例　標準状態で5.6 LのCH_4に含まれる分子数を求める。

$$n=\frac{5.6\ \mathrm{L}}{22.4\ \mathrm{L/mol}}=0.25\ \mathrm{mol}$$

$$a=0.25\ \mathrm{mol}\times6.0\times10^{23}\ /\mathrm{mol}$$

$$=1.5\times10^{23}\ (個)$$

❸質量（w〔g〕）と気体の体積（V〔L〕）の換算

①気体の質量（w〔g〕）から体積（V〔L〕）を求める計算

例　メタンCH_4 8.0 gの標準状態における体積を求める。

$$n=\frac{8.0\ \mathrm{g}}{16\ \mathrm{g/mol}}=0.50\ \mathrm{mol}$$

メタンは気体であるから，

$$V=22.4\ \mathrm{L/mol}\times0.50\ \mathrm{mol}\fallingdotseq11\ \mathrm{L}$$

②気体の体積（V〔L〕）から質量（w〔g〕）を求める計算

例　標準状態で8.96 LのCH_4の質量を求める。

$$n=\frac{8.96\ \mathrm{L}}{22.4\ \mathrm{L/mol}}=0.400\ \mathrm{mol}$$

$$w=0.400\ \mathrm{mol}\times 16\ \mathrm{g/mol}=6.4\ \mathrm{g}$$

補足　気体でない物質の質量w〔g〕と体積v〔mL〕間の換算は，物質の密度d〔g/cm^3〕を用いた次の関係式を利用する。

w〔g〕$= d$〔g/cm^3〕$\times v$〔mL〕　（1 mL = 1 cm^3）

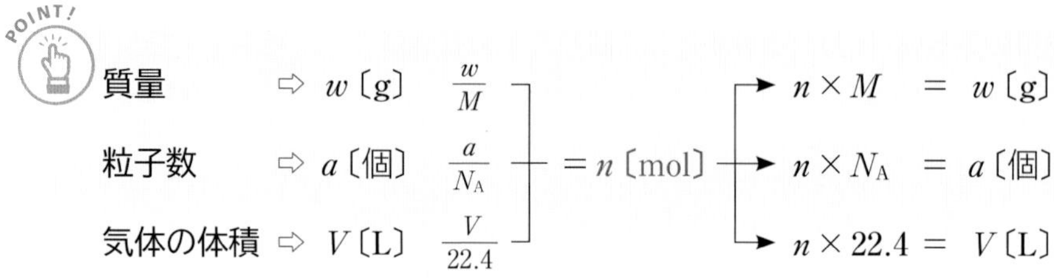

このSECTIONのまとめ　原子量・分子量と物質量

□原子量・分子量・式量 ☞p.76～78	・**原子の相対質量**…**^{12}C原子1個の質量を12と定め，これを基準にした**ときの各原子の相対質量。 ・**原子量**…天然に存在する元素の同位体の相対質量の存在割合に応じた平均値。**各原子1 molの質量をg単位で表した数値に等しい。** ・**分子量**…分子式中の各原子の原子量の総和。 ・**式量**…組成式中の各原子の原子量の総和。
□アボガドロ定数と物質量 ☞p.78, 79	・**1 mol**…6.02×10^{23}個の粒子の集団を表す単位。 ・**アボガドロ定数（N_A）**…1 molの粒子の数を表す定数。 $N_A=6.02\times10^{23}$ /mol ・**物質量**…mol単位で表した物質の量。 ・**モル質量**…原子量・分子量・式量にg/molをつけた値。
□気体1 molの体積 ☞p.79	・**0 ℃，1.013×10^5 Pa（標準状態）**における気体の体積は，どの気体の場合でも同じで，22.4 Lである。

溶液の濃度

1 溶液と溶解

1 溶液

❶溶質・溶媒(ようばい)　砂糖水・食塩水・炭酸水は，水に砂糖(スクロース)・食塩(塩化ナトリウム)・二酸化炭素が溶かし込んである。**溶かし込まれた物質**，砂糖・食塩・二酸化炭素を溶質といい，これらの**溶質を溶かしている水**を溶媒という。溶質は固体の場合もあり，液体・気体の場合もある。溶媒は液体であるが，水でない場合もある。

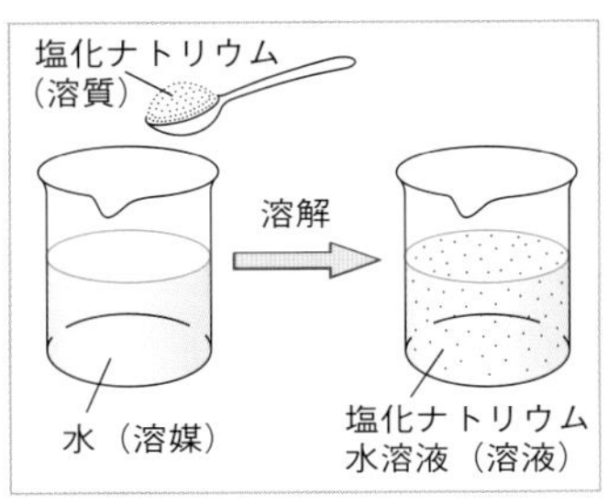

図3　溶質・溶媒・溶液

❷溶液　**溶質と溶媒が均一に混じりあった状態の液体**を溶液という。水を溶媒に用いた溶液を水溶液という。

補足　アルコール，ヘキサンを溶媒に用いた溶液はそれぞれアルコール溶液，ヘキサン溶液とよばれる。

2 溶解

❶イオン結晶の水への溶解　塩化ナトリウムNaClの結晶は水に溶けて，ナトリウムイオンNa^+と塩化物イオンCl^-に分かれる。このように，**水溶液中で溶解した物質が陽イオンと陰イオンに分かれる現象**を電離という。また，**水に溶けて電離する物質**を電解質という(☞p.43)。

塩化ナトリウムNaClを水に溶かすと，電離して生じたナトリウムイオンNa^+，塩化物イオンCl^-はそれぞれ数個の水分子に囲まれて存在し，**溶媒(水)と均一に混じりあう。**この現象を溶解という(水に囲まれたイオンを水和イオンという)。

補足　Ag^+とCl^-からなるイオン結晶の塩化銀AgClを水に入れても，Ag^+とCl^-のイオン結合による結合力が強いので，水の作用ではこの結合を切ることができない。このように，水に溶けないイオン結晶もある。

❷分子性物質の水への溶解　**水に溶かしても電離しない物質**を非電解質という(☞p.43)。分子性物質であるスクロース(ショ糖) $C_{12}H_{22}O_{11}$は非電解質であるが，分子内に水分子の構造と共通するヒドロキシ基(－OH)をもっているので，水と混じる性質(親水性)が強い。水中でスクロース分子1個は数個の水分子に囲まれて存在し，溶媒の水分子と均一に混じりあう。

補足　ヒドロキシ基は，水と水素結合(☞p.55)するため親水性である。酸素O_2，メタンCH_4などの非電解質は，親水性をもたないので，水に溶けにくい。

2 溶液の濃度

1 濃度の表し方 ①重要

❶質量パーセント濃度 **溶液の質量に対する溶質の質量の割合をパーセントで示**した濃度の表し方で，%の記号をつけて記す。たとえば，溶媒(ようばい) W〔g〕に溶質 w〔g〕を溶かした溶液の質量パーセント濃度は，次の式で求めることができる。

$$\frac{w}{W+w}\times 100\ [\%]$$

補足 非常に小さい濃度を表すとき，ppmが用いられることがある。1 ppm = 10^{-4} %に相当し，溶液1 kg（≒1 L）中に a〔mg〕の溶質が含まれるときの濃度は，a〔ppm〕である。

❷モル濃度 **溶液1 Lあたりに溶けている溶質の物質量molで示した**濃度の表し方で，単位mol/Lをつけて記す。たとえば，溶液 V〔L〕中に n〔mol〕の溶質が溶けている場合のモル濃度を c〔mol/L〕とすると，次の式が成り立つ。

$$c\ [\mathrm{mol/L}] = \frac{n\ [\mathrm{mol}]}{V\ [\mathrm{L}]}$$

例 グルコース(ブドウ糖) $C_6H_{12}O_6$（分子量180）18.0 gを水に溶かして，水溶液の全量を250 mLにすると，この水溶液のモル濃度 c〔mol/L〕は，次のように計算される。

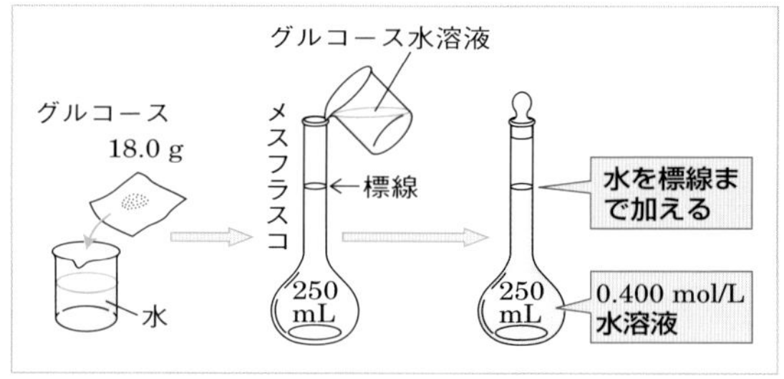

図4 一定モル濃度の水溶液の調製

$$n = \frac{18.0\ \mathrm{g}}{180\ \mathrm{g/mol}} = 0.100\ \mathrm{mol}$$

$$V = \frac{250\ \mathrm{mL}}{1000\ \mathrm{mL/L}} = 0.250\ \mathrm{L} \qquad c = \frac{n}{V} = \frac{0.100\ \mathrm{mol}}{0.250\ \mathrm{L}} = 0.400\ \mathrm{mol/L}$$

❸質量モル濃度 **溶媒1 kgに溶けている溶質の物質量molで示した**濃度の表し方で，単位mol/kgをつけて表す。たとえば，溶媒 W〔kg〕に n〔mol〕の溶質が溶けている場合の質量モル濃度を m〔mol/kg〕とすると，次の式が成り立つ。

$$m\ [\mathrm{mol/kg}] = \frac{n\ [\mathrm{mol}]}{W\ [\mathrm{kg}]}$$

補足 一定量の溶媒に溶ける溶質の量には，一般的に限度がある。この限度まで溶質が溶けている溶液を**飽和(ほうわ)溶液**という。飽和溶液の中に溶けている溶質の量を**溶解度**といい，一般には飽和溶液中の溶媒100 gに対して溶けている溶質の質量をg単位で表す。

2 濃度の換算（質量パーセント濃度 ⇄ モル濃度）

分子量がMの物質を溶質とする，密度がd〔g/cm³〕，質量パーセント濃度a〔%〕の水溶液の濃度をモル濃度c〔mol/L〕で表してみる。この水溶液1L中に含まれる溶質の物質量はc〔mol〕であるが，このcの値は，次のようにして計算できる。

$$c\,[\mathrm{mol/L}] = 1000\ \mathrm{cm^3/L} \times d\,[\mathrm{g/cm^3}] \times \frac{a}{100} \div M\,[\mathrm{g/mol}] = \frac{10ad}{M}$$

- $1000\ \mathrm{cm^3/L} \times d\,[\mathrm{g/cm^3}]$ → 溶液1Lの質量〔g〕
- $\times \frac{a}{100}$ まで → 溶液1L中の溶質の質量〔g〕
- $\div M\,[\mathrm{g/mol}]$ まで → 溶液1L中の溶質の物質量〔mol〕

逆にモル濃度がc〔mol/L〕である溶液の質量パーセント濃度a〔%〕は，次の式を使えば計算できる。

$$a\,[\%] = \frac{c\,[\mathrm{mol/L}] \times M\,[\mathrm{g/mol}]\ (1\,\mathrm{L}中の溶質の質量)}{1000\ \mathrm{cm^3/L} \times d\,[\mathrm{g/cm^3}]\ (溶液1\,\mathrm{L}の質量)} \times 100 = \frac{cM}{10d}$$

例題　濃度の計算

次の(1)，(2)の問いに答えよ。原子量はH＝1.0，O＝16，S＝32とする。

(1)　質量パーセント濃度が24.5 %，密度が1.20 g/cm³の硫酸水溶液のモル濃度は何mol/Lか。

(2)　密度が1.25 g/cm³の3.80 mol/Lの硫酸水溶液の質量パーセント濃度はいくらか。

着眼　(1)溶質H_2SO_4の分子量と硫酸水溶液の密度を用いて，硫酸1L中の溶質H_2SO_4の物質量を求める。

解説　(1)　$1000 \times 1.20 \times \frac{24.5}{100} \div 98.0 = 3.00$ mol/L ……… 答

(2)　質量パーセント濃度a〔%〕は，　$a = \frac{3.80 \times 98.0}{1000 \times 1.25} \times 100 = 29.79\cdots$ より 29.8 % … 答

このSECTIONのまとめ　溶液の濃度

□溶液と溶解 ☞p.83	・**溶液**…溶媒と溶質が均一に混じりあった液体。 ・**溶解**…溶質のイオンや分子が溶媒の水分子などに囲まれて存在し，均一に混じりあう現象。
□溶液の濃度 ☞p.84	・**質量パーセント濃度**…溶液の質量に対する溶質の質量の割合をパーセントで表す。 ・**モル濃度**…溶液1L中に含まれる溶質の物質量で表す。

SECTION 3 化学反応式と物質量

1 化学反応式

1 化学変化と化学反応式　重要

❶**化学変化**　ある物質が性質の異なる別の物質に変化することを化学変化(化学反応)という。図5は，メタンを完全燃焼させて二酸化炭素と水が生成する反応をモデルで表したものである。化学反応では原子の組み合わせが変化しているだけで，**化学反応の前後で原子が消滅したり，新たに原子が生成したりすることはない。**

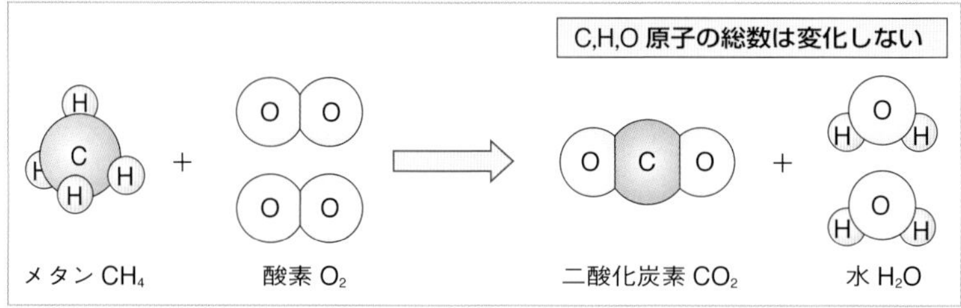

図5　メタンの完全燃焼の原子モデル

❷**化学反応式**　化学変化を化学式で表した式を化学反応式という。化学反応式では，**反応物を左辺に，生成物を右辺に**化学式で書き，両辺を変化の方向を示す矢印 ⟶ で結ぶ。図5の化学変化は，次のような化学反応式で表される。

$$CH_4 + 2O_2 \longrightarrow CO_2 + 2H_2O$$

過酸化水素H_2O_2が分解すると，水と酸素が生成するが，このとき酸化マンガン(Ⅳ) MnO_2がよく使われる。この化学反応式は次のように表される。

$$2H_2O_2 \longrightarrow 2H_2O + O_2$$

この反応において，酸化マンガン(Ⅳ)は反応を促進するはたらき(これを触媒という)をしているが，自分自身は変化していないので，化学反応式には書かない。

❸**イオン反応式**　イオンが関係する反応では，反応に関係したイオンだけで反応式を示す。この反応式をイオン反応式という。たとえば，硫酸銅(Ⅱ) $CuSO_4$水溶液に水酸化ナトリウム$NaOH$水溶液を加えると，水酸化銅(Ⅱ) $Cu(OH)_2$が沈殿する。イオン反応式では，反応に関係したイオンCu^{2+}とOH^-だけで示し，次のようになる。

$$Cu^{2+} + 2OH^- \longrightarrow Cu(OH)_2$$

イオン反応式では，左右で原子の種類と数が等しいだけでなく，電荷の総和も等しくなる。

❹目算法による化学反応式のつくり方　エタンC_2H_6を空気中で燃焼させると，二酸化炭素と水ができるが，この反応の化学反応式は次の手順でつくる。

[手順1]　反応する物質(反応物)の化学式を左辺に，生成する物質(生成物)の化学式を右辺に書き，両辺を矢印(⟶)で結ぶ。

$$C_2H_6 + O_2 \longrightarrow CO_2 + H_2O$$

[手順2]　目算法により，各化学式の係数を決める。

登場回数の少ない2種類以上の原子から成り立っている物質の化学式(この場合はOは3回，CとHは2回ずつでCとHの登場回数が少ないのでC_2H_6を用いる)の係数を1とおく。次に，各原子の数が左辺と右辺で等しくなるように，他の化学式の係数を決める。

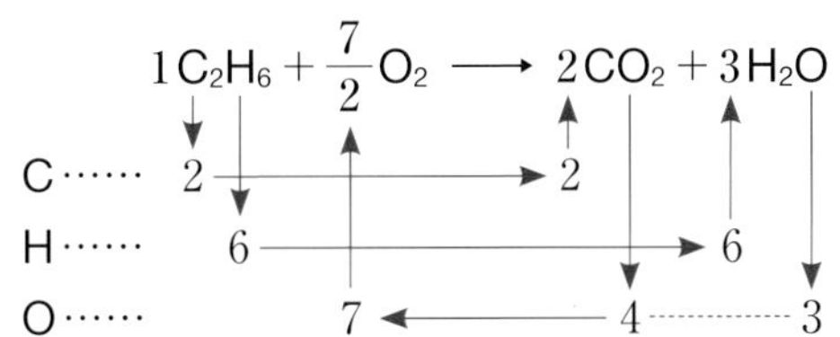

※Oの係数はとりあえず分数でもよい。

[手順3]　計算された各原子の係数の比を最も簡単な整数比に直す。

目算法で計算されたC_2H_6，O_2，CO_2，H_2Oの係数の値は，それぞれ1，$\frac{7}{2}$，2，3である。これらの値を**最も簡単な整数比**にすると，2，7，4，6となり，次に示す正しい化学反応式が得られる。

$$2C_2H_6 + 7O_2 \longrightarrow 4CO_2 + 6H_2O$$

❺未定係数法による係数の決め方　二酸化窒素を水と反応させると，硝酸と一酸化窒素を生じる。この反応における次の化学式の係数は，目算法ではやや困難である。

$$NO_2 + H_2O \longrightarrow HNO_3 + NO$$

このような場合は，反応式の係数に未知の係数をおく。

$$a\,NO_2 + b\,H_2O \longrightarrow m\,HNO_3 + n\,NO$$

各元素の原子数は両辺で等しいことを利用して方程式をつくる。

N原子について，$a = m + n$ ……………………………①

H原子について，$2b = m$ ……………………………②

O原子について，$2a + b = 3m + n$ …………………③

②式に着目し，$b = 1$とおくと，$m = 2$。これを①式と③式に代入し，連立方程式を解くと，$a = 3$，$n = 1$。よって，次の化学反応式が得られる。

$$3NO_2 + H_2O \longrightarrow 2HNO_3 + NO$$

この方法で得られた係数のいずれかが分数となった場合には，各係数が最も簡単な整数となるようにする。

2 化学反応式と物質の量的関係

1 化学反応式の表す意味

❶化学反応式と分子数・物質量の関係　化学反応式は，反応物と生成物の化学式とそれらの物質量の比を表している。したがって，反応式中の物質の**係数の比は，反応で増加する生成物または減少する反応物の物質量の比に等しい。**たとえば，メタンCH_4が空気中で完全に燃焼して二酸化炭素CO_2と水H_2Oを生じる変化は，次の化学反応式で表される。

$$CH_4 + 2O_2 \longrightarrow CO_2 + 2H_2O$$

この化学反応式は，メタン分子1個と酸素分子2個から，二酸化炭素分子1個と水分子2個ができることを表しているが，それらの分子の数を6.02×10^{23}倍すると，それぞれの物質の係数は物質量molを表していることになる。したがって，上の化学反応式は，メタン分子1 molと酸素分子2 molから二酸化炭素分子1 molと水分子2 molができることを表している。

化学反応式	CH_4	+	$2O_2$	$\longrightarrow$	CO_2	+	$2H_2O$
分子数	1個		2個		1個		2個
	⇩		⇩		⇩		⇩
	$1 \times 6.02 \times 10^{23}$		$2 \times 6.02 \times 10^{23}$		$1 \times 6.02 \times 10^{23}$		$2 \times 6.02 \times 10^{23}$
	⇩		⇩		⇩		⇩
物質量	1 mol		2 mol		1 mol		2 mol

化学反応式の係数⇨各物質の物質量(mol)の比を表す。

❷化学反応式と物質の質量・気体の体積の関係　分子からなる物質1 molの質量は，分子量にグラムの単位をつけたものであり，気体分子1 molの標準状態における体積は22.4 Lであるから，**化学反応式は，反応に関係する物質間の質量・気体の体積についての量的関係も表している。**したがって，メタンCH_4が空気中で燃焼したときの反応については，次のことが示されている。

化学反応式	CH_4	+	$2O_2$	$\longrightarrow$	CO_2	+	$2H_2O$	
物質量	1 mol		2 mol		1 mol		2 mol	係数の比＝物質量の比
質量	1×16.0 g		2×32.0 g		1×44.0 g		2×18.0 g	質量は保存される
気体の体積(標準状態)	1×22.4 L		2×22.4 L		1×22.4 L		(標準状態では気体でないので無視する)	係数の比＝同温同圧の体積の比

2 化学反応式における量的計算 ①重要

❶化学反応式と分子数・質量・気体の体積　分子数・質量・気体の体積(標準状態)は，物質量に換算でき(☞ p.80)，変化した物質の物質量がわかれば，化学反応式の係数の比から，他の物質の物質量を求めることができる。そして，その物質量から，その物質の分子数・質量・気体の体積(標準状態)を求めることができる。

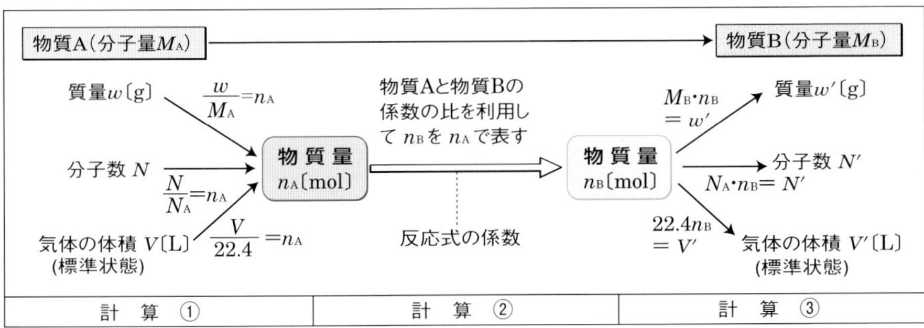

例　メタンCH_4 3.2 gの燃焼に必要な酸素の体積(標準状態)と，このとき生成する水の質量および水分子の数の計算

(1)化学変化を化学反応式で表す。　$CH_4 + 2O_2 \longrightarrow CO_2 + 2H_2O$

(2)メタンCH_4 3.2 gを**物質量に換算**する(**計算①**)。

CH_4の分子量…16
(モル質量16 g/mol)　⇨ $n_A = \dfrac{3.2\ \text{g}}{16\ \text{g/mol}} = 0.20\ \text{mol}$

(3)反応する酸素O_2と生成する水H_2Oの物質量を，**反応式の係数を利用**して求める(**計算②**)。

CH_4　0.20 mol
- O_2 ; $n_B = 2 \times 0.20\ \text{mol} = 0.40\ \text{mol}$
- H_2O ; $n_B = 2 \times 0.20\ \text{mol} = 0.40\ \text{mol}$

(4)O_2の物質量を気体の体積(標準状態)に，H_2Oの物質量を質量と分子の数に，それぞれ換算する(**計算③**)。

O_2　; 0.40 mol ⇨ $0.40\ \text{mol} \times 22.4\ \text{L/mol} \fallingdotseq 9.0\ \text{L}$

H_2O ; 0.40 mol ⇨ $0.40\ \text{mol} \times 18\ \text{g/mol} = 7.2\ \text{g}$

⇨ $0.40\ \text{mol} \times 6.0 \times 10^{23}\ \text{/mol} = 2.4 \times 10^{23}$

例題　化学反応式による質量・分子数・気体の体積計算

反応式$2C_2H_6 + 7O_2 \longrightarrow 4CO_2 + 6H_2O$を用いて下の問いに答えよ。原子量を$H = 1.0$，$C = 12$，アボガドロ定数(ていすう)を$N_A = 6.0 \times 10^{23}$ /molとする。

(1)　標準状態で5.6 Lのエタンを完全燃焼させると，水分子が何個生じるか。

(2)　エタン15 gを完全燃焼させるのに必要な酸素の体積は，標準状態で何Lか。

着眼　エタンC_2H_6の体積(標準状態)，質量をそれぞれ物質量に換算する。また，反応式の係数の比からH_2O，O_2の物質量を求め，それらを分子数，体積に換算する。

解説　(1)　標準状態で5.6 LのエタンC_2H_6の物質量は，

$$n=\frac{5.6\ \mathrm{L}}{22.4\ \mathrm{L/mol}}=0.25\ \mathrm{mol}$$

化学反応式の係数の比から，2 molのC_2H_6より生じるH_2Oの物質量は6 molである。したがって，0.25 molのC_2H_6より生じるH_2Oの物質量は，

$$0.25\ \mathrm{mol}\times\frac{6}{2}=0.75\ \mathrm{mol}$$

この中に含まれる水分子の数は，

$$0.75\ \mathrm{mol}\times 6.0\times 10^{23}\ /\mathrm{mol}=4.5\times 10^{23}$$

(2)　エタンC_2H_6の分子量は30(モル質量＝30 g/mol)であるから，エタン15 gの物質量は，

$$n=\frac{15\ \mathrm{g}}{30\ \mathrm{g/mol}}=0.50\ \mathrm{mol}$$

計算の途中は1桁多く(ここでは3桁目まで)出す

これと反応する酸素の物質量は，反応式の係数の比から，$0.50\times\frac{7}{2}=1.75\ \mathrm{mol}$

この酸素の標準状態における体積は，

$$1.75\ \mathrm{mol}\times 22.4\ \mathrm{L/mol}\fallingdotseq 39\ \mathrm{L}$$

答 (1)4.5×10^{23}個　(2)39 L

類題2　下の化学反応式を利用して，エタノールC_2H_5OH 9.2 gが完全に燃焼したとき，生成する二酸化炭素の体積(標準状態)と，生成する水分子の数を求めよ。ただし，原子量を$H=1.0$，$C=12$，$O=16$，アボガドロ定数(ていすう)を$N_A=6.0\times 10^{23}\ /\mathrm{mol}$とする。(解答☞ p.538)

$$C_2H_5OH+3O_2\longrightarrow 2CO_2+3H_2O$$

❷化学反応式と気体の体積　同温・同圧における同じ体積の気体の物質量は，気体の種類にかかわらず等しい。したがって，同温・同圧における気体の体積の比は，気体の物質量の比になるから，**化学反応式の係数の比は，気体の体積比となる。**このことを利用すると，化学反応において，気体物質については，体積を物質量に換算せずに量的計算をすることができる。

係数比＝物質量比＝体積比

例　標準状態において，8 Lの一酸化炭素COと10 Lの酸素O_2を混合して点火させた場合，反応後に残る気体の，標準状態での総体積を求める。

CO　；8 L ⟶ 0 L
O_2　；10 L ⟶ 6 L
CO_2；0 L ⟶ 8 L

よって，6 L＋8 L＝14 L

化学反応式	2CO	＋	O_2	⟶	$2CO_2$
係数比	2	：	1	：	2
物質量比	2 mol	：	1 mol	：	2 mol
体積比	2	：	1	：	2
(例)	8 L	：	4 L	：	8 L
反応前	8 L		10 L		0 L
反応体積	↓－8 L		↓－4 L		↓＋8 L
反応後	0 L		6 L		8 L

例題　**気体の反応における体積関係**

標準状態で，4 LのエチレンC_2H_4と20 Lの酸素O_2を混合し，点火してエチレンを完全に燃焼させた。反応後に残る気体の体積は，標準状態で何Lか。

着眼　まず，このときの変化を化学反応式で表す。次に，反応式の係数の比を利用して，反応および生成する気体の体積をそれぞれ計算する。

解説　このときの変化は，次のような化学反応式で表すことができる。

$$C_2H_4 + 3O_2 \longrightarrow 2CO_2 + 2H_2O$$

この変化における体積関係を前ページと同様に示すと，右のようになる。したがって，反応後の気体の体積は，

	C_2H_4	$3O_2$	$2CO_2$	$2H_2O$
反応前	4 L	20 L	0 L	—
反応体積	↓−4 L	↓−3×4 L	↓+2×4 L	|
反応後	0 L	8 L	8 L	(液体)

C_2H_4；0 L

O_2；　20 L−3×4 L＝8 L　　CO_2；2×4 L＝8 L

よって，8 L＋8 L＝16 L　　**答** 16 L

類題3　標準状態において，5 LのメタンCH_4と18 Lの酸素O_2を混合し，点火してメタンを完全に燃焼させた。反応後に残る気体の体積は，標準状態で何Lか。（解答☞ p.538）

❸化学反応式を用いない計算　**反応物中のある元素が反応終了後，ある特定の生成物中にすべて含まれている場合は**，次の例のようにして計算ができる。

例　**酸化鉄(Ⅲ) Fe_2O_3 8.0 kgから得られる鉄Feの物質量を求める計算**

化合物Fe_2O_3中のFeがすべて単体のFeに変化したとすれば，生成するFeの物質量は，反応物Fe_2O_3の物質量の2倍である。

式量は，Fe_2O_3＝160であるから，

$$\text{Fe の物質量} = 2 \times Fe_2O_3\text{ の物質量} = 2 \times \frac{8.0 \times 10^3\ \text{g}}{160\ \text{g/mol}} = 100 = 1.0 \times 10^2\ \text{mol}$$

3 | 化学の基礎法則と原子説・分子説

1 化学の基礎法則と原子説

❶質量保存の法則　フランスの化学者ラボアジエ(1743～1794)は，いろいろな化学変化の実験を行い，1774年，次のような質量保存の法則を発見した。

「化学変化において，反応前の物質の質量の総和と，反応後の物質の質量の総和は等しい。」

例　水銀＋酸素 ⟶ 酸化水銀　　100.3 g　8.0 g　　108.3 g　⇨（反応前）（反応後）108.3 g＝108.3 g

❷定比例の法則　フランスのプルースト(1754～1826)は，化合物の成分元素の質量を測定して，1799年，次のような定比例の法則[★1]を発見した。

「ある化合物を構成している成分元素の質量比は，つねに一定である。」

㊀ 水を構成している水素と酸素の質量比は，水素：酸素＝1：8で，つねに一定である。

❸ドルトンの原子説　イギリスのドルトン(1766～1844)は，質量保存の法則と定比例の法則の両方が成り立つ理由を説明するために，1803年，次のような原子説を発表した。

①すべての物質は，それ以上分割できない小さな粒子である原子[★2]からできている。

②同じ元素の原子は，質量や性質が同じであり，異なる元素の原子は，これらが異なる。

③化合物は，異なる原子が決まった数で結合している。

④化学変化は，原子の組み合わせが変わるだけで，原子はなくなることも，新しく生まれることもない。

また，ドルトンは，次のような元素記号を用いて，各原子や化合物を表した。

水素	(H)	硫黄	(S)	金	(Au)	水	(H_2O)
酸素	(O)	リン	(P)	亜鉛	(Zn)	一酸化炭素	(CO)
窒素	(N)	銅	(Cu)	鉄	(Fe)	二酸化炭素	(CO_2)
炭素	(C)	銀	(Ag)	水銀	(Hg)	二酸化硫黄	(SO_2)

図6　ドルトンの元素記号〔(　)内は現在の元素記号〕

視点　ドルトンは原子を球形であると考えて，図のような小円で原子を表した。これが，現在の元素記号の基礎となっている。

COLUMN　ドルトンのプロフィール

ドルトンは，イギリスの半農半工の貧しいクェーカー教徒の子として生まれたが，21歳のとき，オーロラに魅せられて以来，気象観測をはじめ，生涯にわたって20万回以上の観測を継続的に行ったといわれている。彼の偉大さは，単なる気象観測に終わらずに，この研究を発展させて大気の構成に関心をもち，さらに混合気体の研究へと進み，ついに原子論を近代的な形で復活させた点にある。

童話にまで「原子」という言葉が出てくるほど，ドルトンの原子説は一世を風びし，化学の大御所的存在であったドルトンではあったが，彼が化学の世界に入ったのは30歳になってからであった。

ドルトン

★1 定比例の法則は一定組成の法則ともいう。

★2 原子はatomというが，atomのaはギリシャ語で「打ち消し」，tomは「分割」を意味し，atomで「分割できない」ことを表している。

補足 ドルトンは，水は，水素原子と酸素原子のそれぞれ1個ずつからできていると考えた。これは，現在の水分子は水素原子2個と酸素原子1個からできているということからすると誤りであるが，一酸化炭素と二酸化炭素については正しかった。

❹倍数比例の法則　ドルトンは，原子説と同時に，1803年，次のような倍数比例の法則[★1]を発見した。

「2種の元素A，Bからなる化合物が2種類以上あるとき，元素Aの一定質量と結合する元素Bの質量の間には，簡単な整数比が成り立つ。」

この法則は，その後の実験によって正しいことが確かめられ，原子説を裏づけた。

例　一酸化炭素と二酸化炭素中の炭素と酸素の質量比

	一酸化炭素	二酸化炭素
炭素	3.0 g	3.0 g
酸素	4.0 g	8.0 g

簡単な整数比⇒　1：2

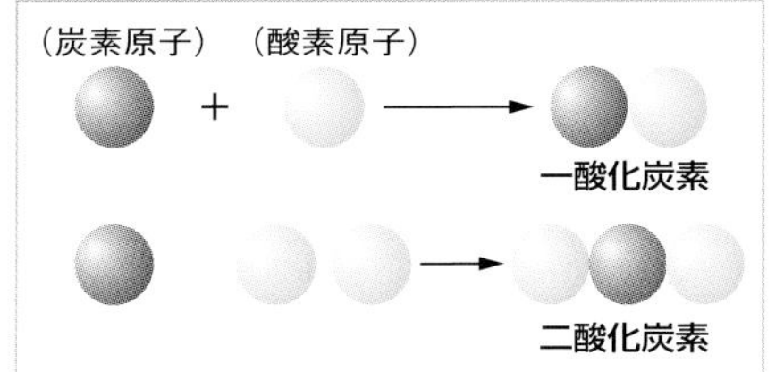

2 気体反応の法則と分子説

❶気体反応の法則　フランスのゲーリュサック(1778～1850)は，1808年，次のような気体反応の法則[★2]を発見した。

「気体間の反応においては，反応または生成する気体の体積は，同温・同圧のもとで簡単な整数比となる。」

例1　水素と酸素が反応して水蒸気(水)ができるとき，その体積比を同温・同圧のもとで調べると，次のような簡単な整数比となっている。

水素：酸素：水蒸気＝2：1：2

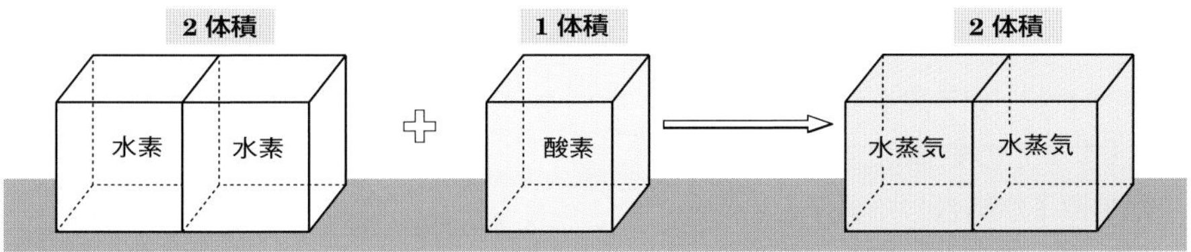

図7　気体反応の法則

例2　水素と塩素が反応して塩化水素ができるときも，体積比は次のように簡単な整数比となる。

水素：塩素：塩化水素＝1：1：2

★1 倍数比例の法則は倍数組成の法則ともいう。

★2 気体反応の法則は反応体積比の法則ともいう。

❷気体反応の法則と原子説　「同温・同圧で，同じ体積の単体の気体には，同数の原子が含まれる。」という原子説[★1]を用いて気体反応の法則を説明しようとすると，次のような矛盾が生じる。

①水素と酸素が反応して水蒸気ができる反応について，原子がこわれないものとすると，次の図8のように，水素2体積と酸素1体積から水蒸気1体積が生じ，前ページの㊫1（図7）と合わなくなる。

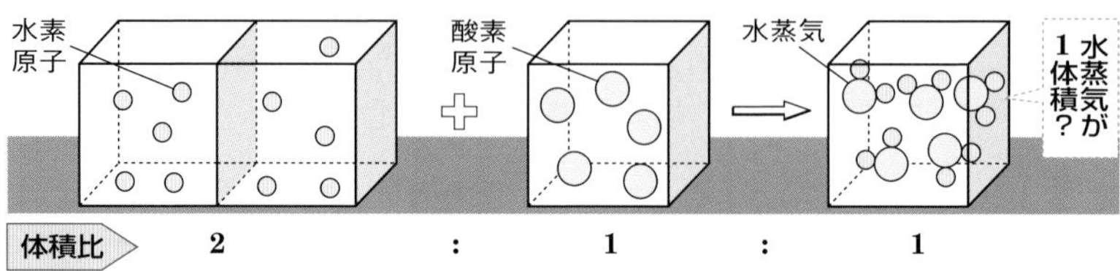

図8　原子説による水素と酸素の反応の説明(1)

②水蒸気が2体積できるようにしようとすると，次の図9のように，原子が分割されることになり，ドルトンの原子説に合わなくなる。

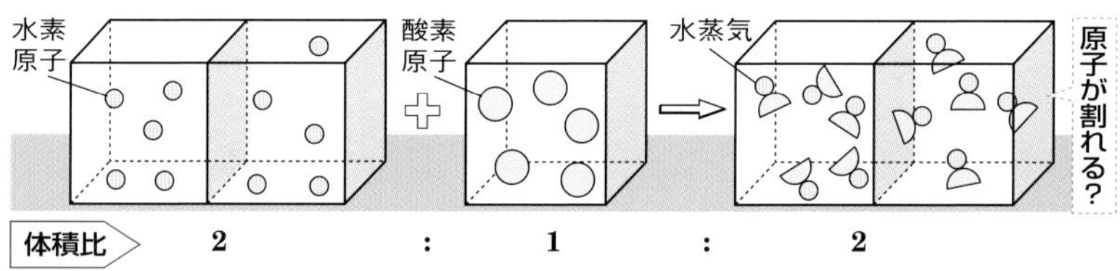

図9　原子説による水素と酸素の反応の説明(2)

❸アボガドロの法則

①**アボガドロの分子説**　イタリアのアボガドロ(1776～1856)は，❷の①，②のような問題点を解決するため，1811年に，次のような分子説を発表した。

「すべての気体は，いくつかの原子が結合した分子という粒子からなり，同温・同圧では，気体の種類に関係なく，同体積中に同数の分子が含まれる。」

COLUMN

アボガドロの分子説が認められるまで

ある人の業績が，その人の生きた時代に正当に評価されることは少ない。アボガドロの分子説もその例にもれず，当時はほとんど注目されなかった。彼の分子説や仮説は，実験的な根拠に乏しかったこともあって，単に原子説と気体反応の間の矛盾を解決するために考え出された空想家のこじつけとされてしまった。しかし，当時の科学の発展段階からすれば，しかたのない面もあり，誰が責められるというものでもなかろう。彼の弟子カニッツァーロ(1826～1910)が再びアボガドロの理論を紹介してその重要性が認められたのは，アボガドロの死より4年後，すなわち彼が分子説を発表してから，実に50年後ということになる。

★1 この原子説は，ドルトンの原子説をもとにゲーリュサックの考え出した仮説である。

②**分子説による気体反応の法則の説明**　たとえば，水素分子は水素原子2個，酸素分子は酸素原子2個からできていると考えると，水素2体積と酸素1体積から水蒸気2体積ができる反応は，次の図10のように説明することができる。これは，p.93の㊎1（図7）と一致する。

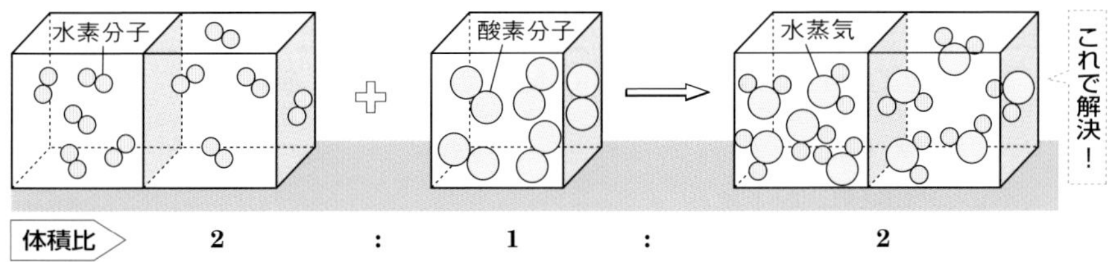

図10　分子説による水素と酸素の反応の説明

視点　反応前の水素原子の数は20個，酸素原子の数は10個であり，反応後の水素原子の数は20個，酸素原子の数は10個であるから，ドルトンの原子説を満たしている。

また，体積比は，水素：酸素：水蒸気＝2：1：2であるから，気体反応の法則を満たしている。

③**アボガドロの法則**　分子説の発表後，いろいろな実験から分子の存在が確認され，

「同温・同圧のもとでは，どの気体も，同体積中に同数の分子を含む。」

という分子説における気体の体積と分子数の関係は，アボガドロの法則とよばれるようになった。

このSECTIONのまとめ　化学反応式と物質量

□化学反応式 ☞p.86	・化学式を用いて，物質の変化と物質の量的関係を示す。 ・**反応物を左辺，生成物を右辺**に化学式で書き，両辺を ⟶ で結ぶ。**係数をつけて両辺の原子数を等しくする。**
□化学反応式と物質の量的関係 ☞p.88	・化学反応式中の係数は，各物質の物質量(mol)の比を表している。 ・物質量を，質量・分子数・気体の体積などに換算する。 ・**係数の比＝物質量の比＝気体の体積の比** （同温・同圧の場合）
□化学の基礎法則 ☞p.91	・**質量保存の法則**（ラボアジエ）・**定比例の法則**（プルースト） ⇨**原子説・倍数比例の法則**（ドルトン） ⇨**気体反応の法則**（ゲーリュサック） ⇨原子説と矛盾 ⇨ **分子説** ⇨ **アボガドロの法則**

CHAPTER 1 練習問題 解答 p.538

●計算にアボガドロ定数(ていすう)を必要とする場合には，有効数字2桁の値 $N_A = 6.0 \times 10^{23}$ /mol を使用せよ。また，必要があれば，原子量は次の値を用いよ。

H = 1.0，C = 12，N = 14，O = 16，Na = 23，Al = 27，S = 32

1 〈アボガドロ定数，原子量〉

次の文の空欄ア～オにあてはまる適切な値を，単位を含めて答えよ。

6.02×10^{23} 個の粒子の集団を（　ア　）とよび，質量数12の炭素原子 $^{12}_{6}C$（　イ　）g中には原子がこの数含まれる。原子1個の質量が 4.5×10^{-23} g である原子を 6.0×10^{23} 個集めると，その質量は（　ウ　）gとなり，この原子の原子量は（　エ　）であり，モル質量は（　オ　）である。

2 〈分子量・式量，質量，物質量〉 テスト必出

次の(1)～(5)の値はそれぞれいくらか。単位がある場合には，単位を含めて答えよ。

(1)　メタノール CH_3OH の分子量
(2)　炭酸ナトリウム Na_2CO_3 の式量
(3)　二酸化炭素 CO_2 のモル質量
(4)　水 H_2O　0.20 mol の質量
(5)　メタン CH_4　0.50 mol の分子数

3 〈基本的な物質量計算〉 テスト必出

次の問いに答えよ。答えは，いずれも有効数字2桁で示せ。

(1)　NaOH　6.0 g は何 mol か。
(2)　標準状態（0 ℃，1.013×10^5 Pa）で 5.6 L を占めるメタン CH_4 は何 mol か。
(3)　水 H_2O　4.5 g 中には何個の分子が含まれるか。
(4)　二酸化炭素 CO_2　8.8 g の標準状態での体積は何 L か。
(5)　分子 1.8×10^{23} 個を含む気体の酸素は，標準状態で何 L を占めるか。

4 〈相対質量と原子量〉

次の問いに答えよ。

(1)　質量数12の炭素原子 $^{12}_{6}C$ 1個の質量が 2.0×10^{-23} g であり，ある1種類の同位体からなる原子1個の質量が 3.8×10^{-23} g であるとすると，この原子の相対質量はいくらか。有効数字2桁で答えよ。

(2)　天然の銅は，$^{63}_{29}Cu$ と $^{65}_{29}Cu$ の2種類の同位体からなり，それらの存在比は，$^{63}_{29}Cu$ が 69.2 %，$^{65}_{29}Cu$ が 30.8 % である。それぞれの相対質量を $^{63}_{29}Cu = 62.9$，$^{65}_{29}Cu = 64.9$ とするとき，銅の原子量はいくらか。小数第1位まで求めよ。

5 〈モル濃度〉

次の(1)・(2)の水酸化ナトリウム水溶液の濃度は何 mol/L か。

(1) NaOH 8.0 g を水に溶かして 250 mL とした水溶液

(2) 密度 1.2 g/cm^3，質量パーセント濃度で 18 % の NaOH 水溶液

6 〈化学反応式の書き方〉テスト必出

次の化学変化を，それぞれ化学反応式で示せ。

(1) ジメチルエーテル CH_3OCH_3 を空気中で完全燃焼させると，二酸化炭素 CO_2 と水を生じる。

(2) アンモニア NH_3 を酸素と反応させると，一酸化窒素 NO と水を生じる。

(3) アルミニウム Al を塩酸と反応させると，塩化アルミニウム $AlCl_3$ を生じ，水素が発生する。

7 〈化学反応式と物質の量的関係〉テスト必出

プロパン C_3H_8 を空気中で完全燃焼させると，二酸化炭素と水を生じる。この反応は次の化学反応式で表される。この反応に関する下の各問いに答えよ。

$$C_3H_8 + 5O_2 \longrightarrow 3CO_2 + 4H_2O$$

(1) プロパン C_3H_8 8.8 g が完全に燃焼すると，何 g の水を生じるか。また，このとき，標準状態で何 L の二酸化炭素が生成するか。

(2) 標準状態で 2.24 L のプロパン C_3H_8 が完全に燃焼した場合，このとき生成する水分子の数はいくらか。また，この反応で消費される酸素の標準状態での体積は何 L か。

8 〈化学反応における量的関係，化学の基礎法則〉

窒素 N_2 と水素 H_2 をある圧力・温度のもとで反応させると，その一部が反応してアンモニア NH_3 を生じる。この反応は，次の化学反応式で表される。

$$N_2 + 3H_2 \longrightarrow 2NH_3$$

この反応に関する次の各問いに答えよ。ただし，気体の体積はすべて同温・同圧のものとし，同温・同圧のもとでの気体の体積比は，各気体の物質量比と等しい。

(1) 窒素 10.0 g と水素 10.0 g を反応容器に入れ，ある温度で反応させたら，8.5 g のアンモニアが生成した。反応容器に残っている未反応の窒素と水素の質量の総和は何 g か。

(2) 窒素 10 L と水素 20 L を混ぜ，ある温度・圧力のもとで反応させたら，その一部が反応してアンモニアを生成し，全体の体積が 26 L になっていた。このときのアンモニアは何 L 生成していたか。

(3) 上の(1)・(2)を解くにあたって，最も関係の深い法則は，下の**ア**～**エ**のうちのどれか。それぞれ記号で答えよ。

ア　質量保存の法則　　**イ**　定比例の法則　　**ウ**　倍数比例の法則

エ　気体反応の法則

CHAPTER 2 » 酸・塩基と中和

SECTION 1 酸と塩基

1 酸・塩基の定義

1 アレニウスの定義

❶酸の性質　塩酸 HCl，硝酸 HNO_3，硫酸 H_2SO_4，酢酸(さくさん) CH_3COOH などは，次のような共通の性質を示す。

①**青色リトマス紙を赤色に変えたり，BTB溶液を黄色に変えたりする。**

②亜鉛，鉄などの金属と反応して水素を発生させる。

③鉄さびなどの金属のさびを溶かす。

　このような性質を示すものを**酸**という。酸が示す性質を**酸性**という。

補足 食酢の主成分である酢酸や果物に含まれるクエン酸の水溶液など，酸っぱい味のする水溶液の多くは酸性である。

❷塩基の性質　酸に対して，水酸化ナトリウム $NaOH$，水酸化カルシウム $Ca(OH)_2$，アンモニア NH_3 の水溶液は，次のような共通の性質を示す。

①酸と反応してその性質を打ち消す。

②**赤色リトマス紙を青色に変えたり，BTB溶液を青色に変えたりする。**

③手につけるとぬるぬるする。

　このような性質を示すものを**塩基**という。塩基が示す性質を**塩基性**という。

補足 水に溶けやすい塩基は，**アルカリ**とよばれることがある。塩基の水溶液が示す性質を**アルカリ性**ともいう。濃い塩基の水溶液は，タンパク質を溶かすので，なめたり皮膚につけたりしてはならない。

　酸の水溶液も塩基の水溶液も，電気伝導性があることから，**酸や塩基は水溶液中ではイオンに電離している**ことがわかる。

❸アレニウスの酸・塩基の定義 1887年，スウェーデンの**アレニウス**(1859～1927)は，酸と塩基を次のように定義した。

「酸とは，水に溶けて水素イオンH^+を生じる物質であり，塩基とは，水に溶けて水酸化物イオンOH^-を生じる物質である。」

塩化水素HCl[★1]や硫酸H_2SO_4は，水溶液中で次のように電離して，水素イオンH^+を生じる。

$$HCl \longrightarrow H^+ + Cl^-$$
$$H_2SO_4 \longrightarrow 2H^+ + SO_4^{2-}$$

生成した水素イオンH^+は，水溶液中ではH_3O^+の形で存在している。H_3O^+は，**オキソニウムイオン**とよばれる。

$$HCl + H_2O \longrightarrow H_3O^+ + Cl^-$$

H Cl ＋ O H H ⟶ O H H H ＋ Cl

しかし，オキソニウムイオンH_3O^+で書き表すと，反応式などが複雑になる。そこで，特に必要がある場合を除いては，これを簡略化してH^+と書き表すのがふつうである。

一方，水酸化ナトリウムNaOHや水酸化カルシウム$Ca(OH)_2$は，水溶液中で次のように電離して，水酸化物イオンOH^-を生じる。

$$NaOH \longrightarrow Na^+ + OH^-$$
$$Ca(OH)_2 \longrightarrow Ca^{2+} + 2OH^-$$

アンモニアNH_3は，分子中にOH^-をもっていないが，その一部が水と反応してOH^-を生じるので塩基である。

$$NH_3 + H_2O \rightleftarrows NH_4^+ + OH^-$$

補足 両方向の矢印は，右向きの反応も左向きの反応も同時に起こっている**可逆反応**を表す。ふつう観察されるのは，右向きの反応の速さと左向きの反応の速さが等しくて互いに打ち消しあい，量的変化が見られない状態である。このような状態を**平衡状態**といい，ある一定の割合で左辺の物質と右辺の物質が共存している。したがって，アンモニア水の場合，電離していないアンモニア分子も存在すれば，電離しているイオンも存在している。条件が変われば，右向きにも，左向きにも反応が起こる。

POINT!

［アレニウスの定義］

酸……水に溶けて，水素イオンH^+を生じる物質。
塩基…水に溶けて，水酸化物イオンOH^-を生じる物質。

★1 塩化水素HCl水溶液を**塩酸**という。

2 広義の酸・塩基(ブレンステッド・ローリーの定義)

❶ブレンステッド・ローリーの酸・塩基の定義　1923年，デンマークの**ブレンステッド**(1879～1947)とイギリスの**ローリー**(1874～1936)は，アレニウスの酸・塩基の定義を拡張して，次のように定義した。

「酸とは，水素イオンH^+を与える分子・イオンであり，塩基とは，水素イオンH^+を受け取る分子・イオンである。」

この定義によれば，塩化水素の電離反応では，HClは酸，H_2Oは塩基である。

$$HCl + H_2O \longrightarrow Cl^- + H_3O^+$$

(酸)　(塩基)　[H^+: HCl → H_2O]

アンモニアの電離反応では，NH_3は塩基，H_2Oは酸である。また，その逆の反応では，$NH_4{}^+$は酸，OH^-は塩基である。

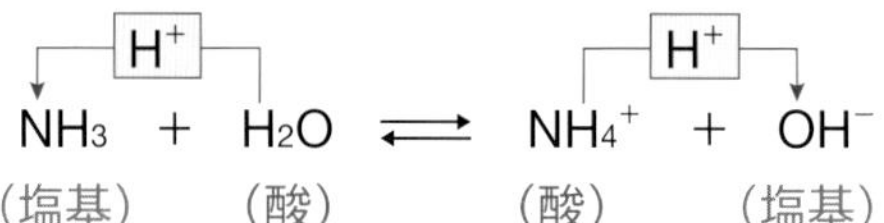

また，水素イオンの授受で，酸・塩基を定義すると，水溶液以外の，たとえば，気体どうしの反応でも，酸・塩基が定義できる。次の反応は，塩化水素(気体)とアンモニア(気体)が反応して，塩化アンモニウムの白煙(固体)が生じる反応である。

$$HCl + NH_3 \longrightarrow NH_4Cl(固)$$

(酸)　(塩基)　[H^+: HCl → NH_3]

補足　水素イオンは，水素原子から唯一の電子が取れたイオンである。また，ふつうの水素原子は中性子をもたないから，水素イオンは，陽子(英語で**プロトン**という)そのものである。したがって，水素イオンをプロトンと言い換えることができる。

❷広義の酸・塩基　ブレンステッドとローリーの提唱した酸・塩基の考え方を使うと，次に示すような点で，酸・塩基を広くとらえることができる。

①水中の反応以外でも，酸・塩基をきちんととらえられる。

②アレニウスの定義では酸・塩基でないものにも，定義できるものがある。

③同一物質が酸または塩基として作用する，両方の場合について説明できる。

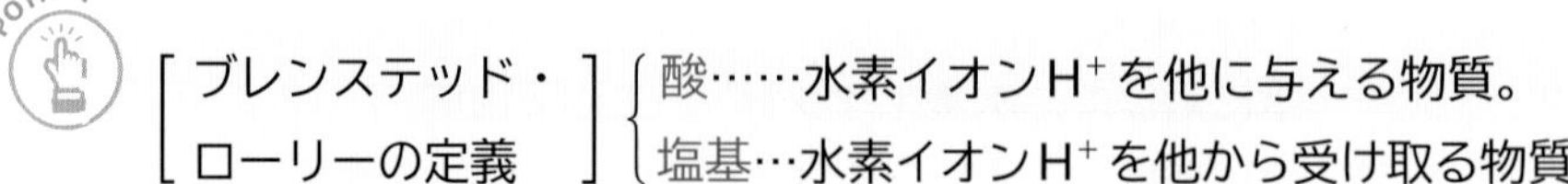

POINT!
[ブレンステッド・ローリーの定義]
酸……水素イオンH+を他に与える物質。
塩基…水素イオンH+を他から受け取る物質。

補足　アメリカの**ルイス**(1875～1946)は，1923年に酸・塩基をより広義に定義し，「酸とは電子対(つい)を受け入れるものであり，塩基とは電子対を与えるものである。」とする考えを提唱した。

2 酸・塩基の分類

1 酸・塩基の価数

❶**酸の価数**　酸の化学式において，**電離して水素イオンH^+になることのできる水素原子Hの数**を**酸の価数**という。たとえば塩化水素HClは1価の酸，硫酸H_2SO_4は2価の酸である。また，酢酸CH_3COOHは，1分子中に4個のH原子をもつが，そのうちH^+イオンになることのできる水素原子はカルボキシ基－COOHに含まれるH原子のみなので，**1価の酸**である。

❷**塩基の価数**　塩基の化学式において，**電離して水酸化物イオンOH^-になることのできるOHの数，あるいは受け取ることのできるH^+の数**を**塩基の価数**という。たとえば水酸化ナトリウムNaOHは1価の塩基，水酸化カルシウム$Ca(OH)_2$は2価の塩基である。また，アンモニアNH_3は1個のH^+を受け取ってNH_4^+となるので，**1価の塩基**である。

2 酸・塩基の強弱

❶**塩酸と酢酸の酸の強さのちがい**　塩酸と酢酸はともに1価の酸であるが，同じモル濃度の塩酸と酢酸に亜鉛片を加えると，塩酸のほうが酢酸よりも激しく水素を発生させる(☞図11)。また，それぞれの水溶液について電気の導きやすさを電球の点灯時の明るさで比べると，塩酸のほうが酢酸よりも明るく点灯する。

これは，塩酸のほうが酢酸よりもH^+イオンを多く生じているためである。塩酸では塩化水素HCl分子がほぼすべて電離しているのに対し，酢酸水溶液の酢酸CH_3COOH分子はほんの一部しか電離していない。そのため，同じモル濃度であっても，水溶液中の水素イオンの物質量が異なり，反応性や電気の導きやすさが異なる。

亜鉛と塩酸　亜鉛と酢酸

図11　亜鉛と酸の反応

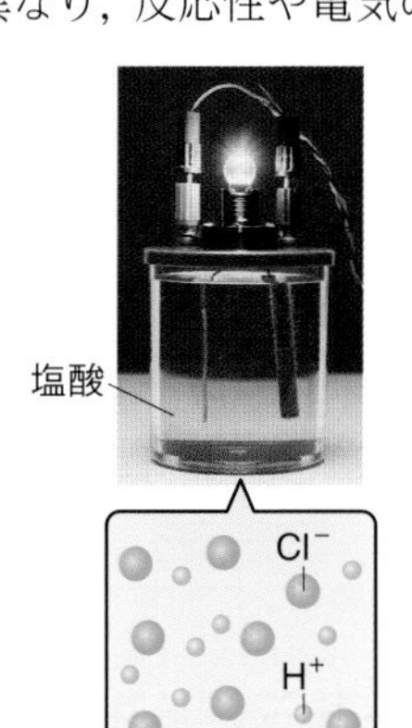

図12　酸の強弱と電流の流れやすさ

❷電離度 酸や塩基が水溶液中で電離する割合を電離度といい，記号α（アルファ）で表す。電離度には単位がない。

$$電離度(\alpha) = \frac{電離した酸(または塩基)の物質量〔mol〕}{溶かした酸(または塩基)の物質量〔mol〕}$$

$$または，\frac{電離した酸(または塩基)のモル濃度〔mol/L〕}{溶かした酸(または塩基)のモル濃度〔mol/L〕} \quad (0 < \alpha \leqq 1)$$

❸酸・塩基の強弱 塩化水素や水酸化ナトリウムは水溶液中でほぼ完全に電離しているため，電離度は1に近く$(\alpha \fallingdotseq 1)$なる。このような酸・塩基を強酸・強塩基という。

また，酢酸（さくさん）やアンモニアのように水溶液中ではごく一部しか電離しないため，電離度は小さくなる$(0 < \alpha \ll 1)$酸や塩基を弱酸・弱塩基という。

酸・塩基の強弱は，電離度の大小によって決まるものであり，価数の大小とは無関係である。

強酸や強塩基の水溶液は濃度に関係なく電離度はほぼ1であるが，**弱酸や弱塩基は，同じ物質でも，濃度が小さいほど電離度αは大きくなる。**

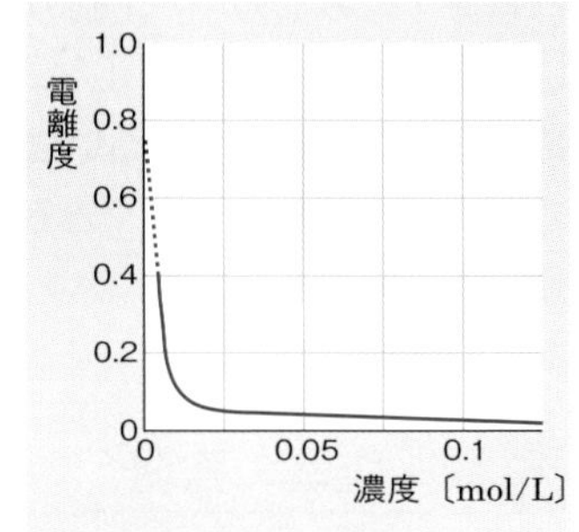

図13 酢酸の濃度と電離度

強酸	例	$HCl \longrightarrow H^+ + Cl^-$	ほぼ完全電離	$\alpha \fallingdotseq 1$
弱酸	例	$CH_3COOH \rightleftarrows CH_3COO^- + H^+$	一部だけが電離	$\alpha \fallingdotseq 0.017$★1
強塩基	例	$NaOH \longrightarrow Na^+ + OH^-$	ほぼ完全電離	$\alpha \fallingdotseq 1$
弱塩基	例	$NH_3 + H_2O \rightleftarrows NH_4^+ + OH^-$	一部だけが電離	$\alpha \fallingdotseq 0.013$★1

表3 酢・塩基の強弱による分類

強酸	弱酸	価数	弱塩基	強塩基
塩化水素HCl 硝酸HNO_3	酢酸CH_3COOH	1価	アンモニアNH_3	水酸化ナトリウム$NaOH$ 水酸化カリウムKOH
硫酸H_2SO_4	硫化水素H_2S 二酸化炭素CO_2★2 シュウ酸$(COOH)_2$★3	2価	水酸化マグネシウム$Mg(OH)_2$★4 水酸化銅(Ⅱ)$Cu(OH)_2$★4 水酸化鉄(Ⅱ)$Fe(OH)_2$★4	水酸化カルシウム$Ca(OH)_2$ 水酸化バリウム$Ba(OH)_2$
	リン酸H_3PO_4★3	3価	水酸化アルミニウム$Al(OH)_3$★4	

★1 25℃，0.1 mol/Lでの値。

★2 水に溶けた二酸化炭素は，水と反応して炭酸H_2CO_3（水溶液中のみ存在）となる。
$CO_2 + H_2O \rightleftarrows H_2CO_3$，$H_2CO_3 \rightleftarrows H^+ + HCO_3^-$，$HCO_3^- \rightleftarrows H^+ + CO_3^{2-}$
2段目はわずかにしか進まない。

★3 シュウ酸やリン酸は比較的電離しやすく，中程度の酸といわれる。

★4 $Mg(OH)_2$，$Cu(OH)_2$，$Fe(OH)_2$，$Al(OH)_3$はほとんど水に溶けないため，弱塩基に分類される。

❹多価の酸・塩基の電離　2価・3価などの酸・塩基を多価の酸・塩基とよぶ。これらの酸や塩基が水溶液中で電離するときは，一度に2個以上の水素イオンH^+や水酸化物イオンOH^-を放出するのではなく，**2段階，3段階に電離**する。これを多段階電離とよぶ。

①**多価の酸の電離**　2価の酸である硫酸H_2SO_4は，

$$\begin{cases} H_2SO_4 \longrightarrow H^+ + HSO_4^- & (第1段階) \\ HSO_4^- \rightleftarrows H^+ + SO_4^{2-} & (第2段階) \end{cases}$$

のように段階的に電離する。したがって，硫酸を水に溶かすと，水溶液中には，H_2O，H^+，OH^-のほかに，H_2SO_4，HSO_4^-，SO_4^{2-}の粒子が存在する。

②**多価の塩基の電離**　2価の塩基である水酸化カルシウム$Ca(OH)_2$は，

$$\begin{cases} Ca(OH)_2 \longrightarrow Ca(OH)^+ + OH^- & (第1段階) \\ Ca(OH)^+ \rightleftarrows Ca^{2+} + OH^- & (第2段階) \end{cases}$$

のように電離する。したがって，水酸化カルシウムを水に溶かすと，水溶液中には，H_2O，H^+，OH^-のほかに，$Ca(OH)_2$，$Ca(OH)^+$，Ca^{2+}の粒子が存在する。

補足　多価の塩基である$Ca(OH)_2$，$Ba(OH)_2$などの電離は，イオン結晶の解離であるので，これらの物質を水に溶かすと，直ちに陽イオン，陰イオンが，その組成比に分かれる。そのため，事実上，次のように1段階で電離すると考えてもよい。

$$Ca(OH)_2 \longrightarrow Ca^{2+} + 2OH^- \qquad Ba(OH)_2 \longrightarrow Ba^{2+} + 2OH^-$$

③**多段階電離と電離度**　一般に，多価の酸の電離については，**第1段階の電離度が最も大きく**，第2段階，第3段階になるにつれて電離度は小さくなる。

このSECTIONのまとめ　酸と塩基

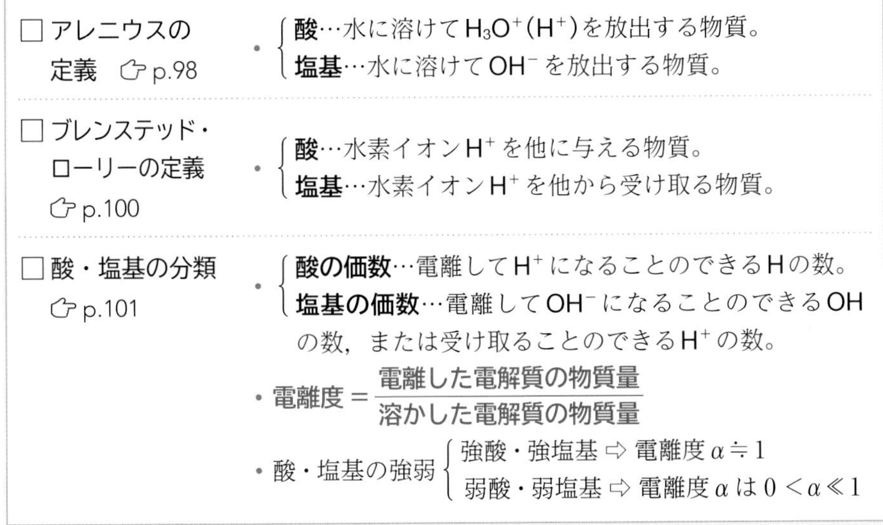

□アレニウスの定義　☞p.98	・**酸**…水に溶けて$H_3O^+(H^+)$を放出する物質。 **塩基**…水に溶けてOH^-を放出する物質。
□ブレンステッド・ローリーの定義　☞p.100	・**酸**…水素イオンH^+を他に与える物質。 **塩基**…水素イオンH^+を他から受け取る物質。
□酸・塩基の分類　☞p.101	・**酸の価数**…電離してH^+になることのできるHの数。 **塩基の価数**…電離してOH^-になることのできるOHの数，または受け取ることのできるH^+の数。 ・電離度 $= \dfrac{電離した電解質の物質量}{溶かした電解質の物質量}$ ・酸・塩基の強弱　強酸・強塩基 ⇨ 電離度$\alpha \fallingdotseq 1$ 弱酸・弱塩基 ⇨ 電離度αは$0 < \alpha \ll 1$

2 水素イオンの濃度とpH

1 水の電離と水素イオン濃度

1 水の電離と水のイオン積

❶水の電離　水H_2Oの電気伝導性をくわしく測定すると，純粋な水は，ごくわずかであるが，電流を流すことがわかる。これは，水分子のごく一部が次のように電離して，イオンを生じているからである。

$$H_2O \rightleftarrows H^+ + OH^-$$

水の電離度は非常に小さく，水素イオンのモル濃度$[H^+]$★1と，水酸化物イオンのモル濃度$[OH^-]$は，25℃でともに1.0×10^{-7} mol/Lである。

$$[H^+] = [OH^-] = 1.0 \times 10^{-7}\ \text{mol/L}\quad (25\ ℃)$$

この状態のとき，水溶液は中性である。

❷水の電離度　水の電離度は極めて小さい。実際に値を計算してみよう。

水1 L (1000 cm^3 = 1000 g)の物質量は，分子量が$H_2O = 18.0$であるから，

$$\frac{1000\ \text{g}}{18.0\ \text{g/mol}} = \frac{1000}{18.0}\ \text{mol}\ (\fallingdotseq 55.6\ \text{mol})$$

水1 L中で電離している水は，1.0×10^{-7} molであるから，

$$電離度 = \frac{電離した電解質の物質量}{溶けた電解質の物質量}$$

$$= 1.0 \times 10^{-7} \div \frac{1000}{18.0} = 1.8 \times 10^{-9}\ \left(\fallingdotseq \frac{1}{5.6 \times 10^8}\right)$$

すなわち，水分子約5.6億個のうち1個が電離していることになる。

❸水のイオン積　酸性や塩基性の水溶液中では，ある一定の温度では**水素イオン濃度$[H^+]$と水酸化物イオン濃度$[OH^-]$の積が常に一定になるように変化する。**この一定の値を水のイオン積とよび，記号K_Wで表す。

$$K_W = [H^+][OH^-] = 1.0 \times 10^{-14}\ (\text{mol/L})^2\quad (25\ ℃)$$★2

水のイオン積⇨水はごくわずかに電離しており，希薄水溶液中では，次の関係が成り立つ。

$$K_W = [H^+][OH^-] = 1.0 \times 10^{-14}\ (\text{mol/L})^2$$

★1 $[H^+]$は水素イオン濃度という。ふつうはモル濃度で表す。

★2 ある水溶液の$[H^+]$，$[OH^-]$がそれぞれ，1.0×10^{-n} mol/L，1.0×10^{-m} mol/Lであるとすると，$10^m \times 10^n = 10^{m+n}$であるから，$n + m = 14$　の関係がある。

2 中性・酸性・塩基性と水素イオン濃度　重要

❶中性溶液　純水では[H^+]＝[OH^-]＝1.0×10^{-7} mol/Lであり中性である(☞p.104)。純水に塩化ナトリウムNaClを加えても，水溶液中の[H^+]，[OH^-]はともに変化しない。したがって，塩化ナトリウム水溶液は中性である。このように，水溶液中の[H^+]が1.0×10^{-7} mol/Lである(必然的に[OH^-]＝1.0×10^{-7} mol/L)溶液を中性溶液という。

注意　純水に炭酸ナトリウム(Na_2CO_3)を溶かした溶液は塩基性になる。このように塩(☞p.109)を溶かした水溶液が必ずしも中性になるとは限らない(☞p.122)。

❷酸性溶液　水に酸を溶かすと水溶液中にH^+が加わるため，[H^+]は1.0×10^{-7}mol/Lより大きくなる。水のイオン積の式([H^+][OH^-]＝1.0×10^{-14} (mol/L)^2)があらゆる希薄溶液で成り立っているので，酸の水溶液中の[OH^-]は1.0×10^{-7} mol/Lより小さくなる。すなわち，**[H^+]＞1.0×10^{-7} mol/L＞[OH^-]**となり溶液は酸性を示す。このように，[H^+]＞1.0×10^{-7} mol/L＞[OH^-]であるような水溶液を酸性溶液という。

補足　溶液にH^+が加わると，$H^+ + OH^- \longrightarrow H_2O$の反応が少し起こり，[$OH^-$]は$1.0\times10^{-7}$ mol/Lより小さくなる。その結果，[H^+]＞1.0×10^{-7} mol/L＞[OH^-]となる。

❸塩基性溶液　水に塩基を溶かすと水溶液中にOH^-が加わるため，[OH^-]は1.0×10^{-7} mol/Lより大きくなる。そのため**[H^+]＜1.0×10^{-7} mol/L＜[OH^-]**となり，塩基の水溶液は塩基性を示す。このように，[H^+]＜1.0×10^{-7} mol/L＜[OH^-]であるような水溶液を塩基性溶液という。

補足　溶液にOH^-が加わると$H^+ + OH^- \longrightarrow H_2O$の反応が少し起こり，[$H^+$]は$1.0\times10^{-7}$ mol/Lより小さくなる。その結果，[H^+]＜1.0×10^{-7} mol/L＜[OH^-]となる。

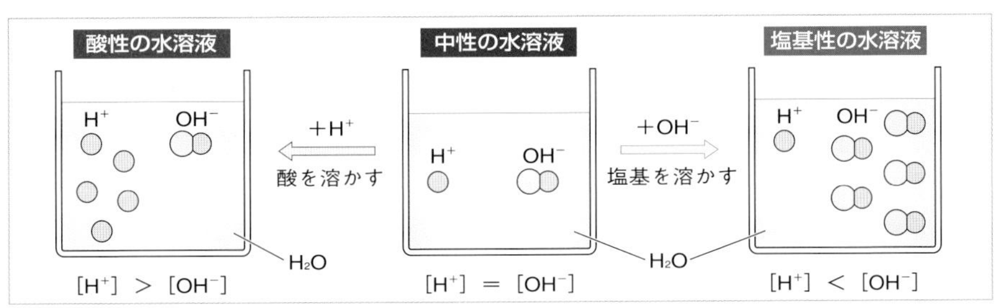

図14　水溶液と[H^+]，[OH^-]の関係

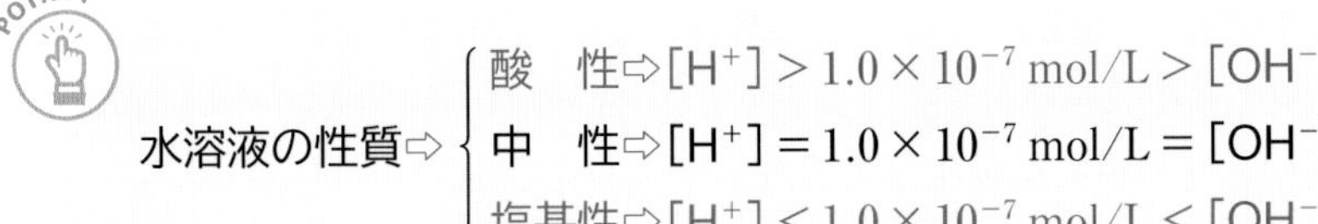

水溶液の性質⇨
- 酸　性⇨[H^+]＞1.0×10^{-7} mol/L＞[OH^-]
- 中　性⇨[H^+]＝1.0×10^{-7} mol/L＝[OH^-]
- 塩基性⇨[H^+]＜1.0×10^{-7} mol/L＜[OH^-]

第2編　物質の変化

3 水素イオン指数pH（ピーエイチ） ①重要

水溶液の酸性，塩基性の程度は，水素イオン濃度 $[H^+]$ の値によって決まる。しかし，$[H^+]$ の値は非常に小さく取り扱いにくいので，$[H^+]$ の大きさをわかりやすく表すため，pH[★1]（水素イオン指数）という数値を用いる。$[H^+]$ と pH の関係は，

$$[H^+] = 10^{-n}\ \mathrm{mol/L}\ のとき，\ \mathrm{pH} = n$$

となる。したがって，25℃の純水の場合，$[H^+] = 1.0 \times 10^{-7}$ mol/L であるので，pH＝7となる。pHにより水溶液の酸性，中性，塩基性を表すと，次のようになる。

酸性；$\mathrm{pH} < 7$　　中性；$\mathrm{pH} = 7$　　塩基性；$\mathrm{pH} > 7$

また，酸性水溶液では，pH値が小さくなるほど酸性が強くなり，塩基性水溶液では，pH値が大きくなるほど塩基性が強くなる。

水溶液のpHは，pHメーターまたはpH試験紙によって測定される。

注意　$[H^+]$ が大きくなるほどpHが小さくなる。

強 ← 酸性 ｜ 中性 ｜ 塩基性 → 強

pH	0	1	2	3	4	5	6	7	8	9	10	11	12	13	14
$[H^+]$	1	10^{-1}	10^{-2}	10^{-3}	10^{-4}	10^{-5}	10^{-6}	10^{-7}	10^{-8}	10^{-9}	10^{-10}	10^{-11}	10^{-12}	10^{-13}	10^{-14}
$[OH^-]$	10^{-14}	10^{-13}	10^{-12}	10^{-11}	10^{-10}	10^{-9}	10^{-8}	10^{-7}	10^{-6}	10^{-5}	10^{-4}	10^{-3}	10^{-2}	10^{-1}	1

図15 水溶液のpHと酸性・中性・塩基性の関係（25℃）

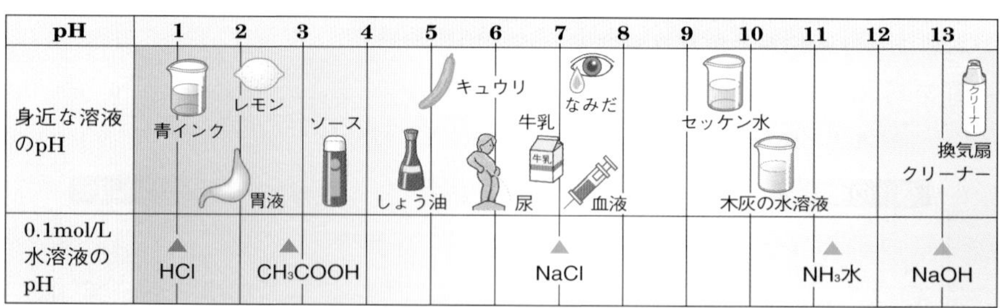

図16 身近な物質のpH

4 水溶液の希釈とpH

強酸の水溶液を水で10倍にうすめると，$[H^+] \times 10^{-1}$ となるためpHは1大きくなるが，酸の濃度が 10^{-6} mol/L よりもうすくなると，さらにそれを水でうすめていっても水の電離で生じる H^+ の濃度と同程度となり，水の電離を無視できなくなる。

よって，酸の水溶液をどんなにうすめても pH＝7の中性には近づくが，$\mathrm{pH} > 7$ にはならない。同様に，塩基をうすめていっても水溶液のpHは7に近づくが，$\mathrm{pH} < 7$ になることはない。

★1 pHは $[H^+]$ を mol/L で表した値を常用対数で表したものである。$\mathrm{pH} = -\log_{10}[H^+] = \log_{10}\dfrac{1}{[H^+]}$

例題 **酸や塩基の水溶液のpH**

次の(1)~(4)の問いに答えよ。

(1) pH = 5の水溶液の $[H^+]$ は，pH = 3の水溶液の何倍か。

(2) 0.010 mol/Lの希塩酸(塩化水素水溶液)のpHを求めよ。

(3) 0.10 mol/Lの酢酸水溶液のpHを求めよ。ただし，この濃度の酢酸の電離度を0.010とする。

(4) 0.0010 mol/Lの水酸化ナトリウム水溶液のpHを求めよ。

 (2)~(4)酸の濃度と $[H^+]$ の関係，塩基の濃度と $[OH^-]$ の関係をとらえる。

解説 (1) pH = 5の水溶液の $[H^+]$ は，1.0×10^{-5} mol/Lであり，pH = 3の水溶液の $[H^+]$ は，1.0×10^{-3} mol/Lだから，0.01倍である。

(2) 1価の強酸は，ほぼ完全に電離している(電離度≒1)ので，酸の濃度と $[H^+]$ は等しい。したがって，0.010 mol/Lの HCl の $[H^+]$ は，1.0×10^{-2} mol/Lである。

よって，このときのpHは2となる。

このように，酸の水溶液のpHを求めるときは，酸の電離によって生じる H^+ に比べて，水の電離によって生じる H^+ は極めて小さいので，水の電離によって生じる H^+ は無視できる。

(3) 酢酸水溶液中では，次のように電離する。

$$CH_3COOH \rightleftarrows CH_3COO^- + H^+$$

酢酸の電離度が0.010だから，溶かした酢酸を1 molとすると，そのうちの0.010 molが電離する。よって，この水溶液の $[H^+]$ は，

$$[H^+] = 0.10\ \text{mol/L} \times 0.010 = 1.0 \times 10^{-3}\ \text{mol/L} \cdots\cdots\cdots \quad \text{pH} = 3$$

(4) 1価の強塩基は，ほぼ完全に電離している(電離度≒1)ので，塩基の濃度と $[OH^-]$ は等しい。したがって，0.0010 mol/Lの $NaOH$ の $[OH^-]$ は，1.0×10^{-3} mol/Lである。よって，

$$[H^+] = \frac{1.0 \times 10^{-14}}{1.0 \times 10^{-3}} = 1.0 \times 10^{-11}\ \text{mol/L} \cdots\cdots\cdots \quad \text{pH} = 11$$

このように，塩基の水溶液のpHを求めるときは，塩基の電離によって生じる OH^- に比べて，水の電離によって生じる OH^- は極めて小さいので，水の電離によって生じる OH^- は無視できる。

答 (1)0.01倍 (2)2 (3)3 (4)11

補足 $[H^+] = a \times 10^{-b}$ mol/LのpHは，次のようにして求めることができる。

$$\text{pH} = -\log_{10}[H^+] = -\log_{10}(a \times 10^{-b}) = -(\log_{10}a + \log_{10}10^{-b})$$
$$= -(\log_{10}a - b\log_{10}10) = b - \log a$$

たとえば，$[H^+] = 2.0 \times 10^{-4}$ [mol/L]のpHは，$\log_{10}2 = 0.30$ であるから，

$$\text{pH} = -\log_{10}(2.0 \times 10^{-4}) = -(\log_{10}2.0 + \log_{10}10^{-4}) = -(\log_{10}2.0 - 4) = 3.7$$

5 指示薬とpHの測定

水溶液のpHによって色が変化する物質を指示薬(pH指示薬)といい，色が変わるpHの範囲を変色域という。たとえば，フェノールフタレインは，その変色域がpH8.0～9.8で，pH＞9.8では赤色，pH＜8.0では無色となる。

溶液のpHを測定するには，pH試験紙やpHメーターが用いられる。また，万能pH試験紙はいろいろなpHで変色する指示薬を組み合わせ，ろ紙にしみこませたものであり，広範囲のpHが測定できる。

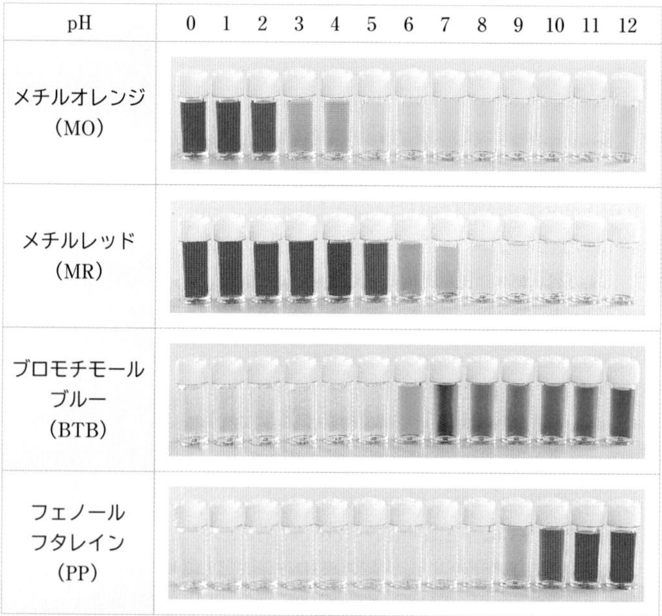

図17 指示薬の変色域

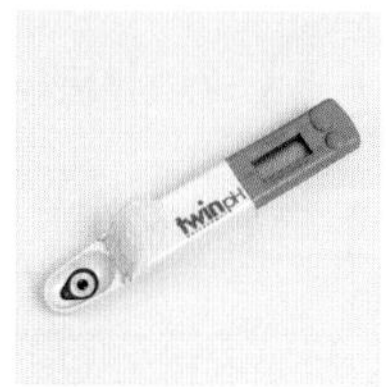

図18 pHメーター

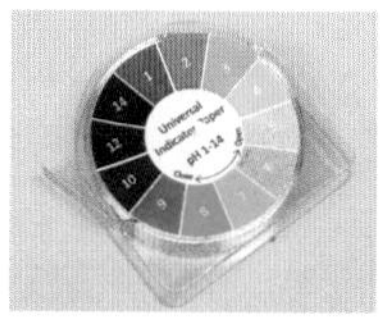

図19 万能pH試験紙

水素イオンの濃度とpH

□水素イオンの濃度とpH ☞p.104	・酸　性；$[H^+] > 1.0 \times 10^{-7}$ mol/L，pH＜7 中　性；$[H^+] = 1.0 \times 10^{-7}$ mol/L，pH＝7　(25℃) 塩基性；$[H^+] < 1.0 \times 10^{-7}$ mol/L，pH＜7
□pH指示薬 ☞p.108	・水溶液のpHによって色が変化する物質。**pH指示薬の変色域を利用して水溶液のpHを測定する。**

3 酸と塩基の中和

1 | 中和反応と化学反応式

1 中和反応 ①重要

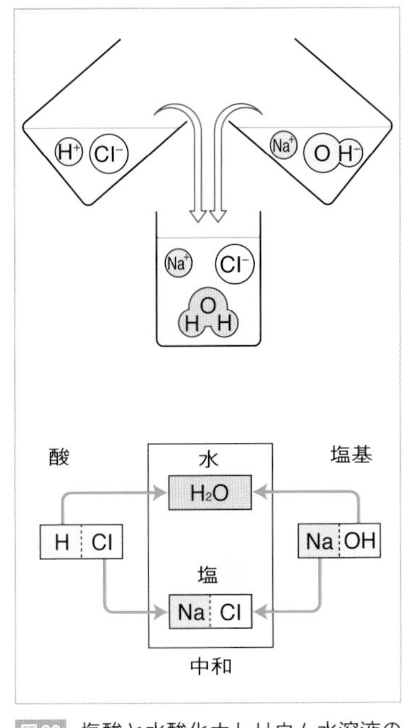

図20 塩酸と水酸化ナトリウム水溶液の中和

視点 H^+ と OH^- は結びついて H_2O になるが，Na^+ と Cl^- は電離したままである。

❶中和反応　酸と塩基が反応して，互いにその性質を打ち消しあうことを**中和反応**または**中和**という。たとえば，塩酸HClと水酸化ナトリウムNaOH水溶液を混合すると，次のように塩化ナトリウムNaClと水 H_2O を生じる。

$$HCl + NaOH \longrightarrow NaCl + H_2O \quad \cdots ①$$

水溶液中での電離を表すと，次のようになる。

$$H^+ + Cl^- + Na^+ + OH^- \longrightarrow Na^+ + Cl^- + H_2O \quad \cdots ②$$

反応前後で変化していない Na^+ と Cl^- を消去すると次式が成り立つ。

$$H^+ + OH^- \longrightarrow H_2O \quad \cdots\cdots ③$$

このように，中和反応とは，酸から生じる H^+ と塩基から生じる OH^- とが結合して水 H_2O が生成する反応といえる。

ただし，塩化水素とアンモニアの中和のように，水が生じない場合もある。

$$HCl + NH_3 \longrightarrow NH_4Cl$$

また，塩酸と水酸化ナトリウム水溶液が中和した後の水溶液を熱して水を蒸発させると，塩化ナトリウムNaClの結晶が得られる。NaClのように，**中和反応で生じる酸の陰イオンと塩基の陽イオンとからなる化合物を塩**(えん)**という**。

中和反応⇨酸から生じる H^+ と塩基から生じる OH^- とが結合して水 H_2O を生じる反応。

$$H^+ + OH^- \longrightarrow H_2O$$

H^+ と OH^- は，等しい物質量で，過不足なく中和。

❷中和の化学反応式　$H^+ + OH^- \longrightarrow H_2O$　この変化は水溶液の中和反応において共通に起こり，**H^+とOH^-は1：1，すなわち等しい数，等しい物質量で，過不足なく中和する。**したがって，中和の化学反応式は，酸・塩基の化学式を覚えていれば，次の手順で簡単に求められる。

①酸から生じるH^+や塩基から生じるOH^-と等しくなるような酸，塩基の係数を決める。たとえば，2価の酸であるH_2SO_4 1 molは2 molのH^+を生じるから，1価の$NaOH$ 2 molと反応する。逆に，2価の塩基である$Ca(OH)_2$ 1 molは2 molのOH^-を生じるから，1価のHCl 2 molと反応する。

②酸の陰イオンと塩基の陽イオンからなる塩の化学式を書く。

③H^+，OH^-の数と等しい係数のH_2Oを書く。

1価の酸と1価の塩基…$HNO_3 + KOH \longrightarrow KNO_3 + H_2O$
2価の酸と1価の塩基…$H_2SO_4 + 2NaOH \longrightarrow Na_2SO_4 + 2H_2O$
1価の酸と2価の塩基…$2HCl + Ca(OH)_2 \longrightarrow CaCl_2 + 2H_2O$
2価の酸と2価の塩基…$H_2SO_4 + Ba(OH)_2 \longrightarrow BaSO_4 + 2H_2O$

補足　ふつう中和の化学反応式というと，完全中和の反応式をさす。たとえば，硫酸と水酸化ナトリウム水溶液の場合，下記の反応式も書けるが，硫酸が完全に中和されていないので正しいとはいえない。

$$H_2SO_4 + NaOH \longrightarrow NaHSO_4 + H_2O$$

2　中和滴定

1　中和の量的関係　①重要

❶過不足のない酸・塩基の中和　酸と塩基が過不足なく中和するためには，**酸のH^+と塩基のOH^-の物質量が等しくなければならない。**このとき，酸と塩基の価数を考慮する必要がある。たとえば，2価の酸である硫酸は，その1 molから2 molのH^+を生じるので，これを中和するためには，2 molのOH^-が必要である。したがって，1価の塩基である$NaOH$なら2 mol，2価の塩基である$Ba(OH)_2$なら1 mol必要である。すなわち，次の関係式が成り立つ。

酸の価数×酸の物質量＝塩基の価数×塩基の物質量　…………………①

補足　この中和反応の量的関係は，弱酸や弱塩基でも成り立つ。たとえば，弱酸である酢酸（さくさん）の水溶液の水素イオン濃度は小さいが，これを塩基で中和していくと，H^+が酢酸の電離によって少しずつ供給される。その結果酢酸はすべて反応し，強酸と同様の量的関係が成り立つ。中和反応の量的関係には，酸・塩基の強弱は関係ない。

酸と塩基が過不足なく中和するとき，次の関係式が成り立つ。
酸の価数×酸の物質量＝塩基の価数×塩基の物質量

❷中和の量的関係(濃度と体積)　物質量＝モル濃度×体積　の関係式を①式に代入すると，

酸の価数×酸のモル濃度×酸の体積
＝塩基の価数×塩基のモル濃度×塩基の体積　…②

が成り立つ。

いま，濃度 c〔mol/L〕，体積 V〔L〕の a 価の酸の水溶液に，濃度 c'〔mol/L〕，体積 V'〔L〕の b 価の塩基の水溶液で過不足なく中和すると，②式より，次の関係式が成り立つ。

$$a \times c \times V\,[\mathrm{mol}] = b \times c' \times V'\,[\mathrm{mol}]$$
$$\therefore \quad acV = bc'V'$$

中和の関係式⇨$a \times c \times V\,[\mathrm{mol}] = b \times c' \times V'\,[\mathrm{mol}]$

$$\therefore \quad acV = bc'V'$$

a：酸の価数，　c：酸のモル濃度〔mol/L〕，　V：酸の体積〔L〕
b：塩基の価数，c'：塩基のモル濃度〔mol/L〕，V'：塩基の体積〔L〕

注意　過不足なく中和した溶液の性質は必ずしも中性とは限らない。また，体積の単位に注意すること(体積1 L＝1000 mL)。

例題　中和の量的関係

0.10 mol/Lの硫酸15 mLを中和するのに，0.30 mol/Lの水酸化ナトリウム水溶液何mLを必要とするか。

着眼　硫酸は2価の酸で，水酸化ナトリウムは1価の塩基であること，放出される H^+ と OH^- の物質量が等しい場合に中和することの2つに着目する。

解説　必要な水酸化ナトリウム水溶液の体積を x〔mL〕とし，中和した酸と塩基の各項目を表にして，中和の関係式に代入すると，

H_2SO_4	NaOH
$a = 2$ $c = 0.10$ mol/L $V = 15$ mL	$b = 1$ $c' = 0.30$ mol/L $V' = x$〔mL〕

$$2 \times 0.10\ \mathrm{mol/L} \times \frac{15\ \mathrm{mL}}{1000\ \mathrm{mL/L}} = 1 \times 0.30\ \mathrm{mol/L} \times \frac{x\,[\mathrm{mL}]}{1000\ \mathrm{mL/L}}$$

$\therefore \quad x = 10$ mL　　答 10 mL

類題4　濃度未知の酢酸10 mLを，0.20 mol/Lの水酸化ナトリウムの水溶液で中和したところ，15 mLを要した。酢酸の濃度は何mol/Lか。(解答☞p.540)

❸複数種類の酸と塩基の中和　数種類の酸と数種類の塩基が混合して過不足なく中和した場合も，**すべての酸が放出したH^+の物質量の総和と，すべての塩基が放出したOH^-の物質量の総和が等しい**という関係が成り立っている。

例題　**複数の塩基の中和計算**

0.50 mol/Lの塩酸80 mLに粉末の水酸化カルシウム0.74 gを入れたところ，すべて溶けて水溶液は酸性を示した。この水溶液を中和するには，0.40 mol/Lの水酸化ナトリウム何mLを必要とするか。ただし，水酸化カルシウム$Ca(OH)_2$の式量＝74とする。

着眼　(塩酸) vs (水酸化カルシウム＋水酸化ナトリウム)の中和反応を考える。

解説　水酸化カルシウム(式量＝74) 0.74 gの物質量は$\frac{0.74}{74}$ molである。必要な水酸化ナトリウム水溶液の体積をx〔mL〕とし，中和した酸と塩基の項目を表にして，中和の関係式に代入する。

	酸	塩基	
	HCl	NaOH	$Ca(OH)_2$
価数	$a=1$	$b=1$	$b'=2$
濃度	$c=0.50$ mol/L	$c'=0.40$ mol/L	物質量$\frac{0.74}{74}$ mol
体積	$V=80$ mL	$V'=x$〔mL〕	

$$1\times0.50\times\frac{80}{1000}=1\times0.40\times\frac{x}{1000}+2\times\frac{0.74}{74}$$

$$40=0.40x+20$$

$$\therefore\quad x=50\text{ mL}$$

答 50 mL

2 中和滴定 ①重要

❶中和滴定の原理　中和の関係式を用いると，濃度不明の酸(または塩基)の水溶液の濃度を，濃度既知(濃度が正確にわかっている)の塩基(または酸)の水溶液との中和によって求めることができる。この操作を**中和滴定**という。

濃度既知の酸または塩基の水溶液を**標準水溶液**という。また，酸と塩基が過不足なく反応して，中和反応が完了する点を**中和点**という。中和に用いる酸・塩基の種類によって，中和点は必ずしもpH＝7になるとは限らない。中和点付近でpHが大きく変化するため，変色域がこの範囲である指示薬を選択すれば，中和点を知ることができる(☞ p.114)。

重要実験　中和滴定

操作

❶ シュウ酸二水和物 $(COOH)_2・2H_2O$ 1.26 g を正確に測りとり，これを少量の水に溶かした後，100 mL のメスフラスコに移し，標線に達するまで水を加える。このようにして標準水溶液を調製する。

❷ ホールピペットを用いて，標準水溶液 10.0 mL をコニカルビーカーに入れる。

❸ 約 0.4 g の水酸化ナトリウムをビーカーに入れ，これに水を加えて全体の量を約 100 mL にする。そして，この水溶液をビュレットに入れる。

❹ コニカルビーカー中のシュウ酸の標準水溶液に 1 ～ 2 滴のフェノールフタレインを入れ，ビュレット中の水酸化ナトリウム水溶液で滴定する。

❺ 1 滴の水酸化ナトリウム水溶液で水溶液全体が無色からうすいピンク色になり，かつ振り混ぜても無色にもどらないところを中和点として，そこまでに滴下した水酸化ナトリウム水溶液の体積 v〔mL〕を正確に読みとる。

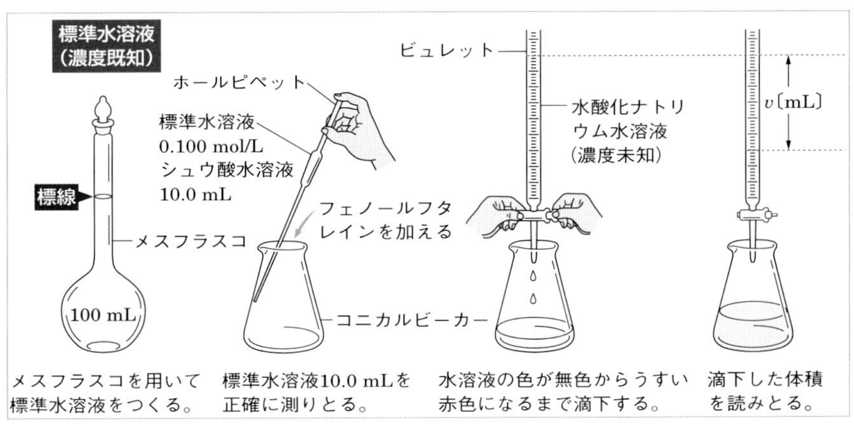

結果

◎ 滴下した水酸化ナトリウム水溶液の体積が 12.5 mL として，未知濃度 c'〔mol/L〕を求めてみよう。シュウ酸二水和物の式量は 126 だから，その 1.26 g は 1.00×10^{-2} mol である。よって，調製したシュウ酸標準水溶液の濃度は，1.00×10^{-1} mol/L である。これを中和の関係式に代入する。

$$2 \times 1.00 \times 10^{-1} \times \frac{10.0}{1000} = 1 \times c' \times \frac{12.5}{1000}$$

これを解いて，$c' = 1.60 \times 10^{-1}$ **mol/L**

補足　シュウ酸が標準水溶液に使われるのは，潮解性・風解性がなく組成が一定しているため，正確な濃度のものが得られるからである。一方，水酸化ナトリウムは，潮解性が強く，空気中の水分や CO_2 を吸収して組成が変化するため，標準水溶液をつくるのはむずかしい(☞ p.114)。

3 中和滴定の操作と器具

中和滴定には次のような器具を用い，その取り扱いには注意が必要である。

表4 中和滴定に用いる器具

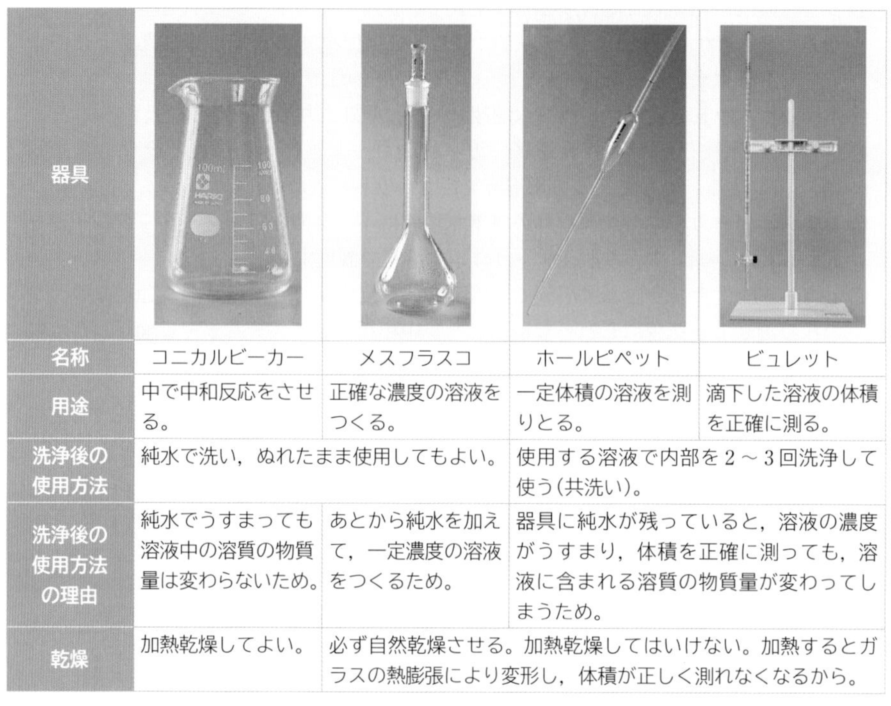

器具	（写真）	（写真）	（写真）	（写真）
名称	コニカルビーカー	メスフラスコ	ホールピペット	ビュレット
用途	中で中和反応をさせる。	正確な濃度の溶液をつくる。	一定体積の溶液を測りとる。	滴下した溶液の体積を正確に測る。
洗浄後の使用方法	純水で洗い，ぬれたまま使用してもよい。		使用する溶液で内部を2～3回洗浄して使う(共洗い)。	
洗浄後の使用方法の理由	純水でうすまっても溶液中の溶質の物質量は変わらないため。	あとから純水を加えて，一定濃度の溶液をつくるため。	器具に純水が残っていると，溶液の濃度がうすまり，体積を正確に測っても，溶液に含まれる溶質の物質量が変わってしまうため。	
乾燥	加熱乾燥してよい。	必ず自然乾燥させる。加熱乾燥してはいけない。加熱するとガラスの熱膨張により変形し，体積が正しく測れなくなるから。		

補足 **標準溶液**　中和滴定において用いる，濃度が正確にわかっている溶液を標準溶液という。水酸化ナトリウムNaOHは，空気中の水分を吸収する性質(潮解性)や，空気中の二酸化炭素を吸収する性質があるため，正確にその質量を測定するのは難しい。そこで，水酸化ナトリウム水溶液を用いた中和滴定を行う際には，質量や成分が安定しているシュウ酸二水和物$(COOH)_2 \cdot 2H_2O$の結晶を溶かして作った水溶液で水酸化ナトリウム水溶液を中和滴定し，正確な濃度を求めておく。このとき，シュウ酸二水和物$(COOH)_2 \cdot 2H_2O$で作った水溶液は標準溶液となる。

4 滴定曲線 ！重要

❶滴定曲線　中和滴定で加えた**塩基または酸の水溶液の体積と混合水溶液のpHとの関係を示した曲線**を滴定曲線(中和滴定曲線)という。

中和点の前後では，水溶液中のH^+やOH^-の濃度が非常に小さいため，加えた酸や塩基からのH^+やOH^-の影響を受けやすく，中和点付近でpHは急激に変化する。よって，中和点付近のpHで色が変化する指示薬を用いれば，中和点を知ることができる。

❷強酸と強塩基による滴定曲線

強酸(0.1 mol/L塩酸)と強塩基(0.1 mol/L水酸化ナトリウム水溶液)の中和滴定では，中和点は中性付近にあり，pHの値は7付近となる。また，中和点前後でpHはおよそ3～11に大きく変化するため，このpHの範囲内に変色域をもつメチルオレンジ，フェノールフタレインのどちらも使用することができる(☞図21)。

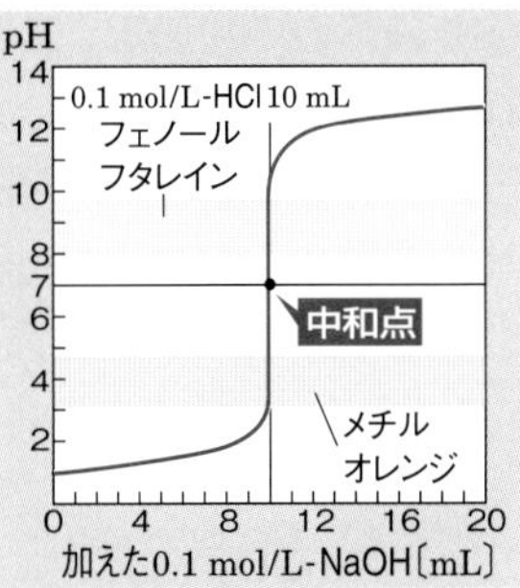

図21 強酸と強塩基の滴定曲線

❸強酸と弱塩基による滴定曲線

強酸(0.1 mol/L塩酸)と弱塩基(0.1 mol/Lアンモニア水)の中和滴定では，中和点のpHは7よりも小さく，酸性側になる。よって，酸性側に変色域をもつメチルオレンジを用いれば，中和点を知ることができる(☞図22)。

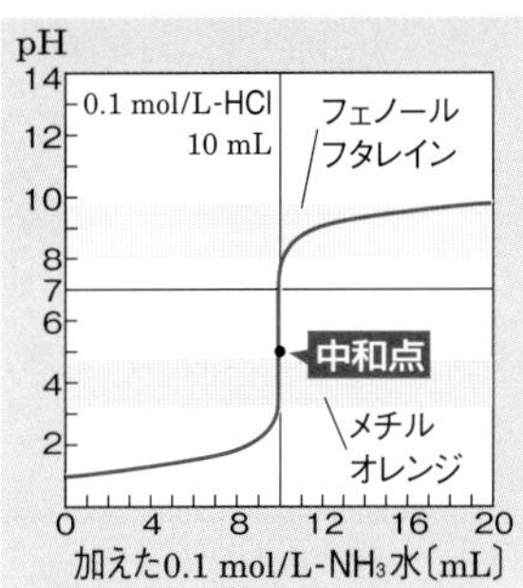

図22 強酸と弱塩基の滴定曲線

❹弱酸と強塩基による滴定曲線

弱酸(0.1 mol/L酢酸)と強塩基(0.1 mol/L水酸化ナトリウム水溶液)の中和滴定では，中和点のpHは7よりも大きく，塩基性側になる。よって，塩基性側に変色域をもつフェノールフタレインを用いれば，中和点を知ることができる(☞図23)。

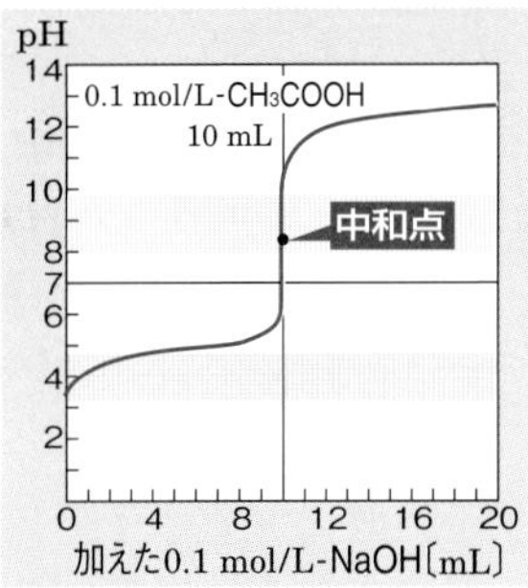

図23 弱酸と強塩基の滴定曲線

❺弱酸と弱塩基による滴定曲線

弱酸と弱塩基の中和滴定では，中和点のpHは酸と塩基の電離度の差によるので，7よりも大きい場合，小さい場合，等しい場合とさまざまである。また，中和点前後でのpHの変化は緩やかで，指示薬の変色域と一致せず，メチルオレンジもフェノールフタレインも用いることができない(☞図24)。

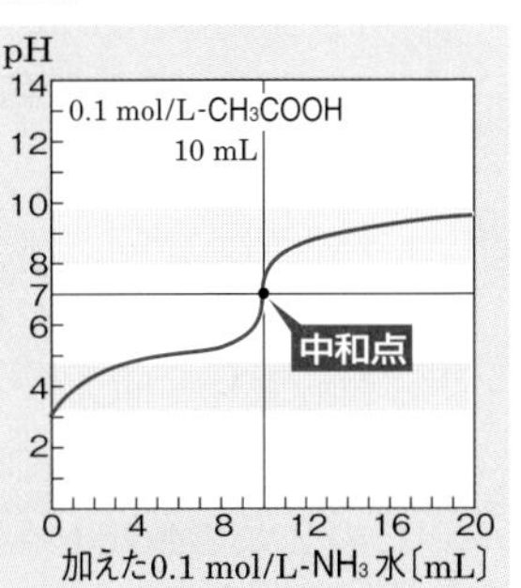

図24 弱酸と弱塩基の滴定曲線

中和点…酸と塩基が過不足なく反応。
pHの値は生じる塩により異なる。

❻ 2段階の中和滴定　2価の弱酸や弱塩基の中和滴定では，2段階の滴定曲線が現れるものがある。

① 炭酸ナトリウムの二段階中和

炭酸ナトリウムNa_2CO_3水溶液は塩基性を示す。これに塩酸HClを加えると，炭酸水素ナトリウム$NaHCO_3$を経る次のような2段階の中和反応が起こる。

$Na_2CO_3 + HCl$
　$\longrightarrow NaCl + NaHCO_3$ ……(1)(第1中和点)

$NaHCO_3 + HCl$
　$\longrightarrow NaCl + CO_2 + H_2O$ …(2)(第2中和点)

この滴定曲線は図25のようになる。

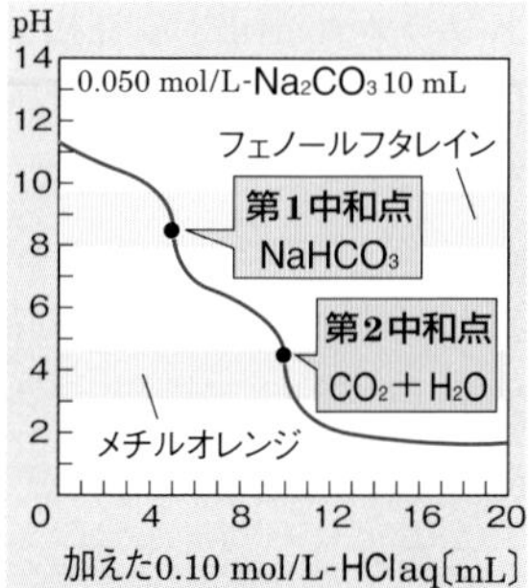

図25　2価の塩基と1価の酸の組み合わせによる滴定曲線

(1)式の中和点(第1中和点)はフェノールフタレインの変色で判定でき，(2)式の中和点(第2中和点)はメチルオレンジの変色で判定できる。

また，(1)式と(2)式より次の量的関係がわかる。

Na_2CO_3の物質量＝(1)式で反応したHClの物質量
＝(1)式で生成した$NaHCO_3$の物質量
＝(2)式で反応したHClの物質量

② 混合物の水溶液の中和

水酸化ナトリウムNaOH水溶液を放置しておくと，空気中の二酸化炭素を吸収して炭酸ナトリウムNa_2CO_3を生じ，水酸化ナトリウムと炭酸ナトリウムの混合水溶液となる。この混合水溶液を塩酸を用いて滴定すると，それぞれの量を求めることができる。

水酸化ナトリウムと炭酸ナトリウムの混合水溶液に塩酸HClを滴下していくときのpH変化は，図26のようになる。

このとき，第1中和点までに2つの反応が起こる。

$NaOH + HCl$
　$\longrightarrow NaCl + H_2O$ …(3)

$Na_2CO_3 + HCl$
　$\longrightarrow NaCl + NaHCO_3$ …(4)

この2つの反応に用いた塩酸の量がVである。

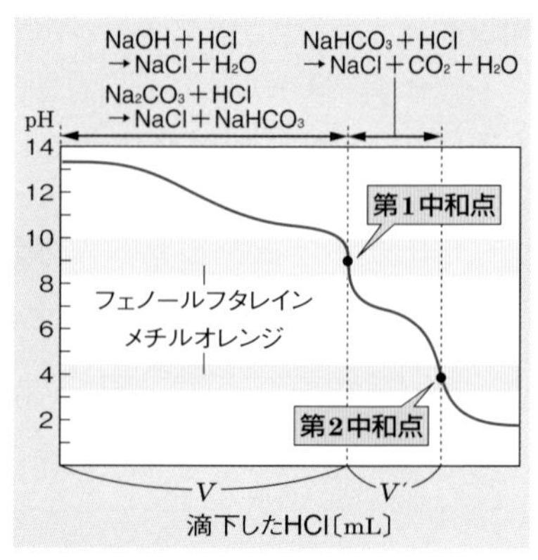

図26　混合物の水溶液の滴定曲線

また，第1中和点から第2中和点までに起こる反応は，

$NaHCO_3 + HCl \longrightarrow NaCl + CO_2 + H_2O$ ……(5)

前ページの①**炭酸ナトリウムの二段階中和**より，(4)と(5)で用いた塩酸は同じ量なので，(5)で用いた塩酸の量がわかれば，NaOHの中和に使われた塩酸の量もわかる。

第1中和点までの塩酸の滴下量(V) － 第1中和点から第2中和点までの塩酸の滴下量(V') ＝ NaOHの中和に使われた塩酸の滴下量

参考　電気伝導度を利用した中和点の求め方

● 中和滴定において，指示薬を利用せずに，反応させる水溶液の電気伝導度の変化を利用して中和点を求める方法もある。

● 水酸化バリウム $Ba(OH)_2$ 水溶液に，希硫酸 H_2SO_4 水溶液を滴下しながら，水溶液に電圧を加えて流れる電流を測定すると，中和が進むにつれて次のように電流値が変化する。

①滴定前は，水酸化バリウム水溶液はバリウムイオン Ba^{2+} と水酸化物イオン OH^- に電離しているため両イオンが存在し，電流を通す。

②滴定を開始し希硫酸水溶液を滴下すると，次の反応が起こり，硫酸バリウム $BaSO_4$ の沈殿を生じるため，水溶液中のバリウムイオンが減少する。また，OH^- も H^+ と中和反応により水を生成する。

$Ba^{2+} + SO_4^{2-} \longrightarrow BaSO_4$ (沈殿)

$H^+ + OH^- \longrightarrow H_2O$

よって，中和点までは水溶液中のイオンの量が減少し，徐々に電流は流れにくくなる。

③中和点に達すると，Ba^{2+}，OH^-，H^+，SO_4^{2-} のイオンがほぼなくなるので，電流がほとんど流れなくなる。

④中和点以降は H^+ および SO_4^{2-} が水溶液中に増加していき，再び電流が流れるようになる。

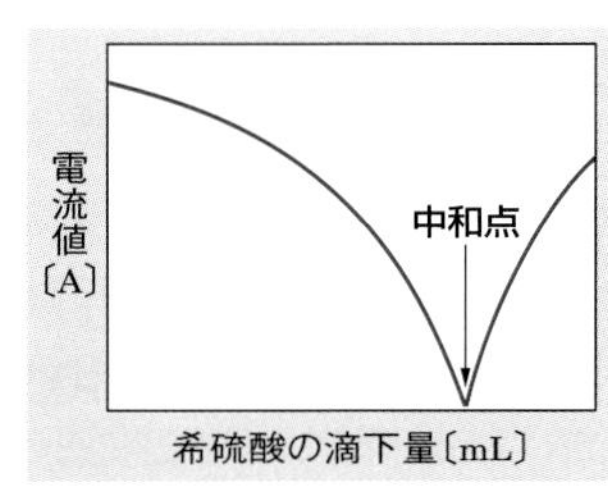

図27　硫酸の滴下量と溶液に流れる電流の関係

逆滴定

●二酸化炭素やアンモニアの反応のように，反応する酸や塩基が気体のときは，直接中和滴定し定量することは難しい。そのようなときでも，気体の酸(または塩基)を過剰の塩基(または酸)と反応させ，残った未反応の塩基(または酸)の量を滴定することで，元の気体の量を間接的に決定することができる。このような方法を**逆滴定**という。

●たとえば気体のアンモニアの物質量を知りたいとき，アンモニアに対して濃度が既知の過剰な希硫酸と反応させ，未反応の希硫酸を水酸化ナトリウム水溶液で中和滴定する。最初に測りとった希硫酸から生じるH^+の物質量が，アンモニアが受け取るH^+と水酸化ナトリウムが受け取るH^+の物質量の和に等しいので，吸収させたアンモニアの物質量が求められる。

例題　アンモニアの逆滴定

0.10 mol/Lの希硫酸100 mLにアンモニアを吸収させて，完全に反応させた。残った希硫酸を0.10 mol/Lの水酸化ナトリウム水溶液で滴定したところ，50 mLを要した。希硫酸に吸収されたアンモニアは何molか。

着眼　希硫酸から生じるH^+が，アンモニアと水酸化ナトリウムのOH^-で中和されたことに着目する。

解説　吸収されたアンモニアの物質量をx〔mol〕とすると，中和が過不足なく起こっているので，酸から生じるH^+の物質量＝塩基が受け取るH^+の物質量　が成り立つ。

希硫酸から生じるH^+の物質量$=2\times0.10\times\dfrac{100}{1000}=2.0\times10^{-2}$ mol

NH_3が受け取るH^+の物質量$=x$〔mol〕

NaOHが受け取るH^+の物質量$=1\times0.10\times\dfrac{50}{1000}=5.0\times10^{-3}$ mol

よって，$2.0\times10^{-2}=x+5.0\times10^{-3}$　　$x=1.5\times10^{-2}$ mol

答 1.5×10^{-2} mol

このSECTIONのまとめ　酸と塩基の中和

□中和反応 ☞p.109	・酸・塩基の性質やはたらきが打ち消される。 $H^+ + OH^- \longrightarrow H_2O$
□中和の量的関係 ☞p.110	・酸が出すH^+の物質量＝塩基が出すOH^-の物質量 ・**中和の関係式**　$acV = bc'V'$
□中和滴定 ☞p.112	・濃度不明の酸(塩基)の水溶液の濃度を，濃度既知の塩基(酸)の水溶液の中和によって求める。

塩の性質

1 ｜ 塩の生成

1 塩の生成反応 重要

❶塩(えん)とは　前述(☞ p.109)のように，**酸と塩基の反応によって生成する水以外の物質を一般に塩という**。たとえば，塩酸 HCl と水酸化ナトリウム NaOH 水溶液が反応すると，水 H_2O と塩化ナトリウム NaCl が生成するが，この塩化ナトリウムが塩である。

$$\underset{酸}{HCl} + \underset{塩基}{NaOH} \longrightarrow \underset{水}{H_2O} + \underset{塩}{NaCl}$$

塩は，塩基の陽イオンの部分と酸の陰イオンの部分がイオン結合したイオン性物質である。

❷塩の生成反応　塩は，酸と塩基の中和反応など，次のようなさまざまな反応によっても生成する(　　が塩)。

①酸＋塩基の反応

$$H_2SO_4 + 2NaOH \longrightarrow Na_2SO_4 + 2H_2O$$

②酸＋塩基性酸化物の反応

$$2HCl + CaO \longrightarrow CaCl_2 + H_2O$$

③酸＋金属単体の反応

$$2HCl + Zn \longrightarrow ZnCl_2 + H_2$$

④酸性酸化物＋塩基の反応

$$CO_2 + 2NaOH \longrightarrow Na_2CO_3 + H_2O$$

⑤非金属単体＋塩基の反応

$$Si + 2NaOH + H_2O \longrightarrow Na_2SiO_3 + 2H_2$$

⑥酸性酸化物＋塩基性酸化物の反応

$$CO_2 + CaO \longrightarrow CaCO_3$$

$$SiO_2 + Na_2O \longrightarrow Na_2SiO_3$$

⑦非金属単体＋金属単体の反応

$$S + Fe \longrightarrow FeS$$

$$Cl_2 + Mg \longrightarrow MgCl_2$$

図28 鉄と硫黄の反応(金属単体と非金属単体の反応)

視点　鉄粉と硫黄粉末の混合物をよく混ぜあわせ，水を加えて練ると，発熱反応が起こる。

❸酸化物の分類　酸や塩基の性質によって，次のように分類される。

①**酸性酸化物**　**非金属の酸化物**には，水と反応して酸を生じたり，塩基と反応して塩(えん)を生じるなど，酸の性質をもつものが多く，酸性酸化物とよばれる。

例　$CO_2 + H_2O \longrightarrow H_2CO_3$（炭酸）　　$SO_2 + H_2O \longrightarrow H_2SO_3$（亜硫酸）

②**塩基性酸化物**　**金属の酸化物**には，水と反応して塩基を生じたり，酸と反応して塩を生じるなど，塩基の性質をもつものが多く，塩基性酸化物とよばれる。

例　$Na_2O + H_2O \longrightarrow 2NaOH$　　$CaO + H_2O \longrightarrow Ca(OH)_2$

③**両性酸化物**　周期表の金属元素のなかで非金属元素との境界付近に位置するAl，Zn，Sn，Pbなどの酸化物は，**酸とも塩基とも反応して塩をつくる**ので，両性酸化物とよばれる(Al，Zn，Sn，Pbは両性金属である)。

例
$$\begin{cases} Al_2O_3 + 6HCl \longrightarrow 2AlCl_3 + 3H_2O \\ Al_2O_3 + 2NaOH + 3H_2O \longrightarrow 2Na[Al(OH)_4] \end{cases}$$
（$Na[Al(OH)_4]$：テトラヒドロキシドアルミン酸ナトリウム）

POINT!

酸性酸化物⇨**非金属の酸化物**　　塩基性酸化物⇨**金属の酸化物**

両性酸化物⇨**Al，Zn，Sn，Pbなどの酸化物**

❹塩と酸・塩基の反応

①**弱酸の塩と強酸の反応**　弱酸の塩に，より強い酸を加えると弱酸が遊離し，強酸の塩を生じる。

[弱酸の塩 + 強酸 ⟶ 強酸の塩 + 弱酸]

$$CH_3COONa + HCl \longrightarrow NaCl + CH_3COOH$$

②**弱塩基の塩と強塩基の反応**　弱塩基の塩に，より強い塩基を加えると弱塩基が遊離し，強塩基の塩を生じる。

[弱塩基の塩 + 強塩基 ⟶ 強塩基の塩 + 弱塩基]

$$NH_4Cl + NaOH \longrightarrow NaCl + NH_3 + H_2O$$

これは，電離度の大きい強酸や強塩基のほうがイオンになりやすく，イオン性物質である塩をつくりやすいためである。

③**揮発性の酸の塩と不揮発性の酸の反応**[★1]　揮発性の酸の塩に，不揮発性の酸を加えて熱すると揮発性の酸が遊離し，不揮発性の酸の塩を生じる。

[揮発性の酸の塩 + 不揮発性の酸 ⟶ 不揮発性の酸の塩 + 揮発性の酸]

$$NaCl + H_2SO_4 \longrightarrow NaHSO_4 + HCl$$

これは，揮発性の酸が気体となって反応系(反応場)から出ていくためである。

★1 沸点が低く，蒸発しやすい酸(HCl，H_2Sなど)を**揮発性の酸**といい，沸点が高く，蒸発しにくい酸(H_2SO_4，$(COOH)_2$など)を**不揮発性の酸**という。

2 塩の分類

❶塩の分類　硫酸と水酸化ナトリウムからできる塩には，硫酸水素ナトリウム $NaHSO_4$ と硫酸ナトリウム Na_2SO_4 の 2 種類がある。

Na_2SO_4 のように，**化学式中に酸のHも塩基のOHも残っていない塩**を**正塩**といい，$NaHSO_4$ のように，**酸に由来するHが残っている塩**を**酸性塩**という。また，水酸化カルシウム $Ca(OH)_2$ と塩酸 HCl とからできる塩には，正塩の塩化カルシウム $CaCl_2$ と，**OH^- を一部残した塩**の塩化水酸化カルシウム $CaCl(OH)$ がある。この $CaCl(OH)$ のような**塩基に由来するOHが残っている塩**を**塩基性塩**という。

ただし，このような塩の分類は，**塩の組成を区別するための分類であって，その塩の水溶液が実際に示す酸性・塩基性とは一致しない。**

酸性塩　⇨**酸に由来するHが残っている塩。**
塩基性塩⇨**塩基に由来するOHが残っている塩。**
正塩　　⇨**上記のようなHやOHを含まない塩。**

❷塩の分類の練習　次の塩を，正塩，酸性塩，塩基性塩に分類してみよう。

①　Na_2CO_3　②　$NaHCO_3$　③　K_3PO_4　④　K_2HPO_4
⑤　KH_2PO_4　⑥　$CuCl_2$　⑦　$CuCl(OH)$
⑧　CH_3COONa　⑨　NH_4Cl　⑩　$FeCl_3$

⑧の酢酸ナトリウム CH_3COONa のH原子は H^+ イオンにならないこと，⑨の塩化アンモニウム NH_4Cl のH原子は NH_4^+ イオンのH原子であることに注意すれば，H原子，OHの有無で機械的に判断できる。よって，正塩…①・③・⑥・⑧・⑨・⑩，酸性塩…②・④・⑤，塩基性塩…⑦となる。

補足　酸性塩の名称は，中間に「水素」を入れる。②…炭酸水素ナトリウム，④…リン酸水素二カリウム，⑤…リン酸二水素カリウム。一方，塩基性塩の名称は，中間に「水酸化」を入れる。⑦…塩化水酸化銅(Ⅱ)。

例題　塩と酸・塩基の関係

次の塩は，何という酸と塩基が中和してできたものか。

①　KCl　②　Na_2SO_4　③　$Ba(NO_3)_2$

着眼　塩は，酸の陰イオンと塩基の陽イオンが結合したもの。
酸は H^+ を，塩基は OH^- を出す物質であることをおさえる。

解説　①K^+ と Cl^- にそれぞれ OH^- と H^+ を加えると，塩基が KOH と酸が HCl であることがわかる。　答 ①HCl，KOH　②H_2SO_4，$NaOH$　③HNO_3，$Ba(OH)_2$

2 塩の加水分解

1 塩の加水分解と水溶液の液性 ①重要

❶加水分解 塩(えん)を水に溶かしたとき，その水溶液が酸性を示したり塩基性を示したりすることがある。これは，**塩が水と反応して，その一部がもとの酸や塩基にもどる**からであるが，この現象を塩の加水分解という。たとえば，塩化アンモニウム NH_4Cl や硫酸銅(Ⅱ) $CuSO_4$ の水溶液は，加水分解によって酸性を示し，これに対して，炭酸ナトリウム Na_2CO_3 や酢酸(さくさん)ナトリウム CH_3COONa の水溶液は，加水分解によって塩基性を示す。

加水分解 ⇨ 塩が水に溶けて，酸性または塩基性を示す現象。

❷酢酸ナトリウム水溶液の液性 一般に，**塩はイオン性物質であるから，水溶液中で完全に電離している**と考えてよい。酢酸ナトリウム CH_3COONa は，水溶液中で次のように電離している。

$$CH_3COONa \longrightarrow CH_3COO^- + Na^+$$

一方，水もわずかに電離している。

$$H_2O \rightleftarrows H^+ + OH^-$$

このように，水溶液中には，CH_3COO^-，Na^+，H^+，OH^- の4種類のイオンが存在している。このうち，CH_3COO^- と H^+ とは結びつきやすいので，一部分が結びついて酢酸分子 CH_3COOH になる。

$$CH_3COO^- + H^+ \longrightarrow CH_3COOH$$

この反応により H^+ が減少すると，$[H^+][OH^-] = 1.0 \times 10^{-14}\ (mol/L)^2$ に保つために，水がいくらか電離して H^+ と OH^- は等量ずつ増加するが，結果として $[H^+] < [OH^-]$ は成り立つ。つまり，**酢酸ナトリウムは加水分解して，その水溶液は塩基性を示す。**

CH_3COO^- と H^+ が結びつきやすいのは，CH_3COOH が弱酸であるからである。弱酸は，水溶液中でイオンに分かれているよりも分子の状態のほうが安定であるため，2つのイオンは結びつく。

これに対し，Na^+ と OH^- は結びつきにくく($NaOH$ は強塩基だから)イオンのまま存在する。

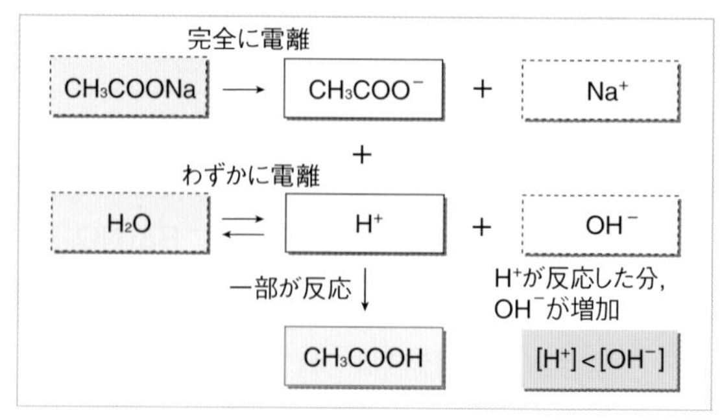

図29 酢酸ナトリウムの加水分解

❸塩化アンモニウム水溶液の液性　塩化アンモニウムNH_4Clもイオン性物質であるから，水に溶けると次のように完全に電離している。

$$NH_4Cl \longrightarrow NH_4^+ + Cl^-$$

一方，水もわずかに電離している。

$$H_2O \rightleftarrows H^+ + OH^-$$

このように，水溶液中にはNH_4^+，Cl^-，H^+，OH^-の4種類のイオンが存在する。このうち，NH_4^+とOH^-とは結びつきやすいので，一部分が結びついてアンモニア分子NH_3になる。

$$NH_4^+ + OH^- \longrightarrow NH_3 + H_2O$$

この反応によりOH^-が減少すると，$[H^+][OH^-] = 1.0 \times 10^{-14}\ (mol/L)^2$に保つために，水がいくらか電離して$H^+$と$OH^-$は等量ずつ増加するが，結果として$[H^+] > [OH^-]$は成り立つ。つまり，**塩化アンモニウムは加水分解し，その水溶液は酸性を示す。**NH_4^+とOH^-が結びつきやすいのは，NH_3が弱塩基であるからである。

一方，Cl^-はH^+と結びつきにくく（HClは強酸だから），イオンのまま存在する。

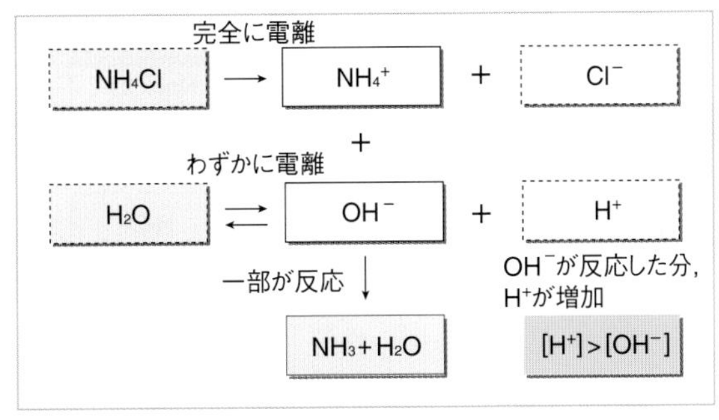

図30　塩化アンモニウムの加水分解

❹塩化ナトリウム水溶液の液性　塩化ナトリウム$NaCl$もイオン性物質であるから，水に溶けると次のように完全に電離している。

$$NaCl \longrightarrow Na^+ + Cl^-$$

一方，水もわずかに電離している。

$$H_2O \rightleftarrows H^+ + OH^-$$

水溶液中ではNa^+とOH^-はほとんど結合せず，また，Cl^-もH^+とほとんど結合しないので，水溶液中のH^+，OH^-の物質量にも変化はない。すなわち，$[H^+] = [OH^-] = 1.0 \times 10^{-7}$ mol/Lである。

つまり，**塩化ナトリウムは加水分解しないので，その水溶液は中性である。**

[正塩の水溶液の液性]

- 弱酸と強塩基が反応してできた塩⇨塩基性
- 強酸と弱塩基が反応してできた塩⇨酸性
- 強酸と強塩基が反応してできた塩⇨中性

❺酸性塩(えん)の水溶液の液性

①**炭酸水素ナトリウム水溶液の液性**　炭酸水素ナトリウム$NaHCO_3$は，水に溶けて完全に電離する。

$$NaHCO_3 \longrightarrow Na^+ + HCO_3^-$$

一方，水もわずかに電離している。

$$H_2O \rightleftarrows H^+ + OH^-$$

このように，水溶液中にはNa^+，HCO_3^-，H^+，OH^-の4種類のイオンが存在する。このうち，HCO_3^-とH^+とは結びつきやすい(生成するH_2CO_3が弱酸だから)ので，一部分が結びついて炭酸H_2CO_3になる。

この反応により，H^+イオンが減少して$[H^+] < [OH^-]$が成り立つ。つまり，**炭酸水素ナトリウムは加水分解して，その水溶液は塩基性を示す。**

ところで，HCO_3^-がH^+イオンを出す電離の問題であるが，第1電離でもわずかにしか起こらない弱酸の第2電離は無視できるほど小さい。したがって，H^+イオンを受け取る塩の性質(塩の加水分解)のほうが強い。

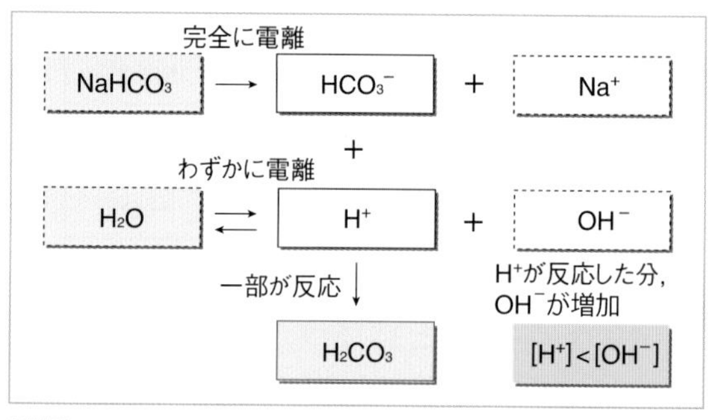

図31　炭酸水素ナトリウムの加水分解

②**硫酸水素ナトリウム水溶液の液性**　硫酸水素ナトリウム$NaHSO_4$は，水に溶けて完全に電離する。

$$NaHSO_4 \longrightarrow Na^+ + HSO_4^-$$

一方，水もわずかに電離している。

$$H_2O \rightleftarrows H^+ + OH^-$$

このように，水溶液中にはNa^+，HSO_4^-，H^+，OH^-の4種類のイオンが存在する。この水溶液中では，Na^+とOH^-は結合しない。一方，HSO_4^-とH^+は結合せずに(H_2SO_4は強酸)，むしろ，HSO_4^-は電離して，H^+とSO_4^{2-}を生じる。

その結果，$[H^+] > [OH^-]$が成り立ち，**水溶液は酸性を示す。**

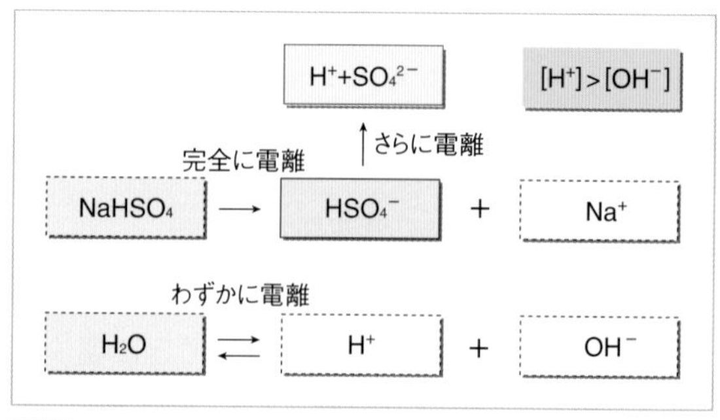

図32　硫酸水素ナトリウムの加水分解

以上のように，酸性塩の水溶液は，元の酸が弱酸のときにはH^+を結合して塩基性側に，元の酸が強酸のときにはH^+イオンを出すので，同じ酸と塩基からできた正塩の水溶液より，酸性側にかたよる。

[酸性塩の水溶液の性質の一般性]

- 炭酸水素イオンはH^+と結合して，⇨塩基性
- 硫酸水素イオンは電離によりH^+を放出して，⇨酸性

補足　塩基性塩はほとんど水に溶けないので，加水分解については考える必要がない。

2 中和点における水溶液の性質

中和滴定における中和点の液性も，塩の加水分解により次のようになる。

- 強酸と強塩基の中和点 ⇨ 中性
- 強酸と弱塩基の中和点 ⇨ 酸性
- 弱酸と強塩基の中和点 ⇨ 塩基性

このSECTIONのまとめ　塩の性質

□塩の生成反応 ☞p.119	・中和反応以外に，酸化物と酸または塩基，金属と酸，金属と非金属の反応など。 酸 ＋ 塩基 ⟶ 塩＋水 酸 ＋塩基性酸化物 ⟶ 塩＋水 酸性酸化物＋ 塩基 ⟶ 塩＋水 酸性酸化物＋塩基性酸化物 ⟶ 塩
□塩の分類 ☞p.121	・**正塩**………HもOHも含まない塩。 **酸性塩**……酸に由来するHが残っている塩。 **塩基性塩**…塩基に由来するOHが残っている塩。
□塩の加水分解と水溶液の液性 ☞p.122	・塩が水に溶けて，酸性または塩基性を示す現象。 ・塩の陽イオンとOH^-が結合しやすいとき ⇨**酸性** 塩の陰イオンとH^+が結合しやすいとき ⇨**塩基性** イオンがH^+やOH^-と結合しにくいとき ⇨**中性**

CHAPTER 2 練習問題 解答 ☞ p.540

1 〈酸・塩基の分類〉テスト必出

次の酸・塩基のなかから，(1)〜(4)に該当するものを選び，記号で答えよ。

(a) 硝酸　(b) リン酸　(c) 硫酸　(d) 硫化水素　(e) アンモニア
(f) 水酸化銅(Ⅱ)　(g) 水酸化カリウム　(h) 水酸化カルシウム

(1) 2価の強酸　(2) 3価の弱酸　(3) 1価の弱塩基　(4) 2価の強塩基

2 〈水素イオン濃度とpH〉

25℃のとき，次の水溶液の水素イオン濃度とpH(整数値)を求めよ。

(1) 0.10 mol/Lの塩酸(電離度1.0)
(2) 0.010 mol/Lの水酸化カリウム水溶液(電離度1.0)
(3) 0.050 mol/Lの酢酸水溶液(電離度0.020)
(4) 0.10 mol/Lの水酸化ナトリウム水溶液(電離度1.0)を水で100倍に希釈した水溶液

3 〈塩の分類〉

次の各塩(えん)は，酸性塩，塩基性塩，正塩のどれに属するかを答えよ。

(1) $NaCl$　(2) $NaHSO_4$　(3) NH_4Cl　(4) $CaCl(OH)$
(5) Na_2HPO_4　(6) $KHCO_3$

4 〈塩の加水分解〉テスト必出

次の塩の水溶液の液性を答えよ。

(1) $CuSO_4$　(2) K_2CO_3　(3) NH_4NO_3　(4) $NaHSO_4$　(5) $NaHCO_3$

5 〈中和の量的関係〉

次の各問いに答えよ。原子量；H＝1.0，O＝16，Na＝23

(1) 濃度がわからない酢酸CH_3COOH水溶液10.0 mLを中和するのに，0.10 mol/Lの水酸化ナトリウム$NaOH$水溶液を16.8 mL使用した。この酢酸の濃度は何mol/Lか。

(2) 水酸化ナトリウム$NaOH$ 0.40 gをちょうど中和するのに必要な0.10 mol/Lの硫酸H_2SO_4は何mLか。

6 〈2種類の酸を使った中和〉

0.200 mol/Lの塩酸HCl 10.0 mLに，濃度不明の水酸化ナトリウム$NaOH$水溶液を10.0 mL加えたところ，水溶液は塩基性であった。この塩基性水溶液を中和するのに0.100 mol/Lの硫酸H_2SO_4を10.0 mL必要とした。水酸化ナトリウム水溶液の濃度は何mol/Lか。

CHAPTER 3 » 酸化還元反応

SECTION 1 酸化と還元

1 酸化・還元の定義

1 酸素の授受と酸化・還元

銅線をバーナーの炎の中に入れると，銅Cuは高温で空気中の酸素O_2と反応して，表面が黒色の酸化銅(Ⅱ) CuOになる。次に，表面が黒色の酸化銅(Ⅱ) CuOに変わった銅線を，熱いうちに水素H_2を満たした試験管の中に入れると，酸化銅(Ⅱ) CuOは酸素を失って，もとの光沢(こうたく)のある銅Cuに戻る。

この反応の銅のように，物質が**酸素を受け取る**とき，その物質は**酸化された**といい，その変化を酸化という。また，酸化銅(Ⅱ)のように，酸化物が**酸素を失った**とき，その物質は**還元された**といい，その変化を還元という。

$$2Cu + O_2 \longrightarrow 2CuO$$

酸化された(酸素を受け取る)

$$CuO + H_2 \longrightarrow Cu + H_2O$$

還元された(酸素を失う)

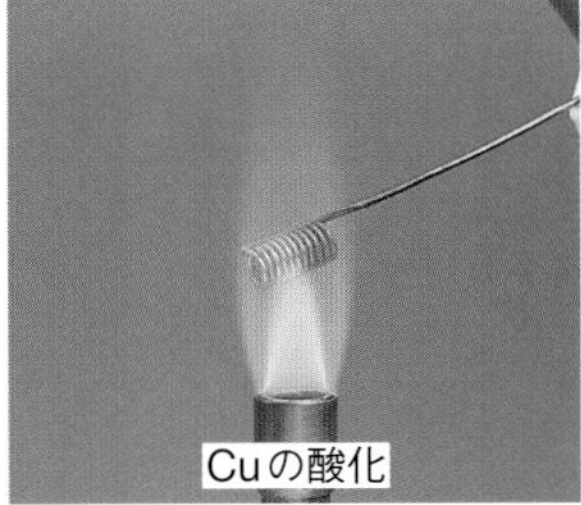

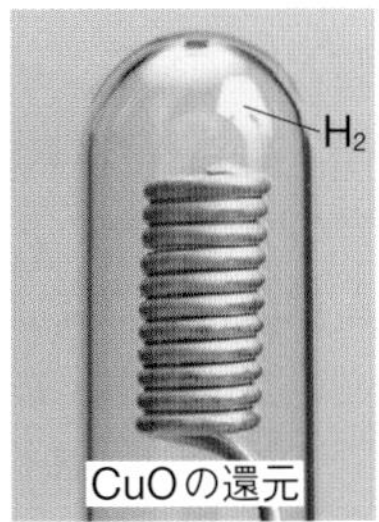

図33 銅の酸化と，酸化銅(Ⅱ)の還元

視点 銅Cuは赤褐色で光沢があり，酸化銅(Ⅱ) CuOは黒色である。

2 水素の授受と酸化・還元

硫化水素H_2Sに同体積の空気を混ぜて点火すると，硫化水素は燃焼し，容器の内壁に硫黄Sの微粒子がつく。この反応は，硫化水素に酸素を反応させたので硫化水素が酸化する反応である。一方この反応において，硫化水素H_2Sは水素原子を失ってSになっている。このように，**ある物質が水素を失う変化**を酸化，逆に，**ある物質が水素を受け取る変化**を還元ということができる。

酸化された（水素を失う）

$$2H_2S + O_2 \longrightarrow 2S + 2H_2O$$

還元された（水素を受け取る）

3 電子の授受と酸化・還元 ！重要

❶マグネシウムと酸素の反応　マグネシウムMgに点火すると，閃光（せんこう）を放って燃焼し，酸化マグネシウムMgOになる。

$$2Mg + O_2 \longrightarrow 2MgO \cdots\cdots ①$$

マグネシウムMgは電気的に中性の原子であるが，燃焼によって生じる酸化マグネシウムMgOは，Mg^{2+}とO^{2-}というイオンが結合してできたイオン結晶である。したがって，上式の変化は，電子をe^-として次のように表される。

$$2Mg + O_2 \longrightarrow 2Mg^{2+} + 2O^{2-} \cdots\cdots ①'$$

$$\begin{cases} 2Mg \longrightarrow 2Mg^{2+} + 4e^- \\ O_2 + 4e^- \longrightarrow 2O^{2-} \end{cases}$$

原子1個あたり，Mgは2個の電子を失い，Oは2個の電子を得ている。

図34 マグネシウムの燃焼

❷マグネシウムと塩素の反応　マグネシウムMgは塩素Cl_2中で熱すると激しく反応して，塩化マグネシウム$MgCl_2$になる。

$$Mg + Cl_2 \longrightarrow MgCl_2 \cdots\cdots ②$$

$$\begin{cases} Mg \longrightarrow Mg^{2+} + 2e^- \\ Cl_2 + 2e^- \longrightarrow 2Cl^- \end{cases}$$

原子1個あたり，Mgは2個の電子を失い，Clは1個の電子を得ている。

図35 マグネシウムと塩素の反応

❸**電子の授受と酸化・還元** 前ページの①の反応では，Mg原子は酸化されている。このとき，Mg原子は電子を失っている。②の反応でも①の反応と同じように，Mg原子は電子を失っているので，酸化されたことになる。一般に反応するとき，**原子が電子を失う**ことを酸化されたといい，**原子が電子を得る**ことを還元されたという。

❹**酸化還元反応** 反応①，②では，Mg原子は酸化され，O原子やCl原子は還元されている。ある反応において，電子を失う原子があると必ず電子を得る原子がある。つまり，**酸化反応と還元反応は必ず同時に起こる**ので，まとめて酸化還元反応とよばれる。また，化合物中のある原子が酸化・還元されたりしたときは，その化合物自身が酸化・還元されたという。

[酸化・還元の定義]

酸化される：酸素を受け取る。／水素を失う。／電子を失う。

還元される：酸素を失う。／水素を受け取る。／電子を得る。

補足 電子の移動をともなう酸化還元反応は，化学反応から電気エネルギーを取り出す**電池**(☞p.147)に利用されている。また，逆に電気エネルギーを使って容易には起こらない酸化還元反応を起こす**電気分解**(☞p.157)によって，金属を製錬したり，電気めっきが行われたりしている。

2 酸化数と酸化還元反応の判定

1 酸化数 (!)重要

❶**酸化数** 酸化数とは，原子の状態を基準にして，**授受した電子の数を示す数値**である。イオン結合からできた物質の反応では，電子の授受がはっきりしており，酸化数を容易に決定できるが，共有結合からできた物質が関係した反応では電子の授受がはっきりしない。こういった物質を構成している原子の酸化数は，次に述べる原則にしたがって決定する。

❷**共有結合からできた物質中の原子の酸化数** 共有結合によってできた物質中の原子は，電子の移動が明確でない。そこで，**これらの物質内の共有電子対(つい)は，陰性の強い原子に移動したとみなすことにする。**これにより，共有結合からできた物質はイオン結合からできた物質と同様に扱うことができ，各原子はイオンとして存在していると考えることができる。ただし，共有電子対が同じ種類の原子間に共有されている場合は，電子の移動はないものとする。

たとえば，水H_2Oの場合，次ページの図36のようにして酸化数を決定できる。

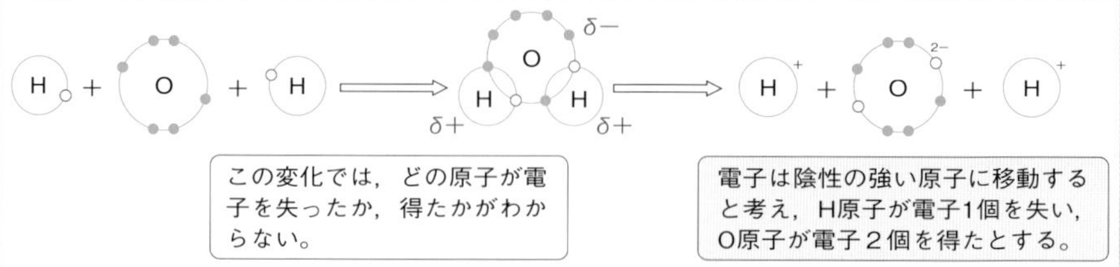
H
O
H
δ−
O
H
H
δ+
δ+
H+
O2−
H+
この変化では，どの原子が電子を失ったか，得たかがわからない。
電子は陰性の強い原子に移動すると考え，H原子が電子1個を失い，O原子が電子２個を得たとする。

図36　共有結合でできた物質中の原子の酸化数の決定

視点　陰性の強さはH＜Oであるので，電子がH原子からO原子に移動したとみなす。よって，H原子の酸化数は＋1，O原子の酸化数は－2と決定できる。

❸酸化数の決め方　原子の酸化数は，次に示す①～⑥をもとにして決める。

①**単体中の原子の酸化数は0である。**

例　H_2，O_2，Na，Fe …………0

②**単原子イオンの酸化数は，イオンの電荷に等しい。**

例　Mg^{2+}…＋2　Al^{3+}…＋3　Cl^-…－1

③**化合物中のH原子の酸化数は＋1，O原子の酸化数は－2として，他の原子の酸化数を決める。**そのとき，**化合物を構成する原子の酸化数の総和は0とする。**ただし，過酸化水素H_2O_2のO原子は－1，水素化ナトリウムNaHなど，金属と結合したH原子の酸化数は－1とする。

例　H_2O…(＋1)×2＋(－2)＝0　NH_3…N＋(＋1)×3＝0 より，N＝－3
CO_2…C＋(－2)×2＝0　より，　C＝＋4

④**多原子イオン中の原子の酸化数の総和は，そのイオンの電荷に等しい。**

例　SO_4^{2-}…S＋(－2)×4＝－2　より，　S＝＋6
NH_4^+…N＋(＋1)×4＝＋1　より，　N＝－3

⑤**化合物中の酸化数は，アルカリ金属原子が＋1，アルカリ土類金属原子が＋2。**

⑥**金属のハロゲン化物中のハロゲン原子の酸化数は－1。**

❹酸化数に関する注意事項

①酸化数は，1個の原子の酸化の程度を表した数値である。

②酸化数は，＋もしくは－の符号をつけた整数で表す。

③イオンの電荷は，＋，2＋，3＋と表すが，酸化数は＋1，＋2，＋3と表す。

④酸化数は，＋Ⅰ，＋Ⅱ，＋Ⅲ，＋Ⅳのようなローマ数字で表すこともある。

POINT!

化合物中の酸化数を求めるには，

⇨ 水素とアルカリ金属…＋1，酸素…－2　**を基準。**
化合物中の原子の酸化数の総和は0。

酸化数の計算

次の物質中における下線部の原子の酸化数を示せ。

(1) $\underline{C}_2H_6$　(2) $H_2\underline{S}O_4$　(3) $\underline{N}_2$　(4) $K_2\underline{Cr}_2O_7$

着眼　化合物中のH，Oの酸化数は，それぞれ＋1，－2とする。また，化合物中の原子の酸化数の総和は0である。なお，単体中の原子の酸化数は0である。

(1) Cの酸化数をxとすると，$2x+(+1)\times6=0$より，$x=-3$（③）

(2) Sの酸化数をxとすると，$(+1)\times2+x+(-2)\times4=0$より，$x=+6$（③）

(3) 単体であるから，Nの酸化数は0である。（①）

(4) Crの酸化数をxとすると，$(+1)\times2+2x+(-2)\times7=0$より，$x=+6$（③⑤）

（カッコ内の丸番号は前ページ❸と対応）答 (1)－3　(2)＋6　(3)0　(4)＋6

参考　最高酸化数と最低酸化数

●原子のとりうる酸化数には範囲がある。たとえば，炭素Cは－4～＋4，硫黄Sは－2～＋6である。それはC原子が14族で最外殻電子が4個，S原子が16族で最外殻電子が6個だからである。すなわち，最外殻電子をすべて相手に与えたときが最高酸化数，空いている最外殻に相手から電子を受け取って最外殻が8個になったときが最低酸化数になるのである。同様に考えると，Nは－3～＋5，Clは－1～＋7の範囲になる（Oは電気陰性度が大きいので，例外的に最高酸化数は＋6ではなく＋2である）。

2 酸化数の変化と酸化還元反応

❶酸化数の増減と酸化還元反応　酸化数は，イオンの価数と等しいから，酸化数が増加すると電子数が減少する。したがって，**酸化数が増加する**と**酸化**されたと判断できる。また，**酸化数が減少する**と**還元**されたと判断できる。

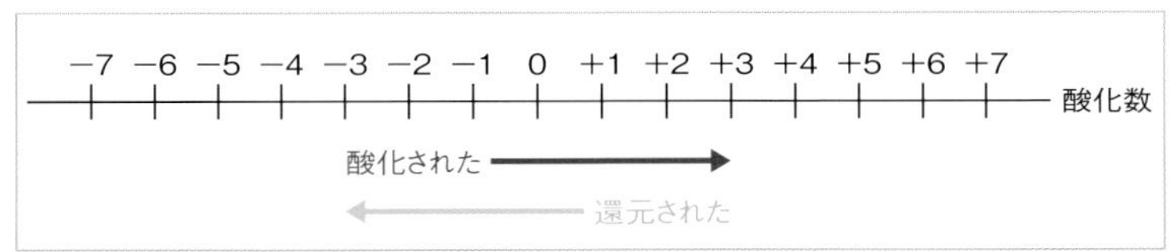

図37 酸化数の増減と酸化還元

また，酸化数は原子の酸化の程度を表した数値であるから，酸化数が増加すると「酸化の程度が進む」と考え，酸化されたと判断してもよい。

酸化数の増加した原子を含む物質⇨**酸化された**物質
酸化数の減少した原子を含む物質⇨**還元された**物質

❷実際の酸化還元反応の判断　黒色の酸化銅(Ⅱ)CuOを，熱いうちに水素H_2を満たした試験管の中に入れると，もとの光沢(こうたく)のある銅Cuに戻る(☞p.127)。この反応について，各原子の酸化数の変化を調べてみると次のようになる。

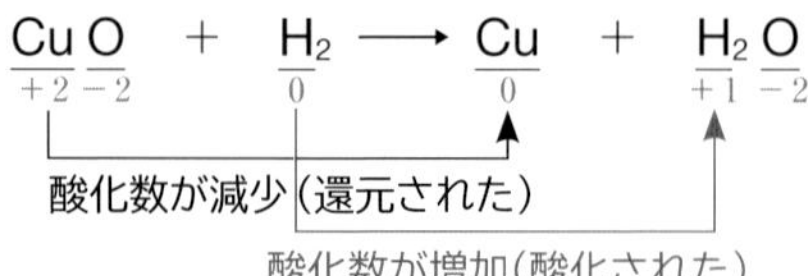

例題　酸化数の増減と酸化還元反応

次の各反応について，酸化された物質，還元された物質を，それぞれ化学式で示せ。なお，その反応が酸化還元反応でないときは，×印を記せ。

(1)　$SO_2 + Cl_2 + 2H_2O \longrightarrow H_2SO_4 + 2HCl$

(2)　$CaCO_3 + 2HCl \longrightarrow CaCl_2 + H_2O + CO_2$

着眼　酸化数が増加した原子，減少した原子を見つける。酸化数の増減した原子がない場合，その反応は酸化還元反応ではない。

解説　(1)　反応式中の各原子の酸化数は，次のようになっている。

$$\underset{+4}{S}\underset{-2}{O_2} + \underset{0}{Cl_2} + 2\underset{+1}{H_2}\underset{-2}{O} \longrightarrow \underset{+1}{H_2}\underset{+6}{S}\underset{-2}{O_4} + 2\underset{+1}{H}\underset{-1}{Cl}$$

Sの酸化数が増加しているので，SO_2は酸化されている。また，Clの酸化数が減少しているので，Cl_2は還元されている。

(2)　$$\underset{+2}{Ca}\underset{+4}{C}\underset{-2}{O_3} + 2\underset{+1}{H}\underset{-1}{Cl} \longrightarrow \underset{+2}{Ca}\underset{-1}{Cl_2} + \underset{+1}{H_2}\underset{-2}{O} + \underset{+4}{C}\underset{-2}{O_2}$$

この反応では，酸化数の変化した原子はひとつもない。したがって，この反応は酸化還元反応ではない。

答　(1)酸化された物質… SO_2　還元された物質… Cl_2　(2)×

このSECTIONのまとめ　酸化と還元

□ **酸化・還元の定義**　☞p.127

	酸素原子	水素原子	電　子	酸化数
酸化反応	得　る	失　う	失　う	増　加
還元反応	失　う	得　る	得　る	減　少

□ **酸化数の決め方**　☞p.130

- **単体の原子の酸化数は0。**
  化合物中の原子の酸化数…Hは+1，Oは−2が基準。
- 化合物中の各原子の酸化数の**総和を0とする。**

酸化剤と還元剤

1　酸化剤・還元剤とそのはたらき

1 酸化剤・還元剤

酸化還元反応において，**相手の物質から電子を奪ってその物質を酸化するはたらきのある物質**を酸化剤といい，**相手の物質に電子を与えてその物質を還元するはたらきのある物質**を還元剤という。いいかえると，**酸化剤はそれ自身が還元されやすく，還元剤はそれ自身が酸化されやすい物質**である。

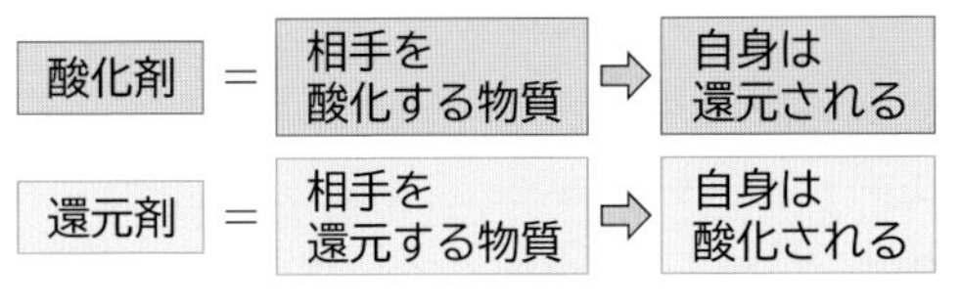

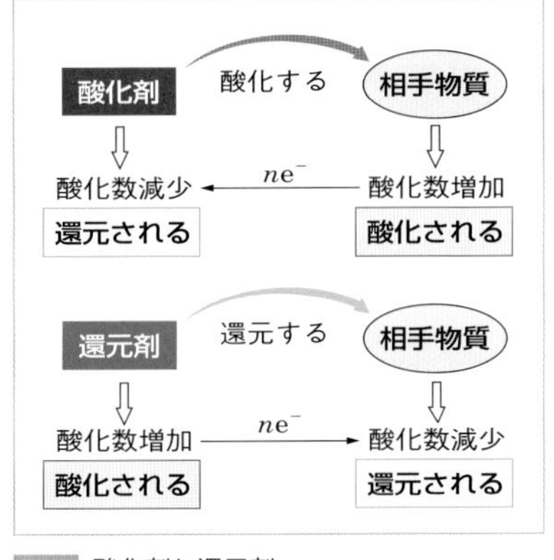

図38 酸化剤と還元剤

2 酸化剤・還元剤のはたらき ①重要

❶酸化剤のはたらき　酸化剤である塩素Cl_2 1 molは，2 molの電子を受け入れようとするはたらきがある。塩素のこのはたらきは，ふつう，右のように表される。

$$\underset{0}{Cl_2} + 2e^- \longrightarrow 2\underset{-1}{Cl^-}$$

（0 → −1：還元された）

周囲に電子を提供してくれる物質（還元剤）が存在すると，塩素はその物質から電子を受け入れて相手物質を酸化する。上記はそのときの塩素の変化を示している。このとき，酸化数0のCl原子2個が酸化数 −1のCl原子2個になっており，受け取るe^-の数（2個）と一致している。

❷還元剤のはたらき　還元剤である水素H_2 1 molは，2 molの電子を放出しようとするはたらきがある。水素のこのはたらきは，ふつう，右のように表される。

$$\underset{0}{H_2} \longrightarrow 2\underset{+1}{H^+} + 2e^-$$

（0 → +1：酸化された）

周囲に電子を受け入れてくれる物質（酸化剤）が存在すると，水素はその物質に電子を提供して相手物質を還元する。上記はそのときの水素の変化を示している。このとき，酸化数0のH原子2個が酸化数 +1のH原子2個になっており，放出するe^-の数（2個）と一致している。

表5 おもな酸化剤・還元剤とそのはたらき

	物質	水溶液中でのはたらき方の例
酸化剤	オゾン O_3	$O_3 + 2H^+ + 2e^- \longrightarrow O_2 + H_2O$
	ハロゲン{塩素 Cl_2	$Cl_2 + 2e^- \longrightarrow 2Cl^-$
	ハロゲン{臭素 Br_2	$Br_2 + 2e^- \longrightarrow 2Br^-$
	過酸化水素 H_2O_2	$H_2O_2 + 2H^+ + 2e^- \longrightarrow 2H_2O$ または$H_2O_2 + 2e^- \longrightarrow 2OH^-$
	希硝酸 HNO_3	$HNO_3 + 3H^+ + 3e^- \longrightarrow 2H_2O + NO$
	濃硝酸 HNO_3	$HNO_3 + H^+ + e^- \longrightarrow H_2O + NO_2$
	熱濃硫酸 H_2SO_4	$H_2SO_4 + 2H^+ + 2e^- \longrightarrow 2H_2O + SO_2$
	過マンガン酸カリウム $KMnO_4$ (硫酸酸性) (中性・塩基性)	(赤紫色) (淡桃色) $MnO_4^- + 8H^+ + 5e^- \longrightarrow Mn^{2+} + 4H_2O$ $MnO_4^- + 2H_2O + 3e^- \longrightarrow MnO_2 + 4OH^-$
	二クロム酸カリウム $K_2Cr_2O_7$ (硫酸酸性)	(赤橙色) (緑色) $Cr_2O_7^{2-} + 14H^+ + 6e^- \longrightarrow 2Cr^{3+} + 7H_2O$
	二酸化硫黄 SO_2	$SO_2 + 4H^+ + 4e^- \longrightarrow S + 2H_2O$
還元剤	水素 H_2	$H_2 \longrightarrow 2H^+ + 2e^-$
	ナトリウム Na	$Na \longrightarrow Na^+ + e^-$
	一酸化炭素 CO	$CO + 2H_2O \longrightarrow 4H^+ + CO_3^{2-} + 2e^-$
	硫化水素 H_2S	$H_2S \longrightarrow 2H^+ + S + 2e^-$
	二酸化硫黄 SO_2	$SO_2 + 2H_2O \longrightarrow SO_4^{2-} + 4H^+ + 2e^-$
	塩化スズ(Ⅱ) $SnCl_2$	$Sn^{2+} \longrightarrow Sn^{4+} + 2e^-$
	ヨウ化カリウム KI	$2I^- \longrightarrow I_2 + 2e^-$
	過酸化水素 H_2O_2	$H_2O_2 \longrightarrow 2H^+ + O_2 + 2e^-$
	硫酸鉄(Ⅱ) $FeSO_4$	$Fe^{2+} \longrightarrow Fe^{3+} + e^-$
	チオ硫酸ナトリウム $Na_2S_2O_3$	$2S_2O_3^{2-} \longrightarrow S_4O_6^{2-} + 2e^-$ $S_2O_3^{2-} + H_2O \longrightarrow 2H^+ + SO_4^{2-} + S + 2e^-$
	シュウ酸 $H_2C_2O_4$	$H_2C_2O_4 \longrightarrow 2CO_2 + 2H^+ + 2e^-$

❸酸化剤・還元剤のはたらきを示す式 表5の**酸化剤・還元剤のはたらきを示す式を半反応式**といい，酸化剤や還元剤の授受したe^-の数と酸化数の増減が一致することと，**両辺の原子数および電荷の和も等しい**ことから導ける。

例 酸性水溶液中で過マンガン酸イオンが酸化剤としてはたらく。

①左辺に酸化剤を，右辺に還元されたあとの化学式を書く。($MnO_4^- \longrightarrow Mn^{2+}$)

②酸化数の変化を調べる。$\underset{+7}{MnO_4^-} \longrightarrow \underset{+2}{Mn^{2+}}$

③酸化数の変化と一致するようにe^-を加える。($MnO_4^- + 5e^- \longrightarrow Mn^{2+}$)

④H_2Oを加えて両辺のO原子の数をそろえる[★1]。($MnO_4^- + 5e^- \longrightarrow Mn^{2+} + 4H_2O$)

⑤H^+を加えて両辺のH原子の数をそろえる。このとき，両辺の電荷もそろっている。
($MnO_4^- + 8H^+ + 5e^- \longrightarrow Mn^{2+} + 4H_2O$)

★1 ④で，左右の電荷をそろえるために，左辺に先に$8H^+$を加えてもよい。

2 酸化剤と還元剤の反応

1 酸化剤・還元剤の関係

❶酸化剤・還元剤の強弱　物質が電子を受け入れる性質(酸化剤としての性質)と電子を放出する性質(還元剤としての性質)には強弱がある。たとえば，塩素Cl_2は強い酸化剤で次のように電子を受け取る。

$$Cl_2 + 2e^- \longrightarrow 2Cl^-$$

一方，塩化物イオンCl^-は弱い還元剤で次のように電子を放出する。

$$2Cl^- \longrightarrow Cl_2 + 2e^-$$

ところが，ヨウ素I_2は弱い酸化剤で，ヨウ化物イオンI^-は強い還元剤である。

$$I_2 + 2e^- \longrightarrow 2I^-\text{(弱い)} \qquad 2I^- \longrightarrow I_2 + 2e^-\text{(強い)}$$

強い酸化剤の逆の反応の還元剤は弱く，弱い酸化剤の逆の反応の還元剤は強いといえる。また，1つの物質が酸化剤にも還元剤にもなることがある。たとえば，**過酸化水素や二酸化硫黄は，相手によって酸化剤にも還元剤にもなる。**それは，過酸化水素H_2O_2ではO原子の酸化数がO原子のとりうる酸化数(-2～$+2$)(☞p.131)の中間の-1，二酸化硫黄SO_2ではS原子の酸化数がSのとりうる酸化数(-2～$+6$)の中間の$+4$だからである。これらの物質は酸化されることも還元されることもでき，相手が強い酸化剤なら還元剤，相手が強い還元剤なら酸化剤としてはたらく。

❷還元剤としての過酸化水素　過酸化水素H_2O_2は，酸化剤として用いる場合が多い。しかし，相手となる物質の酸化作用が過酸化水素より強い場合，過酸化水素は還元剤(**自身は酸化される**)としてはたらく。

$$H_2\underset{-1}{\underline{O}}_2 \longrightarrow 2H^+ + \underset{0}{\underline{O}}_2 + 2e^-$$

(O：-1 → 0　酸化された)

㊎ 過酸化水素H_2O_2と過マンガン酸カリウム$KMnO_4$の反応(☞p.136例題)

❸酸化剤としての二酸化硫黄　二酸化硫黄SO_2は，還元剤として用いる場合が多い。しかし，相手となる物質の還元作用が二酸化硫黄より強い場合，二酸化硫黄は酸化剤(**自身は還元される**)としてはたらく。

$$\underset{+4}{\underline{S}}O_2 + 4H^+ + 4e^- \longrightarrow \underset{0}{\underline{S}} + 2H_2O$$

(S：$+4$ → 0　還元された)

㊎ 二酸化硫黄SO_2と硫化水素H_2Sの反応

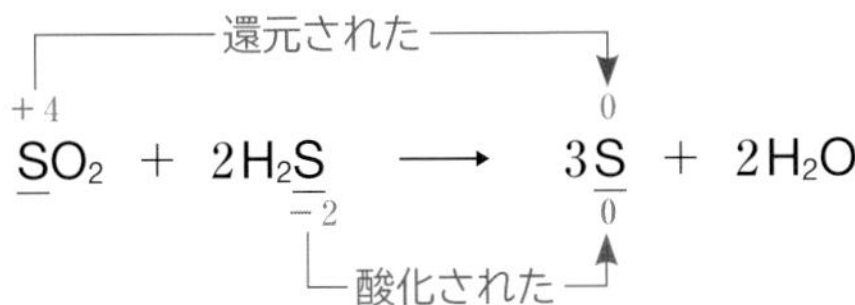

● 酸化剤としてはたらく物質でも，それより酸化作用が強い物質と反応するときは，還元剤としてはたらく。
● 還元剤としてはたらく物質でも，それより還元作用が強い物質と反応するときは，酸化剤としてはたらく。

2 酸化剤・還元剤の量的関係 ！重要

❶酸化還元反応式のつくり方　酸化剤と還元剤が**過不足なく反応**するのは，**酸化剤が受け入れる電子の総数と，還元剤が放出する電子の総数が等しい**場合である。このことを考慮して，酸化剤・還元剤のはたらきを表すイオン反応式(半反応式)から酸化還元反応を導くことができる。

例題　酸化還元反応式のつくり方

過マンガン酸カリウム$KMnO_4$の硫酸酸性水溶液と過酸化水素H_2O_2の水溶液の酸化還元反応式を，下記のイオン反応式を用いてつくれ。

$$MnO_4^- + 8H^+ + 5e^- \longrightarrow Mn^{2+} + 4H_2O \quad \cdots\cdots ①$$
$$H_2O_2 \longrightarrow 2H^+ + O_2 + 2e^- \quad \cdots\cdots ②$$

着眼　過マンガン酸イオンMnO_4^-が受け入れるe^-の総数と，H_2O_2が放出するe^-の総数は等しい。イオン反応式には，K^+，SO_4^{2-}が省略されている。

解説　①，②式からe^-を消去するために，2×①＋5×②式をつくる。

$$2MnO_4^- + 16H^+ + 10e^- \longrightarrow 2Mn^{2+} + 8H_2O$$
$$+)\ 5H_2O_2 \longrightarrow 10H^+ + 5O_2 + 10e^-$$
$$2MnO_4^- + 16H^+ + 10e^- + 5H_2O_2 \longrightarrow 2Mn^{2+} + 8H_2O + 10H^+ + 5O_2 + 10e^-$$

e^-，H^+の項を整理すると，

$$2MnO_4^- + 6H^+ + 5H_2O_2 \longrightarrow 2Mn^{2+} + 8H_2O + 5O_2$$

両辺に$2K^+$，$3SO_4^{2-}$を加えて式を整理すると，次のような酸化還元反応式が得られる。

$$2KMnO_4 + 3H_2SO_4 + 5H_2O_2 \longrightarrow K_2SO_4 + 2MnSO_4 + 8H_2O + 5O_2 \quad \cdots\cdots 答$$

補足　この反応で，H_2O_2の中のOの酸化数は $-1 \rightarrow 0$ と増加しているので，H_2O_2は還元剤として作用していることがわかる。

類題5　硫酸鉄(Ⅱ)$FeSO_4$の水溶液に過酸化水素H_2O_2の水溶液を加えたとき，過酸化水素は酸化剤としてはたらく。この反応の酸化還元反応式を，下記のイオン反応式を利用してつくれ。(解答☞p.541)

$$\begin{cases} Fe^{2+} \longrightarrow Fe^{3+} + e^- & \cdots\cdots ① \\ H_2O_2 + 2H^+ + 2e^- \longrightarrow 2H_2O & \cdots\cdots ② \end{cases}$$

❷酸化剤・還元剤の量的関係

①**酸化還元滴定**　図39のように，ビュレットを用いて，濃度未知の酸化剤(あるいは還元剤)水溶液を濃度既知の還元剤(あるいは酸化剤)水溶液で滴定すると，酸化剤(還元剤)の濃度を決定することができる。このような方法を，酸化還元滴定という。

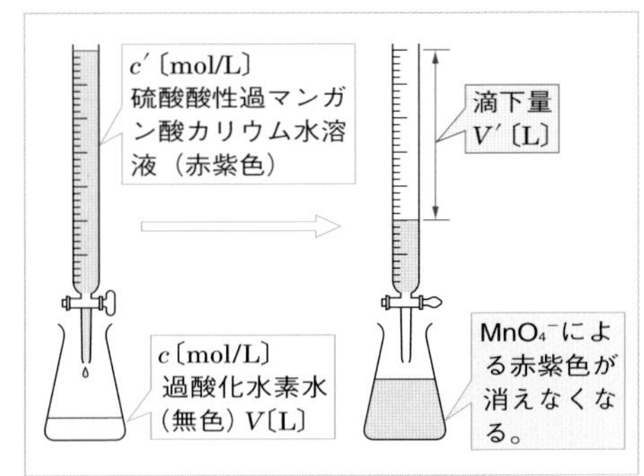

図39　酸化剤・還元剤の量的関係を調べる実験(酸化還元滴定)

視点　硫酸酸性の過マンガン酸カリウム水溶液は酸化剤水溶液，過酸化水素水は還元剤水溶液である。MnO_4^-の赤紫色がちょうど消えなくなったところを反応の終点とする。

②**量的関係**　濃度がc〔mol/L〕の過酸化水素(還元剤)水溶液V〔L〕を，濃度がc'〔mol/L〕の過マンガン酸カリウム(酸化剤)水溶液で滴定していき，V'〔L〕加えたところで過不足なく反応したとする。過不足なく反応する条件は，酸化剤が受け入れる電子の総数と，還元剤が放出する電子の総数が等しいことなので，次式が成り立つ。

$$2 \times c \times V = 5 \times c' \times V'$$

5 → 1 molの$KMnO_4$が受け入れる電子の物質量(酸化剤$KMnO_4$の価数)

2 → 1 molのH_2O_2が放出する電子の物質量(還元剤H_2O_2の価数)

c〔mol/L〕のz価の還元剤水溶液V〔L〕と，c'〔mol/L〕のz'価の酸化剤水溶液V'〔L〕が過不足なく反応する条件

⇨$z \times c \times V = z' \times c' \times V'$

例題　**酸化剤・還元剤の量的関係**

濃度のわからない過酸化水素H_2O_2水10.0 mLに硫酸を加えて酸性にしたところへ，0.0200 mol/Lの過マンガン酸カリウム水溶液を滴下したところ，12.0 mL加えたところでMnO_4^-による赤紫色がわずかに消えずに残った。この過酸化水素水のモル濃度を求めよ。

着眼　過マンガン酸カリウム1 molは5 molのe^-を受け取り，過酸化水素1 molは2 molのe^-を放出する。

解説　$KMnO_4$は5価の酸化剤，H_2O_2は2価の還元剤であるから，求める過酸化水素水の濃度をc〔mol/L〕とすると，次式が成り立つ。

$$5 \times 0.0200 \times \frac{12.0}{1000} = 2 \times c \times \frac{10.0}{1000}$$

よって，$c = 0.0600$ mol/L　……………答

参考 ヨウ素滴定

●ヨウ素を用いた酸化還元滴定をヨウ素滴定という。反応の終点は，ヨウ素デンプン反応を用いる。

●**ヨウ素酸化滴定**（ヨージメトリー；iodimetry）

ヨウ素は次のように電子を受け取る反応をする。

$$I_2 + 2e^- \longrightarrow 2I^-$$

ヨウ素の標準溶液を酸化剤として用い，還元剤の定量をする方法をヨウ素酸化滴定という。還元剤水溶液中にヨウ素溶液を滴下するので，終点でわずかにヨウ素が余るから，指示薬としてデンプン溶液を加えておき，ヨウ素デンプン反応の青紫色の見られた点を反応の終点とする。

応用として，一定量のヨウ素標準溶液に，分析したい還元剤を反応させ，余ったヨウ素を還元剤であるチオ硫酸ナトリウム$Na_2S_2O_3$水溶液で逆滴定して還元剤の量を決める場合もある。その場合は，ヨウ素の中に還元剤を加えていくので，反応の終点は，ヨウ素デンプン反応の青紫色の消失で見る。

●**ヨウ素還元滴定**（ヨードメトリー；iodometry）

分析したい酸化剤を還元剤であるヨウ化カリウムと反応させてヨウ素に変えてから，そのヨウ素をチオ硫酸ナトリウム$Na_2S_2O_3$標準溶液で滴定してヨウ素の量を決め，元の酸化剤の量を決める方法。ヨウ素の中に還元剤のチオ硫酸ナトリウム標準溶液を滴下するので，反応の終点は，ヨウ素デンプン反応の青紫色の消失で見る。

酸化剤 ⇨ ヨウ素 ←→ チオ硫酸ナトリウム

チオ硫酸ナトリウム（チオ硫酸イオン）が還元剤としてはたらくときの式は，次のようになる。

$$2S_2O_3^{2-} \longrightarrow S_4O_6^{2-} + 2e^-$$

図40 ヨウ素還元滴定

例題　ヨウ素滴定

市販のオキシドール(過酸化水素H_2O_2を含む)の過酸化水素濃度を決めるために，次のような操作を行った。

操作1：市販のオキシドール10.0 mLをホールピペットでとり，100 mLのメスフラスコに入れて標線まで水を入れ，正確に10倍にうすめた。

操作2：うすめたオキシドール10.0 mLをコニカルビーカーに入れ，希硫酸を5.00 mL加えたのち，十分量のヨウ化カリウムKIの結晶を加えてヨウ素を生成させた。

操作3：ヨウ素の生じているヨウ化カリウム水溶液を，0.100 mol/Lのチオ硫酸ナトリウム標準溶液で滴定し，ヨウ素の色がほとんど消えたところでデンプン溶液を1.00 mL加え，さらに，その青紫色が消えるまでチオ硫酸ナトリウム水溶液を滴下したところ，全部で18.0 mLを要した。

(1)　過酸化水素の酸化剤としての反応，およびヨウ化物イオンの還元剤としての反応は

$$H_2O_2 + 2H^+ + 2e^- \longrightarrow 2H_2O$$

$$2I^- \longrightarrow I_2 + 2e^-$$

である。操作2の過酸化水素とヨウ化物イオンのイオン反応式をつくり，反応した過酸化水素と生成したヨウ素の物質量比を求めよ。

(2)　操作3の結果から，溶液中に生じていたヨウ素の物質量を求めよ。なお，チオ硫酸ナトリウムの還元剤としての反応は

$$2S_2O_3^{2-} \longrightarrow S_4O_6^{2-} + 2e^-$$

である。

(3)　うすめる前のオキシドールのモル濃度はどれだけか。

着眼　H_2O_2とI^-のイオン反応式から，H_2O_2 1 molから生じるI_2の物質量がわかる。チオ硫酸ナトリウムの反応は，前ページを参照。

解説　(1)　イオン反応式は

$$H_2O_2 + 2H^+ + 2I^- \longrightarrow I_2 + 2H_2O \quad \cdots 答$$

となるから，$H_2O_2 : I_2 = 1 : 1$　…答

(2)　チオ硫酸ナトリウム1個あたり1個のe^-を放出するから，求めるヨウ素の物質量をx〔mol〕とすると，$1 \times 0.100 \times \frac{18.0}{1000} = 2 \times x$　　$\therefore$　$x = 9.00 \times 10^{-4}$ mol　…答

(3)　ヨウ素と過酸化水素の物質量は等しいので，うすめる前のオキシドールのモル濃度をc〔mol/L〕とすると，$\frac{c}{10} \times \frac{10.0}{1000} = 9.00 \times 10^{-4}$

よって，$c = 0.900$ mol/L　…答

＋発展ゼミ 化学的酸素要求量(COD)の測定

●水溶液1L中の有機物を酸化分解するのに必要な酸素の量を化学的酸素要求量(COD)といい，試料水溶液の汚濁の程度の指標となる。このCODは，過マンガン酸カリウム水溶液を用いた逆滴定で測定できる。

①一定量の試料水溶液を硫酸で酸性にして，濃度のわかっている過マンガン酸カリウム水溶液の一定量を加えたあと加熱して反応させ，試料水溶液中の有機物を過マンガン酸カリウムで酸化分解する。

②残った過マンガン酸カリウムをシュウ酸標準溶液の過剰量を用いてすべて還元する。

③過マンガン酸カリウムとの反応で残ったシュウ酸を，濃度のわかっている過マンガン酸カリウム水溶液で滴定する。

●CODは試料溶液1L中の有機物を酸化するのに必要な酸素の質量(mg/L)で表すので，図のような量関係の場合，試料水溶液1L中の有機物が放出したe^-の物質量x〔mol〕は，

$$x = (a + b) - c \text{〔mol〕}$$

になるから，有機物の酸化に必要な酸素(4価の酸化剤)の質量(mg)は，$O_2 = 32$より，

$$\frac{x}{4}\text{〔mol〕} \times 32\ \text{g/mol} \times 10^3\ \text{mg/g}$$

で求められる。

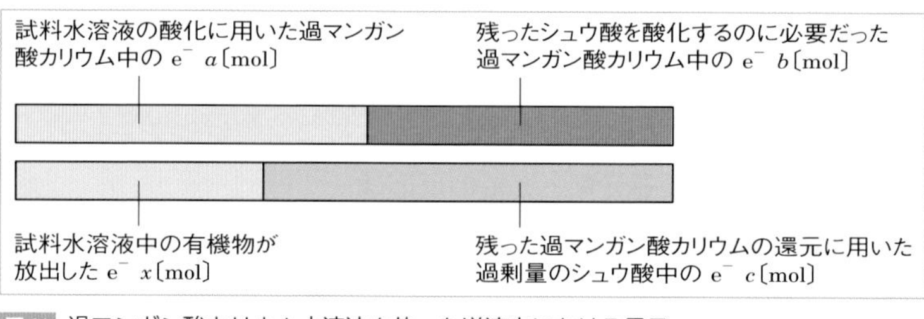

図41 過マンガン酸カリウム水溶液を使った逆滴定における電子

例題 CODの測定

試料溶液20.0 mLに0.0200 mol/Lの過マンガン酸カリウム水溶液10.0 mLと希硫酸2.0 mLを加えて加熱し，試料溶液中の有機物を酸化分解した。反応後の溶液に0.0500 mol/Lシュウ酸標準溶液20.0 mLを加えたあと，0.0200 mol/L過マンガン酸カリウム水溶液で，残ったシュウ酸を滴定したところ，終点までに11.0 mLを要した。この試料溶液1.0 L中の有機物の酸化に要する酸素の質量(mg)はどれだけか。

ただし，分子量は$O_2 = 32$とする。

着眼 過マンガン酸カリウムは硫酸酸性で5価の酸化剤としてはたらき，O_2は4価の酸化剤としてはたらく。

解説 この実験で過マンガン酸カリウムの全量が受け取ったe^-は

$$5\times\left(0.0200\times\frac{10.0}{1000}+0.0200\times\frac{11.0}{1000}\right)=2.10\times10^{-3}\ \text{mol}$$

したがって，試料溶液20.0 mL中の有機物が酸化されるときに放出したe^-は

$$2.10\times10^{-3}-2\times0.0500\times\frac{20.0}{1000}=1.0\times10^{-4}\ \text{mol}$$

試料溶液1.0 Lで有機物が放出したe^-は

$$1.0\times10^{-4}\times50=5.0\times10^{-3}\ \text{mol}$$

である。

この酸化に酸素を用いたとき，その消費量(mg)は，$O_2=32$より

$$5.0\times10^{-3}\times\frac{1}{4}\times32\times10^{3}=40\ \text{mg}$$ …答

このSECTIONのまとめ　酸化剤と還元剤

□酸化剤・還元剤 ☞p.133	・**酸化剤**…相手物質を酸化する作用をもち，相手物質から電子を受け取る。**自身は還元されやすい。** ・**還元剤**…相手物質を還元する作用をもち，相手物質に電子を与える。**自身は酸化されやすい。**
□酸化剤・還元剤の反応 ☞p.135	・物質が酸化剤，還元剤のどちらとしてはたらくかは，**相手物質の酸化作用，還元作用の強弱で決まる。** ・酸化還元反応式は，**イオン反応式(半反応式)の電子の数を等しくして導く。**

金属の反応性

1 | 水溶液中での金属のイオン化傾向

1 金属イオンのイオン化とその傾向の大小　①重要

❶イオン化傾向　金属が酸と反応するとき，金属は水溶液中のH^+に電子を与えて陽イオンになる。**金属の水溶液での陽イオンへのなりやすさ，なりにくさを**イオン化傾向という。

❷銅と銀のイオン化傾向の大小　硝酸銀$AgNO_3$の水溶液(無色)中に，よくみがいた銅線を浸すと，銅線の表面がすぐに黒色に変化する。そして，そのまましばらく放置すると，銅線の表面に金属光沢(こうたく)のある銀が，樹木の枝がのびるように析出してくる。これを銀樹(ぎんじゅ)という。

ところでこの反応では，銀が析出したかわりに，銅線の一部が青色の銅(Ⅱ)イオンCu^{2+}となって水溶液中に溶け出し，水溶液はしだいに青味を帯びてくる。そこで，この反応における銅の変化と銀の変化を反応式で書くと，

$$Cu \longrightarrow Cu^{2+} + 2e^-$$

$$2Ag^+ + 2e^- \longrightarrow 2Ag$$

これらをまとめると，

$$Cu + 2Ag^+ \longrightarrow Cu^{2+} + 2Ag$$

このような変化が起こることから**銅は銀よりイオン化傾向が大きい**ことがわかる。

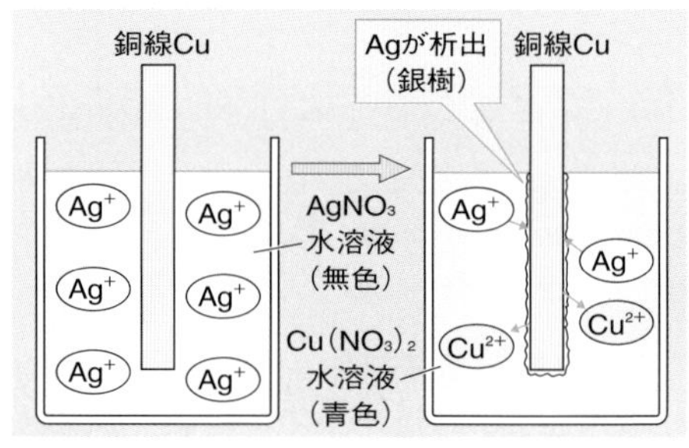

図42　金属のイオン化傾向の大小

視点　Cuは酸化されてCu^{2+}になり，Ag^+は還元されてAgとなり，銅の表面に析出する。

❸亜鉛と鉛(なまり)のイオン化傾向の大小　硫酸亜鉛$ZnSO_4$の水溶液に鉛Pbの板を浸して放置しておいても，変化は起こらない。

$$Zn^{2+} + Pb \longrightarrow \times$$

このことから，**亜鉛は鉛よりイオン化傾向が大きい**ことがわかる。

❹亜鉛と銅のイオン化傾向の大小　硫酸銅(Ⅱ)$CuSO_4$の水溶液に亜鉛Znの板を浸して放置しておくと，亜鉛の表面に銅が析出する。

$$Zn + Cu^{2+} \longrightarrow Zn^{2+} + Cu$$

このことから，**亜鉛は銅よりイオン化傾向が大きい**ことがわかる。

(イオン化傾向 小の金属イオン) + (イオン化傾向 大の金属) ⇨ 反応する

(イオン化傾向 大の金属イオン) + (イオン化傾向 小の金属) ⇨ 反応しない

2 金属のイオン化列 (!)重要

おもな金属について，そのイオン化傾向の大小を調べて順に並べると，次のようになる。これを金属のイオン化列という。左側にある金属ほど，電子を失って(酸化されて)陽イオンになりやすい。つまり，反応相手に電子を与えやすいので，イオン化傾向の大きい金属ほど強い還元剤としてはたらく。

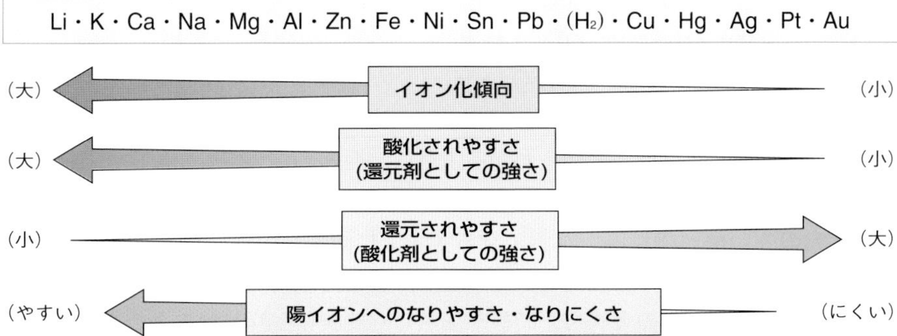

図43 金属のイオン化列(水素は金属ではないが，陽イオンになるためイオン化列に入れている)

補足 イオン化列の覚え方として「利子借りるかな(Li, K, Ca, Na)，間がある当てにすんな(Mg, Al, Zn, Fe, Ni, Sn, Pb)，ひどすぎる借金(H_2, Cu, Hg, Ag, Pt, Au)」というのがある。

2 金属のイオン化列と反応性

イオン化傾向の大小による反応性の違いを次に示す。(☞ p.145表6にまとめ)

1 金属の空気中における酸化

① イオン化傾向の大きいLi, K, Ca, Naは，乾いた空気中でも速やかに内部まで酸化される。

② イオン化列でMg ~ Cuまでの金属は，空気中に放置すると，表面が徐々に酸化されて酸化物の被膜を生じる。強熱すると，内部まで酸化される。

③ イオン化傾向の小さいAg, Pt, Auなどは，空気中では加熱しても酸化されず，いつまでも美しい金属光沢(こうたく)を保つ。これらの金属は貴金属(☞ p.68)とよばれる。

2 金属と水との反応

①Li，K，Ca，Naは，常温で水と激しく反応して水素を発生する。

$$2Na + 2H_2O \longrightarrow 2NaOH + H_2$$

この反応では，Naが酸化され，H_2Oが還元されている。反応してできた溶液は塩基性である。

②Mgは，常温の水とはほとんど反応しないが，沸騰（ふっとう）水とは徐々に反応する。

③Al，Zn，Feは，赤熱した状態で水蒸気と反応する。

3 金属と酸の反応 ①重要

❶塩酸・希硫酸との反応　水素よりイオン化傾向の大きいZnやFeなどは，冷水とは反応しないが，希塩酸や希硫酸の水素イオンH^+と反応して水素を発生する。

$$Zn + 2HCl \longrightarrow ZnCl_2 + H_2$$
$$(Zn + 2H^+ \longrightarrow Zn^{2+} + H_2)$$
$$Fe + H_2SO_4 \longrightarrow FeSO_4 + H_2$$
$$(Fe + 2H^+ \longrightarrow Fe^{2+} + H_2)$$

(　)内に示すイオン反応式からわかるように，亜鉛Znと鉄Feが酸化され，水素イオンが還元されている。

❷酸化力の強い酸との反応　水素よりもイオン化傾向が小さいCu，Hg，Agなどの金属は，水素イオンでは酸化できないので，酸化力の弱い塩酸や希硫酸には溶けない。しかし，これらの金属も，硝酸や加熱した硫酸(熱濃硫酸)のような，酸化力の強い酸には酸化されて溶ける。

$$Cu + 4HNO_3 \longrightarrow Cu(NO_3)_2 + 2NO_2 + 2H_2O \text{（濃硝酸）}$$
$$3Cu + 8HNO_3 \longrightarrow 3Cu(NO_3)_2 + 2NO + 4H_2O \text{（希硝酸）}$$
$$Cu + 2H_2SO_4 \longrightarrow CuSO_4 + SO_2 + 2H_2O \text{（熱濃硫酸）}$$

❸王水との反応　AuやPtは，イオン化傾向が小さく安定で，硝酸や熱濃硫酸にも溶けない。濃硝酸と濃塩酸を体積比で1：3の割合で混合した王水とよばれる酸化力の非常に強い溶液には溶ける。

$$Au + 4HCl + HNO_3 \longrightarrow \underset{\text{テトラクロリド金(Ⅲ)酸}}{H[AuCl_4]} + NO + 2H_2O$$

表6 金属のイオン化列と反応性

<table>
<tr><th>イオン化列</th><th>Li</th><th>K</th><th>Ca</th><th>Na</th><th>Mg</th><th>Al</th><th>Zn</th><th>Fe</th><th>Ni</th><th>Sn</th><th>Pb</th><th>(H_2)</th><th>Cu</th><th>Hg</th><th>Ag</th><th>Pt</th><th>Au</th></tr>
<tr><td>空気中での反応</td><td colspan="4">反応する</td><td colspan="9">表面だけ反応する</td><td colspan="4">反応しない</td></tr>
<tr><td>水との反応</td><td colspan="4">常温で反応</td><td>熱水と反応</td><td colspan="3">高温の水蒸気と反応</td><td colspan="9">反応しない</td></tr>
<tr><td>酸との反応</td><td colspan="11">塩酸，希硫酸と反応して水素を発生する★1★2</td><td colspan="4">酸化力の強い酸と反応する</td><td colspan="2">王水とのみ反応</td></tr>
<tr><td>自然界での産出</td><td colspan="11">化合物として産出</td><td colspan="4">化合物または単体で産出</td><td colspan="2">単体のみ</td></tr>
<tr><td>金属の製錬（☞p.161）</td><td colspan="6">溶融塩電解で還元される</td><td colspan="7">C，COなどで還元される</td><td colspan="4">加熱のみで還元される</td></tr>
</table>

補足 塩酸，希硫酸は，H^+と金属の反応である。酸化力の強い酸は，酸の陰イオンの部分が酸化剤としてはたらく。したがって，反応によって陰イオン中の原子の酸化数が変化していく。

	塩　酸	硫　酸	硝　酸
希　酸	酸化力が強くない		
濃い酸		酸化力が強い★3	

[金属のイオン化列と反応性]

- **イオン化傾向の大きい金属⇨化学反応性に富む。**
- **イオン化傾向の小さい金属⇨化学反応性に富まない。**

このSECTIONのまとめ　金属の反応性

□金属のイオン化傾向 ☞p.142	・**金属のイオン化傾向**…金属原子の**陽イオンへのなりやすさの程度**をいう。 ・**金属のイオン化列**…金属の**イオン化傾向の大小の順**。 (大) Li > K > Ca > Na > Mg > Al > Zn > Fe > Ni > Sn > Pb > (H_2) > Cu > Hg > Ag > Pt > Au (小)
□金属のイオン化列と反応性 ☞p.143	・空気中でLi～Cuは酸化されるが，他は酸化されない。Li，K，Ca，Naは水と反応⇨H_2発生。水溶液は塩基性。 ・希酸とはLi～Pbが反応。熱濃硫酸，硝酸とはLi～Agが反応する。PtとAuは王水としか反応しない。

★1 Pbは，表面に水に難溶性の$PbCl_2$や$PbSO_4$をつくって反応がほとんど進行しないため，塩酸や希硫酸に溶けにくい。

★2 Al，Fe，Niは濃硝酸の作用で表面に緻密な酸化物の被膜をつくる(これを**不動態**という)ので，濃硝酸には溶けない。

★3 濃硫酸で酸化力が強いのは，加熱した場合である(熱濃硫酸)。

CHAPTER 3 練習問題

解答 p. 541

1 〈酸化数〉

次の(1)~(7)の物質について，下線をつけた原子の酸化数を求めよ。

(1) $\underline{S}$　(2) $\underline{S}O_2$　(3) $H_2\underline{S}$　(4) $H_2\underline{S}O_4$　(5) $Na\underline{Cl}$　(6) $K\underline{Cl}O_3$
(7) $\underline{Cl}_2O_7$

2 〈酸化数の変化による酸化剤・還元剤の判定〉 テスト必出

次の反応式(1)~(4)について，左辺の物質で酸化された物質を指摘し，その物質中で酸化された原子とその酸化数の変化を示せ。酸化還元反応でない反応は×と答えよ。

(1) $Fe_2O_3 + 3C \longrightarrow 2Fe + 3CO$
(2) $SO_2 + Cl_2 + 2H_2O \longrightarrow H_2SO_4 + 2HCl$
(3) $Cu + 2H_2SO_4 \longrightarrow CuSO_4 + SO_2 + 2H_2O$
(4) $NaCl + AgNO_3 \longrightarrow AgCl + NaNO_3$

3 〈酸化剤・還元剤のはたらきを示す式〉

次の酸化剤・還元剤のはたらきを示す式（半反応式）の空欄に係数または係数を含めた化学式を入れよ。ただし，係数が1になるところには1と記せ。

$HNO_3 +$ [①] $+$ [②] $e^- \longrightarrow$ [③] $+ NO_2$
$MnO_4^- +$ [④] $H_2O +$ [⑤] $e^- \longrightarrow MnO_2 +$ [⑥] OH^-
$CO +$ [⑦] $\longrightarrow$ [⑧] $+ CO_3^{2-} +$ [⑨] e^-

4 〈酸化還元反応式のつくり方〉 テスト必出

銅Cuは希硝酸に酸化されて銅(Ⅱ)イオンになる。次の2つの式を参考にして，銅と希硝酸の酸化還元反応式をつくれ。

$Cu \longrightarrow Cu^{2+} + 2e^-$ ………①
$HNO_3 + 3H^+ + 3e^- \longrightarrow NO + 2H_2O$ ………②

5 〈金属のイオン化傾向〉

次の実験について，あとの(1)~(3)の問いに答えよ。

〔実験〕 別々の試験管(A)~(C)に，(A)硝酸銀水溶液に銅片，(B)硫酸亜鉛水溶液に銅片，(C)硫酸銅(Ⅱ)水溶液に鉄くぎをそれぞれ入れて静置した。

(1) 変化が見られない試験管はどれか。
(2) 水溶液が無色から青色に変化する試験管はどれか。
(3) 変化が起こる試験管それぞれについて，その変化をイオン反応式で示せ。

CHAPTER

4 » 電池と電気分解

SECTION 1

電池

1 電池の反応

1 電池の仕組み

❶電池の原理　酸化還元反応により**放出される化学エネルギーを電気エネルギーに変換して取り出す装置**を電池(化学電池)という。

たとえば，電解質溶液に，イオン化傾向の異なる2種類の金属を浸し，導線で結ぶと電流が流れる。このとき**イオン化傾向の大きい金属が電子を放出し陽イオンとなる。**生じた電子は導線を通ってイオン化傾向の小さい金属の方に移動し，そこで還元反応が起こる。

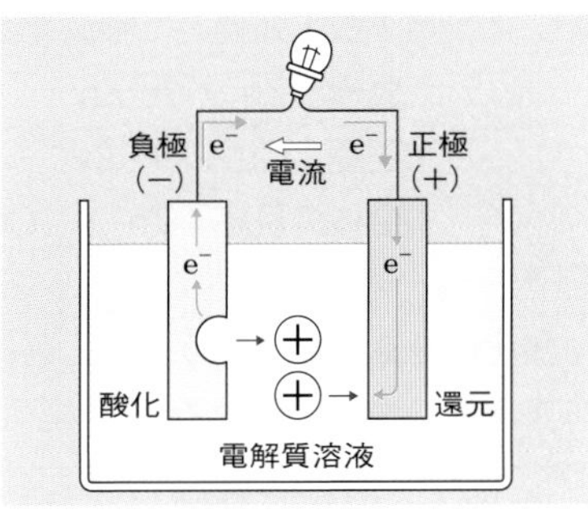

図44 電池の原理

❷電池の基本事項

① **電極**　電池において，水溶液に浸した物質を電極という。**酸化反応により電子を放出する電極**を負極，**還元反応により電子を受け取る電極**を正極という。

② **電流の向き**　電流は，正極から負極へ流れると決められているため，**電流の向きと電子の流れる向きは逆**になる。

③ **起電力**　電池の正極の電位は負極の電位よりも高く，電池の両極間の電位差(電圧)を起電力という。

[負極] イオン化傾向が大きい方の金属。酸化反応が起こる。

[正極] 電子は導線を通って正極に流れ，還元反応が起こる。

2 ダニエル電池 ①重要

❶電池の構造 亜鉛板を浸した硫酸亜鉛$ZnSO_4$水溶液と銅板を浸した硫酸銅(Ⅱ) $CuSO_4$水溶液を，素焼き板を隔てて組み立てた電池をダニエル電池という。1836年にダニエル(イギリス)によって考案された。この電池の**起電力は約1.1 V**である。

一般に，電池の構成は電池式で示し，左端に負極，中央に電解液をそれぞれ化学式で示す。ダニエル電池の電池式は次のようになる。

$$(-)Zn \mid ZnSO_4\,aq \mid CuSO_4\,aq \mid Cu(+)$$

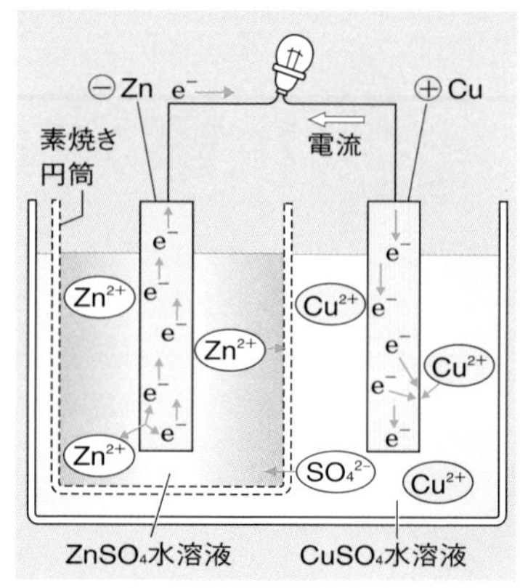

図45 ダニエル電池の原理

❷両極での反応 イオン化傾向が大きい亜鉛Zn板が溶けて亜鉛イオンZn^{2+}になり，電子e^-を放出する。電子e^-は導線を通って銅Cu板に移動し，銅板の表面で水溶液中の銅(Ⅱ)イオンCu^{2+}に受け取られて，金属の銅Cuが析出する。このとき，一部のイオンは素焼き板を通過して移動する(☞図45)。

負極；$Zn \longrightarrow Zn^{2+} + 2e^-$ (酸化反応)

正極；$Cu^{2+} + 2e^- \longrightarrow Cu$ (還元反応)

全体の反応；$Zn + Cu^{2+} \longrightarrow Zn^{2+} + Cu$

❸活物質 電池で，電気エネルギーを生じる反応のもとになる物質である還元剤や酸化剤を活物質という。還元剤は**負極活物質**，酸化剤は**正極活物質**という。ダニエル電池の場合，亜鉛Znが負極活物質，銅(Ⅱ)イオンCu^{2+}が正極活物質である。

参考 ボルタ電池

●ボルタ電池は，ボルタ(イタリア)が1800年に発明した電池の原型である。ボルタは亜鉛Zn板と銅Cu板とを希硫酸H_2SO_4中に浸し，導線でつないだ電池を考案した。

負極；$Zn \longrightarrow Zn^{2+} + 2e^-$ (酸化反応)

正極；$2H^+ + 2e^- \longrightarrow H_2$ (還元反応)

全体の反応；$Zn + 2H^+ \longrightarrow Zn^{2+} + H_2$

●ボルタ電池の起電力は，電流を流すとすぐに下がってしまうため，起電力が下がらないようにいろいろと工夫がなされ，ダニエル電池へとつながっていった。

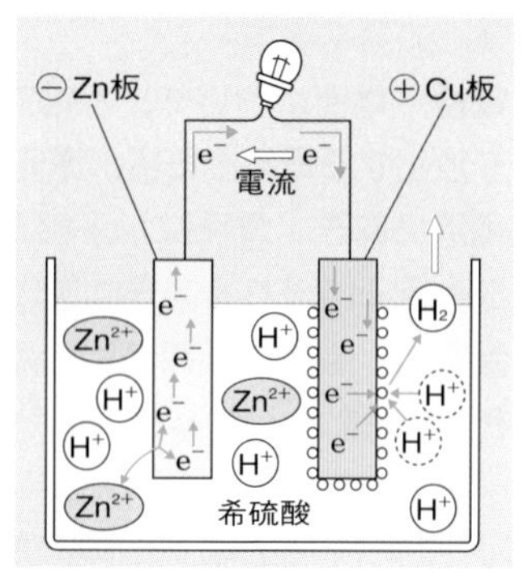

図46 ボルタ電池の原理

2 実用電池

1 一次電池と二次電池

電池から電気エネルギーを取り出すことを放電といい，放電した電池を外部電源につないで，放電のときとは逆向きの反応を起こすことを充電という。

一度放電すると，充電による再使用ができない電池を一次電池といい，充電によって繰り返し使うことができる電池を二次電池または蓄電池という。

2 一次電池

❶マンガン乾電池 負極活物質に亜鉛Zn，正極活物質に酸化マンガン(Ⅳ) MnO_2，電解質に塩化亜鉛 $ZnCl_2$ を主成分とし少量の塩化アンモニウム NH_4Cl が含まれる水溶液を用いた電池。

$$(-)Zn \mid ZnCl_2\,aq,\ NH_4Cl\,aq \mid MnO_2(+)$$

酸化マンガン(Ⅳ)は電気伝導性がよくないので，炭素粉末と混ぜ合わせ，電解液を加えて練り，正極合剤にする。正極には炭素棒を用い，そのまわりに正極合剤をつめる。

電解液は，合成のりを用いてペースト状にし，特殊な紙を用いたセパレーターに塗布する。

マンガン乾電池の起電力は約1.5 Vである。

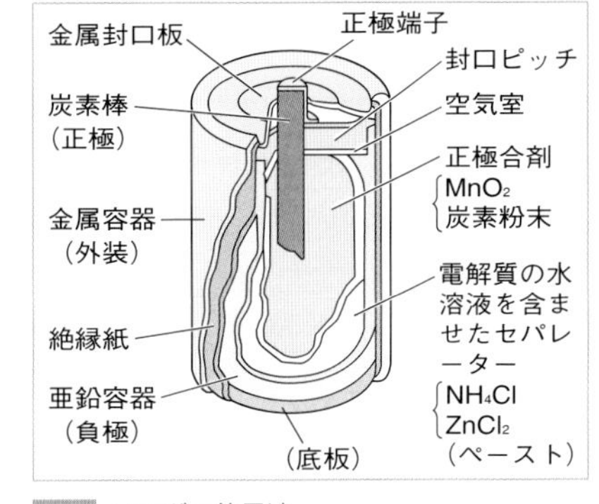

図47 マンガン乾電池

❷アルカリマンガン乾電池 マンガン乾電池の電解液に酸化亜鉛を含む水酸化カリウムKOH水溶液を用いたもの。電解液はアルカリで電気抵抗が小さくなったので，マンガン乾電池と比べ取り出せる電流が大きく，また長時間一定の電圧を保持できる。

$$(-)Zn \mid KOH\,aq \mid MnO_2(+)$$

❸酸化銀電池(銀電池) 負極に亜鉛，正極に酸化銀を用いた電池。電圧が長期に安定しており，比較的低温でも安定的に動作特性を示すので，腕時計や電子体温計などに用いられる。

❹リチウム電池 負極にリチウムLiを用いた電池の総称で，無機塩を有機溶媒に溶かした電解液を用いたリチウム電池では3 V以上の起電力が得られる。また，軽量，長寿命のため，腕時計やカメラ，心臓のペースメーカなどに利用されている。

❺空気亜鉛電池(空気電池)　正極に空気中の酸素，負極に亜鉛を使用する。正極にはられたシールをはがすと小孔があり，ここから空気中の酸素を取り込み，正極の酸化剤として用いている。そのため酸化剤を蓄えておく必要がなく，負極の亜鉛を十分に充填でき，電圧を長時間安定に保てる。おもに補聴器に利用されている。

3 二次電池

❶鉛(なまり)蓄電池の構造　鉛蓄電池は，代表的な蓄電池で，海綿状の鉛Pbでおおわれた鉛板(負極)と，酸化鉛(Ⅳ) PbO_2 でおおわれた鉛板(正極)を約30 %の希硫酸(電解質溶液)中に交互に立ててある。鉛蓄電池の構造は，次のように表される。

$$(-)Pb \mid H_2SO_4aq \mid PbO_2(+)$$

鉛蓄電池の**起電力**は，電池1組あたり，約2.0 Vである。

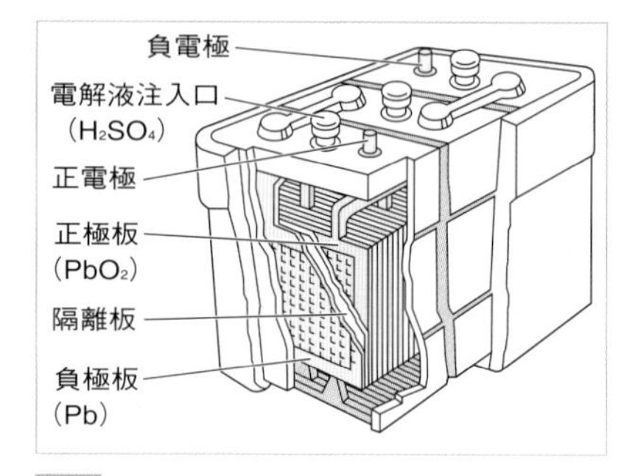

図48　鉛蓄電池の構造

❷鉛蓄電池の反応

① **放電の場合**　正極と負極を導線でつなぐと，負極のPbは溶けて Pb^{2+} となるが，すぐに水溶液中の $SO_4{}^{2-}$ と結合して水に不溶の $PbSO_4$ となり，極板に付着する。

$$Pb \longrightarrow Pb^{2+} + 2e^-$$
$$+)\ Pb^{2+} + SO_4{}^{2-} \longrightarrow PbSO_4$$
$$Pb + SO_4{}^{2-} \longrightarrow PbSO_4 + 2e^- \quad \cdots\cdots(1)$$

正極の表面では，極板 PbO_2 が，負極から導線を伝わって移動してきた e^- を受け取り，水溶液中の $SO_4{}^{2-}$ と反応して，水に不溶性の $PbSO_4$ となって極板に付着する。すなわち，極板 PbO_2 は酸化剤として作用している。

$$PbO_2 + SO_4{}^{2-} + 4H^+ + 2e^- \longrightarrow PbSO_4 + 2H_2O \quad \cdots\cdots(2)$$

負極での酸化反応(1)と，正極での還元反応(2)を合わせると，放電，つまり電気エネルギーを取り出しているときの電池内の反応全体の反応式(3)が得られる。

$$Pb + 2H_2SO_4 + PbO_2 \longrightarrow 2PbSO_4 + 2H_2O \quad \cdots\cdots(3)$$

(3)式からわかるように，放電するにつれて硫酸が消費され，電解質溶液である**希硫酸の濃度は低下**していく。

② **充電の場合**　放電により低下した蓄電池の起電力を，電極を外部電源と接続することによって回復させることを充電という。充電するには，**外部電源の正極に蓄電池の正極を接続し，外部電源の負極に蓄電池の負極を接続**すればよい。

充電を行うと，蓄電池内では，放電のときとまったく逆の変化(電子の流れも逆)が起こる。鉛蓄電池について示すと，次のようになる。

$$\begin{cases} \text{負極；} PbSO_4 + 2e^- \longrightarrow Pb + SO_4^{2-} \\ \text{正極；} PbSO_4 + 2H_2O \longrightarrow PbO_2 + SO_4^{2-} + 4H^+ + 2e^- \end{cases}$$

③**全体の反応**　放電の変化と充電の変化は，まったく逆であるから，次の式にまとめられる。この変化が起こるとき，**電子2 molが流れる**ことに注意しよう。

$$Pb + PbO_2 + 2H_2SO_4 \underset{\text{充電}(e^-\ 2\,mol)}{\overset{\text{放電}(e^-\ 2\,mol)}{\rightleftarrows}} 2PbSO_4 + 2H_2O$$

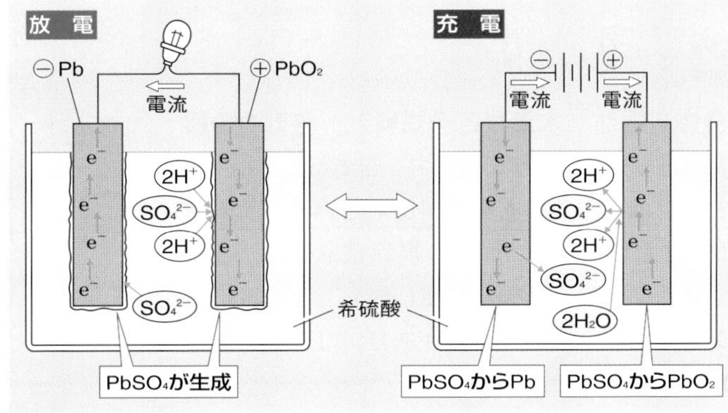

図49 鉛蓄電池の充電と放電

視点　電池を放電させると負極から電子が失われ，正極に流入する。したがって，充電して起電力を回復させるには，電源から負極に電子を与え，正極からは電子を取り去る必要がある(もとの状態にする)。

鉛蓄電池
- 放電時⇨硫酸の濃度減少。両極板の質量増加。
- 充電時⇨硫酸の濃度増加。両極板の質量減少。

❸**ニッケル・水素電池**　負極に水素吸蔵(きゅうぞう)合金(条件によって水素を吸着したり放出したりする合金。ここではMHと表す)，正極にオキシ水酸化ニッケル(Ⅲ) NiO(OH)を用いる二次電池。起電力は約1.3 Vである。過充電・急放電・長期放置などに耐える。

電気容量が大きいので，ハイブリッド自動車や電動アシスト自転車などに利用されている。

$$MH + NiO(OH) \underset{\text{充電}}{\overset{\text{放電}}{\rightleftarrows}} M + Ni(OH)_2$$

> COLUMN
> **充電と蓄電のちがい**
> 充電と蓄電は，二次電池やコンデンサーの起電力を回復させることで同じ意味であるが，蓄電は蓄電池，蓄電装置など電気を「蓄える」，充電は充電器など外部から電気を「送り込んで蓄電させる」ニュアンスで使われることが多い。

❹**リチウムイオン電池**　負極にリチウムと黒鉛の化合物，正極にコバルト酸リチウム$LiCoO_2$，電解液として，ヘキサフルオロリン酸リチウム($LiPF_6$)などの塩をエチレンカーボネート($(CH_2O)_2CO$)などの有機化合物に溶かしたものを用いた二次電池である。起電力は約4.0 Vと大きく，水を含まないので低温でも凍らず，寒さにも強い。

小型で軽量，長寿命といった特徴もあり，電気自動車(EV)のほか，ノートパソコンやスマートフォンなど広範囲の電子機器に用いられている。

放電時には，負極からLi^+が電解液中に放出され，正極の層に取り込まれる。一方，電子も正極に移動して$LiCoO_2$が生成する。

負極；$Li_xC \longrightarrow C + xLi^+ + xe^-$　　正極；$Li_{1-x}CoO_2 + xLi^+ + xe^- \longrightarrow LiCoO_2$

充電時には，放電時とは逆の反応が起こる。

このように，負極と正極の間でLi^+が移動して充放電が起こる。

4 その他の電池

❶燃料電池　**水素などの燃料と，空気中の酸素を取り込み，化学エネルギーを電気エネルギーとして取り出す装置**を燃料電池という。起電力は約1.2 Vである。おもな燃料電池には，負極活物質に水素，正極活物質に酸素，電解液にリン酸水溶液を用いたものがあり，リン酸形燃料電池とよばれる。

$$(-)H_2 \mid H_3PO_4aq \mid O_2(+)$$

電極には白金触媒をつけた黒鉛板を用いる。

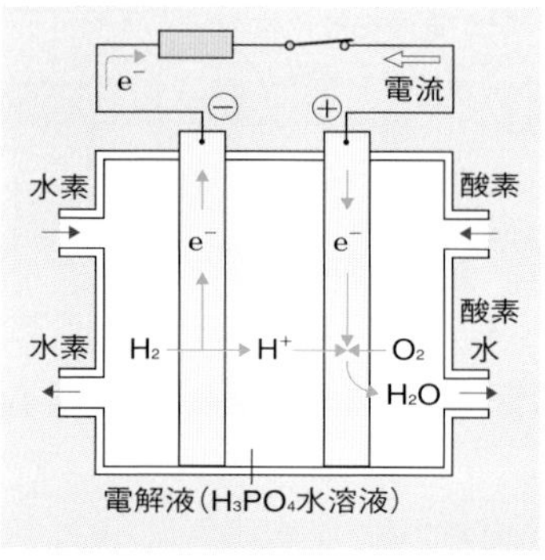

図50　燃料電池（リン酸形）

負極の水素はH^+となり，電解液中を移動して正極でO_2と反応し，水を生成する。

負極；$H_2 \longrightarrow 2H^+ + 2e^-$　　正極；$O_2 + 4H^+ + 4e^- \longrightarrow 2H_2O$

全体の反応；$2H_2 + O_2 \longrightarrow 2H_2O$

燃料電池には，他にも電解液に水酸化カリウムKOH水溶液を用いた**アルカリ形燃料電池**や，高分子膜を電解質とした**固体高分子形燃料電池**などがある。

また最近は，都市ガス(主成分メタンCH_4)からつくられた水素を利用する燃料電池が普及し，燃料電池の使用時に発生する排熱も給湯や冷暖房に利用される(このしくみをコジェネレーションシステムという)。この場合，都市ガスの燃焼による発電よりも**エネルギー効率が良い**。

参考　物理電池

●内部の化学反応によって電気を起こし，その電気エネルギーを取り出す電池を**化学電池**というのに対し，化学反応を行わずに，光や熱などのエネルギーを電気エネルギーへ変換する電池を**物理電池**という。

●代表的な物理電池として，**太陽電池(光電池)**がある。太陽電池は太陽光エネルギーを利用するため，化石燃料を使わずCO_2を出さないなどのさまざまなメリットがある。

表7 いろいろな実用電池

	電池の名称	負極	電解質	正極	起電力(V)	利用例
一次電池	マンガン乾電池	Zn	$ZnCl_2$, NH_4Cl	MnO_2	1.5	電化製品
	アルカリマンガン乾電池	Zn	KOH	MnO_2	1.5	電化製品
	リチウム電池	Li	Li塩	MnO_2	3.0	火災報知器
	酸化銀電池	Zn	KOH	Ag_2O	1.55	腕時計
	空気電池	Zn	KOH	O_2	1.3	補聴器
二次電池	鉛蓄電池	Pb	H_2SO_4	PbO_2	2.0	自動車
	ニッケル・カドミウム電池	Cd	KOH	NiO(OH)	1.3	電動工具
	ニッケル・水素電池	MH	KOH	NiO(OH)	1.35	乾電池の代替
	リチウムイオン電池	C_6Li_x	Li塩有機溶媒	$Li_{1-x}CoO_2$	4.0	電気自動車 スマートフォン
	燃料電池(リン酸形)	H_2	H_3PO_4やKOH	O_2	1.2	家庭用電源

補足　MHは水素吸蔵合金である。

電池

□ ダニエル電池
☞ p.148

- **構造**　$(-)Zn \mid ZnSO_4aq \mid CuSO_4aq \mid Cu(+)$
- **反応**　負極；$Zn \longrightarrow Zn^{2+} + 2e^-$　(酸化反応)
  正極；$Cu^{2+} + 2e^- \longrightarrow Cu$　(還元反応)

□ 実用電池
☞ p.149

- マンガン乾電池
  $(-)Zn \mid ZnCl_2aq,\ NH_4Claq \mid MnO_2(+)$
- 鉛蓄電池
  $(-)Pb \mid H_2SO_4aq \mid PbO_2(+)$
  放電時　負極；$Pb + SO_4^{2-} \longrightarrow PbSO_4 + 2e^-$
  正極；$PbO_2 + SO_4^{2-} + 4H^+ + 2e^- \longrightarrow PbSO_4 + 2H_2O$
- 燃料電池(リン酸形)
  $(-)H_2 \mid H_3PO_4aq \mid O_2(+)$
  負極；$H_2 \longrightarrow 2H^+ + 2e^-$
  正極；$O_2 + 4H^+ + 4e^- \longrightarrow 2H_2O$

SECTION 2 金属の製錬

1 | 金属の製錬

天然に存在する金属元素のなかでは，金Au，白金Ptなどは単体として得られるが，ほとんどの金属元素は，酸化物や硫化物などの化合物の成分として鉱物中に存在している。鉱物中に含まれる金属元素を，単体として取り出す操作を**製錬**といい，金属によっていろいろな製錬方法がある。

1 鉄の製錬

①赤鉄鉱(主成分Fe_2O_3)，褐鉄鉱(主成分$Fe_2O_3 \cdot nH_2O$)，磁鉄鉱(主成分Fe_3O_4)などの鉄鉱石，コークスC，石灰石$CaCO_3$を溶鉱炉(ろ)の上から入れ，下から高温の空気を送り込むと，コークスから発生する**一酸化炭素COの還元作用によって鉄Feが生じる。**

(COの生成)　$C + O_2 \longrightarrow CO_2$　　$CO_2 + C \longrightarrow 2CO$

(鉄鉱石の還元)　$Fe_2O_3 + 3CO \longrightarrow 2Fe + 3CO_2$

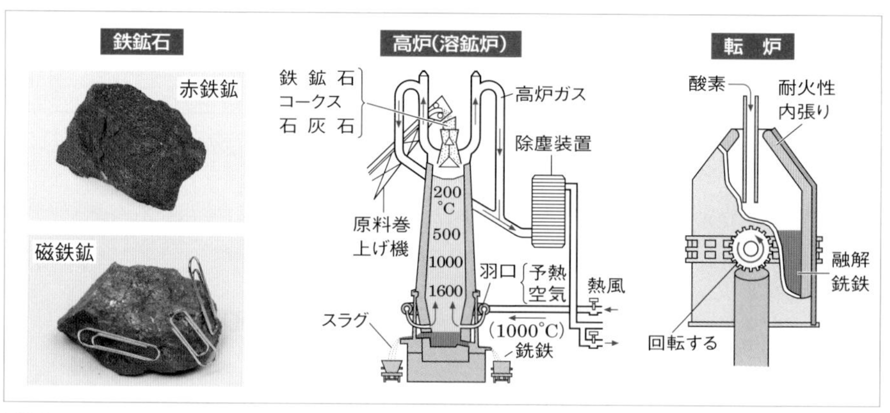

図51 製鉄と製鋼の原理図

補足　石灰石は，鉄鉱石中のケイ酸塩をケイ酸カルシウム$CaSiO_3$(スラグという)に変えて溶鉱炉から取り出すはたらきをする。

②溶鉱炉で得られた鉄は，約4％の炭素を含み，**銑鉄**(せんてつ)とよばれる。溶鉱炉から取り出した銑鉄は，転炉に移し，酸素を吹き込んで炭素を燃焼させて除く。このような方法で炭素の含有率を0.02～2％にした鉄が**鋼**(こう)である。

補足　銑鉄は硬くてもろいが融(と)けやすいので，一部は鋳物(いもの)をつくる原料となる。一方，鋼は**はがね**ともよばれ，弾性に富んで強じんである。現在私たちが用いている鉄の大部分は鋼である。

2 アルミニウムの製錬

ボーキサイト[★1]を，濃いNaOH水溶液で化学的に処理して得られた酸化アルミニウムAl_2O_3（アルミナ，融点2054℃）に，氷晶石Na_3AlF_6を入れて加熱すると，約1000℃で融解する。この融解液を，両極に炭素を用いて電気分解（溶融塩電解☞p.161）すると，陰極に融解したアルミニウムが得られる。

$$\begin{cases} \text{陰極；} Al^{3+} + 3e^- \longrightarrow Al \\ \text{陽極；} O^{2-} + C \longrightarrow CO + 2e^- \end{cases}$$

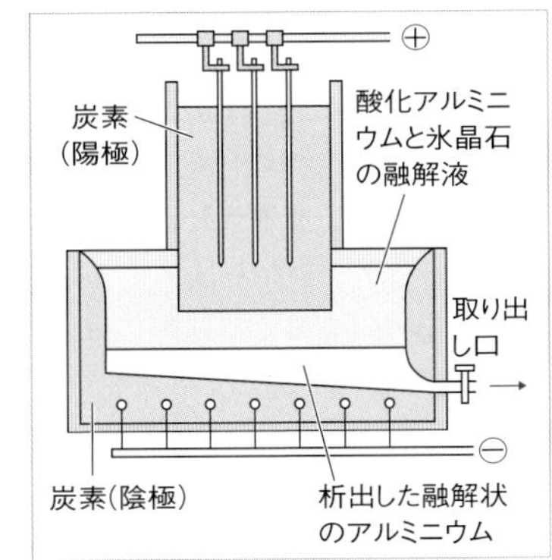

図52 アルミニウムの溶融塩電解

補足　ボーキサイトからアルミニウムを製錬するのに対し，アルミニウム製品などからリサイクルして再生アルミニウムを作ると，消費エネルギーとしての電力はわずか3％で済む。

3 銅の製錬

①**銅の製錬**　黄銅鉱（主成分$CuFeS_2$）をコークスC，石灰石$CaCO_3$，ケイ砂とともに溶鉱炉で加熱して反応させると，硫化銅（Ⅰ）Cu_2Sを生じる。

$$4CuFeS_2 + 9O_2 \longrightarrow 2Cu_2S + 2Fe_2O_3 + 6SO_2$$

硫化銅（Ⅰ）を転炉中で空気を送り燃焼させると粗銅が得られる。粗銅中に亜鉛・金・銀などが不純物として含まれる。

$$Cu_2S + O_2 \longrightarrow 2Cu + SO_2$$

②**銅の電解精錬**　粗銅を陽極，純銅を陰極，硫酸銅（Ⅱ）水溶液を電解液として電流を通じると，次の変化が起こり，陰極に純度の高い銅（純度99.9％以上）が得られる。

$$\begin{cases} \text{陰極；} Cu^{2+} + 2e^- \longrightarrow Cu \\ \text{陽極；} Cu \longrightarrow Cu^{2+} + 2e^- \end{cases}$$

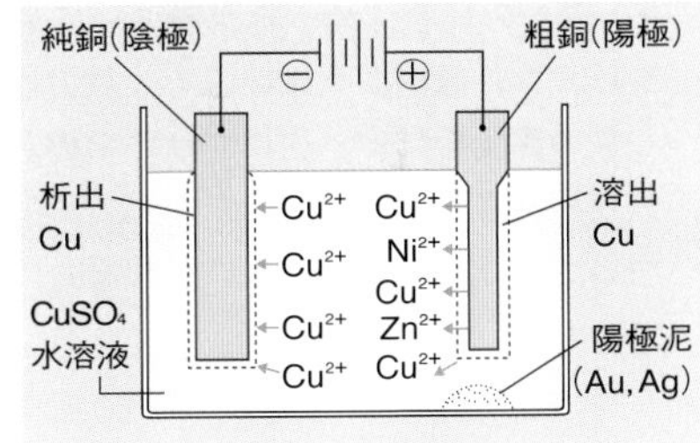

図53 銅の電解精錬の原理

不純物のうち，イオン化傾向が銅より小さい金や銀はイオン化せず陽極の下に沈殿（陽極泥(でい)）し，イオン化傾向の大きい亜鉛やニッケルなどは溶け出す。

POINT!
銅の電解精錬…粗銅を陽極，純銅を陰極，硫酸銅（Ⅱ）水溶液を電解液として電流を流すと，陰極に純度の高い銅が得られる。

陰極；$Cu^{2+} + 2e^- \longrightarrow Cu$　陽極；$Cu \longrightarrow Cu^{2+} + 2e^-$

★1 ボーキサイトの主成分は酸化アルミニウムの水和物である。（$Al_2O_3 \cdot nH_2O$）

さびの防止

●金属のさびを防ぐには，金属から酸素や水を遮断する必要がある。そのため，さび止めとして，顔料やペンキが用いられたり，酸化被膜で表面を覆ったりなどの加工が施されたりする。

●アルミサッシなどはアルミニウムの表面に人工的に酸化被膜をつくる処理(**アルマイト加工**)がされてある。

図54　ペンキで塗装された鉄塔

めっき

●金属表面を他の金属の薄膜で覆って空気から遮断したり，イオン化傾向の差を利用して特定の金属の腐食を遅らせたりする方法をめっきといい，めっきを施して得られる製品のこともめっきという。めっきには，電気分解(☞p.157)で金属を析出させる方法や，真空にした容器中で金属を加熱，気化させ表面に析出させる方法などがある。

●トタンの場合，めっきが傷ついても亜鉛が鉄よりもイオン化傾向が大きいので，鉄の代わりに溶け出し鉄の腐食を防ぐ。逆にブリキの場合，傷がつくと鉄が腐食されやすい。したがって，トタンは屋外で用い，ブリキは屋内で用いられる。

表8　めっきの種類と日用品

種　類	日用品の例
金めっき	食器，時計
クロムめっき	水道栓，自転車のリム
亜鉛めっき	トタン
スズめっき	ブリキ

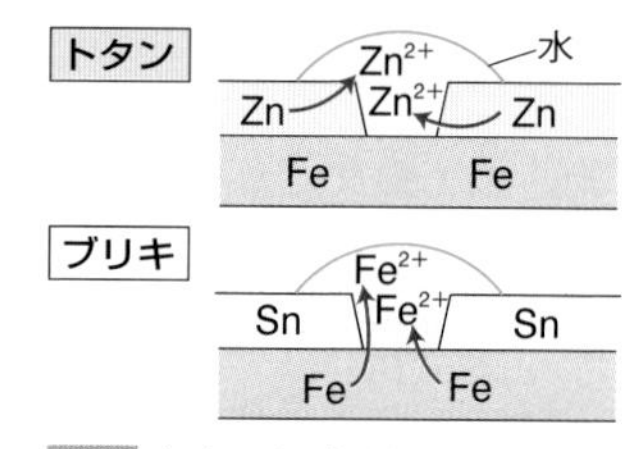

図55　トタンとブリキ

このSECTIONのまとめ　**金属の製錬**

□金属の製錬 ☞p.154	・**製錬**…鉱物中の金属元素を単体として取り出す操作。 ・**鉄の製錬**…鉄鉱石，コークス，石灰石を溶鉱炉に入れ，鉄鉱石の**還元**により得る。 ・**アルミニウムの製錬**…酸化アルミニウム(アルミナ)を氷晶石とともに融かし，**溶融塩電解**により得る。 ・**銅の製錬**…硫化銅の還元により得られた粗銅の**電解精錬**によって得る。

電気分解

1 | 電気分解の反応

1 電気分解とその原理

❶電気分解　電解質の水溶液や融解塩(ゆうかいえん)に2本の電極を入れ，直流電源に接続すると各電極で電子の移動をともなった化学変化が起こる。このように，**電気エネルギーを利用して化学変化を起こすこと**を電気分解(電解)という。

補足　電池は，自発的に起こる酸化還元反応を利用して電気エネルギーを取り出す装置であるのに対して，電気分解は電気エネルギーによって，自然には起こらない化学変化を起こさせるしくみである。

❷電気分解の原理　直流電源の負極と接続された電極は，負極から**電子e^-を供給されて負に帯電**するので，陰極とよぶ。また，正極と接続された電極は，**正極から電子e^-を吸い取られて正に帯電**するので，陽極とよぶ。

電気分解を行うと，陰極では溶液中の物質が電源の負極から供給されるe^-を得る反応(還元反応)が起き，陽極では陽極自身または溶液中の物質がe^-を失う反応(酸化反応)が起きて，生じたe^-は正極に吸い取られる。

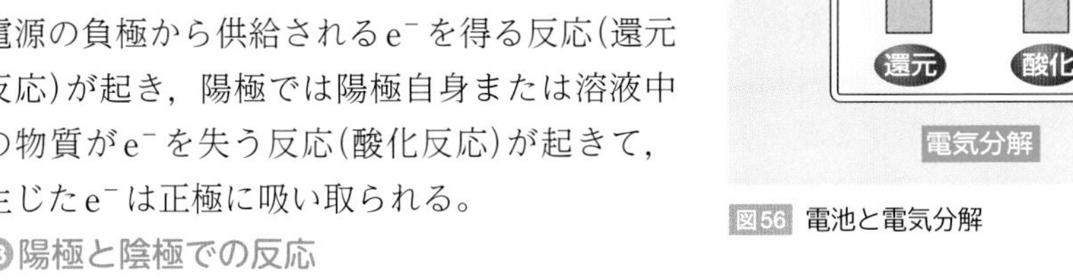

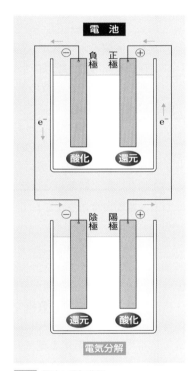

図56　電池と電気分解

❸陽極と陰極での反応

①**陰極での反応**　電子が流れ込む陰極では，最も還元されやすい物質が**電子を受け取る還元反応が起こる。**そのため，陰極付近にCu^{2+}やAg^+などのイオン化傾向の小さい金属の陽イオンが存在すると，この金属イオンが還元されて電極板上に金属が析出する。

[銅(Ⅱ)イオンCu^{2+}が存在する場合]

$$Cu^{2+} + 2e^- \longrightarrow Cu$$

一方，イオン化傾向が大きい金属の陽イオン(Na^+やMg^{2+}など)が存在する場合，これらのイオンは還元されず，電極板上に金属は析出しない。かわりに，**溶媒の水H_2Oが還元され，水素H_2が発生する。**

ただし，酸の水溶液の場合は，**水素イオンH^+が電子を受け取り，水素を発生する。**

（中性・塩基性） $2H_2O + 2e^- \longrightarrow H_2 + 2OH^-$

（酸性） $2H^+ + 2e^- \longrightarrow H_2$

②**陽極での反応** 電子が流れ出す陽極では，最も酸化されやすい物質が**電子を失う酸化反応が起こる。**そのため，陽極付近に酸化されやすいハロゲン化物イオン（Cl^-，Br^-，I^-など）が存在すると，酸化されてハロゲンの単体が生じる。

［塩化物イオンCl^-が存在する場合］

$2Cl^- \longrightarrow Cl_2 + 2e^-$

一方，硫酸イオン$SO_4{}^{2-}$や硝酸イオン$NO_3{}^-$など，安定で酸化されにくいイオンが存在する場合，溶媒の水H_2Oが酸化され，酸素O_2が発生する。

ただし，塩基の水溶液の場合は，水酸化物イオンOH^-が陽極に電子を与えて**酸素O_2が発生する。**

（中性・酸性） $2H_2O \longrightarrow O_2 + 4H^+ + 4e^-$

（塩基性） $4OH^- \longrightarrow O_2 + 2H_2O + 4e^-$

電気分解の陽極の極板に銅Cuや銀Agを用いた場合には，酸素やハロゲンの単体の生成よりも，電極自身が酸化されて溶解する反応が起こる。

$Ag \longrightarrow Ag^+ + e^-$

$Cu \longrightarrow Cu^{2+} + 2e^-$

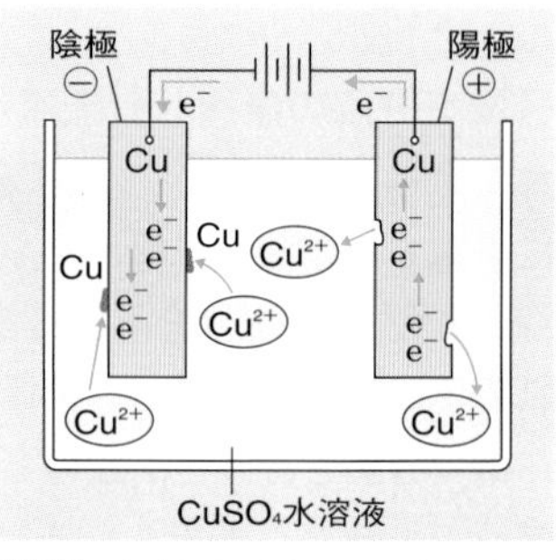

図57 硫酸銅（Ⅱ）水溶液の銅電極による電解

❹電池と電気分解の酸化還元反応 前ページのように，電源である電池の負極では，e^-を失う酸化反応（酸化される反応）が起きるのに対して，電気エネルギーを利用する電気分解の陰極では，e^-を得る還元反応（還元される反応）が起きることを，前ページ図56のe^-の流れの向きに注目して理解しよう。電池と電気分解のe^-の向きおよび酸化還元反応についてまとめると下の表のようになる。

表9 電池・電気分解と酸化還元反応

電池			電気分解		
極	e^-の向き	反応	極	e^-の向き	反応
負極（−）	e^-が流れ出る	酸化反応	陰極（−）	e^-が流れ込む	還元反応
正極（＋）	e^-が流れ込む	還元反応	陽極（＋）	e^-が流れ出る	酸化反応

2 電気分解の例 (!)重要

❶ 塩化銅(Ⅱ)水溶液の電気分解　塩化銅(Ⅱ) $CuCl_2$ の水溶液に炭素(黒鉛(こくえん))電極を浸して電気分解した場合の陰極・陽極での変化を考えてみよう。

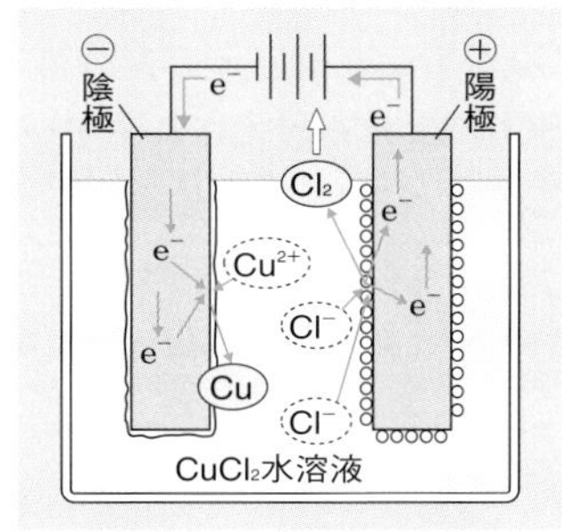

図58 塩化銅(Ⅱ)水溶液の電解

① **陰極での反応**　陰極では，水分子 H_2O よりも電子を受け取りやすい Cu^{2+} が e^- と結合して Cu を析出する。

$$Cu^{2+} + 2e^- \longrightarrow Cu$$

すなわち，この反応は**電子を受け取る反応**であるから**還元反応**である。

② **陽極での反応**　陽極では，水分子よりも電子を放出しやすい Cl^- が Cl_2 になる。

$$2Cl^- \longrightarrow Cl_2 + 2e^-$$

すなわち，この反応は**電子を放出する反応であるから酸化反応**である。

③ **全体の反応**　陰極，陽極での反応をまとめると，次のようになる。

$$CuCl_2 \longrightarrow Cu + Cl_2$$

❷ 塩化ナトリウム水溶液の電気分解　炭素電極を用いて塩化ナトリウム NaCl の水溶液を電気分解すると，陰極では H_2O (Na^+ より電子を受け取りやすい)が還元されて H_2 となり，陽極では Cl^- が酸化されて Cl_2 となる。

$$\begin{cases} \text{陰極；} 2H_2O + 2e^- \longrightarrow H_2 + 2OH^- & \text{(還元反応)} \\ \text{陽極；} 2Cl^- \longrightarrow Cl_2 + 2e^- & \text{(酸化反応)} \end{cases}$$

$$\text{[全体の反応]}\quad 2NaCl + 2H_2O \longrightarrow 2NaOH + H_2 + Cl_2$$

補足　NaOH は陰極付近に生成する。NaOH が生成することは，電解液にフェノールフタレイン溶液を加えておくと，陰極付近が淡紅色になることで確認できる。

注意　電解液中のイオンを反応させたい場合は，電極として白金を用いるのが一般的である。しかし，陽極に Cl_2 の発生が予想される場合は，Cl_2 と反応することもある白金のかわりに炭素(黒鉛)を用いる。

参考 イオン交換膜法

●塩化ナトリウム NaCl の水溶液を電気分解すると，陰極付近では水酸化ナトリウム NaOH が生成するため，水溶液を濃縮すると水酸化ナトリウム NaOH が得られる。工業的には，Cl_2 と NaOH が反応しないように，陽イオン交換膜(陽イオンだけを通す膜)で仕切って，高純度の NaOH を得ている。このような製造法を**イオン交換膜法**という。

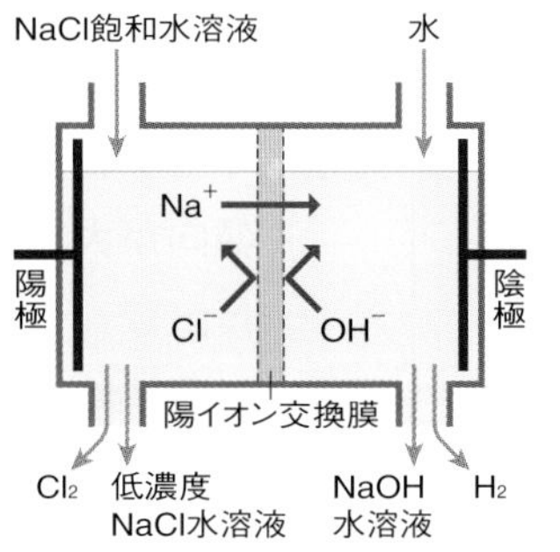

図59 イオン交換膜法

❸硫酸銅(Ⅱ)水溶液の電気分解　白金電極を用いて硫酸銅(Ⅱ) $CuSO_4$ の水溶液を電気分解すると，陰極ではイオン化傾向の小さい銅(Ⅱ)イオン Cu^{2+} が還元されて Cu が析出する。一方，陽極では水分子のほうが SO_4^{2-} よりも酸化されやすいので，次のような反応によって O_2 を生じる。

陰極；$Cu^{2+} + 2e^- \longrightarrow Cu$（還元反応）
陽極；$2H_2O \longrightarrow 4H^+ + O_2 + 4e^-$（酸化反応）

［全体の反応］
$2CuSO_4 + 2H_2O \longrightarrow 2H_2SO_4 + 2Cu + O_2$

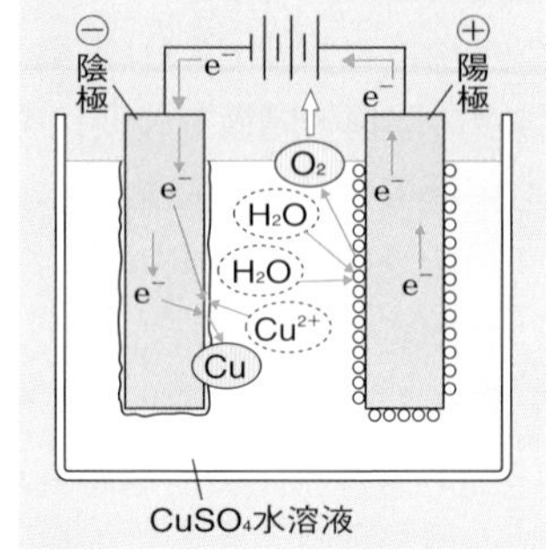

図60　硫酸銅(Ⅱ)水溶液の電解

❹水の電気分解

①**水に硫酸を加えて電気分解した場合**　酸性水溶液中では，電解液中の H^+ が陰極で還元され，次の反応によって H_2 が発生する。

陰極；$2H^+ + 2e^- \longrightarrow H_2$　（還元反応）

一方，陽極では H_2O が酸化されて O_2 が発生する。これは，電解液中に H_2O と多原子陰イオンである SO_4^{2-} が共存していて，この場合は，H_2O のほうが電子を失いやすいからである。

陽極；$2H_2O \longrightarrow 4H^+ + O_2 + 4e^-$　（酸化反応）
［全体の反応］　$2H_2O \longrightarrow 2H_2 + O_2$

②**水に水酸化ナトリウムを加えて電気分解した場合**　陰極では，イオン化傾向の大きい Na^+ のかわりに H_2O が還元され，次の反応によって H_2 が発生する。

陰極；$2H_2O + 2e^- \longrightarrow H_2 + 2OH^-$　（還元反応）

電解液が塩基性水溶液なので，陽極では，高濃度で存在する唯一の陰イオンである OH^- が酸化されて O_2 が発生する。

陽極；$4OH^- \longrightarrow 2H_2O + O_2 + 4e^-$　（酸化反応）
［全体の反応］　$2H_2O \longrightarrow 2H_2 + O_2$

［白金・炭素を電極に用いた電気分解の各極の反応物質］

陰極⇨**イオン化傾向が小さい金属の陽イオン ＞ H_2O ＞ イオン化傾向が大きい金属の陽イオンの順で電子を受け取る**(還元反応)。

陽極⇨**単原子陰イオン ＞ H_2O ＞ 多原子陰イオンの順で電子を放出する**(酸化反応)。

表10 水溶液の電気分解における電極での反応

電極	極板	水溶液中のイオン	反応	
陰極（還元反応）	Pt，C，Cu，Ag	イオン化傾向が小さい金属の陽イオン（Ag^+，Cu^{2+}）	$Ag^+ + e^- \longrightarrow Ag$	金属が析出
			$Cu^{2+} + 2e^- \longrightarrow Cu$	
		水素イオンH^+（水溶液が酸性）	$2H^+ + 2e^- \longrightarrow H_2$	水素が発生
		イオン化傾向が大きい金属の陽イオン（Na^+，Mg^{2+}など）	$2H_2O + 2e^- \longrightarrow H_2 + 2OH^-$	水素が発生
陽極（酸化反応）	Cu，Ag（CまたはPt以外を電極に用いた場合）		$Ag \longrightarrow Ag^+ + e^-$	電極が溶解
			$Cu \longrightarrow Cu^{2+} + 2e^-$	
	Pt，C	ハロゲン化物イオン（Cl^-※，I^-）	$2Cl^- \longrightarrow Cl_2 + 2e^-$	ハロゲン単体が生成
			$2I^- \longrightarrow I_2 + 2e^-$	
		水酸化物イオンOH^-（水溶液が塩基性）	$4OH^- \longrightarrow O_2 + 2H_2O + 4e^-$	酸素が発生
		酸化されにくい多原子イオン（$SO_4{}^{2-}$，$NO_3{}^-$など）	$2H_2O \longrightarrow O_2 + 4H^+ + 4e^-$	酸素が発生

※PtはCl_2と反応することもあるので炭素Cを用いる。

表11 いろいろな電気分解の反応（⊕は陽極，⊖は陰極。赤文字は生成物）

電解液	電　極	電極における反応
$CuCl_2$	⊕C	$2Cl^- \longrightarrow Cl_2 + 2e^-$
	⊖C	$Cu^{2+} + 2e^- \longrightarrow Cu$
NaCl	⊕C	$2Cl^- \longrightarrow Cl_2 + 2e^-$
	⊖C	$2H_2O + 2e^- \longrightarrow H_2 + 2OH^-$
H_2SO_4	⊕Pt	$2H_2O \longrightarrow 4H^+ + O_2 + 4e^-$
	⊖Pt	$2H^+ + 2e^- \longrightarrow H_2$

電解液	電　極	電極における反応
NaOH	⊕Pt	$4OH^- \longrightarrow 2H_2O + O_2 + 4e^-$
	⊖Pt	$2H_2O + 2e^- \longrightarrow H_2 + 2OH^-$
$CuSO_4$	⊕Pt	$2H_2O \longrightarrow 4H^+ + O_2 + 4e^-$
	⊖Pt	$Cu^{2+} + 2e^- \longrightarrow Cu$
$CuSO_4$	⊕Cu	$Cu \longrightarrow Cu^{2+} + 2e^-$
	⊖Cu	$Cu^{2+} + 2e^- \longrightarrow Cu$

❺溶融塩電解　塩化ナトリウムNaClは，るつぼに入れ強熱すると融解して液体となる。これを直接電気分解すると，陽極では気体の塩素Cl_2が発生し，陰極では電解液に水が存在しないため，ナトリウムイオンNa^+が還元されてナトリウムNaの単体が生じる。

このような，**固体を融解させて行う電気分解**を溶融塩電解（融解塩電解）という。

2 電気分解における電気量と物質の変化量

❶クーロン 1 A(アンペア)の電流が1秒間流されたときの電気量を1クーロン(記号;C)という。i〔A〕の電流がt〔s;秒〕流れたときの電気量をQ〔C〕とすると,

$$Q\,[\mathrm{C}] = i\,[\mathrm{A}] \times t\,[\mathrm{s}]$$

❷ファラデー定数(ていすう) 電子1個のもつ電気量は1.602×10^{-19} Cで,その電気量を電気素(そ)量という。1 molの電子がもつ電気量は,電気素量のアボガドロ定数倍で,約96500 Cとなる。96500 C/molをファラデー定数といい,記号Fで表す。

$$F = 1.602 \times 10^{-19}\ \mathrm{C} \times 6.022 \times 10^{23}\ /\mathrm{mol}$$
$$\fallingdotseq 9.65 \times 10^{4}\ \mathrm{C/mol} = 96500\ \mathrm{C/mol}$$

㊎ 3 Aの電流で10分間電気分解するとき,電解槽に流れた電気量は,
$3\ \mathrm{A} \times 10 \times 60\ \mathrm{s} = 1800\ \mathrm{A \cdot s} = 1800\ \mathrm{C}$だから,このとき流れた電子の物質量は,
$1800\ \mathrm{C} \div 96500\ \mathrm{C/mol} \fallingdotseq 1.87 \times 10^{-2}$ molとなる。

❸電子の移動量と物質の変化量 酸化還元反応のイオン反応式におけるe^-の係数と物質の係数の比は,電子の移動量と物質の変化量の関係を表している。

① $Ag^+ + e^- \longrightarrow Ag$ において,電子1 molが移動すれば,Ag^+ 1 molが単体のAg 1 molに変化できることがわかる。

② $Cu^{2+} + 2e^- \longrightarrow Cu$ から,電気分解によって単体のCu 1 molを析出させるには,2 molの電子を移動させる必要があることがわかる。

❹電気量と物質の変化量 イオン反応式について,電気分解で与えられた電気量(ファラデー定数)と,変化した物質の物質量の関係をみると,次のようになる。

$Ag^+ + e^- \longrightarrow Ag$ ……………………… 96500 Cで1 molのAg^+が変化

$Cu^{2+} + 2e^- \longrightarrow Cu$ ……………… 96500 Cで$\frac{1}{2}$ molのCu^{2+}が変化

❺ファラデーの法則 1833年,イギリスの科学者ファラデー(1791～1867)は,電気分解における物質の変化量に関して,実験結果から次の法則を導き出した。

①電気分解によって,各極で変化する物質の量は通じた電気量に比例する。

②電気分解において,同じ電気量で変化する物質の量はイオンの価数に反比例する。

これを,ファラデーの電気分解の法則,またはファラデーの法則という。

例題 **硫酸銅(Ⅱ)水溶液の電気分解での析出量**

硫酸銅(Ⅱ)水溶液に白金板を電極として,2.0 Aの電流を32分10秒通じた。このとき,陰極の質量は何g増加するか。また,陽極で発生する気体の体積は標準状態で何Lか。ただし,ファラデー定数＝96500 C/mol,原子量はCu＝63.5とする。

まず，通じた電気量から電子の物質量を計算する。次に，各極でのイオン反応式をもとに，電気量と物質の変化量の関係について考えてみる。

解説　通じた電気量は，$2.0\ \mathrm{A} \times (32 \times 60 + 10)\ \mathrm{s} = 3860\ \mathrm{C}$

したがって，流れた電子の量は，

$$\frac{3860\ \mathrm{C}}{96500\ \mathrm{C/mol}} = 4.0 \times 10^{-2}\ \mathrm{mol}$$

陰極での反応は，$Cu^{2+} + 2e^- \longrightarrow Cu$であり，$Cu^{2+}$は2価のイオンであるから，析出するCuの質量は，

$$63.5\ \mathrm{g/mol} \times 4.0 \times 10^{-2}\ \mathrm{mol} \times \frac{1}{2} \fallingdotseq 1.3\ \mathrm{g}$$

陽極での反応は，$2H_2O \longrightarrow 4H^+ + O_2 + 4e^-$であり，電子1 molが流れると$\frac{1}{4}$ molのO_2が発生する。したがって，発生するO_2の体積は，

$$22.4\ \mathrm{L/mol} \times 4.0 \times 10^{-2}\ \mathrm{mol} \times \frac{1}{4} \fallingdotseq 0.22\ \mathrm{L}$$

答　質量増加…1.3 g　発生気体…0.22 L

発展ゼミ　複数の電解槽の接続と物質の変化量

- 同一電源を用いて複数の電解槽で電気分解する場合，電解槽を直列に接続して行う場合と，並列に接続して行う場合がある。それぞれの場合の各電解槽に与えられる電気量は次のようになる。
- 直列に接続して行う場合，電気分解のために使用された**全電気量と同じ電気量が各電解槽に与えられる。**
- 並列に接続して行う場合，電気分解のために使用された**全電気量は，各電解槽に与えられた電気量の総和になる。**
- 図61で，電気分解に使用された電気量をQ〔C〕とすると，$Q = it$である。電解槽BとCは直列であるが，AはB，Cと並列である。したがって，$Q_1 \fallingdotseq Q_2 = Q_3$，$Q = Q_1 + (Q_2$あるいは$Q_3)$の関係が成り立つ。

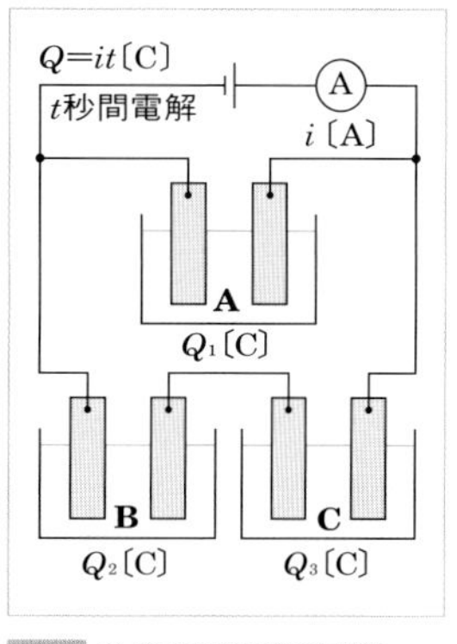

図61　複数の電解槽の電解

このSECTIONのまとめ　電気分解

□電気分解の反応 p.157	・電解質の水溶液や融解塩に電圧を加えると， **陽極**；陰イオン ⟶ ne^- + 生成物(**酸化反応**) **陰極**；陽イオン + ne^- ⟶ 生成物(**還元反応**)
□ファラデーの法則 p.162	・電気分解では，**電気量と物質の変化量は比例**し，**同じ電気量で変化する物質量は価数に反比例**する。

第2編　物質の変化

CHAPTER 4 練習問題 解答 ☞ p.542

① 〈電池〉 テスト必出

{　　}内の正しいものを選べ。

電池の負極と正極を連結すると，負極では①{a 酸化，b 還元}反応が起こり，正極では②{a 酸化，b 還元}反応が起こる。電池の使用中，電子は導線を③{a 負極から正極，b 正極から負極}へ移動する。電解液に異なる種類の金属を浸した電池では，イオン化傾向が④{a 大きい，b 小さい}金属が負極である。

放電時，電池では，電流は⑤{a 負極から正極，b 正極から負極}へ流れる。

機能が低下した電池の－端子を直流電源の負極と，＋端子を正極とつなぎ，電流を流すと機能が回復する電池がある。このような電池を⑥{a 一次電池，b 二次電池}という。また，このような機能を回復させる方法を⑦{a 放電，b 充電}という。

② 〈ダニエル電池〉

図に示すダニエル電池をZnの量が2.0×10^{-2} mol変化するまで放電させた。下記の⑴～⑷に答えよ。ただし，ファラデー定数＝9.65×10^4 C/molとする。

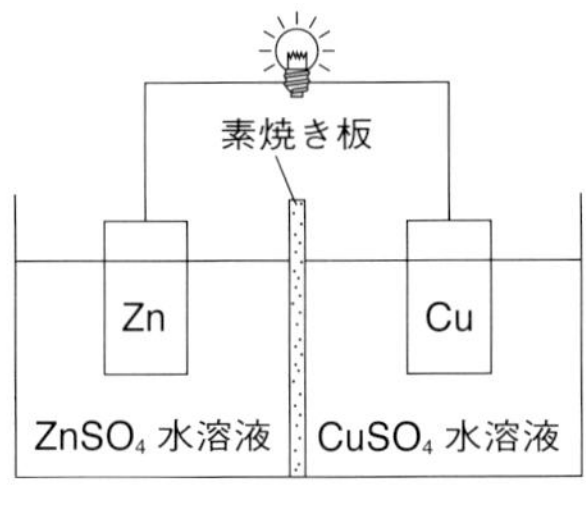

⑴　正極での変化を電子e^-を含む反応式で書け。

⑵　負極での変化を電子e^-を含む反応式で書け。

⑶　空欄①～④に入る適切な語句を，下記の語群から選べ。

　正極では（　①　）反応，負極では（　②　）反応が起きる。放電後，正極の質量は（　③　）し，負極の質量は（　④　）する。

〈語群〉酸化，還元，増加，減少

⑷　放電された電気量は何Cか。整数で答えよ。

③ 〈鉛蓄電池〉 テスト必出

5.0 mol/Lの硫酸5.0×10^2 mLに鉛(なまり)極板と酸化鉛(Ⅳ)極板を浸した電池がある。両極を外部回路に接続し，2.0 Aの一定電流で80分25秒間放電させた。

下記の⑴～⑶に答えよ。必要ならば，ファラデー定数として9.65×10^4 C/molを使え。原子量；H＝1.0，O＝16，S＝32，Pb＝207

⑴　次の式は，放電の際の負極および正極での電子e^-を含む反応式である。①～⑤内に入る適切な数字，記号，化学式を答えよ。

負極：（　①　）＋SO_4^{2-} ⟶ $PbSO_4$＋（　②　）e^-

正極：（　③　）＋4（　④　）＋SO_4^{2-}＋（　⑤　）e^- ⟶ $PbSO_4$＋$2H_2O$

(2)　放電の際，負極で生成する物質がすべて負極に付着したとすると，放電後の負極の質量は放電前に比べて何g増加するか。有効数字2桁で答えよ。

(3)　放電後の溶液中のSO_4^{2-}のモル濃度を有効数字2桁で答えよ。ただし，放電の前後で電解液の体積には変化がないものとする。

④ 〈燃料電池〉

右図は，電解質にリン酸水溶液を用いたリン酸形の燃料電池の模式図である。次の(1)〜(3)に答えよ。
原子量；H＝1.0，O＝16

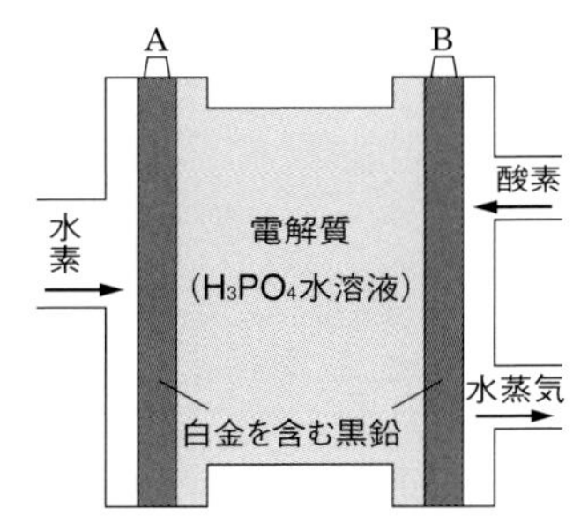

(1)　正極はAとBのどちらか。

(2)　電極AとBで起こる反応を電子e^-を含む反応式で示せ。

(3)　水が1.8 g生成するとき，流れる電気量を求めよ。
ファラデー定数；9.65×10^4 C/mol

⑤ 〈電気分解〉 テスト必出

次の①〜⑦の(a)，(b)のうち，{　　}内の正しいものを選べ。

(1)　電池の負極と導線で接続している方が電気分解の①{(a)陽極，(b)陰極}である。

(2)　陰極は電子が②{(a)導線へ流れ出る，(b)導線から流れ込む}。

(3)　陰極では③{(a)酸化，(b)還元}反応が起こる。陰極では，電解液中の④{(a)陽イオン，(b)陰イオン}が電子を⑤{(a)得る，(b)失う}反応が起こる。

(4)　硝酸ナトリウム水溶液を白金電極で電気分解すると，陰極では⑥{(a)ナトリウム，(b)水素}が生成し，陽極では⑦{(a)二酸化窒素，(b)酸素}が生成する。

⑥ 〈陽極にCuを用いた電気分解〉

陽極に銅(Cu：原子量は63.5)，陰極にステンレスを用い$CuSO_4$水溶液を電気分解した。電気分解は2.5 Aの電流で2時間8分40秒間行った。この電気分解について次の(1)〜(5)に答えよ。

ただし，ファラデー定数＝9.65×10^4 C/molとする。

(1)　陰極での変化を電子e^-を含む反応式で示せ。

(2)　陽極での変化を電子e^-を含む反応式で示せ。

(3)　電気分解に使用された電気量は何C（クーロン）か。整数で答えよ。

(4)　この電気分解で移動した電子e^-は何molか。有効数字2桁で答えよ。

(5)　陰極に析出した金属の質量は何gか。有効数字2桁で答えよ。

CHAPTER

5 » 化学が拓く世界

SECTION 1 暮らしを支える化学

1 | 食品や水の安全を守る技術

1 食品を守る技術

❶食品を保存する技術　私たちが日頃とる食事は，さまざまな食品保存の技術によりおいしさや鮮度が保たれている。食品の味やにおいの変化，腐敗の原因は，空気中の酸素による酸化や，細菌類，カビ類などの微生物によるものである。このような腐敗を防ぐには，酸素，微生物をできるだけ遮断し，湿気，温度を制御する技術が必要となる。

❷酸化防止剤　食品中の成分には，空気中の酸素によって酸化されることで品質が低下し，場合によっては人体に影響を及ぼすおそれのあるものもある。この食品の酸化を防ぐものとして加えられるのが酸化防止剤である。

たとえば，一般によく知られているものとして**アスコルビン酸(ビタミンC)**がある。茶飲料に添加されており，**茶の成分よりも優先的に酸化されることにより茶の成分が酸化されることを防いでいる。**この他にも，緑茶に含まれる**カテキン**や**ポリフェノール(ビタミンE)**などが酸化防止剤として知られている。

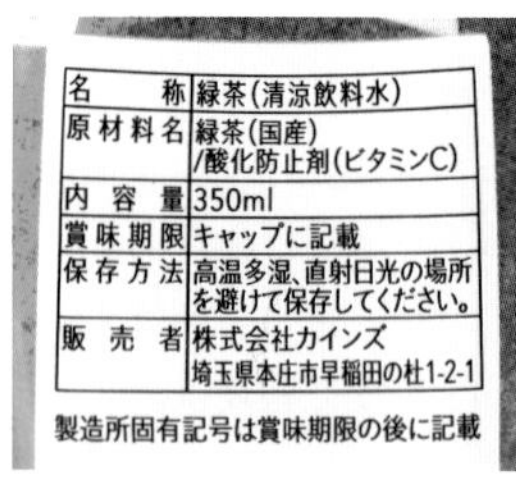

名称	緑茶(清涼飲料水)
原材料名	緑茶(国産) /酸化防止剤(ビタミンC)
内容量	350ml
賞味期限	キャップに記載
保存方法	高温多湿、直射日光の場所を避けて保存してください。
販売者	株式会社カインズ 埼玉県本庄市早稲田の杜1-2-1

製造所固有記号は賞味期限の後に記載

図62 緑茶の成分表示

また，油分を含む菓子類には，**脱酸素剤**を入れることにより，**油と酸素が反応して変質するのを防止している。**主成分としては鉄粉がよく使われている。

この他にも，パッケージの中に窒素を充填して酸化を防ぐ方法もある。

図63 脱酸素剤

❸乾燥剤　クッキーやせんべいなどの乾燥した食品は，湿気に弱い。そのため，**シリカゲル**や**塩化カルシウム**といった物質を乾燥剤として用いる。シリカゲルは主成分が二酸化ケイ素SiO_2であり，**表面にヒドロキシ基（$-OH$）が存在し極性をもつため，極性分子の水を取り込む。**塩化カルシウムも**水分を吸収する性質があり，潮解する（空気中の水分を吸収して溶ける）。**さらに，焼きのりやせんべいといった湿気に弱い食品には，より強力な乾燥剤である**生石灰（酸化カルシウム）**が用いられる。生石灰は水と反応すると発熱し強塩基の水酸化カルシウム$Ca(OH)_2$を生じるので，取り扱いには注意が必要である。

図64 シリカゲル

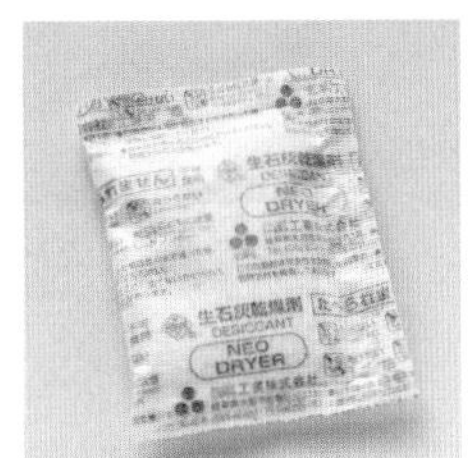

図65 生石灰の乾燥剤

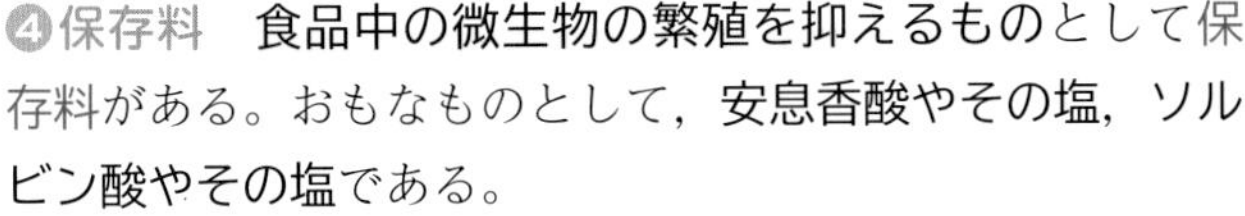

❹保存料　**食品中の微生物の繁殖を抑えるもの**として保存料がある。おもなものとして，**安息香酸やその塩**，**ソルビン酸やその塩**である。

❺食品を守る膜　食品用ラップフィルムの膜は，**酸素やにおいの粒子が透過しにくい素材（ポリ塩化ビニリデンなど）**が用いられており，**食品の酸化や乾燥，においのもれなどを防いでいる。**スナック菓子の包装のように，**アルミニウムを蒸着（金属や酸化物を蒸発させて素材の表面に付着させること）したフィルム**もあり，**湿気や酸素，光などを遮断し，食品の劣化を防いでいる。**また，複数のフィルムを用いた多層構造になっているものもある。これにより，食品の賞味期限を長くできるものもある。

図66 食品用ラップ

図67 スナック菓子の袋

2 安全な水をつくり出す技術

❶安全な水　私たちが日頃使用している水道水は，飲用だけではなく，料理や入浴，洗濯などにも利用されている。水道水を私たちの暮らしのさまざまな場面で利用することができるのは，水道水が有害物質や病原菌などを取り除かれて送られてくるためである。

❷浄水場で活用されている技術　河川などから水をとり，水道水にしていく処理は，浄水場で行われている。一般的な浄水場では，次のような処理行程を経て，安全な水道水を供給している。

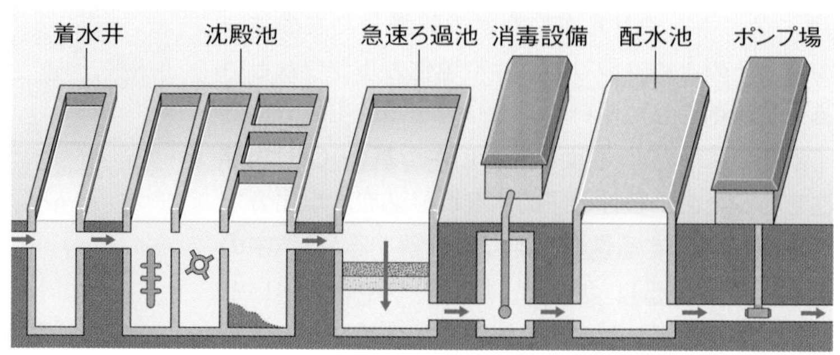

図68　浄水場のモデル

①**着水井**（ちゃくすいせい）　河川からとった水(原水)が浄水場に入って最初に到着するところ。ここで**水量を調整したり，pHを調整したりする。**

原水のpHによっては，浄化されにくかったり，配管を傷めたりすることもあるため，**硫酸H_2SO_4**や**水酸化ナトリウム NaOH**を用いて中和を行い，pHを調整している。

補足　付近に火山があり，酸性の強い温泉水などが流れ込む河川では，川の水を中和するため，炭酸カルシウムを含む液を中和剤として注入する。このとき，次のような反応が起きて水素イオンH^+が減少し，酸性を弱めることができる。

$$CaCO_3 + 2H^+ \longrightarrow Ca^{2+} + CO_2 + H_2O$$

②**沈殿池**　原水に**凝集剤**(**ポリ塩化アルミニウムや硫酸アルミニウムなど**)を注入することで，原水中の不純物は表面が負の電荷をもつ。そこで，水中に正の電荷をもつ物質を入れると，**静電気的な力によって引きつけ合い，フロックとよばれる塊をつくり沈殿する。**

③**急速ろ過池**　沈殿池で取り除かれなかった微細な浮遊物を，砂と砂利の層を通して**ろ過することにより取り除く。**

④**消毒設備**　ろ過した水に**次亜塩素酸ナトリウム NaClO**を加えて殺菌，消毒する。**次亜塩素酸ナトリウムは酸化剤であり，水のにおいの除去や，病原性微生物やウイルスの殺菌・消毒をすることができる。**

この他，浄水場によっては，必要に応じて膜ろ過や高度浄水処理として，**オゾンO_3**を吹き込んで有機物やにおいのある物質を取り除くことがある。オゾンは，その強い酸化力でカビのようなにおいをもつ有機化合物を分解することができる。その際に生成する物質は酸素であるため，安全性は確保できる。反応しなかったオゾンは，自己分解反応により自然と酸素になる。

⑤**配水池**　水道水を貯蔵する倉庫であり，水の使用量に応じて水量を調整する。

2 | プラスチックと洗剤

1 プラスチック

❶プラスチックの性質　プラスチック(合成樹脂)は有機材料のひとつで，次のような性質をもつことから，さまざまな形で利用されている。

①加工しやすい　②水や薬品に強い　③腐食しない　④電気を通さない

❷プラスチックの利用　現在私たちは，ポリエチレン・ポリプロピレン・ポリ塩化ビニル・ポリエチレンテレフタラート(PET)など多数のプラスチック製品に囲まれて生活している。プラスチックの多くは，おもに石油から取り出した原料を数多く結合(重合)させてつくられる。成形や加工がしやすいため，新しい製品が工業的に大量に生み出されている。

図69　さまざまなプラスチックの使用例

❸プラスチックのリサイクル

プラスチックは自然界では分解されにくく，いつまでも残留するため，ゴミになると環境汚染の要因となる。このため，プラスチックは洗ってそのままの形で使用(リユース)されたりリサイクルされたりするが，プラスチックは種類が多く，リサイクルは種類ごとに行う必要がある。そこで，右の表のような識別マークや略号をつけるなどして，分類しやすくしている。分類して回収すれば，リサイクルも容易になる。リサイクルの方法には，加熱してプラスチックを融かし，もう一度成形するマテリアルリサイクルや，化学反応によっていったん原料となる物質まで分解し，再び合成するケミカルリサイクルなどがある。

表12　おもなプラスチックの分類

プラスチック名	識別マーク	用途
ポリエチレン	プラ PE	電線被膜，ポリ袋
ポリプロピレン	プラ PP	ペットボトルキャップ，自動車の内装
ポリ塩化ビニル	プラ PVC	パイプ，ホース
ポリエチレンテレフタラート	1 PET　プラ PET	ペットボトル，ビデオテープ

2 セッケンと合成洗剤

❶セッケン 汚れを落とすために，**セッケン**は古くから使われてきた。セッケンは分子中に，水になじみやすい親水基と，水になじみにくく，油になじみやすい疎水基(親油基)をもち，水にも油にも溶けやすい。セッケンで油汚れを洗うと，疎水基の部分が油汚れを包んで，衣類や食器などから油汚れを引き離し，水に溶かす。

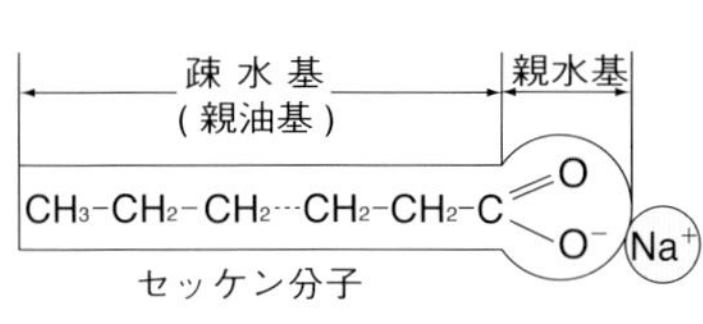

図70 セッケンの分子

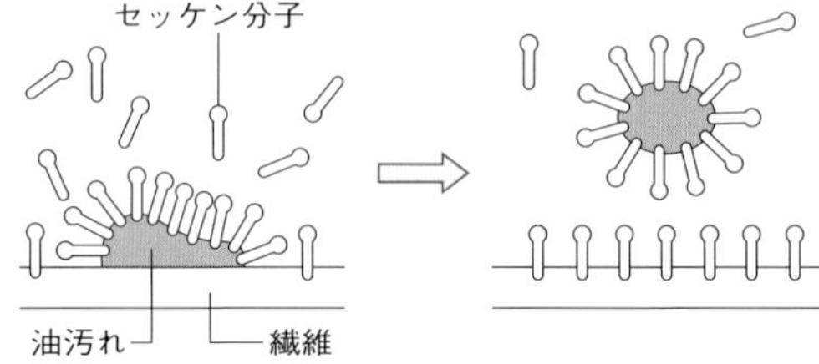

図71 セッケンの洗浄作用

❷合成洗剤 セッケンの欠点(水溶液が弱塩基性になる，硬水中で使えない)を改良するために，アルコールや石油を原料として合成された洗剤を合成洗剤という。合成洗剤もセッケンと同様，分子中に親水基と疎水基をもつ。排出されると分解されにくく環境汚染の原因になるので，近年は，分解されやすく環境への負荷が小さいものや，すすぎの回数を減らして節水効果のあるものも開発され，利用されている。

図72 合成洗剤

このSECTIONのまとめ 暮らしを支える化学

□食品や水の安全を守る技術 ☞p.166	・**食品を守る技術**…酸素や微生物をできるだけ遮断し，湿気や温度を制御することで，変化や腐敗を防ぐ。 ・**安全な水をつくり出す技術**…**凝集剤**を使った不純物の沈殿や消毒剤を使った**殺菌・消毒**などの処理工程を経て，水道水をつくる。
□プラスチックと洗剤 ☞p.169	・**プラスチック**…有機材料のひとつ。加工しやすく，水や薬品に強いなどの特徴がある。おもに石油から取り出した原料を数多く結合(**重合**)させてつくる。 ・**セッケン**…分子中に水になじみやすい**親水基**と，水になじみにくく油になじみやすい**疎水基**(**親油基**)をもつ。 ・**合成洗剤**…セッケンの欠点を改良するために，アルコールや石油を原料として合成された洗剤。

定期テスト予想問題

解答 ☞ p.543

時　間50分
合格点70点
得点

1 次の原子量，アボガドロ定数を用いて，(1)・(2)の各問いに答えよ。答えは，いずれも有効数字 2 桁で示せ。〔各 4 点…合計 8 点〕

原子量；H = 1.0，C = 12，O = 16，アボガドロ定数；6.0×10^{23} /mol

(1) メタノール CH_3OH 6.4 g 中には何個の分子が含まれるか。

(2) 標準状態で 11.2 L を占める酸素中には何個の分子が含まれるか。

2 硫酸 H_2SO_4 (分子量98)の水溶液に関する，下記の(1)・(2)の各問いに答えよ。答えは，いずれも有効数字 2 桁で示せ。〔各 5 点…合計10点〕

(1) 2.0 mol/L の希硫酸 250 mL 中には何 g の H_2SO_4 が含まれているか。

(2) 密度 1.2 g/cm^3，質量パーセント濃度で 28 % の希硫酸のモル濃度は何 mol/L か。

3 空気中でエチレン C_2H_4 を完全燃焼させると，二酸化炭素と水を生じる。この反応は，次の化学反応式で表される。

$$C_2H_4 + 3O_2 \longrightarrow 2CO_2 + 2H_2O$$

この反応に関する，次の(1)・(2)の各問いに，いずれも有効数字 2 桁で答えよ。ただし，C_2H_4 の分子量を 28 とする。〔各 5 点…合計10点〕

(1) 5.6 g のエチレンを完全燃焼させると，標準状態で何 L の二酸化炭素を生じるか。

(2) 標準状態で 5.0 L のエチレンを完全燃焼させるのに必要とする空気の体積は，標準状態で何 L か。ただし，空気の体積組成を，窒素 80 %，酸素 20 % とする。

4 次の A ～ D の 0.1 mol/L 水溶液に関する問いに，A ～ D の記号で答えよ。〔各 4 点…合計 8 点〕

A　$NaHCO_3$　　B　Na_2CO_3　　C　$NaHSO_4$　　D　Na_2SO_4

(1) pH が 7 に最も近い水溶液はどれか。

(2) pH の値が小さい順に並べよ。

5 標準状態で 11.2 L の塩化水素を水に溶かして，1.0 L の塩酸をつくった。この塩酸 20.0 mL に，ある濃度の水酸化カルシウム水溶液を 80.0 mL 加えたら，溶液は塩基性になってしまった。この塩基性溶液を中和するのに，0.20 mol/L の硫酸 75.0 mL を要した。使用した水酸化カルシウム水溶液のモル濃度を計算し，小数第 2 位まで答えよ。〔5 点〕

6 食酢中の酢酸(さくさん)の濃度を求めるために次の実験を行った。食酢中の酸はすべて酢酸であるとして，下の問いに答えよ。原子量；H＝1.0，C＝12，O＝16

〔(1)各1点，(2)〜(6)3点…合計21点〕

〔操作Ⅰ〕　シュウ酸の結晶$(COOH)_2 \cdot 2H_2O$をx〔g〕正確にはかり取り，少量の水を加えて溶かし，器具①の標線まで水を加え，1000 mLの水溶液とし，0.0500 mol/Lの水溶液を調製した。

〔操作Ⅱ〕　固体の水酸化ナトリウム約2 gをはかり取り，500 mLの水溶液とした。

〔操作Ⅲ〕　Ⅰのシュウ酸水溶液10.0 mLを器具②を用いてコニカルビーカーに取り，器具③を用いて，Ⅱの水酸化ナトリウム水溶液で滴定を行った。この滴定で中和に要した水酸化ナトリウム水溶液の体積の平均値は9.60 mLであった。

〔操作Ⅳ〕　市販の食酢を水で10倍に薄めた。その10.0 mLをコニカルビーカーに取り，指示薬を加えて，Ⅱの水酸化ナトリウム水溶液で滴定した。この滴定で中和に要した水酸化ナトリウム水溶液の体積の平均値は，8.20 mLであった。

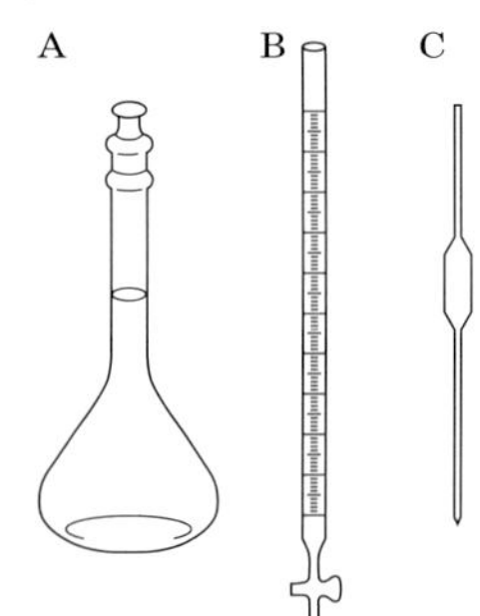

(1)　器具①〜③に適するものを右のA〜Cから選べ。またその名称を書け。

(2)　器具①〜③のうち，純水でぬれたまま使用できるものを右のA〜Cから選べ。

(3)　操作Ⅰのx〔g〕は何gか。

(4)　操作Ⅲの結果から，操作Ⅱの水酸化ナトリウム水溶液のモル濃度を求めよ。

(5)　市販の食酢(薄める前)の酢酸(さくさん)のモル濃度を求めよ。

(6)　市販の食酢の酢酸の質量パーセント濃度を求めよ。ただし，薄める前の食酢の密度は1.00 g/cm^{3}とする。

7 0.10 mol/LのX水溶液10 mLを0.10 mol/LのY水溶液で滴定して得られる滴定曲線を右図に示した。次の問いに答えよ。

〔(1)各1点，(2)3点…合計11点〕

pH
14
12
10
8
6
4
2
0
①
②
③
④
0
10
20
加えたY水溶液の体積〔mL〕

(1)　図の滴定曲線で，a〜hに適する酸または塩基はどれか。下の**ア**〜**オ**からそれぞれ選べ。

滴定曲線①のXは(　a　)，Yは(　b　)
滴定曲線②のXは(　c　)，Yは(　d　)
滴定曲線③のXは(　e　)，Yは(　f　)
滴定曲線④のXは(　g　)，Yは(　h　)

ア　CH_3COOH　**イ**　HCl　**ウ**　H_2SO_4　**エ**　Na_2CO_3　**オ**　NaOH

(2)　滴定曲線③の滴定において使用できる指示薬を次の**ア**〜**ウ**から選べ。

ア　メチルオレンジ　**イ**　リトマス　**ウ**　フェノールフタレイン

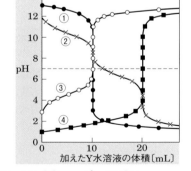

8 次の①～⑤の反応について，下記の(1)～(4)の各問いに答えよ。

〔(1)・(4)２点，(2)・(3)各２点…合計12点〕

① $N_2 + 3H_2 \longrightarrow 2NH_3$
② $2KI + Cl_2 \longrightarrow 2KCl + I_2$
③ $2Al + Fe_2O_3 \longrightarrow Al_2O_3 + 2Fe$
④ $H_2SO_4 + 2NaOH \longrightarrow Na_2SO_4 + 2H_2O$
⑤ $SO_2 + 2H_2S \longrightarrow 2H_2O + 3S$

(1) 酸化還元反応でない反応の番号を答えよ。
(2) 酸化された原子のうち，酸化数の変化が最も大きい原子の元素記号を書き，その原子の酸化数の変化を $+2 \longrightarrow +5$ のように示せ。
(3) 還元された原子のうち，酸化数の変化が最も大きい原子の元素記号を書き，その原子の酸化数の変化を $+2 \longrightarrow 0$ のように示せ。
(4) ⑤の反応で酸化剤としてはたらく物質はどれか。

9 次の(1)～(5)のうちＡ欄の金属を，Ｂ欄の物質の水溶液に浸したとき，変化が起こる組み合わせが①～④のうちのただひとつであるものを選び，番号で答えよ。〔５点〕

Ａ欄　**ア**：銅　**イ**：亜鉛　**ウ**：鉄　**エ**：銀
Ｂ欄　**カ**：硫酸亜鉛　**キ**：硝酸銀　**ク**：塩化鉄(Ⅲ)　**ケ**：硝酸銅(Ⅱ)

(1) ①Ａ…**ア**，Ｂ…**カ**　②Ａ…**イ**，Ｂ…**キ**　③Ａ…**ウ**，Ｂ…**ケ**　④Ａ…**エ**，Ｂ…**ク**
(2) ①Ａ…**ア**，Ｂ…**キ**　②Ａ…**イ**，Ｂ…**ケ**　③Ａ…**ウ**，Ｂ…**キ**　④Ａ…**イ**，Ｂ…**キ**
(3) ①Ａ…**ア**，Ｂ…**カ**　②Ａ…**ア**，Ｂ…**ク**　③Ａ…**ウ**，Ｂ…**カ**　④Ａ…**エ**，Ｂ…**ケ**
(4) ①Ａ…**イ**，Ｂ…**ケ**　②Ａ…**ア**，Ｂ…**キ**　③Ａ…**ウ**，Ｂ…**キ**　④Ａ…**エ**，Ｂ…**カ**
(5) ①Ａ…**イ**，Ｂ…**ク**　②Ａ…**ア**，Ｂ…**ク**　③Ａ…**ウ**，Ｂ…**カ**　④Ａ…**エ**，Ｂ…**カ**

10 鉛(なまり)蓄電池と電解槽を図のように接続し，炭素を電極として硝酸銀水溶液を電気分解した。この電気分解で，電極Ａから標準状態で89.6 mLの気体が発生した。下記の問いに答えよ。

原子量；H＝1.00，N＝14.0，O＝16.0，S＝32.0，Ag＝108，Pb＝207　〔(1)各２点，(2)～(4)２点…合計10点〕

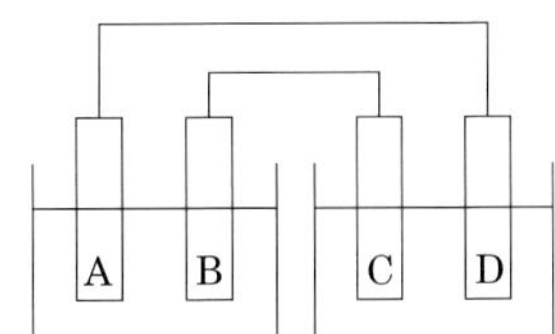

(1) 鉛蓄電池の正極および負極の変化を e^- を含む式で示せ。
(2) 鉛蓄電池の正極は，電極Ａ～Ｄのうちどれか。
(3) この電気分解で，電極Ｂの質量は何g変化するか。増加する場合を正として答えよ。
(4) 電極Ｄの質量は何g変化するか。増加する場合を正として答えよ。

総合問題❶ 解答☞p.545

1 次の問いに答えよ。

問1 混合物である物質を，次の①～⑤のうちから１つ選べ。
① ダイヤモンド　② 白金　③ 塩化水素
④ 鉄鉱石　⑤ 斜方硫黄

問2 互いに同素体では**ないもの**を，次の①～⑤のうちから１つ選べ。
① 斜方硫黄とゴム状硫黄　② 黄リンと赤リン　③ 酸素とオゾン
④ 黒鉛とフラーレン　⑤ 金と白金

問3 中性子の数が８である原子を，次の①～⑤のうちから１つ選べ。
① ^{12}C　② ^{14}N　③ ^{16}O　④ ^{18}O　⑤ ^{19}F

問4 総電子数が他とは異なる分子を，次の①～⑤のうちから１つ選べ。
① CH_4　② NH_3　③ HCl　④ HF　⑤ H_2O

問5 遷移元素である組み合わせを，次の①～⑤のうちから１つ選べ。
① Na と Li　② Mg と Al　③ Cu と Si　④ Fe と Ni　⑤ Ag と Sn

2 物質を分離する操作に関する記述として下線部が正しいものを，次の①～⑤のうちから１つ選べ。

① 溶媒に対する溶けやすさの差を利用して，混合物から特定の物質を溶媒に溶かして分離する操作を抽出という。
② 沸点の差を利用して，液体の混合物から成分を分離する操作を昇華法(昇華)という。
③ 固体と液体の混合物から，ろ紙などを用いて固体を分離する操作を再結晶という。
④ 不純物をわずかに含む固体を溶媒に溶かし，濃度の高い物質が結晶しやすいことを利用して，より純粋な物質を先に析出させ分離する操作をろ過という。
⑤ 固体の混合物を加熱して，固体から直接気体になる成分を冷却して分離する操作を蒸留という。

3 状態変化に関する記述として**誤りを含むもの**を，次の①～④のうちから１つ選べ。

① スーパーマーケットでもらったドライアイスが家に着くとなくなっているのは，ドライアイスが昇華するからである。

② 寒い日に窓ガラスに結露が生じるのは，空気中の水蒸気が窓ガラスに冷やされ凝縮したからである。

③ すべての液体は，凝固して固体になると体積が増える。

④ 消毒のために手にエタノールを噴霧して手をこすると冷たく感じるのは，エタノールが蒸発するときに周りの熱を奪うからである。

4 右の図は，人体を構成する元素の質量の割合を示したものである。次の文章を読み，あとの問いに答えよ。

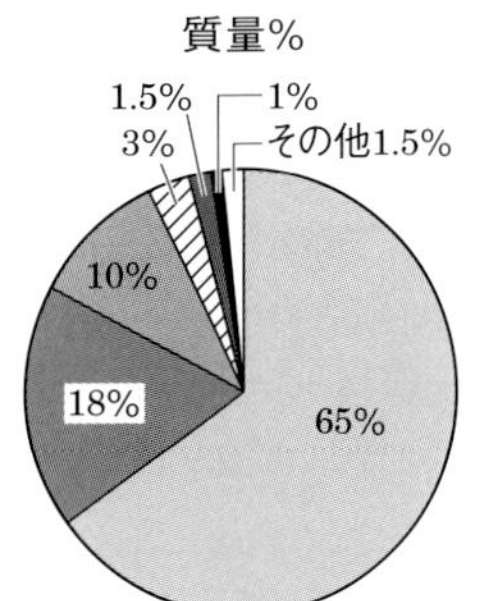

構成元素の上位４つのうち，65 %の［ 1 ］，10 %の［ 2 ］，3 %の［ 3 ］の単体は常温常圧で気体で存在し，そのうち［ 2 ］と［ 3 ］はいずれも［ 4 ］からなる。［ 3 ］の単体は空気の約80 %を占めている。

［ 1 ］および人体の18 %を占める［ 5 ］の単体には，同素体が存在する。

問１　［ 1 ］，［ 2 ］，［ 3 ］，［ 5 ］にあたる元素を，次の①～⑨のうちからそれぞれ１つずつ選べ。

① H　② He　③ N　④ P　⑤ S　⑥ O　⑦ C　⑧ Ca　⑨ Na

問２　［ 4 ］に当てはまる語句を，次の①～④のうちから１つ選べ。

① 単原子分子　② 二原子分子　③ 単結晶　④ 二原子イオン

5 同位体に関する記述として**誤りを含むもの**を，次の①～⑤のうちから１つ選べ。

① 互いに同位体である原子は，質量数が異なる。

② 互いに同位体である原子は，電子の数が異なる。

③ 互いに同位体である原子は，同じ元素記号で表される。

④ 原子量は，同位体の相対質量を，存在比を用いて平均して求めた値である。

⑤ 地球上の物質中には，放射性同位体を含むものがある。

6 結晶の種類と分子の形に関する次の問い(a・b)に答えよ。

a　結晶がイオン結晶で**ないもの**を，次の①～⑥のうちから1つ選べ。

① 硝酸ナトリウム　② 硫酸アンモニウム　③ 二酸化ケイ素
④ 炭酸カルシウム　⑤ 酸化カルシウム　⑥ 硝酸銀

b　分子が直線形であるものを，次の①～④のうちから1つ選べ。

① 水　② メタン　③ アンモニア　④ 二酸化炭素

7 化学結合と結晶に関する記述として**誤りを含むもの**を，次の①～⑤のうちから1つ選べ。

① イオン結晶は極性のあるイオン結合でできているので，無極性の溶媒には溶けにくい。
② 金属結晶では，価電子が特定の原子間ではなく，すべての原子間を自由に移動できる。
③ 金属が電気や熱をよく導くのは，その価電子の特性に起因する。
④ アンモニウムイオン中の共有結合と配位結合は，結合の強さで区別することができる。
⑤ 氷は水分子が規則正しく配列してできた分子結晶であり，結晶中では1個のH_2O分子は他の4個のH_2O分子と水素結合している。

8 0.10 mol/Lの$NaHCO_3$水溶液25 mLを0.10 mol/Lの塩酸で滴定した。これについて，次の問い(a・b)に答えよ。

a　このときの滴定曲線として最も適当なものを，次の①～⑤のうちから1つ選べ。

①
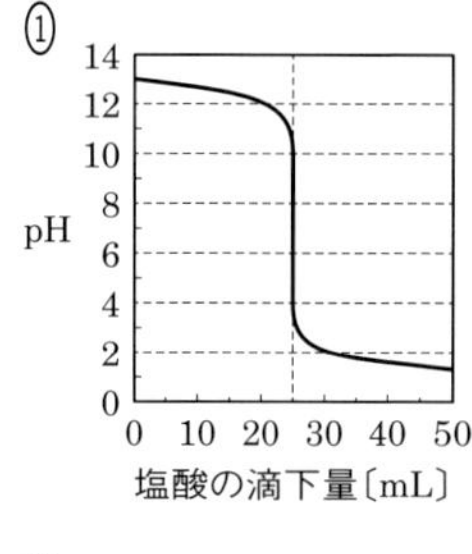

②
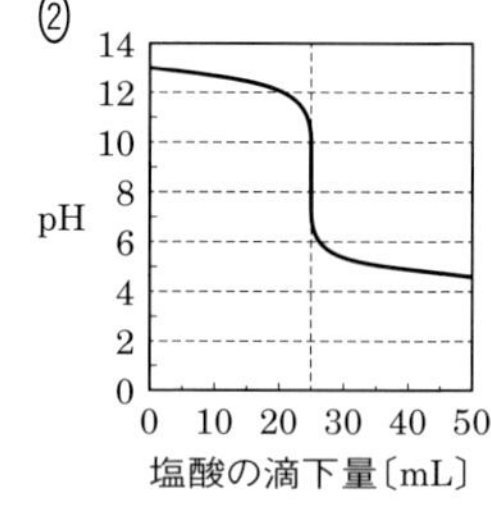

③
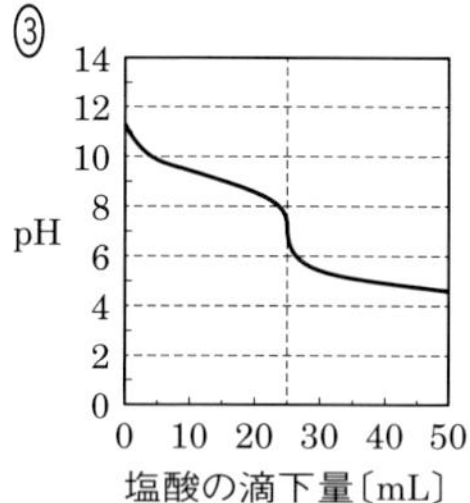

④
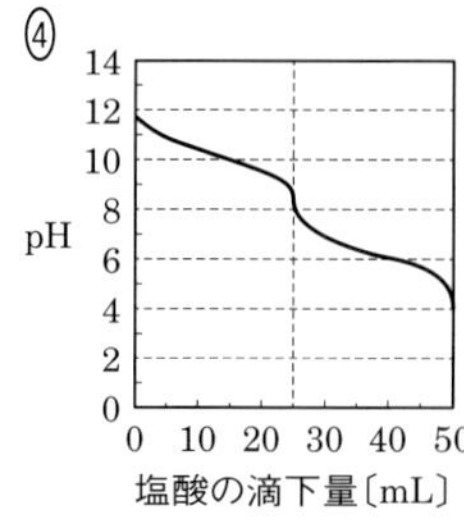

⑤
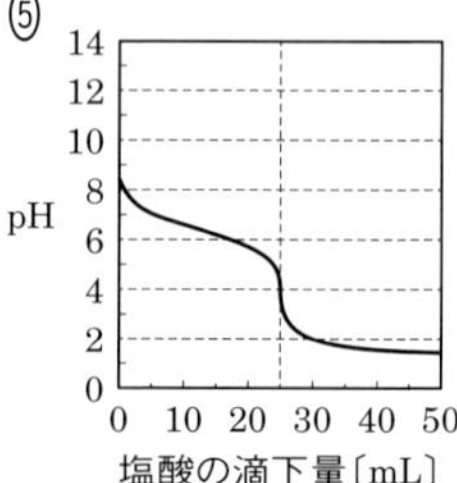

b この中和滴定で用いることのできる適当な指示薬を，次の①～④のうちから1つ選べ。ただし，[ ]内はそれぞれの指示薬の変色域(pH)を表す。

① ブロモチモールブルー(BTB)[6.0～7.6]　② フェノールフタレイン[8.0～9.8]
③ メチルオレンジ[3.1～4.4]　④ リトマス[5.0～8.0]

9 硫酸銅(Ⅱ)$CuSO_4$と硫酸亜鉛$ZnSO_4$に関する次の問いに答えよ。

問1 金属イオンを含まない青色の色素が少量混じっている硫酸亜鉛$ZnSO_4$水溶液と硫酸銅(Ⅱ)$CuSO_4$水溶液が，それぞれ試験管に10 mLずつ入っている。この2種類の水溶液を簡単に識別するのに適したものを，次の①～⑤のうちから2つ選べ。

① 白金線　② 硫酸アルミニウム水溶液　③ 鉄くぎ
④ 硝酸銀水溶液　⑤ カルシウム

問2 希硫酸中に亜鉛Znを入れると水素が発生し，水溶液中に硫酸亜鉛$ZnSO_4$を生じる。1.00 mol/Lの希硫酸100 mL中にある量の亜鉛を入れたところ，亜鉛は完全に反応して標準状態で89.6 mLの水素が発生した。これについて，次の問い(**a**・**b**)に答えよ。ただし，反応の前後において水溶液の体積は変わらないものとし，原子量をZn＝65とする。

a 反応した亜鉛は何gか。最も適当なものを，次の①～⑥のうちから1つ選べ。

① 0.13 g　② 0.26 g　③ 0.39 g　④ 0.52 g　⑤ 2.6 g　⑥ 5.2 g

b 反応後の希硫酸の濃度は何mol/Lか。最も適当なものを，次の①～⑤のうちから1つ選べ。

① 0.048 mol/L　② 0.096 mol/L　③ 0.48 mol/L
④ 0.72 mol/L　⑤ 0.96 mol/L

問3 水溶液の性質を，酸性・塩基性・中性に分類したとき，硫酸銅(Ⅱ)$CuSO_4$水溶液と水溶液の性質が同じになる塩を，次の①～⑤のうちから2つ選べ。

① $NaCl$　② NH_4Cl　③ K_2CO_3　④ $Mg(NO_3)_2$　⑤ CH_3COONa

問4 硫酸亜鉛$ZnSO_4$水溶液と硫酸銅(Ⅱ)$CuSO_4$水溶液を用いて，右図のような電池をつくった。

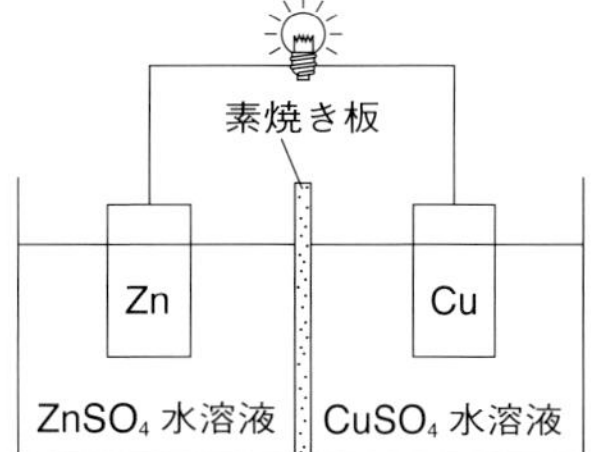

(1) 電子の移動する向きと電流の流れる向きについての正しい組み合わせを，次の①～④のうちから1つ選べ。

	電子	電流
①	銅電極→電球→亜鉛電極	銅電極→電球→亜鉛電極
②	銅電極→電球→亜鉛電極	亜鉛電極→電球→銅電極
③	亜鉛電極→電球→銅電極	銅電極→電球→亜鉛電極
④	亜鉛電極→電球→銅電極	亜鉛電極→電球→銅電極

(2) 各電極で起こる反応と各電極の質量変化についての正しい組み合わせを，次の①～④のうちから1つ選べ。

	亜鉛電極での反応	銅電極での反応	亜鉛電極の質量変化	銅電極の質量変化
①	還元される	酸化される	増加する	減少する
②	還元される	酸化される	減少する	増加する
③	酸化される	還元される	増加する	減少する
④	酸化される	還元される	減少する	増加する

(3) 次の文章中の［ア］～［ウ］にあてはまる化学式の組み合わせとして最も適当なものを，あとの①～④のうちから1つ選べ。

ダニエル電池の素焼き板は，正極と負極の水溶液が混ざり合うのを抑制しながら，両極の水溶液のイオンのバランスを保つ働きをしている。水溶液中のイオンのうち，［ア］は素焼き板を通って正極の水溶液から負極の水溶液に移動する。もし素焼き板がなければ，［イ］板の表面に［ウ］が析出してしまい，電池の反応が起こらない。

	ア	イ	ウ
①	Cu^{2+}	Cu	Zn
②	Cu^{2+}	Zn	Cu
③	$SO_4{}^{2-}$	Cu	Zn
④	$SO_4{}^{2-}$	Zn	Cu

10 シュウ酸とその関連物質に関する次の問いに答えよ。ただし，原子量はH＝1.00，C＝12.0，O＝16.0，Na＝23.0とする。

問1 次の(1)，(2)の水溶液のモル濃度(mol/L)として最も適当な値を，あとの①～⑥のうちからそれぞれ1つずつ選べ。

(1) シュウ酸二水和物$(COOH)_2 \cdot 2H_2O$の結晶3.15 gを水に溶かして250 mLとした溶液

① 0.00625 mol/L　② 0.0250 mol/L　③ 0.0500 mol/L
④ 0.100 mol/L　⑤ 0.250 mol/L　⑥ 1.00 mol/L

(2) 質量パーセント濃度18.0 %(密度1.20 g/cm^3)の水酸化ナトリウムNaOH水溶液10.0 mLを水で薄めて500 mLとした溶液

① 0.0540 mol/L　② 0.108 mol/L　③ 0.216 mol/L
④ 0.540 mol/L　⑤ 1.08 mol/L　⑥ 2.16 mol/L

問2 次の(A)，(B)の各水溶液のpHの値として最も適当なものを，あとの①～⑥のうちからそれぞれ1つずつ選べ。

(A) 0.20 mol/Lのシュウ酸$(COOH)_2$水溶液

ただし，水素イオン濃度は，次の1段目の電離によるものとし，その電離度を0.50とする。

$$(COOH)_2 \rightleftarrows HC_2O_4^- + H^+$$

(B) 0.25 mol/Lの塩酸100 mLと0.11 mol/Lの水酸化ナトリウムNaOH水溶液200 mLを混合した水溶液

① 1　② 2　③ 3　④ 12　⑤ 13　⑥ 14

問3 0.100 mol/Lのシュウ酸$(COOH)_2$水溶液を用いた**実験1**および**実験2**から，求められる水酸化ナトリウムNaOH水溶液，および過マンガン酸カリウム$KMnO_4$水溶液のモル濃度(mol/L)として最も適当な値を，あとの①～⑥のうちからそれぞれ1つずつ選べ。ただし，硫酸酸性下における過マンガン酸カリウム$KMnO_4$の酸化剤としてのはたらき方，およびシュウ酸$(COOH)_2$の還元剤としてのはたらき方は，それぞれ次の反応式で表される。

$$MnO_4^- + 8H^+ + 5e^- \longrightarrow Mn^{2+} + 4H_2O$$
$$(COOH)_2 \longrightarrow 2CO_2 + 2H^+ + 2e^-$$

実験1 0.100 mol/Lのシュウ酸$(COOH)_2$水溶液10.0 mLを完全に中和するのに，濃度不明の水酸化ナトリウムNaOH水溶液が16.0 mL必要であった。

実験2 0.100 mol/Lのシュウ酸$(COOH)_2$水溶液10.0 mLに希硫酸を加え，この水溶液を温めながら濃度不明の過マンガン酸カリウム$KMnO_4$水溶液を滴下すると，16.0 mL加えたところで水溶液がごく薄い赤紫色になり，酸化還元反応が完了した。

水酸化ナトリウム水溶液　[ア] mol/L

過マンガン酸カリウム水溶液　[イ] mol/L

① 0.0125　② 0.0250　③ 0.0500　④ 0.0625　⑤ 0.125　⑥ 0.250

第 3 編

物質の状態と平衡

• CHAPTER

1 » 物質の状態変化

SECTION 1 物質の状態変化と蒸気圧

1 | 物質の状態変化と気体の圧力

1 物質の三態 ! 重要

❶物質の三態　水は，常圧下で0℃以下になると，固まって氷になる。逆に，100℃以上では水蒸気になる。氷は**固体**，水は**液体**，水蒸気は**気体**で，同じ物質が示す固体・液体・気体の3つの状態を**物質の三態**という(☞p.19)。

❷状態変化　物質の温度や圧力を変化させると，物質の三態(固体・液体・気体)の別の状態に変化することがある。この変化を**状態変化**という。

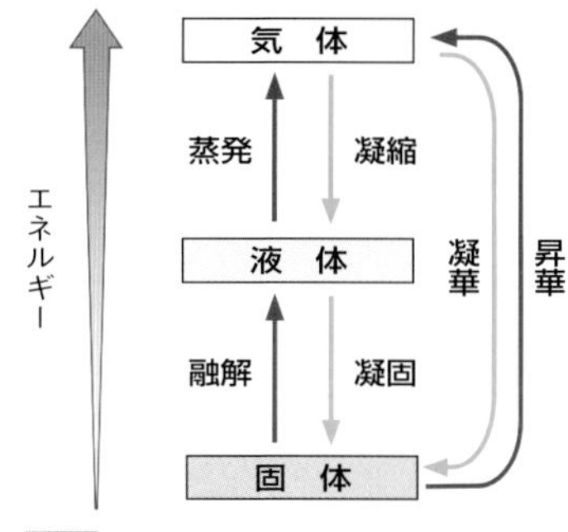

図1 物質の状態変化

❸固体 ⇄ 液体　固体を加熱すると，**固体が融けて液体に**なる。これを**融解**といい，このときの温度を**融点**という。これに対して，液体を冷やすと，**液体が固体に**なる。これを**凝固**といい，このときの温度を**凝固点**という。凝固点は融点と等しい。

❹液体 ⇄ 気体　**液体が気体に変化**することを**蒸発**という。液面からだけでなく，**液体の内部からも蒸発が起こる変化**を**沸騰**(☞p.185)といい，このときの温度が**沸点**である。これに対して，**気体が液体に変化すること**を**凝縮**という。

❺固体 ⇄ 気体　固体が液体になることなく，**直接気体に変化すること**を**昇華**という。逆に**気体から直接固体に変化すること**を**凝華**★1という。

★1 気体から直接固体に変化することも**昇華**という場合もある。

❻**固体から液体への変化とエネルギー**　固体(結晶)の状態では，粒子が規則正しく配列している。固体を加熱すると，粒子の熱運動が激しくなって温度が上昇する。さらに加熱を続けると，粒子の規則正しい配列がくずれ，粒子が自由に位置を変えられるようになる。これが液体の状態で，このときの温度が融点である。

[融解熱]　固体の温度が融点に達したとき，この固体が完全に液体になるまでに外部から熱を吸収する。この熱エネルギーを融解熱という。融解熱は，粒子の規則正しい配列をくずすために必要な熱エネルギーであり，**融解が始まってから終わるまで，融けていく物質の温度は変化しない**。★1 融解熱は，物質1 molを融解するのに必要なエネルギーkJ/molで表される。

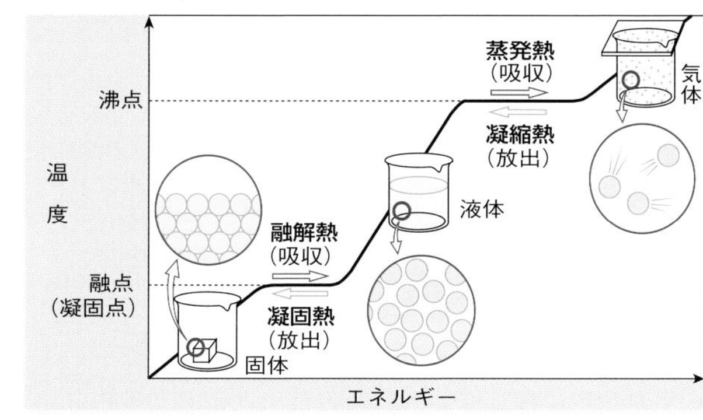

図2　状態変化とエネルギー(模式図)

液体の温度が凝固点に達したとき，この液体が完全に固体になるまでに放出される熱を凝固熱というが，これは**融解熱と同じ大きさ**である。

❼**液体から気体への変化とエネルギー**　液体を加熱すると，粒子の熱運動がしだいに激しくなり，ついには粒子間の引力に打ち勝って粒子が互いに離れ，ばらばらになって空間を運動するようになる。これが気体の状態である。

[蒸発熱]　液体が沸点(☞ p.182)で全部気体となるまでに吸収する熱エネルギーを蒸発熱という。蒸発熱は，液体をつくる粒子どうしを引き離すために物質1 molあたりに必要な熱エネルギーであり，kJ/molで表される。気体が一定温度で全部液体となるまでに放出する熱を凝縮熱というが，これは**蒸発熱と同じ大きさ**である。

2 気体の圧力

❶**気体の圧力**　気体分子は，激しく熱運動して空間を飛びまわっている。運動している気体分子が器壁に衝突すると，器壁に力が加わる。一般に，単位面積あたりにはたらく力を圧力とよぶ。圧力は，Pa(パスカル)という単位で表される。1 Paは，1 m^2の**面積に1 N(ニュートン)の力がはたらいたときの圧力である**(1 Pa = 1 N/m^2)。

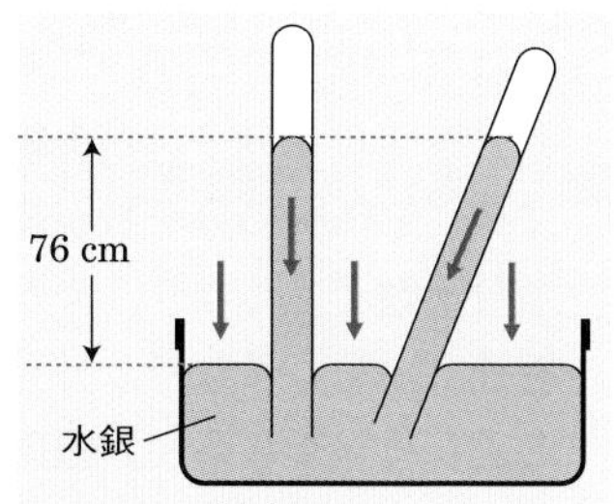

図3　空気の圧力の測定

★1 状態変化に使われる熱エネルギーを**潜熱**といい，温度変化に使われる熱エネルギーを**顕熱**という。

❷**大気圧**　一端を閉じた長いガラス管に水銀を満たし，水銀の容器中に倒立させると，管内の水銀柱の高さは管を傾けてもいつでも76 cmになり，管の上部は真空になる。これは，ガラス管の外の水銀面にはたらく標準的な大気圧(1気圧★1とよび，圧力が1.013×10^5 Pa)と，76 cmの水銀柱にはたらく重力によって水銀柱の底面にかかる圧力が等しい(つりあう)ためである。

2 | 蒸気圧と沸騰

1 液体の蒸発と蒸気圧　(!) 重要

❶**蒸気圧**　図4の装置の中に，1.013×10^5 Paの空気が入っていて，大気圧とつりあっている。この容器の中に揮発性の液体を入れ，しばらく放置すると，水銀が右側に押し上げられていく。そして水銀柱の高さの差は，やがて一定になる。このときの圧力P〔mmHg★2〕は，液体から蒸発した蒸気が示す圧力で，これを蒸気圧，または飽和(ほうわ)蒸気圧という。1 mmHgは133 Paである。

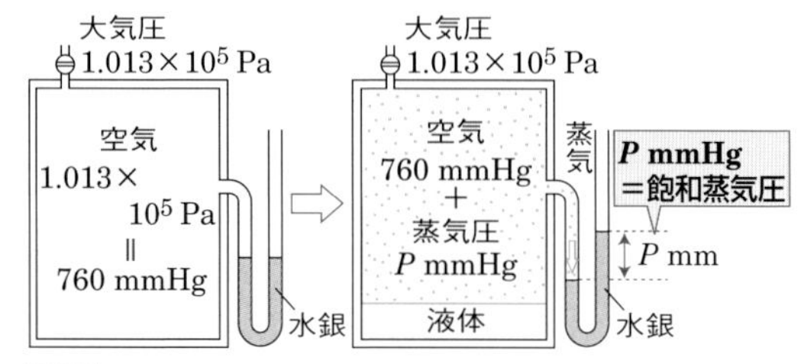

図4　液体の蒸気圧

❷**気液平衡**

① **蒸発**　液体表面は，変化が起こっていないように見えてもたえず分子が飛び出している。これは，液体の中にもさまざまなエネルギーをもつ分子があり，**液体表面で一部の大きなエネルギーをもつ分子は，分子間力に勝って液体表面から飛び出す**からである。これが蒸発である。

② **凝縮**(ぎょうしゅく)　蒸気中の分子のうち，液体の中に飛び込んだ分子は，**エネルギーをほかの分子に奪われて液体に戻る。**これが凝縮である。

③ **気液平衡**　液体を密閉容器に入れると，最初は気体中の分子が少なく，単位時間あたりに蒸発する分子数が凝縮する分子数より多い。気体中の分子数が増えると，凝縮する分子数が多くなり，やがて**蒸発速度と凝縮速度が等しくなり，外見上，蒸発も凝縮も起こらなくなる**(☞図5)。このような状態を気液平衡といい，この状態の蒸気が示す圧力が蒸気圧(飽和蒸気圧)である。

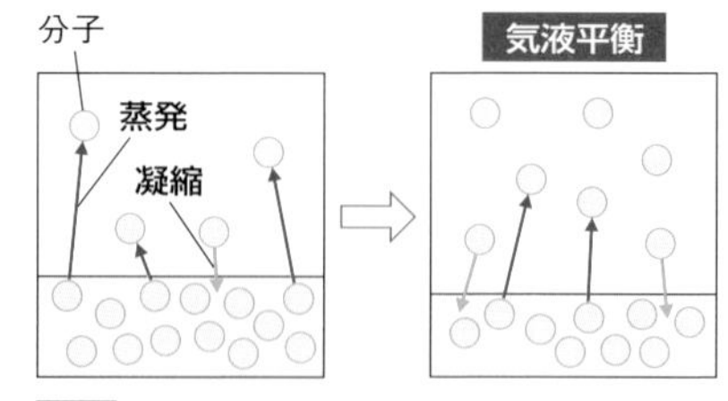

図5　気液平衡

視点　密閉容器中の気体分子数が増えると，凝縮する分子数も増え，蒸発する分子数と凝縮する分子数がほぼ同じになる。

★1 1気圧を1 atmと表記する場合もある。
★2 大気圧は，p.183 図3の実験で水銀柱が示す高さが76 cmだから760 mmHgといえる。

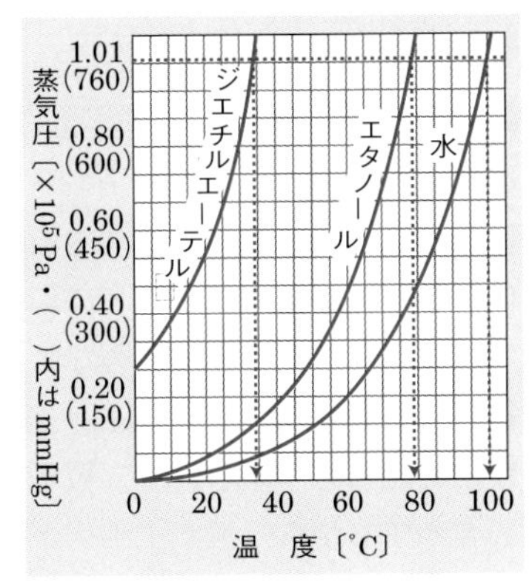

図6　蒸気圧曲線

❸**蒸気圧と温度**　液体の温度が高くなると，大きなエネルギーをもつ液体中の分子の数が増大し，蒸発する分子の割合が増えるので，蒸気圧も大きくなる。いろいろな温度における蒸気圧の大きさをグラフにしたものを**蒸気圧曲線**(☞図6)という。

❹**蒸気圧の特徴**

①**液体の種類と温度によって決まり**，他の気体が存在しても，蒸気圧の値は変わらない。

②**温度が高いほど，蒸気圧は大きくなる。**

③**蒸気圧に達すると，それ以上の圧力にならない。**このとき，他からその蒸気を吹き込んでも，その分は凝縮し，圧力は一定に保たれる。

④**蒸気圧の大きいものほど揮発性が大きい。**

補足　室内で洗たく物を乾かすとき，室温を上げると水の蒸気圧が大きくなり，早く乾く。たとえば，6 ℃と30 ℃における水の蒸気圧は，それぞれ9.0×10^2 Pa，4.2×10^3 Paである。

気液平衡⇨**蒸発速度と凝縮速度が等しく，外見上，変化がない。**
蒸気圧(飽和蒸気圧)⇨**気液平衡における気体の示す圧力。**

2 液体の沸騰　①重要

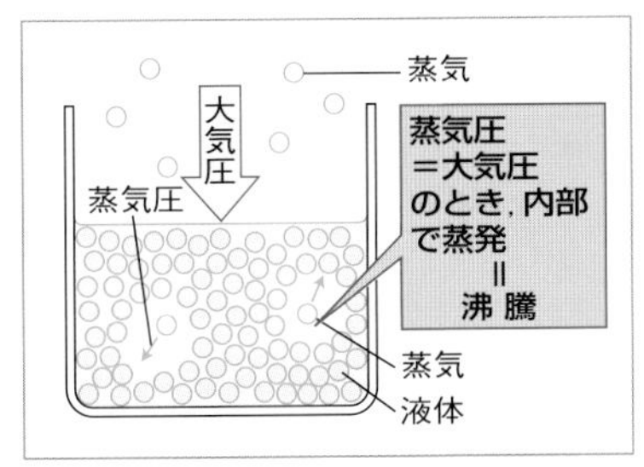

図7　液体の沸騰

❶**沸騰**(ふっとう)**と沸点**　大気圧のもとで液体を加熱すると温度が上がり，蒸気圧が大きくなる。**蒸気圧が大気圧と等しくなると，液体の内部からも蒸発(気化(きか))が起こる**(☞図7)。すなわち，液体内部で生じた気泡の蒸気圧は大気圧に等しいから，つぶれないで液体中を上昇する。この現象を**沸騰**といい，そのときの温度を**沸点**という。

❷**沸点と圧力**　沸点は，外圧(大気圧)が小さくなると低くなり，外圧が大きくなると高くなる。一般的には，物質の沸点は，蒸気圧が標準的な大気圧(1 気圧 $= 1.013 \times 10^5$ Pa $= 760$ mmHg)と等しいときの温度で示す。

例　図6の蒸気圧曲線から，蒸気圧が1.013×10^5 Paになる温度，すなわち沸点は，水で100 ℃，エタノールで78 ℃，ジエチルエーテルで34.5 ℃とわかる。

補足　富士山の山頂(6.4×10^4 Pa)では，水は約87 ℃で沸騰する。

第3編　物質の状態と平衡

3 状態変化と化学結合

❶融解熱と蒸発熱 **蒸発熱は，融解熱よりかなり大きい**(☞ p.183図2)。これは，融解熱が固体のなかの原子や分子などの粒子の規則正しい配列をくずし，粒子が動ける程度に距離を大きくするために必要なエネルギーなのに対して，蒸発熱は，液体のなかの原子や分子などの粒子間にはたらく引力に打ち勝って粒子が空間を運動できるようにするのに必要なエネルギーだからである。

❷物質の種類と融点・沸点・融解熱・蒸発熱 一般に，粒子間の引力が強いほど，粒子の配列をくずしたり，粒子どうしを引き離したりするのに大きなエネルギーを必要とするから，融点・沸点が高く，融解熱・蒸発熱が大きいと考えてよい。

❸化学結合と分子間力 **共有結合，イオン結合，金属結合の結合力は，分子間にはたらく力に比べて大きい。**分子性物質でも，**分子間に水素結合を形成する水，アンモニアは，無極性分子である水素，酸素より，分子間にはたらく力が大きい**(☞ 表1)。

表1 さまざまな物質の融点・沸点・融解熱・蒸発熱

物質の種類	物質・結晶	融点〔℃〕	沸点〔℃〕	融解熱〔kJ/mol〕	蒸発熱〔kJ/mol〕
分子性物質	水素	−259	−253	0.117	0.904
	酸素	−218	−183	0.44	6.82
	アンモニア	−78	−33	5.7	23.4
	水	0	100	6.01	40.7
金属	銅	1083	2570	13.3	305
	鉄	1535	2750	13.8	354
イオン化合物	塩化ナトリウム	801	1413	28.2	171
	酸化マグネシウム	2826	3600	77.3	474
共有結合の結晶	ケイ素	1414	2355	50.6	384

4 状態図

❶状態図 物質の三態は，圧力と温度によって決まる。圧力と温度によって，物質がどのような状態になるかを示した図を**状態図**という。

❷状態図の境界線と三重点 固体と液体の境界線を**融解曲線**，液体と気体の境界線を**蒸気圧曲線**，固体と気体の境界線を**昇華圧曲線**という。これらの曲線上にあるときは，2つの状態が共存している。また，固体・液体・気体の，3つの状態が平衡状態で共存する点を**三重点**という。各境界線付近の物質の状態を下にまとめる。

蒸気圧曲線より**上部(高圧側)**では**液体**，**下部(低圧側)**では**気体**。
融解曲線より**左側(低温側)**では**固体**，**右側(高温側)**では**液体**。
昇華圧曲線より**上部(高圧側)**では**固体**，**下部(低圧側)**では**気体**。

❸臨界点　臨界点を超えると，物質は超臨界状態となり，液体と気体の区別ができなくなる。この状態になった物質を超臨界流体という。

❹水の状態図　低地の場合，大気圧は1.013×10^5 Pa（1 気圧）に一定に保たれているから，**図8**の矢印①のように変化して，氷は0 ℃で融解（ゆうかい）し，水は100 ℃で沸騰（ふっとう）する。高地では大気圧が低いので，矢印②のように変化して，融点はほとんど変わらないが，沸騰する温度は低くなる。矢印③のように，氷を温度一定のまま，圧力を高くすると融解する。アイススケートでエッジの下の圧力が高くなると氷が融けるのはこのためである。水は他の多くの物質と異なり，**融解曲線が左に傾いている。**

❺二酸化炭素の状態図　三重点が示す値から，二酸化炭素を液体にするには，5.17×10^5 Pa以上の圧力が必要とわかる。よって，**図9**の矢印④のように，1.013×10^5 Paでは液体にならず，固体（ドライアイス）は直接気体になる。

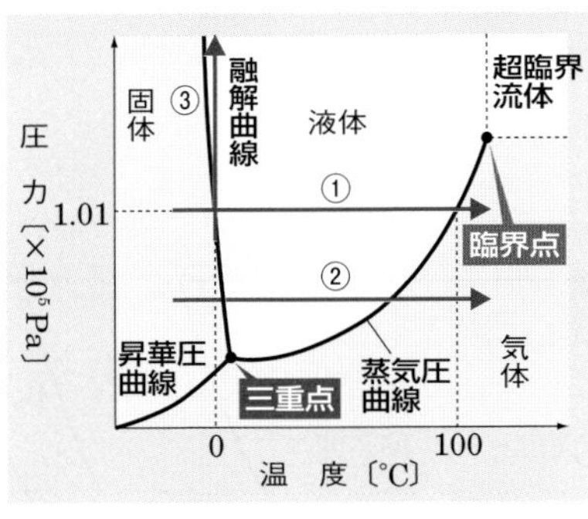

図8　水の状態図

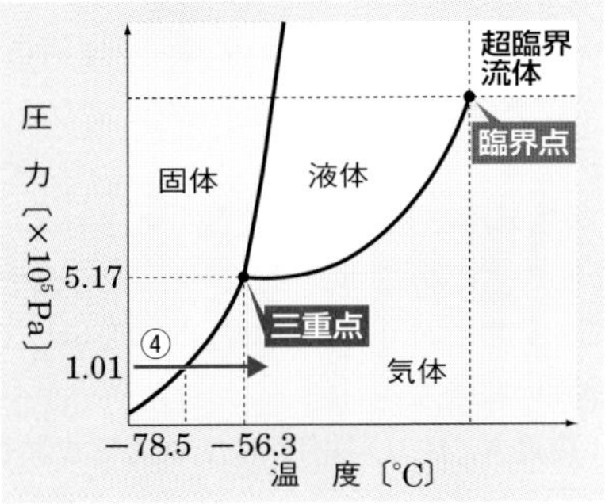

図9　二酸化炭素の状態図

このSECTIONのまとめ　物質の状態変化と蒸気圧

□ 物質の状態変化 ☞ p.182	・**融解**…固体から液体への変化。このときの温度が**融点**。 ・**蒸発**…液体から気体への変化。
□ 蒸気圧と沸騰 ☞ p.184	・**蒸気圧（飽和蒸気圧）**…密閉容器中で液体から蒸発する粒子の数と，気体から凝縮する粒子の数が等しくなったとき（**気液平衡**），その蒸気の示す圧力。 ・**沸騰**…液体の蒸気圧と外圧が等しいとき，**液体の内部からも蒸発が起こる現象。**そのときの温度が**沸点**。

CHAPTER 1 練習問題

解答 p.548

1 〈状態変化とエネルギー〉 テスト必出

右の図は，ある物質に1.013×10^5 Paのもとで熱を外部から加えたときの温度変化を示したものである。次の各問いに答えよ。

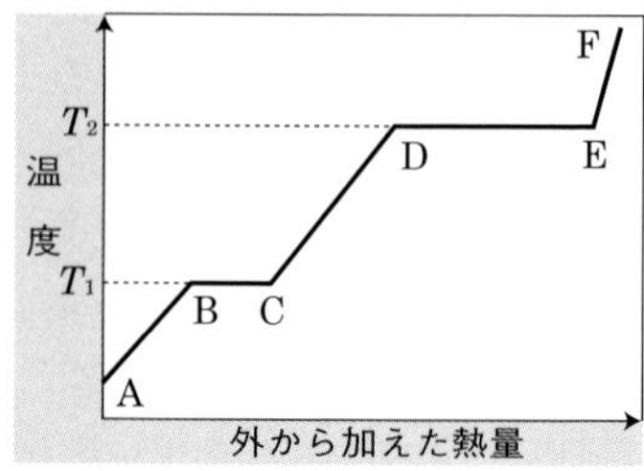

(1)　固体と液体が共存しているのは，グラフ中のA～Fのどの区間か。

(2)　温度T_1およびT_2をそれぞれ何というか。

(3)　BC間およびDE間で吸収される熱量をそれぞれ何というか。

(4)　DE間で加えられたエネルギーは何に使われるか。

2 〈蒸気圧曲線〉 テスト必出

右の3本のグラフは水，エタノール，ジエチルエーテルそれぞれの蒸気圧曲線を示している。次の問いに答えよ。

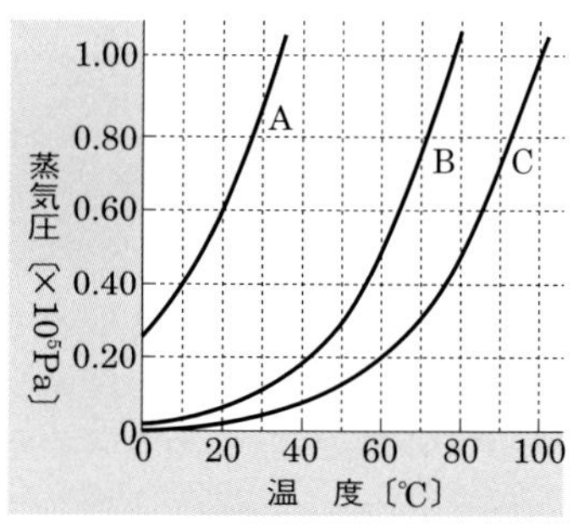

(1)　物質A，B，Cの沸点は1気圧でおよそ何℃か，それぞれ答えよ。

(2)　最も蒸発しやすい物質はA～Cのうちのどれか答えよ。

(3)　Cは，外圧が4.0×10^4 Paのとき何℃で沸騰(ふっとう)するか答えよ。

3 〈融解熱・凝固熱，気液平衡，沸騰〉

次の問いに答えよ。

(1)　融解(ゆうかい)熱と凝固(ぎょうこ)熱の共通点と相違点をそれぞれ答えよ。

(2)　気液平衡の状態のときに等しくなるものは何と何か。

(3)　液体が沸騰するときに等しくなるものは何と何か。

4 〈状態変化〉

無極性分子を比べた場合，分子量の大きいものほど，数値が小さくなる傾向があるものを次の**ア**～**エ**から選べ。ただし，温度，圧力等の条件は同じものとする。

ア　分子間力　　**イ**　沸点　　**ウ**　蒸発熱　　**エ**　蒸気圧

2 » 気体の性質

SECTION 1 ボイル・シャルルの法則

1 | 気体の体積と圧力・体積と温度の関係

1 気体の体積と圧力の関係 ！重要

❶**ボイルの法則**　1662年，イギリスの**ボイル**(1627～1691)は，気体の体積と圧力の関係を調べて，次のような**ボイルの法則**を発見した。

「温度一定のもとで，一定量の気体の体積Vは，圧力pに反比例する。」

この関係を式で示すと，次のようになる。

$$pV=k\ (k\text{は定数})\quad \text{または，}\quad V=k\cdot\frac{1}{p}$$

❷**気体分子の運動と圧力**　**気体の圧力は，運動している気体分子が器壁に衝突することによって生じる。**気体を圧縮してその体積を$\frac{1}{2}$倍にすると，単位体積中の分子の数が2倍になり，一定の時間内に容器の壁の一定面積に衝突する分子の数も2倍になる(☞図10)。その結果，容器内の気体の圧力も2倍になる。これが，ボイルの法則が成り立つ理由である。

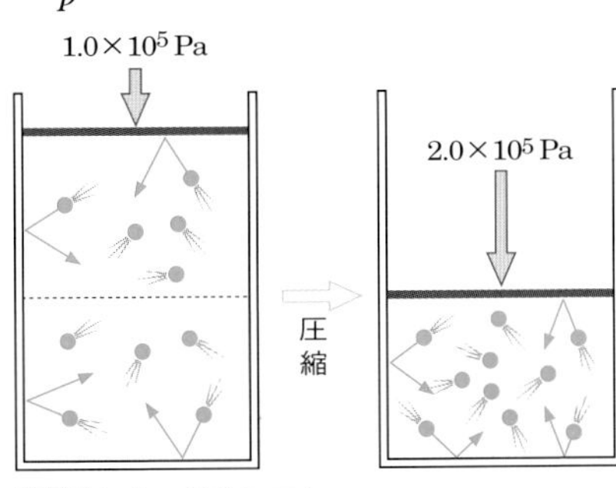

図10 気体の体積と圧力

❸**気体の体積と圧力の関係式**　一定量の気体があり，その圧力がp_1，体積がV_1であるとき，温度を変えないで，圧力をp_2に変化させたときの体積をV_2とすると，ボイルの法則は，次の式で表される。

$$p_1V_1=p_2V_2$$

例　25 ℃，1.0×10^5 Paで6.0 Lの気体を，温度を変えないで5.0 Lに圧縮したとき，その圧力は，ボイルの法則を使って，次のように求められる。

$p_1V_1=p_2V_2$ より，$1.0\times10^5\times6.0=p_2\times5.0$　　$\therefore\ p_2=1.2\times10^5$ Pa

ボイルの法則⇨気体の体積は，圧力に反比例する（温度一定）。

$p_1V_1=p_2V_2$　　　$pV=$ 一定

2 気体の体積と温度の関係　重要

❶シャルルの法則　1787年にフランスのシャルル（1746～1823）は，一定量の気体の体積と温度の関係（☞図11）を調べ，次のシャルルの法則を発見した。

「圧力一定のとき，一定量の気体の体積は，温度が1 ℃上下するごとに，0 ℃のときの体積の$\frac{1}{273}$ずつ増減する。」

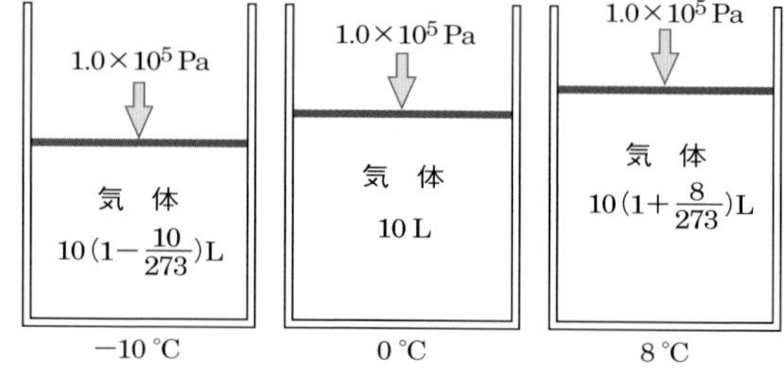

図11　気体の体積と温度の関係

視点　0 ℃のときの体積の$\frac{1}{273}$ずつ増減する。

0 ℃のときの体積をV_0とすると，圧力一定で，温度上昇〔℃〕の数値がtのときの気体の体積Vは，次の式で表される。[★1]

$$V=V_0\left(1+\frac{t}{273}\right)=\frac{273+t}{273}V_0 \quad \cdots\cdots ①$$

❷シャルルの法則と絶対温度

①**絶対温度**　シャルルの法則をある気体についてグラフで示すと，図12の実線のようになる。外挿（がいそう）[★2]すると，実線と横軸との交点は，セルシウス温度で −273 ℃となる。この温度を絶対零度（☞p.23）とし，1度の温度差をセルシウス温度目盛りと同じにした温度を絶対温度（☞p.23）という。絶対温度は，数値には記号T，単位にはK（ケルビン）を用い，T〔K〕のように表す。よって，絶対温度〔K〕の数値Tと，セルシウス温度〔℃〕の数値tの間には，

$T=273+t$　の関係が成り立つ。[★1]

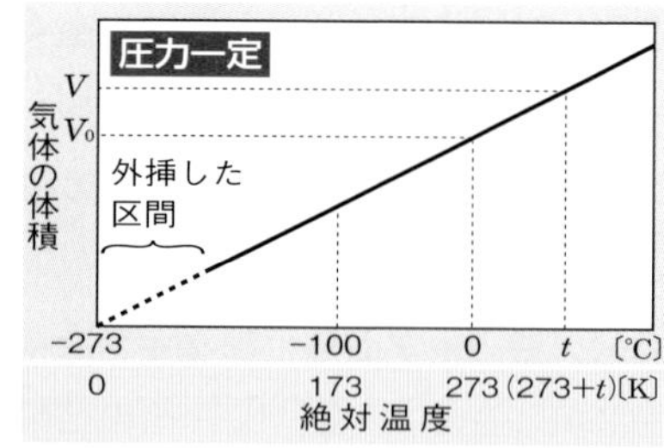

図12　シャルルの法則と絶対温度

★1 通常tやTは単位を含んだ物理量を示すが，ここでは数値のみを用いた式で表している。
★2 グラフの点線の部分は，気体が凝縮したりして正確に測定できず，測定できた値をもとに予測している。このような方法をグラフの**外挿法**という。測定値と測定値の間を予測する方法を**内挿法**（ないそう）という。

②**シャルルの法則と絶対温度**　図12のように，横軸に絶対温度 T〔K〕を用いると，グラフは原点を通る直線になるので，**気体の体積 V は絶対温度 T〔K〕に比例する。** これを式で表すと，次のようになる。

$$V = kT \quad \text{または} \quad \frac{V}{T} = k\ (k\text{は比例定数}) \quad \cdots\cdots\text{②}$$

一定圧力のもとで，温度 T_1〔K〕のときの体積 V_1〔L〕の気体を，温度 T_2〔K〕にしたときの体積を V_2〔L〕とすると，シャルルの法則は，②式を使って次のように表すことができる。

$$\frac{V_1}{T_1} = \frac{V_2}{T_2} \quad \cdots\cdots\text{③}$$

例　27 ℃で500 mLを占める気体を，圧力一定で57 ℃にすると，その体積 V_2〔mL〕は，③式を利用して，次のように求められる。

$$\frac{500\ \text{mL}}{(273+27)\ \text{K}} = \frac{V_2}{(273+57)\ \text{K}} \qquad \therefore\ V_2 = 550\ \text{mL}$$

補足　上の③式は，①式から導かれる。また，上の法則は**ゲーリュサックの法則**ともよばれる。

シャルルの法則⇨気体の体積は，絶対温度に比例する(圧力一定)。

$$\frac{V_1}{T_1} = \frac{V_2}{T_2} \qquad V = kT$$

❸シャルルの法則と気体分子の運動

へこんだピンポン玉を湯につけると，へこんだ部分がもとに戻る。これは，ピンポン玉の中の気体の圧力の増加によるものである。

気体分子のもつ運動エネルギーの平均値は，絶対温度に比例して大きくなる。 そして，それに応じて分子が容器の内壁におよぼす力がより大きくなり，容器内の圧力が大きくなる。このとき，外部の圧力を一定に保てば，気体の体積は膨張(ぼうちょう)することになる(☞図13)。これがシャルルの法則の成り立つ理由である。

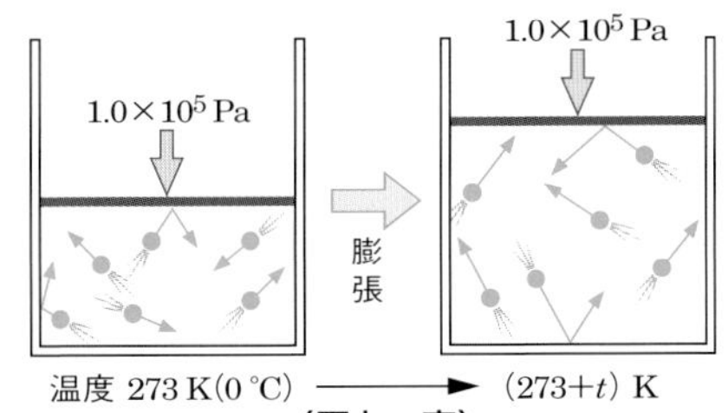

図13　温度変化と気体分子の運動

補足　**体積のずれ**　シャルルの法則にしたがうと，絶対零度で気体の体積は0になってしまうが，実在する気体では気体分子自身が体積をもつため，体積0にはならず，ずれが発生する(☞p.205)。また，気体分子は，極低温において凝縮(ぎょうしゅく)したり凝固(ぎょうこ)・凝華(ぎょうか)したりするので，低温ではシャルルの法則は厳密には成立しない。なお，絶対零度においても，分子はわずかな振動エネルギーをもっている。

補足　**熱気球が空中に浮かぶわけ**　プロパンなどの燃焼によってあたためられた高温の空気は体積が膨張するので，その分だけ密度が周囲の空気の密度より小さくなり，水に氷が浮くように，空気の浮力によって空中に浮くのである。

第3編　物質の状態と平衡

2｜気体の体積・圧力・温度の関係

1 ボイル・シャルルの法則　①重要

❶気体の体積・圧力・温度の関係　一定量の気体の体積は，温度一定で圧力に反比例し(**ボイルの法則**)，圧力一定で絶対温度に比例する(**シャルルの法則**)。この2つの法則を1つにまとめると，一定量の気体の体積 V について，圧力 p と絶対温度 T〔K〕との間に，次の関係が成り立つ。

$$\frac{pV}{T}=k \qquad \text{または} \qquad V=k\cdot\frac{T}{p}\ (k\text{は比例定数})$$

❷ボイル・シャルルの法則　上記のことより，一定量の気体について，温度 T_1〔K〕，圧力 p_1 のもとでの体積 V_1 と，温度 T_2〔K〕，圧力 p_2 のもとでの体積 V_2 との間には次のような関係がある。

$$\frac{p_1V_1}{T_1}=\frac{p_2V_2}{T_2}$$

これをボイル・シャルルの法則という。

ボイル・シャルルの法則

⇨**一定量の気体の体積 V は，圧力 p に反比例し，絶対温度 T に比例する。**

$$\frac{p_1V_1}{T_1}=\frac{p_2V_2}{T_2}$$

補足　一定量の気体(容器に封じ込められた気体)の体積，圧力，温度を変化させた場合の計算は，次節で学ぶ気体の状態方程式を用いても解答できるが，ボイル・シャルルの法則を用いた方が容易に解答できる。

❸ボイル・シャルルの法則の導き方　温度 T_1，圧力 p_1，体積 V_1 である一定量の気体について，まず温度 T_1 を一定にして，ボイルの法則より①式を導く。次に，圧力 p_2 を一定にして，シャルルの法則より②式を導く。①式と②式から V' を消去すると，ボイル・シャルルの法則の式である $\dfrac{p_1V_1}{T_1}=\dfrac{p_2V_2}{T_2}$ が導ける。

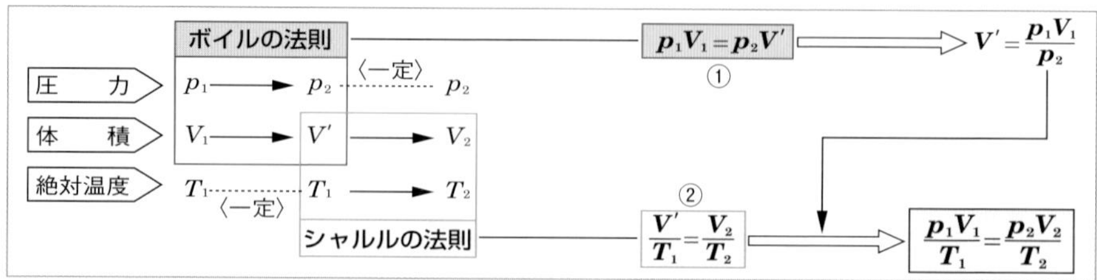

図14　ボイル・シャルルの法則の式による導き方

2 ボイル・シャルルの法則を利用した計算

例題　ボイル・シャルルの法則

27 ℃，1.0×10^5 Paで10.0 Lの気体を5.0 Lの容器に入れ，温度を57 ℃に保つと，気体の圧力は何Paになるか。

着眼　一定量の気体の体積・圧力・温度が変化するときは，ボイル・シャルルの法則を利用する。この場合，温度は絶対温度になおし，圧力・体積の単位をそろえることが重要。

解説　圧力・体積・温度の関係は，次のようになっている。

$$\begin{cases} p_1 = 1.0 \times 10^5\ \text{Pa} \\ V_1 = 10.0\ \text{L} \\ T_1 = (273 + 27)\ \text{K} \end{cases} \qquad \begin{cases} p_2 = x\ [\text{Pa}] \\ V_2 = 5.0\ \text{L} \\ T_2 = (273 + 57)\ \text{K} \end{cases}$$

$$\frac{p_1 V_1}{T_1} = \frac{p_2 V_2}{T_2} \quad \text{より，} \quad \frac{1.0 \times 10^5\ \text{Pa} \times 10.0\ \text{L}}{(273 + 27)\ \text{K}} = \frac{x\ [\text{Pa}] \times 5.0\ \text{L}}{(273 + 57)\ \text{K}}$$

$$\therefore \quad p_2 = x = 2.2 \times 10^5\ \text{Pa}$$

答 2.2×10^5 Pa

類題6　火星上で採取した500 mLの気体は，地球上で何mLになるか。ただし，火星および地球の気温・気圧を次の値とする。(解答☞ p.548)

火星……－33 ℃，1.3×10^3 Pa　　地球……17 ℃，1.0×10^5 Pa

このSECTIONのまとめ　ボイル・シャルルの法則

□気体の体積と圧力の関係 ☞ p.189	・**ボイルの法則**…一定量の気体の体積は，温度が一定のとき圧力に反比例。 $p_1 V_1 = p_2 V_2$
□気体の体積と温度の関係 ☞ p.190	・**絶対温度**…T K = $(273 + t)$ ℃ ・**シャルルの法則**…一定量の気体の体積は，圧力が一定のとき絶対温度に比例。 $\dfrac{V_1}{T_1} = \dfrac{V_2}{T_2}$
□気体の体積・圧力・温度の関係 ☞ p.192	・**ボイル・シャルルの法則**…一定量の気体の体積は，圧力に反比例し，絶対温度に比例。 $\dfrac{p_1 V_1}{T_1} = \dfrac{p_2 V_2}{T_2}$

気体の状態方程式

1 | 状態方程式と気体の分子量

1 気体定数と状態方程式 ①重要

❶**気体定数**　一定量の気体について，圧力がp，絶対温度がT，体積がVとすると，これらの間には，ボイル・シャルルの法則により，次の関係がある。

$$\frac{pV}{T}=k\ (k\text{は定数}) \quad \cdots\cdots①$$

kは気体の物質量によって決まる定数である。気体1 molについてのkの値を求めてみよう。0℃，1.013×10^5 Paにおける気体1 molの体積は22.4 Lであることから，これらの数値を①式に代入すると，次のようになる。

$$k=\frac{1.013\times10^5\ \text{Pa}\times22.4\ \text{L/mol}}{273\ \text{K}}\fallingdotseq 8.31\times10^3\ \text{Pa}\cdot\text{L/(K}\cdot\text{mol)}$$

$$=8.31\ \text{kPa}\cdot\text{L/(K}\cdot\text{mol)}=8.31\ \text{Pa}\cdot\text{m}^3\text{/(K}\cdot\text{mol)} \quad \cdots\cdots②$$

[★1]

この値を気体定数といい，記号Rで表される。Rを用いて①式を表すと，

$$\frac{pV}{T}=R \Rightarrow pV=RT \quad \cdots\cdots③$$

補足　1.013×10^5 Pa = 1 atm（1気圧）の表記では，Rは次の値となる。

$$R=\frac{1\ \text{atm}\times22.4\ \text{L/mol}}{273\ \text{K}}\fallingdotseq 0.082\ \text{atm}\cdot\text{L/(K}\cdot\text{mol)}$$

❷**気体の物質量と温度・圧力・体積**　気体n〔mol〕についても，同様に①式が成り立つから，この場合の比例定数k'の値を求めると，次のようになる。

$$k'=\frac{1.013\times10^5\ \text{Pa}\times22.4\ \text{L/mol}\times n}{273\ \text{K}}=nR$$

よって，n〔mol〕の気体について，次のような関係式が成り立つ。

$$\frac{pV}{T}=nR \Rightarrow pV=nRT \quad \cdots\cdots④$$

この関係式を気体の状態方程式という。

気体の物質量……n〔mol〕
気体の体積・温度・圧力
} ⇨気体の状態方程式　$pV=nRT$

★1 1 Pa·m³ = 1 J（ジュール）だから，気体定数は8.31 J/(K·mol)で表すこともある。

❸気体の質量と状態方程式　モル質量M〔g/mol〕(分子量M[★1])の気体w〔g〕の物質量n〔mol〕は，$n=\dfrac{w}{M}$であるから，これらを④式に代入すると，気体の状態方程式は，

$$pV=\frac{w}{M}RT \quad \cdots\cdots ⑤$$

気体の分子量・質量
気体の体積・温度・圧力 ⇨**気体の状態方程式**　$pV=\dfrac{w}{M}RT$

第3編　物質の状態と平衡

2 気体の状態方程式を利用した計算　①重要

❶温度・圧力・体積 ➡ 気体の物質量・分子数　気体の状態方程式を$n=\dfrac{pV}{RT}$のように変形して用いる。

例1　7.5×10^4 Pa，27 ℃で830 mLの水素の物質量を求める。

$p=7.5\times10^4$ Pa，$V=\dfrac{830}{1000}$ L，$T=300$ K，$R=8.3$[★2]$\times10^3$ Pa･L/(K･mol)

より，$n=\dfrac{pV}{RT}=\dfrac{7.5\times10^4\text{ Pa}\times\dfrac{830}{1000}\text{ L}}{8.3\times10^3\text{ Pa･L/(K･mol)}\times300\text{ K}}=\mathbf{0.025\ mol}$

例2　27 ℃，3.0×10^5 Paで415 mLの窒素に含まれる窒素分子の数を求める。

$p=3.0\times10^5$ Pa，$V=0.415$ L，$T=300$ K，$R=8.3\times10^3$ Pa･L/(K･mol)

より，$n=\dfrac{pV}{RT}=\dfrac{3.0\times10^5\text{ Pa}\times0.415\text{ L}}{8.3\times10^3\text{ Pa･L/(K･mol)}\times300\text{ K}}=0.050$ mol

この中の分子の数；$N=0.050\text{ mol}\times6.0\times10^{23}/\text{mol}=\mathbf{3.0\times10^{22}}$

❷物質量(分子量・質量)・温度・圧力 ➡ 気体の体積　気体の状態方程式を$V=\dfrac{nRT}{p}$のように変形して用いる。

例1　2.0 molの水素が27 ℃，8.3×10^4 Paのもとで占める体積〔m^3〕を求める。

$p=8.3\times10^4$ Pa，$T=300$ K，$n=2.0$ mol，$R=8.3\times10^3$ Pa･L/(K･mol)

より，$V=\dfrac{nRT}{p}=\dfrac{2.0\text{ mol}\times8.3\times10^3\text{ Pa･L/(K･mol)}\times300\text{ K}}{8.3\times10^4\text{ Pa}}=60$ L

$60\text{ L}=60\times10^{-3}\text{ m}^3=\mathbf{6.0\times10^{-2}\ m^3}$

例2　3.2 gのメタンCH_4が17 ℃，1.45×10^5 Paのもとで占める体積〔L〕を求める。

$n=\dfrac{3.2}{16}$ mol，$p=1.45\times10^5$ Pa，$T=290$ K，$R=8.3\times10^3$ Pa･L/(K･mol)

より，$V=\dfrac{nRT}{p}=\dfrac{\dfrac{3.2}{16}\text{ mol}\times8.3\times10^3\text{ Pa･L/(K･mol)}\times290\text{ K}}{1.45\times10^5\text{ Pa}}\fallingdotseq\mathbf{3.3\ L}$

★1 分子量はモル質量をg/molで表したときの数値部分と等しい(☞p.78)
★2 本書では気体定数Rは，計算で扱う場合には有効数字2桁の値を使用する。

❸ボイル・シャルルの法則と気体の状態方程式の使い分け

(例)1　127 ℃，1.0×10^5 Paで5.0 Lの気体を，27 ℃，5.0×10^5 Paにしたときの体積を求める。**一定量の気体**の温度，圧力を変化させた場合，ボイル・シャルルの法則を用いる。

$p_1=1.0\times10^5$ Pa，$V_1=5.0$ L，$T_1=(273+127)$ K

$p_2=5.0\times10^5$ Pa，$V_2=x$〔L〕，$T_2=(273+27)$ K

$\dfrac{p_1V_1}{T_1}=\dfrac{p_2V_2}{T_2}$ より，$\dfrac{1.0\times5.0}{273+127}=\dfrac{5.0\times x}{273+27}$　　$V_2=x=0.75$ L

(例)2　酸素2.0 molを，27 ℃，2.0×10^5 Paにしたときの体積を求める。**物質量，**温度，圧力がわかっている場合，気体の状態方程式を用いる。

$p=2.0\times10^5$ Pa，$T=300$ K，$n=2.0$ mol，$R=8.3\times10^3$ Pa·L/(K·mol) より，

$$V=\frac{nRT}{p}=\frac{2.0\ \text{mol}\times8.3\times10^3\ \text{Pa·L/(K·mol)}\times300\ \text{K}}{2.0\times10^5\ \text{Pa}}\fallingdotseq25\ \text{L}$$

3 気体の分子量の求め方 (!)重要

❶体積・温度・圧力・質量がわかっている場合

①**気体物質のモル質量**　気体の質量w〔g〕と，温度T〔K〕，圧力p〔Pa〕における体積V〔L〕を測定し，状態方程式より気体のモル質量M〔g/mol〕を求めると，

$$pV=\frac{w}{M}RT\ \Rightarrow\ M=\frac{wRT}{pV}\quad\cdots\cdots⑥$$

(例)　27 ℃，1.0×10^5 Paのもとで600 mLの気体の質量が1.4 gであるとき，この気体のモル質量Mを求める。

$$M=\frac{wRT}{pV}=\frac{1.4\ \text{g}\times8.3\times10^3\ \text{Pa·L/(K·mol)}\times(273+27)\ \text{K}}{1.0\times10^5\ \text{Pa}\times0.600\ \text{L}}\fallingdotseq58\ \text{g/mol}$$

②**液体物質のモル質量**　常温で液体である物質についても，これを完全に蒸発させ，気体の状態にしてから，その質量w〔g〕と，体積V〔L〕，温度T〔K〕，圧力p〔Pa〕を測定すれば，同様に，⑥式を用いてそのモル質量M〔g/mol〕を求めることができる。

(例)　図15のように，内容積が100 mLの丸底フラスコに，ある純粋な揮発性の液体を入れ，小さな穴のあいたアルミニウム箔(はく)でふたをし，沸騰(ふっとう)水に浸して液体を完全に蒸発させる。[★1] 次に，室温までフラスコを冷却し，気体を凝縮(ぎょうしゅく)させてその質量を測定する。

質量が0.27 g，大気圧を1.0×10^5 Paとすると，モル質量Mを，次ページのように求める。

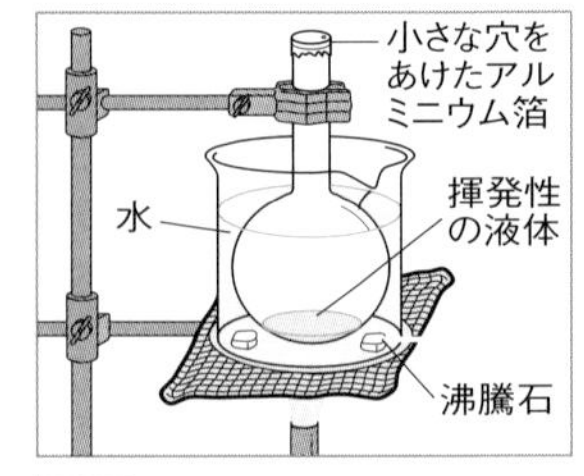

図15 モル質量測定の実験

★1 このとき，フラスコ内では空気が完全に追い出され，純粋な揮発性液体の蒸気で満たされるものとする。

気体(蒸気)の圧力p＝大気圧＝1.0×10^5 Pa

気体の温度T＝水温＝373 K

気体の体積v＝フラスコの体積＝0.100 L

気体の質量w＝0.27 gより，

$$M=\frac{wRT}{pV}=\frac{0.27\ \mathrm{g}\times8.3\times10^3\ \mathrm{Pa\cdot L/(K\cdot mol)}\times373\ \mathrm{K}}{1.0\times10^5\ \mathrm{Pa}\times0.100\ \mathrm{L}}\fallingdotseq84\ \mathrm{g/mol}$$

❷温度・圧力・気体の密度がわかっている場合

状態方程式である⑥式は，気体の密度d〔g/L〕を使って次のようにも表される。

$$M=\frac{wRT}{pV}=\frac{w}{V}\times\frac{RT}{p}=d\cdot\frac{RT}{p}\quad\cdots\cdots⑦$$

上の⑦式のd〔g/L〕は，1 Lあたりの気体の質量〔g〕で，気体の密度を表す。したがって，気体の温度T〔K〕，圧力p〔Pa〕，および気体の密度d〔g/L〕を測定することによっても，⑦式を利用し，気体のモル質量M〔g/mol〕を求めることができる。

例　27 ℃，1.0×10^5 Paにおける気体の密度が2.0 g/Lである気体の分子量を求める。

$$M=d\cdot\frac{RT}{p}=2.0\times\frac{8.3\times10^3\ \mathrm{Pa\cdot L/(K\cdot mol)}\times(273+27)\ \mathrm{K}}{1.0\times10^5\ \mathrm{Pa}}$$

$$\fallingdotseq50\ \mathrm{g/mol}\qquad\therefore\ 分子量50$$

❸同温・同圧での2種の気体の質量比がわかっている場合

同温・同圧で同体積の気体は，同数の分子を含むから，次のようなことがいえる。

モル質量M_Aの気体Aをw_A〔g〕とった。この気体と同温・同圧で，別に気体Bを同じ体積とったときw_B〔g〕であったとすると，気体Bのモル質量M_Bは，次のようになる。

$$w_A : w_B = M_A : M_B\qquad\therefore\ M_B=M_A\times\frac{w_B}{w_A}$$

上式の$\frac{w_B}{w_A}$は，気体Bの気体Aに対する比重を表している。

例　空気の平均モル質量は28.8 g/molである。同温・同圧の空気に対する比重が2.20である気体のモル質量Mを求める。

$$M=28.8\times2.20\fallingdotseq63.4\ \mathrm{g/mol}$$

気体のモル質量 M

- 気体の質量より　⇨　$M=\frac{wRT}{pV}$
- 気体の密度より　⇨　$M=d\cdot\frac{RT}{p}$
- 他の気体に対する比重より　⇨　$M_B=M_A\times\frac{w_B}{w_A}$

重要実験　気体の平均分子量の測定

操作

❶ライター用ガスボンベの質量 w_1〔g〕を精密ばかりで正確に測定する。

❷右図のような装置を組み立てる。➡**メスシリンダーには気体が入らないように**水を満たし，倒立させておく(水槽は深めのものを用意する)。

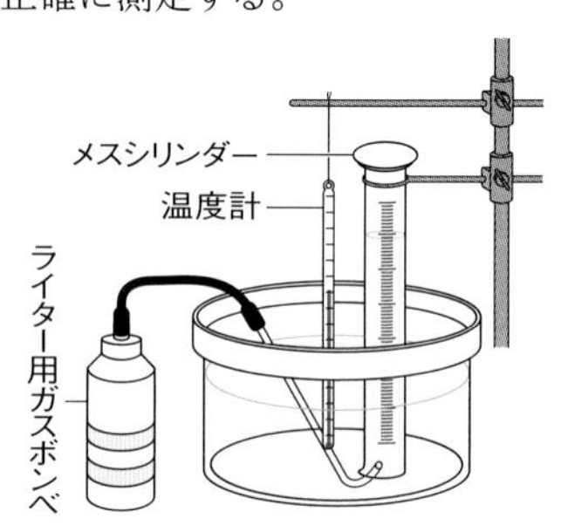

❸ボンベのノズルを押して気体を放出し，500 mLのメスシリンダーに450～490 mLの気体を捕集する。

❹メスシリンダーを上下させ，メスシリンダー内の水面と水槽の水面を一致(**メスシリンダー内の気体の圧力を大気圧と等しくする**)させてから，気体の体積 V〔mL〕を正確に読みとる。

❺水温 t〔℃〕を測定してから，ビニル管をボンベからはずし，ボンベの質量 w_2〔g〕を精密ばかりで正確に測定する。

❻大気圧 p〔Pa〕を測定し，t〔℃〕における水蒸気圧 p_{H_2O} を調べる。

結果

❶次の各数値は，測定結果の一例を示したものである。

$V = 484$ mL　$p = 1.01 \times 10^5$ Pa　$t = 20$ ℃　$p_{H_2O} = 2.33 \times 10^3$ Pa　$w_1 - w_2 = 1.02$ g

❷測定値が上のような場合，この気体の分子量 M は，次のように求められる。

$$M = \frac{(w_1 - w_2) \times R \times (273 + t)}{(p - p_{H_2O}) \times \dfrac{V}{1000}} = \frac{1.02 \times 8.3 \times 10^3 \times (273 + 20)}{(101 - 2.33) \times 10^3 \times \dfrac{484}{1000}} \fallingdotseq 52$$

補足　ガスボンベ内の気体は，ブタン C_4H_{10}（分子量58），プロパン C_3H_8（分子量44）などの炭化水素の化合物であり，その平均分子量は，その組成によっていくらか異なる。

このSECTIONのまとめ　気体の状態方程式

□気体の状態方程式 ☞p.194	・**気体定数**　$R = 8.31 \times 10^3$ Pa・L/(K・mol) ・**気体の状態方程式**　$pV = nRT$（n；物質量〔mol〕） $pV = \dfrac{w}{M}RT$（w；質量〔g〕，M；モル質量〔g/mol〕） （単位；p→Pa，V→L，T→K）
□気体の分子量 ☞p.196	・$M = \dfrac{wRT}{pV}$　　$M = d \cdot \dfrac{RT}{p}$（$d$；密度〔g/L〕）

混合気体の圧力

1 | 混合気体の全圧と分圧

1 全圧と分圧の関係 ①重要

❶**全圧と分圧**　混合気体の圧力を全圧，各成分気体が単独で混合気体と同じ体積を占めたときの圧力をその成分の分圧という。2 種類の気体 A，B の混合気体の場合，A の気体だけを容器に残し，B の気体を容器の外に出したときに示す容器内の圧力を A の分圧という(☞図16)。逆に，B の気体だけを容器に残し，A の気体を容器の外に出したときに示す圧力を B の分圧という。

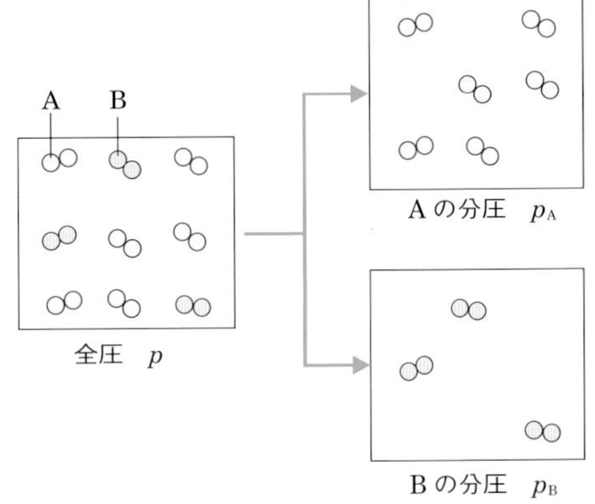

図16　混合気体の全圧と分圧

❷**分圧の法則**　2 種類の気体 A，B の分圧をそれぞれ p_A，p_B とすると，混合気体の全圧 p は，次の式のような関係がある。

$$p = p_A + p_B$$

すなわち，混合気体の全圧は，その各成分気体の分圧の和に等しい。これを，ドルトンの分圧の法則という。

❸**全圧・分圧と気体の分子運動**　気体の圧力は，器壁に衝突する気体分子の衝撃によるものであり，気体分子 1 個の衝突による平均の圧力は，温度が同じであれば，どの気体も同じである。したがって，**混合気体の圧力は，気体の種類によらず，温度と容器内の分子の数によって決まる。**

例　ある温度で，ある容器に 1 mol の酸素を入れると，圧力が 2.0×10^5 Pa だった。このとき，同じ温度で同じ容器に 2 mol の窒素を入れると圧力は 4.0×10^5 Pa，同じ温度で同じ容器に 1 mol の酸素と 2 mol の窒素を入れると 6.0×10^5 Pa になる。

分圧…………**成分気体が単独で混合気体の体積を占めたときの圧力**

分圧の法則…**混合気体の全圧は，各成分気体の分圧の和**

$$p = p_A + p_B + \cdots$$

第3編　物質の状態と平衡

例題　**混合気体の全圧と分圧**

一定温度において，2.0×10^5 Paの水素6.0 Lと3.0×10^5 Paの酸素5.0 Lを10.0 Lの真空容器に入れた。水素の分圧，酸素の分圧，混合気体の全圧は，それぞれ何Paになるか。

着眼　分圧を先に求めた後，分圧の法則を用いて全圧を求める。各成分だけに注目すれば，一定量の気体であるからボイルの法則を用いる。

解説　水素だけに注目すれば，2.0×10^5 Pa，6.0 Lの水素を10.0 Lの容器に入れたのだから，ボイルの法則$p_1V_1 = p_2V_2$を用いて，水素の分圧は次のように求められる。

$$p_{H_2} = \frac{p_1 \times V_1}{V_2} = \frac{2.0 \times 10^5 \text{ Pa} \times 6.0 \text{ L}}{10.0 \text{ L}} = 1.2 \times 10^5 \text{ Pa}$$

酸素の分圧も同様に求められる。

$$p_{O_2} = \frac{p_1 \times V_1}{V_2} = \frac{3.0 \times 10^5 \text{ Pa} \times 5.0 \text{ L}}{10.0 \text{ L}} = 1.5 \times 10^5 \text{ Pa}$$

全圧は，分圧の法則を用いて，次のように求められる。

$$p = p_{H_2} + p_{O_2} = 1.2 \times 10^5 \text{ Pa} + 1.5 \times 10^5 \text{ Pa} = 2.7 \times 10^5 \text{ Pa}$$

答　$p_{H_2} = 1.2 \times 10^5$ Pa　$p_{O_2} = 1.5 \times 10^5$ Pa　$p = 2.7 \times 10^5$ Pa

2 混合気体の状態方程式　①重要

❶混合気体の状態方程式　容器の体積をV，温度をT，気体A，Bの物質量をそれぞれn_A，n_Bとすると成分Aだけの気体，成分Bだけの気体について，次に示すような気体の状態方程式が成り立つ。

成分Aだけの気体，　$p_AV = n_ART$　……………………①

成分Bだけの気体，　$p_BV = n_BRT$　……………………②

表2　混合気体の状態方程式

	混合気体	成分Aだけの気体	成分Bだけの気体
模式図			
圧　力	$p\ (= p_A + p_B)$	p_A	p_B
体　積	V	V	V
物質量	$n\ (= n_A + n_B)$	n_A	n_B
温　度	T	T	T
状態方程式	$pV = nRT$	$p_AV = n_ART$	$p_BV = n_BRT$

一方，混合気体では，①式＋②式を計算すると，

$$(p_A + p_B)V = (n_A + n_B)RT \quad \cdots\cdots ③$$

③式に分圧の法則 $p = p_A + p_B$ をあてはめると，

$$pV = (n_A + n_B)RT \quad \cdots\cdots ④$$

④式で混合気体の全物質量を n とすると，

$$pV = nRT \quad \cdots\cdots ⑤$$

このように，**混合気体についても，一成分の気体の状態方程式と同じ形になる。**

全圧も分圧も，気体の状態方程式が成り立つ。

$pV = nRT\ (p = p_A + p_B,\ n = n_A + n_B)$

$p_AV = n_ART \qquad p_BV = n_BRT$

❷分圧と物質量　分圧の気体の状態方程式である①式を②式で割り算すると，次式が導かれる。

$$\frac{p_A}{p_B} = \frac{n_A}{n_B}$$

したがって，**成分気体の分圧の比は物質量の比に等しい。**

❸分圧と体積比　混合気体の各成分気体の分圧は，それぞれの成分気体の物質量に比例するから，**各成分気体の分圧比は，同温・同圧の各気体の体積比に等しい。**

[混合気体の組成と分圧]

⇨分圧の比＝物質量の比＝混合前の体積の比(同温・同圧)

$p_A : p_B \quad = \quad n_A : n_B \quad = \quad V_A : V_B$

例題　**混合気体の状態方程式**

27 ℃に保たれた16.6 Lの容器に，0.25 molのヘリウムと0.75 molのアルゴンの混合気体が入っている。混合気体の全圧，ヘリウムの分圧はそれぞれ何Paか。

着眼　混合気体の状態方程式 $pV = (n_A + n_B)RT$ を用いて全圧を先に求めると簡単である。

解説　混合気体の物質量は，0.25 mol＋0.75 mol＝1.0 molとなる。

$$p = \frac{nRT}{V} = \frac{1.0\ \text{mol} \times 8.3 \times 10^3\ \text{Pa·L/(K·mol)} \times 300\ \text{K}}{16.6\ \text{L}} = 1.5 \times 10^5\ \text{Pa}$$

ヘリウムとアルゴンの分圧の比は，物質量の比に等しいから，1：3になる。

$$p_{He} = 1.5 \times 10^5\ \text{Pa} \times \frac{1}{4} \fallingdotseq 3.8 \times 10^4\ \text{Pa}$$

答　$p = 1.5 \times 10^5$ Pa　$p_{He} = 3.8 \times 10^4$ Pa

❹モル分率　成分気体Aに注目して，p.200～201の①式を⑤式で割ると分圧p_Aは，

$$p_A = p \times \frac{n_A}{n}$$

同様に，成分気体Bについても，②式を⑤式で割ると分圧p_Bは，

$$p_B = p \times \frac{n_B}{n}$$

このときの$\frac{n_A}{n}$，すなわち**全物質量に対するAの物質量の比**をAの**モル分率**という。したがって，**分圧＝全圧×モル分率**となる。

補足　混合気体について，煩雑になるのをさけるため，成分気体をA，Bの２種類としたが，３種類以上の場合も同様の関係がある。

例題　混合気体のモル分率

ある容器の中に，酸素8.0 gと水素2.0 gと窒素14.0 gを封入したところ，混合気体の全圧が1.4×10^5 Paになった。この混合気体中の酸素の分圧は何Paか。

着眼　まず，各気体の物質量を求める。次に，気体全体の物質量に対する酸素の物質量の割合(モル分率)を求め，これと全圧から分圧を求める。

解説　各気体の物質量は，分子量が$O_2 = 32$，$H_2 = 2.0$，$N_2 = 28$であるから，

O_2；$\frac{8.0\ \text{g}}{32\ \text{g/mol}} = 0.25\ \text{mol}$　　H_2；$\frac{2.0\ \text{g}}{2.0\ \text{g/mol}} = 1.0\ \text{mol}$　　N_2；$\frac{14.0\ \text{g}}{28\ \text{g/mol}} = 0.50\ \text{mol}$

酸素のモル分率を使って分圧p_{O_2}を求めると，次のようになる。

$$p_{O_2} = 1.4 \times 10^5\ \text{Pa} \times \frac{0.25\ \text{mol}}{(0.25 + 1.0 + 0.50)\ \text{mol}} = 2.0 \times 10^4\ \text{Pa}$$

答 2.0×10^4 Pa

3 空気の全圧と分圧

❶空気中の窒素と酸素の分圧　最も身近な混合気体である空気について，混合気体の性質を整理してみよう。空気は体積組成を窒素80 %，酸素20 %とし，圧力の単位はPaを使用する。温度は一定とする。次ページの**図17**は，空気の体積と圧力の関係を表したものである。

[圧力一定における気体の混合]　**図17**の緑矢印のように，圧力を1.0×10^5 Paと一定にして，4 Lの窒素と1 Lの酸素を混合すると，5 Lの空気が得られる。ここでは，次のようなことがわかる。

①**混合気体の体積は，混合前の気体の体積の和に等しい。**

②**混合前の気体の体積比は，混合気体中の物質量の比に等しい。**

[空気の全圧と分圧]　**図17**の赤・青矢印のように，体積を5 Lと一定にして，窒素と酸素を分けて考えると，空気の全圧は1.0×10^5 Paであり，窒素の分圧は0.8×10^5 Pa，酸素の分圧は0.2×10^5 Paである。ここでは，次ページのようなことがわかる。

①混合気体の全圧は，分圧の和に等しい。
②混合気体中の物質量の比は，分圧の比に等しい。

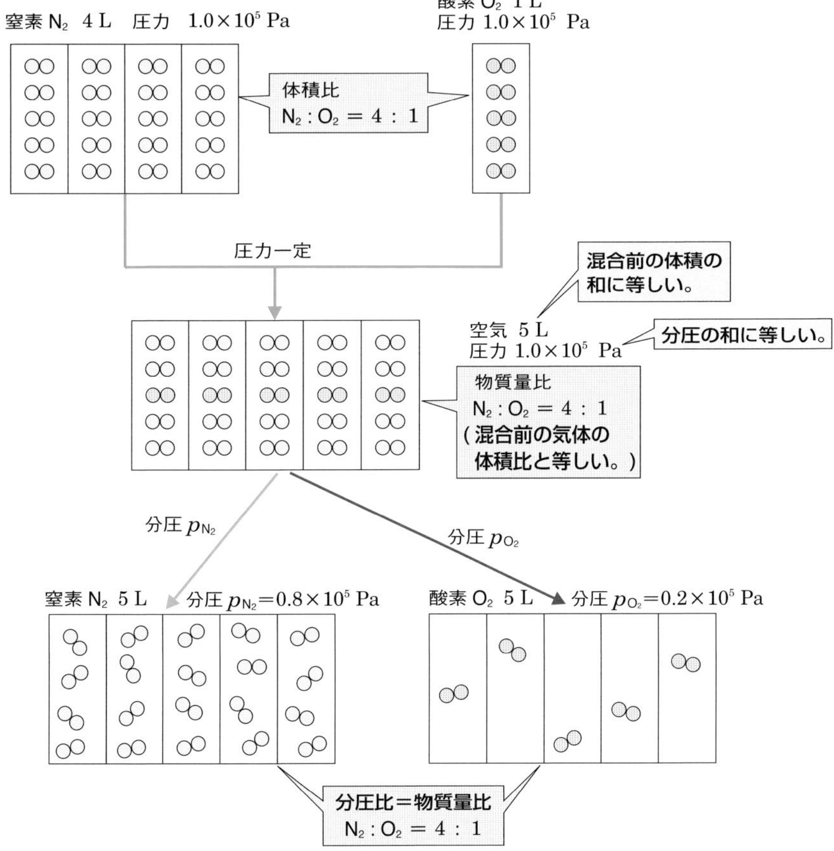

図17 空気の体積と圧力の関係

❷空気の平均分子量　空気の平均分子量は，**見かけ上の分子量**ともいわれ，これを求めると，気体の状態方程式が成り立ち，他の気体との比較ができるので便利である。空気を物質量の比で，窒素：酸素＝80.0％：20.0％の混合気体とすると，空気の平均分子量は，**窒素の分子量×モル分率＋酸素の分子量×モル分率**により，次のように求められる。

$$\textbf{空気の平均分子量} = 28.0 \times \frac{80.0}{100} + 32.0 \times \frac{20.0}{100} = 28.8$$

例　二酸化炭素 CO_2 の分子量(44.0)を空気の平均分子量28.8で割ると，1.53となり，空気に対する二酸化炭素の比重(空気の何倍の重さか)が求められる。

4 蒸気圧と混合気体の圧力

❶水上置換と分圧　図18のように，水素などの気体を水上置換で捕集すると，メスシリンダー内の気体は，捕集する水素と水蒸気との混合気体になる。したがって，この場合の水素の分圧は，**混合気体の全圧から水蒸気圧(水の飽和蒸気圧)を引いた値**になる。

[水蒸気圧]　図18で，メスシリンダー内の水面と水槽の水面を一致させると，メスシリンダー内の混合気体の圧力は，大気圧pと等しくなる。水蒸気圧p_{H_2O}は温度によって決まる値である。よって，水温t〔℃〕における水蒸気圧を調べれば，捕集した水素の分圧p_{H_2}を求めることができる。

$$p_{H_2} = \underset{(\text{大気圧})}{p} - \underset{(\text{水蒸気圧})}{p_{H_2O}}$$

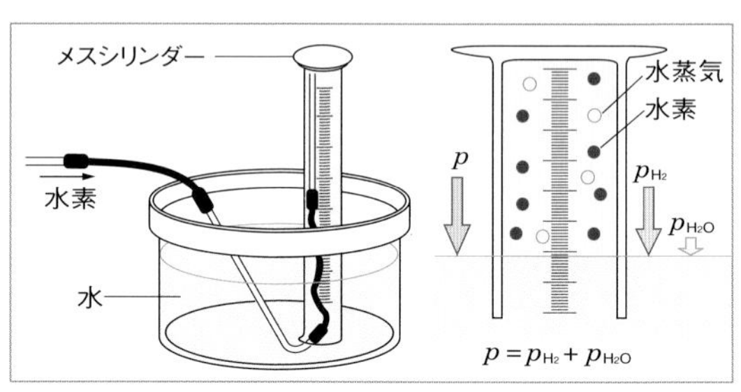

図18　水素の水上置換による捕集

表3　15℃から30℃までの水蒸気圧

15℃	1.70×10^3 Pa	21℃	2.49×10^3 Pa	27℃	3.55×10^3 Pa
16	1.81	22	2.63	28	3.77
17	1.93	23	2.80	29	3.99
18	2.06	24	2.98	30	4.24
19	2.19	25	3.16		
20	2.33	26	3.35		

例　図18の装置で水素を捕集し，水面を外の水面と一致させて体積を測定したら，486 mLであった。このときの水温と気温がともに21℃，大気圧が9.8×10^4 Paであったとき，この水素の0℃，1.0×10^5 Paにおける体積V_0は，ボイル・シャルルの法則により，次のように計算される。

$$\frac{(98-2.49)\times10^3\ \text{Pa}\times486\ \text{mL}}{(273+21)\ \text{K}} = \frac{1.0\times10^5\ \text{Pa}\times V_0\ [\text{mL}]}{273\ \text{K}} \qquad \therefore\quad V_0 \fallingdotseq 4.3\times10^2\ \text{mL}$$

[水上置換と分圧]

気体を水上置換で捕集したときの気体の分圧は，

$$p_{\text{分圧}} = p_{\text{全圧}} - p_{H_2O}$$

❷液体の蒸気圧と混合気体の圧力　気体の入っている容器に揮発性の液体を入れて密封すると，液体の蒸発によって生じた蒸気の圧力により，容器内の圧力は大きくなる。このとき，容器内の蒸気の圧力は，液体が残っている場合には，その温度における飽和蒸気圧になり，液体が残らない状態ではすべて気体となって，その温度における飽和蒸気圧以下の値になる。そして，**混合気体の全圧は，もとの気体の圧力と蒸気の圧力の和になる。**

2｜実在気体と理想気体

❶実在気体とボイルの法則・シャルルの法則　実際に存在している気体を実在気体という。**図19**のように，温度一定のもとで一定量の実在気体の体積Vを減少させていくと，体積に反比例して気体の圧力pは増加していく(ボイルの法則)。しかし，さらに体積を減少させていくと，やがて気体分子間に分子間力が生じて凝縮(ぎょうしゅく)し，ボイルの法則が成り立たなくなる。

第3編　物質の状態と平衡

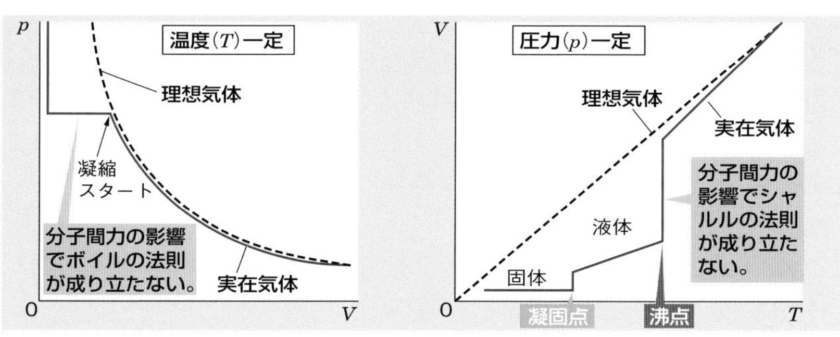

図19　実在気体のpとVの関係(温度一定)　　**図20**　実在気体のVとTの関係(圧力一定)

また，**図20**のように，圧力一定のもとで一定量の実在気体について気体の温度Tを下げていくと，絶対温度に正比例して体積Vも減少していく(シャルルの法則)。しかし，さらに温度を下げていくと，やがて気体分子の分子間力によって凝縮し，シャルルの法則が成り立たなくなる。また，気体分子自身が体積をもっているので，たとえ絶対零度で気体として存在していても体積は0とはならない。

❷理想気体　実在気体では気体分子間に分子間力がはたらき，気体分子自身が体積をもっているため，厳密にはボイルの法則・シャルルの法則は成り立たない。**気体の状態方程式がつねに成り立つのは，完全に分子間力が生じない，そして分子自身が体積をもたない仮想の気体についてである。**この仮想の気体を理想気体という。

❸理想気体の特徴　理想気体は次のような特徴をもっている。

①温度がいくら下がっても，圧力がいくら大きくなっても**分子間力がはたらかない(液体や固体に変化しない)。**

②**分子は体積をもたない。**ただし，質量はある。

③**絶対温度0 Kでも気体状態をとっている。**

④**1 molの体積は，0 ℃，1.0×10^5 Pa (標準状態)で22.4 Lである。**

理想気体

⇨**分子自身の体積0，分子間力0 (凝縮しない)**

したがって，理想気体に近い性質をもった実在気体は，分子自身の体積が無視できる低圧(分子間の距離が大きい状態)，高温(分子が高いエネルギーをもち，分子間力が無視できる状態)の場合である。

{低圧 / 高温} のとき⇨実在気体≒理想気体

❹**実在気体のずれ**　$\frac{pV}{nRT}$ を Z[★1] として，Z の値について検討する。**理想気体では，$pV=nRT$ であるから，$\frac{pV}{nRT}=1$ がつねに成り立つ。**

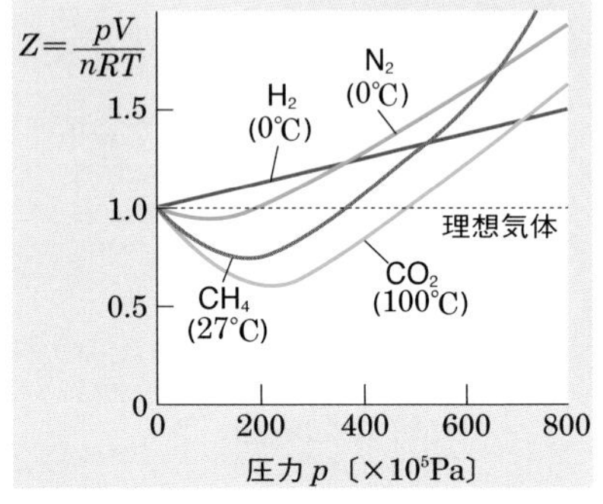

図21 圧力による実在気体のずれ

①**圧力の影響**　図21のグラフは，縦軸に Z をとり，圧力を変化させたものである。したがって，理想気体はつねに $Z=1$ であり，横軸に平行になっている。

[圧力を少し大きくしたとき]　窒素や二酸化炭素は，分子が接近して分子間力が増加し，体積が小さくなり，$Z<1$ になる。水素は分子間力が弱く，体積が小さくならない。

[圧力を非常に大きくしたとき]　すべての分子で分子自身の大きさの影響が，分子間力の影響より大きくなるため，すべての分子が $Z>1$ になる。

②**温度の影響**　図22のグラフは，温度を変化させたときの Z の値である。高温では，Z が1に近づくが，温度を下げると，分子間力の影響で Z は小さくなる。理想気体とのずれが大きくなる温度は，分子間力が弱く沸点が低い分子ほど低い。

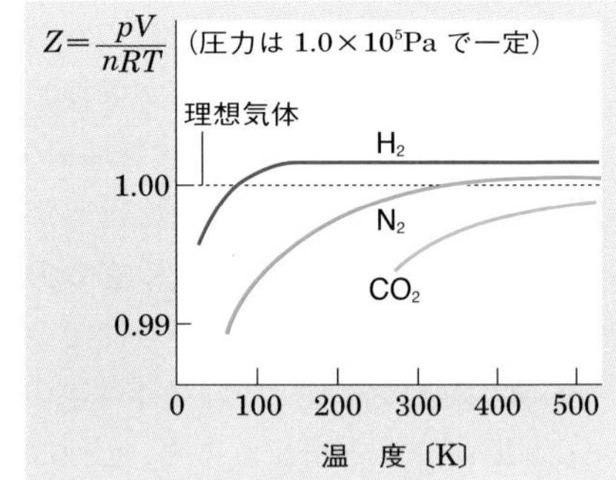

図22 温度による実在気体のずれ

❺**実在気体と気体の状態方程式**　実在気体の圧力，体積を次のように補正し，**理想気体からのずれを修正することによって実在気体にも気体の状態方程式は利用できる。**

分子が接近するほど分子間力が大きくなり，実在気体の圧力は理想気体の圧力よりも小さくなる。その値は $\left(\frac{n}{V}\right)^2$ に比例し，比例定数を a〔L^2・Pa/mol^2〕とすると，圧力の減少分は $\left(\frac{n}{V}\right)^2 a$ となる。また，分子自身の大きさが無視できなくなると，分子自身の体積分だけ気体分子の動く空間の体積が減少する。気体1 molあたりの減少分を b〔L/mol〕とすると，n〔mol〕の気体の体積の減少分は nb となる。

★1 値 Z を圧縮因子と呼ぶ。

したがって，補正後の圧力は$p+\left(\frac{n}{V}\right)^2 a$，体積は$V-nb$となり，実在気体の状態方程式は次のように表される。

$$\left\{p+\left(\frac{n}{V}\right)^2 a\right\}\cdot(V-nb)=nRT$$

この式をファンデルワールスの状態方程式，a，bはファンデルワールス定数といわれる(☞表4)。

表4　ファンデルワールス定数

物質	a〔$L^2\cdot Pa/mol^2$〕	b〔L/mol〕
H_2	2.4×10^4	0.027
N_2	1.4×10^5	0.039
CO_2	3.6×10^5	0.043

❻1 molの気体の体積　0 ℃, 1.0×10^5 Pa(標準状態)における気体1 molの体積は，**気体の種類にかかわらず，22.4 Lを占める**(☞p.79)。しかし実際は，下の**表5**からわかるように，気体の種類によって少しずつ違う値を示す。

[結合の強さと気体1 molの体積]

表5からわかるように，分子間力が弱く，沸点が低い気体H_2，Ne，O_2などの1 molの体積は22.4 Lに近く，分子間力が比較的強いCl_2や，水素結合を生じるNH_3などの1 molの体積は22.4 Lより小さくなっている。

表5　気体1 molの体積(標準状態)

気体	分子量	1 molの体積〔L〕	沸点〔℃〕
H_2	2.0	22.43	−253
Ne	20.0	22.42	−246
O_2	32.0	22.39	−183
NH_3	17.0	22.09	−33.4
Cl_2	71.0	22.06	−34.1

補足　理想気体1 molの体積は，厳密には，0 ℃，1.013×10^5 Pa(標準状態)で，22.41383 Lとされている。しかし，本書では，標準状態を0 ℃，1.0×10^5 Pa，このときの気体の体積を22.4 Lとする。

このSECTIONのまとめ　混合気体の圧力

□全圧と分圧 ☞p.199	・**全圧**(p)…混合気体全体が示す圧力。 ・**分圧**(p_A，p_B，…)…混合気体の成分気体が示す圧力。 ・**分圧の法則**　$p=p_A+p_B+\cdots$
□混合気体の組成と分圧 ☞p.201	・**分圧比＝物質量の比＝体積比**(同温・同圧) ・**モル分率**…混合気体の全物質量に対する成分気体の物質量の割合。
□実在気体と理想気体 ☞p.205	・**実在気体**…状態方程式に完全にはしたがわない気体。分子自身が体積をもち，分子間力がはたらいている。 ・**理想気体**…状態方程式に完全にしたがう仮想の気体。**分子自身の体積を0，分子間力を0**とした気体。**低圧・高温ほど，実在気体は理想気体に近づく。**

CHAPTER 2 練習問題 解答☞p.548

① 〈気体の体積・圧力・温度の関係〉

一定物質量の理想気体について，次の(A)～(E)の記述のなかから正しいものをすべて選び，記号で答えよ。ただし，図(a)～(e)の両軸は，いずれも等間隔目盛りとし，Tは絶対温度，pは圧力，Vは体積とする。

(A)　$T_1 > T_2$のとき，Vとpの関係は図(a)で表される。

(B)　$T_1 > T_2$のとき，$\frac{1}{V}$とpとの関係は図(b)で表される。

(C)　$T_1 > T_2$のとき，pとpVとの関係は図(c)で表される。

(D)　$T_1 > T_2$のとき，pと$\frac{pV}{T}$との関係は図(d)で表される。

(E)　$p_1 > p_2$のとき，TとVとの関係は図(e)で表される。

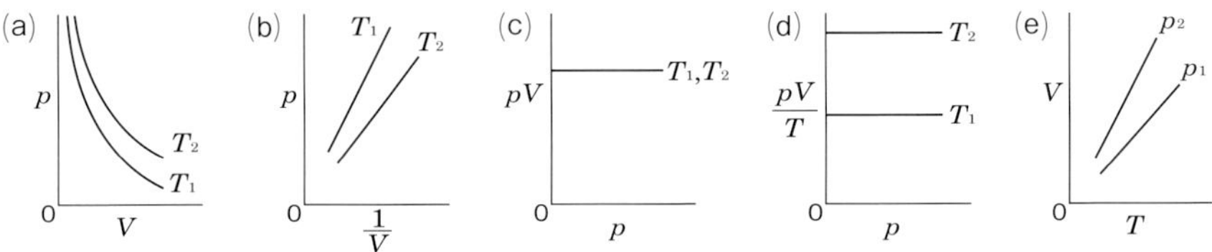

② 〈気体の状態方程式〉テスト必出

次の問いに答えよ。ただし，気体定数を$R = 8.3 \times 10^3$ Pa・L/(K・mol)とする。

(1)　27 ℃，3.6×10^5 Paで10.0 Lの気体を，77 ℃，1.5×10^5 Paにしたときの体積は何Lか。

(2)　2.0 molの気体を，37 ℃，6.2×10^5 Paにしたときの体積は，何Lか。

(3)　1.0 gの気体の体積を，87 ℃，1.0×10^5 Paで測定したところ，400 mLであった。この気体の分子量を求めよ。

(4)　空気に対する比重が1.5である気体の分子量を求めよ。ただし，空気の平均分子量は28.8とする。

③ 〈混合気体〉テスト必出

次の文を読んで，下記の(1)～(4)に答えよ。

標準状態で，1.12 Lのメタンと16.8 Lの空気を，10.0 Lの容器内に入れ0 ℃に保った。その後，メタンを完全燃焼させ，その容器を127 ℃にしたところ，生成した水はすべて水蒸気として存在していた。なお，空気は体積比O_2 20.0 %，N_2 80.0 %の混合気体とし，気体定数を$R = 8.31 \times 10^3$ Pa・L/(K・mol)とする。

(1)　燃焼前のメタンと空気の混合気体の総物質量は何molか。

(2)　燃焼前の窒素の分圧は何Paか。

(3)　燃焼後に残っている酸素の物質量は何molか。

(4)　127 ℃の容器内の全圧は何Paか。

CHAPTER

3 » 固体の構造

SECTION 1 イオン結晶

1 | イオン結晶の構造とイオンの大きさ

1 イオン結晶

❶イオン結晶　p.40でも学習したが，構成粒子が規則正しく配列した固体を結晶という。多くの固体は結晶である。陽イオンと陰イオンとがイオン結合で多数結合してできた結晶をイオン結晶という。

❷単位格子(こうし)　結晶の構成粒子の配列を示したものを結晶格子という。結晶中の粒子配列は，単純な単位構造のくり返しであり，その最小単位を単位格子という。

2 塩化ナトリウムNaCl型の結晶構造 ①重要

❶配位数　**1つの粒子に接している粒子の数**を配位数という。塩化ナトリウムNaClの単位格子の中心にあるNa^+は，そのまわりの6個のCl^-と接しており，逆にCl^-もそのまわりの6個のNa^+と接している。

❷単位格子中のイオンの数　単位格子内の粒子の数は，次のように求める。

① **立方体の頂点にある粒子**は，隣接する8つの単位格子の頂点を兼ねているので，各単位格子に$\frac{1}{8}$個ずつ含まれる。

② **辺にある粒子**は，単位格子に$\frac{1}{4}$個ずつ，**面にある粒子**は，$\frac{1}{2}$個ずつ含まれる。

③ **立方体の中心にある粒子**は，単位格子に1個含まれる。

塩化ナトリウムNaClの結晶構造は，次ページの図23に示したとおりであり，単位格子内に存在するNa^+とCl^-の数は次のようになる。

$$Na^+ : \frac{1}{4}\times 12 + 1 = 4\text{〔個〕} \qquad Cl^- : \frac{1}{8}\times 8 + \frac{1}{2}\times 6 = 4\text{〔個〕}$$

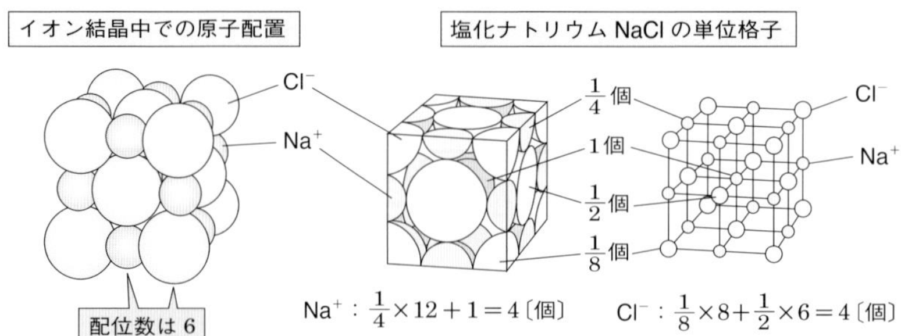

図23 塩化ナトリウムNaClの結晶構造

3 塩化セシウムCsCl型の結晶構造

❶配位数　塩化セシウムCsClでは，1個のCs^+のまわりに8個のCl^-が接しており，Cl^-もそのまわりの8個のCs^+と接している。

❷単位格子(こうし)中に含まれるイオンの数　塩化セシウムCsClの結晶構造は，図24に示したとおりであり，単位格子内に存在するCs^+，Cl^-の数は次のようになる。

$$Cs^+ :\ 1〔個〕\qquad Cl^- :\ \frac{1}{8}\times8=1〔個〕$$

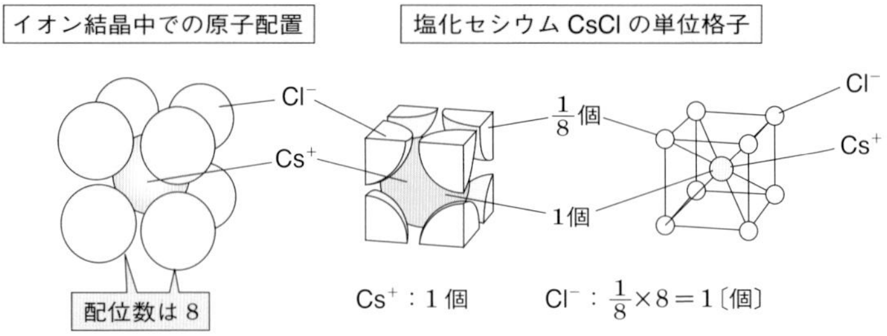

図24 塩化セシウムCsClの結晶構造

4 イオン結晶の安定性と限界半径比

❶イオン結晶の安定性　イオン結晶は，イオンの大きさによって，3つのタイプがある。

(a)陽イオンと陰イオンが接し，陰イオンどうしが接しない安定なタイプ。

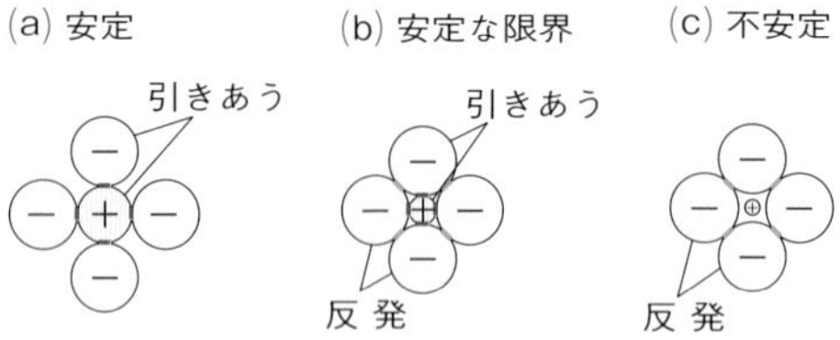

図25 イオン結晶の安定性

(b)陽イオンと陰イオン，陰イオンどうし共に接するタイプ。

(c)陽イオンと陰イオンが離れていて，陰イオンどうしが接する不安定なタイプ。

(b)の安定である限界での両イオンの半径比を限界半径比という。

❷限界半径比 塩化ナトリウムNaCl型と塩化セシウムCsCl型について，図25(b)の状態になったと考えると，図26，図27のようになる。

① **塩化ナトリウムNaCl型**

陰イオンの半径をR，陽イオンの半径をrとすると，図26において三平方の定理より，

$$2(R+r)^2=(2R)^2$$

$$R+r=\sqrt{2}R \quad \therefore \quad \frac{r}{R}=\sqrt{2}-1=0.41$$

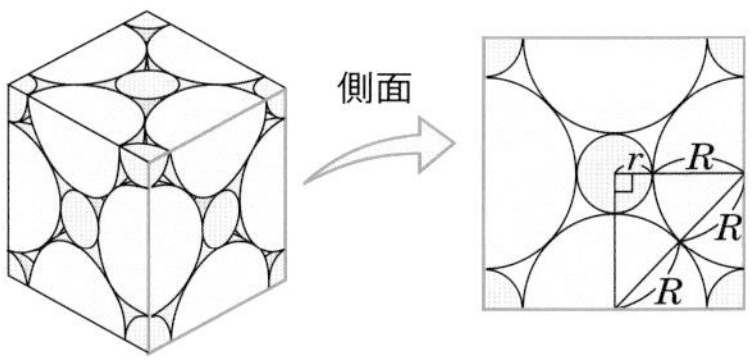

図26 安定である限界(NaCl型)

② **塩化セシウムCsCl型**

図27において三平方の定理より，

$$(2R+2r)^2=(2R)^2+(2\sqrt{2}R)^2$$

$$2(R+r)=2\sqrt{3}R \qquad \frac{R+r}{R}=\sqrt{3}$$

$$\therefore \quad \frac{r}{R}=\sqrt{3}-1=0.73$$

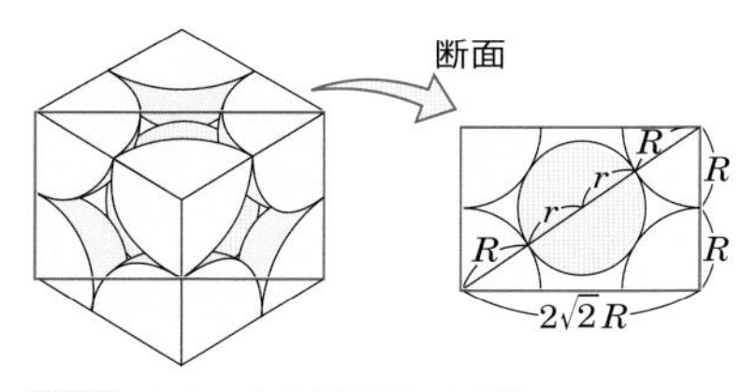

図27 安定である限界(CsCl型)

❸結晶構造のとり方 限界半径比$\frac{r}{R}$の値によって，結晶構造のとり方が決まる。塩化セシウムCsCl型は$\frac{r}{R}$が0.73以上の場合に，塩化ナトリウムNaCl型は$\frac{r}{R}$が0.73未満，0.41以上の場合にとる。CsClの半径比$\frac{Cs^+}{Cl^-}$，NaClの半径比$\frac{Na^+}{Cl^-}$は，それぞれ0.94，0.52である。

[限界半径比]

塩化ナトリウムNaCl型 $\Rightarrow 0.41 \leqq \frac{r}{R} < 0.73$

塩化セシウムCsCl型 $\Rightarrow 0.73 \leqq \frac{r}{R}$

5 イオンの大きさ (!)重要

❶原子半径 同じ周期の元素の原子を比べると，周期表の左に位置するものほど大きく，同族の元素の原子を比べると，周期表の下に位置する原子ほど大きい。

補足 原子半径は，金属は金属結合をしたときの，非金属は共有結合したときの原子間距離の$\frac{1}{2}$として求めている。貴ガスは，化学結合していない状態で測定するため，大きくなっている。

❷同族元素のイオン 周期表の同族元素についてイオン半径を比べると，原子半径と同様，周期表の下に位置するイオンほど大きくなっている。

❸同じ電子配置のイオン O^{2-}，F^-，Na^+，Mg^{2+}，Al^{3+}はいずれもNeと同じ電子配置になっている。これらのイオン半径は原子番号が大きいほど小さい。これは，陽子の数が増加するため，電子がより強く原子核に引きつけられるからである。

第3編 物質の状態と平衡

表6 **典型元素の原子やイオンの大きさ**(およその半径をnmの単位で示したもの)

	1	2	13	14	15	16	17	18
1	H 0.030							He 0.140
2	Li 0.152 Li^+ 0.090	Be 0.111 Be^{2+} 0.059	B 0.081	C 0.077	N 0.074	O 0.074 O^{2-} 0.126	F 0.072 F^- 0.119	Ne 0.154
3	Na 0.186 Na^+ 0.116	Mg 0.160 Mg^{2+} 0.086	Al 0.143 Al^{3+} 0.068	Si 0.117	P 0.110	S 0.104 S^{2-} 0.170	Cl 0.099 Cl^- 0.167	Ar 0.188

視点　①原子半径は，周期表の左下に位置するものほど大きくなる。貴ガスは測定方法が異なり，別物と考える。②陽イオンは，イオン半径＜原子半径。陰イオンは，イオン半径＞原子半径。③イオン半径も，周期表の下に位置するものほど大きくなる。④同じ貴ガス構造をとるイオンのイオン半径は，原子番号が大きいほど小さい。

このSECTIONのまとめ　イオン結晶

□ **イオン結晶とその構造**　☞ p.209

- **イオン結晶**…陽イオンと陰イオンが，イオン結合で多数結合してできた結晶。
- **塩化ナトリウム NaCl の結晶構造**…配位数は 6。単位格子内に存在する Na^+ と Cl^- の数は，Na^+…4 個，Cl^-…4 個
- **塩化セシウム CsCl の結晶構造**…配位数は 8。単位格子内に存在する Cs^+ と Cl^- の数は，Cs^+…1 個，Cl^-…1 個

□ **限界半径比**　☞ p.210

- **限界半径比**…安定である限界での両イオンの半径比。その数値によって，とる結晶構造が異なる。

塩化ナトリウム NaCl 型…$0.41 \leqq \frac{r}{R} < 0.73$

塩化セシウム CsCl 型…$0.73 \leqq \frac{r}{R}$

□ **イオンの大きさ**　☞ p.211

- **イオン半径**…周期表の左にあるものほど大きく，下にあるものほど大きい。
- **同じ電子配置のイオン**…原子番号が大きいほど小さい。

金属とアモルファス

1 金属の結晶構造

1 金属結晶 ①重要

❶金属の結晶格子(こうし)

①**体心立方格子**　立方体の中心と各頂点に原子が配列された結晶格子。

②**面心立方格子**　立方体の各面の中心と各頂点に原子が配列された結晶格子。

③**六方最密構造**　7個の原子が平面に正六角形に配列した第1層に，そのくぼみにのるように3個の原子が第2層を形成し，さらにその上に第1層と同じ位置に配列された結晶格子。単位格子は，正六角柱の$\frac{1}{3}$である。

❷単位格子中にある原子数　単位格子中にある原子数は，下の表のようになる。

表7　結晶格子の原子数・配位数・充填率

体心立方格子	面心立方格子	六方最密構造
		単位格子
$\frac{1}{8}$個分 1個分	$\frac{1}{8}$個分 $\frac{1}{2}$個分	$\frac{1}{6}$個分 1個分 $\frac{1}{12}$個分
所属原子数 $=\frac{1}{8}\times8+1=2$	所属原子数 $=\frac{1}{8}\times8+\frac{1}{2}\times6=4$	所属原子数 $=\frac{1}{6}\times4+\frac{1}{12}\times4+1=2$
配位数＝8	配位数＝12	配位数＝12
充填率＝68%	充填率＝74%	充填率＝74%
〔例〕Li, Na, K, Fe	〔例〕Al, Ni, Cu, Ag, Au	〔例〕Mg, Zn, Cd

❸配位数　結晶格子(こうし)において，**1個の原子に隣接している原子の数**を配位数という。配位数は，結晶格子の種類によって決まっている。

①**体心立方格子**　立方体の中心の原子に着目すると，各頂点8個と隣接している。

②**面心立方格子**　立方体の上の面の中心の原子に着目すると，同一平面の各頂点4個と下の層の4個(各面の中心)と，さらに単位格子の上の4個(前ページの図にはない)と隣接しており，合計12個となる。

③**六方最密構造**　正六角柱の上の面の中心の原子に着目すると，同一平面の各頂点6個と下の層の3個と，さらに単位格子の上の3個(前ページの図にはない)と隣接しており，合計12個となる。

体心立方格子⇨**単位格子中の原子…2，配位数…8**

面心立方格子⇨**単位格子中の原子…4，配位数…12**

六方最密構造⇨**単位格子中の原子…2，配位数…12**

❹最密構造　結晶格子の体積のうちで球(金属原子を球とみなす)の体積が占める割合のことを充填率(じゅうてんりつ)という。充填率が最も高い，すなわち同じ大きさの球を最も密になるように配列した構造を最密構造という。**最密構造には，面心立方格子(立方最密構造)と六方最密構造がある。**これらの充填率は74 %である。一方，体心立方格子の充填率は68 %であり，最密構造ではない。

❺格子定数と原子半径　単位格子の立方体の一辺の長さ(a)を格子定数という。原子半径rは，aを用いて次のように表される。

①**体心立方格子**　面の対角線は$\sqrt{2}\,a$であるから，$(4r)^2 = a^2 + (\sqrt{2}\,a)^2$　より，

$$r = \frac{\sqrt{3}}{4}a$$　(☞図28)

体心立方格子　面心立方格子

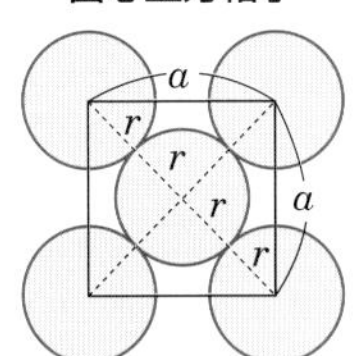

図28　原子半径と格子定数

②**面心立方格子**　面の対角線が$\sqrt{2}\,a$であり$4r$に等しいから，$r = \frac{\sqrt{2}}{4}a$　(☞図28)

❻密度　格子定数a〔cm〕，金属の原子量M，アボガドロ定数をN_A〔/mol〕とすると，原子1個の質量は$\frac{M}{N_A}$〔g〕であるから，密度d〔g/cm^3〕は次のように表される。

①**体心立方格子**　単位格子の体積はa^3〔cm^3〕，単位格子中の原子数は2個だから，

$$d = 2 \times \frac{M}{N_A} \times \frac{1}{a^3} = \frac{2M}{a^3 N_A}$$〔g/cm^3〕

②**面心立方格子**　単位格子の体積はa^3〔cm^3〕，単位格子中の原子数は4個だから，

$$d = 4 \times \frac{M}{N_A} \times \frac{1}{a^3} = \frac{4M}{a^3 N_A}$$〔g/cm^3〕

例題　**結晶格子**

単体のアルミニウムは，右図のような単位格子(こうし)の結晶で，単位格子の一辺の長さは，0.405 nm，密度は2.70 g/cm^{3}である。$\sqrt{2}=1.41$として，次の問いに答えよ。

(1)　アルミニウム原子1個の質量は何gか。

(2)　アルミニウム原子の半径は何nmか。

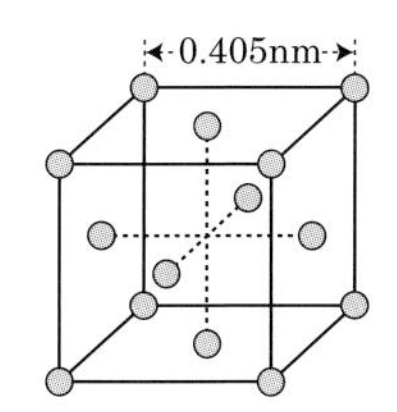

着眼　質量〔g〕＝密度〔g/cm^3〕×体積〔cm^3〕の関係を利用して，まずは単位格子1個の質量を求める。また，1 nm＝10^{-9} m＝10^{-7} cmである。

解説　(1)　単位格子1個の質量は，$2.70\times(0.405\times10^{-7})^3$ gであり，面心立方格子中に4個のAl原子を含むので，Al原子1個の質量は次式で求められる。

$$\frac{2.70\times(0.405\times10^{-7})^3\ \text{g}}{4}\fallingdotseq 4.48\times10^{-23}\ \text{g}$$

(2)　面心立方格子の原子半径rと格子定数aとの関係式を利用して，次式で求められる。

$$r=\frac{\sqrt{2}}{4}a=\frac{1.41}{4}\times0.405\ \text{nm}\fallingdotseq 0.143\ \text{nm}$$

答 (1)4.48×10^{-23} g　(2)0.143 nm

⊕発展ゼミ　十円玉で最密構造をつくる

●十円玉を金属原子の球に見立てて最密構造をつくってみる(☞図29)。

〔操作①〕　十円玉7枚をできるだけすき間が少なくなるように並べると六方最密構造の正六角形ができる。これを第2層とする。

〔操作②〕　第2層には6個のすき間X，Yができる。そのすき間の中心に別の十円玉の中心がくるようにすると，X，Yいずれかの位置に3枚が乗り，第3層とする。

〔操作③〕　第2層の下にも第3層と同様に，すき間を埋めるように3枚が並び，第1層とする。

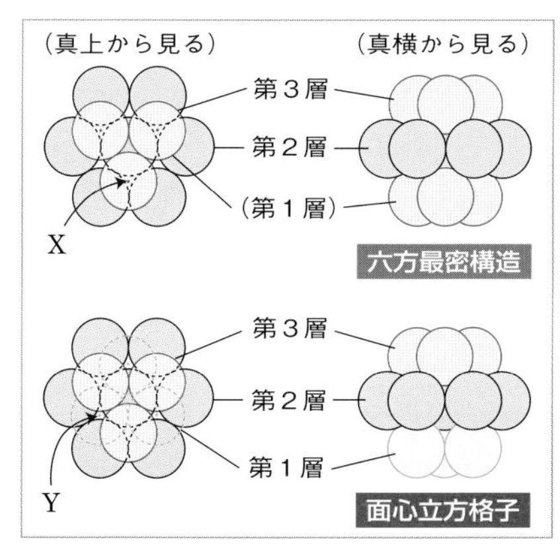

図29　最密構造のモデル

●操作③のとき，第1層と第3層の関係から2つの構造にわかれる。1つは，上から見て**第1層と第3層が重なる位置になる場合**(第3層がすき間Xの上とすれば，第1層はXの下)で，これが**六方最密構造**である。他の1つは，**第1層と第3層の位置がずれる場合**(第3層がすき間Xの上とすれば，第1層はYの下)で，これが**面心立方格子**である。ただし，面心立方格子は，説明した層とは異なる角度から単位格子がまとめられている。

2 | 金属の性質とアモルファス

1 金属共通の性質

金属の性質は，**金属中に存在する自由電子によるところが多い。**

①**金属光沢**（こうたく） 自由電子が入射した可視光線のほとんどを反射してしまうため，金属特有の金属光沢が見られる。

補足 電気を通す黒鉛も，自由電子に相当する電子をもち，金属と似たような光沢をもつ。

②**熱・電気の良導体** 自由電子の移動によって，熱や電気のエネルギーが容易に運ばれるため，熱や電気の伝導性が大きい。

③**展性・延性をもつ** 金属は，たたくと薄く広がる性質(展性)，引っぱると長く延びる性質(延性)がある。これは，共有結合のような方向性のある結合とは異なり，自由電子が動きながら原子を結びつけており，結合がすべての方向に一様にはたらくからである。

補足 金は，展性・延性に優れており，1 gの金を0.5 m^2以上に広げたり，2 km以上の線に延ばしたりすることができる。

表8 単体の電気抵抗の比較
(Cuを1.0とした相対値)

金 属	Cu	1.0
	Fe	5.7
	Al	1.6
半導体	Ge	5.2×10^4
	Si	5.3×10^4
非金属	P	5.9×10^{16}
	S	1.1×10^{23}

2 アモルファス

❶**アモルファス** 多くの固体は，構成粒子が規則正しく配列した結晶になっている。しかし，固体の中には構成粒子が不規則に配列して結晶化していないものもある。このような固体物質を非晶質といい，このように粒子の配列が不規則である状態をアモルファス(または**無定形**)という。非晶質には，ガラス，プラスチック，ゴム，アモルファスシリコンなどがあり，これらは一定の融点をもたない。

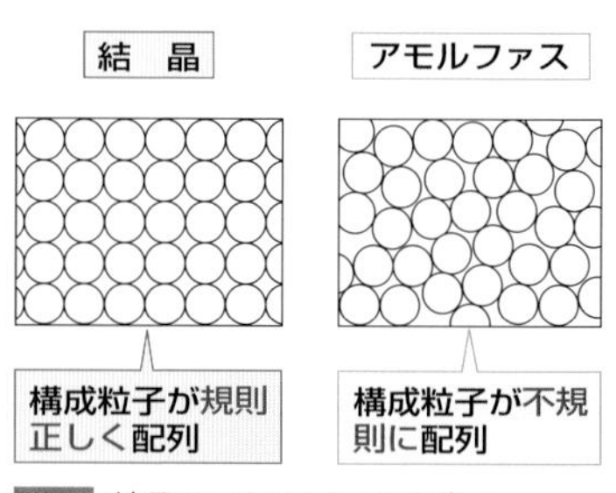

図30 結晶とアモルファスの違い

補足 amorphousは，morphous (形をもつ)に否定の意味の接頭辞a-をつけた語。

❷**アモルファス金属** 高温で融解（ゆうかい）した金属をゆっくり冷却すると結晶構造になるが，結晶化する時間がないほど急激に冷却すると原子が不規則に並んだアモルファス金属が得られる。結晶構造の金属は，完全に1つの結晶でない限り，結晶と結晶の境目である**粒界**（りゅうかい）ができてしまう。アモルファス金属は粒界がないため亀裂（きれつ）が入りにくいので硬度が高まる。また，結晶構造の金属に比べてアモルファス金属は，強度が大きくてしなやかであり，さびにくい性質をもつ。

3｜結晶のタイプのまとめ

結晶は，結晶を構成する粒子および粒子間の結合に基づいて，**金属結晶**(☞ p.213)，**イオン結晶**(☞ p.40)，**分子結晶**(☞ p.55)および**共有結合の結晶**(☞ p.62)に大別される。ここまでで学習した結晶について，下の**表9**にまとめておく。

第3編　物質の状態と平衡

表9　結晶タイプのまとめ

結晶のタイプ		金属結晶	イオン結晶	分子結晶	共有結合の結晶
結合の種類		金属結合	イオン結合	分子内は共有結合 分子間は分子間力	共有結合
構成粒子		原子 (自由電子を含む)	陽イオンと 陰イオン	分　子	原　子
構成元素		金　属	金属と非金属	非金属	非金属
性質	融　点	遷移元素は高い 典型元素はやや高い	高　い	低い。昇華する ものもある	非常に高い
	機械的性質	展性・延性をもつ	硬いがもろい	やわらかくもろい	極めて硬い
	電気伝導性	高　い	固体は低い 液体は高い	低　い	低　い
結晶の例		ナトリウム 鉄	塩化ナトリウム 酸化カルシウム	ヨウ素 ナフタレン	ダイヤモンド 二酸化ケイ素

補足　イオン結合と共有結合は，厳密には電気陰性度の差などで判断する(☞ p.52)。アンモニウム塩 NH_4X は，非金属元素どうしからなるが，イオン結晶である。

このSECTIONのまとめ　金属とアモルファス

□ 金属の結晶格子　☞ p.213

・**結晶格子**
- **体心立方格子**…配位数 8
- **面心立方格子**…配位数12，最密構造。
- **六方最密構造**…配位数12，最密構造。

□ 金属の性質　☞ p.216

・金属光沢がある。熱や電気の良導体で，**展性・延性**をもつ。

□ アモルファス　☞ p.216

・**アモルファス**…構成粒子が不規則に配列して結晶化していない状態。**無定形**ともいう。この状態にある固体物質を**非晶質**という。

CHAPTER 3 練習問題

解答 ☞ p.549

1 〈塩化ナトリウムの結晶構造〉

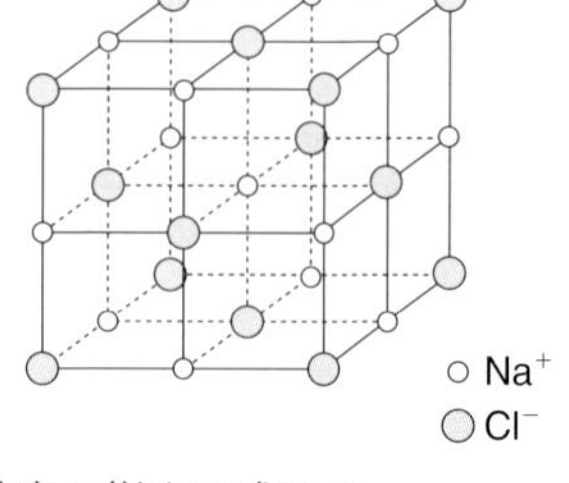

右図は塩化ナトリウムの単位格子(こうし)である。Na^+ 中心間の最短距離は 4.0×10^{-10} m である。次の問いに答えよ。(原子量；Na＝23，Cl＝35.5，アボガドロ定数；$N_A=6.0\times10^{23}$/mol，$\sqrt{2}=1.4$)

(1) 単位格子中に存在する Na^+ と Cl^- の数をそれぞれ答えよ。

(2) Na^+ に接している Cl^- は何個か答えよ。

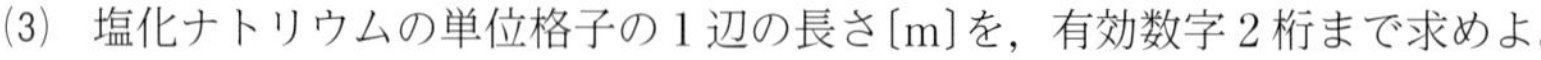

(3) 塩化ナトリウムの単位格子の1辺の長さ〔m〕を，有効数字2桁まで求めよ。

(4) 塩化ナトリウム結晶の密度〔g/cm^3〕を，有効数字2桁まで求めよ。

2 〈金属の結晶格子〉 テスト必出

銅 Cu

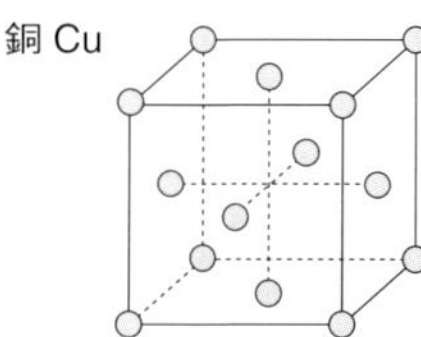

鉄 Fe

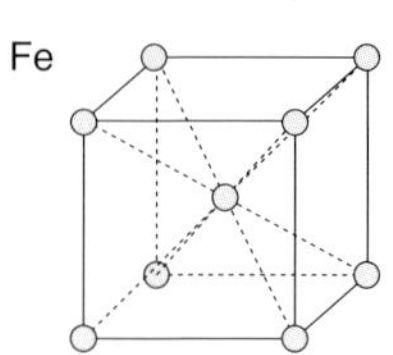

右図は銅，鉄の結晶構造を示している。次の(1)〜(3)に答えよ。

(1) 銅，鉄の結晶構造は，それぞれ何とよばれているか。

(2) 銅，鉄の結晶では，1個の原子のまわりに接している原子の数は，それぞれ何個か。

(3) 鉄の密度は7.9 g/cm^3 であり，単位格子の一辺の長さは 2.9×10^{-8} cm である。アボガドロ定数 $N_A=6.0\times10^{23}$/mol として，鉄の原子量を求めよ。

3 〈原子半径，イオン半径〉 テスト必出

次のア〜ケの元素について，あとの問いに答えよ。

ア $_{8}O$　**イ** $_{9}F$　**ウ** $_{11}Na$　**エ** $_{12}Mg$　**オ** $_{13}Al$
カ $_{16}S$　**キ** $_{17}Cl$　**ク** $_{19}K$　**ケ** $_{20}Ca$

(1) 原子半径が最も大きいものはどれか，記号で答えよ。

(2) **ア**〜**ケ**の元素のイオンのうち，イオン半径が最も小さいものはどれか，記号で答えよ。

(3) **ア**〜**ケ**の元素のイオンのうち，$_{10}Ne$ と同じ電子配置になるイオンを選び，イオン半径の小さい順に並べ替えよ。

4 〈金属の性質〉

次のア〜エの金属の性質のうち，自由電子と関係がないものはどれか答えよ。

ア 展性・延性に富んでいる。　**イ** 光沢(こうたく)があり，不透明である。
ウ 水溶液中の Na^+ は無色である。　**エ** 熱・電気をよく伝える。

4 » 溶液の性質

SECTION 1 溶液と溶解度

1 | 溶液と溶解平衡

1 溶解のしくみ

❶電解質と非電解質　塩化ナトリウムNaClは水に溶けて，ナトリウムイオンNa^+と塩化物イオンCl^-に分かれる。このように，水溶液中で溶解した物質が陽イオンと陰イオンに分かれる現象を**電離**といい，水に溶けて電離する物質を**電解質**という。電解質はさらに，塩化ナトリウムのようにほぼ完全に電離する**強電解質**と，酢酸CH_3COOHのように一部だけしか電離しない**弱電解質**に分けられる。

これに対し，スクロース(ショ糖)やエタノールは水に溶けても電離しない。このように，水に溶けても電離しない物質を**非電解質**という。

❷イオン結晶の水への溶解　塩化ナトリウムNaClの結晶を水の中に入れると，Na^+やCl^-は，極性分子であるH_2O ($\overset{\delta+}{H}-\overset{\delta-}{O}-\overset{\delta+}{H}$)と静電気力(クーロン力，☞ p.40)で結びつく。これを**水和**(溶媒和(ようばいわ))といい，水和したNa^+やCl^-を**水和イオン**という。水和イオンは，熱運動によって拡散し，均一な溶液になる。この現象のことを**溶解**という(図31)。

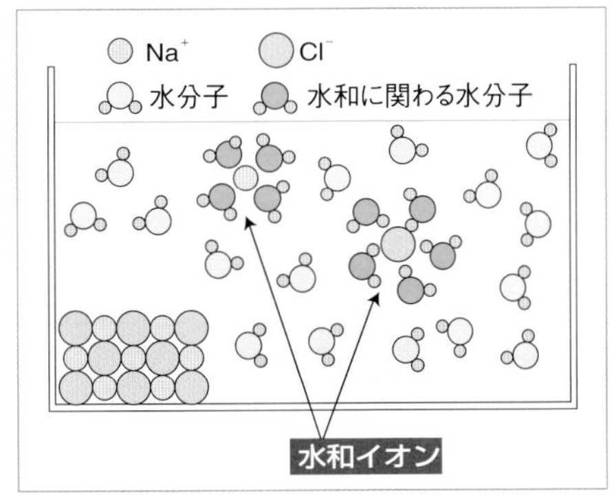

図31　塩化ナトリウムの溶解

補足　イオン結晶の塩化銀AgClを水に入れても，Ag^+とCl^-のイオン結合による結合力が強いので，水和ではこのイオン結合を切ってAg^+とCl^-に分かれさせることはできない。このように，水に溶けないイオン結晶もある。

❸塩化水素の水への溶解　塩化水素HClは分子性物質であるが，極性が強く，水には次式のように電離して溶解する。

$$HCl + H_2O \longrightarrow H_3O^+ + Cl^-$$

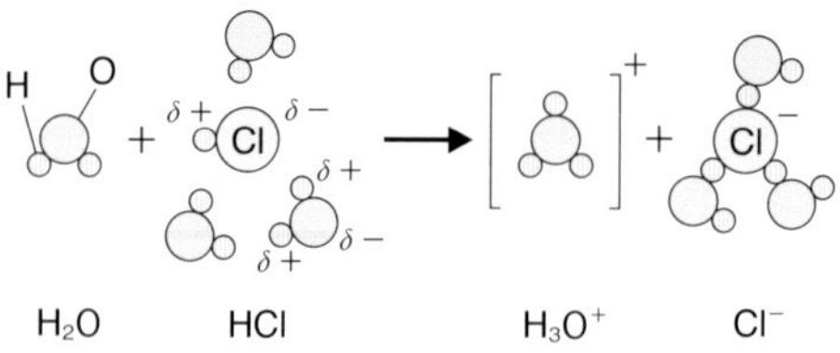

$\overset{\delta+}{H}-\overset{\delta-}{Cl}$ の $\overset{\delta+}{H}$ と H_2O $(\overset{\delta+}{H}-\overset{\delta-}{O}-\overset{\delta+}{H})$ の $\overset{\delta-}{O}$ が引きあい，さらに $\overset{\delta-}{Cl}$ と $\overset{\delta+}{H}$ が引きあい水和している。

図32 HClの水への溶解

❹エタノールの水への溶解　エタノールC_2H_5OHやスクロース(ショ糖$C_{12}H_{22}O_{11}$)は，非電解質であるが，水によく溶ける。これは，分子内に極性があるヒドロキシ基−OHをもち，−OH部分がH_2Oと水素結合により水和して溶解するからである(☞図33)。

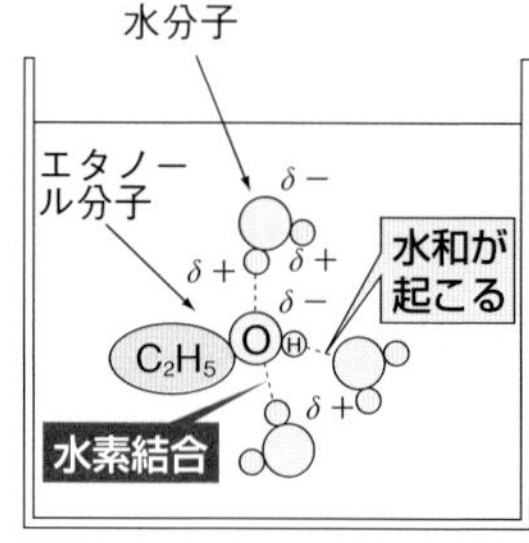

図33 エタノールの水への溶解

❺無極性分子の溶解　無極性分子であるヨウ素I_2やナフタレン$C_{10}H_8$は，水和が起こらないため水に溶解しない。しかし，同じ無極性分子の溶媒(ようばい)のベンゼンC_6H_6やヘキサンC_6H_{14}には互いに混ざる。ナフタレンは分子間力が弱いので，溶質分子と溶媒分子の間に弱い力がはたらき，溶解する(☞図34)。

❻溶質の種類と溶解性　一般に**極性分子どうしはよく溶け，無極性分子どうしはよく溶ける**。物質の溶解性をまとめると下に示した**表10**のようになる。ただし，例外も多いので注意が必要である。

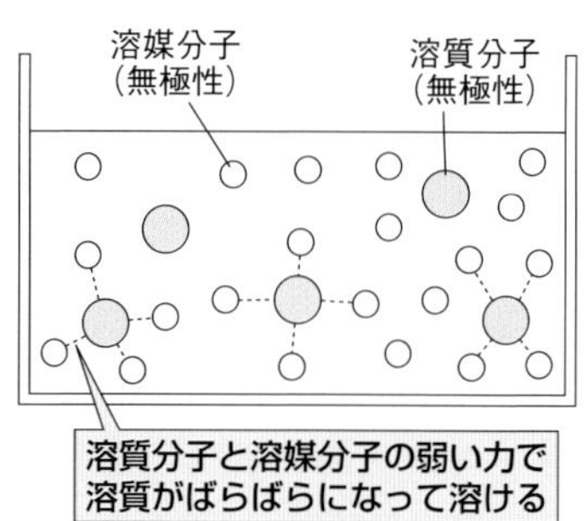

図34 無極性分子の無極性溶媒への溶解

補足　ベンゼン(☞p.387)やナフタレン(☞p.387)は対称的な構造をしており，結合の極性が互いに打ち消しあうので，無極性分子である。酸素や二酸化炭素は，無極性分子の気体であるが，わずかに水に溶ける。

表10 溶解性のまとめ

溶媒＼物質	イオン結晶(NaClなど)	電解質の極性分子(HClなど)	非電解質の極性分子(エタノールなど)	無極性分子(I_2など)
極性溶媒(水など)	溶けやすい	溶けやすい	溶けやすい	溶けにくい
無極性溶媒(ベンゼンなど)	溶けにくい	溶けにくい	物質によって異なる	溶けやすい

2 溶解平衡

❶飽和溶液と不飽和溶液　水に塩化ナトリウムなどの結晶を溶かしていくと，ある量以上は溶けなくなる。このように，一定量の溶媒(ようばい)に溶ける溶質の量には限度がある場合が多い。この**限度まで溶質が溶けている溶液**を飽和溶液という。これに対して，溶質がまだ溶けることができる溶液を不飽和溶液という。

❷飽和溶液と溶解平衡(へいこう)　スクロース(ショ糖)の飽和溶液にスクロースの結晶を加えると，結晶はそれ以上溶解しないはずであるが，溶解という現象が起こっていることが別の実験からわかっている。このとき，結晶の量は一定であるから，溶解したスクロース分子と同じ数のスクロース分子が，水溶液中から結晶に戻って(これを析出という)いることがわかる。

飽和溶液においては，結晶が溶解する速さと，溶液中の粒子が結晶に戻る速さが等しくなり，**見かけ上，溶解が停止**したような状態になっている。これを溶解平衡の状態という。

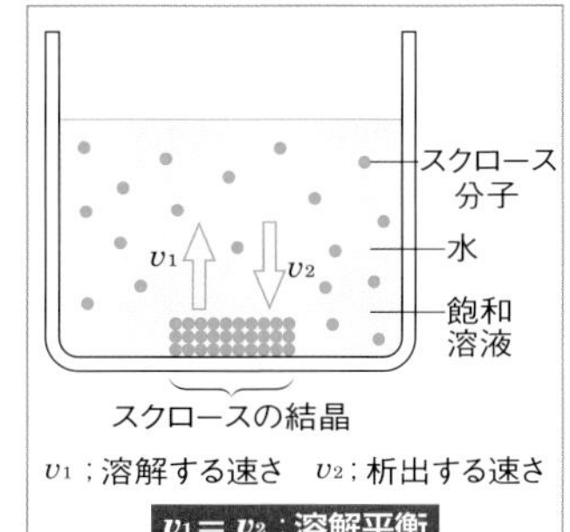

図35　溶解平衡と飽和溶液

視点　溶解する速さと析出する速さが等しい状態が溶解平衡で，このような状態になった溶液が飽和溶液である。

2 | 溶解度

1 固体の溶解度　重要

❶溶解度　ある温度で一定量の溶媒に溶質を溶かして飽和溶液をつくった場合，飽和溶液の中に溶けている溶質の量を溶解度という。溶解度とは一定量の溶媒に溶解する溶質の限度の量のことである。

❷溶解度の表し方　固体の溶解度は，**溶媒100 gに溶かすことができる溶質のg単位の質量〔g/100 g水〕**で表すことが多い。**水和水をもつ結晶の水への溶解度は，無水物の質量で示す**。たとえば，硫酸銅(Ⅱ)五水和物$CuSO_4 \cdot 5H_2O$の結晶の溶解度は，無水物である硫酸銅(Ⅱ)$CuSO_4$の質量で示す。

補足　単位をつけずに表す場合でも，g/100 g水単位で表した数値であることが多い。

注意　溶解度は，飽和溶液100 g中の溶質のg単位の質量で表すこともある。しかし，溶媒100 gに溶かすことができる溶質のg単位の質量で表すことのほうが多い。溶媒か溶液かをしっかり区別すること。

POINT!　固体の溶解度⇨**水(溶媒) 100 gに溶かすことができる溶質のg単位の質量。単位はg/100 g水。**

❸溶解度と温度

①**溶解度曲線**　溶解度は，溶媒(ようばい)の温度によって変化する。**図36は，固体の水に対する溶解度と温度の関係を表したグラフ**で，これを溶解度曲線という。

②**溶解度と温度**　**一般に固体の溶解度は，温度が上がると大きくなる。**しかし，水酸化カルシウムのように，温度が上がると溶解度が小さくなる物質もある(☞表11)。また，硝酸カリウムのように，溶解度曲線のこう配(ばい)が急で，温度の変化によって溶解度が大きく変化する物質や，塩化ナトリウムのように，溶解度曲線のこう配がゆるやかで，温度の変化によって溶解度があまり変化しない物質がある。

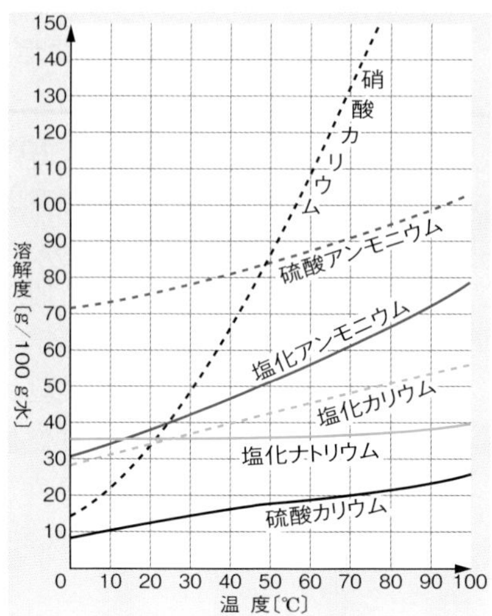

図36　いろいろな固体の溶解度曲線

表11　いろいろな固体の水への溶解度〔g/100 g水〕

単　体		0℃	20℃	40℃	60℃	80℃	100℃
塩化アンモニウム	NH_4Cl	29.4	37.2	45.8	55.3	65.6	77.3
塩化カリウム	KCl	28.1	34.2	40.1	45.8	51.3	56.3
塩化ナトリウム	NaCl	35.69	35.83	36.33	37.08	38.01	39.28
硝酸カリウム	KNO_3	13.3	31.6	63.9	109	169	245
水酸化カルシウム	$Ca(OH)_2$	0.143	0.129	0.107	0.092	0.080	0.052
スクロース(ショ糖)	$C_{12}H_{22}O_{11}$	179	203	238	287	362	485

❹冷却による再結晶

溶解度が温度の上昇によって大きく変化する結晶の溶液を，高温で濃厚なものとし，これを冷却して再び結晶を析出させる操作を再結晶という。

例　硝酸カリウムKNO_3 60 gと塩化ナトリウムNaCl 10 gを，80 ℃の水100 gに溶かし冷却していった場合，溶液の温度が38 ℃になったとき，KNO_3については飽和(ほうわ)溶液になり，さらに冷却していくと，KNO_3の結晶が析出してくる。冷却してもNaClは析出しないから，ろ過により析出した結晶を取り出し，冷水で洗えば，純粋のKNO_3が得られる。20 ℃まで冷却した場合，理論上溶解度の差より60 g－32 g＝28 gのKNO_3が得られる。

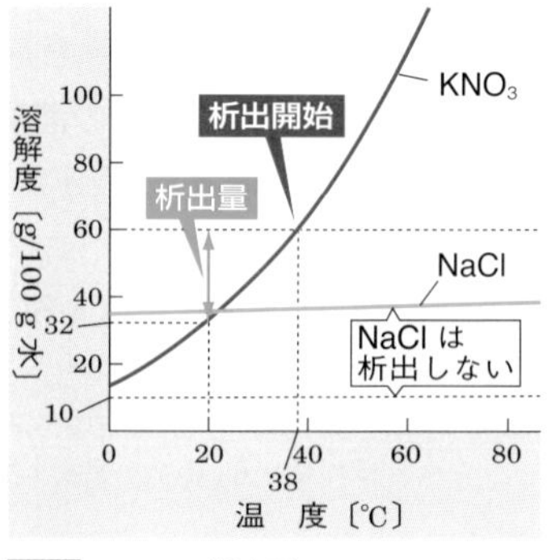

図37　KNO_3の析出量

❺濃縮による再結晶　塩化ナトリウムのように，温度が変化しても溶解度が大きく変化しない物質を精製するには，**溶媒（ようばい）を蒸発させて溶液を濃縮して再結晶させる**方法がある（☞図38）。

例　海水を濃縮していくと，濃度と溶解度の関係から次の順に結晶が析出してくる。まず，溶解度の小さい炭酸カルシウムが少量，次いで硫酸カルシウム（セッコウ☞p.342）が析出してくる。この後，塩化ナトリウムが析出してくる。残った液は苦汁（にがり）といい，ここから塩化マグネシウム，硫酸マグネシウムが得られる。

図38　再結晶したNaClの結晶

図39　天日（てんぴ）製塩によるNaClの結晶★1

温度により溶解度が大きく変化する　⇨冷却による再結晶
温度により溶解度が大きく変化しない⇨濃縮による再結晶

❻水和水（すいわすい）　硫酸銅（Ⅱ）五水和物$CuSO_4 \cdot 5H_2O$や，炭酸ナトリウム十水和物$Na_2CO_3 \cdot 10H_2O$のように，塩（☞p.109）の結晶には，水分子を含むものも多い。これらの結晶では，この水分子を失うと，その形がくずれ，粉末となる。結晶に含まれるこのような水を，水和水または結晶水という。そして，水和水をもつ物質を水和物，水和水をもたない物質を無水物という。**水和物の水への溶解度は，水100 gに溶ける無水物の溶解度で表す。**

❼水和水を含まない溶質の析出量の計算

①**冷却による溶質の析出量**　高温$t_{高}$〔℃〕における水への溶解度が$S_{高}$，低温$t_{低}$〔℃〕における溶解度が$S_{低}$である溶質があり，$t_{高}$〔℃〕における飽和溶液w〔g〕を$t_{低}$〔℃〕まで冷却したとき（☞図40），析出する結晶の質量x〔g〕は，表12のようにまとめられる。

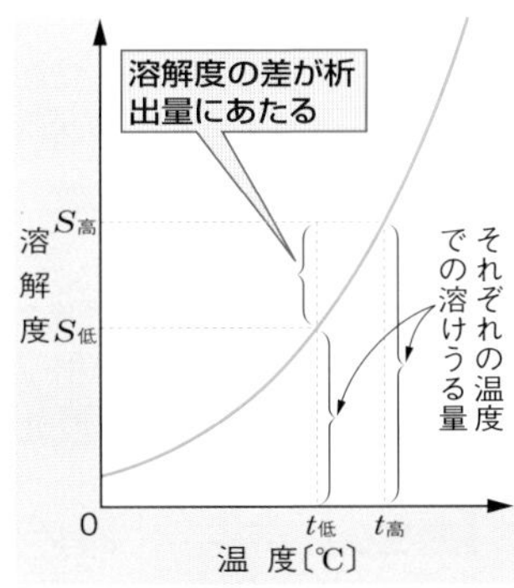

図40　溶液の冷却による溶質の析出量

表12　高温の飽和溶液の質量と析出量

	高温の飽和溶液		析出量
溶解度による値〔g〕	$100\ g + S_{高}$	：	$S_{高} - S_{低}$
求める値〔g〕	w	：	x

★1 この結晶は，海水を天日で乾燥させることによって得られたものである。

前ページの表からわかるように，$t_{高}$〔℃〕での飽和溶液(100 g + $S_{高}$〔g〕)を$t_{低}$〔℃〕まで冷却すると，($S_{高} - S_{低}$)〔g〕の結晶が析出するから，次の比例式が成り立つ。

$$\frac{S_{高} - S_{低}}{100\ \mathrm{g} + S_{高}} = \frac{x}{w} \qquad \therefore\ x = \frac{S_{高} - S_{低}}{100\ \mathrm{g} + S_{高}} \times w\ 〔\mathrm{g}〕$$

補足　$\dfrac{w}{100\ \mathrm{g} + S_{高}} = \dfrac{w - x}{100\ \mathrm{g} + S_{低}}$の比例式も成り立つ。

②**溶媒の蒸発による溶質の析出量**　t〔℃〕における水への溶解度がSであるとき，t〔℃〕における飽和溶液w〔g〕からw'〔g〕の水(溶媒)を蒸発させ，温度を再びt〔℃〕に戻した場合，このとき析出する溶質の質量y〔g〕は，次のようになる。

100 gの水(溶媒)を蒸発させると，S〔g〕の結晶が析出するから，

$$\frac{S}{100\ \mathrm{g}} = \frac{y}{w'} \qquad \therefore\ y = \frac{S}{100\ \mathrm{g}} \times w'\ 〔\mathrm{g}〕$$

［水和水を含まない溶質の析出量］

冷却⇨$\dfrac{溶解度の差}{100\ \mathrm{g} + 高温での溶解度}$×(飽和溶液の質量)

溶媒の蒸発⇨$\dfrac{溶解度}{100\ \mathrm{g}}$×(溶媒の蒸発量)

例題　**水和水を含まない溶質(無水物)の析出量**

60 ℃の硝酸カリウムの飽和溶液120 gを20 ℃にすると，何gの結晶が析出するか。ただし，水100 gに対する溶解度を，60 ℃で109，20 ℃で31.6とする。

着眼　60 ℃における飽和溶液の量と，析出量(溶解度の差)の関係を表にして，比例式を立てる。

解説　60 ℃における飽和溶液(100 + 109) gを20 ℃まで冷却すると，(109 − 31.6) gの結晶が析出するから，60 ℃の飽和溶液120 gを20 ℃まで冷却したときに析出する結晶の量x〔g〕は，次のように求まる。

	60 ℃の飽和溶液		析出量
溶解度による値〔g〕	100 + 109	:	109 − 31.6
求める値〔g〕	120	:	x

$$\frac{(109 - 31.6)\ \mathrm{g}}{(100 + 109)\ \mathrm{g}} = \frac{x}{120\ \mathrm{g}} \qquad \therefore\ x \fallingdotseq 44.4\ \mathrm{g}$$

答 44.4 g

類題7　塩化カリウムの溶解度は，80 ℃で51.3 g/100 g水，10 ℃で31.2 g/100 g水である。(解答☞p.549)

(1)　80 ℃の塩化カリウムの飽和溶液200 gを10 ℃まで冷やすと，何gの結晶が析出するか。

(2)　80 ℃の塩化カリウムの飽和溶液200 gから水40 gを蒸発させ，その後，水溶液を10 ℃まで冷やすと，何gの結晶が析出するか。

❽水和水を含む結晶の溶解と析出量の計算　水和水をもった物質を水に溶かすと，その水和水の質量だけ水が増加する。また，冷却によって析出した結晶が水和水をもつ場合は，その水和水の質量だけ水が減少する。

したがって，水和水をもった溶質の溶解量や析出量を求める場合は，水和水だけもとの水に増減させて，溶解度に比例させる。

水和水を含む溶質
- 溶解⇨水和水の質量だけ水が増加。
- 析出⇨水和水の質量だけ水が減少。

- 結晶の溶解 ⇨ (水＋水和水)の質量：無水物の質量＝100：溶解度
- 結晶の析出 ⇨ (水－水和水)の質量：無水物の質量＝100：溶解度

[水和水と無水物の質量]　水和水を含む結晶の質量をw〔g〕とすると，水和水および無水物の質量は，次のように計算される。

$$\text{水和水の質量} = w \times \frac{\text{水和水の数} \times \text{水の分子量}}{\text{水和水を含む物質の式量}}$$

$$\text{無水物の質量} = w \times \frac{\text{無水物の式量}}{\text{水和水を含む物質の式量}}$$

例題　水和水を含む結晶の溶解・析出

80℃の硫酸銅(Ⅱ)の飽和(ほうわ)溶液100 gがある。

(1)　この水溶液をつくるのに必要な硫酸銅(Ⅱ)五水和物$CuSO_4・5H_2O$の結晶は何gか。

(2)　この飽和溶液を0℃まで冷却すると，硫酸銅(Ⅱ)五水和物の結晶が何g析出するか。ただし，硫酸銅(Ⅱ)$CuSO_4$の溶解度は，0℃で14.0，80℃で56.0であり，式量は，$CuSO_4$＝160，H_2O＝18.0とする。

着眼　(1)無水物の式量と水和水の数・分子量をもとにして，飽和溶液中の無水物の質量a〔g〕と水の質量を求める。

(2)結晶の析出量をy〔g〕として，結晶が析出したときの飽和溶液の質量と，無水物または水の質量について比例式をつくる。

解説　80℃の飽和溶液100 g中の$CuSO_4$の質量をa〔g〕とし，また，0℃に冷却したときの$CuSO_4・5H_2O$の結晶の析出量をy〔g〕とすると，次の表のようになる。

80℃			0℃		
水溶液	水	$CuSO_4$	水溶液	水	$CuSO_4$
100 g	100 g－a	a	100 g－y	$(100\text{ g}-a)-\frac{90y}{250}$	$a-\frac{160y}{250}$
156 g	100 g	56.0 g	114 g	100 g	14.0 g

(1)　80℃の飽和溶液について，$\frac{56.0\ \mathrm{g}}{156\ \mathrm{g}}=\frac{a}{100\ \mathrm{g}}$　　これより，$a \fallingdotseq 36\ \mathrm{g}$

無水物と水和水の質量の比は，160：90であるから，飽和溶液100 gをつくるのに必要な硫酸銅(Ⅱ)五水和物($CuSO_4 \cdot 5H_2O$)の質量をx〔g〕とすると，次の式が成り立つ。

$$\frac{36\ \mathrm{g}}{x}=\frac{160\ \mathrm{g}}{250\ \mathrm{g}}$$　　これより，$x \fallingdotseq 56\ \mathrm{g}$

(2)　水の質量は，100－36＝64〔g〕となる。0℃に冷却したときの$CuSO_4 \cdot 5H_2O$の結晶の析出量をy〔g〕とすると，析出後の0℃の溶液は飽和溶液であるので，その質量は，$(100\ \mathrm{g}-y)$。また，結晶の析出によって減少する水および$CuSO_4$の質量は，

それぞれ，$\frac{90y}{250}$〔g〕，$\frac{160y}{250}$〔g〕であるので，0℃の飽和溶液中の水および$CuSO_4$の質量は，それぞれ次のようになる。

水；$\left(64\ \mathrm{g}-\frac{90y}{250}\right)$　　$CuSO_4$；$\left(36\ \mathrm{g}-\frac{160y}{250}\right)$

0℃における水，$CuSO_4$，飽和溶液の質量比は，100：14：114であるので，このうちのどれか2つについての比例式をつくればよい。

たとえば，次のようになる。

$$CuSO_4：飽和溶液=\left(36\ \mathrm{g}-\frac{160y}{250}\right):(100\ \mathrm{g}-y)=14:114 \qquad \therefore\ y \fallingdotseq 46\ \mathrm{g}$$

答 (1)56 g　(2)46 g

補足　$\left(64\ \mathrm{g}-\frac{90y}{250}\right):\left(36\ \mathrm{g}-\frac{160y}{250}\right)=100:14$　または，$\left(64\ \mathrm{g}-\frac{90y}{250}\right):(100\ \mathrm{g}-y)=100:114$などの比例式を用いてもよい。

類題8　硫酸銅(Ⅱ)$CuSO_4$の溶解度は，0℃で14.0 g/100 g水，60℃で39.9 g/100 g水である。また，式量は，$CuSO_4$＝160，$CuSO_4 \cdot 5H_2O$＝250である。次の各問いに答えよ。(解答☞ p.549)

(1)　60℃で水62.0 gに，硫酸銅(Ⅱ)五水和物$CuSO_4 \cdot 5H_2O$は何gまで溶けるか。

(2)　60℃における硫酸銅(Ⅱ)の飽和溶液100 gを0℃まで冷却すると，何gの硫酸銅(Ⅱ)五水和物$CuSO_4 \cdot 5H_2O$の結晶が析出するか。

2 気体の溶解度　①重要

❶気体の溶解度と温度　気体の溶解度は，溶媒1 mLに溶ける気体の体積〔mL〕を標準状態(0℃，1.0×10^5 Pa)に換算した値で表す。この値を22.4 L/molで割ると，1 Lの溶媒に溶ける気体の物質量が求められて便利である。水に対する気体の溶解度は，表13に示すとおりで，一般に，**気体の溶解度は，温度が高くなるほど小さくなる**。これは，温度が高くなると，溶けた気体分子の熱運動が激しくなり，溶液から飛び出しやすくなるためである。

表13 おもな気体の溶解度(mL/1 mL水，0℃，1.0×10^5 Pa)

物　質		0℃	20℃	40℃	60℃	80℃	100℃
酸　素	O_2	0.049	0.031	0.023	0.020	0.018	0.017
窒　素	N_2	0.023	0.015	0.012	0.010	0.0096	0.0095
水　素	H_2	0.021	0.018	0.016	0.016	0.016	0.016
二酸化炭素	CO_2	1.72	0.94	0.61	0.45	0.37	—
アンモニア	NH_3	447	342	236	159	106	69.2
塩化水素	HCl	517	442	386	339	—	—

補足　溶解度は，温度に比例するとか，反比例するなどといった規則的な量的関係はない。

❷ヘンリーの法則　溶解度が小さい気体では，**「温度一定で，一定量の溶媒に溶ける気体の質量(物質量)は，圧力(分圧)に比例する。」**という関係が成り立つ。この関係をヘンリーの法則という。混合気体では，溶ける各成分気体の質量は，それぞれの気体の分圧に比例する(☞図41)。

❸ヘンリーの法則と溶解する気体の体積　**溶ける気体の質量(物質量)は，圧力に比例する**ので，溶けた気体の体積も，気体の圧力に比例する。このため，溶かすときの気体の圧力ではかった体積で示すと，ボイルの法則により気体の体積は圧力に反比例するので，圧力に関係なく一定になる(☞図41)。

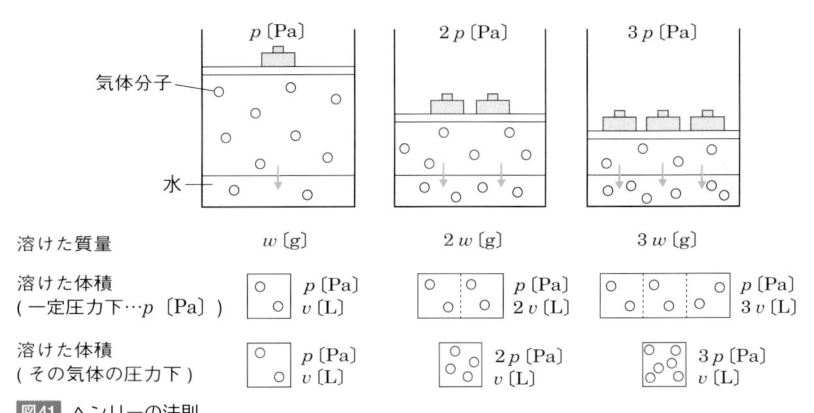

図41 ヘンリーの法則

POINT!

ヘンリーの法則⇨一定量の溶媒に溶ける気体の
- **質量，物質量，一定圧力下の気体の体積は，**圧力に比例
- **その気体の圧力下の体積は，**圧力に関係なく一定

例題　**気体の溶解度**

0 ℃，1.0×10^5 Paで，水1 mLに酸素は0.049 mL溶ける。0 ℃で5.0×10^5 Paの酸素が1 Lの水と接しているとき，水に溶ける酸素の質量は何gか。また，その体積は0 ℃，5.0×10^5 Paで何mLか。原子量；O＝16

着眼　1種類の気体については，溶ける気体の質量・物質量は，その気体の圧力に比例し，その気体の圧力下の体積は一定である。

解説　0 ℃，1.0×10^5 Paで，水1 Lに溶ける酸素の体積は，0.049 mL × 1000＝49 mL

溶ける気体の質量・物質量は圧力に比例するから，求める質量は次のようになる。

$$\frac{49 \times 10^{-3}\ \text{L}}{22.4\ \text{L/mol}} \times 32\ \text{g/mol} \times 5 = 0.35\ \text{g}$$ ……… 答

また，0 ℃，1.0×10^5 Paで1 Lの水に49 mLの酸素が溶けるが，温度一定で，圧力が5.0×10^5 Paになっても溶ける体積は49 mLである。……… 答

類題9　20 ℃で，水1 mLに溶ける窒素の体積を，0 ℃，1.0×10^5 Paに換算した値は0.015 mLである。20 ℃で1.0×10^5 Paの空気が1 Lの水と接しているとき，水に溶けることのできる窒素の質量は何gか。ただし，空気は窒素と酸素が体積比で80 %：20 %の混合物とし，原子量をN＝14とする。（解答☞p.550）

このSECTIONのまとめ　溶液と溶解度

□溶液と溶解平衡 ☞p.219	・**溶解と水和**…溶質のイオンまたは分子が水和され，溶質が水に溶解する。⇨水和イオン ・**溶解平衡**…結晶が溶解する速さと，溶液中の粒子が結晶に戻る速さが等しくなり，見かけ上，溶解が停止したような状態。
□溶解度 ☞p.221	・**固体の溶解度は溶媒100 gに溶ける溶質のg数**で表す。 ・**再結晶**…温度変化による溶解度の違いを利用して結晶を析出させ，物質を精製する方法。 ・ヘンリーの法則…**気体の溶解量は，質量は圧力に比例するがその気体の圧力下での体積は圧力に関係なく一定**である。

希薄溶液の性質

1 沸点上昇と凝固点降下

1 蒸気圧降下と沸点上昇

❶**蒸気圧降下**　塩化ナトリウム(食塩)やスクロース(ショ糖)などを水に溶かした水溶液では，純粋な水よりも蒸気圧が低くなる。このように，**不揮発性の物質を溶かした溶液の蒸気圧は，同温の純粋な溶媒(ようばい)の蒸気圧よりつねに低くなる。**この現象を蒸気圧降下という。

❷**沸点上昇**　蒸気圧降下が起こるため，溶液の蒸気圧を純溶媒の蒸気圧と等しくするためには，より高温にしなければならない。したがって，**溶液の沸点は純溶媒の沸点よりも高くなる。**この現象を沸点上昇といい，溶液と純溶媒の沸点の差Δt〔K〕を沸点上昇度という。

たとえば，水の沸点は100℃であるが，質量モル濃度が1 mol/kgのスクロース溶液の沸点は，100.52℃になり，0.52 Kだけ沸点が上昇する。

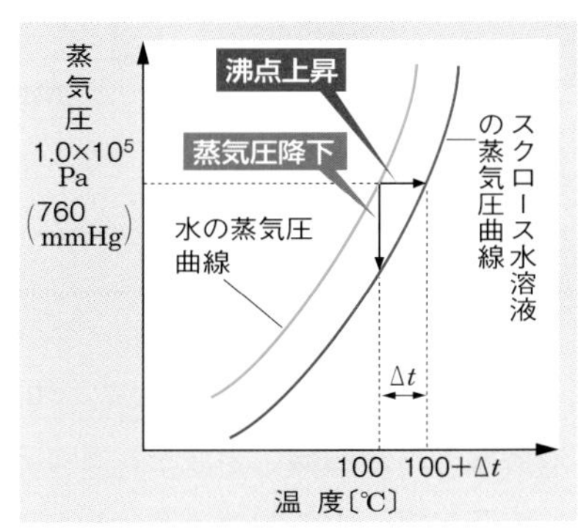

図42　蒸気圧降下と沸点上昇

2 凝固点降下

❶**凝固点降下(ぎょうこ)**　純粋な水は0℃で凍る(凝固する)が，海水は約 −2℃にならないと凍らない。さらに，飽和食塩水であれば凝固点は約 −22℃まで下がる。このように，**溶液の凝固点は純溶媒の凝固点より低くなる。**これを凝固点降下といい，溶液と溶媒の凝固点の差を凝固点降下度という。

❷**凝固(ぎょうこ)点降下と冷却曲線**　次ページの図43のような，物質を一定の条件下で冷却していったときの，冷却時間と温度変化の関係を表したグラフを冷却曲線という。

① **純溶媒(ようばい)の冷却曲線**　液体を冷却していくと，凝固点を過ぎても液体の状態を保つことがある。この状態を過冷却という。凝固が始まると凝固熱を発生するため温度が上昇して凝固点の温度に戻り，凝固が完了するまで冷却曲線は水平になる。

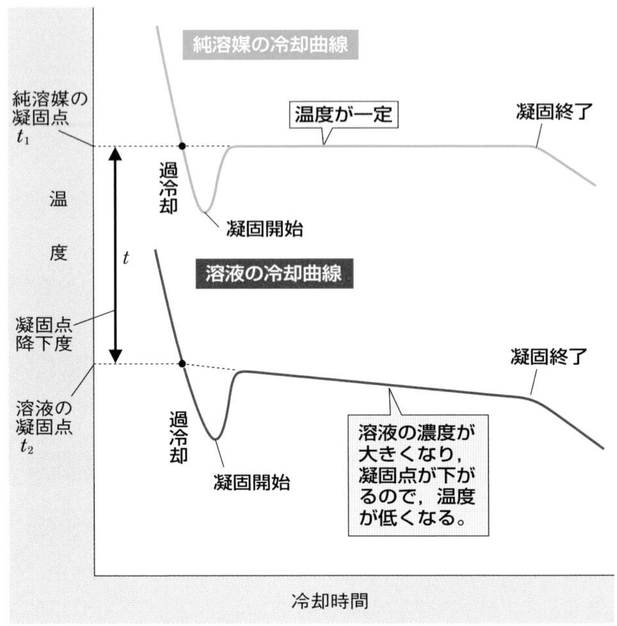

図43 純溶媒と溶液の冷却曲線

視点 溶液では，溶媒の凝固により溶液の濃度が増すので，凝固点はしだいに低くなる。

②**溶液の冷却曲線**　溶液を冷却する場合も過冷却がみられるが，**温度が凝固点に戻った後，冷却曲線は水平にならず，温度は下がり続ける。**これは，溶媒だけが凝固し，溶質は溶液中に残るので濃度が増加し，凝固点が低くなるからである。したがって，過冷却がなく理想的に凝固が始まったとみなせる凝固点は，直線部分を左に延長して，冷却曲線との交点が示す温度となる。

補足 溶媒だけが凝固して溶液の濃度が増加する例として，ジュースを冷凍庫で冷やすと溶媒の水が先に凍るので，まだ凍らずに残っているジュースは最初より甘くなっている現象がある。

3 沸点上昇度・凝固点降下度と溶質の分子量 ①重要

❶**沸点上昇度・凝固点降下度と溶液の濃度**　非電解質の希薄(きはく)な溶液では，沸点上昇度 Δt_b(デルタ)〔K〕，および凝固点降下度 Δt_f〔K〕は，溶液の質量モル濃度 m〔mol/kg〕(☞p.84)に比例することが知られている。このことを式で表すと，次のようになる。

$$\begin{cases} \Delta t_b = K_b \cdot m & \text{〔b は，boiling point（沸点）の頭文字〕} \\ \Delta t_f = K_f \cdot m & \text{〔f は，freezing point（凝固点）の頭文字〕} \end{cases}$$

K_b および K_f は比例定数で，**溶媒1 kgに非電解質を1 mol溶かしたときの**溶液の沸点上昇度および凝固点降下度であり，溶媒によって決まった値となる。この値を，モル沸点上昇およびモル凝固点降下という。なお，Δ は変化量であることを表す。

表14 おもな溶媒のモル沸点上昇・モル凝固点降下

溶　媒	沸点〔℃〕	モル沸点上昇〔K・kg/mol〕
水	100	0.52
アセトン	56.3	1.71
ベンゼン	80.1	2.53
エタノール	78.3	1.16
二硫化炭素	46.2	2.35
エーテル	34.6	1.82
四塩化炭素	76.8	4.48

溶　媒	凝固点〔℃〕	モル凝固点降下〔K・kg/mol〕
水	0	1.85
アセトン	−94.7	2.40
ベンゼン	5.5	5.12
酢　酸	16.7	3.90
四塩化炭素	−23.0	29.8
ナフタレン	80.3	6.94
ショウノウ	178.8	37.7

COLUMN

凝固点降下の利用

表14より，水のモル凝固点降下は，1.85 K・kg/molである。したがって，水1 kgに非電解質1 molを溶かした水溶液の凝固点は−1.85 ℃となる。自動車のエンジンの冷却水は，この凝固点降下を利用して，水にエチレングリコール$C_2H_4(OH)_2$などを混ぜてあり，凝固点を下げ，凍結を防止している。

また，凍結した道路にまく融雪剤は，塩化カルシウム，塩化ナトリウムなどの塩類で，凝固点降下により凍った路面を融かしている。まいた後でも，路面が凍らないように保つ効果があることから凍結防止剤ともいう。

また，ショウノウやナフタレンなど防虫剤として使われる物質はモル凝固点降下の値が大きく，凝固点が下がりやすいので，種類の違う防虫剤を混ぜて使うと防虫剤が溶け出し，衣類を汚すことがある。

沸点上昇度・凝固点降下度 ⇨ **質量モル濃度に比例** $\begin{cases}\Delta t_b = K_b \cdot m \\ \Delta t_f = K_f \cdot m\end{cases}$

例　ベンゼン100 gにナフタレン$C_{10}H_8$（分子量128）6.40 gを溶かした溶液の沸点は，表14のベンゼンのモル沸点上昇K_b＝2.53 K・kg/molと，ベンゼンの沸点80.1 ℃を使うと，次のようになる。

$$\Delta t_b = K_b \cdot m = 2.53\ \mathrm{K \cdot kg/mol} \times \left(\frac{6.40}{128} \times \frac{1000}{100}\right)\ \mathrm{mol/kg} \fallingdotseq 1.27\ \mathrm{K}$$

よって，この溶液の沸点は，80.1＋1.27≒81.4　より，81.4 ℃

❷沸点上昇度・凝固点降下度と溶質の分子量　溶媒（ようばい）W〔kg〕に，分子量Mの溶質をw〔g〕溶かした溶液の沸点上昇度・凝固点降下度Δtは，$\Delta t = K \cdot m$の式を変形することによって，次のように求められる。

$$\Delta t = K \cdot \frac{\frac{w}{M}}{W} \quad \begin{matrix}\frac{w}{M}\ \cdots\cdots 溶質の物質量〔mol〕\\ W\ \cdots\cdots 溶媒の質量〔kg〕\end{matrix}$$

または，$\Delta t = K \cdot \frac{w}{M} \cdot \frac{1}{W}$

補足　本来，沸点上昇と凝固点降下は別の現象なので，$\Delta t = K_b \cdot m$，$\Delta t = K_f \cdot m$と別々の式で表すが，形が同じであるので1つの式にまとめた。

第3編 物質の状態と平衡

この式を，分子量を求める式に変形すると，$M = \dfrac{K \cdot w}{\Delta t \cdot W}$ となる。

Kは，各溶媒(ようばい)によって決まった定数であるから，溶媒の質量と溶質の質量を測って溶液を調製し，その溶液の沸点上昇度または凝固(ぎょうこ)点降下度を測定すれば，溶かした溶質の分子量を求めることができる。

沸点上昇度・凝固点降下度Δtから分子量Mが求められる。

$$M = \frac{K \cdot w}{\Delta t \cdot W}$$

例題　沸点上昇と溶質の分子量(沸点上昇法)

二硫化炭素CS_2 100 gに，ある物質12.9 gを溶かした溶液の沸点を測定したら47.4 ℃であった。二硫化炭素の沸点を46.2 ℃，二硫化炭素のモル沸点上昇を$K_b = 2.35$ K・kg/molとすると，溶かした溶質の分子量はいくらになるか。

着眼　沸点の差から沸点上昇度を求める。沸点上昇度は，溶媒の質量を1 kgにしたときの溶質の物質量(質量モル濃度)に比例することを利用する。

解説　この溶液の沸点上昇度は，純溶媒と溶液の沸点の温度差であるから，

$$\Delta t_b = 47.4 - 46.2 = 1.2\,\text{K}$$

溶質分子のモル質量をM〔g/mol〕とすると，溶媒の質量$W = 100$ g，溶質の質量$w = 12.9$ g，モル沸点上昇$K_b = 2.35$ K・kg/molであるから，次の式が成り立つ。

$$1.2\,\text{K} = 2.35\,\text{K}\cdot\text{kg/mol} \times \left(\frac{12.9\,\text{g}}{M} \times \frac{1000}{100}\right)\text{mol/kg}$$

これを解いて，$M \fallingdotseq 2.5 \times 10^2$ g/mol　　よって求める分子量は2.5×10^2　　答 2.5×10^2

類題10　ベンゼン200 gに，ある物質6.36 gを溶かした溶液の凝固点を測定したところ，4.20 ℃であった。この物質の分子量を求めよ。ただし，ベンゼンの凝固点を5.50 ℃，ベンゼンのモル凝固点降下を$K_f = 5.12$ K・kg/molとする。(解答☞p.550)

❸電解質溶液の沸点上昇度・凝固点降下度　溶質が電解質の場合，希薄(きはく)溶液の沸点上昇度・凝固点降下度は，溶けているすべての溶質粒子(分子，イオン)の物質量に比例する。たとえば，水10 kgに，塩化ナトリウム$NaCl$，塩化カルシウム$CaCl_2$をそれぞれ1 mol溶かした溶液では，次のようにほぼすべてが電離する。

$$NaCl \longrightarrow Na^+ + Cl^- \quad (NaCl\ 1\,\text{mol から } 2\,\text{mol のイオンを生じる})$$

$$CaCl_2 \longrightarrow Ca^{2+} + 2Cl^- \quad (CaCl_2\ 1\,\text{mol から } 3\,\text{mol のイオンを生じる})$$

したがって，同じ濃度の非電解質と比べて，塩化ナトリウムは2倍，塩化カルシウムは3倍の沸点上昇度・凝固点降下度を示す。

よって，電解質の沸点上昇度・凝固点降下度Δtは，次式で表される。

$$\Delta t = K \cdot m \cdot a \quad (a：電解質1\,\mathrm{mol}から生じるイオンの物質量)$$

次に，酢酸のような弱電解質について考えてみよう。質量モル濃度がm〔mol/kg〕の酢酸の電離度をαとすると，

$$CH_3COOH \longrightarrow CH_3COO^- + H^+$$

$$m(1-\alpha) \qquad\qquad m\alpha \qquad\qquad m\alpha$$

すべての溶質粒子(分子，イオン)の総質量モル濃度は，

$$m(1-\alpha)+2m\alpha = m(1+\alpha)\ 〔\mathrm{mol/kg}〕$$

したがって，沸点上昇度・凝固点降下度Δtは，次式で表される。

$$\Delta t = K \cdot m(1+\alpha)$$

電解質の沸点上昇度・凝固点降下度
⇨溶質粒子(分子，イオン)の総質量モル濃度に比例する。

2｜浸透圧

1 浸透と浸透圧

❶**浸透と半透膜**　小さな溶媒分子は通すが，大きな溶質分子は通さないという性質をもつ膜を半透膜という。次ページの図44(a)のように，純粋な水とスクロース水溶液(ショ糖水溶液，砂糖水)を半透膜で仕切っておくと，水がスクロース水溶液のほうに移動する現象が見られる。これは，**溶媒分子が半透膜を通りぬけて溶液中に移動**するからで，このような現象を浸透という。

濃度の異なる溶液を半透膜で仕切っておくと，**溶媒分子は濃度の小さい溶液から濃度の大きいほうに浸透する。**

[半透膜の例]　セロハン膜，ぼうこう膜，コロジオン膜，細胞膜

[浸透の例]　青菜に塩をかけると，青菜の中の水分が塩に移ってしまい，青菜がしぼんでしまう。また，塩水に殺菌作用があるのも，青菜がしぼんでしまうのと同様に細菌を殺すからである。

> COLUMN
> **なめくじに塩をふりかける**
>
> 昔から，「なめくじに塩をかけると溶ける」ということがよくいわれる。事実，塩をかけると小さく縮んで，まるで溶けてしまったように見える。
>
> しかし，もちろん溶けてなくなってしまったわけではない。これは，塩をなめくじにかけると，なめくじの外側が高濃度の溶液にさらされることになるので，**なめくじの細胞中の水分が半透膜の性質をもつ細胞膜を通って，外に出てくる**のである。

補足　一般に，ある種の粒子は通すが，別の種類の粒子は通さない膜を半透膜というが，以後の浸透圧を考える場合は，溶媒分子だけを通し，溶質粒子は通さない理想的な半透膜とする。

第3編　物質の状態と平衡

❷浸透圧　図44(b)のように，**半透膜**を通りぬけて水分子(溶媒分子)がスクロース水溶液のほうへと移動するので，水の液面は下がり，スクロース水溶液の液面は上昇する。このスクロース水溶液の液面をもとの高さ〔図(a)〕に戻すためには，スクロース水溶液の液面に圧力を加える必要がある〔図(c)〕。**この浸透をおさえる圧力**が溶液の浸透圧に相当する。この圧力(浸透圧)をスクロース水溶液の液面に加えない場合は，スクロース水溶液と水の液面の高さの差hの水溶液によって生じる圧力が浸透圧に等しくなるまで，スクロース水溶液の液面は上昇し，水の液面は下がる。浸透圧の大きさは，気体の圧力(☞ p.183)と同様に，Pa(パスカル)，mmHgなどの単位を用いて表す。

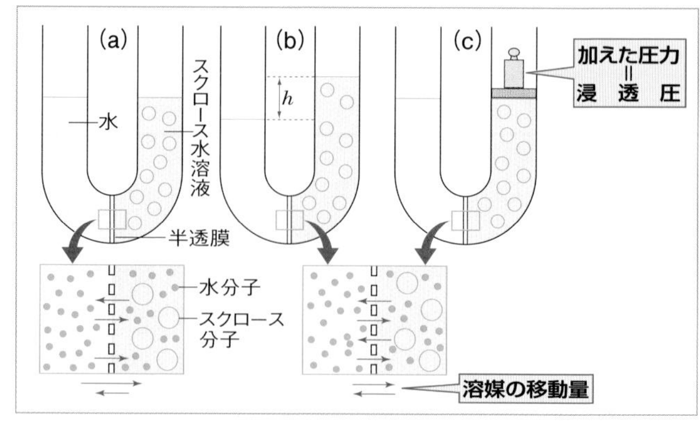

図44　モデルによる浸透圧の説明

2 浸透圧と分子量　①重要

❶浸透圧の大きさと溶液の濃度・温度の関係　浸透圧の大きさΠ〔Pa〕は，非電解質の希薄溶液においては，その溶液のモル濃度c〔mol/L〕と，絶対温度T〔K〕に比例することが知られている。

$$\Pi = cRT \qquad (R\text{；気体定数})$$

溶液V〔L〕中にn〔mol〕の溶質が含まれる溶液のモル濃度c〔mol/L〕は$c=\dfrac{n}{V}$であるから，これを上の式に代入すると，次式が導かれる。

$$\Pi V = nRT \qquad (\text{気体の状態方程式}\ pV = nRT\ \text{と同じ形})$$

これを，浸透圧に関するファントホッフの法則という。

ファントホッフの法則　$\Pi V = nRT$

〔$\Pi \rightarrow$ Pa，$V \rightarrow$ L，$n \rightarrow$ mol，$T \rightarrow$ K，$R = 8.31 \times 10^3$ Pa·L/(K·mol)〕

補足　赤血球の細胞膜は半透膜であり，蒸留水などの浸透圧の低い液に浸すと，吸水してふくらみ，細胞膜が破れて赤いヘモグロビンが外に出てくる。この現象を**溶血**という。生理食塩水(体液と浸透圧が等しい食塩水。ヒトでは0.9 %)に浸した場合は，見かけ上，水の浸透は起こらず，赤血球の形は変わらない。濃度の濃い食塩水に浸した場合は，脱水して縮む。つまり，正常な赤血球であるためには，まわりの溶液が適度な濃度であることが必要である。

❷浸透圧の測定

①**浸透圧の測定方法**　図45のように，容器に細長いガラス管をつけた装置で浸透圧を測定する。容器内に測定する溶液を，外側に水を入れると，水が半透膜を通って溶液中に浸透してくるので，ガラス管の液面が上昇する。この液面の高さh〔cm〕を測定する。

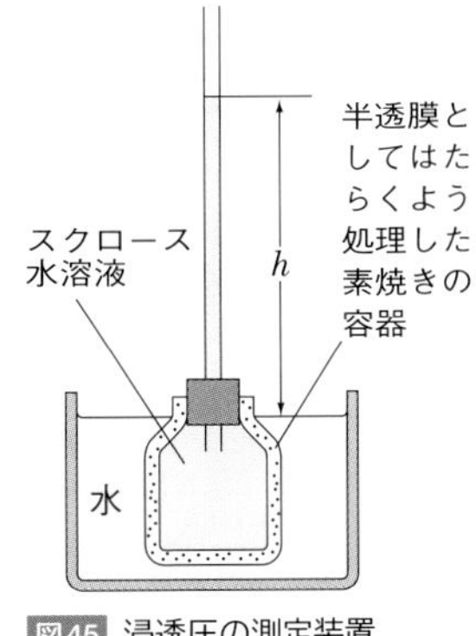

図45　浸透圧の測定装置

②**浸透圧の計算**　図45の液面差がh〔cm〕で，そのときのスクロース水溶液の密度をd〔g/cm^3〕とすると，その場合の浸透圧の大きさは，水銀の密度13.6 g/cm^{3}をもとにして，次のように計算される。

$$h \times \frac{d}{13.6}\,\text{〔cmHg〕} = \frac{h \times d \times 10}{13.6}\,\text{〔mmHg〕} = \frac{h \times d}{13.6 \times 76}\,\text{〔気圧〕} = 98hd\,\text{〔Pa〕}$$

圧力の単位Pa（パスカル）は，N/m^{2}であるから，次のようにも計算される。

$$h\,\text{〔cm〕} \times 100\,\text{cm} \times 100\,\text{cm} \times d\,\text{〔g/cm}^3\text{〕} \times 10^{-3} \times 9.8 = 98hd\,\text{〔N/m}^2\text{〕}$$
$$= 98hd\,\text{〔Pa〕}$$

③**浸透圧の計算例**　液面差$h = 10$ cmのときに示す浸透圧は，希薄水溶液の密度dがほぼ1 g/cm^{3}であるから，$98hd = 98 \times 10 \times 1 = 980$ Paと求められる。また，27 ℃で980 Paの浸透圧を示す非電解質のモル濃度は，$\Pi V = nRT$に代入して次のように計算される。

$$980 \times 1 = n \times 8.31 \times 10^3 \times (27 + 273) \qquad \therefore \quad n \fallingdotseq 3.9 \times 10^{-4}\,\text{mol}$$

3.9×10^{-4} mol/Lの溶液とは，1 L中にグルコース$C_6H_{12}O_6$（分子量180）なら0.070 g，スクロース$C_{12}H_{22}O_{11}$（分子量342）なら0.13 gが溶けている，きわめて薄い溶液である。

❸浸透圧と分子量　モル質量M〔g/mol〕の物質w〔g〕の物質量n〔mol〕は，$n = \frac{w}{M}$であるから，浸透圧の大きさΠ〔Pa〕は，次のように表される。

$$\Pi V = \frac{w}{M}RT \qquad \text{または} \qquad M = \frac{wRT}{\Pi V}$$

したがって，溶質の質量〔g〕，溶液の体積〔L〕，絶対温度〔K〕と，その溶液の浸透圧を測定することによって，その物質の分子量を求めることができる。

(例)　あるタンパク質1.0 gを含む水溶液100 mLがあり，この水溶液の浸透圧が27 ℃で360 Paのとき，このタンパク質のモル質量Mは，次のように計算できる。

$$360 \times \frac{100}{1000} = \frac{1.0}{M} \times 8.31 \times 10^3 \times (273 + 27) \qquad \therefore \quad M \fallingdotseq 6.9 \times 10^4\,\text{g/mol}$$

補足　分子量の測定法には，浸透圧法のほか，沸点上昇・凝固点降下法（☞p.232例題）などがあるが，溶質の分子量が大きい場合は，温度差が非常に小さく精密な温度計を用いても正確に測定できないので，沸点上昇・凝固点降下法は不適当である。溶質の分子量が大きい場合は，モル濃度が小さくても液面の差hが大きい浸透圧法を使う。

第3編　物質の状態と平衡

浸透圧Πから溶質の分子量⇨$\Pi V = \frac{w}{M}RT$

補足 **電解質水溶液と浸透圧** 溶質が電解質である水溶液の場合，その**浸透圧は，電離したイオンと電離していない溶質の合計のモル濃度に比例する**。たとえば，n〔mol/L〕の塩化ナトリウム水溶液では，NaClがほとんど完全に電離するため，NaClは非電解質の$2n$〔mol〕分の効果をおよぼすことになる。

$$NaCl \longrightarrow Na^+ + Cl^-$$

n〔mol〕 n〔mol〕 n〔mol〕 ⇨ 水溶液中のイオンの物質量＝$2n$〔mol〕

発展ゼミ 逆浸透法

●溶液と純溶媒を半透膜で仕切り，溶液側に浸透圧以上の圧力を加えると，溶液中の溶媒分子が半透膜を通って純溶媒中へ移動する。通常の浸透とは逆に進むこの現象を逆浸透という。

●丈夫な円筒状の半透膜の外側に海水を流し，およそ5.0×10^6 Pa (50気圧)の圧力をかけると，海水中の水分子だけが内部に押し出され，海水から純粋な水を取り出すことができる。このような方法で海水を淡水化する方法を逆浸透法という。このとき使用される半透膜を特に逆浸透膜といい，孔の大きさは約1 nmで，水分子(0.38 nm)より大きいが，水和したNa^+は通過しにくい。

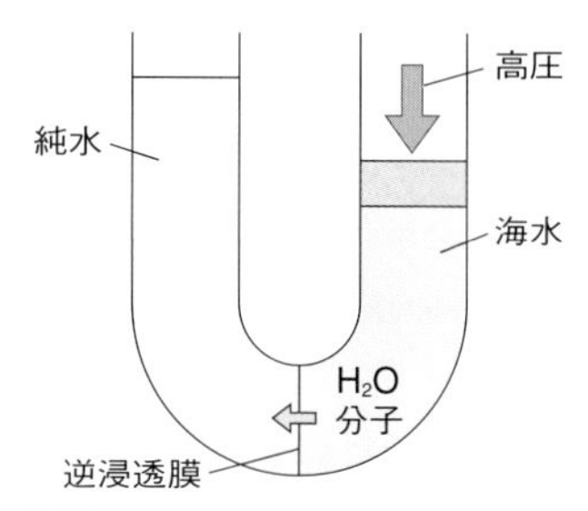

図46 逆浸透法

●逆浸透法により，砂漠地帯や離島などで，海水からの淡水の製造が行われている。このほか，超純水，無菌水の製造や果汁や乳製品の濃縮などに利用されている。

このSECTIONのまとめ 希薄溶液の性質

□沸点上昇と凝固点降下 p.229	• **沸点上昇**…溶液の沸点は純溶媒の沸点より高く，その差を**沸点上昇度**という。 • **凝固点降下**…溶液の凝固点は純溶媒の凝固点より低く，その差を**凝固点降下度**という。 • 沸点上昇度Δt_b，凝固点降下度Δt_fは，**溶液の質量モル濃度m〔mol/kg〕に比例する**。 $\begin{cases} \Delta t_b = K_b \cdot m & (K_b；モル沸点上昇) \\ \Delta t_f = K_f \cdot m & (K_f；モル凝固点降下) \end{cases}$
□浸透圧 p.233	• 非電解質溶液の浸透圧は，**溶液のモル濃度と絶対温度に比例する**。⇨$\Pi V = nRT$

3 コロイド溶液

1 | コロイド粒子とコロイド溶液

1 コロイド粒子

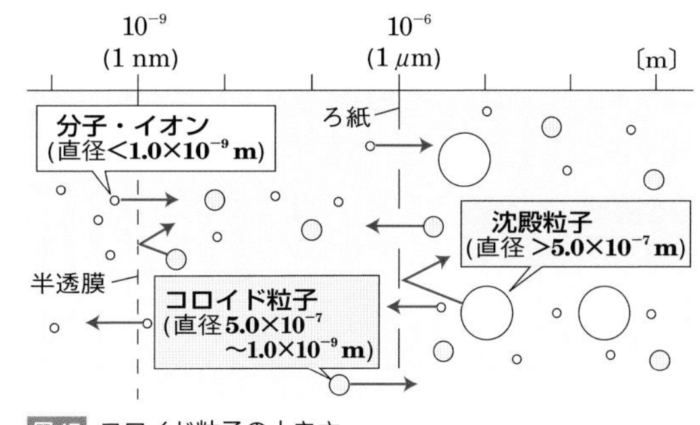

図47 コロイド粒子の大きさ

❶コロイド粒子の大きさ　直径が 1.0×10^{-9} m ～ 5.0×10^{-7} m 程度の粒子をコロイド粒子といい，そのコロイド粒子が分散(ぶんさん)した状態をコロイドという。コロイド粒子は，直径が 10^{-9} m 未満のふつうの分子やイオンと比べてはるかに大きく，また，直径が 5.0×10^{-7} m より大きい，沈殿する粒子より小さい。

❷コロイド溶液　コロイド粒子が均一に分散している液体をコロイド溶液という。これに対して，ふつうの分子やイオンが溶けている液体を真の溶液という。

❸いろいろなコロイド　コロイド粒子を分散質，コロイド粒子を分散させる物質を分散媒(ばい)という。これらをあわせて分散系という。分散媒や分散質は，固体，液体，気体といろいろな種類があり，これらの種類によって，さまざまなコロイドがある(☞表15)。たとえば，雲は分散媒が空気，分散質が水である。

表15 いろいろな分散媒と分散質

分散媒	分散質	例
気体	液体	雲，霧
	固体	煙，粉塵
液体	気体	セッケンの泡
	液体	牛乳，マヨネーズ
	固体	墨汁，ペンキ，泥水
固体	気体	スポンジ，マシュマロ
	液体	ゼリー，オパールの含有水
	固体	色ガラス，ルビー★1

POINT!

コロイド粒子⇨**直径が 1.0×10^{-9} m～5.0×10^{-7} m の粒子**
コロイド溶液⇨**コロイド粒子が分散した液体**
真の溶液　⇨**ふつうの分子やイオンが溶けている液体**
分散質　⇨**コロイド粒子**
分散媒　⇨**コロイド粒子を分散させる物質**

★1 ルビーは，分散媒が Al_2O_3 (☞p.345)，分散質が TiO_2 (☞p.499)のコロイドである。

2 コロイド粒子の分類

❶分子コロイド デンプンやタンパク質などは，分子が大きく，分子1個がコロイド粒子になっている。このようなコロイドを分子コロイドという。

❷会合コロイド セッケン分子は，親水(しんすい)性の部分と疎水(そすい)性の部分をもち，水溶液中では疎水性の部分どうしが集まってコロイド粒子となる。このように分子が集合することを会合といい，その集合体をミセルという。このような溶液を会合コロイド，またはミセルコロイドという。

❸分散(ぶんさん)コロイド 金属や金属水酸化物のように，水に不溶な物質が分散媒(ばい)に分散しているコロイド溶液を分散コロイドという。

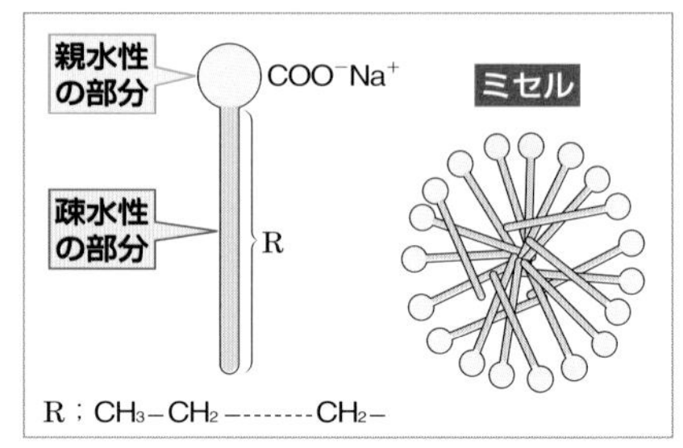

図48 セッケン分子の構造とミセル

視点 疎水性の部分を内側に，親水性の部分を外側に向けるようにして集まる。

3 ゾルとゲル

❶ゾルとゲル 流動性をもったコロイド溶液をゾル★1という。一方，ゼラチンの水溶液は高温ではゾル状態であるが，冷却するとゼリー状に固まる。このような流動性を失った半固体状態のコロイド溶液をゲルという。

❷ゲル ゲルは，コロイド粒子どうしがからみあって網目状につながった構造をもち，すき間に多くの水を含んでいる。豆腐，ゆで卵，寒天，こんにゃく，ヨーグルトのほか，生物体の組織などもゲルの例である。

❸キセロゲル 水を含んだゲルが水を失った状態のものをキセロゲル(乾燥ゲル)という。乾いた寒天やゼラチン，シリカゲル(☞ p.334)などはキセロゲルである。キセロゲルはすき間が多く表面積が大きい構造をもつ。シリカゲルは多数のヒドロキシ基－OHをもち，多くの水を吸着するため，乾燥剤として使用されている。

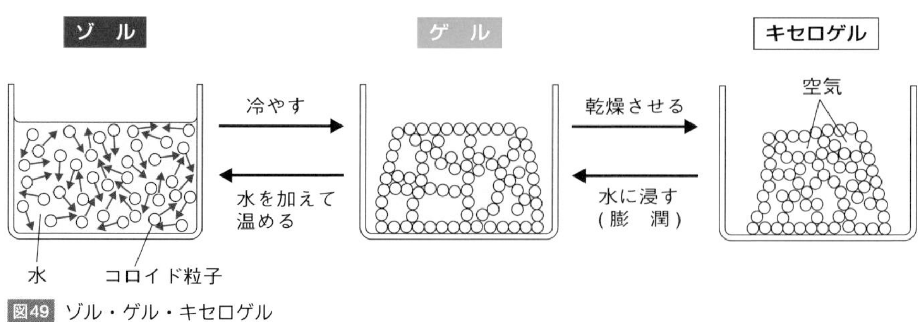

図49 ゾル・ゲル・キセロゲル

★1 コロイド粒子が気体中に分散しているとき，そのコロイドをエーロゾル(エアロゾル)という。

4 コロイド溶液の性質 ①重要

❶水酸化鉄(Ⅲ)のコロイド溶液　沸騰している純粋な水の中に少量の塩化鉄(Ⅲ) $FeCl_3$ の飽和溶液を加えると，赤色の水酸化鉄(Ⅲ)のコロイド溶液が得られる。

このコロイド溶液にみられる性質には，次ページのようなものがある。

補足　水酸化鉄(Ⅲ)のコロイド溶液は，水に不溶の水酸化鉄(Ⅲ)が分散したもので，分散コロイドとよばれる(☞ p.238)。水酸化鉄(Ⅲ)は FeO(OH) などの混合物で，条件によって組成は異なる。

重要実験　水酸化鉄(Ⅲ)のコロイド溶液の調製とその性質を調べる

操作

❶ 右図(a)のように，水50 mLをビーカーに入れて沸騰させ，これに塩化鉄(Ⅲ)の飽和溶液を1 mL加えて，水酸化鉄(Ⅲ)のコロイド溶液をつくる。

❷ ❶の溶液と，別につくった硫酸銅(Ⅱ)水溶液を暗所に置き，それぞれ，図(b)のようにして横から細い光線を当て，光の進路を見る。

❸ ❶の溶液をセロハン袋に入れ，図(c)のように純水にしばらく浸す。次に，セロハン袋のまわりの液の少量を試験管に取り，リトマス紙で酸性か塩基性かを調べたあと，硝酸銀水溶液を1，2滴加える。

❹ 硫酸ナトリウム，塩化バリウムの各0.05 mol/L水溶液を試験管に5 mLずつ取り，❸で用いたコロイド溶液を1 mLずつ加えて静置し，どちらが沈殿するかを調べる。

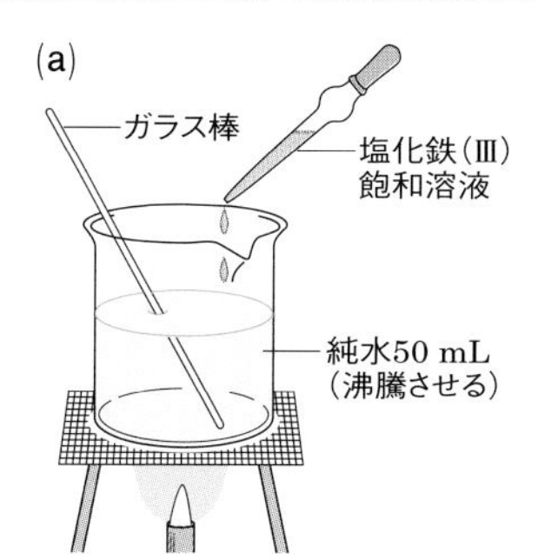

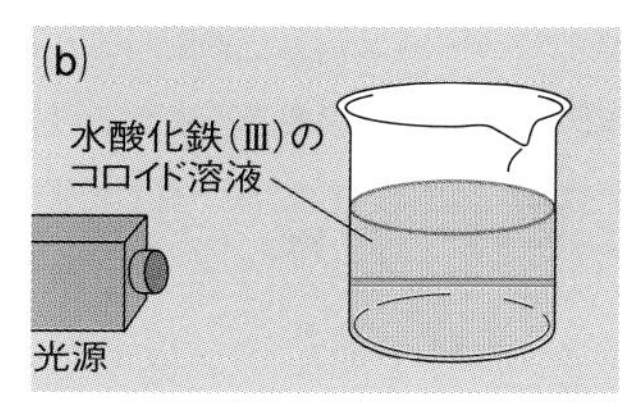

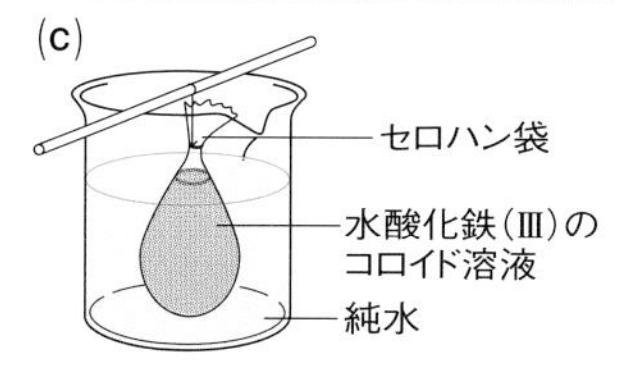

結果

❶ ❷で，水酸化鉄(Ⅲ)のコロイド溶液では光の通路がはっきり見えるが，硫酸銅(Ⅱ)水溶液(真の溶液)では光の通路が見えない。

❷ ❸では，青色リトマス紙の色が赤く変わる。また，硝酸銀水溶液を加えると白色沈殿を生じる。このことからコロイド溶液中の H^+ と Cl^- がセロハン膜を通って水中に出ることがわかる。また，まわりの液が無色のままであったことから，水酸化鉄(Ⅲ)のコロイド粒子はセロハン膜を通らなかったと考えられる。

❸ ❹では，硫酸ナトリウムでは凝析が起こり，塩化バリウムでは起こらない。よって，水酸化鉄(Ⅲ)のコロイド粒子は，正コロイドと推察される(☞ p.242)。

❷チンダル現象　塩化ナトリウム水溶液など，真の溶液に光を当てても光の通路は見えないが，水酸化鉄(Ⅲ)のような**コロイド溶液に横から強い光を当てると，光の通路がはっきりと観察できる(☞図50)。**これをチンダル現象という。この現象が起こるのは，コロイド粒子が大きいために，コロイド粒子により光が散乱するからである。

補足　昼間の空が青く明るく見えるのは，大気によって，光(可視光線)のうちの波長の短い青く見える光が散乱され，その光がわれわれの目に達するからである。

図50　チンダル現象

視点　$CuSO_4$水溶液(右)の場合は，光の通路が見えないが，水酸化鉄(Ⅲ)のコロイド溶液(左)の場合は，光の通路が見える。

❸ブラウン運動　限外顕微鏡[★1]を使ってコロイド溶液を観察すると，光の散乱によって光ったコロイド粒子が，たえず不規則に運動しているようすが観察できる。このような運動をブラウン運動という(☞図51)。ブラウン運動は，熱運動している溶媒(分散媒)分子がコロイド粒子に不規則に衝突するために起こる。

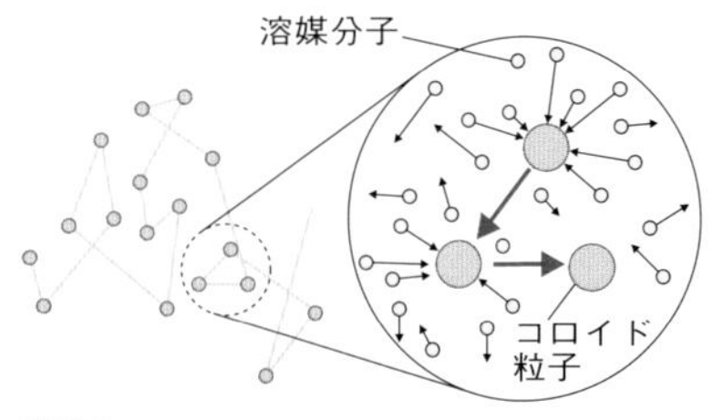

図51　ブラウン運動

補足　ブラウン運動は，イギリスの植物学者**ブラウン**によって，水に浮いている花粉から出たデンプン粒などの微粒子の動きによって発見された(1827年)。

❹透析　コロイド粒子はろ紙を通過するが，セロハンなどの半透膜を通過しない。しかし，ふつうの分子やイオンはセロハンを通過する。この性質を利用して，コロイド溶液の中に含まれるイオンなどを，セロハンなどの半透膜を使って除去することができる。すなわち，図52のように，コロイド溶液をセロハンに包み，これを流水中に浸すと，コロイド溶液の中に含まれるイオンなどは，セロハンの目を通って外に拡散する。この方法で，コロイド溶液を精製する操作を透析という。

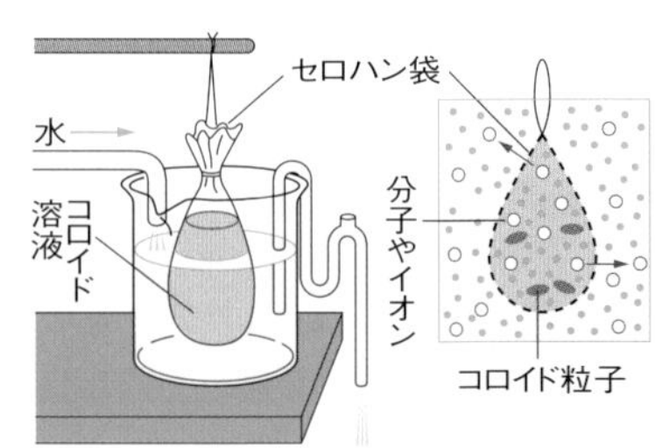

図52　透析とその原理

視点　コロイド溶液中に含まれている分子やイオンなどがビーカー中の水に出てくるが，コロイド粒子はセロハン袋の中に残る。

補足　ヒトの血液は，腎臓で透析されている。腎臓の機能が低下すると，血液中に尿素，尿酸などの有害な成分が増加するので，これらを取り除くため人工透析が必要になる。

★1 側面から光束を当てて光が散乱するようすを観察する顕微鏡で，ふつうの光学顕微鏡に集光器をつけたもの。

❺電気泳動　U字管に電荷をもつコロイド溶液を入れ，電極を浸して直流電圧をかけると，コロイド粒子が一方の極に移動する。これを**電気泳動**という(☞図53)。電気泳動が起こるのは，コロイド粒子が正電荷または負電荷を帯びていて，反対符号の極に引き寄せられるからである。

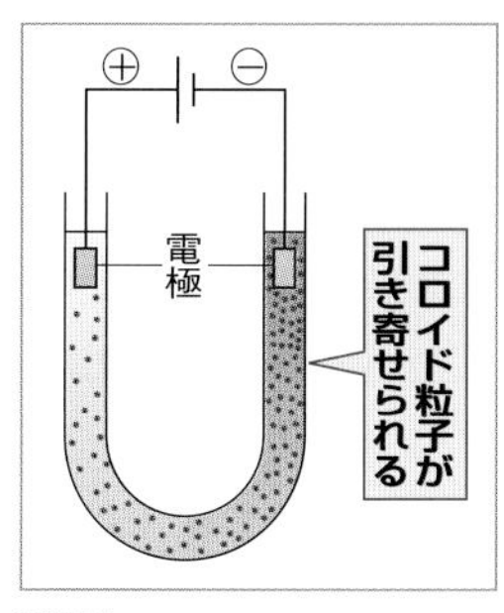

図53　電気泳動

例
- 正コロイド(正電荷をもつコロイド)…金属水酸化物，タンパク質など。
- 負コロイド(負電荷をもつコロイド)…粘土，金属硫化物，デンプンなど。

コロイド粒子が粒子間の引力によって凝集しないのは，コロイド粒子が同種の電気を帯びていて，粒子どうしが互いに反発しあうからである。

補足　**電気泳動の利用**　電気泳動は公害防止にも利用されている。電気集塵機では排煙に高い直流電圧をかけることによって煙の粒子を電極に引きつけ，煙の粒子が煙突から大気中に出ないようにしている。また医学でも，特殊な病気では血清タンパク(血清とは，血液から凝固成分を取り除いた部分)の電気泳動のしかたが特徴的なため，これらの病名の決定に利用される。

チンダル現象…光の通路が見える
⇨コロイド粒子により光が散乱

ブラウン運動…コロイド粒子の不規則な運動
⇨溶媒分子の熱運動

透　析…コロイド溶液の精製
⇨コロイド粒子は半透膜を通らない

電気泳動…コロイド粒子の電極への移動

2 | 疎水コロイドと親水コロイド

1 疎水コロイド

❶疎水コロイドと凝析　水酸化鉄(Ⅲ)のコロイド溶液に，硫酸ナトリウム水溶液を少量加えると，コロイド粒子が沈殿する(図54)。このように，少量の電解質を加えることによって沈殿するコロイドを**疎水コロイド**といい，疎水コロイドが少量の電解質によって沈殿する現象を**凝析**という。

図54　凝　析

❷凝析のしくみ コロイド粒子がくっつきあわないのは，同じ符号の電荷を帯びていて互いに反発しあい，ブラウン運動により動きまわっているためと考えられる。凝析が起こるのは，電荷を帯びているコロイド粒子に，反対符号の電荷をもつ電解質のイオンが吸着し，コロイド粒子が電荷を失うため，粒子どうしの反発力が失われ，その結果，粒子どうしが凝集し，大きな粒子となって沈殿するからである(☞図55)。

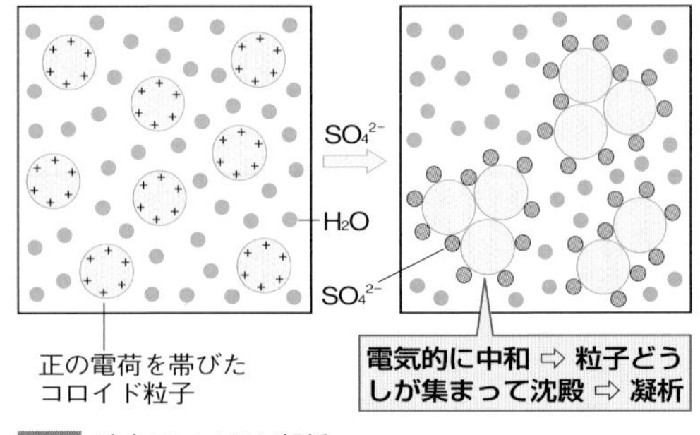

図55 疎水コロイドと凝析

❸凝析を起こす有効なイオン 凝析を起こすイオンとしては，一般に，**コロイド粒子と反対の電荷をもち，価数の大きいイオン**が有効である。

正コロイドを凝析させる場合… $SO_4^{2-} > Cl^-$
負コロイドを凝析させる場合… $Al^{3+} > Mg^{2+} > Na^+$

(例) p.239の重要実験で取りあげた水酸化鉄(Ⅲ)は，正コロイドであり，また $SO_4^{2-} > Cl^-$ だから，SO_4^{2-} を含む硫酸ナトリウムにより凝析が起こった。もし負コロイドなら，Ba^{2+} を含む塩化バリウムにより凝析が起こったはずである。

2 親水コロイド

❶親水コロイドと塩析 デンプン水溶液やタンパク質水溶液などのコロイド溶液は，少量の電解質を加えても沈殿しない。それは，これらのコロイド粒子は −OH や −COOH などの親水性の原子団をもち，表面に多数の水分子が水和しているので，イオンの電荷の影響がおよびにくいからである。このようなコロイドを親水コロイドという。しかし，親水コロイドも，多量の電解質を加えると水和している水分子が除かれて沈殿する。この現象を塩析という。

補足 デンプンやタンパク質などのコロイドは，親水性の原子団をもち，親水コロイドである。分散コロイドは，水に不溶性のコロイド粒子が分散したもので，疎水コロイドである。

COLUMN

凝析・塩析の身近な例

川の水が海に流れ込む場所で三角州ができるのは，粘土質のコロイド粒子が海の中の電解質によって凝析し，これが堆積するのがおもな原因である。また，浄水場で，濁った河川水を浄化するのにミョウバン $AlK(SO_4)_2 \cdot 12H_2O$ など Al^{3+} を含む電解質を加えるのは，**負の電荷をもつ粘土のコロイドが，Al^{3+} によって凝析しやすい**ことを利用している。

セッケンや豆腐をつくるとき，それらの成分を含むコロイド溶液に多量の電解質を加え，それらの成分を固めるが，これは，セッケンや豆腐(タンパク質)の親水コロイドの塩析を利用している。

❷保護コロイド　水酸化鉄(Ⅲ)のコロイド溶液(疎水コロイド)にゼラチン水溶液(親水コロイド)を加えておくと，少量の電解質水溶液を加えても沈殿しない。このゼラチンのように，疎水コロイドの凝析を防ぐはたらきをする親水コロイドを保護コロイドといい，親水コロイドのこのようなはたらきを保護作用という。

[保護コロイドのしくみ]　図56のように，親水コロイドが疎水コロイドを取り囲み，そのまわりにさらに水分子が吸着して疎水コロイドを保護しているため，少量の電解質を加えても疎水コロイドの電荷が中和されにくく，凝析しにくくなる。

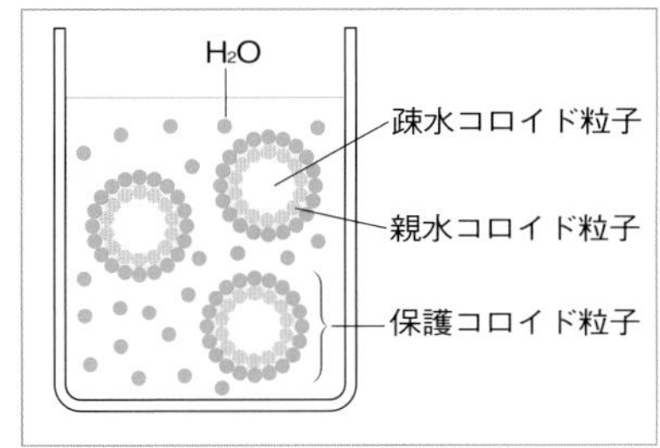

図56 保護コロイド

例　墨汁は炭素のコロイド溶液で，にかわが保護コロイドとして加えてある。

補足　にかわ(膠)は，魚や獣の骨や皮などからつくられる純度の低いゼラチンである。

疎水コロイド⇨**少量の電解質を加えても沈殿(凝析)**
凝析に有効なイオン
⇨**コロイド粒子と反対電荷で価数の大きいイオン**
親水コロイド⇨**多量の電解質を加えると沈殿(塩析)**
保護コロイド⇨**疎水コロイドの凝析を防止する親水コロイド**

このSECTIONのまとめ　コロイド溶液

□コロイド粒子とコロイド溶液 p.237	・**コロイド粒子**…直径が1.0×10^{-9} m ～ 5.0×10^{-7} mの粒子で，半透膜を通過できない。 ・**コロイド溶液**…コロイド粒子が分散した液体。
□コロイド溶液の性質 p.239	・**チンダル現象**…光の通路がわかる現象。 ・**ブラウン運動**…コロイド粒子の不規則な運動。 ・**透析**…半透膜を使ってコロイド溶液を精製する操作。 ・**電気泳動**…コロイド粒子が一方の電極に集まる現象。
□疎水コロイドと親水コロイド p.241	・**疎水コロイド**…**少量の電解質**を加えると沈殿するコロイド溶液⇨**凝析** ・**親水コロイド**…**多量の電解質**を加えてはじめて沈殿するコロイド溶液⇨**塩析**

練習問題 解答 p.550

① 〈溶解〉

文中のa～gに適当な語句を記入せよ。

塩化ナトリウムは水に溶かすと，ナトリウムイオンと塩化物イオンに(　a　)して水中に拡散する。水は(　b　)分子であり，これらのイオンと静電気的な引力によって強く結合している。この現象を(　c　)という。エタノールが水に溶ける場合には，(　d　)結合により(　c　)する。また，ヨウ素などの(　e　)分子は，水と強く結合しないため，水に溶けにくい。ヨウ素などは，ベンゼンやヘキサンによく溶ける。これは，(　e　)分子は(　f　)力が弱く，分子の(　g　)運動によって混じりあうためである。

② 〈固体の溶解度〉

右図は，塩化ナトリウム，塩化カリウム，硝酸カリウムの溶解度曲線である。この溶解度曲線をもとに，次の各問いに答えよ。

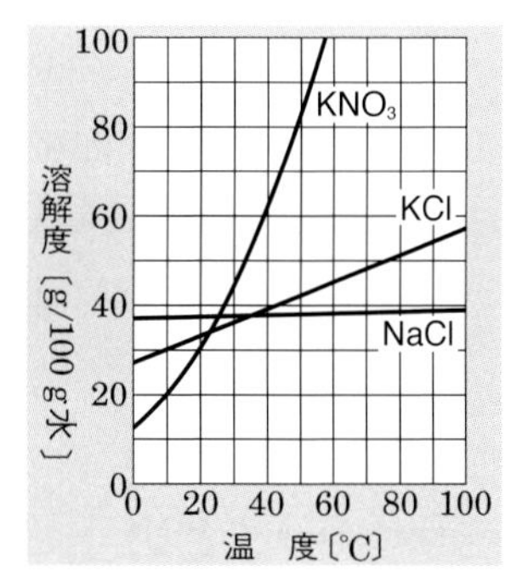

(1)　これらの化合物のうち，再結晶法での精製に最も適しているのはどれか。

(2)　水300 gに硝酸カリウムを180 g溶かした溶液を冷却すると，何℃から結晶が析出し始めるか。

(3)　80 ℃において，水100 gに80 gの硝酸カリウムを溶かした溶液と，水100 gに40 gの塩化カリウムを溶かした溶液がある。この2つの溶液を同じ温度になるように冷却すると，先に結晶が析出してくるのはどちらか。

③ 〈濃度，析出量の計算〉 テスト必出

硫酸銅(Ⅱ)無水物の溶解度〔g/100 g水〕は右の表のとおりである。下記の問いにいずれも有効数字2桁で答えよ。

	20 ℃	60 ℃
溶解度	20.0	40.0

原子量はCu＝64，S＝32，O＝16　とする。

(1)　60 ℃における飽和(ほうわ)溶液の質量パーセント濃度を答えよ。

(2)　60 ℃における飽和溶液70 gを20 ℃に冷却した。このとき析出する結晶の質量〔g〕を答えよ。ただし，析出する結晶は$CuSO_4・5H_2O$である。

(3)　20 ℃の飽和溶液300 gを500 mLのメスフラスコに入れ，純水をメスフラスコの標線まで加え，栓をしてよく混合した。この水溶液のモル濃度を答えよ。

④ 〈気体の溶解度〉 テスト必出

0 ℃，1.0×10^5 Paの酸素が接しているとき，1 Lの水に4.48×10^{-2} Lが溶解するとして，次の問いに答えよ。空気中の酸素，窒素の体積比は$N_2 : O_2 = 4.0 : 1.0$とする。

⑴ 圧力を一定にして，温度を上昇させると酸素が溶解する質量はどうなるか。

⑵ 0 ℃，5.0×10^5 Paの酸素が接しているとき，1 Lの水に溶ける酸素の質量は何gか。

⑶ 0 ℃，3.0×10^5 Paの空気が接しているとき，2 Lの水に溶ける酸素の質量は何gか。

⑤ 〈凝固点降下〉

次の問いに答えよ。

⑴ 次の物質1 gをそれぞれ100 gの水に溶かした水溶液を比べて，凝固点(ぎょうこ)の低い順に並べよ。

ア 尿素 $CO(NH_2)_2$　**イ** スクロース(ショ糖) $C_{12}H_{22}O_{11}$

ウ グルコース(ブドウ糖) $C_6H_{12}O_6$

⑵ 次の物質0.1 molをそれぞれ100 gの水に溶かした水溶液を比べて，凝固点の低い順に並べよ。

ア 尿素　**イ** 塩化カルシウム　**ウ** 塩化ナトリウム

⑥ 〈浸透圧〉 テスト必出

次の問いに答えよ。ただし，気体定数を$R = 8.3 \times 10^3$ Pa・L/(K・mol)とする。

⑴ 0.10 mol/Lのスクロース(ショ糖)水溶液の27 ℃における浸透圧(しんとうあつ)は何Paか答えよ。

⑵ 上記⑴のスクロース水溶液と同じ浸透圧の塩化ナトリウム水溶液の濃度は何mol/Lか答えよ。

⑦ 〈日常の溶液の現象〉

次の現象と最も関連の深い語句を下から選べ。

⑴ 水にエチレングリコールを溶かした水溶液を，不凍液として使う。

⑵ 海水でぬれた布は，乾きにくい。

⑶ 河口に泥が堆積して三角州(す)が発達する。

⑷ 霧の中を走る車のヘッドライトの明かりが輝いて見える。

⑸ 煙突に直流電圧をかけると，煤煙(ばいえん)を除去することができる。

⑹ 濃いセッケン水に多量の食塩を入れたらセッケンが固まる。

ア 蒸気圧降下　**イ** 凝固点降下　**ウ** チンダル現象

エ ブラウン運動　**オ** 電気泳動(えいどう)　**カ** 塩析(えんせき)

キ 凝析(ぎょうせき)

定期テスト予想問題 解答 ☞p.551

時 間50分
合格点70点
得点

1 右の図のような連結容器のコックCを閉じ，4.0 Lの容器Aに8.0 gの酸素を，2.0 Lの容器Bに7.0 gのネオンを入れ，温度を27 ℃に保った。次の問いに答えよ。原子量はO＝16，Ne＝20，気体定数は$R = 8.3 \times 10^3$ Pa・L/(K・mol)とする。

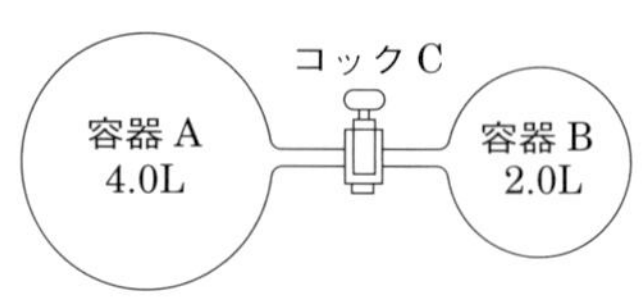

〔各4点…合計8点〕

(1) 容器Aの圧力は何Paになるか。

(2) コックCを開き，気体を十分に混合したとき，容器内の圧力は何Paになるか。

2 ある金属を酸と反応させ，発生した水素をメスシリンダーに満たした水と置き換えて捕集した。メスシリンダー中の気体の体積は，27 ℃で380 mLであった。捕集時の大気圧を1.01×10^5 Pa，27 ℃における水の飽和(ほうわ)蒸気圧を4×10^3 Paとして，次の問いに答えよ。ただし，気体定数を$R = 8.3 \times 10^3$ Pa・L/(K・mol)とする。

〔(1)3点，(2)4点…合計7点〕

(1) メスシリンダー内の水素の分圧を求めよ。

(2) メスシリンダー内の水素の物質量を求めよ。

3 右の表は水素，メタン，および二酸化炭素の標準状態における1 molの体積を表す。また，下のグラフは，これらの気体について，温度Tを一定(273 K)にし，圧力p〔Pa〕を変えながらn〔mol〕あたりの体積V〔L〕を測定し，$\frac{pV}{nRT}$の値を求め，圧力pとの関係を示したものである。

気体	体積V〔L〕
H_2	22.424
CH_4	22.375
CO_2	22.256

〔(1)4点，(2)・(3)各2点，(4)4点…合計12点〕

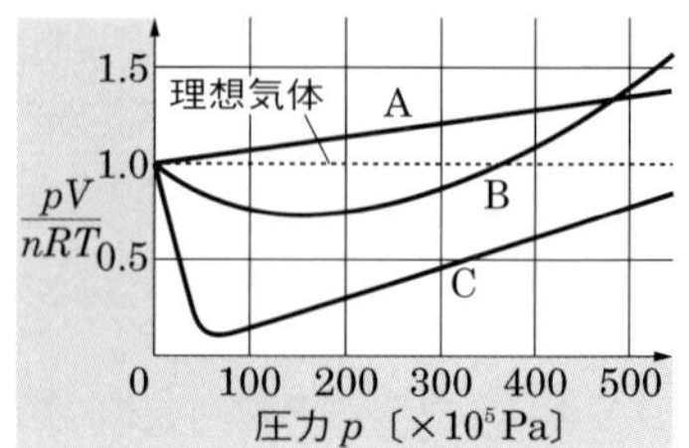

(1) 実在気体は理想気体と何が異なるか。相違点を2つ書け。

(2) 表中の下の気体ほど体積が小さくなっている理由を説明せよ。

(3) 図中の曲線A，B，Cはそれぞれ，水素，メタン，二酸化炭素のどれに該当するか。

(4) 実在気体の理想気体からのずれは，圧力が高いほど，また，温度が高いほど，どう変化するか。それぞれ次の**ア**～**ウ**から選べ。

ア ずれが大きくなる　**イ** ずれが小さくなる　**ウ** 変化しない

4 単体のナトリウムは，右図のような単位格子(こうし)の結晶で，単位格子の一辺の長さは0.43 nm，密度は0.97 g/cm^{3}である。次の問いに答えよ。$\sqrt{2}=1.4$，$\sqrt{3}=1.7$とする。

〔(1)・(2)・(3)各３点，(4)・(5)各４点…合計17点〕

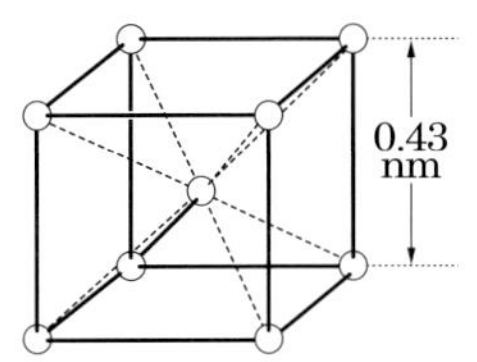

(1) 単位格子の名称を記せ。

(2) 単位格子中に何個のナトリウム原子が含まれるか。

(3) 配位数はいくらか。

(4) ナトリウム原子１個の質量は何gか。

(5) ナトリウム原子の半径は何nmか。

5 次の固体の溶解度に関する問いに答えよ。　〔各４点…合計12点〕

(1) 硝酸ナトリウムの溶解度〔g/100 g水〕は，80 ℃で148，20 ℃で88である。80 ℃の飽和(ほうわ)溶液500 gを20 ℃まで冷やすと何gの結晶が析出するか。

(2) 上記の析出した結晶を取り除いた20 ℃の硝酸ナトリウム飽和溶液から，水を80 g蒸発させて，20 ℃に戻すと，何gの結晶が析出するか。

(3) 20 ℃で硫酸銅(Ⅱ)五水和物$CuSO_4 \cdot 5H_2O$の50 gを溶かして飽和溶液をつくるとき，必要な水は何gか。ただし，硫酸銅(Ⅱ)無水物$CuSO_4$の溶解度は20 ℃で20とし，式量は$CuSO_4 \cdot 5H_2O = 250$，$CuSO_4 = 160$で計算せよ。

6 次の物質を，(a)水に溶けて電離する電解質，(b)水に溶けて電離しない非電解質，(c)水に溶けにくく，ベンゼンに溶けやすい液体 に分類せよ。　〔各２点…合計８点〕

ア 硫酸 H_2SO_4

イ 尿素 $CO(NH_2)_2$

ウ 四塩化炭素 CCl_4

エ 塩化アンモニウム NH_4Cl

7 標準状態(0 ℃，1.0×10^5 Pa)では，1.0 Lの水に，窒素は2.24×10^{-2} L，酸素は4.48×10^{-2} Lが溶解するとして，次の問いに答えよ。空気中の窒素，酸素の体積比は$N_2 : O_2 = 80\ \% : 20\ \%$とする。原子量はN = 14　とする。　〔各４点…合計12点〕

(1) 0 ℃で，水5.0 Lに3.0×10^{-3} molの窒素が溶解しているとき，この水に接している気体の窒素の圧力は何Paか。

(2) 0 ℃で，水10 Lに3.0×10^5 Paの窒素が接しているとき，水に溶解している窒素は何gか。

(3) 0 ℃で，水1.0 Lに1.0×10^5 Paの空気が接しているとき，水に溶解している窒素の物質量は，水に溶解している酸素の物質量の何倍か。

8 次の3種の水溶液について，沸点，凝固点を測定した。(1)〜(3)に答えよ。

〔(1)・(2)各3点，(3)4点…合計10点〕

純粋な水100 gにスクロース0.010 molが溶解した水溶液 → 溶液Aとする。

純粋な水200 gにスクロース0.010 molが溶解した水溶液 → 溶液Bとする。

純粋な水100 gに塩化ナトリウム0.010 molが溶解した水溶液 → 溶液Cとする。

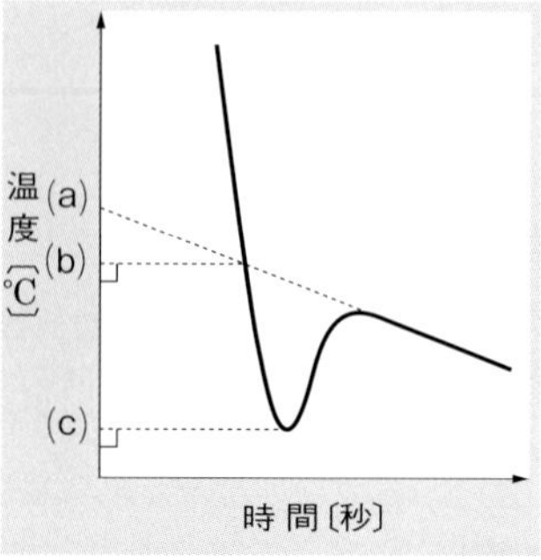

温度〔℃〕
(a)
(b)
(c)
時間〔秒〕

(1) 凝固点を求めるために，溶液を氷と食塩水(寒剤)でゆっくり冷却しながら，溶液の温度を測定したところ，図のような冷却曲線(実線)を得た。凝固点に最も近いものを(a)〜(c)から選び，記号で答えよ。

(2) 溶液A，B，Cを沸点の高いものから順に並べよ。

(3) 溶液Bの凝固点は，-0.093 ℃であった。溶液Cを冷却して純粋な氷が50 gできるときの温度〔℃〕を有効数字2桁まで求めよ。

9 次の文を読み，下の問いに答えよ。

〔(1)各1点，(2)・(3)各2点…合計14点〕

1.0 mol/Lの塩化鉄(Ⅲ)水溶液10 mLを，沸騰している蒸留水に加えると，赤褐色のコロイド溶液Aができる。Aに横から光を当てると，光の進路が光って見える。これを(a)現象といい，コロイド粒子が光を(b)するためにみられる。また，Aを限外顕微鏡で観察すると，光った粒子が不規則に移動しているのが観察される。これを(c)運動という。次にAをセロハン袋に入れ，ビーカーに入れた純水中にしばらく浸す。この操作を(d)という。その後，ビーカー内の水溶液に硝酸銀水溶液を加えると白色沈殿を生成する。セロハン袋中のコロイド溶液Aの一部をとり，電解質水溶液を少量加えると沈殿を生じる。この現象を(e)といい，このような性質を示すコロイドを(f)コロイドという。このコロイド溶液にゼラチンのような(g)コロイドを少量加えておくと(e)の現象は起こりにくい。このようなはたらきをする(g)コロイドを特に(h)コロイドという。AをU字管にとり，2本の電極を入れて直流電圧をかけると，コロイド粒子は陰極へ向かって移動する。この現象を(i)という。濃い(g)コロイド溶液を冷却すると，流動性を失って全体が固まった状態になることがある。この状態を(j)という。

(1) 文中のa〜jに適当な語句を記入せよ。

(2) (c)運動が起こる原因を説明せよ。

(3) 現象(e)の効果が大きい物質を，次のなかから1つ選び，化学式で答えよ。

塩化ナトリウム　　塩化カルシウム　　硫酸ナトリウム　　硝酸アルミニウム

第4編

物質の変化と平衡

1 » 化学反応と熱・光

SECTION 1 反応とエンタルピー変化

1 化学反応と熱の出入り

1 発熱反応と吸熱反応

図1 物の燃焼と熱の発生

❶発熱反応　都市ガスの主成分であるメタンCH_4が1 mol燃焼すると，891 kJ（キロジュールと読む）の熱を発生させて二酸化炭素と液体の水になる。このように熱が発生する反応を発熱反応という。

$CH_4 + 2O_2 \longrightarrow CO_2 + 2H_2O$　（熱を放出）

❷吸熱反応　赤熱した黒鉛Cに水蒸気を触れさせると一酸化炭素と水素が発生するが，この反応では1 molの黒鉛が反応すると131 kJの熱が吸収される。このように，熱を吸収する反応を吸熱反応という。

C（黒鉛）$+ H_2O \longrightarrow CO + H_2$　（熱を吸収）

❸熱量の単位　物質が他の物体を動かしたり変形させたりする能力をエネルギーといい，特に，熱という形態で物質に出入りするエネルギーを熱エネルギーという。出入りする熱エネルギーの量を熱量といい，その単位はエネルギーと同じジュール（記号J）や，その1000倍のkJを用いる。日常的にはカロリー（記号cal）というエネルギーの単位も用いられる。1 calは，1 gの水の温度を1 K上昇させる熱量であり，約4.18 Jである。

補足 常温で自然に起こる反応は，発熱反応が多い。

2 反応エンタルピー

❶熱の出入りとエンタルピー　すべての物質は，それぞれ**化学エネルギー**をもっている。一定の圧力下で，物質のもっている化学エネルギーをエンタルピー(記号はH，単位はJ)という量を用いて表す。一般に**反応物のエンタルピーの総和と生成物のエンタルピーの総和に差がある**ため，反応の際に熱の出入りが起こる。[★1]

❷反応エンタルピー　一定の圧力下での反応に伴って放出または吸収される熱量は，反応物のエンタルピーの総和と生成物のエンタルピーの総和との差であるから，エンタルピー変化ΔHで表され，これを反応エンタルピー(反応熱)という。

$$\Delta H = (\text{生成物のエンタルピーの総和}) - (\text{反応物のエンタルピーの総和})$$

❸反応エンタルピーの符号　**発熱反応**では，反応物のエンタルピーの総和よりも**生成物のエンタルピーの総和のほうが小さい**ので，$\Delta H < 0$になる。一方**吸熱反応**では，反応物のエンタルピーの総和よりも**生成物のエンタルピーの総和のほうが大きい**ので，$\Delta H > 0$になる。

補足　物質は，主として化学結合の形でエネルギーを保有している。したがって，結合する原子の組合せが変わったり，二重結合が単結合に変わったりするなどの変化があれば，エンタルピーの大きさも変化する。

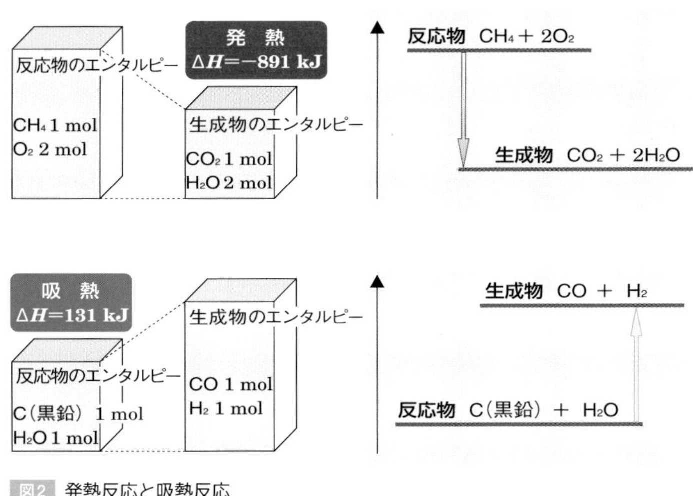

図2　発熱反応と吸熱反応

★1 化学反応が起こる際，熱の出入りの一部分は気体の膨張や収縮のエネルギーとして使われることがある。**一定の圧力下**で出入りする熱をエンタルピーという量で表せば，気体の**膨張や収縮に使われるエネルギー**も含めて厳密かつ定量的に取り扱うことができる。

2｜エンタルピーの変化

1 反応エンタルピーの表し方

❶エンタルピーと物質の状態　**エンタルピーは，物質の状態によっても異なる。**例えば，1 molの水素と0.5 molの酸素が反応して1 molの水を生じるとき，生成する水が気体の場合の反応エンタルピー ΔH は -242 kJであり，液体の場合は -286 kJである。これは，気体の水1 molのエンタルピーよりも液体の水1 molのエンタルピーのほうが44 kJ小さいことによる。

$H_2 + \frac{1}{2}O_2$

$\Delta H = -242$ kJ

H_2O（気体）

-44 kJ

$\Delta H = -286$ kJ

H_2O（液体）

❷反応エンタルピーの表し方　**反応エンタルピーは，化学反応式の右側に書いて表す。**反応エンタルピーを物質1 molあたりの熱量で表すときの単位はkJ/molであるが，化学反応式に書くときは，化学反応式の係数が物質量を表すので/molは書かない。また，**化学反応式には物質の状態を付記する。**ただし，明らかなときは省略してもよい。

㊀例　黒鉛と水蒸気から一酸化炭素と水素ができる反応

(1)化学反応式を書く。

$$C + H_2O \longrightarrow CO + H_2$$

(2)物質の状態を付記する。

$$C(\text{黒鉛}) + H_2O(\text{気}) \longrightarrow CO(\text{気}) + H_2(\text{気})$$

(3)反応エンタルピーを書く。

$$C(\text{黒鉛}) + H_2O(\text{気}) \longrightarrow CO(\text{気}) + H_2(\text{気}) \qquad \Delta H = 131\ \text{kJ}$$

補足　物質の状態を表すとき，(固)，(液)，(気)の代わりに，それぞれ(s)，(l)，(g)と書くこともある(sはsolidの略，lはliquidの略，gはgasの略)。

反応エンタルピー⇨化学反応式の右側に $\Delta H =$ と書いて値を書く。

- 熱量は，化学反応式の係数分の物質量あたりの**反応エンタルピー**で表す。
- **発熱反応では $\Delta H < 0$，吸熱反応では $\Delta H > 0$**　になる。
- 化学反応式には，**必要に応じて，各物質の状態を付記する。**

2 反応エンタルピーの種類

反応エンタルピーはふつう，25 ℃，1.013×10^5 Pa における**注目する物質 1 mol が変化するときのエンタルピー変化**と定義される。

① **燃焼エンタルピー(燃焼熱)**　物質 1 mol が完全燃焼するときのエンタルピー変化。
燃焼反応は発熱反応であるため，常に $\Delta H<0$ となる。

㊞ プロパン C_3H_8 の燃焼エンタルピーは －2220 kJ/mol である。

$$C_3H_8(気)+5O_2(気) \longrightarrow 3CO_2(気)+4H_2O(液) \quad \Delta H=-2220\ \mathrm{kJ}$$

② **生成エンタルピー(生成熱)**　化合物 1 mol がその成分元素の単体からつくられるときのエンタルピー変化。物質によって，$\Delta H<0$ となるものと，$\Delta H>0$ となるものがある。

㊞ エチレン C_2H_4 の生成エンタルピーは 52.5 kJ/mol である。

$$2C(黒鉛)+2H_2(気) \longrightarrow C_2H_4(気) \quad \Delta H=52.5\ \mathrm{kJ}$$

③ **中和エンタルピー(中和熱)**　酸と塩基の水溶液が中和して，水 1 mol ができるときのエンタルピー変化。中和反応は発熱反応であるため，$\Delta H<0$ となる。

㊞ 塩酸と水酸化ナトリウム水溶液との反応では，中和エンタルピーは －56.5 kJ/mol である。

$$HCl\,aq+NaOH\,aq \longrightarrow NaCl\,aq+H_2O(液) \quad \Delta H=-56.5\ \mathrm{kJ}$$

補足 **aq の意味**　aq はラテン語の aqua (水)の略で，多量の水を意味する。aq を化学式の右に添えた場合は水溶液を表す。したがって，NaOH aq は水酸化ナトリウム水溶液の意味。

補足 **中和エンタルピー**　希薄な強酸水溶液と希薄な強塩基水溶液の中和エンタルピーは，種類にかかわらずほぼ一定で －56.5 kJ/mol である。

④ **溶解エンタルピー**　物質 1 mol が，多量の溶媒に溶けるときのエンタルピー変化。
物質によって，$\Delta H<0$ となるものと，$\Delta H>0$ となるものがある。

㊞ 硝酸ナトリウムの溶解エンタルピーは，20.5 kJ/mol である。

$$NaNO_3(固)+aq \longrightarrow NaNO_3\,aq \quad \Delta H=20.5\ \mathrm{kJ}$$

表1 いろいろな物質の反応エンタルピー(単位は kJ/mol，負の値は発熱，正の値は吸熱を表す。)

ΔH	物質	化学式	〔kJ/mol〕	ΔH	物質	化学式	〔kJ/mol〕
燃焼	一酸化炭素	CO	－283	生成	エチレン	C_2H_4	52.5
	水素	H_2	－286		アンモニア	NH_3	－46.1
	硫黄	S	－297		水(気体)	H_2O	－242
	炭素(黒鉛)	C	－394		水(液体)	H_2O	－286
	メタン	CH_4	－891		二酸化炭素	CO_2	－394
	アセチレン	C_2H_2	－1310	水への溶解	硝酸カリウム	KNO_3	34.9
	エタノール	C_2H_5OH	－1370		塩化ナトリウム	$NaCl$	3.88
	エタン	C_2H_6	－1560		水酸化ナトリウム	$NaOH$	－44.5
	プロパン	C_3H_8	－2220		塩化水素(気体)	HCl	－74.9
	ブタン	C_4H_{10}	－2880		硫酸(液体)	H_2SO_4	－95.3

⑤**その他の反応エンタルピー**　蒸発エンタルピー，融解エンタルピーのような状態変化に伴うエンタルピー変化も，化学反応式とともに表すことができる。

㊡1　水の蒸発時のエンタルピー変化(**蒸発エンタルピー**)は44.0 kJ/molである。

H_2O(液) ⟶ H_2O(気)　　$\Delta H = 44.0$ kJ

㊡2　水(氷)の融解時のエンタルピー変化(**融解エンタルピー**)は6.0 kJ/molである。　H_2O(固) ⟶ H_2O(液)　　$\Delta H = 6.0$ kJ

3｜反応エンタルピーの測定

1 温度と熱量

❶**温度**　物質の内部では原子や分子が細かい不規則な運動をしている。この原子や分子の不規則な運動を熱運動という。物質を熱すると，原子や分子の熱運動は激しくなる。**温度は，原子や分子の熱運動の激しさを量として表している。**

❷**温度目盛り**　温度を表すのに使われるのはセルシウス温度(記号℃，☞p.23)，または単位K(ケルビン)を用いて示す絶対温度(☞p.23)である。絶対温度では −273 ℃を0 K(絶対零度)とする。**1 ℃の温度変化は，1 Kの温度変化と等しい。**したがって，セルシウス温度〔℃〕の数値tと絶対温度〔K〕の数値Tには，$T = t + 273$の関係がある。

❸**熱量**　フラスコに水を入れ，ガスバーナーで加熱すると，時間がたつにつれて水の温度が上がっていく。このとき，水が受け取ったエネルギーを熱(熱エネルギー)といい，熱の量を熱量という。

2 反応エンタルピーの測定

❶**比熱**　同じ熱量を加えても，温度の上昇が大きいものと，そうでないものとがある。**物質1 gの温度を1 K (あるいは1 ℃)だけ上昇させるのに必要な熱量**を，その物質の比熱という。単位はジュール毎(まい)グラム毎ケルビン(記号J/(g･K))を用いる。比熱の大きいものほど，あたためにくく，さめにくい。

❷**熱量の求め方**　加えた熱量をQ〔J〕，物質の比熱をc〔J/(g･K)〕，質量をm〔g〕，温度差をΔT〔K〕とすると，$Q = cm\Delta T$

表2　おもな物質の比熱

物質名	温度〔℃〕	比熱〔J/(g･K)〕
水	25	4.18
氷	−23	1.93
ナタネ油	20	2.04
鉄	25	0.447
銀	25	0.236

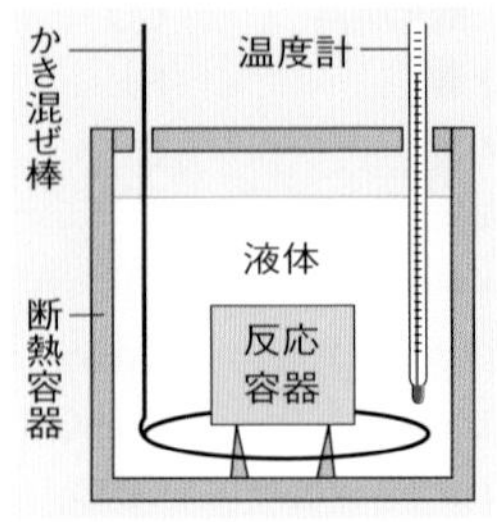

図3　反応エンタルピーの測定

例題　**反応エンタルピーの求め方**

右図のような発泡ポリスチレン(フォームポリスチレン)容器に18.6℃の水98 mLをとり，固体の水酸化ナトリウム2.0 gを加えてかき混ぜ，完全に溶解させた。このとき，溶解を開始してから30秒ごとに液温を測定し，右のグラフを得た。

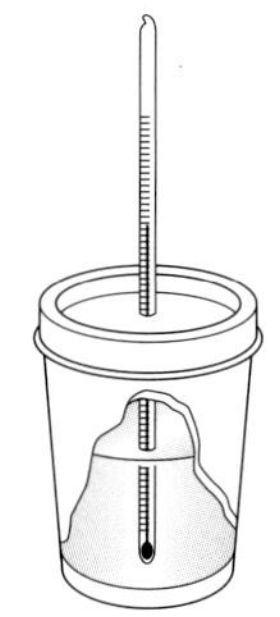

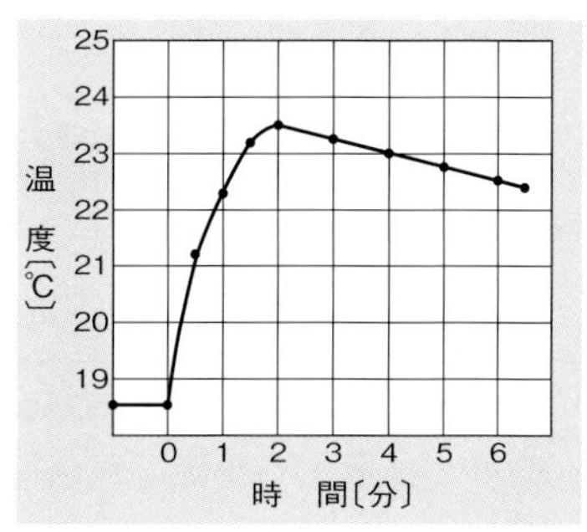

水酸化ナトリウムの溶解エンタルピーを次の順に求めよ。ただし，水の密度を1.0 g/cm³，水溶液の比熱を4.2 J/(g･K)，H＝1.0，O＝16，Na＝23とする。

(1)　容器の外に熱が逃げなかった場合の最高温度を求めよ。

(2)　この実験で発生した熱量を求めよ。

(3)　水酸化ナトリウムの溶解エンタルピーを求めよ。

着眼　グラフの傾きの意味を考える。温度変化と発生した熱量の関係をとらえ，溶解エンタルピーは物質1 molが溶解するときのエンタルピー変化であることに注意する。

解説　(1)　A点で溶解がはじまり，B点で終了したとみなせる。この間にも熱は逃げているから，最高温度の補正は次のようにして行う。

瞬時に溶解し，放冷が行われなかったとする最高温度は，**放冷を示す直線を時間0まで延長**(外挿(がいそう)という)して求めたC点となる。

よって，24.0℃

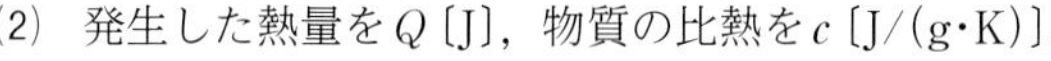

(2)　発生した熱量をQ〔J〕，物質の比熱をc〔J/(g･K)〕，物質の質量をm〔g〕，温度差をΔT〔K〕とすると，$Q = cm\Delta T$の関係があるから，次式より求めることができる。

$$Q\text{〔J〕} = 4.2\ \text{J/(g·K)} \times (98 + 2.0)\ \text{g} \times (297.0 - 291.6)\ \text{K}$$

$$\therefore\quad Q \fallingdotseq 2268\ \text{J} \fallingdotseq 2.3\ \text{kJ}$$

(3)　NaOHの1 mol (＝40 g)あたりに発生する熱量は，次式より求められる。

$$2.26 \times \frac{40}{2.0} = 45.2\ \text{kJ}$$

発熱反応であるから，溶解エンタルピーは －45 kJ/molになる。

答 (1)24.0℃　(2)2.3 kJ　(3)－45 kJ/mol

例題 **反応エンタルピーの表し方**

次の(1)，(2)の問いに答えよ。

(1) アンモニアの生成エンタルピーは -46.1 kJ/molである。この反応を化学反応式とエンタルピー変化 ΔH を用いて表せ。

(2) 固体の水酸化ナトリウムの水への溶解エンタルピーは -44.5 kJ/molである。この反応を化学反応式とエンタルピー変化 ΔH を用いて表せ。

着眼 反応エンタルピーは，反応の中心となる物質1 molが変化するときのエンタルピー変化であること，係数は実際に反応する物質量を表すことに注意する。

解説 (1) -46.1 kJ/molとは，1 molのアンモニアが，アンモニアの単体成分である窒素(気体)と水素(気体)から生成するときのエンタルピー変化であるから，化学反応式は，次のように書くことができる。

$$\frac{1}{2}N_2(\text{気}) + \frac{3}{2}H_2(\text{気}) \longrightarrow NH_3(\text{気}) \qquad \Delta H = -46.1\ \text{kJ}$$ ……………… 答

(2) 1 molの水酸化ナトリウム(固)を多量の水に溶かすと，44.5 kJの熱を発生するということだから，化学反応式は，次のように書くことができる。

$$NaOH(\text{固}) + aq \longrightarrow NaOH\,aq \qquad \Delta H = -44.5\ \text{kJ}$$ ……………………… 答

類題 11 メタン CH_4 0.100 molを完全に燃焼(生成する水は液体)させたときの発熱量は89.0 kJである。この変化を化学反応式と ΔH を用いて表せ。(解答☞p.552)

このSECTIONのまとめ 反応とエンタルピー変化

□反応エンタルピー ☞p.251	・化学反応の際のエンタルピー変化。単位には**kJ/mol**を用いる。 { **発熱反応**…反応とともに熱を放出する。$\Delta H < 0$ { **吸熱反応**…反応とともに熱を吸収する。$\Delta H > 0$ ・**反応エンタルピーの種類**…燃焼エンタルピー，生成エンタルピー，中和エンタルピー，溶解エンタルピーなど。
□反応エンタルピーの表し方 ☞p.252	・中心となる反応物または生成物1 molについての反応を示す化学反応式の右に ΔH を書く。 ・**発熱反応の場合は $\Delta H < 0$，吸熱反応の場合は $\Delta H > 0$** となる。
□熱量の求め方 ☞p.254	・**熱量＝比熱×質量×温度差** $Q = cm\Delta T$

2 ヘスの法則

1｜反応の経路と熱

1 ヘスの法則 ①重要

スイスの化学者ヘス(1802～1850)は，多くの反応のエンタルピー変化を調べ，1840年に次のような法則を発見した。

「反応におけるエンタルピー変化は，反応の経路によらず，反応の最初の状態と最後の状態で決まる。」

これを，**ヘスの法則**(または**総熱量保存の法則**)という。

たとえば，1 molの水素と$\frac{1}{2}$ molの酸素が反応して，1 molの液体の水H_2O(液)を生成する反応では，次の「経路Ⅰ」と「経路Ⅱ」が考えられる。

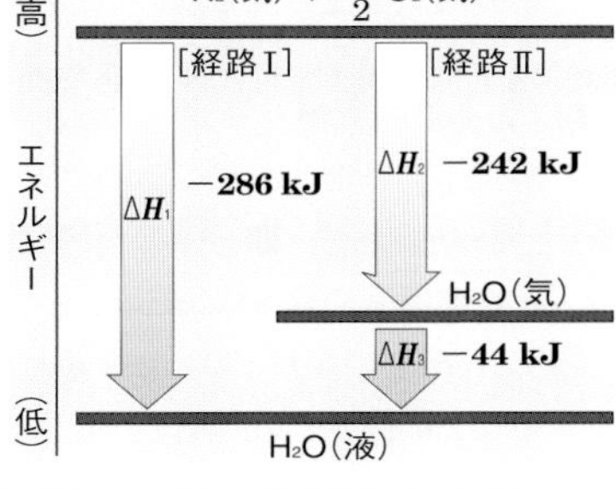

図4　H_2O (液)の生成熱と反応経路

視点　それぞれのもつエネルギーの差が熱量として放出されるが，反応の経路が変わっても，総熱量は変わらない($\Delta H_1 = \Delta H_2 + \Delta H_3$)。

[経路Ⅰ]　$H_2(\text{気}) + \frac{1}{2}O_2(\text{気}) \longrightarrow H_2O(\text{液})$　　$\Delta H_1 = -286\ \text{kJ}$　…………①

[経路Ⅱ]　$H_2(\text{気}) + \frac{1}{2}O_2(\text{気}) \longrightarrow H_2O(\text{気})$　　$\Delta H_2 = -242\ \text{kJ}$　…………②

$H_2O(\text{気}) \longrightarrow H_2O(\text{液})$　　$\Delta H_3 = -44\ \text{kJ}$　…………③

[経路Ⅰ]の反応エンタルピー -286 kJは，[経路Ⅱ]の②式と③式を形式的に左辺，右辺，ΔHをそれぞれ足し合わせたときの反応エンタルピーになっている。

$$
\begin{array}{lll}
 & H_2(\text{気}) + \frac{1}{2}O_2(\text{気}) \longrightarrow H_2O(\text{気}) & \Delta H_2 = -242\ \text{kJ} \quad \cdots② \\
+) & H_2O(\text{気}) \longrightarrow H_2O(\text{液}) & \Delta H_3 = -44\ \text{kJ} \quad \cdots③ \\
\hline
 & H_2(\text{気}) + \frac{1}{2}O_2(\text{気}) \longrightarrow H_2O(\text{液})^{\star1} & \Delta H_1 = -(242 + 44)\ \text{kJ} \quad \cdots①
\end{array}
$$

このように，ヘスの法則が成り立つのは，**反応前と反応後の物質のもつエンタルピーの差が反応におけるエンタルピー変化(反応エンタルピー)になる**からである。

ヘスの法則⇨反応によるエンタルピー変化は，反応の経路によらず，反応の最初の状態と最後の状態で決まる。

★1 左辺・右辺ともに残ったH_2O(気)は消去してよい。

重要実験　ヘスの法則を確かめる

操作

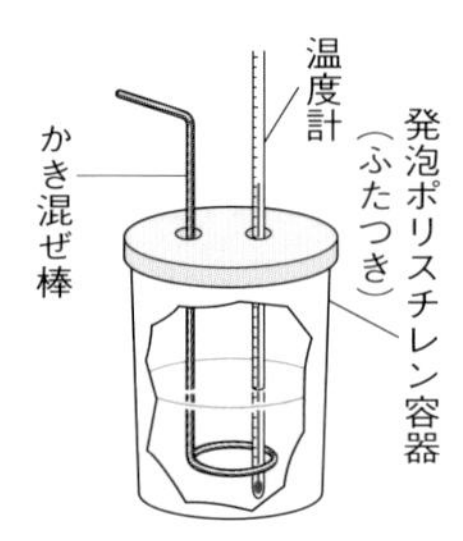

❶右の図のような発泡ポリスチレン容器に，純水100 mLを入れて水温を測る。次に，この容器の中に2.0 g前後の水酸化ナトリウムの固体を正確に測りとって入れ，かき混ぜ棒でよくかき混ぜて溶かし，溶かす前の温度と溶かしたあとの最高温度の差を求める。➡**水酸化ナトリウムには潮解性があるので，質量の測定は手早く行う。**

❷1 mol/Lの水酸化ナトリウム水溶液50 mLと1 mol/Lの塩酸50 mLを別々のビーカーにとり，液温が等しいことを確かめたうえで，❶と同じ容器に両液を入れる。**よくかき混ぜながら**，はじめの温度と最高温度の差を求める。

❸0.5 mol/Lの塩酸100 mLを❶と同じ容器に入れ，液温を測る。次に，このコップの中に2.0 g前後の水酸化ナトリウムの固体を正確に測りとって入れ，かき混ぜ棒でよくかき混ぜて溶かし，溶かす前の温度と溶かしたあとの最高温度の差を求める。

結果

❶実験結果の一例を表にまとめると，次のようになる。

実　　験	NaOHの質量	最初の液温	最高温度	温度変化 ΔT
①NaOH(固) ＋ 水100 mL	2.1 g	22.7 ℃	27.5 ℃	4.8 K
②1 mol/L　NaOHaq 50 mL ＋ 1 mol/L　HClaq 50 mL	2.0 g	23.0 ℃	28.4 ℃	5.4 K
③NaOH(固) ＋ 0.5 mol/L　HClaq 100 mL	1.9 g	22.9 ℃	32.7 ℃	9.8 K

❷上の結果をもとに，それぞれの発熱量を計算すると，次のようになる。ただし，発熱量 Q〔J〕は，各溶液の密度を1.0 g/cm^3，水の比熱を4.18 J/(g･K)とすると，

Q〔J〕$= cm\Delta T = 4.18$ J/(g･K) × 100 g × ΔT〔K〕　　で求められる。

実験番号	①	②	③
温度変化 ΔT〔K〕	4.8	5.4	9.8
発熱量〔J〕	2006	2257	4096
NaOHの物質量〔mol〕	0.053	0.050	0.048
NaOH　1 molあたりの発熱量	3.78×10^4 J (37.8 kJ)	4.51×10^4 J (45.1 kJ)	8.53×10^4 J (85.3 kJ)

❸操作❶の溶解エンタルピーを Q_1〔kJ/mol〕，操作❷の中和エンタルピーを Q_2〔kJ/mol〕，操作❸の反応エンタルピーを Q_3〔kJ/mol〕とすると，$Q_1 + Q_2 = -82.9$ kJ/mol，$Q_3 = -85.3$ kJ/molとなり，**Q_1とQ_2の和はほぼQ_3に等しい**ことがわかる。

2 ヘスの法則の応用

反応エンタルピーは，反応物がもつエンタルピーと生成物がもつエンタルピーの差として表されている。このような反応エンタルピーの性格とヘスの法則を利用すると，すでにわかっている**いくつかの反応エンタルピーを化学反応式の左辺，右辺それぞれとともに形式的に同じ足し引きを行う**ことにより，実測が困難な反応エンタルピーを計算で求めることができる。

例題　**未知の反応エンタルピーを求める（その１）**

次の反応式と ΔH の式①，②を利用して，反応式③の ΔH を求めよ。

$$\text{C(黒鉛)} + \text{O}_2\text{(気)} \longrightarrow \text{CO}_2\text{(気)} \qquad \Delta H = -394\ \text{kJ} \quad \cdots\cdots①$$

$$\text{CO(気)} + \frac{1}{2}\text{O}_2\text{(気)} \longrightarrow \text{CO}_2\text{(気)} \qquad \Delta H = -283\ \text{kJ} \quad \cdots\cdots②$$

$$\text{C(黒鉛)} + \frac{1}{2}\text{O}_2\text{(気)} \longrightarrow \text{CO(気)} \quad \cdots\cdots③$$

着眼　反応式①，②を適当に加減して，C(黒鉛)，O_2(気)，CO(気)以外のものを消去し，反応式　$\text{C(黒鉛)} + \frac{1}{2}\text{O}_2\text{(気)} \longrightarrow \text{CO(気)}$　を導く。

解説　反応式③の中に含まれていない CO_2(気)を，反応式と ΔH の式①，②から消去し，要求されている反応式と ΔH を導く。そのためには①式から②式を形式的に左辺，右辺，ΔH それぞれ引けばよい。

$$\text{C(黒鉛)} + \text{O}_2\text{(気)} \longrightarrow \text{CO}_2\text{(気)} \qquad \Delta H = -394\ \text{kJ} \quad \cdots\cdots①$$

$$-)\quad \text{CO(気)} + \frac{1}{2}\text{O}_2\text{(気)} \longrightarrow \text{CO}_2\text{(気)} \qquad \Delta H = -283\ \text{kJ} \quad \cdots\cdots②$$

$$\text{C(黒鉛)} + \left(1 - \frac{1}{2}\right)\text{O}_2\text{(気)} - \text{CO(気)} \longrightarrow (1-1)\text{CO}_2\text{(気)}$$

$$\Delta H = -394\ \text{kJ} - (-283\ \text{kJ}) = -111\ \text{kJ}$$

係数が負となった $-$CO(気)は係数を正にするため右辺に移項することに注意して式を整理すると，次のような化学反応式が得られる。

$$\text{C(黒鉛)} + \frac{1}{2}\text{O}_2\text{(気)} \longrightarrow \text{CO(気)} \qquad \Delta H = -111\ \text{kJ} \quad \cdots\cdots 答$$

[消去法と組立法]

上記の例題の解法のように，与えられた化学反応式のなかから不要な物質を消去して未知の反応エンタルピーを導き出す方法を消去法という。これに対して，与えられた化学反応式のなかから必要な物質を選び出し，それらを組み合わせる方法を組立法という。組立法を用いて次の例題を解いてみよう。

例題 **未知の反応エンタルピーを求める(その2)**

次の反応式と ΔH の式①，②，③を利用して，エタノール C_2H_5OH の生成エンタルピーを求めよ。

$$C(黒鉛) + O_2(気) \longrightarrow CO_2(気) \quad \Delta H = -394\ \text{kJ} \quad \cdots\cdots ①$$

$$H_2(気) + \frac{1}{2}O_2(気) \longrightarrow H_2O(液) \quad \Delta H = -286\ \text{kJ} \quad \cdots\cdots ②$$

$$C_2H_5OH(液) + 3O_2(気) \longrightarrow 2CO_2(気) + 3H_2O(液) \quad \Delta H = -1370\ \text{kJ} \quad \cdots\cdots ③$$

着眼 エタノールの生成を表す反応式をエンタルピー変化 ΔH は Q 〔kJ〕として書く。与えられた式①〜③に一度ずつしか出てきていない物質を組み合わせて，求めたい反応式をつくる。

解説 エタノールの生成を表す反応式とエンタルピー変化 ΔH は次のように書くことができる。

$$2C(黒鉛) + 3H_2(気) + \frac{1}{2}O_2(気) \longrightarrow C_2H_5OH(液) \quad \Delta H = Q\ 〔\text{kJ}〕 \cdots ④$$

④式の左辺2C (黒鉛)は①式の2倍から，$3H_2$ は②式の3倍から，それぞれもってくる。

④式の $\frac{1}{2}O_2$ は，①〜③のすべてに入っているので考えなくてよい。

④式の右辺 C_2H_5OH (液)は③式の左辺から移項するので，(-1)倍してもってくる。

以上のことから，④式は，左辺，右辺，ΔH それぞれについて，形式的に

④＝①×2＋②×3－③ と計算することでつくることができるとわかる。

反応式部分を整理すると，O_2 も $2O_2 + \frac{3}{2}O_2 - 3O_2 = \frac{1}{2}O_2$ となり，④式の係数に一致することが確かめられる。

ΔH も同じ計算で求められるので，

$$Q = -394\ \text{kJ} \times 2 + (-286\ \text{kJ}) \times 3 - (-1370\ \text{kJ}) = -276\ \text{kJ}$$

答 $-276\ \text{kJ/mol}$

[未知の反応エンタルピーを導く手順]

①未知の化学反応式を，**反応エンタルピー ΔH は Q 〔kJ〕**として書く。

②係数に注目して倍数を決め，形式的に各式と ΔH の加減を行う。

- 消去法…不要な物質を消去する。
- 組立法…必要な物質を組み合わせる。

3 生成エンタルピーと反応エンタルピーの関係

生成エンタルピーは，**化合物1 molがその成分元素の単体からつくられるときのエンタルピー変化**である。したがって，生成エンタルピーを用いると，単体を基準にして反応物，生成物のもつエンタルピーの差，すなわち，反応エンタルピーが次式から求められる。

反応エンタルピー＝(生成物の生成エンタルピーの和)－(反応物の生成エンタルピーの和)

例　生成エンタルピーからメタンの燃焼エンタルピーを次のようにして求めることができる。

$$CH_4(気) + 2O_2(気) \longrightarrow CO_2(気) + 2H_2O(液) \qquad \Delta H = Q\ [kJ]$$

生成エンタルピー→ －75　　0　　－394　　－286　〔kJ/mol〕

$$Q = \{-394\ kJ + (-286\ kJ) \times 2\} - (-75\ kJ + 0\ kJ \times 2) = -891\ kJ$$

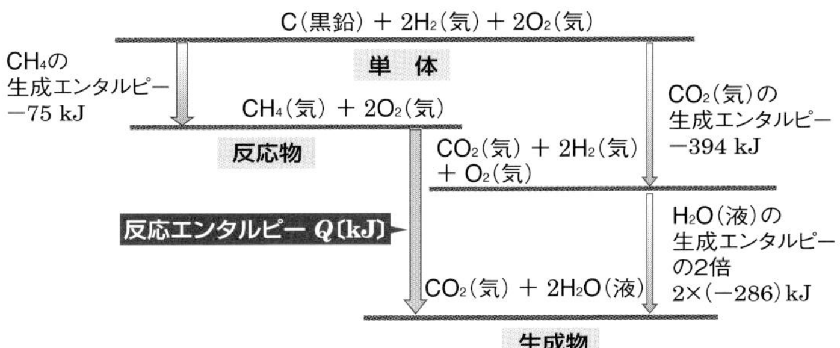

［生成エンタルピーと反応エンタルピーの関係］

反応エンタルピー＝(生成物の生成エンタルピーの和)－(反応物の生成エンタルピーの和)

4 結合エネルギーと反応エンタルピー

❶結合エネルギー　結合している原子を引き離すにはエネルギーが必要である。**分子中の結合を切断して原子にするために必要なエネルギー**を結合エネルギーといい，結合1 molあたりの値で表す。たとえば，H_2分子1 molをH原子2 molに解離するには，H－Hの結合エネルギーである432 kJ/molのエネルギーを加える必要があり，反応式とΔHで表すと次のようになる。

表3　結合エネルギー〔kJ/mol〕

結合の種類	結合エネルギー
H－H	432
H－Cl	428
C－C（ダイヤモンド）	354
C－C（C_2H_6）	368
C＝O	799
Cl－Cl	239
O－H	459
O＝O	494

H_2（気）$\longrightarrow$ 2H（気）　$\Delta H = 432$ kJ

一般に，**結合エネルギーが大きいものほど，結合力が強い。**

❷結合エネルギーと反応エンタルピー　反応エンタルピーで重要なことは，エンタルピー変化の正負，すなわち，発熱か吸熱かである。くっついている磁石を引き離すのにエネルギーが必要であるのと同じように，**結合している原子を引き離すにはエネルギーが必要(吸熱)で，ばらばらになったほうがエンタルピーが大きい。**次のような過程に分け，結合エネルギーの値を利用して，反応エンタルピーを求めることができる。

①反応物の結合が切断されて，原子になる過程(ΔH＝結合エネルギー)

②ばらばらになった原子間に新しい結合が生じて，生成物になる過程
(ΔH＝－(結合エネルギー))

例　$H_2 + Cl_2 \longrightarrow 2HCl$ の気体どうしの反応の反応エンタルピーを求める。

①水素 H_2 の H－H，塩素 Cl_2 の Cl－Cl の各結合1 molが切断される過程で，
432 kJ＋239 kJ＝671 kJ
が吸熱される。(ΔH＝671 kJ)

②H－Cl結合2 molが生じて塩化水素HClが生成される過程で，
428 kJ×2＝856 kJ
が発熱される。(ΔH＝－856 kJ)
反応エンタルピーQは，エンタルピー変化の和から，
671 kJ＋(－856 kJ)＝－185 kJ
となる。

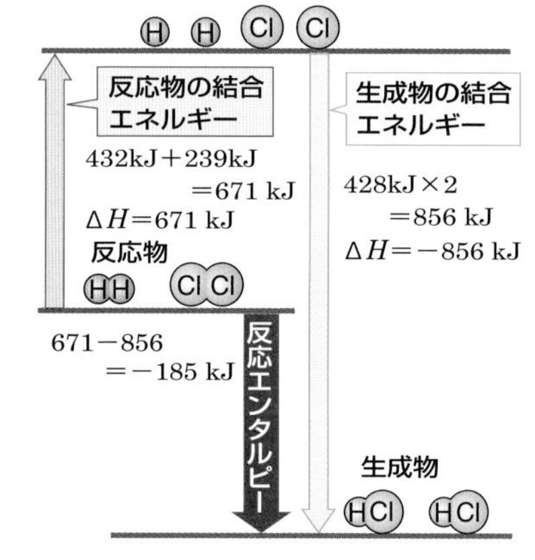

図5　結合エネルギーと反応エンタルピー

このように，反応エンタルピーと結合エネルギーの関係は下に示すような式によって表すことができる。

反応エンタルピー＝(反応物の結合エネルギーの和)－(生成物の結合エネルギーの和)

⇨生成エンタルピーを用いた場合と符号が逆になる。

❸結合エネルギーと化学反応式

前ページの反応エンタルピーを求める場合，結合エネルギーを化学反応式とΔHで表し，ヘスの法則を利用して，反応式を変形する方法もある。

H_2(気) ⟶ 2H(気)　　$\Delta H = 432\ \mathrm{kJ}$　…①

Cl_2(気) ⟶ 2Cl(気)　　$\Delta H = 239\ \mathrm{kJ}$　…②

HCl(気) ⟶ H(気)＋Cl(気)　　$\Delta H = 428\ \mathrm{kJ}$　…③

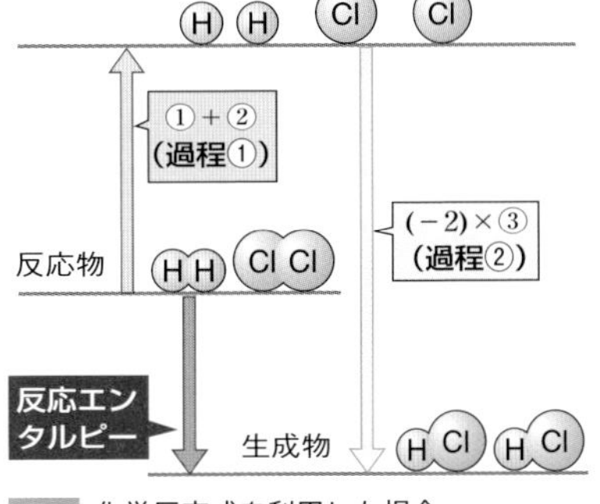

図6　化学反応式を利用した場合

左辺，右辺，ΔHそれぞれについて，形式的に①＋②＋(−2)×③を計算すると，次式が得られ，反応エンタルピーを求めることができる。

H_2(気)＋Cl_2(気) ⟶ 2HCl(気)　　$\Delta H = -185\ \mathrm{kJ}$

参考　生成エンタルピーと結合エネルギー

●p.261～262で述べたとおり，反応エンタルピーは

反応エンタルピー
　＝(生成物の生成エンタルピーの和)−(反応物の生成エンタルピーの和)……①

または

反応エンタルピー
　＝−(生成物の結合エネルギーの和)＋(反応物の結合エネルギーの和)
　＝(反応物の結合エネルギーの和)−(生成物の結合エネルギーの和)　……②

で求められるが，①式と②式では，符号が逆になっている。

●それは，生成エンタルピーは単体から化合物が生成するときのエンタルピー変化であり，結合エネルギーは結合が切断されるときのエンタルピー変化だからである。

●すなわち，化合物から単体になるときのエンタルピー変化ΔHは生成エンタルピーの符号を逆にした値，単体から化合物になるときのエンタルピー変化ΔHは生成エンタルピーになるが，分子がばらばらの原子になるときのエンタルピー変化ΔHは結合エネルギーになり，ばらばらの原子から分子が生じるときのエンタルピー変化ΔHは結合エネルギーの符号を逆にした値になる。しかしいずれの場合も，それぞれの過程のΔHの総和が反応エンタルピーになっている点は同じである。

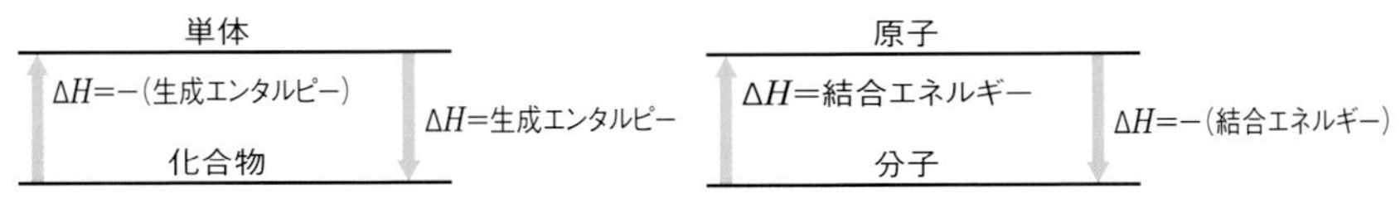

図7　生成エンタルピーと結合エネルギーの考え方

発展ゼミ　格子エネルギーとヘスの法則

●結晶を構成している粒子(原子，分子，イオン等)間の結合を切ってばらばらの状態にするのに必要なエネルギーを格子(こうし)エネルギーという。塩化ナトリウムの結晶の格子エネルギーを Q〔kJ/mol〕とすると，下記の化学反応式と ΔH の式①が書ける。

$NaCl$(固) ⟶ Na^+(気) ＋ Cl^-(気)　　$\Delta H = -Q$〔kJ〕 ……①

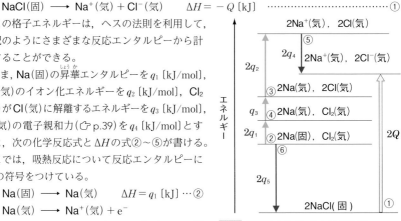

この格子エネルギーは，ヘスの法則を利用して，下記のようにさまざまな反応エンタルピーから計算することができる。

●いま，Na(固)の昇華(しょうか)エンタルピーを q_1〔kJ/mol〕，Na(気)のイオン化エネルギーを q_2〔kJ/mol〕，Cl_2(気)がCl(気)に解離するエネルギーを q_3〔kJ/mol〕，Cl(気)の電子親和力(☞ p.39)を q_4〔kJ/mol〕とすると，次の化学反応式と ΔH の式②～⑤が書ける。ここでは，吸熱反応について反応エンタルピーに－の符号をつけている。

Na(固) ⟶ Na(気)　　$\Delta H = q_1$〔kJ〕…②

Na(気) ⟶ Na^+(気) ＋ e^-　　$\Delta H = q_2$〔kJ〕 ……③

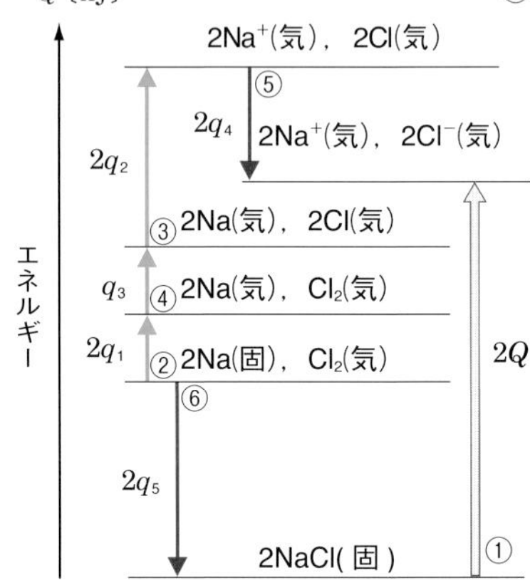

図8　格子エネルギーとヘスの法則

Cl_2(気) ⟶ 2Cl(気)　　$\Delta H = q_3$〔kJ〕 ……④

Cl(気) ＋ e^- ⟶ Cl^-(気)　　$\Delta H = q_4$〔kJ〕 ……⑤

また，NaCl(固)の生成エンタルピーを q_5〔kJ/mol〕とすると，

2Na(固) ＋ Cl_2(気) ⟶ 2NaCl(固)　　$\Delta H = 2q_5$〔kJ〕 ……⑥

●上記①～⑤の化学反応式について，2×(－①式＋②式＋③式＋⑤式)＋④式より，

2Na(固) ＋ Cl_2(気) ⟶ 2NaCl(固)　　$\Delta H = (2q_1 + 2q_2 + q_3 + 2q_4 - 2Q)$〔kJ〕 ……⑦

⑥式と⑦式は同じ反応を表すから，$2q_5 = 2q_1 + 2q_2 + q_3 + 2q_4 - 2Q$　すなわち，

$Q = -q_5 + q_1 + q_2 + \frac{1}{2}q_3 + q_4$ の関係があることがわかる。

このSECTIONのまとめ　ヘスの法則

□ ヘスの法則 ☞ p.257	・反応エンタルピーは，反応の経路によらず，反応の最初の状態と最後の状態で決まる(**総熱量保存の法則**)。
□ ヘスの法則の応用 ☞ p.259	・**未知の反応エンタルピーを求める手順** ①求めたい反応の化学反応式に $\Delta H = Q$〔kJ〕をそえて書く。 ②係数に注目して倍数を決め，各式の加減を行う。 **反応エンタルピー＝(生成物の生成エンタルピーの和)－(反応物の生成エンタルピーの和)**

化学反応と光

1 | 光の吸収・発光と光化学反応

1 光の吸収と発光

❶光の波長とエネルギー　光は，空間の電場と磁場の変化で形成される電磁波[★1]であり，波長の短い順に紫外線(約400 nm以下)，可視光線(約400 nm～約800 nm)，赤外線(約800 nm以上)に分けられる。光のエネルギーは，**波長が長いほど小さく，波長が短いほど大きい**[★2]。

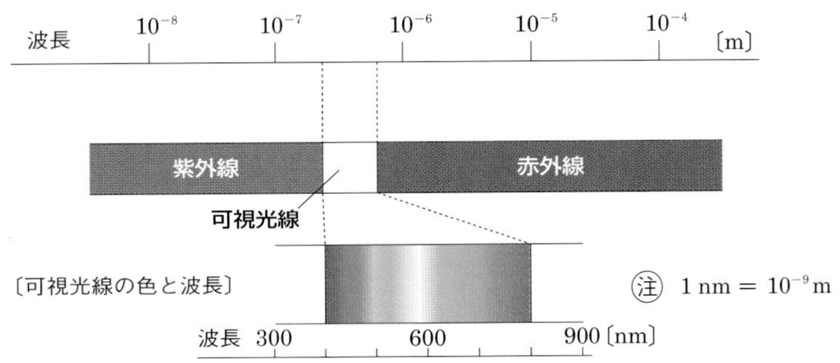

注　1 nm ＝ 10^{-9} m

図9　光の波長とエネルギー

❷光の吸収と発光の原理

物質が安定な状態にあるとき，電子はエネルギーが最も低い配置をとる。このような，最も低いエネルギー状態を基底(きてい)状態という。この物質が，一定の光エネルギーを吸収すると一部の電子が，よりエネルギーの高い電子軌道に移動し，不安定な状態になる(☞図10)。この過程を励起(れいき)といい，この不安定な状態を励起(れいき)状態という。励起状態にある物質は，**光の吸収で得たエネルギーを放出して安定な基底状態に戻ろうとする。**この際，エネルギーを光として放出する。

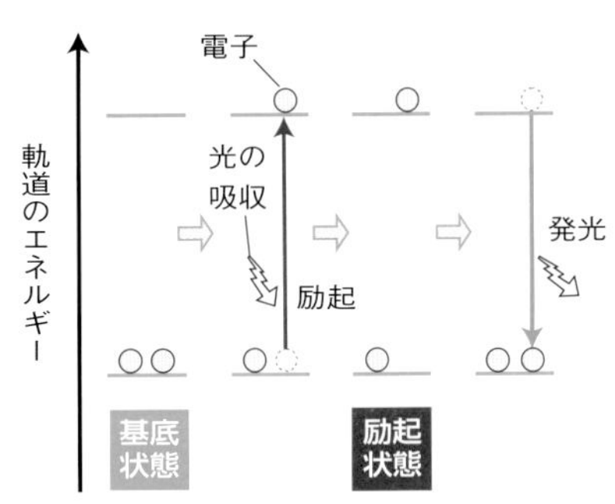

図10　光の吸収と発光(電子軌道のエネルギーについては☞p.32)

★1 電磁波は光のほかにγ(ガンマ)線(波長0.01 nm以下)，X線(波長0.001～10 nm)，電波(波長0.1 mm以上)がある。これらは発生のしかたなどで異なる名前がついており，波長の範囲が一部重なっている。

★2 たとえば1 eV (電子1個が1 Vの電位差がある空間内で得られるエネルギーを1 eV (電子ボルト)と表す。1 eV ＝ 1.60 × 10^{-19} J)は波長1240 nm，2 eVは波長620 nmの光(電磁波)のエネルギーに相当する。電磁波のエネルギーは定数h (プランク定数という)と振動数νの積$h\nu$で表される。

第4編　物質の変化と平衡

光のエネルギー…波長が長いほどエネルギーが小さく，波長が短いほどエネルギーが大きい。

光の吸収と発光…光の吸収で励起状態となり，基底状態に戻るときにエネルギーが光として放出される。

2 光化学反応

紫外線や可視光線は，原子や分子の中にある電子を励起(れいき)させるのに十分なエネルギーをもつので，**光を照射することによって熱を加えなくても化学反応を起こさせることができる。**光エネルギーによって進行する反応を光化学反応という。成層圏のオゾンO_3の生成反応や植物の**光合成**，**光化学スモッグ**の発生などは，代表的な光化学反応である。

❶酸素分子の分解とオゾンの生成　酸素分子が紫外線を吸収すると，光化学反応により解離して，酸素原子を生じる。

$$O_2 \xrightarrow{h\nu(\text{紫外線})} 2O$$

生じた酸素原子は，別の酸素分子と衝突し，結合してオゾンを生じる。

$$O + O_2 \longrightarrow O_3$$

成層圏内の地上20～30 kmでオゾン層を形成するオゾンは，このような反応によって生じたものである。

❷植物の光合成　植物は，太陽光の光エネルギーを使って水と二酸化炭素から糖類$C_6H_{12}O_6$を合成する。また，その過程で生じた酸素を大気に放出している。この一連の化学反応を光合成(☞ p.469)とよぶ。光合成反応の一般式は以下のように表す。

$$6CO_2 + 6H_2O \xrightarrow{h\nu(\text{太陽光})} C_6H_{12}O_6 + 6O_2$$

この反応は2803 kJ/molの吸熱反応である。実際は，多数の複雑な反応が組み合わさって起こる。光合成は，植物細胞の中の**葉緑体で光エネルギーを使って行われる。**まず，葉緑体の中のクロロフィル(色素の１つ)が光を吸収して活性化される。その吸収した光エネルギーを利用して，**水**を酸化して**酸素**を発生させ，同時に二酸化炭素の還元に必要なATP (☞ p.467)や$NADPH_2$[★1]をつくり出す。その後，これらの物質を利用して二酸化炭素が還元されて，糖類がつくられる。

光合成反応の逆反応である糖類の酸化分解は，以下の式で表されるように，2803 kJ/molの発熱反応である。

$$C_6H_{12}O_6 + 6O_2 \longrightarrow 6CO_2 + 6H_2O \qquad \Delta H = -2803\,\text{kJ}$$

★1 $NADPH_2$とは，補酵素(酵素の触媒作用に必要な低分子化合物)の１つであるNADPに水素が結合したものである。二酸化炭素を還元するのは水素であり，$NADPH_2$は水素を運搬するはたらきをする。

2 | 化学発光

励起(れいき)状態を化学反応でつくることもできる。**化学反応(酸化反応が多い)で生成した励起状態の物質が基底(きてい)状態に戻るときに，エネルギーを光として放出する。**この現象を化学発光とよぶ。後述する**ルミノール反応**や**ホタルの発光**は，典型的な化学発光である。

❶化学発光を利用した気体中のNO濃度の決定　大気汚染の状況を調べるのに，一酸化窒素NOの濃度を測定することがある。NOを含む気体にオゾンO_3を作用させると，NOが酸化され，励起状態の二酸化窒素NO_2が生成し，このNO_2が基底状態に変化するときに発光する。発光強度はNOの濃度に比例するので，発光強度の測定値からNOの濃度を決定することができる。

$$NO + O_3 \longrightarrow NO_2(\text{励起状態}) + O_2$$
$$NO_2(\text{励起状態}) \longrightarrow NO_2(\text{基底状態}) + h\nu$$ ⇨ 光の強度を測定

補足　一酸化窒素NOなどの窒素酸化物NO_xは，太陽光の紫外線により光化学反応を起こし，**光化学オキシダント**を生成する。これが**光化学スモッグ**の原因となっている。

❷ルミノール反応

鉄(Ⅲ)イオンFe^{3+}を触媒に，ルミノールを過酸化水素やオゾン，酸素など(塩基性溶液中)で酸化すると，460 nmの青い光を発する。この反応をルミノール反応という。この反応は，少量のヘモグロビン(☞p.457)を触媒としても起こるため，犯罪捜査の鑑識において，血痕(けっこん)の検出にも利用される。

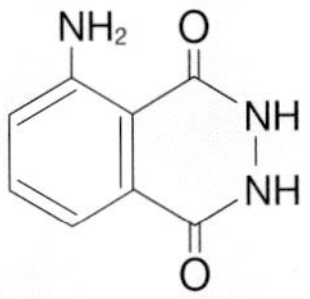

図11　ルミノール

補足　**発光する理由**　血液の成分であるヘモグロビンにFe^{3+}の化合物が含まれており，血液も触媒として作用してルミノール反応を引き起こす。

補足　**ホタルの発光**　ホタルの光は**ルシフェリン**という物質が，酵素である**ルシフェラーゼ**の作用により酸化されて起こる。この化学発光では，中性の条件下では565 nmの黄緑色の光を発し，弱酸性の条件下では，616 nmの橙～赤色の光を発する。ルシフェリンには，ホタルルシフェリンやバクテリアルシフェリンなど，さまざまな種類がある。これらの種類によって，同じルシフェリンでも，構造や発光する色に違いがある。

このSECTIONのまとめ　化学反応と光

□ 光化学反応 ☞p.266	・光を照射することによって起こる化学反応。オゾンの生成反応，光合成など。
□ 化学発光 ☞p.267	・化学反応で**励起状態**の物質が生成し，これが**基底状態**に戻るときに発光する現象。

CHAPTER 1 練習問題 解答 p.552

1 〈化学反応式とエンタルピー変化〉 テスト必出

次の反応を化学反応式とエンタルピー変化ΔHを用いて表せ。

(1) 水素1 molと酸素$\frac{1}{2}$ molのエンタルピーの和は，水蒸気1 molのエンタルピーより242 kJ大きい。

(2) 黒鉛(こくえん)6.00 gが完全に燃焼すると，197 kJの熱が発生する。

(3) 酸化アルミニウムの生成エンタルピーは，－1676 kJ/molである。

2 〈結合エネルギー〉

1 molのアセチレンH－C≡C－Hに水素H－Hが十分に反応すると，次の化学反応式に示されているように，1 molのエタンが生じる。

$$C_2H_2(\text{気}) + 2H_2(\text{気}) \longrightarrow C_2H_6(\text{気}) \qquad \Delta H = Q\text{〔kJ〕}$$

上記のエンタルピー変化ΔHの値を求めよ。ただし，エタンの構造式は，

```
   H  H
   |  |
H－C－C－H
   |  |
   H  H
```

であり，各結合の結合エネルギーは，C≡C；957，C－C；368，C－H；411，H－H；432 (単位は〔kJ/mol〕)とする。

3 〈混合気体の燃焼〉 テスト必出

標準状態でメタンCH_4とプロパンC_3H_8の混合気体11.2 Lの質量を測定したら，13.6 gであった。次の問いに答えよ。ただし，メタンの燃焼エンタルピーは－890 kJ/mol，プロパンの燃焼エンタルピーは－2220 kJ/molとし，エンタルピー変化をΔHで表す。

(1) メタン，プロパンそれぞれの燃焼反応を化学反応式とΔHを用いて表せ。

(2) 混合気体中のメタンの物質量を小数第1位までの数値で答えよ。

(3) 混合気体を完全に燃焼すると，何kJの熱が発生するか。整数で答えよ。

(4) 混合気体を完全に燃焼するとき，発生する二酸化炭素の体積は標準状態に換算すると何Lになるか。小数第1位までの数値で答えよ。

4 〈光化学反応〉

光化学反応について，次の文章を読んで，あとの問いに答えよ。

アントラセン$C_{14}H_{10}$に375 nmの紫外線を照射すると，アントラセンの電子はエネルギーの高い状態に励起(れいき)され，物質は①不安定な状態になる。この状態から，励起された電子がエネルギーを放出して②安定な状態に変化する。このとき，青い光を発する。

(1) 下線部①および②の状態をそれぞれ何というか答えよ。

(2) 次の**ア**～**エ**から，化学発光による現象をすべて答えよ。

ア 光合成　**イ** オゾンの生成　**ウ** ルミノール反応　**エ** ホタルの発光

CHAPTER 2 » 化学反応の速さ

SECTION 1 反応の速さと濃度

1 | 反応の速さとその表し方

1 いろいろな反応の速さ

❶速い反応と遅い反応　塩化ナトリウム NaClの水溶液に硝酸銀$AgNO_3$の水溶液を加えると，ただちに塩化銀AgClの沈殿を生じる。

$$NaCl + AgNO_3 \longrightarrow AgCl\downarrow^{★1} + NaNO_3$$

一方，鉄や銅が空気中でさびていく反応はゆっくり進む。

このように，**化学反応の速さは，反応の種類によってそれぞれ大きく異なる。**

図12 ダイナマイトの爆発(速い反応)

㊀ **速い反応**(瞬間的に終わる反応)
・中和反応など水溶液中のイオン反応
・水素，プロパンガス，火薬などの爆発

遅い反応(ゆっくり進む反応)
・空気中で鉄や銅がさびる酸化反応
・発酵(はっこう)により味噌(みそ)，醤油(しょうゆ)をつくる反応

❷反応の速さを変化させる要因　同じ反応でも，**反応物の濃度や温度の変化，触媒の有無**，光の有無，固体の表面積の変化などによって，**反応の速さを変化させることができる。**

図13 鉄さび(遅い反応)

★1 化学式中の↓は「沈殿を生成する」という意味を表す。

2 反応速度の表し方 ①重要

❶反応速度 化学反応の速さは，**単位時間あたりの物質の変化量で表す。**これを反応速度というが，ふつうは濃度の変化量で表すことが多い。

$$\text{反応速度} = \frac{\text{物質の濃度の変化量}}{\text{反応時間}}$$

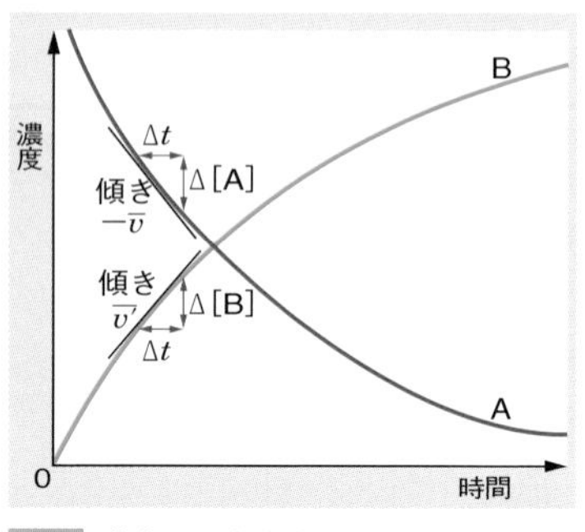

図14 濃度と反応速度

❷化学反応式の係数と反応速度 化学反応 A ⟶ 2B の反応速度は，着目した物質によって，次のように表される。

$$v = -\frac{\Delta[\text{A}]}{\Delta t} \qquad v' = \frac{\Delta[\text{B}]}{\Delta t}$$

補足 Δ[A]（☞p.230）は負の値になるので，反応速度を正の値にするため，マイナスがついている。

反応物Aの濃度が1 mol/L変化すると，生成物Bの濃度は2 mol/L変化し，$v : v' = 1 : 2$となる。このように，同じ反応でも，どの物質に着目するかによって反応速度は違ってくる。**反応速度は反応式中の化学式の係数に比例する。**

したがって，どの物質で表しても同じ反応速度にするためには，例えば

$v = -\dfrac{\Delta[\text{A}]}{\Delta t} = \dfrac{1}{2} \times \dfrac{\Delta[\text{B}]}{\Delta t}$のように$\dfrac{1}{\text{係数}}$をかける。

2 | 反応の速さと濃度

1 反応速度と濃度

❶反応速度式 400 ℃ぐらいの高温において，気体の水素とヨウ素が反応してヨウ化水素の気体が生成する。

$$H_2 + I_2 \longrightarrow 2HI$$

この反応速度は，それぞれの反応物の濃度に比例することが知られている。これを式で表すと，

$$v = k[H_2][I_2] \quad (k\text{は比例定数})$$

このような**反応速度と濃度との関係を示した式**を反応速度式という。比例定数kは，反応速度定数といい，**反応の種類，温度などの反応条件が一定であれば，一定の値になる。**

❷反応物の濃度と反応速度 反応が起こるためには，反応物の粒子どうしが衝突することが必要である。**反応物のそれぞれの濃度が高いほど，粒子どうしの単位時間あたりの衝突回数が多くなるので，反応速度は増大する。**

重要実験　濃度変化と反応速度の関係を調べる

操作

- チオ硫酸ナトリウム水溶液と希硫酸を混合すると，硫黄が生じ，溶液が白く濁(にご)る。

$$Na_2S_2O_3 + H_2SO_4 \longrightarrow S + Na_2SO_4 + H_2SO_3$$

両水溶液を混合してから，白濁(はくだく)を生じるまでの時間を測定し，その逆数を相対反応速度と考え，濃度(相対濃度)との関係をグラフに表して考察する。

❶ 6本の試験管にそれぞれ0.2 mol/Lのチオ硫酸ナトリウム水溶液を，1 mL，2 mL，3 mL，4 mL，5 mL，6 mL入れる。最初の5本には純水を加え，6本の試験管中の水溶液の量をすべて6 mLにする。

❷ 上でつくったチオ硫酸ナトリウム水溶液を6本の大型試験管に移し，それぞれの試験管に，0.25 mol/L**希硫酸を3 mL加えてすばやく混合**した後，試験管を白い紙に鉛筆で記した＊印の上におく。真上から混合液を通して＊印を見続け，混合した瞬間から＊印が見えなくなるまでの時間を秒単位で測定する。

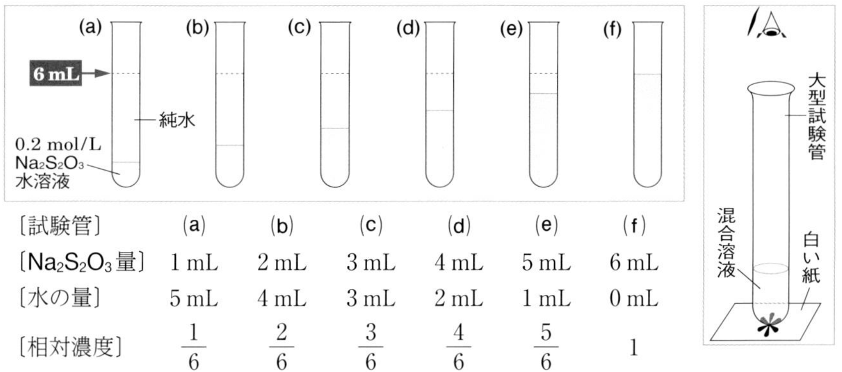

［試験管］	(a)	(b)	(c)	(d)	(e)	(f)
［$Na_2S_2O_3$量］	1 mL	2 mL	3 mL	4 mL	5 mL	6 mL
［水の量］	5 mL	4 mL	3 mL	2 mL	1 mL	0 mL
［相対濃度］	$\frac{1}{6}$	$\frac{2}{6}$	$\frac{3}{6}$	$\frac{4}{6}$	$\frac{5}{6}$	1

❸ 横軸にチオ硫酸ナトリウム水溶液の相対濃度を，縦軸に＊印が見えなくなるまでの時間の逆数(相対速度)をプロットしてグラフをかく。

結果

❶ 測定結果をグラフに表すと，右のようになる。

❷ グラフより，濃度が大きくなるほど，反応速度は大きいことがわかる。

❸ しかしながら，反応式から期待される $v = k \cdot [Na_2S_2O_3]$ の関係は認められない。

❹ 多くの反応はp.273で述べるように，いくつかの素(そ)反応から成り立ち，前頁の式のような単純な関係が常に成り立つわけではない。

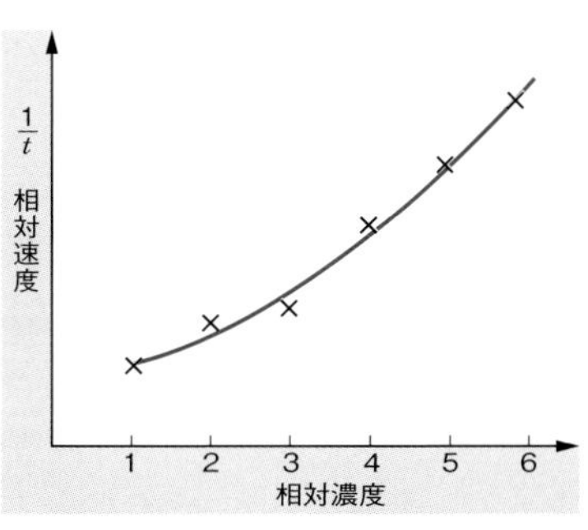

2 濃度と衝突回数

❶濃度と衝突回数　$H_2 + I_2 \longrightarrow 2HI$ の反応の場合，単位時間あたりの衝突回数は，**反応物の濃度 $[H_2]$ と $[I_2]$ に比例する。**「反応速度が単位時間あたりの衝突回数に比例する」と仮定して図15をもとに，単純なモデルで考えてみよう。

①水素とヨウ素の単位時間あたりの衝突回数を1回とし，1本の線を結ぶ。

②水素の濃度が3倍になると，3本の線が引けて衝突回数は3回となる。

③さらに，ヨウ素の濃度が2倍になると，2×3本の線が引けて衝突回数は6回となる。

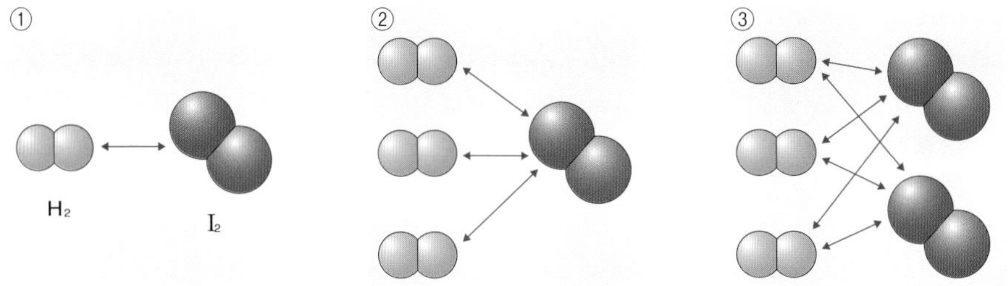

図15　濃度と衝突回数の関係

また，逆反応であるヨウ化水素の分解反応 $2HI \longrightarrow H_2 + I_2$ において，反応速度は $v = k[HI]^2$ である。この反応は，同様の単純なモデルで考えると**単位時間あたりの衝突回数は反応物の濃度 [HI] の2乗に比例する**ことになるので，「反応速度が単位時間あたりの衝突回数に比例している」と仮定することで説明できる。

補足　HI分子どうしの衝突回数が，なぜ濃度の2乗に比例するかを考えてみよう。図15の生成反応と同様に分子どうしの線を引いたとすると，n 個のHIの衝突回数は次のように考えることができる。

着目したHI分子1個から $(n-1)$ 個の線が引ける。これが n 個分あるから，合計 $n(n-1)$ 本になる。ただし，それぞれの線を往復して2本分としているので，$\frac{n(n-1)}{2}$ 本の線が引けることになる。n が大きくなると，$(n-1) \fallingdotseq n$ とみなせるので，$\frac{n^2}{2}$ 本となり，衝突回数が n^2 に比例することがわかる。

❷濃度と反応速度　以上のように，反応物どうしの衝突回数は，反応前の物質の濃度によって決まる。このとき，反応速度 v は一般に次の反応速度式で表される。

$$v = k[A]^a[B]^b \cdots\cdots$$

（k は反応速度定数，[A]，[B]，… は物質の濃度）

上記❶のように考えると，**指数 a，b，… はつねに化学反応式における係数と等しくなるように思えるが，実際の反応ではそうとは限らない。**たとえば，過酸化水素の分解反応 $2H_2O_2 \longrightarrow 2H_2O + O_2$ の反応速度 v は，$v = k[H_2O_2]$ にしたがう。

これは，実際の反応がそれほど単純ではなく，複雑な過程をたどるためである（☞p.273 発展ゼミ）。そのため，**指数は実験によって決定する必要がある。**

3 気体の分圧と固体の表面積

❶気体の分圧　気体どうしの反応のとき，成分の濃度はその分圧に比例するから，反応速度は分圧に比例する。

❷固体の表面積　反応物が固体の場合は，粉末にしてよく混合すると，反応速度は大きくなる。粉末は塊状のものより表面積が著しく大きいため，相手の粒子と接触する粒子数が多くなるためである。

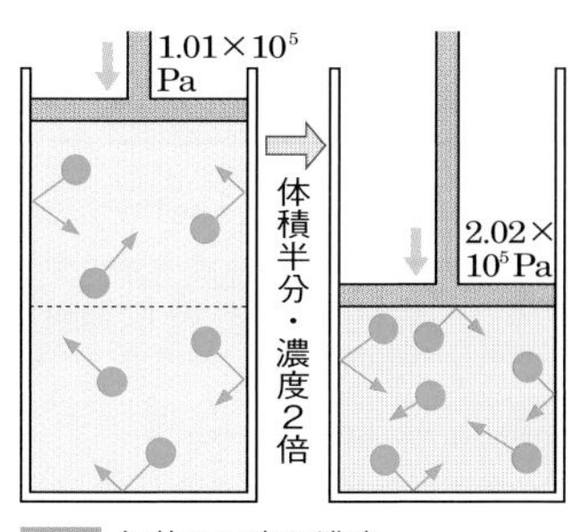

図16 気体の圧力と濃度

衝突回数が増えるほど反応速度が大きくなるので，反応物の各濃度・気体の分圧・固体の表面積が増大すると反応が速くなる。

発展ゼミ　$2N_2O_5 \longrightarrow 2N_2O_4 + O_2$ の反応速度と濃度の関係

●五酸化二窒素 N_2O_5 の分解の反応速度は，実験より求めると，$v = k[N_2O_5]$ の関係があり，衝突回数から推測される2乗に比例しない。これは，次のような理由と考えられている。

●N_2O_5 の分解反応では，2分子の N_2O_5 が衝突して直接 N_2O_4 になるのではなく，次のような4つの反応が段階的に起こる。このような反応を複合反応(多段階反応)といい，その1つ1つの反応を素(そ)反応という。

$N_2O_5 \longrightarrow N_2O_3 + O_2$ ……①

$N_2O_3 \longrightarrow NO + NO_2$ ……②

$N_2O_5 + NO \longrightarrow 3NO_2$ ……③

$2NO_2 \longrightarrow N_2O_4$ ……④

●上の4つの素反応のなかで，①の反応が一番遅く，この反応が起これば，他の②～④の反応は速やかに進む。したがって，全体の反応の反応速度は①の反応で決まってしまうので，全体の反応の速度は，①の反応速度と等しく，$v = k[N_2O_5]$ となる。

このSECTIONのまとめ　反応の速さと濃度

□反応の速さとその表し方 ☞p.269	・**反応の速さを変化させる要因**…反応物の濃度，温度，触媒，光，固体の表面積など。 ・**反応速度**…単位時間あたりの濃度の変化量で表す。 **反応速度 ＝ 物質の濃度の変化量 / 反応時間**
□反応速度と濃度 ☞p.270	・**反応物の各濃度が高い**ほど衝突回数が増え，**反応速度が大きくなる。**

SECTION 2 反応の速さと活性化エネルギー

1 反応の速さと温度

1 反応速度と温度

図17は，気体のヨウ化水素の分解反応における反応速度定数が，温度によってどのように変化するかを示している。

一般に，**温度が高くなると，反応速度定数は急激に大きくなる。**温度が10 K上昇すると，反応速度定数は2～3倍になることが多い。

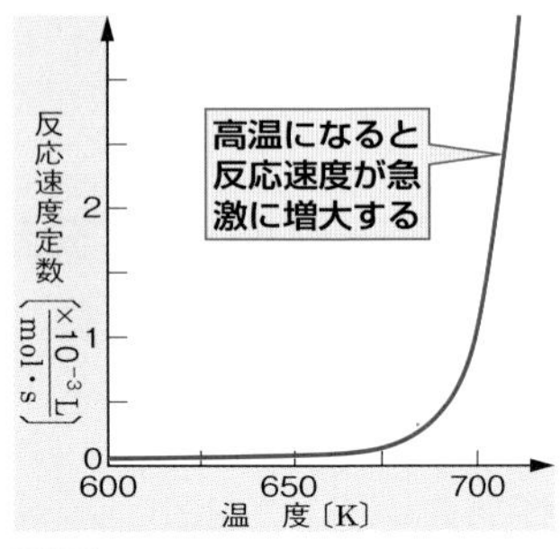

図17　HIの分解反応の温度と反応速度定数

補足　10 K上昇するごとに反応速度が2倍になる反応は，50 K（10 Kの5倍）上昇すれば，$2^5 = 32$倍，100 K（10 Kの10倍）上昇すれば$2^{10} = 1024$倍になる。次に，温度上昇による衝突回数の増加の割合を求めてみる。分子の運動の速さは，絶対温度の平方根に比例する。

$$v = k\sqrt{T}$$

たとえば，温度を27 ℃から37 ℃に高くした場合，反応速度の増加の比率は，次式で求められる。

$$\sqrt{\frac{310\ \mathrm{K}}{300\ \mathrm{K}}} = 1.02\ (倍)$$

反応速度が衝突回数だけに比例するなら，10 Kの温度上昇による反応速度の増大率はほんの数%にすぎないので，温度による急激な速度定数の増大は，衝突回数の増加だけでは説明できない。

2 活性化エネルギー

❶活性化エネルギー　化学反応には，反応物が衝突しただけでは起こらず，ものを燃やすときに点火するように，エネルギーを与えないと反応が進みにくいものが多い。**化学反応が起こるために必要な最低量のエネルギー**を活性化エネルギーという。反応物は，活性化エネルギー以上のエネルギーを得ると，遷移状態[★1]を経て生成物に変わる。H_2とI_2を反応させる場合，H_2の結合エネルギー432 kJとI_2の結合エネルギー149 kJの和の581 kJのエネルギーを与えなくても，174 kJのエネルギーで反応する。この174 kJが活性化エネルギーである。

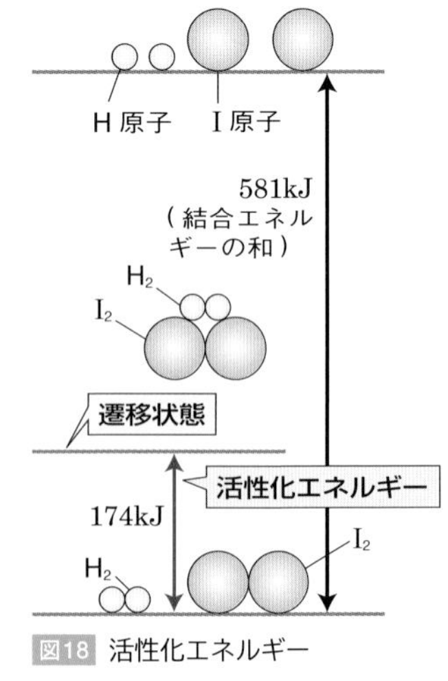

図18　活性化エネルギー

★1 遷移状態は活性化状態ということもある。

❷遷移状態 遷移状態とは，反応物の結合が切れかかり，かつ新しい生成物の結合ができかかった，エネルギーの高い，不安定で反応しやすい状態をいう。

活性化エネルギー⇨**物質を反応させるための最小のエネルギー**
遷移状態⇨**活性化エネルギーを得てできる物質の状態**

3 活性化エネルギーと反応速度 

❶反応経路 $H_2 + I_2 \longrightarrow 2HI$ の反応の場合を例にとると，衝突する反応物 H_2 と I_2 の運動エネルギーの和が，活性化エネルギー 174 kJ より大きいとき，遷移状態を経て生成物 HI になる。**化学反応が起こるためには，分子が活性化エネルギー以上のエネルギーをもって衝突しなければならない。**

補足 反応物は H_2 と I_2 の共有結合が切れ，いったん原子状態になるとも考えられるが，水素とヨウ素の結合を切るための結合エネルギー(432 kJ + 149 kJ = 581 kJ)が必要である。それには1000 ℃以上の高温が必要で，400 ℃で起こる反応の経路ではない。

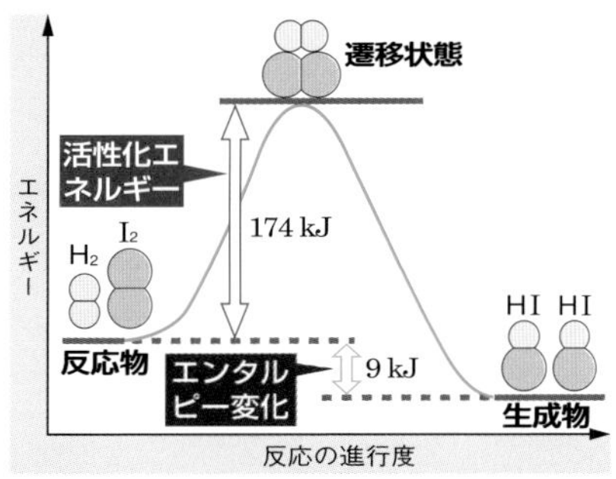

図19 活性化状態と活性化エネルギー

視点 H_2 と I_2 の運動エネルギーを利用して活性化エネルギーの山を超えさせるとHIになる。

❷活性化エネルギーと温度 温度を上げると反応速度が飛躍的に大きくなるのは，温度を上げると大きな運動エネルギーをもった分子の数が増大するためである。その結果，衝突したとき遷移状態になる分子の数が著しく多くなるからである。

❸活性化エネルギーの大きさと反応速度

活性化エネルギーの大きさは，各反応によって異なり，これが大きいほど反応速度は小さくなる。

補足 水溶液中のイオン反応の活性化エネルギーは，一般に小さいので，常温でも活性化エネルギーの山を超えるだけのエネルギーをもつと考えられる。

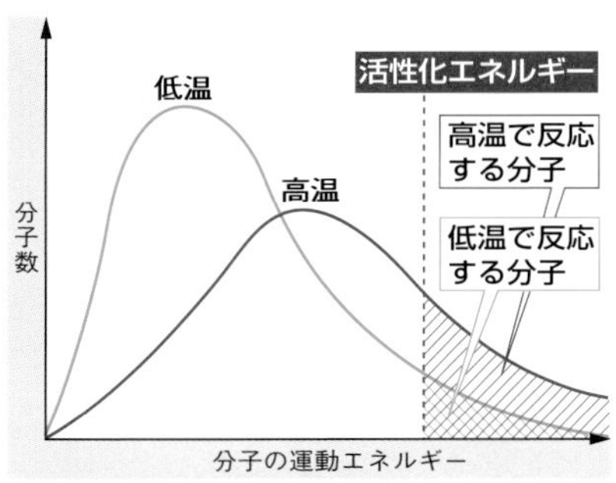

図20 分子の運動エネルギー分布と温度

視点 低温で反応する分子はグラフ内の青い斜線の部分，高温で反応する分子はグラフ内の赤い斜線の部分。

化学反応が起こるには，分子が活性化エネルギー以上のエネルギーで衝突しなければならない。

⊕発展ゼミ　活性化エネルギーとアレニウスの定義

●アレニウスは，化学反応の速度定数kと温度，活性化エネルギーの関係を次の式で表した。

$k = Ae^{\frac{-E}{RT}}$　(A；定数，e；自然対数の底(てい)
E；活性化エネルギー
R；気体定数，T；絶対温度)

上の式で両辺の自然対数[★1]をとると，

$\log_e k = -\frac{E}{R}\cdot\frac{1}{T} + \log_e A$となる。

縦軸に変数$\log_e k$（速度定数の対数値），横軸に変数$\frac{1}{T}$（絶対温度の逆数）をとり，グラフを描くと，縦軸切片(せっぺん)が$\log_e A$，勾配(こうばい)が$-\frac{E}{R}$の直線が得られる。

これをアレニウス・プロットという。

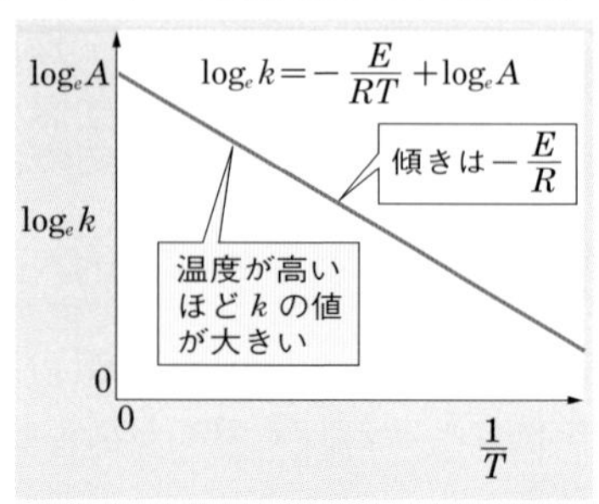

図21　アレニウス・プロット

●つまり，**速度定数は温度が上がると大きくなる。**このアレニウスの定義をふまえて，一般に，「温度が10 K（10 ℃）上がるごとに反応速度は約2～3倍ずつ大きくなる」といわれている。

2｜反応の速さと触媒

1 触媒と活性化エネルギー

❶**触媒**　過酸化水素水は，空気中に放置すると，ゆっくりと分解する。

$$2H_2O_2 \longrightarrow 2H_2O + O_2$$

これに少量のFe^{3+}を含む水溶液（塩化鉄(Ⅲ)水溶液など）や黒色微粒子の酸化マンガン(Ⅳ) MnO_2を加えると，酸素の発生は激しくなる。この反応で，加えたFe^{3+}，MnO_2の量は，反応の前後で変わらない。このように，**反応の前後で変化しないが，反応速度を増大させるはたらきをもつ物質**を触媒という。

❷**触媒と活性化エネルギー**

触媒が反応速度を増大させるのは，触媒と反応物が結びつき，活性化エネルギーのより小さい別の遷移状態を経て進行するからと考えられる。**触媒によって反応速度は増大するが，反応エンタルピー（反応熱）は変わらない。**

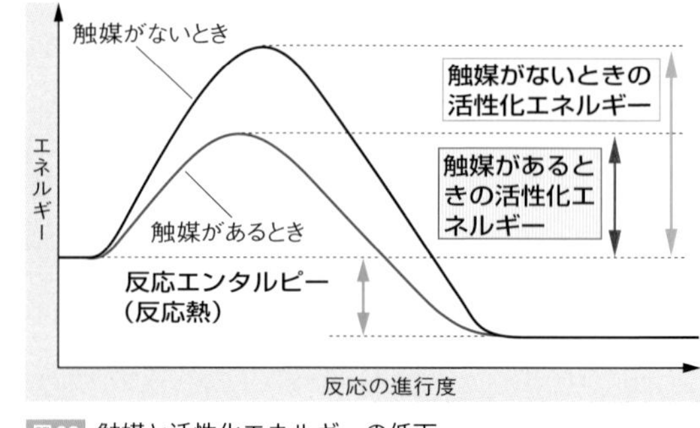

図22　触媒と活性化エネルギーの低下

★1 常用対数(☞p.106)では10を底としていたのに対し，自然対数では$e = 2.718\cdots$を底とする。

2 触媒の役割

❶均一触媒　前記のFe^{3+}を含む水溶液は，過酸化水素水に溶けて均一に混合している。このような触媒を均一触媒といい，触媒と反応物が反応していったん反応中間体をつくり，中間体が分解して生成物を生じるとき，触媒が再生される。

反応物＋触媒 ⟶ ［反応中間体］⟶ 生成物＋触媒

❷不均一触媒　前記の黒色微粒子の酸化マンガン(Ⅳ) MnO_2は，反応物と均一に混合しない。このような触媒を不均一触媒といい，固体であることが多い。まず反応物が触媒表面に吸着され，反応を起こしやすい状態になる。この状態では反応分子中の結合がかなり弱められているので，触媒表面上で反応物どうしが衝突すると，容易に反応が進行し，生成物となって触媒から離れる。

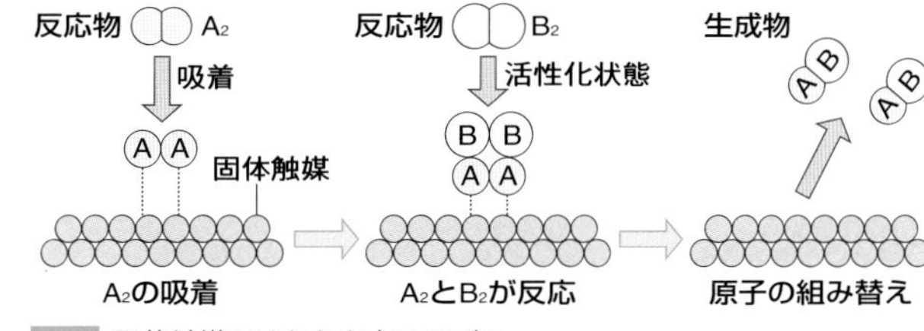

図23 固体触媒のはたらき方のモデル

❸化学工業における触媒　化学工業における触媒の使用例を下の表4にまとめた。

表4 化学工業における触媒の使用例

反応	触媒
$N_2 + 3H_2 \longrightarrow 2NH_3$ (ハーバー・ボッシュ法)	四酸化三鉄 Fe_3O_4★1
$2SO_2 + O_2 \longrightarrow 2SO_3$ (接触法)	酸化バナジウム(Ⅴ) V_2O_5
$4NH_3 + 5O_2 \longrightarrow 4NO + 6H_2O$ (オストワルト法)	白金 Pt
$CO + 2H_2 \longrightarrow CH_3OH$ (メタノールの工業的製法)	酸化亜鉛(Ⅱ) ZnO 酸化クロム(Ⅲ) Cr_2O_3

このSECTIONのまとめ　反応の速さと活性化エネルギー

□反応速度と温度 p.274	・**温度が高くなると**，活性化エネルギーより大きなエネルギーをもった分子が多くなり，**反応速度が増大する。**
□活性化エネルギー p.274	・分子が**遷移状態**(エネルギーの高い不安定な状態)になるときに必要なエネルギー。
□触媒 p.276	・自身は反応の前後で変化しないが，**活性化エネルギーの低い別の反応経路をつくり，反応速度を大きくする。**

★1 触媒として使われる四酸化三鉄Fe_3O_4は，反応時に還元されて鉄Feとなる。この鉄が触媒作用を示す。

CHAPTER 2 練習問題

解答☞p.553

① 〈活性化エネルギー〉 テスト必出

右図は，A＋B ⟶ ABの反応経路図である。図を参考にして，次の問いに答えよ。エネルギーの単位はすべてAB 1 molあたりの熱量〔kJ/mol〕である。

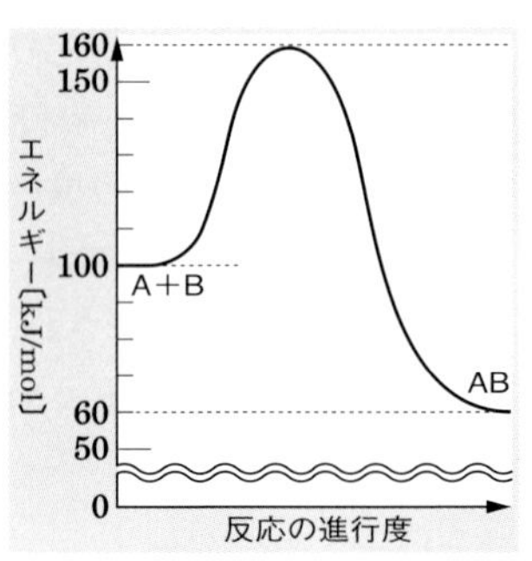

⑴　正反応(A＋B ⟶ AB)の反応エンタルピーは何kJ/molか。

⑵　正反応の活性化エネルギーは何kJ/molか。

⑶　逆反応(AB ⟶ A＋B)の反応エンタルピーは何kJ/molか。

⑷　逆反応の活性化エネルギーは何kJ/molか。

⑸　この反応は，触媒を用いると，正反応の活性化エネルギーが40 kJ/molになる。このときの反応経路図はどうなるか，概形を図中にかき込め。

② 〈反応速度に影響を与える条件変化〉

水素とヨウ素からヨウ化水素が生成する反応($H_2 + I_2 \longrightarrow 2HI$)の反応速度$v$は，$v = k[H_2][I_2]$で表される。この反応に関する次の問いに答えよ。

⑴　10 Lの密閉容器中に，1.00 molのH_2と0.50 molのI_2を入れ，反応させたときの反応開始時の反応速度をv_0とし，同じ条件でH_2とI_2を2.00 molずつ入れて反応させたときの反応開始時の反応速度をvとすると，vはv_0の何倍か。

⑵　この反応の温度を10 K上昇させたとき，反応速度が2倍になるとする。温度を40 K上昇させると，反応速度は何倍になるか。

③ 〈化学反応の速さ，反応速度定数〉 テスト必出

スクロースの加水分解反応は，次の反応式で表される。

$$C_{12}H_{22}O_{11} + H_2O \longrightarrow 2C_6H_{12}O_6$$

この加水分解の反応速度vは，スクロースの濃度が低いときには，スクロースのモル濃度$[C_{12}H_{22}O_{11}]$と反応速度定数kを使って，次の式で表される。

$$v = k[C_{12}H_{22}O_{11}]$$

一定温度で，スクロースを加水分解したとき，時間とともにスクロースは次の表のように減少した。これをもとにして，以下の問いに答えよ。

時間t〔分〕	0	10	20	30
スクロース濃度〔mol/L〕	0.440	0.406	0.375	0.346

⑴　$t = 10$分から$t = 20$分における平均の反応速度v〔mol/L・分〕を求めよ。

⑵　上のvの値と，$[C_{12}H_{22}O_{11}]$の$t = 10$分から$t = 20$分の濃度の平均値を用いて，反応速度定数k〔/分〕の値を求めよ。

CHAPTER

3 » 化学平衡

SECTION 1 化学平衡

1 可逆反応と化学平衡

1 可逆反応と不可逆反応

❶可逆反応　容器の中に水素とヨウ素を入れて高温下で放置すると，容器中には，水素とヨウ素とヨウ化水素が存在することが認められる。また，容器にヨウ化水素を入れて高温下で放置すると，ヨウ化水素以外に水素とヨウ素が存在することが確認される。この事実は，次の反応式で示された反応が，右向きの矢印の方向へも左向きの矢印の方向へも起こることを意味している。

$$H_2 + I_2 \rightleftarrows 2HI$$

このように，右向きにも左向きにも起こる反応を可逆反応といい，可逆反応であることを示すために，反応物と生成物の間に右向きと左向きの矢印（$\rightleftarrows$）を書く。一般に右向きの反応を正反応とよび，左向きの反応を逆反応とよぶ。

❷不可逆反応　炭酸ナトリウム水溶液に塩化カルシウム水溶液を加えると，炭酸カルシウムの沈殿が生じる。この沈殿は，時間が経過しても溶けない。

$$Na_2CO_3 + CaCl_2 \longrightarrow CaCO_3\downarrow + 2NaCl$$

また，プロパンガスを完全燃焼させると，二酸化炭素と水を生じるが，これらの生成物からプロパンガスを生じるわけではない。

$$C_3H_8 + 5O_2 \longrightarrow 3CO_2 + 4H_2O$$

これらの反応は，一方向への反応は起こるが，逆の方向への反応は起こらない。このような反応を不可逆反応[★1]という。

★1 厳密には，ほとんどの化学反応は，原理的に可逆反応と考えられる。しかし実際には，Na_2CO_3と$CaCl_2$の反応のように，起こっているのがわからないほど逆反応が遅い反応は，正反応が完結すると考えてよく，不可逆反応とよんでいる。

2 化学平衡の状態 ①重要

❶ $H_2 + I_2 \rightleftarrows 2HI$ の可逆反応

図24のAのように，ある温度で，容器にH_2分子，I_2分子をそれぞれ3個ずつ入れて放置したとき，最終的に容器中には，H_2分子1個，I_2分子1個，HI分子4個が存在していた。また，Bのように，容器中にHI分子6個を入れて放置したら，最終的に容器中には，Aの場合と同じく，H_2分子1個，I_2分子1個，HI分子4個が存在していた。このことから，上の可逆反応を表す式の**左辺および右辺のどちらから出発しても，同じ物質量のHIが生じる**ことがわかる。

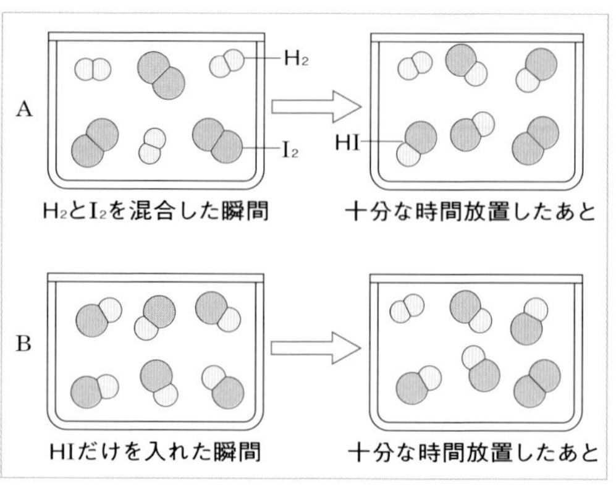

図24　平衡状態での成分物質の物質量は一定

❷化学平衡の状態　十分な時間放置し，それ以上時間が経過しても各物質の量に変化がない状態を平衡状態(**化学平衡の状態**)という。平衡状態においても，H_2とI_2が共存している以上，右向きの変化は継続して起きており，同様に，HIが分解する左向きの変化も継続して起きている。この状態では，正反応と逆反応の速度が等しい。すなわち，化学平衡の状態とは，**「正反応の速度と逆反応の速度が等しくなっている状態である。」**と定義できる。

化学平衡の状態⇨正反応の速度＝逆反応の速度
各成分物質の物質量はそれぞれ一定である。

3 反応が進む向き

状態変化や化学変化が**自発的に進むかどうか**は，熱エネルギーの高低である**エンタルピーH**にくわえて，物質の乱雑さの度合いであるエントロピーSという量を考え，これら2つの要素で考えることができる。

エントロピーSは，粒子が散らばっているほど大きな値をとる。たとえば，気体のほうが固体よりも大きい。物質はエネルギーの低い状態に向かって変化しやすい傾向があるため，化学変化では$\Delta H < 0$　すなわち発熱反応が起こりやすい。一方で，乱雑さについては増大する変化($\Delta S > 0$)が起こりやすい。

補足　1870年代にアメリカのギブズ(J. Willard Gibbs)は，エンタルピーとエントロピーの2つの要因をまとめ，絶対温度をTとして，$\Delta G = \Delta H - T\Delta S$　の符号で化学変化が自発的に進むかどうかが判定できることを明らかにした。ΔGを求めたとき，$\Delta G < 0$の反応は自発的に進み，$\Delta G = 0$のときは反応は見かけ上どちらにも進まず平衡状態になる。ΔGを**ギブズ自由エネルギー変化**と呼ぶ。

2 | 化学平衡の法則

1 化学平衡の法則と平衡定数 (!)重要

❶ヨウ化水素の生成と平衡定数　表5は，$H_2 + I_2 \rightleftarrows 2HI$の反応について行ったA～Fの実験結果を示したものである。すなわち，6個の容器にH_2，I_2，HIを表に示してある量ずつ入れ，425℃で放置して平衡に到達させ，平衡状態で測定した各成分気体の濃度を示してある。

表5　水素とヨウ素の反応における各物質のモル濃度

容器	反応前の濃度			平衡時の各物質の濃度			$\frac{[HI]^2}{[H_2][I_2]} = K$
	$[H_2]$	$[I_2]$	[HI]	$[H_2]$	$[I_2]$	[HI]	
A	10.67	11.96	0	1.83	3.12	17.68	54.7
B	10.67	10.76	0	2.24	2.33	16.86	54.5
C	11.35	9.04	0	3.56	1.25	15.58	54.5
D	8.67	4.84	5.32	4.56	0.73	13.55	55.1
E	0	0	10.69	1.14	1.14	8.41	54.4
F	0	0	4.65	0.495	0.495	3.66	54.7

6個の容器について，平衡時のモル濃度を使って，下記の①式の値を求めてみたところ，その値は表に示すように，ほぼ一定になることがわかった。

$$K = \frac{[HI]^2}{[H_2][I_2]} \quad \cdots\cdots ①$$

（[　]はモル濃度　指数は反応式の係数）

また，他の可逆反応においても，**平衡状態でのKの値は，温度が決まればそれぞれ固有の値である**ことが実験の結果から確認された。①式で表される関係を，**化学平衡の法則**または**質量作用の法則**といい，Kの値を**平衡定数**[★1]という。

❷ヨウ化水素の分解と平衡定数　化学平衡の法則を表す式では，左辺の物質の平衡時のモル濃度の係数乗の積を分母とし，右辺の物質の平衡時のモル濃度の係数乗の積を分子とする。したがって，上の反応を，$2HI \rightleftarrows H_2 + I_2$のように表すと，この反応式の平衡定数$K'$は，次のようになる。

$$K' = \frac{[H_2][I_2]}{[HI]^2} \quad \cdots\cdots ②$$

つまり，1つの反応に2つの平衡定数K，K'が存在することになる。そして，この2つの平衡定数K，K'の間には，$K \times K' = 1$のような関係が存在する。

なお，**ある反応についての平衡定数は，温度が一定ならば常に一定**である。

❸化学平衡の法則の一般式　一般に，次の可逆反応が平衡状態にあるとき，

$$aA + bB + cC + \cdots\cdots \rightleftarrows xX + yY + zZ + \cdots\cdots$$

この反応の平衡定数Kは，次の式で表される。（[　]は平衡時のモル濃度を表す）

$$K = \frac{[X]^x[Y]^y[Z]^z \cdots\cdots}{[A]^a[B]^b[C]^c \cdots\cdots} \quad \cdots\cdots ③$$

★1 濃度基準の平衡定数であるから，**濃度平衡定数**といい，記号K_cで表すこともある(☞p.283)。

第4編　物質の変化と平衡

[平衡定数の単位]　aA + bB + …… ⇄ xX + yY + ……の化学平衡において，

$$K = \frac{[\mathrm{X}]^x[\mathrm{Y}]^y \cdots\cdots}{[\mathrm{A}]^a[\mathrm{B}]^b \cdots\cdots}$$

であり，[　]はモル濃度で，単位は〔mol/L〕であるから，平衡定数Kの単位は，次のようになる。

$$〔(\mathrm{mol/L})^{(x+y+\cdots\cdots)-(a+b+\cdots\cdots)}〕$$

[化学平衡の法則]

aA + bB + …… ⇄ xX + yY + ……の化学平衡で，

$$\frac{[\mathrm{X}]^x[\mathrm{Y}]^y \cdots\cdots}{[\mathrm{A}]^a[\mathrm{B}]^b \cdots\cdots} = K \quad \text{（温度一定で一定）}$$

Kは平衡定数，単位は〔$(\mathrm{mol/L})^{(x+y+\cdots\cdots)-(a+b+\cdots\cdots)}$〕

例題　**平衡定数の計算とその利用**

20.0 Lの容器にHCl 1.00 molとO_2 0.40 molを入れ，ある温度に保ったところ，次の気体反応が平衡状態に達した。

$$4\mathrm{HCl} + \mathrm{O_2} \rightleftarrows 2\mathrm{H_2O} + 2\mathrm{Cl_2}$$

平衡時において，0.40 molのCl_2が生成していたとすると，この温度における平衡定数はいくらか。

着眼　①平衡状態における各物質のモル濃度を求める。
②平衡定数を求める式では，左辺(反応物)のモル濃度が分母になる。

解説　0.40 molのCl_2が生成したことをもとにして，各物質の物質量を求めると，次のようになる。

	$4\mathrm{HCl}$	+	$\mathrm{O_2}$	⇄	$2\mathrm{H_2O}$	+	$2\mathrm{Cl_2}$
反応前の物質量〔mol〕	1.00		0.40		0		0
(反応量・生成量)	↓ -0.40×2		↓ $-0.40\times\frac{1}{2}$		↓ $+0.40$		↓ $+0.40$
平衡時の物質量〔mol〕	0.20		0.20		0.40		0.40

これより，各物質のモル濃度は，

$$[\mathrm{HCl}] = [\mathrm{O_2}] = \frac{0.20}{20.0} = 0.010\ \mathrm{mol/L}$$

$$[\mathrm{H_2O}] = [\mathrm{Cl_2}] = \frac{0.40}{20.0} = 0.020\ \mathrm{mol/L}$$

この値を化学平衡の法則(質量作用の法則)の式にあてはめると，

$$K = \frac{[\mathrm{H_2O}]^2[\mathrm{Cl_2}]^2}{[\mathrm{HCl}]^4[\mathrm{O_2}]} = \frac{(0.020)^2\times(0.020)^2}{(0.010)^4\times(0.010)} = 1.6\times 10^3\ (\mathrm{mol/L})^{-1}$$

答　1.6×10^3 L/mol

類題12　$10a$〔mol〕のコークスとa〔mol〕の水蒸気を容器V〔L〕の容器に入れ，ある一定温度に保ったところ，一酸化炭素と水素がそれぞれx〔mol〕ずつ生成し，平衡に達した。

$$C(固) + H_2O(気) \rightleftarrows CO(気) + H_2(気)$$

この温度における平衡定数Kを，a，x，Vを用いた式で表せ。ただし，この場合のように，固体が関与する反応では，固体物質の量は平衡に影響を与えない。（解答☞ p.553）

補足 **反応速度定数と平衡定数**　$H_2 + I_2 \rightleftarrows 2HI$のある温度$T$〔K〕での正反応の反応速度を$v_1$〔mol/(L･s)〕，逆反応の反応速度を$v_2$〔mol/(L･s)〕とすると，反応速度式より次式が成り立つ。

$$v_1 = k_1[H_2][I_2] \qquad v_2 = k_2[HI]^2$$

ここで，k_1，k_2は温度T〔K〕での反応速度定数である。

この反応が平衡に達したとき，$v_1 = v_2$となるから，次の式が成り立つ。

$$k_1[H_2][I_2] = k_2[HI]^2 \qquad \therefore \quad \frac{[HI]^2}{[H_2][I_2]} = \frac{k_1}{k_2} = K\ (一定)$$

これより，反応速度定数k_1，k_2と，平衡定数Kの関係は，$K = \dfrac{k_1}{k_2}$となる。

第4編　物質の変化と平衡

2 圧平衡定数

❶気体反応における平衡定数　反応物と生成物がすべて気体である可逆反応

$$aA + bB \rightleftarrows xX + yY \quad \cdots\cdots ④$$

の化学平衡においては，各気体の分圧p_A，p_B，p_X，p_Yを用いて平衡定数を表すことが多い。これを圧平衡定数といい，K_pで表される。K_pは次の式で表される。

$$K_p = \frac{p_X{}^x p_Y{}^y}{p_A{}^a p_B{}^b} \quad \cdots\cdots ⑤$$

❷圧平衡定数K_pと濃度平衡定数K_cの関係　各気体のモル濃度を用いた平衡定数は濃度平衡定数とよばれ，K_cで表す。上の反応④におけるK_cは，

$$K_c = \frac{[X]^x[Y]^y}{[A]^a[B]^b} \quad \cdots\cdots ⑥$$

ここで，Aのモル濃度[A]は，気体の状態方程式$pV = nRT$より，Aの物質量をn_A〔mol〕，Aの分圧をp_A〔Pa〕とすると，

$$[A] = \frac{n_A}{V} = \frac{p_A}{RT}$$

同様に，$[B] = \dfrac{p_B}{RT}$　　$[X] = \dfrac{p_X}{RT}$　　$[Y] = \dfrac{p_Y}{RT}$

これらを⑥式に代入すると，

$$K_c = \frac{\left(\dfrac{p_X}{RT}\right)^x\left(\dfrac{p_Y}{RT}\right)^y}{\left(\dfrac{p_A}{RT}\right)^a\left(\dfrac{p_B}{RT}\right)^b} = \frac{p_X{}^x \cdot p_Y{}^y}{p_A{}^a \cdot p_B{}^b}(RT)^{a+b-x-y}$$

よって，反応④について，次の関係式が成り立つ。

$$K_c = K_p(RT)^{a+b-x-y} \qquad または，K_p = K_c(RT)^{x+y-a-b}$$

3 化学平衡の移動

1 平衡移動の原理 ①重要

❶化学平衡の移動 可逆反応が平衡状態にあるとき，反応の条件(濃度・圧力・温度)を変えると，反応が左右いずれかに進んで，新しい平衡状態になる。この現象を化学平衡の移動，または単に平衡移動という。

❷平衡移動の原理 1884年，フランスの化学者ルシャトリエ(1850～1936)は，平衡移動に関して，次のような法則を確立した。

「可逆反応が平衡状態にあるとき，濃度・圧力・温度などの反応条件を変えると，その条件の変化を緩和する方向に反応が進み，新しい平衡状態になる。」

これを，平衡移動の原理，またはルシャトリエの原理という。

> COLUMN
>
> **ルシャトリエの原理とアンモニアの製造**
>
> 1908年，ハーバーは，空気中の窒素と水素を直接反応させてアンモニアをつくる方法(ハーバー・ボッシュ法，☞p.324)を発明した。
>
> $$N_2 + 3H_2 \rightleftarrows 2NH_3 \quad \Delta H = -92\,\mathrm{kJ}$$
>
> この反応は，アンモニア生成の際に発熱する可逆反応で，アンモニアの収率をよくするためには，平衡をなるべく右に移動させたほうがよい。そのためには，ルシャトリエの原理によれば低温・高圧にすればよいが，低温では反応速度が小さくなり，生産量が落ちる。一般には，450～550℃，200～1000気圧(1気圧＝1.013×10^5 Paだから，2.03×10^7～1.01×10^8 Pa)のもとで，鉄の酸化物を主体とした触媒を用いている。

2 濃度変化と平衡移動の方向 ①重要

❶$H_2 + I_2 \rightleftarrows 2HI$の濃度変化による平衡移動 この可逆反応の平衡定数$K$は，次の式で表される。

$$K = \frac{[HI]^2}{[H_2][I_2]} \quad \cdots\cdots ⑦$$

ここで，**温度一定ならばKの値は一定**である。平衡が成り立っている状態ではH_2を加えると，式⑦の右辺の値＜Kとなる。そこで，正反応の速度が大きくなり，徐々に式⑦の分母の値が減少し，逆に分子の値が増大して，右辺の値がちょうどKに等しくなったところで正逆両反応の速度が等しくなる。このとき，新しい平衡状態に達するのである。

❷濃度変化と平衡移動 ある可逆反応が平衡状態にあるとき，平衡に関係しているある物質の濃度を増大させると，その物質の濃度が減少する方向に平衡が移動し，逆に，ある物質の濃度を減少させると，その物質の濃度が増加する方向へ平衡が移動する。すなわち，**濃度の変化を緩和する方向に反応が進み，平衡に達する。**

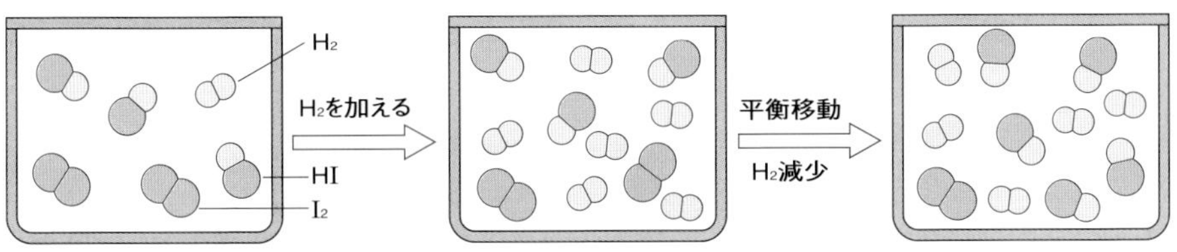

図25　$H_2 + I_2 \rightleftarrows 2HI$における濃度変化と平衡移動(変化を緩和する方向への移動)

ある物質の濃度 ｛増加⇨その物質の濃度が減少する方向へ平衡が移動。
　　　　　　　　 減少⇨その物質の濃度が増加する方向へ平衡が移動。

例題　濃度変化による平衡移動

次の可逆反応が，一定容器中で一定温度のもとで平衡状態にあるとき，(　)内の条件変化を与えると，平衡はどちらの向きに移動するか。

(1)　$2SO_2 + O_2 \rightleftarrows 2SO_3$　(容器中にSO_2を入れる)

(2)　$N_2 + 3H_2 \rightleftarrows 2NH_3$　(容器中からNH_3を取り除く)

着眼　ルシャトリエの原理により，平衡状態にある物質の濃度を増加(減少)させると，その物質の濃度が減少(増加)する方向に平衡が移動する。

解説　(1)　SO_2を入れると，SO_2の濃度が減少する右向きに平衡が移動する。

(2)　NH_3を減らすと，NH_3の濃度が増大する右向きに平衡が移動する。

答　(1)右　(2)右

3 圧力変化と平衡移動の方向　①重要

❶ $2NO_2 \rightleftarrows N_2O_4$の圧力変化による平衡移動

① **圧力変化と平衡移動**　注射筒に採取されたNO_2(赤褐色)は，常温でもN_2O_4(無色)と平衡状態を保って存在する。温度を変えないように工夫して注射筒の容積を変えると，筒内の圧力が変わり，平衡が移動することが観察できる。

すなわち，注射筒の容積を小さくする(筒内の気体を加圧する)と，平衡は右方向(無色のN_2O_4生成の方向＝全体の分子数が減少する方向)へ移動する。逆に，注射筒の容積を大きくする(筒内の気体を減圧する)と，平衡は左方向(赤褐色のNO_2生成の方向＝全体の分子数が増加する方向)へ移動する。

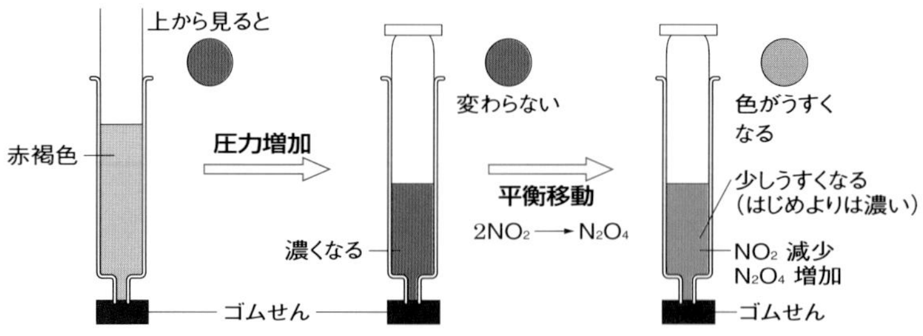

図26　$2NO_2 \rightleftarrows N_2O_4$における圧力変化と平衡移動

視点　横から見るとNO_2の濃度による色が見えるが，上から見るとNO_2の分子数に応じた濃さの色が見える。圧力を増加させた直後は$[NO_2]$は大きくなり横から見た色が濃くなるが，NO_2の分子数は変わらないので上から見た色は変わらない。

平衡が移動すると色がうすくなるが，横から見た色は$[NO_2]$がはじめより大きくなっているのではじめよりは少し濃い。

②**化学平衡の法則と平衡移動**　容器の容積をV，NO_2，N_2O_4の物質量をそれぞれn_1，n_2とすると，化学平衡の法則により，次の式が成り立つ。

$$\frac{[N_2O_4]}{[NO_2]^2}=\frac{\left(\dfrac{n_2}{V}\right)}{\left(\dfrac{n_1}{V}\right)^2}=K\ (一定)$$

仮に，Vを$\dfrac{1}{2}$にして，平衡がどちらにも移動しないとすると，左辺の値$<K$となり，平衡定数が変化してしまう。

そこで，n_1を減らし，n_2を増加させて(平衡を右に移動させて)，左辺の値をKに等しくさせるのである。

❷$N_2+3H_2 \rightleftarrows 2NH_3$の圧力変化による平衡移動　ある容器の中で，$N_2+3H_2 \rightleftarrows 2NH_3$の化学平衡が成り立っている。このときの$N_2$，$H_2$，$NH_3$の分圧をそれぞれ$p_{N_2}$，$p_{H_2}$，$p_{NH_3}$とすると，化学平衡の法則により，次の式が成り立つ。

$$\frac{[NH_3]^2}{[N_2][H_2]^3}=\frac{(p_{NH_3})^2}{p_{N_2}(p_{H_2})^3}(RT)^2=K_p\times(RT)^2 \qquad (K_p は圧平衡定数)$$

容器の容積を$\dfrac{1}{2}$に圧縮(気体の圧力を2倍に)したとき，平衡が移動しないとすれば，左辺の値$<K_p\times(RT)^2$となってしまう。左辺の値$=K_p\times(RT)^2$にするためには，p_{NH_3}を大きくする必要がある。すなわち，平衡は右に移動する。このとき，全体の分子数は減少している。

逆に，容器の容積を大きくすると，K_pを一定に保つために，平衡は全体の分子数が増加する方向，すなわち左へ移動する。

[気体の圧力の変化による平衡移動の方向]

圧力を増す　⇨平衡は，{圧力を減らす / 分子数が減少する} 方向へ移動

圧力を減らす⇨平衡は，{圧力を増す / 分子数が増加する} 方向へ移動

例題　**圧力変化による平衡移動**

容積を変えることのできる密閉容器の中で，次の反応が平衡状態にある。

$$\mathrm{C(黒鉛)} + \mathrm{CO_2(気)} \rightleftarrows 2\mathrm{CO(気)} \qquad \Delta H = 172\ \mathrm{kJ}$$

次の(1)，(2)の条件を与えたとき，平衡が移動するかしないか。平衡が移動する場合は，その方向を左か右かで答えよ。

(1)　温度を一定に保ち，圧縮して全圧を大きくする。

(2)　温度・体積を一定に保って，少量のアルゴンを加える。

着眼　(1)では，CO_2，COの分圧が大きく変化するが，(2)では，これらの気体の分圧に変化はないことに着目する。

解説　(1)　成分気体の分圧が大きくなるので，気体の分子数が減少する左方向へ平衡が移動して，成分気体の分圧を小さくしようとする。このとき，C(黒鉛)は平衡に影響を与えない。

(2)　混合気体(アルゴンを含めて)の全圧は大きくなるが，CO_2，COの分圧は一定であるので，平衡は移動しない。

答 (1)左へ移動する。
(2)どちらにも移動しない。

4 温度変化と平衡移動の方向　①重要

❶ $2NO_2 \rightleftarrows N_2O_4$ の温度変化による平衡移動　次のような反応

$$2\mathrm{NO_2}(赤褐色) \rightleftarrows \mathrm{N_2O_4}(無色)$$

$$(2\mathrm{NO_2} \rightleftarrows \mathrm{N_2O_4} \quad \Delta H = -57.2\ \mathrm{kJ})$$

が平衡状態にあるとき，温度を高くすると赤褐色が濃くなり，平衡は左方向(吸熱方向)へ移動することがわかる。逆に，温度を低くすると，赤褐色がうすくなり，平衡は右方向(発熱方向)へ移動することもわかる。

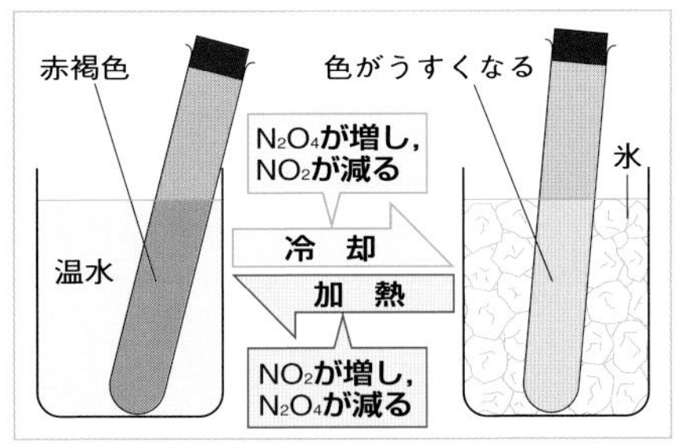

図27　$2NO_2 \rightleftarrows N_2O_4$ における温度変化と平衡移動

❷温度変化と平衡定数 前ページの図27の実験結果を平衡定数から検討してみよう。

化学平衡において，発熱反応の平衡定数は，温度が上昇すると小さくなり，温度が下降すると大きくなる。つまり，これは温度変化を緩和する方向である。

前ページの反応の平衡定数Kは，次の式で表される。

$$K = \frac{[N_2O_4]}{[NO_2]^2}$$

混合気体の温度を高くすると，Kの値は小さくなる。Kが小さくなるためには，NO_2が増加する方向（＝N_2O_4が減少する方向）へ平衡が移動することになる。この方向は吸熱（$\Delta H > 0$）の方向である。

一般に，ある反応が化学平衡の状態にあるとき，**温度を上げると化学平衡は吸熱（$\Delta H > 0$）の方向へ移動し，逆に，温度を下げると化学平衡は発熱（$\Delta H < 0$）の方向に移動する。**

[温度の変化による平衡移動の方向]

- 温度を高くする⇨**平衡は吸熱（$\Delta H > 0$）の方向へ移動**
- 温度を低くする⇨**平衡は発熱（$\Delta H < 0$）の方向へ移動**

例題　温度変化による平衡移動

次の反応が化学平衡の状態にあるとき，冷却すると平衡定数が小さくなる反応はどれか。適当なものを1つ選び，その番号で答えよ。

(1) $N_2 + 3H_2 \rightleftarrows 2NH_3$　$\Delta H = -92\ \mathrm{kJ}$

(2) $H_2 + I_2 \rightleftarrows 2HI$　$\Delta H = -9\ \mathrm{kJ}$

(3) $2SO_2 + O_2 \rightleftarrows 2SO_3$　$\Delta H = -192\ \mathrm{kJ}$

(4) $N_2O_4 \rightleftarrows 2NO_2$　$\Delta H = 57\ \mathrm{kJ}$

着眼
①冷却すると，平衡は発熱（$\Delta H < 0$）の方向へ移動する。
②平衡定数を求める式の分母には反応式の左辺，分子には反応式の右辺がくる。

解説 各反応の平衡定数を表す式は，それぞれ，次のようになる。

(1) $K = \dfrac{[NH_3]^2}{[N_2][H_2]^3}$

(2) $K = \dfrac{[HI]^2}{[H_2][I_2]}$

(3) $K = \dfrac{[SO_3]^2}{[SO_2]^2[O_2]}$

(4)　$K=\dfrac{[NO_2]^2}{[N_2O_4]}$

平衡定数が小さくなるためには，左辺の気体の物質量が増加（平衡が左へ移動）すればよい。(1)~(4)のうち，左方向への反応が発熱であるのは，(4)だけである。

答 (4)

このSECTIONのまとめ　化学平衡

□ 可逆反応と化学平衡 ☞ p.279	・**可逆反応**…正・逆両方向へ進む反応。 ・**不可逆反応**…正・逆いずれか一方向のみに進む反応。 ・**化学平衡の状態**…可逆反応で正反応の速度と逆反応の速度が等しくなっている状態。
□ 化学平衡の法則 ☞ p.281	・$a\mathrm{A}+b\mathrm{B}+c\mathrm{C}+\cdots\cdots \rightleftarrows x\mathrm{X}+y\mathrm{Y}+z\mathrm{Z}+\cdots\cdots$ の平衡状態で， $\dfrac{[\mathrm{X}]^x[\mathrm{Y}]^y[\mathrm{Z}]^z\cdots\cdots}{[\mathrm{A}]^a[\mathrm{B}]^b[\mathrm{C}]^c\cdots\cdots}=K$（**平衡定数**）
□ 化学平衡の移動 ☞ p.284	・**平衡移動の原理**…可逆反応が平衡状態にあるとき，反応条件を変えると，**その条件の変化を緩和する方向に平衡が移動**（**ルシャトリエの原理**）。 **濃度増加（減少）**⇨**その物質が減少（増加）**する方向。 **圧力増加（減少）**⇨**気体分子数が減少（増加）**する方向。 **温度上昇（下降）**⇨**吸熱（発熱）**の方向。

電解質水溶液の平衡

1 電離平衡

1 電離平衡と電離定数 ①重要

❶弱酸の電離平衡 酢酸 CH_3COOH などの弱酸を水に溶かすと，水溶液中でその一部が次の式のように電離し，平衡状態になる。

$$CH_3COOH + H_2O \rightleftarrows CH_3COO^- + H_3O^+ \quad \cdots\cdots ⑧$$

上式の H_2O を省略し，H_3O^+ を H^+ で表すと，⑧式は次式のようになる。

$$CH_3COOH \rightleftarrows CH_3COO^- + H^+ \quad \cdots\cdots ⑨$$

このような電離による平衡を電離平衡という。

酢酸の電離平衡について，化学平衡の法則をあてはめると，次の関係式が得られる。

$$\frac{[CH_3COO^-][H^+]}{[CH_3COOH]} = K_a$$

この K_a を酸の電離定数といい，**温度一定のもとで一定の値となる。**

表6 いろいろな酸の電離定数 K_a (25 ℃)

電解質と電離式	電離定数	電解質と電離式	電離定数
$HF \rightleftarrows H^+ + F^-$	$K_a = 6.8 \times 10^{-4}$	$H_2CO_3 \rightleftarrows H^+ + HCO_3^-$	$K_1 = 4.5 \times 10^{-7}$
$HClO \rightleftarrows H^+ + ClO^-$	$K_a = 3.0 \times 10^{-8}$	$HCO_3^- \rightleftarrows H^+ + CO_3^{2-}$	$K_2 = 4.7 \times 10^{-11}$
$H_2S \rightleftarrows H^+ + HS^-$	$K_1 = 9.6 \times 10^{-8}$	$CH_3COOH \rightleftarrows H^+ + CH_3COO^-$	$K_a = 2.8 \times 10^{-5}$
$HS^- \rightleftarrows H^+ + S^{2-}$	$K_2 = 1.3 \times 10^{-14}$		
$H_3PO_4 \rightleftarrows H^+ + H_2PO_4^-$	$K_1 = 7.1 \times 10^{-3}$	$HCN \rightleftarrows H^+ + CN^-$	$K_a = 6.0 \times 10^{-10}$
$H_2PO_4^- \rightleftarrows H^+ + HPO_4^{2-}$	$K_2 = 6.8 \times 10^{-8}$	フェノール $C_6H_5OH \rightleftarrows C_6H_5O^- + H^+$	$K_a = 1.5 \times 10^{-10}$
$HPO_4^{2-} \rightleftarrows H^+ + PO_4^{3-}$	$K_3 = 4.5 \times 10^{-13}$		

補足 **多段階電離の場合の電離定数** 価数が 2 以上の酸では，電離が多段階に進む。たとえば，炭酸は 2 価の酸で，電離は次のように 2 段階に進み，各段階で電離平衡を保っている。

$$H_2CO_3 \rightleftarrows H^+ + HCO_3^- \qquad HCO_3^- \rightleftarrows H^+ + CO_3^{2-}$$

これらの電離平衡の電離定数を K_1，K_2 とすると，次のように化学平衡の法則が成り立つ。

$$K_1 = \frac{[H^+][HCO_3^-]}{[H_2CO_3]} \qquad K_2 = \frac{[H^+][CO_3^{2-}]}{[HCO_3^-]}$$

各段階の電離を 1 つにまとめ，この場合の電離定数を K とすると，次のように化学平衡の法則が成り立つ。

$$H_2CO_3 \rightleftarrows 2H^+ + CO_3^{2-} \qquad K = \frac{[H^+]^2[CO_3^{2-}]}{[H_2CO_3]} = K_1 \times K_2$$

❷弱塩基の電離平衡　弱塩基のアンモニアNH_3を水に溶かすと，次の式のような電離平衡の状態になる。

$$NH_3 + H_2O \rightleftarrows NH_4^+ + OH^-$$

化学平衡の法則から，次の関係式が成立する。

$$\frac{[NH_4^+][OH^-]}{[NH_3][H_2O]} = K$$

弱塩基の希薄(きはく)溶液では，水溶液中の水の濃度$[H_2O]$は，ほぼ一定になるので，これを除いた次の電離定数K_b（$=[H_2O] \times K$）で表す。

$$\frac{[NH_4^+][OH^-]}{[NH_3]} = K_b$$

このK_bを塩基の電離定数という。

表7　弱塩基の電離定数K_b（25 ℃）

電解質と電離式	電離定数
$NH_3 + H_2O \rightleftarrows NH_4^+ + OH^-$	$K_b = 1.7 \times 10^{-5}$
$C_6H_5NH_2 + H_2O \rightleftarrows C_6H_5NH_3^+ + OH^-$	$K_b = 4.5 \times 10^{-10}$

補足　酸の電離定数K_a，塩基の電離定数K_bの値が小さいほど，弱い酸，弱い塩基ということができる。したがって，表6，表7より，酢酸よりフェノールのほうが弱い酸，アンモニアよりアニリン$C_6H_5NH_2$のほうが弱い塩基ということになる。

❸酢酸の電離定数K_aと電離度αの関係　酢酸の濃度をc〔mol/L〕，電離度をαとするとき，水溶液中の酢酸分子，および電離によって生じている各イオンのモル濃度は，次のようになる。

	CH_3COOH	$\rightleftarrows$	CH_3COO^-	$+ H^+$	
電離前；	c		0	0	〔mol/L〕
電離平衡；	$c(1-\alpha)$		$c\alpha$	$c\alpha$	〔mol/L〕

これより，

$[CH_3COOH] = c(1-\alpha)$　$[CH_3COO^-] = c\alpha$　$[H^+] = c\alpha$

したがって，電離定数K_aは，cとαを用いて，次のように表される。

$$K_a = \frac{[CH_3COO^-][H^+]}{[CH_3COOH]} = \frac{c\alpha \times c\alpha}{c(1-\alpha)} = \frac{c\alpha^2}{1-\alpha} \quad \cdots\cdots ⑩$$

これより，

$$\frac{\alpha^2}{1-\alpha} = \frac{K_a}{c} \quad (K_a\text{の値は，25 ℃で}2.8 \times 10^{-5}\ \text{mol/L})$$

①**酢酸の濃度c〔mol/L〕があまり小さくない場合**（cが約0.02 mol/L以上）

$c = 0.02$ mol/Lのとき，$\dfrac{K_a}{c} = \dfrac{2.8 \times 10^{-5}}{0.02} = 1.4 \times 10^{-3}$となるから，$c > 0.02$のとき，$\dfrac{\alpha^2}{1-\alpha}$の値は非常に小さくなり，このときの電離度$\alpha$の値は，1に比べて非常に小さくなる。$\left(\dfrac{K_a}{c} = \dfrac{\alpha^2}{1-\alpha} = 1.4 \times 10^{-3}\right.$を解くと$\alpha \fallingdotseq 4 \times 10^{-2}$となる。$\left.\right)$

第4編　物質の変化と平衡

そこで，近似的に，$1-\alpha \fallingdotseq 1$ とすることができる。これを⑩式にあてはめると，次の関係式が成り立つ。

$$K_a \fallingdotseq c\alpha^2 \qquad よって，\alpha \fallingdotseq \sqrt{\frac{K_a}{c}}$$

また，この水溶液の水素イオン濃度は，次の式で表される。

$$[H^+] = c\alpha \fallingdotseq c \times \sqrt{\frac{K_a}{c}} = \sqrt{cK_a}$$

c〔mol/L〕酢酸水溶液の電離度 α，電離定数 K_a〔mol/L〕のとき，
（c があまり小さくない場合）

$$\alpha = \sqrt{\frac{K_a}{c}} \qquad [H^+] = c\alpha = \sqrt{cK_a}$$

例題　**酢酸水溶液の電離度と水素イオン濃度**

0.28 mol/L の酢酸水溶液の電離度と水素イオンのモル濃度はいくらか。ただし，電離定数を $K_a = 2.8 \times 10^{-5}$ mol/L とする。

①濃度があまり小さくない場合，α は 1 に比べて非常に小さく，$1-\alpha \fallingdotseq 1$
② $\alpha = \sqrt{\frac{K_a}{c}}$，$[H^+] = c\alpha = \sqrt{cK_a}$ が成り立つ。

解説　0.28 mol/L の酢酸水溶液の電離度を α とすると，

$$\alpha = \sqrt{\frac{K_a}{c}} = \sqrt{\frac{2.8 \times 10^{-5}}{0.28}} = 1.0 \times 10^{-2}$$

また，水素イオン濃度は，

$$[H^+] = c\alpha = 0.28 \times 1.0 \times 10^{-2} = 2.8 \times 10^{-3} \text{ mol/L}$$

答　電離度… 1.0×10^{-2}　水素イオン濃度… 2.8×10^{-3} mol/L

②酢酸の濃度 c〔mol/L〕が非常に小さい場合

電離度 α は，酸の濃度が小さいほど大きくなる（☞図28）。したがって，酸の濃度が非常に小さい場合は，$1-\alpha$ を 1 とすることができなくなる。この場合の α の求め方は，次のようになる。

$$K_a = \frac{c\alpha^2}{1-\alpha} より，c\alpha^2 + K_a\alpha - K_a = 0$$

上の α についての二次方程式を解き，

$$0 < \alpha < 1 から，\alpha = \frac{-K_a + \sqrt{K_a{}^2 + 4cK_a}}{2c}$$

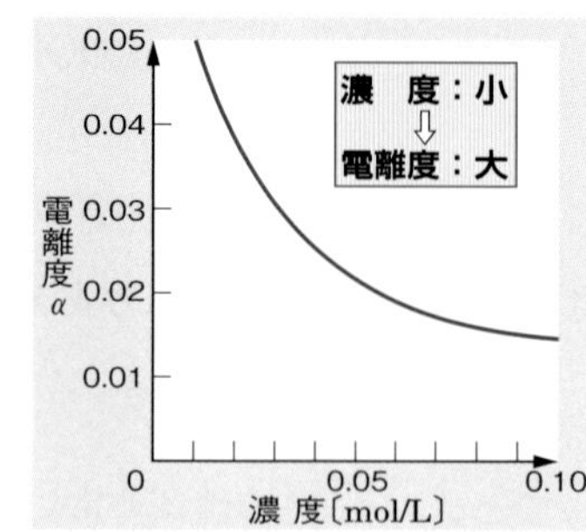

図28　酢酸水溶液の濃度と電離度（25℃）

2 水の電離と水のイオン積

❶水の電離平衡　純粋な水も非常にわずかに電離し，電離平衡が成立している。

$$H_2O \rightleftarrows H^+ + OH^-$$

この電離平衡について，化学平衡の法則より，次の関係式が成り立つ。

$$\frac{[H^+][OH^-]}{[H_2O]} = K \text{（温度一定で一定）} \quad \cdots\cdots ⑪$$

❷水のイオン積　電離による水の減少量は非常にわずかであるから，水の濃度$[H_2O]$は一定とみなすことができる。そこで⑪式において，$[H_2O]K = K_W$とおくと，次の式が得られる。

$$[H^+][OH^-] = K_W$$

このK_Wは，p.104で学習した水のイオン積である。

25 ℃におけるK_Wの値は，p.104で述べたように，次の値となる。

$$K_W = [H^+][OH^-] = (1.0 \times 10^{-7}\ \mathrm{mol/L})^2 = 1.0 \times 10^{-14}\ \mathrm{mol^2/L^2}$$

補足　通常，水のイオン積は，上の値を用いる。温度が25 ℃より高い場合の水のイオン積は，上の値より大きくなる。水の電離は吸熱反応（$\Delta H > 0$）であるので，温度が高くなると，次式の平衡が右に移動し，$[H^+]$と$[OH^-]$が増大するからである。

$$H_2O \rightleftarrows H^+ + OH^- \quad (H_2O \longrightarrow H^+ + OH^- \quad \Delta H = 56.5\ \mathrm{kJ})$$

3 水素イオン濃度とpH　①重要

❶弱酸水溶液における水素イオン濃度とpH　濃度c〔mol/L〕の弱酸HAの水溶液における電離度をα，電離定数をK_a〔mol/L〕とすると，この水溶液の水素イオン濃度$[H^+]$は，次の式から求めることができる。

$$[H^+] = c\alpha = \sqrt{cK_a} \quad \cdots\cdots ⑫$$

ただし，cの値があまり小さくない水溶液の場合である。cの値が非常に小さい場合は，αについての二次方程式を解き（☞ p.292），$[H^+] = c\alpha$から求める。

⑫式より，この水溶液のpHは，次の式から求められる。

$$\mathrm{pH} = -\log_{10}[H^+] = -\log_{10}(c\alpha) = -\log_{10}\sqrt{cK_a} \quad \cdots\cdots ⑬$$

❷アンモニア水における水素イオン濃度とpH　濃度c'〔mol/L〕のアンモニア水における電離度をα'，電離定数をK_b〔mol/L〕とすると，この水溶液における水酸化物イオンのモル濃度$[OH^-]$は，次のように求めることができる。

$$[OH^-] = c'\alpha' = \sqrt{c'K_b}$$

この場合も，c'の値があまり小さくない場合である。

これより，水素イオン濃度は，水のイオン積より，

$$[H^+] = \frac{1.0 \times 10^{-14}}{[OH^-]} = \frac{1.0 \times 10^{-14}}{c'\alpha'} = \frac{1.0 \times 10^{-14}}{\sqrt{c'K_b}}$$

したがって，このアンモニア水におけるpHは，次の式から求められる。

$$\mathrm{pH} = -\log_{10}\left(\frac{1.0\times10^{-14}}{c'\alpha'}\right) = 14.0 + \log_{10}(c'\alpha')$$

または，

$$\mathrm{pH} = -\log_{10}\left(\frac{1.0\times10^{-14}}{\sqrt{c'K_b}}\right) = 14.0 + \log_{10}\sqrt{c'K_b}$$

c〔mol/L〕の弱酸HA水溶液，電離定数K_a〔mol/L〕のとき

$$[\mathrm{H^+}] = \sqrt{cK_a} \qquad \mathrm{pH} = -\log_{10}\sqrt{cK_a}$$

c'〔mol/L〕のアンモニア水，電離定数K_b〔mol/L〕のとき

$$[\mathrm{OH^-}] = \sqrt{c'K_b} \qquad \mathrm{pH} = 14.0 + \log_{10}\sqrt{c'K_b}$$

例題　弱酸，弱塩基水溶液におけるpHの計算

25℃における次の各水溶液のpHを小数第1位まで求めよ。

(1)　0.10 mol/Lの酢酸水溶液。電離定数$K_a = 2.8\times10^{-5}$ mol/L

(2)　0.10 mol/Lのアンモニア水。電離定数$K_b = 1.7\times10^{-5}$ mol/L

ただし，$\sqrt{2.8} = 1.7$，$\sqrt{1.7} = 1.3$，$\log_{10}1.7 = 0.23$，$\log_{10}1.3 = 0.11$

(1)$[\mathrm{H^+}] = \sqrt{cK_a}$，$\mathrm{pH} = -\log_{10}[\mathrm{H^+}]$を利用する。

(2)$[\mathrm{OH^-}] = \sqrt{c'K_b}$と水のイオン積$[\mathrm{H^+}][\mathrm{OH^-}] = 1.0\times10^{-14}\ \mathrm{mol^2/L^2}$を利用する。

解説　(1)　$c = 0.10$ mol/L，$K_a = 2.8\times10^{-5}$ mol/Lから，水素イオン濃度は，

$$[\mathrm{H^+}] = \sqrt{0.10\times2.8\times10^{-5}} = \sqrt{2.8\times10^{-6}} = 1.7\times10^{-3}\ \mathrm{mol/L}$$

よって，$\mathrm{pH} = -\log_{10}(1.7\times10^{-3}) = -\log_{10}1.7 + 3.0 = 2.77 \fallingdotseq 2.8$

(2)　$c = 0.10$ mol/L，$K_b = 1.7\times10^{-5}$ mol/Lから，水酸化物イオン濃度は，

$$[\mathrm{OH^-}] = \sqrt{0.10\times1.7\times10^{-5}} = 1.3\times10^{-3}\ \mathrm{mol/L}$$

よって，$\mathrm{pH} = 14.0 + \log_{10}[\mathrm{OH^-}] = 14.0 + \log_{10}(1.3\times10^{-3}) = 11.11 \fallingdotseq 11.1$

答 (1)2.8　(2)11.1

補足　**2価の弱酸の電離**　硫化水素H_2Sや炭酸H_2CO_3などの2価の弱酸の水溶液では，電離が2段階で進むが，第1段目の電離に比べて第2段目の電離は非常にわずかなので，これらの弱酸水溶液の水素イオン濃度は，第1段目の電離定数を用いればよい。

$$\left\{\begin{array}{ll} \mathrm{H_2S} \rightleftarrows \mathrm{H^+ + HS^-} & \text{電離定数}K_1 \\ \mathrm{HS^-} \rightleftarrows \mathrm{H^+ + S^{2-}} & \text{電離定数}K_2 \end{array}\right\} \begin{array}{l} c\text{〔mol/L〕の} \\ \mathrm{H_2S}\text{水溶液} \end{array} \Rightarrow [\mathrm{H^+}] = \sqrt{cK_1}$$

補足　**pK_a**　弱酸の電離定数K_aは，非常に小さい値が多いので，電離定数の逆数の常用対数を用いて，その大きさの程度を表すことが多い。これをpK_aと表し，$\mathrm{p}K_a = -\log K_a$と定義される。

酢酸の場合，25℃におけるpK_aは次のようになる。($\log_{10}2.8 = 0.45$)

p.290の表6より，$\mathrm{p}K_a = -\log_{10}(2.8\times10^{-5}) = (-\log_{10}2.8) + 5.0 = 5.0 - 0.45 = 4.55 \fallingdotseq 4.6$

4 塩の加水分解と水溶液の水素イオン濃度

❶酢酸ナトリウム水溶液における平衡　酢酸ナトリウムCH_3COONaは，水の中で加水分解し，水溶液が塩基性を示すことを，すでに学習した(☞ p.122)。

これは，電離によって生じた酢酸イオンCH_3COO^-の一部が水と反応し，次のような平衡状態となり，水溶液にOH^-を生じているからである。

$$CH_3COO^- + H_2O \rightleftarrows CH_3COOH + OH^-$$

この平衡に化学平衡の法則を適用し，水の濃度$[H_2O]$がほぼ一定であることを考慮すると，次の式が得られる。

$$\frac{[CH_3COOH][OH^-]}{[CH_3COO^-][H_2O]} = K \Rightarrow \frac{[CH_3COOH][OH^-]}{[CH_3COO^-]} = K_h \quad \cdots\cdots\cdots\cdots ⑭$$

このK_h（$= K \times [H_2O]$）を加水分解定数といい，**温度一定のもとで一定**である。

❷加水分解定数と電離定数の関係　⑭式の分母と分子に$[H^+]$をかけると，

$$K_h = \frac{[CH_3COOH][OH^-][H^+]}{[CH_3COO^-][H^+]}$$

ここで，酢酸の電離定数をK_a，水のイオン積をK_Wとすると，K_hは，K_aとK_Wを用いて，次のような関係式を満たす。

$$\left\{ \frac{[CH_3COOH]}{[CH_3COO^-][H^+]} = \frac{1}{K_a} \quad [H^+][OH^-] = K_W \right\} \text{より，} K_h = \frac{K_W}{K_a} \cdots ⑮$$

補足　酢酸の電離定数は，25℃で，$K_a = 2.8 \times 10^{-5}$ mol/Lであるから，酢酸ナトリウムの25℃での加水分解定数K_hの値は，$\frac{1.0 \times 10^{-14}\ \text{mol}^2/\text{L}^2}{2.8 \times 10^{-5}\ \text{mol/L}} \fallingdotseq 3.6 \times 10^{-10}$ mol/L

❸酢酸ナトリウム水溶液における水素イオン濃度とpH　濃度c〔mol/L〕の酢酸ナトリウム水溶液における加水分解反応の平衡は，

$$CH_3COO^- + H_2O \rightleftarrows CH_3COOH + OH^-$$

加水分解定数をK_hとすると，酢酸の電離平衡(☞ p.291)と同様に，cの値が非常に小さい場合を除けば，$[OH^-]$は，次式から求めることができる。

$$[OH^-] = \sqrt{cK_h}$$

酢酸の電離定数をK_a，水のイオン積をK_Wとすると，水素イオン濃度は，

$$[H^+] = \frac{K_W}{[OH^-]} = \frac{K_W}{\sqrt{cK_h}} = \sqrt{\frac{K_aK_W}{c}}$$

よって，$\text{pH} = -\log_{10}\sqrt{\frac{K_aK_W}{c}} = \frac{1}{2}\log_{10}c - \frac{1}{2}\log_{10}K_a - \frac{1}{2}\log_{10}K_W$

補足　$c = 0.10$ mol/LのときのCH_3COONa水溶液のpHは，$\log_{10}2.8 = 0.45$とすると，

$$\text{pH} = \frac{1}{2}\log_{10}0.10 - \frac{1}{2}\log_{10}(2.8 \times 10^{-5}) - \frac{1}{2}\log_{10}(1.0 \times 10^{-14}) \fallingdotseq 8.8$$

2｜緩衝作用と溶解度積

1 緩衝作用

❶**緩衝液**（かんしょう）　水に少量の酸や塩基の水溶液を加えると，水溶液のpHは大きく変化する。たとえば，水10 mLに0.1 mol/Lの塩酸を0.1 mL加えると，pHは7から約3に変化する。しかし，酢酸水溶液に酢酸ナトリウムを加えた溶液では，少量の塩酸を加えても，pHはほとんど変化しない。このように，**少量の酸や塩基を加えてもpHがほぼ一定に保たれる性質**を**緩衝作用**といい，**緩衝作用のある溶液**を**緩衝液**という。一般に，弱酸とその塩の混合水溶液，弱塩基とその塩の混合水溶液には，緩衝作用がある。

❷**弱酸とその塩の混合水溶液における水素イオン濃度**　c〔mol/L〕の酢酸水溶液1 Lに，s〔mol〕の酢酸ナトリウムを加えた場合，この水溶液における酸の電離度をαとすると，各分子，イオンのモル濃度は，次のようになる。

$$\underset{s\,\text{〔mol/L〕}}{CH_3COONa} \longrightarrow \underset{s\,\text{〔mol/L〕}}{CH_3COO^-} + \underset{s\,\text{〔mol/L〕}}{Na^+} \quad \cdots\cdots ⑯$$

$$\underset{c(1-\alpha)\,\text{〔mol/L〕}}{CH_3COOH} \rightleftarrows \underset{c\alpha\,\text{〔mol/L〕}}{CH_3COO^-} + \underset{c\alpha\,\text{〔mol/L〕}}{H^+} \quad \cdots\cdots ⑰$$

CH_3COONaの電離により生じたCH_3COO^-の存在により，⑰式の平衡はかなり左に移動し，電離度αは非常に小さくなっている。そこで，次のようになる。

$$[CH_3COOH] = c(1-\alpha) \fallingdotseq c\ \text{〔mol/L〕}$$

$$[CH_3COO^-] = s + c\alpha \fallingdotseq s\ \text{〔mol/L〕}$$

⑰式の平衡は，⑯式の電離で生じたCH_3COO^-の存在のもとでも成立し，化学平衡の法則が成り立つ。酢酸の電離定数をK_aとすると，水素イオン濃度は，

$$[H^+] = \frac{[CH_3COOH]}{[CH_3COO^-]} \times K_a \fallingdotseq \frac{c}{s} \times K_a \quad \cdots\cdots ⑱$$

となり，pHを求める式は，次のようになる。

$$pH = -\log_{10}[H^+] = -\log_{10}\left(\frac{c}{s} \times K_a\right) = -\log_{10}K_a - \log_{10}\frac{c}{s} \quad \cdots\cdots ⑲$$

この水溶液は，緩衝液になっている。この水溶液に少量の酸を加えると，⑰式の平衡は左に移動する。移動による濃度変化をΔx〔mol/L〕とすれば，⑲式からpHは次のようになる。

$$pH = -\log_{10}K_a - \log_{10}\frac{c+\Delta x}{s-\Delta x}$$

$c \gg \Delta x$，$s \gg \Delta x$のとき，$\left(\log_{10}\dfrac{c+\Delta x}{s-\Delta x} - \log_{10}\dfrac{c}{s}\right)$の変化は小さくなり，緩衝作用を示すことになる。

(例) 0.1 mol/L の CH_3COOH 水溶液 100 mL に，0.01 mol の CH_3COONa を加えた混合溶液に，0.1 mol/L の塩酸 1 mL を加えたときの pH の変化を調べる。
($\log_{10}2.8 = 4.5$)

塩酸を加える前；$pH = -\log_{10}(2.8 \times 10^{-5}) - \log_{10}\dfrac{0.1}{0.1} = 4.55$

塩酸を加えた後；$pH = -\log_{10}(2.8 \times 10^{-5}) - \log_{10}\dfrac{0.1 + 0.001}{0.1 - 0.001} = 4.54$

このように，少量の H^+ を加えても，pH はほとんど変化しない。

2 溶解度積と沈殿生成

❶難溶性塩の電離　難溶性の塩も水の中でわずかながら溶けて電離している。たとえば，難溶性の塩 A_mB_n が，水の中で次のような平衡を保っているとする。

$$A_mB_n \rightleftarrows mA^{n+} + nB^{m-}$$

これについても，化学平衡の法則が成り立つから，

$$\frac{[A^{n+}]^m[B^{m-}]^n}{[A_mB_n]} = K$$

溶解度が著しく小さいので，$[A_mB_n]$ は一定であると考えると，$[A_mB_n] \times K$ の値は，温度一定で一定となるから，次の関係式が成り立つ。

$$[A^{n+}]^m[B^{m-}]^n = K_{sp}$$

この K_{sp} を溶解度積(solubility product)という。

❷塩化銀の溶解度と溶解度積　25 ℃における塩化銀 AgCl の溶解度積は，次の値である。

$$AgCl；K_{sp} = [Ag^+][Cl^-] = 1.8 \times 10^{-10}\ mol^2/L^2 \quad \cdots\cdots ⑳$$

塩化銀の飽和(ほうわ)溶液では，$[Ag^+] = [Cl^-]$ であるから，飽和溶液中に存在する銀イオンのモル濃度は，

$$[Ag^+] = \sqrt{1.8 \times 10^{-10}} \fallingdotseq 1.3 \times 10^{-5}\ mol/L$$

したがって，塩化銀 AgCl の溶解度は，1.3×10^{-5} mol/L となる。

しかし，上の溶液に塩酸や塩化ナトリウムなどを加え，塩化物イオンのモル濃度を $[Cl^-] = 1.0 \times 10^{-2}$ mol/L にすると，AgCl の電離による Cl^- はほとんど無視できるから，この溶液における Ag^+ のモル濃度は，次のようになる。

$$[Ag^+] = \frac{K_{sp}}{[Cl^-]} = \frac{1.8 \times 10^{-10}}{1.0 \times 10^{-2}} = 1.8 \times 10^{-8}\ mol/L$$

ここで述べたように，別の物質から電離した共通イオン Cl^- が存在する場合でも，⑳式は成り立ち，それに応じて水溶液中の Ag^+ の濃度も変化し，新しく沈殿を生じる。

❸水溶液の液性と硫化物の沈殿　硫化水素H_2Sを水溶液中に通じて飽和(ほうわ)状態にすると，その飽和溶液は約0.10 mol/Lに保たれ，次の関係が成り立つ。

$$H_2S \rightleftarrows 2H^+ + S^{2-} \qquad K = \frac{[H^+]^2[S^{2-}]}{[H_2S]} = 1.2 \times 10^{-21}\ \mathrm{mol^2/L^2}$$

$[H_2S] = 0.10$ mol/Lとすると，$[S^{2-}] = \dfrac{1.2 \times 10^{-21} \times 0.10}{[H^+]^2}$ ……………………㉑

0.1 mol/LのCu^{2+}，Pb^{2+}，Zn^{2+}，Fe^{2+}を含む水溶液にHClを加えてpH＝2にしたところへH_2Sを通じるとする。硫化物CuS，PbS，ZnS，FeSの溶解度積K_{sp}〔$\mathrm{mol^2/L^2}$〕は25℃で表8の値をとる。

表8　硫化物の溶解度積(25℃)

硫化物		溶解度積K_{sp}〔$\mathrm{mol^2/L^2}$〕
硫化銅(Ⅱ)	CuS	$[Cu^{2+}][S^{2-}] = 6.5 \times 10^{-36}$
硫化鉛(Ⅱ)	PbS	$[Pb^{2+}][S^{2-}] = 7.1 \times 10^{-28}$
硫化亜鉛(Ⅱ)	ZnS	$[Zn^{2+}][S^{2-}] = 2.3 \times 10^{-18}$
硫化鉄(Ⅱ)	FeS	$[Fe^{2+}][S^{2-}] = 5.0 \times 10^{-18}$

pH＝2におけるS^{2-}の濃度は，㉑で$[H^+] = 1.0 \times 10^{-2}$ mol/Lより，

$$[S^{2-}] = \frac{1.2 \times 10^{-22}}{(1.0 \times 10^{-2})^2} = 1.2 \times 10^{-18}\ \mathrm{mol/L}$$

このときのCu^{2+}，Pb^{2+}，Zn^{2+}，Fe^{2+}のモル濃度は，上の溶解度積より，

$$[Cu^{2+}] = \frac{6.5 \times 10^{-36}}{1.2 \times 10^{-18}} \fallingdotseq 5.4 \times 10^{-18}\ \mathrm{mol/L} \qquad [Pb^{2+}] = \frac{7.1 \times 10^{-28}}{1.2 \times 10^{-18}} \fallingdotseq 5.9 \times 10^{-10}\ \mathrm{mol/L}$$

$$[Zn^{2+}] = \frac{2.3 \times 10^{-18}}{1.2 \times 10^{-18}} \fallingdotseq 1.9\ \mathrm{mol/L} \qquad [Fe^{2+}] = \frac{5.0 \times 10^{-18}}{1.2 \times 10^{-18}} \fallingdotseq 4.2\ \mathrm{mol/L}$$

したがって，pH＝2では，CuS，PbSは沈殿し，ZnS，FeSは沈殿しないことがわかる。このことが，陽イオンの系統的分離(☞p.361)に利用されている。

このSECTIONのまとめ　電解質水溶液の平衡

□電離平衡 ☞p.290	・未電離の物質と電離して生じたイオン間の平衡。 ・酢酸の場合， $\dfrac{[CH_3COO^-][H^+]}{[CH_3COOH]} = K_a$ (K_a；酸の電離定数)
□弱酸の濃度，電離度，電離定数 ☞p.290	・弱酸水溶液の濃度をc〔mol/L〕，電離度をα，電離定数をK_aとすると， $K_a = c\alpha^2$　　**酸の**$[H^+] = c\alpha = \sqrt{cK_a}$
□緩衝液と溶解度積 ☞p.296	・**緩衝液**…弱酸とその塩の混合溶液のように，外部から少量の酸や塩基を加えても，ほぼ一定のpHを保つ溶液。 ・**溶解度積**…難溶性塩の水溶液中の各イオンの濃度の積。

CHAPTER 3

練習問題 解答 ☞ p.553

1 〈化学平衡の法則〉 テスト必出

容積10.0 Lの反応容器にエタンC_2H_6を2.00 mol入れ，ある温度に保ったところ，次のように一部解離し，平衡状態に達した。

$$C_2H_6 \rightleftarrows C_2H_4 + H_2$$

このとき，容器中には1.20 molの水素が生成していた。次の問いに答えよ。(1)と(3)は有効数字2桁で示せ。

(1) 平衡状態におけるエタンのモル濃度$[C_2H_6]$を求めよ。

(2) 平衡定数Kを表す式を，エタン，エチレン，水素の各モル濃度$[C_2H_6]$，$[C_2H_4]$，$[H_2]$を用いて示せ。

(3) この温度における平衡定数Kの値はいくらか。単位を含めて答えよ。

2 〈平衡定数と反応量〉

0.45 molの水素と0.45 molの気体のヨウ素を一定体積の反応容器に入れて，一定温度に保つとヨウ化水素が生じて，次式に示すような平衡状態になった。

$$H_2 + I_2 \rightleftarrows 2HI$$

この温度における平衡定数が64であったとすると，平衡状態において容器内には何molのヨウ化水素HIが生成しているか。

3 〈気体反応と平衡定数〉

内容積10.0 Lの耐圧容器に，窒素10.0 molと水素30.0 molを入れ，ある温度T〔K〕に保ったところ，アンモニア14.0 molを生じて平衡状態になった。

$$N_2 + 3H_2 \rightleftarrows 2NH_3$$

これについて，次の問いに答えよ。(1)，(2)，(4)は有効数字2桁で示せ。

(1) 平衡状態における水素のモル濃度$[H_2]$はいくらか。

(2) 温度T〔K〕における，上の反応の濃度平衡定数K_cの値はいくらか。単位を含めて答えよ。

(3) 平衡状態における窒素，水素，アンモニアの分圧を，それぞれp_{N_2}〔Pa〕，p_{H_2}〔Pa〕，p_{NH_3}〔Pa〕として，温度T〔K〕における圧平衡定数K_p〔Pa^{-2}〕を表す式を，p_{N_2}，p_{H_2}，p_{NH_3}を用いて示せ。

(4) 容器内で平衡状態である混合気体の全圧をp〔Pa〕とすると，窒素の分圧p_{N_2}〔Pa〕はp_{N_2} = (　　　) pで表される。(　　　)内にあてはまる数値を記せ。

(5) 気体定数をR〔Pa・L/(K・mol)〕とすると，温度T〔K〕における圧平衡定数K_p〔Pa^{-2}〕は，濃度平衡定数K_c〔L^2/mol^2〕を用いてどのような式で表されるか。K_pをK_c，R，Tを用いた式で示せ。

④ 〈平衡の移動〉 テスト必出

次の(1)〜(6)の可逆反応が平衡状態にあるとき，〈　　　〉内に示されている変化を与えると，それぞれ平衡はどうなるか。下のア〜ウのうちから選べ。

(1) N_2O_4(気) $\rightleftarrows$ $2NO_2$(気)　$\Delta H = 57$ kJ 〈圧力を高くする〉
(2) N_2(気) ＋ $3H_2$(気) $\rightleftarrows$ $2NH_3$(気)　$\Delta H = -92$ kJ 〈圧力一定で温度を上げる〉
(3) C(固) ＋ H_2O(気) $\rightleftarrows$ CO(気) ＋ H_2(気)　$\Delta H = 132$ kJ 〈圧力を低くする〉
(4) $N_2 + 3H_2 \rightleftarrows 2NH_3$ 〈触媒を加える〉
(5) $N_2 + 3H_2 \rightleftarrows 2NH_3$ 〈一定体積の反応容器中にアルゴンを吹き込む〉
(6) $NH_3 + H_2O \rightleftarrows NH_4^+ + OH^-$ 〈固体のNH_4Clを加える〉

ア　右に移動する　　**イ**　左に移動する　　**ウ**　どちらにも移動しない

⑤ 〈弱酸水溶液の電離平衡〉 テスト必出

酢酸CH_3COOHの水溶液における電離平衡は，次の式で表される。

$$CH_3COOH \rightleftarrows CH_3COO^- + H^+$$

この酢酸の電離定数K_aは，2.8×10^{-5} mol/Lである。これについて，下の問いに答えよ。

(1) 酢酸水溶液における水素イオン濃度$[H^+]$を，$[CH_3COOH]$，$[CH_3COO^-]$，およびK_aを使って求める式を示せ。
(2) 0.14 mol/Lの酢酸水溶液における電離度αはいくらか。ただし，$\sqrt{2} = 1.4$とする。
(3) 0.20 mol/Lの酢酸水溶液における水素イオン濃度は何mol/Lか。ただし，$\sqrt{5.6} = 2.4$とする。

⑥ 〈水溶液のpH〉

次の(1)・(2)の各水溶液のpHはいくらか。小数第1位まで求めよ。

(1) 0.20 mol/LのCH_3COOH水溶液100 mLと0.56 mol/LのCH_3COONa水溶液100 mLを混合した水溶液。ただし，酢酸の電離定数を2.8×10^{-5} mol/Lとする。
(2) 0.18 mol/Lのアンモニア水。ただし，アンモニアの電離定数K_bを1.8×10^{-5} mol/L，水のイオン積を$[H^+][OH^-] = 1.0 \times 10^{-14}$ mol²/L²とし，$\log_{10}1.8 = 0.2$，$\log_{10}5.6 = 0.8$とする。

⑦ 〈溶解度積〉

0.10 mol/Lの塩酸4.0 mLに，0.10 mol/Lの$AgNO_3$水溶液1.0 mLを加えると，AgClの沈殿を含む水溶液5.0 mLを生じるが，この水溶液におけるAg^+のモル濃度$[Ag^+]$はいくらか求めよ。ただし，塩酸は100 %電離しているものとして，さらにAgClの溶解度積を，$[Ag^+][Cl^-] = 1.8 \times 10^{-10}$ mol²/L²とする。

定期テスト予想問題 解答☞p.555

時　間50分
合格点70点
得点

1 次のa，b，cの文を読んで，あとの問いに答えよ。〔各6点…合計24点〕

a：標準状態で44.8 Lの一酸化炭素を完全に燃焼させたところ，566 kJの熱が発生した。

b：3.0 gの黒鉛(こくえん)を完全に燃焼させたところ，98.5 kJの熱が発生した。

c：黒鉛1 molと0.5 molの酸素を混合して点火し，一酸化炭素1 molが生成したと仮定したときの反応エンタルピーは $-Q$〔kJ/mol〕である。

(1) a，bおよびcそれぞれの反応を，係数には最も簡単な整数を使って状態を付記した化学反応式で表し，そのときの反応エンタルピーとともに示せ。

(2) COの燃焼エンタルピー(kJ/mol)を答えよ。

(3) CO_2の生成エンタルピー(kJ/mol)を答えよ。

(4) ヘスの法則が成り立つことを利用して，Qの値を求めよ。

2 一定温度のもとで，物質AとBから物質Cが生成する次の反応がある。

$$2A + B \longrightarrow 2C$$

AとBの濃度を変えて，それぞれの反応速度を求めたところ，右表のような結果が得られた。次の各問いに答えよ。〔各6点…合計18点〕

実験	初濃度 mol/L		Cの生成の初速度 mol/(L·s)
	A	B	
1	0.10	0.10	12
2	0.10	0.20	24
3	0.10	0.30	36
4	0.20	0.10	48
5	0.30	0.10	1.1×10^2

(1) この反応の反応速度は

$$v = k[A]^x[B]^y$$

と表せる。この反応の次数x，yの値は，それぞれいくらか。

(2) [A] = 0.40 mol/L，[B] = 0.50 mol/LのときのCの生成の初速度を求めよ。

(3) この反応の反応速度は，温度が10 K上昇したとき2倍になるとすると，温度を30 K上昇させたとき，反応速度は何倍になるか。

3 右図は，水素とヨウ素からヨウ化水素が生成する反応のエネルギー変化を示したものである。次の(1)～(3)のエネルギーは，あとのア～カのうちのどれか。〔各6点…合計18点〕

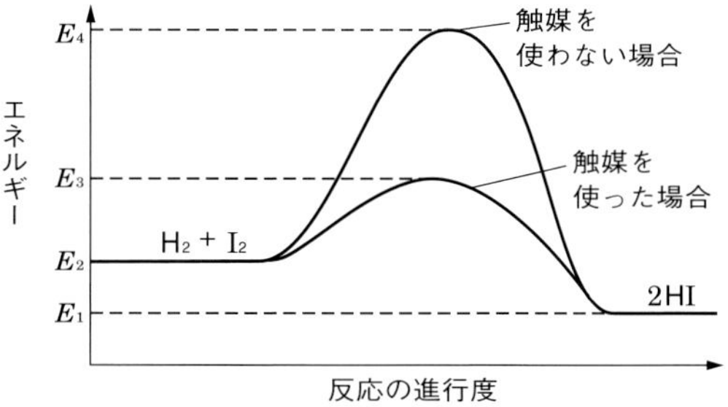

(1) 正反応の反応エンタルピー

(2) 触媒を使わないときの正反応の活性化エネルギー

(3) 触媒を使ったときの逆反応の活性化エネルギー

ア $E_4 - E_3$　**イ** $E_4 - E_2$　**ウ** $E_4 - E_1$　**エ** $E_3 - E_2$

オ $E_3 - E_1$　**カ** $E_1 - E_2$

4　SO_2とO_2を混合すると次の式にしたがって反応は進行し，平衡に達する。

$$2SO_2(気) + O_2(気) \rightleftarrows 2SO_3(気)$$

この反応のエンタルピー変化は次のように表される。

$$2SO_2(気) + O_2(気) \rightleftarrows 2SO_3(気) \qquad \Delta H = -198\ \mathrm{kJ}$$

この反応に関して，次の問いに答えよ。なお，計算値は有効数字2桁で記し，単位も記すこと。　〔(1)各3点，(2)7点…合計19点〕

(1)　上の反応が平衡状態にあるとき，次の①～④のような条件変化を加えると，平衡はどのようになるか。下の(a)～(c)のうちから選び，それぞれ記号で答えよ。

①　圧力を一定に保ちながら，温度を高くする。

②　温度を一定に保ちながら，圧力を大きくする。

③　適当な触媒を加える。

④　反応容器から三酸化硫黄だけを取り出す。

(a)　平衡が右向きに移動する。

(b)　平衡が左向きに移動する。

(c)　平衡はどちらの向きにも移動しない。

(2)　内容積10.0Lの反応容器に，2.00molのSO_2と3.80molのO_2を入れ，ある温度に保ったところ，上の反応が平衡に達した。平衡状態における反応容器中のSO_3は1.60molであった。この温度における濃度平衡定数はいくらか。

5　次の文を読んで，下の(1)～(3)の各水溶液のpHを小数第1位まで求めよ。ただし，$\sqrt{4.2} = 2.0$，　$\log_{10}2.0 = 0.3$，　$\log_{10}3.0 = 0.5$，　$\log_{10}3.3 = 0.5$，$\log_{10}5.6 = 0.7$とする。

〔各7点…合計21点〕

酢酸は水の中で，次の式のような電離平衡が成り立つ。

$$CH_3COOH \rightleftarrows H^+ + CH_3COO^-$$

この電離定数は　$K_a = 2.8 \times 10^{-5}\ \mathrm{mol/L}$である。

アンモニアを水に溶かすと，次の式のような電離平衡が成り立つ。

$$NH_3 + H_2O \rightleftarrows NH_4^+ + OH^-$$

この電離定数は　$K_b = 1.8 \times 10^{-5}\ \mathrm{mol/L}$である。

また，水のイオン積は，$[H^+][OH^-] = 1.0 \times 10^{-14}\ \mathrm{mol^2/L^2}$である。

(1)　0.15mol/Lの酢酸水溶液

(2)　0.50mol/Lのアンモニア水

(3)　0.20mol/Lの酢酸水溶液1.0Lに，0.10molの酢酸ナトリウムCH_3COONaを溶かした水溶液(水溶液の体積は変化しないものとする)

第5編

無機物質

CHAPTER 1 非金属元素の単体と化合物

CHAPTER 2 金属元素の単体と化合物

CHAPTER

1 » 非金属元素の単体と化合物

SECTION 1 元素の分類と性質

1 元素の分類と性質

1 周期表と元素の分類

❶典型元素と遷移元素　1族，2族および13族～18族までの元素を典型元素，3～12族の元素を遷移元素という。典型元素は，原子番号の増加とともに価電子の数が周期的に変化する。**典型元素の，周期表の縦に並んだ元素(同族元素)は価電子の数が等しく，似た化学的性質を示す。**遷移元素は，原子番号が変わっても価電子の数はそれほど変化しない。このため，**隣りあう元素の性質は似ているものが多い。**

❷金属元素と非金属元素　単体が金属である元素を金属元素，単体が金属でない元素を非金属元素という。**遷移元素はすべて金属元素である。**典型元素は金属元素と非金属元素であるものが含まれる。一般に，元素の金属性は同周期の元素では原子番号が小さいほど強く，同族の元素では原子番号が大きいほど強い。よって周期表では金属元素は左下に位置し，非金属元素は右上に位置する。また，金属性と非金属性の中間の性質をもつものがある。これらの元素は**半金属**とよばれ，As，Sbなどがある。

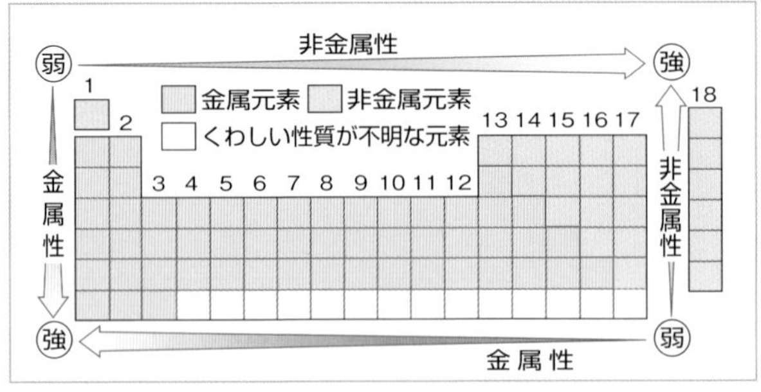

図1　周期表における金属性・非金属性の強弱(番号は族番号)

2 元素の性質

❶元素の陽性と陰性　原子核に電子を引きつける力が弱く，陽イオンになりやすい性質を陽性という。金属元素の原子は，陽イオンになりやすい。元素の陽性が強いほどイオン化エネルギー(☞ p.39)は小さい。また，原子核に電子を引きつける力が強く，陰イオンになりやすい性質を陰性という。貴ガス以外の非金属元素は，陰イオンになりやすい。元素の陰性が強いほど電子親和力(☞ p.39)は大きい。

❷元素の性質と化学結合　陽性の強い金属元素と陰性の強い非金属元素の原子間の結合は，一般に**イオン結合**(☞ p.40)になる。また，金属元素の単体における原子間の結合は**金属結合**(☞ p.64)になる。一方，非金属元素どうしの原子間の結合は，一般に**共有結合**(☞ p.45)になる。

2 | 物質とその分類

❶金属元素の単体　**金属元素の単体は，金属結合**によってできている。

❷非金属元素の単体　多くの**非金属元素の単体は，原子どうしが共有結合により結合した分子**からなっている。しかし，ダイヤモンドとケイ素の単体は，すべての原子が共有結合によって結合しており，共有結合の結晶である。

❸金属元素と非金属元素の化合物　塩化ナトリウムなど，**金属元素と非金属元素からなる化合物は，一般にイオン結合**[★1]でできている。結晶は，イオン結晶である。

❹非金属元素の化合物　水や二酸化炭素など，多くの**非金属元素の化合物は，原子どうしが共有結合によって結合した分子**からなっている。その結晶は分子結晶である。このほかに，水晶(二酸化ケイ素)のような，原子どうしが次々に共有結合によって結合してできた，**共有結合の結晶**となるものがある。

このSECTIONのまとめ　元素の分類と性質

□ 元素の分類と性質 ☞ p.304	・**典型元素**…周期表の **1 族・2 族**と **13～18 族**の元素。金属元素と非金属元素がある。 **遷移元素**…周期表の **3～12 族**の元素。**すべて金属元素**。
□ 物質とその分類 ☞ p.305	・**金属元素の単体**…原子が金属結合で結合。 ・**非金属元素の単体**…原子が共有結合で結合。 ・**金属元素と非金属元素の化合物**…イオン結合で結合。 ・**非金属元素の化合物**…共有結合で結合。

★1 NH_4Cl のように，非金属元素のみからなる化合物でも，イオン結合でできているものがある。

SECTION 2 水素と貴ガス

1 | 水素とその性質

1 水素の製法

❶水素の工業的製法

①**天然ガスやナフサ(石油)を水蒸気と反応させる方法**　天然ガスやナフサを，ニッケルを触媒として水蒸気と反応させると，水素が得られる。

[天然ガス]　$CH_4 + H_2O \longrightarrow CO + 3H_2$　(触媒；Ni)

[ナフサ]　$C_nH_{2n+2} + nH_2O \longrightarrow nCO + (2n+1)H_2$　(触媒；Ni)

②**水性ガスからの分離**　赤熱したコークスに水蒸気を送って水性ガス(COとH_2の1：1の混合物)をつくり，COを分離する。

$$C(赤熱) + H_2O \longrightarrow CO + H_2$$

❷水素の実験室的製法

①亜鉛に希硫酸を加えてつくる(☞図2)。

$$Zn + H_2SO_4 \longrightarrow ZnSO_4 + H_2\uparrow^{★1}$$

補足　一般には，Hよりもイオン化傾向が大きい金属に，希硫酸，希塩酸などを加えるとH_2が発生する。この場合，金属としてNaやCaを用いると反応が激しすぎるので，ふつう，Znを用いる(MgやFeを用いることもある)。酸として塩酸(揮発性)を用いると不純物としてHClが含まれる。

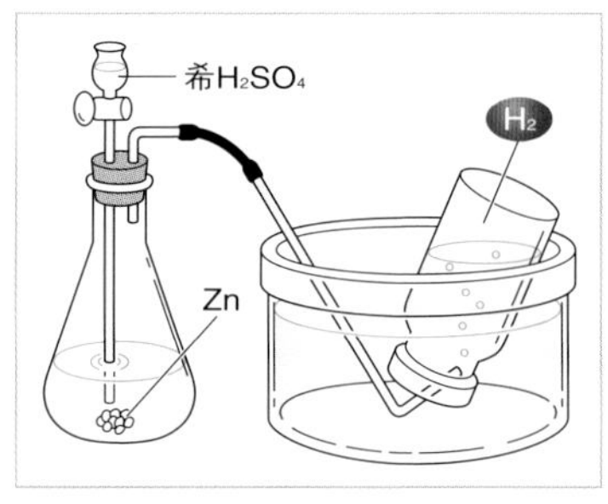

図2　水素の実験室的製法

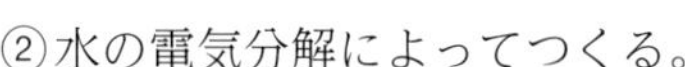
②水の電気分解によってつくる。

$$2H_2O \longrightarrow 2H_2 + O_2$$

補足　最近は，太陽光発電や風力発電など(☞p.519)で得た電気を用いて，本法の工業化が進行中である。

2 水素の性質と用途

❶水素の性質

①単体の水素は二原子分子である。無色・無臭の**最も軽い気体**で，水に溶けにくい(⇨水上置換で捕集)。

②水素と酸素を混合して点火すると，爆発的に反応して水を生成する。

$$2H_2 + O_2 \longrightarrow 2H_2O$$

③**高温で強い還元作用を示す**ので，還元剤として用いられる。

$$CuO + H_2 \longrightarrow Cu + H_2O$$

★1 化学式中の↑は，「気体が発生する」という意味を表す。

❷水素の用途

①アンモニア・塩化水素などの合成に利用される。

$$3H_2 + N_2 \longrightarrow 2NH_3 \qquad H_2 + Cl_2 \longrightarrow 2HCl$$

②メタノールCH_3OHなど，多くの有機化合物の合成に利用される。

$$CO + 2H_2 \longrightarrow CH_3OH$$

③燃料電池(☞ p.152)の負極活物質として利用される。

$$負極；H_2 \longrightarrow 2H^+ + 2e^- \qquad 正極；\frac{1}{2}O_2 + 2H^+ + 2e^- \longrightarrow H_2O$$

④ロケットの燃料に使われる。

2 | 貴ガスとその性質

1 貴ガス

周期表18族に属するヘリウムHe，ネオンNe，アルゴンAr，クリプトンKr，キセノンXe，ラドンRnを貴ガス(希ガス)という。最外殻電子の数は，Heは2個，それ以外は8個で，いずれも安定な電子配置をもつ(☞ p.30)。

補足　他の元素と反応しにくい高貴なガスということから，noble gas，すなわち「**貴ガス**」とよばれる。また，空気中にわずかに含まれている気体であることから，rare gas，すなわち「**希ガス**」とよぶこともある。ラドンRnは，放射性元素である。

2 貴ガスの性質

①**原子そのものが単独で安定**であり，空気中などでは，**単原子分子として存在**している。Heは気球用ガスに，Arは電球などの封入ガスに利用される。

②融点・沸点が非常に低く，常温で気体である。特にHeは，融点・沸点が最も低く★1，極低温の実験，超伝導磁石などの冷却剤に利用される。

③放電管に封入して放電させると，それぞれ特有の色を発する。この性質は**ネオンサイン**に利用されている。(⇨ネオン；赤)

このSECTIONのまとめ　水素と貴ガス

□水素とその性質 ☞ p.306	・亜鉛に酸を加えると，水素が発生する。 $Zn + H_2SO_4 \longrightarrow ZnSO_4 + H_2\uparrow$ ・酸素との結合力が強い。高温で還元作用を示す。
□貴ガスとその性質 ☞ p.307	・**周期表18族の元素。**最外殻電子は2個または8個。 ・単体はいずれも気体で，**化学的に安定。**

★1 ヘリウムHeの融点は −272℃(1K)，沸点は −269℃(4K)である。

ハロゲンとその化合物

1 ハロゲンの単体

1 ハロゲンとその性質

周期表17族の元素であるフッ素F，塩素Cl，臭素Br，ヨウ素I，アスタチンAtは，ハロゲンと総称され，次のような性質がある。

①原子半径・イオン半径は，原子番号の増加とともに大きくなる。陰イオン半径は，同じ元素の原子半径より大きい。

②価電子の数は7個で，**1価の陰イオンとなって他の原子とイオン結合しやすい。**

③単体は，いずれも共有結合による二原子分子F_2，Cl_2，Br_2，I_2をつくっている。

④フッ素以外のハロゲンは，－1から＋7までの酸化数のうち何種類かをとり得る。

2 ハロゲンの単体の一般的性質 ①重要

❶物理的性質

①ハロゲン元素の単体は**すべて二原子分子からなり**，有色である。

②原子番号が大きいほど，融点・沸点が高い。

❷化学的性質

①有毒である。また，**強い酸化力**をもち，その強さは**原子番号が小さいほど強い。**

$$F_2 > Cl_2 > Br_2 > I_2$$

よって，水溶液中では以下の反応は起こるが，その逆反応は起こらない。

$$2KI + Br_2 \longrightarrow 2KBr + I_2$$

$$2KBr + Cl_2 \longrightarrow 2KCl + Br_2$$

②多くの元素と反応してハロゲン化物をつくりやすい。金属元素とはイオン結合でできた塩を形成し，非金属元素とは共有結合でできた分子を形成する。

例1　塩素と熱した金属ナトリウムとの反応

$$2Na + Cl_2 \longrightarrow 2NaCl$$

例2　水素と塩素の混合気体に光を当てて爆発的に反応させる。

$$H_2 + Cl_2 \longrightarrow 2HCl$$

ハロゲンの単体の反応性・酸化力⇨原子番号が小さいほど大。

$$F_2 > Cl_2 > Br_2 > I_2$$

表1　ハロゲンの単体と性質

	フッ素　F_2	塩素　Cl_2	臭素　Br_2	ヨウ素　I_2
単体	保存が困難			
状態(常温・常圧)	淡黄色の気体	黄緑色の気体	赤褐色の液体	黒紫色の固体
融点〔℃〕	−220	−101	−7	114
沸点〔℃〕	−188	−34	59	184
密度〔g/cm^3〕	0.00171	0.00321	3.14	4.93
水への溶解度〔25℃, g/100 g水〕	激しく反応する	0.662	3.48	0.034
酸化力	強 ←			弱
水素との反応	低温・暗所でも爆発的に反応	常温で光を当てると激しく反応	高温に熱すると反応	高温に熱するとわずかに反応
水との反応	激しく反応して酸素を発生する	水に少し溶け，わずかに反応	塩素より弱いが，似た反応をする	水に溶けにくく，反応しにくい

3 塩素 Cl_2 の製法と性質　①重要

❶塩素の工業的製法　濃い食塩水を電気分解して陽極から塩素を得る。

$$2NaCl + 2H_2O \longrightarrow 2NaOH + H_2 + Cl_2$$

❷塩素の実験室的製法

①酸化マンガン(Ⅳ)(二酸化マンガンともいう)に濃塩酸を加えて加熱する。

$$MnO_2 + 4HCl \longrightarrow MnCl_2 + 2H_2O + Cl_2\uparrow$$

この反応で，MnO_2 は酸化剤である。

②塩化ナトリウム，濃硫酸，酸化マンガン(Ⅳ)の混合物を加熱する。

$$2NaCl + 3H_2SO_4 + MnO_2 \longrightarrow MnSO_4 + 2NaHSO_4 + 2H_2O + Cl_2\uparrow$$

③高度さらし粉〔主成分は $Ca(ClO)_2\cdot 2H_2O$〕に塩酸を加える。

$$Ca(ClO)_2\cdot 2H_2O + 4HCl \longrightarrow CaCl_2 + 4H_2O + 2Cl_2\uparrow$$

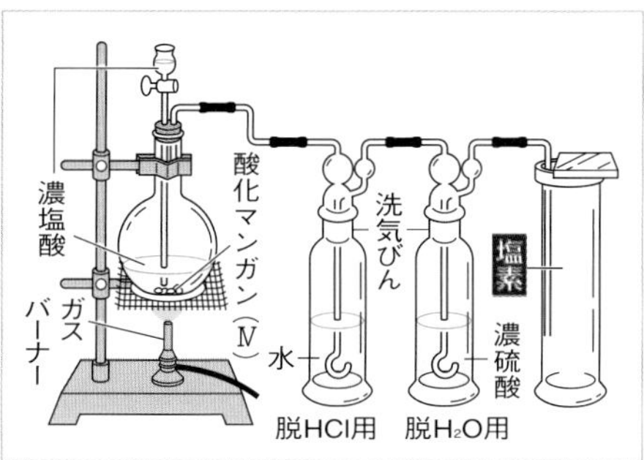

図3　塩素の実験室的製法

視点　発生する気体には塩化水素が含まれるので，これを水に通すことによって除去し，その後，濃硫酸を通すことによって乾燥する。

❸塩素の性質

①**黄緑色で，刺激臭のある有毒な気体**である。

②塩素を水に吹き込むとわずかに溶け，一部は水と反応して，次亜(じあ)塩素酸HClOと塩化水素HClを生じる。この水溶液を塩素水という。

$$Cl_2 + H_2O \rightleftarrows HCl + HClO$$

次亜塩素酸イオンは，強い酸化作用をもつので，**塩素水は漂白剤や殺菌剤として，水道水やプールの水などに利用**されている。

$$ClO^- + 2H^+ + 2e^- \longrightarrow H_2O + Cl^-$$

③塩素は陰性が強く，塩基であるNaOHや$Ca(OH)_2$と反応し，吸収される。この反応は，実験室での塩素の吸収・除去に利用される。

$$Cl_2 + 2NaOH \longrightarrow NaClO + NaCl + H_2O$$

$$Cl_2 + Ca(OH)_2 \longrightarrow CaCl(ClO)\cdot H_2O$$

④塩素は化学的に非常に活発で，**いろいろな元素と直接反応**して塩化物をつくる。

例1　光を当てると，塩素と水素は爆発的に反応し，塩化水素を生じる。

$$Cl_2 + H_2 \longrightarrow 2HCl$$

例2　塩素中に加熱した銅線を入れると，激しく反応し，塩化銅(Ⅱ)を生じる。

$$Cl_2 + Cu \longrightarrow CuCl_2$$

⑤強い酸化作用があり，いろいろな物質を酸化する。

例1　亜硫酸H_2SO_3を酸化して硫酸を生成する。

$$Cl_2 + H_2SO_3 + H_2O \longrightarrow 2HCl + H_2SO_4$$

例2　ヨウ化カリウム水溶液を酸化してヨウ素を遊離する。

$$Cl_2 + 2KI \longrightarrow 2KCl + I_2 \quad (Cl_2 + 2I^- \longrightarrow 2Cl^- + I_2)$$

この反応で，ヨウ化カリウム水溶液にあらかじめデンプンを混ぜておくと，このデンプンにI_2が作用し，溶液の色は青変する(ヨウ素デンプン反応)。

4 臭素Br_2の性質

①**赤褐色で，水より重い液体。**蒸気も赤褐色で，刺激臭があり，有毒である。

②水にわずかに溶け，赤褐色の臭素水となる。

③塩素より弱いがヨウ素より強い酸化作用を示す。臭素水をヨウ化カリウムKI水溶液に加えると，ヨウ素I_2が遊離する。

$$Br_2 + 2KI \longrightarrow 2KBr + I_2$$

5 ヨウ素I_2の性質

①**常温で黒紫色板状の結晶**で，金属のような光沢がある。

②**昇華性**がある(☞p.57)。熱すると直接気体になり，冷却すると結晶に戻る。

③水にはほとんど溶けないが，有機溶媒(ようばい)(ヘキサンやアルコールなど)にはよく溶ける。また，ヨウ化カリウムKI水溶液にはよく溶け，三ヨウ化物イオンI_3^-を生じ，褐色の溶液になる。この溶液をヨウ素溶液あるいはヨウ素液ともいう。

④ヨウ素を含む溶液にデンプン水溶液を加えると，溶液は青変する(熱すると無色になる)。この反応はヨウ素デンプン反応とよばれ，非常に鋭敏であるので，ヨウ素あるいはデンプンの検出反応に用いられる。

⑤ヨウ素には，塩素や臭素よりは弱いが，酸化作用があり，消毒・殺菌に用いる。ヨウ素の飽和(ほうわ)水溶液に$Na_2S_2O_3$の水溶液を加えると，溶液は無色になる。

$$I_2 + 2Na_2S_2O_3 \longrightarrow 2NaI + Na_2S_4O_6$$

（うすい褐色）　チオ硫酸ナトリウム　（無色）　テトラチオン酸ナトリウム

6 フッ素F_2の性質

①常温では淡黄色の気体で，刺激臭があり，猛毒である。

②ハロゲン単体中，最も酸化力が強く，水を酸化して酸素を発生する。

$$2F_2 + 2H_2O \longrightarrow 4HF + O_2$$

2 ハロゲン化水素

1 ハロゲン化水素の性質　①重要

ハロゲンの単体は，水素と反応しやすく，生じた水素化合物を総称してハロゲン化水素という。ハロゲン化水素には，次のような一般的性質がある。

表2　ハロゲン化水素の一般的性質

ハロゲン化水素		フッ化水素 HF	塩化水素 HCl	臭化水素 HBr	ヨウ化水素 HI
状態(常温・常圧)，色		気体，無色	気体，無色	気体，無色	気体，無色
におい		刺激臭	刺激臭	刺激臭	刺激臭
融点〔℃〕		−83	−114.2	−88.5	−50.8
沸点〔℃〕		19.5	−84.9	−67.0	−35.1
水への溶解度〔20℃，cm^3/水1 cm^3〕		∞	442	612	417
水溶液	名　称	フッ化水素酸	塩　酸	臭化水素酸	ヨウ化水素酸
	酸の強さ	弱　酸	強　酸	強　酸	強　酸

2 塩化水素HClの製法と性質

❶塩化水素の工業的製法　濃い食塩水の電気分解(☞p.338)で得られるH_2とCl_2を直接反応させてつくる。

$$H_2 + Cl_2 \xrightarrow{光} 2HCl$$

第5編　無機物質

❷塩化水素の実験室的製法 塩化ナトリウムに濃硫酸を加えて加熱する。

$$NaCl + H_2SO_4 \longrightarrow NaHSO_4 + HCl \uparrow$$

これは，揮発性の酸の塩に不揮発性の酸を加えて加熱すると，揮発性の酸が生じる反応(☞p.120)の１つである。

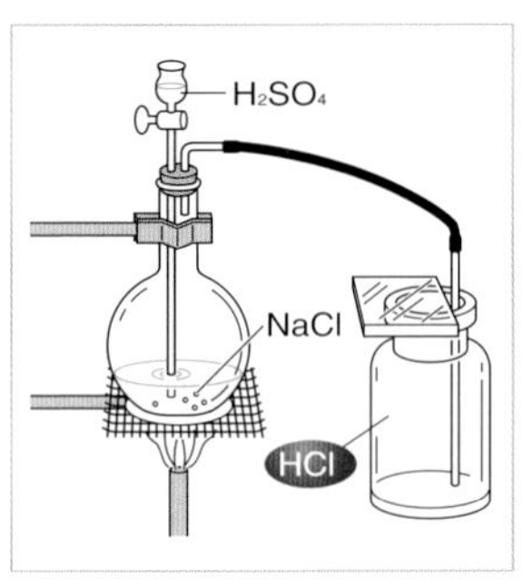

図4 塩化水素の実験室的製法

❸塩化水素の性質

①無色，刺激臭のある気体である。

②**水に非常によく溶け**，水溶液(塩酸という)は，**強い酸性**を示す。

$$HCl \longrightarrow H^+ + Cl^-$$

③湿った空気中で白煙を生じる。この白煙は，塩化水素が水分を吸収してできた塩酸の微粒子である。

④**アンモニアと反応して白煙を生じる。**この白煙は，塩化アンモニウムNH_4Clの微粒子(白色の固体)であり，HCl，NH_3相互の検出に用いられる。

$$HCl + NH_3 \longrightarrow NH_4Cl$$

⑤塩化水素の水溶液である塩酸は，イオン化傾向が水素より大きい金属や，金属の酸化物と反応する。

例 $Mg + 2HCl \longrightarrow MgCl_2 + H_2$

$Zn + 2HCl \longrightarrow ZnCl_2 + H_2$

$CuO + 2HCl \longrightarrow CuCl_2 + H_2O$

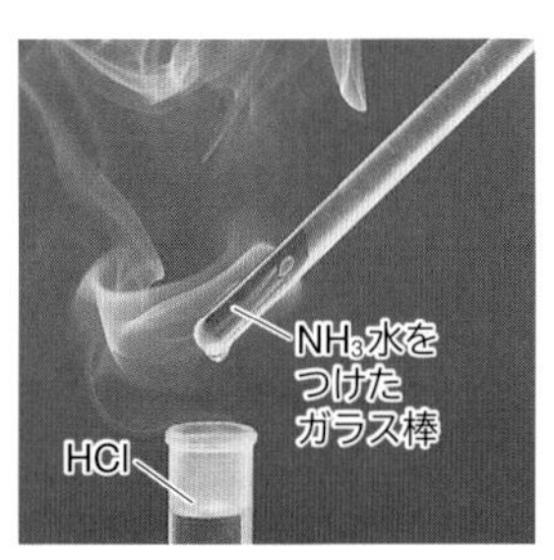

図5 塩化水素とアンモニアの反応

3 フッ化水素HFの製法と性質

❶フッ化水素の製法 蛍石(ほたるいし)(主成分はフッ化カルシウムCaF_2)に濃硫酸を加えて加熱する。

$$CaF_2 + H_2SO_4 \longrightarrow CaSO_4 + 2HF \uparrow$$

補足 この反応も，塩化水素の製法と同様に，揮発性の酸の塩(CaF_2)に不揮発性の酸(H_2SO_4)を加えると，不揮発性の酸の塩($CaSO_4$)と揮発性の酸(HF)が生成する反応を利用したものである。

❷フッ化水素の性質

①常温では無色の気体で，発煙性がある。蒸気には刺激臭があり，有毒である。

②分子間に水素結合がはたらくため，他のハロゲン化水素より著しく沸点が高い。

③水に非常に溶けやすく，水溶液(フッ化水素酸という)は**弱酸性**を示す。

④二酸化ケイ素SiO_2やガラス(主成分はSiO_2)を溶かす性質がある。そのため，フッ化水素酸は，ポリエチレン製の容器に保存する。

$$SiO_2 + 6HF \longrightarrow \underset{\text{ヘキサフルオロケイ酸}}{H_2SiF_6} + 2H_2O$$

3｜ハロゲン化銀とハロゲンを含むオキソ酸

1 ハロゲン化銀 ①重要

❶ハロゲン化物イオンと銀イオンの反応　Cl^-，Br^-，I^- を含む水溶液に，硝酸銀 $AgNO_3$ を加えると，塩化銀AgCl，臭化銀AgBr，ヨウ化銀AgIが沈殿として生成する。（フッ化銀AgFは水に溶けやすいので，沈殿としては得られない。）

$$Cl^- + Ag^+ \longrightarrow AgCl\downarrow$$ [★1]

$$Br^- + Ag^+ \longrightarrow AgBr\downarrow$$

$$I^- + Ag^+ \longrightarrow AgI\downarrow$$

この反応は，これらの**ハロゲン化物イオンの検出に利用**されている。

❷ハロゲン化銀の性質

ハロゲン化銀には感光性があり，特に，AgCl，AgBr，AgIを日光に当てると分解して銀Agが遊離し，沈殿の色が黒くなる。

表3　ハロゲン化銀の性質

ハロゲン化銀	フッ化銀 AgF	塩化銀 AgCl	臭化銀 AgBr	ヨウ化銀 AgI
水への溶解性	あり	なし	なし	なし
沈殿の色	沈殿なし	白色	淡黄色	黄色
感光性	あり	大きい	非常に大きい	大きい

$$2AgX \longrightarrow 2Ag + X_2 \quad (X\,;\,Cl,\ Br,\ I)$$

[ハロゲン化物イオンX^-の検出]

$$X^- + Ag^+ \longrightarrow AgX$$

AgCl（白色），AgBr（淡黄色），AgI（黄色）は日光により黒変。

2 ハロゲンを含むオキソ酸

❶ハロゲンを含むオキソ酸と塩(えん)　塩素・臭素・ヨウ素の化合物には，酸化数 −1の原子のほかに，＋1，＋3，＋5，＋7の原子のオキソ酸とその塩がある。ハロゲンを含むオキソ酸（分子中に酸素原子を含む酸）は，一般に不安定で，水溶液としてのみ存在するものが多いが，その塩は比較的安定で，結晶として得られる。

❷塩素のオキソ酸　塩素の酸化物のうち，一酸化二塩素Cl_2O，二酸化塩素ClO_2，七酸化二塩素Cl_2O_7などを水に溶かすと，次ページ表4のようなオキソ酸が得られる。これらのオキソ酸では，**酸化数が大きいものほど酸性が強く安定**である。また，いずれのオキソ酸も強い酸化力をもつが，塩素の酸化数の小さいものほど，強い酸化力をもつ。

★1 化学式中の↓は，「沈殿を生成する」という意味を表す。

第5編　無機物質

表4 塩素のオキソ酸

オキソ酸	化学式	酸化数	生成反応式	酸性度	酸化力
次亜塩素酸(じあえんそさん)	$HClO$	+1	$Cl_2O + H_2O \longrightarrow 2HClO$	弱	強
亜塩素酸	$HClO_2$	+3	$2ClO_2 + H_2O \longrightarrow HClO_2 + HClO_3$	↕	↕
塩素酸	$HClO_3$	+5	$2ClO_2 + H_2O \longrightarrow HClO_2 + HClO_3$	↕	↕
過塩素酸	$HClO_4$	+7	$Cl_2O_7 + H_2O \longrightarrow 2HClO_4$	強	弱

❸次亜塩素酸HClO Cl_2またはCl_2Oを水に溶かすことによって得られる。

$$Cl_2 + H_2O \longrightarrow HCl + HClO \qquad Cl_2O + H_2O \longrightarrow 2HClO$$

不安定な物質で，他から電子を奪いやすい。そのため，HClOは強い酸化力をもつ。この酸化力は，漂白・殺菌などに利用されている。

$$HClO + H^+ + 2e^- \longrightarrow H_2O + Cl^-$$

❹さらし粉$CaCl(ClO)\cdot H_2O$

塩素を水酸化カルシウム(消石灰)に吸収させると，さらし粉が得られる。

$$Cl_2 + Ca(OH)_2 \longrightarrow CaCl(ClO)\cdot H_2O$$

刺激臭をもつ白色の粉末で，水に溶けて次亜塩素酸イオンClO^-を生じるので，酸化作用を示し，漂白剤や殺菌剤として広く利用されている。

❺塩素酸塩 塩素酸$HClO_3$は不安定だが，その塩である塩素酸カリウム$KClO_3$や塩素酸ナトリウム$NaClO_3$は安定である。これらは酸化剤として用いられる。塩素酸カリウムに酸化マンガン(Ⅳ)を触媒として少量加え，熱すると酸素が発生する。

$$2KClO_3 \longrightarrow 2KCl + 3O_2$$

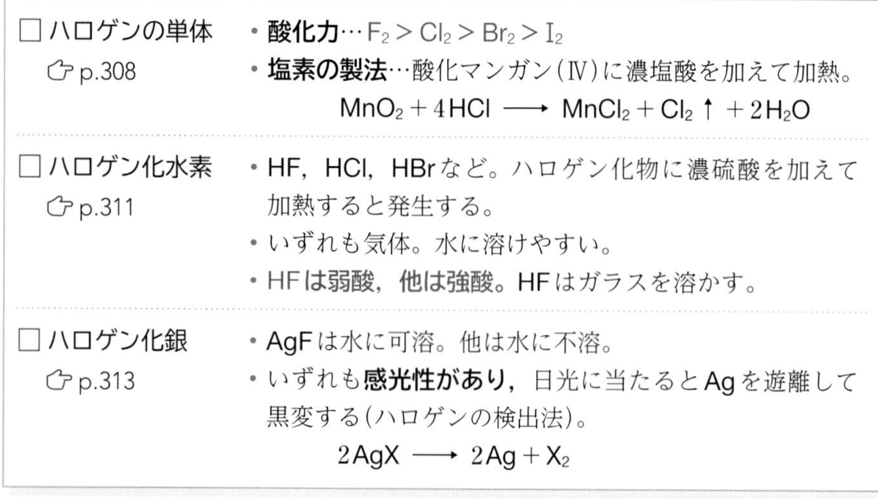

このSECTIONのまとめ ハロゲンとその化合物

□ハロゲンの単体 ☞p.308
- **酸化力**…$F_2 > Cl_2 > Br_2 > I_2$
- **塩素の製法**…酸化マンガン(Ⅳ)に濃塩酸を加えて加熱。
  $MnO_2 + 4HCl \longrightarrow MnCl_2 + Cl_2\uparrow + 2H_2O$

□ハロゲン化水素 ☞p.311
- HF，HCl，HBrなど。ハロゲン化物に濃硫酸を加えて加熱すると発生する。
- いずれも気体。水に溶けやすい。
- HF**は弱酸，他は強酸。**HFはガラスを溶かす。

□ハロゲン化銀 ☞p.313
- AgFは水に可溶。他は水に不溶。
- いずれも**感光性があり，**日光に当たるとAgを遊離して黒変する(ハロゲンの検出法)。
  $2AgX \longrightarrow 2Ag + X_2$

16族元素とその化合物

1 | 16族元素の単体

1 単体の物理的性質

❶酸素族元素　周期表の16族元素のうち，酸素O，硫黄S，セレンSe，テルルTeの4元素は非金属元素であり，これらを酸素族元素ともいう。

表5 16族元素の単体の物理的性質

名称	分子式	常温・常圧における状態，色	融点〔℃〕	沸点〔℃〕
酸素	O_2	気体，無色	−218.4	−183.0
硫黄	S	固体，黄色	112.8	444.6
セレン	Se	固体，赤色	170～217	684.9
テルル	Te	固体，銀白色	449.8	989.8

❷元素の所在

①**酸素**　酸化物や塩として地殻(ちかく)中に最も多く存在する。単体としても，酸素O_2は空気の約21％(体積比)を占める。

②**硫黄**　単体として天然に存在するほか，地殻中に黄鉄鉱FeS_2，黄銅鉱$CuFeS_2$，セン亜鉛鉱ZnS，方鉛鉱(ほうえんこう)PbSとして存在する。

③**セレン・テルル**　量は少ないが，硫黄に伴って必ず見いだせる元素である。

2 酸素O_2の製法と性質　!重要

❶酸素の工業的製法

①**液体空気の分留(ぶんりゅう)**　約2.02×10^7 Pa (200気圧)に圧縮した空気を断熱膨張(ぼうちょう)させると，液体空気が得られる。この液体空気を，沸点の差(N_2；−195.8℃，O_2；−183.0℃)を利用して分留すると，酸素が得られる。

②**水の電気分解**　水に，水酸化ナトリウムあるいは硫酸を加えて電気分解して，陽極に発生する酸素を集める。

$$\begin{cases}\text{陽極；}4OH^- \longrightarrow 2H_2O + O_2 + 4e^- \quad (\text{NaOHの場合})\\ \quad 2H_2O \longrightarrow 4H^+ + O_2 + 4e^- \quad (H_2SO_4\text{の場合})\\ \text{陰極；}2H^+ + 2e^- \longrightarrow H_2\end{cases}$$

❷酸素の実験室的製法

①過酸化水素水H_2O_2に，触媒として酸化マンガン(Ⅳ)MnO_2を加える。

$$2H_2O_2 \longrightarrow 2H_2O + O_2\uparrow$$

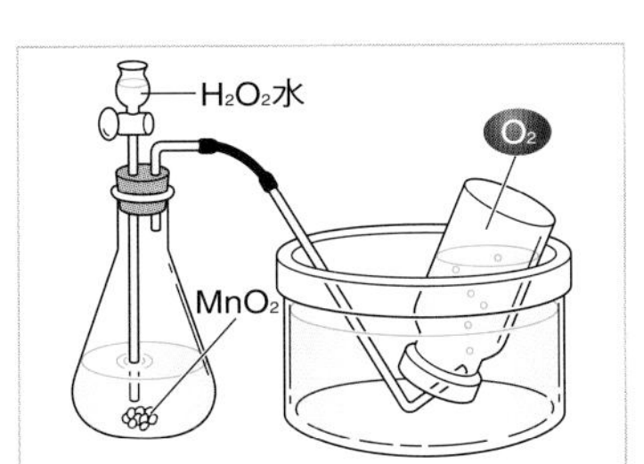

図6 酸素の実験室的製法

第5編 無機物質

②塩素酸カリウム$KClO_3$に，触媒として酸化マンガン(Ⅳ)を少量加えて加熱する。

$$2KClO_3 \longrightarrow 2KCl + 3O_2 \uparrow$$

図7 鉄の酸素中での燃焼

❸酸素の性質

①無色・無臭の気体で，**水に溶けにくい。**

②化学的に活発で，いろいろな元素と反応する。**反応に際して熱や光の発生を伴う場合，**これを燃焼という。

③H_2とは常温で爆発的に反応する。また，Pとは常温で，CやSとは高温で燃焼して酸性酸化物を生じる。

④K，Ca，Naなどとは容易に反応し，Mg，Al，Fe，Cuなどとは常温で徐々に反応して塩基性酸化物を生じる。

❹オゾンO_3の製法と性質

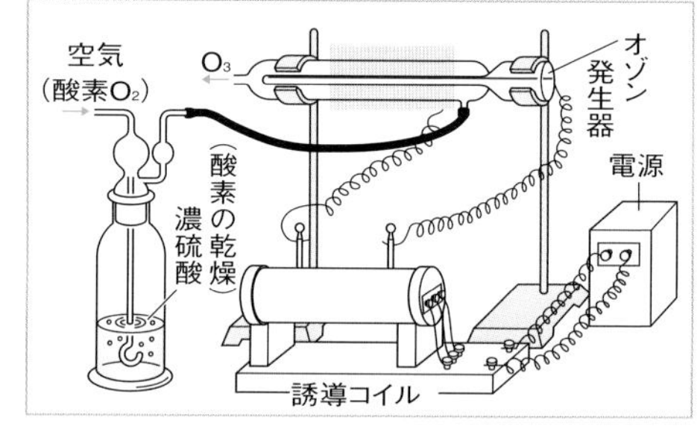

図8 オゾンの発生装置

[オゾンの製法]　図8のようなオゾン発生装置を用いて，空気中または酸素中で無声(むせい)放電(火花を飛ばさずに行う放電)させたり，また，空気や酸素に紫外線を照射すると，オゾンが得られる。 $3O_2 \longrightarrow 2O_3$

[オゾンの性質]

①生(なま)ぐさいにおいのある**淡青色の有毒な気体**で，酸素O_2へ分解されやすい。このとき酸化作用を示す。

②**酸化作用が強く，**湿った**ヨウ化カリウムデンプン紙を青変**する。

$$2KI + O_3 + H_2O \longrightarrow I_2 + 2KOH + O_2$$

補足 オゾンの酸化作用は，飲料水の殺菌，繊維などの漂白，浄水場のカビ臭除去などに利用されている。

③紫外線を吸収する性質をもつ。

補足 成層圏には酸素の光化学反応(☞p.266)で生じたオゾンがある。オゾンは，太陽光に含まれている紫外線を吸収するので，オゾン層は，地上の生物を有害な紫外線から保護している。

3 硫黄Sとその性質 ！重要

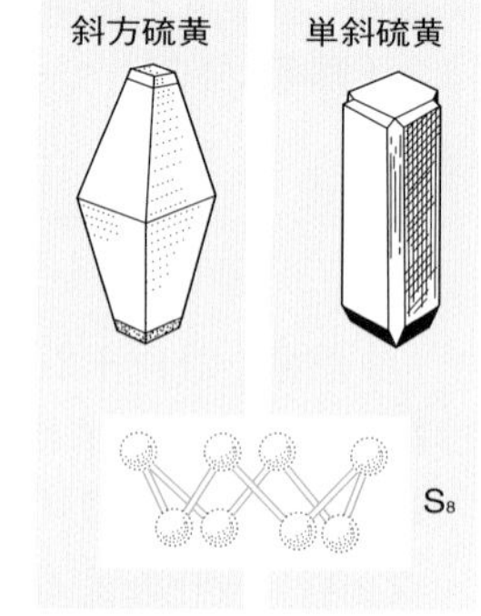

図9 硫黄の結晶と構造

❶硫黄の同素体　硫黄には，**図9**に示す構造の**斜方硫黄**(S_8，S_α)と**単斜硫黄**(S_8，S_β)，それに**ゴム状硫黄**(**無定形硫黄**)とよばれる同素体(☞p.16)がある。それぞれの単体の製法・性質は，**表6**のとおりである。

表6　硫黄の同素体の製法と性質(CS_2；二硫化炭素)

同素体	製　法	色	融点〔℃〕	沸点〔℃〕	CS_2に対する溶解性	安定さ
斜方硫黄 S_8, S_α	CS_2に硫黄を溶かして再結晶させる。	黄色	113	445	可溶	安定
単斜硫黄 S_8, S_β	溶融した硫黄を放置して冷却する。	淡黄色	119	445	可溶	95.5～445℃まで安定。
ゴム状硫黄	溶融した硫黄を水中に流し，急冷する。	暗褐色	—	445	不溶	不安定。斜方硫黄に変化する。

補足　**硫黄の工業的製法**　昔，日本には世界有数の硫黄鉱山があった。現在では石油中の硫黄の分離技術が進んで，石油の脱硫処理で生じる廃ガス中の硫化水素を一部燃焼させて得る。

❷硫黄の性質

①水には溶けないが，**斜方硫黄・単斜硫黄は二硫化炭素CS_2に溶ける。**

②点火すると，青い炎をあげて燃焼し，二酸化硫黄SO_2になる。

$$S + O_2 \longrightarrow SO_2\uparrow$$

③高温では反応性が高く，多くの元素と反応して硫化物をつくる。

(例)　鉄と反応して硫化鉄(Ⅱ)FeSを生じる。　$Fe + S \longrightarrow FeS$

2　16族元素の水素化合物

1　水素化合物の物理的性質　(!)重要

❶16族元素の水素化合物　16族元素の水素化合物には，水H_2O，硫化水素H_2S，セレン化水素H_2Se，テルル化水素H_2Teがある。

❷物理的性質　16族元素の水素化合物は，水を除いて常温では無色・有毒の気体である。また，図10に見られるように，**H_2Oは分子量が小さいにもかかわらず，その融点・沸点は，他の水素化合物に比べて異常に高い。**これは，水分子は，分子間に水素結合が形成されているからである。

表7　16族元素の水素化合物の物理的性質

水素化合物	水 H_2O	硫化水素 H_2S	セレン化水素 H_2Se
常温・常圧における状態，色	液体，無色	気体，無色	気体，無色
におい	無　臭	腐卵臭	ニンニク臭
融点〔℃〕	0.0	−85.5	−65.7
沸点〔℃〕	100.0	−60.7	−42.0
水への溶解度	—	4.67 mL/1 mL水	3 mL/1 mL水

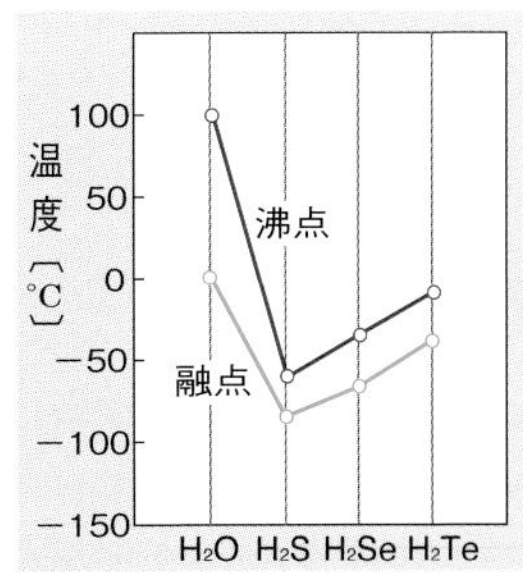

図10　16族元素の水素化合物の融点・沸点の比較

第5編　無機物質

2 水 H_2O とその性質 ①重要

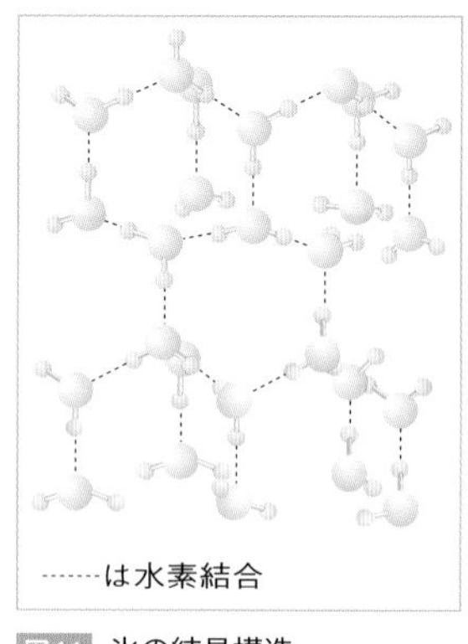

図11 氷の結晶構造

①**極めて安定な物質**で，地球上に他の物質との混合物として，あるいは他の物質の中に含まれる水として存在している。

②**分子間に水素結合が形成され**，分子量が小さいわりに，融点(0 ℃)，沸点(100 ℃)が高い。無色・無臭・中性の物質である。

③**氷になると体積が液体のときよりも大きくなる。**これは，H_2O 分子間に水素結合をもつ結晶の生成により，すき間の大きい構造になるからである。

3 過酸化水素 H_2O_2 の製法と性質

❶**過酸化物**　過酸化水素(構造式；H−O−O−H)のように，**分子内に酸素原子どうしの結合をもつ化合物**を過酸化物という。**過酸化物は一般に不安定**である。

❷**過酸化水素の製法**　過酸化バリウム BaO_2 の水溶液に，硫酸や二酸化炭素を作用させ，Ba^{2+} を塩(えん)として沈殿させる。

$$BaO_2 + H_2SO_4 \longrightarrow BaSO_4 + H_2O_2$$

❸**過酸化水素の性質**

①無色の粘性のある液体。約3 %の水溶液は**オキシドール**とよばれ，消毒殺菌剤として利用されている。

②不安定な物質で，**常温でも徐々に分解して酸素を発生**する。

$$2H_2O_2 \longrightarrow 2H_2O + O_2 \uparrow$$

③酸性水溶液中では酸化作用を示す。このことを利用して，殺菌・消毒剤，漂白剤として用いる。

$$H_2O_2 + 2H^+ + 2e^- \longrightarrow 2H_2O$$

④強い酸化剤に対しては，還元剤として作用する。

$$5H_2O_2 + 2KMnO_4 + 3H_2SO_4 \longrightarrow K_2SO_4 + 2MnSO_4 + 8H_2O + 5O_2$$

H_2O_2 ⇨ 酸化剤としても，還元剤としても作用する。

4 硫化水素 H_2S の製法と性質 ①重要

❶**硫化水素**　硫化水素は，火山や温泉などの噴出ガス中にしばしば含まれる。また，卵などのタンパク質が腐敗したときにも生じる。

❷**硫化水素の製法**　硫化鉄(Ⅱ) FeS に，希塩酸や希硫酸を加える(☞図12)。

$$FeS + 2HCl \longrightarrow FeCl_2 + H_2S \uparrow$$

❸硫化水素の性質

①無色，腐卵臭，猛毒性の，空気より重い気体。

②水に少し溶け，水溶液中の**硫化水素は弱酸性**を示す。

$$H_2S \rightleftarrows H^+ + HS^-$$

$$HS^- \rightleftarrows H^+ + S^{2-}$$

③**多くの金属イオンと反応して，金属硫化物の沈殿を生じる。**この反応は，金属イオンの分離・検出に利用される(☞p.361)。

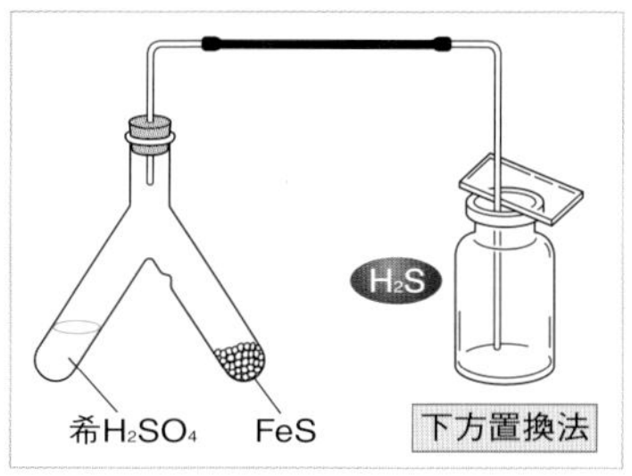

図12　硫化水素の製法

表8　硫化水素による金属イオンの沈殿

沈殿の条件	沈殿の化学式(色)
塩基性・中性	ZnS(白)，FeS(黒)，NiS(黒)
塩基性・中性・弱酸性	Ag_2S(黒)，CuS(黒)，PbS(黒)，CdS(黄)

補足　鉛(Ⅱ)イオンPb^{2+}により黒色の沈殿PbSを生じる反応は，硫化水素の検出に用いられる。たとえば，酢酸鉛(Ⅱ)$(CH_3COO)_2Pb$水溶液をしみこませたろ紙(酢酸鉛試験紙)が黒色に変化することを利用して，硫化水素の検出を行う。

④**強い還元作用**を示す。

$$H_2S \longrightarrow 2H^+ + 2e^- + S$$

I_2を還元；　$I_2 + H_2S \longrightarrow 2HI + S$

SO_2を還元；$SO_2 + 2H_2S \longrightarrow 2H_2O + 3S$

3 | 16族元素の酸化物とオキソ酸

1 二酸化硫黄SO_2の製法と性質

❶二酸化硫黄の製法

①**工業的製法**　硫化物や硫黄の単体，黄鉄鉱FeS_2を燃焼させる。

$$S + O_2 \longrightarrow SO_2\uparrow$$

$$4FeS_2 + 11O_2 \longrightarrow 2Fe_2O_3 + 8SO_2\uparrow$$

②**実験室的製法**　銅片に加熱した濃硫酸(熱濃硫酸)を作用させ，下方置換法で捕集する。

$$Cu + 2H_2SO_4 \longrightarrow CuSO_4 + 2H_2O + SO_2\uparrow$$

また，亜硫酸塩に硫酸を加えると発生する。

$$2NaHSO_3 + H_2SO_4 \longrightarrow Na_2SO_4 + 2H_2O + 2SO_2\uparrow$$

❷二酸化硫黄の性質

①融点が -75.5 ℃，沸点が -10.0 ℃であり，無色で刺激臭のある有毒な気体。

②水にかなりよく溶ける。水溶液を**亜硫酸**H_2SO_3といい，**弱酸性**を示す。

$$H_2SO_3 \rightleftarrows H^+ + HSO_3^- \qquad HSO_3^- \rightleftarrows H^+ + SO_3^{2-}$$

③二酸化硫黄 SO_2，亜硫酸 H_2SO_3 ともに**還元作用を示す**。この性質を利用して，塩素で漂白すると傷んでしまう絹・羊毛・麦わらなどを漂白するのに用いられる。

$$SO_2 ; SO_2 + 2H_2O \longrightarrow SO_4^{2-} + 4H^+ + 2e^-$$

$$H_2SO_3 ; SO_3^{2-} + H_2O \longrightarrow SO_4^{2-} + 2H^+ + 2e^-$$

例　$SO_2 + H_2O_2 \longrightarrow H_2SO_4$

（過酸化水素の還元）

④H_2S などの**強い還元剤**に対しては，酸化剤としてはたらく。

$$SO_2 + 2H_2S \longrightarrow 2H_2O + 3S$$

SO_2 ⇨ 還元剤としても，酸化剤としてもはたらく。

2 硫酸 H_2SO_4 の製法と性質　①重要

❶接触法による硫酸の工業的製法　石油の脱硫によって得られる**硫黄S**を燃焼させて**二酸化硫黄 SO_2** をつくる。この SO_2 を温度450～500 ℃で，**酸化バナジウム(V) V_2O_5** 触媒の存在のもとに，空気中の酸素で酸化して**三酸化硫黄 SO_3** をつくる。生じた SO_3 を濃硫酸に吸収させると**発煙硫酸**ができる。この発煙硫酸に希硫酸を加えたものが**濃硫酸 H_2SO_4** であり，硫酸のこのような製法を接触法[★1]という。

$$S + O_2 \longrightarrow SO_2$$

$$2SO_2 + O_2 \longrightarrow 2SO_3 \quad (触媒 ; V_2O_5)$$

$$SO_3 + H_2O \longrightarrow H_2SO_4$$

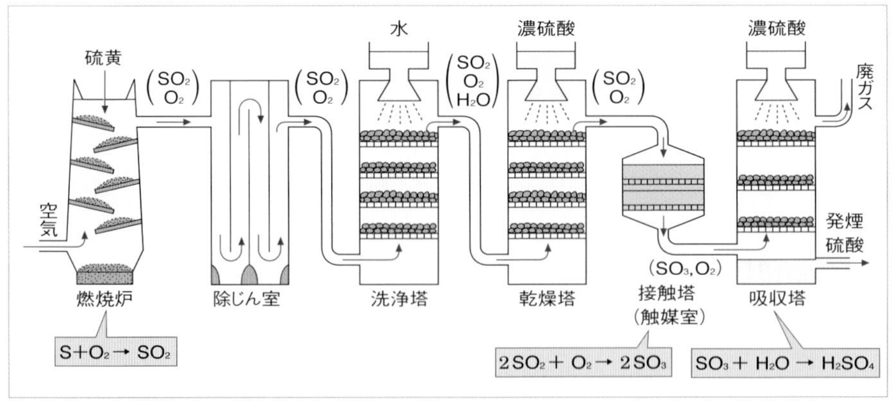

図13　接触法による硫酸の製造

補足　昇華性の強い SO_3 を水に直接溶かそうとすると，溶解熱によって SO_3 はほとんど昇華して，一部しか水に溶けない。そこで硫酸をつくる場合は，SO_3 をいったん濃硫酸に溶かし，これを水に吸収させる。濃硫酸に SO_3 を溶かした溶液は，その溶液から昇華する SO_3 が空気中の水分を吸収して煙のように見えることから**発煙硫酸**という。

★1 接触法とは，触媒と接触させて反応させる方法，という意味である。

❷濃硫酸の性質

①密度が1.834 g/cm[3] (20 ℃)の**高い粘性のある無色の液体**で，高い沸点(338 ℃)をもち，**不揮発性**である。

②不揮発性の酸なので，揮発性の酸からできた塩に加えて加熱すると，揮発性の酸が発生する。[★1] (☞ p.120)

③濃硫酸を水で希釈すると，**多量の溶解熱を発生**して希硫酸になる。

④**吸湿性が強く**，中性・酸性気体の乾燥剤として用いられる。

⑤有機化合物から，H原子とO原子をH_2Oとして奪う性質がある(**脱水作用**)。

㊀ スクロースに濃硫酸を加えると炭化する。

$$C_{12}H_{22}O_{11} \xrightarrow{\text{濃硫酸}} 12C + 11H_2O$$

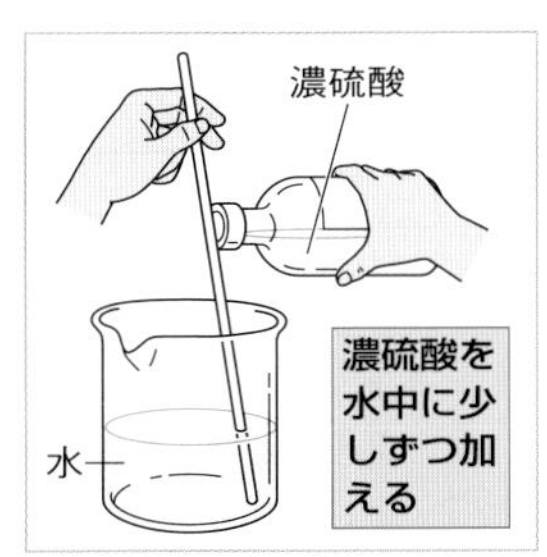
濃硫酸
水
濃硫酸を水中に少しずつ加える

図14 濃硫酸のうすめ方

視点 図の方法とは逆に，濃硫酸に水を注ぐと，溶解熱によって加えた水が沸騰し，硫酸が飛び散るので危険である。

⑥熱した濃硫酸(熱濃硫酸)には**強い酸化作用**がある。銅や銀はイオン化傾向がHよりも小さく，希塩酸や希硫酸には溶けないが，熱濃硫酸には溶ける。

$$Cu + 2H_2SO_4 \longrightarrow CuSO_4 + 2H_2O + SO_2\uparrow \quad (\text{加熱})$$

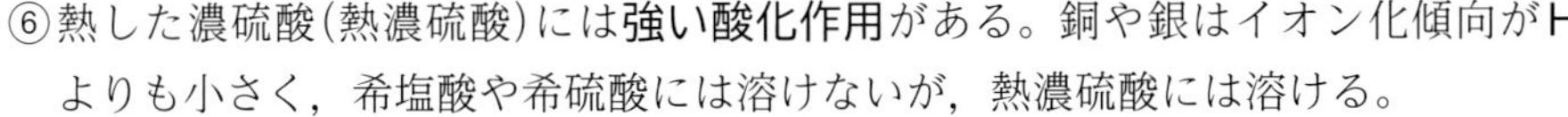

重要実験　硫酸の性質を調べる

操作

❶試験管に水10 mLをとり，濃硫酸2 mLを少しずつ加えてよく振り，試験管に手を触れてみる。

❷上でつくった希硫酸をガラス棒の先につけ，白い紙に文字を書き，乾かしてから弱火であぶってみる。

❸試験管に濃硫酸を2 mLとり，銅片を加えて変化のようすを調べる。変化しない場合は熱してみる。

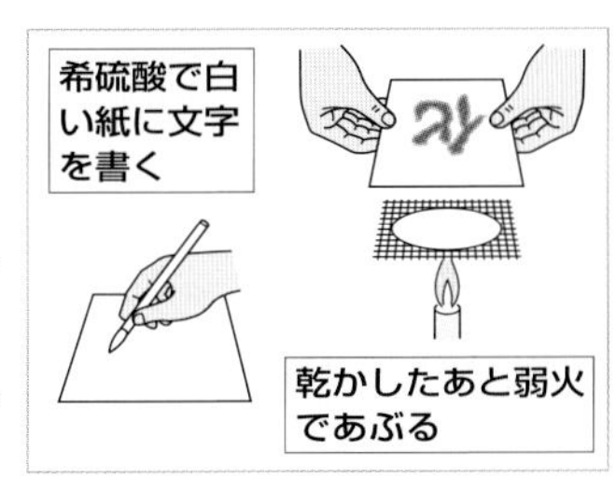
希硫酸で白い紙に文字を書く
乾かしたあと弱火であぶる

結果

❶❶では，試験管は熱くなっている。➡**硫酸を水に溶かすと発熱する。**

❷❷では，白い紙を乾かしただけでは何の変化も見られないが，弱火であぶると文字を書いた部分が黒くなる。➡弱火であぶると希硫酸から水だけが蒸発して濃硫酸となり，この濃硫酸が，紙の主成分のセルロース$C_m(H_2O)_n$から**H_2Oを奪ってしまう**ので，紙が炭化する。

❸❸では，はじめのうちはほとんど変化が起こらないが，熱すると刺激臭のある気体を発生して銅片が溶け，溶液は青緑色に着色する。➡熱濃硫酸には酸化力があり，**銅を溶かす。**

★1 たとえば，NaClに濃硫酸を加えて熱すると，揮発性のHClが発生する。

❸希硫酸の性質

①水溶液中で次のように電離し，**強い酸性**を示す。**酸化力はない。**

$$H_2SO_4 \longrightarrow H^+ + HSO_4^-$$
$$HSO_4^- \rightleftarrows H^+ + SO_4^{2-}$$

②イオン化傾向がHよりも大きい**金属と反応してH₂を発生**する。

例　$Zn + H_2SO_4 \longrightarrow ZnSO_4 + H_2\uparrow$

$Fe + H_2SO_4 \longrightarrow FeSO_4 + H_2\uparrow$

補足　PbはHよりイオン化傾向が大きいが，表面に水に溶けにくい硫酸鉛(Ⅱ) $PbSO_4$を生じ，これが内部を保護する。したがって，Pbは希硫酸に溶けにくい。

③金属の酸化物や塩基と反応して，塩(えん)をつくる。

例　$CuO + H_2SO_4 \longrightarrow CuSO_4 + H_2O$

$2NaOH + H_2SO_4 \longrightarrow Na_2SO_4 + 2H_2O$

④Ba^{2+}，Pb^{2+}，Ca^{2+}を含む水溶液に希硫酸を加えると，水に不溶性の硫酸塩が白色の沈殿として生成する。この反応は，**硫酸イオンの検出**にも利用される。

$$Ba^{2+} + H_2SO_4 \longrightarrow BaSO_4\downarrow + 2H^+$$
$$Pb^{2+} + H_2SO_4 \longrightarrow PbSO_4\downarrow + 2H^+$$
$$Ca^{2+} + H_2SO_4 \longrightarrow CaSO_4\downarrow + 2H^+$$

濃硫酸⇨不揮発性，脱水性，加熱したものは酸化力が強い。
希硫酸⇨強い酸性を示す。酸化力，脱水性はない。

このSECTIONのまとめ　16族元素とその化合物

□16族元素の単体 ☞p.315	• **同素体**…酸素には，O_2とO_3(オゾン)，硫黄には，**斜方硫黄・単斜硫黄・ゴム状硫黄**などの同素体がある。 • **反応性**…高温では種々の元素と反応する。
□16族元素の水素化合物 ☞p.317	• **水**…分子間の**水素結合**のため，融点・沸点が高い。 • **硫化水素**…腐卵臭があり有毒な気体。還元力が強い。多くの金属イオンと反応し，**硫化物の沈殿生成**。
□16族元素の酸化物とオキソ酸 ☞p.319	• **二酸化硫黄**…還元性と酸化性。水に溶けて亜硫酸。 • **濃硫酸**…**脱水作用**をもつ**不揮発性**の液体。水に溶かすと発熱する。加熱により，強い酸化作用。 • **希硫酸**…強い酸性を示し，種々の金属を溶かす。

15族元素とその化合物

1 | 15族元素の単体

1 単体の物理的性質

❶窒素族元素　周期表の15族元素には，窒素N，リンP，ヒ素As，アンチモンSb，ビスマスBiがあり，窒素族元素ともいう。

表9　15族元素の単体の物理的性質

名　称	化学式	常温・常圧における状態，色	融点〔℃〕	沸点〔℃〕
窒素	N_2	気体，無色	−209.9	−195.8
黄リン	P_4	固体，淡黄色	44.1	279.8
ヒ素	As	固体，灰色	817 $(3.6 \times 10^6$ Pa)	613 (昇華)

❷元素の所在

①**窒素**　分子の状態で**空気の約78 %を占めていて，常温では比較的安定である。**天然の窒素化合物は，アミノ酸・タンパク質などの生体物質がおもで，窒素に関連のある化学工業製品も，肥料・農薬・火薬類におもなものが多い。液体窒素は冷却剤として利用される。

②**リン**　天然には，リン酸塩(えん)としてリン鉱石中に含まれている。赤リンはマッチなどに，リン酸やリン酸塩は工業的に，また化学肥料として重要である。さらにリンは，生体内の重要な物質(リン脂質・核酸☞ p.463)の構成元素でもある。

2 窒素 N_2 の製法と性質

❶窒素の製法　工業的には液体空気(N_2の沸点 −195.8 ℃とO_2の沸点 −183.0 ℃の間で沸騰)の分留(ぶんりゅう)で得る。実験室では，亜硝酸アンモニウムを加熱分解して得る。

$$NH_4NO_2 \longrightarrow 2H_2O + N_2\uparrow$$

❷窒素の性質

①無色，無臭の気体で，水に溶けにくい。

②常温では化学変化を起こしにくいが，**高温ではいろいろな元素と反応し，一酸化窒素NOや二酸化窒素NO_2などの窒素酸化物をつくる。**

(例)　$N_2 + O_2 \longrightarrow 2NO$　　$N_2 + 2O_2 \longrightarrow 2NO_2$

3 リンP，P_4の製法と性質　(!)重要

❶リンの製法　リン鉱石($Ca_3(PO_4)_2$など)に，コークスCとケイ砂(しゃ)SiO_2を加え，強熱すると気体のリンが生じる。これを冷却すると**黄(おう)リン(白(はく)リン)**が得られる。

$$2Ca_3(PO_4)_2 + 6SiO_2 + 10C \longrightarrow 6CaSiO_3 + 10CO + P_4$$

第5編　無機物質

❷リンの同素体とその性質　リンには同素体が存在する。その代表的なものが黄(おう)リンと赤(せき)リンである(☞ p.16)。

①**黄リン**　反応性に富む。淡黄色・ろう状の固体で，**きわめて有毒。**空気中で自然発火し，十酸化四リン(じっさんかしリン)P_4O_{10}を生じる。このため，黄リンは**水中で保存する。**

$$P_4 + 5O_2 \longrightarrow P_4O_{10}$$

②**赤リン**　黄リンを空気を断(た)って約250℃に加熱すると，赤リンが生じる。赤リンは暗赤色の粉末で，**常温で比較的安定である。**高温で燃焼して十酸化四リンを生じる。

表10　黄リンと赤リンの性質

物質	黄リン P_4	赤リン P_x
外観	淡黄色，ろう状	暗赤色，粉末
分子構造	正四面体状分子	重合体の混合物
図		
密度	1.82 g/cm^3	2.20 g/cm^3
融点	44℃	590℃
発火点	34℃	260℃
毒性	猛毒	弱い
CS_2への溶解	溶ける	溶けない

補足　黄リンと赤リンの性質の違いは，分子構造の違いによる。すなわち，黄リンは主にP_4分子の白リンによる結晶固体であるが，赤リンは多数のP原子が共有結合した重合体の紫リンと白リンの混合物である。

2　窒素・リンの化合物

1　アンモニアNH_3の製法と性質　①重要

❶アンモニアの製法

①**工業的製法**　液体空気の分留(ぶんりゅう)によって得られた窒素N_2と，おもに石油系炭化水素からつくった水素H_2を，四酸化三鉄Fe_3O_4を主成分とした触媒を用いて，高温・高圧下で**直接反応させると得られる。**

$$N_2 + 3H_2 \xrightleftharpoons{\text{触媒，高温・高圧}} 2NH_3$$

この方法は，1908年に，ドイツの化学者ハーバー(1868～1934)によってはじめて考案されたので，ハーバー・ボッシュ法，または**ハーバー法**とよばれている。

COLUMN

ハーバーとボッシュ

1908年，ハーバーは，空気中の窒素と水素からアンモニアを合成するのに最も経済的な操作条件を決定した。義兄弟のボッシュ(1874～1940)は，その技術的な面(触媒の発見など)を担当し，1910年にはじめて工業的に成功した。

ハーバーは，この功績により，1918年にノーベル化学賞を授けられた。しかし，ユダヤ人であったハーバーは，ナチス独裁下のドイツでの公職を退いてイギリスに亡命し(1933年)，その後スイスでさびしい晩年を送った。一方，ボッシュは，ナチスの圧力に屈せず，ただ1人，ハーバーの業績をほめ続けたといわれる。

②**実験室的製法**　塩化アンモニウムNH_4Clに水酸化カルシウム$Ca(OH)_2$を加えて加熱する。

$$2NH_4Cl + Ca(OH)_2 \longrightarrow CaCl_2 + 2H_2O + 2NH_3 \uparrow$$

③**アンモニアの乾燥**　**アンモニアの乾燥にはソーダ石灰[★1]を用いる。**アンモニアは塩基性物質であるから，酸性物質である濃硫酸や十酸化四リン(じっさんかし)P_4O_{10}は乾燥剤としては不適当である。また，中性物質である塩化カルシウム$CaCl_2$はアンモニアと反応して化合物$CaCl_2 \cdot 8NH_3$を生じるので，不適当である。

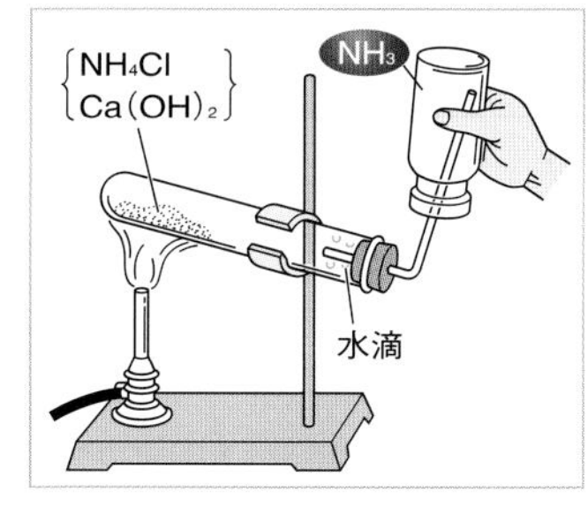

図15 アンモニアの製法

視点　加熱するときに試験管の口を少し下げるのは，生成した水が加熱部分に流れ込んで試験管が割れるのを防ぐためである。

第5編 無機物質

❷アンモニアの性質

①無色で，刺激臭のある気体である。**水に非常に溶けやすく**(20℃の水1mLにアンモニア702mLが溶ける)，**水溶液は弱い塩基性**を示す。

$$NH_3 + H_2O \rightleftarrows NH_4^+ + OH^-$$

②濃塩酸をつけたガラス棒を近づけると，白煙を生じる。この白煙は塩化アンモニウムNH_4Clの細かい粒子である(☞ p.312)。

$$NH_3 + HCl \longrightarrow NH_4Cl$$

③いくつかの金属イオンと配位結合して，**錯イオン**をつくる(☞ p.350)。

例　$Ag^+ + 2NH_3 \longrightarrow [Ag(NH_3)_2]^+$(無色)
ジアンミン銀(Ⅰ)イオン

$Cu^{2+} + 4NH_3 \longrightarrow [Cu(NH_3)_4]^{2+}$(深青色)
テトラアンミン銅(Ⅱ)イオン

④高温・高圧下で二酸化炭素と反応させると，尿素$CO(NH_2)_2$を生じる。尿素は，樹脂の原料(☞ p.486)や肥料として使われる。

$$2NH_3 + CO_2 \longrightarrow CO(NH_2)_2 + H_2O$$

⑤水溶液中のNH_4^+は，ネスラー試薬[★2]により，**黄褐色〜赤褐色の沈殿を生成**する。

2 一酸化窒素NOの製法と性質　①重要

❶一酸化窒素の製法

①**工業的製法**　白金触媒を用いてアンモニアを酸化すると得られる。この反応は，硝酸の工業的製法(**オストワルト法**，☞ p.326)の一過程である。

$$4NH_3 + 5O_2 \longrightarrow 4NO + 6H_2O$$

★1 生石灰(せいせっかい)CaOを水酸化ナトリウムNaOHの濃い水溶液に浸し，熱して乾燥させたものである。
★2 ヨウ化水銀(Ⅱ) HgI_2水溶液とヨウ化カリウムKI水溶液の混合物である。有毒。

②**実験室的製法**　銅と希硝酸を反応させて得る。

$$3Cu + 8HNO_3 \longrightarrow 3Cu(NO_3)_2 + 4H_2O + 2NO \uparrow$$

❷一酸化窒素の性質

①**無色・無臭の気体**で，水に溶けにくい。

②非常に酸化されやすく，空気中で酸化されると，赤褐色の二酸化窒素 NO_2 になる。

$$2NO + O_2 \longrightarrow 2NO_2$$

3 二酸化窒素 NO_2 の製法と性質　①重要

❶二酸化窒素の製法

①**工業的製法**　一酸化窒素を酸化すると生成する。

②**実験室的製法**　銅と濃硝酸を反応させて得る(☞図16)。

$$Cu + 4HNO_3 \longrightarrow Cu(NO_3)_2 + 2H_2O + 2NO_2 \uparrow$$

図16　銅と濃硝酸の反応（NO_2 の発生）

❷二酸化窒素の性質

①**刺激臭がある赤褐色の有毒な気体。**

②水と反応して，硝酸と一酸化窒素になる。

$$3NO_2 + H_2O \longrightarrow 2HNO_3 + NO$$

③常温では四酸化二窒素 N_2O_4 と共存し，高温では分解する。

$$\underset{(無色)}{N_2O_4} \overset{150\ ℃}{\rightleftarrows} \underset{(赤褐色)}{2NO_2} \overset{150\sim650\ ℃}{\rightleftarrows} \underset{(無色)}{2NO + O_2}$$

表11　NOと NO_2 の比較

	NO	NO_2
製法	Cuと希硝酸	Cuと濃硝酸
水溶性	なし	あり
色	無色	赤褐色
におい	無臭	刺激臭
酸化力	なし	高温であり
還元力	あり	なし

4 硝酸 HNO_3 の製法と性質　①重要

❶硝酸の製法

①**工業的製法**　アンモニアと空気の混合気体を600～800 ℃で白金網(触媒)上を通すと，**一酸化窒素**と水蒸気の混合気体が得られる。この混合気体を140 ℃以下に冷却すると，一酸化窒素は酸化されて**二酸化窒素**になる。この二酸化窒素を温水に溶かし，**硝酸**を得る。

$$4NH_3 + 5O_2 \longrightarrow 4NO + 6H_2O$$

$$2NO + O_2 \longrightarrow 2NO_2$$

$$3NO_2 + H_2O \longrightarrow 2HNO_3 + NO$$

以上をまとめると，

$$NH_3 + 2O_2 \longrightarrow HNO_3 + H_2O$$

この方法はオストワルト法といい，ドイツの**オストワルト**(1853～1932)が発明した方法である。

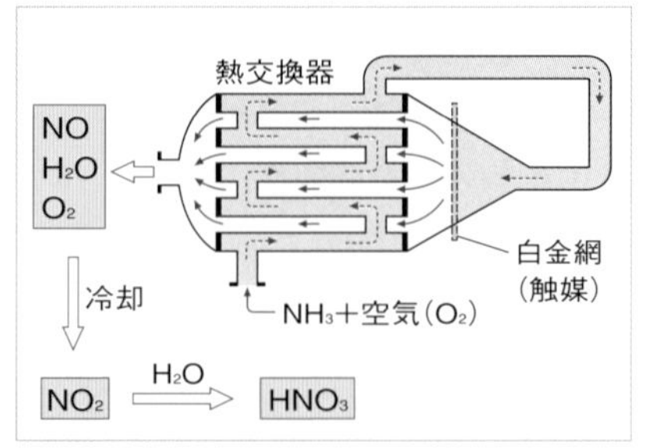

図17　硝酸の製造(オストワルト法)

オストワルト法⇨アンモニアの酸化

$NH_3-(O_2) \rightarrow NO-(O_2) \rightarrow NO_2-(H_2O) \rightarrow HNO_3$

②**実験室的製法**　硝石(しょうせき) KNO_3 やチリ硝石 $NaNO_3$ に濃硫酸を加えて熱する。生じた硝酸の蒸気を冷水に導いて冷却し，液体の硝酸を得る。

$$KNO_3 + H_2SO_4 \longrightarrow KHSO_4 + HNO_3$$
$$NaNO_3 + H_2SO_4 \longrightarrow NaHSO_4 + HNO_3$$

❷硝酸 HNO_3 の性質

①無色・揮発性の液体。染料，医薬，火薬などの製造に広く用いられている。光や熱で分解し，NO_2 を生じる。そのため，**褐色びんに入れて冷暗所で保存する。**

$$4HNO_3 \longrightarrow 4NO_2 + 2H_2O + O_2$$

②**強い酸化作用**を示し，銅Cu，銀Ag，水銀Hgなどを酸化して溶かす。

$$(\text{濃硝酸})\ Cu + 4HNO_3 \longrightarrow Cu(NO_3)_2 + 2NO_2 + 2H_2O$$
$$(\text{希硝酸})\ 3Cu + 8HNO_3 \longrightarrow 3Cu(NO_3)_2 + 2NO + 4H_2O$$

③鉄Fe，アルミニウムAl，ニッケルNiなどを濃硝酸に入れると，表面にち密な酸化被膜ができて，それ以上反応しなくなる。この状態を**不動態**という。

④濃硝酸と濃塩酸の体積の比率を1：3で混合した溶液を**王水**という。金Auや白金Ptは，この王水には錯イオンをつくって溶ける。

$$HNO_3 + 3HCl \longrightarrow 2H_2O + Cl_2 + NOCl\ (\text{塩化ニトロシル})$$
$$\begin{cases} Au + NOCl + Cl_2 + HCl \longrightarrow NO + H[AuCl_4]\ \text{〔テトラクロリド金(III)酸〕} \\ Pt + 2NOCl + Cl_2 + \underset{(\text{希塩酸})}{2HCl} \longrightarrow 2NO + H_2[PtCl_6]\ \text{〔ヘキサクロリド白金(IV)酸〕} \end{cases}$$

⑤**希硝酸は強い酸性**を示す。

❸硝酸イオンの検出　硝酸イオン NO_3^- を含む水溶液に，硫酸鉄(Ⅱ) $FeSO_4$ の水溶液を混ぜあわせ，図18のように濃硫酸を容器の壁を伝わらせて静かに注ぐ。このとき，濃硫酸は密度が大きいので底に沈み，溶液は2層に分かれ，境界付近に褐色の輪ができる。この反応は褐色環反応とよばれ，硝酸イオンの検出に利用されている。

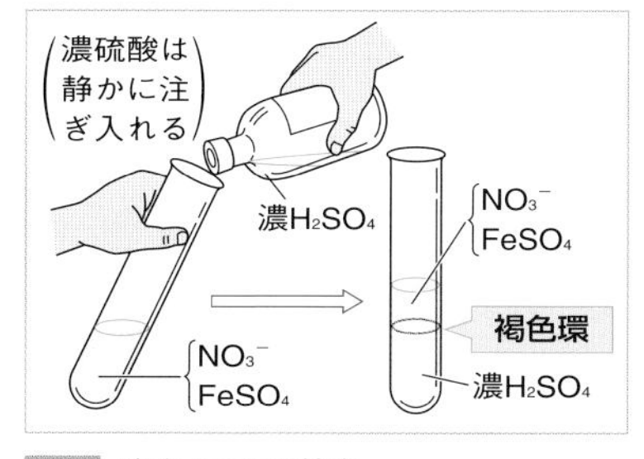

図18　硝酸イオンの検出

硝酸⇨濃硝酸も希硝酸も酸化力があり，

銅Cuや銀Agを溶かす。

第5編　無機物質

5 リンの化合物

❶十酸化四リン P_4O_{10} とその性質

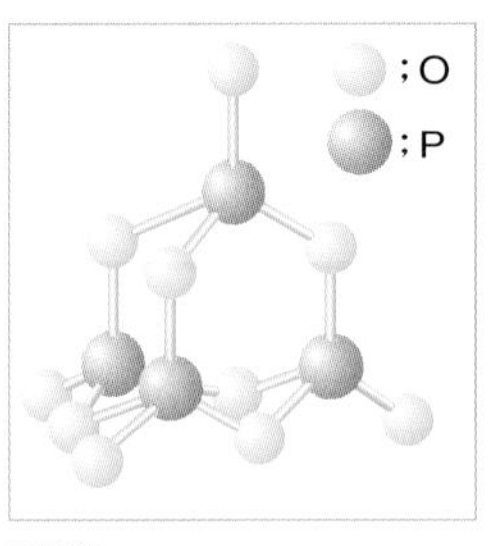

図19 十酸化四リンの構造

①黄リンや赤リンを空気中で燃やすと得られる。

$$4P + 5O_2 \longrightarrow P_4O_{10}$$

②白色の粉末で，昇華性がある。

③**吸湿性が強く，乾燥剤や脱水剤として利用**される。

④水に溶けてメタリン酸 HPO_3 になり，煮沸するとリン酸 H_3PO_4 になる。

$$P_4O_{10} + 2H_2O \longrightarrow 4HPO_3 \qquad HPO_3 + H_2O \longrightarrow H_3PO_4$$

補足 十酸化四リンは組成式 P_2O_5 で表すこともある。そのため**五酸化二リン**ともいう。

❷リン酸の性質とその塩

①十酸化四リン P_4O_{10} を水に溶かして煮沸すると，リン酸 H_3PO_4 が得られる。

②純粋なリン酸は不揮発性の**無色の結晶で，潮解性がある。**

③水溶液中では，電離して中程度の強さの酸性を示す。

$$\begin{cases} H_3PO_4 \rightleftarrows H^+ + H_2PO_4^- \text{（リン酸二水素イオン）} \\ H_2PO_4^- \rightleftarrows H^+ + HPO_4^{2-} \text{（リン酸一水素イオン）} \\ HPO_4^{2-} \rightleftarrows H^+ + PO_4^{3-} \text{（リン酸イオン）} \end{cases}$$

④**リン酸塩** リン酸カルシウム $Ca_3(PO_4)_2$ は，骨や歯，リン鉱石の主成分である。水に溶けにくく肥料には不適であるが，硫酸と反応させて水溶性のリン酸二水素カルシウム $Ca(H_2PO_4)_2$ にかえられ，このとき得られる硫酸カルシウムとの混合物は，**リン酸肥料（過リン酸石灰）**として用いられる。

$$Ca_3(PO_4)_2 + 2H_2SO_4 \longrightarrow Ca(H_2PO_4)_2 + 2CaSO_4$$

このSECTIONのまとめ 15族元素とその化合物

□15族元素の単体 ☞p.323	・**窒素**…常温で安定，高温では種々の化合物を生成。 ・**リン**…同素体として**黄リン**や**赤リン**などがある。
□窒素やリンの化合物 ☞p.324	・**アンモニア**…**ハーバー・ボッシュ法**で合成。 ・**一酸化窒素**…無色・無臭の気体。水に溶けにくい。 ・**二酸化窒素**…赤褐色・刺激臭の気体。水に可溶。 ・**硝酸**…**オストワルト法**により製造。濃硝酸・希硝酸とも酸化力が強く，CuやAgを溶かす。 ・**十酸化四リン**…水に溶かして煮沸すると**リン酸**となる。

炭素・ケイ素とその化合物

1 | 炭素・ケイ素の単体

1 炭素・ケイ素の存在

周期表の14族元素には，炭素C，ケイ素Siなどがある。これらは非金属元素であり，炭素族元素ともいう。これらの原子は4個の価電子をもち，**一般に共有結合の化合物をつくる。**

❶炭素　単体は，天然には石炭や黒鉛として多量に存在する。また，ダイヤモンドとして産出する。炭素は生物の主要な成分元素であり，化合物としては炭素塩や有機化合物として広く分布する。

❷ケイ素　酸素に次いで2番目に多く地殻中に存在する。天然に単体としては存在しないが，二酸化ケイ素SiO_2として岩石の形で地殻中に存在している。SiO_2を還元してつくるシリコンの単体は，太陽電池やIC（集積回路）に用いられる。

2 炭素Cの性質 ①重要

❶炭素の同素体　炭素にはダイヤモンド・黒鉛（グラファイト）などの同素体（☞p.16）があるが，1985年にはフラーレン★1，1991年にはカーボンナノチューブが発見され，2000年代には黒鉛からグラフェンが得られるようになった。また，同素体以外に，木炭や活性炭などのように，結晶状ではない**無定形炭素**がある。無定形炭素にはさまざまな物質を吸着する性質があり，微細にして吸着面積を多くしたものが**活性炭**である。活性炭は脱臭剤や水の浄化などに利用されている。

図20 フラーレン

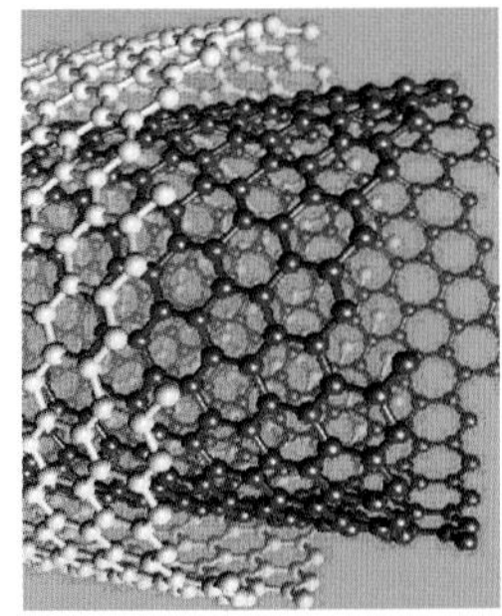

図21 カーボンナノチューブの模式図

❷炭素の単体の性質

① **ダイヤモンド**…無色透明の結晶で非常に硬い。融点が非常に高く，電気を導かないが，熱はよく伝える。

② **黒鉛（グラファイト）**…光沢のある黒色の結晶でやわらかい。層状にはがれやすく，電気や熱をよく通す。

★1 フラーレンは，クロトー（イギリス），スモーリー（アメリカ），カール（アメリカ）の3人によって発見された。彼らは1996年にノーベル化学賞を受賞している。

③**フラーレン**…C_{60}，C_{70}などで示される分子。直径約1 nmのほぼ球状の物質。電気を導かないが，アルカリ金属を添加したものには超伝導性を示すものがある。

④**カーボンナノチューブ**…直径1 nmの管状分子。1991年に飯島澄男が発見した。黒色で強度が大きく，電気を導くものが多く，電子材料の応用が期待される。

⑤**グラフェン(グラフェンシート)**…黒鉛の一層分だけからなる。グラフェン[★1]がファンデルワールス力で上下に重なったものがグラファイトである。

表12　炭素の同素体

同素体	ダイヤモンド	黒鉛(グラファイト)	フラーレン(C_{60})	カーボンナノチューブ
融点/沸点〔℃〕	3550/4800	3370(昇華)	1180(融点)	—
密度〔g/cm³〕	3.51	2.26	1.65	—
色	無色・透明	黒色	黒～褐色	黒色
硬　さ	硬い	やわらかい	—	—
電気伝導性	なし	導体	なし	導体または半導体
結晶構造	0.15nm 立体網目構造	0.14nm 0.34nm 層状	C_{60} 球状	筒状

3 ケイ素Siの製法と性質

❶ケイ素の製法　天然には存在せず，二酸化ケイ素SiO_2(ケイ砂(しゃ)，石英など)にコークス(石灰を乾留して得られる多孔質固体)を加え，電気炉中で強熱すると得られる。

$$SiO_2 + 2C \longrightarrow Si + 2CO$$

❷ケイ素の性質

①**灰色の金属光沢(こうたく)をもつ固体。**ダイヤモンドと同じ共有結合の結晶で，非常に硬い。

②導体と絶縁体の中間の電気伝導性を示す(半導体である)。IC(集積回路)や太陽電池に用いるシリコンウェハーは，ケイ素を結晶化して純度を高め，うすくスライスしたものであり，エレクトロニクス分野の重要な材料になっている。

補足　**半導体**　ゲルマニウムGeやケイ素(シリコン) Siの単体や，硫化カドミウムCdS，酸化亜鉛ZnOなどのように，電気伝導性が，金属と非金属の中間に位置する物質を**半導体**という。

③常温では安定であるが，空気中では約600 ℃で燃えて二酸化ケイ素SiO_2になる。

$$Si + O_2 \longrightarrow SiO_2$$

★1 二次元物質グラフェンに関する研究で，アンドレ・ガイム(オランダ)とコンスタンチン・ノボセロフ(イギリス)は2010年にノーベル物理学賞を受賞した。

2 炭素・ケイ素の化合物

1 一酸化炭素COの製法と性質

❶一酸化炭素の製法

①**工業的製法**　赤熱したコークスCに二酸化炭素を通じる。

$$C + CO_2 \rightleftarrows 2CO\uparrow$$

水性ガスからの分離(☞p.306)でも得られる。これ以外にも炭素の不完全燃焼で生じる。

$$2C + O_2 \longrightarrow 2CO$$

②**実験室的製法**　ギ酸HCOOHに濃硫酸を加えて熱すると純度の高いCOが得られる。

$$HCOOH \xrightarrow{\text{濃硫酸}} CO\uparrow + H_2O$$

❷一酸化炭素の性質

①**無色・無臭の気体で，猛毒である。**

②水に溶けにくく，塩基とも反応しない(酸性酸化物ではない)。

③空気中で青白い炎をあげて燃え，二酸化炭素になる。気体燃料として利用される。

$$2CO + O_2 \longrightarrow 2CO_2$$

④**高温では強い還元作用**を示す。金属の酸化物を還元したり，水蒸気と反応したりして水素を発生する。

例　$Fe_2O_3 + 3CO \longrightarrow 2Fe + 3CO_2$　(溶鉱炉中の反応)

$CO + H_2O \longrightarrow H_2 + CO_2$

> COLUMN
> **一酸化炭素の毒性**
> 血液中にある赤血球の中には，ヘモグロビンというタンパク質の赤い色素がある。これが肺で酸素と結合し，体組織へ酸素を運ぶ役目をしている。COはO_2の1000倍もヘモグロビンと結合しやすく，なかなか離れない。このため，COを呼吸すると，O_2を運ぶヘモグロビンの量が減少し，体組織が酸欠状態になる。これが一酸化炭素中毒である。空気中にCOが0.1%含まれると，2時間で死に至るという。

2 二酸化炭素CO_2と炭酸H_2CO_3　重要

❶二酸化炭素の製法[★1]

①**工業的製法**　石灰石$CaCO_3$を焼くと得られる。

$$CaCO_3 \longrightarrow CaO + CO_2\uparrow$$

補足　実際には，天然ガス，発酵(はっこう)ガス，石油精製の副生ガス，アンモニア合成工程の副生ガスなどから分離する。

②**実験室的製法**　石灰石や大理石に希塩酸を加える。

$$CaCO_3 + 2HCl \longrightarrow CaCl_2 + H_2O + CO_2\uparrow$$

補足　このとき希硫酸を用いると，石灰石の表面に，水に溶けにくい$CaSO_4$を生じ，内部を保護するためCO_2を生じない。

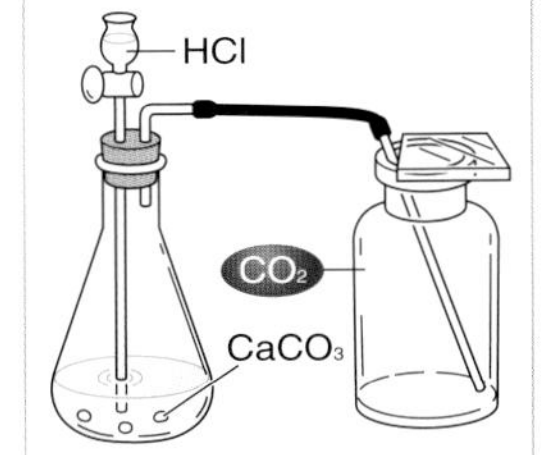

図22　二酸化炭素の実験室的製法

★1 ここで挙げるほかにも，二酸化炭素は動物の呼吸や糖類の発酵によっても生成する。
(呼吸) $C_6H_{12}O_6 + 6O_2 \longrightarrow 6CO_2 + 6H_2O$　(発酵) $C_6H_{12}O_6 \longrightarrow 2C_2H_5OH + 2CO_2$

第5編　無機物質

❷二酸化炭素の性質

①**無色・無臭の空気より重い気体**で，毒性はない。大気中に約0.04％(体積比)含まれる。

②化学的に安定な物質で，他の物質は二酸化炭素中では燃焼しない。

補足　酸素と結合しやすいMgは例外であり，Mgに点火し，二酸化炭素中に入れると，燃え続けて炭素を遊離する。　$2Mg + CO_2 \longrightarrow 2MgO + C$

③酸性酸化物であるので，**強塩基の水酸化カリウムKOHや水酸化ナトリウムNaOHによく吸収される。**

$$CO_2 + 2KOH \longrightarrow K_2CO_3 + H_2O$$

④水に溶けて(20℃の水1 mLに二酸化炭素0.88 mLが溶ける)，弱酸性を示す。

$$CO_2 + H_2O \rightleftarrows (H_2CO_3) \rightleftarrows H^+ + HCO_3^-$$

⑤圧力を加えると固体(ドライアイス)になる。ドライアイスは昇華性が強く(気圧1.013×10^5 Paのもと，-78.5℃で昇華)，冷却剤に利用される。

⑥**CO_2を石灰水**(水酸化カルシウム$Ca(OH)_2$の水溶液)**に吹き込むと，はじめ白濁(はくだく)する。さらにCO_2を吹き込み続けると白濁は溶けて透明になる。**この透明な溶液を煮沸すると再び白濁する。この反応は，**二酸化炭素の検出**に利用される。

$$CO_2 + Ca(OH)_2 \longrightarrow CaCO_3\downarrow(白) + H_2O$$

$$CaCO_3 + H_2O + CO_2 \rightleftarrows Ca(HCO_3)_2$$

$$Ca(HCO_3)_2 \rightleftarrows CaCO_3\downarrow(白) + H_2O + CO_2\uparrow$$

⑦赤外線を吸収する性質があり，**地球温暖化の原因のひとつ**と考えられている。

補足　二酸化炭素と地球の温暖化のしくみ

太陽からくるエネルギーで地表が温められるが，地表はそのエネルギーを宇宙空間へ赤外線として放出している。しかし，大気中の二酸化炭素などは赤外線を吸収し，その一部を地表に送り返すため，宇宙空間へ放出される赤外線の量が，わずかではあるが減少することになる。この現象を**温室効果**といい，このため地球温暖化が起こるといわれている。

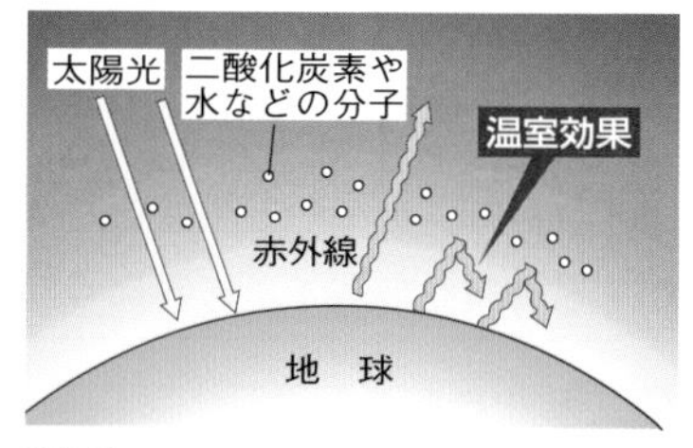

図23　温室効果のしくみ

⑧葉緑体をもつ植物は二酸化炭素と水から光合成(☞ p.266)を行っている。

$$6CO_2 + 6H_2O \xrightarrow{光} C_6H_{12}O_6 + 6O_2$$

[二酸化炭素のおもな性質]

- 無色・無臭で，**空気より重い。**
- 酸性酸化物なので，塩基と反応して塩をつくる。
- 石灰水に吹き込むと白濁。さらに吹き込むと再び透明になる。

❸炭酸塩(えん)の性質

①炭酸塩のうち，水に溶けるものは，アルカリ金属の炭酸塩だけで，**一般に炭酸塩は水に溶けない。**

②アルカリ金属以外の炭酸塩は，加熱分解するとCO_2を発生する。

(例)　$CaCO_3 \longrightarrow CaO + CO_2 \uparrow$

補足　炭酸水素塩である炭酸水素ナトリウム$NaHCO_3$も，加熱分解するとCO_2を発生する。

$$2NaHCO_3 \longrightarrow Na_2CO_3 + H_2O + CO_2 \uparrow$$

③炭酸塩は弱酸の塩であるから，強い酸と反応して二酸化炭素(弱酸)を遊離する。

(例)　$CaCO_3 + 2HCl \longrightarrow CaCl_2 + H_2O + CO_2 \uparrow$

❹炭酸イオンの性質

①炭酸イオンCO_3^{2-}を含む水溶液に，**塩化バリウム$BaCl_2$または塩化カルシウム$CaCl_2$の水溶液を加えると，白色沈殿を生じる。**

$$CO_3^{2-} + Ba^{2+} \longrightarrow BaCO_3 \downarrow (白)$$

$$CO_3^{2-} + Ca^{2+} \longrightarrow CaCO_3 \downarrow (白)$$

この反応は，**炭酸イオンの検出**に利用される。

②炭酸イオンを含む水溶液に酸を加えると，二酸化炭素が発生する。

$$CO_3^{2-} + 2H^+ \longrightarrow H_2O + CO_2 \uparrow$$

炭酸塩⇨**弱酸の塩**であるから，強酸と反応して，二酸化炭素を遊離する。

炭酸イオン⇨$BaCl_2$または$CaCl_2$の水溶液を加えると，白色沈殿を生じる。

3 ケイ素の化合物 (!)重要

❶二酸化ケイ素SiO_2

①二酸化ケイ素は**シリカ**とよばれ，各原子が共有結合によって結合した巨大分子を形成して存在する(☞図24)。非常に安定な物質で硬く，融点が高い(1550 ℃)。

②水晶，石英，ケイ砂(しゃ)などとして，天然に存在する。

③二酸化ケイ素は，工業的にも重要であり，ガラスや陶磁器，セメントの原料になっている(☞p.504)。

④石英を加熱して融解すると，冷えても結晶化せずに無定形のガラス状になる。これを石英ガラスという。

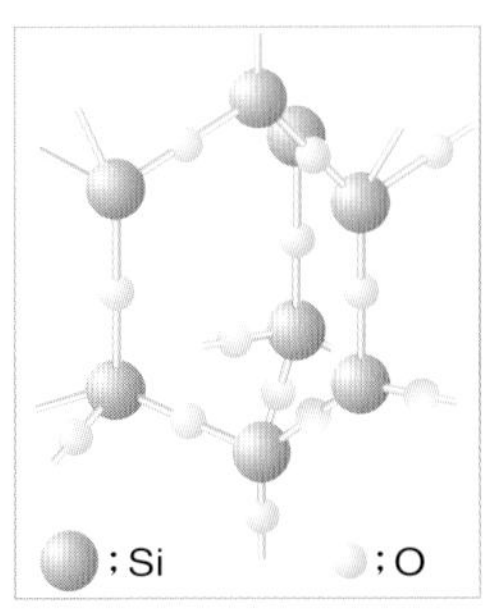

図24　二酸化ケイ素の構造

⑤石英ガラスは，光通信用の光ファイバー，プリズム，化学実験器具などの材料として使われている(☞ p.504)。

補足 石英ガラスは，原子配列に規則性がない。このような固体を**非晶質**(☞ p.216)という。

❷二酸化ケイ素の性質

①化学的に安定であるが，**フッ化水素酸(HFの水溶液)には侵される。**

$$SiO_2 + 6HF \longrightarrow 2H_2O + H_2SiF_6$$ (ヘキサフルオロケイ酸)

②塩基との共存のもとで高温に熱すれば融解する。

例 $SiO_2 + 2NaOH \longrightarrow Na_2SiO_3 + H_2O$

$SiO_2 + Na_2CO_3 \longrightarrow Na_2SiO_3 + CO_2$

ここでできたケイ酸ナトリウムNa_2SiO_3に，水を加えて熱すると，粘性の大きい液体(水あめ状)になる。これを水ガラスといい，水に溶けやすく，水溶液は塩基性を示す。

❸ケイ酸$H_2SiO_3 \cdot nH_2O$ 水ガラスの水溶液に塩酸を加えると，全体が白色ゲル状に固まる。これがケイ酸である。

$$Na_2SiO_3 + 2HCl \longrightarrow H_2SiO_3 + 2NaCl$$

ケイ酸を乾燥させると多孔質のシリカゲルが得られる。**シリカゲルは，吸着剤・乾燥剤として利用**される。

❹ケイ酸塩(えん)工業 ガラス・セメント・陶磁器などは，二酸化ケイ素やケイ酸塩を主成分とする。これらはセラミックス(**窯業(ようぎょう)製品**)とよばれ，ケイ砂(しゃ)・陶土・粘土などからつくられている。このような製品をつくる工業をケイ酸塩工業(窯業)という(☞ p.502)。

このSECTIONのまとめ 炭素・ケイ素とその化合物

□炭素・ケイ素の単体 ☞ p.329	・**炭素**…ダイヤモンド・黒鉛・フラーレン・カーボンナノチューブなどの同素体がある。**黒鉛は電気伝導性があるが，ダイヤモンドやフラーレンは電気伝導性がない。** ・**ケイ素**…ダイヤモンドに構造が類似。**硬く，半導体としての性質をもつ。**
□炭素・ケイ素の化合物 ☞ p.331	・**一酸化炭素**…水に溶けにくい。高温で還元性を示す。 ・**二酸化炭素**…水に溶けて炭酸となる。石灰水と反応して白色沈殿(白濁)を生成。⇨検出法 ・**炭酸塩**…熱や酸で分解してCO_2を生成。 ・**二酸化ケイ素**…水晶・石英の主成分。SiとOの共有結合でできた共有結合の結晶。融点が高く，硬い。

CHAPTER 1

練習問題 解答 p.556

1 〈元素の分類と性質〉 テスト必出

次の図は，元素の周期表の概略図である。下の(1)〜(5)の元素は，図の(a)〜(g)のうちのどの領域の元素群に属するか。

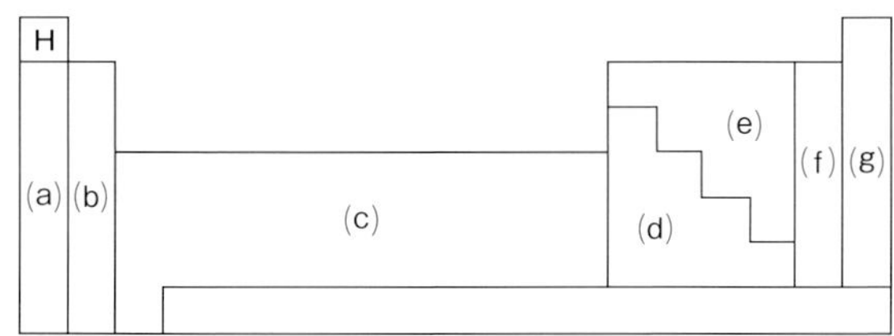

(1) 貴ガス元素　(2) アルカリ土類金属元素　(3) 陰性が最も強い元素
(4) 遷移元素　(5) イオン化エネルギーが最も小さい元素

2 〈貴ガス〉

次の貴ガスについての記述のうち，正しいものを1つ選べ。

ア 二原子分子として存在する。
イ 刺激臭のある気体も存在する。
ウ 貴ガスの原子は，すべて最外殻に8個の電子が存在する。
エ 貴ガスの単体は，常温・常圧で，液体のものと気体のものがある。
オ 貴ガスは，低圧にして放電すると，特有の色を発する。

3 〈ハロゲン〉

次の文中の(　)にあてはまる適当な語句または数値を入れよ。

ハロゲンは周期表の(　①　)族に属する。原子量の小さい順に(　②　)，(　③　)，(　④　)，(　⑤　)などの元素があり，単体はそれぞれ②は淡黄色の気体，③は(　⑥　)色の気体，④は赤褐色の(　⑦　)体，⑤は(　⑧　)色の(　⑨　)体である。酸化力が最も強いのは(　⑩　)で，水と激しく反応する。酸化力が最も弱い(　⑪　)は水に溶けにくいが(　⑫　)水溶液にはよく溶けて褐色溶液となる。

4 〈16族元素の単体と化合物〉 テスト必出

次のア〜キの文中のA〜Gの単体または化合物の化学式を記せ。

ア 硫化鉄(Ⅱ)にAの薄い水溶液を作用させると，気体Bが発生する。
イ Aの濃い溶液に銅片を加えて加熱すると，無色の刺激臭をもつ気体Cが発生する。
ウ Cの水溶液に気体Bを通じると黄白色のDが沈殿する。

エ　Dを空気中で燃焼すると，気体Cを生じる。

オ　気体Cを高温下で酸化バナジウム(Ⅴ)を触媒として空気中で酸化すると気体Eが生じる。

カ　酸化マンガン(Ⅳ)に過酸化水素水を加えると，無色無臭の気体Fが生じる。

キ　気体F中で無声(むせい)放電を行うと，特異なにおいをもつ気体Gを生じる。

5 〈窒素とリン〉

次の文中の(　)にあてはまる適当な語句または数値を入れよ。

窒素とリンは周期表の(　①　)族の元素である。窒素原子は(　②　)殻に，リン原子は(　③　)殻にいずれも5個の価電子をもち，他の原子と共有結合をつくる。

単体の窒素N_2は無色・無臭の気体であり，空気の約80％を占める。常温では化学反応を起こしにくいが高温ではいろいろと化合物をつくり，たとえば，水素と反応し(　④　)をつくる。工業的には窒素と水素を1：3の体積比で混合し，高温・高圧下で合成される。この方法を(　⑤　)法という。また，工業的には④を酸化し(　⑥　)が製造され，この方法を(　⑦　)法という。硝酸は強い(　⑧　)をもつため，イオン化傾向が水素よりも小さい銅や銀などとも反応する。

リンはリン鉱石などのリン酸カルシウムを(　⑨　)することにより得られ，単体は(　⑩　)と赤リンがある。この2つは互いに(　⑪　)である。

⑩は猛毒で，淡黄色のろう状固体であるが，空気中で自然発火するため保存は(　⑫　)で行う。

6 〈気体の性質〉 テスト必出

次の(1)〜(7)にあてはまる気体の化学式をそれぞれ記せ。

(1)　無色，刺激臭のある気体で，水にきわめてよく溶け，その水溶液は強い酸性を示す。アンモニアを近づけると白煙を生じる。

(2)　無色，腐卵臭の有毒な気体。水に溶けて弱酸性を示す。多くの金属イオンと反応して沈殿を生成する。

(3)　赤褐色，刺激臭のある有毒な気体。銅に濃硝酸を作用させると発生する。

(4)　無色，刺激臭のある有毒な気体。水溶液は弱酸性を示すが，ガラスを腐食するため保存はポリエチレンの容器に入れる。

(5)　無色，刺激臭のある気体。水にきわめてよく溶け，水溶液は弱塩基性を示す。肥料の原料になる。

(6)　無色，無臭の気体。水にはやや溶け，水溶液は弱酸性を示す。石灰水に通じると白濁する。

(7)　無色で水に難溶の気体。酸素と反応すると，赤褐色の気体を生じる。

• CHAPTER

2 » 金属元素の単体と化合物

SECTION 1 典型元素の金属とその化合物

1 | アルカリ金属とその化合物

1 アルカリ金属の単体 (!)重要

❶アルカリ金属

① 周期表の水素を除く1族元素をアルカリ金属[★1]といい，リチウム Li，ナトリウム Na，カリウム K，ルビジウム Rb，セシウム Cs，フランシウム Fr の6元素からなる。

② 単体はイオンとして海水中や鉱物中に存在する。単体を得るには塩化ナトリウムなどを**強く還元する必要があり**，溶融塩電解によりつくられる。

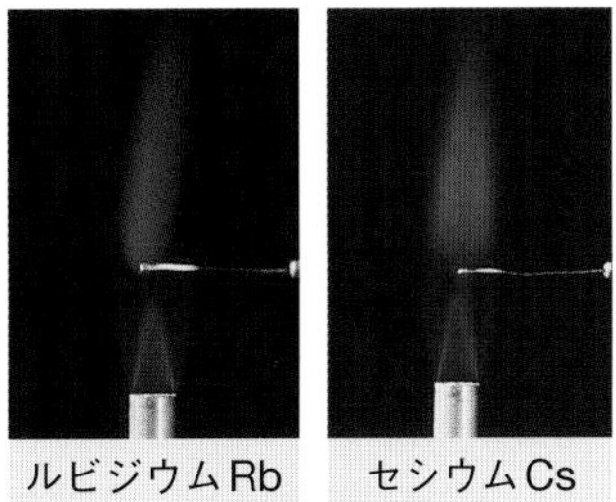

図25 アルカリ金属の炎色反応

③ 単体や化合物は，**特有の炎色反応**(☞ p.17)を示す。

❷単体の物理的性質　いずれも，融点が低く，やわらかい軽金属である。これは，原子半径が大きく，結合の担(にな)い手である価電子が1個であるためである。

表13 アルカリ金属の性質(青数字は価電子の数)

名　称	記号	電子配置	反応性	融点〔℃〕	密度〔g/cm^3〕	原子半径〔nm〕	炎色反応
リチウム	Li	2, 1	↓	高 179	↓ 0.534	↓ 0.152	赤
ナトリウム	Na	2, 8, 1		↑ 97.8	0.970	0.186	黄
カリウム	K	2, 8, 8, 1		63.5	0.860	0.231	赤紫
ルビジウム	Rb	2, 8, 18, 8, 1		38.9	1.53	0.247	深赤
セシウム	Cs	2, 8, 18, 18, 8, 1	大	28.5	大 1.87	大 0.266	青

★1 アルカリ金属の名称は，水に反応して生じる水酸化物が強塩基であることに由来する。

❸単体の化学的性質　イオン化エネルギーが小さく，1価の陽イオンにきわめてなりやすいため，単体はイオン結合による化合物をつくりやすく，反応性に富む。

図26　水とナトリウムの反応

①空気中で酸素とすみやかに反応する。

$$4Na + O_2 \longrightarrow 2Na_2O$$

補足　強熱した場合は激しく燃えて，過酸化物(☞p.318)になる。

$$2Na + O_2 \longrightarrow Na_2O_2$$ (過酸化ナトリウム)

②還元力が強く，常温の水と激しく反応して水素を発生し，できた**水溶液は強い塩基性**を示す。

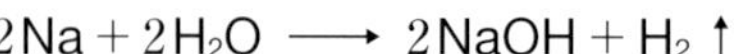

$$2Na + 2H_2O \longrightarrow 2NaOH + H_2\uparrow$$

③NaやKは，空気中でも水中でも反応してしまうので，**石油中に保存**する。

2 アルカリ金属の化合物　①重要

❶水酸化ナトリウムNaOHの製法

① **NaCl水溶液の電気分解**　濃い食塩水(NaCl水溶液)を，陰極に鉄，陽極に炭素を用いて電気分解すると，陰極で水素，陽極で塩素がそれぞれ発生し，電解液中のNa^+とOH^-の濃度が大きくなる。この**電解液を濃縮**すると，水酸化ナトリウムの固体が得られる。★1

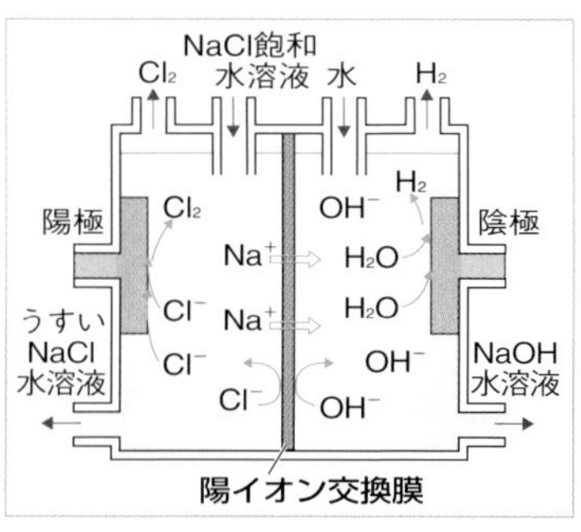

図27　イオン交換膜法の原理

② **イオン交換膜法**　NaCl水溶液を用いる。この電解では，陰極で生成したNaOHが，塩素と混ざるのを防ぐため，Na^+だけを通過させる**陽イオン交換膜を用いる**ので，イオン交換膜法という(☞図27)。

❷水酸化ナトリウムNaOHの性質

①白色の固体で，**潮解**(ちょうかい)**する性質をもつ。**

②水によく溶けて水溶液は強い塩基性を示す。このとき，**多量の熱が出る。**

$$NaOH + aq \longrightarrow NaOH\,aq \quad \Delta H = -44.5\ \mathrm{kJ}$$

③空気中に含まれる二酸化炭素CO_2を吸収する。

$$2NaOH + CO_2 \longrightarrow Na_2CO_3 + H_2O$$

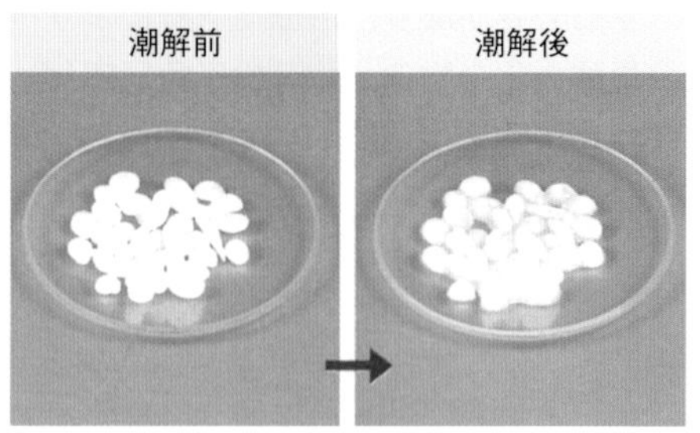

図28　水酸化ナトリウムの潮解

補足　潮解とは，湿った空気中の水蒸気を吸収して，その水に溶け込む現象のことである。

★1 ただしこの場合，不純物として原料のNaClが混入してしまう。

❸炭酸ナトリウムNa_2CO_3と炭酸水素ナトリウム$NaHCO_3$

①20 ℃の水に対する溶解度(g/100 g水)は，Na_2CO_3が22，$NaHCO_3$が9.6である。

②ともに**加水分解**によって**塩基性**を示すが，酸性塩の$NaHCO_3$は弱塩基性を示す。

③$NaHCO_3$[★1]を加熱すると，容易に分解してCO_2を発生する。

$$2NaHCO_3 \longrightarrow Na_2CO_3 + H_2O + CO_2\uparrow$$

④ともに，希塩酸，希硫酸などの酸により，CO_2を発生する。

$$Na_2CO_3 + 2HCl \longrightarrow 2NaCl + H_2O + CO_2\uparrow$$

$$NaHCO_3 + HCl \longrightarrow NaCl + H_2O + CO_2\uparrow$$

補足　この反応の形式は，「弱酸の塩＋強酸 ⟶ 強酸の塩＋弱酸」である。

表14　炭酸ナトリウムと炭酸水素ナトリウムの性質の比較

性質	炭酸ナトリウム Na_2CO_3	炭酸水素ナトリウム $NaHCO_3$
外観・水溶性	白色の固体。水によく溶ける。	白色の固体。水にある程度溶ける。
水溶液の性質	かなり強い塩基性。	弱い塩基性。
加熱すると	加熱しても分解しない。	加熱すると分解してCO_2を発生。
酸に対して	CO_2を発生。	CO_2を発生。
用途	ガラスなどの原料。	ベーキングパウダー，発泡入浴剤。

[風解(ふうかい)]　炭酸ナトリウムの濃い水溶液を放置すると，水が蒸発して十水和物$Na_2CO_3\cdot10H_2O$が結晶として析出する。この結晶を乾いた空気中に放置すると，水和水を失って白色粉末状の一水和物$Na_2CO_3\cdot H_2O$になる。このような現象を**風解**という。

補足　水和水をもった炭酸ナトリウムを加熱すると，炭酸ナトリウム無水塩Na_2CO_3になる。

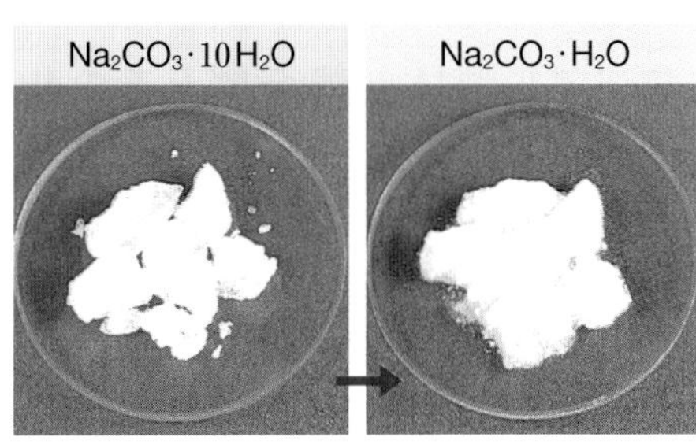

図29　炭酸ナトリウムの風解

❹アンモニアソーダ法

無水炭酸ナトリウムを工業的につくる方法で，1863年にベルギーのソルベー(1838～1922)によって発明されたので，**ソルベー法**ともいう。食塩(塩化ナトリウム)と石灰石(炭酸カルシウム)で，次の工程でつくられる。

①飽和食塩水にアンモニアを十分に溶かし，これに二酸化炭素を通じると，溶解度の比較的小さい炭酸水素ナトリウムが沈殿する。

$$NaCl + NH_3 + H_2O + CO_2 \longrightarrow NaHCO_3\downarrow + NH_4Cl \quad \cdots\cdots(1)$$

②沈殿した炭酸水素ナトリウムを分離して，これを焼くと炭酸ナトリウムができる。

$$2NaHCO_3 \longrightarrow Na_2CO_3 + H_2O + CO_2\uparrow \quad \cdots\cdots(2)$$

★1 炭酸水素ナトリウム$NaHCO_3$は重曹(じゅうそう)ともよばれる。重曹とは「重炭酸ソーダ」の略称である。

第5編　無機物質

③(2)の反応で生じたCO_2は(1)の反応で使用するが，不足するCO_2は石灰石を焼いてつくる。

$$CaCO_3 \longrightarrow CaO + CO_2\uparrow \quad \cdots(3)$$

④反応式(3)で生成した酸化カルシウムから水酸化カルシウムをつくる。

$$CaO + H_2O \longrightarrow Ca(OH)_2 \quad \cdots(4)$$

⑤水酸化カルシウムを(1)で生成した塩化アンモニウムと反応させ，アンモニアを回収する。

$$2NH_4Cl + Ca(OH)_2 \longrightarrow CaCl_2 + 2H_2O + 2NH_3\uparrow \quad (5)$$

(1)×2＋(2)＋(3)＋(4)＋(5)により，

$$2NaCl + CaCO_3 \longrightarrow Na_2CO_3 + CaCl_2$$

この式から，原料と製品，およびその量的関係がわかる。

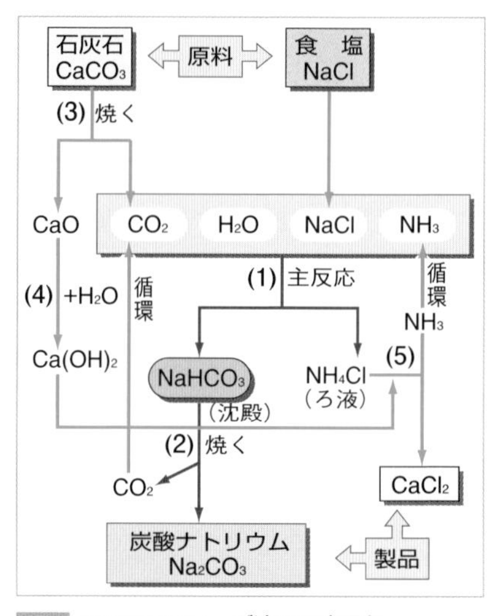

図30 アンモニアソーダ法の反応過程

2｜アルカリ土類金属とその化合物

1 アルカリ土類金属の単体 ①重要

❶アルカリ土類金属

①周期表の2族は，ベリリウムBe，マグネシウムMg，カルシウムCa，ストロンチウムSr，バリウムBa，ラジウムRaの6元素からなり，Raは放射性元素である。2族元素をアルカリ土類(どるい)金属とよぶ。[★1]

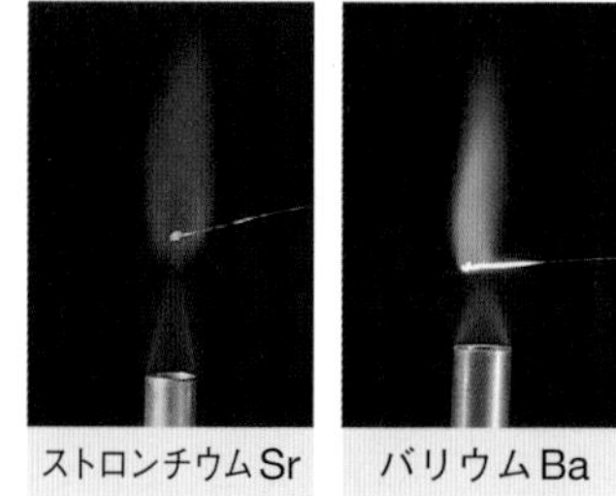

図31 アルカリ土類金属の炎色反応

②アルカリ金属と同様に単体は天然には存在せず，多くはイオンとして海水中や鉱物中に存在し，単体は溶融塩電解によってつくられる。

③Be，Mg以外の単体や化合物は，**特有の炎色反応**を示す。[★2]

❷単体の物理的性質　やわらかく，密度もアルカリ金属に次いで小さいが，融点は高い。

★1 アルカリ金属と土から得られるアルミニウム化合物の中間的性質をもつために，この名がつけられた。

★2 このように，Be，Mgは他のアルカリ土類金属に対して例外的な性質ももっているため，アルカリ土類金属にBe，Mgを含めないこともある。

表15　アルカリ土類金属の性質（青数字は価電子の数）

名　称	記号	電子配置	反応性	融点〔℃〕	密度〔g/cm³〕	原子半径〔nm〕	炎色反応
ベリリウム	Be	2, 2	↓	高　1278	↓　1.84	↓　0.111	——
マグネシウム	Mg	2, 8, 2		↑　651	1.74	0.160	——
カルシウム	Ca	2, 8, 8, 2		848	1.54	0.197	赤橙
ストロンチウム	Sr	2, 8, 18, 8, 2		769	2.60	0.215	紅
バリウム	Ba	2, 8, 18, 18, 8, 2	大	725	大　3.50	大　0.217	黄緑

❸単体の化学的性質　アルカリ土類金属は，アルカリ金属に次いで反応性が大きく，その性質は次のようにまとめることができる。

①**Be，Mg以外は，空気中で酸素とすみやかに反応し，常温で水と反応**する。

$$2Ca + O_2 \longrightarrow 2CaO$$

$$Ca + 2H_2O \longrightarrow Ca(OH)_2 + H_2$$

②Mgは空気中で表面が徐々に酸素と反応して光沢（こうたく）を失う。**強熱すると明るい光を出して燃焼する。**Mgは常温の水とは反応しない。

補足　イオン化列Li～Cuは，加熱すると酸化物をつくるが，特にMgとAlは燃焼熱が大きく，強い光と熱を伴って激しく燃える。

2 アルカリ土類金属の化合物　①重要

❶酸化カルシウムCaOの性質

①生石灰（せいせっかい）ともよばれ，石灰石を焼いてつくられる。

$$CaCO_3 \xrightarrow{900\ ℃} CaO + CO_2$$

②塩基性酸化物であり，水と激しく反応して多量の熱を出し，水酸化カルシウムになる（☞図32）。

$$CaO + H_2O \longrightarrow Ca(OH)_2$$
$$\Delta H = -63\ \mathrm{kJ}$$

③融点が高い（2572 ℃）ので，炉やるつぼの内張りに使われる。

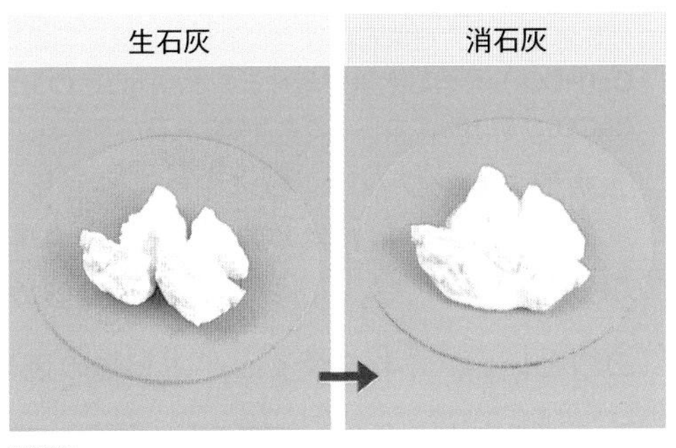

図32　生石灰と水の反応

視点　生石灰（酸化カルシウム）に水を加えると，発熱して消石灰（水酸化カルシウム）になる。

❷水酸化カルシウムCa(OH)₂の性質

①消石灰（しょうせっかい）ともよばれる。水に少し溶け，水溶液は強い塩基性を示す。

②**水酸化カルシウムの水溶液**を**石灰水**という。この石灰水の飽和水溶液に二酸化炭素を吹き込むと，炭酸カルシウム$CaCO_3$の白色沈殿が生じる（☞p.342）。

③安価な塩基で，酸性土壌の中和剤などとして利用されている。

❸炭酸カルシウム $CaCO_3$ の性質

①炭酸カルシウムはアルカリ土類金属の化合物のなかで最も重要な物質である。天然にも，石灰石，大理石，方解石などの鉱物として多量に産出するほか，貝殻(かいがら)などの成分となっている。

②水には溶けにくい。したがって，石灰水に二酸化炭素を通じると，炭酸カルシウムが白色沈殿として生成する。

$$Ca(OH)_2 + CO_2 \longrightarrow CaCO_3 + H_2O$$

しかし，さらに二酸化炭素を通じると炭酸水素カルシウムとなって溶ける。

$$CaCO_3 + H_2O + CO_2 \rightleftarrows Ca(HCO_3)_2 \quad \cdots\cdots\cdots\cdots(a)$$

この溶液を加熱すると，(a)式の反応の逆向き(⟵ 向き)の反応が起こり，再び炭酸カルシウムの沈殿を生じる。

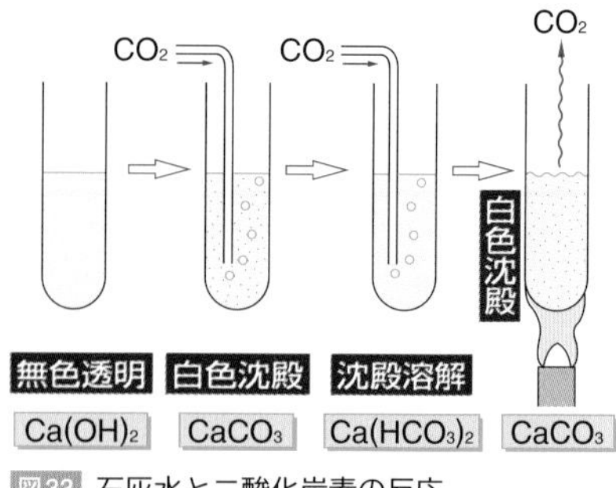

図33　石灰水と二酸化炭素の反応

図34　鍾乳洞の内部

補足　**鍾乳洞**(しょうにゅうどう)　石灰石 $CaCO_3$ に，空気中の二酸化炭素を溶かした雨水が長時間接触すると，上記(a)式の反応によって石灰石が徐々に溶解し，鍾乳洞ができる。鍾乳洞の天井(てんじょう)から，炭酸水素カルシウム $Ca(HCO_3)_2$ を含む水滴が落ちるとき，H_2O と CO_2 が空気中に逃げ，上記(a)式の逆の反応が起こって $CaCO_3$ が析出し，つららのような**鍾乳石**ができる。

③炭酸カルシウムは，酸によって容易に分解して二酸化炭素を発生するので，実験室での二酸化炭素の製造に利用されている(☞ p.331)。

❹硫酸カルシウム $CaSO_4$ の性質　硫酸カルシウム二水和物 $CaSO_4 \cdot 2H_2O$ をセッコウといい，これを焼くと半水和物の**焼きセッコウ** $CaSO_4 \cdot \frac{1}{2}H_2O$ になる。焼きセッコウを水と混合して練ると，**硬化して体積が増え**，セッコウになる。この性質を利用して塑像(そぞう)やギプスなどがつくられている。

$$CaSO_4 \cdot \frac{1}{2}H_2O + \frac{3}{2}H_2O \underset{加熱}{\overset{硬化}{\rightleftarrows}} CaSO_4 \cdot 2H_2O$$

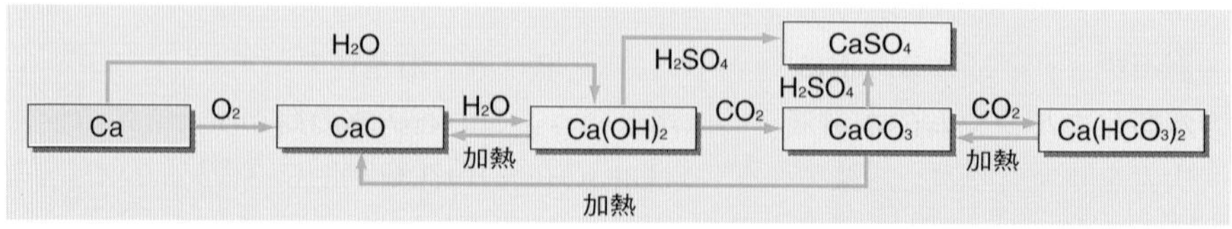

図35　カルシウムの反応

⑤その他のアルカリ土類金属の化合物

①**硫酸バリウム$BaSO_4$**　きわめて水に溶けにくい。水酸化バリウム水溶液に希硫酸を加えると生じる。X線撮影の造影剤に利用される。

②**塩化マグネシウム$MgCl_2$**　海水に含まれており，にがりの主成分である。

③**塩化カルシウム$CaCl_2$**　無水塩は潮解性が強く，乾燥剤として利用される。

表16 アルカリ金属・アルカリ土類金属の比較（水溶性；○…よく溶ける，△…少し溶ける，×…溶けにくい。）

性質		アルカリ金属	アルカリ土類金属	
		Li，Na，K	Ca，Ba	Mg
単体	空気中で	すみやかに酸化される		徐々に酸化される
	水との反応	常温で反応してH_2を発生		高温では反応する
酸化物	分類	塩基性酸化物		
	水との反応	反応する		わずかに反応する
水酸化物	水溶性	○	○（Caは△）	×
	その性質	強塩基性		弱塩基性
炭酸塩	水溶性	○	×	×
	熱分解	熱分解しない	熱分解する	
硫酸塩	水溶性	○	×	○
塩化物	水溶性	○	○	○
炎色反応		示す		示さない

第5編　無機物質

⊕発展ゼミ　BeとMgの化合物の共有結合性

●ベリリウムBeとマグネシウムMgが，他のアルカリ土類金属とかなり異なった性質を示すのは，**共有結合的な性質をもつため**である。

●ベリリウムは，そのイオン化エネルギー（☞p.39）がかなり大きいので，電気陰性度（☞p.52）もかなり大きく，その酸化物や塩類にはイオン結合よりも，むしろ**共有結合を含む化合物の性質を表すものが多い**。たとえば，**フッ化ベリリウムBeF_2**は555℃で融解するが，溶融塩電解してもほとんど電気を通さないから，その中にはっきりとしたBe^{2+}やF^-は存在していないものと考えられる。

●また，**酸化ベリリウムBeO**も共有結合性が強く，酸化ホウ素とよく似た性質をもっている。**塩化ベリリウム**は，他の塩化物に比べてはるかに低い405℃で融解し，昇華しやすく，蒸気中ではBe_2Cl_2や$BeCl_2$などの分子となって存在していて，その**共有結合性が強い**ことを表している。

●マグネシウムの化合物は，ベリリウムと比較すると，そのイオン結合性がかなり強くなる。しかし，その水酸化物は共有結合による巨大分子としての性質をもっており，周期表上ですぐ下に位置するカルシウムやバリウムなどが明らかにイオン結合性の化合物をつくるのに対して，**中間的な結合をしている**とみてよい。

3 アルミニウムとその化合物

1 アルミニウムの単体とその性質

❶アルミニウムの単体

① 周期表13族のアルミニウムAlは，銀白色の軽金属(密度2.69 g/cm^3)で，やわらかく，展性・延性に富み，熱・電気をよく伝える。よって，家庭用のアルミニウム箔(はく)，アルミサッシ，飲料水の缶などに利用されている。

② 天然に，単体としては存在しないが，化合物として鉱物や土壌中に広く存在する。単体は溶融塩電解によってつくられている(☞p.155)。

> **COLUMN**
>
> **エルーとホール(溶融塩電解法の発明)**
>
> アルミニウムは1825年に単体として分離されたが，結合力が強いために，工業的には大量生産することが困難であった。その表面が銀白色を保つために軽銀として珍重され，ナポレオン3世はその収集を誇っていたという。ところが1886年にエルー(フランス)とホール(アメリカ)がまったく独自に溶融塩電解法(☞p.155)を発明してから大量生産が可能になり，価格も下がって，今日では1円アルミ貨にも用いられている。エルーとホールは，偶然にも生まれた年も死亡した年も同じであり，同年に22歳の若さで同一原理によるアルミニウム製法をまったく独自に発明したのである。

❷単体の化学的性質 価電子3個をもち，**3価の陽イオンになりやすい**。イオン化傾向は2族元素に次ぐ大きさで，化学的に活発な性質を示す。

① 空気中で表面は酸化されるが，内部まではさびずに保護される(不動態)。これは，表面にち密な酸化物の膜ができるからであり，人工的に酸化被膜をつけたアルミニウム製品をアルマイトという。

$$4Al + 3O_2 \longrightarrow 2Al_2O_3$$

② 強熱すると，**激しく燃えて強い光を出す**。粉末状のアルミニウムと酸化鉄(Ⅲ) Fe_2O_3 の混合物に点火すると，反応とともに激しく発熱し，融解した鉄が生じるので，鉄管やレールの溶接に利用される。これをテルミット法という。

$$2Al + Fe_2O_3 \longrightarrow 2Fe + Al_2O_3$$

③ **酸の水溶液とも強塩基の水溶液とも反応して水素を発生**する**両性金属**である。

$$\begin{cases} 2Al + 6HCl \longrightarrow 2AlCl_3 + 3H_2\uparrow \\ 2Al + 2NaOH + 6H_2O \\ \qquad \longrightarrow 2Na[Al(OH)_4] + 3H_2\uparrow \end{cases}$$

テトラヒドロキシドアルミン酸ナトリウム[★1]

④ 酸化力の強い濃硝酸などでは，不動態が生成するのでそれ以上反応しない(☞p.327)。

図36 テルミット反応

★1 アルミン酸ナトリウムともよばれ，$NaAlO_2$ のように書かれることがある。

2 アルミニウムの化合物 ！重要

図37 ルビー(上)とサファイア(下)

❶酸化アルミニウム Al_2O_3　酸化アルミニウムはアルミナともよばれ，水には溶けないが，**酸とも強塩基とも反応**する両性酸化物である。

$$\begin{cases} Al_2O_3 + 6HCl \longrightarrow 2AlCl_3 + 3H_2O \\ Al_2O_3 + 2NaOH + 3H_2O \longrightarrow 2Na[Al(OH)_4] \end{cases}$$

補足　天然に産出する最も純粋な Al_2O_3 は，コランダム(鋼玉)であり，無色透明で非常に硬い。ルビーやサファイアは，コランダムにクロムやチタン，鉄などの酸化物が微量に含まれることで，赤や青に着色したものである。これらのような結晶化した Al_2O_3 は酸や強塩基とは反応しない。

❷水酸化アルミニウム $Al(OH)_3$　水酸化アルミニウムは，アルミニウムイオンを含む水溶液に，水酸化ナトリウム水溶液またはアンモニア水を加えたとき，**白色ゲル状の沈殿**として生じる。

$$Al^{3+} + 3OH^- \longrightarrow Al(OH)_3$$

水酸化アルミニウムも，**アルミニウムの単体や酸化物と同様に両性を示す**ことから，両性水酸化物とよばれる。

$$\begin{cases} Al(OH)_3 + 3HCl \longrightarrow AlCl_3 + 3H_2O \\ Al(OH)_3 + NaOH \longrightarrow Na[Al(OH)_4] \end{cases}$$

補足　Al^{3+} を含む水溶液に，強塩基であるNaOHを過剰に加えると，いったん生じた沈殿である $Al(OH)_3$ が $Na[Al(OH)_4]$ となって溶けてしまう(☞図38)ので注意しなければならない。

アルミニウム(単体)　⇨両性金属
酸化アルミニウム　⇨両性酸化物
水酸化アルミニウム　⇨両性水酸化物
} **酸にも塩基にも溶ける。**

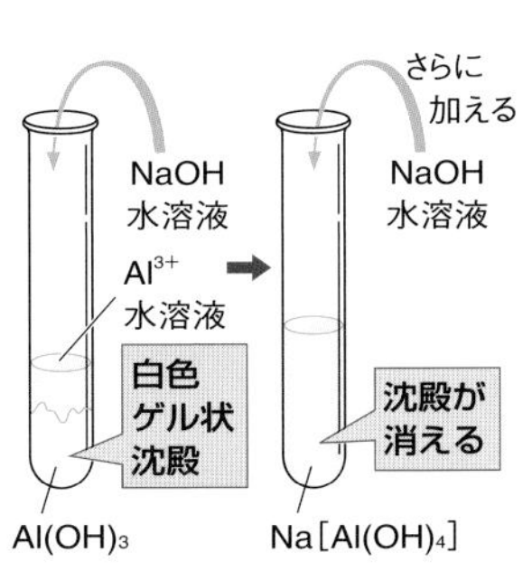

図38 AlとNaOHの反応

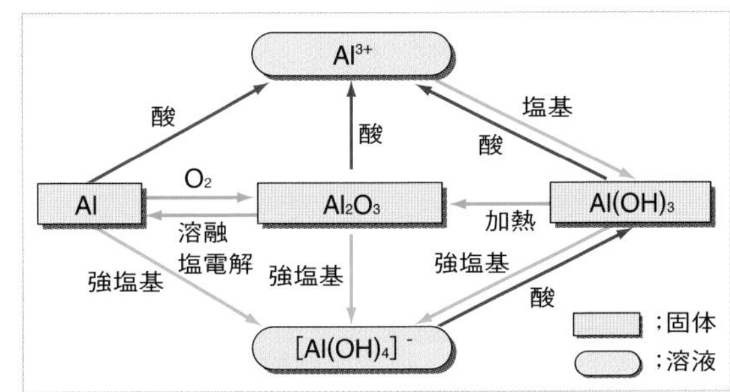

図39 アルミニウムの反応

❸ミョウバン$AlK(SO_4)_2 \cdot 12H_2O$

図40 ミョウバンの結晶

視点 正八面体をした無色の結晶である。

①硫酸アルミニウム$Al_2(SO_4)_3$と硫酸カリウムK_2SO_4の混合水溶液を濃縮すると，無色で正八面体をしたミョウバン(硫酸カリウムアルミニウム十二水和物$AlK(SO_4)_2 \cdot 12H_2O$)の結晶を得ることができる。

②硫酸カリウムアルミニウムは，$Al_2(SO_4)_3$とK_2SO_4という2種類の塩(えん)が，**ちょうど1：1の物質量の比で単一の組成の結晶になったもので**，複塩(ふくえん)とよばれる。水溶液中では次のように電離して，はじめの混合水溶液中に含まれていたのと同じイオンを生じる。

$$AlK(SO_4)_2 \cdot 12H_2O \longrightarrow Al^{3+} + K^+ + 2SO_4^{2-} + 12H_2O$$

4 スズ・鉛とその化合物

1 スズや鉛の単体

❶14族元素

①周期表の14族は，炭素C，ケイ素Si，ゲルマニウムGe，スズSn，鉛(なまり)Pbなどからなる。炭素は非金属性が強いが，周期表の下に位置するスズや鉛などの元素は金属性が強い。また，ケイ素やゲルマニウムには，半導体としての性質があり，金属と非金属の中間的な性質を示す。

②14族の元素は価電子の数が4個である。また，CO_2，COのように，酸化数が＋4のほかに＋2の化合物も存在する。

❷スズの単体　スズの単体は密度が比較的大きく(白色スズ；7.28 g/cm^3，灰色スズ；5.76 g/cm^3)，さびにくい金属である。銀白色の光沢(こうたく)をもち，展性，延性に富む。**ブリキ**(☞p.156，鋼板にスズめっきしたもの)，青銅(せいどう)・はんだなどの合金の材料として利用される。

❸鉛の単体　鉛の単体は密度が大きく(11.34 g/cm^3)，青白色でやわらかい金属である。イオン化傾向(☞p.143)は水素より大きいが，単体の表面にち密な塩化物や硫酸塩の被膜をつくるため，塩酸や硫酸には溶けにくい。鉛は，X線の遮蔽(しゃへい)板・鉛蓄電池などに利用される。

> COLUMN
>
> **スズペスト**
>
> スズは，常温では金属光沢をもち，スズ箔(はく)やスズ器として利用されている。しかし，**スズを－30℃くらいの低温に長く置くと，ぼろぼろにこわれやすい灰色スズに変わる。**金属スズの容器がぼろぼろに変わる様子や灰色スズの広がり方が，伝染病と似ていることから，スズペストとよんでいる。灰色スズは，共有結合の結晶であり，低温で安定な同素体である。このことから，金属に分類されるスズも非金属としての性質を少しもっていることがわかる。ナポレオン軍がロシア遠征に失敗したとき，スズ製の兵士のボタンがぼろぼろになったという話が伝えられている。

2 スズや鉛の化合物

❶スズの化合物　スズの化合物には，酸化数が $+2$ と $+4$ のものがあるが，**$+4$ のほうが化学的に安定**である。したがって，**塩化スズ(Ⅱ) $SnCl_2$** は酸化されやすく，相手の物質を還元する性質がある。

図41　クロム酸鉛(Ⅱ)の生成

❷鉛の化合物

① 鉛の化合物にも，酸化数が $+2$ と $+4$ のものがあるが，鉛の場合は $+2$ のほうが化学的に安定である。したがって，**酸化鉛(Ⅳ) PbO_2** などには酸化力がある。

② **硝酸鉛(Ⅱ) $Pb(NO_3)_2$** や**酢酸鉛(Ⅱ) $Pb(CH_3COO)_2$** は水に溶けるが，そのほかの鉛の化合物には水に溶けにくいものが多い。たとえば，鉛(Ⅱ)イオン Pb^{2+} を含む水溶液にクロム酸カリウム K_2CrO_4 の水溶液を加えると，**クロム酸鉛(Ⅱ) $PbCrO_4$** の黄色沈殿を生じる。この反応は，Pb^{2+} の検出に利用される。

$$Pb^{2+} + CrO_4^{2-} \longrightarrow PbCrO_4$$

❸スズ・鉛の両性　**スズも鉛も単体は酸とも強塩基とも反応する。**したがって，**両性金属**である。スズ・鉛の酸化物や水酸化物も同様に酸・強塩基と反応する。

表17　13・14族の典型元素の金属の性質

		Al	Sn	Pb
周期表の族		13族	14族	14族
価電子の数		3	4	4
化合物の酸化数		+3	$\overset{*}{+2}$，+4	$\overset{*}{+2}$，+4
イオン化傾向		Al ≫	Sn ＞	Pb
単体	融点〔℃〕	660.4	232.0	327.5
	密度〔g/cm³〕	2.69	7.28	11.3
	製法	溶融塩電解	C，COによる還元	C，COによる還元
	空気中で	酸化被膜を生じる	酸化被膜を生じる	酸化被膜を生じる
水酸化物	水溶性	不溶	不溶	不溶
	NaOHに	可溶	可溶	可溶
	NH_3 水に	不溶	不溶	不溶
硫酸塩の水溶性		可溶	可溶	不溶
塩化物の水溶性		可溶	可溶	不溶

補足　①＊印のSn，Pbの化合物(水酸化物，硫酸塩，塩化物)は，酸化数が $+2$ のものである。
②1族と2族の場合，周期表の下に位置する元素ほど反応性が大きかった。しかし，周期表の13族と14族に属する金属元素については，これらの関係が成り立たない。次に学習する遷移元素も含め，むしろ逆である。
③炭酸塩は，アルカリ金属塩以外は水に不溶である。

第5編　無機物質

このSECTIONのまとめ　典型元素の金属とその化合物

□アルカリ金属 ☞ p.337	・単体は反応性に富む。水と反応してH_2を発生。 ・水酸化物は強塩基性。炭酸塩は水に易溶。 ・アンモニアソーダ法…炭酸ナトリウムの製造法。
□アルカリ土類金属 ☞ p.340	・Ca，Sr，Ba，Raは，常温で水と反応する。水酸化物は強塩基性。 ・Be，Mgは反応性がやや小。水酸化物は水に不溶。
□両性金属 ☞ p.344	・Al，Sn，Pbなど。単体が酸や強塩基と反応。 ・両性金属の{ **酸化物→両性酸化物** / **水酸化物→両性水酸化物** }となる。

遷移元素とその化合物

1 | 遷移元素の特徴

1 遷移元素とその性質 ！重要

❶遷移元素（せんい）

周期＼族	1	2	3	4	5	6	7	8	9	10	11	12	13	14	15	16	17	18
1																		
2																		
3																		
4			Sc	Ti	V	Cr	Mn	Fe	Co	Ni	Cu	Zn						
5			Y	Zr	Nb	Mo	Tc	Ru	Rh	Pd	Ag	Cd						
6			*	Hf	Ta	W	Re	Os	Ir	Pt	Au	Hg						
7			**	Rf	Db	Sg	Bh	Hs	Mt	Ds	Rg	Cn						

*ランタノイド（La〜Lu）
**アクチノイド（Ac〜Lr）

図42　遷移元素の周期表上での位置

① 周期表の3族から12族に属し，第4周期になってはじめて現れる元素群を遷移元素という。

② **遷移元素はすべて金属**で，鉄・銅・銀・亜鉛・ニッケルなど，身近で重要なものが多い。

③ **遷移元素の最外殻電子数は，2個または1個とほぼ一定である。**したがって，遷移元素の化学的性質は，原子番号が増加しても大きく変化せず，周期表の横に並んだ元素の性質は，縦に並んだ元素（同族元素）以上に似ていることが多い。

例　$_{26}$Fe，$_{27}$Co，$_{28}$Niの単体は，融点・密度がよく似ており，イオン化傾向の大きさもほぼ同じである。また，すべてが強い磁性を示す。

補足　11族のCu，Ag，Auのように，よく似た元素が縦に並んでいる例もある。したがって，遷移元素は全体によく似ているといってよい。なお，遷移元素の「遷移」とは，メンデレーエフの時代の周期表において非金属と金属の間に位置していて，非金属から金属に移り変わる中間とされていたことに由来する。

❷単体の一般的性質　遷移元素の単体は，典型元素の単体に比べて融点が高く，硬度が大きい。また，密度も一般に大きく，Sc，Ti以外は重金属（密度4〜5 g/cm^{3}以上）である。

表18　第4周期遷移元素の物理的性質

族	3	4	5	6	7	8	9	10	11	12
元素	$_{21}$Sc	$_{22}$Ti	$_{23}$V	$_{24}$Cr	$_{25}$Mn	$_{26}$Fe	$_{27}$Co	$_{28}$Ni	$_{29}$Cu	$_{30}$Zn
価電子の数	2	2	2	1	2	2	2	2	1	2
融点〔℃〕	1541	1675	1890	1890	1244	1535	1494	1455	1085	419.6
密度〔g/cm^3〕	2.99	4.54	5.80	7.20	7.42	7.86	8.80	8.85	8.93	7.12

補足　遷移元素で融点の高い元素は，周期表の下のほうにある。$_{74}$W（6族）の融点は3387 ℃である。また，密度についても同じ傾向が見られ，$_{78}$Pt（10族）の密度は21.3 g/cm^{3}である。

❸化合物の一般的性質

①遷移(せんい)元素の化合物は，**同一元素でも複数の酸化数をとるものが多い**(図43)。これは，最外殻より内側の電子殻にある電子の一部が，価電子としてはたらくことがあるためである。

②遷移元素の単原子イオンは，**2価または3価の陽イオンのものが多い**。

例　2価の陽イオン；Mn^{2+}，Fe^{2+}，Ni^{2+}，Cu^{2+}，Zn^{2+}
3価の陽イオン；Fe^{3+}，Cr^{3+}
これ以外の陽イオン；Cu^{+}，Ag^{+}

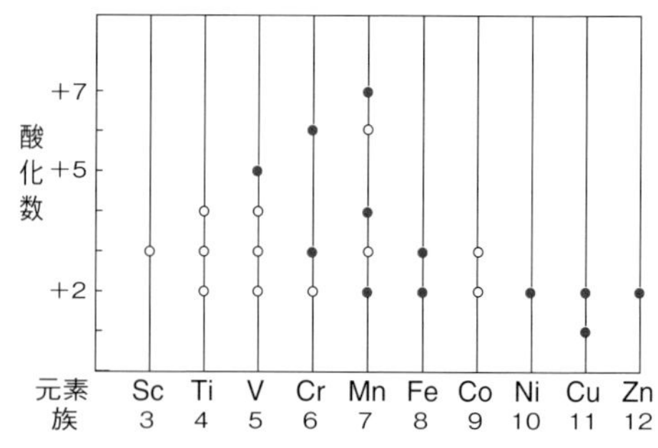

図43 第4周期遷移元素の酸化数

視点　遷移元素は複数の酸化数をとるものが多い。重要な酸化数は赤色で示してある。

③**陽イオンには有色のものが多い。**これに対して典型元素の陽イオンは，ほとんど無色である。図44は水溶液中のイオンの色を示したものである。また，化合物にも有色のものが多い。

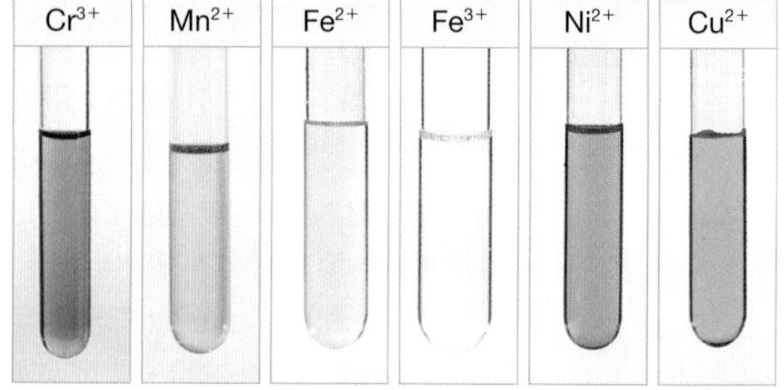

図44 遷移元素のイオンを含む水溶液の色(すべて硫酸塩)

④遷移元素の陽イオンは，他の分子やイオンと結合して**錯(さく)イオンをつくりやすい。**

⑤遷移元素の単体および化合物には，触媒のはたらきをするものが多い。

例　・鉄Fe；　$N_2 + 3H_2 \longrightarrow 2NH_3$ (ハーバー・ボッシュ法 ☞p.324)
・酸化マンガン(Ⅳ) MnO_2；　$2H_2O_2 \longrightarrow 2H_2O + O_2\uparrow$ (酸素の発生 ☞p.315)
・酸化バナジウム(Ⅴ) V_2O_5；　$2SO_2 + O_2 \longrightarrow 2SO_3$ (接触法 ☞p.320)

2 錯イオン ①重要

❶錯イオンとその構成

①**錯イオン**　水酸化アルミニウム$Al(OH)_3$は，水酸化ナトリウム水溶液に溶けて無色透明な水溶液になる。これは，水溶液中でテトラヒドロキシドアルミン酸イオン$[Al(OH)_4]^-$が生成するためである。このような，**金属イオンにOH^-などの陰イオンやNH_3などの分子が結合してできたイオンを，錯イオンという。**

②**金属イオン**　錯イオンを構成する金属イオンには，Al^{3+}のほかに，Zn^{2+}，Ag^{+}，Cu^{2+}，Fe^{3+}など，遷移元素の陽イオンが多い。

③**配位子** 金属イオンに結合する分子または陰イオンを配位子といい，OH^-のほかに，CN^-，Cl^-，NH_3，H_2Oなどがある。

④**配位数** 金属イオンに結合している配位子の数を，配位数という。

❷配位数と荷電数

①**配位数** 中心金属の種類によって，ほぼ決まっている。

㊎ 中心金属；Ag　Zn　Cu　Fe　Co　Ni

配位数⇨ 2（Ag）　4（Zn，Cu）　6（Fe，Co，Ni）

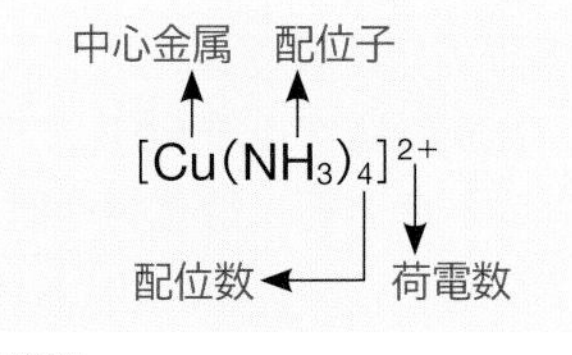

図45 錯イオンの構成

②**荷電数** 錯イオンの荷電数は，**中心金属と配位子の荷電の単純な和になる。**

❸錯(さく)イオンの名称

①錯イオンの名称は，**配位数・配位子名・中心金属名・金属イオンの酸化数**の順でよび，最後に，陽イオンのときには「**～イオン**」，陰イオンのときには「**～酸イオン**」をつける。

②配位数には，ジ(2)，トリ(3)，テトラ(4)，ペンタ(5)，ヘキサ(6)などのギリシャ語の数詞を用いる。

③配位子名は，NH_3…アンミン，CN^-…シアニド，Cl^-…クロリド，OH^-…ヒドロキシド，H_2O…アクア　などである。

㊎ $[Ag(NH_3)_2]^+$　ジアンミン銀(Ⅰ)イオン
$[Cu(NH_3)_4]^{2+}$　テトラアンミン銅(Ⅱ)イオン
$[Fe(CN)_6]^{4-}$　ヘキサシアニド鉄(Ⅱ)酸イオン
$[CuCl_4]^{2-}$　テトラクロリド銅(Ⅱ)酸イオン

直線形(2配位)

CN^-　Ag^+　CN^-
ジシアニド銀(I)酸イオン
$[Ag(CN)_2]^-$（無色）

正方形(4配位)

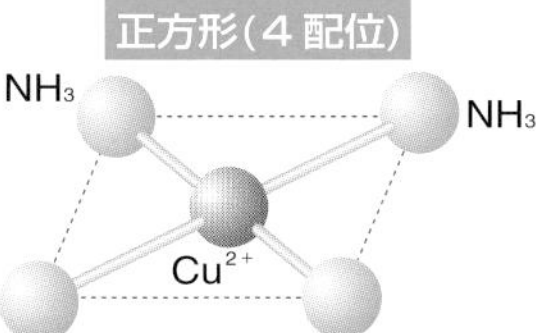

テトラアンミン銅(II)イオン
$[Cu(NH_3)_4]^{2+}$（深青色）

正四面体形(4配位)

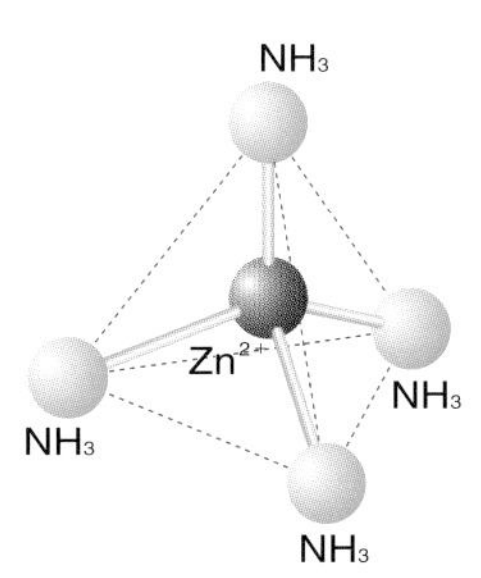

テトラアンミン亜鉛(II)イオン
$[Zn(NH_3)_4]^{2+}$（無色）

正八面体形(6配位)

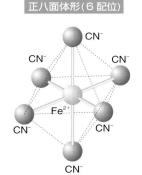

CN^- CN^- CN^- Fe^{2+} CN^- CN^- CN^-

ヘキサシアニド鉄(II)酸イオン
$[Fe(CN)_6]^{4-}$（淡黄色）

図46 おもな錯イオンの形と色

2 | 6～11族元素の単体

1 鉄の単体

❶鉄の単体の存在

8族に属する鉄Feは，地殻(ちかく)中に金属ではアルミニウムに次いで多く存在し，ほとんどの岩石に酸化物や硫化物の形で含まれている。単体としてはほとんど存在していないため，酸化物(赤(せき)鉄鉱Fe_2O_3など)を一酸化炭素COで還元して得られる。

$$Fe_2O_3 + 3CO \longrightarrow 2Fe + 3CO_2$$

❷鉄の単体の性質

①灰白(かいはく)色の金属で，比較的やわらかい。融点が高く，磁石に引き寄せられる。

②**酸との反応**　**イオン化傾向(☞ p.143)が水素より大きく**，希塩酸や希硫酸と反応して水素を発生し，Fe^{2+}を含む淡緑色の水溶液となる。

$$Fe + 2HCl \longrightarrow FeCl_2 + H_2$$

$$Fe + H_2SO_4 \longrightarrow FeSO_4 + H_2$$

しかし，濃硝酸中では**不動態**(☞ p.327)となり，反応が進行しない。

③**水蒸気との反応**　高温で水蒸気と反応し，水素を発生する。

$$3Fe + 4H_2O \longrightarrow Fe_3O_4 + 4H_2$$

④**酸化**　湿った空気中で酸化され，酸化水酸化鉄(Ⅲ) FeO(OH)，酸化鉄(Ⅲ) Fe_2O_3を含む赤さびを生じる。また，空気中で強熱すると，黒色の四酸化三鉄Fe_3O_4を含む黒さびを生じる。

2 11族元素(銅・銀・金)の単体

❶11族元素の単体の存在

①**銅Cu**　単体として産出されることもあるが，多くは酸化物や硫化物として存在する。単体は，鉱石を還元して得られる純度約99％の銅(**粗銅**)を，硫酸銅(Ⅱ)水溶液中で電気分解することによって純度99.99％以上に精錬される，電解精錬(☞ p.155)により得られる。

②**銀Ag**　自然銀として単体で存在することもあるが，硫化物や塩化物として産出されることが多い。

③**金Au**　自然金として単体で産出されることが多い。

❷物理的性質

①銅は赤色の，銀は銀白色の，金は黄色の**光沢(こうたく)があり**，やわらかい。

②**展性・延性が大きい。**(金は金属の中で最大。銀がそれに次いで大きい。)

③**電気や熱をよく伝える。**(銀は金属のなかで最もよく伝える。銅がそれに次ぐ。)

❸化学的性質

図47 緑青でおおわれた銅の屋根

①**酸化**　銀・金は空気中で酸化されないが，銅は加熱すると表面が酸化され，黒色の**酸化銅(Ⅱ) CuO**を生じる。

$$2Cu + O_2 \longrightarrow 2CuO$$

また，銅は，湿った空気中で徐々に酸化され，緑青（ろくしょう）とよばれるさびを生じる。

補足　緑青の成分は，$CuCO_3 \cdot Cu(OH)_2$ や $CuSO_4 \cdot 3Cu(OH)_2$ などとされている。

②**酸との反応**　イオン化傾向は，$H_2 > Cu > Ag > Au$ といずれも水素より小さいため，希硫酸や塩酸とは反応しない。しかし，銅と銀は，酸化力の強い熱濃硫酸や濃硝酸などと反応し，水素以外の気体を発生する。

例
$$\begin{cases} Cu + 2H_2SO_4 \longrightarrow CuSO_4 + 2H_2O + SO_2 \\ Ag + 2HNO_3 \longrightarrow AgNO_3 + H_2O + NO_2 \end{cases}$$

金は，濃硝酸とは反応しないが，王水(濃硝酸：濃塩酸＝1：3)とは反応する。

$$HNO_3 + 3HCl \longrightarrow Cl_2 + \underset{\text{塩化ニトロシル}}{NOCl} + 2H_2O$$

$$Au + NOCl + Cl_2 + HCl \longrightarrow \underset{\text{テトラクロリド金(III)酸}}{H[AuCl_4]} + NO$$

3　6～11族元素の単体の比較

鉄・銅・銀・金のほかに，クロム・マンガン・ニッケルを含めた6～11族元素の単体の性質を比較すると，次のようになる。

表19　6～11族元素の単体の化学的性質

	Cr	Mn	Fe	Co	Ni	Cu	Ag	Au
周期表 周期	4	4	4	4	4	4	5	6
周期表 族	6	7	8	9	10	11	11	11
イオン化傾向	中程度(2)	やや大(1)	中程度(3)	中程度(4)	中程度(5)	小(6)	小(7)	極めて小(8)
単体の製法	C，COによる還元（Cr～Cu）						熱分解による	単体で産出する
空気中で	酸化被膜を生じる（Cr～Cu）						酸化されない（Ag～Au）	
希塩酸との反応	反応してH_2を発生する（Cr～Ni）					反応しない（Cu～Au）		
濃硝酸との反応	不動態	反応する	不動態（Fe～Ni）			反応する（Cu～Ag）		反応しない
その他			強磁性体（Fe～Ni）					

〔注〕 イオン化傾向の欄の(　)内の数字は，表中での大きさの順である。並べると次のとおり。
$Mn > Cr > Fe > Co > Ni > Cu > Ag > Au$

3｜6～11族元素の化合物

1 クロムの化合物 ①重要

❶クロムの酸化数と化合物　クロムCrの酸化数には，＋2，＋3，＋6の3つがあるが，Cr^{3+}が安定である。酸化数が＋6の化合物にはクロム酸カリウムK_2CrO_4や二クロム酸カリウム$K_2Cr_2O_7$があり，後者は酸性溶液でCr^{3+}になる傾向が大きいので，強い酸化剤である。

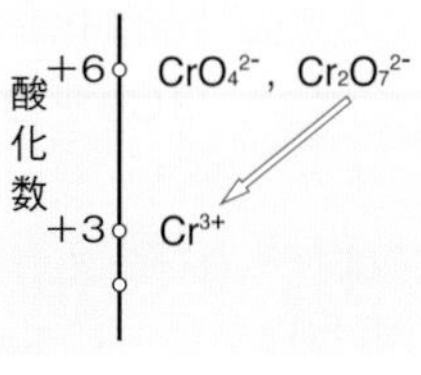

図48 クロムの酸化数

❷クロム酸カリウムK_2CrO_4　**黄色の結晶**で，水に溶かすとクロム酸イオンCrO_4^{2-}(黄色)を生じる。この水溶液に酸を加えると，二クロム酸イオン$Cr_2O_7^{2-}$(赤橙色)を生じる。また，$Cr_2O_7^{2-}$を含む水溶液を塩基性にすると，再びCrO_4^{2-}を生じて，水溶液は黄色になる。

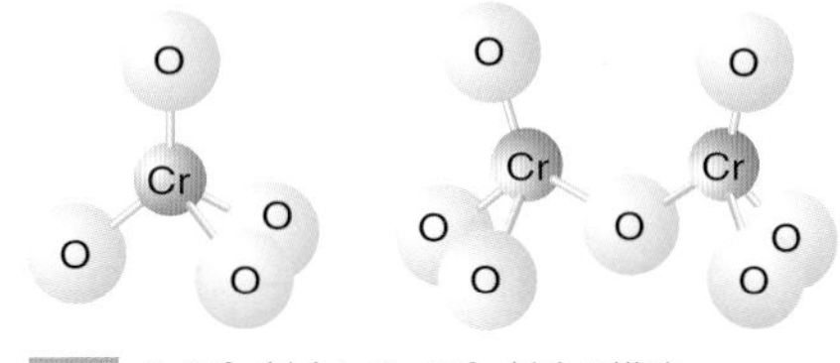

図49 CrO_4^{2-}(左)と$Cr_2O_7^{2-}$(右)の構造

$$2CrO_4^{2-} + 2H^+ \longrightarrow Cr_2O_7^{2-} + H_2O$$

$$Cr_2O_7^{2-} + 2OH^- \longrightarrow 2CrO_4^{2-} + H_2O$$

また，クロム酸イオンは，Pb^{2+}，Ag^+，Ba^{2+}と**難溶性のクロム酸塩をつくる。**

$$Pb^{2+} + CrO_4^{2-} \longrightarrow PbCrO_4$$　クロム酸鉛(Ⅱ)(黄色)

$$2Ag^+ + CrO_4^{2-} \longrightarrow Ag_2CrO_4$$　クロム酸銀(赤褐色)

$$Ba^{2+} + CrO_4^{2-} \longrightarrow BaCrO_4$$　クロム酸バリウム(黄色)

❸二クロム酸カリウム$K_2Cr_2O_7$　**赤橙色の結晶**で，硫酸酸性溶液は酸化力が強い。

$$\underset{(赤橙色)}{Cr_2O_7^{2-}} + 14H^+ + 6e^- \longrightarrow \underset{(暗緑色)}{2Cr^{3+}} + 7H_2O$$

2 マンガンの化合物 ①重要

❶マンガンの酸化数と化合物　マンガンMnの酸化数には，＋2，＋3，＋4，＋6，＋7があるが，酸性溶液では＋2，塩基性溶液では＋4の化合物が安定である。

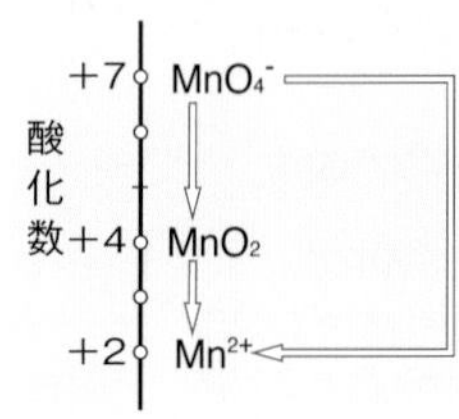

図50 マンガンの酸化数

❷過マンガン酸カリウム$KMnO_4$　過マンガン酸カリウムは**黒紫色の結晶**で，硫酸酸性溶液は酸化力が強い。

$$\underset{(赤紫色)}{MnO_4^-} + 8H^+ + 5e^- \longrightarrow \underset{(淡桃色)}{Mn^{2+}} + 4H_2O$$

塩基性・中性水溶液では，次のような酸化作用をする。

$$MnO_4^- + 2H_2O + 3e^- \longrightarrow MnO_2 + 4OH^-$$

❸酸化マンガン(Ⅳ) MnO_2　黒色の粉末，酸化剤や触媒として用いられる。

補足　金属の酸化物は一般に塩基性酸化物だが，酸化数の大きい酸化クロム(Ⅵ)CrO_3や酸化マンガン(Ⅶ)Mn_2O_7は酸性酸化物である。たとえば，CrO_3は水と反応してクロム酸H_2CrO_4になる。

3 鉄の化合物　重要

❶酸化鉄　**鉄は，＋2と＋3の酸化数を示す**ので，鉄の酸化物には，酸化鉄(Ⅱ)FeO，酸化鉄(Ⅲ) Fe_2O_3，四酸化三鉄Fe_3O_4などがある。酸化鉄(Ⅲ)は赤褐色で，**ベンガラ**とよばれ，顔料や磁性材料などに用いられる。

補足　Fe_3O_4は酸化数＋2と＋3の鉄(FeOとFe_2O_3)が含まれる。

❷鉄(Ⅱ)化合物

①鉄に希硫酸を加えると，**硫酸鉄(Ⅱ) $FeSO_4$**の淡緑色水溶液ができる。

$$Fe + H_2SO_4 \longrightarrow FeSO_4 + H_2$$

この水溶液から溶媒の水を蒸発させると，**硫酸鉄(Ⅱ)七水和物$FeSO_4 \cdot 7H_2O$**が得られる。これは，酸化されやすく，代表的な還元剤である。

②硫酸鉄(Ⅱ)水溶液に水酸化ナトリウム水溶液やアンモニア水を加えると，緑白色の**水酸化鉄(Ⅱ) $Fe(OH)_2$**が沈殿する。

$$Fe^{2+} + 2OH^- \longrightarrow Fe(OH)_2$$

この沈殿は空気中で酸化され，赤褐色の**水酸化鉄(Ⅲ)**に変化しやすい。

③塩基性のもとで硫化水素H_2Sを通じると，**硫化鉄(Ⅱ) FeS**の黒色沈殿が生成する。

④**ヘキサシアニド鉄(Ⅲ)酸カリウム$K_3[Fe(CN)_6]$**水溶液を加えると**濃青色の沈殿**(ターンブル青)が生じる。

❸鉄(Ⅲ)化合物

①塩化鉄(Ⅲ)水溶液に水酸化ナトリウム水溶液やアンモニア水を加えると，**水酸化鉄(Ⅲ)**の赤褐色沈殿が生じる。

②**ヘキサシアニド鉄(Ⅱ)酸カリウム$K_4[Fe(CN)_6]$**水溶液(2価の鉄イオンFe^{2+}を含む)を加えると**濃青色の沈殿**(ベルリン青またはプルシアンブルー)を生じる。

③**チオシアン酸カリウム$KSCN$**の水溶液を加えると，**血赤色の水溶液**になる。

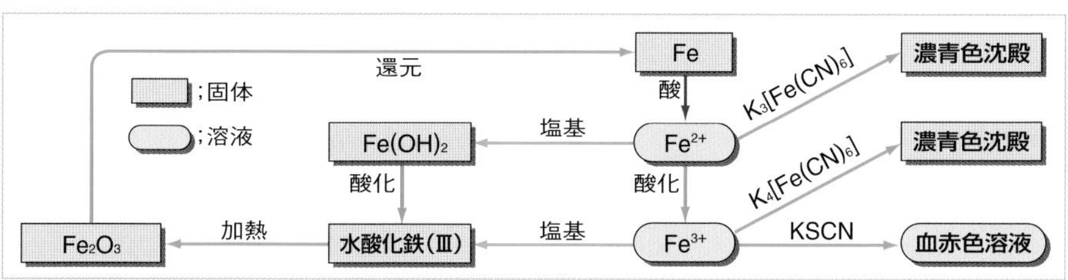

図51　鉄の反応

4 銀・銅の化合物 ①重要

❶銅の化合物

①銅の酸化物には，**黒色の酸化銅(Ⅱ) CuO**と，**赤色の酸化銅(Ⅰ) Cu_2O**が存在する。いずれも水に溶けにくい。酸化銅(Ⅱ)を希硫酸に溶かすと硫酸銅(Ⅱ)になる。

$$CuO + H_2SO_4 \longrightarrow CuSO_4 + H_2O$$

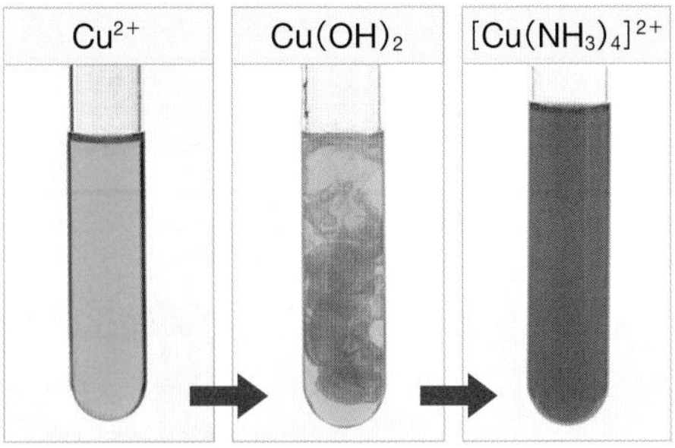

Cu^{2+}	$Cu(OH)_2$	$[Cu(NH_3)_4]^{2+}$

図52 銅イオンの反応

②硫酸銅(Ⅱ)の水溶液から結晶を析出させると青色の**五水和物 $CuSO_4 \cdot 5H_2O$**が得られる。この結晶を150 ℃に熱すると結晶水を失って，白色粉末の$CuSO_4$に変わる。

③硫酸銅(Ⅱ)水溶液にNaOH水溶液やアンモニア水などの塩基性水溶液を加えると，水酸化銅(Ⅱ) $Cu(OH)_2$の青白色(淡青色)沈殿を生じる(☞図52中央)。

$$Cu^{2+} + 2OH^- \longrightarrow Cu(OH)_2 \downarrow$$

さらにアンモニア水を加えると，沈殿は溶け深青色の水溶液となる(☞図52右)。

$$Cu(OH)_2 + 4NH_3 \longrightarrow [Cu(NH_3)_4]^{2+} + 2OH^-$$

④Cu^{2+}に硫化水素を通じると，黒色の硫化銅(Ⅱ) CuSの沈殿を生じる。

$$Cu^{2+} + S^{2-} \longrightarrow CuS \downarrow$$

重要実験 Fe^{2+}・Fe^{3+}・Cu^{2+}の反応性を調べる

操作

❶新しくつくった0.1 mol/L硫酸鉄(Ⅱ)水溶液5 mLを2本の試験管にとり，一方には1 mol/Lアンモニア水を1 mL加え，もう一方には0.1 mol/Lヘキサシアニド鉄(Ⅲ)酸カリウム水溶液を数滴加えて，それぞれの変化のようすを調べる。

❷0.1 mol/L塩化鉄(Ⅲ)水溶液5 mLを2本の試験管にとり，一方には1 mol/Lアンモニア水を1 mL加え，もう一方には0.1 mol/Lヘキサシアニド鉄(Ⅱ)酸カリウム水溶液を数滴加えて，それぞれの変化のようすを調べる。

❸0.1 mol/L硫酸銅(Ⅱ)水溶液2 mLに，1 mol/Lアンモニア水を徐々に過剰に加える。

結果

	Fe^{2+}	Fe^{3+}	Cu^{2+}
NH_3水	緑白色沈殿	赤褐色沈殿	少量で青白色沈殿 過剰で深青色溶液
$K_3[Fe(CN)_6]$	濃青色沈殿	—	—
$K_4[Fe(CN)_6]$	—	濃青色沈殿	—

❶結果は，右表のとおり。

❷❶の緑白色沈殿は水酸化鉄(Ⅱ) $Fe(OH)_2$で，❷の赤褐色沈殿は水酸化鉄(Ⅲ)である。❸の青白色沈殿は水酸化銅(Ⅱ) $Cu(OH)_2$で，これは過剰のNH_3水で深青色のテトラアンミン銅(Ⅱ)イオン$[Cu(NH_3)_4]^{2+}$の水溶液になる。

❷銀の化合物

①**銀の酸化数は ＋1だけ**である。銀の代表的な化合物として**硝酸銀 $AgNO_3$** がある。無色の結晶で水によく溶ける。また，光により分解しやすい。

②硝酸銀水溶液に強塩基や少量のアンモニアを加えて沈殿する褐色の**酸化銀 Ag_2O** は，過剰のアンモニア水に溶解し無色のジアンミン銀(Ⅰ)イオン $[Ag(NH_3)_2]^+$ の水溶液となる。$Ag_2O + 4NH_3 + H_2O \longrightarrow 2[Ag(NH_3)_2]^+ + 2OH^-$

③Ag^+ は，ハロゲン化物イオン X^- と反応してハロゲン化銀の沈殿を生じる。

$$Ag^+ + X^- \longrightarrow AgX\downarrow\ (X = F,\ Cl,\ Br,\ I)$$

ハロゲン化銀は**フッ化銀 AgF** をのぞいて水に溶けにくい。ハロゲン化銀の沈殿反応は，ハロゲン化イオンや銀イオンの検出に利用される。**塩化銀 AgCl** はアンモニア水に溶けるが，**臭化銀 AgBr** はわずかしか溶けず，**ヨウ化銀 AgI** はほとんど溶けない。$AgCl + 2NH_3 \longrightarrow [Ag(NH_3)_2]^+ + Cl^-$

ハロゲン化銀は光によって分解し，銀を析出する。$2AgX \longrightarrow 2Ag\downarrow + X_2$(光)

④ハロゲン化銀は，チオ硫酸ナトリウム $Na_2S_2O_3$ 水溶液に溶解する。たとえば，臭化銀はチオ硫酸ナトリウム水溶液に，次の反応式のように溶解する。

$$AgBr + 2Na_2S_2O_3 \longrightarrow Na_3[Ag(S_2O_3)_2] + NaBr$$

ビス(チオスルファト)銀(Ⅰ)酸ナトリウム

4 亜鉛・水銀とその化合物

1 亜鉛・水銀の単体とその性質

❶**亜鉛の単体** 周期表12族の**亜鉛 Zn** は，比較的融点の低い(420℃)，重金属である。亜鉛は，セン亜鉛鉱 ZnS を焼いて酸化亜鉛 ZnO としてのち，炭素で還元して得られ，電池の負極や鋼板へのめっき(トタン)，銅などとの合金の材料になる。

❷**単体の化学的性質** 価電子 2 個をもち，**2 価の陽イオンになりやすい**。イオン化傾向はアルミニウムに次ぐ大きさで，アルミニウムと共通の性質も多い。**酸の水溶液とも強塩基の水溶液とも反応する両性金属**であり，たとえば亜鉛は空気中で表面は酸化されるが，ち密な膜をつくって内部を保護する。

$$\begin{cases} Zn + 2HCl \longrightarrow ZnCl_2 + H_2 \\ Zn + 2NaOH + 2H_2O \longrightarrow Na_2[Zn(OH)_4]^{\bigstar 1} + H_2 \end{cases}$$

テトラヒドロキシド亜鉛(Ⅱ)酸ナトリウム

❸**水銀の単体** 周期表12族の**水銀 Hg** は，**単体では唯一(ゆいいつ)の常温で液体の金属**[★2]で，辰砂(しんしゃ) HgS を焼くと得られる。イオン化傾向は小さく，常温では酸化されない。鉄，ニッケル以外の金属と合金をつくりやすく，**水銀を含む合金**をアマルガムという。

★1 この式から 2 分子の水 $2H_2O$ をとって，亜鉛酸ナトリウム Na_2ZnO_2 と略記されることもある。

★2 インジウムとカリウムの合金のように，常温で液体となる合金は存在する。

第5編 無機物質

2 亜鉛・水銀の化合物 ①重要

❶酸化亜鉛ZnO　酸化亜鉛は白色の粉末で，**亜鉛華**(か)ともよばれ，白色の顔料や化(け)粧品(しょうひん)，医薬品などに利用される。両性酸化物で，水には溶けないが，**酸にも強塩基にも反応**して溶ける。

$$\begin{cases} ZnO + 2HCl \longrightarrow ZnCl_2 + H_2O \\ ZnO + 2NaOH + H_2O \longrightarrow Na_2[Zn(OH)_4] \end{cases}$$

❷水酸化亜鉛Zn(OH)₂　Zn^{2+}を含む水溶液に，少量のアンモニア水，または少量の水酸化ナトリウム水溶液などを加えると，白色ゲル状の沈殿として生成する。

$$Zn^{2+} + 2OH^- \longrightarrow Zn(OH)_2$$

① 水酸化亜鉛も，**酸にも強塩基にも反応**する両性水酸化物である。

$$\begin{cases} Zn(OH)_2 + 2HCl \longrightarrow ZnCl_2 + 2H_2O \\ Zn(OH)_2 + 2NaOH \longrightarrow Na_2[Zn(OH)_4] \end{cases}$$

② 水酸化亜鉛は過剰のアンモニア水にも溶ける。これはZn^{2+}にアンモニア分子4個が結合したテトラアンミン亜鉛(Ⅱ)イオン$[Zn(NH_3)_4]^{2+}$を生じるからである。

$$Zn(OH)_2 + 4NH_3 \longrightarrow [Zn(NH_3)_4]^{2+} + 2OH^-$$

❸硫化亜鉛ZnS　亜鉛イオンを含む水溶液に中性または塩基性で硫化水素を通じると，硫化亜鉛の白色沈殿ができる。硫化亜鉛は，顔料や蛍光塗料に用いられる。

$$Zn^{2+} + S^{2-} \longrightarrow ZnS\downarrow$$

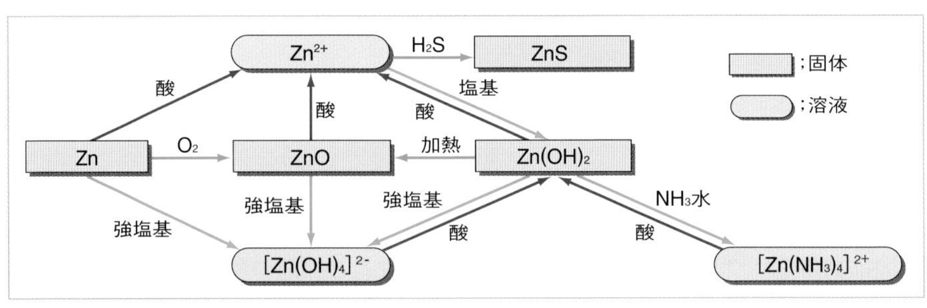

図53 亜鉛の反応

視点 NaOH水溶液とアンモニア水の役割の違いを理解することが重要である。一般に，両性水酸化物は，強塩基と反応するが弱塩基とは反応しない。これは，両性水酸化物がもつ塩基と反応する性質がそれほど強くないためである。したがって，$Al(OH)_3$はNaOH水溶液には溶けるが，アンモニア水には溶けない。$Zn(OH)_2$がアンモニア水に溶けるのは，両性水酸化物としての性質ではなく，テトラアンミン亜鉛(Ⅱ)イオンをつくるという別の性質があるためである。

❹水銀の化合物　水銀の化合物には，酸化数が＋1と＋2のものがある。たとえば，塩化物には，水に溶けにくい**塩化水銀(Ⅰ)** Hg_2Cl_2と，水に溶けやすい**塩化水銀(Ⅱ)** $HgCl_2$とがある。水銀(Ⅱ)化合物および水銀の蒸気は，**きわめて毒性が強い。**

重要実験　マグネシウムイオンMg^{2+}とアルミニウムイオンAl^{3+}の反応性

操作

❶ 2本の試験管A, Bに, 0.1 mol/Lの塩化マグネシウム$MgCl_2$水溶液および0.1 mol/Lの塩化アルミニウム$AlCl_3$水溶液を, それぞれ3 mLずつとり, それぞれに2 mol/Lの水酸化ナトリウム$NaOH$水溶液を数滴加え, 白色沈殿を生じさせる。

❷ 2 mol/Lの水酸化ナトリウム水溶液を2 mLずつ加え溶液を振り, 沈殿を観察する。

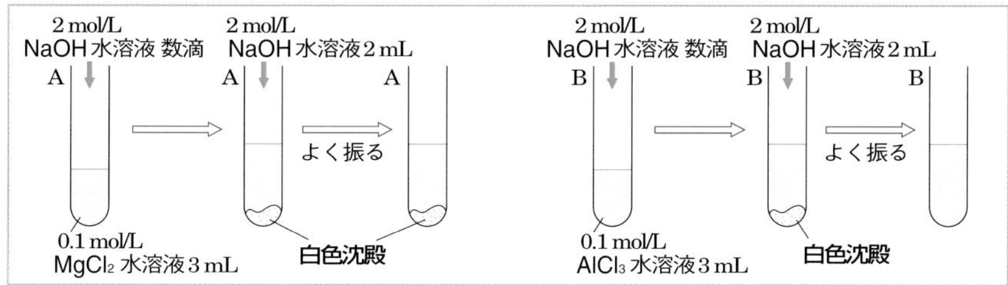

結果

❶ 試験管Aでは, 最初に水酸化マグネシウム$Mg(OH)_2$の白色沈殿を生じる。この沈殿に**さらに水酸化ナトリウム水溶液を加えても, 沈殿が溶けない**ことが観察できる。

❷ 試験管Bでは, 最初に水酸化アルミニウム$Al(OH)_3$の白色沈殿を生じる。これに**さらに水酸化ナトリウム水溶液を加えると, 沈殿が溶けて無色透明な水溶液となる**のが観察できる。これは, 水溶液中に錯イオン$[Al(OH)_4]^-$を生じたことによるものである。

考察

○ マグネシウムは両性金属ではないので, 水酸化マグネシウムは過剰の水酸化ナトリウム水溶液に溶けないが, アルミニウムは両性金属で水酸化アルミニウムは両性水酸化物なので, 過剰の水酸化ナトリウム水溶液に錯イオンをつくって溶ける。

このSECTIONのまとめ　遷移元素とその化合物

□ 遷移元素の特徴 ☞ p.349	・遷移元素…**周期表3～12族の元素**。 ・**錯イオン**…金属イオンと配位子が結合したイオン。
□ 6～11族元素の単体 ☞ p.352	・**鉄**…希塩酸・希硫酸と反応して水素を発生するが, 濃硝酸には不動態になり, 反応しない。 ・**銅・銀・金**…展性・延性が大。熱・電気の良導体。
□ 6～11族元素の化合物 ☞ p.354	・$K_2Cr_2O_7$は, 酸性条件下で強い酸化作用を示す。 ・$KMnO_4$は, 酸性・塩基性で異なる酸化作用を示す。

SECTION 3 金属イオンの分離と確認

1 金属イオンの分離

1 定性分析

金属イオンの沈殿反応や呈色反応を利用すると，鉱物や河川の水などに含まれている金属元素を分離して，どのような元素が含まれているかを知ることができる。このように，**ある物質が，どのような成分元素からできているかを調べること**を**定性分析**という。

補足 成分元素の質量組成を調べることを**定量分析**という。定性分析と定量分析を行うことによって，物質の化学式や混合物の組成が明らかになる。

2 水溶性の違いによる陽イオンの分離 重要

Na^+，Ca^{2+}，Fe^{3+} などの塩化物は水に溶けやすいが，Ag^+，Pb^{2+} などの塩化物は水に溶けにくい。したがって，それらのイオンを含む水溶液に希塩酸を加えると，次の反応が起こって白色沈殿が生じる。

$$Ag^+ + Cl^- \longrightarrow AgCl\downarrow$$
$$Pb^{2+} + 2Cl^- \longrightarrow PbCl_2\downarrow$$

これをろ過すると，ろ紙上に$AgCl$，$PbCl_2$が残り，ろ液（ろ紙を通りぬけた溶液）には，Na^+，Ca^{2+}，Fe^{3+} が含まれている。このように，水溶性の違いを利用すると，特定の金属イオンをろ過により分離することができる。

表20 金属化合物の水に対する溶解性

視点 ①陽イオンと陰イオンの交わった区画が“×”であれば，その両イオンを成分とする化合物が水に溶けないで沈殿を生じることを示す。
②“○”であれば水に溶けることを示し，“△”であれば水に少し溶けることを示す。
③“——”は，化合物が不明なもの，反応のないものを示す。
④硝酸塩，アンモニウム塩，アルカリ金属塩はすべて水によく溶ける。

	Cl^-	S^{2-}	OH^-	SO_4^{2-}	CO_3^{2-}	NO_3^-
Ag^+	×	×	×	○	×	○
Pb^{2+}	×	×	×	×	×	○
Cu^{2+}	○	×	×	○	×	○
Al^{3+}	○	×	×	○	——	○
Fe^{3+}	○	×	×	○	——	○
Zn^{2+}	○	×	×	○	×	○
Mg^{2+}	○	○	×	○	×	○
Ca^{2+}	○	○	△	×	×	○
Ba^{2+}	○	○	○	×	×	○
Na^+	○	○	○	○	○	○
NH_4^+	○	○	○	○	○	○

3 硫化水素による陽イオンの分離

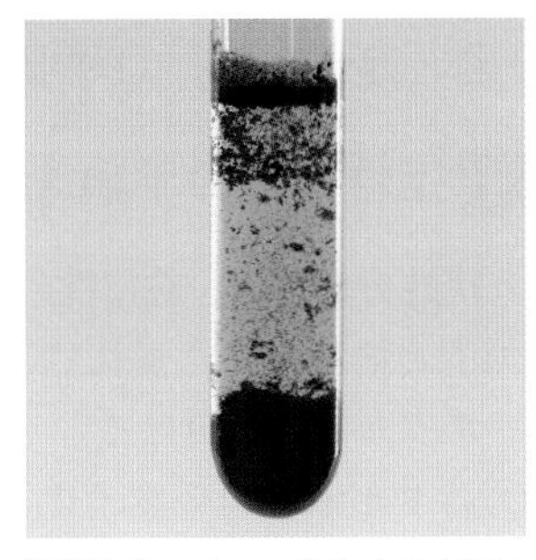
図54 銅イオンに硫化水素を通じる実験

❶硫化物の生成条件　硫化水素H_2Sを金属イオンを含む水溶液に通したとき，その水溶液が，**酸性であるか塩基性であるか**によって，硫化物として沈殿する金属が次のように異なる。

①酸性でも(塩基性ならもちろん)硫化物として沈殿する金属イオン ⇨ Ag^+，Pb^{2+}，Cu^{2+}など。

②中性～塩基性なら硫化物として沈殿するイオン(酸性では沈殿しない) ⇨ Fe^{2+}，Zn^{2+}など。

補足 Fe^{3+}は，H_2Sの還元作用でFe^{2+}になりやすい。また，Al^{3+}は塩基性にすると，$Al(OH)_3$として沈殿する。

❷硫化物の生成条件が異なるわけ　酸性と塩基性とで硫化物の沈殿をつくる金属が異なるのは，酸性溶液では硫化物イオンS^{2-}の濃度が小さく，硫化物の沈殿ができにくいからである。これに対して，塩基性溶液ではS^{2-}の濃度が大きく，比較的硫化物の沈殿ができやすい。なお，**硫化物の色はほとんどが黒色**であるが，**ZnSは白色，CdSは黄色**である。

4 水酸化物の沈殿 (!)重要

①アルカリ金属や2族のCa，Ba，Srの水酸化物は水に溶けやすいが，それ以外の水酸化物は溶けにくい。したがって，Cu^{2+}，Fe^{3+}，Al^{3+}，Ag^+などを含む水溶液に少量の塩基を加えると，水酸化物(Ag^+は酸化物)の沈殿を生じる。

例　Ag_2O 褐色，$Pb(OH)_2$ 白色
$Cu(OH)_2$ 青白色，$Al(OH)_3$ 白色
水酸化鉄(Ⅲ) 赤褐色，$Zn(OH)_2$ 白色
$Mg(OH)_2$ 白色

②**両性水酸化物は，過剰の水酸化ナトリウム水溶液に溶解する。**

$Al(OH)_3$ ⇨ $Na[Al(OH)_4]$
$Zn(OH)_2$ ⇨ $Na_2[Zn(OH)_4]$

③Ag_2O，$Cu(OH)_2$，$Zn(OH)_2$は，過剰のアンモニア水に，錯(さく)イオンをつくって溶解する。

Ag_2O ⇨ $[Ag(NH_3)_2]^+$
$Cu(OH)_2$ ⇨ $[Cu(NH_3)_4]^{2+}$
$Zn(OH)_2$ ⇨ $[Zn(NH_3)_4]^{2+}$

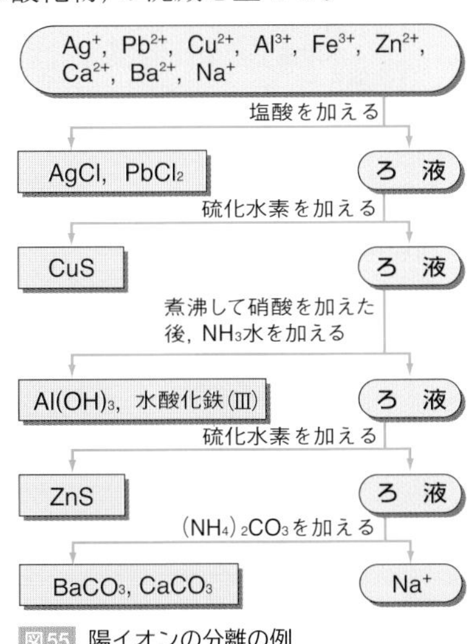

図55 陽イオンの分離の例

2 定性分析の手順と実例

1 定性分析の手順 ①重要

定性分析は，一般に次のような順序で行う。

①混合溶液中に含まれている金属イオンを，前ページの**図55**のように，いくつかのグループに分ける。

②各グループの金属イオンに特定の試薬・操作を加えて，個々の金属イオンに分ける。

③分離した**金属イオンの沈殿反応や呈色反応を利用**して，金属イオンを確認(検出)する。

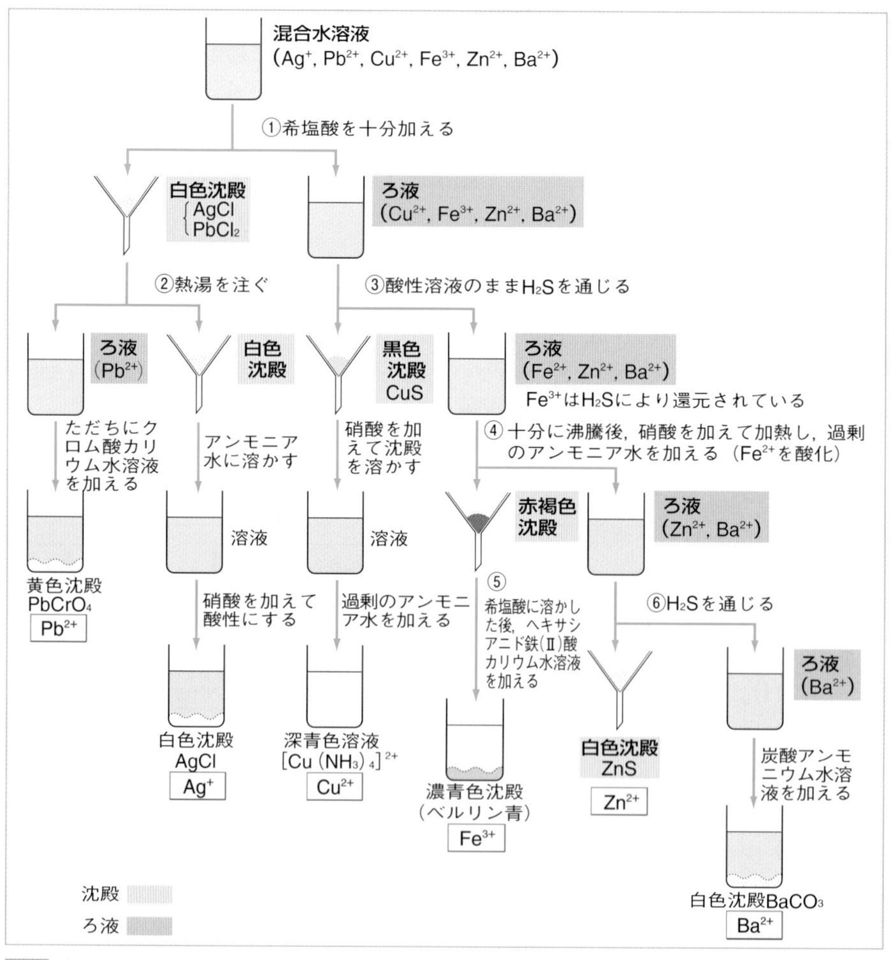

図56 金属イオンの定性分析の一例

2 陽イオン分析の実例

前ページの図56を見ながら，Ag^+，Pb^{2+}，Cu^{2+}，Fe^{3+}，Zn^{2+}，Ba^{2+} の6種類の金属イオンを含む水溶液の分離・確認を考えてみることにする。

[操作①]　混合溶液に希塩酸を加え，**生じた沈殿をろ過し，ろ液と分ける。**

[操作②]　ろ別した沈殿に熱湯を注ぎ，溶けた溶液(ろ液)に K_2CrO_4 水溶液を加えて，生じた黄色沈殿により **Pb^{2+} を検出**する。一方，残った白色沈殿をアンモニア水に溶かし，再び硝酸酸性にして白色沈殿を生じれば **Ag^+ の存在を確認**することができる。

[操作③]　①のろ液に，酸性のまま H_2S を通じた後，ろ過し，生じた黒色沈殿をいったん硝酸に溶かした後，過剰のアンモニア水を加え，深青色溶液の生成により，**Cu^{2+} を検出**する。

[操作④]　③のろ液は，Fe^{3+} が還元されて Fe^{2+} となっているので，十分に煮沸して，H_2S を液中から追い出した後，硝酸を加えて加熱し，Fe^{2+} を酸化する。その後アンモニア水を過剰に加える。

[操作⑤]　生じた赤褐色沈殿に希塩酸を加えて溶かし，$K_4[Fe(CN)_6]$ 水溶液を加えて濃青色沈殿を生じれば，**Fe^{3+} の存在を確認**することができる。

[操作⑥]　④のろ液に，H_2S を通じ，白色沈殿を生じれば，**Zn^{2+} の存在を確認**できる。また，ろ液に炭酸アンモニウム水溶液を加えて白色沈殿を生じれば，**Ba^{2+} の存在を確認**することができる。

補足　Na^+，K^+ を含む水溶液は，沈殿を生じさせる適当な試薬がないので，試料水溶液の炎色反応で，Na^+，K^+ の検出をする。炎色反応は，Na^+ が黄色，K^+ が紫色である(☞ p.17)。

このSECTIONのまとめ　金属イオンの分離と確認

□金属イオンの分離 ☞ p.360	・**定性分析**…金属イオンの特性反応を利用して，金属イオンを分離・確認。 ・**水溶性の利用**…硝酸塩・アルカリ金属塩・アンモニウム塩はすべて可溶。炭酸塩は不溶のものが多い。 ・**硫化水素との反応の利用** { 酸性でも硫化物の沈殿を生成…Ag^+，Pb^{2+}，Cu^{2+} 中性～塩基性なら硫化物の沈殿を生成…Fe^{2+}，Zn^{2+} ・**塩基との反応の利用**…多くの水酸化物は水に不溶。
□定性分析の手順と実例 ☞ p.362	・**定性分析の手順**…①金属イオンのグループ分け，②個々の金属イオンに分離，③金属イオンの確認の順。

CHAPTER 2 練習問題

解答☞p.557

①〈1族元素〉テスト必出

1族元素に関する次の文を読み，あとの問いに答えよ。

リチウム，ナトリウム，カリウムはいずれも1族に属し(　**ア**　)金属とよばれる。イオン化エネルギーが(　**イ**　)ので単体は天然では存在せず，溶融塩電解により単体を製造する。単体は一般に密度が(　**ウ**　)く，やわらかい金属である。還元力が強く，常温で水と反応して(　**エ**　)を発生し水酸化物となる。空気中でもすぐに酸素や水蒸気と反応し金属光沢を失うため，(　**オ**　)中に保存する。

(　**ア**　)金属の化合物や，その水溶液は，炎の中に入れると特有の色が観察される(　**カ**　)反応を示し，リチウムは(　**キ**　)色，ナトリウムは黄色，カリウムは(　**ク**　)色を示す。

⑴　**ア**～**ク**の(　)内に適切な語句を入れ，文を完成させよ。

⑵　ナトリウムの単体と水との反応を化学反応式で示せ。

②〈2族元素〉

次の記述のうち，マグネシウムだけの性質にはA，カルシウムだけの性質にはB，両方にあてはまる性質にはCを記せ。

⑴　炎色反応を示す。

⑵　銀白色の金属である。

⑶　単体は常温で水と反応する。

⑷　酸化物は水と反応しにくい。

⑸　水酸化物の水溶液は強い塩基性を示す。

⑹　炭酸塩は塩酸に溶ける。

⑺　硫酸塩は水に溶けにくい。

③〈バリウム・アルミニウム・亜鉛のイオンと化合物〉テスト必出

次の文中のA～Cにあてはまるイオンは，Ba^{2+}，Al^{3+}，Zn^{2+}のうちのどれか。また，文中の錯(さく)イオンⓐ・ⓓおよび化合物ⓑ・ⓒの化学式を記せ。

⑴　Aを含む水溶液にアンモニア水を少量加えると白色沈殿を生じるが，過剰に加えると沈殿が溶け，錯イオンⓐを含む無色透明な水溶液になる。

⑵　Bを含む水溶液に希硫酸を加えると，化合物ⓑの白色沈殿を生じる。

⑶　Cを含む水溶液にアンモニア水を加えると，化合物ⓒの白色沈殿を生じる。この沈殿は過剰にアンモニア水を加えても溶けないが，水酸化ナトリウム水溶液を過剰に加えると溶け，錯イオンⓓを含む無色透明な水溶液になる。

4 〈クロムの化合物〉

次の文中の(　)のうち，①，②，④，⑥には適切な語句，③，⑤には適切な化学式を入れよ。

クロム酸カリウムの水溶液は(　①　)色でこれに硝酸銀水溶液を加えると(　②　)色の沈殿を生じる。またクロム酸カリウムの水溶液に希硫酸を加えると，赤橙色のイオンである(　③　)を生じる。

③の水溶液に水酸化ナトリウム水溶液を加えると(　④　)色になる。これは③が(　⑤　)に変わったためである。また，③の水溶液は還元剤と反応して(　⑥　)色になる。

5 〈イオンの推定〉

次のA～Dにあてはまる金属イオンを，次のうちから1つずつ選べ。また，①～④にあてはまる化学式をそれぞれ記せ。

Fe^{2+}　Fe^{3+}　Ag^{+}　Cu^{2+}　Pb^{2+}　Zn^{2+}　Al^{3+}　Ca^{2+}

(1) Aに水酸化ナトリウム水溶液を加えると緑白色の沈殿(　①　)を生じる。また，KSCN水溶液を加えても変化が見られない。

(2) Bに水酸化ナトリウム水溶液を加えると，はじめは白色沈殿の(　②　)を生じるが，過剰に加えると無色の溶液になる。アンモニア水でも同様の変化が起こる。

(3) Cにアンモニアを加えると，はじめは青白色の沈殿(　③　)を生じるが，過剰に加えると，錯(さく)イオン(　④　)を生じ，深青色の水溶液になる。

(4) Dに塩酸を加えると，白色の沈殿を生じる。この沈殿は熱水に溶ける。

6 〈陽イオンの分離〉 テスト必出

Ag^{+}，Al^{3+}，Cu^{2+}，Zn^{2+}，Na^{+}を含む混合水溶液について次の操作1～4を行った。

操作1；塩酸を加え，沈殿をろ過した。

操作2；操作1のろ液に硫化水素を通じ，生じた沈殿Bをろ過した。

操作3；操作2のろ液にアンモニア水を十分に加え，生じた沈殿Cをろ過した。

操作4；操作3のろ液に硫化水素を通じ，生じた沈殿Dをろ過した。

沈殿A～Dの化学式を書け。

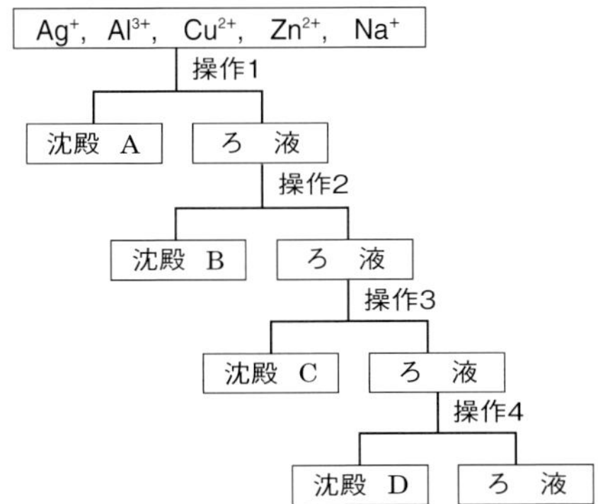

定期テスト予想問題

解答☞p.557

時　間50分 合格点70点	得 点

1　次の文章を読み，あとの問いに答えよ。

〔(1)各１点，(2)〜(4)２点…合計14点〕

周期表17族の典型元素は(　ア　)と総称され，いずれも反応性が高く，多くの化合物をつくる。(　ア　)の原子は価電子を(　イ　)個もち，(　ウ　)結合によって二原子分子からなる単体をつくる。これらのうち，常温・常圧で気体であるものはフッ素と(　エ　)であり，(　オ　)は(　カ　)色の液体，(　キ　)は(　ク　)色の固体である。

水素化物HXは水に溶けやすく，①水溶液はいずれも酸性を示す。この中で，②フッ化水素HFは，ガラスを侵すため，ポリエチレン製容器に入れて保存する。

(1)　問題文中**ア**〜**ク**にあてはまる適切な語句または数字を答えよ。

(2)　**ア**の単体のうち，最も酸化力が強いものの化学式を答えよ。

(3)　下線部①について，最も弱い酸である水素化物の化学式を答えよ。

(4)　下線部②について，フッ化水素がガラスの主成分である二酸化ケイ素を溶かすときの化学反応式を答えよ。

2　カルシウムとその化合物について，次の文章を読み，あとの問いに答えよ。

〔(1)・(2)各１点，(3)〜(5)２点…合計17点〕

カルシウムは典型金属元素で，２族元素のひとつである。２族元素は価電子を(　ア　)個もつので，(　ア　)価の(　イ　)イオンになりやすい。２族元素は(　ウ　)金属ともよばれるが，このうち，ベリリウム，マグネシウム以外の４元素は，リチウムやナトリウムなどの(　エ　)金属と同様に①炎色反応を示す。

カルシウムの化合物である酸化カルシウムは(　オ　)ともよばれる白色の固体である。水と反応すると発熱して(　カ　)になるため，発熱剤や乾燥剤として用いられる。この(　カ　)は(　キ　)ともよばれ，漆喰(しっくい)などの建築材料や酸性土壌の改良剤に用いられる。また，(　カ　)の飽和水溶液は石灰水とよばれ，②(　ク　)を吹き込むと白色沈殿を生じる。この白色沈殿は石灰石などの主成分の化合物で，セメントやガラスの原料などに用いられる。

また，(　ケ　)カルシウム二水和物は③セッコウとして，建築材や塑像，医療用ギプスなどに用いられる。

(1)　問題文中の**ア**〜**ケ**にあてはまる適切な語句または数字を答えよ。

(2)　下線部①について，ストロンチウム，バリウムの炎色反応の色を答えよ。

(3)　下線部②について，その現象の化学反応式を答えよ。

(4)　下線部②の状態からさらに**ク**を吹き込み続けたとき，白色沈殿が溶け，液体が透明になる。このときの化学反応式を答えよ。

(5)　下線部③について，セッコウを焼いてつくられる粉末は塑像や医療用ギプスに利用される。この粉末と水を混合して固める過程の化学反応式を答えよ。

3　あとの問いに答えよ。

〔(1)各２点，(2)３点，(3)４点…合計23点〕

以下に示す固体試薬と液体試薬を反応させて，気体を発生させる８種の実験を行った。

操作①　酸化マンガン(Ⅳ)に濃塩酸を加えて加熱する。

操作②　塩化ナトリウムに濃硫酸を加えて加熱する。

操作③　フッ化カルシウムに濃硫酸を加える。

操作④　銅に加熱した濃硫酸を加える。

操作⑤　銅に希硝酸を加える。

操作⑥　硫化鉄(Ⅱ)に希硫酸を加える。

操作⑦　亜鉛に希硫酸を加える。

操作⑧　炭酸カルシウムに希塩酸を加える。

(1)　操作①～⑧で発生する気体の化学式をそれぞれ答えよ。

(2)　操作①～⑧で発生する気体の中で，次の操作⑨で発生する気体と同じ気体を発生させる操作を答えよ。

操作⑨；亜硫酸ナトリウムに希硫酸を加える。

(3)　操作①～⑧で発生する気体の中で水上置換で捕集する気体の化学式をすべて答えよ。

4　次の文章を読み，Ａ～Ｅの金属の金属名と元素記号を答えよ。

〔各２点…合計20点〕

５種類の金属Ａ～Ｅは，それぞれ次に示す性質や特徴をもつ。

[Ⅰ]各金属と水との反応

(i)　Ａは常温で水と反応して，水素を発生しながら白色化合物に変化する。この白色化合物は水にわずかに溶けて，その水溶液は塩基性を示す。これに二酸化炭素を吹き込むと白色沈殿を生じ，さらに二酸化炭素を吹き込み続けると沈殿は溶解する。

(ii)　ＢとＣは，高温の水蒸気と反応して水素を発生しながら，それぞれ白色化合物と黒褐色化合物に変化する。

(iii)　ＤとＥは水と反応しない。

[Ⅱ]各金属と酸との反応

(iv)　Ａ，Ｂ，Ｃは希塩酸に溶け，水素を発生する。

(v)　Ｄは希塩酸には溶けないが，熱濃硫酸や硝酸には溶ける。

(vi)　Ｅは希塩酸や希硫酸を加えてもほとんど溶けないが，希硝酸には溶ける。

[Ⅲ]各金属と塩基との反応

Ｂ，Ｃ，Ｄ，Ｅを[Ⅱ]で示した方法で溶かし，それぞれの溶液にアンモニア水を十分に加えると，

(vii)　ＢとＥを溶かした溶液は，どちらも白色沈殿を生じる。

(viii)　Ｃを溶かした溶液は緑白色沈殿を生じるが，時間が経過すると赤褐色沈殿に変化する。

(ix)　Ｄを溶かした溶液は深青色溶液に変化する。

[Ⅳ]各金属の特徴

(x)　Ａ，Ｂ，Ｅは典型金属元素であり，Ｃ，Ｄは遷移金属元素である。

5 次の(1)～(5)のイオンが含まれる水溶液から下線部のイオンだけを沈殿させるのに，最も適する試薬を，下のア～カより選べ。　〔各2点…合計10点〕

(1) <u>Al^{3+}</u>，Ca^{2+}，Cu^{2+}　(2) <u>Zn^{2+}</u>，Ba^{2+}，Na^{+}　(3) <u>Ba^{2+}</u>，Fe^{3+}，Cu^{2+}

(4) <u>Fe^{3+}</u>，Al^{3+}，Zn^{2+}　(5) <u>Ag^{+}</u>，Cu^{2+}，Fe^{3+}

ア 塩酸　**イ** 硫酸　**ウ** 硝酸　**エ** 硫化水素

オ アンモニア水　**カ** 水酸化ナトリウム水溶液

6 以下に示した金属イオンを含む水溶液がある。下図は各イオンを分離する操作である。①～⑧に入るおもな沈殿またはイオンを1つずつ化学式で答えよ。

〔各2点…合計16点〕

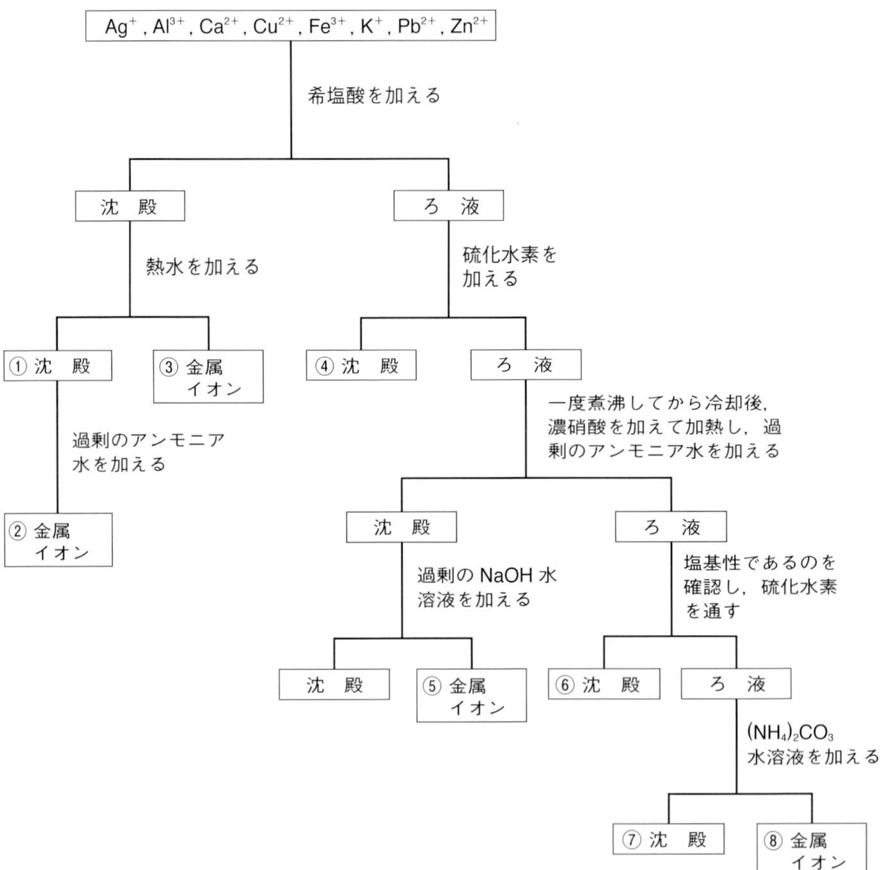

第6編

有機化合物

CHAPTER

1 » 炭化水素

SECTION 1 有機化合物の特徴と分類

1 | 有機化合物の特徴

1 有機化合物

❶有機化合物と無機化合物　有機化合物(organic compound)には，動植物，すなわち有機体(organism)の活動によって自然界でつくられる物質という意味がある。19世紀のはじめまでは，生命力によってのみつくることができるものであり，試験管の中で合成できる無機化合物とは根本的に異なるものだと信じられていた。

❷炭素化合物　ところが1828年に，ドイツの化学者ウェーラー(1800～1882)によって，**無機化合物からも有機化合物が合成**されるようになり，現在では，**炭素原子を骨格とした化合物を総称**して有機化合物とよんでいる。

補足　CO_2，CO，$CaCO_3$，HCN，Cなどは炭素化合物や単体であるが，無機化合物として扱う。

POINT!

有機化合物⇨炭素原子を骨格とした化合物，主な元素はC, H, O, N
無機化合物⇨有機化合物以外の物質

❸ウェーラーによる尿素の合成　ウェーラーは，当時無機化合物とされていたシアン酸アンモニウムNH_4OCNを加熱すると，生体内に存在する尿素に変わることを発見した。

$$NH_4OCN \longrightarrow CO(NH_2)_2$$

このとき以来，有機化合物と無機化合物は，人工的に合成できるかどうかによる区別がなくなり，現在では非常に多くの有機化合物が人工的に合成されている。

ウェーラー

2 有機化合物の多様性

❶**炭素原子の化学的特性**　有機化合物を構成するおもな元素は，**炭素**，**水素**，**酸素**，**窒素**であり，このほか有機化合物は硫黄，リン，ハロゲンなど数種類の元素から構成されている。構成元素の数が少ないにもかかわらず，現在有機化合物の種類は1億種以上もあり，年々増え続けている。これは，有機化合物の骨格をつくる炭素の，次のような化学的特性が理由である。

①炭素原子は，典型元素であるが，周期表のほぼ中央に位置しているので，電気陰性度が中程度で，**共有結合をつくりやすい。**

②炭素原子は価電子を4個もち，**原子価が**4と大きい。

❷**有機化合物の特性**　上の2つの特性のために，炭素原子どうしは，**共有結合によっていくつも結合する**ことができる。しかも1列につながるだけでなく，環(かん)をつくったり，枝分かれしたりして，多様な骨格構造をつくる。さらに，水素のような陽性の原子とも，酸素やハロゲンのような陰性の原子とも共有結合をするので，多種多様で安定な化合物をつくることができる。

3 有機化合物の特徴

無機化合物の多くは塩(えん)であり，イオン結晶が多いが，有機化合物の多くは分子からできている。

表1 有機化合物と無機化合物の特徴

	有機化合物	無機化合物
構成元素	少ない。 C，H，O，Nなどがおもなもの。	多い。 約100種類。ほぼ全元素。
結合	ほとんどが共有結合(単結合だけでなく，二重結合や三重結合もある)。 ただし，酢酸ナトリウムなど，一部にイオン結合をもつものもある。	多くはイオン結合。他に，共有結合や金属結合のものもある。
融点・沸点	比較的低い。 融点300℃以下のものが多く，融解よりも先に熱分解するものもある。	高いものが多いが，一部に低いもの(水銀など)もある。
溶解性	水に溶けにくいものが多いが，ヒドロキシ基をもつもの(スクロースやエタノールなど)やイオンになるもの(酢酸ナトリウムなど)は溶ける。 有機溶媒には溶けるものが多い。	水への溶けやすさは物質によってかなり異なる。 有機溶媒には溶けにくいものが多い。
加熱時の変化	空気中で燃えやすいものが多い。 熱すると，分解しやすい。	高温でも分解しにくい。

2 有機化合物の構造と分類

1 炭素骨格による分類　①重要

❶有機化合物の分類　有機化合物は，骨格をつくる炭素原子が鎖状に結合している鎖式化合物(脂肪族化合物ともいう★1)と，環状に結合している部分を含む環式化合物とに大別される。環式化合物のうち，ベンゼンC_6H_6のように6個の炭素原子でできた特殊な環状骨格を含むものを芳香族化合物，他のものを脂環式化合物という。また，炭素原子どうしがすべて単結合で結合している飽和化合物と，炭素原子間の結合に不飽和結合(二重結合，三重結合)を含む不飽和化合物とに分類される。

図1　炭素の骨格と炭素間の結合

❷炭化水素の分類　炭素と水素だけでできている化合物を炭化水素という。

- 炭化水素
  - 鎖式炭化水素
    - 飽和炭化水素 ……………… アルカン
    - 不飽和炭化水素
      - 二重結合を1つ含むもの ……… アルケン
      - 三重結合を1つ含むもの ……… アルキン
  - 環式炭化水素
    - 脂環式炭化水素 ……… シクロアルカン，シクロアルケン
    - 芳香族炭化水素

表2　炭化水素の例

アルカン	アルケン	アルキン	シクロアルカン	芳香族炭化水素
エタン	エテン(エチレン)	H−C≡C−H エチン(アセチレン)	シクロヘキサン	ベンゼン

有機化合物
- 鎖式化合物……飽和化合物・不飽和化合物
- 環式化合物……芳香族化合物・脂環式化合物

★1 脂肪族炭化水素に脂環式化合物を含む場合もある。この定義では芳香族炭化水素以外の炭化水素をさす。

2 官能基による分類 ①重要

❶炭化水素基　炭化水素分子中の水素原子を他の原子や原子団で置き換えると，種々の有機化合物をつくることができる。**炭化水素分子から水素原子の一部を除いた原子団を炭化水素基**という。たとえば，メタンCH_4から水素原子を1個除いたものである$-CH_3$をメチル基という。

表3　炭化水素基の例

名　称	化 学 式
メチル基	$-CH_3$
エチル基	$-C_2H_5$
メチレン基	$-CH_2-$
ビニル基	$-CH=CH_2$
フェニル基	(ベンゼン環)$(-C_6H_5)$

補足　エチル基のような飽和の炭化水素基をアルキル基ともいう。

❷官能基(かんのう)　有機化合物の**性質を決めるはたらきをもつ原子団**を官能基という。たとえば，カルボキシ基$-COOH$をもつ化合物は酸性を示し，アミノ基$-NH_2$をもつ化合物は塩基性を示す。**同じ官能基をもつ化合物は共通の性質を示す**ので，有機化合物を官能基によって分類することもできる。

有機化合物　＝　炭化水素基(骨格)　＋　官能基(特性)

表4　官能基による有機化合物の分類

官能基の種類		化合物群の名称	化合物の例
ヒドロキシ基	$-OH$	アルコール	メタノール　CH_3-OH エタノール　C_2H_5-OH
		フェノール類	フェノール　C_6H_5OH
エーテル結合	$-O-$	エーテル	ジエチルエーテル　$C_2H_5-O-C_2H_5$
ホルミル基(アルデヒド基)	$-C{\lt}^{H}_{O}$	アルデヒド	アセトアルデヒド　CH_3-CHO
カルボニル基(ケトン基)	$>C=O$	ケトン	アセトン　$CH_3-CO-CH_3$
カルボキシ基	$-C{\lt}^{O}_{O-H}$	カルボン酸	酢酸　CH_3-COOH
ニトロ基	$-NO_2$	ニトロ化合物	ニトロベンゼン　$C_6H_5-NO_2$
アミノ基	$-NH_2$	アミン	アニリン　$C_6H_5-NH_2$
スルホ基	$-SO_3H$	スルホン酸	ベンゼンスルホン酸　$C_6H_5-SO_3H$

補足　アルデヒドやカルボン酸に含まれる$>C=O$を**カルボニル基**ということもある。

3 有機化合物の表し方 ①重要

❶分子式　**分子をつくっている原子の種類と数を表す式**を分子式という。有機化合物の分子式は，ふつうC，H，O，Nの順に元素記号を書いて示す。

❷示性式（しせい）　**分子式の中から官能基**（かんのう）**を抜き出して書き表した式**を示性式という。炭化水素基の構造はわからないが，官能基の種類が示されているので，化合物の性質は見当がつく。

❸構造式　分子中の個々の原子の結合のしかたや結合の種類(単結合か二重結合か三重結合か)を表した式を構造式という。

❹略式構造式　構造式は，下に示すように，原子のつながり方にまぎれがない場合は，原子団をまとめて書いたり(略式 1)，単結合を示す線を省略(略式 2 や 3)してもよい。しかし，不飽和結合の場合は線を省略してはならない。

表5　分子式・示性式・構造式の例

	酢　酸	エタノール
分子式	$C_2H_4O_2$	C_2H_6O
示性式	CH_3COOH	C_2H_5OH
構造式	H–C(H)(H)–C(=O)–O–H	H–C(H)(H)–C(H)(H)–O–H

例

```
   H  H  H  H
   |  |  |  |
H–C=C–C–C–O–H   ──→
      |  |
      |  H
   H–C–H
      |
      H
```

〔略式 1〕　$CH_2=CH-CH(CH_3)-CH_2-OH$

〔略式 2〕　$CH_2=CHCH(CH_3)CH_2OH$（CHの下にCH_3）

〔略式 3〕　$CH_2=CHCH(CH_3)CH_2OH$

4 異性体

分子式は同じであるが，分子の構造が異なり，したがって性質も異なる化合物どうしを，互いに異性体であるという。**有機化合物には異性体をもつものが多い。**

例　分子式がC_2H_6Oの化合物には，2 つの異性体がある。1 つはヒドロキシ基をもつアルコール，もう 1 つはエーテル結合をもつエーテルである。

```
   H  H             H     H
   |  |             |     |
H–C–C–O–H        H–C–O–C–H
   |  |             |     |
   H  H             H     H
```

エタノール（沸点 78℃）　　ジメチルエーテル（沸点 −25℃）

異性体⇨分子式は同じでも，構造が異なる。
分子式は同じでも，性質が異なる。

5 有機化合物の命名法

❶**体系名**　現在，国際的に認められている命名法は，無機，有機化合物ともに，国際純正および応用化学連合(IUPAC(アイユーパック)★1)が制定したもので，体系名(IUPAC名ともいう)とよばれている。これは1つのルールにしたがって決められた名称で，化学の教科書に出てくる物質名はほとんどこれにしたがっている。

❷**慣用名**　体系名が制定される以前から使われている名前を慣用名(**保存名**)という。慣用名のほうがよく知られているものも多く，IUPAC命名法で使用が認められているものが少なくない。

表6 有機化合物の名称の例(おもに使用する名称を赤文字で示す)

体系名	慣用名	化学式
エテン	エチレン	$CH_2=CH_2$
プロペン	プロピレン	$CH_2=CH-CH_3$
エチン	アセチレン	$CH\equiv CH$
プロピン	メチルアセチレン	$CH\equiv C-CH_3$
エタノール	エチルアルコール	CH_3-CH_2-OH
1-プロパノール	*n*-プロピルアルコール	$CH_3-CH_2-CH_2-OH$
2-プロパノン	アセトン	$CH_3-CO-CH_3$

このSECTIONのまとめ　有機化合物の特徴と分類

□ **有機化合物の特徴**
☞ p.370
- 構成元素はC，H，O，Nなど少数であるが，種類はきわめて多い。
- 融点・沸点は低く，水に溶けにくいものが多い。
- 可燃性のものが多い。高温で分解しやすい。

□ **有機化合物の構造と分類**
☞ p.372
- { **鎖式化合物…飽和化合物・不飽和化合物** / **環式化合物…芳香族化合物・脂環式化合物** }
- **官能基**…有機化合物の性質を決める原子団。官能基によっても有機化合物は分類できる。

□ **有機化合物の表し方**
☞ p.374
- **示性式**…官能基がよくわかるように表した式。
- **構造式**…個々の原子の結合のしかたを示した式。
- **異性体**…分子式が同じで，分子構造が異なるもの。

★1 International Union of Pure and Applied Chemistryの略である。

脂肪族炭化水素

1 | 炭化水素

1 炭化水素の分類 ①重要

炭化水素は，①**鎖状か環状か**，②**飽和か不飽和か**，の２点により分類される。

表7 炭化水素の分類と名称（芳香族炭化水素を除く）

分類		鎖式炭化水素			環式炭化水素★1
		飽和	不飽和		飽和
結合		単結合のみ	二重結合が１つ	三重結合が１つ	単結合のみ
同族列名		アルカン	アルケン	アルキン	シクロアルカン
★2 化合物の炭素数	C_1	CH_4 メタン	———	———	———
	C_2	C_2H_6 エタン	C_2H_4 エテン（エチレン）	C_2H_2 エチン（アセチレン）	———
	C_3	C_3H_8 プロパン	C_3H_6 プロペン（プロピレン）	C_3H_4 プロピン（メチルアセチレン）	C_3H_6 シクロプロパン
	C_4	C_4H_{10} ブタン	C_4H_8 ブテン（ブチレン）	C_4H_6 ブチン	C_4H_8 シクロブタン
	C_5	C_5H_{12} ペンタン	C_5H_{10} ペンテン	C_5H_8 ペンチン	C_5H_{10} シクロペンタン
一般式		C_nH_{2n+2}	C_nH_{2n}	C_nH_{2n-2}	C_nH_{2n}
名称の語尾		～アン	～エン	～イン	シクロ～アン

❶**同族体**　**炭素数が異なるだけで，分子構造がよく似ているもの**は互いに**同族体**であるといい，性質も似ている。同族体をひとまとめにして**同族列**という。

❷**一般式**　同族体の分子式は，炭素数をnとして，共通の式で示される。

2 炭化水素の命名法

❶**アルカン**　物質名の語尾が「**アン**(-ane)」。

❷**アルケン**　語尾が「**エン**(-ene)」。慣用名では語尾が「**イレン**(-ylene)」。

❸**アルキン**　語尾が「**イン**(-yne)」。慣用名はアセチレンの誘導体の名前。

❹**シクロアルカン**　アルカンの名前の前に「**シクロ**(cyclo-)」をつける。

★1 シクロアルカンの炭素原子間の１つの結合が二重結合になったシクロアルケンも，環式炭化水素の１つである。

★2 炭素数が１の化合物をC_1，２の化合物をC_2，…などと表すことがある。

2 | アルカン

1 アルカンの構造 ①重要

❶アルカン　鎖状(環をつくらないという意味)で，**炭素原子間がすべて単結合でつながっている鎖式飽和炭化水素**を**アルカン**または**メタン系炭化水素**という。

❷メタンの立体構造　最も簡単なアルカンであるメタンは，正四面体の中心に炭素原子があり，正四面体の4つの頂点にそれぞれ水素原子が配置された構造をしている。他のアルカンもメタンの正四面体を連結した構造になっている。

表8　アルカンの立体構造

名称	メタン	エタン	プロパン
立体構造		自由に回転できる	
構造式	H | H−C−H | H	H H | | H−C−C−H | | H H	H H H | | | H−C−C−C−H | | | H H H

❸アルカンの構造式　単結合で結合している炭素原子は，**単結合を軸として自由に回転できる**ので，たとえばブタンC_4H_{10}は，図2(a)や(b)のような形をとれる。ブタンの構造式をこれらの形に似せて書くと，図2(c)や(d)のようになるが，どれも同じ物質なので，構造式としては，通常は図2(e)のように**直線的に書く**。

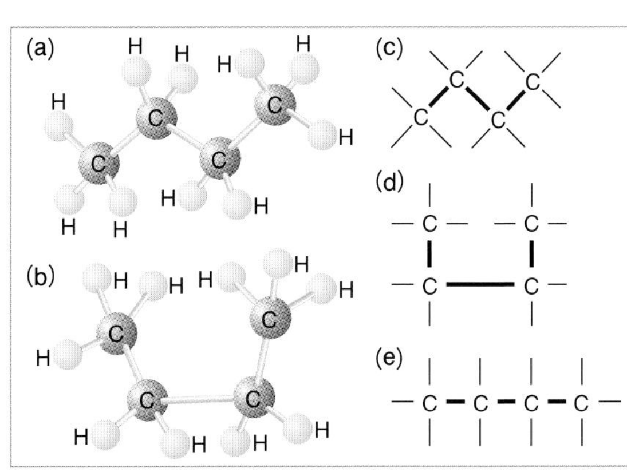

図2　ブタンの立体構造と構造式

アルカンの構造 { 正四面体が連結した立体構造。
C−C単結合を軸として自由に回転できる。

2 アルカンの異性体

❶構造異性体 分子式C_4H_{10}で示されるアルカンには，炭素原子が1列に並んだ直鎖構造のブタンと，枝分かれした構造の2-メチルプロパン(イソブタン)の2種類の物質がある。ブタンと2-メチルプロパンのように，**分子式は同じであるが，原子の並び方が異なる異性体**を構造異性体という。**構造異性体は，1対の共有電子対を1本の線(価標)で表した構造式を書くと，はっきりと区別**できる。

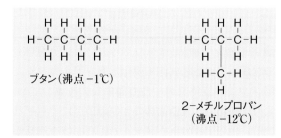

ブタン(沸点 −1℃)

2-メチルプロパン(沸点 −12℃)

図3 ブタンの異性体

表9 アルカンの異性体の数

炭素数	異性体の数
4	2
5	3
6	5
7	9
8	18
9	35
10	75
15	4347

❷異性体の数 炭素数がふえると，異性体の数がふえるため，有機化合物の種類はきわめて多くなる。**表9**に，理論的に可能なアルカンの異性体の数を示す。

❸異性体の命名法 枝分かれした炭化水素は，直鎖状炭化水素の置換体と考え，次の規則にしたがって命名する。

①最も長い炭素鎖を主鎖といい，主鎖名の前に側鎖(主鎖以外の炭素鎖)の基の名前をつける。

②枝の位置は，炭素鎖の端から順に番号をつけて示す。ただし番号は，位置を表す数字が最小になるようにつける。

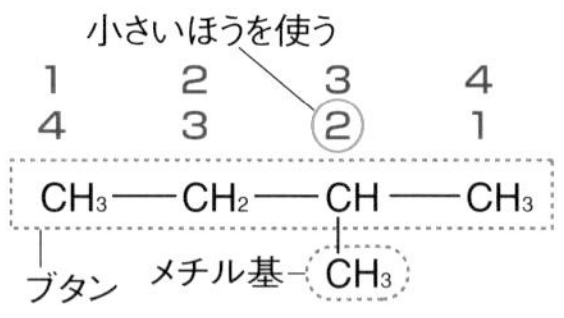

例 **右の構造式で示される物質の名前**

①最も長い炭素鎖は炭素数が4だから「**ブタン**」。側鎖はメチル基だから「**メチルブタン**」となる。

②番号のつけ方は，左からと右からの2通りがあり，メチル基がついている炭素原子の番号は2または3となる。最小の数字を使うのが規則であるから，この炭化水素の名前は「**2-メチルブタン**」となる。

3 アルカンの物理的性質

①直鎖状のアルカンでは，**炭素数が多いほど分子間力が大きいので，その融点・沸点は高い**。また，同じ炭素数のアルカンでは，**枝分かれが多いほど球形に近く極性が小さいので，分子間力が小さくなるため，その融点・沸点は低い。**

②炭化水素は極性が小さい分子なので極性の大きい水には溶けにくいが，**極性のないベンゼンなどの有機溶媒には溶けやすい。**

4 アルカンの反応性

アルカンは常温では，酸化剤，還元剤，酸，塩基などとほとんど反応しない。しかし，加熱したり，光を照射したりすると，次のような反応が起こる。

表10 直鎖状アルカンの融点・沸点(常温は25 ℃)

名称	分子式	融点〔℃〕	沸点〔℃〕	常温
メタン	CH_4	－183	－161	気体
エタン	C_2H_6	－184	－89	
プロパン	C_3H_8	－188	－42	
ブタン	C_4H_{10}	－138	－1	
ペンタン	C_5H_{12}	－130	36	液体
ヘキサン	C_6H_{14}	－95	69	
ヘプタン	C_7H_{16}	－91	98	
オクタン	C_8H_{18}	－57	126	
ノナン	C_9H_{20}	－54	151	
デカン	$C_{10}H_{22}$	－30	174	
オクタデカン	$C_{18}H_{38}$	28	317	固体

❶燃焼　アルカンは，空気中で点火すると，多量の熱を発生して燃焼し，二酸化炭素と水を生成する。たとえば，エタンの燃焼の反応式は，

$$2C_2H_6 + 7O_2 \longrightarrow 4CO_2 + 6H_2O$$

❷置換(ちかん)反応　メタンと塩素の混合気体に光を当てると，メタンの水素原子が次々に塩素原子と置き換わった塩素化合物ができる。

$$CH_4 \xrightarrow[-HCl]{光\ +Cl_2} CH_3Cl \xrightarrow[-HCl]{光\ +Cl_2} CH_2Cl_2 \xrightarrow[-HCl]{光\ +Cl_2} CHCl_3 \xrightarrow[-HCl]{光\ +Cl_2} CCl_4$$

メタン　クロロメタン　ジクロロメタン(塩化メチレン)　トリクロロメタン(クロロホルム)　テトラクロロメタン(四塩化炭素)

このように，**分子内の原子や原子団が，他の原子や原子団と置き換わる反応**を置換反応という。置換反応によってできた化合物をもとの化合物の置換体という。**置換反応は脂肪族では飽和(ほうわ)化合物に起こる。**

5 シクロアルカン

炭素原子が環(かん)状につながった飽和炭化水素をシクロアルカン(構造式 ☞ p.372)という。一般式は C_nH_{2n} で表され，物理的性質は炭素数の等しいアルカンに似ており，アルカンと同じように置換反応を起こす。炭素数３または４のものは結合角に無理があるため反応性に富むが，炭素数５以上は安定である。

> **COLUMN**
> **フロン**
> CCl_2F_2 のように，メタン，エタンなどのフッ素，塩素の置換体をフロンという。フロンはエアコンの冷媒やスプレーなどに広く利用されていたが，分解されにくいフロンは成層圏に達すると，紫外線によって分解され，このときに生じた塩素原子がオゾンを分解することがわかった。オゾン層は，太陽光線の中の紫外線を吸収して，地表の生物を紫外線から守っている。そのため，フロンの使用は禁止され，代替品が開発されている。

3 アルケン

1 アルケンの分子構造 重要

❶アルケン　分子内に1個の二重結合をもつ鎖(さ)式炭化水素をアルケンまたはエチレン系炭化水素という。アルケンは，炭素数の同じアルカンに比べて水素原子が2個少ない。一般式はC_nH_{2n}で表される。

❷アルケンの分子構造

二重結合している2個の炭素原子と，これと直接結合する4個の原子とは図4のように同一平面上にある。

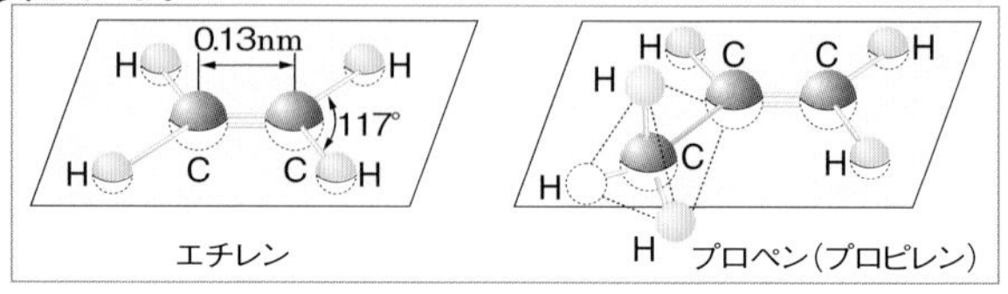

図4 アルケンの分子構造

二重結合している炭素原子は，常温では独立して自由に回転することができない。二重結合した炭素原子間の距離は，単結合の場合(0.15 nm)よりやや短い。

❸アルケンの異性体　エチレン，プロペン(プロピレン)には異性体はないが，ブテンC_4H_8には図5のような4種類の鎖式の異性体がある。

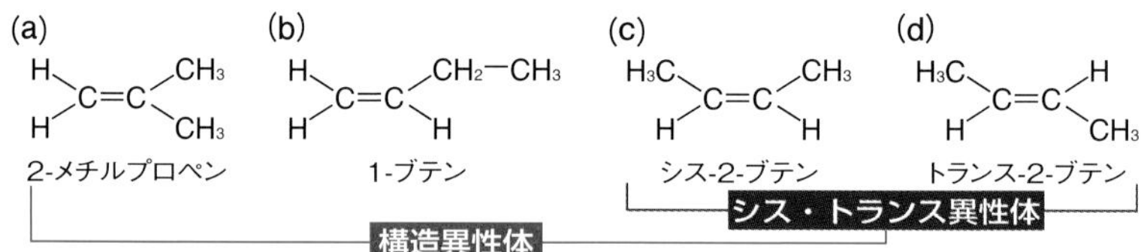

図5 ブテンの異性体

①**構造異性体**　図5の(a)，(b)，(c)または(a)，(b)，(d)は互いに構造異性体である。

補足　アルケンとシクロアルカンは一般式が同じであるから，炭素数の同じものは互いに構造異性体となる。C_4H_8にはシクロアルカンの異性体も存在する。

②**シス・トランス異性体**　図5の(c)と(d)は，もし二重結合のところが単結合であったら，異性体にはならない。二重結合をしている炭素原子は，二重結合を軸として，それぞれ単独で自由に回転できないため，(c)と(d)のように，メチル基の配置が異なるものが異性体となる。このような異性体をシス・トランス異性体または幾何(きか)異性体という。(c)のように，**同じ(大きいほうの)原子または原子団が二重結合の同じ側にある**ものをシス形といい，(d)のように**二重結合に対して反対側にある**(点対称に配置されている)ものをトランス形という。

POINT!

シス・トランス異性体
- 二重結合を軸として回転できないために生じる。
- シス形(同じ側)・トランス形(反対側)

2 アルケンの製法と性質 ①重要

❶**製法**　工業的には，石油中の炭化水素の熱分解で得ている。実験室では，アルコールに濃硫酸を加えて加熱すると**分子内で脱水反応が起こり**，アルケンができる。このように，１つの化合物から簡単な分子がとれる反応を脱離(だつり)反応という。

$$\mathrm{CH_2(H)-CH_2(OH)}\ \xrightarrow[\text{濃}H_2SO_4]{160\sim170^{\circ}\mathrm{C}}\ \mathrm{CH_2=CH_2} + H_2O$$

エタノール　　エチレン

❷**性質**　C_2 ~ C_4 は常温で気体，C_5 以上は液体である。水には溶けないが，有機溶媒(ようばい)には溶けやすい。**化学反応性はアルカンより活発**で，次の反応を起こす。

① **付加(ふか)反応**　二重結合している炭素原子は他の原子や原子団と結合しやすい。このとき，二重結合のうち１つの結合は結合力が弱いので，１つの結合手が切れて単結合になり，自由になった結合手に他の原子や原子団が結合する。このように，**不飽和(ほうわ)結合の一部が切れて，そこに他の原子や原子団が新たに結合する反応**を付加反応という。たとえばエチレンは，臭素とは特別な条件なしに，また，水素とは白金またはニッケルの存在下で，次の付加反応を起こす。

$$\mathrm{CH_2=CH_2} + Br_2 \longrightarrow \left(\begin{array}{c}\mathrm{H_2C-CH_2}\\ \mathrm{Br-Br}\end{array}\right) \longrightarrow \mathrm{CH_2Br-CH_2Br}$$

エチレン　　1, 2-ジブロモエタン

$$\mathrm{CH_2=CH_2} + H_2 \xrightarrow[\text{または Ni}]{Pt} \left(\begin{array}{c}\mathrm{H_2C-CH_2}\\ \mathrm{H-H}\end{array}\right) \longrightarrow \mathrm{CH_3-CH_3}$$

エタン

② **付加重合(じゅうごう)**　エチレンやプロペン(プロピレン)を特定の条件下で反応させると，二重結合のうち弱い結合が切れて自由になった結合手をもった状態になる。この状態のものが次々に結びつき，高分子の(分子量の大きい)ポリエチレンやポリプロピレン(袋や容器などに広く使われているプラスチック☞ p.476)を生じる。

$$\mathrm{CH_2=CH_2} + \mathrm{CH_2=CH_2} + \mathrm{CH_2=CH_2} + \cdots\cdots \longrightarrow -\mathrm{CH_2-CH_2-CH_2-CH_2-CH_2-CH_2}-\cdots\cdots$$

エチレン　　ポリエチレン

このように，分子量の小さい物質(単量体または**モノマー**)が規則正しく結合して，分子量の大きい物質(重合体または**ポリマー**)をつくる反応を重合という。**付加反応による重合**を付加重合という。

③**酸化反応**　アルケンの二重結合は酸化されやすい。たとえば，過マンガン酸カリウム水溶液にアルケンを加えると，過マンガン酸イオンMnO_4^-の赤紫色は消え，酸化マンガン(Ⅳ) MnO_2の褐色沈殿を生じる。これは，アルケンの酸化反応が起こったためで，この反応はアルケンの定性実験に用いられる。

アルケン⇨**不飽和結合の一部が切れて，付加反応や付加重合を起こしやすい。**

3 シクロアルケン

環状構造の中に二重結合を1個含む炭化水素をシクロアルケンという。性質はアルケンとよく似ており，**ハロゲンと容易に付加反応**を起こす。

シクロヘキセン ＋ Br_2 ⟶ 1, 2-ジブロモシクロヘキサン

4 | アルキン

1 アルキンの分子構造

❶**アルキン**　分子内に1個の三重結合をもつ鎖式炭化水素をアルキンまたはアセチレン系炭化水素という。一般式はC_nH_{2n-2}である。

❷**アルキンの分子構造**　三重結合している2個の炭素原子と，これと直接結合する2個の原子とは一直線上に並ぶ。三重結合する炭素原子間の距離は二重結合の場合よりさらに短い。

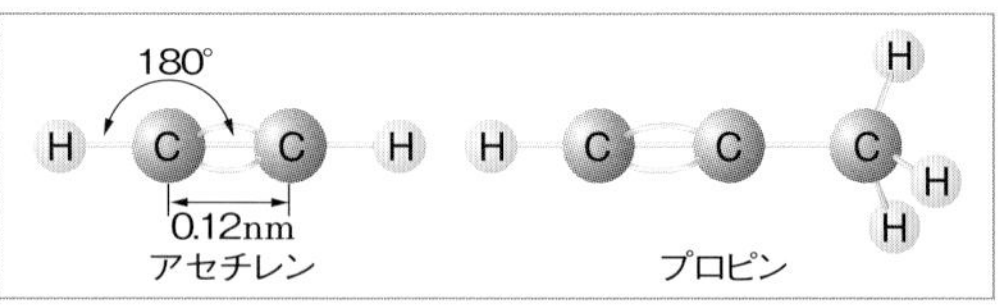

図6 アルキンの分子構造

2 アセチレンの製法と性質 ①重要

❶**製法**　工業的には，メタンなどの熱分解によってつくられる。

$$2CH_4 \longrightarrow C_2H_2 + 3H_2$$

実験室では，炭化カルシウム(カーバイド)に水を加えてつくる。

$$\underset{\text{炭化カルシウム}}{CaC_2} + 2H_2O \longrightarrow \underset{\text{アセチレン}}{C_2H_2} + Ca(OH)_2$$

❷性質　アセチレンは**無色・無臭の気体**であるが，炭化カルシウムCaC_2からつくったアセチレンは，不純物を含むため悪臭がある。アセチレンの性質はアルケンと似ている。

①**付加反応**　三重結合のうち２つは結合力が弱いので，アセチレンは，塩素，臭素とは**容易に付加反応を起こす。**また，水素とは，白金あるいはニッケルの存在下で付加反応を起こし，エチレンを経てエタンになる。

$$\mathrm{H-C{\equiv}C-H} \xrightarrow[\mathrm{Pt}]{+\mathrm{H_2}} \mathrm{H_2C{=}CH_2} \xrightarrow[\mathrm{Pt}]{+\mathrm{H_2}} \mathrm{H_3C-CH_3}$$

アセチレン　　エチレン　　エタン

［1］**水の付加反応**　アセチレンに，硫酸水銀(Ⅱ) $HgSO_4$を触媒として水を付加させると，ビニルアルコールが生成する。この物質は不安定で，すぐに異性体のアセトアルデヒドになる。この反応は，アセトアルデヒドの工業的製法として採用されていたが，コストがかかるうえ，触媒の硫酸水銀(Ⅱ)が水質汚染を引き起こすため，現在では使用されていない。

$$\mathrm{H-C{\equiv}C-H} + \mathrm{H_2O} \xrightarrow{\mathrm{HgSO_4}} \left[\mathrm{H_2C{=}CH(OH)}\right] \longrightarrow \mathrm{H_3C-CHO}$$

アセチレン　　ビニルアルコール（不安定）　　アセトアルデヒド

［2］**塩化水素・酢酸の付加反応**　アセチレンは，塩化水素，酢酸とも付加反応を起こし，それぞれ塩化ビニル，酢酸ビニルを生じる。

$$\mathrm{H-C{\equiv}C-H} + \mathrm{HCl} \longrightarrow \mathrm{H_2C{=}CHCl}$$

塩化水素　　塩化ビニル

$$\mathrm{H-C{\equiv}C-H} + \mathrm{H-O-C(=O)-CH_3} \longrightarrow \mathrm{H_2C{=}CH-O-C(=O)-CH_3}$$

酢酸　　酢酸ビニル

［3］**ビニル基**　エチレン$CH_2=CH_2$から水素原子１個を取り除いた残りの炭化水素基を**ビニル基**という。

$$\mathrm{H_2C{=}CH-}$$

ビニル基

補足　最近は，エチレンに塩素を付加させて，1, 2-ジクロロエタンとし，これを触媒の存在下で加熱分解して塩化ビニルをつくる。

$$CH_2=CH_2+Cl_2 \longrightarrow CH_2Cl-CH_2Cl \longrightarrow CH_2=CHCl+HCl$$

塩化ビニルや酢酸ビニルは付加重合して，それぞれポリ塩化ビニル，ポリ酢酸ビニルになる。

$$n\,CH_2=CHCl \longrightarrow \left[CH_2-CHCl\right]_n$$

塩化ビニル　　ポリ塩化ビニル

$$n\,CH_2=CH(OCOCH_3) \longrightarrow \left[CH_2-CH(OCOCH_3)\right]_n$$

酢酸ビニル　　ポリ酢酸ビニル

ポリ塩化ビニルやポリ酢酸ビニルは，合成樹脂や合成繊維として広く利用されている(☞p.483)。

第6編　有機化合物

②**付加重合**　赤熱した鉄にアセチレンを接触させると，**3分子が付加重合**して，ベンゼンC_6H_6を生じる。

$$3\,H-C\equiv C-H \xrightarrow{Fe} C_6H_6$$

アセチレン　　ベンゼン

③**燃焼**　アセチレンは空気中で**すすの多い明るい炎をあげて燃焼**する。酸素を十分供給しながら燃焼させると，高温の炎を出すので，金属の溶接や切断に利用される(**酸素アセチレン炎**)。

④**アセチリド**　アセチレンに硝酸銀や塩化銅(Ⅰ)のアンモニア性水溶液を加えると，爆発性の**銀アセチリド**(白色)や**銅アセチリド**(褐色)が沈殿する。

$$H-C\equiv C-H + 2[Ag(NH_3)_2]NO_3 \longrightarrow AgC\equiv CAg + 2NH_4NO_3 + 2NH_3$$

重要実験　メタン・エチレン・アセチレンの性質を調べる

操作

- 次の❶～❸の方法で気体を発生させ，水上置換で試験管に集めて，密栓をする。

❶酢酸ナトリウム(無水塩)と固体の水酸化ナトリウムをよく混ぜて，右図のように加熱し，メタンを発生させる。

❷エタノール3 mLと濃硫酸6 mLを試験管にとり，沸騰石を入れて165℃ぐらいに加熱し，エチレンを発生させる。

❸カーバイドの小粒を穴をあけたアルミニウム箔で包み，水中に沈めてアセチレンを発生させる。

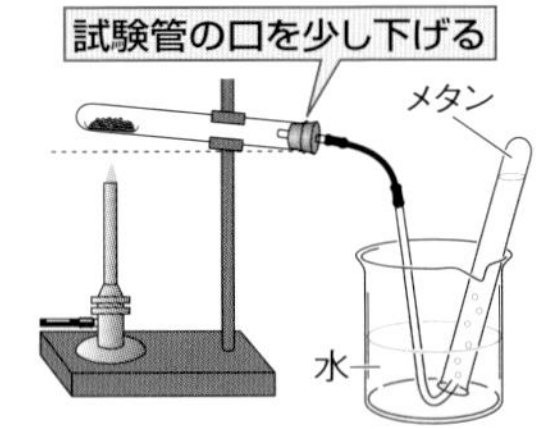

メタンの発生

- 捕集したそれぞれの気体について，次の❹～❻の操作をする。

❹うすい臭素水3 mLにそれぞれの気体を吹き込んで，よく振り混ぜる。

❺うすい過マンガン酸カリウム$KMnO_4$水溶液3 mLにそれぞれの気体を吹き込んで，よく振り混ぜる。

❻栓を取ると同時に，マッチで点火する。

注意　❹で使用する臭素水と❺で使用する過マンガン酸カリウム水溶液が多すぎると，変化が観察しにくい。❻には，**3本目に捕集した試験管を使用する**こと。これらの気体と空気の混合物は，点火すると爆発する。**最初に捕集したものは空気を含んでいるので，爆発の危険性が高い。**

結果

❶ ❶～❸では，すべて無色の気体が発生した。アセチレンには不快臭があるが，これは不純物のにおいである。次に各反応の反応式を示す。

❶ $CH_3COONa + NaOH \longrightarrow Na_2CO_3 + CH_4$

❷ $CH_3CH_2OH \longrightarrow CH_2{=}CH_2 + H_2O$

❸ $CaC_2 + 2H_2O \longrightarrow Ca(OH)_2 + CH{\equiv}CH$

エチレン
臭素水

臭素水の脱色

❷ メタンに臭素水を加えても，変化はない。しかし，紫外線を当てると，臭素水の色が消えた。エチレンとアセチレンでは，どちらも臭素水の色が消えたが，エチレンのほうが早く消えた。
➡**不飽和結合をもつエチレンとアセチレンは，容易に臭素と付加(ふか)反応を起こして，臭素を消費するので，臭素水の色が消える。メタンは付加反応を起こさないが，紫外線を当てると，置換(ちかん)反応を起こして，臭素を消費する。**

$$\underset{\text{エチレン}}{CH_2{=}CH_2} + Br_2 \longrightarrow \underset{\text{1, 2-ジブロモエタン}}{CH_2Br{-}CH_2Br}$$

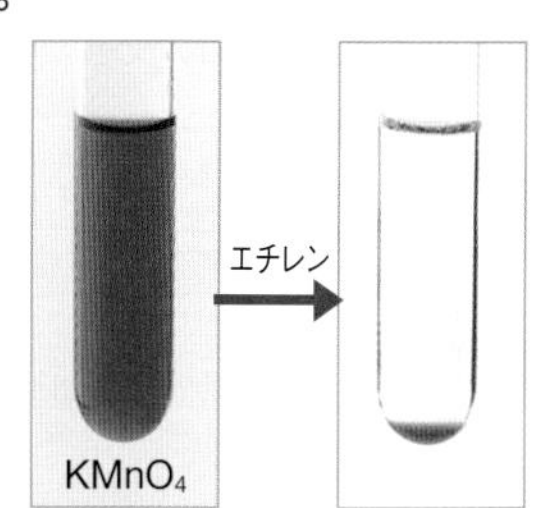

過マンガン酸カリウム水溶液の脱色

❸ メタンに過マンガン酸カリウム水溶液を加えても，変化はなかったが，エチレンとアセチレンでは，過マンガン酸イオンの赤紫色が消え，溶液は無色になって，茶褐色の沈殿がわずかに生じた。➡**不飽和(ほうわ)結合をもつエチレンとアセチレンは，過マンガン酸カリウムによって酸化された。**過マンガン酸カリウム $KMnO_4$ が酸化剤としてはたらくと，MnO_4^- の**赤紫色が消え，**MnO_2 の褐色沈殿を生じる。二重結合をもつ炭化水素は，酸化されてアルコールやカルボン酸になる。

$$CH_2{=}CH_2 \xrightarrow[+H_2O]{[O]} \underset{\text{1, 2-エタンジオール}}{\begin{matrix} CH_2 - CH_2 \\ | \qquad | \\ OH \quad OH \end{matrix}}$$

アセチレンの燃焼

❹ 3つの気体はどれも燃える。3つのうちでは，アセチレンが最も明るい炎をあげ，すすをたくさん出しながら燃える。次いで，エチレン，メタンの順になり，メタンはほとんどすすを出さない。➡**炭素の含有(がんゆう)率が大きいものほど，すすが多く，明るい炎をあげる。**原子数で炭素の含有率を求めると，アセチレン C_2H_2 50 %，エチレン C_2H_4 33 %，メタン CH_4 20 %になる。したがって，ベンゼン C_6H_6(50 %)なども，すすを多量に出す。また，アルカンも，炭素数が多いほど，すすが出やすくなる。

補足 ❶～❸で，気体を水上置換で集めるのは，主として空気の混入防止のためであるが，さらに❷では，蒸発するエタノールや副生するジエチルエーテルを除去するのにも役立つ。

第6編 有機化合物

これまでの脂肪族炭化水素の反応をまとめると図7のようになる。

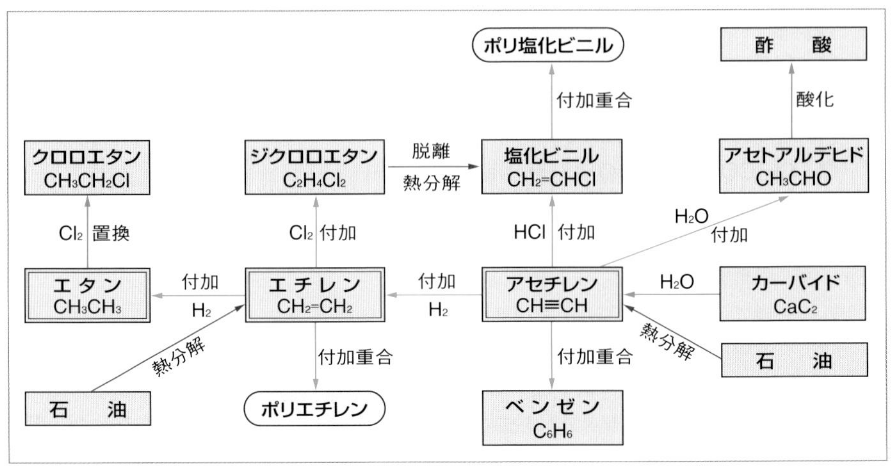

図7　脂肪族炭化水素の反応

このSECTIONのまとめ　脂肪族炭化水素

□ アルカン ☞ p.377	• **鎖式飽和炭化水素**。一般式 C_nH_{2n+2} • メタンの分子構造は**正四面体**。 • 炭素数4以上のアルカンには**異性体**がある。 • 融点・沸点は炭素数が多いほど高い。水に溶けない。 • 燃焼，**置換反応**を起こす。
□ シクロアルカン ☞ p.379	• **環式飽和炭化水素**。一般式 C_nH_{2n} • 性質はアルカンに似ている。
□ アルケン ☞ p.380	• **二重結合を1つもつ鎖式不飽和炭化水素**。C_nH_{2n} • 二重結合をしている炭素原子は独立して回転しない。 • 構造異性体のほかに**シス・トランス異性体**がある。 • **付加反応**，付加重合，酸化反応を起こす。
□ シクロアルケン ☞ p.382	• **二重結合を1つもつ環式不飽和炭化水素**。C_nH_{2n-2} • 付加反応を起こす。
□ アルキン ☞ p.382	• **三重結合を1つもつ鎖式不飽和炭化水素**。C_nH_{2n-2} • アセチレンの分子構造は直線形。 • **付加反応**，付加重合，燃焼を起こす。 • 硝酸銀や塩化銅(Ⅰ)と反応して，アセチリドを生じる。

芳香族炭化水素

1 | 芳香族炭化水素

1 ベンゼンの構造 ！重要

❶ベンゼン環（かん）　ベンゼンC_6H_6は，図8(a)のような環状の構造をしている。このような，**ベンゼンがもつ環状構造**をベンゼン環(**ベンゼン核**)という。ベンゼン環をもつ化合物は**芳香**（ほうこう）**をもつものが多い**ので，芳香族化合物といい，ベンゼン環をもつ炭化水素を芳香族炭化水素という。

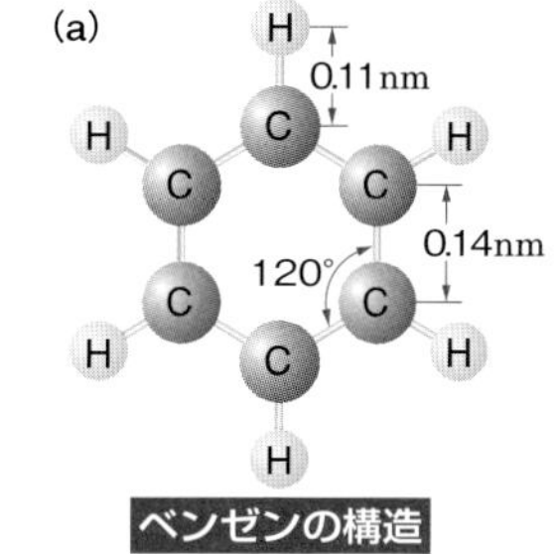

❷ベンゼンの構造　ベンゼンの構造式は，図8(b)のように，ふつう，単結合と二重結合を交互にかく。この式はドイツの**ケクレ**が提案したので，ケクレ構造とよばれる。しかし，実際には6個の炭素原子は**1つの平面上で正六角形**をつくっており，炭素原子間の距離はすべて等しい。その長さは単結合と二重結合の中間である。したがって，**6個の炭素原子間の結合はすべて同等で，単結合と二重結合の中間の結合**である。

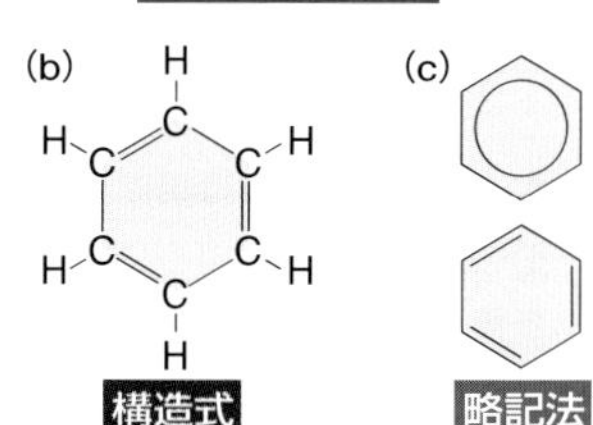

図8 ベンゼンの構造

❸ベンゼンの省略構造式　ベンゼン環を図8(c)下図のように略記することがある。この場合，ベンゼンの水素が他の原子または原子団によって置換されたものは，その原子または原子団を右のように書き加える。この化合物の分子式はC_6H_5Clであり，C_6H_6Clでないことに注意しよう。

Cl

❹ナフタレン　ナフタレン$C_{10}H_8$は，下図のように2個のベンゼン環が2個の炭素原子を共有して結合した構造をしている。**中央の2個の炭素原子には水素原子が結合していない**ことにも注意。

ナフタレン

> COLUMN
>
> **ケクレの夢**
>
> 結合手を1本の棒で表して構造式を書く方法を最初に考えたのは，ケクレ(1829～1896，ドイツ)である。この方法によって有機化学の研究は大いに進んだが，ケクレを最も悩ませたのは，ベンゼンの構造であった。1865年のある日，ケクレは馬車の中で居眠りをしていたとき，炭素原子の鎖が蛇（へび）のように踊りながら輪をつくる夢を見て，ベンゼンの構造を考えついたという。
>
> 
>
> ケクレ

発展ゼミ　ベンゼン環の電子

●ベンゼン環の炭素原子は，エチレンと同じように，それぞれが他の3個の原子と結合している。したがって，炭素原子の4個の価電子のうちの3個は他の原子との共有結合に使われている。残る1個の価電子を点で表すと，右のようになる。

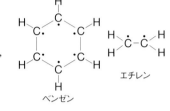

ベンゼン　　エチレン

●この第4の価電子のはたらきは，ベンゼンとエチレンとで，かなり違う。エチレンでは，この**価電子がいっしょになって電子対をつくり，第2の結合を形成する**(二重結合)。ベンゼンの場合も，第4の価電子どうしで電子対をつくり，第2の結合をつくろうとするが，対をつくる相手が両側にあるので，**1個の価電子が1人2役をして，両側に同等の共有結合を形成する**。このため，ベンゼン環の炭素原子間の結合は**単結合と二重結合の中間の結合になる**。

●ベンゼン環のもう1つの特徴は，第4の価電子が1つの炭素原子に束縛されずに，**ベンゼン環内を自由に動きまわることができる**ことである。なぜなら，第2の結合は，価電子が左右両側の炭素原子の価電子と同時に結合しているため，結合が連続し，ベンゼン環内を1周しているからである。

●これに似た現象は黒鉛(グラファイト)の結晶にも見られる。黒鉛の結晶は図9のように，6個の炭素原子でできた正六角形の網目構造が何層も重なった構造をしている。各炭素原子は3個の炭素原子と結合しているので，それぞれに第4の価電子が存在する。この価電子がベンゼンの場合と同じように1個の炭素原子に束縛されることなく，炭素原子のつくる網目に沿って自由に動きまわることができる。黒鉛が電気伝導性をもつのは，このような電子が存在するからである。

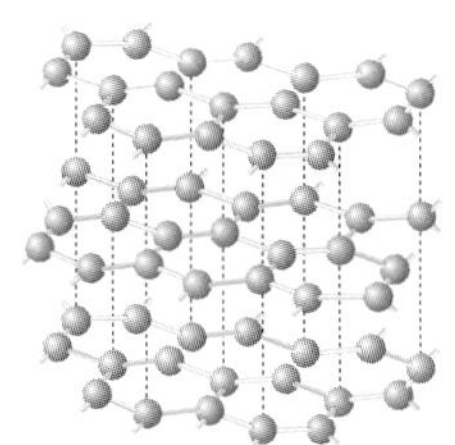

図9　黒鉛の結晶

2 芳香族炭化水素の異性体　①重要

❶ベンゼンの二置換体の異性体　ベンゼンの6個の水素原子のうち2個を他の原子または原子団で置換した物質には，下に示すような3種の異性体がある。

① **オルト異性体**　**隣りあう2個(1番目と2番目)の水素が置換**されたもの。物質名の前に「o-」をつける。オルトは「正規の」という意味。

② **メタ異性体**　**1番目と3番目の水素が置換**されたもの。物質名の前に「m-」をつける。メタは「あとの」という意味。

o-キシレン　　m-キシレン　　p-キシレン

ベンゼンの二置換体の異性体

③**パラ異性体**　ベンゼン環(かん)において六角形の反対側にある水素が置換(ちかん)されたもの。物質名の前に「*p*-」をつける。パラは「反対側の」という意味。

補足　体系名(IUPAC名)では，水素が置換された炭素原子を1として，置換基をもつ炭素原子の番号の総和がなるべく小さくなるように順に番号をつける。その番号で置換基の位置を示す。キシレン(☞表11)を例にとると，*o*-キシレンは1, 2-ジメチルベンゼン，*m*-キシレンは1, 3-ジメチルベンゼン，*p*-キシレンは1, 4-ジメチルベンゼンとなる。

❷ナフタレンの一置換体の異性体

ナフタレンの場合は，1個の水素原子が置換されたものでも，右のように2種類の異性体が存在する。ナフタレンの炭素の位置番号は右のように決められているので，置換基の位置の番号で異性体を区別する。

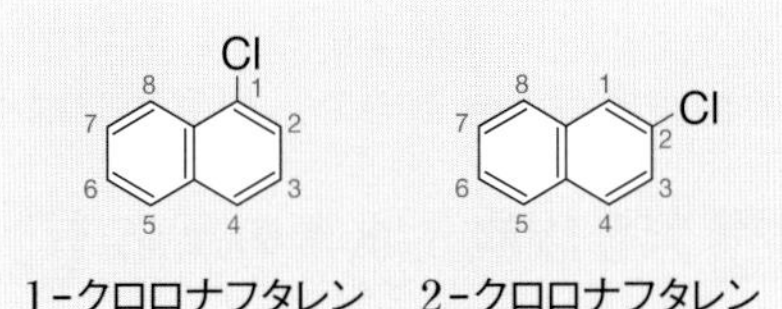

1-クロロナフタレン　2-クロロナフタレン
ナフタレンの一置換体の異性体

ベンゼンの二置換体の異性体
⇨オルト，メタ，パラの3種の異性体。
ナフタレンの一置換体の異性体
⇨1－置換体，2－置換体の2種の異性体。

表11　おもな芳香族炭化水素

名称	ベンゼン	トルエン	*o*-キシレン	*m*-キシレン	*p*-キシレン
構造式		CH_3	CH_3, CH_3	CH_3, CH_3	CH_3, CH_3
示性式	C_6H_6	$C_6H_5CH_3$	$C_6H_4(CH_3)_2$		
沸点	80 ℃	111 ℃	144 ℃	139 ℃	138 ℃
状態	液体	液体	液体	液体	液体

名称	エチルベンゼン	スチレン	クメン	ナフタレン	アントラセン
構造式	C_2H_5	$CH{=}CH_2$	$CH_3{-}CH{-}CH_3$		
示性式	$C_6H_5C_2H_5$	$C_6H_5CH{=}CH_2$	$C_6H_5CH(CH_3)_2$	$C_{10}H_8$	$C_{14}H_{10}$
沸点	136 ℃	145 ℃	152 ℃	融点81 ℃	融点216 ℃
状態	液体	液体	液体	固体	固体

3 芳香族炭化水素の製法と性質

❶製法　ベンゼン，トルエンなどは，石油の熱分解によって工業的に得られる。以前は，コールタールの分留によって得ていた。

❷性質　ベンゼン，トルエンなどは，他の炭化水素と同じように水に溶けにくく，**有機化合物とはよく溶けあう**ので，有機化合物の溶媒(ようばい)として用いられる。また，ナフタレンには昇華性があり，防虫剤に用いられる。芳香(ほうこう)族炭化水素は分子中の炭素の含有(がんゆう)率が大きいので，空気中では不完全燃焼して，多量のすすを出す。

4 芳香族炭化水素の反応　(!)重要

❶ベンゼン環(かん)の性質　ベンゼン環は二重結合をもつ構造式で表されるが，非常に安定しており，ベンゼン環自体は変化しにくい。このため，**付加(ふか)反応が起こりにくく，置換(ちかん)反応のほうが起こりやすい。**

❷置換反応　次の３つの置換反応が重要である。

①**ハロゲン化**　ベンゼンを，鉄を触媒として塩素と反応させると，クロロベンゼンC_6H_5Clができる。このように，ベンゼンの水素原子を**塩素原子と置換する反応**を塩素化といい，一般に**ハロゲン原子と置換する反応**をハロゲン化という。

$$C_6H_5\text{-H} + \text{Cl-Cl} \xrightarrow{Fe} C_6H_5\text{-Cl} + HCl$$

クロロベンゼン

クロロベンゼンをさらに塩素化して得られる*p*-ジクロロベンゼン$C_6H_4Cl_2$は，無色の結晶で，衣類の防虫剤として用いられている。

②**ニトロ化**　ベンゼンを濃硝酸と濃硫酸との混合物(混酸(こんさん))と反応させると，水素原子がニトロ基$-NO_2$で置換されて，ニトロベンゼン$C_6H_5NO_2$を生じる。この置換反応をニトロ化という。ニトロベンゼンは，特有のにおいをもつ中性の液体で，水に溶けにくいが，有機溶媒によく溶ける。

$$C_6H_5\text{-H} + \text{HO-}NO_2 \xrightarrow{\text{濃}H_2SO_4} C_6H_5\text{-}NO_2 + H_2O$$

濃硝酸　　ニトロベンゼン

③**スルホン化**　ベンゼンに濃硫酸を加えて加熱し，反応させると，水素原子がスルホ基$-SO_3H$で置換されて，ベンゼンスルホン酸$C_6H_5SO_3H$ができる。この置換反応をスルホン化といい，**スルホ基をもつ化合物**をスルホン酸という。スルホン酸は強酸である。

$$C_6H_5\text{-H} + \text{HO-}SO_3H \longrightarrow C_6H_5\text{-}SO_3H + H_2O$$

濃硫酸　　ベンゼンスルホン酸

❸付加反応 ベンゼン環のC−C間結合は，アルケンの二重結合とは異なり，熱反応では付加反応を起こしにくい[★1]。しかし，**光を当てると，ベンゼンは塩素と付加反応を起こし**，1, 2, 3, 4, 5, 6-ヘキサクロロシクロヘキサン$C_6H_6Cl_6$を生じる。

ベンゼン ＋ $3Cl_2$ —光→ 1, 2, 3, 4, 5, 6-ヘキサクロロシクロヘキサン

また，ベンゼンは，白金またはニッケル触媒の存在下で，水素と付加反応を起こし，シクロヘキサンC_6H_{12}を生じる。

ベンゼン ＋ $3H_2$ —Ptまたは Ni→ シクロヘキサン

ベンゼン⇨付加反応より置換反応を起こしやすい。
重要な置換反応⇨ハロゲン化・ニトロ化・スルホン化

❹酸化反応 アルケンの二重結合は，過マンガン酸カリウムによって酸化されるが，ベンゼン環のC−C間結合は，同じ条件では酸化されない。しかし，ベンゼン環に結合したアルキル基(側鎖という)は，炭素数が少ない場合は酸化されてカルボキシ基−COOHになる(**側鎖が酸化されやすい**)。

トルエン —+〔O〕 酸化剤→ 安息香酸

ナフタレンは，酸化バナジウム(Ⅴ) V_2O_5などの触媒が存在するとき，酸化剤によって酸化され，無水フタル酸になる。

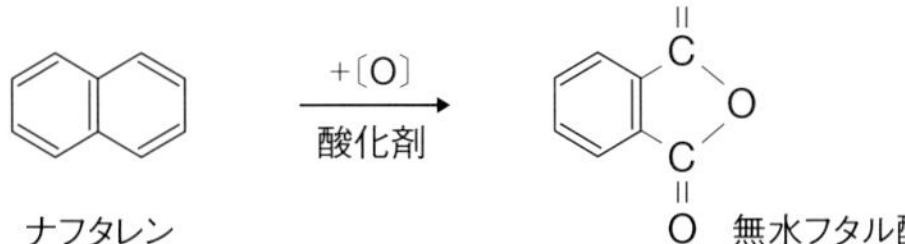

★1 ベンゼン環のC−C間結合が，アルケンなどのふつうの二重結合とはまったく異なるため(☞p.387)。

2 石油と石炭

1 天然ガス

天然ガスはメタンを主成分とし，そのほかに低分子のアルカンを含む。石油とともに産出することが多い。

日本で利用している天然ガスのほとんどは輸入されたものである。天然ガスを液体窒素で －160 ℃以下に冷却して液化したものを液化天然ガス(LNG，liquefied natural gasの略)という。天然ガスを産出地で液化し，これを専用船で輸送し，火力発電の燃料や，大都市で都市ガスなどに利用している。

図10 LNGタンカー

補足 **メタンハイドレート**　低温高圧条件(大気圧では －10 ℃以下，0 ℃なら26気圧以上)で天然ガスの成分であるメタン分子の周囲を水分子が取り囲んだ水和物は白色の固体となる。これを**メタンハイドレート**という。天然ガスと同等の埋蔵(まいぞう)量があり，日本近海にも多量に存在するといわれている。

2 石油

石油はエネルギー源としてばかりでなく，石油化学工業の原料としても重要な物質である。石油は，**炭素数が 2 ～ 40 ぐらいのアルカンなどの炭化水素の混合物**である。炭素数が増えると沸点が高くなる。

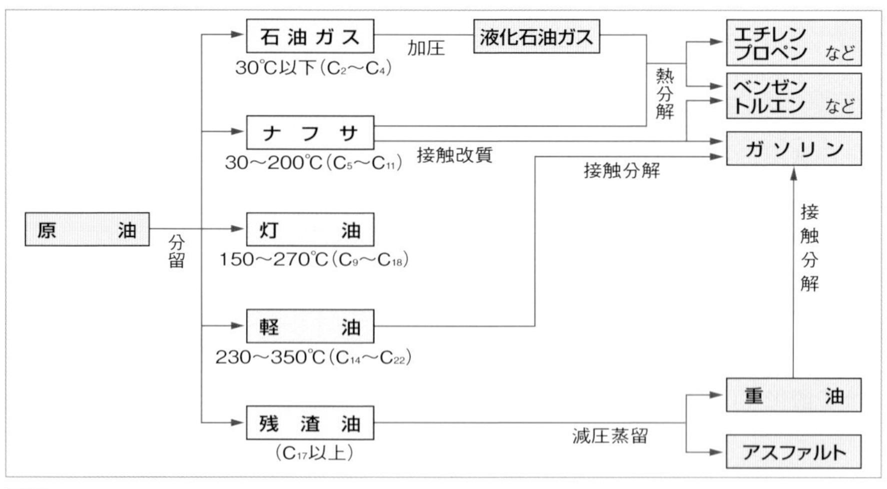

図11 原油の利用

図12 石油の精留塔

視点　石油の精密な分留を行う装置。

したがって，原油を蒸留すると，沸点の違いによって，炭素数の異なるものを分離できる。この方法を分留という。原油は，分留によって，**石油ガス・ナフサ(粗製ガソリン)・灯油・軽油・残渣油**などに分離される(☞ p.392 図11)。

❶液化石油ガス　石油の分留で，**最も低い温度で分離**される成分は，常温で気体のプロパン C_3H_8 やブタン C_4H_{10} である。これらは天然ガス中のメタン CH_4 よりは沸点が高いので，冷却しなくても，加圧するだけで液化することができる。液化したものを液化石油ガス(LPG，liquefied petroleum gasの略)という。液化石油ガスはボンベにつめられて，家庭用燃料やタクシーの燃料として用いられている。

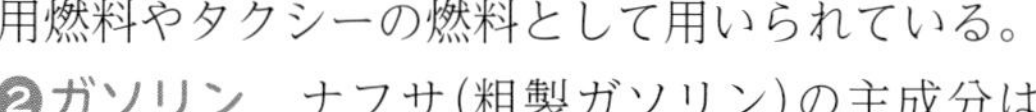

❷ガソリン　ナフサ(粗製ガソリン)の主成分は，炭素数6～9の直鎖状アルカンである。このまま自動車の燃料に用いると熱効率が悪いため，次のような化学的な改質法により，ナフサを良質ガソリンに転換して用いる。また，自動車輸送の発達からくるガソリン不足を解消するため，軽油や重油からも化学的方法によってガソリンをつくっている。

①**接触改質によるガソリンの製造**　ナフサ(粗製ガソリン)を白金などの金属とアルミナ Al_2O_3 などからなる触媒を用いて，高温(500℃ぐらい)，高圧(20～50気圧)で処理すると，異性化，環化，脱水素などが起こる。これによって直鎖状のアルカンは枝分かれの多い炭化水素や芳香族炭化水素に変えられる。この操作は，触媒を用いるので，**接触改質(リフォーミング)**とよばれる。これによって得られるガソリンを改質ガソリンという。

②**接触分解によるガソリンの製造**　軽油や重油をアルミナや二酸化ケイ素 SiO_2 などを触媒として，高温(500℃ぐらい)，常圧で処理すると，炭素鎖が切れるとともに異性化などが起こる。この操作を**接触分解(クラッキング)**といい，これによって得られるガソリンを接触分解ガソリンという。

❸石油化学工業　石油や天然ガスを原料として有機化合物を合成する化学工業を石油化学工業という。**現在の有機化学工業の大部分は石油化学工業**である。石油化学工業によって，多くの有用な物質がつくり出されるが，そのおもな工業原料は，低級アルケンと芳香族炭化水素である。

①**低級アルケン**　エチレンやプロペン(プロピレン)などの低級アルケンは，ナフサや石油ガスを触媒を用いないで高温(800℃ぐらい)で熱分解すると得られる。低級アルケンは，ポリエチレン，ポリプロピレンなどの合成高分子の原料になる。

②**芳香族炭化水素**（ほうこう） ベンゼンやトルエンなどの芳香族炭化水素は，石油精製工業でつくられる改質ガソリンや熱分解により生成する分解油に豊富に含まれているので，これから抽出（ちゅうしゅつ）後，蒸留して分離している。

3 石炭

石炭は，火力発電の燃料や鉄の製錬に使用される。石油が資源量，産地が限られているのに対し，石炭は固体で使いにくいが，資源量が多い。

[石炭の乾留] 空気を断（た）って，石炭を1000 ℃ぐらいに加熱すると，分解などの複雑な化学変化が起こって，次の3つのものが生成する。

補足 乾留とは，空気を断って固体を加熱し，揮発性成分を取り出す操作のこと。

①**コークス** 黒色のかたまりで，炭素の含有量が多い。鉄の製錬のほか，燃料，カーバイドの製造などにも利用される。

②**コールタール** 乾留により揮発した成分を冷却して得られる油状の液体。この中には，いろいろな芳香族炭化水素などが含まれている。

③**石炭ガス** 水素・メタン・一酸化炭素を主成分とするガス。以前は，都市ガスに多量に使用されていた。

このSECTIONのまとめ　芳香族炭化水素

□ベンゼンの構造 ☞ p.387	• **ベンゼン環**…6個の炭素原子が平面上にならんで，正六角形となる。**結合の性質は単結合と二重結合の中間。** • 付加反応より**置換反応**のほうが起こりやすい。 • ベンゼンの二置換体には，**オルト**，**メタ**，**パラ**の3種。 • ナフタレンの一置換体には1－置換体，2－置換体の2種。
□芳香族炭化水素の反応 ☞ p.390	• **ハロゲン化**…ベンゼンの水素がハロゲンに置換。 • **ニトロ化**…混酸を作用させる。ベンゼンの水素がニトロ基$-NO_2$に置換。 • **スルホン化**…濃硫酸を作用させる。ベンゼンの水素がスルホ基$-SO_3H$に置換。 • ベンゼン環は常温では酸化されないが，側鎖のアルキル基は酸化されて，カルボキシ基$-COOH$になる。
□石油と石油化学工業 ☞ p.392	• **分留**…沸点の差を利用して，石油ガス・ナフサ・灯油・軽油・残渣油に分離。 • **ナフサ** { 熱分解 ⟶ 低級アルケン 接触改質 ⟶ 抽出 ⟶ 芳香族炭化水素

CHAPTER 1

練習問題 解答☞p.558

1 〈エチレンとアセチレン〉

次の文章を読んで，あとの問いに答えよ。

エチレンは，実験室では①エタノールに(　ア　)を加えて160～170℃に加熱すると得られる。一方，アセチレンは，実験室では②(　イ　)に水を作用させることで得られる。エチレンに臭素を作用させると，(　ウ　)反応が起こり，臭素の赤褐色が消える。アセチレンも同様に臭素と(　ウ　)反応を起こすが，臭素を十分用いるとアセチレン1分子は臭素(　エ　)分子と反応する。また，適当な触媒存在下，アセチレンに水を反応させると，不安定な中間生成物(　オ　)を経て(　カ　)が生成する。

(1) **ア～カ**に適する化合物名，または反応名，あるいは数字を記せ。

(2) **オ**，**カ**に該当する構造式を記せ。

(3) 下線部①，②の反応を化学反応式で記せ。

2 〈基本的な炭化水素〉 テスト必出

次の図に関して，あとの問いに答えよ。

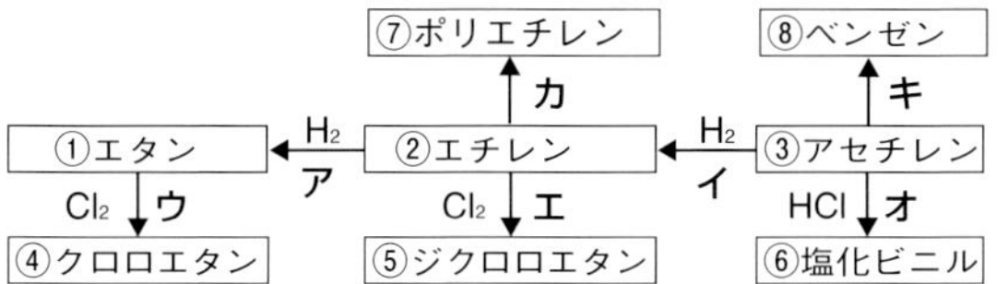

(1) ①～⑧の化合物の構造式を記せ。

(2) **ア～キ**に該当する反応名を次の(a)～(e)から選び，記号で答えよ。

(a) 付加　(b) 置換　(c) 脱離　(d) 縮合　(e) 付加重合

3 〈異性体〉

次の各問いに答えよ。

(1) 分子式$C_3H_6Cl_2$で表される化合物の構造式をすべて記せ。

(2) 分子式C_4H_8で表される炭化水素の構造式をすべて記せ。

4 〈官能基〉 テスト必出

次の(1)～(3)の反応により生じる化合物の構造式を記し，その化合物のもつ官能基を下の(a)～(f)から1つずつ選び，記号で答えよ。

(1) エチレンに硫酸を触媒として水を反応させる。

(2) ベンゼンに濃硫酸と濃硝酸を加え，50～60℃で反応させる。

(3) トルエンに過マンガン酸カリウム水溶液を加えて反応させる。

(a) ヒドロキシ基　(b) ホルミル基　(c) カルボキシ基

(d) ニトロ基　(e) アミノ基　(f) スルホ基

• CHAPTER

2 » 酸素を含む有機化合物

SECTION

1 アルコールとアルデヒド・ケトン

1 | アルコールとエーテル

1 アルコールの構造と分類 ①重要

❶アルコールとその構造　アルカンC_nH_{2n+2}の水素原子をヒドロキシ基$-OH$で置換した形の化合物をアルコールという。アルコールの構造を，図13に示す。

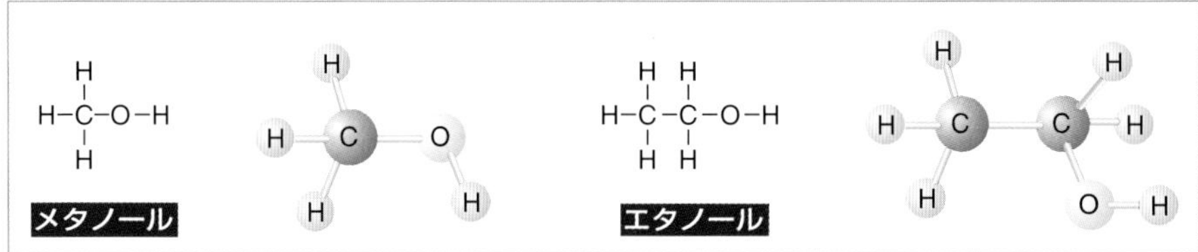

図13 メタノールとエタノールの構造

❷アルコールの分類

［価：$-OH$の数による分類］　1分子中に含まれる$-OH$の数により，次のように分類する。

① **1価アルコール**　1分子中に$-OH$を1個含むもの。
② **2価アルコール**　1分子中に$-OH$を2個含むもの。
③ **3価アルコール**　1分子中に$-OH$を3個含むもの。

例　1価アルコール；メタノール，エタノール
　　多価アルコール；エチレングリコール(2価)，
　　　　　　　　　グリセリン(3価)

補足　2価以上のアルコールを**多価アルコール**という。

```
   H    H
   |    |
 H-C -- C-H
   |    |
   OH   OH
```

エチレングリコール

```
   H    H    H
   |    |    |
 H-C -- C -- C-H
   |    |    |
   OH   OH   OH
```

グリセリン

[級：−OHに結合する炭素の結合状態による分類] ヒドロキシ基−OHと結合した炭素原子に，**他の炭素原子が何個結合しているか**によって，図14のように，**第一級アルコール，第二級アルコール，第三級アルコール**に分類される。

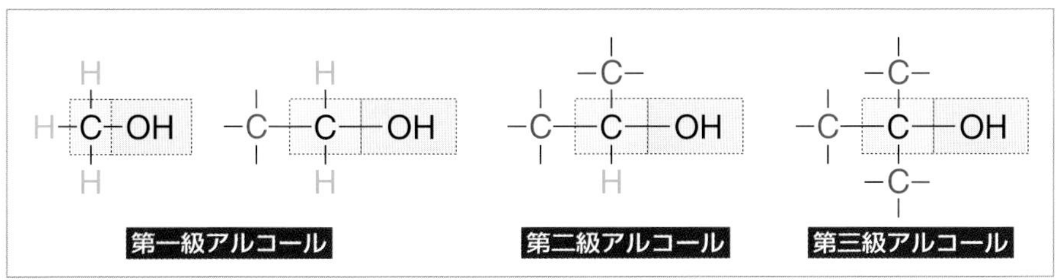

図14 アルコールの分類

2 アルコールの異性体

1価アルコールの一般式は $C_nH_{2n+1}OH$ で，$n=3$ **以上には異性体が存在**する。

❶プロパノール C_3H_7OH の異性体 −OH基の位置の違いによる2種がある。

$CH_3-CH_2-CH_2-OH$
1-プロパノール〈第一級〉

$CH_3-CH(OH)-CH_3$
2-プロパノール〈第二級〉

骨格は同じであるが，官能基の位置が異なる異性体を**位置異性体**という。

❷ブタノール C_4H_9OH の異性体 −OH基の位置の違いおよび炭素鎖が直鎖状か枝分かれがあるかの違いで4種類存在する。

$CH_3-CH_2-CH_2-CH_2-OH$
1-ブタノール〈第一級〉

$CH_3-CH_2-CH(OH)-CH_3$
2-ブタノール〈第二級〉

$CH_3-CH(CH_3)-CH_2-OH$
2-メチル-1-プロパノール〈第一級〉

$CH_3-C(CH_3)(OH)-CH_3$
2-メチル-2-プロパノール〈第三級〉

補足 炭素数が同じアルコールとエーテル(☞ p.400)も異性体の関係にある。

3 アルコールの性質

①**融点・沸点** アルコールの融点・沸点は，分子量が同じくらいのアルカンに比べてはるかに高い。これは，**アルコール分子間に水素結合が形成**されるためである。

例 { メタノール(分子量32)…沸点67℃
　 { エタン(分子量30)…沸点 −86℃

補足 図15のR−は炭化水素基(アルキル基)を示す。

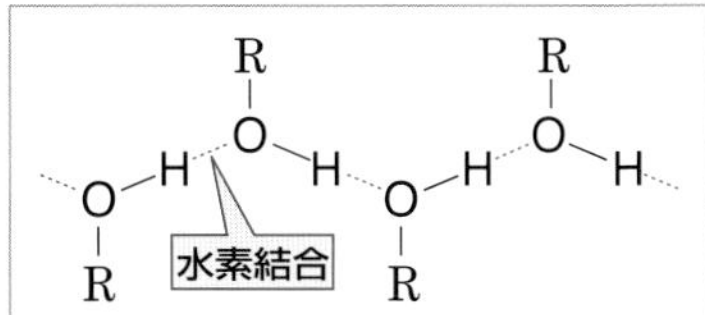

図15 アルコール分子内の水素結合

② **水溶性**　アルコールは，疎(そ)水性のアルキル基と親水性のヒドロキシ基からできている(☞図16)。したがって，炭素数の少ないアルコールは親水性の影響が大きく，水によく溶ける。しかし，炭素数が多くなると，疎水性の影響が大きくなり，水に溶けにくくなる。**炭素数が3までの低級アルコールは，水と任意の割合で混じりあう。**

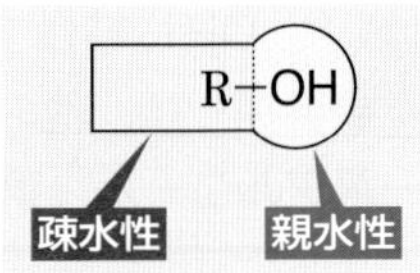

図16 アルコール

補足　炭素数の少ないアルコールを**低級アルコール**，炭素数の多いアルコールを**高級アルコール**という。

表12 おもなアルコールの物理的性質

名称・示性式		融点〔℃〕	沸点〔℃〕	水に対する溶解度
メタノール	CH_3OH	− 97.8	64.7	∞
エタノール	C_2H_5OH	−114	78.3	∞
1-プロパノール	C_3H_7OH	−127	97.2	∞
1-ブタノール	C_4H_9OH	− 89.5	117	わずかに溶ける
1-ペンタノール	$C_5H_{11}OH$	− 78.9	138	ほとんど溶けない

③ **水溶液の性質**　ヒドロキシ基−OHは，水酸化ナトリウムNaOHの−OHと異なり，水に溶かしても水酸化物イオンOH^-にはならない。したがって，**アルコールの水溶液は中性**である。

4 アルコールの反応性　①重要

❶**Naとの反応(置換(ちかん)反応)**　アルコールに金属Naを加えると，水素を発生し，ナトリウムアルコキシドを生じる。これは分子内の−OHの検出に利用される。

$$2R-OH + 2Na \longrightarrow 2R-ONa + H_2$$

アルコール　　　ナトリウムアルコキシド

生成物のR−ONaは，NaOHと同様，強塩基である。

❷**酸化反応**　アルコールを適当な酸化剤で酸化すると，**第一級アルコールはアルデヒドになり，さらに酸化するとカルボン酸になる。**また，**第二級アルコールはケトンになる。**同じ条件では，第三級アルコールは酸化されない。

$$R-CH_2-OH \longrightarrow R-CHO \xrightarrow{+O} R-COOH$$

第一級アルコール　　アルデヒド　　カルボン酸

$$R-\underset{\underset{H}{|}}{\overset{\overset{R'}{|}}{C}}-OH \xrightarrow{-2H} R-\overset{\overset{R'}{|}}{C}=O \qquad R-\underset{\underset{R''}{|}}{\overset{\overset{R'}{|}}{C}}-OH \longrightarrow (反応しない)$$

第二級アルコール　　ケトン　　第三級アルコール

アルコールの酸化反応 ｛ 第一級アルコール⇨アルデヒド⇨カルボン酸
第二級アルコール⇨ケトン

❸脱水反応　一般に，化合物から水がとれる反応を脱水反応という。アルコールを濃硫酸と加熱すると脱水反応が起こるが，反応温度に応じて，分子間または分子内で脱水反応が起こる。

①**分子内脱水反応**　160～170℃に加熱した濃硫酸にエタノールを加えると，エタノール分子内から水分子がとれてエチレンC_2H_4が生じる。

$$\underset{\text{エタノール}}{H-\overset{H}{\underset{H}{C}}-\overset{H}{\underset{OH}{C}}-H} \xrightarrow[160\sim170^\circ C]{\text{濃硫酸}} \underset{\text{エチレン}}{H_2C=CH_2} + H_2O$$

一般に，分子内から水などの簡単な分子がとれる反応を脱離反応という。

②**分子間脱水反応**　130～140℃に加熱した濃硫酸にエタノールを加えると，2つのエタノール分子間で水分子がとれてジエチルエーテル$C_2H_5OC_2H_5$が生じる。

$$CH_3-CH_2-O-H + H-O-CH_2-CH_3 \xrightarrow[130\sim140^\circ C]{\text{濃硫酸}} \underset{\text{ジエチルエーテル}}{CH_3-CH_2-O-CH_2-CH_3} + H_2O$$

一般に，2つの分子から水などの簡単な分子がとれて新しい分子が1つできる反応を縮合反応という。

③**ザイツェフ則**　2-ブタノールの分子内脱水では，1-ブテンと2-ブテンの2種類が生成するが，2-ブテンの方が多く生成する。

$$\underset{\text{2-ブタノール}}{CH_3-\overset{H}{\underset{H}{C}}-\overset{H}{\underset{OH}{C}}-\overset{H}{\underset{H}{C}}-H} \xrightarrow{\text{脱水}} \begin{cases} CH_3-CH=CH-CH_3 & \text{2-ブテン 主生成物} \\ CH_2=CH-CH_2-CH_3 & \text{1-ブテン 副生成物} \end{cases}$$

（主：左側のHとOHが脱離，副：右側のHとOHが脱離）

一般に，OH基の結合したC原子に隣接したC原子に結合したH原子の数を比べて，H原子の数がより少ないC原子からH原子が脱離したアルケンの方が生成しやすい。このような規則をザイツェフ則という。

表13 おもなアルコールの性質と用途

物質	性質	用途
メタノール CH_3OH	芳香臭。メチルアルコールともよばれ，空気中で青白色の炎をあげてよく燃える。有毒である。	溶媒や燃料，ホルマリンなどの合成原料
エタノール C_2H_5OH	芳香臭。エチルアルコールともよばれ，空気中でよく燃える。	アルコール飲料(日本酒・洋酒)，溶媒，消毒液，除菌剤，燃料，合成原料
エチレングリコール $C_2H_4(OH)_2$	無臭で甘味がある。粘性が高い。	不凍液として自動車の冷却水に混ぜる。ポリエステル繊維や樹脂の原料として多量に生産されている。
グリセリン $C_3H_5(OH)_3$	無臭で甘味がある。粘性が非常に高く，吸湿性がある。	医薬・化粧品の湿潤剤，ニトログリセリンの原料

5 アルコールの製法

❶メタノールの製法　以前は木炭の乾留で得られたが，現在では，酸化亜鉛ZnOを触媒として，一酸化炭素と水素を高温・高圧下で反応させて得る。

$$CO + 2H_2 \longrightarrow CH_3OH$$ (高温・高圧，触媒はZnO主体)

❷エタノールの製法　飲料用のエタノールは，グルコース(ブドウ糖) $C_6H_{12}O_6$ などをアルコール発酵させてつくる。

$$C_6H_{12}O_6 \longrightarrow 2C_2H_5OH + 2CO_2$$

工業的には，リン酸を触媒として，高温・高圧でエチレンに水を付加させてつくる。

$$CH_2{=}CH_2 + H_2O \longrightarrow C_2H_5OH$$

6 エーテル

❶エーテルとその構造　**酸素原子に，2個の炭化水素基が結合した構造をもつ化合物**をエーテルといい，C−O−Cの結合をエーテル結合という。**エーテルは，アルコールと構造異性体の関係にある。**

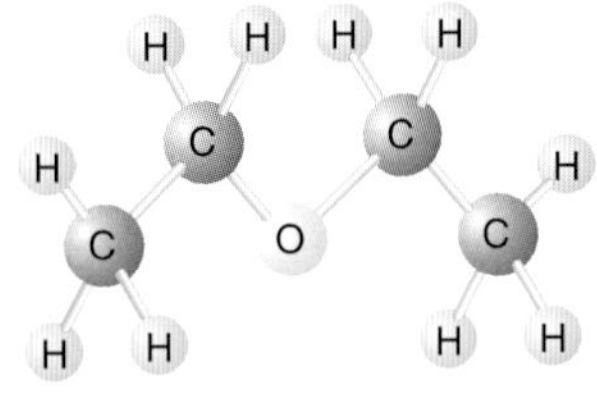

図17 ジエチルエーテルの構造

❷エーテルの一般的性質

①沸点は，同じくらいの分子量をもつアルコールに比べてかなり低い。これは，エーテル分子間に水素結合が形成されないからである。

②反応性が低く，ナトリウム，酸・塩基のいずれとも反応しない。

[ジエチルエーテルの性質と用途]　特異臭。単にエーテルともよばれ，麻酔性がある。揮発しやすくきわめて引火しやすい。油脂などの抽出溶媒として用いる。

❸エーテルの製法

①ナトリウムアルコキシドR－ONaとハロゲン化炭化水素R′Xを反応させると，エーテルが生成する。

$$R-ONa + R'X \longrightarrow R-O-R' + NaX$$

補足　アルキル基R－と異なるアルキル基であることを示すときに，R′－やR″－が用いられる。

②同じ炭化水素基をもつエーテルは，アルコール２分子から水１分子がとれる反応(脱水反応)で得られる。たとえば，エタノールと濃硫酸の混合物を130～140℃に加熱すると，ジエチルエーテルが生成する。

```
   H  H                H  H     濃H2SO4        H  H     H  H
   |  |                |  |    ────────→      |  |     |  |
H－C－C－O－H  ＋  H－O－C－C－H   130～140℃   H－C－C－O－C－C－H  ＋  H2O
   |  |                |  |                   |  |     |  |
   H  H                H  H                   H  H     H  H
  エタノール          エタノール                  ジエチルエーテル
```

2　アルデヒドとケトン

1　カルボニル化合物

❶カルボニル化合物　分子内に**カルボニル基>C=O**をもっている。

❷アルデヒドとケトン　カルボニル化合物のうち，**カルボニル基に少なくとも１個の水素原子が結合している官能基－CHO**を**ホルミル基(アルデヒド基)**といい，ホルミル基をもつ化合物を**アルデヒド**という。

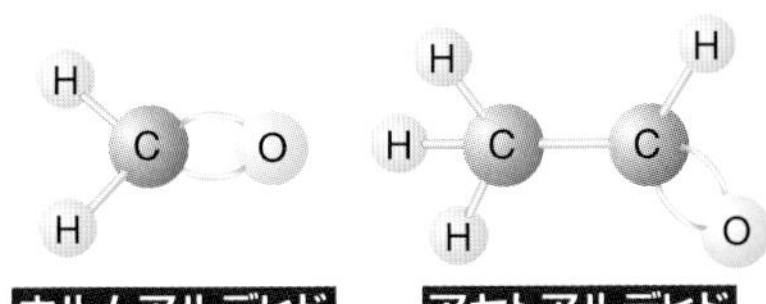

図18　アルデヒドの構造

また，カルボニル基の炭素原子に２個の炭化水素基が結合した化合物を**ケトン**という。

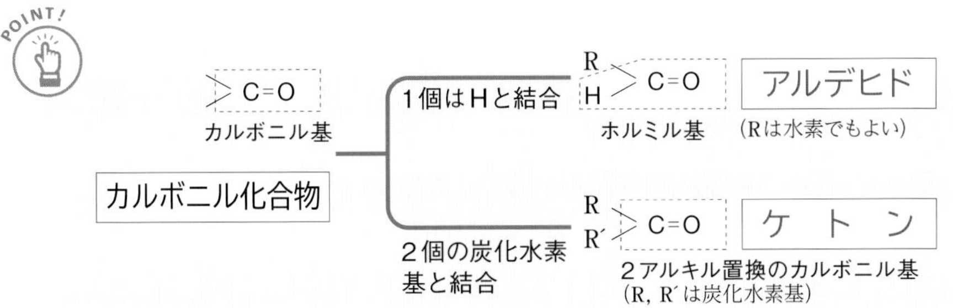

2 アルデヒド ①重要

❶アルデヒド　アルデヒドは中性物質で，低分子のものは刺激臭があり，水によく溶ける。第一級アルコールを酸化するとアルデヒドが得られ，さらに酸化するとカルボン酸になる。

$$\mathrm{R{-}\overset{\displaystyle H}{\underset{\displaystyle H}{C}}{-}OH}\ \xrightarrow[-2\mathrm{H}]{\text{酸化}}\ \mathrm{R{-}C}\genfrac{}{}{0pt}{}{\mathrm{=O}}{\mathrm{-H}}\ \xrightarrow[+\mathrm{O}]{\text{酸化}}\ \mathrm{R{-}C}\genfrac{}{}{0pt}{}{\mathrm{=O}}{\mathrm{-OH}}$$

アルデヒド　　カルボン酸

❷アルデヒドの還元性　アルデヒドは酸化されやすく，相手の物質を還元する。すなわち，還元性がある。この性質は，フェーリング液を還元する反応や銀鏡反応で確認できる。

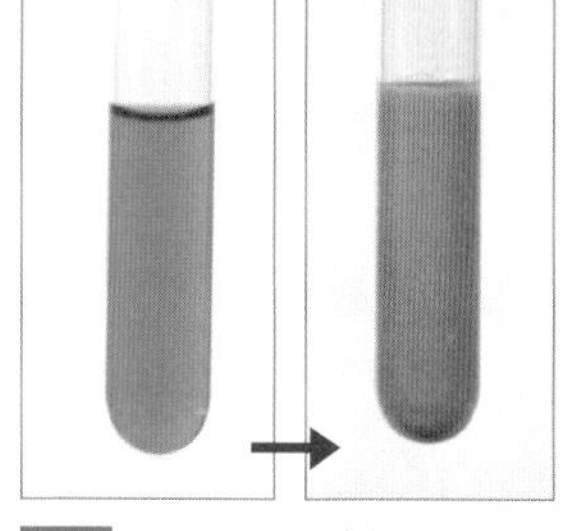
図19 フェーリング液の還元

① **フェーリング液の還元**　フェーリング液[★1]にアルデヒドを加えて加熱すると，Cu^{2+}が還元されて**赤色の酸化銅(Ⅰ) Cu_2Oが沈殿**する。

$$\underset{\text{アルデヒド}}{\mathrm{R\text{-}CHO}} + 2\underset{(\text{酸化数};+2)}{\underline{\mathrm{Cu}}^{2+}} + 5\mathrm{OH^-}$$
$$\longrightarrow \mathrm{R\text{-}COO^-} + \underset{(\text{酸化数};+1)}{\underline{\mathrm{Cu}}_2\mathrm{O}} + 3\mathrm{H_2O}$$

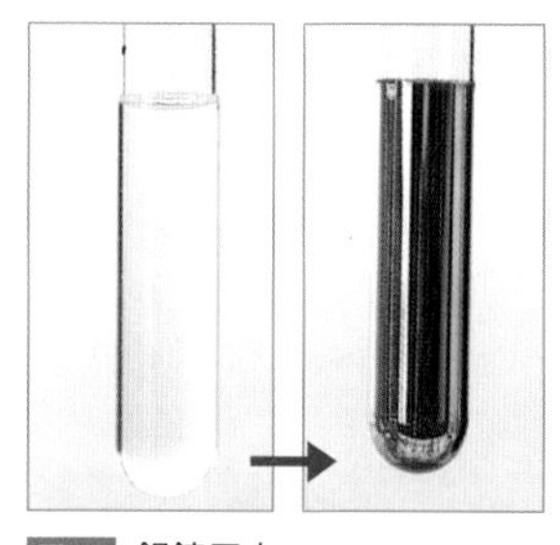
図20 銀鏡反応

② **銀鏡反応**　アンモニア性硝酸銀水溶液にアルデヒドを加えて温めると，ジアンミン銀(Ⅰ)イオン$[Ag(NH_3)_2]^+$が還元されて試験管内壁に**銀が析出して銀鏡ができる。**

$$\mathrm{R\text{-}CHO} + 2[\underset{(\text{酸化数};+1)}{\underline{\mathrm{Ag}}}(\mathrm{NH_3})_2]^+ + 3\mathrm{OH^-}$$
$$\longrightarrow \mathrm{R\text{-}COO^-} + 2\underset{(\text{酸化数};0)}{\underline{\mathrm{Ag}}} + 4\mathrm{NH_3} + 2\mathrm{H_2O}$$

アルデヒド⇨還元性をもつ。

- フェーリング液の還元；$Cu^{2+} \longrightarrow Cu_2O$（赤色沈殿）
- 銀鏡反応；$Ag^+ \longrightarrow Ag$（銀が析出）

★1 硫酸銅(Ⅱ)水溶液と酒石酸(しゅせきさん)ナトリウムカリウム(ロッシェル塩)に水酸化ナトリウム水溶液を加えてつくる深青色の溶液。フェーリング溶液中でCu^{2+}は酒石酸イオンと錯イオンを形成している。

❸いろいろなアルデヒド

①ホルムアルデヒドHCHO

(製法) 第一級アルコールのメタノールを，触媒を用いて酸化すると，ホルムアルデヒドが得られる。

$$\underset{\text{メタノール}}{CH_3OH} \xrightarrow{-2H} \underset{\text{ホルムアルデヒド}}{HCHO}$$

(性質) 無色・刺激臭の有毒な気体で，水に溶けやすい。ホルムアルデヒドが約37％含まれた水溶液はホルマリンとよばれ，消毒液や防腐剤などに用いられる。

重要実験 ホルムアルデヒドをつくり，その性質を調べる

操作

❶試験管にメタノールをとり，赤熱したらせん状の銅線を試験管中のメタノールの液面に近づけ，銅線の色の変化を観察する。この操作を数回くり返し，においをかぐ。

❷試験管にフェーリング液をとり，ホルムアルデヒド水溶液を加えてバーナーの火で加熱し，溶液の変化を観察する。

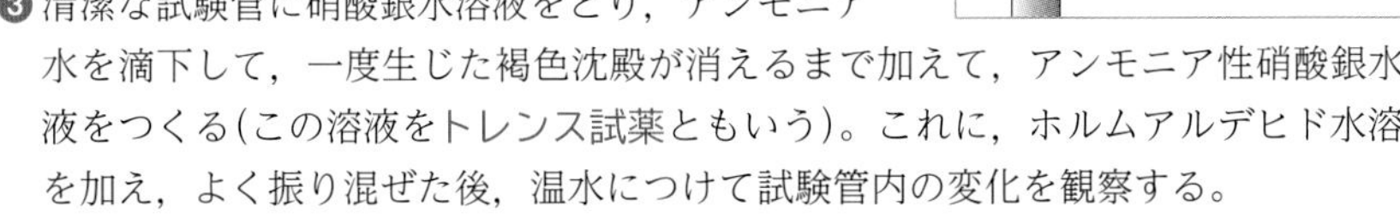

❸清潔な試験管に硝酸銀水溶液をとり，アンモニア水を滴下して，一度生じた褐色沈殿が消えるまで加えて，アンモニア性硝酸銀水溶液をつくる(この溶液をトレンス試薬ともいう)。これに，ホルムアルデヒド水溶液を加え，よく振り混ぜた後，温水につけて試験管内の変化を観察する。

結果

❶赤熱した銅線を空気に触れさせると黒色(CuO)になり，メタノールに近づけると金属光沢(こうたく)のある銅色に変化する。においは刺激臭である。

$$2CH_3OH + O_2 \longrightarrow 2HCHO + 2H_2O \text{（Cuは触媒としてはたらく）}$$

❷錯(さく)イオンとして含まれていたCu^{2+}が還元され，Cu_2Oの赤色沈殿を生じる。

❸錯イオンとして含まれていたAg^{+}が還元され，試験管の内壁に銀Agが析出する。

② アセトアルデヒド CH_3CHO

(製法) 第一級アルコールのエタノールに，二クロム酸カリウムの硫酸酸性溶液を加えて加熱すると，アセトアルデヒドが得られる(☞図21)。

$$\underset{\text{エタノール}}{C_2H_5OH} \xrightarrow[\text{}]{\substack{-2H \\ \text{酸化剤}}} \underset{\text{アセトアルデヒド}}{CH_3CHO}$$

工業的にはエチレンを酸化してつくられる。

$$2CH_2=CH_2 + O_2 \longrightarrow 2CH_3CHO$$

(塩化パラジウム(Ⅱ) $PdCl_2$ と塩化銅(Ⅱ) $CuCl_2$ を触媒)

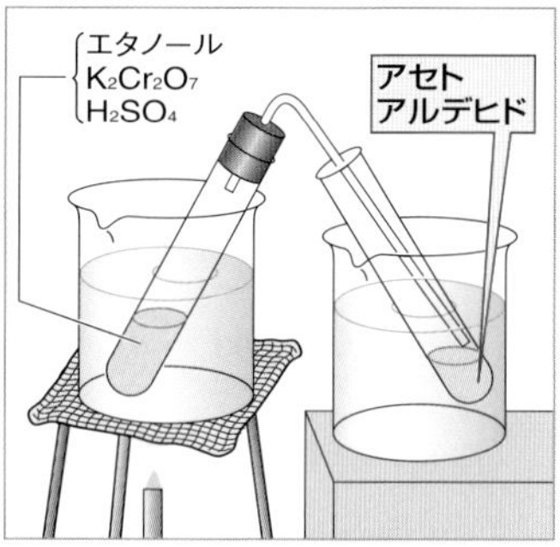

図21 アセトアルデヒドの製法

(性質) 無色・刺激臭のある揮発性の有毒な液体(沸点20℃)で，水に溶けやすい。防腐剤として用いられる。

3 ケトン

❶ケトン ケトンは中性物質でさらに酸化されることはない。そのため銀鏡反応やフェーリング液の還元反応は示さない。

❷アセトン

(製法) 実験室では，2-プロパノールの酸化や，酢酸カルシウムの乾留(空気を遮断して加熱分解すること)によって得られる。

$$CH_3-\underset{\substack{| \\ OH}}{CH}-CH_3 \xrightarrow[-2H]{\text{酸化}} CH_3-\underset{\substack{\| \\ O}}{C}-CH_3$$

$$(CH_3COO)_2Ca \xrightarrow{\text{乾留}} CH_3COCH_3 + CaCO_3$$

工業的には，プロペン(プロピレン)の酸化や，フェノールの合成(クメン法)の副生成物として得られる。

$$2\underset{\text{プロペン}}{CH_2=CHCH_3} + O_2 \longrightarrow 2CH_3COCH_3$$

(性質) 無色・芳香をもつ揮発性の液体(沸点56℃)であり，水とは任意の割合で混じる。また，有機化合物もよく溶かすので，有機溶媒として用いられる。

ケトン⇨還元性をもたない。

4 ヨードホルム反応

①アセトンに水酸化ナトリウムとヨウ素を加えて温めると，特有の臭気をもつヨードホルムCHI_3の黄色結晶が生じる。これをヨードホルム反応という。

②ヨードホルム反応は，本来アセチル基CH_3-CO-に対して起こる反応であるが，エタノールや2-プロパノールのように，原子団$CH_3-CH(OH)-$をもつ物質に対しても起こる。これは，$CH_3-CH(OH)-$がI_2で酸化されてアセチル基CH_3-CO-に変わるからである。よって，このような原子団をもたないメタノールやホルムアルデヒドではこの反応は起こらない。

表14 おもなカルボニル化合物の性質と用途

物質	性質	用途
ホルムアルデヒド	刺激臭，水によく溶ける。 濃度が約37％の水溶液をホルマリンという。 毒性が強い。**還元性がある。**	殺菌・漂白剤。 合成樹脂の原料として重要。
アセトアルデヒド	刺激臭，水とよく溶けあう。 ホルムアルデヒドと同様に**還元性がある。** ヨードホルム反応を示す。	酢酸など有機薬品の原料。
アセトン	芳香臭，水とよく溶けあう。 酸化されにくく，**還元性はない。** ヨードホルム反応を示す。	有機化合物用の溶媒として重要。

このSECTIONのまとめ　アルコールとアルデヒド・ケトン

□アルコールとエーテル ☞ p.396

- アルコール…－OH基をもつ。沸点は高く，分子量の小さいものは水に易溶。Naと反応してH_2を発生。中性。
  - 第一級アルコール ⟶ アルデヒド ⟶ カルボン酸
  - 第二級アルコール ⟶ ケトン
  - 第三級アルコール ⟶✕ （酸化されない）
- エーテル…分子中にエーテル結合をもつ。

□アルデヒドとケトン ☞ p.401

- アルデヒド…還元性がある。
- ケトン…還元性がない。

カルボン酸とエステル

1｜カルボン酸

1 カルボン酸とその性質

❶カルボン酸　分子中にカルボキシ基－COOHをもつ化合物をカルボン酸という。カルボン酸のうち，鎖状の炭化水素の末端の炭素にカルボキシ基1個が結合したものを脂肪酸といい，一般式R－COOHで表される。

❷カルボン酸の分類

①**価数**　分子中のカルボキシ基の数による分類で，モノカルボン酸(1価カルボン酸)，ジカルボン酸(2価カルボン酸)，トリカルボン酸(3価カルボン酸)などとなる。

②**炭化水素基**　構成する炭化水素基の炭素原子数が少ない脂肪酸を低級脂肪酸，炭素原子数が多い脂肪酸を高級脂肪酸という。また，炭化水素基が単結合のみのものを飽和カルボン酸，二重結合や三重結合を含むものを不飽和カルボン酸という。

③**ヒドロキシ酸**　乳酸など分子中にヒドロキシ基－OHをもつカルボン酸。

❸カルボン酸の一般的性質

①**溶解性**　分子量が小さい低級脂肪酸は刺激臭のある無色の液体で，カルボキシ基が水分子と水素結合を形成するため水に溶けやすい。分子量が大きい高級脂肪酸は無臭の固体で水に溶けにくい。有機溶媒には一般にどちらもよく溶ける。

②**酸としての反応**

[1]　カルボン酸は，水に溶けるとわずかに電離して，弱酸性を示す。

$$R-COOH \rightleftarrows R-COO^- + H^+$$

[2]　酸の強さは，炭酸より強い。 $HCl, H_2SO_4 > R-COOH > H_2CO_3$

よって，炭酸ナトリウムや炭酸水素ナトリウムを加えると，二酸化炭素を発生する。

$$2CH_3COOH + Na_2CO_3 \longrightarrow 2CH_3COONa + H_2O + CO_2$$

$$CH_3COOH + NaHCO_3 \longrightarrow CH_3COONa + H_2O + CO_2$$

逆に，カルボン酸の塩に希塩酸や希硫酸などの強酸を加えると，カルボン酸が遊離し，強酸の塩が生じる。

$$R-COONa + HCl \longrightarrow R-COOH + NaCl$$

弱い酸の塩 ＋ 強い酸 ⟶ 強い酸の塩 ＋ 弱い酸

[3]　水酸化ナトリウムNaOHなどの塩基と反応し，塩を生じる。

$$R-COOH + NaOH \longrightarrow R-COONa + H_2O$$

表15 カルボン酸 　 は高級脂肪酸

分類	名称	化学式	融点〔℃〕	その他
飽和 モノカルボン酸 (飽和脂肪酸)	ギ酸	HCOOH	8	アリから発見
	酢酸	CH_3COOH	17	食酢
	プロピオン酸	C_2H_5COOH	−21	乳製品に存在。防カビ剤
	パルミチン酸	$C_{15}H_{31}COOH$	63	天然油脂中でグリセリンと結合
	ステアリン酸	$C_{17}H_{35}COOH$	71	
不飽和 モノカルボン酸 (不飽和脂肪酸)	アクリル酸	$CH_2=CHCOOH$	14	合成樹脂の原料
	メタクリル酸	$CH_2=C(CH_3)COOH$	16	合成樹脂の原料
	オレイン酸	$C_{17}H_{33}COOH$	13	天然油脂中でグリセリンと結合
	リノール酸	$C_{17}H_{31}COOH$	−5	
	リノレン酸	$C_{17}H_{29}COOH$	−11	
飽和 ジカルボン酸	シュウ酸	COOH | COOH	187 (分解)	中和滴定などで標準試薬として利用
	アジピン酸	CH_2CH_2COOH | CH_2CH_2COOH	153	ナイロン66の原料
不飽和 ジカルボン酸	マレイン酸	HOOCCH=CHCOOH シス形	133〜134	合成樹脂の原料
	フマル酸	HOOCCH=CHCOOH トランス形	300〜302 (封管中)	植物中に存在
ヒドロキシ酸	乳酸	$CH_3CH(OH)COOH$	17	ヨーグルトの成分
	酒石酸	CH(OH)COOH | CH(OH)COOH	170	ブドウなど果実中に存在

❹さまざまなカルボン酸

①モノカルボン酸

[1] ギ酸HCOOH

刺激臭のある無色の液体(融点8℃)。飽和脂肪酸では最も強い酸である。水によく溶け，皮膚につくと水疱(すいほう)ができる。医薬品などの原料，染色に用いられる。分子中にホルミル基を含むため還元性を示す。

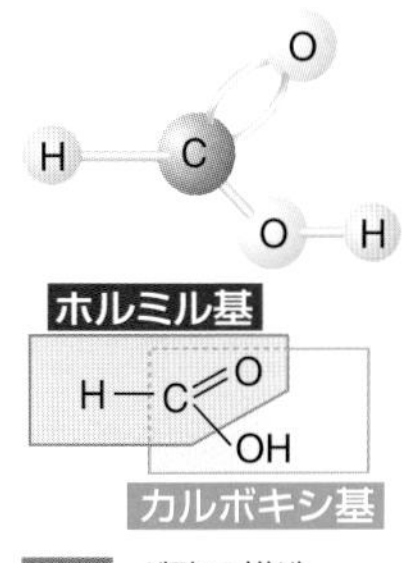

図22 ギ酸の構造

ギ酸自身は酸化されて二酸化炭素を生じる。

$$HCOOH \xrightarrow[\text{酸化}(+O)]{} H_2O + CO_2$$

ギ酸はホルムアルデヒドの酸化で得られる。

$$HCHO \longrightarrow HCOOH$$

工業的には，一酸化炭素と水酸化ナトリウムからギ酸ナトリウムHCOONaをつくり，これに希硫酸など強酸を加えて得られる。

$$CO + NaOH \longrightarrow HCOONa$$

[2] 酢酸CH_3COOH

刺激臭のある無色の液体(融点17℃)で，食酢中に3～5％含まれる。医薬品や合成樹脂などの原料として用いられる。純度が高い酢酸は気温が低いと凝固するため氷酢酸とよばれる。

酢酸はアセトアルデヒドの酸化で得られる。

$$CH_3CHO \longrightarrow CH_3COOH$$

工業的にはメタノールと一酸化炭素から合成される。

$$CH_3OH + CO \longrightarrow CH_3COOH$$

酢酸を十酸化四リンP_4O_{10}と加熱すると，酢酸2分子から1分子の水がとれ縮合し，無水酢酸$(CH_3CO)_2O$（融点－86℃，沸点140℃)となる。このように，2個のカルボキシ基から1分子の水がとれて縮合した化合物を酸無水物という。無水酢酸は水に溶けにくいが，徐々に加水分解されて酢酸になる。

$$2\,CH_3{-}COOH \underset{加水分解}{\overset{縮合}{\rightleftarrows}} (CH_3CO)_2O + H_2O$$

② **ジカルボン酸**

1分子中に，2個のカルボキシ基をもつ化合物をジカルボン酸という。ジカルボン酸は，いずれも常温で固体である。

[1] シュウ酸HOOC－COOH

シュウ酸は白色の固体で，最も簡単なジカルボン酸である。シュウ酸二水和物は，白色の固体で，空気中で安定であるため，中和滴定の標準試薬として用いられる。また，還元作用を示し，酸化還元滴定にも用いられる。

[2] マレイン酸とフマル酸

構造式HOOC－CH＝CH－COOHで表される不飽和(ほうわ)ジカルボン酸には，シス形の**マレイン酸**とトランス形の**フマル酸**がある。

マレイン酸（シス形）：H と COOH が二重結合 C＝C の同じ側

フマル酸（トランス形）：H と COOH が二重結合 C＝C の反対側

[加熱したときの変化]　フマル酸は変化しないが，マレイン酸は二重結合の同じ側にあるカルボキシ基が脱水されやすい。脱水されて無水マレイン酸になる。

$$\text{マレイン酸} \xrightarrow{加熱} \text{無水マレイン酸} + H_2O$$

補足　ジカルボン酸1分子から水1分子が脱離して生成した化合物も酸無水物という。

[3] アジピン酸

アジピン酸 $HOOC-(CH_2)_4-COOH$ は飽和(ほうわ)ジカルボン酸で，ベンゼンからシクロヘキサンを経由してつくられる。分子中にアミノ基 $-NH_2$ 2個をもつヘキサメチレンジアミン $H_2N-(CH_2)_6-NH_2$ とアジピン酸の混合物を加熱すると，**分子どうしが連続的に縮合(しゅくごう)して**ナイロン66(6, 6-ナイロン)を生じる(☞p.477)。**縮合が連続して起こり，大きな分子ができる反応を**縮合重合(じゅうごう)(**重縮合**)という。

$$HO-\underset{\|}{\overset{}{C}}(=O)-(CH_2)_4-C(=O)-OH + H-N(H)-(CH_2)_6-N(H)-H$$

$$\longrightarrow HO-\underset{\underset{O}{\|}}{C}-CH_2-CH_2-CH_2-CH_2-\underset{\underset{O}{\|}}{C}-\overset{\overset{H}{|}}{N}-CH_2-CH_2-CH_2-CH_2-CH_2-CH_2-\overset{\overset{H}{|}}{N}-H$$

ナイロン66　（アミド結合）

$-CO-NH-$ をアミド結合といい，この結合をもつ化合物をアミドという。

③ヒドロキシ酸

ヒドロキシ基 $-OH$ をもつカルボン酸を，ヒドロキシ酸という。ヒドロキシ酸は，アルコールとカルボン酸の両方の性質を示す。ヒドロキシ酸には，乳酸や酒石酸などがある。

[1] 乳酸 $CH_3CH(OH)COOH$

無色の結晶である。糖類の発酵(はっこう)で生じ，乳製品に含まれ，酸味料に利用されている。また，生分解性樹脂の原料にも用いられる。

$$\underset{\text{グルコース}}{C_6H_{12}O_6} \xrightarrow[\text{乳酸発酵}]{} 2CH_3CH(OH)COOH$$

❺鏡像異性体　乳酸分子には，4種類の異なる原子や原子団が結合した炭素原子が存在する。この炭素原子を不斉炭素原子といい，右図のように＊印をつけて区別する。

$$H-\overset{\overset{COOH}{|}}{\underset{\underset{CH_3}{|}}{C^*}}-OH$$

乳　酸

分子中に不斉炭素原子をもつ場合，1対の立体異性体が存在する(☞図23)。これらの2つの分子は，右手と左手のように互いに重ね合わすことができない。このような立体異性体を，鏡像異性体という。鏡像異性体は，融点・沸点や化学反応性などの性質は同じであるが，光に対する性質に違いがあり[★1]，味やにおいなども異なることが知られている。

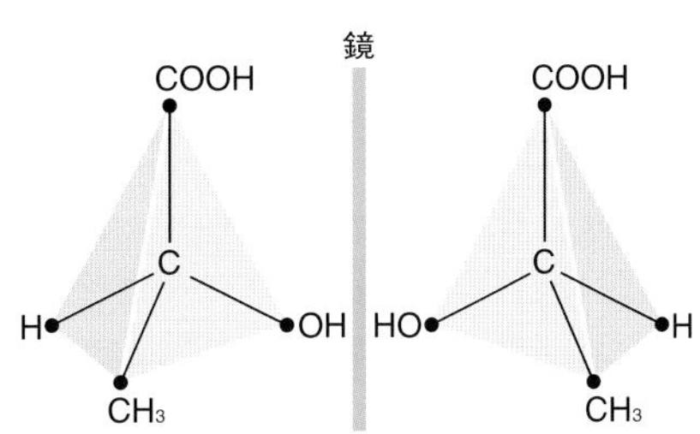

図23 乳酸の鏡像異性体

視点　鏡像異性体は，実像と鏡像の関係にある。

★1 このため，**光学異性体**とも呼ばれている。

第6編　有機化合物

2 | エステル

1 エステルとその性質 ①重要

❶エステル　カルボン酸とアルコールから水分子がとれ縮合すると，エステル結合 $-COO-$ をもつ化合物が生じる。この化合物をエステル，エステルの生成反応をエステル化といい，カルボン酸からOH，アルコールからHがとれ水が生成する。

$$R-\underset{\underset{O}{\|}}{C}-OH + H-O-R' \longrightarrow R-\underset{\underset{O}{\|}}{C}-O-R' + H_2O$$

❷エステルの一般的性質　一般に，水に溶けにくく，有機溶媒に溶けやすい。低分子量のエステルは沸点が低く，果実のような芳香をもつ揮発性の液体である。

❸エステルの加水分解　エステルに希硫酸を加えて温めると，**エステル化の逆向きに反応が進んで**カルボン酸とアルコールになる。これをエステルの加水分解という。この反応では，酸から出てくる H^+ が触媒のはたらきをしている。また，塩基を加えても加水分解が起こる。**塩基によるエステルの加水分解**をけん化(か)という。

$$CH_3COOC_2H_5 + NaOH \xrightarrow{けん化} CH_3COONa + C_2H_5OH$$

補足　エステルでは，ふつうカルボン酸を前に，アルコールをあとにしてRCOOR′と書く。ただし，アルコールを前にして書く場合もある。

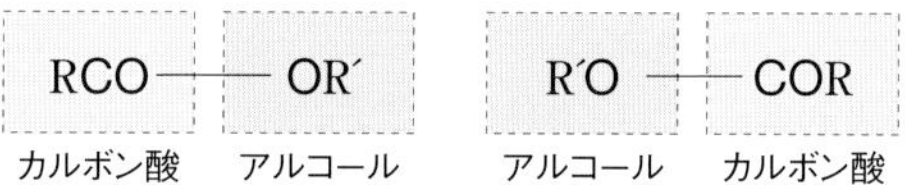

2 酢酸エチル

酢酸とエタノールの混合物に濃硫酸を少量加えて加熱すると，無色の酢酸エチル $CH_3COOC_2H_5$ が生じる。濃硫酸は触媒としてはたらく。酢酸エチルは水よりも軽く，揮発性が高く果実臭をもち，香料や塗料の溶剤などに利用されている。

$$\underset{酢酸}{CH_3-\underset{\underset{O}{\|}}{C}-OH} + \underset{エタノール}{H-O-C_2H_5} \overset{H^+}{\rightleftarrows} \underset{酢酸エチル}{CH_3-\underset{\underset{O}{\|}}{C}-O-C_2H_5} + H_2O$$

3 カルボン酸以外の酸とのエステル

硝酸，硫酸などの無機オキソ酸とアルコールの脱水反応もエステル化である。例えば，濃硫酸と濃硝酸の混合物（混酸）にグリセリン $C_3H_5(OH)_3$ を反応させると得られるニトログリセリンは，硝酸のエステルである。

$$\underset{グリセリン}{\begin{matrix} CH_2O-H \\ | \\ CHO-H \\ | \\ CH_2O-H \end{matrix}} + \underset{硝酸}{3HO-NO_2} \xrightarrow{濃H_2SO_4} \underset{ニトログリセリン}{\begin{matrix} CH_2ONO_2 \\ | \\ CHONO_2 \\ | \\ CH_2ONO_2 \end{matrix}} + 3H_2O$$

ニトログリセリンは，爆発しやすく，ダイナマイトの主成分である。ニトログリセリンとよばれているが，エステルであって，ニトロ化合物ではない。

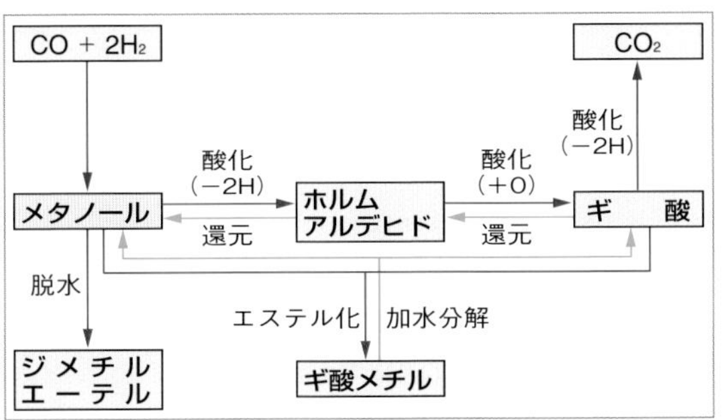

図24 メタノールを中心とした脂肪族化合物の関連図

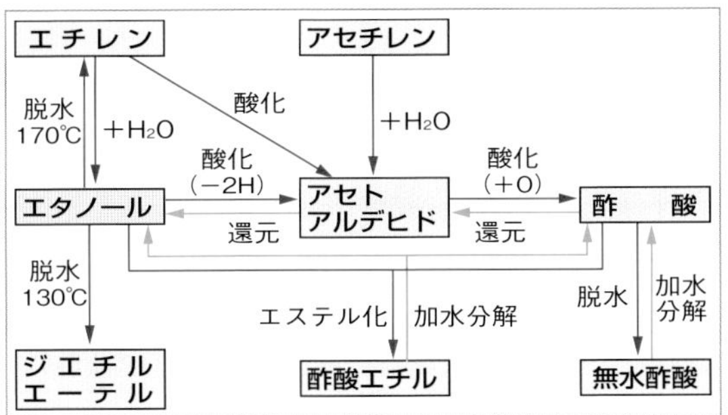

図25 エタノールを中心とした脂肪族化合物の関連図

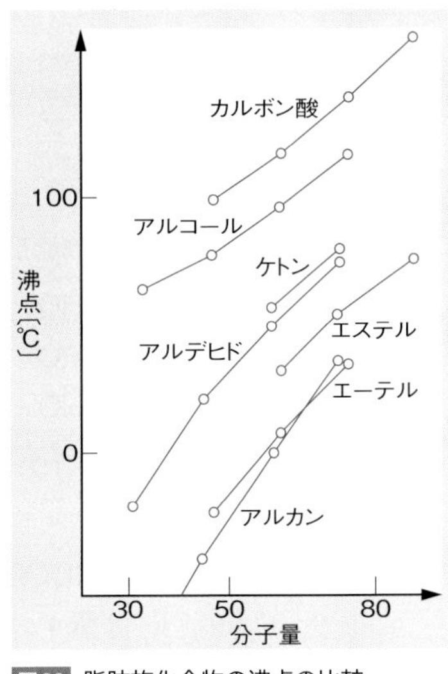

図26 脂肪族化合物の沸点の比較

視点 同程度の分子量で比べると，各化合物の沸点の高い順は次のようになる。

㊤ カルボン酸 > アルコール

㊥ カルボニル化合物 > エステル

㊦ エーテル ≒ アルカン

このSECTIONのまとめ カルボン酸とエステル

□ カルボン酸 p.406	• 二量体を形成し，同分子量のアルコールの沸点より高い。低分子量のものは水によく溶ける。 • 酸性を示し，塩基と反応して塩をつくる。 • アルコールと反応して**エステル**をつくる。 • **ギ酸**…ホルミル基−CHOをもち，還元性を示す。 • **酢酸**…食酢の主成分。冬期には凝固する(**氷酢酸**)。
□ エステル p.410	• **エステル**…カルボン酸とアルコールの縮合でできる。 • **無機酸エステル**…無機酸とアルコールのエステル。 • 水に溶けにくく，低分子量のものは果実臭をもつ。 • 塩基と加熱すると**けん化**される。

SECTION 3 油脂とセッケン

1 油脂とその性質

1 油脂の成分 ①重要

❶油脂　グリセリンと高級脂肪酸のエステルを油脂(トリグリセリド)という。

$$\begin{matrix} CH_2O-H & & HO-COR & & CH_2O-COR & & \\ | & & & & | & & \\ CHO-H & + & HO-COR' & \longrightarrow & CHO-COR' & + & 3H_2O \\ | & & & & | & & \\ CH_2O-H & & HO-COR'' & & CH_2O-COR'' & & \\ \text{グリセリン} & & \text{高級脂肪酸} & & \text{油脂} & & \end{matrix}$$

上式は，便宜的に次のように表される。

$$C_3H_5(OH)_3+3RCOOH \longrightarrow C_3H_5(OCOR)_3+3H_2O$$

ここで，R，R′，R″は種々の炭化水素基で，天然の油脂は，これらがそれぞれ異なるものや，一部が同じものなどの**種々のエステルの混合物**である。

❷油脂の成分　油脂には，常温で液体のもの(脂肪油)と，常温で固体のもの(脂肪)がある。

- 脂肪油……不飽和脂肪酸を多く含む(二重結合の数が多い油脂ほど融点が低い)。
- 脂肪………飽和脂肪酸を多く含む。

表16 油脂の構成脂肪酸の組成

分類		油脂	融点〔℃〕	飽和脂肪酸〔%〕			不飽和脂肪酸〔%〕		
				ミリスチン酸	パルミチン酸	ステアリン酸	オレイン酸	リノール酸	リノレン酸
脂肪油	乾性油	あまに油	−27〜−18	4〜9	4〜9	2〜8	5	15	5
		大豆油	−8〜−7	0.1〜0.4	10	2.5	22〜34	44〜56	3〜7
	半乾性油	綿実油	−6〜−4	1.5	23	1	18〜36	34〜57	—
		ごま油	−6〜−3	—	9	4.3	37〜49	38〜47	—
		米ぬか油	−10〜−5	—	—	—	38	38	1
	不乾性油	オリーブ油	0〜6	1	10	1	68〜86	4〜15	—
脂肪		豚脂	33〜46	1	30	18	41	6	—
		牛脂	40〜48	2	32	15	48	3	—
		バター	15〜26	11	29	9	27	4	—
		ヤシ油	14〜25	18	9	2	5〜6	1.5〜2.6	—

補足　それぞれの構成脂肪酸の示性式は，ミリスチン酸$C_{13}H_{27}COOH$，パルミチン酸$C_{15}H_{31}COOH$，ステアリン酸$C_{17}H_{35}COOH$，オレイン酸$C_{17}H_{33}COOH$，リノール酸$C_{17}H_{31}COOH$，リノレン酸$C_{17}H_{29}COOH$である。

2 油脂の性質と分類 ①重要

❶油脂の性質

①油脂には，脂肪油と脂肪とがあるが，これらは，次のような性質の違いがある。

- **脂肪油**…一般に，**黄色または黄褐色の液体**で，特有のにおいがある。
- **脂肪**…一般に，**白色・ろう状の固体**で，無臭のものが多い。

②**水には溶けない**が，エーテル，石油ベンジン，テトラクロロメタン(四塩化炭素)などの**有機溶媒に溶けやすい。**このことを利用すると，固体試料中の油脂を抽出することができる(☞図27)。

③密度は1 g/cm³より小さく，水に浮く。

④油脂は混合物であるため，特定の融点や沸点を示さない。

⑤油脂に加熱水蒸気を通すと，加水分解してグリセリンと脂肪酸になる。

$$C_3H_5(OCOR)_3 + 3H_2O \longrightarrow \underset{\text{グリセリン}}{C_3H_5(OH)_3} + \underset{\text{脂肪酸}}{3RCOOH}$$

⑥水酸化ナトリウム水溶液とともに加熱するとけん化されてグリセリンとセッケン(☞p.415)を生じる。

$$C_3H_5(OCOR)_3 + 3NaOH \longrightarrow C_3H_5(OH)_3 + \underset{\text{セッケン}}{3RCOONa}$$

⑦油脂は水に溶けないので，そのままでは体内に吸収されないが，すい液の酵素リパーゼにより，脂肪酸とモノグリセリド★1に分解されて吸収される。

⑧炭素-炭素間に二重結合を多く含む油脂は，酸化や付加などの化学変化を受けやすい。このような反応が油脂が変質する要因となる。

補足 次ページに登場する乾性油も，炭素-炭素間に二重結合を多く含んでいる。

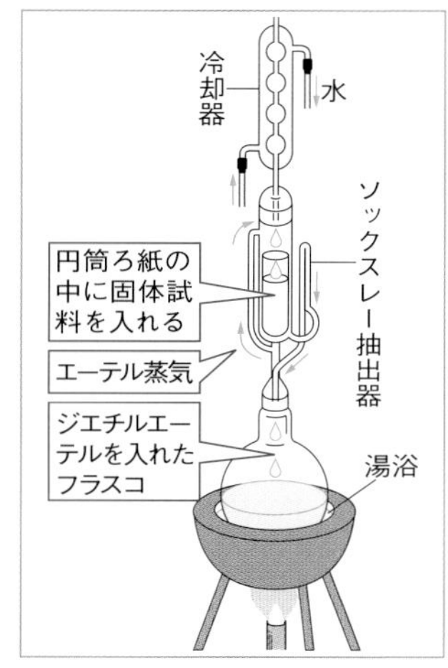

図27 油脂の抽出

視点 フラスコを加熱すると，溶媒のジエチルエーテルは気化して冷却器に達し，再び液化してソックスレー抽出器を通る。このとき試料中の油脂を溶かしだすしくみになっている。

> **COLUMN**
> **DHAとEPA**
> 魚類の体内に多く含まれる不飽和脂肪酸に，DHA（ドコサヘキサエン酸$C_{22}H_{32}O_2$)とEPA（イコサペンタエン酸$C_{20}H_{30}O_2$)がある。どちらも近年話題となっている油脂で，コレステロールや中性脂肪を低下させ，動脈硬化を防ぐはたらきがあるとされる。さらにDHAは，脳機能の活性化効果があるとされている。

★1 モノグリセリドとは，グリセリンに脂肪酸が1分子結合したものである。

❷油脂の分類　油脂のなかには，前記の共通性質のほか，乾燥してうすい膜状になる性質をもつものがある。この性質の現れ方によって，次のように分類できる。

①**乾性油**(ゆ)　**空気中に放置すると，固化してうすい樹脂状の膜になる油脂**である。乾性油がうすい膜状になるのは，二重結合の数の多い不飽和(ほうわ)の高級脂肪酸(リノール酸やリノレン酸など)を多く含むので(☞ p.412 **表16**)，酸化されやすく，また分子間の結合が起こり，分子量の大きい化合物になるためである。油紙，印刷用インキなどの原料に用いられる。

㊎ あまに油，大豆油，紅花油など

②**不乾性油**　空気中に放置しても固化しない油脂で，飽和脂肪酸(パルミチン酸やステアリン酸など)または二重結合の数が少ない不飽和脂肪酸(オレイン酸など)を多く含んでいる。食用として広く用いられ，また毛髪用にも用いられている。

㊎ オリーブ油，つばき油，落花生油，ヤシ油

③**半乾性油**　乾性油と不乾性油の中間の性質を示し，化粧品や潤滑(じゅんかつ)油などの原料に用いられる。

㊎ 綿実油，ごま油，米ぬか油

油脂⇨グリセリンと高級脂肪酸のエステル。加水分解すると，もとの各成分が得られる。
(二重結合　多)…乾性油　　(二重結合　少)…不乾性油

⊕発展ゼミ　けん化価とヨウ素価

●油脂にはいろいろな高級脂肪酸(炭素数の多い脂肪酸)が含まれており，その構成比率の指標となるのが，けん化価とヨウ素価である。

●**けん化価は，油脂1 gをけん化するのに必要な水酸化カリウムKOHを質量〔mg〕の数値で示したもの**をいう。油脂1 mol(M g)をけん化するのに必要なKOHは3 mol (3 × 56 g)だから，けん化価E_1との間に次の比例式が成り立つ。

$M\,\text{g} : 3\times56\,\text{g} = 1\,\text{g} : E_1\times10^{-3}\,\text{g}$
(M；平均分子量，E_1；けん化価)

$$\therefore\quad E_1 = \frac{3\times56\times10^3}{M}$$

けん化価が大きい油脂ほど，油脂の平均分子量が小さいことを示す。

●**ヨウ素価は，油脂100 gに付加(ふか)するヨウ素を質量〔g〕の数値で示したもの**をいう。ヨウ素は二重結合に付加するわけだから，**ヨウ素価が大きい油脂ほど不飽和脂肪酸を多く含む**ことがわかる。したがって，乾性油には二重結合が多く含まれているのでヨウ素価は大きく，不乾性油は逆に小さい。

乾性油……ヨウ素価　130以上
半乾性油…ヨウ素価　100 ～ 130
不乾性油…ヨウ素価　100以下

❸硬化油　不飽和脂肪酸を多く含む液体の脂肪油に，ニッケルNiを触媒として水素を通すと，硬化して固体になる。これは，成分脂肪酸の不飽和の部分に水素が付加し，**飽和脂肪酸に変わって，常温で液体のものが固体状に変化**したからで，このようにして得られた油脂を硬化油という。大豆油やコーン油など植物性油脂からつくられる硬化油がマーガリンの原料に用いられる。

$$-\overset{\displaystyle H}{\overset{|}{C}}=\overset{\displaystyle H}{\overset{|}{C}}- \ + \ H_2 \xrightarrow{(Ni)} -\underset{\displaystyle H}{\underset{|}{\overset{\displaystyle H}{\overset{|}{C}}}}-\underset{\displaystyle H}{\underset{|}{\overset{\displaystyle H}{\overset{|}{C}}}}- \ \text{〔硬化油〕}$$

油脂(脂肪油)［不飽和脂肪酸・液体状・有臭］　→　油脂(脂肪)［飽和脂肪酸・固体状・無臭］

2｜セッケンとその性質

❶セッケンの製造　固体状の脂肪(油脂)に，濃い水酸化ナトリウム水溶液などの強塩基を加えて加熱すると，けん化が起こり，グリセリンと高級脂肪酸のナトリウム塩(セッケン)が得られる。

$$\begin{array}{l} CH_2O-COR \\ | \\ CHO-COR' \\ | \\ CH_2O-COR'' \end{array} + 3NaOH \longrightarrow \begin{array}{l} CH_2-OH \\ | \\ CH-OH \\ | \\ CH_2-OH \end{array} + \begin{array}{l} RCOONa \\ R'COONa \\ R''COONa \end{array}$$

油　脂　　　　グリセリン　　　セッケン

上式は，便宜的に次のように表される。

$$C_3H_5(OCOR)_3 + 3NaOH \longrightarrow C_3H_5(OH)_3 + 3RCOONa$$

この混合物に塩化ナトリウム(食塩)を加えると，乳状のセッケンが浮いて，グリセリンと分離される。この操作は塩析(☞p.242)のひとつである。

補足　セッケンは，高級脂肪酸のアルカリ金属塩であり，一般的には，パルミチン酸ナトリウム$C_{15}H_{31}COONa$やステアリン酸ナトリウム$C_{17}H_{35}COONa$などがよく用いられる。

❷セッケン分子の構造　セッケンなどの洗剤は，疎水性(親油性)の長い炭化水素基の部分と，親水性のイオンの部分とからできている(☞p.238 図51)。

$$\underset{\text{疎水基}}{R}-\underset{\text{親水基}}{COO^-}Na^+$$

水と油の混合物にセッケンを加えると，親水性の部分を水側に，疎水性(親油性)の部分を油側に向けて並ぶ。

セッケン⇨高級脂肪酸のアルカリ金属塩で，水に可溶。
親水性の部分と疎水性の部分をもつ。

第6編　有機化合物

❸セッケンの性質

①水によく溶ける。一部は加水分解し，**水溶液は弱塩基性**を示す。

$$RCOO^- + H_2O \longrightarrow RCOOH + OH^-$$

②Ca^{2+}やMg^{2+}を含む水(硬水)に溶かすと不溶性のCa塩やMg塩を生じる。

$$2RCOONa + Ca^{2+} \longrightarrow (RCOO)_2Ca + 2Na^+$$

セッケンは，硬水中や海水中で泡立ちが悪く，洗浄作用がなくなる。しかし，硬水中や海水中でも使用できる合成洗剤(☞p.507)が開発されている。

❹セッケンのはたらき

①セッケンには，水の表面張力を減少させるはたらき(界面活性)がある。このような作用をもつ物質を界面活性剤という。表面張力が小さくなると泡立ちがよくなり，布の繊維の中に浸透しやすくなる。

補足　水と油のように二相間の表面張力が，セッケンなどの少量の物質の溶解によって大きく低下する現象を**界面活性**という。

②セッケンは，水溶液中である濃度以上になると，それらのイオンが，疎水性部分を内側に，親水性部分を外側にして集まり，負の電荷をおびたコロイド粒子となる(☞図28)。これをミセルという。

③セッケン水に油を加えて振りまぜると，セッケン分子が油のまわりをとりかこみ，水中に分散する。これを乳化といい，乳化を起こさせる作用を乳化作用という。

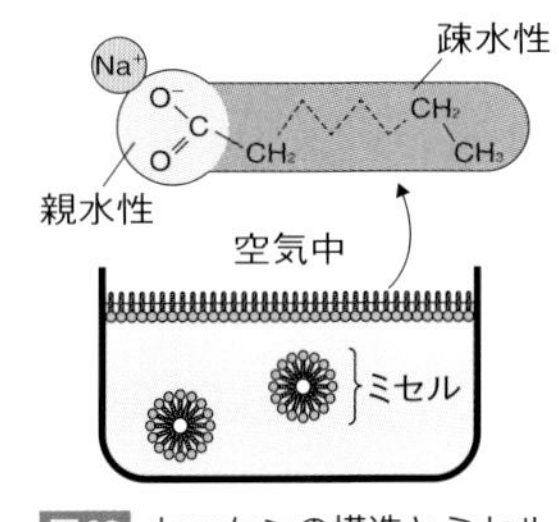

図28　セッケンの構造とミセル

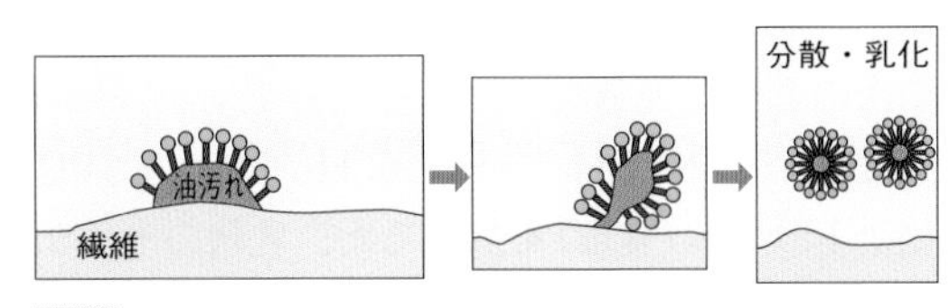

図29　乳化作用

④セッケン水は，上記②，③のはたらきと，泡によって汚れ(主として脂肪分)を吸着するなどのはたらきによって，すぐれた洗浄作用を示す。

このSECTIONのまとめ　油脂とセッケン

□油脂とその性質 ☞p.412	・油脂…**高級脂肪酸とグリセリンのエステル** 脂肪油…不飽和脂肪酸を多く含む。**常温で液体。** 脂肪…飽和脂肪酸を多く含む。**常温で固体。**
□セッケン ☞p.415	・セッケン…高級脂肪酸のアルカリ金属塩。**親水性の部分と疎水性の部分をもつ。**水溶液は加水分解し弱塩基性。

CHAPTER 2

練習問題

解答☞p.559

1 〈C_3H_8Oの異性体とその性質〉

次の文を読んで，あとの問いに答えよ。

分子式C_3H_8Oで表される化合物には，3種類の構造異性体A～Cがある。Aは，3つの化合物のなかで最も沸点が低い。Bは，酸化すると化合物Dを経て化合物Eになる。Cを酸化すると化合物Fが生じる。また，BとCのそれぞれに濃硫酸を加えて170℃に加熱すると，同一の化合物Gが得られる。

(1) 化合物A～Gの構造式と名称を答えよ。
(2) A～Gのなかで，ヨードホルム反応を示すものをすべて選び，記号で答えよ。
(3) A～Gのなかで，フェーリング液を還元するものを選び，記号で答えよ。

2 〈エタノールの関連化合物〉 テスト必出

次の図は，エタノールと他の化合物の関連を表している。この図について，あとの問いに答えよ。

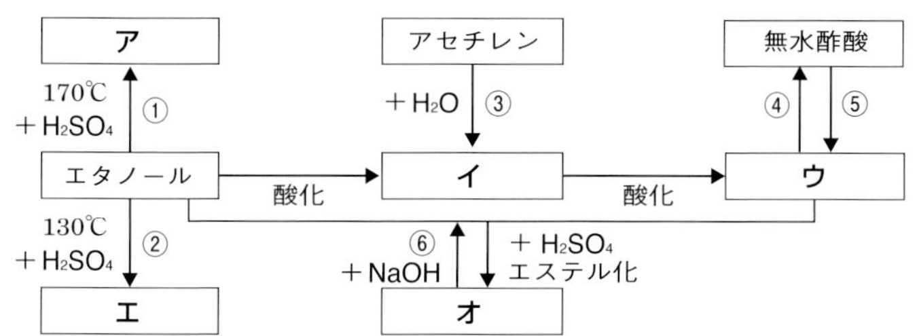

(1) 図中の**ア**～**オ**に該当する有機化合物の名称と示性(しせい)式を答えよ。
(2) 図中の反応①～⑥の名称として最も適切なものを次の(a)～(e)から選べ。
　(a) 付加(ふか)　(b) 脱離(だつり)　(c) 縮合(しゅくごう)　(d) 置換(ちかん)　(e) 加水分解
(3) 化合物**イ**がアンモニア性硝酸銀水溶液と反応すると，どんな現象が起こるか。
(4) **イ**～**オ**のうち，水と混ざりにくい液体はどれか。すべて選び，記号で答えよ。

3 〈油脂〉

次の文章の空欄に，適当な語句および数値を入れよ。ただし，同じ番号の空欄には同じものが入る。

油脂とは，(　①　)1分子と，高級脂肪酸(　②　)分子からなるエステルのことである。油脂は，常温で固体の(　③　)と，常温で液体の(　④　)に分けられる。④に水素を付加すると，(　⑤　)とよばれる固化した油脂が得られる。

油脂に塩基を加えると，油脂は加水分解され，①と高級脂肪酸の塩が生じる。この反応は(　⑥　)とよばれる。塩基として水酸化ナトリウム水溶液を使ったときに得られる高級脂肪酸のナトリウム塩が(　⑦　)である。

• CHAPTER

3 » 芳香族化合物

SECTION

1 酸素を含む芳香族化合物

1 | フェノール類

1 フェノール類

❶フェノール類とは　ベンゼン環（かん）に直接ヒドロキシ基−OHが結合した化合物を，フェノール類という。その代表的なものは，右図に示したフェノールで，**石炭酸**ともよばれる。

OH

フェノール

補足　ベンゼン環に−OHが直接結合した化合物だけをフェノール類といい，それ以外の−OHをもつ化合物はフェノール類としての性質を示さないのでアルコールに分類する。たとえば，右に示したベンジルアルコールは，−OHとベンゼン環が直接結合していないので，フェノール類ではなく，アルコールである。

CH_2OH

ベンジル
アルコール

❷いろいろなフェノール類　次に示す**表17**に，おもなフェノール類を挙げた。

表17　おもなフェノール類

名　称	フェノール	*o*-クレゾール	サリチル酸	1-ナフトール	2-ナフトール
構造式	OH	OH, CH_3	OH, COOH	OH	OH
示性式	C_6H_5OH	$C_6H_4(CH_3)OH$	$C_6H_4(OH)COOH$	$C_{10}H_7OH$	$C_{10}H_7OH$
融点〔℃〕	41	31	159	96	122
塩化鉄(Ⅲ)の呈色	紫色	青色	赤紫色	紫色	緑色
用　途	合成樹脂の原料	殺菌消毒	防腐剤	染料の原料	染料の原料

補足　分子内に2つ以上のフェノール性−OH（ベンゼン環の炭素原子に直接結合する−OH）をもつものを**ポリフェノール**という。

2 フェノール類の性質 ①重要

❶水溶液の性質　フェノール類の多くは，**水にわずかに溶ける。**水に溶けたフェノール類は，ごく一部が電離してH^+を放出する。したがって，水溶液は**きわめて弱い酸性を示す**が，青色リトマス紙は変色しない。

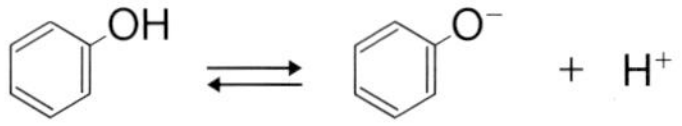

$$C_6H_5OH \rightleftarrows C_6H_5O^- + H^+$$

フェノール　フェノキシドイオン

❷塩基との反応　フェノール類は酸性の物質であるため，**塩基と反応して塩をつくる。**この塩は水によく溶ける。したがって，フェノール自身も塩基の水溶液にはかなり多く溶ける。

$$C_6H_5OH + NaOH \longrightarrow C_6H_5ONa + H_2O$$

フェノール　ナトリウムフェノキシド

フェノール類⇨ {水に溶けて弱い酸性を示す。
塩基と反応して塩をつくり，**この塩は水に可溶。**}

❸他の酸との反応　ナトリウムフェノキシド水溶液に，二酸化炭素を通じると**フェノールが遊離する。**これは，フェノールが炭酸より弱い酸であるためである。

$$C_6H_5ONa + \underline{CO_2 + H_2O} \longrightarrow NaHCO_3 + C_6H_5OH$$

（弱い酸の塩）＋（フェノールに比べて強い酸）⟶（強い酸の塩）＋（弱い酸）

酸の強弱

$$HCl > R-SO_3H \gg R-COOH > H_2CO_3 > \text{フェノール類}$$

⊕発展ゼミ　フェノールはなぜ酸性を示すか

●ベンゼン環(かん)の炭素原子の**第4の価電子**（☞p.388 発展ゼミ）は，**ベンゼン環内を自由に動くことができる。**フェノール類はベンゼン環にヒドロキシ基が結合したものだが，フェノールの酸素原子にある電子もベンゼン環まで動くことができる。そのぶん，アルコールのO−H結合より，フェノールのO−H結合は解離しやすくなる。

●フェノール類がアルコールと違って，弱い酸としての性質をもつのは，**ヒドロキシ基の酸素原子の電子**をベンゼン環がより強く引きつけて，H^+を放出しやすくなっているからである。

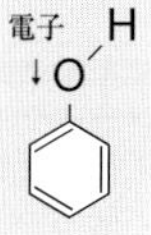

（図：電子↓ O−H）

❹塩化鉄(Ⅲ)による呈色反応　フェノール類は，黄褐色の塩化鉄(Ⅲ) $FeCl_3$ 水溶液を加えると，**紫を中心とした呈色**を示す。この反応は**フェノール類の検出に利用**されている。

❺用途　殺菌作用があり，防腐剤・殺菌剤・消毒薬として用いられる。

❻置換(ちかん)反応　フェノール類はベンゼンより置換反応を起こしやすい。

①**ハロゲン化**　フェノールに十分な量の臭素水を作用させると，2, 4, 6-トリブロモフェノール[★1] $C_6H_2Br_3(OH)$ の白色沈殿が生じる。

OH（ベンゼン環）　+　$3Br_2$　⟶　OH, Br(6), Br(2), Br(4)（1〜6の番号付きベンゼン環）　+　$3HBr$

2, 4, 6-トリブロモフェノール

②**ニトロ化**　フェノールに濃硝酸と濃硫酸の混酸(こんさん)を作用させると，ニトロ化されてピクリン酸(2, 4, 6-トリニトロフェノール) $C_6H_2(OH)(NO_2)_3$ を生じる。ピクリン酸は黄色の結晶で，火薬に用いられる。

OH（ベンゼン環）　+　$3HONO_2$（硝　酸）　⟶　OH, O_2N, NO_2, NO_2（ベンゼン環）　+　$3H_2O$

ピクリン酸

補足　フェノールの置換反応は，オルト位とパラ位に起こりやすく，メタ位には起こりにくい。

［フェノール類の性質］

- アルコールとの共通点
  - Naと反応する。
  - エステルをつくる。
- アルコールとの相違点
  - 弱い酸性を示す。
  - $FeCl_3$ の呈色反応。
  - NaOHと反応(フェノキシド生成)。

置換反応…ハロゲン化，ニトロ化がベンゼンより起こりやすい。

★1 ベンゼンに2個以上の置換基があるときには，その化合物の中で最も主要な置換基が結合している炭素原子の番号を1とする。この場合には－OHが結合している炭素原子を1とする。

3 フェノール　①重要

図30 コールタール

❶**フェノールの性質**　フェノールは**特有の臭気をもつ固体**で，水に少し溶ける。コールタールに含まれているので，**石炭酸**ともよばれる。また，有毒で皮膚をおかす。消毒に使われたり，合成樹脂の原料として多量に使用されたりする。弱酸性である。

❷**フェノールの製法**

① **コールタールからの生成**　コールタールを分留(ぶんりゅう)することによって得られる。

② **クメン法**　プロペン(プロピレン)にベンゼンを付加(ふか)させて**クメン**をつくり，これを酸素で酸化して，さらに硫酸を加えて分解する。その結果，フェノールとアセトンが得られる。この方法は，フェノールの工業的製法である。

$$C_6H_6 + CH_2{=}CH{-}CH_3 \xrightarrow[\text{触媒}]{} C_6H_5{-}CH(CH_3)_2 \xrightarrow[\text{触媒}]{+O_2} C_6H_5{-}C(CH_3)_2{-}OOH$$

ベンゼン　プロペン　クメン(イソプロピルベンゼン)　クメンヒドロペルオキシド

$$\xrightarrow[\text{分解}]{\text{希}H_2SO_4} C_6H_5{-}OH + (H_3C)_2C{=}O$$

フェノール　アセトン

③ **アルカリ融解(ゆうかい)**　ベンゼンスルホン酸を水酸化ナトリウム(固体)とともに融解する。

$$C_6H_6 \xrightarrow[\text{スルホン化}]{\text{濃}H_2SO_4} C_6H_5{-}SO_3H \xrightarrow[\text{中和}]{NaOH\,aq} C_6H_5{-}SO_3Na$$

ベンゼンスルホン酸　ベンゼンスルホン酸ナトリウム

$$\xrightarrow[\text{アルカリ融解}]{NaOH} C_6H_5{-}ONa \xrightarrow[\text{弱酸の遊離}]{CO_2,\ H_2O} C_6H_5{-}OH$$

ナトリウムフェノキシド　フェノール

④ **クロロベンゼンからの生成**　クロロベンゼンを高温・高圧状態で水酸化ナトリウム水溶液と反応させ，得られたナトリウムフェノキシドに二酸化炭素を吹き込む。

$$C_6H_6 \xrightarrow[\text{ハロゲン化}]{Cl_2,\ \text{鉄粉}} C_6H_5{-}Cl \xrightarrow[\text{加圧・加熱}]{NaOH\,aq} C_6H_5{-}ONa \xrightarrow[\text{弱酸の遊離}]{CO_2,\ H_2O} C_6H_5{-}OH$$

クロロベンゼン

2 芳香族カルボン酸

1 芳香族アルデヒドと芳香族カルボン酸

❶**芳香族アルデヒド**　ベンゼン環の炭素原子に，ホルミル基 −CHOが結合した化合物を芳香族アルデヒドという。その性質は脂肪族のアルデヒドによく似ており，**還元性をもつ。**したがって，銀鏡反応を起こす。

❷**芳香族カルボン酸**　ベンゼン環の炭素原子に，カルボキシ基 −COOHが結合した化合物を芳香族カルボン酸という。その性質は脂肪族のカルボン酸によく似ている。一般に冷水に溶けにくい結晶であるが，カルボキシ基をもつので，**塩基性水溶液には塩をつくってよく溶ける。**

補足　芳香族カルボン酸とフェノール類は，一般に水に溶けにくい。しかし，酸としての性質をもつため，水酸化ナトリウム水溶液には，ナトリウム塩となって溶ける。

2 安息香酸

❶**安息香酸の性質と用途**　無色の結晶(融点123℃)で，昇華性がある。**酸の強さは酢酸と同程度**である。防腐剤・染料・医薬・香料などの原料に用いられる。

COOH（ベンゼン環）
安息香酸

補足　安息香酸は，中世のアラビア人が香料として用いていた安息香を，加熱・昇華して得られたことからこの名前がついた(安息香はスチラックスという樹脂のかたまり)。

❷**安息香酸の製法**　トルエンなど，**ベンゼン環に側鎖として1つの炭化水素基がついているものを酸化**すると生成する。

$$\text{トルエン } (C_6H_5\text{-}CH_3),\ \text{エチルベンゼン } (C_6H_5\text{-}CH_2CH_3)\ \text{など} \xrightarrow[\text{酸 化}]{KMnO_4} \text{安息香酸 } (C_6H_5\text{-}COOH)$$

補足　トルエンを穏やかな条件下で酸化すると，ベンズアルデヒド C_6H_5CHO を生じる。

3 フタル酸とその異性体　(!)重要

❶**フタル酸とその異性体**　ベンゼン環に2個のカルボキシ基−COOHが結合したジカルボン酸 $C_6H_4(COOH)_2$ には，右に示したような3種類の異性体がある。

フタル酸（COOH，COOH がオルト位）　イソフタル酸（COOH，COOH がメタ位）　テレフタル酸（COOH，COOH がパラ位）

❷**フタル酸の性質と用途**　無色の結晶(融点234℃)で，あまり水に溶けない。フタル酸や無水フタル酸は，合成樹脂や染料などの原料に用いられる。

❸フタル酸の製法　o-キシレンやナフタレンを酸化すると得られる。

o-キシレン $\xrightarrow[\text{酸　化}]{KMnO_4}$ フタル酸

ナフタレン $\xrightarrow[\text{触媒}V_2O_5]{O_2}$ 無水フタル酸 $\xrightarrow{H_2O}$ フタル酸

補足　イソフタル酸はm-キシレン，テレフタル酸はp-キシレンをそれぞれ酸化すると生成する。

❹フタル酸の脱水反応　フタル酸を加熱すると，**容易に分子内で脱水反応を起こして，無水フタル酸**になる。

補足　イソフタル酸やテレフタル酸は，カルボキシ基が離れているので脱水されず，したがって酸無水物をつくらない。この関係は，マレイン酸が酸無水物をつくるのに対して，フマル酸は酸無水物をつくらないことに似ている(☞p.408)。

4 サリチル酸

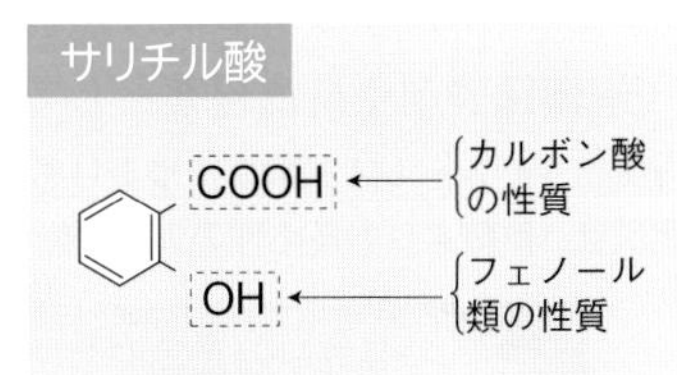

サリチル酸o－$C_6H_4(OH)COOH$は，ヒドロキシ基－OHとカルボキシ基－COOHの2種類の**官能基**(かんのうき)をもつ**ヒドロキシ酸**である。

❶サリチル酸の性質　無色針状結晶で，水にわずかに溶けて，弱酸性を示す。カルボキシ基－COOHとヒドロキシ基－OHをもっているので，**カルボン酸とフェノール類の両方の性質をもつ。**

❷サリチル酸の製法　フェノールと水酸化ナトリウムの塩であるナトリウムフェノキシドに，高温・高圧状態で二酸化炭素を反応させると，サリチル酸のナトリウム塩が生成する。これに強酸である希硫酸を加えると，サリチル酸が遊離する。

フェノール $\xrightarrow[\text{中　和}]{NaOH}$ ナトリウムフェノキシド $\xrightarrow[\text{高温・高圧}]{CO_2}$ サリチル酸ナトリウム $\xrightarrow[\text{弱酸の遊離}]{H_2SO_4}$ サリチル酸

❸サリチル酸の反応

①**カルボン酸としての反応**　サリチル酸にメタノールを加え，少量の濃硫酸とともに加熱すると，カルボキシ基がエステル化され，**サリチル酸メチル**が生成する。

$$C_6H_4(OH)CO{-}OH + H{-}OCH_3 \xrightarrow[\text{エステル化}]{\text{濃 }H_2SO_4} C_6H_4(OH)COOCH_3 + H_2O$$

サリチル酸　　メタノール　　サリチル酸メチル

サリチル酸メチルは，**芳香(ほうこう)をもつ無色の液体**(沸点223℃)である。消炎・鎮痛(ちんつう)作用があり，湿布(しっぷ)薬などの医薬品として用いられる。

②**フェノール類としての反応**　サリチル酸を無水酢酸とともに加熱すると，ヒドロキシ基がエステル化され，**アセチルサリチル酸**が生成する。アセチルサリチル酸の分子中のCH_3CO-をアセチル基という。アセチル基をもつ化合物を生成する反応をアセチル化という。

$$C_6H_4(COOH)OH + (CH_3CO)_2O \xrightarrow[\text{アセチル化}]{\text{濃 }H_2SO_4} C_6H_4(COOH)OCOCH_3 + CH_3COOH$$

サリチル酸　　無水酢酸　　アセチルサリチル酸

アセチルサリチル酸は**無色針状の結晶**(融点135℃)で，**アスピリン**ともよばれ，解熱鎮痛(げねつちんつう)剤や抗血栓薬(こうけっせんやく)として用いられる(☞p.512)。

補足　フェノールはアルコールよりもエステル化が起こりにくい。そのため，フェノールのアセチル化には，酢酸よりも反応性の大きな無水酢酸がよく使用される。

図31　サリチル酸メチルを含む医薬品

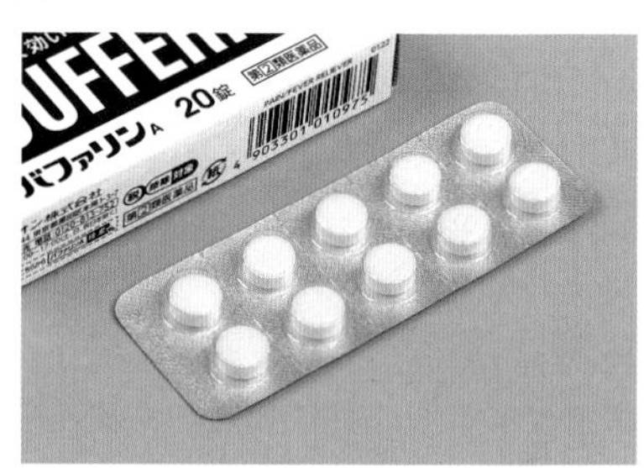

図32　アセチルサリチル酸を含む医薬品

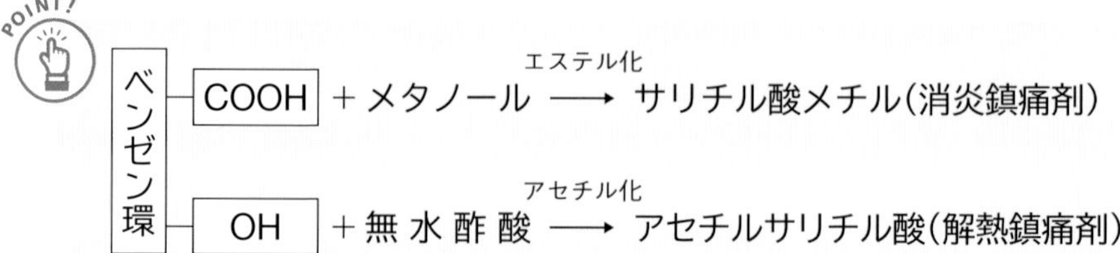

このSECTIONのまとめ　酸素を含む芳香族化合物

□フェノール類 ☞ p.418	・フェノール類…ベンゼン環に直接ヒドロキシ基－OHが結合した化合物。 ・水に溶けて弱い酸性を示す。また，塩基と反応して塩をつくり，この塩は水に溶ける。 ・**炭酸よりも弱い酸性**を示す。 ・塩化鉄(Ⅲ)水溶液を加えると，紫を中心とした呈色を示す(フェノール類の検出)。 ・**置換反応**…ハロゲン化，ニトロ化などがベンゼンより起こりやすい。
□芳香族カルボン酸 ☞ p.422	・**芳香族アルデヒド**…ベンゼン環の炭素原子に，ホルミル基－CHOが結合した化合物。**銀鏡反応を起こす。** ・**芳香族カルボン酸**…ベンゼン環の炭素原子に，カルボキシ基－COOHが結合した化合物。 ・安息香酸…トルエンなどの酸化によって生成。酸の強さは酢酸と同程度。 ・フタル酸…異性体に，イソフタル酸，テレフタル酸。**加熱すると，容易に分子内で脱水反応を起こして，無水フタル酸になる。** ・サリチル酸…カルボキシ基－COOHとヒドロキシ基－OHをもち，**カルボン酸とフェノール類の両方の性質を示す。**

窒素を含む芳香族化合物

1 芳香族ニトロ化合物

1 ニトロベンゼン

❶**性質** ニトロベンゼンは**特有のにおい**をもつ**淡黄色の油状物質**(沸点211℃)。水に溶けにくく，水より重い(密度1.2 g/cm³)。

❷**製法** ベンゼンに**濃硝酸と濃硫酸の混酸**(こんさん)**を作用**させ，ニトロ化する。

$$C_6H_5\text{-}H + HO\text{-}NO_2 \xrightarrow{\text{濃}H_2SO_4} C_6H_5\text{-}NO_2 + H_2O$$

ニトロベンゼン

(図：ニトロベンゼン NO_2)

❸**還元反応** スズと塩酸で還元するとアニリンを生成する(☞ p.427)。

$$C_6H_5\text{-}NO_2 + 6(H) \longrightarrow C_6H_5\text{-}NH_2 + 2H_2O$$

2 トリニトロトルエン(TNT)

❶**性質と用途** 2, 4, 6-トリニトロトルエンはTNTと略称される**黄色の結晶**(融点80.9℃)である。高性能の爆薬[★1]として有名である。

補足 フェノールに濃硝酸と濃硫酸を作用させると生成する**ピクリン酸**(2, 4, 6-トリニトロフェノール)も，爆薬として用いられる。

$$C_6H_5OH + 3HNO_3 \longrightarrow C_6H_2(NO_2)_3OH + 3H_2O$$

(図：2, 4, 6-トリニトロトルエン CH_3, O_2N, NO_2, NO_2, 1〜6)

❷**製法** トルエンに**濃硝酸と濃硫酸の混酸を高温で作用**させ，ニトロ化する。

$$C_6H_5CH_3 + 3HNO_3 \xrightarrow{\text{濃}H_2SO_4} C_6H_2(NO_2)_3CH_3 + 3H_2O$$

トルエン　　2, 4, 6-トリニトロトルエン

補足 同様の方法でベンゼンからトリニトロベンゼンをつくるようなことはできない。なぜならば，ベンゼンはトルエンよりもニトロ化を起こしにくいからである。

★1 TNTは衝撃によって，$2C_6H_2(NO_2)_3CH_3 \longrightarrow 12CO + 3N_2 + 5H_2 + 2C$ と分解する。このように，少量の結晶が分解して多量の安定な気体を生じ，さらにこの気体が反応熱によって膨張して大きな体積となるため，TNTは大きな爆発力を示す。

2｜芳香族アミン

1 芳香族アミン

❶芳香族アミン　アンモニアの水素原子を炭化水素基で置換(ちかん)した化合物をアミンという。置換基がフェニル基C_6H_5-のような芳香族炭化水素基のとき，その化合物を芳香族アミンという。

R-NH_2
アミン

補足　脂肪族炭化水素基でアンモニアの水素原子を置換したアミンは，**脂肪族アミン**という。

❷芳香族アミンの性質　アンモニアNH_3が弱い塩基であるように，**アミンR-NH_2も弱い塩基**である。芳香族アミンは，アンモニアよりも弱い塩基である。アミンは，有機化合物のなかでは代表的塩基である。

$$\begin{cases} \underset{\text{(アミン)}}{R\text{-}NH_2} + H_2O \rightleftarrows R\text{-}NH_3^+ + OH^- \\ \underset{\text{(アンモニア)}}{NH_3} + H_2O \rightleftarrows NH_4^+ + OH^- \end{cases}$$

> **COLUMN**
>
> **無機化合物と有機化合物の関連**
>
> 　アンモニアNH_3のHをR（炭化水素基）で置換したアミンR-NH_2は，アンモニアと同様に弱塩基性である。
>
> 　これと似た関係にあるのが水H_2Oとその1つのHをRで置換したアルコールR-OHである。水は中性なのでアルコールも同様に中性である。ただし，フェノールは酸性である。

2 アニリン　①重要

❶性質　アニリン$C_6H_5NH_2$(融点 −6℃，沸点184.6℃)は，代表的な芳香族アミンである。**特有のにおいをもつ無色の油状物質**であり，空気中で一部酸化されて，赤褐色になる。水にはわずかに溶け，弱い塩基性を示す。

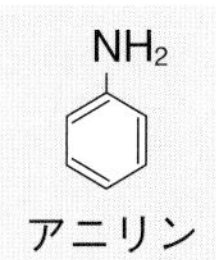

❷製法　ニトロベンゼンを，**スズと塩酸で還元**★1して(このときアニリン塩酸塩が生成)から水酸化ナトリウム水溶液を加えてアニリンを遊離させる。

$$\underset{\text{ニトロベンゼン}}{C_6H_5\text{-}NO_2} \xrightarrow[\text{還　元}]{\text{Sn, HCl}} C_6H_5\text{-}NH_3^+Cl^- \xrightarrow{\text{NaOH}} C_6H_5\text{-}NH_2 + NaCl + H_2O$$

$$2\,C_6H_5\text{-}NO_2 + 3Sn + 14HCl \longrightarrow 2\,C_6H_5\text{-}NH_3^+Cl^- + 3SnCl_4 + 4H_2O$$

★1 工業的にはスズのかわりに鉄を用いる。また，白金やニッケルを触媒として水素で還元しても得られる。

❸アニリンのいろいろな反応

①**酸との反応**　アニリンは弱塩基であり，酸と反応して塩を生じるので，**酸の溶液によく溶ける。**たとえば，塩酸と次のような反応をして，**アニリン塩酸塩**になる。

$$C_6H_5-NH_2 + HCl \longrightarrow C_6H_5-NH_3^+Cl^-$$

アニリン塩酸塩

補足　$NH_3 + HCl \longrightarrow NH_4^+Cl^-$ の反応と似ている。

②**他の塩基との反応**　アニリン塩酸塩の水溶液に強塩基の水酸化ナトリウム水溶液を加えると，**弱塩基のアニリンが遊離**する。

$$C_6H_5-NH_3^+Cl^- + NaOH \longrightarrow C_6H_5-NH_2 + NaCl + H_2O$$

弱塩基の塩 ＋ 強塩基 ⟶ 弱塩基 ＋ 強塩基の塩

補足　$NH_4^+Cl^- + NaOH \longrightarrow NH_3 + NaCl + H_2O$　の反応と似ている。

アニリン⇨**弱塩基**である。

①酸と反応して，塩をつくる。⇨酸性溶液に溶けやすい。
②アニリンの塩にNaOHを加える。⇨アニリンが遊離。

③**アセトアニリドの生成**　アニリンに氷酢酸(ひょうさくさん)を加えて加熱するか，無水酢酸を作用させると，アミノ基のHがアセチル基CH_3CO-で置換(ちかん)した**アセトアニリド**が得られる。アセトアニリドは白色結晶(融点115 ℃)で，解熱剤・鎮痛(ちんつう)剤などの医薬品，および染料などの原料として用いられる。アセトアニリドの構造に見られる，アミノ基とカルボキシ基から水がとれて結合した形の$-NH-CO-$を**アミド結合**といい，この結合をもつ物質を**アミド**という。

$$C_6H_5-NH-H + H-O-CO-CH_3 \xrightarrow{\text{加熱}} C_6H_5-NH-CO-CH_3 + H_2O$$

アニリン　酢酸　アセトアニリド

$$C_6H_5-NH-H + (CH_3CO)_2O \longrightarrow C_6H_5-NH-CO-CH_3 + CH_3COOH$$

無水酢酸

アミド結合

❹アニリンの検出

アニリンの水溶液に，さらし粉$CaCl(ClO)\cdot H_2O$の水溶液を加えると，**赤紫色を呈する。**この反応はアニリンの検出によく利用される。

補足　アニリンを硫酸酸性の$K_2Cr_2O_7$水溶液で酸化すると，アニリンブラックの黒色沈殿を生じる。アニリンブラックは染料や顔料として使用される。

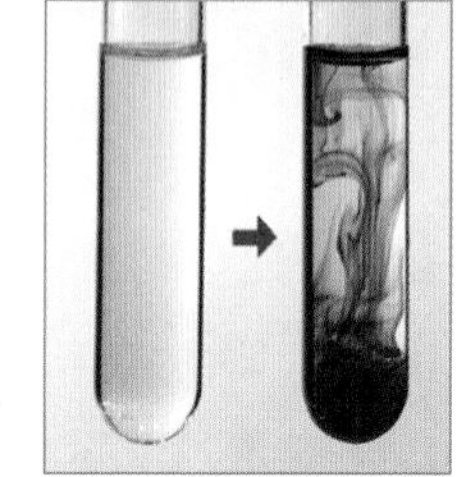

図33　アニリンの検出

重要実験　アニリンの合成

操作

❶試験管にニトロベンゼンを1 mLとり，これにスズ3 gと濃塩酸5 mLを加えて，約60 ℃の湯でおだやかに加熱する。

❷ニトロベンゼンの油滴が消えたら，内容物を三角フラスコに移す。これに水酸化ナトリウム水溶液を，一度生じた白色沈殿が溶けて，**乳濁液**（にゅうだく）**になるまで加える。**

❸冷却後，ジエチルエーテルを加えて振り混ぜて，アニリンをジエチルエーテルに溶かす。

❹しばらく静置して2層に分かれたら，**上部のエーテル層だけをスポイトで蒸発皿にとり**，ジエチルエーテルを室温で蒸発させる。

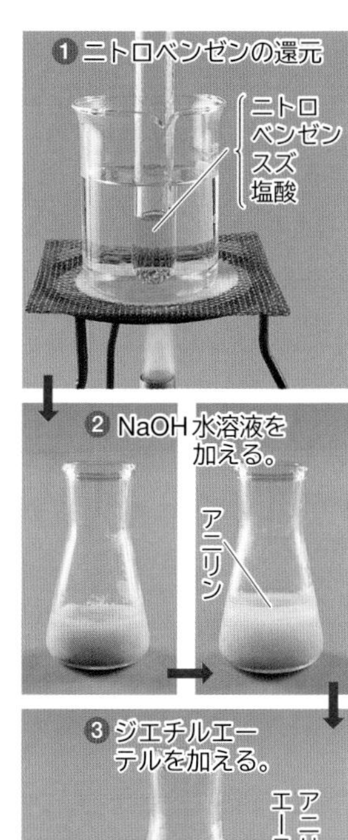

結果

❶ニトロベンゼンからアニリンが生成する反応式は，くわしくは次のように表される。

$$2C_6H_5NO_2 + 3Sn + 12HCl \longrightarrow 2C_6H_5NH_2 + 3SnCl_4 + 4H_2O$$

しかし，実際には生成したアニリンが塩基性物質であるため，❶で未反応の塩酸と反応して，アニリン塩酸塩として溶けている。したがって，次式が**最も正確な反応式**である。

$$2C_6H_5NO_2 + 3Sn + 14HCl \longrightarrow 2C_6H_5NH_3Cl + 3SnCl_4 + 4H_2O$$

❷反応後に水酸化ナトリウム水溶液を加えると，次に示す順に反応が起こる。

(ⅰ) 未反応の塩酸が中和される。

(ⅱ) 塩化スズ(Ⅳ) $SnCl_4$ が反応し，水酸化スズ(Ⅳ) $Sn(OH)_4$ の**白色沈殿**を生じる。

$$Sn^{4+} + 4OH^- \longrightarrow Sn(OH)_4$$

(ⅲ) 水酸化スズ(Ⅳ)は両性水酸化物だから，水酸化ナトリウム水溶液を加え続けると，下の化学反応式が示すように溶ける。

$$Sn(OH)_4 + 2NaOH \longrightarrow Na_2[Sn(OH)_6]$$

(ⅳ) 最後に，アニリン塩酸塩が水酸化ナトリウムと反応して**アニリンを遊離し，乳濁液となる。**

$$C_6H_5NH_3Cl + NaOH \longrightarrow C_6H_5NH_2 + NaCl + H_2O$$

❸**アニリンはエーテルによく溶ける**ので，得られた乳濁液にジエチルエーテルを加えて，アニリンを抽出（ちゅうしゅつ）する。

3 アゾ化合物 ①重要

❶アゾ化合物　**分子中にアゾ基−N＝N−をもつ化合物**を，アゾ化合物という。そのうち，**ベンゼン環(かん)をもつ化合物**は芳香(ほうこう)族アゾ化合物といい，一般に黄色〜赤色で，染料(アゾ染料)・食品添加物の色素・酸塩基指示薬として利用されている。下にあげたのは，おもなアゾ化合物である。

$C_6H_5-N=N-C_6H_4-OH$
p-ヒドロキシアゾベンゼン

$(CH_3)_2N-C_6H_4-N=N-C_6H_4-SO_3Na$
メチルオレンジ

$(CH_3)_2N-C_6H_4-N=N-C_6H_4-COOH$ (HOOC はオルト位)
メチルレッド

❷ジアゾ化　アニリンの希塩酸溶液を，5℃以下に冷やしながら，亜硝酸ナトリウム$NaNO_2$水溶液を加えると，**塩化ベンゼンジアゾニウムが生成**する。このように，芳香族アミンからジアゾニウム塩(えん)($-N^+\equiv N$をもつ)が生成する反応をジアゾ化という。

$$C_6H_5-NH_2 + 2HCl + NaNO_2 \longrightarrow C_6H_5-N^+\equiv NCl^- + NaCl + 2H_2O$$

塩化ベンゼンジアゾニウム

塩化ベンゼンジアゾニウムは，**室温では不安定**で，次のように水溶液中で窒素を発生しながら分解し，フェノールを生じる。ジアゾ化を5℃以下で行わなければならないのはこのためである。

$$C_6H_5-N^+\equiv NCl^- + H_2O \longrightarrow C_6H_5-OH + N_2\uparrow + HCl$$

フェノール　窒素

補足　ジアゾとは，ジは「2つの」，アゾは「窒素」という意味である。

❸ジアゾカップリング　ジアゾニウム塩をフェノール類の塩基性溶液に加えると，アゾ化合物が生成する。このような，ジアゾニウム塩からアゾ化合物が生成する反応をジアゾカップリング★1という。たとえば，塩化ベンゼンジアゾニウムの水溶液を，ナトリウムフェノキシドの水溶液に加えると，橙赤色の***p*-ヒドロキシアゾベンゼン**★2が生成する。

$$C_6H_5-N^+\equiv NCl^- + C_6H_5-O^-Na^+ \longrightarrow C_6H_5-N=N-C_6H_4-OH + NaCl$$

ナトリウムフェノキシド　*p*-ヒドロキシアゾベンゼン

★1 一般に，2種類の有機化合物が，異なる官能基の間で縮合して共有結合をつくる反応をカップリングという。

★2 *p*-フェニルアゾフェノールともいう。

表18 おもな芳香族化合物の性質(水溶性の×は不溶または微溶，△は少量，○は中程度溶けることを示す。)

化合物	色と状態	水溶性	酸・塩基	特　徴
フェノール	無色の固体	△	弱酸性	$FeCl_3$で紫色に呈色。
ベンズアルデヒド	無色の液体	×	中　性	還元性がある。
安息香酸	無色の固体	×	弱酸性	$NaHCO_3$水溶液に溶ける。
ニトロベンゼン	淡黄色の液体	×	中　性	密度1.2 g/cm^3。特有のにおい。
アニリン	無色の液体	△	弱塩基性	さらし粉水溶液で赤紫色に呈色。
ベンゼンスルホン酸	無色の固体	○	強酸性	フェノール生成の原料。
サリチル酸	無色の固体	×	弱酸性	COOH，OHの2種の官能基。

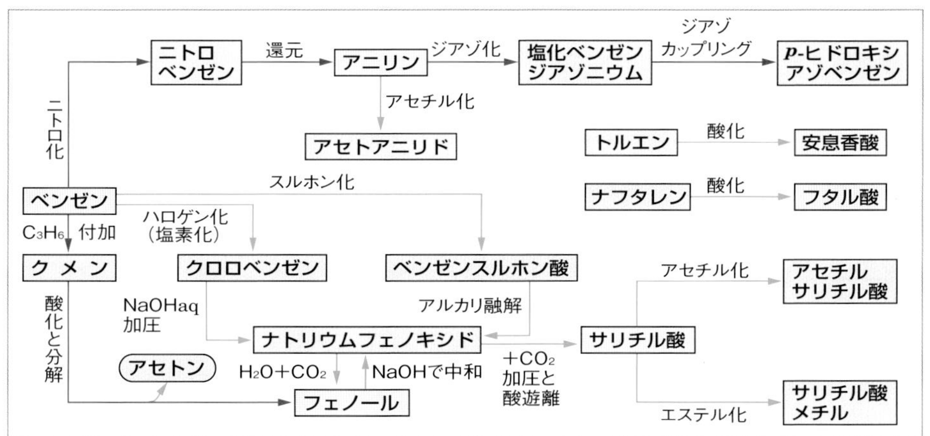

図34 芳香族化合物の関連図

このSECTIONのまとめ　窒素を含む芳香族化合物

□ 芳香族ニトロ化合物 ☞ p.426	・**ニトロベンゼン**…還元するとアニリンを生成。 ・**トリニトロトルエン**(TNT)…ピクリン酸とともに，爆薬として有名。
□ 芳香族アミン ☞ p.427	・アニリン…**弱塩基性**で酸性水溶液によく溶ける。さらし粉水溶液を加えると赤紫色に呈色。
□ アゾ化合物 ☞ p.430	・**ジアゾ化**…芳香族アミン＋亜硝酸ナトリウム$NaNO_2$ ⟶ ジアゾニウム塩 ・**ジアゾカップリング**…ジアゾニウム塩 ＋フェノール類 ⟶ アゾ化合物(−N＝N−)

第6編　有機化合物

有機化合物の分析

1 | 有機化合物の分離・精製

1 有機化合物の分離・精製

有機化合物の成分元素を調べたり，組成を知るためには，その**化合物を純粋にする必要がある。**そのためには，**ろ過**(☞p.13)，**蒸留**(☞p.14)，**再結晶**(☞p.13)，**抽出**(☞p.14)やいろいろな**クロマトグラフィー**などが利用される。

❶蒸留　沸点の違いを利用する。

㊎ ジエチルエーテル$C_2H_5-O-C_2H_5$（沸点35 ℃）とテトラクロロメタンCCl_4（沸点77 ℃）の混合溶液からテトラクロロメタンを取り出す。

⇨混合溶液を湯浴で加熱してジエチルエーテルを蒸留すると，あとにテトラクロロメタンが残る。

❷抽出　混合溶液に適当な溶媒を加えて，**目的とする物質だけを溶かしだす。**

㊎ 酢酸エチルとグルコースとの混合水溶液から酢酸エチルを抽出する。

⇨混合水溶液とジエチルエーテルを分液ろうとに入れてよく振ると，酢酸エチルだけジエチルエーテルに溶けてエーテル層に移動する。すなわち，酢酸エチルがジエチルエーテルによって抽出される(☞図35)。

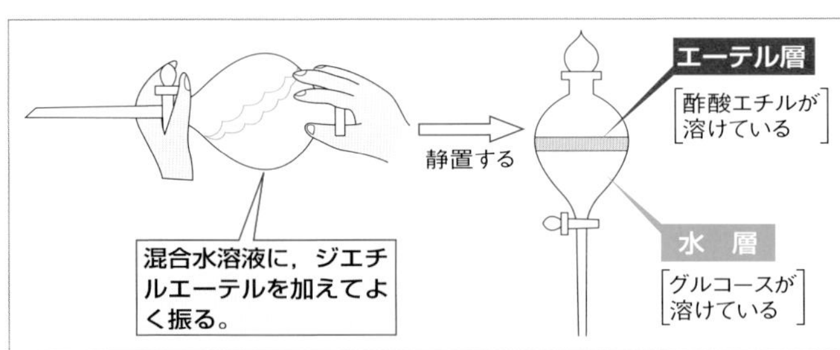

図35 分液ろうとによる抽出

❸クロマトグラフィー　**吸着力の差を利用する方法**である。吸着剤としてアルミナの粉末をガラス管(カラム)につめ，吸着剤の上部に混合物を吸着させた後，適当な有機溶媒(展開溶媒)を流すと，混合物が分離する。この分離精製法を**カラムクロマトグラフィー**という(☞図36)。

このほか，ろ紙を使った**ペーパークロマトグラフィー**などがよく使用される(☞p.14)。

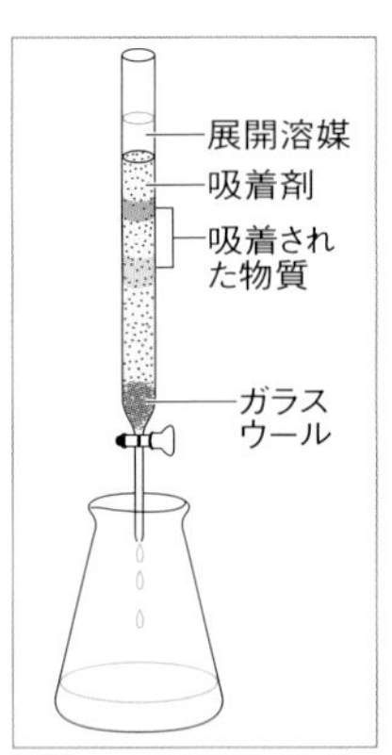

図36 カラムクロマトグラフィー

視点 上から展開溶媒を流すと，吸着力の差により混合物が分離する。

2 芳香族化合物の分離 ①重要

比較的水に溶けにくい酸性または塩基性の芳香族化合物は，**塩をつくるとよく水に溶けるようになる**。このことを利用して，芳香族化合物をそのエーテル溶液から抽出し，分離できる。

表19 芳香族化合物が水層に移るときの操作

芳香族化合物	酸・塩基	分離操作
アニリン	弱塩基性	酸の水溶液(例；塩酸)を加えて，水層に移す。
カルボン酸	弱酸性	**カルボン酸より弱い酸の塩**の水溶液(例；$NaHCO_3$水溶液)を加えて，水層に移す。
フェノール類	弱酸性	塩基の水溶液を加えて，水層に移す。
トルエン	中性	酸性，塩基性の両方の水溶液に反応しないので，エーテル層に残る。

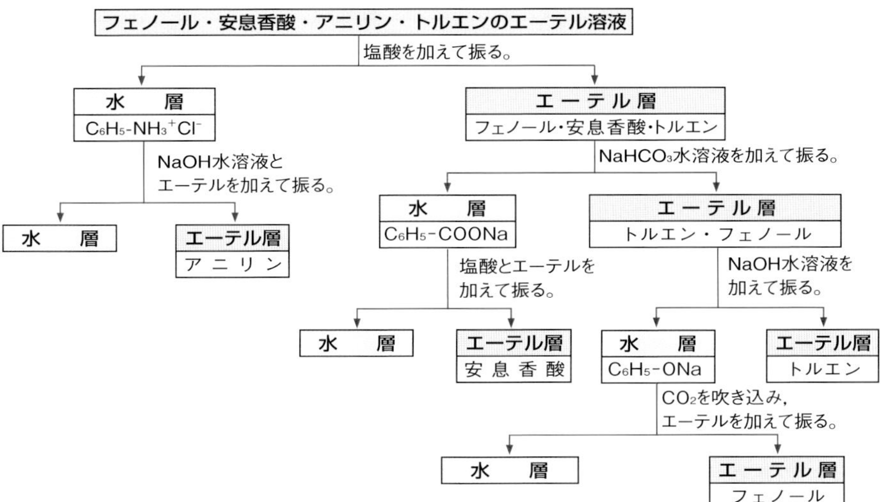

図37 芳香族化合物の分離の具体例
（フェノール・安息香酸・アニリン・トルエンのエーテル溶液）

2 有機化合物の構造決定

1 構造決定の手順

構造が未知の有機化合物の構造を決めるには，次のような手順で行う。

2 組成式の決定 ①重要

成分元素が炭素C，水素H，酸素Oだけの場合，その有機化合物の組成式は，正確に質量を測った試料を完全燃焼させ，CO_2とH_2Oにすることから求められる。

①**元素分析装置** 発生したCO_2はソーダ石灰，H_2Oは塩化カルシウム$CaCl_2$に吸収される。試料が完全燃焼した後，両者とも質量が増加している。すなわち，**ソーダ石灰の増加分はCO_2，塩化カルシウムの増加分はH_2Oの質量**である。

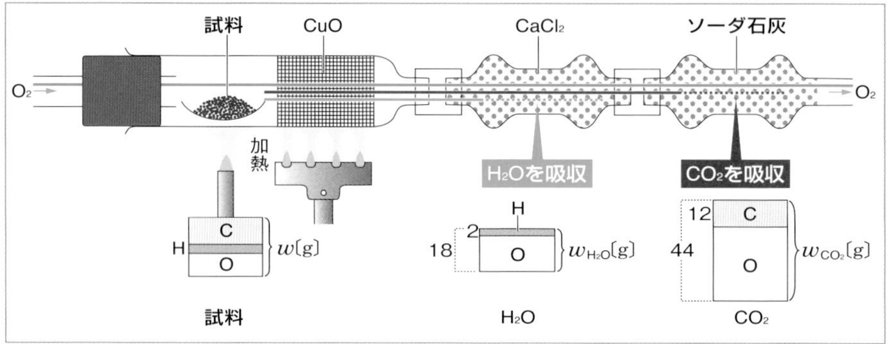

図38 元素分析装置

注意 ソーダ石灰はCO_2とH_2Oの両方を吸収するので，ソーダ石灰を$CaCl_2$より先につなぐと，正確な質量の増加分がわからない。

②**試料w〔g〕に含まれるC，H，Oの質量を求める** Oの質量は直接求められない。

炭素Cの質量X〔g〕 $w_{CO_2}\times\dfrac{C}{CO_2}=w_{CO_2}\times\dfrac{12}{44}=X$〔g〕

水素Hの質量Y〔g〕 $w_{H_2O}\times\dfrac{2H}{H_2O}=w_{H_2O}\times\dfrac{2\times1}{18}=Y$〔g〕

➡ 酸素Oの質量Z〔g〕 $w-(X+Y)=Z$〔g〕

③**組成式(実験式)を求める** 各元素の質量〔g〕をそのモル質量〔g/mol〕(☞p.78)で割ると，その比が物質量〔mol〕の比，すなわち原子数の比になる。

原子数の比…$\dfrac{X}{12}:\dfrac{Y}{1}:\dfrac{Z}{16}=x:y:z$（整数比） ∴ 組成式$C_xH_yO_z$

3 分子式の決定 ①重要

分子式は，組成式の整数(n)倍である。したがって，適切な方法で分子量を求め[★1]，これが**組成式の式量の何倍になるかを計算**すれば，分子式を決定できる。

$$\frac{\text{分子量}}{\text{組成式の式量}}=n\text{（整数）}\Rightarrow\text{（組成式）}_n=\text{分子式}$$

★1 分子量の測定方法には，①気体の状態方程式，②中和滴定，③凝固点降下，④浸透圧などがある。

例題　**組成式・分子式の決定**

炭素，水素，酸素だけからなる化合物を4.40 mgとり，完全に燃焼させたところ，二酸化炭素が8.82 mg，水が3.58 mg生成した。一方，分子量を測定した結果，90であった。この化合物の組成式および分子式を求めよ。

着眼　次の順番にしたがって解く。①各成分元素の質量を求める。②原子数の比を求め，最も簡単な整数比にする。③分子量から分子式を決定する。

解説　①各成分の質量を求める。

炭素Cの質量 $= 8.82\ \mathrm{mg} \times \dfrac{12}{44} \fallingdotseq 2.41\ \mathrm{mg}$　水素Hの質量 $= 3.58\ \mathrm{mg} \times \dfrac{2}{18} \fallingdotseq 0.398\ \mathrm{mg}$

酸素Oの質量 $= 4.40\ \mathrm{mg} - (2.41\ \mathrm{mg} + 0.398\ \mathrm{mg}) \fallingdotseq 1.59\ \mathrm{mg}$

②各元素の原子数の比を求める。

$$\mathrm{C : H : O} = \frac{2.41}{12} : \frac{0.398}{1} : \frac{1.59}{16} \fallingdotseq 0.2 : 0.398 : 0.099 \fallingdotseq 2 : 4 : 1$$

したがって，求める組成式は，C_2H_4Oとなる。

③組成式の式量は，$C_2H_4O = 44.0$，分子量の測定値が90であるから，$(C_2H_4O)_n = 90$より，$n \fallingdotseq 2$となり，$(C_2H_4O)_2 = C_4H_8O_2$

よって，求める分子式は，$C_4H_8O_2$となる。　**答** 組成式…C_2H_4O，分子式…$C_4H_8O_2$

補足　原子数の比を求める場合，$\dfrac{X}{12}$，$\dfrac{Y}{1}$，$\dfrac{Z}{16}$の計算値のうちで最も小さい値(この場合は0.099)を1とし，ほかの数値を最も小さい数値で割り，得られた数値に最も近い整数値にする。

類題13　炭素，水素，酸素だけからなる化合物1.15 mgを燃焼させ，二酸化炭素2.20 mgと水1.35 mgを得た。この化合物の組成式を求めよ。

4 構造式の決定

分子式が決まると，構造式を決定することができる。そのためには，分子内で原子がどのように結合し，配列しているかを知らなければならない。

❶官能基(かんのう)による決定　簡単な有機化合物では，その化合物の化学的性質を調べ，それに含まれる官能基を推定する。

(例)　分子式が$C_4H_8O_2$。炭酸より強い酸性を示す。⇨カルボキシ基$-COOH$を含む。⇨示性式がC_3H_7COOHと書け，飽和(ほうわ)脂肪酸であることが確定できる。

❷分解生成物による決定　なるべく**元の構造をこわさない加水分解**などによって化合物を分解し，得られた分解生成物から官能基を推定する。

(例)　分子式が$C_4H_8O_2$。金属ナトリウムとも反応せず，還元性も示さない中性の化合物を加水分解する。⇨エタノールC_2H_5OHと酢酸(さくさん)CH_3COOHが生成。⇨示性式が$CH_3COOC_2H_5$の酢酸エチルであることが確定できる。

表20 反応から推定できる官能基・構造・化合物

反　応	官能基・構造・化合物
① Br_2 水の赤褐色を，容易に脱色。	C＝C，C≡C（不飽和結合）
② $KMnO_4$ の赤紫色を消す。	C＝C，C≡C，アルコール（第三級以外），アルデヒド
③金属Naと反応して H_2 を発生する。	アルコール，フェノール，カルボン酸
④NaOH水溶液によく溶ける。	酸性の化合物…カルボン酸，フェノール，スルホン酸
⑤ $NaHCO_3$ 水溶液によく溶ける。	炭酸より強い酸…カルボン酸，スルホン酸
⑥酸性水溶液によく溶ける。	アミン（塩基性）
⑦フェーリング液の還元，銀鏡反応を示す。	アルデヒド，糖類
⑧ヨードホルム反応を起こす。	$CH_3CH(OH)R$ 型のアルコール， CH_3COR 型のカルボニル化合物
⑨ $FeCl_3$ を加えると，紫色を呈する。	フェノール類
⑩さらし粉を加えると，赤紫色を呈する。	アニリン
⑪還元すると，第二級アルコールが生成。	ケトン
⑫加水分解すると，	
(i)アルコールとカルボン酸が生成。	エステル（－COO－）
(ii)カルボン酸だけが生成。	酸無水物
(iii)カルボン酸とアミンが生成。	アミド（－NH－CO－）

このSECTIONのまとめ　有機化合物の分析

☐ **分離・精製方法** ☞ p.432

・ろ過・蒸留・再結晶・抽出・クロマトグラフィーなどの方法で，純粋にする。

☐ **芳香族化合物の混合物の分離** ☞ p.433

・**カルボン酸**⇨より弱い酸の塩の水溶液に溶けやすい。
フェノール⇨塩基性の水溶液に溶けやすい。
アミン⇨酸性の水溶液に溶けやすい。

☐ **組成式の決定** ☞ p.434

・①元素分析を行い，各成分の質量比を求める。
②各成分の質量比を原子数比（物質量比）に換算する。

$$原子数比 = \frac{元素の質量}{モル質量} の比$$

☐ **分子式の決定** ☞ p.434

・組成式 × n（整数）＝ 分子式

$$n = \frac{分子量}{組成式の式量}$$

CHAPTER 3

練習問題 解答 ☞ p.560

① 〈ベンゼンとその誘導体〉 テスト必出

関連図を参考にしてあとの問いに答えよ。

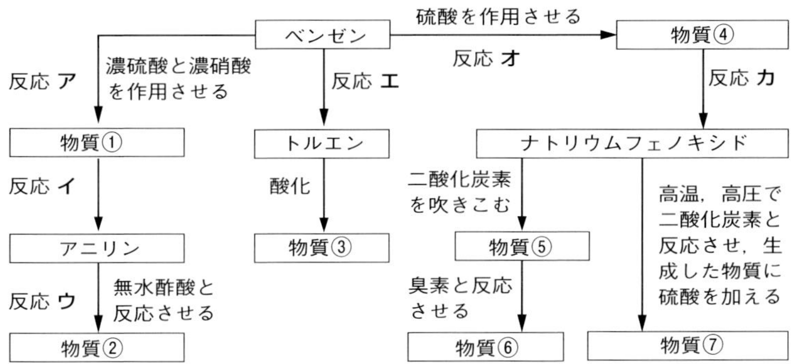

(1) 図の物質①～⑦に該当する物質の構造式と名称を記せ。

(2) 反応**ア**～**カ**に該当する反応名を次の(a)～(g)から選び，記号で答えよ。ただし，同じ選択肢を2度は用いないものとする。

(a) アルカリ融解　(b) ハロゲン化　(c) スルホン化　(d) ニトロ化
(e) アセチル化　(f) 還元　(g) アルキル化

② 〈芳香族化合物の性質と分離〉

ニトロベンゼン，アニリン，サリチル酸の混合物のジエチルエーテル溶液がある。これを図のように分離した。次の問いに答えよ。

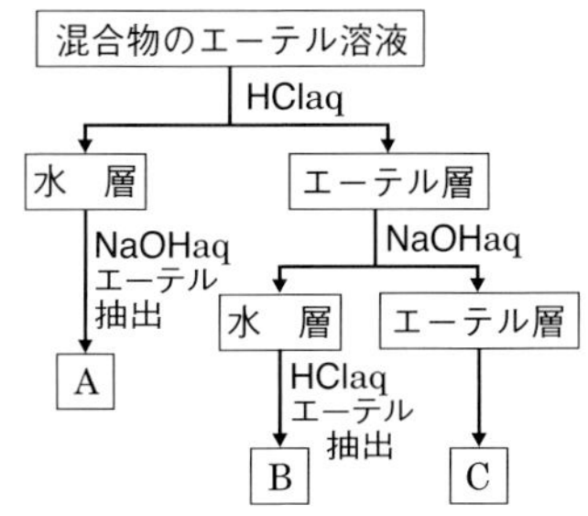

(1) A，B，Cの構造式を書け。

(2) 次のような方法で検出できるのはA～Cのどれか。あてはまるものを1つずつ選べ。

① さらし粉水溶液を加えると赤紫色に呈色する。

② 塩化鉄(Ⅲ)水溶液を加えると赤紫色に呈色する。

③ 〈組成式の決定〉 テスト必出

炭素，水素，酸素からなる芳香族(ほうこう)化合物Aがある。Aは水には溶けにくいが，炭酸水素ナトリウム水溶液には気体を発生して溶ける。Aの41.5 mgを完全に燃焼させたところ，二酸化炭素が88.0 mg，水が13.5 mg得られた。Aを加熱すると，化合物Bになる。化合物Bは，ナフタレンを酸化しても生成し，Bに水を作用させるとAを生じる。

(1) Aの組成式を答えよ。　(2) Aのもつ官能基の名称を答えよ。

(3) AおよびBの構造式をかけ。

定期テスト予想問題

解答 ☞ p.560

時　間50分
合格点70点

得点

1 下記の(1)～(4)において，２種類の物質を識別するのに最も適切な方法を**ア**～**オ**から１つずつ選び，記号で答えよ。また，(a)，(b)どちらの物質にどのような変化が観察されるか述べよ。〔記号；各１点，変化；各２点…合計12点〕

(1)　(a)　1-プロパノール　　(b)　2-プロパノール
(2)　(a)　ヘキサン　　(b)　1-ヘキセン
(3)　(a)　アセトアルデヒド　　(b)　アセトン
(4)　(a)　1-ブタノール　　(b)　ジエチルエーテル

〈識別のための操作〉

ア　臭素水を加える。
イ　金属ナトリウムを加える。
ウ　ヨウ素ヨウ化カリウム溶液と水酸化ナトリウム水溶液を加えてあたためる。
エ　炭酸水素ナトリウム水溶液を加える。
オ　アンモニア性硝酸銀溶液を加えてあたためる。

2 油脂について，次の文中の空欄①～⑤に適する語句または数値を，指示にしたがって記せ。〔各２点…合計10点〕

油脂は，３価のアルコールである〔　①(化合物名)　〕$C_3H_5(OH)_3$(分子量92)と高級脂肪酸のエステルである。すなわち，高級脂肪酸〔　②(整数)　〕molと①1 molから水が②molとれて縮合(しゅくごう)した形をしている。

天然の油脂を構成する脂肪酸には，炭素－炭素間の二重結合をもつものもある。一般に，$C_nH_{2n+1}COOH$で表される脂肪酸は飽和(ほうわ)脂肪酸で炭素間の二重結合はもたないが，炭素間の二重結合が１つ増えるごとに水素原子の数は〔　③(整数)　〕個ずつ少なくなる。

ある食品から油脂を抽出(ちゅうしゅつ)して加水分解したところ，①とともに，分子量282のオレイン酸$C_{17}H_{33}COOH$と分子量278のリノレン酸$C_{17}H_{29}COOH$が物質量比2：1で得られた。したがって，この油脂の平均分子量は〔　④(整数)　〕である。また，この油脂１分子中には平均〔　⑤(整数)　〕個の炭素－炭素間二重結合がある。

3 次の記述(1)～(3)にあてはまる化合物を，あとの**ア**～**カ**からそれぞれすべて選べ。〔各３点…合計９点〕

(1)　塩化鉄(Ⅲ)水溶液を加えると呈色する。
(2)　炭酸水素ナトリウム水溶液に気体を発生して溶ける。
(3)　常温の水酸化ナトリウム水溶液に溶ける。

ア　フェノール　　**イ**　ベンジルアルコール　　**ウ**　安息香酸(あんそくこうさん)
エ　サリチル酸　　**オ**　サリチル酸メチル　　**カ**　アセチルサリチル酸

4　次の文章を読み，あとの問いに答えよ。　〔各３点…合計９点〕

化合物Ａは炭素，水素，酸素だけからなる脂肪族化合物である。Ａの元素分析の結果，炭素62.1 %，水素10.3 %であった。また，Ａの分子量は150以下で，鏡像異性体が存在する。Ａは水に溶けにくいが，水酸化ナトリウム水溶液を加えてあたためると次第に反応し，反応後の水溶液を酸性にすると，２種類の有機化合物ＢとＣが得られた。Ｂは，水によく溶ける弱酸性の物質であるが，硫酸酸性の過マンガン酸カリウム水溶液とは反応しない。Ｃは水に溶ける中性の物質で，光学異性体が存在する。

⑴　Ａの組成式を記せ。

⑵　Ａの分子式を記せ。

⑶　Ａの構造式を記せ。

5　次の記述に該当する芳香(ほうこう)族化合物の名称を記し，その化合物のもつすべての官能(かんのう)基を，あとのａ～ｆから選んで記号で記せ。　〔名称；各２点，官能基；各１点…合計９点〕

⑴　ベンゼンに濃硫酸を反応させると得られる化合物。

⑵　フェノールに濃硫酸と濃硝酸を加えて加熱すると得られる化合物。

⑶　ニトロベンゼンにスズと塩酸を反応させたのち，溶液を塩基性にすると得られる化合物。

ａ　ヒドロキシ基　　ｂ　アミノ基

ｃ　アゾ基　　ｄ　カルボキシ基

ｅ　ニトロ基　　ｆ　スルホ基

6　分子式C_4H_8Oで表される化合物Ａ～Ｃがある。Ａ～Ｃはいずれも炭素鎖(さ)に枝分かれのない化合物である。これらについての記述**ア**～**オ**を読み，あとの問いに答えよ。

〔⑴３点，⑵各３点，⑶各４点…合計21点〕

ア　化合物Ａ～Ｃに金属ナトリウムを加えると，Ａからは気体が発生したが，ＢとＣは反応しなかった。

イ　化合物Ａ～Ｃに臭素水を加えると，Ａは臭素水を脱色したが，ＢとＣは反応しなかった。

ウ　化合物Ａ～Ｃにヨウ素ヨウ化カリウム溶液と水酸化ナトリウム水溶液を加えてあたためると，Ｂからは黄色の沈殿が生じたが，ＡとＣは反応しなかった。

エ　化合物Ａ～Ｃにフェーリング液を加えてあたためると，Ｃからは赤色の沈殿が生じたが，ＡとＢは反応しなかった。

オ　化合物Ａ～Ｃにはいずれも立体異性体は存在しない。

⑴　**ア**で発生した気体の分子式を記せ。

⑵　**ウ**および**エ**で生じた沈殿の化学式をそれぞれ記せ。

⑶　化合物Ａ～Ｃの構造式をそれぞれ記せ。ただし，これらの化合物の中に，C＝C－OHという部分構造をもつものはない。

7　下図は，*o*-キシレン，フェノール，安息香酸，アニリン，ナフタレンが溶けたジエチルエーテル混合溶液から，これらの物質を分離する操作方法を示したものである。図中の物質A～Eはそれぞれ上記の5種類の物質のうちのどれかである。また，下の**ア**～**エ**の文章は，物質A～Eに関連した物質について述べたものである。これらについて，あとの問いに答えよ。　〔(1)・(2)各2点，(3)各3点，(4)4点，(5)3点…合計30点〕

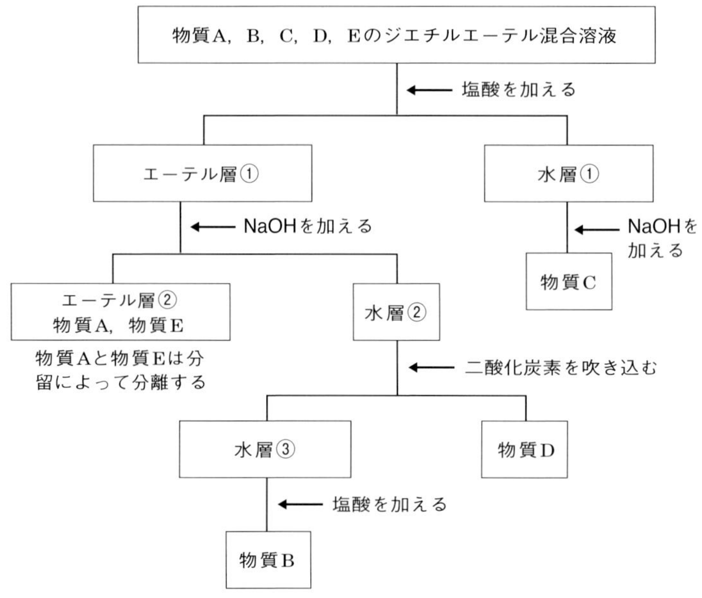

ア　物質Aはベンゼンの二置換体である。Aを酸化してもEを酸化しても同一の物質Fが生じる。

イ　物質Fは，熱すると分子内で脱水反応を起こしやすい。

ウ　a物質Cの塩酸溶液を冷却しながら亜硝酸ナトリウム水溶液を反応させると，物質Gが得られる。また，b物質Gの水溶液に物質Dを加えると，橙色の物質Hが得られる。

エ　物質Dの水酸化ナトリウム水溶液に高温・高圧で二酸化炭素を反応させたのち，溶液を酸性にすると，物質Iが得られる。

(1)　物質A～Eの構造式をそれぞれ記せ。

(2)　下線部aおよびbの反応の反応名をそれぞれ答えよ。

(3)　物質F，G，Hの構造式をそれぞれ記せ。

(4)　水層②に二酸化炭素を吹き込むと，物質Dが遊離する理由を記せ。

(5)　物質Iがはじめの混合溶液の中に混ざっていたとすると，物質B～Dのどれと一緒に分離されるか。B～Dの記号で答えよ。

第 7 編

高分子化合物

CHAPTER

1 » 天然高分子化合物

高分子化合物

1 高分子化合物の分類と構造

1 高分子化合物の分類

❶高分子化合物とは　これまで扱った化合物の分子量は，多くが500以下である。これに対し**分子量が1万以上の化合物**を高分子化合物または高分子という。

❷高分子化合物の分類　高分子化合物は，その組成や分子の構造により分類され，有機物からなる有機高分子化合物と無機物（ケイ素や酸素）からなる無機高分子化合物に分類される。ふつう，高分子化合物といえば有機高分子化合物をさす。

また，高分子化合物は，天然に存在する天然高分子化合物と人工的につくられた合成高分子化合物に分類される。

表1　高分子化合物の分類

分類		化合物の例
有機高分子化合物	天然高分子化合物	デンプン，セルロース，タンパク質，核酸（DNA，RNA），天然ゴム（ポリイソプレン）
	合成高分子化合物	ナイロン（ポリアミド），ポリエチレンテレフタラート（ポリエステル），ビニロン，ポリアクリロニトリル，ポリエチレン，ポリ塩化ビニル，ポリスチレン，フェノール樹脂，尿素樹脂，ポリブタジエン，ポリクロロプレン
無機高分子化合物	天然高分子化合物	黒鉛，ダイヤモンド，石英，水晶，アスベスト，雲母（うんも），長石
	合成高分子化合物	人造ルビー，ガラス繊維，シリコーン樹脂

2 高分子化合物の構造

高分子化合物は，分子量の小さい分子が多数結合してできるものが多い。高分子化合物のもとになっている，分子量の小さい分子を**単量体**(モノマー)といい，単量体が多数結合した高分子化合物を**重合体**(じゅうごう)(ポリマー)という。

また，単量体が多数結合して重合体になる反応を**重合**といい(☞p.61)，その反応様式によって**付加重合**(ふか)(☞p.381)と**縮合重合**(しゅくごう)(☞p.409)に分類される。重合体をつくっている単量体の数を**重合度**という。高分子化合物は，重合度がふつう100以上であり，分子量が100万になるものもつくられている。

2 | 高分子化合物の特徴

❶コロイド　高分子化合物は，1個の分子が大きいので，溶液中ではコロイド粒子の大きさ(1～100 nm(ナノメートル))になり，その溶液はコロイド溶液(☞p.237)になる。このように，1個の分子がコロイド粒子になるものを**分子コロイド**という。

❷分子量　純粋な低分子化合物では，分子量が一定である。しかし，一部のタンパク質などを除くと，**高分子化合物では同一の名称をもつ物質でも，重合度の違いにより，分子量は一定ではないものが多い。**高分子化合物は，ある範囲の分子量をもつ分子の混合物として存在する。したがって，高分子化合物の分子量は，平均分子量の意味で用いられることが多い。

❸融点　低分子化合物の固体は，粒子が規則正しく配列した結晶であり，一定の融点で融解(ゆうかい)する。固体の高分子化合物のなかには，結晶の構造をもつものもあるが，多くは**分子が不規則に配列した無定形固体**である。よって，高分子化合物は，加熱すると明確な融点を示さずしだいに軟らかくなり，流動性を増していつのまにか粘性の高い液体になる。また，融解せずにそのまま分解してしまうものも多い。液体の高分子化合物を加熱していくと，気体にはならず，分子内の結合が切れて分解する。

このSECTIONのまとめ　高分子化合物

□高分子化合物 ☞p.442	・分子量が1万以上の化合物。 ・**単量体(モノマー)**が多数結合して，**重合体(ポリマー)**である高分子化合物ができる。
□高分子化合物の特徴 ☞p.443	・1個の分子がコロイド粒子になる**分子コロイド**。 ・分子量は一定でないものが多い。 ・一定の融点を示さず，徐々に軟化する。

SECTION 2 糖類

1 単糖と二糖

1 糖類とその分類 ! 重要

❶**糖類**　デンプンや糖など，一般式$C_m(H_2O)_n$で表される化合物を糖類または炭水化物（一般式がCとH_2Oで表せるため）という。糖類は多くの動植物中に広く分布し，特に植物中に多く含まれる。

❷**糖類の分類**　それ以上加水分解されない糖類を単糖という。単糖2分子が縮合[★1]（☞p.61）した糖類を二糖，多数の単糖が縮合した糖類を多糖という[★2]。単糖のおもなものには，**グルコース**（☞p.445），**フルクトース**（☞p.446），**ガラクトース**（☞p.447）があり，二糖のおもなものには，**スクロース**（☞p.448），**マルトース**（☞p.449），**ラクトース**（☞p.449）がある。単糖，二糖は甘味を示すものが多い。

多糖のおもなものには，**デンプン**（☞p.450），**セルロース**（☞p.452），**グリコーゲン**（☞p.450）がある。

表2　代表的な糖類

種類	名称	加水分解生成物	所在
単糖 $C_6H_{12}O_6$	グルコース（ブドウ糖）	加水分解されない	果実，血液
	フルクトース（果糖）		果実，はちみつ
	ガラクトース		脳，動物の乳
二糖 $C_{12}H_{22}O_{11}$	スクロース（ショ糖）	グルコース＋フルクトース	サトウキビ，テンサイ
	マルトース（麦芽糖）	グルコース＋グルコース	水あめ，麦芽
	ラクトース（乳糖）	グルコース＋ガラクトース	牛乳
多糖 $(C_6H_{10}O_5)_n$	デンプン	多数のグルコース	穀物，いも
	セルロース		植物の細胞壁
	グリコーゲン		肝臓，筋肉

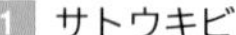

図1　サトウキビ

図2　水あめ

図3　ジャガイモ

★1 糖どうしの縮合では水分子が離脱する。このような縮合を**脱水縮合**という。

★2 単糖2個～十数個が縮合した糖類を**オリゴ糖**（**少糖**）という。二糖もオリゴ糖に含まれる。

❸加水分解の触媒

糖類を加水分解するには，希硫酸などの希酸か，酵素が触媒として必要である。希酸は，ほとんどの糖の加水分解で触媒としてはたらくのに対し，1 種の酵素は 1 種の糖の加水分解に対してだけ触媒としてはたらく。すなわち，**酵素の場合は，糖の種類によって，はたらく酵素の種類が異なる。**

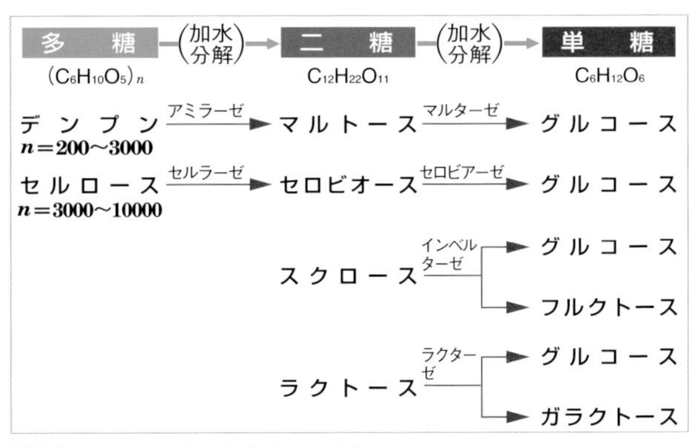

図4　酵素による糖の加水分解と分類

視点　多糖に酵素を作用させて加水分解すると，二糖を経て単糖になる。単糖はこれ以上加水分解されない。

2 単糖の構造と性質 

❶単糖の一般的構造と性質

① 単糖は，1 個のホルミル基(アルデヒド基)またはカルボニル基と数個のヒドロキシ基をもつ化合物である。ホルミル基をもつ糖類をアルドース，カルボニル基(ケトン基)をもつ糖類をケトースという。

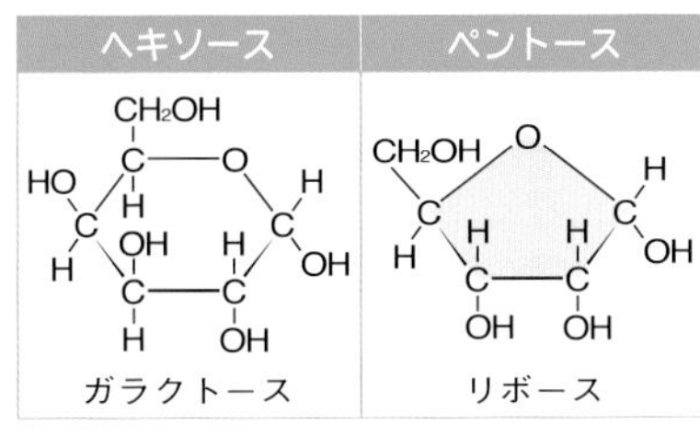

図5　ヘキソースとペントース

② 炭素数が 6 個の糖類をヘキソース，炭素数が 5 個の糖類をペントースという。

補足　天然の単糖のほとんどがヘキソースで，エーテル結合 1 個とヒドロキシ基 5 個をもつ。ヘキソースにはグルコース，フルクトース，ガラクトースなど，ペントースにはリボースなどがある。

❷グルコース(ブドウ糖) $C_6H_{12}O_6$

① **所在**　動植物界に広く分布しており，特に果実中に多く含まれる。デンプン，セルロースなどを希硫酸で加水分解すると得られる。

$$\underset{\text{デンプン}}{(C_6H_{10}O_5)_n} + nH_2O \xrightarrow{H^+} \underset{\text{グルコース}}{nC_6H_{12}O_6}$$

② **構造**　水溶液中では，六員環(かん)構造が開いて鎖(さ)状構造をとる(☞図6(b))。鎖状構造では 1 分子中に **1 個のホルミル基と 5 個のヒドロキシ基をもつ**が，**結晶中では 6 個の原子が環状になった六員環構造**をとる。また，**図6(a)**の 1 の炭素の位置に結合しているヒドロキシ基の向きによって，2 種類の立体異性体が存在し，ヒドロキシ基が六員環の下側にあるものを α-グルコース，上側にあるものを β-グルコースという。水溶液中では，これら 3 種類の異性体が平衡(へいこう)状態で存在する。

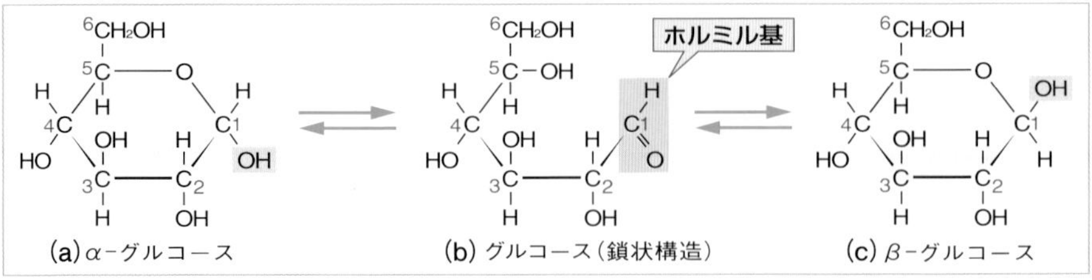

ホルミル基

(a) α-グルコース　(b) グルコース（鎖状構造）　(c) β-グルコース

図6　グルコースの水溶液中での平衡

補足　鎖状構造にあるグルコースのホルミル基の炭素原子を1位（鎖状構造にあるフルクトースの場合はカルボニル基の炭素原子を2位）として，右回りに番号をつける。さらに，6位の炭素原子を含むCH_2OHを環の上側に置いたとき，1位の炭素原子につく（フルクトースでは2位）$-OH$基が環の下側にあるものをα型，環の上側にあるものをβ型という。環の正確な構造について，次ページの発展ゼミで扱う。

③**性質**　結晶は無色で，水によく溶ける。天然の甘味料として用いられ，生体内ではエネルギー源としての役割を果たす。鎖状構造のグルコースは，ホルミル基が存在するため**還元性を示す**。よって，水溶液は銀鏡反応を示し，フェーリング液を還元する。また，酵母に含まれる酵素群であるチマーゼによって，エタノールと二酸化炭素に分解される（アルコール発酵☞p.400）。

❸フルクトース（果糖）$C_6H_{12}O_6$

①**所在**　果実やはちみつなどに含まれており，スクロースの構成成分でもある。

②**構造**　鎖状構造では1分子中に**1個のカルボニル基と5個のヒドロキシ基をもつ**が，結晶中ではカルボニル基とヒドロキシ基が結合した6個の原子からなる六員環構造をとり，β-フルクトースとよばれる。六員環のβ-フルクトースを水に溶かすと，一部が鎖状構造を経て，5個の炭素原子からなる環状の構造（五員環）になり，これらのフルクトースが一定の割合で混じった平衡状態になる。

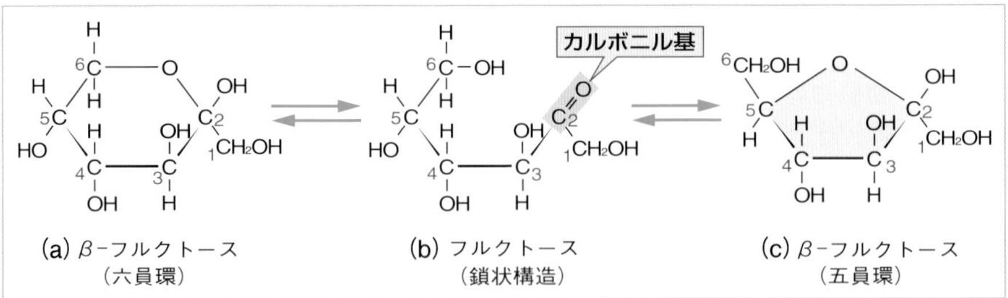

カルボニル基

(a) β-フルクトース（六員環）　(b) フルクトース（鎖状構造）　(c) β-フルクトース（五員環）

図7　フルクトースの水溶液中での平衡

③**性質**　結晶は無色で，水によく溶ける。**糖類のなかで最も甘味が強い。**鎖状構造のフルクトースのカルボニル基にはヒドロキシ基をもった炭素原子が結合して，$R-CO-CH_2OH$の構造となっている（これをα-ヒドロキシケトンという）ので**還元性を示す**。したがって，水溶液は銀鏡反応を示し，フェーリング液を還元する。

補足　R−CO−CH_2OHでは次の平衡（へいこう）が存在し，ホルミル基を生じるので還元性を示す。

$$R-\underset{\underset{O}{\|}}{C}-\overset{OH}{\overset{|}{\underset{H}{\underset{|}{C}}}}-H \rightleftarrows R-\underset{\underset{O-H}{|}}{C}=\overset{OH}{\overset{|}{C}}-H \rightleftarrows R-\overset{H}{\overset{|}{\underset{OH}{\underset{|}{C}}}}-\overset{O}{\overset{\|}{C}}-H$$

ホルミル基

❹ガラクトース$C_6H_{12}O_6$

寒天やラクトース(☞p.449)の加水分解により得られる。鎖状構造では1個のホルミル基と5個のヒドロキシ基をもち，**グルコースの立体異性体である。**

> **COLUMN**
> ### キシリトール
> シラカバやカシなどに含まれる多糖のキシランを加水分解して得られる単糖キシロースを還元すると，キシリトールが得られる。キシリトールは，甘味料などに用いられ，虫歯予防に効果があるとされている。これは，虫歯の原因とされている種類の細菌が，スクロースなどの糖類からは酸を生じるが，キシリトールからは酸を生じないためである。

単糖(グルコース・フルクトース・ガラクトース)
⇨いずれも分子式は$C_6H_{12}O_6$で，還元性がある。

➕発展ゼミ　グルコースの立体異性体

●環（かん）状グルコースの構造をより正確に表現したのが右図(いす形構造とよばれる)で，5個の炭素原子と1個の酸素原子でできた環に結合している原子・原子団は，2つの異なった方向に結合していることがわかる。

●すなわち，5個のH原子は環の平面に対して垂直方向に結合しており，4個のOH基とCH_2OH基は環の外側に広がる方向(赤道方向)に結合している。この形は同種の分子中で最も安定である。なぜなら，空間の広い(結合する原子・原子団どうしの間隔が広い)赤道方向にかさ高いOH基とCH_2OH基が位置し，空間のせまい垂直方向に小さいH原子が位置しているからである。

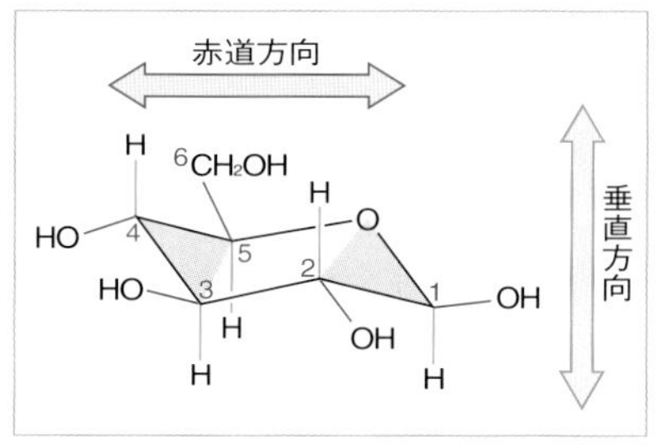

図8　β-グルコースの立体構造

●垂直方向にH原子より大きな原子・原子団がくると，立体的に混雑した状態になり，その分子は不安定になる。

●多くの立体異性体のなかで，グルコースが天然で最も広範囲に存在するのは，この安定性によると考えられている。

3　二糖の構造と性質　(!)重要

❶二糖の一般的構造と性質

①二糖は，単糖2分子が水分子を失って脱水縮合（しゅくごう）した形をしている。**糖類の2つのヒドロキシ基から生じるエーテル結合**を，特に**グリコシド結合**とよぶ。

補足 マルトースのように α-グルコースが縮合した結合を **α-グリコシド結合**，セロビオースのように β-グルコースが縮合した結合を **β-グリコシド結合**という。

②二糖は希酸または酵素を用いて加水分解すると単糖2分子になる。

③二糖は水によく溶け，甘味をもつものが多い。

④マルトース，セロビオース，ラクトースは，1位の炭素原子が縮合に関わらないグルコース構造(☞ p.449 図10~図12)の環が開いて鎖状になり，ホルミル基が生じるので，還元性を示す。これに対し，スクロースは，グルコースのホルミル基とフルクトースのカルボニル基のところで縮合しているので，鎖状構造をとることができず還元性を示さない(☞ 図9)。

> COLUMN
>
> **甘さくらべ**
>
> おもな糖類の甘さをくらべると，フルクトース＞スクロース＞グルコース≧マルトース＞ラクトースの順になる。フルクトースの甘さは，スクロースの1.5倍である。
>
> ところで，果物は冷やしたほうが甘く感じるのは，果物に含まれているフルクトースのせいらしい。冷やすと水溶液中の平衡が移動し，より甘味の強い β-フルクトースの量が増え，甘味の弱い α-フルクトースの量が減るためと考えられている。

❷スクロース(ショ糖) $C_{12}H_{22}O_{11}$

①**所在** サトウキビやテンサイ(ビート，サトウダイコン)などに含まれている。砂糖ともよばれ，最も重要な糖である。

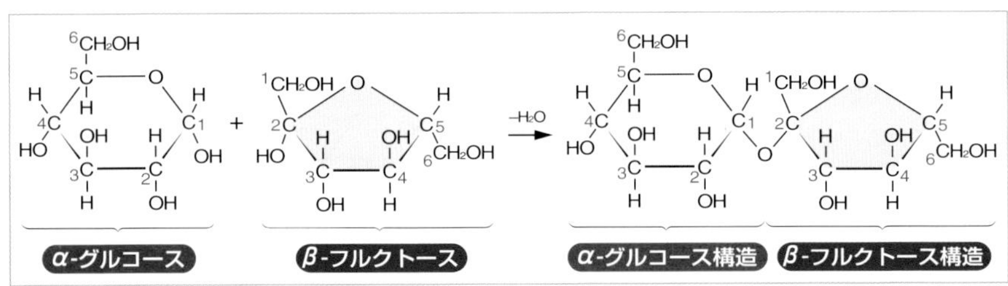

図9 スクロースの生成と構造

②**構造** α-グルコースの1位のC原子に結合している−OH基と五員環構造の β-フルクトースの2位のC原子に結合している−OH基とで脱水縮合している(図9)。

③**還元性** 水溶液中で鎖状構造との平衡が存在しないので示さない。

④**加水分解酵素** インベルターゼ。加水分解で生じたグルコースとフルクトースの等量混合物を転化糖という。

❸マルトース(麦芽糖(ばくがとう)) $C_{12}H_{22}O_{11}$

①**所在** 水あめ，麦芽などに含まれる。多糖のデンプンを加水分解すると得られる。

②**構造** α-グルコースの1位のC原子に結合している−OH基と，4位のC原子に結合している−OH基とで脱水縮合している(☞図10)。

③**還元性** 示す。

④**加水分解酵素** マルターゼ

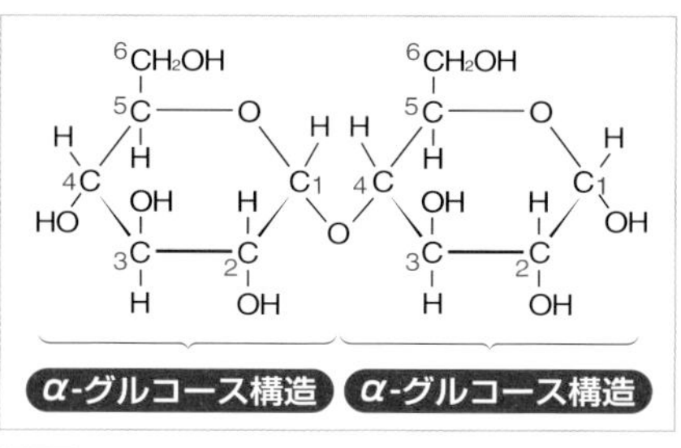

図10 マルトースの構造

❹セロビオース $C_{12}H_{22}O_{11}$

①**所在** 多糖のセルロースを加水分解すると得られる。マツの葉に微量存在。

②**構造** β-グルコースの1位のC原子に結合している−OH基と，4位のC原子に結合している−OH基とで脱水縮合している(☞図11)。

③**還元性** 示す。

④**加水分解酵素** セロビアーゼ

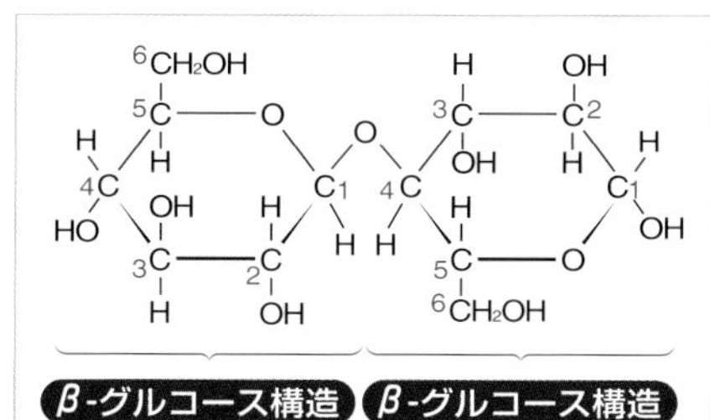

図11 セロビオースの構造

❺ラクトース(乳糖) $C_{12}H_{22}O_{11}$

①**所在** 牛乳など，ほ乳類の乳汁に含まれている。

②**構造** ガラクトースの1位のC原子に結合している−OH基とβ-グルコースの4位のC原子に結合している−OH基とで脱水縮合している(☞図12)。

③**還元性** 示す。

④**加水分解酵素** ラクターゼ

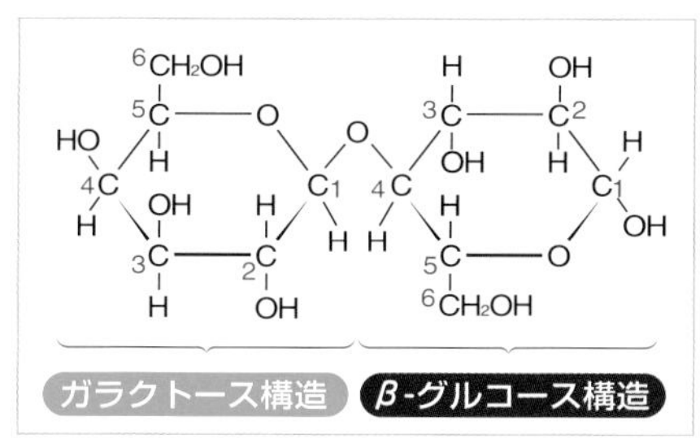

図12 ラクトースの構造

二糖の多くは，分子式が$C_{12}H_{22}O_{11}$
スクロースは還元性を示さないが，その他は還元性を示す。

2 | 多糖

❶**縮合重合** 2つの単量体分子から水などの小さな分子が脱離する反応を**縮合**といい，次々と重合して大きな分子になることを**縮合重合**(重縮合)という。
❷**多糖** 加水分解したときに，多数の単糖を生じる糖類を多糖という。デンプン・セルロース・グリコーゲンは，いずれも多数のグルコース分子が縮合重合してできた構造をもつ多糖で，分子式$(C_6H_{10}O_5)_n$で表され，加水分解すると多数のグルコースを生じる。
❸**デンプン** デンプンは，植物の光合成によってつくられ，種子や根，地下茎(けい)などの植物体中に，デンプン粒(りゅう)として蓄えられている多糖である。特に，私たちが摂取している米などの穀類やイモ類に多く含まれている。
❹**セルロース** セルロース(☞p.452)は植物の細胞壁の主成分であり，植物体の30～50％を占める。綿や麻は，天然に存在する最も純粋に近いセルロースで，パルプや紙なども，その大部分はセルロースである。自然界に多く存在する高分子化合物である。
❺**グリコーゲン** グリコーゲン(☞p.470)は，動物体内(肝臓や筋肉)に蓄えられるデンプンの一種であり，枝分かれ構造を多く含み，**動物デンプン**ともいわれる。必要に応じてグルコースに加水分解され，血液に入った後，酸素と酵素の作用で酸化され，動物のエネルギー源となる。

3 | デンプン

1 デンプンの構造

デンプンは，**α-グルコース**(☞p.445)**がグリコシド結合**(☞p.447)**によって縮合重合した高分子化合物**である。**分子量は数万～数千万程度**で，数百～数十万個のα-グルコース分子がくり返し縮合した構造をしている。

[アミロースとアミロペクチン] デンプン粒は，アミロースがアミロペクチンに包まれた構造をしている。アミロースは200～1000個のα-グルコースが**直鎖状に連結した構造の分子**(1位と4位で結合)で，**分子量は数万**から**数十万程度**と比較的小さい。アミロペクチンは2000～100000個のα-グルコースが**ところどころ枝分かれした連結構造の分子**(1位と6位で結合)で，**分子量は数十万**から**数千万程度**にもなる。

また，アミロースもアミロペクチンも，直鎖構造の部分は**らせん状**になる(☞p.451図13)。

補足 ふつうのデンプンには，アミロースが20～25％，アミロペクチンが75～80％含まれているが，もち米はほぼ100％がアミロペクチンである。

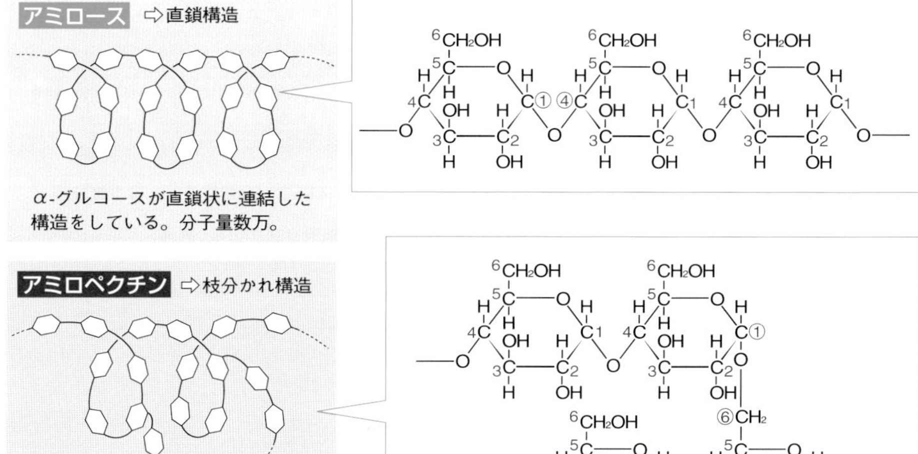

アミロース ⇨直鎖構造
α-グルコースが直鎖状に連結した構造をしている。分子量数万。
アミロペクチン ⇨枝分かれ構造
α-グルコースが枝分かれした連結構造である。分子量数十万。

図13 デンプンの分子構造

補足 アミロースのグリコシド結合は，炭素原子の番号により，α-1, 4-**グリコシド結合**という。また，アミロペクチンは，α-1, 4-グリコシド結合のほかに，枝分かれ部分に**α-1, 6-グリコシド結合**をもつ。

2 デンプンの性質

①**冷水には溶けないが**，アミロースは**熱水に溶け**，コロイド溶液になる。アミロペクチンは**熱水にも溶けにくい**。

②デンプン$(C_6H_{10}O_5)_n$をアミラーゼという酵素(こうそ)を用いて加水分解すると，分子量が比較的小さい**デキストリン**$(C_6H_{10}O_5)_{n'}$を経て$(n > n')$二糖のマルトースを生じ，さらにマルターゼという酵素を作用させるとグルコースになる。

$$\underset{\text{デンプン}}{(C_6H_{10}O_5)_n} \xrightarrow[(n > n')]{\text{アミラーゼ}} \underset{\text{デキストリン}}{(C_6H_{10}O_5)_{n'}} \xrightarrow{\text{アミラーゼ}} \underset{\text{マルトース}}{C_{12}H_{22}O_{11}} \xrightarrow{\text{マルターゼ}} \underset{\text{グルコース}}{C_6H_{12}O_6}$$

酵素のかわりに希硫酸を作用させても次のように反応し，グルコースになる。

$$(C_6H_{10}O_5)_n + nH_2O \longrightarrow nC_6H_{12}O_6$$

補足 **デキストリン**は，デンプンが部分的に加水分解したもので，分子量の異なる多糖の混合物である。粘着力が強く，糊(のり)として用いられる。また，デンプンよりも水に溶けやすい。還元作用は示さないが，ヨウ素デンプン反応を示す。

③**デンプンには還元性がない。**したがって，フェーリング液を還元しない。

④ヨウ素溶液(ヨウ素I_2をヨウ化カリウムKI水溶液に溶かしたもの)により，**青～青紫色となる。**この反応を**ヨウ素デンプン反応**という。

補足 **デンプンとヨウ素デンプン反応**　デンプンの分子はらせん状構造をとっている。デンプン水溶液にヨウ素溶液を加えると，ヨウ素分子（実際にはI_3^-～I_5^-）がらせん構造の中に入り込み，図14のような錯(さく)体を形成して青～青紫色に発色する。加熱するとヨウ素分子がらせんから抜け出して色が消えるが，冷やすと再び呈色する。色は直鎖(さ)部分の長さによって変化し，グルコースの数が30個以上で濃青色，10個程度で赤色，6個以下では呈色しない。アミロースでは濃青色，アミロペクチンでは赤紫色，グリコーゲンでは赤褐色になる。

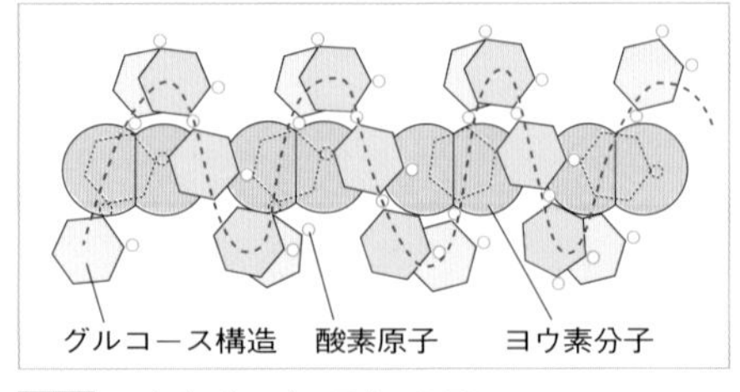

図14 ヨウ素デンプン反応の原理

補足 **消化されにくい多糖**　食品になる多糖には，ほかにもコンニャクと寒天がある。コンニャクはコンニャクイモからつくられ，主成分はグルコースとマンノース$C_6H_{12}O_6$からなる多糖で，消化されにくい。寒天はテングサからつくられ，主成分はガラクトースからなる多糖で，消化されにくい。

4 セルロース

1 セルロースの構造

セルロースは，β-グルコース（☞ p.445）がβ-1, 4-グリコシド結合によって縮合(しゅくごう)した高分子化合物で，分子量は百万～数千万にもなる。隣りあったβ-グルコースの六員環(かん)部分が，交互に反転しながら結合しているため，直線状に伸びている。

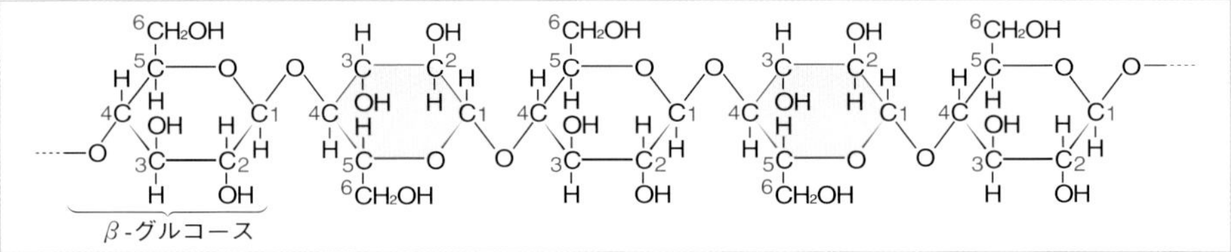

図15 セルロースの分子構造

視点 β-グルコースが縮合しており，グルコースの環平面が隣りどうし表裏になっている。

2 セルロースの性質

① セルロースはデンプンより加水分解されにくいが，酸（希硫酸など）を加えて長時間加熱すると，二糖の**セロビオース**（☞ p.449）などを経てグルコースになる。また，酵素セルラーゼによっても加水分解され，セロビオースになる。

$$\underset{\text{セルロース}}{(C_6H_{10}O_5)_n} \xrightarrow{\text{セルラーゼ}} \underset{\text{セロビオース}}{C_{12}H_{22}O_{11}} \xrightarrow{\text{セロビアーゼ}} \underset{\text{グルコース}}{C_6H_{12}O_6}$$

② 直鎖(さ)構造で，結晶化が進んでいるため化学的に安定で，多くの溶媒(ようばい)に溶けにくく，**ヨウ素との呈色反応，還元性を示さず**，酸化剤にも安定である。

補足 長い分子構造をもつセルロースの分子は，OH基による水素結合によって分子どうしが束になっている。これらの束がねじれあってロープのような構造になり，さらに集まって繊維になっている。

3 セルロースの再生とエステル化

❶セルロースの再生　木材パルプなどの短い繊維のセルロースを，化学的な処理で溶液状態にしてから，セルロースを再生し，繊維状にしたものを再生繊維(☞p.474)という。**銅アンモニアレーヨン**(**キュプラ**)，**ビスコースレーヨン**がある。

❷セルロースのエステル化

①**硝酸エステル**　セルロースに濃硝酸と濃硫酸を作用させると，セルロース中のOH基がエステル化されて，**トリニトロセルロース**(三硝酸セルロース)が生成する。

$$\underset{\text{セルロース}}{[C_6H_7O_2(OH)_3]_n} + 3n\,HONO_2 \longrightarrow \underset{\text{トリニトロセルロース}}{[C_6H_7O_2(ONO_2)_3]_n} + 3n\,H_2O$$

トリニトロセルロースは，強綿薬(きょうめんやく)とよばれ，火薬の原料になる。

補足　トリニトロセルロースの一部を加水分解すると，**ジニトロセルロース**(二硝酸セルロース) $[C_6H_7O_2(OH)(ONO_2)_2]_n$になり，コロジオンやセルロイドなどの原料になる。

②**酢酸エステル**　セルロースに無水酢酸(さくさん)と濃硫酸を作用させてエステル化すると**トリアセチルセルロース**(三酢酸セルロース) $[C_6H_7O_2(OCOCH_3)_3]_n$が生成する。この一部を加水分解させて**アセテート繊維**がつくられる(☞p.475)。

第7編　高分子化合物

このSECTIONのまとめ　**糖類**

□単糖 ☞p.445	・**アルドース**(グルコース・ガラクトース)と**ケトース**(フルクトース)に分類される。 ・結晶は水に易溶で甘味がある。**いずれも還元性あり。**
□二糖 ☞p.447	・酵素や希酸で加水分解されて2分子の単糖になる。 ・**スクロースは還元性を示さないが，他の二糖は還元性を示す。**
□デンプン ☞p.450	・分子式$(C_6H_{10}O_5)_n$で，**α-グルコースの縮合重合体**。 ・α-グルコースが直鎖状に連結したものが**アミロース**，枝分かれ構造をもつものが**アミロペクチン**。 ・**ヨウ素デンプン反応を示す。**還元性なし。 ・加水分解により，マルトースを経てグルコースになる。
□セルロース ☞p.452	・分子式$(C_6H_{10}O_5)_n$で，**β-グルコースの縮合重合体**。 ・加水分解によりセロビオースを経てグルコースになる。 ・化学処理で再生繊維。エステル化で火薬などを生成。

SECTION 3 アミノ酸とタンパク質

1 | アミノ酸の構造と性質

1 アミノ酸の構造

❶α-アミノ酸 アミノ基とカルボキシ基をもつ化合物をアミノ酸という。タンパク質を加水分解すると生じるアミノ酸は，これら2種の官能基(かんのう)が同一の炭素原子に結合しているα-アミノ酸★1である。天然のタンパク質を構成するα-アミノ酸は約20種あり，側鎖Rが異なる。α-アミノ酸は単にアミノ酸ともいう。

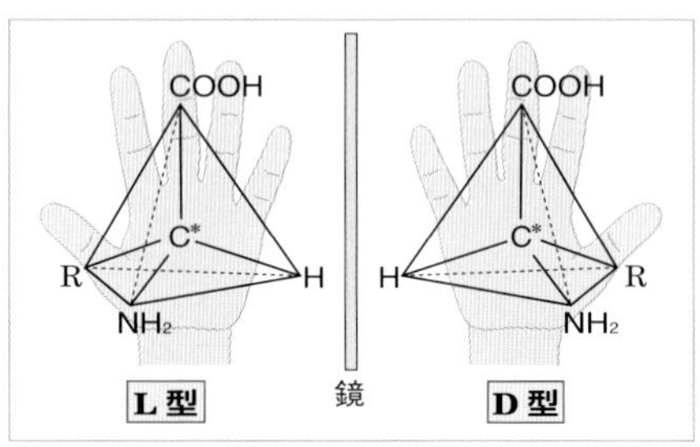

図16 α-アミノ酸の立体構造

視点 グリシン以外のα-アミノ酸は不斉炭素原子C*があり，1対の鏡像異性体が存在する。

表3 おもなアミノ酸

分類		名称	略号	示性式	等電点	所在
中性アミノ酸	脂肪族アミノ酸	グリシン	Gly	$H-CH(NH_2)-COOH$	6.0	にかわ，絹のタンパク質
		アラニン	Ala	$CH_3-CH(NH_2)-COOH$	6.0	すべてのタンパク質
		セリン	Ser	$HO-CH_2-CH(NH_2)-COOH$	5.7	絹のタンパク質
	含硫アミノ酸	システイン	Cys	$HS-CH_2-CH(NH_2)-COOH$	5.1	毛，爪などのタンパク質
	芳香族アミノ酸	フェニルアラニン*	Phe	$C_6H_5-CH_2-CH(NH_2)-COOH$	5.5	牛乳のタンパク質
酸性アミノ酸		グルタミン酸	Glu	$HOOC-(CH_2)_2-CH(NH_2)-COOH$	3.2	小麦のタンパク質
塩基性アミノ酸		リシン*	Lys	$H_2N-(CH_2)_4-CH(NH_2)-COOH$	9.7	すべてのタンパク質

補足 ＊印をつけたアミノ酸は人体内で合成されないか，合成されにくいので，食物により補給する必要がある。このようなアミノ酸を**必須アミノ酸**という。

★1 $-NH_2$が$-COOH$と同一の炭素原子に結合しているアミノ酸を**α-アミノ酸**といい，$-COOH$と$-NH_2$がそれぞれ結合する炭素原子の位置が離れるにしたがって，**β-アミノ酸**，**γ-アミノ酸**という。

❷**アミノ酸と鏡像異性体**　α-アミノ酸は，最も簡単な構造のグリシン(Rが水素原子H)以外はすべてに不斉(ふせい)炭素原子があり，**1対の鏡像異性体が存在**する。これらの異性体は**D型**と**L型**に区別される(☞p.454 図16)が，天然のタンパク質を構成するすべてのアミノ酸は**L型**である。

2 アミノ酸の性質 ①重要

❶**両性化合物**　アミノ基$-NH_2$は塩基性を示し，カルボキシ基$-COOH$は酸性を示すので，アミノ酸は，**酸と塩基の両方の性質を示す両性化合物**である。
❷**双性(そうせい)イオン**　結晶中では，分子内で$-COOH$が$-NH_2$に水素イオンを与えて陽イオン$-NH_3^+$と陰イオン$-COO^-$の両方を生じているので，これを**双性イオン**(**両性イオン**)という。このため，アミノ酸の結晶は，イオン結晶のように比較的融点や分解温度が高く，水に溶ける。
❸**アミノ酸の水溶液**　アミノ酸の水溶液は，水素イオンの濃度に応じて，次に示したような平衡(へいこう)関係にある。すなわち，酸性にすると$-COO^-$がH^+を受けとって$-COOH$となり，陽イオンになる。塩基性にすると$-NH_3^+$がH^+を放出して$-NH_2$となり，陰イオンとなる。

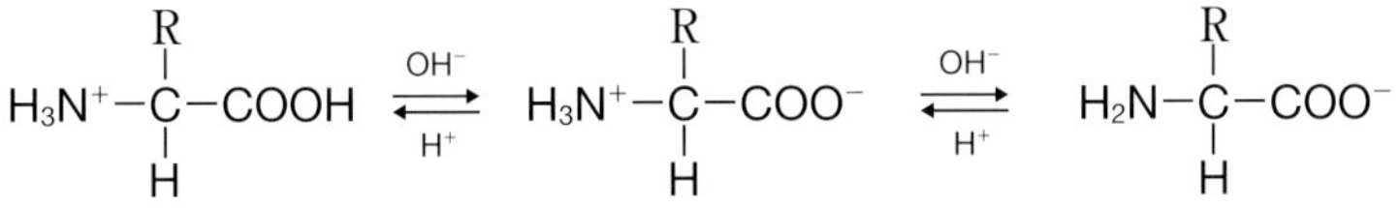

$$H_3N^+-\underset{H}{\overset{R}{C}}-COOH \underset{H^+}{\overset{OH^-}{\rightleftarrows}} H_3N^+-\underset{H}{\overset{R}{C}}-COO^- \underset{H^+}{\overset{OH^-}{\rightleftarrows}} H_2N-\underset{H}{\overset{R}{C}}-COO^-$$

陽イオン　　**双性イオン**　　陰イオン

酸 性 ⇦ (等電点) ⇨ 塩基性

❹**等電点**　**アミノ酸の水溶液で平衡状態にある，陽イオン，双性イオン，陰イオンの混合物全体としての電荷が0になるときのpH**を，そのアミノ酸の**等電点**という。等電点では，ほとんどのアミノ酸が双性イオンになっているため，電圧をかけても，どちらの電極にも移動しない。また，等電点の異なるアミノ酸は，適当なpHにして電圧をかけると，陽極への移動と陰極への移動で向きが異なるので分離できる。

補足 中性アミノ酸(モノアミノモノカルボン酸)の結晶を水に溶かした場合，$-NH_2$基による塩基性より$-COOH$基による酸性のほうが少し強いので，上式の右辺$H_2NCHRCOO^-$にかたよる。したがって，等電点にするには，酸を少し加えて平衡を左に移動させる必要がある。このため，中性アミノ酸の等電点は少し酸性側にかたより，pH6付近になる。

❺**ニンヒドリン反応**　アミノ酸にニンヒドリンのうすい溶液を加えてあたためると，**青紫～赤紫色を呈する**。この反応を**ニンヒドリン反応**といい，アミノ酸の検出に用いられる。

2｜タンパク質の構造

1 生物の命を支えるタンパク質

タンパク質は，**アミノ酸(☞p.454)がペプチド結合してできた高分子化合物で，生物の細胞の主要な成分**である。また，生命活動を支える重要な物質であり，動物の筋肉や各器官だけでなく，皮膚，血液，血管，毛髪，爪などもタンパク質からできている。また，生命を支える重要なはたらきをしている酵素(こうそ)，ホルモン，抗体などもタンパク質からできている。

2 ペプチド結合

❶ペプチド結合　1つのアミノ酸のカルボキシ基と，別のアミノ酸のアミノ基から水分子がとれて生じるアミド結合−CO−NH−を特にペプチド結合という。

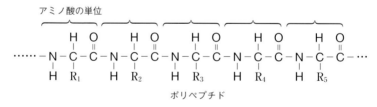

$$\underset{\text{アミノ酸}}{H_2N-\underset{R_1}{\overset{H}{C}}-\overset{O}{\overset{\|}{C}}-OH} + \underset{\text{アミノ酸}}{H-\underset{H}{N}-\underset{R_2}{\overset{H}{C}}-COOH} \longrightarrow \underset{\text{ジペプチド}}{H_2N-\underset{R_1}{\overset{H}{C}}-\overset{O}{\overset{\|}{C}}-\underset{H}{N}-\underset{R_2}{\overset{H}{C}}-COOH} + H_2O$$

❷ポリペプチド　2個のアミノ酸が縮合(しゅくごう)したものをジペプチド，3個のアミノ酸が縮合したものをトリペプチド，多数のアミノ酸が縮合したものをポリペプチドという。

アミノ酸の単位

$$\cdots\cdots-\underset{H}{N}-\underset{R_1}{\overset{H}{C}}-\overset{O}{\overset{\|}{C}}-\underset{H}{N}-\underset{R_2}{\overset{H}{C}}-\overset{O}{\overset{\|}{C}}-\underset{H}{N}-\underset{R_3}{\overset{H}{C}}-\overset{O}{\overset{\|}{C}}-\underset{H}{N}-\underset{R_4}{\overset{H}{C}}-\overset{O}{\overset{\|}{C}}-\underset{H}{N}-\underset{R_5}{\overset{H}{C}}-\overset{O}{\overset{\|}{C}}-\cdots$$

ポリペプチド

3 タンパク質の構造 ①重要

タンパク質は，**ポリペプチドの構造をもつ鎖(さ)状の高分子化合物**である。くわしくいうと約20種のα-アミノ酸(☞p.454)がペプチド結合で結びついたポリペプチドで，**分子量は1万～数百万**である。生理的な機能をもつタンパク質では，構造や分子量は一定である。タンパク質は大きい分子なので，その構造はいくつかのレベルに分けて考えられており，それを，**一次，二次，三次，四次構造**とよんでいる。

❶一次構造(アミノ酸配列)　タンパク質中のアミノ酸の配列順序を一次構造という。一次構造ではアミノ酸が共有結合で結ばれた鎖状構造を形成する。

❷二次構造(部分の立体構造) 二次構造は，一次構造の鎖が水素結合で，鎖間または同じ鎖内で異なった部分どうしが結びあって，らせんやひだ状構造を形成しているせまい領域での立体構造である。水素結合は，互いに離れたペプチド結合内のカルボニル基＞C＝Oとイミノ基＞NHの間に結ばれる。

①**α-ヘリックス** タンパク質のポリペプチドの鎖は，多くの場合，**時計まわりのらせん構造**をとる。このらせん構造はα-ヘリックスとよばれ，平均3.6個のアミノ酸で1巻きとなる。らせん構造はペプチド結合している1つのアミノ酸の＞C＝O基と，そのアミノ酸から4番目のアミノ酸の＞NH基との間に形成される水素結合＞C＝O…HN＜によって固定されている。

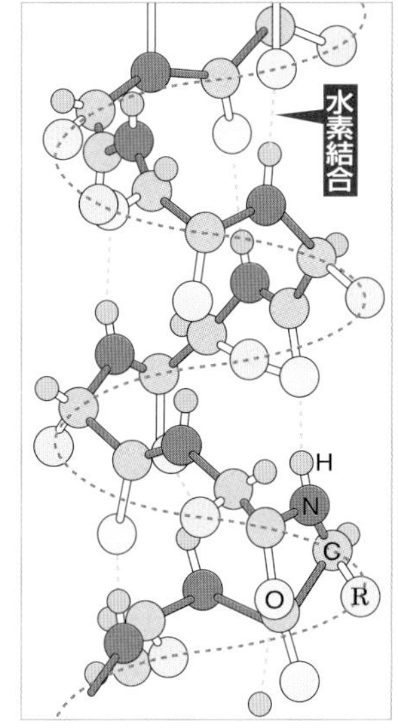

図17 α-ヘリックス

②**β-シート** ポリペプチド鎖が平行に並んで配置され，隣りあったポリペプチド鎖との間が水素結合によって結ばれてできる**ひだ状の(ジグザグした)シート構造**をβ-シートという。

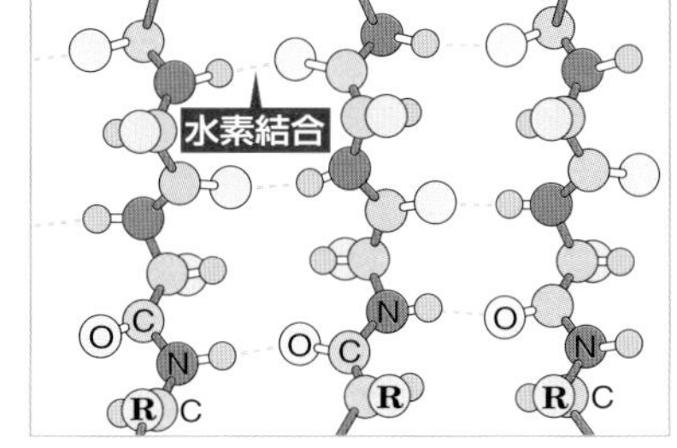

図18 β-シート

❸三次構造(全体の立体構造) ポリペプチド鎖がα-ヘリックスやβ-シートのような二次構造となるなかで，さらに折りたたまれたタンパク質全体としての特有の立体構造を形成するものが多い。これを三次構造という。三次構造の形成にはシステインによるジスルフィド結合－S－S－や構成アミノ酸の炭化水素基間の相互作用が重要な役割を果たしている。

❹四次構造(タンパク質の会合) タンパク質は1本のポリペプチド鎖ではたらく場合もあるが，2本以上のポリペプチド鎖が会合してその活性を現すものが多い。四次構造とは，このような**複数のポリペプチド鎖が会合したときの構造**をいう。その場合，会合した1つ1つのポリペプチド鎖を**サブユニット**という。たとえば，ヒトのヘモグロビンは2種類のサブユニット2つずつからなる。

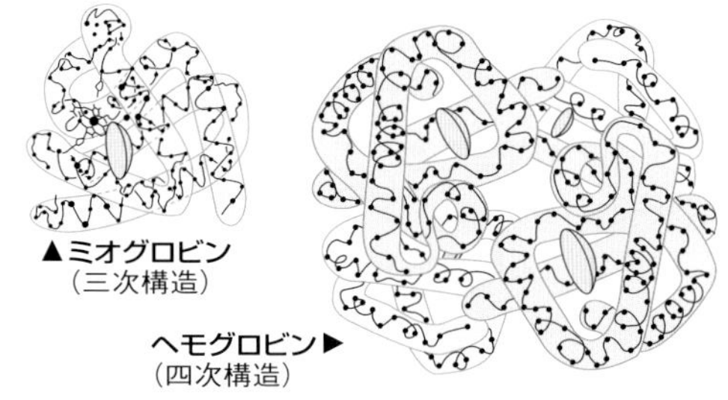

図19 ミオグロビンとヘモグロビンの立体構造

➕発展ゼミ　タンパク質のアミノ酸配列

●アミノ酸の配列順序が最初に明らかになったタンパク質はウシのすい臓に含まれるインスリンで，イギリスの生化学者サンガーによってである(1955年)。インスリンは血糖値を低下させる作用があるホルモンで，51個のアミノ酸からなり，ふつうのタンパク質に比べて非常に小さい分子である。それでも51個のアミノ酸の配列を解明するのに，研究室の総力をあげて10年を要した。

●同じインスリンでも動物によってアミノ酸配列は少し違う。たとえば，ブタは2か所，ヒトは3か所，それぞれウシのインスリンとは異なるアミノ酸が配列している。

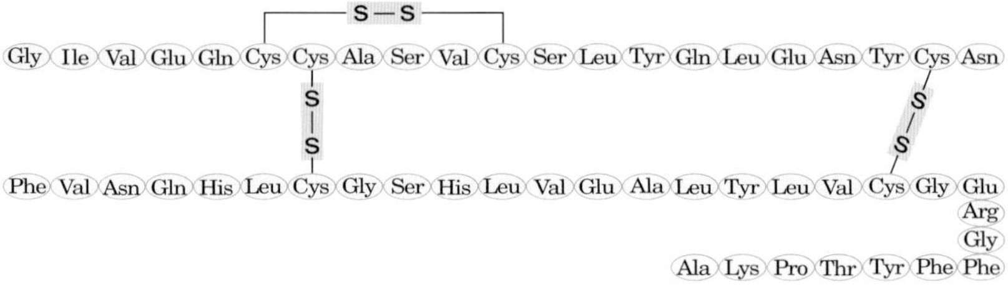

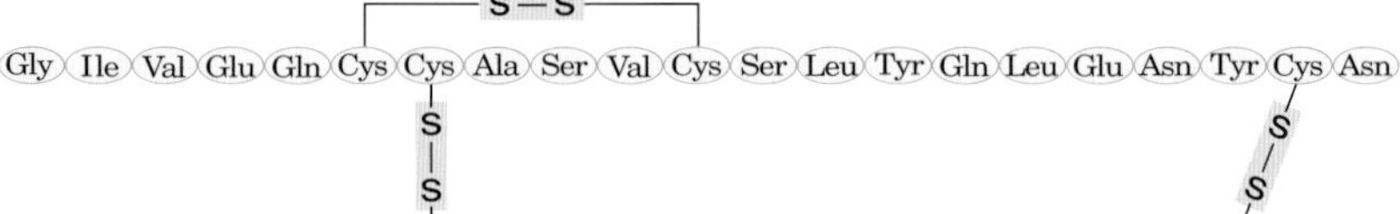

図20　ウシインスリンのアミノ酸配列(Gly，Ileなどはアミノ酸の種類を示す略号)

●また，同じ動物のアミノ酸の配列順序がわずかに変わっても重大な生物学的影響がある。たとえば，正常なヘモグロビンと鎌状赤血球貧血症の異常ヘモグロビンとの間の違いは，タンパク質鎖の末端付近にあるグルタミン酸(Glu)がバリン(Val)に置換(ちかん)されているだけである。

Val His Leu Thr Pro Glu Glu Lys -----
正常ヘモグロビン

Val His Leu Thr Pro Val Glu Lys -----
異常ヘモグロビン

図21　正常ヘモグロビンと異常ヘモグロビン

3　タンパク質の分類

1　球状タンパク質と繊維状タンパク質

❶球状タンパク質　多くのホルモンや酵素(こうそ)などのタンパク質は，らせん構造をとったポリペプチドの鎖がところどころ折れ曲がって球状構造をとっている。このような球状タンパク質は，親水基(しんすいき)を外側に向けているため，水に溶けやすい。

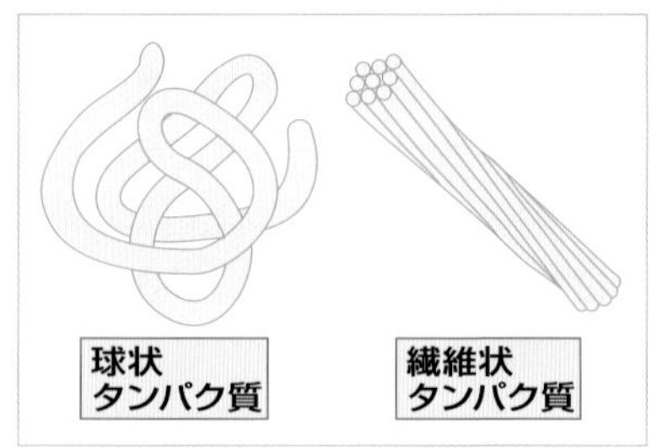

図22　球状タンパク質と繊維状タンパク質

❷繊維状タンパク質　毛髪・爪などに存在するケラチンや腱(けん)・皮膚にあるコラーゲンなどのタンパク質は，らせん構造をとったポリペプチド鎖が何本も束になった繊維状の構造をとっている。このような繊維状タンパク質は，一般に水に溶けない。

2 単純タンパク質と複合タンパク質

❶単純タンパク質 **加水分解したときに，アミノ酸だけを生じるタンパク質**を単純タンパク質という。単純タンパク質はポリペプチドだけからなる。

❷複合タンパク質 **加水分解したときに，アミノ酸以外の物質**(糖，リン酸，色素，核酸，脂質など)**も同時に生成するタンパク質**を複合タンパク質という。

表4 単純タンパク質と複合タンパク質

分類		名称	性質	所在
単純タンパク質	可溶性(球状)	アルブミン	水に可溶。熱により凝固。	卵白アルブミン，血清アルブミン
		グロブリン	水に不溶。塩類水溶液に可溶。	卵白グロブリン，血清グロブリン
		グルテリン	希酸・希アルカリには可溶。	小麦グルテニン，米オリゼニン
		ヒストン	水・希酸に可溶。	染色体の構成成分
	不溶性(繊維状)	ケラチン	水に不溶。濃アルカリに可溶。	毛髪・爪・角・羽毛などを構成
		コラーゲン	水と煮るとゼラチンを生じる。	骨・軟骨・腱・魚の鱗などを構成
		フィブロイン	水・希酸に不溶。強酸に可溶。	絹糸やクモの糸の主成分
複合タンパク質		核タンパク	核酸と結合している。	細胞核内にある
		リンタンパク	リン酸と結合している。	牛乳のカゼイン，卵黄のビテリン
		糖タンパク	糖と結合している。	だ液中のムチン，卵白アルブミン
		色素タンパク	色素と結合している。	ヘモグロビン，ヘモシアニン

4 タンパク質の性質・反応

1 タンパク質の性質 (!)重要

① タンパク質に熱や酸，塩基，有機溶媒(ようばい)，重金属イオンなどを加えると凝固(ぎょうこ)する。これを**タンパク質の変性**といい，再び元に戻らないことが多い。生理的機能をもつタンパク質は，変性によりその能力を失う(**失活**)。

② タンパク質を水に溶かすと，**親水コロイドの溶液になる。**

③ タンパク質は適当な水素イオン濃度のもとで，**正または負に帯電**している。したがって，**電気泳動**でタンパク質を分離できる。

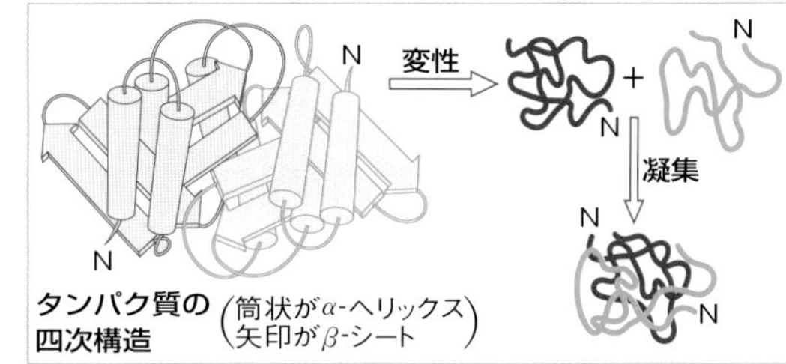

図23 タンパク質の変性

視点 タンパク質の変性とは，ペプチド結合が切れるのではなく，二次構造以上の高次構造を保っている水素結合などが切れて，分子の形状が変化する現象をいう。タンパク質は親水基が外側，疎水基が内側にくるように折りたたまれているが，変性により分子が伸びた状態になると，疎水基が表面に現れて凝集する。

第7編 高分子化合物

2 タンパク質の検出反応 ❗重要

❶**ビウレット反応**　タンパク質水溶液に水酸化ナトリウム水溶液を加えて塩基性にした後，硫酸銅(Ⅱ)水溶液を加えると**赤紫色**を呈する。ビウレット反応は，銅(Ⅱ)イオンとペプチド結合が錯(さく)イオンを形成することによって起こる反応なので，**ペプチド結合を2個以上もつものに起こり**，アミノ酸では起こらない。

❷**キサントプロテイン反応**　**分子内にベンゼン環(かん)をもつタンパク質**水溶液に濃硝酸を加えて加熱すると**黄色沈殿**を生じ，冷却後，アンモニア水などを加えて塩基性にすると橙色になる。この反応は，ベンゼン環がニトロ化されることによって起こる。ほとんどのタンパク質にベンゼン環をもつアミノ酸が含まれているので，タンパク質の検出に利用できる。

❸**硫黄の検出反応**　タンパク質水溶液に固体の水酸化ナトリウムを加えて煮沸した後中和し，酢酸鉛(さくさんなまり)(Ⅱ)水溶液を加えると，硫化鉛(Ⅱ)の**黒色沈殿**を生じる。これは，タンパク質の構成アミノ酸に，システインのような硫黄をもつアミノ酸が含まれている場合に起こる。

❹**ニンヒドリン反応**　タンパク質水溶液にニンヒドリン水溶液を加えてあたためると，**青紫色**になる。この反応はアミノ酸でも起こる。

このSECTIONのまとめ　アミノ酸とタンパク質

□アミノ酸 ☞p.454	・**構造**…分子内に$-NH_2$（塩基性基）と$-COOH$（酸性基）をもつ**両性化合物**。グリシン以外のアミノ酸には1対の鏡像異性体が存在。 ・**性質**…**双性イオン**で，酸性で陽イオン，塩基性で陰イオンになる。**ニンヒドリン反応**を示す。
□タンパク質の構造 ☞p.456	・**ペプチド結合**…アミノ酸どうしのカルボキシ基とアミノ基による縮合で生成したアミド結合$-CO-NH-$ ・**ポリペプチド**…多数のペプチド結合をもつもの ・**構造**…**一次構造，二次構造，三次構造，四次構造**
□タンパク質の分類 ☞p.458	・**球状タンパク質**と**繊維状タンパク質** ・**単純タンパク質**と**複合タンパク質**
□タンパク質の性質・反応 ☞p.459	・**性質**…変性，親水コロイド，正または負に帯電 ・**検出反応**…**ビウレット反応，キサントプロテイン反応，硫黄の検出反応，ニンヒドリン反応**

重要実験　タンパク質の性質を調べる

操作

- 卵白水溶液を4本の試験管に3 mLずつとって試料❶～❹とする。各試料に次のような操作を行い，それぞれの変化を観察する。

❶エタノールを2 mL加える。　❷3 mol/L硫酸を2 mL加える。

❸0.1 mol/L硫酸銅(Ⅱ)水溶液を2 mL加える。

❹加熱する。

- 別に，卵白水溶液を4本の試験管に3 mLずつとって試料❺～❽とする。各試料に次のような操作を行い，それぞれの変化を観察する。

❺2 mol/L水酸化ナトリウム水溶液を3 mL加えた後，0.1 mol/L硫酸銅(Ⅱ)水溶液を1～2滴加える。

❻濃硝酸を0.5 mL加えておだやかに加熱する。そして，これを冷やしてからアンモニア水を加えて溶液を塩基性にする。

❼ニンヒドリン水溶液を1～2滴加えて加熱する。

❽水酸化ナトリウムの小粒2～3個を加えて溶かし，数分間煮沸する。このとき，水で湿らせた赤色リトマス紙を試験管の口にあててみる。

❾❽の試験管を冷やしてから，酢酸鉛(Ⅱ)水溶液数滴を加える。

結果

❶ ❶～❸のいずれの試料も白色沈殿を生じ，❹は凝固する。➡❶はタンパク質と有機溶媒の反応，❷はタンパク質と酸の反応，❸はタンパク質と重金属イオンの反応，❹はタンパク質の熱による凝固で，これらの変化をタンパク質の変性とよぶ。

❷ ❺～❾では，次の変化が観察できる。

❺赤紫色を呈する。➡タンパク質はビウレット反応を示す。

❻濃硝酸を加えて加熱すると黄色になって固まる。また，アンモニア水を加えて塩基性にすると橙色になる。➡卵白のタンパク質には，ベンゼン環をもつアミノ酸が含まれており，キサントプロテイン反応を示す。

❼青紫色を呈する。➡タンパク質はニンヒドリン反応を示す。

❽湿った赤色リトマス紙は青変する。これは，タンパク質が分解してアンモニアが発生するためである。➡タンパク質には**窒素が含まれている。**

❾酢酸鉛(Ⅱ)水溶液を加えると，硫化鉛(Ⅱ)の黒色沈殿を生じる。➡このタンパク質には硫黄が含まれている(硫黄の検出反応)。

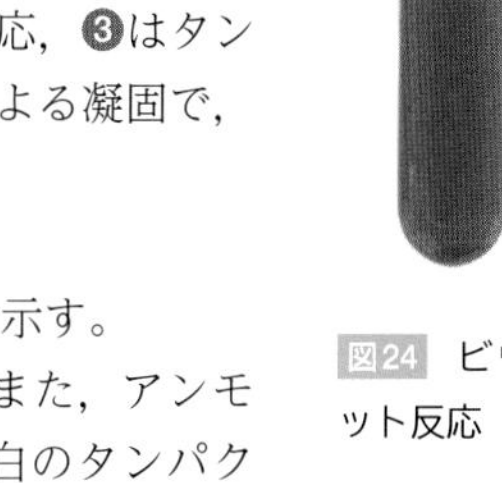

図24　ビウレット反応

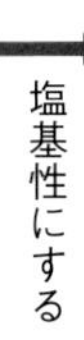

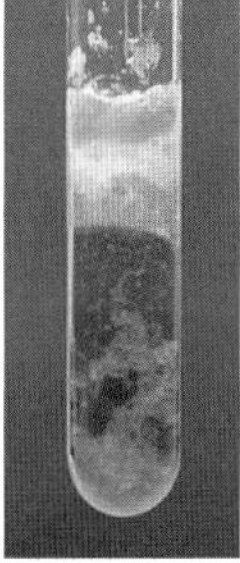

図25　キサントプロテイン反応

生命体を構成する物質

1 | 細胞を構成する物質

1 生命体と細胞

❶細胞のすがた

① **生物は細胞から構成**されており，細胞は遺伝物質DNAや生体反応を進める酵素(こうそ)などを含み，物質が出入りする通路などを備えている。

② 核をもつ真核細胞の構造は図26のようである。細胞の大きさは0.01～0.1 mm程度であり，脂質やタンパク質からなる細胞膜が内外を分けている。

補足　核がなく，DNAが細胞中に存在する細胞を原核細胞といい，その大きさは一般に0.001～0.01 mm程度である。

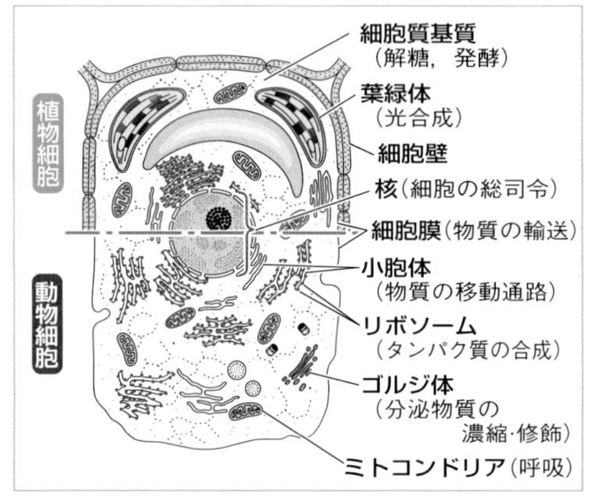

図26　植物細胞と動物細胞の構造

③ 細胞内には，核のほかにもいろいろな器官がある。それらをまとめて細胞小器官という。細胞成分の約70 %は水が占め，細胞小器官を除く部分は細胞質基質という液状の物質になっている。

2 細胞を構成する物質

細胞の95 %の質量は，C，H，O，Nの4元素で占められている。細胞を構成する物質として圧倒的に多く存在するのは水であるが，それ以外の**生体の重要構成成分は，タンパク質(10～15 %)，核酸(2～7 %)，糖類(2～3 %)，脂質(2～13 %)**の4つである。

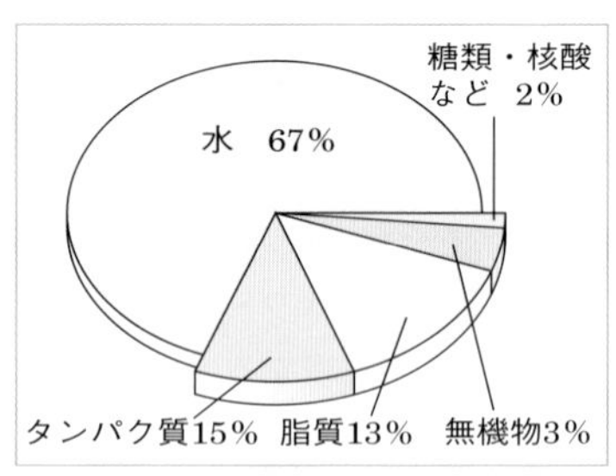

図27　ヒトの細胞を構成する物質(組成は質量パーセント)

❶タンパク質　私たちの体の多くの部分はタンパク質からなる。筋肉，血液，血管，軟骨，皮膚，爪，毛髪は，いずれもタンパク質でできている。生命を維持するためのさまざまな反応の触媒となる酵素もタンパク質でできている。また，生体運動，神経系の活動，物質の輸送，免疫(めんえき)反応なども，タンパク質が行っている。

❷糖類 糖類も，生体を構成する物質として生命活動に広くかかわっている。**デンプン**は，食物に含まれ，デンプンの消化(加水分解)で生じる**グルコース**は，生体内でのエネルギー生産において中心的な役割を果たしている。**セルロース**は，植物の細胞壁や木質組織などをつくる構造材料としてはたらいている。

❸脂質 生体の構成物質のうち，水に溶けにくく有機溶媒(ようばい)に溶けやすい物質の総称で，単純脂質と複合脂質に分類できる。単純脂質の中に油脂がある(☞ p.412)。

脂質は，生体内でのエネルギー貯蔵物質，生体膜の構成成分，生体表面の保護層，あるいはホルモンなどとして，重要なはたらきをしている。

3 細胞膜の成分(リン脂質)

グリセリンがもつ2つのヒドロキシ基$-OH$に脂肪酸2つがエステル結合し，残りの1つの$-OH$に，リン酸がエステル結合したものを**リン脂質**という。脂肪酸の長い炭化水素基は疎水(そすい)性(親油性)，リン酸エステル部分は親水(しんすい)性なので，リン脂質は界面活性剤(☞ p.416)としての性質をもつ。

リン脂質は疎水性の部分を内部に向きあわせ，親水性の部分を外側に向けて二重層をつくり，細胞膜を構成する。

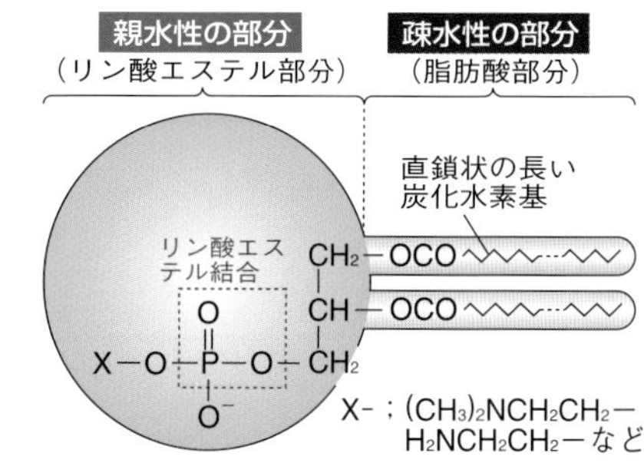

図28 リン脂質の構造

視点 セッケン分子のはたらきに似ている。

2 核酸

1 核酸 重要

①細胞中には核酸という高分子化合物が含まれており，**生物の遺伝の担(にな)い手**となっている。

②窒素を含む**(有機)塩基**と五炭糖(ペントース，☞ p.445)が結合した化合物をヌクレオシドといい，ヌクレオシドの糖部分がリン酸とエステル結合したものをヌクレオチドという。

③核酸は，ヌクレオチドどうしが，糖部分の$-OH$とリン酸部分で縮合重合(しゅくごうじゅうごう)した**ポリヌクレオチド**である。

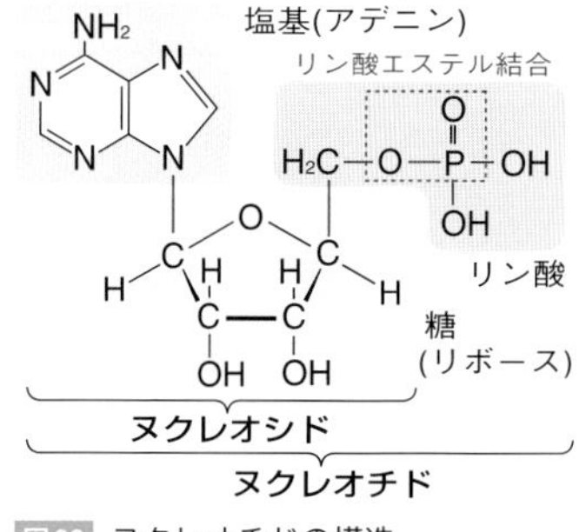

図29 ヌクレオチドの構造

補足 核酸とは，「細胞の核から取り出した酸性物質」という意味である。

④核酸にはRNA（リボ核酸）とDNA（デオキシリボ核酸）の2種類がある。RNAは糖部分がペントースの1種であるリボース$C_5H_{10}O_5$，DNAはリボースの−OHの1つが−Hに置換されたデオキシリボース$C_5H_{10}O_4$からできている。

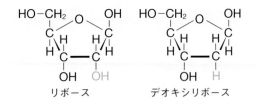

リボース　デオキシリボース

⑤DNA中に含まれる（有機）塩基は，下のアデニン（A）・グアニン（G）・シトシン（C）・チミン（T）の4種類である。一方RNAは，A，G，Cの3種類の塩基とウラシル（U）の4種類の塩基からなっている。

アデニン（A）　グアニン（G）　シトシン（C）　チミン（T）　ウラシル（U）

2 DNAとRNA

❶DNAの構造　DNAは，2本の鎖状のポリヌクレオチドが，アデニン（A）−チミン（T）の間で2組の水素結合，グアニン（G）−シトシン（C）の間で3組の水素結合により塩基対をつくり，2本の鎖がより合わさった二重らせん構造をとっている。

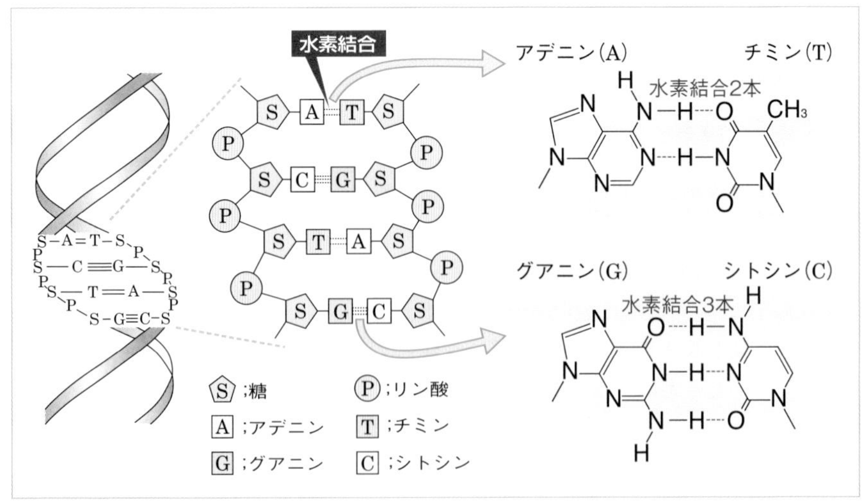

図30 DNA中の（有機）塩基間の水素結合

❷DNAの複製

DNAの塩基対(つい)どうしは水素結合によって結びついており，比較的容易に離れたり結合したりする。

細胞が分裂するときは，塩基対の水素結合が切れて二重らせんの一部がほどけ，それぞれの1本鎖(さ)に結びついた新たなヌクレオチド鎖ができる。このとき，**水素結合をする塩基対の組み合わせはA－TあるいはG－Cのように決まっている**ので，一方の塩基が決まれば，相手の塩基は必然的に決まる。その結果，塩基配列がまったく同じDNAが2分子に複製される。

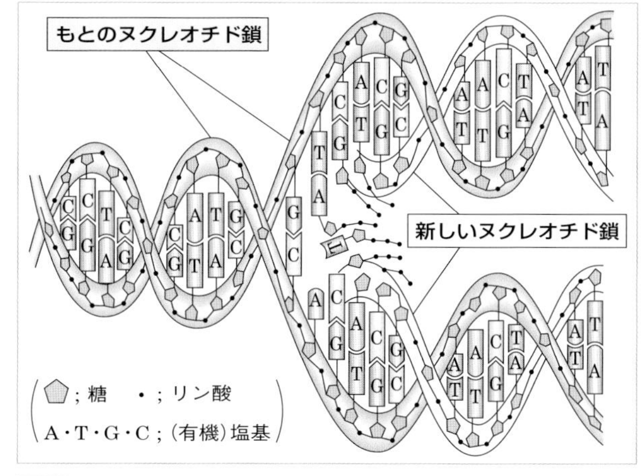

図31　DNAの複製

❸RNA　RNAもDNAと同じように，(有機)塩基，糖(RNAはリボース)，リン酸が縮合重合(しゅくごうじゅうごう)でつながったヌクレオチドからなる。しかし，DNAが塩基対によって二重らせん構造をとっているのに対し，RNAは1本鎖である。また，DNAの4種の塩基のうち，**チミン(T)がウラシル(U)に代わっている。**

RNAは，細胞の核の中でDNAの塩基配列を写し取りながら合成され，リボソームに移動する。リボソームではRNAの塩基配列にもとづいて，必要なタンパク質が合成される。

DNA…二重らせん構造。**糖はデオキシリボース，塩基はA，G，C，Tの4種。**
RNA…**1本鎖構造。糖はリボース，塩基はA，G，C，Uの4種。**

このSECTIONのまとめ　生命体を構成する物質

□ 細胞の構成物質 p.462	・**生体の重要構成成分**…タンパク質・糖類・核酸・脂質 ・**リン脂質**…グリセリンと脂肪酸・リン酸のエステル
□ 核酸 p.463	・**核酸**…糖，リン酸，(有機)塩基からなる高分子化合物。 ・**核酸の種類**…DNAとRNA。遺伝情報を担う。

生命を維持する化学反応

1 | 生命活動と化学反応

1 生物の活動

生物の活動は，生体内のいろいろな化学反応によって営まれている。たとえば，複雑な分子であるタンパク質をアミノ酸のような単純な分子に分解する化学反応に**加水分解**がある。また，単純な分子(アミノ酸)を複雑な分子(タンパク質)に再合成する化学反応に**脱水縮合**(しゅくごう)(☞ p.444)がある。

また，生体内の化学反応は，すべて特有な酵素(こうそ)を触媒としておだやかな条件で進む。このとき，**エネルギーの変換や移動が起こることもあり，生命活動に使われる。**

2 生物体内の化学反応と酵素 ①重要

❶**酵素**　酵素は，**タンパク質を主体とした物質**(ほとんどが複合タンパク質)で，生体内で起こる化学反応の触媒としてはたらく。

酵素はタンパク質であるから，アミノ酸配列や立体構造がそのはたらきを決める。また，タンパク質が変性を起こす条件では，酵素はそのはたらきを失う。

補足　酵素のみで化学反応を促進する場合のほかに，**補酵素**とよばれる別の物質の助けを借りて酵素がそのはたらきを発揮する場合もある。ビタミン類の多くは補酵素としてはたらき，生体内の化学反応に必須の物質である。

表5　おもな酵素の作用と所在

名称	作用(反応物 → 生成物)	所　在	最適反応条件
アミラーゼ(☞ p.451)	デンプン ⟶ デキストリン，マルトース	だ液，すい液，ダイコン	45 ℃　pH5～7
マルターゼ(☞ p.451)	マルトース → グルコース	だ液，すい液，腸液，麦芽	40 ℃　pH6.6
ラクターゼ	ラクトース → グルコース＋ガラクトース	小腸壁，酵母	pH4～6
チマーゼ	単糖 ⟶ エタノール	酵母	30 ℃
リパーゼ(☞ p.413)	油脂 ⟶ モノグリセリド＋脂肪酸	すい液	pH8
ペプシン	タンパク質 → ペプチド	胃液	38 ℃　pH1.5～2
トリプシン	タンパク質 → ペプチド	すい液	40 ℃　pH8
ペプチダーゼ	ペプチド ⟶ アミノ酸	すい液，小腸壁	pH8
カタラーゼ	過酸化水素 → 水＋酸素	血液，肝臓	pH7.6

❷酵素(こうそ)の特徴

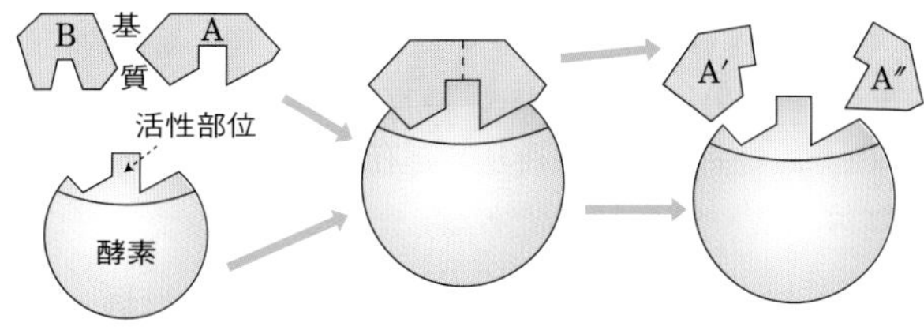

図32 酵素のはたらき方(基質特異性)

視点 酵素は基質Aとは結合するが基質Bとは結合しない。つまり，結合部位と同じ立体構造の基質だけが酵素と反応する。

①**基質特異性**　酵素が作用する反応物を，その酵素の基質といい，酵素は，その種類によって，それぞれ**特有の基質にしかはたらかない**。この性質を酵素の基質特異性という。酵素分子は，その立体構造の特定部分(**活性部位**)に適合した基質とのみ結合して，反応を促進する。これが，酵素の基質特異性の原因であり，ちょうど「鍵(かぎ)と鍵穴の関係」にたとえられる。

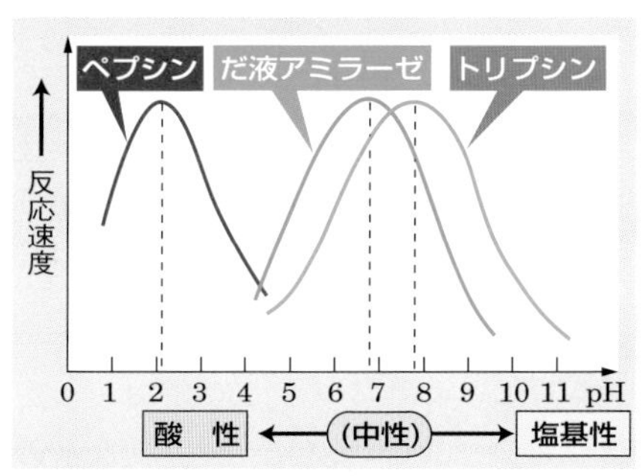

図33 酵素と最適pHの関係

②**最適温度**　酵素には最もよくはたらく温度範囲がある。そのときの温度を最適温度といい，35～40℃の酵素が多い。

③**最適pH**　酵素には，最もよくはたらくpH範囲があり，そのpHを最適pHという。最適pHが5～8の酵素が多いが，ペプシンのように酸性でよくはたらくものもある。

補足 **酵素の失活**　酵素はタンパク質でできているので，60℃以上の高温にしたり，有機溶媒(ようばい)や重金属イオンを加えると，タンパク質の変性によって立体構造が変化し，基質が酵素に結合できなくなる。その結果，酵素は触媒としての機能を失う。これを酵素の**失活**という。

2　物質の分解と合成

1　ATPの構造とはたらき

❶代謝(たいしゃ)とエネルギーの変換

①**代謝**　生物は活動するため，外部から取り入れた物質を細胞内の化学反応でさまざまな物質に分解・合成し，生体内で不要となった物質を外部に排出する。細胞内でのこのような物質の化学変化全体をまとめて代謝または物質代謝という。

②**エネルギーの変換**　生物は，代謝によって得られるエネルギーを，ATP(アデノシン三リン酸)という物質の化学エネルギーに変換し，運動や物質の合成，発熱などあらゆる生体活動に用いる。

❷ATP ATPは，細菌のような原始的な生物から高等動植物にいたるまで，広く生物界に共通して存在するエネルギー貯蔵物質である。

ATPは，アデノシン二リン酸(ADP)とリン酸H_3PO_4が脱水縮合することによって生じるが，このとき31 kJ/molのエネルギーを吸収する。

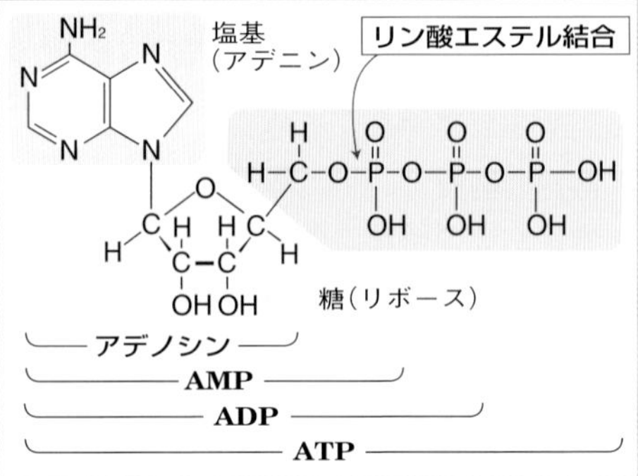

図34 ATP(アデノシン三リン酸)の構造

$$ADP + H_3PO_4 \longrightarrow ATP + H_2O \qquad \Delta H = 31\,\mathrm{kJ}$$

ATPの分解と再合成は生体内で絶えずくり返されており，このとき出入りするエネルギーがいろいろな形のエネルギーに変換され，生命活動に利用されている。

2 糖類の代謝

❶グルコースの代謝 デンプンなどの糖類が体内に入ると，それらはだ液やすい液中の酵素アミラーゼにより加水分解されてマルトースになる。マルトースは小腸内で酵素マルターゼにより加水分解されてグルコースになる。グルコースは小腸の毛細血管から吸収されて肝臓に運ばれた後エネルギー源になるほか，グリコーゲン(☞ p.470)に合成されて肝臓や筋肉中に貯えられる。

❷呼吸と酸素を使わない異化

①**呼吸** 生物が活動し，生命を維持していくためには，エネルギーが必要であり，酸素を用いて有機物を分解してエネルギーを獲得する手段を呼吸という。酸素を使う呼吸の材料(呼吸基質)はおもにグルコースで，細胞内で行われる。

$$\underset{\text{グルコース}}{C_6H_{12}O_6} + 6O_2 \longrightarrow 6CO_2 + 6H_2O \qquad \Delta H = -2803\,\mathrm{kJ}$$

この反応は発熱反応で，生じたエネルギーを用いて多くのATPがつくられる。

②**酸素を使わない異化** 細菌や酵母など酸素を用いず有機物を分解してエネルギーを得る生物もいる。この手段のうち，人間に役立つ物質が生じる場合を発酵，悪臭をもつ物質や有毒な物質が生じる場合を腐敗という。

③**グルコースの発酵** グルコースの発酵には，エタノールと二酸化炭素ができる**アルコール発酵**や，乳酸ができる**乳酸発酵**がある。

$$C_6H_{12}O_6 \longrightarrow 2\underset{\text{エタノール}}{C_2H_5OH} + 2CO_2$$

$$C_6H_{12}O_6 \longrightarrow 2\underset{\text{乳酸}}{CH_3CH(OH)COOH}$$

このときに生じるエネルギーは，いずれもATPの合成に使われ，無酸素状態での細菌などの生命活動を支えている。

呼吸…ATPの生産効率が高い。
発酵・腐敗…ATPの生産効率が低い。

3 光合成

葉緑体をもつ植物は，太陽光などの光エネルギーを利用して，二酸化炭素と水から，グルコースのような有機化合物を合成し，酸素を発生している。このような過程を光合成(または炭酸同化[★1])といい，次のような化学反応式で表される。

$$6CO_2 + 6H_2O \longrightarrow C_6H_{12}O_6 + 6O_2 \qquad \Delta H = 2803\,\text{kJ}$$

この反応は吸熱反応であるが，植物は，反応に必要なエネルギーとして太陽光の光エネルギーを利用している。

補足　光合成では，1段階だけの反応でグルコースと水が生じるのではなく，何段階かの反応が複雑に組み合わさっている(☞p.266)。光合成で最初に起こる反応は，葉緑体で光エネルギーを吸収する反応である。植物体内では，このエネルギーを利用して水が酸化分解され，酸素分子として放出される。

$$2H_2O \longrightarrow O_2 + 4H^+ + 4e^-$$

この反応で生じたH^+やe^-などから複雑な過程を経てATPが合成されるとともに，CO_2の還元も行われ，グルコースなどが生じる。

4 消化と吸収

生体内に取り入れられた食物(有機化合物)が，体内に吸収されやすく，その後の代謝(たいしゃ)に可能な物質にまで分解されるはたらきを消化という。

❶タンパク質の消化と吸収

① **タンパク質の消化**　タンパク質は，胃液中に含まれる酵素(こうそ)ペプシンのはたらきによって加水分解され，低分子量のペプチドになる。ペプチドは，小腸で酵素トリプシンや酵素ペプチダーゼのはたらきによって，アミノ酸にまで加水分解される。

② **タンパク質の吸収・再合成**　タンパク質の消化で得られたアミノ酸は，小腸で吸収され，そのまま血液の成分となったり，肝臓や細胞・組織でタンパク質に再合成されたりする。過剰のアミノ酸は，肝臓で**脱アミノ作用**を受け，グリコーゲンや脂肪に合成されて貯蔵される。

補足　タンパク質のような複雑な化合物(有機化合物)が分解されて，アミノ酸のような簡単な化合物になることを**異化**という。また，簡単な化合物から複雑な化合物を合成することを**同化**という。異化と同化とは，互いに逆の化学反応である。

★1 炭酸同化には光エネルギーを用いない過程(**化学合成**)もある。

❷脂肪の消化と吸収

①**脂肪の消化**　脂肪は水に溶けないので，そのままでは酵素の作用を受けにくい。体内に取り入れられた脂肪は，十二指腸を通過するときに胆汁によって乳化され，すい液中の酵素リパーゼにより，脂肪酸とモノグリセリドに加水分解される。

②**脂肪の吸収・再合成**　脂肪酸とモノグリセリドは小腸から吸収される。吸収された脂肪酸とモノグリセリドの一部は，体内でリン酸や糖などと結合して再合成され，体内の脂肪組織に貯えられる。脂肪の再合成には，呼吸で得られたATPのエネルギーが使われている。

❸グリコーゲンの合成　糖類が消化されてできたグルコースは，その一部が肝臓で**グリコーゲン**に合成され，そこに貯えられる。また，残りの一部は筋肉中でグリコーゲンに合成される。このときもATPのエネルギーが使われている。

> **COLUMN**
>
> **有機化合物の相互転換**
>
> 動物の体内では，タンパク質⇄糖類⇄脂肪といった，有機化合物の相互転換が起こっている。そのため，糖類の多いごはんやうどんばかり食べていると皮下脂肪がついて太る。
>
> この場合，糖類は，呼吸の過程で有機酸になるが，糖類がグリセリンや脂肪酸に変化して，両者が結合して脂肪に転換される。このはたらきは肝臓で行われる。

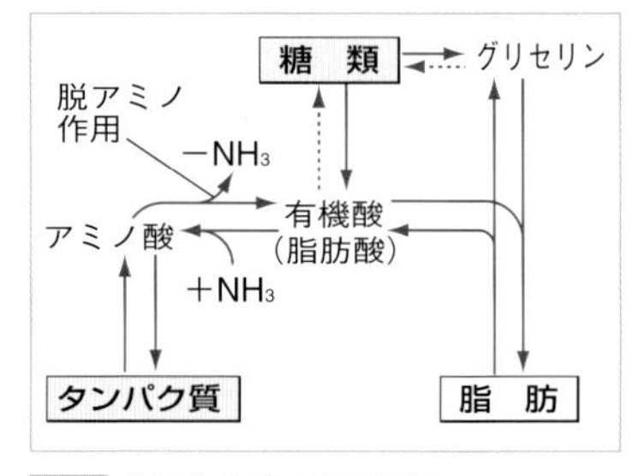

図35 有機化合物の相互転換

このSECTIONのまとめ　生命を維持する化学反応

□生命活動と化学反応 ☞p.466	・**酵素**…タンパク質でできており，生体内の化学反応の触媒作用をする。**基質特異性**があり，**最適温度**，**最適pH**が決まっている。
□物質の分解と合成 ☞p.467	・**ATP（アデノシン三リン酸）**…生物が代謝の過程で得られるエネルギーを貯蔵する物質。 ・**呼吸**…生物がおもにグルコースを材料としてエネルギーを得る反応。 ・**光合成**…植物が光エネルギーを利用して，二酸化炭素と水から有機化合物を合成し，酸素を発生する反応。 ・**消化**…生体内に取り入れられた有機化合物が，代謝に可能な物質にまで分解されるはたらき。

CHAPTER 1

練習問題 解答 p.561

1 〈糖類〉 テスト必出

次の記述にあてはまる化合物を，あとのア～カのうちからすべて選べ。

① 単糖であるもの。

② 加水分解すると2種類の単糖を生じる二糖。

③ 還元性をもたないもの。

ア フルクトース　**イ** スクロース　**ウ** ラクトース

エ セロビオース　**オ** ガラクトース　**カ** マルトース

2 〈デンプン〉 テスト必出

次の文を読み，あとの問いに答えよ。

デンプンは多数の(　**ア**　)-グルコースが縮合重合(しゅくごうじゅうごう)してできた高分子化合物で，分子式は$(C_6H_{10}O_5)_n$で表される。デンプンには，(　**ア**　)-グルコースが直鎖状に結合した(　**イ**　)と，枝分かれ構造をもつ(　**ウ**　)があり，(　**イ**　)は熱水に溶けるが，(　**ウ**　)は熱水に溶けにくい。デンプンは，希硫酸を作用させて加水分解すると，グルコースを生じる。また，デンプンは，酵素(　**エ**　)を作用させると，デキストリンを経て二糖の(　**オ**　)になり，さらに，酵素(　**カ**　)によってグルコースになる。動物の体内では，グルコースの一部は，肝臓で(　**キ**　)として貯蔵される。

(1) 文中の空欄**ア**～**キ**にあてはまる適切な語句を記せ。

(2) 文中の下線部の変化を化学反応式で記せ。

(3) デンプンを加水分解して90gのグルコースを得るには，少なくとも何gのデンプンを必要とするか。ただし，原子量をH＝1，C＝12，O＝16とする。

3 〈アミノ酸〉 テスト必出

次の①～⑨の空欄にあてはまる語句，記号を答えよ。

天然のタンパク質を加水分解すると，(　①　)基とアミノ基が同一の炭素原子に結合しているα-アミノ酸が生じる。α-アミノ酸は，最も簡単な構造の(　②　)以外はすべてに不斉(ふせい)炭素原子がある。①基は酸性を示し，アミノ基は塩基性を示すので，アミノ酸は(　③　)化合物である。水溶液のpHによって，下のような平衡(へいこう)状態を示す。

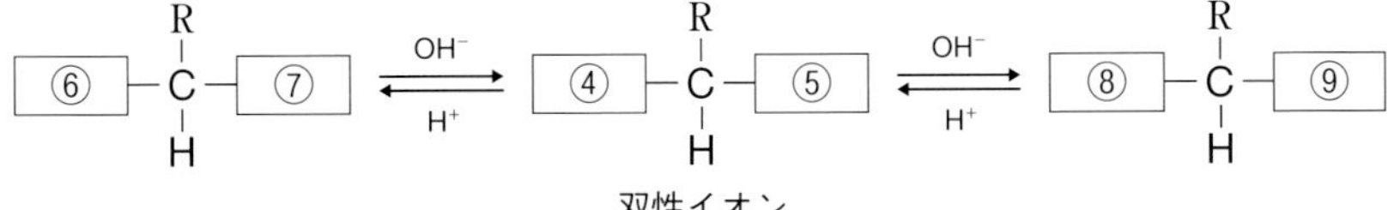

※窒素を含む原子団は，左側④，⑥，⑧に記入せよ。

④ 〈タンパク質の性質〉 テスト必出

以下の表はタンパク質を検出するためによく利用されている反応をまとめたものである。表中の空欄に適当な語を入れよ。

反応の名称	方　法	色の変化	検出対象
キサントプロテイン反応	(　**ア**　)を加えて加熱する。	黄色	(　**イ**　)をもつアミノ酸を含むタンパク質
ビウレット反応	水酸化ナトリウム水溶液と硫酸銅(Ⅱ)水溶液を加える。	(　**ウ**　)色	2個以上の(　**エ**　)結合を含むもの
ニンヒドリン反応	ニンヒドリン水溶液を加えて加熱する。	(　**オ**　)色	(　**カ**　)やタンパク質

⑤ 〈糖類・アミノ酸・タンパク質の識別実験〉

水溶液A～Eは，グルコース，スクロース，デンプン，グルタミン酸ナトリウム，卵白のいずれかの水溶液である。実験1～3の結果に基づいて，あとの問いに答えよ。

実験1：水溶液A～E各1mLに(　**ア**　)を1滴ずつ加えたところ，Aのみが青紫色に変化した。

実験2：水溶液B～E各1mLに(　**イ**　)を1滴ずつ加え，加熱したところ，BとCが紫色に変化した。

実験3：水溶液D・E各1mLに(　**ウ**　)を1mLずつ加え，沸騰した湯浴中で加熱したところ，Dのみ赤色沈殿を生じた。

⑴　**ア**～**ウ**にあてはまる溶液を，次の(a)～(d)から選べ。

(a)　ニンヒドリン溶液　　(b)　濃硝酸　　(c)　フェーリング液　　(d)　ヨウ素液

⑵　A・D・Eの物質名を答えよ。

⑶　BとCを識別するための検出反応の名称を1つ答えよ。

⑥ 〈核酸〉

次の文中の空欄①～⑤にあてはまる語句を下の**ア**～**キ**から選び，記号で答えよ。

アデニンのような塩基とリボースのような五炭糖(ペントース)が結合した化合物を(　①　)といい，①の糖部分がリン酸とエステル結合したものを(　②　)という。②どうしが糖部分の－OHとリン酸部分で縮合重合してできたものが核酸である。核酸には，五炭糖がデオキシリボースの(　③　)と，リボースの(　④　)があり，その両方に含まれる塩基は(　⑤　)である。

ア　ヌクレオチド　　**イ**　ヌクレオシド　　**ウ**　DNA　　**エ**　RNA　　**オ**　チミン
カ　グアニン　　**キ**　ウラシル

CHAPTER

2 » 合成高分子化合物

SECTION 1 繊維

1 天然繊維と化学繊維

1 繊維の分類

❶天然繊維と化学繊維　一般に，細い糸状の物質を繊維という。繊維は，植物や動物から得られる天然繊維と，人工的な方法でつくられる化学繊維に分類される。天然繊維や化学繊維は，さらに次のように分類できる。

- 繊維
  - 天然繊維
    - 植物繊維…綿(木綿)・麻など
    - 動物繊維…絹・羊毛など
  - 化学繊維
    - 再生繊維…銅アンモニアレーヨン・ビスコースレーヨン
    - 半合成繊維…アセテート繊維
    - 合成繊維…ナイロン・ポリエステル・アクリル繊維・炭素繊維

❷天然繊維　天然繊維には，セルロースからできている綿や麻などの植物繊維と，タンパク質からできている絹や羊毛などの動物繊維がある。

①**綿**　アオイ科に属する植物で，種子の表面に発生する綿毛を繊維として利用する。綿毛はほぼ純粋なセルロース(☞ p.452)である。**酸には弱いが塩基には強い。**

②**絹**　カイコガがまゆをつくるときに吐き出す糸からつくられる。繊維の長さは1000～1500 mほどになり，フィブロインというタンパク質の外側を，セリシンというタンパク質がおおっている。**塩基に弱く**，洗濯がむずかしい。

③**羊毛**　長さ数cmの短い繊維で，ケラチンとよばれるタンパク質からできており，表面は鱗(うろこ)状になっている。保温性や吸湿性に優れ，**酸には強いが，塩基には弱く**，虫に食われやすい。

補足　セルロースは分子中に親水性の－OH基をたくさんもち，タンパク質の分子中には，－OH基のほかに親水性の$-NH_2$基もあるので，綿，絹，羊毛などの天然繊維は吸湿性に優れている。

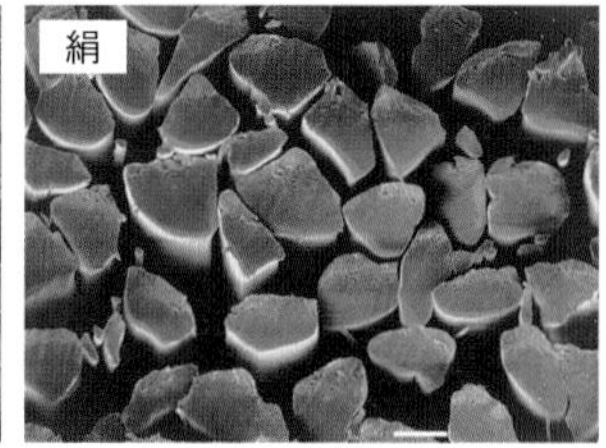

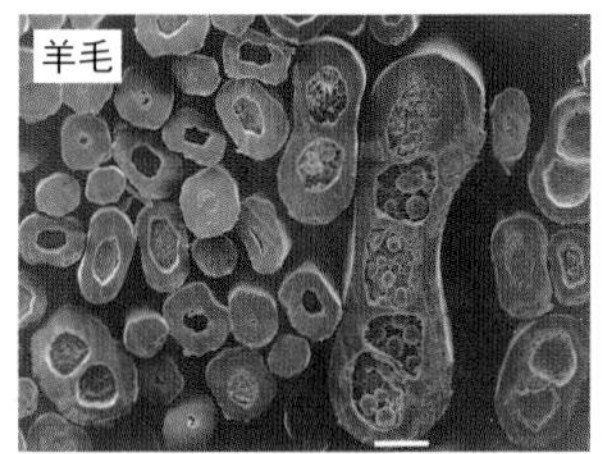

図36 天然繊維の断面の電子顕微鏡写真

2 再生繊維 重要

❶再生繊維　綿や麻のセルロースは繊維として利用できるが，木材のセルロースは繊維としては短く，そのままでは衣料に用いることができない。そこで，短い繊維のセルロースを化学処理して溶媒(ようばい)に溶かした後，長い繊維のセルロースとしたものをレーヨンという。このように，天然繊維を再生させたものを再生繊維という。

❷銅アンモニアレーヨン　水酸化銅(Ⅱ)を濃アンモニア水に溶かした溶液(シュバイツァー試薬★1)にセルロースを溶かし，細孔から希硫酸中に押し出してセルロースを再生させると，銅アンモニアレーヨン(キュプラ)ができる。

パルプ（セルロース） —シュバイツァー試薬→ セルロース溶液 —希H_2SO_4aq→ 銅アンモニアレーヨン（セルロース）

図37 銅アンモニアレーヨンの製法

❸ビスコースレーヨン　セルロースを濃い水酸化ナトリウム水溶液に浸してから二硫化炭素CS_2と反応させ，これをうすい水酸化ナトリウム水溶液に溶かすと，ビスコースとよばれるコロイド溶液が得られる。**ビスコースを細孔から希硫酸中に押し出してセルロースを再生させる**と，ビスコースレーヨンとよばれる繊維ができる。★2

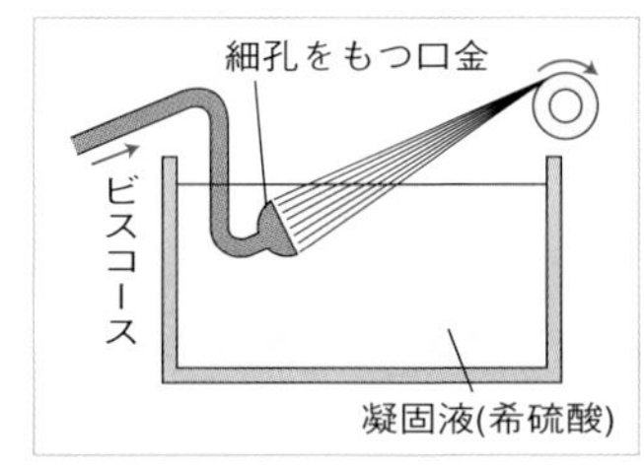

図38 ビスコースの紡糸

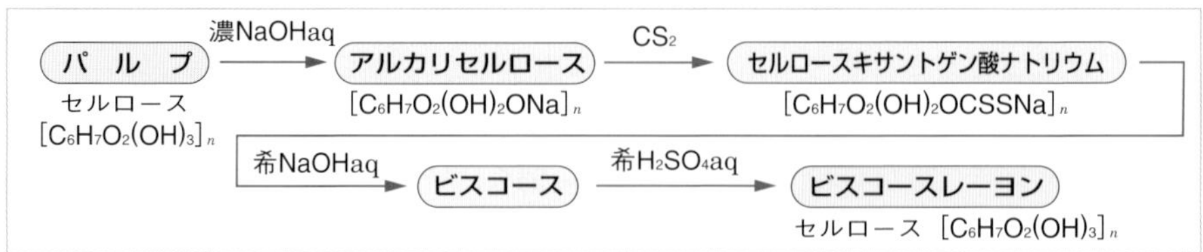

図39 ビスコースレーヨンの製法

★1 成分は，テトラアンミン銅(Ⅱ)イオン$[Cu(NH_3)_4]^{2+}$である。

★2 ビスコースを薄膜状に再生させたものがセロハンである。

3 半合成繊維 ①重要

❶アセテート繊維　セルロースに酢酸(さくさん)と無水酢酸および少量の濃硫酸を作用させると，**トリアセチルセルロース**とよばれる酢酸エステルができる。

$$[C_6H_7O_2(OH)_3]_n + 3n(CH_3CO)_2O$$
$$\longrightarrow \underset{\text{トリアセチルセルロース}}{[C_6H_7O_2(OCOCH_3)_3]_n} + 3n\,CH_3COOH$$

トリアセチルセルロースは溶媒(ようばい)に溶けにくいが，一部分を加水分解し**ジアセチルセルロース**$[C_6H_7O_2(OH)(OCOCH_3)_2]_n$にすると，アセトンに溶けるようになる。**このアセトン溶液を細孔から押し出して乾燥させる**と，アセテート繊維とよばれる繊維ができる。アセテート繊維は，外観が絹に似ており，衣料に利用されている。

補足　アセテートとは，酢酸エステルという意味である。

2 | 合成繊維

1 合成繊維の分類

合成繊維は，単量体の重合のしかたによって，次のように分類できる。

合成繊維
- 縮合重合型(しゅくごうじゅうごう)
  - ポリアミド系繊維…分子内にアミド結合をもつ。
  - ポリエステル系繊維…分子内にエステル結合をもつ。
- 付加(ふか)重合型―ポリビニル系繊維…ビニル基をもつ単量体が付加重合。

2 縮合重合と付加重合

❶縮合重合　2つ以上の官能基(かんのうき)をもつ単量体分子が，**次々と縮合(2つの分子から水などの小さな分子が脱離する反応)によって重合する反応が縮合重合**である。

❷縮合重合による合成繊維　各繊維は，次のような単量体からできている。

表6　おもな縮合重合型合成繊維とその単量体

分　類	繊維名	単量体
ポリアミド系繊維	ナイロン66（☞p.477）	アジピン酸，ヘキサメチレンジアミン
	ナイロン6（☞p.479）★1	ε(イプシロン)-カプロラクタム
	アラミド繊維（☞p.479）	テレフタル酸ジクロリド，*p*-フェニレンジアミン
ポリエステル系繊維	ポリエチレンテレフタラート	テレフタル酸，エチレングリコール

★1 ナイロン6は，開環重合（☞p.479）とよばれる，付加重合の一種で合成される。

❸付加重合（ふかじゅうごう）　アルケンなど，ビニル基$CH_2=CH-$をもつ化合物は，適当な条件で反応させると，**次々と付加反応を起こして重合(付加重合)し**，高分子化合物になる。このうち，線状の高分子化合物は，繊維として利用される。

$$n\begin{pmatrix} CH_2=CH \\ \quad\;\; | \\ \quad\;\; X \end{pmatrix} \xrightarrow{付加重合} \left[\begin{matrix} CH_2-CH \\ \quad\;\; | \\ \quad\;\; X \end{matrix} \right]_n$$

単量体(モノマー)　　　　重合体(ポリマー)

補足　上式において，Xは原子または原子団を表す。下記はそのいくつかの例である。
X＝H；エチレン ⟶ ポリエチレン，X＝CN；アクリロニトリル ⟶ ポリアクリロニトリル，
X＝CH_3；プロピレン ⟶ ポリプロピレン，X＝Cl；塩化ビニル ⟶ ポリ塩化ビニル

❹付加重合による合成繊維　各繊維は，**表7**のような構造・特性をもつ。

表7　おもな付加重合型合成繊維

繊維名	構造単位	特性	用途
ポリプロピレン[★1]	$-CH_2-CH(CH_3)-$	軽い。薬品に強い。吸湿性がない。	漁網，テント，ロープ，合成紙
アクリル繊維(ポリアクリロニトリル)	$-CH_2-CH(CN)-$	保温性がよい。軽い。	セーター，肌着，毛布，カーペット
ポリ塩化ビニリデン	$-CH_2-CCl(Cl)-$	薬品に強い。難燃性である。	漁網，ラップフィルム，人工芝
ビニロン(☞p.481)	$-CH_2-CH-CH_2-CH-$（2つのCHが $O-CH_2-O$ で結ばれる）	摩擦に強い。適度な吸湿性。	漁網，作業着，ロープ
ポリウレタン	$-C(=O)-N(H)-R-N(H)-C(=O)-O-R'-O-$	伸縮性・弾力性が大きい。軽い。	女性用下着類，スポーツ着

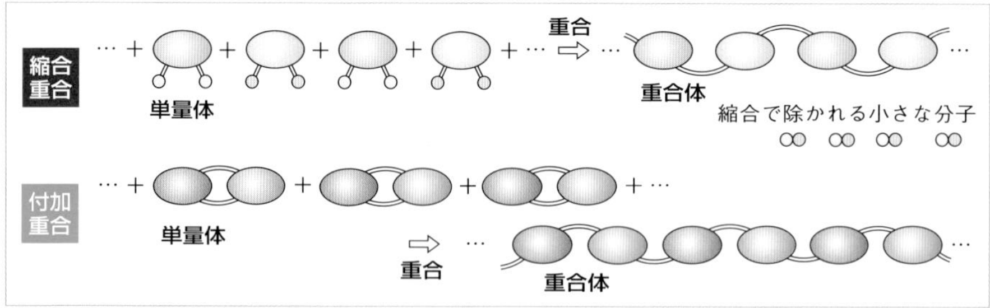

図40　縮合重合と付加重合のモデル

補足　2種の単量体を用いて，それぞれの異なった分子間で重合を行わせることを**共重合**という。たとえば，A，Bを単量体分子とすると，

$$mA+mB \longrightarrow \cdots A-B-A-A-B-A-B-B-B-A-B-A\cdots$$

のように，A，Bが付加した重合体となる。

★1 合成樹脂であるポリプロピレン(☞p.483)を溶融紡糸(ぼうし)したもの。

3 ポリアミド系繊維 ①重要

❶ナイロン66 アジピン酸$HOOC(CH_2)_4COOH$と，ヘキサメチレンジアミン$H_2N(CH_2)_6NH_2$の縮合重合(しゅくごうじゅうごう)によって，ナイロン66が得られる。

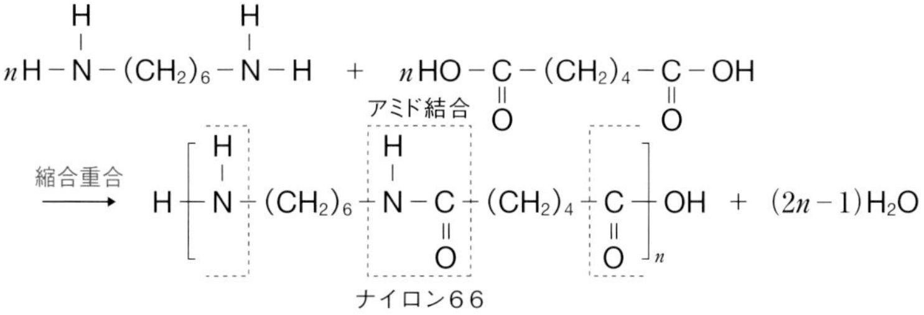

$$n\,H-\underset{}{\overset{H}{\overset{|}{N}}}-(CH_2)_6-\overset{H}{\overset{|}{N}}-H \;+\; n\,HO-\underset{\underset{O}{\|}}{C}-(CH_2)_4-\underset{\underset{O}{\|}}{C}-OH$$

$$\xrightarrow{\text{縮合重合}} H\left[\overset{H}{\overset{|}{N}}-(CH_2)_6-\overset{H}{\overset{|}{N}}-\underset{\underset{O}{\|}}{C}-(CH_2)_4-\underset{\underset{O}{\|}}{C}\right]_n OH \;+\; (2n-1)H_2O$$

アミド結合

ナイロン66

上の反応式中の原子団$-CO-NH-$はアミド結合で，**アミド結合により重合したポリアミド系繊維**をナイロンという。

ナイロンは，同じアミド結合(ペプチド結合)をもつ絹と構造が似ていて，絹のような感触がある。軽く，適度な弾力性があり，絹よりも丈夫で耐薬品性に優れており，女性用靴下などの衣料にも用いられる。

補足 ナイロン66など高分子の構造式は，一端にあるカルボキシ基のOHと反対側の端にあるアミノ基のHを省略した次の式のようにも表される。また，66の数字は，単量体分子中の炭素原子の数を示している。

$$\left[\underbrace{NH-(CH_2)_6-NH}_{\text{炭素数6}}-\underbrace{CO-(CH_2)_4-CO}_{\text{炭素数6}}\right]_n$$

なお，セバシン酸$HOOC(CH_2)_8COOH$とヘキサメチレンジアミンによりつくられるナイロンは，

$\left[NH-(CH_2)_6-NH-CO-(CH_2)_8-CO\right]_n$

の構造式で表され，ナイロン610という。

COLUMN

ナイロンの発見とカロザース

ナイロン66は，ハーバード大学から招かれ，デュポン社(du Pont，アメリカ)の研究所長になったカロザース(1896～1937)によって発明され，1937年に工業生産された最初の合成繊維である。ナイロンはデュポン社の商標名であったが，現在ではポリアミド系繊維の総称になっている。

カロザースは，ナイロンとクロロプレンゴム(☞p.489)の大発明から次に何を発明するかを期待され，その重圧から1937年にその生涯を自ら閉じた。「石炭と水と空気からつくられた，クモの糸よりも細く，鋼鉄よりも丈夫」な夢の繊維としてナイロンが売り出されたのは，その次の年のことである。

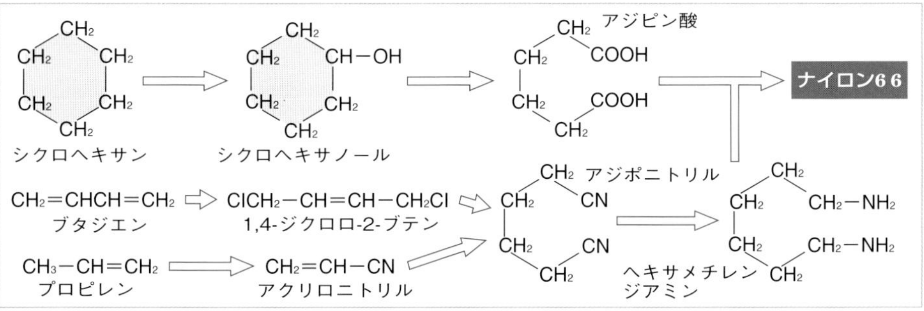

シクロヘキサン ⇒ シクロヘキサノール ⇒ アジピン酸 ⇒ ナイロン66

$CH_2=CHCH=CH_2$ ブタジエン ⇒ $ClCH_2-CH=CH-CH_2Cl$ 1,4-ジクロロ-2-ブテン ⇒ アジポニトリル

$CH_3-CH=CH_2$ プロピレン ⇒ $CH_2=CH-CN$ アクリロニトリル ⇒ アジポニトリル

アジポニトリル ⇒ ヘキサメチレンジアミン ⇒ ナイロン66

図41 ナイロン66の製造工程

第7編 高分子化合物

重要実験　ナイロン66の合成

操作

❶ヘキサメチレンジアミンを湯で温めて融解(ゆうかい)し，50 mLビーカーに1.0 mLとり，水15 mLを加えて溶かす。これに約1 gの炭酸ナトリウムを加えて溶かす。

❷別の50 mLビーカーに，0.5 mLのアジピン酸ジクロリド[★1]をとり，10 mLのヘキサンを加えて溶かす。

❸❷の溶液を❶のビーカー(水溶液)中に，ガラス棒を伝わせて静かに注ぐ。

❹❶の溶液とその上にできる❷の溶液の層の境界面にできる膜を，注意してピンセットではさんで糸状に引き上げ，糸が切れないように試験管に巻きつける。これを水で洗った後，アセトンで洗い，乾燥する。

結果

- 操作❸では，2種類の溶液は混じりあわず2層に分離し，水溶液が下層にヘキサン溶液が上層になる。そして，2層の境界面に白い膜ができる。➡この白い膜が，**ヘキサメチレンジアミンとアジピン酸ジクロリドの縮合重合反応**によって生成したナイロン66である。ナイロン66が生成される反応は次の化学反応式で表される。

$$n\,H_2N(CH_2)_6NH_2 + n\,ClOC(CH_2)_4COCl \longrightarrow \text{-}[NH(CH_2)_6NHCO(CH_2)_4CO]\text{-}_n + 2n\,HCl$$

考察

- 操作❶で炭酸ナトリウムや水酸化ナトリウムなどの塩基を加えるのは，**この合成反応で生成するHClを中和し，反応をスムーズに進行させるためである。**

　HClは，塩基のヘキサメチレンジアミンと次のように中和反応して塩酸塩を生じるので，ナイロン66の合成反応の妨げとなる。

$$H_2N(CH_2)_6NH_2 + 2HCl \longrightarrow Cl^-H_3N^+(CH_2)_6NH_3^+Cl^-$$

★1 ここでアジピン酸を使うと，加熱や加圧をして厳しい条件で反応させる必要があるので，アジピン酸ジクロリドを使用する。アジピン酸ジクロリドは水と反応しやすく有毒なので，水と反応させないよう，また，蒸気を吸い込まないようにするなど，取り扱いには十分注意する。

❷ナイロン6　ε-カプロラクタム(イプシロン)(製造工程☞図42)に少量の水を加えて加熱すると，**開環重合によってナイロン6が生成**する。[★1]

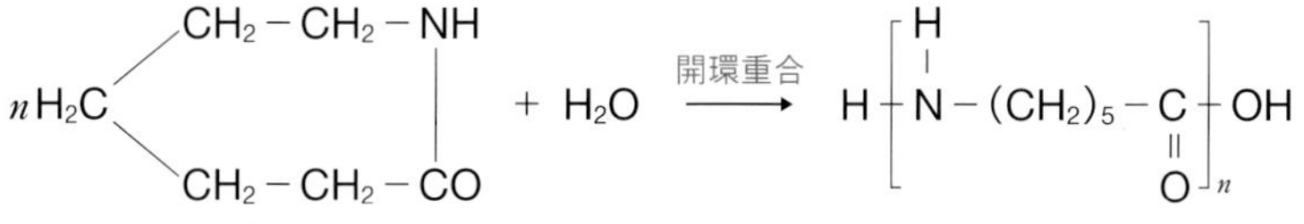

$$n\,H_2C\begin{cases}CH_2-CH_2-NH\\ \quad\quad\quad\quad\quad\;\, |\\ CH_2-CH_2-CO\end{cases} + H_2O \xrightarrow{\text{開環重合}} H\!\left[\!\begin{array}{c}H\\|\\N\end{array}\!-(CH_2)_5-\!\begin{array}{c}C\\ \|\\ O\end{array}\!\right]_n\!OH$$

ε-カプロラクタム　　　ナイロン6

ナイロン6は，ナイロン66と性質が似ており，用途もほぼ同様である。

補足　上の反応は，水によってε-カプロラクタムが開環して$H_2N-(CH_2)_5-COOH$（アミノカプロン酸または6-アミノヘキサン酸)が生成し，これとε-カプロラクタムとが反応して直鎖二量体が生成し，これにさらにε-カプロラクタムが順次反応して重合が進む。したがって，反応は付加重合的であり，縮合重合ではないが，生成物はアミノカプロン酸の縮合重合による場合と同じ構造のポリアミドとなっている。

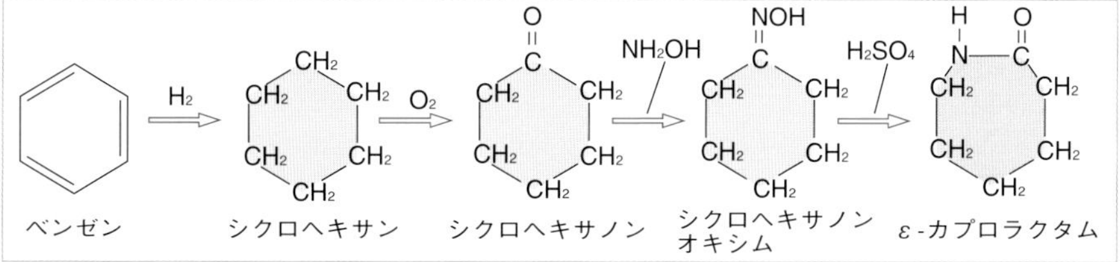

ベンゼン →(H_2)→ シクロヘキサン →(O_2)→ シクロヘキサノン →(NH_2OH)→ シクロヘキサノンオキシム →(H_2SO_4)→ ε-カプロラクタム

図42　ε-カプロラクタムの製造工程

❸アラミド繊維　**単量体がいずれも芳香(ほうこう)族化合物であるポリアミド系繊維**は，アラミド繊維とよばれる。アラミド繊維には，テレフタル酸ジクロリドと，p-フェニレンジアミンとが縮合重合してできたポリ(p-フェニレンテレフタルアミド)(商標名**ケブラー繊維**)がある。アラミド繊維は強度が大きく，耐熱性・耐薬品性に優れており，消防服や防弾チョッキなど用途が広い。

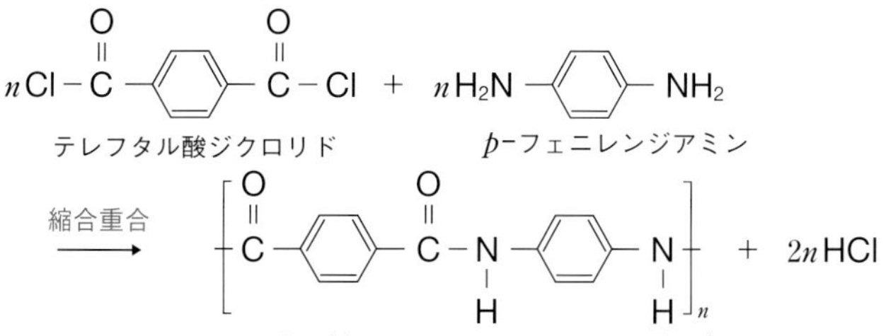

$$n\,Cl-\overset{O}{\overset{\|}{C}}-C_6H_4-\overset{O}{\overset{\|}{C}}-Cl + n\,H_2N-C_6H_4-NH_2$$

テレフタル酸ジクロリド　　p-フェニレンジアミン

$$\xrightarrow{\text{縮合重合}} \left[\overset{O}{\overset{\|}{C}}-C_6H_4-\overset{O}{\overset{\|}{C}}-\underset{H}{\underset{|}{N}}-C_6H_4-\underset{H}{\underset{|}{N}}\right]_n + 2n\,HCl$$

ポリ(p-フェニレンテレフタルアミド)
(商標名：ケブラー繊維)

4 ポリエステル系繊維　重要

❶ポリエステル　2価アルコール$HO-R-OH$とジカルボン酸$HOOC-R'-COOH$がエステル結合$-CO-O-$によって多数結合した高分子がポリエステルである。

★1 ナイロン6は，ほぼ同時期にドイツと日本で合成された。

第7編　高分子化合物

❷ポリエチレンテレフタラート　テレフタル酸 $HOOC-C_6H_4-COOH$ とエチレングリコール $HO-(CH_2)_2-OH$ の縮合重合(しゅくごうじゅうごう)によって，ポリエチレンテレフタラート(PET)が生成する。

$$n\,HO-\overset{\overset{\large O}{\|}}{C}-C_6H_4-\overset{\overset{\large O}{\|}}{C}-OH + n\,H-O-(CH_2)_2-OH$$

テレフタル酸　　　　エチレングリコール

$$\xrightarrow{\text{縮合重合}} HO\!\left[\overset{\overset{\large O}{\|}}{C}-C_6H_4-\overset{\overset{\large O}{\|}}{C}-O-(CH_2)_2-O\right]_n\!H + (2n-1)\,H_2O$$

エステル結合

ポリエチレンテレフタラート（PET）

ポリエステル系繊維は丈夫でしわになりにくく，乾きやすいので，スーツ，コート，シャツ，学生服，カーテン，ふとん綿など用途が広い。

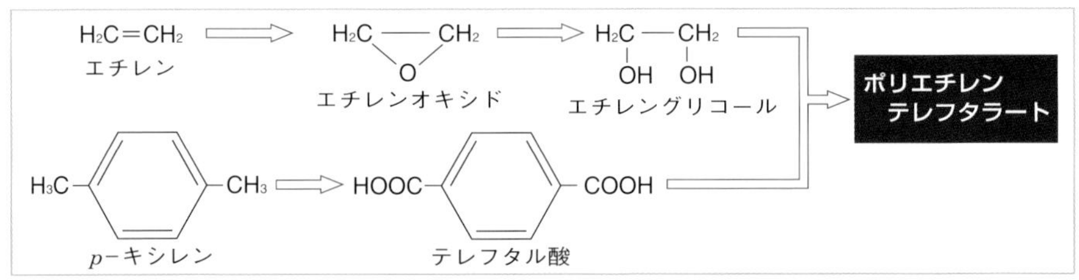

図43 ポリエチレンテレフタラートの製造工程

5 アクリル繊維とビニロン　①重要

❶アクリル繊維　アクリロニトリルを付加(ふか)重合させると，ポリアクリロニトリルが得られる。**ポリアクリロニトリルを主成分とした繊維**をアクリル繊維という。

$$n\,CH_2=\underset{\underset{\large CN}{|}}{CH} \xrightarrow{\text{付加重合}} \left[CH_2-\underset{\underset{\large CN}{|}}{CH}\right]_n$$

アクリロニトリル　　　ポリアクリロニトリル

ポリアクリロニトリルは，疎水(そすい)性で染色しにくいので，アクリル酸メチル $CH_2=CHCOOCH_3$ や酢酸(さくさん)ビニル $CH_2=CHOCOCH_3$ などをアクリロニトリルに混ぜて重合(共重合)させ，染色しやすくさせている。このような繊維を総称してアクリル系繊維という。

補足　多くのスポーツ用品に使われている炭素繊維(カーボンファイバー)の主原料は，ポリアクリロニトリルで，炭素繊維は強度・弾性に優れている。

図44 炭素繊維を用いた製品

❷ビニロン　ビニロンは，**日本でつくられた最初の合成繊維**である。酢酸ビニルを付加重合させてポリ酢酸ビニルをつくり，これを水酸化ナトリウム水溶液でけん化すると，**ポリビニルアルコール**(PVA)となる。

$$n\left(\begin{array}{l}CH_2=CH\\ \qquad\ \ |\\ \qquad\ OCOCH_3\end{array}\right)\xrightarrow{\text{付加重合}}\left[\begin{array}{l}CH_2-CH\\ \qquad\ \ |\\ \qquad\ OCOCH_3\end{array}\right]_n\xrightarrow{\text{けん化}}\left[\begin{array}{l}CH_2-CH\\ \qquad\ \ |\\ \qquad\ OH\end{array}\right]_n$$

酢酸ビニル　　ポリ酢酸ビニル　　ポリビニルアルコール

ポリビニルアルコールは，親水性のヒドロキシ基を多く含むので水に溶けやすい。ポリビニルアルコールの水溶液を，細孔から硫酸ナトリウム水溶液中に押し出すと，凝固して繊維が得られる。これに酸性でホルムアルデヒドの水溶液を作用させる(**アセタール化**という)と，ビニロンが得られる。

$$\cdots-CH_2-\underset{OH}{\underset{|}{CH}}-CH_2-\underset{OH}{\underset{|}{CH}}-CH_2-\underset{OH}{\underset{|}{CH}}-\cdots$$

ポリビニルアルコール

$$\xrightarrow[HCHO]{\text{アセタール化}}\cdots-CH_2-\underset{O}{\underset{|}{CH}}-CH_2-\underset{O}{\underset{|}{CH}}-CH_2-\underset{OH}{\underset{|}{CH}}-\cdots\quad(O-CH_2-O)$$

ビニロン

ヒドロキシ基の一部が環状のエーテル結合に変化するので，繊維は水に溶けなくなり，また，部分的にヒドロキシ基が残っているため，適当な吸湿性をもつ。耐摩(ま)耗(もう)性や耐薬品性に優れており，防護ネットや漁網，ロープなどに使われている。

繊維

□天然繊維と合成繊維 ☞p.473	・**天然繊維**…セルロースを主成分とする綿や，タンパク質を主成分とする絹，羊毛がある。 ・**化学繊維**…再生繊維，半合成繊維，合成繊維
□縮合重合による合成繊維 ☞p.477	・**ナイロン66**…アジピン酸とヘキサメチレンジアミンの縮合重合で生成。 ・**ナイロン6**…ε-カプロラクタムの開環重合で生成。 ・**ポリエチレンテレフタラート**…テレフタル酸とエチレングリコールの縮合重合で生成。
□付加重合による合成繊維 ☞p.480	・**アクリル繊維**…ポリアクリロニトリル(アクリロニトリルの付加重合で生成)が主成分の繊維。 ・**ビニロン**…ポリビニルアルコール(ポリ酢酸ビニルのけん化で生成)のアセタール化によって得られる。

SECTION 2 プラスチックとゴム

1 | プラスチック

1 プラスチックの構造と性質

❶プラスチックの構造　高分子化合物のうち，簡単な単量体を重合させて樹脂状の合成高分子化合物にしたものを，プラスチックまたは合成樹脂という。プラスチックは，さまざまな容器や機械部品などの成形部分の材料として用いられ，**高密度で機械的な強度に優れている結晶部分**と，**低密度で軟らかい無定形部分**からなり，結晶部分が多いものほど硬い。

補足 **高分子化合物の固体の構造**　高分子化合物の固体の構造は，一般に不規則であり，無定形固体となることが多い。たとえば，固体のポリエチレンは，図45に示したように，高密度の微結晶の部分と，低密度の無定形の部分が入り混じった構造となっている。固体のポリエチレンを加熱していくと，分子間の結合力が弱い無定形の部分から軟化しはじめ，徐々に液体になっていく。つまり，固体のポリエチレンは明確な融点を示さない。

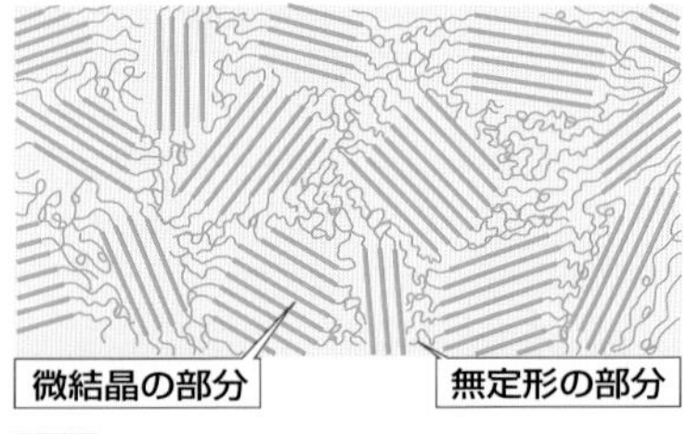

図45　ポリエチレンの構造

❷プラスチックの性質　一般的に，次のような性質である。

①軽くて丈夫(機械的な強さ，耐摩耗(まもう)性など)である。

②酸や塩基に侵されにくい。また，酸化されにくく，腐敗しにくい。

③成形・加工がしやすい。　④電気を通しにくいものがほとんどである。★1

⑤成型の方法として，**熱可塑(かそ)性**と**熱硬化性**の2つがある。

2 熱可塑性樹脂と熱硬化性樹脂

❶熱可塑性樹脂　**熱すると軟化し，冷やすと固くなるプラスチック**を，熱可塑性樹脂という。**付加重合によって合成されるものが多く**，一般に，合成繊維と同様に線状構造をもつ高分子化合物からなっている。耐熱性や耐溶剤性は劣るが，成形加工しやすいという利点がある。

❷熱硬化性樹脂　原料を混合後，加熱して合成する。**熱していったん硬くすると，再び熱してもほとんど軟化しないプラスチック**を，熱硬化性樹脂という。**縮合重合によって合成されるものが多く**，合成過程における加熱処理や硬化剤などの添加によって分子の立体的網目状構造が発達して硬化する。

★1 電気を通すプラスチックは**導電性高分子**とよぶ(☞p.514)。

3 おもな熱可塑性樹脂　①重要

❶ポリエチレン　エチレンを付加重合(ふかじゅうごう)するとポリエチレンが得られる。

図46 低密度ポリエチレンを利用した薄膜袋

$$n\mathrm{CH_2=CH_2} \xrightarrow{\text{付加重合}} \mathrm{\{CH_2-CH_2\}}_n$$

エチレン　　ポリエチレン

ポリエチレンは，重合の条件により，**低密度ポリエチレン**，**高密度ポリエチレン**などがある。低密度ポリエチレンは，エチレンを1～3×10^8 Paの高圧で重合させたもので，枝分かれが多い構造となるため結晶化しにくく，軟らかいので薄膜袋などに用いられる。高密度ポリエチレンは，エチレンを10～30×10^5 Paの比較的低圧で重合させたもので，枝分かれが少ない直線状の構造で結晶化しやすく，硬いので容器などに用いられる。

補足　高密度ポリエチレンは，1953年，ドイツのチーグラーによって，$TiCl_4$と$Al(C_2H_5)_3$を触媒(**チーグラー触媒**という)としてつくられた。

❷ポリプロピレン　プロピレンを付加重合するとポリプロピレンが得られる。

$$n\mathrm{CH_2=CH(CH_3)} \xrightarrow{\text{付加重合}} \mathrm{[CH_2-CH(CH_3)]}_n$$

プロピレン　　ポリプロピレン

ポリプロピレンについても，ポリエチレンと同様に，**低密度ポリプロピレン**と**高密度ポリプロピレン**がある。低密度ポリプロピレンは結晶化しにくく軟質であるが，高密度ポリプロピレンは結晶化しやすく硬質であるので，容器などに用いられる。

補足　高密度ポリプロピレンは，1955年，イタリアのナッタによって，$TiCl_3$と$Al(C_2H_5)_3$を触媒(**ナッタ触媒**という)としてつくられた。先に発見されたチーグラー触媒と合わせて，チーグラー・ナッタ触媒とよばれることが多い。

❸ポリ塩化ビニル　塩化ビニルの付加重合によってポリ塩化ビニルが得られる。

図47 ポリ塩化ビニルを利用したホース

$$n\mathrm{CH_2=CH(Cl)} \xrightarrow{\text{付加重合}} \mathrm{[CH_2-CH(Cl)]}_n$$

塩化ビニル　　ポリ塩化ビニル

ポリ塩化ビニルは，耐水性・耐薬品性・耐溶剤性に優れ，硬質のプラスチックであるが，熱や光に比較的侵されやすいので，安定剤を加えておく。硬質のポリ塩化ビニルは，水道管などのパイプ類，床タイルなどに使用されるが，可塑(かそ)剤を加えた軟質のものは，ホース，シート，電線被覆(ひふく)などに使用される。

④ポリスチレン　スチレンの付加重合によって，ポリスチレンが得られる。

$$n\mathrm{CH_2=CH(C_6H_5)} \xrightarrow{\text{付加重合}} \left[\mathrm{CH_2-CH(C_6H_5)}\right]_n$$

スチレン　　　　ポリスチレン

図48　発泡ポリスチレンを利用した容器

ポリスチレンは，硬く，無色透明で着色が自由にできる。機械的強度は比較的弱いが，電気絶縁性に優れている。絶縁材料などに広く使われるほか，家庭では断熱性のある発泡ポリスチレンが容器や緩衝材に多く使われている。

⑤ポリ酢酸ビニル　酢酸ビニルの付加重合によって，ポリ酢酸ビニルが得られる。

$$n\mathrm{CH_2=CH(OCOCH_3)} \xrightarrow{\text{付加重合}} \left[\mathrm{CH_2-CH(OCOCH_3)}\right]_n$$

酢酸ビニル　　　　ポリ酢酸ビニル

ポリ酢酸ビニルは，接着剤(木工用ボンド)，ビニール傘，チューインガムベースなどに使われるほか，ビニロンの原料として使われる。

⑥フッ素樹脂　テトラフルオロエチレンの付加重合によって，フッ素樹脂が得られる。

$$n\mathrm{CF_2=CF_2} \xrightarrow{\text{付加重合}} \left[\mathrm{CF_2-CF_2}\right]_n$$

テトラフルオロエチレン　　　　フッ素樹脂（商標；テフロン）

フッ素樹脂は，耐熱性・耐薬品性・電気絶縁性に優れているほか，摩擦抵抗が低いという優れた特徴があるが，成形しにくいという欠点もある。電気部品，容器，フライパンのコーティング，チューブ，絶縁テープなどに用いられている。

⑦ポリメタクリル酸メチル　メタクリル酸メチルの付加重合によって，ポリメタクリル酸メチルが得られる。一般には，「アクリル」とよばれることが多いが，正確には物質名としては誤りである。

$$n\mathrm{CH_2=C(CH_3)(COOCH_3)} \xrightarrow{\text{付加重合}} \left[\mathrm{CH_2-C(CH_3)(COOCH_3)}\right]_n$$

メタクリル酸メチル　　　　ポリメタクリル酸メチル

ポリメタクリル酸メチルは，光の透過性が高く，有機ガラスとして光学レンズ，水族館の水槽，感染防止つい立てなどのほか，照明器具などに用いられる。

補足　ナイロン(☞p.477)やポリエチレンテレフタラート(☞p.480)は繊維として利用されるほかにも，熱可塑性樹脂としても利用されている。その使用例としては，ナイロンは釣り糸，ポリエチレンテレフタラートはペットボトルがある。

表8 熱可塑性樹脂の種類・特徴・用途

反応の型		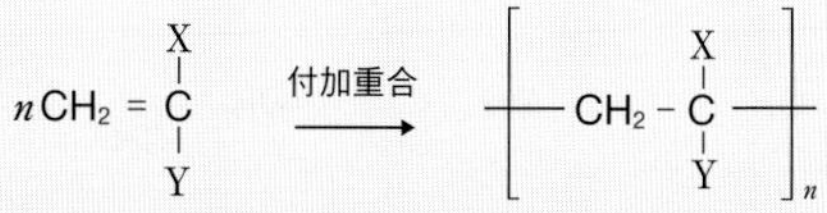 $nCH_2=C(X)(Y) \xrightarrow{付加重合} \left[CH_2-C(X)(Y) \right]_n$ 単量体(モノマー)　　重合体(ポリマー)		
X	Y	合成樹脂	特　性	用　途
H	H	ポリエチレン	耐水性，軽い	容器，びん，ポリ袋
H	CH_3	ポリプロピレン	耐熱性，軽い	部品，容器，フィルム
H	Cl	ポリ塩化ビニル	硬い，耐薬品性	パイプ，ホース
H	C_6H_5	ポリスチレン	電気絶縁性	梱包材料，絶縁材料
H	$OCOCH_3$	ポリ酢酸ビニル	低融点	接着剤，ガム
Cl	Cl	ポリ塩化ビニリデン	耐薬品性，耐熱性	食品包装，人工芝
CH_3	$COOCH_3$	ポリメタクリル酸メチル	光の透過性が高い	光学レンズ，装飾品

補足　ビニル基$CH_2=CH-$をもつ化合物の重合体は**ビニル重合体**といわれる。

例題　ポリマーの重合度

ポリ酢酸ビニルの平均分子量が6.0×10^4であった。平均の重合度はいくらか。

着眼　ポリ酢酸ビニルは$\left[CH_2-CH(OCOCH_3)\right]_n$で表される。

解説　単量体$CH_2=CH(OCOCH_3)$の分子量86より，

$86n=6.0\times10^4 \quad \therefore \quad n \fallingdotseq 7.0\times10^2$

答 7.0×10^2

4 おもな熱硬化性樹脂　(!)重要

❶**フェノール樹脂**　酸を触媒とし，フェノールに対して等量以下のホルムアルデヒドを反応させると付加重合(☞p.61)がおこり，o-位またはp-位で結合したノボラックとよばれる生成物が得られる。

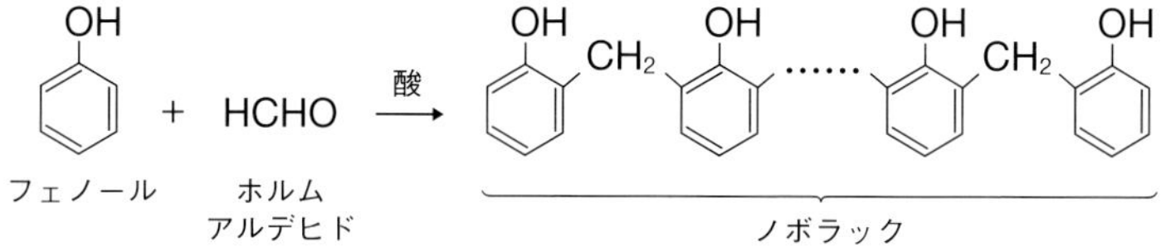

フェノール ＋ HCHO（ホルムアルデヒド） $\xrightarrow{酸}$ ノボラック（OH 付きベンゼン環が CH_2 で連結……）

ノボラックは分子量が1000以下(重合度2～10)の軟らかい固体であり，加熱しても硬化しないが，これに硬化剤を加えて加熱すると，反応がさらに進んで**網目状構造の樹脂が生成**する。この熱硬化性樹脂がフェノール樹脂である。フェノール樹脂は，電気絶縁性・耐薬品性に優れており，電気器具などに利用される。

補足　フェノール樹脂は，1907年アメリカのベークランドによって発明されたもので，ベークライト(商標名)と名づけられた。実用化された最初のプラスチックである。

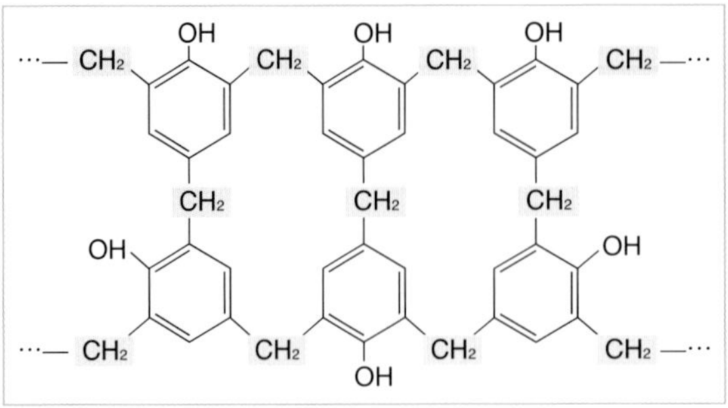

図49　フェノール樹脂の構造の一部

図50　フェノール樹脂を利用した基板

補足　フェノールと多量のホルムアルデヒドを，塩基を触媒として反応させると，ヒドロキシメチル基をもつ**レゾール**(分子量が100～300)の，粘性の大きい液体を生じる。下に示した生成物はいずれもレゾールである。レゾールに圧力をかけて加熱成形すると，フェノール樹脂ができる。

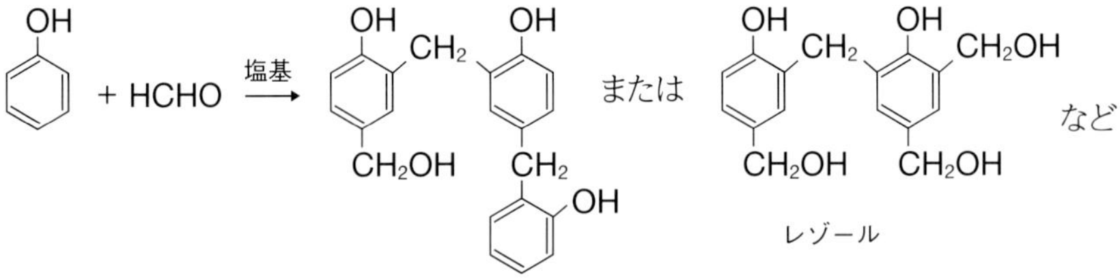

フェノール ＋ HCHO $\xrightarrow{\text{塩基}}$ （CH_2OH 基をもつ CH_2 結合の生成物）または（CH_2OH 基をもつ CH_2 結合の生成物）など

レゾール

❷尿素樹脂(ユリア樹脂)　尿素とホルムアルデヒドの付加重合で得られる**熱硬化性樹脂**が**尿素樹脂**で，**ユリア**[★1]**樹脂**ともいう。

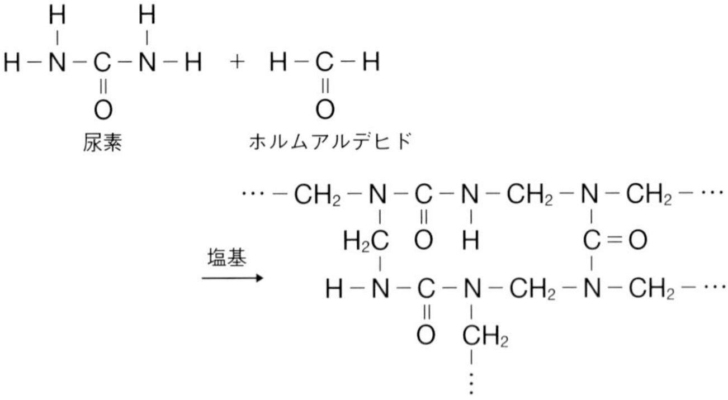

$$\mathrm{H_2N{-}CO{-}NH_2} \ (\text{尿素}) + \mathrm{H{-}CHO} \ (\text{ホルムアルデヒド}) \xrightarrow{\text{塩基}} \text{尿素樹脂(ユリア樹脂)}$$

尿素樹脂は，硬く，耐薬品性に富む。また，透明で着色性がよいため，装飾品などにも広く利用されている。

★1 尿素は英語でureaという。

❸メラミン樹脂 尿素の脱水によって得られるメラミン$C_3N_3(NH_2)_3$とホルムアルデヒドを付加重合させて得られる熱硬化性樹脂である。

尿素樹脂やメラミン樹脂のように，**アミノ基とホルムアルデヒドの付加重合によって生成した合成樹脂**を，アミノ樹脂という。

表9 熱硬化性樹脂の例とおもな用途

樹脂名		原料(単量体)	用 途
フェノール樹脂		フェノール （ベンゼン環）−OH ホルムアルデヒド HCHO	電気絶縁材料， 電気器具，取っ手
アミノ樹脂	尿素樹脂	尿素 H_2NCONH_2 ホルムアルデヒド HCHO	ボタン，装飾品， キャップ，接着剤
	メラミン樹脂	メラミン H_2N-C（$-N=C(NH_2)-N=C(NH_2)-N=$ 環） ホルムアルデヒド HCHO	食器，化粧板， 家具，電気器具
不飽和 ポリエステル樹脂		マレイン酸 $HOOC-CH=CH-COOH$ エチレングリコール $HO-(CH_2)_2-OH$	ヘルメット，ボート， 浴槽，漁船
エポキシ樹脂		ビスフェノール HO−（ベンゼン環）−$C(CH_3)_2$−（ベンゼン環）−OH エピクロロヒドリン $H_2C-CHCH_2Cl$（H_2C と CH が O で環状に結合）	電気絶縁材料， 接着剤，塗料
シリコーン樹脂		クロロトリメチルシラン $(CH_3)_3SiCl$ ジクロロジメチルシラン $(CH_3)_2SiCl_2$ トリクロロメチルシラン CH_3SiCl_3	電気絶縁材料， 防水剤，医療用

2 | イオン交換樹脂

❶陽イオン交換樹脂

分子中にカルボキシ基$-COOH$やスルホ基$-SO_3^-H^+$などの酸性基を多く含む樹脂は，これらの基の電離によって水素イオンH^+を生じ，同時に他の陽イオン(Na^+など)と結合する。このような樹脂を陽イオン交換樹脂という。

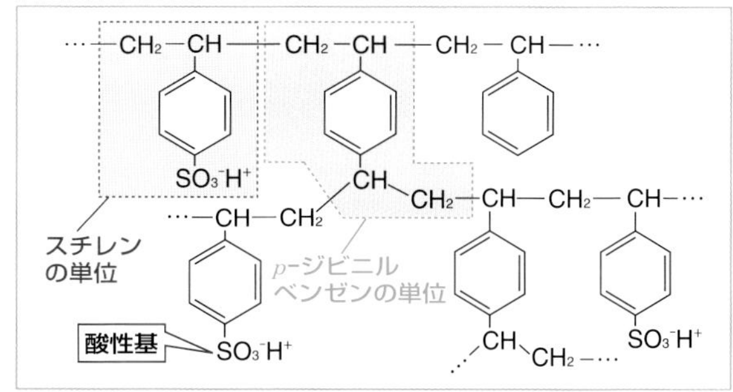

図51 陽イオン交換樹脂の構造の一部

❷陰イオン交換樹脂 イオン交換樹脂の分子中にアルキルアンモニウムイオン$-N^+R_3OH^-$（Rはアルキル基）などの塩基性基を多く含むものは，その水酸化物を電解質の水溶液に入れると，$-N^+R_3OH^-$の水酸化物イオンOH^-と電解質の陰イオンが交換される。このような樹脂を陰イオン交換樹脂という。

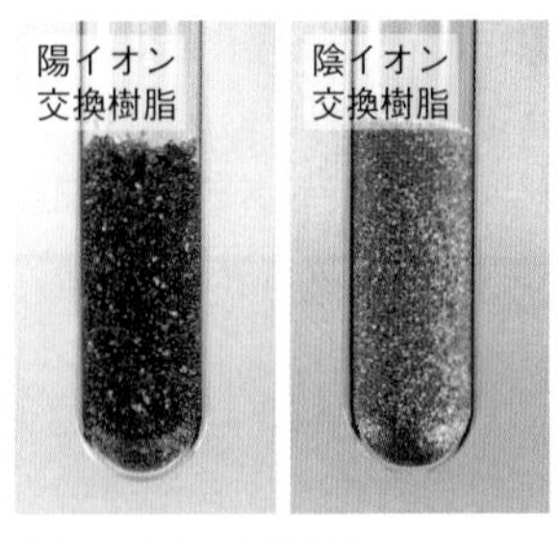

図52 イオン交換樹脂

❸イオン交換樹脂の再生 イオン交換反応は可逆反応なので，分析などに使用したイオン交換樹脂は，酸または塩基と反応させることで，もとの酸型の陽イオン交換樹脂または塩基型の陰イオン交換樹脂に戻すことができる。この操作をイオン交換樹脂の再生という。

❹水溶液の脱イオン化 電解質を含む水溶液を陽イオン交換樹脂の層に通すと陽イオンがH^+と交換され，これをさらに陰イオン交換樹脂の層に通すと，陰イオンがOH^-と交換されて出てくる。H^+とOH^-はH_2Oとなるので，水溶液中の電解質が取り除かれることになり，海水の淡水化や物質の分離・精製などに利用される。

㊎ 濃度不明の塩化ナトリウム水溶液20.0 mLを陽イオン交換樹脂の層に通し，流出液を0.015 mol/Lの水酸化ナトリウム水溶液で滴定したら，16.0 mLを要した。

この場合の塩化ナトリウム水溶液の濃度は，Na^+とH^+の物質量が等しいから，塩化ナトリウム水溶液の濃度をx〔mol/L〕とすると，

$$x \times 20.0 = 0.015 \times 16.0 \quad より， \quad x = 0.012\ \mathrm{mol/L}$$

3 天然ゴムと合成ゴム

1 天然ゴム ①重要

❶生ゴムとその成分

①**生ゴム** ゴムの木の樹皮に傷をつけると，白い乳状の液が流れ出す。この液をラテックスという。ラテックスに酸などを加えて凝固（ぎょうこ）させたものを生ゴムという。

②**生ゴムの成分** 生ゴムの主成分は，イソプレン$CH_2=C(CH_3)-CH=CH_2$が付加重合した構造をもつポリイソプレンである。

$$CH_2=\underset{\underset{CH_3}{|}}{C}-CH=CH_2 \longrightarrow \cdots-CH_2 \diagdown C=C \diagup CH_2 \ (CH_3,\ H) - \cdots$$

イソプレン　　イソプレンの単位　　ポリイソプレン（シス形）

補足 生ゴムのポリイソプレンはすべてシス形構造になっているが，マレー半島などにある*Palaquium*属などの野生植物の乳液から得られる**グッタペルカ**とよばれる物質は，主成分がすべてトランス形構造のポリイソプレンであり，常温では弾性のない硬い固体である。

❷生ゴムの加硫

①**加硫**　生ゴムに硫黄を数％加えて加熱すると，弾性の大きなゴム(天然ゴム)が得られる。この操作を加硫という。加硫によって得られたゴムは，弾性だけでなく，機械的強度，耐薬品性など，いろいろな点が生ゴムより優れている。

②**架橋構造**　加硫によってゴムの性質が改善されるのは，ポリイソプレン分子中の二重結合の部分で，硫黄原子が炭素原子に結合してポリイソプレン分子どうしを結びつけて，**硫黄原子による橋かけ構造**(架橋構造)ができるためである。架橋構造により弾性も大きくなり，機械的強度も増す。また，分子中の二重結合の数も減るので反応性も低くなり，耐久性が増す。硫黄以外を用いる場合もある。

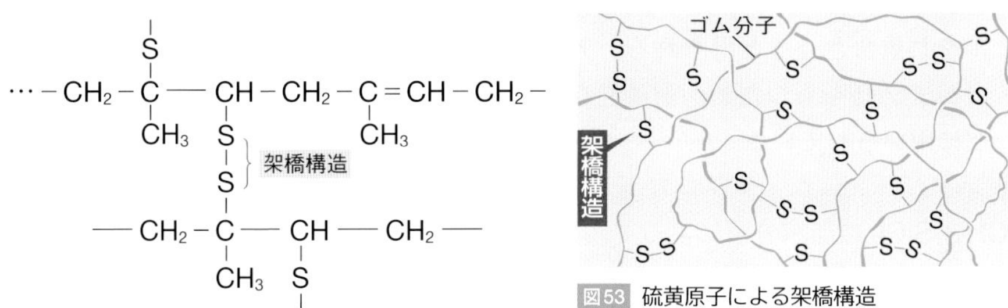

図53　硫黄原子による架橋構造

③**エボナイト**　生ゴムに30～40％の硫黄を加えて長時間加熱すると，黒色で弾性のない硬い物質が得られる。これはエボナイトとよばれ，プラスチック製品が普及するまでは，万年筆の軸や電気器具に使われていた。

2 合成ゴム　①重要

❶付加重合(ふかじゅうごう)による合成ゴム

①**合成ゴム**　イソプレンやブタジエン，クロロプレンなど，炭素間二重結合の位置が同じ分子を付加重合させると，天然ゴムに似た性質をもつ合成ゴムが得られる。

②**ブタジエンゴム**　1, 3-ブタジエンを付加重合させると得られる。ブタジエンゴムは，耐摩耗(まもう)性に優れ，タイヤなどに用いられている。

$$n\mathrm{CH_2{=}CH{-}CH{=}CH_2} \xrightarrow{\text{付加重合}} \mathrm{[CH_2{-}CH{=}CH{-}CH_2]}_n$$

1, 3-ブタジエン　→　ブタジエンゴム(ポリブタジエン)

③**クロロプレンゴム**　クロロプレンを付加重合させると得られる。

$$n\mathrm{CH_2{=}C(Cl){-}CH{=}CH_2} \xrightarrow{\text{付加重合}} \mathrm{[CH_2{-}C(Cl){=}CH{-}CH_2]}_n$$

クロロプレン　→　クロロプレンゴム(ポリクロロプレン)

❷共重合による合成ゴム

①**スチレン－ブタジエンゴム(SBR)**　下に示したように，1, 3-ブタジエンとスチレンを共重合(☞p.476)させると得られる。スチレン－ブタジエンゴムは，フェニル基をもつため，耐摩耗性・耐水性などに優れており，タイヤなどに用いられる。

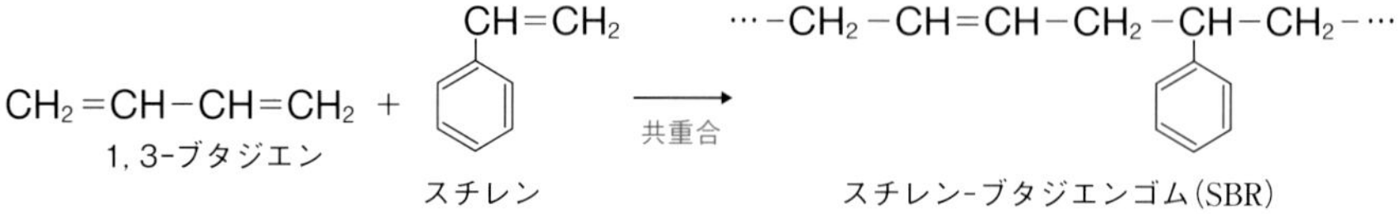

$CH_2{=}CH{-}CH{=}CH_2$ (1, 3-ブタジエン) ＋ $C_6H_5{-}CH{=}CH_2$ (スチレン) $\xrightarrow{\text{共重合}}$ $\cdots{-}CH_2{-}CH{=}CH{-}CH_2{-}CH(C_6H_5){-}CH_2{-}\cdots$ (スチレン-ブタジエンゴム(SBR))

②**アクリロニトリル－ブタジエンゴム(NBR)**　1, 3-ブタジエンとアクリロニトリルを共重合させると得られる。アクリロニトリル－ブタジエンゴムは，親水性のシアノ基をもつため，耐油性などに優れており，耐油ホース，パッキングなどに用いられている。

❸シリコーンゴム

ジクロロジメチルシラン$(CH_3)_2SiCl_2$の加水分解によって，右の式で表される，ケイ素を含む重合体が得られるが，メチル基$-CH_3$の一部をビニル基$-CH{=}CH_2$で置き換えると加硫が容易になり，硫黄による架橋構造ができてゴム弾性をもつようになる。このようなゴムをシリコーンゴムといい，一般に$\left[SiR_2O\right]_n$の構造が主体になっている合成ゴムである。耐熱性・耐薬品性・耐寒性に優れており，電気絶縁材料，工業用，医療用に広く用いられている。

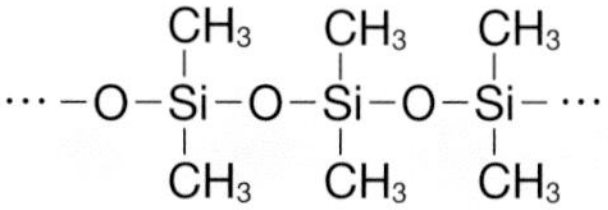

$\cdots{-}O{-}Si(CH_3)_2{-}O{-}Si(CH_3)_2{-}O{-}Si(CH_3)_2{-}\cdots$

ポリジメチルシロキサン

このSECTIONのまとめ　プラスチックとゴム

□プラスチック ☞p.482	・**プラスチック(合成樹脂)**…簡単な構造をもつ単量体を重合させた樹脂状の高分子化合物。 ・**熱可塑性樹脂**…加熱すると軟化する樹脂。線状構造。ポリエチレン・ポリプロピレン・ポリ塩化ビニル・ポリスチレン・ポリ酢酸ビニル・フッ素樹脂など。 ・**熱硬化性樹脂**…加熱により硬化させて合成する樹脂。立体網目状構造。フェノール樹脂・尿素樹脂など。
□天然ゴムと合成ゴム ☞p.488	・**生ゴムの構造**…ポリイソプレンのシス形構造。 ・**付加重合による合成ゴム**…ブタジエンゴムなど。 ・**共重合による合成ゴム**…スチレン－ブタジエンゴム(SBR)など。

CHAPTER 2

練習問題

解答 p.562

1 〈合成繊維〉テスト必出

次の(a)〜(e)の合成繊維について，あとの(1)，(2)の問いに答えよ。

(a)　ナイロン66　　(b)　ナイロン6　　(c)　ポリエチレンテレフタラート

(d)　アクリル繊維　　(e)　ビニロン

(1)　各合成繊維について，原料となる物質を下の**ア〜ク**から1種類または2種類選べ。

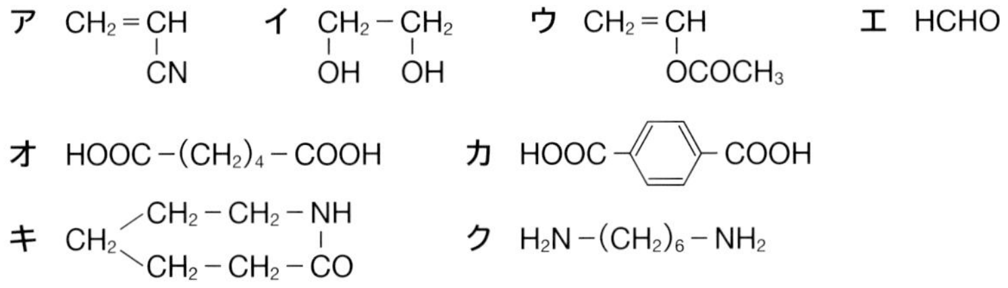

ア　$CH_2=CH(CN)$　　**イ**　$CH_2(OH)-CH_2(OH)$　　**ウ**　$CH_2=CH(OCOCH_3)$　　**エ**　$HCHO$

オ　$HOOC-(CH_2)_4-COOH$　　**カ**　$HOOC-C_6H_4-COOH$（ベンゼン環のパラ位）

キ　$CH_2 \begin{cases} CH_2-CH_2-NH \\ CH_2-CH_2-CO \end{cases}$（NH と CO が結合した環）　　**ク**　$H_2N-(CH_2)_6-NH_2$

(2)　(1)に示した原料(単量体)から，(b)，(c)，(d)の合成繊維をつくるときの合成法は，次のうちのどれか。

ア　縮合重合　　**イ**　開環重合　　**ウ**　付加重合

2 〈プラスチック・ゴム〉

高分子化合物(a)〜(e)があり，その構造の一部が下に示してある。これらの化合物について，あとの(1)，(2)の問いに答えよ。

(a)　$-CH_2-CH-CH_2-CH-$（各CHにベンゼン環が結合し，左のベンゼン環のパラ位は $-CH_2-CH-$ に，右のベンゼン環のパラ位は SO_3H に結合）

(b)　$-CH_2$　OH　CH_2-（フェノールのベンゼン環のオルト位2か所に $-CH_2-$，パラ位に CH_2 が結合）

(c)　$-CH_2-C(CH_3)(COOCH_3)-$

(d)　$-CH_2-C(CH_3)=CH-CH_2-$

(e)　$-CH_2-CH=CH-CH_2-CH(CN)-CH_2-$

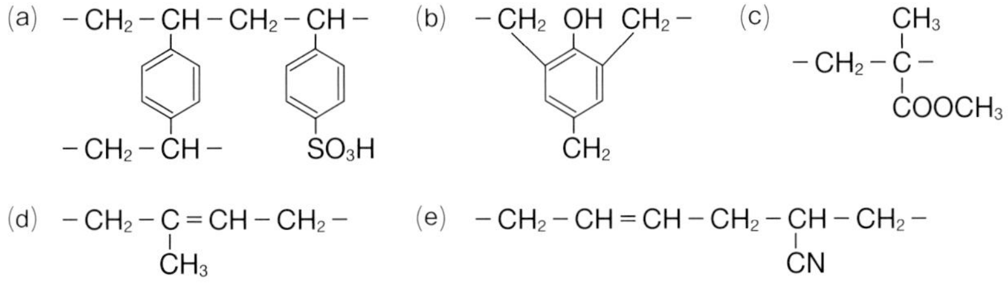

(1)　次の①〜⑤に該当する高分子化合物を，上の(a)〜(e)から1つずつ選べ。

①　天然ゴム　　②　合成ゴム　　③　熱硬化性樹脂

④　イオン交換樹脂　　⑤　有機ガラス

(2)　次の①〜④に該当する高分子化合物を，上の(a)〜(e)のうちから1つずつ選べ。

①　透明性が高いので，レンズ・光学機器などの材料に用いられる。

②　ブタジエンとアクリロニトリルの共重合によって合成される。

③　原料としてホルムアルデヒドが用いられる。

④　硫黄を多く加えて加硫すると，硬いエボナイトができる。

定期テスト予想問題

解答 ☞ p.562

時　間50分
合格点70点

得点

1 次の文を読み，下の(1)～(3)に答えよ。　〔(1)各２点，(2)各１点，(3)３点…合計15点〕

デンプンは植物の中で光合成によりつくられ，種子などに貯えられている。デンプン分子には，直鎖状構造の［①］と枝分かれ構造をもつ［②］がある。①は多数のグルコースが［ア］グリコシド結合によって縮合（しゅくごう）した分子である。②は［ア］グリコシド結合の鎖（さ）状のところどころに［イ］グリコシド結合による枝分かれ構造をもつ分子である。

デンプン水溶液に少量のヨウ素ヨウ化カリウム水溶液を加えると，［③］色になる。この呈色反応は［④］反応とよばれる。

デンプンは，アミラーゼやマルターゼなどの酵素（こうそ）で加水分解すると，デンプンより分子量のやや小さい［⑤］を経てマルトースとなり，最後はグルコースになる。

(1) ①～⑤に最も適する語句をそれぞれ記せ。

(2) **ア**および**イ**には，次のうちのどれがあてはまるか。それぞれ記号で答えよ。

(a) $\alpha-1,2$　(b) $\alpha-1,4$
(c) $\alpha-1,6$　(d) $\beta-1,2$
(e) $\beta-1,4$　(f) $\beta-1,6$

(3) 文中のグルコースは動物体内でエネルギー源として使われるが，余りは肝臓で多糖$(C_6H_{10}O_5)_n$などとして貯えられる。この多糖の名称を答えよ。

2 次の文を読み，(1)～(4)に答えよ。　〔(1)各２点，(2)４点，(3)・(4)３点…合計14点〕

植物の細胞壁の主成分であるセルロースは，各種の繊維原料などに用いられている。たとえば，セルロースに水酸化ナトリウムと二硫化炭素を反応させて得られるコロイド溶液を希硫酸中で再生した繊維は，［ア］レーヨンとよばれる。

また，①セルロースに無水酢酸（さくさん）を反応させるとトリアセチルセルロースが生成するが，これを一部加水分解して得られるジアセチルセルロースから［イ］繊維が得られる。セルロースに濃硝酸と濃硫酸の混合溶液を作用させると②トリニトロセルロースが得られ，これは火薬の原料になる。

(1) **ア**・**イ**に最も適する語句をそれぞれ記せ。

(2) 文中の下線部①の反応を示す次の化学反応式中の空欄(a)～(c)に，係数を含む化学式を入れて，化学反応式を完成せよ。

$[C_6H_7O_2(OH)_3]_n$ ＋ ［(a)］ ⟶ ［(b)］ ＋ ［(c)］

(3) 文中の下線部②のトリニトロセルロースの化学式を記せ。

(4) セルロース54 gからは，［イ］繊維は理論上何gできるか答えよ。

3 次の文章を読んで，あとの問いに答えよ。 〔各1点…合計11点〕

環状構造のグルコース分子とフルクトース分子の骨格を構成する炭素原子は，図に示すように番号をつけて区別され，たとえば，⑥で示されたCは6位の炭素とよぶ。

図1

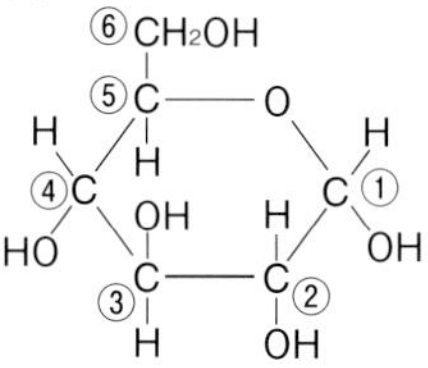

α－グルコース

図2

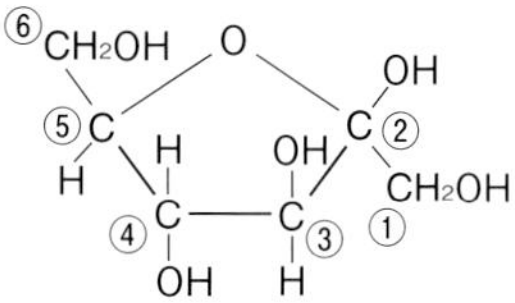

β－フルクトース

水溶液中ではグルコースとフルクトースは，それぞれ1つの鎖状構造と2つの環状構造の間で平衡状態にある。鎖状構造の中の炭素原子は，環状構造の対応する炭素原子と同じ番号をもつ。水溶液中の鎖状グルコース分子は，（ **あ** ）位の炭素が〔 **ア** 〕基として存在するため，〔 **イ** 〕性を示す。一方，フルクトースの水溶液も〔 **イ** 〕性を示す。これは，鎖状フルクトース分子の（ **い** ）位の炭素が〔 **ウ** 〕基として存在するために，（ **う** ）位の炭素が〔 **エ** 〕されやすくなっているからである。

二糖であるスクロースは，図1のα-グルコースの（ **え** ）位の炭素が，図2のβ-フルクトースの（ **お** ）位の炭素とグリコシド結合で結びついた構造をもつ。このために，グルコース部分の（ **か** ）位の炭素が〔 **ア** 〕基，フルクトース部分の（ **き** ）位の炭素が〔 **ウ** 〕基となる鎖状構造が生じなくなるので，スクロースは〔 **イ** 〕性を示さない。

(1) 〔 **ア** 〕～〔 **エ** 〕にあてはまる適切な語句を下から選んで，その記号を記せ。

A カルボキシ　B カルボニル　C ヒドロキシ　D ホルミル
E メチル　F 酸化　G 還元　H 脱水　I 酸　J 塩基

(2) （ **あ** ）～（ **き** ）に適切な数字を入れよ。

4 次の文章を読んで，あとの問いに答えよ。 〔各2点…合計8点〕

酸性アミノ酸であるL-アスパラギン酸と，A<u>カルボキシ基がメチルエステル化されたL-フェニルアラニン</u>がB<u>ペプチド結合</u>したα-L-アスパルチル-L-フェニルアラニンメチルエステル(アスパルテームともいう)は，甘味料として用いられる物質である。この有機化合物をXとする。

(1) Xの構造式を右に示す。下線部Aの部分を長方形で囲み，下線部Bの部分を楕円で囲め。

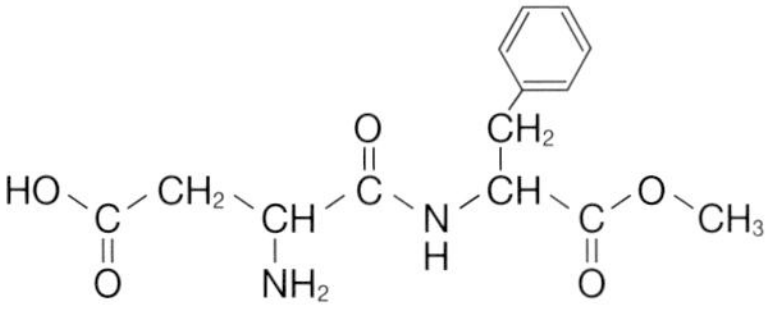

(2) L-アスパラギン酸の分子量は133であり，L-フェニルアラニンの分子量は165である。Xの分子量を求めよ。

(3) L-アスパラギン酸とL-フェニルアラニン，またはそれらの同じアミノ酸どうしからなるジペプチドは，全部で何種類あるか。ただし，L-アスパラギン酸の側鎖にカルボキシ基があることに注意せよ。

5　次の文を読み，下の問いに答えよ。

〔(1)各１点，(2)３点…合計11点〕

タンパク質は，あらゆる生物体のすべての細胞中に存在し，生命活動の中心的な役割を担う高分子化合物である。タンパク質を構成するポリペプチド鎖におけるアミノ酸の配列順序をタンパク質の［(a)］構造という。ポリペプチド鎖は，一方のアミノ酸のカルボキシ基と，他方のアミノ酸のアミノ基との間での［(b)］結合により複数のアミノ酸が連なって形成される。このポリペプチド鎖は，らせん状の［(c)］や，ジグザグ状の［(d)］といった構造をとることがある。これらをタンパク質の［(e)］構造という。タンパク質は，加熱や，強酸，強塩基，有機溶媒および重金属イオンなどとの接触により凝固することがある。この現象を［(f)］という。また，タンパク質に薄い水酸化ナトリウム水溶液を加えてから少量の硫酸銅(Ⅱ)水溶液を加えると赤紫色を呈する。この反応を［(g)］反応という。また，あるタンパク質は濃硝酸を加えて熱すると黄色になり，さらにアンモニア水を加えて塩基性にすると橙黄色を示した。この反応を［(h)］反応という。

(1)　上の文中の(a)～(h)にあてはまる適切な用語を下から選び，それぞれ記号で答えよ。

ア　ペプチド　**イ**　ビウレット　**ウ**　変性　**エ**　一次
オ　二次　**カ**　三次　**キ**　キサントプロテイン
ク　α-ヘリックス　**ケ**　β-シート

(2)　下線部の構造を安定に保つ結合の名称を書け。

6　次の(a)～(d)の構造をもつ合成繊維について，あとの問いに答えよ。

〔(1)各１点，(2)３点，(3)各２点，(4)５点…合計18点〕

(a)　$\left[CH_2-CH(CN) \right]_n$

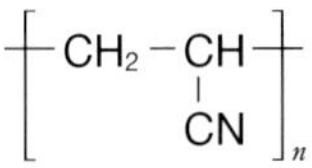

(b)　$\left[C(=O)-C_6H_4-C(=O)-O-CH_2CH_2-O \right]_n$

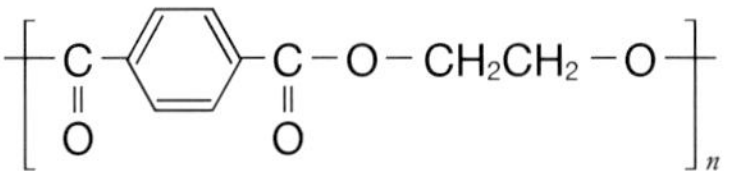

(c)　$\left[C(=O)-(CH_2)_5-N(H) \right]_n$

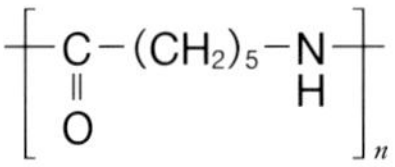

(d)　$\left[CH(O)-CH_2-CH(O)-CH_2-CH(OH)-CH_2 \right]_n$（２つのOは$CH_2$で結ばれている）

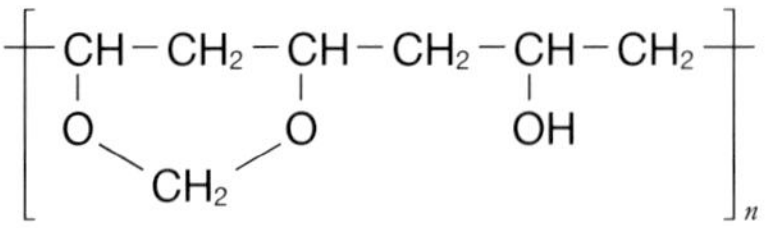

(1)　(a)～(d)の合成繊維の名称を，それぞれ記せ。

(2)　ナイロン66の構造式を，上の(a)～(d)の例にならって記せ。

(3)　(a)・(b)・(c)は次のうちのどの重合法によってつくられるか。記号で答えよ。

ア　縮合重合　**イ**　付加重合　**ウ**　開環重合

(4)　44.0 gのポリビニルアルコールをアセタール化したら，46.0 gの(d)が得られた。分子中のヒドロキシ基のうち何%が反応したか。有効数字２桁で答えよ。
原子量を，H＝1.0，C＝12.0，O＝16.0　とする。

7 次の(a)〜(f)の構造をもつプラスチック・ゴムについて，あとの問いに答えよ。

〔(1)・(2)各2点，(3)5点…合計23点〕

(a) $\left[-\mathrm{CH}-\mathrm{CH_2}-\right]_n$（CHにベンゼン環が結合）

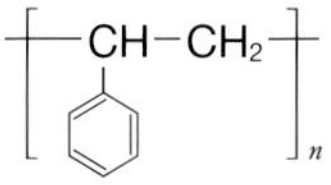

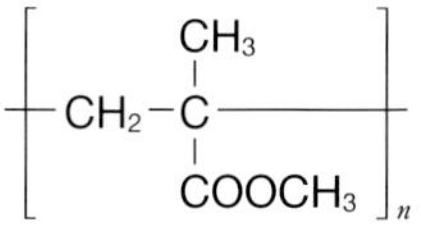

(b) $\left[-\mathrm{CH_2}-\mathrm{C}(\mathrm{CH_3})(\mathrm{COOCH_3})-\right]_n$

(c) $\left[-\mathrm{CH_2}-\mathrm{CH}(\mathrm{OCOCH_3})-\right]_n$

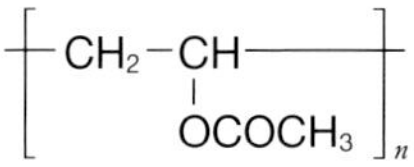

(d) $\left[-\mathrm{CH_2}(\mathrm{H_3C})\mathrm{C}=\mathrm{C}(\mathrm{H})\mathrm{CH_2}-\right]_n$

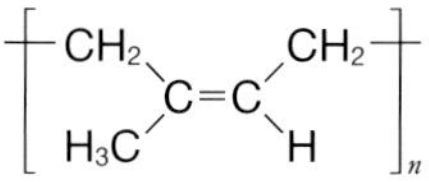

(e)

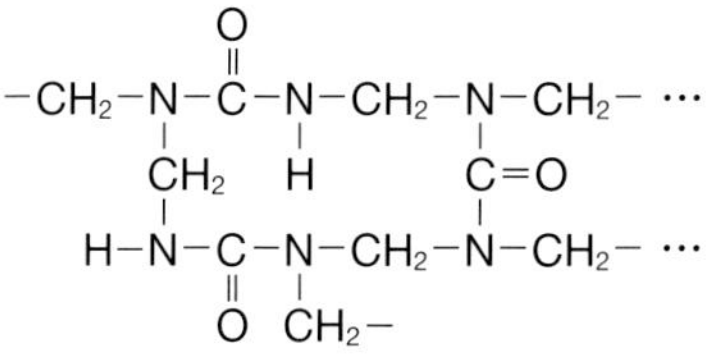

```
−CH2−N−C−N−CH2−N−CH2− …
     |  ‖  |       |
    CH2 O  H      C=O
     |             |
  H−N−C−N−CH2−N−CH2− …
       ‖ |
       O CH2−
```

(f) $\left[-\mathrm{O}-\mathrm{CH}(\mathrm{CH_3})-\mathrm{C}(=\mathrm{O})-\right]_n$

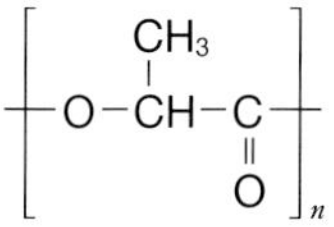

(1) 次の①〜⑤のプラスチックまたはゴムを表した構造式は，上のどれか。それぞれ(a)〜(f)の記号で答えよ。

① ポリ酢酸ビニル

② ポリメタクリル酸メチル

③ ポリ乳酸

④ 天然ゴム(ポリイソプレン)

⑤ 尿素樹脂(ユリア樹脂)

(2) 次の**ア**〜**エ**にあてはまるプラスチックまたはゴムは，それぞれ上のどれか。1つずつ選び，それぞれ(a)〜(f)の記号で答えよ。

ア 有機ガラスとよばれ，光学レンズや照明器具などに利用されているもの

イ 熱硬化性樹脂であるもの

ウ 生分解性プラスチックとして利用されているもの

エ 加硫によって強度が増大し，30〜40％の加硫を行うとエボナイトになるもの

(3) (a)の合成樹脂の平均分子量が5.0×10^4のとき，平均重合度はいくらか。有効数字2桁で答えよ。

原子量を，H＝1.0，C＝12.0　とする。

第8編

化学が果たす役割

CHAPTER

1 » さまざまな物質と人間生活

SECTION 1 金属の利用

1 身近な金属元素

1 金属の種類

金属は熱や電気をよく通す**良導体**であり，**展性**や**延性**をもつため加工がしやすい。また，丈夫で微生物にも分解されにくいので，さまざまな用途に用いられている。

金属のうち，密度が 4 ～ 5 g/cm^3 以下のものを軽金属，これよりも密度が大きいものを重金属という。日常生活で使われているものでは，アルミニウム Al やチタン Ti は軽金属であるが，その他ほとんどが重金属である。また，さびに注目した場合，空気中で簡単にさびるものを卑(ひ)金属，空気中でも安定で金属光沢(こうたく)を失わないものを貴金属という。金 Au，銀 Ag，白金 Pt は代表的な貴金属で，装飾品に用いられる。

POINT!

軽金属⇨密度が 4 ～ 5 g/cm^3 以下の金属。Al，Ti。
重金属⇨密度が 4 ～ 5 g/cm^3 以上の金属。大多数の金属。

2 おもな金属の性質と用途

❶鉄 Fe の性質と用途

①常温では硬くて加工しにくいが，加熱するとやわらかくなり加工しやすくなる。
②自動車，工作機器，建造物の構造材から釘(くぎ)にいたるまで幅広く使われている。
③原料となる**鉄鉱石**(赤鉄鉱 Fe_2O_3 や磁鉄鉱 Fe_3O_4)が世界各地で豊富に存在するので，安価に生産することができる。
④鉄に少量の炭素が混ざったものが**鋼(こう)(はがね)**である。鋼は強じんで，炭素の含有量が多いほど硬くなるが，もろくなるため，用途に応じて炭素含有量を調節する。

⑤さびやすいという欠点をもつ。そこでクロム**Cr**やニッケル**Ni**を混ぜて合金として用いられることがある(**ステンレス鋼**☞p.500)。

❷アルミニウムAlの性質と用途

①銀白色の光沢(こうたく)をもち，やわらかく軽い金属である。

②電気伝導性は銅などに次いで高い。

③表面に緻密(ちみつ)な**酸化被膜**をつくるため，耐食性に優れている。

④飲料用缶や電機材料，窓枠(アルミサッシ)などの建築材料として，またアルミニウムの薄膜は，プラスチックフィルムにはさまれ，食品包装の袋などに利用されている。

補足 人工的に酸化被膜をつけたものを**アルマイト**という。

図1 アルミニウムを利用した食品容器・調理器具

❸銅Cuの性質と用途

①鉄，アルミニウムに次いで生産量が多い金属で，赤味のある金属光沢をもち，展性や延性に富む。

②銅自身が安定な金属であり，また表面に**酸化銅(Ⅰ)** $\mathbf{Cu_2O}$ の被膜をつくって内部を保護するので，腐食されにくい。

③熱や電気をよく通し，加工しやすいため電線として用いられる。

④銅鐸(どうたく)・銅鏡などの青銅器や古銭など，利用の歴史は古い。

図2 古墳から出土した青銅の鏡

3 その他の金属

チタンTiは火成岩中に広く存在する。単体は，チタン鉄鉱 $FeTiO_3$ やルチル TiO_2 (金紅石ともいう)などから得られる。チタンは銀白色で密度が小さいが，強度が高く，海水中でもさびないほど耐食性が大きい。このため，航空機の材料，メガネや自転車のフレーム材として用いられる。また，毒性が低く人工関節などにも用いられる。

酸化チタン(Ⅳ) TiO_2 は，光(紫外線)を当てると，**それ自身は変化することなく，化学反応を促進させ，汚れや有害物質を分解する作用を示す。**このような物質を**光触媒**といい，ビルの外壁や空気清浄機などに利用されている。

白金Ptは銀白色の，あまり硬くない金属で，延性・展性がある。イオン化傾向は小さく，反応性が乏しく，耐食性に優れる。装飾品や触媒として利用される。

2 合金と金属の腐食

1 合金

2種類以上の金属を融(と)かし合わせるか，金属に非金属を融かし合わせて凝固させたものを合金という。合金には，**もとの金属にはない実用上優れた性質**をもつようになるものが多い。

表1 おもな合金の組成と特徴・用途

名称	組成〔%〕	特徴・用途
黄銅(しんちゅう)	Cu 60～70, Zn 30～40	黄白色で美しく，加工しやすい。装飾品・楽器に利用。ブラスバンドのブラスとは黄銅のこと。
青銅(ブロンズ)	Cu 85～98, Sn 2～15	腐食しにくく，加工しやすい。美術品・銅像・銅貨・鐘などに利用。
白銅	Cu 80, Ni 20	腐食しにくく，加工しやすい。硬貨に利用。現在の50円，100円硬貨は白銅貨である。
13-クロムステンレス鋼	Fe 87, Cr 13	火気中でさびにくく，硬い。刃物などの家庭用品，工業用品に利用。
18-8ステンレス鋼	Fe 74, Cr 18, Ni 8	大気中できわめてさびにくい。流し台や浴槽に利用。クロムの酸化被膜がさびから守っている。
MK鋼	Fe 73～75, Ni 25～27, Al など	永久磁石の一種。スピーカー，無線機器に使用。
ジュラルミン	Al 94, Cu 5, Mg, Mn など	軽量で強度が大きい。飛行機の骨格や構造材に使用。
ニクロム	Ni 57～79, Cr 15～20 など	電気抵抗が大きい。電熱線に利用。
無鉛はんだ	Sn 96.5, Ag 3.0, Cu 0.5	融点が低い。金属を接合するのに用いる。

補足 **形状記憶合金** Ni-Ti合金(組成比1：1)は，低温のときに変形させ，もとの形に戻らなくなっても，高温にするともとの形に戻る。このように形状を記憶する性質がある合金を形状記憶合金という。めがねのフレーム，パイプ継手(つぎて)，人工歯根(しこん)，電気コネクターなどに利用する。

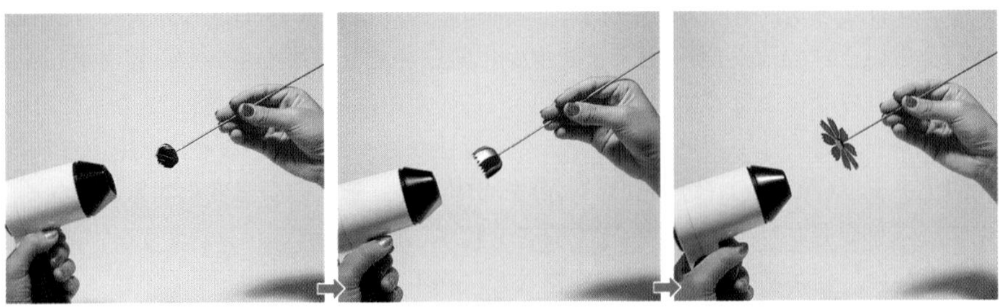

図3 形状記憶合金のデモンストレーション(ヘアドライヤーで加熱)

視点 形状記憶合金でつくった花びらを折り曲げても，加熱するともとの形に戻る。

2 金属の腐食

図4 鉄の赤さび

❶さび　空気中に露出した金属は，空気中の酸素と反応し，酸化物などを生じて腐食する。**金属が水や酸素と反応して，水酸化物，炭酸塩，酸化物などになったもの**をさびという。さびは金属が電子を失って陽イオンになる反応である。

$$Fe \longrightarrow Fe^{2+} \longrightarrow Fe^{3+}$$

(例) 鉄を空気中に放置すると，赤褐色のさび(赤さび)ができる。

$$4Fe + 2H_2O + 3O_2 \longrightarrow 2(Fe_2O_3 \cdot H_2O)$$

補足 鉄を空気中で強熱すると，黒色の四酸化三鉄の黒さびができる。

❷金属の防食　金属が腐食することを防いだり，腐食を遅らせたりすることを**防食**という。防食の方法としては，**ペンキ**や**酸化被膜**などで物理的に空気とふれないようにする方法のほか，イオン化傾向の差を利用する**めっき**(☞ p.156)を行う方法，さびにくい**合金**(☞ p.500)を利用する方法などがある。

第8編 化学が果たす役割

このSECTIONのまとめ　金属の利用

□ 身近な金属元素 ☞ p.498	• **金属**…**軽金属・重金属**，**卑金属・貴金属**などに分類。 • { 軽金属…密度が 4 ～ 5 g/cm^3 以下の金属。 重金属…密度が 4 ～ 5 g/cm^3 以上の金属。 • { 卑金属…空気中で簡単にさびる金属。 貴金属…空気中でも安定な金属。 • **金属の性質**…熱や電気の良導体。**展性・延性**をもつ。
□ 合金と金属の腐食 ☞ p.500	• **合金**…2 種類以上の金属もしくは金属と非金属を融かし合わせたもの。 • **さび**…金属が水や酸素と反応して水酸化物，酸化物などになったもの。

セラミックス・ガラス

1 | セラミックス

1 セラミックスと窯業

陶磁器やガラス，セメントのように，無機物質に成形，高温処理（焼成）などの加工を施してつくる材料をセラミックス，あるいは窯業(ようぎょう)製品という。原料はケイ砂(しゃ)（主成分はSiO_2）や石灰石，粘土であり，このような原料でいろいろな材料をつくる工業をケイ酸塩工業，あるいは窯業という。

2 陶磁器

粘土（主要な成分であるカオリンはSiO_2，Al_2O_3，H_2Oの化合物）や石英（SiO_2），長石（主成分は$KAlSi_3O_8$，$NaAlSi_3O_8$，$CaAl_2Si_2O_8$）などを原料として，高温で焼き固めたものを陶磁器という。陶磁器には，**土器・陶器・磁器**があり，それぞれ原料の配合，焼くときの温度が異なる。焼き方には**素焼き**と**本焼き**の2段階がある。

表2　陶磁器の種類

種　類	土　器	陶　器	磁　器
原　料	粘土	粘土＋石英	粘土＋石英＋長石
焼成温度〔℃〕	700～900	1100～1300	1300～1500
機械的強度	劣る	中程度	優れる
吸湿性	大	多少	なし
焼きしまり	多孔質でもろい	多孔質でややもろい	ガラス質でかたい
打　音	濁った音	やや濁った音	澄んだ音
用途の例	植木鉢，土管，屋根瓦，赤レンガ，こんろ	食器，タイル，茶器，つぼ，装飾工芸品，益子焼，薩摩焼，萩焼	高級食器，高級タイル，理化学用品，装飾品，伊万里焼，有田焼，九谷焼，清水焼

表3　陶磁器の焼き方

焼き方	温度〔℃〕	特　徴
素焼き	700～900	上薬をかけずに焼く。多孔質で吸水性があり，強度は小さい。
本焼き	1100～1500	上薬に浸し，乾かしてから焼く。上薬がガラスのように変化し，表面が滑らかになって吸水性がなくなるとともに強度が増す。

3 ファインセラミックス ①重要

ファインセラミックス(ニューセラミックス)とは，従来のセラミックスより特殊な性能や機能をもち，ケイ酸塩を原料とせず，酸化アルミニウムAl_2O_3，酸化亜鉛ZnOのような酸化物や，窒化アルミニウムAlN，窒化ケイ素Si_3N_4のような窒化物，炭化ケイ素SiCのような炭化物などが用いられるセラミックスである。

ファインセラミックスは，**軽さ・硬さ・耐熱性・耐薬品性などに優れ，機械的・電磁気的・光学的性質に特徴をもつものが多く，**さまざまな用途がある。

① **高温超伝導体**　イットリウムY，バリウムBa，銅Cuを含む酸化物や，ランタンLa，鉄Fe，ヒ素As，フッ素Fを含む酸化物などで，窒素の沸点(－196℃)よりも高い温度で超伝導状態となる物質で，常圧での高温超伝導体の多くはセラミックスである。

② **電子材料**　集積回路(IC)を保護するプリント基板は，酸化アルミニウムAl_2O_3や炭化ケイ素SiCに酸化ベリリウムBeOを数%添加したセラミックスが使われており，絶縁性がよく，放熱性のよい材料となっている。

図5 プリント基板

③ **耐熱強度材**　窒化ケイ素Si_3N_4，炭化ケイ素SiCは，耐熱強度が高く，ガスタービンやエンジンに用いられている。

④ **圧電性セラミックス**　チタン酸ジルコン酸鉛(PZT)などは，電圧をかけると変形する性質を利用している。カメラの自動フォーカス合わせといった用途に用いられている。

⑤ **バイオセラミックス**　酸化アルミニウムやヒドロキシアパタイトなど，人の体内の組織によくなじみ，加工しやすく耐久性に優れた材料が用いられ，人工骨や人工関節に利用されている。

2 | ガラスとセメント

1 ガラス ①重要

❶ガラスの性質　ガラスは一般に透明で，湿気や水，薬品に対して強い。また，電気を通さず，熱に対しても比較的強い。高温で加熱するとやわらかくなり，冷えると固まる熱可塑(かそ)性である。強い力を加えると割れたり，急冷，急熱すると壊れたりするもろさがある。

図6 ガラスの構造

❷ガラスの構造　ガラスの主原料の石英（砂状のものがケイ砂(しゃ)）は，二酸化ケイ素SiO_2からできている。前ページの図6のように，ガラスは，**ケイ素原子Siと酸素原子Oがつくる正四面体構造中にNa^+やCa^{2+}などのイオンが入り込み，3次元的に繰り返し結合して不規則な構造をした非晶質**（☞ p.216）である。

表4　代表的なガラス

種　類	おもな原料	特　徴	用　途
ソーダ石灰ガラス	ケイ砂，石灰石，炭酸ナトリウム	安価。断面が青色を帯びている。	窓ガラス，ガラス容器
ホウケイ酸ガラス	ケイ砂，ホウ砂（ホウ酸化合物）	熱に対して安定で割れにくい。薬品に侵されにくい。	理化学器具，耐熱食器
鉛ガラス（光学ガラス）	ケイ砂，酸化鉛（Ⅱ），炭酸カリウム	柔らかく加工しやすい。密度・光の屈折率が大きい。	X線の遮蔽(しゃへい)窓，クリスタルガラス，装飾品
石英ガラス	二酸化ケイ素	薬品に侵されにくく熱に強い。紫外線の透過率大。	光ファイバー，半導体製造用具

2　セメント

セメントとは，一般には建築材料として用いられるポルトランドセメントのことをいう。石灰石，ケイ酸質粘土（SiO_2，Al_2O_3，H_2Oなど），酸化鉄（Ⅲ）Fe_2O_3などを粉砕して混合したのち，約1500℃で焼く。生じた焼結(しょうけつ)体に少量のセッコウを加え，微粉砕してつくられる。水を加えて練ると，発熱しながら反応し，固まる。

セメントに小石と砂を混ぜて固めたものをコンクリート，セメントに砂を混ぜて固めたものをモルタルという。コンクリートは圧縮には強いが引っぱりには弱いので，鉄で補強して**鉄筋コンクリート**として各種の構造材料に使われる。また，コンクリートはセメントが固化する過程で水酸化カルシウムが生じ，アルカリには強いが酸には弱く，酸性雨にさらされると劣化する。

このSECTIONのまとめ　セラミックス・ガラス

□セラミックス ☞ p.502	・陶磁器…**土器・陶器・磁器**がある。 ・ファインセラミックス…酸化物・窒化物・炭化物などを原料とする，より優れた性質をもつセラミックス。
□ガラスとセメント ☞ p.503	・ガラス…**ソーダ石灰ガラス，ホウケイ酸ガラス，鉛ガラス（光学ガラス），石英ガラス**といった種類がある。 ・セメント…一般には**ポルトランドセメント**のこと。**コンクリート**や**モルタル**に加工される。

染料・合成洗剤・医薬品

1 染料

1 光と色

❶染料と顔料　ある特定の波長の光を吸収し，色のもとになる物質を色素という。色素には，溶媒(ようばい)に溶けて繊維に染み込む染料と，溶媒に溶けず繊維に染み込まない顔料がある。顔料はおもにペンキや印刷用インキなどに用いられている。

❷光の波長と色　**光は電磁波の一種であり，その性質は波長によって異なる。**光のなかでも，私たちが肉眼で感じることのできる光(**可視光**)の波長は約400～800 nmである(☞ p.265)。

太陽光は，可視光領域の波長の光をすべて含んでいるので白色に見えるが，プリズムに通すと少しずつ波長の違う光に分かれる。このとき虹の色である赤，橙，黄，緑，青，藍，紫が連続して見えることから，**特定の波長の光は，特定の色をもっている**ことがわかる。

❸染料の色　白色光からある色の光が欠けると色が現れる。たとえば，490～510 nmの青緑色の光が欠けると，青緑を除いた他の色によって私たちには赤に感じられる。このとき，赤は青緑の補色であるという。染料の分子は，ある特定の波長の光を吸収する性質をもち，私たちは，吸収された光の補色を色として感じている。

表5　可視光の波長と色

光の波長〔nm〕	色	補色
400～430	紫	黄緑
430～490	青	黄橙
490～510	青緑	赤
510～530	緑	赤紫
530～560	黄緑	紫
560～590	黄	青
590～610	橙	緑青
610～800	赤	青緑

2 天然染料

❶植物染料　植物の葉，茎(幹)，根などから得られる染料で，アイの葉を発酵(はっこう)させて得られる藍色の色素の**インジゴ**，アカネの根から得られる紅色の色素の**アリザリン**などがある。

❷動物染料　動物から得られる染料で，砂漠のサボテンに寄生するコチニール虫から得られる紅色の色素の**カルミン酸**や，貝の分泌(ぶんぴつ)物から得られる赤紫色の色素の**ジブロモインジゴ**(貝紫)などがある。

図7　アイの花

植物染料		動物染料	
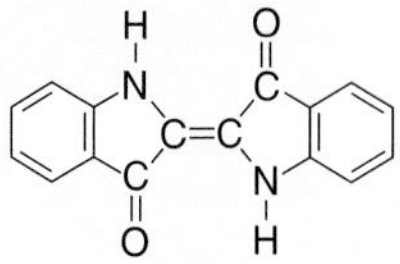 インジゴ	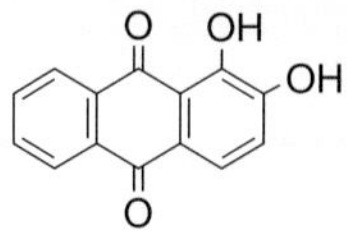 アリザリン	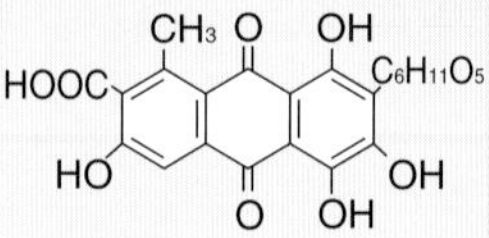 カルミン酸	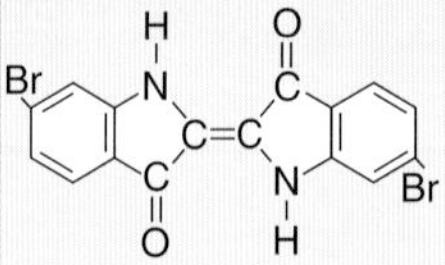 ジブロモインジゴ

図8　おもな天然染料

3 合成染料

❶染料の合成　**合成染料**がはじめてつくられたのは1856年で，パーキン(イギリス)による紫色の**モーベイン**の合成である。これがきっかけとなって，さまざまな染料が合成された。天然染料の**アリザリン**や**インジゴ**も合成された。

❷アゾ染料　現在，最も広く用いられている合成染料は，アゾ基−N=N−をもつ**アゾ染料**(☞p.430)である。アゾ染料は，pH指示薬や顔料など，繊維の染色以外にも用いられている。アゾ染料には，**コンゴーレッド**，**オイルオレンジ**，**メチルオレンジ**などがある。

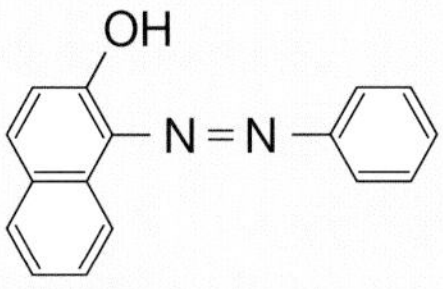

オイルオレンジ

4 染色と染料の種類

❶染色のしくみ　繊維の染色は，**繊維の分子と染料の分子が結びつくことにより起こる。**たとえば，羊毛のタンパク質の分子には種々の官能(かんのう)基が存在し，染料の官能基と水素結合やイオン結合で結びつくことができる。

❷染料の種類　染料には，繊維と水素結合で結びつく**直接染料**，イオン結合で結びつく**酸性染料**や**塩基性染料**，水溶性の金属塩(媒(ばい)染剤(せんざい))をあらかじめ繊維に吸着させて金属イオンを仲介に染料分子と繊維を結びつける**媒染染料**，還元して水溶性にして吸着させ，酸化して発色させる**建染(たてぞめ)染料**などがある。繊維に適した染色方法を工夫する必要がある。

COLUMN

藍染(あいぞめ)

アイから採取されるインジゴは，浴衣(ゆかた)やブルージーンズなどの染色に用いられる建染染料である。インジゴ自身は水に不溶性であるが，アルカリで還元するとロイコ体とよばれる水溶性の構造に変わる。ロイコ体の溶液は黄緑色であるが，この溶液に繊維を浸したのち空気にさらすと，酸化されてもとの不溶性のインジゴに戻り，青色に発色する。

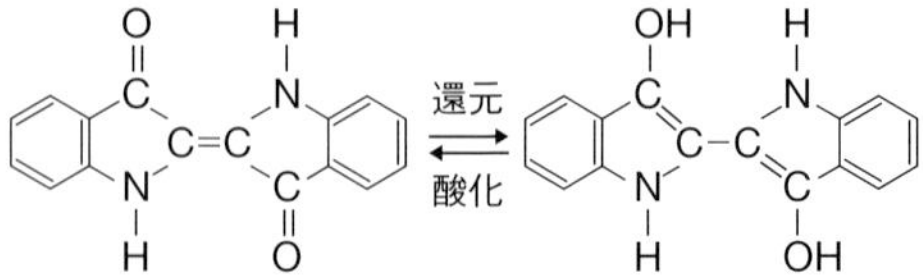

インジゴ　⇄（還元／酸化）　ロイコ体

表6　繊維に対する染料の染色性(○；適，△；やや適，×；不適)

繊維の種類	直接染料	酸性染料	塩基性染料	媒染染料	建染染料	分散染料[★1]
木綿	○	×	○	○	○	×
羊毛・絹	○	○	○	△	×	×
ナイロン	△	○	△	×	△	○
ポリエステル	×	×	×	△	×	○
アクリル	×	×	○	×	△	○

2　合成洗剤

合成洗剤は，セッケン(☞p.415)と同様，親水性の部分と疎水性の部分をあわせもつ化合物である。水溶液は中性であるため，これらの合成洗剤を，中性洗剤ともいう。難溶性塩(沈殿)をつくらないので，**硬水や海水でも使用可能**である。

1　高級アルコール系洗剤

高級アルコール系洗剤は，高級1価アルコール(1-ドデカノール など)を濃硫酸でエステル化し，これを水酸化ナトリウムで中和して得られる。

$$C_{12}H_{25}-OH \xrightarrow[\text{(エステル化)}]{\text{濃}H_2SO_4} C_{12}H_{25}-OSO_3H \xrightarrow[\text{(中和)}]{NaOH} \underbrace{C_{12}H_{25}}_{\text{疎水性}}-\underbrace{OSO_3Na}_{\text{親水性}}$$

1-ドデカノール　　硫酸水素ドデシル　　硫酸ドデシルナトリウム

2　アルキルベンゼンスルホン酸ナトリウム洗剤

アルキルベンゼンスルホン酸ナトリウム(ABS)も洗剤として用いられる。これは，石油とベンゼンからアルキルベンゼンをつくり，濃硫酸を加えスルホン化したあと，生成したアルキルベンゼンスルホン酸を水酸化ナトリウムで中和して得られる。

$$R-C_6H_5 \xrightarrow[\text{(スルホン化)}]{\text{濃}H_2SO_4} R-C_6H_4-SO_3H \xrightarrow[\text{(中和)}]{NaOH} \underbrace{R-C_6H_4}_{\text{疎水性}}-\underbrace{SO_3Na}_{\text{親水性}}$$

アルキルベンゼン　　アルキルベンゼンスルホン酸　　アルキルベンゼンスルホン酸ナトリウム

硫酸水素ドデシル $C_{12}H_{25}OSO_3H$ やアルキルベンゼンスルホン酸 $RC_6H_4SO_3H$ は，両者とも水に溶けて強い酸性を示す。したがって，これらのナトリウム塩は，強酸と強塩基の塩に相当し，水に溶けても加水分解しないから，水溶液は中性を示す。

★1 分散染料は水に溶けにくい染料で，界面活性剤を用いて水に分散させることで，繊維分子の疎水性の部分が染着する。

3 洗濯用洗剤の成分

市販の洗濯用洗剤には，洗浄の中心的なはたらきをする合成洗剤のほかに，洗浄効果や仕上がりの効果を高めるための洗浄補助剤や添加剤などが配合されている。

①**水軟化剤**　水中のカルシウムイオンCa^{2+}やマグネシウムイオンMg^{2+}をナトリウムイオンNa^+と交換することにより水を軟化して洗剤の洗浄力の低下を防ぐために，**アルミノケイ酸塩**が使われている。

補足 かつては水軟化剤としてトリポリリン酸ナトリウム$Na_5P_3O_{10}$が用いられていたが，河川水のリン酸濃度を高めて生態系に影響を与えるため，現在は使われていない。

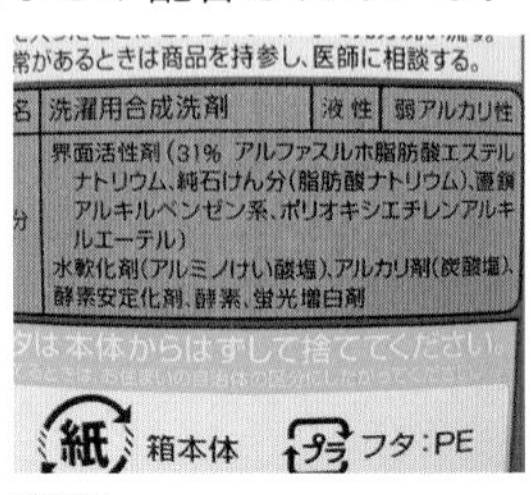

図9　洗濯用合成洗剤のパッケージにある表示

②**アルカリ剤**　油汚れ中の遊離脂肪酸をセッケンに変えて，汚れを取り除きやすくするため，炭酸ナトリウムNa_2CO_3などの**塩基性の炭酸塩**が使われている。

3 医薬品

1 医薬品の歴史

❶医薬品　医療用に使用される化学物質を医薬品という。医薬品は，ヒトや動物の病気の治療・予防・診断などに役立ち，生命活動に影響を与えている。

❷古代の薬

①ケシの果実やヤナギの樹皮に鎮痛作用があることは古代から知られており，薬として使用されていた。

②植物などの天然物から乾燥などによって得た薬は生薬（しょうやく）とよばれ，阿片（あへん）も生薬のひとつであった。阿片は，ケシの未熟果につけた傷からにじみ出る乳液を集めて乾燥させたもので，紀元前7世紀頃には鎮痛剤として使用された。

図10　ヤナギの木

③古代中国では，紀元200年頃，「神農本草経（しんのうほんそうけい）」という本に薬についての知識が載っており，この中には現在も使用されている漢方薬の**葛根湯**（かっこんとう）なども含まれている。

❸医薬品の抽出　中世になると化学技術が進歩し，天然物から有効な成分を抽出（ちゅうしゅつ）できるようになった。その最初となったのは，1805年，ドイツの薬剤師ゼルチュルナーによる阿片からのモルヒネの分離である。**単離されたモルヒネには，優れた鎮痛作用がある**（☞p.511）。

❹医薬品の合成 19世紀になると有機化学が発展するにつれて，医薬品を合成しようとする研究が盛んになった。1847年に合成された**ニトログリセリン**は，後になって**狭心症治療薬**として使われるようになった。また，**アセトアニリド**や**アセチルサリチル酸**がつくられ，**解熱剤**として使われるようになった。そして1910年に，梅毒に対する特効薬**サルバルサン**(別名606号)が，日本の秦佐八郎の協力を得てドイツのエールリッヒによってつくられた。以後，数多くの医薬品が合成された。

❺20世紀の化学医療

①**インスリン** 1921年には，ホルモンとしてのインスリンが発見され，これが糖尿病患者の治療に使われはじめた。そしてその生産についても研究が進められ，1926年にアメリカのエイベルは，はじめて**インスリン**の結晶化に成功した。

②**ペニシリン** 1928年には，イギリスの細菌学者フレミングによってアオカビの生成するペニシリンが発見され，その後，ブドウ球菌，肺炎菌などの細菌性感染症患者の治療に使われた。ペニシリンのように，**微生物によってつくられ，他の微生物の発育や機能を阻害する物質**を抗生物質という。

③**プロントジル** 1935年，ドイツのドマークによって発見され，**プロントジル**と命名されたアゾ染料の一種は，細菌性感染症の治療に効果を発揮する。この抗菌性は，プロントジルがヒトの体内で分解して生じる**スルファニルアミド**(*p*-アミノベンゼンスルホンアミド)によるものであり，現在，この構造を少し変えた**サルファ剤**とよばれる多種類の物質が合成され，治療に用いられている。

このように，20世紀からの化学療法は，いろいろな医薬品を抽出・合成するだけではなく，それらの医薬品の作用についての解明が進んでいる。そして，抗生物質や合成した医薬品についても，化学操作によって改良を加え，副作用の少ない優れた効能をもつ医薬品開発の研究が進んでいる。

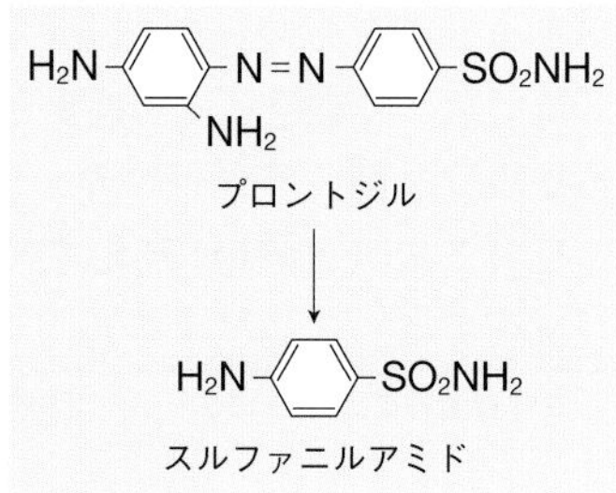

COLUMN

ペニシリンの発見

1928年，イギリスのフレミングは，インフルエンザの研究のため，培養皿にブドウ球菌を培養していた。ところがそこにアオカビが生えてしまうということが起こった。そして彼は，そのアオカビの生えた周囲にはブドウ球菌が生育していないことを偶然に発見した。

フレミングは，アオカビの出す物質がブドウ球菌の生育を妨げていると推定し，アオカビからその抗菌作用をもつ成分を取り出すことに成功した。この物質を，アオカビ(ペニシリウム)の名にちなんでペニシリンと命名した。

図11 アオカビの顕微鏡写真

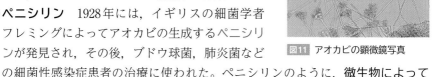

表7　医薬品の歴史についてのまとめ

医薬品	効能	年代	〈業績〉関係者（国）
ケシの果実・阿片	鎮痛作用	古代	
ヤナギの樹皮	鎮痛作用	古代	
モルヒネ	鎮痛作用	1805年	〈単離〉ゼルチュルナー（ドイツ）
ニトログリセリン	狭心症	1847年	〈合成〉ソブレロ（イタリア）
サルバルサン(606号)	梅毒	1910年	〈合成〉エールリッヒ（ドイツ）
インスリン	糖尿病	1926年	〈結晶化〉エイベル（アメリカ）
ペニシリン	抗菌作用	1928年	〈発見〉フレミング（イギリス）
プロントジル	抗菌作用	1935年	〈発見〉ドマーク（ドイツ）

2 いろいろな医薬品　①重要

❶解熱鎮痛剤　ヤナギの樹皮に解熱鎮痛作用があることは，古代のギリシャや中国においても知られていた。この作用は，この中にサリシンという物質が含まれ，それが体内で分解してサリチル酸を生じるためである。

サリチル酸は，解熱鎮痛剤として，19世紀に盛んに使われるようになった。しかし，副作用が強かったため，同様の薬理作用をもち，副作用の少ないアセチルサリチル酸(アスピリン)が使われるようになった。

また，アセトアニリドも解熱鎮痛作用をもつが，副作用が強く，現在は使われていない。現在使われているのは，副作用が少なく，強い鎮痛作用をもつ*p*-アセトアミドフェノールである。

アセチルサリチル酸
（アスピリン）

p-アセトアミドフェノール

ペニシリンの骨格

サルファ剤
（R；アルキル基）

❷抗菌剤　細菌の成長を阻害したり殺したりする物質を抗菌物質という。このうち，微生物によってつくり出された物質を，抗生物質という。

①**抗生物質**　アオカビから取り出されたペニシリンは，ブドウ球菌，肺炎菌，連鎖状球菌などの感染症に対する効能をもつ。また，土壌細菌から取り出されたストレプトマイシンは，結核菌などの感染症に効能をもつ。

②**サルファ剤**　アゾ染料の一種であるプロントジルが体内で分解して生じるスルファニルアミド(*p*-アミノベンゼンスルホンアミド)は，強い抗菌作用を示す。現在では，スルファニルアミドの骨格をもち，構造を一部変えた多くの化合物が合成されているが，これらの抗菌作用をもつ物質をサルファ剤という。

❸**殺菌・消毒剤**　用途に応じて多数の種類がある。

① **アルコール類**　アルコールによる**タンパク質の変性**を利用したもので，エタノールや 2-プロパノールの水溶液が使われている。

② **酸化剤**　**酸化作用による殺菌**を利用したもので，**過酸化水素**の水溶液(オキシドール)は傷口の消毒に用いられる。また，塩素やその誘導体は水の消毒に用いられ，**ヨウ素**はうがい薬などに用いられている。

図12　うがい薬

③ **フェノール類**　**病原菌の増殖を抑える**はたらきがあり，クレゾールやフェノールの薄い水溶液は，病院などで手指の消毒に使われている。

④ **重金属化合物**　目薬などには**硝酸銀**が使われている。

❹**胃腸薬**　胃酸を中和するものには，**水酸化アルミニウム**，**水酸化マグネシウム**，**炭酸水素ナトリウム**などが使われている。そのほか，いろいろな種類の胃酸分泌(ぶんぴつ)抑制剤がある。

❺**消炎鎮痛剤(外用塗布(とふ)薬)**　筋肉痛や関節痛に対する消炎鎮痛剤として，サリチル酸メチルなどが使われている。サリチル酸メチルは，サリチル酸とメタノールをエステル化させて得られる(☞ p.424)。

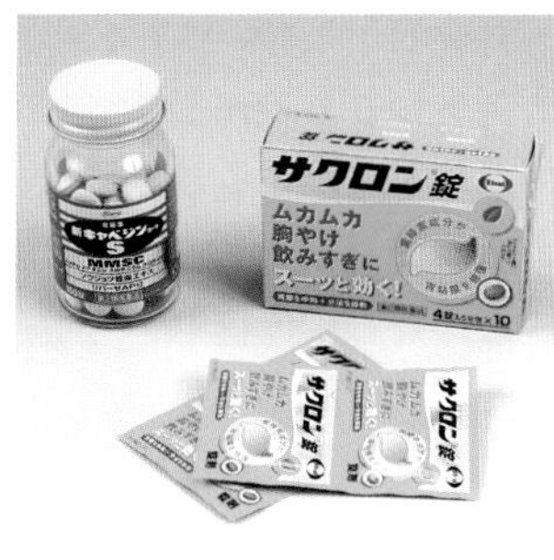

図13　胃腸薬

4 | 医薬品の作用と開発

1 医薬品の作用と副作用

❶**鎮痛剤**　モルヒネやアセチルサリチル酸(アスピリン)などには**鎮痛作用**があるが，その作用のしかたは異なり，次のように解明されている。

① **モルヒネの鎮痛作用**　ヒトの脳内には，痛みなどの神経伝達をつかさどる特定の生体分子があり，この生体分子(**受容体**)にモルヒネが結合することによって鎮痛の効果が生じるとされている。

② **モルヒネの副作用**　摂取量が多いと，眠くなったり，呼吸が抑制されたりして，呼吸麻痺(まひ)で死に至ることもある。また，有効量が次第に上昇し，習慣的に使用せずにいられなくなって禁断症状を生じる麻薬作用がある。したがって，麻薬として指定され，市販の医薬品としては使われていない。

③ **アセチルサリチル酸(アスピリン)の作用**　体内で組織が損傷を受けると，プロスタグランジンという生体機能調節物質(混合物)がつくられるが，このうち血管拡張作用をもつものがあり，それが血管の透過性を高め，血漿(けっしょう)成分の漏出が起こる。そのためにからだに腫(は)れ・発熱・痛みを生じることになる。アセチルサリチル酸などには，このプロスタグランジンの生産を抑制するはたらきがあり，このために炎症の発現を阻止できる。

④ **アセチルサリチル酸の副作用**　プロスタグランジンには，血管拡張作用のほかに胃酸の分泌(ぶんぴつ)を抑制したり，胃粘膜を保護したりするなどの作用があるので，プロスタグランジンの生成が抑制されると，胃腸障害などを起こす。

❷抗生物質　ペニシリンやストレプトマイシンは，次のように細菌に作用する。

① **ペニシリン**　ブドウ球菌，連鎖状球菌，肺炎菌などの細菌に対して，これらの菌の植物性細胞壁をつくる酵素のはたらきを阻害することによって，細菌の生育を阻止している。

② **ストレプトマイシン**　結核菌などの細菌に対して，これらの菌のペプチド合成過程を阻害することによって，細菌の生育を阻止している。

③ **耐性菌**　抗生物質を多用することで，突然変異などによって細菌がその抗生物質に対して抵抗力をもちやすくなる。このようになった細菌を耐性菌という。

❸サルファ剤

細菌の生命活動には，*p*-アミノ安息香酸(あんそくこうさん)を構造の一部に含む葉酸という化合物を必要とするが，安息香酸より酸性の強い*p*-アミノスルホン酸が存在すると，それによって葉酸の合成が阻害される。このためにサルファ剤は抗菌作用を示す。

$H_2N-C_6H_4-COOH$

p-アミノ安息香酸

$H_2N-C_6H_4-SO_3H$

p-アミノスルホン酸

葉酸は，人間にとっても欠くことができない物質であるが，人間には合成する酵素がなく，腸内細菌による生成や緑黄色野菜などの摂取により補給されている。したがって，サルファ剤により葉酸の欠乏が生じると，貧血など，体内でさまざまな障害が起こる。

2 新しい医薬品の開発

❶医薬品の合成

医薬品の作用(薬理作用)が化学的に解明されるにつれて，いろいろな化合物が合成され，治療に用いられるようになった。たとえば，代表的な抗菌物質であるスルファニルアミド(構造式☞p.509)は，副作用も強く，また，多用すると薬剤のきかない耐性菌を生じるが，それと類似の化合物が多数合成され，それらの何種類かを組み合わせて服用すると，耐性菌の出現を抑制することができる。

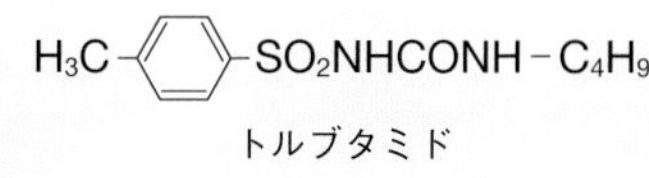

トルブタミド

抗菌薬として使われたサルファ剤は，血糖値を下げる作用をもつことがわかり，その共通骨格であるスルファニルアミドを改良した**トルブタミド**という経口（けいこう）糖尿病薬が合成された。

このように，薬の化学構造が解明されると，それと同様の原子団をもとに数々の化合物が合成される。また，薬のもつ副作用などについても改良が進んできている。一方で，複数の薬剤に耐性をもつ多剤耐性菌が出現し，大きな課題となっている。

❷半合成医薬品

ペニシリンの化学構造が明らかになってから，ペニシリンの構造をいろいろな反応によって一部だけ変化(化学修飾)させ，さまざまなペニシリンの誘導体がつくられた。そして，ペニシリンによる耐性菌の出現を抑え，抗菌力のある**セファロスポリン**という新しい化合物がつくられた。このように，**元の化合物(リード化合物)の構造を部分的に変化させ，効力の大きい新しい化合物を得る方法**は，新薬の有力な開発法のひとつとなっている。

この方法は，ペニシリン以外にもいろいろと応用されている。たとえば，生体内でつくられる**ヒスタミン**という化合物の構造を部分的に変化させて，**シメチジン**という潰瘍（かいよう）の特効薬がつくられている。

染料・合成洗剤・医薬品

□染料と合成洗剤 ☞p.505	・**染料**…**天然染料**はインジゴ，カルミン酸など。**合成染料**はアゾ化合物(p-ヒドロキシアゾベンゼン，メチルオレンジなど)が多い。 ・**合成洗剤**…セッケンの欠点を改良したもの。高級アルコール系洗剤，ABS洗剤など。
□医薬品の種類 ☞p.510	・**解熱鎮痛剤**…アセチルサリチル酸(アスピリン) ・**抗生物質**…ペニシリン，ストレプトマイシン ・**抗菌薬**…サルファ剤，殺菌・消毒剤 ・**胃腸薬**…水酸化マグネシウム，炭酸水素ナトリウム
□新しい薬品の開発 ☞p.512	・**医薬品の合成**…多種類のサルファ剤などの合成。 ・**半合成医薬品**…構造を一部だけ変化させた効能のよい医薬品。

高分子化合物の利用

1 特殊な機能をもつ高分子化合物

1 吸水性高分子化合物

❶吸水性の原理　$-COONa$を分子中に多く含む合成樹脂は，水があるとNa^+を電離し，$-COO^-$となる。水にNa^+が溶け込むと樹脂中の浸透圧が大きくなるので，樹脂の中にさらに水が浸透する。また，$-COO^-$どうしは互いに反発しあうので，樹脂が膨張し，そのすき間に水分子がさらに入り込む。こうして，樹脂中にかなり多量の水を取り込める。このような樹脂は高吸水性樹脂(吸水ポリマー)とよばれ，紙おむつや砂漠緑化の保水剤などに利用されている。

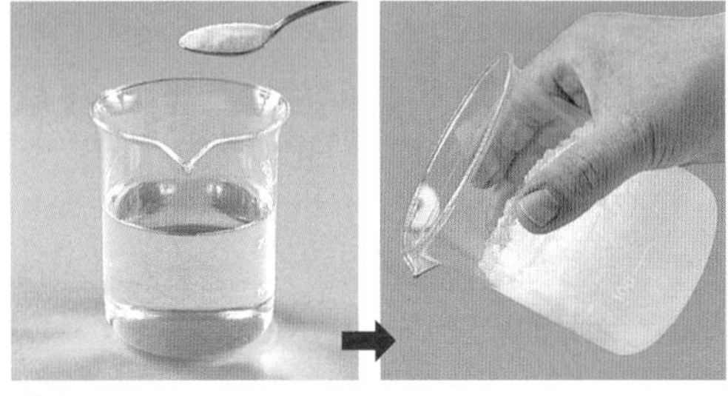

図14　高吸水性樹脂の吸水実験

視点　ビーカーいっぱいの水に1さじほどの高吸水性樹脂を加えると，たちまち水を吸って膨張し，液体の水はなくなってしまう。

❷吸水性をもつ樹脂の生成

アクリル酸ナトリウム$CH_2=CH-COONa$を付加重合し，架橋させてできた合成樹脂は多数の$-COONa$を含む。この合成樹脂が，水を吸収すると，Na^+が外へ拡散され，$-COO^-$どうしで反発するのですき間が広がり，そのすき間に水分子が入り込む。

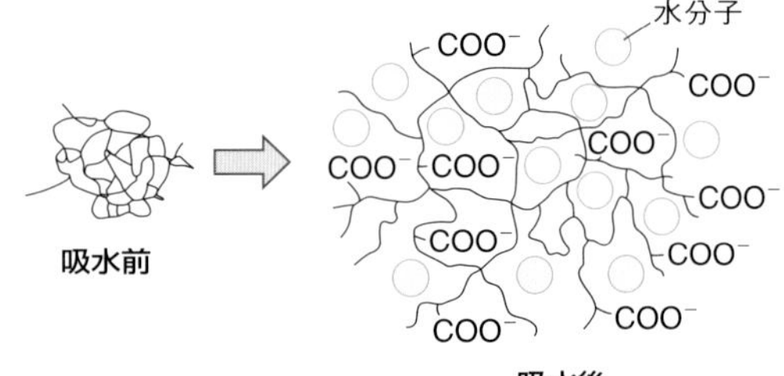

図15　高吸水性樹脂の吸水原理

2 導電性高分子化合物

❶ポリアセチレン　触媒[★1]を使ってアセチレンを付加重合させるとポリアセチレンが得られる。1971年，白川英樹によって薄膜状のポリアセチレンが合成され，これに少量のヨウ素I_2などを添加すると，**金属に近い電気伝導性を示すようになる。**このような電気伝導性を示す高分子化合物を導電性高分子化合物という。

★1 チーグラー・ナッタ触媒(☞ p.483)が用いられる。

補足 ポリアセチレンの従来の合成法では，黒色の粉末状のものしかできず，物性を研究するのが困難であったが，白川英樹は薄膜状のものをつくることに成功した。さらにこの薄膜にヨウ素などを加えると電気伝導度が10億倍にも増加することを発見した。この導電性高分子の発見と開発で，2000年に白川はノーベル化学賞を受賞した。

❷ドーピング ポリアセチレンは，ヨウ素I_2のほか，五フッ化ヒ素AsF_5などを添加することでも導電性が飛躍的に増加する。このとき加えるヨウ素や五フッ化ヒ素のような，導電性を増加させるのに加える物質を**ドーパント**といい，加えることをドーピングという。

❸その他の導電性高分子化合物 導電性高分子化合物にはポリアセチレンのほかに，**ポリフェニレンビニレン，ポリピロール，ポリチオフェン**などがある。

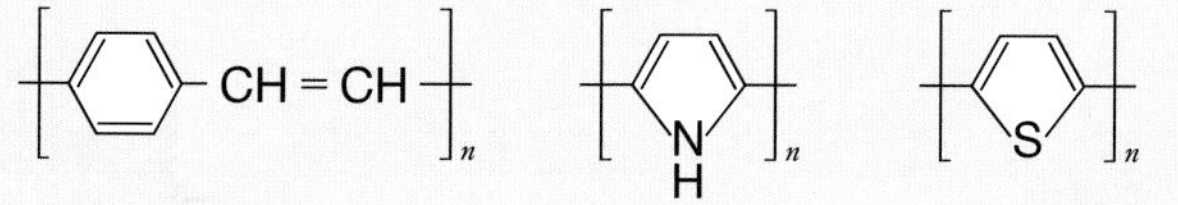

ポリフェニレンビニレン　ポリピロール　ポリチオフェン

3 生分解性高分子化合物

❶生分解性高分子化合物 一般に使用されている合成高分子化合物は化学的に安定なものが多く，廃棄後も自然界で分解されにくいため，それが社会的な問題となっている。これに対して，**使用中はその機能を維持し，廃棄後には自然界で微生物によって分解される高分子化合物**を**生分解性高分子化合物**という。

生分解性高分子化合物には，①デンプン・タンパク質などの天然高分子化合物由来のもの，②脂肪族ポリエステル・ポリアミドなどの合成高分子化合物，③脂肪族ポリエステルやポリアミノ酸など微生物がつくる高分子化合物がある。

乳酸を縮合重合(しゅくごうじゅうごう)させて得られるポリ乳酸，グリコール酸$CH_2(OH)COOH$の縮合重合により得られるポリグリコール酸などは，上の②と③の両方に属する生分解性高分子化合物である。

❷ポリ乳酸 トウモロコシなどのデンプンを発酵(はっこう)して得られる乳酸から，乳酸2分子の縮合体である**ラクチド**という環(かん)状モノマーをつくり，これを開環重合させると，高分子量の**ポリ乳酸**をつくることができる。

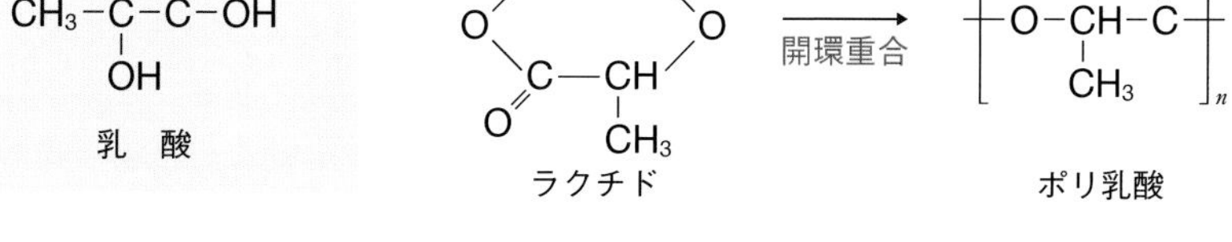

乳　酸　ラクチド　ポリ乳酸

補足 乳酸を直接加熱して脱水縮合重合(しゅくごうじゅうごう)させる方法では，高分子量のポリ乳酸を合成するのが困難であったので，前ページの方法で合成された。この合成法を**ラクチド法**といい，この方法で得られたポリ乳酸はポリラクチドともいわれる。

しかし，最近になって技術革新が進み，乳酸を直接縮合重合させて高分子量のポリ乳酸を合成することができるようになった。

4 感光性高分子化合物

❶感光性高分子化合物 光を照射すると構造が変化し，性質が変わる高分子化合物を感光性高分子化合物またはフォトレジストという。感光性高分子化合物は，テレビや携帯電話などの電子回路に使われる配線基板をつくるのに利用され，近年は3Dプリンターの素材としても用いられている。

❷合成樹脂の感光性 感光性合成樹脂には，光の照射後，有機溶媒(ようばい)などに溶ける性質のものから溶けない性質のものが生成する場合がある。この性質を利用して，印刷原版などをつくることができる。

2 プラスチックの再利用

1 プラスチックの再利用の目的

❶石油資源の保護 多くのプラスチックは，限りある石油を原料としている。**石油資源の保護**という観点からも，プラスチックの再利用が必要とされる。

❷廃棄による環境汚染の防止 プラスチックは，腐食しにくいなどの多くの機能を備えているが，廃棄されると，**長時間分解されずに環境中にとどまる**ため，環境に悪影響を及ぼすことがある。これらの防止のためにも再利用は必要である。

❸焼却による被害の防止 プラスチックを焼却する場合，発生する熱により**焼却炉が損傷**することがある。また，燃焼によって生じる有害物質によって環境汚染を引き起こすことがある。これらの防止のためにも再利用は必要である。

2 プラスチックの再利用法

❶リユース 回収した使用済みプラスチック製品を**洗浄し，そのまま再利用する方法。**加熱や薬品による処理を行わないので，資源・エネルギーの損失が少ない。

❷サーマルリサイクル プラスチックを**燃焼させて得た熱をエネルギーとして利用する方法。**直接燃焼させる場合と，一度固形燃料に加工する場合がある。どちらの場合も，大気中に二酸化炭素が排出され，有害物質が発生することもある。しかし，焼却炉における除去技術やダイオキシンなどを発生させない技術も進み，この方法による環境汚染の問題は減少してきている。

③マテリアルリサイクル　回収したプラスチックから不要な物質を除去したあと，**粉砕してペレットに加工し，これを加熱融解（ゆうかい）後，成形し直して再利用する方法**である。ポリエチレン，ポリスチレン，ポリエチレンテレフタラート(PET)などは，この方法でのリサイクルがかなり進んでいる。しかし，この方法でリサイクルをくり返すと，物質の劣化が進み，良質の製品が得られなくなる欠点がある。

図16　リサイクルの原料となるペレット

④ケミカルリサイクル　回収したプラスチックに化学的な処理をして，プラスチックの**原料となっている単量体(モノマー)まで分解し，これを原料として新しい製品をつくる方法**である。たとえば，回収したペットボトルから，この方法でポリエステル製の衣料品がつくられる。また，ポリエチレン，ポリスチレン製プラスチックなどを分解してつくった単量体(モノマー)を原料として，数々の新しい製品がつくられている。

図17　ペットボトルのリサイクル商品

このSECTIONのまとめ　高分子化合物の利用

□特殊な機能をもつ高分子化合物 ☞p.514	・**吸水性高分子化合物**…多数の親水性の原子団をもつ合成樹脂。強い吸水性をもつ。 ・**導電性高分子化合物**…ポリアセチレンにヨウ素などをドーピングしたものなど。導電性がある。 ・**生分解性高分子化合物**…環境中の微生物などによって低分子化合物に分解される高分子化合物。 ・**感光性高分子化合物**…光が当たると化学変化する高分子化合物。
□プラスチックの再利用 ☞p.516	・**プラスチック再利用の必要性**…石油資源の保護，廃棄による環境汚染の防止などの観点から必要。 ・**プラスチックの再利用**…リユース，マテリアルリサイクル，ケミカルリサイクル，サーマルリサイクル

化学が築く未来

1 | 化学が築く未来

私たちの現在の生活の中で，**化学の成果が様々な分野で利用され，これからの未来を築く新しい科学技術の基盤となっている。**

今後エネルギーや環境の問題など様々な課題を克服し持続可能な社会をつくるためにも，ますます化学の貢献が重要になってくると考えられる。

1 健康と化学

医薬品(☞ p.508)や医療システムなど，化学は私たちの健康に深く結びついている。また，化学によって生物や生体の仕組みを知ることによって，さらなる科学技術の進展につなげることができる。

❶ドラッグデリバリーシステム 薬の体内における濃度を，量的にも空間的にも適切に維持する薬物伝達システムをドラッグデリバリーシステムという。

この技術により，必要な量を必要な部位に吸収させる吸収改善や必要な量を必要な部位に選択的に到達させることができ，**特定の薬理作用だけを取り出したり，薬の副作用を減らしたりすることができる。**

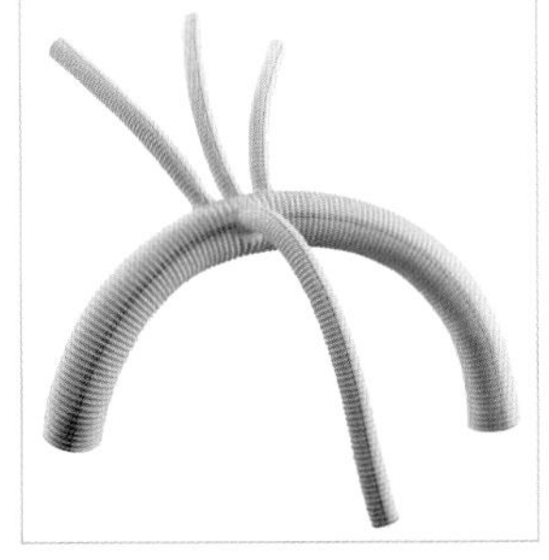

図18 人工血管

❷生体材料(バイオマテリアル) 失われた身体機能を元の状態に近いところまで回復させるための重要な手段として，**人工心臓弁や人工腎臓，人工血管(☞図18)，人工骨(☞図19)，人工皮膚などの研究開発が行われている。**これらに使用される，人体に直接接するような目的で使われる素材を生体材料(バイオマテリアル)という。他にも，縫合材料，医用接着剤，歯科材料など様々な生体材料がある。

ステンレス鋼，コバルト合金，チタン合金などの**金属材料**やセラミックスといった**無機素材**が使用されたり，多糖，タンパク質，ポリエステル，ポリ乳酸などの**有機合成高分子材料**が用いられたりしている。

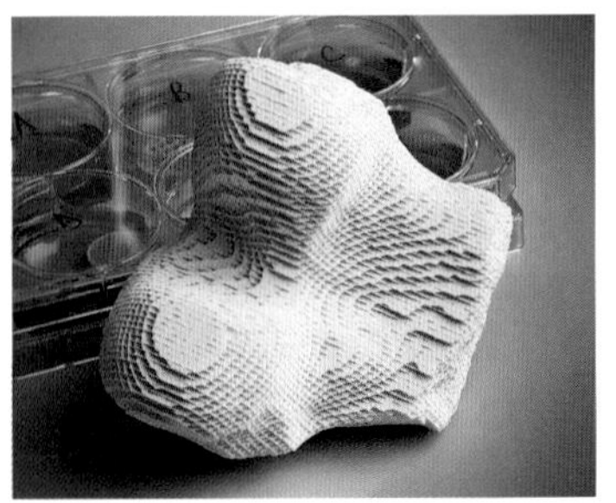

図19 人工骨

2 エネルギーと化学

熱や電気といったエネルギーは，私たちの生活にはなくてはならないものである。その需要を満たしていくために，新たなエネルギーの創出とともに，**持続可能なエネルギー供給システムの構築が必要である。**

❶再生可能エネルギー　石炭，石油，天然ガスなどの化石資源を燃焼させて取り出すエネルギーは，温室効果ガスである二酸化炭素を大量に出すうえ，資源が枯渇するとエネルギーを得ることができない。そのため，二酸化炭素を出さずにエネルギーを得られる長期的に持続可能なエネルギー源である再生可能エネルギーへの大幅な転換が必要とされるようになった。

再生可能エネルギーとしては，水力，太陽光，風力，地熱，バイオマスなどがある。水力，太陽光，風力，地熱は発電に使われる。バイオマスは燃焼させて電気や熱を得るため，二酸化炭素を発生するが，**元が太陽光のエネルギーを使って光合成により大気の二酸化炭素を固定化したもので，トータルでは二酸化炭素を増やさない。**このことをカーボンニュートラルという。

❷水素の利用　石油や石炭を使わず，水素をエネルギーとして利用する場合，二酸化炭素は発生しない。このため，水素を燃料とした燃料電池(☞p.152)で駆動する乗用車やバスも普及しており，水素ステーションの設置件数も徐々に増えてきている。

そのほかに，**水素と二酸化炭素を原料として炭化水素を合成し，化学工業の原料などに用いる技術**が期待されており，水素の需要は今後さらに増加していくことが予想される。

しかしながら，現在は化石資源を使って作る水素(**グレー水素**)がほとんどであり，結局水素製造の際に二酸化炭素を出している。このため，化石資源を使わずに再生可能エネルギーで作った電気を使い，水を電気分解して作る水素(**グリーン水素**)が求められるようになってきている。

第8編　化学が果たす役割

このSECTIONのまとめ　化学が築く未来

□化学が築く未来 ☞p.518	・**ドラッグデリバリーシステム**…薬の体内における濃度を適切に維持する薬物伝達システム。 ・**再生可能エネルギー**…長期的に持続可能なエネルギー源。水力，太陽光，風力，地熱，バイオマスなど。

CHAPTER 1 練習問題 解答☞p.563

1 〈合金〉

合金の代表例である青銅，ステンレス鋼，ジュラルミンの主要な成分元素をⅠ群から，また特徴や用途をⅡ群からそれぞれ1つずつ選べ。

Ⅰ群

(a) Sn－Ag－Cu (b) Ni－Cr (c) Cu－Zn (d) Cu－Zn－Al
(e) Fe－Cr－Ni (f) Cu－Ni (g) Al－Cu－Mg (h) Bi－Pb－Sn
(i) Cu－Sn (j) Fe－Co－W

Ⅱ群

① 融点が低い。金属の接合材として使われる。
② 軽くて丈夫。飛行機の構造材に用いる。
③ さびにくく，硬い。工具，台所用品の素材となる。
④ 腐食しにくく加工しやすい。美術品・硬貨・鐘などに利用される。

2 〈ファインセラミックス・ガラス・セメント〉

次の記述のうち誤っているものを1つ選べ。

ア 陶磁器の焼き方のうち，本焼きとは素焼きの器に上薬をかけて，約1100～1500℃で焼いて，ゆっくり冷やす焼き方である。
イ 高純度の石英ガラスは，光通信用の光ファイバーの材料として使われる。
ウ 建築用材料として広く用いられるセメントに，砂と砂利を混ぜたものをモルタルという。
エ 鉛(なまり)ガラスは光学ガラスともよばれ，屈折率が大きいためクリスタルガラスとして装飾品に利用されるほか，X線の遮蔽(しゃへい)窓にも使用される。

3 〈染料〉

次の①～⑥の空欄にあてはまる語句，化学式を答えよ。

アニリンに低温で塩酸と亜硝酸ナトリウムを作用させると，塩化ベンゼンジアゾニウムが生じる。この反応を(①)という。ナトリウムフェノキシドの水溶液に塩化ベンゼンジアゾニウムを反応させると，橙色の染料である(②)が生じる。この反応を(③)といい，次の反応式で示される。

$$C_6H_5\text{-}N^+{\equiv}NCl^- + C_6H_5\text{-}O^-Na^+ \longrightarrow (\ ④\ ) + NaCl$$

塩化ベンゼンジアゾニウムは，温度が高いと次のような反応で分解するので，①の反応は低温で行う必要がある。

$$C_6H_5\text{-}N^+{\equiv}NCl^- + H_2O \longrightarrow (\ ⑤\ ) + (\ ⑥\ ) + HCl$$

総合問題❷ 解答☞p.564

解答☞p.564

1 次の問いに答えよ。

問1 次の(1)～(9)の2種類の物質が共通して示す性質を，下の**ア**～**ケ**のうちからそれぞれ1つずつ選べ。

(1) 水酸化亜鉛とアニリン
(2) 硝酸銀水溶液と硝酸銅(Ⅱ)水溶液
(3) アセトアルデヒドとグルコース
(4) フェノールとサリチル酸
(5) エタノールとアセトン
(6) ベンゼンスルホン酸とヨウ化水素
(7) 緑青とフェーリング液
(8) セッケン水とデンプン水溶液
(9) グリシンとアラニン

ア 水に溶けて強酸性を示す。
イ フェーリング液を還元する。
ウ ヨードホルム反応を示す。
エ チンダル現象を示す。
オ ニンヒドリン反応を示す。
カ 水には溶けにくいが希塩酸には溶ける。
キ 硫化水素を通じると黒色沈殿を生じる。
ク 塩化鉄(Ⅲ)水溶液による特有の呈色反応を示す。
ケ 白金線につけてバーナーの外炎に入れると，同じ色の炎色反応を示す。

問2 **問1**で選んだ性質について，次の(1)，(2)に答えよ。

(1) **キ**を選んだ組み合わせの2種類の化合物それぞれから生じる黒色沈殿の化学式を答えよ。

(2) **ケ**を選んだ組み合わせの2種類の化合物に共通する炎色反応の色を答えよ。

2 次の(1)～(10)の2種類の組み合わせの物質のうち，下線を引いた物質だけが示す性質を，あとの**ア**～**コ**のうちからそれぞれ1つずつ選べ。

(1) <u>塩化銀</u>と塩化鉛(Ⅱ)
(2) <u>硫酸鉄(Ⅲ)水溶液</u>と硫酸鉄(Ⅱ)水溶液
(3) <u>塩化カリウム水溶液</u>と塩化マグネシウム水溶液
(4) <u>酢酸鉛(Ⅱ)水溶液</u>と酢酸カルシウム水溶液
(5) <u>マルトース</u>とスクロース
(6) <u>エチレン(エテン)</u>とヘキサン
(7) <u>タンパク質水溶液</u>とグリシン水溶液
(8) <u>サリチル酸</u>と安息香酸
(9) <u>アセチレン(エチン)</u>とエチレン(エテン)
(10) <u>ナトリウムフェノキシドの水溶液</u>と安息香酸ナトリウムの水溶液

ア　フェーリング液を還元する。
イ　硝酸銀水溶液に通じると，沈殿を生じる。
ウ　白金線につけてバーナーの外炎に入れると，紫色の炎色反応を示す。
エ　二酸化炭素を通じると，水に溶けにくい物質が遊離し，エーテル抽出される。
オ　薄い水酸化ナトリウム水溶液を加えた後薄い硫酸銅(Ⅱ)水溶液を少量加えると，赤紫色の呈色反応を示す。
カ　濃アンモニア水に溶ける。
キ　チオシアン酸カリウム水溶液を加えると，血赤色溶液になる。
ク　塩化鉄(Ⅲ)水溶液による特有の呈色反応を示す。
ケ　クロム酸カリウム水溶液を加えると，黄色沈殿を生じる。
コ　臭素溶液を脱色させる。

3　アンモニアNH_3に関する次の各問いに答えよ。必要があれば，次の値を使用せよ。
気体定数；$R = 8.3 \times 10^3$ Pa・L/(K・mol)，原子量；H = 1.0，N = 14，O = 16

アンモニアは，工業的には鉄などを触媒として窒素と水素から高温・高圧下で合成される。その反応は，次の(i)式で表される。

$$N_2 + 3H_2 \longrightarrow 2NH_3 \quad \cdots\cdots(i)$$

この反応は可逆反応で，平衡状態では圧力が［ a ］ほど混合物中のNH_3の含有率は高くなる。このように，可逆反応が平衡状態にあるとき，温度や圧力などの条件を変化させると，変化の影響を小さくする向きに平衡状態が移動する。これを［ b ］の原理と呼ぶ。

また，アンモニアを，白金触媒を使って酸化して一酸化窒素をつくり，これを空気中で酸化して二酸化窒素とし，二酸化窒素を水と反応させると，硝酸をつくることができる。これらの反応を1つにまとめると，次の(ii)式のようになる。

$$NH_3 + 2O_2 \longrightarrow HNO_3 + H_2O \quad \cdots\cdots(ii)$$

<u>アンモニアを実験室でつくるには，塩化アンモニウムと水酸化カルシウムの混合物を加熱する。</u>

問1　(i)式で表されるアンモニアの工業的製法および(ii)式で表される硝酸の工業的製法の名称は，それぞれ次のうちのどれか。

ア　接触法　　**イ**　アンモニアソーダ法　　**ウ**　オストワルト法
エ　クメン法　　**オ**　ハーバー・ボッシュ法

問2　文中の［ a ］に当てはまる語句(高い・低い)のいずれかを記せ。

問3　文中の［ b ］に当てはまる人物名を記せ。

問4　文中の下線部の反応を化学反応式で表せ。

問5　(ii)式の反応を利用して質量パーセント濃度63 %の濃硝酸を20 kgつくるには，27 ℃，1.0×10^5 Paのもとでのアンモニアを何L必要とするか。

問6　次の結合エネルギーの値〔kJ/mol〕および(i)式を利用してNH_3の生成エンタルピーΔH〔kJ/mol〕を計算せよ。

N－N：946　　H－H：436　　N－H：391

問7　体積が調節可能な耐圧性の反応容器に，窒素10.0 molと水素30.0 molを入れて，温度を527 ℃に保ったところ，(i)式の反応が平衡状態に達した。このときの容器内の混合気体の全圧は7.0×10^7 Paで，容器内には12.0 molのアンモニアが生成していたとして，次の問いに答えよ。

(1)　平衡状態における混合気体の体積は何Lか。

(2)　平衡状態におけるアンモニアの分圧は何Paか。

(3)　527 ℃における(i)式の反応の圧平衡定数〔Pa^{-2}〕を求めよ。

4　銅の単体と化合物に関する次の各問いに有効数字2桁で答えよ。必要があれば，次の値を使用せよ。原子量；Cu＝64，気体定数；$R = 8.3 \times 10^3$ Pa･L/(K･mol)

問1　銅の単体は，右図のような面心立方格子の結晶構造からなっている。この単位格子一辺の長さ(格子定数)は3.6×10^{-8} cm，結晶の密度は9.0 g/cm^{3}である。アボガドロ定数を6.0×10^{23} /molとして，次の(1)～(3)に答えよ。
$\sqrt{2} = 1.4$　$\sqrt{3} = 1.7$　$3.6^3 = 47$

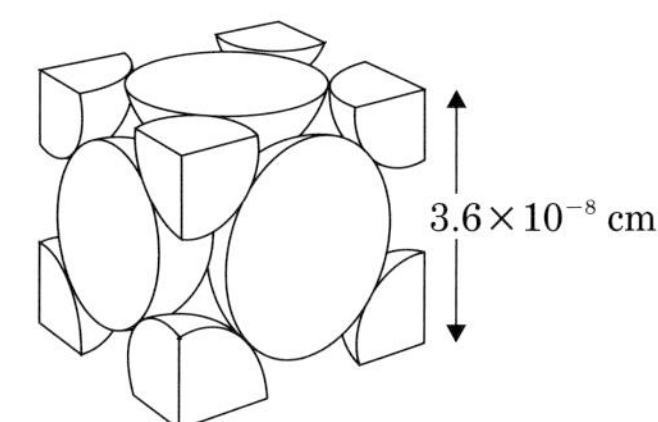

(1)　銅の原子半径は何cmか。

(2)　単位格子1個分の質量は何gか。

(3)　上の値をもとにして銅の原子量を求めよ。

問2　銅に希硝酸を反応させると一酸化窒素が発生する。47 ℃，1.0×10^5 Paのもとで8.3 Lの一酸化窒素を発生させるのに必要な銅の質量は何gか。

問3　硫酸銅(Ⅱ)五水和物$CuSO_4 \cdot 5H_2O$に関する次の各問いに答えよ。式量は$CuSO_4 \cdot 5H_2O = 250$，$CuSO_4 = 160$　とする。

(1)　硫酸銅(Ⅱ)五水和物$CuSO_4 \cdot 5H_2O$の結晶25.0 gを100 gの水に溶かした。この硫酸銅(Ⅱ)水溶液の質量モル濃度〔mol/kg〕を求めよ。

(2)　(1)の水溶液に水を加えて全量を1000 gとした水溶液をつくった。水のモル凝固点降下を1.85 K･kg/molとして，この水溶液の凝固点〔℃〕を求めよ。ただし，水溶液中で硫酸銅(Ⅱ)は完全に電離するものとする。

⑶　硫酸銅(Ⅱ)無水物$CuSO_4$の溶解度は，60℃で40 g/100 g水，20℃で20 g/100 g水である。次の(i)，(ii)に答えよ。

(i)　20℃における硫酸銅(Ⅱ)の飽和溶液をつくるには，水100 gに何gの硫酸銅(Ⅱ)五水和物$CuSO_4 \cdot 5H_2O$の結晶を溶かせばよいか。

(ii)　60℃で水100 gに$CuSO_4 \cdot 5H_2O$の結晶を50 g溶かした水溶液をつくり，これを20℃まで冷却すると，何gの$CuSO_4 \cdot 5H_2O$の結晶が析出するか。

問4　希硫酸を入れた硫酸銅(Ⅱ)水溶液を，白金電極を用いて，5.0 Aの電流を通じて電気分解したところ，陰極に3.2 gの銅が析出した。ファラデー定数を，$F = 9.65 \times 10^4$ C/molとして，次の問いに答えよ。

⑴　このとき陽極で発生する気体の体積は，27℃，1.0×10^5 Paのもとで何Lか。ただし，発生した気体は水に溶けないものとする。

⑵　この電気分解に要した時間は何秒か。

5　酢酸CH_3COOHに関する次の各問いに答えよ。必要があれば，次の値を使用せよ。原子量；H = 1.0，C = 12.0，O = 16.0

問1　次の(a)，(b)の反応と似たしくみで進む反応を，下の**ア**～**オ**のうちからそれぞれ1つずつ選べ。

(a)　酢酸ナトリウムの粉末に希硫酸を注ぐと，酢のにおいがしてくる。

(b)　アセトアルデヒドの水溶液に硫酸で酸性にした過マンガン酸カリウム水溶液を加えて加熱すると，酢酸を生じる。

ア　安息香酸ナトリウムの水溶液に希塩酸を加えると，安息香酸の結晶が析出する。
イ　硫酸を触媒にして酢酸とエタノールを反応させると，酢酸エチルが生じる。
ウ　無水酢酸に水を加えて加熱すると，酢酸を生じる。
エ　サリチル酸に無水酢酸を反応させると，アセチルサリチル酸を生じる。
オ　二酸化硫黄の水溶液に過酸化水素水を加えると，硫酸を生じる。

問2　ベンゼン50.0 gにCH_3COOH（液）1.50 gを溶かした溶液の凝固点は4.19℃であった。この結果をもとにすると，ベンゼン中での酢酸の分子量はいくらになるか。ベンゼンの凝固点を5.50℃，モル凝固点降下を5.12 K·kg/molとして整数値で求めよ。

また，酢酸分子はベンゼン溶液中でどのような状態になっていると考えられるか。関係する現象も含めて簡単に説明せよ。

問3　CH_3COOH（液）の生成を表す化学反応式は，次のように表される。

$$2C\,(黒鉛) + 2H_2\,(気) + O_2\,(気) \longrightarrow CH_3COOH\,(液)$$

CH_3COOH（液）の燃焼エンタルピーを −874 kJ/mol，H_2O（液）およびCO_2（気）の生成エンタルピーをそれぞれ −286 kJ/mol，−394 kJ/molとして，CH_3COOH（液）の生成エンタルピーΔH〔kJ/mol〕を整数値で求めよ。

問4　次の(1)〜(3)の水溶液における水素イオン濃度$[H^+]$を有効数字2桁で求めよ。必要があれば次の値を用いよ。水のイオン積；$K_W = [H^+][OH^-] = 1.0 \times 10^{-14}$ mol²/L²，酢酸の電離定数；$K_a = 2.7 \times 10^{-5}$ mol/L

また，$\sqrt{10.8} = 3.3$，$\sqrt{11} = 3.3$，$\sqrt{1.35} = 1.2$，$\sqrt{74} = 8.6$　とする。

(1)　0.40 mol/LのCH_3COOH水溶液

(2)　0.40 mol/LのCH_3COOH水溶液50 mLに0.10 mol/LのNaOH水溶液50 mLを混合した水溶液

(3)　0.40 mol/LのCH_3COOH水溶液50 mLに0.40 mol/LのNaOH水溶液50 mLを混合した水溶液

6　次の文を読み，あとの問いに答えよ。

人間は生命を維持するために，食品からタンパク質，糖類，脂質という三大栄養素を摂取しなければならない。

タンパク質は，①約20種類のα-アミノ酸からできている高分子化合物である。タンパク質の［ア］構造は，α-アミノ酸の配列順序を示す。タンパク質分子は，ペプチド結合中の$>$N−Hと，分子内の他のペプチド結合中の［イ］との間に［ウ］結合が形成され，らせん状の［エ］構造になる場合がある。また，平行に並んだポリペプチドの間に［オ］結合が形成され，ひだ状のβ-シート構造になる場合もある。実際のタンパク質では，らせん状の構造などがさらに折りたたまれて，それぞれのタンパク質に特有の立体構造をとる。タンパク質に熱などを加えると，タンパク質の立体構造が変化して凝固したり沈殿したりする。このような現象をタンパク質の［カ］という。また，②タンパク質の水溶液に多量の電解質を加えてもタンパク質の沈殿が生じる。

タンパク質は特有の呈色反応を示すので，呈色反応はタンパク質の検出に利用される。タンパク質水溶液に濃硝酸を加えて熱すると黄色になり，さらにアンモニア水などを加えて塩基性にすると橙黄色になる。この反応を［キ］反応という。また，タンパク質水溶液に水酸化ナトリウム水溶液を加えて塩基性にした後，少量の硫酸銅(Ⅱ) $CuSO_4$水溶液を加えると［ク］色になる。この反応を［ケ］反応という。

デンプンは，植物体内で［コ］によってつくられ，米，小麦やいも類に多く含まれている。デンプンは分子構造のちがいにより，アミロースとアミロペクチンがある。アミロースは多数の［サ］がとなりあう分子間でC1とC4 (注：α-グルコース分子内の炭素につけられた番号。C1〜C6がある。)のヒドロキシ基の間で縮合して重合した化合物で［シ］構造をとる。アミロペクチンはアミロースと同様の結合のほか，となりあう分子のC1とC6のヒドロキシ基の間でも縮合しているため，［ス］構造を含む。アミロースは温水に溶けやすいが，アミロペクチンは溶けにくい。③デンプンの水溶液に，横から強い光線を当てると，その光の通路が明るく見える。また，だ液に含まれるアミラーゼをデンプンに作用させると④マルトースなどに加水分解される。

デンプンと同じ分子式$(C_6H_{10}O_5)_n$をもつセルロースは，多数の［　セ　］のC1とC4（注：β-グルコース分子内の炭素につけられた番号。C1～C6がある。）のヒドロキシ基の間で縮合して重合した化合物であり，［　ソ　］構造をとる。

油脂は，［　タ　］と高級脂肪酸からできたエステルで，植物や動物の体内に多く存在し，ラードやごま油などの主成分となる。油脂は脂肪酸の種類によって性質が異なり，［　チ　］が多く含まれる油脂は常温で固体のものが多く，［　ツ　］が多く含まれる油脂は常温で液体のものが多い。油脂に水酸化ナトリウムなどの強塩基の水溶液を加えて加熱すると，［　テ　］とよばれる加水分解反応が起こり，脂肪酸の塩とグリセリンが生成する。人体において油脂は，すい臓から分泌される酵素である［　A　］によって加水分解される。

問1　文中の［　ア　］～［　テ　］に当てはまる最適な語句や官能基を以下の選択肢から選べ。必要であれば，複数回使用してもよい。

選択肢：

一次，　二次，　三次，　光合成，　化学発光，　窒素固定，
混合物，　反応物，　縮合，　けん化，　水素，　共有，　置換，
グリコシド，　α-ヘリックス，　サブユニット，　変性，　ビウレット，
キサントプロテイン，　ニンヒドリン，　赤紫，　黒，　緑，
鎖状(直鎖状)，　らせん，　球状(楕円状)，　枝分かれ，
α-グルコース，　β-グルコース，　飽和脂肪酸，　不飽和脂肪酸
エチレングリコール，　グリセリン，　ペクチン，　レシチン，　アルブミン

$-\overset{\overset{\displaystyle O}{\|}}{C}-H$，　$-O-H$，　$>N-H$，　$>C=O$，　$-C\begin{smallmatrix}\nearrow O \\ \searrow O-H\end{smallmatrix}$

問2　下線部①について，タンパク質を構成するα-アミノ酸の中で鏡像異性体が存在しないアミノ酸の名称を答えよ。

問3　下線部②について，この現象の名称を答えよ。

問4　下線部③について，この現象の名称を答えよ。

問5　下線部④について，マルトースのような二糖は還元性をもつが，同じ二糖でも還元性をもたないものの名称を答えよ。

問6　［　A　］について，この酵素の名称を答えよ。

付録

課題研究の道しるべ

1 | 課題研究をやってみよう

1 課題研究とは

皆さんは，中和滴定（☞図1）や電池など教科書に載っている実験に取り組んだことがあるだろう。教科書の実験は，テーマや題材，方法などが決まっていて，うまくいけば「教科書の説明通りの結果」が得られる。

しかし，同じ実験でも，方法や試薬を変えてやってみたらどうなるだろうか。最近，重視されている「探究的な学習」は，**例えば教科書の実験でも，何かしら小さな疑問を持ち，その解明のために考えて工夫する要素が加われば，「探究」になる。**自分のアイデアを活かし，ほかの人が知らない，自分だけが知っている新しいことを発見するワクワク感を味わってほしい。

ここでは，たとえ教科書の実験でも，単に「成功した」「失敗した」で終わらせるのではなく，「なぜそうなるのか」「結果に再現性があるのか」「もっと良い方法があるのではないか」など，**疑問を持って題材や実験方法を工夫してみる**ことから始められる「課題研究」の基礎を学んでいこう。

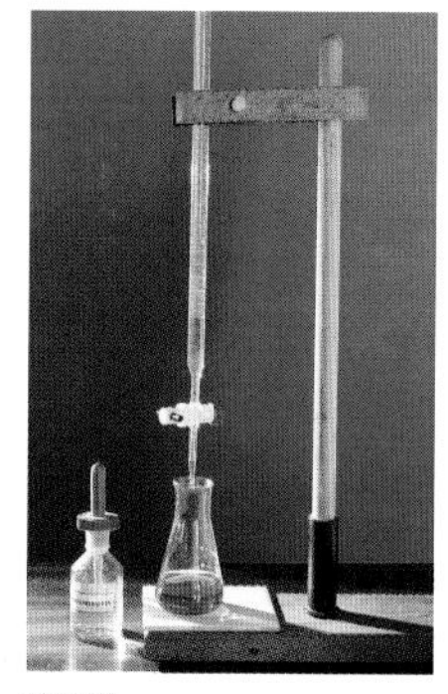

図1 中和滴定の実験

2 | 課題研究の進め方

まず，一般的な「課題研究」の進め方を次ページの図2に示す。基本的には，「課題の発見」→「仮説の設定」→「検証計画の立案」→「調査・観察・実験」→「結果の分析と仮説の検証（課題の解決）」→「発表」という流れである。この間に，**研究の進め方にかかわる「見通し」と取り組んだ過程を評価する「振り返り」の取組みが重視されている。**これから，それぞれの過程での取り組みのポイントを学んでいこう。

1 課題の設定

課題の発見は，極端に言えば，**自分が「何を知らないのか」に気づくことから始まる。**

学校での学習や自分の趣味に関わること，身の回りのさまざまな自然現象・社会事象について，「ふつう」「あたりまえ」と思っていることも，一歩踏み込んでその原因や根拠を考えてみると，意外に知らないことも多い。

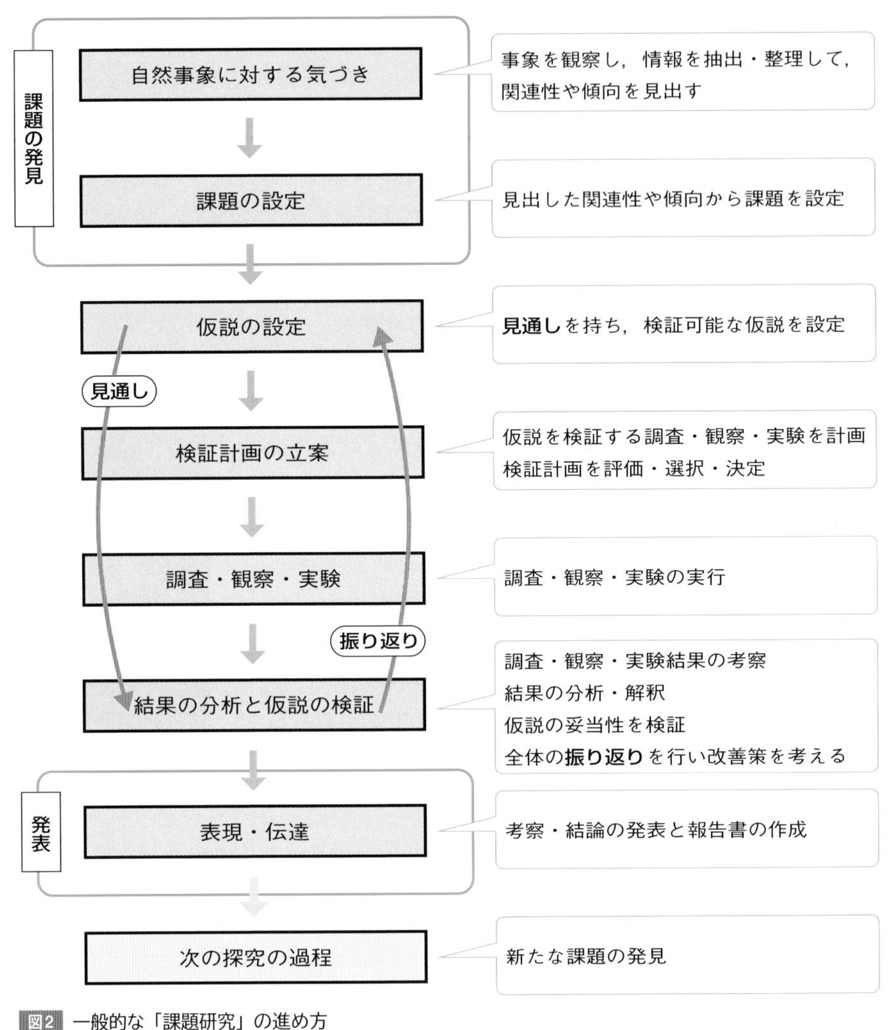

図2　一般的な「課題研究」の進め方

例えば，教科書の実験でも「**混合物の分離**」や「**成分元素の検出**」でなぜそのようなことができるのかの理論を学び，それを応用して他の物質でやってみたり，「**電池**」の理論を深く学んで，その性能を上げる方法を考えたりするなど，新しく得た知識を生かしながら興味・関心のおもむくままにテーマを探してみよう。そのためには，先行研究をよく調べてみることが大切である。

2 課題の探究

❶仮説の設定

まず，**設定した課題の解決のために，仮説を設定する必要がある。**仮説は課題に対する答えの予想である。したがって，仮説を立てることによって，探究に見通しをもつことができる。例えば，長持ちする「**電池**」を課題とする研究では，課題の解決のために，電解液の種類や濃さ，電極の種類や大きさ，電極間の距離などの実験可能な要素についてそれぞれ仮説を立てる必要がある。このように，仮説は「科学的に検証」できるものであることが重要である。また，課題によっては，仮説を数式で表すとより具体的になることもある。一方，使える試薬や設備，時間などを考え，検証する範囲を絞ることも必要である。適切な仮説が立てられた時点で，その課題研究の半分が成功しているといっても過言ではない。

❷文献調査

設定した課題は，すでに他の研究者によって，詳しく調べられているかもしれない。一方，どのようなテーマであっても似たような研究はすでに行われていることが多い。高校生が，まったく新しい課題を見つけることは困難であるが，**教科書に載っているようなテーマでも，オリジナリティが出せれば，探究する価値がある。**そのためにも，先行研究を調べることが重要である。現在では，インターネットを用いて容易に調べることができる。論文検索では，検索エンジンも活用するとよい。ただし，インターネットでは情報の信頼性確保のため，出典などの情報源や掲載時期などの確認には十分な注意が必要である。

補足 **「巨人の肩の上に乗る」**という言葉がある。『先行研究』という，「巨人の肩」の上に乗ることで，より遠くの『新しい課題』を見つけることができるという意味である。

❸研究倫理

すべての研究は，先行研究の結果を引用しながら進めることになるが，そこで注意したいのが，研究倫理についての理解である。

研究倫理に反する行為として，おもに盗用，ねつ造，改ざんなど(☞表1)がある。

表1 研究倫理に反する行為

盗用	他人の研究成果を出典など明示することなく流用すること
ねつ造	存在しないデータ，結果などをつくること
改ざん	データ，結果などを削除したり加工したりすること

高校生の場合，知識や経験の不足から，意図せず行ってしまうこともあるので，観察・実験結果を処理する際のデータの扱い方やレポート作成，発表の際の論文の引用方法などについて，指導者に確認してもらうなどして十分注意する。

❹検証計画と観察・実験

ある程度の先行研究調査ができたら，手に入る材料を揃えて，まずは観察・実験をやってみよう。はじめから，綿密な計画を立てるのは難しいし，**予備実験などをすることで，見通しを立て，その結果を踏まえて本格的に進める観察や実験の条件設定を行うことができる。**

研究計画書ができたら，観察・実験をはじめよう。その際，次の点に気をつけるとよい。

①目的に合った材料(試薬)や器具・装置を用意する。

② 1つの実験で変化させる条件は1つにして，定量的[★1]に条件の数値を変化させる。必要に応じて対照実験を行う。

③実験の繰り返しの回数や測定値の定量性，有効数字に注意する(❻参照)。

❺実験ノートの作成(結果の記録)

研究の結果，新しい発見があったとしても，設定した条件や根拠データの数が不足しては，正しい考察にはならない。また，仮説通りの結果が得られなくとも，後で(仮説とは別の結論を導く)重要な結果となるかもしれないので，**すべての結果を取捨選択せず記録しておく**ことが大切である。

簡略なものでも，図や表，グラフを使って記録しておくと，結果の分析に役立つことが多い。記載の方法を自分なりに工夫してみよう。実験レポートは，このノートから必要な部分を取り出して作成することになる。

❻結果の分析

定量的なデータを扱うときは，測定の**正確さ**と**精度**の違いに注意しよう。正確さとは「測定値がどのくらい真の値に近いか」を意味し，精度とは「測定を繰り返した場合の値の散らばりの度合い」を意味する。正確さを高めるためには，測定機器の校正や測定者のスキルを向上させる必要がある。一方，機器の性能や測定の性質によって精度や再現性が低くなってしまう実験などでは，測定結果の有効数字(信頼できる値の範囲)の扱いに注意が必要である。有効数字や単位の扱いについては，「化学基礎」の教科書などで復習しておこう。

実験・測定結果は，表やグラフに表すことで，データがもつ関係性や傾向が把握しやすくなる。また，レポートの作成や発表に際しても，説得力のある資料となるので，積極的に活用しよう。測定結果から法則性を見いだすことは，仮説の検証や新しい知見を得るために重要な考察である。その際，**表2**のような因果関係と相関関係の違いに留意することが大切である。

★1 条件や結果などのうち，数値として扱えるものを**定量的**な条件(結果)，扱えないものを**定性的**な条件(結果)などという。

表2 因果関係と相関関係

因果関係	事象Xが原因となって事象Yが変化するとき，XとYの間には**因果関係**があるという。
	例 水温が高くなるほど，同量の水に溶ける溶質の量が多くなる。
相関関係	事象Xが増加するとき，事象Yも増加する，または減少するなどの関係が認められることを**相関関係**があるという。
	例 ゲームをする時間が長い子どもほど，学校の成績が低くなる。★1

3 レポートの作成と発表

1 とにかく発表してみよう

課題研究に取り組んでいる本人は，研究内容について熟知しているが，結果の分析や考察については，独りよがりのものになりかねない。そのため，中間発表などを行い，先生や友人からの質問や意見を聞くことは重要である。研究の最終段階では，成果のまとめを発表して，必要があれば聞き手からの意見を踏まえて正しい内容に修正し，レポート(論文)を作成することが望ましい。時間がかけられないときも，発表かレポートの作成か，どちらかだけでもぜひ取り組んでほしい。

研究発表の場で，自分だけが知っている結果や考察を発表し，**多くの人に聞いてもらえる喜びは大きなものであり，日々の研究を進めるモチベーションにもなる。**

2 レポートの作成

書きはじめる前に，レポート全体の構成を考えて，目次をつくってみるとよい。特に，**伝える相手のことを考えて書くことが大切である。**科学の知識がある先生や専門家に読んでもらうのか，同級生や下級生などに読んでもらうのかによって，研究の前提条件として説明すべき内容などが異なってくる。

レポートの文章は，客観的にわかりやすく書くことが重要である。集中して書いているときは，論理の飛躍や説明不足などに気づかないことも多いので，必ず推敲する。**時間をおいて読み直すか，仲間に読んでもらうのもよい。**

一般的に，方法と結果は，レポートを書く前に行ったことなので過去形で書き，結果の分析や考察は現在形で書くことが多い。また，先行研究などを適切に引用することも重要だが，**盗用とならないよう，自分が行ったことと，文献などから引用したことを明確に分けて書く。**また，参考文献の示しかたにも注意が必要で，科学技術情報流通基準(SIST)などに従って示すとよい。

★1 そのような傾向が見られたとしても，ゲームをすること自体が原因ではなく，学習時間や睡眠時間の減少などが成績低下の原因かもしれず，両者に因果関係があるとは言い切れない。

3 研究発表の方法

研究発表のおもな方法には，ポスター発表と口頭発表がある。

❶ポスター発表

模造紙大(A0判程度)のポスターをつくり，その前に立って**研究内容を聞き手に簡潔に説明し，その後質問を受ける形式が一般的である。**後述の口頭発表に比べ，リラックスした雰囲気で発表でき，聞き手との距離も近いので研究内容を伝えやすく，的確な質問や助言を受けることができる。

ポスター作成にあたっては，内容がわかりやすいタイトルや項目の立て方，適切な文字の大きさと簡潔な文章，わかりやすい図・表で，会場の聞き手をポスター前に引き付ける工夫を凝らすことが重要である。

ポスター発表タイトル
発表者氏名(学校名・学年)

1. 要旨（研究目的や成果を簡潔にまとめる）
2. はじめに（研究の背景や先行研究の紹介）
3. 方法・仮説（仮説と研究の方法を説明する）
4. 結果（観察・実験の結果を表やグラフを活用して示す）
5. 考察（箇条書きにするとわかりやすい）
6. まとめ（仮説の検証・箇条書きにするとわかりやすい）
7. 参考文献

図3 ポスターの例

なお，ポスターに掲載する表のキャプション(見出しや説明文)は表の上，図のキャプションは図の下に入れる。これは，スライドやレポートにおいても共通のルールである。

❷口頭発表

プレゼンテーションソフトなどを使って，発表内容のスライドをつくり，プロジェクタなどで投影しながら，**着席した聞き手に5～10分程度で発表することが多い。**ポスター発表に比べて，聞き手が多く多様なので，説明の難易度の選択が難しい。発表後の質疑応答の時間は短いので，質問者の意図を正しく理解し，簡潔かつ適切に答える必要がある。

スライドは，はじめに発表内容の項目(目次)を示し，項目ごとに適切な文字の大きさと簡潔な文章で記述する。スライドは，1分に1枚程度用意することが多いが，文字数が多いと聞き手は聞くことより文字を追うことに集中してしまう。話し方の工夫もポスター発表以上に求められる。

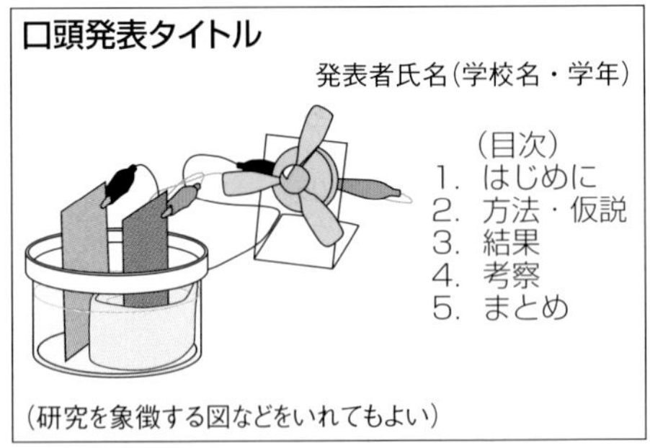

口頭発表タイトル
発表者氏名(学校名・学年)
(目次)
1. はじめに
2. 方法・仮説
3. 結果
4. 考察
5. まとめ

(研究を象徴する図などをいれてもよい)

図4 スライドの例(1枚目)

4 課題例と探究のヒント

ここまでに学んだ知識を活かし，学校での化学実験や，身近な物質や現象をテーマにして，課題研究に挑戦してみよう。研究のテーマの例を紹介する。

1 学校の化学実験に関係するテーマ

❶化学電池の製作と性能向上

化学の実験でダニエル電池などを作り，起電力(電圧)の測定や電子メロディを鳴らした経験がある人も多いだろう。簡単な電池を作り，電気が発生していることを確認することは容易だが，小型モーターを長時間回せるほどの電力量を発生する電池の作成はなかなか難しい。

ここでは，電極板の種類や大きさ，電解液の種類や濃度，電極間の距離や隔膜の種類など，仮説を立てさまざまな工夫をして高性能な電池を作ってみよう。

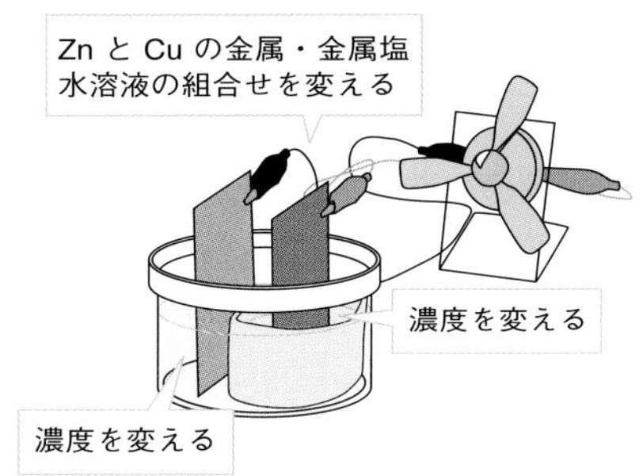

図5 化学電池の工夫の例

例 ダニエル電池 (−)Zn｜$ZnSO_4$aq｜$CuSO_4$aq｜Cu(＋)

❷検出反応は確実・万能だろうか

化学実験には，さまざまな検出反応が登場するが，教科書に出てくる検出反応は，どの程度信頼できるのだろう。物質の種類や濃度，反応時のpHなどの条件を変えたりしながら，必ず反応が見られるのか，反応のようすに変化はないのかなど調べてみよう。例えば，ヨウ素デンプン反応では，デンプンの分子構造により青紫色(うるち米)や赤紫色(もち米)など異なる色になることが知られている。

表3 さまざまな検出反応(参照ページはくわしく説明している箇所を示す。)

化学基礎	炎色反応(☞p.17)，ヨウ素デンプン反応(☞p.451)，石灰水とCO_2の沈殿反応(☞p.322)，硝酸銀と塩化物イオンの沈殿反応(☞p.357)，酸・塩基指示薬[★1]の反応(☞p.108)
化　学	CO_3^{2-}，S^{2-}など種々の陰イオンによる金属イオンの沈殿反応(☞p.362)，ヨードホルム反応(☞p.405)，銀鏡反応(☞p.402)，フェーリング液の還元反応(☞p.402)，ニンヒドリン反応(☞p.455)，ビウレット反応(☞p.460)，キサントプロテイン反応(☞p.460)，チンダル現象(☞p.240)

★1 BTBなどの試薬や，ムラサキキャベツ・花の色素の抽出液などの天然色素が考えられる。

2 身近な物質や現象に関係するテーマ

❶食品や天然物の構成成分についての分析

食品は身近な物質だが，もともとは生物の組織であり，さまざまな成分が含まれるので分析は難しい。そこで，注目する成分の分離や中和滴定など教科書に出てくるような実験技術でも実施できそうな例をあげる。

①しょうゆやみそなど調味料の塩分(塩化ナトリウム)濃度測定

一定量の調味料を蒸発皿に取り，ガスバーナーで完全に燃やして灰を作る。これに，水を加えて塩分を溶かし出し，蒸発乾固して質量を測定する。食塩の沸点は1400 ℃なので，ガスバーナーの温度で蒸発・分解することはない。

②野菜の色素や水性インクのクロマトグラフィー

物質の分離と精製で学んだペーパークロマトグラフィーや薄層クロマトグラフィーを使って，野菜や植物の葉・花などのエタノール抽出液，市販の水性黒色インクなどから，さまざまな色素を分離する。展開に用いる溶媒は，水やエタノールのほか，複数の溶媒を混合した溶液も試してみるとよい。

③食酢中の酢酸やかんきつ類の果汁中のクエン酸などの濃度測定

一定量の薄めた食酢や果汁などの水溶液を，濃度既知の水酸化ナトリウム水溶液で中和滴定する。含まれる酸を，食酢ではすべて酢酸，かんきつ類ではすべてクエン酸とみなして定量してみる。

❷環境水や大気に含まれる微量の成分分析

河川や湖沼の水の分析は，科学クラブの活動などでよく行われているテーマである。市販の検査キットを用いる方法のほか，酸化還元反応を学んだ後であれば，水に溶けている有機物を還元剤として，過マンガン酸カリウムなどの酸化剤で滴定してその濃度を求め，水の汚れ具合を調べることができる。この汚れの指標を，**化学的酸素要求量**(COD)という(☞p.140)。

河川水などに有機物が多く含まれると，それを餌にする微生物が発生し，呼吸により溶存酸素を消費してしまうため，魚などの水生生物が生息できなくなることがある。

> COLUMN
>
> **測定精度と有効数字**
>
> 例えば，食酢中の酢酸のモル濃度は0.7～0.8 mol/Lで製品による差は少ない。そのため，滴定でNaOHの滴下量の有効数字が1桁では，濃度の比較のために不十分である。このように，測定の精度や有効数字は，実験の目的に合わせて調整する必要があり，適切な精度の測定器具を使用し，有効数字に気を付けて計算する必要がある。この中和滴定では，メスシリンダーではなくビュレットを使い，0.01 mL(目盛りの10分の1)まで滴下量を読み取ることで，結果の有効数字を2桁以上確保することができる。
>
> また，各測定値の有効数字が3桁であっても，引き算によって2桁以下となる場合もあるため，必要に応じて実験精度を上げる。

問題の解答

•第1編
物質の構成

p.24 練習問題

① 答 ①混合物，②純物質，③酸素，④単体，⑤化合物

② 答 ⑴蒸留，⑵抽出
⑶クロマトグラフィー，⑷ろ過

③ 答 ア，イ
解説 ウ　フッ素はF_2，塩素はCl_2。
エ　一酸化炭素COと二酸化炭素CO_2は，成分元素は同じだが，単体ではないので，互いに同素体ではない。
オ　マグネシウムはMg，カルシウムはCa。

④ 答 ⑴昇華，⑵蒸発，⑶融解，⑷凝縮
⑸凝固

p.35 練習問題

① 答 ①正，②原子核，③負，④電子，⑤陽子，⑥中性子，⑦原子番号，⑧質量数，⑨同位体

② 答 ⑴イ，ウ，⑵イ，ウ，⑶エ，オ
⑷ア，イ，オ
解説 ⑴原子番号が同じで，質量数が異なる原子を互いに同位体であるという。
⑵原子番号＝陽子の数＝電子の数である。
⑶，⑷ア～オの陽子，中性子の数は，
ア…陽子6個，中性子6個
イ…陽子7個，中性子7個
ウ…陽子7個，中性子8個
エ…陽子9個，中性子10個
オ…陽子10個，中性子10個

③ 答 ⑴ア，⑵オ，⑶ウ
⑷イ，⑸エ，⑹オ
解説 ⑴質量数と中性子の数の差が原子番号。よって，14－8＝6より，原子番号は6。
⑵第3周期の原子は，M殻まで電子が入る。
⑶17族の原子は，最外殻電子を7個もつ。
⑸最外殻電子が8個（K殻の場合は2個）のとき，安定な電子配置である。
⑹ア～エは非金属元素であるが，オは2族で金属元素である。

p.70 練習問題

① 答 ⑴Al，⑵Cl，⑶Ar，⑷S^{2-}，⑸Cl
解説 ⑶Arには最外殻電子が8個あり，最も安定な電子配置をとっている。
⑷16族のS原子には最外殻電子が6個あり，電子を2個取り入れて，最外殻電子が8個の安定な電子配置をとろうとする。
⑸Ca原子数とX原子数の比は，1：2だから，イオンの価数の比は2：1である。Caは2価の陽イオンになりやすいから，Xは，1価の陰イオンになりやすいClである。

② 答 （上から順に）陽，吸収，小さい，陽，左下，陰，放出，大きい，陰，右上

③ 答 ⑴陽イオンと陰イオンの価数がそれぞれ2倍になり，強い静電気力がはたらくため。
⑵陰イオンのイオン半径が最も大きいNaIが最も静電気力が弱くなるため。
解説 ⑵同族元素のイオン半径を比べると，周期表の下にあるものほどイオン半径は大きくなるので，静電気力が弱くなり，融点が低くなる。

④ 答 NaOH－水酸化ナトリウム，
Na_2SO_4－硫酸ナトリウム，
$Ca(OH)_2$－水酸化カルシウム，
$CaSO_4$－硫酸カルシウム，

$Al(OH)_3$－水酸化アルミニウム，
$Al_2(SO_4)_3$－硫酸アルミニウム

解説　電気的に中性になるように，すなわち陽イオンの価数の総和と陰イオンの価数の総和が等しくなるように組み合わせる。多原子イオンが2個以上の場合には，多原子イオンを(　)で囲んで右下に数をつける。

⑤ 答 (1) :N⋮⋮N:

(2) H:Ö:H（O の上下に非共有電子対）

(3)
　H　H
H:C::C:H

(4) [H:N:H（N の上下に H）]$^+$

(5) [:Cl:]$^-$ Mg^{2+} [:Cl:]$^-$

解説　(4)イオンの場合，カッコでくくり，電荷を右上に添える。
(5)陽性の強い金属と，陰性の強い非金属であるからイオン結合で結ばれる。

⑥ 答 (1)A；H_2O，B；HF，C；NH_3
(2)15～17族の水素化合物は，極性分子であり，14族の水素化合物は，無極性分子であるため。
(3)水素結合が形成されるため。

解説　(1)Aは16族の酸素，Bは17族のフッ素，Cは15族の窒素の水素化合物である。
(2)極性分子間では，電荷のかたよりによる静電気力のために，無極性分子より分子間力が大きくなるので，沸点が高くなる。

⑦ 答　ア，エ，オ

解説　イ…アルカリ金属やマグネシウムMg，アルミニウムAlなどは比較的密度が小さく，軽金属とよばれている。
ウ…水銀Hgやナトリウムなど，融点の低い金属もある。

⑧ 答 (1)CaF_2－イオン結合
(2)Zn－金属結合
(3)I_2－共有結合，分子間力(ファンデルワールス力)
(4)SiO_2－共有結合
(5)NH_4Cl－イオン結合，(配位結合を含む)共有結合

解説　(1)金属元素と非金属元素の化合物。
(3)I原子間には共有結合があり，I_2分子間には分子間力(ファンデルワールス力)がはたらく。
(4)SiO_2は共有結合の結晶である。
(5)NH_4ClはNH_4^+とCl^-の間にイオン結合がはたらく。また，N－H間は共有結合で結ばれている。

⑨ 答 (1)イ，(2)ウ，(3)エ，(4)ア，(5)ウ，(6)エ (7)ア，(8)イ

解説　NH_4^+を除き，金属と非金属の化合物はイオン結晶。非金属どうしは共有結合。そのうち，共有結合の結晶は，C，Si，SiO_2，SiC。その他はほぼ分子結晶。

p.72 定期テスト予想問題

1 答　元素；(2)，(3)，(5)，単体；(1)，(4)

解説　単体は1種類の元素からなる物質そのものであり，元素は物質の成分である。

2 答 (a)混合物，(b)蒸発，(c)蒸留，(d)分留，(e)溶解度，(f)再結晶

3 答　ア，ウ

解説　イ…高温であるほど，拡散は速く進む。
ウ…気体分子の速さは，高温であるほど速い。
エ…気体分子の平均の速さは，同じ温度では分子量が小さいほど大きい。

4 答　オ

解説　原子番号が同じで，質量数が異なる原子どうしを互いに同位体という。質量数が異なるのは，中性子数が異なるためである。

5 答 (1)$^{19}_{9}F$，(2)5個，(3)K^+，(4)O^{2-}

(5)Be^{2+}, Mg^{2+}, Ca^{2+}, (6)Al

解説　(1)原子番号は9，質量数は10＋9＝19。

(3)イオン化エネルギーはLi, Na, Kなどのアルカリ金属原子のところで極小になる。下の周期の原子ほどイオン化エネルギーが小さいので，表中で最もイオン化エネルギーが小さいのはカリウムKである。

(4)酸素Oは，最外殻電子を6個もち，電子を2個取り入れて，貴ガスであるNeと同じ電子配置であるO^{2-}になりやすい。

(5)アルカリ土類金属はBe, Mg, Caである。

(6)X原子数とO原子数の比は，2：3だから，イオンの価数の比は3：2である。Oは2価の陰イオンになりやすいから，Xは，3価の陽イオンになりやすいAlである。

6 答　(1)1族，アルカリ金属

(2)18族，貴ガス

(3)Ca^{2+}, (4)$AlCl_3$, (5)F_2, Cl_2

解説　(3)原子番号20の元素はCaであり，2価の陽イオンになりやすい。

(4)原子番号13の元素はAl，原子番号17の元素はClである。陽イオン(ここではAl^{3+})の価数の総和と，陰イオン(ここではCl^-)の価数の総和が等しくなるようにする。

7 答　(1)MgF_2, (2)Na_2S, (3)$Al_2(SO_4)_3$

(4)KNO_3, (5)$(NH_4)_2SO_4$, (6)$Ca(OH)_2$

解説　陽イオンの価数の総和と，陰イオンの価数の総和が等しくなるようにする。それぞれの陽イオン，陰イオンは次のとおりである。

(1)陽イオン…Mg^{2+}，陰イオン…F^-

(2)陽イオン…Na^+，陰イオン…S^{2-}

(3)陽イオン…Al^{3+}，陰イオン…$SO_4{}^{2-}$

(4)陽イオン…K^+，陰イオン…$NO_3{}^-$

(5)陽イオン…$NH_4{}^+$，陰イオン…$SO_4{}^{2-}$

(6)陽イオン…Ca^{2+}，陰イオン…OH^-

8 答　(1)① H:F̤̈:　② H:S̤̈:H

③ :Ö::C::Ö:

④ H:N̈:H（下にH）　⑤ :Cl:C:Cl:（上下にCl）

(2)①ア，②イ，③ア，④ウ，⑤オ

(3)①，②，④，(4)①，②，④

解説　(3)対称的な形をした多原子分子は，結合にある極性が互いに打ち消されて，分子全体として無極性分子である。

(4)水素結合を形成する無機化合物は，HF, H_2O, H_2S, NH_3である。ただし，H_2Sの水素結合は弱い。

9 答　(1)Cl_2, (2)HF, (3)NH_3, (4)HCl

解説　(1)F_2とCl_2は無極性分子どうしであり，分子量が大きいCl_2のほうが沸点が高い。

(2)HFは分子間に水素結合がはたらいている。

(3)NH_3は分子間に水素結合がはたらいている。

(4)HClは極性分子，F_2は無極性分子である。

10 答　①同素体，②4，③正四面体，④共有，⑤3，⑥正六角，

⑦分子間力(ファンデルワールス力)

11 答　(1)エ，(d)，②

(2)ウ，(b)，①

(3)ア，(a)，③

(4)イ，(c)，④

解説　それぞれの結晶における構成粒子と結合力は，イオン結晶は陽イオンと陰イオンの電気的引力，共有結合の結晶は原子どうしの共有結合，分子結晶は分子どうしの分子間力(ファンデルワールス力)，金属結晶は自由電子による金属結合である。

第2編
物質の変化

p.77 類題

1　同位体の相対質量とその存在比から，

$$原子量 = 10.0 \times \frac{19.9}{100} + 11.0 \times \frac{80.1}{100} \fallingdotseq 10.8$$

この計算は，

$$10.0 \times \frac{19.9}{100} + (10.0 + 1.0) \times \frac{80.1}{100}$$
$$= 10.0 \times \frac{100}{100} + 1.0 \times \frac{80.1}{100}$$
$$= 10.0 + 0.801 = 10.801 \fallingdotseq 10.8$$

とやると簡単である。

答　10.8

p.90 類題

2　エタノール C_2H_5OH 9.2 gの物質量は，

$$\frac{9.2}{46} = 0.20\ \mathrm{mol}$$

これより，生成する CO_2 の体積は，

$$0.20 \times 2 \times 22.4 = 8.96\ \mathrm{L} \fallingdotseq 9.0\ \mathrm{L}$$

また，生成する H_2O の分子の数は，

$$0.20 \times 3 \times 6.0 \times 10^{23} = 3.6 \times 10^{23}\ (個)$$

答　CO_2；9.0 L，H_2O；3.6×10^{23} 個

p.91 類題

3　メタン CH_4 の燃焼の反応式は，

$$CH_4 + 2O_2 \longrightarrow CO_2 + 2H_2O$$

同温・同圧での気体の体積比は，気体の物質量の比と等しいから，CH_4 5 Lと反応する O_2 は，$5 \times 2 = 10$ L。また，このとき生成する CO_2 は5 L。H_2O は，標準状態のもとで液体だから，求める気体の体積は，

$$(18 - 10) + 5 = 13\ \mathrm{L}$$

答　13 L

p.96 練習問題

① 答　ア；1 mol，イ；12，ウ；27，エ；27，オ；27 g/mol

解説　ウ　$4.5 \times 10^{-23}\ \mathrm{g} \times 6.0 \times 10^{23} = 27\ \mathrm{g}$

オ　原子量・分子量・式量に〔g/mol〕をつけた値がモル質量である。

② 答　(1)32，(2)106，(3)44 g/mol，(4)3.6 g (5)3.0×10^{23} 個

解説　(1)$12 + 1.0 \times 4 + 16 = 32$

(2)$23 \times 2 + 12 + 16 \times 3 = 106$

(3)二酸化炭素の分子量は $12 + 16 \times 2 = 44$

よって，モル質量は44 g/mol

(4)分子量は，$1.0 \times 2 + 16 = 18$ より，モル質量は18 g/mol。よって，求める質量は，

$$18 \times 0.20 = 3.6\ \mathrm{g}$$

(5)$0.50 \times 6.0 \times 10^{23} = 3.0 \times 10^{23}$ (個)

③ 答　(1)0.15 mol，(2)0.25 mol (3)1.5×10^{23} 個，(4)4.5 L，(5)6.7 L

解説　(1)NaOHの式量は，$23 + 16 + 1.0 = 40$。6.0 gの物質量 n〔mol〕は，

$$n = \frac{6.0\ \mathrm{g}}{40\ \mathrm{g/mol}} = 0.15\ \mathrm{mol}$$

(2)標準状態における気体1 molの体積は22.4 Lであるから，5.6 Lの物質量は，

$$n = \frac{5.6\ \mathrm{L}}{22.4\ \mathrm{L/mol}} = 0.25\ \mathrm{mol}$$

(3)H_2O 4.5 gの物質量は，

$$n = \frac{4.5\ \mathrm{g}}{18\ \mathrm{g/mol}} = 0.25\ \mathrm{mol}$$

これに含まれる分子の数は，

$$0.25\ \mathrm{mol} \times 6.0 \times 10^{23}\ /\mathrm{mol} = 1.5 \times 10^{23}$$

(4)CO_2 8.8 gの物質量は，

$$n = \frac{8.8\ \mathrm{g}}{44\ \mathrm{g/mol}} = 0.20\ \mathrm{mol}$$

この CO_2 の標準状態における体積は，

$$v = 0.20\ \mathrm{mol} \times 22.4\ \mathrm{L/mol} \fallingdotseq 4.5\ \mathrm{L}$$

(5)1.8×10^{23} 個の酸素分子の物質量は，

$$n = \frac{1.8 \times 10^{23}}{6.0 \times 10^{23}\ /\mathrm{mol}} = 0.30\ \mathrm{mol}$$

この酸素の標準状態における体積は，

$$0.30\ \mathrm{mol} \times 22.4\ \mathrm{L/mol} \fallingdotseq 6.7\ \mathrm{L}$$

④ 答 (1)23, (2)63.5

解説 (1)相対質量は，${}^{12}_{6}C$の原子の質量12を基準とする相対的な質量であるから，求める相対質量をxとすると，次の式が成り立つ。

$$2.0\times10^{-23}\,g : 3.8\times10^{-23}\,g = 12 : x$$

これより，$x = 22.8 \fallingdotseq 23$

(2)相対質量とその存在比から，原子量は，

$$62.9\times\frac{69.2}{100}+64.9\times\frac{30.8}{100}$$

$$=63.9+2.0\times\frac{30.8}{100}=63.9+0.616\fallingdotseq 63.5$$

⑤ 答 (1)0.80 mol/L, (2)5.4 mol/L

解説 (1)NaOHの式量＝40より，8.0 gの物質量は，

$$n=\frac{8.0\,g}{40\,g/mol}=0.20\,mol$$

求めるモル濃度c〔mol/L〕は，

$$c=\frac{0.20\,mol}{0.250\,L}=0.80\,mol/L\text{または，}$$

$$c=0.20\times\frac{1000}{250}=0.80\,mol/L$$

(2)水溶液1 L (1000 cm^3)に含まれるNaOHの質量は，

$$1000\,cm^3\times1.2\,g/cm^3\times\frac{18}{100}=216\,g$$

このNaOHの物質量は，

$$n=\frac{216\,g}{40\,g/mol}=5.4\,mol$$

よって，モル濃度は5.4 mol/L

⑥ 答 (1)$CH_3OCH_3+3O_2 \longrightarrow 2CO_2+3H_2O$
(2)$4NH_3+5O_2 \longrightarrow 4NO+6H_2O$
(3)$2Al+6HCl \longrightarrow 2AlCl_3+3H_2$

解説 (1)反応物と生成物を化学式で表すと，

$$CH_3OCH_3+O_2 \longrightarrow CO_2+H_2O$$

登場回数の少ないC，Hを含むジメチルエーテルCH_3OCH_3の係数を1とし，C，H，O原子の数を左辺と右辺で等しくなるように，各係数を定めると，次の化学反応式が得られる。

$$CH_3OCH_3+3O_2 \longrightarrow 2CO_2+3H_2O$$

(2)反応物と生成物を化学式で表すと，

$$NH_3+O_2 \longrightarrow NO+H_2O$$

登場回数の少ないNは合っているのでHを合わせるために

$$2NH_3+O_2 \longrightarrow NO+3H_2O$$

再度Nを合わせ直すと

$$2NH_3+O_2 \longrightarrow 2NO+3H_2O$$

右辺のO原子は5個なので

$$2NH_3+\frac{5}{2}O_2 \longrightarrow 2NO+3H_2O$$

最後に両辺を2倍する。

$$4NH_3+5O_2 \longrightarrow 4NO+6H_2O$$

(3)反応物と生成物を化学式で表すと，

$$Al+HCl \longrightarrow AlCl_3+H_2$$

Alの係数を1とし，Al，H，Clの各原子の数が両辺で等しくなるように各係数を定めると，

$$Al+3HCl \longrightarrow AlCl_3+\frac{3}{2}H_2$$

各係数を最も簡単な整数比にすると，

$$2Al+6HCl \longrightarrow 2AlCl_3+3H_2$$

⑦ 答 (1)水；14 g，二酸化炭素；13 L
(2)水；2.4×10^{23}個，酸素；11 L

解説 (1)C_3H_8 8.8 gの物質量は，

$$n=\frac{8.8\,g}{44\,g/mol}=0.20\,mol$$

このプロパンの燃焼によって生じる水の物質量は，反応式の係数から，

$$0.20\times4=0.80\,mol$$

この水H_2Oの質量は，

$$0.80\,mol\times18\,g/mol\fallingdotseq14\,g$$

また，この反応で生成するCO_2の物質量は，

$$0.20\times3=0.60\,mol$$

このCO_2の標準状態における体積は，

$$0.60\,mol\times22.4\,L/mol\fallingdotseq13\,L$$

(2)標準状態で2.24 LのC_3H_8の物質量は，

$$n=\frac{2.24\,L}{22.4\,L/mol}=0.100\,mol$$

この反応で生成するH_2Oの物質量は，反応式の係数から，

$$0.100\times4=0.400\,mol$$

この中に含まれるH_2O分子の数は，

$0.400\ \text{mol} \times 6.0 \times 10^{23}\ /\text{mol}$
$= 2.4 \times 10^{23}$

また，0.100 molのC_3H_8と反応するO_2の物質量は，反応式の係数から，

$0.100 \times 5 = 0.500\ \text{mol}$

このO_2の標準状態での体積は，

$0.500\ \text{mol} \times 22.4\ \text{L/mol} \fallingdotseq 11\ \text{L}$

⑧ 答　(1)11.5 g，(2)4 L
(3) (1)；ア，(2)；エ

解説　(1)質量保存の法則より，反応の前後での質量は変わらないから，

$10.0 + 10.0 - 8.5 = 11.5\ \text{g}$

(2)生成したNH_3の体積を$2x$〔L〕とすると，反応するN_2はx〔L〕，H_2は$3x$〔L〕となるから，次の式が成り立つ。

$(10 - x) + (20 - 3x) + 2x = 26$

これより，$x = 2\ \text{L}$

よって，NH_3の体積は，

$2 \times 2 = 4\ \text{L}$

(3)(1)の問題は，反応前後における物質の質量の総和は変わらないという，質量保存の法則をもとにしている。また，(2)の問題は，気体間の反応においては，反応または生成する気体の体積は，同温・同圧のもとで簡単な整数比となるという，気体反応の法則をもとにしている。

p.111 類題

4　答　0.30 mol/L

解説　酢酸の濃度をx〔mol/L〕とすると，その10 mL中のCH_3COOHの物質量は，

$x \times \dfrac{10}{1000} = 10^{-2}x$〔mol〕

NaOH水溶液中のNaOHの物質量は，

$0.20 \times \dfrac{15}{1000} = 3.0 \times 10^{-3}\ \text{mol}$

$10^{-2}x = 3.0 \times 10^{-3}\quad \therefore\quad x = 0.30\ \text{mol/L}$

p.126 練習問題

① 答　(1) (c)，(2) (b)，(3) (e)，(4) (h)

解説　(a)～(h)の物質を強酸，弱酸，強塩基，弱塩基に分けると，

強酸…硝酸HNO_3（1価），硫酸H_2SO_4（2価）。
弱酸…硫化水素H_2S（2価），リン酸H_3PO_4（3価）。リン酸は弱酸のなかでも比較的電離度が大きく，中程度の酸に分類されることもある。
強塩基…水酸化カリウムKOH（1価），水酸化カルシウム$Ca(OH)_2$（2価）。
弱塩基…アンモニアNH_3（1価），水酸化銅（Ⅱ）$Cu(OH)_2$（2価）。

② 答　(1)$[H^+] = 1.0 \times 10^{-1}\ \text{mol/L}$，pH = 1
(2)$[H^+] = 1.0 \times 10^{-12}\ \text{mol/L}$，pH = 12
(3)$[H^+] = 1.0 \times 10^{-3}\ \text{mol/L}$，pH = 3
(4)$[H^+] = 1.0 \times 10^{-11}\ \text{mol/L}$，pH = 11

解説　(1)$[H^+] = 1.0 \times 10^{-1}\ \text{mol/L}$　　pH = 1
(2)$[OH^-] = 1.0 \times 10^{-2}\ \text{mol/L}$
$[H^+][OH^-] = 1.0 \times 10^{-14}\ (\text{mol}^2/\text{L}^2)$より
$[H^+] = 1.0 \times 10^{-12}\ \text{mol/L}$　　pH = 12
(3)$[H^+] = 0.050 \times 0.020 = 1.0 \times 10^{-3}\ \text{mol/L}$
$[H^+] = 1.0 \times 10^{-3}\ \text{mol/L}$　　pH = 3
(4)0.10 mol/LのNaOH水溶液を100倍に希釈するということは，濃度は10^{-2}倍となる。
よって，$[OH^-] = 1.0 \times 10^{-1} \times 10^{-2}$
$= 1.0 \times 10^{-3}\ \text{mol/L}$
$[H^+][OH^-] = 1.0 \times 10^{-14}\ (\text{mol}^2/\text{L}^2)$より
$[H^+] = 1.0 \times 10^{-11}\ \text{mol/L}$　　pH = 11

③ 答　(1)正塩，(2)酸性塩，(3)正塩
(4)塩基性塩，(5)酸性塩，(6)酸性塩

解説　多価の酸を低い価数の塩基で不完全に中和する際に，酸性塩が生じる。この場合，塩の化学式には，H^+になり得るHが残っている。

多価の塩基を低い価数の酸で不完全に中和する際に，塩基性塩が生じる。この場合，塩の化学式には，OH基が残っている。

酸と塩基をちょうど中和させて得られる塩は正塩であり，化学式中にはH^+になり得るHもOH基も残っていない。

④ 答 (1)酸性, (2)塩基性, (3)酸性, (4)酸性
(5)塩基性

解説 強酸と強塩基の中和でできた正塩の水溶液は中性, 強酸と弱塩基の中和でできた正塩の水溶液は酸性, 弱酸と強塩基の中和でできた正塩の水溶液は塩基性である。

また, 強酸と強塩基の中和でできた酸性塩の水溶液は酸性, 弱酸と強塩基の中和でできた酸性塩の水溶液は塩基性である。

(1)硫酸 H_2SO_4 と水酸化銅(Ⅱ) $Cu(OH)_2$ の中和でできた正塩。

(2)炭酸 H_2CO_3 と水酸化カリウム KOH の中和でできた正塩。

(3)硝酸 HNO_3 とアンモニア NH_3 の中和でできた正塩。

(4)硫酸 H_2SO_4 と水酸化ナトリウム NaOH の中和でできた酸性塩。

(5)炭酸 H_2CO_3 と水酸化ナトリウム NaOH の中和でできた酸性塩。

⑤ 答 (1)1.68×10^{-1} mol/L, (2)50 mL

解説 (1)酢酸水溶液の濃度を c〔mol/L〕とすると, 酢酸は1価の酸で, 水酸化ナトリウムは1価の塩基であるから,

$$1\times c\times\frac{10}{1000}=1\times0.10\times\frac{16.8}{1000}$$

これより, 酢酸水溶液の濃度 $c=0.168$ mol/L

(2)NaOH の物質量〔mol〕$=\dfrac{0.40\text{ g}}{40\text{ g/mol}}$

$$=1.0\times10^{-2}\text{ mol}$$

NaOH は1価の塩基, 硫酸は2価の酸である。必要な硫酸の体積を x〔mL〕とすると,

$$1\times1.0\times10^{-2}=2\times0.10\times\frac{x}{1000}$$

$$x=50\text{ mL}$$

⑥ 答 4.00×10^{-1} mol/L

解説 酸と塩基が中和する際, 以下の式が成り立つ。

酸の価数×酸の濃度×酸の体積
　＝塩基の価数×塩基の濃度×塩基の体積

酸は2種類あるので, それぞれの酸の式を足す。塩酸は1価の酸, 硫酸は2価の酸より,

$$1\times0.200\times\frac{10}{1000}+2\times0.100\times\frac{10}{1000}$$

いま, 水酸化ナトリウム水溶液の濃度を c〔mol/L〕とすると,

$$1\times0.200\times\frac{10}{1000}+2\times0.100\times\frac{10}{1000}=1\times c\times\frac{10}{1000}$$

$$c=0.400\text{ mol/L}$$

p.136 類題

5 答 $2FeSO_4+H_2O_2+H_2SO_4 \longrightarrow Fe_2(SO_4)_3+2H_2O$

解説 $Fe^{2+} \longrightarrow Fe^{3+}+e^-$ ……①

$H_2O_2+2H^++2e^- \longrightarrow 2H_2O$ ……②

2×①＋②より,

$$2Fe^{2+}+H_2O_2+2H^+ \longrightarrow 2Fe^{3+}+2H_2O$$

両辺に $3SO_4{}^{2-}$ を加えて整理する。

p.146 練習問題

① 答 (1)0, (2)＋4, (3)－2, (4)＋6, (5)－1
(6)＋5, (7)＋7

解説 単体中の原子の酸化数は0, 化合物は成分原子の酸化数の総和が0, 通常, 化合物中では H 原子, O 原子, アルカリ金属原子の酸化数はそれぞれ＋1, －2, ＋1として計算すればよい。以下は, 求める酸化数を x とおく。

(2)$x+(-2)\times2=0$　∴ $x=+4$
(3)$(+1)\times2+x=0$　∴ $x=-2$
(4)$(+1)\times2+x+(-2)\times4=0$　∴ $x=+6$
(5)$(+1)+x=0$　∴ $x=-1$
(6)$(+1)+x+(-2)\times3=0$　∴ $x=+5$
(7)$x\times2+(-2)\times7=0$　∴ $x=+7$

② 答 (1)C, C, 0→＋2
(2)SO_2, S, ＋4→＋6
(3)Cu, Cu, 0→＋2, (4)×

③ 答 ①H^+, ②1, ③H_2O, ④2,

⑤3，⑥4，⑦$2H_2O$，⑧$4H^+$，⑨2

解説　①～③Nの酸化数は，HNO_3で＋5，NO_2で＋4であるから，②＝1，O原子の数を合わせるために③＝H_2O，H原子の数を合わせるために①＝H^+となり，左右の電荷も0でそろう。

④～⑥Mnの酸化数は，MnO_4^-で＋7，MnO_2で＋4であるから，⑤＝3，左右の電荷をそろえるために⑥＝4，H原子の数を合わせるために④＝2，O原子の数もそろう。

⑦～⑨Cの酸化数は，COで＋2，CO_3^{2-}で＋4であるから，⑨＝2，O原子の数を合わせるために⑦＝$2H_2O$，H原子の数を合わせるために⑧＝$4H^+$となり，左右の電荷も0でそろう。

④ 答　$3Cu + 8HNO_3 \longrightarrow 3Cu(NO_3)_2 + 2NO + 4H_2O$

解説　①式を3倍すると，

$3Cu \longrightarrow 3Cu^{2+} + 6e^-$　……③　が得られる。

②式を2倍すると，

$2HNO_3 + 6H^+ + 6e^- \longrightarrow 2NO + 4H_2O$…④

が得られる。

③式＋④式をつくり，$6e^-$を消去すると次の式が得られる。

$3Cu + 2HNO_3 + 6H^+ \longrightarrow 3Cu^{2+} + 2NO + 4H_2O$

両辺に$6NO_3^-$を加えて整理すると，

$3Cu + 2HNO_3 + 6H^+ \longrightarrow 3Cu^{2+} + 6NO_3^- + 2NO + 4H_2O$

これを整理すると，上記の答えが得られる。

⑤ 答　(1)(B)，(2)(A)

(3)(A)$Cu + 2Ag^+ \longrightarrow Cu^{2+} + 2Ag$

(C)$Fe + Cu^{2+} \longrightarrow Fe^{2+} + Cu$

解説　(1)イオン化傾向は$Zn > Fe > Cu > Ag$だから，(B)のZn^{2+}とCuの組み合わせは変化しない。

(2)(A)の硝酸銀水溶液は無色であり，Cu^{2+}が生じるので青くなる。

(3)(B)はイオン化傾向が$Zn > Cu$なので，反応しない。Agの陽イオンは1価であることに注意。

p.164 練習問題

① 答　①a，②b，③a，④a，⑤b，⑥b，⑦b

② 答　(1)$Cu^{2+} + 2e^- \longrightarrow Cu$

(2)$Zn \longrightarrow Zn^{2+} + 2e^-$

(3)①還元，②酸化，③増加，④減少

(4)3860 C

解説　(1)～(3)イオン化傾向が大きいZnの方が酸化されやすいので，負極となる。負極のZnは溶けてZn^{2+}となる。正極ではCu^{2+}が還元されてCuとなり析出する。

(4)電子2 molの移動で，1 molのZnが溶ける。

2.0×10^{-2} molのZnが溶けるには，

4.0×10^{-2} molの電子の移動が必要である。その電気量は，

$$4.0 \times 10^{-2}\ \text{mol} \times 9.65 \times 10^4\ \text{C/mol} = 3860\ \text{C}$$

③ 答　(1)①Pb，②2，③PbO_2，④H^+，⑤2

(2)4.8 g，(3)4.8 mol/L

解説　(1)放電の際，負極ではPbが酸化されて$PbSO_4$になり，正極ではPbO_2が還元されて$PbSO_4$になる。

(2)負極Pbは放電後$PbSO_4$になり，負極に付着する($Pb + SO_4^{2-} \longrightarrow PbSO_4 + 2e^-$)。したがって，1 molのPbが溶ければ，負極は1 molのSO_4^{2-}の質量である96.0 gが増加する。

放電で供給された電気量は，

$2.0 \times 4825 = 9650$ Cである。これは，

$\dfrac{9650\ \text{C}}{9.65 \times 10^4\ \text{C/mol}} = 1.0 \times 10^{-1}$ molの電子がもつ電気量である。1.0×10^{-1} molの電子が移動するとPbは5.0×10^{-2} mol溶けるので，

$$5.0 \times 10^{-2} \times 96.0 = 4.8\ \text{g}$$

(3)正極での変化は，

$$PbO_2 + 4H^+ + SO_4^{2-} + 2e^- \longrightarrow PbSO_4 + 2H_2O$$

である。2 molの電子の移動で正極と負極あわせて2 molのH_2SO_4が消費される。よって，0.10 molの電子の移動で減少するH_2SO_4は0.10 mol。

放電前の電解液中に存在していたH_2SO_4は，$5.0\ \mathrm{mol/L} \times 0.50\ \mathrm{L} = 2.5\ \mathrm{mol}$である。放電後の$H_2SO_4$の物質量は$2.5 - 0.10 = 2.4$〔mol〕なので，求めるモル濃度$c$〔mol/L〕は，

$$c = \frac{2.4\ \mathrm{mol}}{0.50\ \mathrm{L}} = 4.8\ \mathrm{mol/L}$$

④ 答　(1)B，(2)A極；$H_2 \longrightarrow 2H^+ + 2e^-$
B極；$O_2 + 4H^+ + 4e^- \longrightarrow 2H_2O$
(3)1.9×10^4 C

解説　(1)Bで，酸素が還元されて水が生成する反応が起こるので，正極はBである。

(3)反応式より，水が1 mol生成するとき，電子が2 mol流れるから，

$$\frac{1.8}{18} \times 2\ \mathrm{mol} \times 9.65 \times 10^4\ \mathrm{C/mol}$$
$$= 1.93 \times 10^4\ \mathrm{C}$$

⑤ 答　①(b)，②(b)，③(b)，④(a)，⑤(a)，⑥(b)，⑦(b)

解説　(1)電池の負極と接続しているのが陰極であり，マイナスの電気を帯びている。

(2)電池の負極から電子が流れ出るから，陰極はその電子が導線から流れ込む。

(3)陰極では導線から流れ込む電子を受け取る還元反応が起こる。

(4)Naはイオン化傾向が大きいので，かわりに水分子が還元されてH_2が発生する。NO_3^-は電気分解されにくく，かわりに水分子が酸化されてO_2が発生する。

⑥ 答　(1)$Cu^{2+} + 2e^- \longrightarrow Cu$
(2)$Cu \longrightarrow Cu^{2+} + 2e^-$，(3)19300 C
(4)0.20 mol，(5)6.4 g

解説　(3)2時間8分40秒＝7720秒。電気分解に使われた電気量＝2.5 A × 7720秒＝19300 C

(4)1 molのe^-の電気量＝9.65×10^4 Cより，

$$\frac{19300\ \mathrm{C}}{9.65 \times 10^4\ \mathrm{C/mol}} = 0.20\ \mathrm{mol}$$

(5)2 molのe^-の移動で，1 molのCuが析出する。よって，0.20 molのe^-の移動で析出するCuは，

$$0.20\ \mathrm{mol} \times \frac{1}{2} \times 63.5\ \mathrm{g/mol} = 6.35\ \mathrm{g}$$

p.171　定期テスト予想問題

1 答　(1)1.2×10^{23}個，(2)3.0×10^{23}個

解説　(1)CH_3OHの分子量は32であり，モル質量は32 g/molであるから，6.4 gの物質量は，

$$n = \frac{6.4\ \mathrm{g}}{32\ \mathrm{g/mol}} = 0.20\ \mathrm{mol}$$

この中に含まれる分子の数は，

$$0.20\ \mathrm{mol} \times 6.0 \times 10^{23}\ /\mathrm{mol} = 1.2 \times 10^{23}$$

(2)標準状態で11.2 Lの酸素の物質量は，

$$n = \frac{11.2\ \mathrm{L}}{22.4\ \mathrm{L/mol}} = 0.500\ \mathrm{mol}$$

この中に含まれる分子の数は，

$$0.500\ \mathrm{mol} \times 6.0 \times 10^{23}\ /\mathrm{mol} = 3.0 \times 10^{23}$$

2 答　(1)49 g，(2)3.4 mol/L

解説　(1)2.0 mol/Lの希硫酸250 mL中に含まれるH_2SO_4の物質量は，

$$2.0\ \mathrm{mol/L} \times \frac{250}{1000}\ \mathrm{L} = 0.50\ \mathrm{mol}$$

このH_2SO_4の質量は，分子量98より，

$$0.50\ \mathrm{mol} \times 98\ \mathrm{g/mol} = 49\ \mathrm{g}$$

(2)希硫酸1 L (1000 $\mathrm{cm^3}$)中に含まれる，溶質H_2SO_4の質量は，

$$1000\ \mathrm{cm^3} \times 1.2\ \mathrm{g/cm^3} \times \frac{28}{100} = 336\ \mathrm{g}$$

このH_2SO_4の物質量は，

$$n = \frac{336\ \mathrm{g}}{98\ \mathrm{g/mol}} \fallingdotseq 3.4\ \mathrm{mol}$$

よって，3.4 mol/L

3 答　(1)9.0 L，(2)75 L

解説　(1)C_2H_4 5.6 gの物質量は，

$$n = \frac{5.6\ \mathrm{g}}{28\ \mathrm{g/mol}} = 0.20\ \mathrm{mol}$$

このC_2H_4の燃焼によって生じるCO_2の物質量は，反応式の係数を利用して，

$$0.20\ \mathrm{mol} \times 2 = 0.40\ \mathrm{mol}$$

このCO_2の標準状態における体積は，

$$0.40\ \mathrm{mol} \times 22.4\ \mathrm{L/mol} \fallingdotseq 9.0\ \mathrm{L}$$

(2)同温・同圧のもとで，反応・生成する気体の体積比は，反応式の係数比(物質量比)に等しいから，5.0 LのC_2H_4と反応するO_2の体積は，

$5.0\ \text{L} \times 3 = 15\ \text{L}$

空気中に酸素は20 %含まれていることから，求める空気の体積は，

$$15\ \text{L} \times \frac{100}{20} = 75\ \text{L}$$

4 **答** (1)D，(2)C < D < A < B

解説　(1)強酸と強塩基とが反応してできた塩であるNa_2SO_4の水溶液は中性である。
(2)Na_2SO_4と同じ酸と塩基からできていて酸性塩である$NaHSO_4$は，Na_2SO_4より酸性が強い。弱酸と強塩基からできているNa_2CO_3は，かなり強い塩基性を呈する。Na_2CO_3と同じ酸と塩基からできていて酸性塩である$NaHCO_3$は，Na_2CO_3より塩基性が弱く，すなわちpHは小さい。しかし，pHは7よりは大きいままである。これはHCO_3^-はH^+を出す力が弱く，H^+を受け取る力が強いからである。

5 **答** 0.25 mol/L

解説　塩酸の濃度は，0.50 mol/Lである。使用した酸から放出されるH^+の物質量は，

$$1 \times 0.50 \times \frac{20}{1000} + 2 \times 0.20 \times \frac{75}{1000}$$
$$= 0.040\ \text{mol}$$

これに対して，水酸化カルシウム水溶液の濃度をc〔mol/L〕とすると，使用した塩基から放出されるOH^-の物質量は，

$$2 \times c \times \frac{80}{1000} = \frac{160}{1000}c = 0.16c\ \text{〔mol〕}$$

中和したのだから，$0.040 = 0.16c$〔mol〕

これより，$c = 0.25$ mol/L

6 **答** (1)①A，メスフラスコ，②C，ホールピペット，③B，ビュレット
(2)A，(3)6.30 g，(4)0.104 mol/L
(5)0.853 mol/L，(6)5.12 %

解説　(2)使用前に純水でぬれていても，水溶液の濃度に影響しない。
(3)$(COOH)_2 \cdot 2H_2O = 126$だから，

$$126 \times 0.0500 = 6.30\ \text{g}$$

(4)シュウ酸は2価の酸だから，水酸化ナトリウム水溶液のモル濃度をx〔mol/L〕とすると

$$2 \times 0.0500 \times \frac{10.0}{1000} = 1 \times x \times \frac{9.60}{1000}$$

$\therefore\ x \fallingdotseq 0.104$ mol/L

(5)うすめた後の食酢中の酢酸のモル濃度をy〔mol/L〕とすると，

$$1 \times y \times \frac{10.0}{1000} = 1 \times 0.104 \times \frac{8.20}{1000}$$

$\therefore\ y \fallingdotseq 0.0853$ mol/L

10倍にうすめる前の濃度は，0.853 mol/L。
(6)この水溶液1 L（$= 1000\ \text{cm}^3 = 1000$ g）中には，CH_3COOH（$= 60$）が0.853 mol含まれているから，質量パーセント濃度は，

$$\frac{60 \times 0.853}{1000} \times 100 \fallingdotseq 5.12$$

よって，5.12 %

7 **答** (1)a；オ，b；イ，c；エ，d；イ，e；ア，f；オ，g；ウ，h；オ，(2)ウ

解説　(1)①は，1価の強塩基を1価の強酸で滴定して得られる曲線である。②は，2価の塩基を1価の強酸で滴定して得られる曲線であり，中和点が2段階で現れる。

$$\begin{cases} Na_2CO_3 + HCl \longrightarrow NaHCO_3 + NaCl \\ NaHCO_3 + HCl \longrightarrow NaCl + CO_2 + H_2O \end{cases}$$

③は，1価の弱酸を1価の強塩基で滴定して得られる曲線である。④は，2価の強酸を1価の強塩基で滴定して得られる曲線である。
(2)中和点が塩基性側だから，変色域がpH = 8.0～9.8であるフェノールフタレインが最も適している。

8 **答** (1)④，(2)Al，$0 \to +3$
(3)S，$+4 \to 0$，(4)SO_2

解説　酸化数の変化を示すと，
①N；$0 \longrightarrow -3$，H；$0 \longrightarrow +1$，
②I；$-1 \longrightarrow 0$，Cl；$0 \longrightarrow -1$，
③Al；$0 \longrightarrow +3$，Fe；$+3 \longrightarrow 0$，
⑤SO_2のS；$+4 \longrightarrow 0$，
　H_2SのS；$-2 \longrightarrow 0$

(4)酸化剤は，相手の物質を酸化し，自身は還元されるから，酸化数は減少する。

9 答 (5)

解説　イオン化傾向の順序は，Zn＞Fe＞Cu＞Agである。A欄の金属が，B欄の塩が含む金属イオンよりイオン化傾向が大きいときに変化が起こる。

10 答 (1)正極；$PbO_2 + 4H^+ + SO_4^{2-} + 2e^- \longrightarrow PbSO_4 + 2H_2O$

負極；$Pb^+ + SO_4^{2-} \longrightarrow PbSO_4 + 2e^-$，

(2)D，(3)＋1.73 g，(4)＋0.512 g

解説　(1)，(2)鉛蓄電池の正極・負極でのそれぞれの変化は，

正極；$PbO_2 + 4H^+ + SO_4^{2-} + 2e^- \longrightarrow PbSO_4 + 2H_2O$

負極；$Pb^+ + SO_4^{2-} \longrightarrow PbSO_4 + 2e^-$

であり，電気分解の陽極・陰極の変化は，

陽極；$2H_2O \longrightarrow 4H^+ + O_2 + 4e^-$，

陰極；$Ag^+ + e^- \longrightarrow Ag$

である。気体が発生するのは電解槽の陽極である。よって，A極と接続されたDは正極である。鉛蓄電池の正極はDである。

(3)電極Aでの変化は，

$$2H_2O \longrightarrow 4H^+ + O_2 + 4e^-$$

電極Aで発生したO_2は，

$\dfrac{8.96 \times 10^{-2}}{22.4}$ mol $= 4.00 \times 10^{-3}$ molである。

したがって，移動した電子は

$4.00 \times 10^{-3} \times 4 = 1.60 \times 10^{-2}$ molである。

電極Bでの変化は，$Ag^+ + e^- \longrightarrow Ag$である。

1.60×10^{-2} molの電子の移動で析出するAgは，

1.60×10^{-2} mol $\times$ 108 g/mol $= 1.728$ g

(4)電極Dは鉛蓄電池の正極である。

2 molの電子を移動させると，1 molのPbO_2が溶けて1 molの$PbSO_4$が生じて，結果として正極は($PbSO_4$の式量－PbO_2の式量) g＝64.0 g増加する。

電極Dの増加質量$= \dfrac{1.60 \times 10^{-2}}{2} \times 64.0$

$= 0.512$ g

p.174

総合問題❶

1 答　問1④　問2⑤　問3③
問4③　問5④

解説　問1④鉄鉱石は，酸化鉄(Ⅲ) Fe_2O_3や四酸化三鉄Fe_3O_4などを主成分とし，ケイ素Siの化合物などの不純物を含む。

問2 金Auと白金Ptは別の元素である。

問3 陽子数は原子番号と同じであり，質量数から陽子数を引くと中性子数が求まる。

①^{12}C；中性子6個，②^{14}N；中性子7個，
③^{16}O；中性子8個，④^{18}O；中性子10個，
⑤^{19}F；中性子10個。

問4 原子の電子数は原子番号と同じであるから，総電子数は，原子番号の総和になる。③は1＋17＝18であるが，ほかはすべて10個である。

問5 遷移元素は3族～12族である(12族は典型元素に含めることもある)。選択肢中の遷移元素は，Cu，Fe，Ni，Agである。

2 答 ①

解説　②；沸点の差を利用する分離法は蒸留である。③；ろ紙を用いて液体と固体を分離するのはろ過である。再結晶の操作の最後にはろ過の操作も含まれるが，再結晶は，温度による溶解度の差を利用した分離法である。④；この操作は再結晶である。⑤；固体から気体になる状態変化を利用した分離法は昇華法である。

3 答 ③

解説　液体が凝固して固体になると体積が増えるのは水などごく一部の物質だけで，他の物質は一般に，固体になると体積が減少する(固体は液体に沈む)。

4 答　問1　1；⑥，2；①，3；③，5；⑦
問2②

解説　問1人体の多くの部分は水H_2Oでき

ている。図は元素の質量の割合なので，一番多い65 %はOである。また，3 %の[3]の単体は空気の80 %を占めていることからNとわかる。残りの選択肢のうち，単体が常温常圧で気体なのはHeとHだけで，Heは人体を構成してはいないから，10 %の[2]はHである。また，人体にはタンパク質など有機物の成分としてCも多く含まれる。Oの単体には酸素O_2とオゾンO_3，Cの単体には黒鉛，ダイヤモンド，フラーレンなどの同素体が存在するので，18 %の[5]はCである。
問２N，Hの単体はいずれも二原子分子からなる。

5 答 ②
解説 同じ元素(同じ元素記号，同じ原子番号)の原子で，中性子数が異なるために質量数の異なるものを同位体という。原子番号すなわち陽子数が同じなので，電子の数も等しい。

6 答 a；③，b；④
解説 a…二酸化ケイ素SiO_2は共有結合の結晶である。あとはすべて金属陽イオンを含むイオン結晶である。
b…①；H_2Oは折れ線型，②；CH_4は正四面体型，③；NH_3は三角錐型 である。

7 答 ④
解説 配位結合は，共有電子対が一方の原子だけから提供されてできる共有結合であるが，できてしまえば他の共有結合と区別がつかない。

8 答 a；⑤，b；③
解説 a…$NaHCO_3$の水溶液は弱塩基性で，これに強酸の塩酸を加えるので，中和点は酸性側になる。①は強塩基に強酸を加えたもの，②は強塩基に弱酸を加えたもの，③は弱塩基に弱酸を加えたもの，④は２価の塩基に酸を加えたもの(例えばNa_2CO_3水溶液に塩酸)で，50 mLのところが第二中和点になっている。
b…中和点が酸性側にあるので，変色域が酸性領域の中和点付近にある指示薬を用いる。

9 答 問１①，③ 問２a；②，b；⑤
問３②，④ 問４(1)③，(2)④，(3)④
解説 問１①白金線を用いて炎色反応によって区別できる。また，③鉄は銅よりイオン化傾向が大きいので，硫酸銅(Ⅱ)水溶液中では鉄くぎの表面に銅が析出するが，鉄よりイオン化傾向の大きい亜鉛は析出しない。②と④では何も反応は起こらず，⑤カルシウムはいずれの水溶液とも反応して水素を発生するので識別はできない。
問２ a…亜鉛と硫酸は次のように反応する。

$$Zn + H_2SO_4 \longrightarrow ZnSO_4 + H_2$$

発生したH_2は

$$\frac{89.6\ \mathrm{mL}}{22.4 \times 10^3\ \mathrm{mL/mol}} = 4.00 \times 10^{-3}\ \mathrm{mol}$$

で，発生したH_2と反応したZnの物質量比は1：1だから，反応したZnは

$$4.00 \times 10^{-3}\ \mathrm{mol} \times 65\ \mathrm{g/mol} = 0.26\ \mathrm{g}$$

b…反応で消費された硫酸と発生したH_2の物質量は，反応したZnと同じ4.00×10^{-3} molである。
したがって，反応後に残っている硫酸の物質量は

$$1.00 \times \frac{100}{1000} - 4.00 \times 10^{-3}$$
$$= 0.96 \times 10^{-1}\ \mathrm{mol}$$

したがって，その濃度(mol/L)は

$$0.96 \times 10^{-1}\ \mathrm{mol} \times \frac{1000}{100}\ /\mathrm{L} = 0.96\ \mathrm{mol/L}$$

問３②硫酸銅(Ⅱ)は強酸のH_2SO_4と弱塩基の$Cu(OH)_2$の正塩だから，水溶液は酸性を示す。同じように，④NH_4Clは強酸のHClと弱塩基のNH_3の正塩，$Mg(NO_3)_2$は強酸のHNO_3と弱塩基の$Mg(OH)_2$の正塩であるから水溶液は酸性を示す。①は強酸と強塩基の正塩なので水溶液は中性，③と⑤は弱酸と強塩基の正塩なので水溶液は塩基性である。
問４(1)イオン化傾向の大きい金属が負極となって電子を放出し，イオン化傾向の小さい金

属が正極となって電子を受け取る。この電池では亜鉛が負極，銅が正極である。電流は正極から負極に流れる。

⑵負極の亜鉛は次式のように酸化されて電子を放出し，陽イオンになって溶け出すので

$$Zn \longrightarrow Zn^{2+} + 2e^-$$

電極の質量は減少する。正極では銅(Ⅱ)イオンが次式のように還元されて銅の単体になって電極に析出するので

$$Cu^{2+} + 2e^- \longrightarrow Cu$$

電極の質量は増加する。

⑶ダニエル電池の素焼き板は，両極の水溶液が混合するのを防ぎながら，溶液を接触させてイオンを移動させ，イオンのバランスを保つ働きをしている。(両溶液を完全に遮断してしまうと電池の反応は起こらない)。正極では銅(Ⅱ)イオンが還元されて消費されるので相手の陰イオン$SO_4{}^{2-}$が余り，素焼き板を通って負極側に移動する。素焼き板をなくして両液が混合すると，銅は亜鉛よりイオン化傾向が小さいので，銅(Ⅱ)イオンは亜鉛から直接電子を奪い，銅の単体が亜鉛板上に析出する。

10 答 **問1**⑴④，⑵② **問2**(A)①，(B)②
問3 ア；⑤，イ；②

解説 **問1**⑴シュウ酸二水和物の式量は126.0であるから

$$\frac{3.15\ \mathrm{g}}{126.0\ \mathrm{g/mol}} \times \frac{1000}{250}\ /\mathrm{L} = 0.100\ \mathrm{mol/L}$$

⑵質量パーセント濃度18.0％の水酸化ナトリウム水溶液10.0 mL（$=10.0\ \mathrm{cm^3}$）中のNaOHの質量は

$$10.0\ \mathrm{cm^3} \times 1.20\ \mathrm{g/cm^3} \times \frac{18.0}{100} = 2.16\ \mathrm{g}$$

であり，NaOHの式量は40.0であるから，モル濃度は

$$\frac{2.16\ \mathrm{g}}{40.0\ \mathrm{g/mol}} \times \frac{1000}{500}\ /\mathrm{L} = 0.108\ \mathrm{mol/L}$$

問2(A)シュウ酸は2価の酸であるが，電離度は1段目が大きく，2段目は小さい。したがって，電離度0.50の1価の酸と見なして計算してよい。

$$[H^+] = 0.20 \times 0.50 = 0.10$$
$$= 1.0 \times 10^{-1}\ \mathrm{mol/L}$$

したがってpHは1になる。

(B)酸から出る水素イオンのほうが塩基が出す水酸化物イオンより多いので，水溶液は酸性になる。中和のあと余った水素イオンの物質量は

$$0.25 \times \frac{100}{1000} - 0.11 \times \frac{200}{1000} = 0.003\ \mathrm{mol}$$

混合後の溶液は300 mLになるから

$$[H^+] = 0.003\ \mathrm{mol} \times \frac{1000}{300}\ /\mathrm{L}$$
$$= 0.01\ \mathrm{mol/L}$$
$$= 1.0 \times 10^{-2}\ \mathrm{mol/L}$$

したがって，pHは2になる。

問3 ア…シュウ酸は2価の酸，水酸化ナトリウムは1価の塩基であるから，求める濃度をc〔mol/L〕とすると**実験1**より

$$2 \times 0.100 \times \frac{10.0}{1000} = 1 \times c \times \frac{16.0}{1000}$$

$$c = 0.125\ \mathrm{mol/L}$$

イ…過マンガン酸カリウム(過マンガン酸イオン)は1 molが5 molの電子を受け取り，シュウ酸は1 molが2 molの電子を放出するから，求める濃度をc'〔mol/L〕とすると

$$2 \times 0.100 \times \frac{10.0}{1000} = 5 \times c' \times \frac{16.0}{1000}$$

$$c' = 0.0250\ \mathrm{mol/L}$$

第3編

物質の状態と平衡

p.188 練習問題

① 答 (1)BC間，(2) T_1；融点，T_2；沸点，(3)BC間；融解熱，DE間；蒸発熱，(4)液体の分子間力を振り切って分子が自由に飛びまわるようにすることと，体積を大きくするために使われる。

② 答 (1)A；34℃，B；78℃，C；100℃，(2)A，(3)76℃

解説 (1)蒸気圧が大気圧(1.013×10^5 Pa)と等しくなったとき，沸騰する。よって，1.00×10^5 Pa の点線とA，B，Cの蒸気圧曲線の交点の温度が，おおよその沸点である。

(2)同温度で，蒸気圧が最も高い物質が，最も蒸発しやすい。

(3)蒸気圧が 4.0×10^4 Paになる温度で沸騰する。

③ 答 (1)共通点；数値の絶対値，相異点；融解熱は吸収される熱量，凝固熱は発生する熱量。(2)蒸発速度と凝縮速度，(3)液体の蒸気圧(飽和蒸気圧)と外圧(大気圧)

解説 (2)蒸発速度と凝縮速度が等しくなり，外見上，蒸発も凝縮も起こらなくなる。

(3)蒸気圧が外気圧(大気圧)と等しくなると，液体の内部からも蒸発が起こるようになる。

④ 答 エ

解説 分子量が大きい分子ほど沸点が高いため，同じ温度で比べた場合，蒸気圧は低くなる。

p.193 類題

6 答 7.9 mL

解説 求める体積を x〔mL〕とすると，

$$\frac{1.3\times10^3\times500}{273-33}=\frac{1.0\times10^5\times x}{273+17}$$

$\therefore\ x\fallingdotseq7.9$ mL

p.208 練習問題

① 答 (B)，(E)

解説 $pV=nRT$が成り立つ。Tが大きければpVも大きいから，図(a)・図(c)は誤りである。$p=nRT\times\dfrac{1}{V}$から，Tが大きければ直線の傾きも大きいので，図(b)は正しい。$\dfrac{pV}{T}=nR$から，$\dfrac{pV}{T}$はTの値にかかわらず一定であるので，図(d)は誤りである。$V=\dfrac{nR}{p}\cdot T$でpの大きいほうが直線の傾きが小さいので図(e)は正しい。

② 答 (1)28 L，(2)8.3 L，(3)75，(4)43

解説 (1)一定量の気体の温度，圧力を変化させた場合，ボイル・シャルルの法則を用いる。

$\dfrac{p_1V_1}{T_1}=\dfrac{p_2V_2}{T_2}$ より，

$$\frac{3.6\times10^5\times10.0}{273+27}=\frac{1.5\times10^5\times V_2}{273+77}\qquad V_2=28\ \text{L}$$

(2)質量や物質量，温度，圧力がわかっている場合，気体の状態方程式を用いる。

$$V=\frac{nRT}{p}=\frac{2.0\times8.3\times10^3\times310}{6.2\times10^5}\ \text{L}$$

$$=8.3\ \text{L}$$

(3)$M=\dfrac{wRT}{pV}=\dfrac{1.0\times8.3\times10^3\times360}{1.0\times10^5\times0.40}\fallingdotseq75$

(4)同温，同圧で同体積の気体には同数の分子を含むので，$\dfrac{w_A}{M_A}=\dfrac{w_B}{M_B}$ より，

$$M_B=M_A\times\frac{w_B}{w_A}=28.8\times1.5=43.2\fallingdotseq43$$

③ 答 (1)0.800 mol，(2)1.36×10^5 Pa (3)0.050 mol，(4)2.66×10^5 Pa

解説 (1)メタン，酸素，窒素の物質量はそれぞれ，メタン；$\dfrac{1.12}{22.4}$ mol $=0.0500$ mol

酸素；$\dfrac{16.8\times0.200}{22.4}$ mol $=0.150$ mol

窒素；$\dfrac{16.8\times0.800}{22.4}$ mol $=0.600$ mol

よって，求める総物質量は，

$(0.0500+0.150+0.600)$ mol $=0.800$ mol

(2)燃焼前の気体の全圧をpとすると，

$$p=\frac{nRT}{V}=\frac{0.800\times 8.31\times 10^3\times 273}{10.0}\ \mathrm{Pa}$$
$$\fallingdotseq 1.81\times 10^5\ \mathrm{Pa}$$

窒素の分圧$P_{N_2}=1.81\times 10^5\times\frac{0.600}{0.800}$ Pa

$$\fallingdotseq 1.36\times 10^5\ \mathrm{Pa}$$

(3)	CH_4	+ $2O_2$	⟶ CO_2	+ $2H_2O$
はじめ	0.050	0.150	0	0
変化量	0.050	0.100	0.050	0.100
残り	0	0.050	0.050	0.100

したがって，残っている酸素は0.050 mol。

(4)燃焼後に残っている気体の総物質量は，
$0.600+0.050+0.050+0.1000=0.800$ mol だから，$p\times 10.0=0.800\times 8.31\times 10^3\times 400$

$p\fallingdotseq 2.66\times 10^5$ Pa

p.218 練習問題

① 答 (1)Na^+；4個，Cl^-；4個，(2)6個，(3)5.6×10^{-10} m，(4)2.2 g/cm³

解説 (3)Na^+とCl^-の距離をlとすると，1辺の長さは$2l$なので，

$\sqrt{2}\,l=4.0\times 10^{-10}$

$2l=4.0\times 1.4\times 10^{-10}$

$=5.6\times 10^{-10}$ m

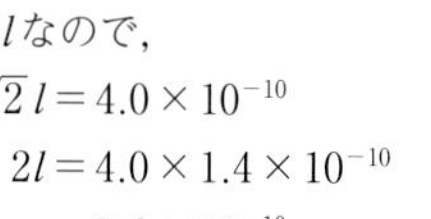

(4)NaClの単位格子中には，4個のNaClが存在しているので，単位格子の質量は，

$\frac{23+35.5}{6.0\times 10^{23}}\times 4$ g。よって，求める密度は，

$$\frac{\frac{58.5}{6.0\times 10^{23}}\times 4\ \mathrm{g}}{(5.6\times 10^{-8})^3\ \mathrm{cm^3}}\fallingdotseq 2.2\ \mathrm{g/cm^3}$$

② 答 (1)銅；面心立方格子，鉄；体心立方格子，(2)銅；12個，鉄；8個，(3)58

解説 (3)鉄の単位格子内には，2個の鉄原子が含まれるので，鉄原子1個あたりの質量は，

$\frac{(2.9\times 10^{-8})^3\times 7.9}{2}$ g。よって，求める原子量は，

$$\frac{(2.9\times 10^{-8})^3\times 7.9}{2}\times 6.0\times 10^{23}\fallingdotseq 58$$

③ 答 (1)ク，(2)オ，(3)オ，エ，ウ，イ，ア

解説 (1)原子半径は，周期表の左下に位置する原子ほど大きい。

(2)，(3)Neと同じ電子配置であるイオン(O^{2-}，F^-，Na^+，Mg^{2+}，Al^{3+})のほうが，Arと同じ電子配置であるイオン(S^{2-}，Cl^-，K^+，Ca^{2+})より小さい。これらのうち，原子番号(＝陽子の数)が大きいものほど，イオン半径は小さい。

④ 答 ウ

解説 ア…自由電子による結合のため，原子がずれることができるので，展性・延性がある。イ…自由電子が光を入れないため，光沢があり，不透明。エ…自由電子が熱や電気を伝える。

p.224 類題

7 答 (1)26.6 g，(2)39.1 g

解説 (1)80 ℃における飽和溶液(100＋51.3) gを10 ℃まで冷却すると，(51.3－31.2) gの結晶が析出する。80 ℃の飽和溶液200 gを10 ℃まで冷却したときに析出する結晶の量をx〔g〕とすると，$\frac{51.3-31.2}{100+51.3}=\frac{x}{200}$　∴ $x\fallingdotseq 26.6$ g

(2)10 ℃における飽和溶液から40 gの水を蒸発させ，再び10 ℃に戻したとすると，この場合の析出量は，$\frac{31.2}{100}\times 40\ \mathrm{g}\fallingdotseq 12.5$ g

これと(1)より，26.6 g＋12.5 g＝39.1 g

p.226 類題

8 答 (1)49.8 g，(2)31.4 g

解説 (1)求める$CuSO_4\cdot 5H_2O$の質量をx〔g〕とすると，次の比例式が成り立つ。

$$\frac{39.9}{100+39.9}=\frac{(160/250)\times x}{62.0+x}$$

これを解いて，$x=49.8$ g

(2)60 ℃における飽和溶液100 gに溶けている$CuSO_4$の質量は，

$$\frac{39.9}{100+39.9}\times 100\fallingdotseq 28.5\ \mathrm{g}$$

求める結晶の析出量をy〔g〕とすると，

$$\frac{14.0}{100+14.0}=\frac{28.5-(160/250)y}{100-y}$$

これを解いて，$y\fallingdotseq 31.4$ g

p.228 類題

9 答 0.015 g

解説 1.0×10^5 Paの空気における窒素の分圧は，8.0×10^4 Paだから，求める質量は，

$$\frac{0.015 \times 1000}{22.4 \times 1000} \times 28 \times \frac{8.0 \times 10^4}{1.0 \times 10^5}\ \mathrm{g} = 0.015\ \mathrm{g}$$

p.232 類題

10 答 125

解説 求める分子量をMとすると，

$$5.50 - 4.20 = 5.12 \times \frac{6.36}{M} \times \frac{1000}{200} \qquad M \fallingdotseq 125$$

p.244 練習問題

① 答 (a)電離，(b)極性，(c)水和，(d)水素，(e)無極性，(f)分子間，(g)熱

② 答 (1)硝酸カリウム，(2)約40 ℃，(3)硝酸カリウム

解説 (1)温度による溶解度の差が大きいものが適している。

(2)水100 gあたり$\frac{180}{3} = 60$ gの硝酸カリウムが溶けているから，溶解度60の温度を読み取る。

(3)硝酸カリウムの溶解度80の温度は約50 ℃に対し，塩化カリウムの溶解度40の温度は40 ℃。

③ 答 (1)29 %，(2)18 g，(3)0.63 mol/L

解説 (1)60 ℃の飽和溶液140 g中には，40 gの$CuSO_4$が溶けているので，

$$\frac{40}{140} \times 100 \fallingdotseq 29 \qquad よって，29\ \%$$

(2)60 ℃の飽和溶液70 g中には，水が50 g，$CuSO_4$が20 g含まれている。この溶液を20 ℃に冷却したときにx [g]の$CuSO_4 \cdot 5H_2O$が沈殿したとする。x [g]中には，$CuSO_4$が$\frac{160}{250}x = 0.64x$ [g]，H_2O が$\frac{90}{250}x = 0.36x$ [g]含まれている。20 ℃における飽和溶液中の$CuSO_4$とH_2Oの質量比20：100 = 1.0：5.0より，

$$\frac{20\ \mathrm{g} - 0.64x}{50\ \mathrm{g} - 0.36x} = \frac{1.0}{5.0} \qquad x \fallingdotseq 18\ \mathrm{g}$$

(3)20 ℃の飽和溶液300 gに含まれる$CuSO_4$をy [g]とすると，$y : 300 = 20 : 120$ 　$y = 50$ g

水溶液500 mL中に50 gの$CuSO_4$が含まれているので，求めるモル濃度は，

$$\frac{50}{160}\ \mathrm{mol} \div \frac{500}{1000}\ \mathrm{L} \fallingdotseq 0.63\ \mathrm{mol/L}$$

④ 答 (1)減少する，(2)0.32 g，(3)7.7×10^{-2} g

解説 (2)標準状態の酸素の溶解量は，

$$\frac{4.48 \times 10^{-2}}{22.4} \times 32\ \mathrm{g} = 6.4 \times 10^{-2}\ \mathrm{g}$$

圧力が5倍なので，$6.4 \times 10^{-2} \times 5\ \mathrm{g} = 0.32\ \mathrm{g}$

(3)標準状態の酸素と比べて，1.0×10^5 Paの空気中の酸素の分圧は$\frac{1}{5}$倍である。全圧は3倍，水の体積は2 Lであるから，

$$6.4 \times 10^{-2} \times \frac{1.0}{5.0} \times 3 \times 2\ \mathrm{g} \fallingdotseq 7.7 \times 10^{-2}\ \mathrm{g}$$

⑤ 答 (1)ア＜ウ＜イ，(2)イ＜ウ＜ア

解説 (1)非電解質の凝固点降下度は，質量モル濃度に比例するから，同じ質量をとった場合，分子量が小さいものほど大きくなる。

ア　$CO(NH_2)_2 = 60$

イ　$C_{12}H_{22}O_{11} = 342$

ウ　$C_6H_{12}O_6 = 180$

(2)電解質の凝固点降下度は，イオンの質量モル濃度に比例するから，同じ物質量をとった場合，1 molから生じるイオンの物質量が多いものほど大きくなる。$CaCl_2$は3 mol，$NaCl$は2 mol生じる。

⑥ 答 (1)2.5×10^5 Pa，(2)0.050 mol/L

解説 (1)$\Pi = 0.10 \times 8.3 \times 10^3 \times 300$ Pa

$\fallingdotseq 2.5 \times 10^5$ Pa

(2)電解質の浸透圧は，イオンのモル濃度に比例する。塩化ナトリウムは，同じモル濃度の非電解質の2倍の浸透圧を示す。よって，(1)のスクロース水溶液の半分の濃度で同じ浸透圧になる。

⑦ 答　(1)イ，(2)ア，(3)キ，(4)ウ，(5)オ，(6)カ

解説　(1)エチレングリコールによって凝固点降下が起こり，凍りにくくなる。

(2)海水に含まれる塩分によって蒸気圧降下が起こり，乾きにくくなる。

(3)河口では，疎水コロイドである粘土コロイドが海水により凝析を起こす。

(4)霧(エーロゾル)によって，光が散乱する。

p.246 定期テスト予想問題

1 答　(1)1.6×10^5 Pa，(2)2.5×10^5 Pa

解説　(1)$O_2=32$より，酸素の物質量は，

$$\frac{8.0}{32}\text{ mol}=0.25\text{ mol}$$

$$p=\frac{nRT}{V}=\frac{0.25\times8.3\times10^3\times300}{4.0}\text{ Pa}$$
$$\fallingdotseq1.6\times10^5\text{ Pa}$$

(2)$Ne=20$より，ネオンの物質量は，

$$\frac{7.0}{20}=0.35\text{ mol}$$

$$p=\frac{nRT}{V}=\frac{(0.25+0.35)\times8.3\times10^3\times300}{4.0+2.0}\text{ Pa}$$
$$=2.5\times10^5\text{ Pa}$$

2 答　(1)9.7×10^4 Pa，(2)1.5×10^{-2} mol

解説　メスシリンダーに捕集された気体は，H_2と水蒸気の混合気体で，全圧は1.01×10^5 Pa，水蒸気の分圧は4×10^3 Paである。

(1)H_2の分圧$=(101-4)\times10^3\text{ Pa}=9.7\times10^4\text{ Pa}$

(2)状態方程式を利用する。

$$n=\frac{pV}{RT}=\frac{9.7\times10^4\times0.380}{8.3\times10^3\times300}\text{ mol}$$
$$\fallingdotseq1.5\times10^{-2}\text{ mol}$$

〔別解〕　標準状態での体積をV_0〔L〕とすると，ボイル・シャルルの法則より，

$$V_0=0.38\times\frac{9.7\times10^4}{1.0\times10^5}\times\frac{273}{300}\fallingdotseq0.335\text{ L}$$

H_2の物質量；$n=\dfrac{V_0}{22.4\text{ L/mol}}=\dfrac{0.335}{22.4}$ mol

$$\fallingdotseq1.5\times10^{-2}\text{ mol}$$

3 答　(1)・分子自身に大きさがある。

・分子間力がはたらき，液体，固体に変化する。

(2)下の気体ほど分子量が大きく，分子間力が強くはたらくから。

(3)A；水素，B；メタン，C；二酸化炭素，

(4)圧力が高い；ア，　温度が高い；イ

解説　(3)分子量が大きいほど，分子間力は大きくなる。分子量は，水素＜メタン＜二酸化炭素の順なので，理想気体からのずれが最も大きいCが二酸化炭素，最も小さいAが水素である。

(4)圧力が高いほど，分子自身の体積，分子間力の影響が大きくなり，理想気体からのずれは大きくなる。また，温度が高いほど，分子間力の影響は小さくなるので，理想気体からのずれは小さくなる。

4 答　(1)体心立方格子，(2)2個，(3)8，(4)3.9×10^{-23} g，(5)0.18 nm

解説　(4)$\dfrac{0.97\times(0.43\times10^{-7})^3}{2}\text{ g}\fallingdotseq3.9\times10^{-23}\text{ g}$

(5)求める半径をrとすると，

$$r=\frac{\sqrt{3}}{4}\times0.43\text{ nm}\fallingdotseq0.18\text{ nm}$$

5 答　(1)121 g，(2)70 g，(3)142 g

解説　(1)析出量をx〔g〕とすると，

飽和溶液：析出量

$$=(100+148):(148-88)=500:x$$
$$\therefore\quad x\fallingdotseq121\text{ g}$$

(2)溶解量をy〔g〕とすると，

水：溶解量$=100:88=80:y$

$$\therefore\quad y\fallingdotseq70\text{ g}$$

(3)$CuSO_4\cdot5H_2O$の50 g中の無水物と水和水の質量を求める。

$$CuSO_4=50\times\frac{160}{250}\text{ g}=32\text{ g}$$

$$\text{水和水}=50-32=18\text{ g}$$

結晶を溶かすのに必要な水をz〔g〕とすると

$$\frac{\text{溶質}}{\text{溶媒}}=\frac{32}{18+z}=\frac{20}{100}\qquad\therefore\quad z=142\text{ g}$$

6 答 ア；(a)，イ；(b)，ウ；(c)，エ；(a)

解説 イは極性分子，ウは無極性分子である。

7 答 (1)6.0×10^4 Pa，(2)0.84 g，(3)2.0倍

解説 標準状態で水1Lに溶ける窒素，酸素は，

$$N_2 ; \frac{2.24 \times 10^{-2}}{22.4} \text{mol} = 1.00 \times 10^{-3} \text{mol}$$

$$O_2 ; \frac{4.48 \times 10^{-2}}{22.4} \text{mol} = 2.00 \times 10^{-3} \text{mol}$$

(1)いま，水に溶けている窒素は水1Lあたり，

$$3.0 \times 10^{-3} \times \frac{1.0}{5.0} \text{mol} = 6.0 \times 10^{-4} \text{mol}$$

気体の溶解物質量は圧力に比例するから，

$$\frac{6.0 \times 10^{-4}}{1.00 \times 10^{-3}} \times 1.0 \times 10^5 \text{Pa} = 6.0 \times 10^4 \text{Pa}$$

(2)圧力が標準状態の3倍，水10Lに溶かしてあるから，$1.00 \times 10^{-3} \times 3 \times 10 \times 28$ g $= 0.84$ g

(3)空気中の窒素，酸素の分圧はそれぞれ，8.0×10^4 Pa，2.0×10^4 Paである。溶解する物質量は分圧に比例する。また，同一条件で窒素，酸素の溶解量は1：2である。よって，窒素が酸素のn倍溶解するとしたら，

$$8.0 \times 10^4 \times 1 = 2.0 \times 10^4 \times 2 \times n \quad n = 2.0$$

8 答 (1)(b)，(2)C > A > B，(3)-0.74 ℃

解説 (1)過冷却がなければ，冷却曲線の直線部分を左に延長した交点(b)で凝固する。

(2)沸点上昇度は質量モル濃度に比例する。ただし，電解質の場合，イオンの総数に比例するので，NaClは2倍になる。

$$A ; \frac{0.010}{0.10} \text{mol/kg} = 0.10 \text{mol/kg}$$

$$B ; \frac{0.010}{0.20} \text{mol/kg} = 0.050 \text{mol/kg}$$

$$C ; \frac{0.010}{0.10} \text{mol/kg} \times 2 = 0.20 \text{mol/kg}$$

(3)溶液が凝固する場合，飽和溶液になるまでは，溶媒だけが凝固し，溶液の濃度は高くなる。溶液中の水は50 gであるから，

質量モル濃度は，$\frac{0.010}{0.050}$ mol/kg$\times 2 = 0.40$ mol/kg

凝固点降下度は，$0.093 \text{K} \times \frac{0.40}{0.050} = 0.744$ K

9 答 (1)a；チンダル，b；散乱，c；ブラウン，d；透析，e；凝析，f；疎水，g；親水，h；保護，i；電気泳動，j；ゲル

(2)熱運動している溶媒分子がコロイド粒子に衝突するため。

(3)Na_2SO_4

解説 (4)凝析を起こすイオンとしては，コロイド粒子と反対の電荷をもち，価数の大きいイオンが有効である。このコロイドは，電気泳動で陰極へ向かって移動することから正コロイドである。よって，2価の陰イオンである硫酸イオンを含む硫酸ナトリウムが有効である。

第4編

物質の変化と平衡

p.256 類題

11 答 CH_4(気) + $2O_2$(気) ⟶ CO_2(気) + $2H_2O$(気) $\Delta H = -891$ kJ

解説 メタンCH_4 1 molを燃焼させたときの発熱量は，$89.1 \times 10 = 891$ kJである。発熱反応のエンタルピー変化は$\Delta H < 0$である。

p.268 練習問題

① 答 (1)$H_2 + \frac{1}{2}O_2 \longrightarrow H_2O$(気) $\Delta H = -242$ kJ

(2)C(黒鉛) + $O_2 \longrightarrow CO_2$ $\Delta H = -394$ kJ

(3)$2Al + \frac{3}{2}O_2 \longrightarrow Al_2O_3$ $\Delta H = -1676$ kJ

② 答 -191

解説 1 molのC_2H_2中の結合をすべて切断するときのエンタルピー変化は，

$$\Delta H = (957 + 2 \times 411) \text{kJ} = 1779 \text{kJ}$$

2 molのH_2中の結合をすべて切断するときのエンタルピー変化は，$\Delta H = 2 \times 432$ kJ $= 864$ kJ

一方，2 molのC原子と6 molのH原子が結合して1 molのC_2H_6が生成するときのエンタルピー

変化は，

$$\Delta H = -368 + 6 \times (-411)\ \mathrm{kJ} = -2834\ \mathrm{kJ}$$

よって，この反応の反応エンタルピーは，

$$Q = -2834 + (1779 + 864)\ \mathrm{kJ} = -191\ \mathrm{kJ}$$

③ **答** (1)メタン；CH_4(気)＋$2O_2$(気)

$\longrightarrow CO_2$(気)＋$2H_2O$(液)

$\Delta H = -890$ kJ

プロパン；C_3H_8(気)＋$5O_2$(気)

$\longrightarrow 3CO_2$(気)＋$4H_2O$(液)

$\Delta H = -2220$ kJ

(2)0.3 mol，(3)711 kJ，(4)20.2 L

解説 (2)混合気体中のメタン，プロパンの物質量をそれぞれa〔mol〕，b〔mol〕とすると，

$a + b = 0.500$ mol　…①，

$16a + 44b = 13.6$ mol　…②

①，②より，$a = 0.300$ mol，$b = 0.200$ mol

(3)0.300 molのCH_4と0.200 molのC_3H_8を燃焼させると，エンタルピーが減少した分だけ発熱するから，0.300 × 890 kJ ＋ 0.200 × 2220 kJ ＝ 711 kJの熱量が発生する。

(4)0.300 molのCH_4の燃焼により，0.300 molのCO_2が，0.200 molのC_3H_8の燃焼により，0.200 mol × 3 ＝ 0.600 molのCO_2が発生する。よって，

(0.300 ＋ 0.600) × 22.4 L ＝ 20.16 L ≒ 20.2 L

④ **答** (1)①励起状態，②基底状態，
(2)ウ，エ

p.278 練習問題

① **答** (1)−40 kJ/mol
(2)60 kJ/mol
(3)40 kJ/mol
(4)100 kJ/mol
(5)右図(赤い線)

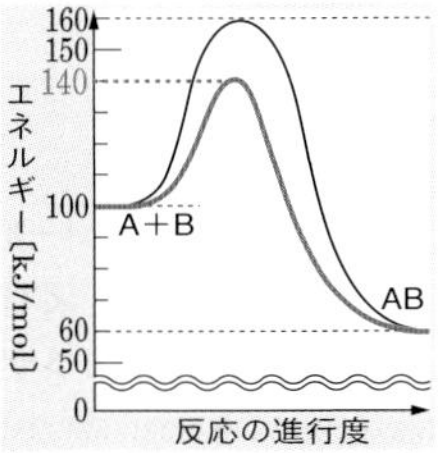

解説 (5)遷移状態のエネルギーは
100 kJ ＋ 40 kJ
＝140 kJ
よって最高点が140 kJとなる曲線をかけばよい。

② **答** (1)8倍 (2)16倍

解説 (1)$v_0 = k \times \dfrac{1.00}{10} \times \dfrac{0.50}{10}$

$v = k \times \dfrac{2.00}{10} \times \dfrac{2.00}{10}$より，$v = 8v_0$

(2)$\dfrac{40}{10} = 4$より，反応速度は，$2^4 = 16$倍

③ **答** (1)3.1×10^{-3} mol/(L・分)，
(2)7.9×10^{-3}/分

解説 (1)$v = -\dfrac{(0.375 - 0.406)\ \mathrm{mol/L}}{(20 - 10)\ 分}$

$= 3.1 \times 10^{-3}$ mol/(L・分)

(2)濃度の平均 $= \dfrac{0.406 + 0.375}{2}$ mol/L

≒ 0.390 mol/Lより，

3.1×10^{-3} mol/(L・分) ＝ $k \times 0.390$ mol/L

$k \fallingdotseq 7.9 \times 10^{-3}$/分

p.283 類題

12 **答** $\dfrac{x^2}{(a-x)V}$

解説 固体物質のコークス(炭素)の量は平衡に関与しないから，$K = \dfrac{[CO][H_2]}{[H_2O]}$

平衡状態における各物質のモル濃度は，

$[CO] = [H_2] = \dfrac{x}{V}$〔mol/L〕

$[H_2O] = \dfrac{a-x}{V}$〔mol/L〕

これらを上の式に代入すると，

$K = \dfrac{x^2}{(a-x)V}$〔mol/L〕

p.299 練習問題

① **答** (1)8.0×10^{-2} mol/L

(2)$\dfrac{[C_2H_4][H_2]}{[C_2H_6]}$　(3)1.8×10^{-1} mol/L

解説 (1)平衡状態におけるエタンC_2H_6の物質量は，(2.00 − 1.20) mol ＝ 0.80 mol

$[C_2H_6] = \dfrac{0.80\ \mathrm{mol}}{10.0\ \mathrm{L}} = 8.0 \times 10^{-2}$ mol/L

(2)化学平衡の法則により，$K = \dfrac{[C_2H_4][H_2]}{[C_2H_6]}$

(3)前問のKに数値を代入すると，

$$K=\frac{\frac{1.20}{10.0}\,\mathrm{mol/L}\times\frac{1.20}{10.0}\,\mathrm{mol/L}}{8.0\times10^{-2}\,\mathrm{mol/L}}$$
$$=1.8\times10^{-1}\,\mathrm{mol/L}$$

② 答　0.72 mol

解説　化学平衡の法則により，次の式が成立。

$$\frac{[\mathrm{HI}]^2}{[\mathrm{H_2}][\mathrm{I_2}]}=64$$

ヨウ素の反応量をx〔mol〕として，平衡状態における各物質の物質量をまとめると，

	H_2	+	I_2	⇄	2HI
反応前	0.45		0.45		0
反応量	x		x		$2x$
平衡時	$0.45-x$		$0.45-x$		$2x$

容器の体積をV〔L〕として上式に代入すると，

$$\frac{\left(\frac{2x}{V}\right)^2}{\left(\frac{0.45-x}{V}\right)\left(\frac{0.45-x}{V}\right)}=64$$

$x>0$，$0.45-x>0$より，

$$\frac{2x}{0.45-x}=8.0\quad これより，x=0.36$$

HIの物質量は，$2\times0.36\,\mathrm{mol}=0.72\,\mathrm{mol}$

③ 答　(1)0.90 mol/L，
(2)$9.0\,\mathrm{L^2/mol^2}$，(3)$\frac{(p_{\mathrm{NH_3}})^2}{(p_{\mathrm{N_2}})\cdot(p_{\mathrm{H_2}})^3}$，
(4)0.12，(5)$\frac{K_c}{(RT)^2}$

解説　(1)平衡状態における水素の物質量は，

$$\left(30.0-14.0\times\frac{3}{2}\right)\mathrm{mol}=9.0\,\mathrm{mol}$$
$$[\mathrm{H_2}]=\frac{9.0\,\mathrm{mol}}{10.0\,\mathrm{L}}=0.90\,\mathrm{mol/L}$$

(2)平衡状態におけるNH_3，N_2のモル濃度は，

$$[\mathrm{NH_3}]=\frac{14.0\,\mathrm{mol}}{10.0\,\mathrm{L}}=1.4\,\mathrm{mol/L}$$
$$[\mathrm{N_2}]=\frac{\left(10.0-\frac{14.0}{2}\right)\mathrm{mol}}{10.0\,\mathrm{L}}=0.30\,\mathrm{mol/L}$$

化学平衡の法則より，

$$K_c=\frac{[\mathrm{NH_3}]^2}{[\mathrm{N_2}][\mathrm{H_2}]^3}=\frac{1.4^2}{0.30\times0.90^3}\,\mathrm{L^2/mol^2}$$
$$\fallingdotseq9.0\,\mathrm{L^2/mol^2}$$

(3)圧平衡定数K_pは，各気体の分圧を用いて，

$$K_p=\frac{(p_{\mathrm{NH_3}})^2}{(p_{\mathrm{N_2}})\cdot(p_{\mathrm{H_2}})^3}$$ で表される。

(4)平衡状態における各気体の物質量の総和は，

$$9.0\,\mathrm{mol}+3.0\,\mathrm{mol}+14.0\,\mathrm{mol}=26.0\,\mathrm{mol}$$

同じ容器中での気体の物質量は圧力に比例するから，全圧pより，$p_{\mathrm{N_2}}=\frac{3.0}{26.0}\times p\fallingdotseq0.12p$

(5)窒素の物質量をn〔mol〕とすると，気体の状態方程式から，$p_{\mathrm{N_2}}=\frac{n}{V}RT=[\mathrm{N_2}]RT$

同様に，$p_{\mathrm{H_2}}=[\mathrm{H_2}]RT$，$p_{\mathrm{NH_3}}=[\mathrm{NH_3}]RT$

$$K_p=\frac{([\mathrm{NH_3}]RT)^2}{[\mathrm{N_2}]RT\times([\mathrm{H_2}]RT)^3}$$
$$=\frac{[\mathrm{NH_3}]^2}{[\mathrm{N_2}][\mathrm{H_2}]^3(RT)^2}=\frac{K_c}{(RT)^2}$$

④ 答　(1)イ，(2)イ，(3)ア，(4)ウ，(5)ウ，(6)イ

解説　(1)圧力を高くすると，気体分子の数が減少する左方向に平衡が移動する。

(2)温度を上げると，吸熱の方向である左に移動する。

(3)圧力を低くすると，気体分子の数が増大する右方向に平衡が移動する。

(4)触媒は，左右両方の反応速度を大きくし，平衡の移動には関与しない。

(5)体積一定でアルゴンを加えても平衡混合気体の圧力は変化しないので平衡は移動しない。

(6)固体のNH_4Clを加えると，水に溶けて電離し，水溶液中のNH_4^+の濃度が増大するので，この影響をおさえる左向きに平衡が移動する。

⑤ 答　(1)$\frac{[\mathrm{CH_3COOH}]K_a}{[\mathrm{CH_3COO^-}]}$，(2)$1.4\times10^{-2}$
(3)$2.4\times10^{-3}\,\mathrm{mol/L}$

解説　(1)化学平衡の法則より，次式が成立。

$$\frac{[\mathrm{CH_3COO^-}][\mathrm{H^+}]}{[\mathrm{CH_3COOH}]}=K_a$$

これより，$[\mathrm{H^+}]=\frac{[\mathrm{CH_3COOH}]}{[\mathrm{CH_3COO^-}]}\times K_a$

(2)　$$\alpha\fallingdotseq\sqrt{\frac{K_a}{c}}=\sqrt{\frac{2.8\times10^{-5}}{0.14}}=\sqrt{2.0\times10^{-4}}$$
$$\fallingdotseq1.4\times10^{-2}$$

(3)　[H^+] ≒ $\sqrt{cK_a} = \sqrt{0.20 \times 2.8 \times 10^{-5}}$ mol/L
≒ 2.4×10^{-3} mol/L

⑥ **答**　(1)5.0，(2)11.2

解説　(1)混合したあとのCH_3COOHのモル濃度は，CH_3COONaを混合したことにより平衡が左に偏り，電離による減少量を無視できるから，

$$[CH_3COOH] \fallingdotseq 0.20 \times \frac{100}{1000} \times \frac{1000}{200} \text{ mol/L} = 0.10 \text{ mol/L}$$

CH_3COO^-のモル濃度は，酢酸の電離で生じる分を無視してよいから，

$$[CH_3COO^-] \fallingdotseq 0.56 \times \frac{100}{1000} \times \frac{1000}{200} \text{ mol/L} = 0.28 \text{ mol/L}$$

これより，$[H^+] = \dfrac{[CH_3COOH]}{[CH_3COO^-]} \times K_a$

$$= \frac{0.10}{0.28} \times 2.8 \times 10^{-5} \text{ mol/L} = 1.0 \times 10^{-5} \text{ mol/L}$$

$$pH = -\log_{10}(1.0 \times 10^{-5}) = 5.0$$

(2)$[OH^-] \fallingdotseq \sqrt{cK_b} = \sqrt{0.18 \times 1.8 \times 10^{-5}}$ mol/L
$= 1.8 \times 10^{-3}$ mol/L

$$pH = 14.0 + \log_{10}(1.8 \times 10^{-3}) = 14.0 - 3.0 + \log_{10}1.8 = 11.2$$

〔別解〕　$[H^+] = \dfrac{1.0 \times 10^{-14}}{1.8 \times 10^{-3}}$ mol/L
≒ 5.6×10^{-12} mol/L

$$pH = -\log_{10}(5.6 \times 10^{-12}) = 12.0 - \log_{10}5.6 = 11.2$$

⑦ **答**　3.0×10^{-9} mol/L

解説　塩酸中のCl^-の物質量は，

$$0.10 \times \frac{4.0}{1000} \text{ mol} = 4.0 \times 10^{-4} \text{ mol}$$

$AgNO_3$水溶液中のAg^+の物質量は

$$0.10 \times \frac{1.0}{1000} \text{ mol} = 1.0 \times 10^{-4} \text{ mol}$$

このAg^+はCl^-と反応して$AgCl$の沈殿を生じる。残っているCl^-のモル濃度[Cl^-]は，

$$\frac{4.0 \times 10^{-4} - 1.0 \times 10^{-4}}{\frac{5.0}{1000}} \text{ mol/L} = 6.0 \times 10^{-2} \text{ mol/L}$$

$[Ag^+][Cl^-] = 1.8 \times 10^{-10}$ (mol/L)^2 より，

$$[Ag^+] = \frac{1.8 \times 10^{-10}}{6.0 \times 10^{-2}} \text{ mol/L} = 3.0 \times 10^{-9} \text{ mol/L}$$

p.301 定期テスト予想問題

1 **答**　(1)a；$2CO(気) + O_2(気) \longrightarrow 2CO_2(気)$　$\Delta H = -566$ kJ

b；$C(黒鉛) + O_2(気) \longrightarrow CO_2(気)$　$\Delta H = -394$ kJ

c；$2C(黒鉛) + O_2(気) \longrightarrow 2CO(気)$　$\Delta H = -2Q$〔kJ〕

(2) -283 kJ/mol，(3) -394 kJ/mol，
(4) $Q = 111$ kJ/mol

解説　(1)発熱する反応の場合の$\Delta H < 0$であるから，黒鉛(炭素)の原子量12より，

$$\Delta H = -98.5 \times \frac{12}{3.0} \text{ kJ/mol} = -394 \text{ kJ/mol}$$

(2) 1 molのCOの燃焼によるエンタルピー変化は，$\dfrac{-566 \text{ kJ}}{2} = -283$ kJ

(3)(1)のbより，黒鉛1 molの燃焼でCO_2 1 molが生成するから，CO_2の生成エンタルピーは-394 kJ/mol

(4) aの式…①，bの式…②，cの式…③として，(2×②－①)をつくり，整理すると，
$2C(黒鉛) + O_2(気) \longrightarrow 2CO(気)$
$\Delta H = -222$ kJ

③式と照らし合わせて，$Q = 111$ kJ/mol

2 **答**　(1)$x = 2$，$y = 1$，
(2)9.6×10^2 mol/(L·s)，(3)8倍

解説　(1)実験1と4から，

$$\frac{48}{12} = \left(\frac{0.20}{0.10}\right)^x \text{ より，} x = 2$$

実験1と2から，$\dfrac{24}{12} = \left(\dfrac{0.20}{0.10}\right)^y$ より，$y = 1$

(2)$v = k[A]^2[B]$ より，実験1から，
$12 = k \times 0.1^2 \times 0.1$　　よって，$k = 12 \times 10^3$
求める初速度をv [mol/(L·s)]とすると，
$v = k \times 0.40^2 \times 0.50 = 9.6 \times 10^2$ mol/(L·s)

(3)$\dfrac{30}{10} = 3$ より，反応速度は，$2^3 = 8$倍

3 **答**　(1)カ，(2)イ，(3)オ

解説　(1)反応エンタルピーΔHは，反応後の物質のもつエンタルピーH_2(図のE_2)と，反応前の物質のもつエンタルピーH_1(図のE_1)の差$H_2 - H_1$である。$H_1 > H_2$の場合，$\Delta H < 0$となる。

4 **答**　(1)①(b)，②(a)，③(c)，④(a)，(2)53 L/mol

解説　(1)①温度を高くすると吸熱($\Delta H > 0$)の方向に平衡が移動するから，左向き。

②圧力を大きくすると気体分子数が減少する方向に平衡が移動するから，右向き。

③触媒は，左右両方の反応速度を大きくするだけで，平衡移動には関与しない。

④SO_3を減らすと，SO_3増大の方向に平衡が移動するから，右向き。

(2)平衡状態における各物質のモル濃度は，

$$[SO_2] = \frac{2.00 - 1.60}{10.0}\ \text{mol/L} = 0.040\ \text{mol/L}$$

$$[O_2] = \frac{\left(3.80 - \frac{1.60}{2}\right)}{10.0}\ \text{mol/L} = 0.300\ \text{mol/L}$$

$$[SO_3] = \frac{1.60}{10.0}\ \text{mol/L} = 0.160\ \text{mol/L}$$

求める平衡定数をK〔L/mol〕とすると，化学平衡の法則より，

$$K = \frac{[SO_3]^2}{[SO_2]^2[O_2]} = \frac{0.160^2\ \text{L}}{0.040^2 \times 0.300\ \text{mol}} \fallingdotseq 53\ \text{L/mol}$$

5 **答**　(1)2.7，(2)11.5，(3)4.3

解説　(1)$[H^+] = \sqrt{cK_a}$より，

$[H^+] = \sqrt{0.15 \times 2.8 \times 10^{-5}}\ \text{mol/L} \fallingdotseq 2.0 \times 10^{-3}\ \text{mol/L}$

$\text{pH} = -\log_{10}(2.0 \times 10^{-3}) = 3.0 - \log_{10}2.0 = 2.7$

(2)$[OH^-] = \sqrt{cK_b} = \sqrt{0.50 \times 1.8 \times 10^{-5}}\ \text{mol/L}$

$= 3.0 \times 10^{-3}\ \text{mol/L}$

$\text{pH} = 14.0 + \log_{10}[OH^-]$より，

$\text{pH} = 14.0 + \log_{10}(3.0 \times 10^{-3})$

$= 14.0 - 3.0 + \log_{10}3.0 = 11.5$

〔別解〕　$[H^+] = \dfrac{1.0 \times 10^{-14}}{3.0 \times 10^{-3}}\ \text{mol/L}$

$\fallingdotseq 3.3 \times 10^{-12}\ \text{mol/L}$

$\text{pH} = -\log_{10}(3.3 \times 10^{-12})$

$= 12.0 - \log_{10}3.3 = 11.5$

(3)CH_3COOHとCH_3COONaを混合したことにより，電離による酢酸CH_3COOHの減少量および酢酸イオンCH_3COO^-の増加量は，非常に小さく無視できるから，平衡状態におけるモル濃度は，

$[CH_3COOH] = 0.20\ \text{mol/L}$

$[CH_3COO^-] = 0.10\ \text{mol/L}$

化学平衡の法則より，

$$[H^+] = \frac{[CH_3COOH]}{[CH_3COO^-]} \times K_a = \frac{0.20}{0.10} \times 2.8 \times 10^{-5}$$

$= 5.6 \times 10^{-5}\ \text{mol/L}$

$\text{pH} = -\log_{10}(5.6 \times 10^{-5}) = 5.0 - \log_{10}5.6 = 4.3$

・第5編

無機物質

p.335 練習問題

① **答**　(1)(g)，(2)(b)，(3)(f)，(4)(c)，(5)(a)

② **答**　オ

解説　ア　貴ガスは原子そのものが安定なので，1つの原子で分子となる単原子分子として存在する。

ウ　Heの最外殻電子は2個，それ以外は8個。価電子はすべて0。

③ **答**　①17，②フッ素，③塩素，④臭素，⑤ヨウ素，⑥黄緑，⑦液，⑧黒紫，⑨固，⑩フッ素，⑪ヨウ素，⑫ヨウ化カリウム

④ **答**　A；H_2SO_4，B；H_2S，C；SO_2，D；S，E；SO_3，F；O_2，G；O_3

解説　ア～キの反応を表す化学反応式は，

ア　$FeS + H_2SO_4(A) \longrightarrow H_2S(B) + FeSO_4$

イ　$Cu + 2H_2SO_4(A) \longrightarrow CuSO_4 + 2H_2O + SO_2(C)$

ウ　$SO_2(C) + 2H_2S(B) \longrightarrow 2H_2O + 3S(D)$

エ　$S(D) + O_2 \longrightarrow SO_2(C)$

オ　$2SO_2(C) + O_2 \longrightarrow 2SO_3(E)$

カ　$2H_2O_2 \longrightarrow O_2(F) + 2H_2O$

キ　$3O_2(F) \longrightarrow 2O_3(G)$

⑤ 答 ①15，②L，③M，④アンモニア，⑤ハーバー・ボッシュ(ハーバー)，⑥硝酸，⑦オストワルト，⑧酸化力，⑨還元，⑩黄リン，⑪同素体，⑫水中

⑥ 答 (1)HCl，(2)H_2S，(3)NO_2，(4)HF，(5)NH_3，(6)CO_2，(7)NO

解説 (1)塩酸にアンモニアを近づけると，塩化アンモニウムの白煙を生じる。
(7)無色の一酸化窒素は，酸素と反応すると，赤褐色の二酸化窒素に変化する。

p.364 練習問題

① 答 (1)ア；アルカリ，イ；小さい，ウ；小さ，エ；水素，オ；石油，カ；炎色，キ；赤，ク；紫
(2)$2Na + 2H_2O \longrightarrow 2NaOH + H_2$

② 答 (1)B，(2)C，(3)B，(4)A，(5)B，(6)C，(7)B

解説 (4)MgOは水と反応しにくいが，CaOは水と反応する。
(5)$Ca(OH)_2$は強塩基，$Mg(OH)_2$は弱塩基。
(6)$MgCO_3$，$CaCO_3$ともに弱酸の塩なので，HClと反応して二酸化炭素を発生する。
(7)$CaSO_4$は水に溶けにくいが，$MgSO_4$は水に溶ける。

③ 答 A；Zn^{2+}，B；Ba^{2+}，C；Al^{3+}
ⓐ$[Zn(NH_3)_4]^{2+}$，ⓑ$BaSO_4$，ⓒ$Al(OH)_3$，ⓓ$[Al(OH)_4]^-$

解説 (1)Zn^{2+}は，アンモニア水を少量加えると$Zn(OH)_2$の白色沈殿を生じ，過剰に加えると，$[Zn(NH_3)_4]^{2+}$を含む無色透明な水溶液になる。
(2)Ba^{2+}は，希硫酸を加えると，$BaSO_4$の白色沈殿を生じる。
(3)Al^{3+}はアンモニア水によっても少量の水酸化ナトリウム水溶液によっても，$Al(OH)_3$の白色沈殿を生じるが，この沈殿は過剰の水酸化ナトリウム水溶液によって溶け，$[Al(OH)_4]^-$を含む水溶液になる。

④ 答 ①黄，②赤褐，③$Cr_2O_7^{2-}$，④黄，⑤CrO_4^{2-}，⑥暗緑

⑤ 答 A；Fe^{2+}，B；Zn^{2+}，C；Cu^{2+}，D；Pb^{2+}，①$Fe(OH)_2$，②$Zn(OH)_2$，③$Cu(OH)_2$，④$[Cu(NH_3)_4]^{2+}$

⑥ 答 A；$AgCl$，B；CuS，C；$Al(OH)_3$，D；ZnS

p.366 定期テスト予想問題

1 答 (1)ア；ハロゲン，イ；7，ウ；共有，エ；塩素，オ；臭素，カ；赤褐，キ；ヨウ素，ク；黒紫，(2)F_2，(3)HF，
(4)$SiO_2 + 6HF \longrightarrow H_2SiF_6 + 2H_2O$

2 答 (1)ア；2，イ；陽，ウ；アルカリ土類，エ；アルカリ，オ；生石灰，カ；水酸化カルシウム，キ；消石灰，ク；二酸化炭素，ケ；硫酸
(2)ストロンチウム；紅色(赤色)，バリウム；黄緑色
(3)$Ca(OH)_2 + CO_2 \longrightarrow CaCO_3 + H_2O$
(4)$CaCO_3 + H_2O + CO_2 \rightleftarrows Ca(HCO_3)_2$
(5)$CaSO_4 \cdot \frac{1}{2}H_2O + \frac{3}{2}H_2O \longrightarrow CaSO_4 \cdot 2H_2O$

3 答 (1)操作①；Cl_2，操作②；HCl，操作③；HF，操作④；SO_2，操作⑤；NO，操作⑥；H_2S，操作⑦；H_2，操作⑧；CO_2
(2)操作④，(3)NO，H_2 (NO，H_2，CO_2)

解説 (1)操作①～⑧を表す化学反応式は，次のとおりである。
①$MnO_2 + 4HCl \longrightarrow MnCl_2 + 2H_2O + Cl_2$
②$NaCl + H_2SO_4 \longrightarrow NaHSO_4 + HCl$
③$CaF_2 + H_2SO_4 \longrightarrow CaSO_4 + 2HF$
④$Cu + 2H_2SO_4 \longrightarrow CuSO_4 + 2H_2O + SO_2$
⑤$3Cu + 8HNO_3 \longrightarrow 3Cu(NO_3)_2 + 4H_2O + 2NO$
⑥$FeS + H_2SO_4 \longrightarrow FeSO_4 + H_2S$

⑦$Zn + H_2SO_4 \longrightarrow ZnSO_4 + H_2$
⑧$CaCO_3 + 2HCl \longrightarrow CaCl_2 + H_2O + CO_2$
(2)操作⑨を表す化学反応式は,
$Na_2SO_3 + H_2SO_4 \longrightarrow Na_2SO_4 + H_2O + SO_2$
(3)操作⑧のCO_2は主に下方置換で捕集するが,水上置換でも捕集できる。

4 答 A;カルシウム, Ca, B;アルミニウム, Al, C;鉄, Fe, D;銅, Cu, E;鉛, Pb
解説 (i)$Ca(OH)_2$にCO_2を吹き込むと白色沈殿$CaCO_3$を生じ,さらにCO_2を吹き込むと,沈殿は溶解する。
(vi)Pbに希硫酸,希塩酸を加えたときの反応を示す化学反応式は,

$$Pb + H_2SO_4 \longrightarrow PbSO_4 + H_2$$
$$Pb + 2HCl \longrightarrow PbCl_2 + H_2$$

$PbSO_4$も$PbCl_2$も白色で水に溶けにくい。
(viii)緑白色沈殿$Fe(OH)_2$は,時間がたつと酸化されて赤褐色沈殿の水酸化鉄(Ⅲ)となる。
(ix)Cu^{2+}を含む溶液は過剰のアンモニア水を加えると$[Cu(NH_3)_4]^{2+}$を含む深青色溶液に変化する。

5 答 (1)オ,(2)エ,(3)イ,(4)カ,(5)ア
解説 (1)少量のアンモニア水では,Cu^{2+}, Al^{3+}が沈殿を生じるが,過剰に加えるとCu^{2+}は錯イオン$[Cu(NH_3)_4]^{2+}$をつくって溶ける。
(2)Zn^{2+}のみが硫化物イオンと反応し,ZnSの白色沈殿を生じる。
(3)Ba^{2+}は硫酸イオンと反応し,$BaSO_4$の白色沈殿を生じる。
(4)どのイオンも少量の水酸化ナトリウム水溶液では沈殿を生じるが,過剰に水酸化ナトリウム水溶液を加えると,Al^{3+}もZn^{2+}も錯イオンをつくって溶解する。
(5)Ag^+のみ塩化物イオンと反応し,AgClの白色沈殿を生じる。

6 答 ①AgCl, ②$[Ag(NH_3)_2]^+$, ③Pb^{2+}, ④CuS, ⑤$[Al(OH)_4]^-$, ⑥ZnS, ⑦$CaCO_3$, ⑧K^+
解説 希塩酸によってAgCl(①), $PbCl_2$が沈殿する。このうち,$PbCl_2$は熱水に溶ける。AgClに過剰のアンモニア水を加えると,錯イオン$[Ag(NH_3)_2]^+$(②)を形成して溶ける。
残った金属イオンを含むろ液に,酸性のもとで硫化水素を通じると,黒色の沈殿CuS(④)を生じる。このとき,Fe^{3+}はFe^{2+}に還元されている。Fe^{2+}, Al^{3+}, Ca^{2+}, Zn^{2+}, K^+を含む水溶液を煮沸して硫化水素を除去し,硝酸を加えると,硝酸の酸化作用によって,Fe^{2+}がFe^{3+}に酸化される。この水溶液に過剰のアンモニア水を加えると,$Al(OH)_3$, 水酸化鉄(Ⅲ)の沈殿が生じる。この沈殿に過剰の水酸化ナトリウム水溶液を加えると,$Al(OH)_3$は$[Al(OH)_4]^-$(⑤)を生じて溶ける。
残った金属イオンを含むろ液に,塩基性のもとで硫化水素を通じると,白色の沈殿ZnS(⑥)を生じる。このろ液に$(NH_4)_2CO_3$水溶液を加えると,$CaCO_3$(⑦)の沈殿が生じる。最終的に残るのはK^+(⑧)である。

•第6編

有機化合物

p.395 練習問題

①答 (1)ア;濃硫酸, イ;炭化カルシウム(カーバイド), ウ;付加, エ;2, オ;ビニルアルコール, カ;アセトアルデヒド
(2)オ;$CH_2{=}CH{-}OH$, カ;$CH_3{-}\underset{\underset{O}{\|}}{C}{-}H$
(3)①$C_2H_5OH \longrightarrow CH_2{=}CH_2 + H_2O$
②$CaC_2 + 2H_2O \longrightarrow CH{\equiv}CH + Ca(OH)_2$

②答 (1)①$CH_3{-}CH_3$, ②$CH_2{=}CH_2$, ③$CH{\equiv}CH$, ④$CH_3{-}CH_2Cl$, ⑤$ClCH_2{-}CH_2Cl$, ⑥$CH_2{=}CHCl$, ⑦$\{CH_2{-}CH_2\}_n$, ⑧(ベンゼン環)
(2)ア;(a), イ;(a), ウ;(b), エ;(a), オ;(a), カ;(e), キ;(e)

③ **答**

(1)
```
   H  Cl Cl          Cl H  Cl
   |  |  |           |  |  |
H－C－C－C－H      H－C－C－C－H
   |  |  |           |  |  |
   H  H  H           H  H  H

   H  H  Cl          H  Cl H
   |  |  |           |  |  |
H－C－C－C－H      H－C－C－C－H
   |  |  |           |  |  |
   H  H  Cl          H  Cl H
```

(2)

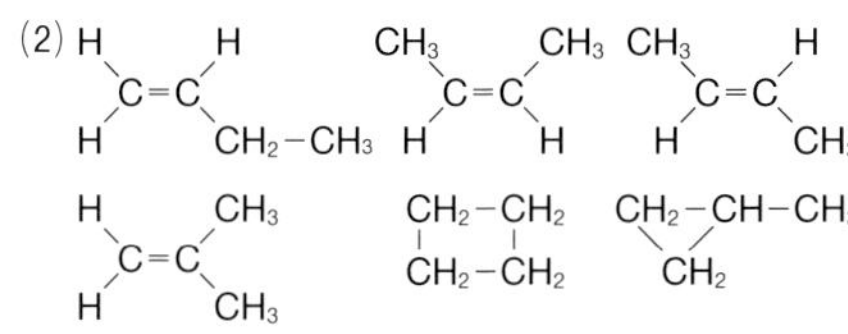

解説　(1)2つのCl原子の位置に注意する。
(2)C原子間に二重結合をもつ化合物の場合は，二重結合の位置にも注意し，また，シス・トランス異性体の有無についても検討する。環状構造のものもあるので気をつけること。

④ **答**　(1)構造式；CH_3-CH_2-OH，官能基；(a)
(2)構造式；（ベンゼン環）$-NO_2$　官能基；(d)
(3)構造式；（ベンゼン環）$-COOH$　官能基；(c)

p.417 練習問題

① **答**　(1)A…構造式；$CH_3-O-CH_2-CH_3$，名称；エチルメチルエーテル
B…構造式；$CH_3-CH_2-CH_2-OH$，名称；1-プロパノール
C…構造式；
```
CH3－CH－OH,
     |
     CH3
```
名称；2-プロパノール
D…構造式；
```
CH3－CH2－C－H
          ‖
          O
```
名称；プロピオンアルデヒド(プロパナール)
E…構造式；
```
CH3－CH2－C－OH
          ‖
          O
```
名称；プロピオン酸(プロパン酸)
F…構造式；
```
CH3－C－CH3
     ‖
     O
```
名称；アセトン
G…構造式；$CH_2=CH-CH_3$
名称；プロペン(プロピレン)
(2)C，F，(3)D

解説　(1)分子式から，アルコールかエーテルである。エーテルは同じ分子式のアルコールより沸点が低い。よってAはエーテルである。Bは第一級アルコールで，これを酸化すると，アルデヒドのDを経て，カルボン酸のEになる。また，Cは第二級アルコールで，酸化するとケトンのFが生じる。BとCに濃硫酸を加えて170℃に加熱すると同一のアルケンGが生じる。
(2)ヨードホルム反応を示すのは，アセチル基CH_3-CO-あるいは原子団$CH_3-CH(OH)-$をもつ物質である。
(3)アルデヒドによってフェーリング液が還元される。

② **答**　(1)ア…名称；エチレン，示性式；$CH_2=CH_2$
イ…名称；アセトアルデヒド，示性式；CH_3CHO
ウ…名称；酢酸，示性式；CH_3COOH
エ…名称；ジエチルエーテル，示性式；$C_2H_5OC_2H_5$
オ…名称；酢酸エチル，示性式；$CH_3COOC_2H_5$
(2)①(b)，②(c)，③(a)，④(c)，⑤(e)，⑥(e)
(3)器壁に銀が析出して鏡のようになる。
(4)エ，オ

解説　(3)アルデヒドによる銀鏡反応が起こる。
(4)アセトアルデヒドと酢酸は，水に溶けやすい。

③ **答**　①グリセリン，②3，③脂肪，④脂肪油，⑤硬化油，⑥けん化，⑦セッケン

p.435 類題

13 **答**　C_2H_6O

解説　C，H，O各成分の質量を求めると，

$$C；2.20\times\frac{12}{44}\,\mathrm{mg}=0.60\,\mathrm{mg}$$

$$H；1.35\times\frac{2.0}{18}\,\mathrm{mg}=0.15\,\mathrm{mg}$$

O；$1.15-(0.60+0.15)\ \mathrm{mg}=0.40\ \mathrm{mg}$
よって，各元素の原子数比は，

$$C:H:O=\frac{0.60}{12}:\frac{0.15}{1.0}:\frac{0.40}{16}=2:6:1$$

求める組成式は，C_2H_6O

p.437 練習問題

① 答 (1)①…構造式；（ベンゼン環にNO_2）
名称；ニトロベンゼン
②…構造式；（ベンゼン環に$NHCOCH_3$）
名称；アセトアニリド
③…構造式；（ベンゼン環に$COOH$）　名称；安息香酸
④…構造式；（ベンゼン環にSO_3H）
名称；ベンゼンスルホン酸
⑤…構造式；（ベンゼン環にOH）　名称；フェノール
⑥…構造式；（ベンゼン環にOH，Br，Br，Br）
名称；2, 4, 6-トリブロモフェノール
⑦…構造式；（ベンゼン環にOHとCOOH）　名称；サリチル酸
(2)ア；(d)，イ；(f)，ウ；(e)，エ；(g)，オ；(c)，カ；(a)

② 答 (1)A；（ベンゼン環にNH_2）　B；（ベンゼン環にOHとCOOH）
C；（ベンゼン環にNO_2）
(2)①A，②B
解説 (1)水に溶けにくい酸性または塩基性の芳香族化合物は，塩をつくるとよく水に溶けるようになる。アニリンは塩基性，サリチル酸は酸性，ニトロベンゼンは中性である。
(2)②フェノール性ヒドロキシ基をもつ。

③ 答 (1)$C_4H_3O_2$，(2)カルボキシ基，
(3)A；（ベンゼン環にCOOH，COOH）　B；（ベンゼン環にC(=O)–O–C(=O)の環）

解説 (1)各元素の質量を求めると，

$$C;88.0\times\frac{12.0}{44.0}\ \mathrm{mg}=24.0\ \mathrm{mg}$$

$$H;13.5\times\frac{2.0}{18.0}\ \mathrm{mg}=1.5\ \mathrm{mg}$$

O；$\{41.5-(24.0+1.5)\}\ \mathrm{mg}=16.0\ \mathrm{mg}$
よって，各元素の原子数比は，

$$C:H:O=\frac{24.0}{12.0}:\frac{1.5}{1.0}:\frac{16.0}{16.0}=4:3:2$$

求める組成式は，$C_4H_3O_2$
(3)Aは分子内で脱水反応を起こし，Bを生じる。Bは酸無水物で，ナフタレンの酸化でも生じるので無水フタル酸である。したがって，Aはフタル酸(分子式$C_8H_6O_4$)である。

p.438 定期テスト予想問題

1 答 (1)方法；ウ，変化；(b)は黄色の沈殿が生じる。(2)方法；ア，変化；(b)は臭素の色がすみやかに消える。(3)方法；オ，変化；(a)は銀が析出する。(4)方法；イ，変化；(a)は気体が発生する。
解説 (1)2-プロパノールは$CH_3-CH(OH)-$の構造をもつ。
(2)1-ヘキセンの二重結合に臭素が付加する。
(3)アセトアルデヒドによって銀鏡反応が起こる。
(4)アルコールに金属ナトリウムを加えると，水素を発生する。

2 答 ①グリセリン，②3，③2，④880，⑤5
解説 ④この油脂は，オレイン酸2分子とリノレン酸1分子とグリセリン1分子から水が3分子とれてできたと考えて，

$$282\times2+278+92-18\times3=880$$

⑤オレイン酸には1個，リノレン酸には3個の炭素－炭素間二重結合がある。

3 答　(1)ア，エ，オ，(2)ウ，エ，カ，(3)ア，ウ，エ，オ，カ

解説　(1)フェノール性ヒドロキシ基をもつもの。(2)カルボキシ基をもつもの。
(3)酸性の基をもつもの。

4 答　(1)C_3H_6O，(2)$C_6H_{12}O_2$，
(3)$CH_3-C(=O)-O-CH(CH_3)-CH_2-CH_3$

解説　(1)$C:H:O=\frac{62.1}{12.0}:\frac{10.3}{1.0}:\frac{27.6}{16.0}$

$\fallingdotseq 5.17:10.3:1.72 \fallingdotseq 3:6:1$

(2)Aはエステルと考えられるから，分子内に酸素原子が少なくとも2つある。したがって，分子式は$C_6H_{12}O_2$，$C_9H_{18}O_3$，…と考えられるが，分子量が150以下であるから，$C_6H_{12}O_2$である。
(3)Bはカルボン酸であるが，還元性がないのでギ酸ではない。Bが酢酸だとすると，Cは炭素数4のアルコールである。炭素数4のアルコールのうち，2-ブタノールには不斉炭素原子があり，鏡像異性体が存在する。また，直鎖の1-ブタノールは水に溶けにくいが，炭素鎖に枝分かれのある2-ブタノールは水に溶ける。

5 答　(1)名称；ベンゼンスルホン酸，官能基；f，(2)名称；ピクリン酸(トリニトロフェノール)，官能基；a，e，(3)名称；アニリン，官能基；b

6 答　(1)H_2，(2)ウ；CHI_3，エ；Cu_2O，
(3)A；$CH_2=CH-CH_2-CH_2-OH$
B；$CH_3-C(=O)-CH_2-CH_3$
C；$CH_3-CH_2-CH_2-C(=O)-H$

解説　(3)Aはヒドロキシ基と，C=C結合をもつが，ヨードホルム反応を示さないので，$CH_3-CH(OH)-$という部分構造はない。また，立体異性体も存在しないので，$CH_3-CH=CH-CH_2OH$ではない。Bにはアセチル基がある。Cはアルデヒドである。

7 答　(1)A；(o-キシレン：ベンゼン環にCH_3，CH_3)　B；(ベンゼン環-COOH)
C；(ベンゼン環-NH_2)　D；(ベンゼン環-OH)　E；(ナフタレン)
(2)a；ジアゾ化，b；ジアゾカップリング
(3)F；(ベンゼン環にCOOH，COOH)　G；(ベンゼン環-$N_2^+Cl^-$)
H；(ベンゼン環)-N=N-(ベンゼン環)-OH
(4)Dは炭酸より弱い酸であるから。，(5)B

解説　塩酸を加えるとアニリンが塩になって水層①に移動する。エーテル層①において水酸化ナトリウム水溶液と反応し，塩をつくって溶けるのは，酸性物質であるフェノールと安息香酸である。このうち，フェノールは炭酸より弱い酸なので，二酸化炭素を吹き込むと遊離する。塩酸にも水酸化ナトリウムにも溶けないのは中性の物質である*o*-キシレンとナフタレンである。*o*-キシレンを酸化してもナフタレンを酸化しても，無水フタル酸を経てフタル酸が生じる。フタル酸は分子内で脱水反応を起こしやすい。物質Iはサリチル酸。

第7編

高分子化合物

p.471　練習問題

① 答　①ア，オ，②イ，ウ，③イ

解説　②セロビオースとマルトースは二糖だが，加水分解するとグルコースのみを生じる。
③単糖はいずれも還元性を示す。二糖のうち，スクロースは水溶液中で鎖状構造との平衡が存在しないので，還元性を示さない。

② 答　(1)ア；α，イ；アミロース，ウ；アミロペクチン，エ；アミラーゼ，オ；マルトース，カ；マルターゼ，キ；グリコーゲン

(2) $(C_6H_{10}O_5)_n + nH_2O \longrightarrow nC_6H_{12}O_6$
(3) 81 g
解説　(3) $162n$〔g〕のデンプンより，$180n$〔g〕のグルコースを生じるから，求めるデンプンの質量 x〔g〕は，$\dfrac{x}{162n} = \dfrac{90}{180n}$　∴ $x = 81$ g

③ 答　①カルボキシ，②グリシン，③両性，④ H_3N^+，⑤ COO^-，⑥ H_3N^+，⑦ COOH，⑧ H_2N，⑨ COO^-

④ 答　ア；濃硝酸，イ；ベンゼン環，ウ；赤紫，エ；ペプチド，オ；青紫(赤紫)，カ；アミノ酸

⑤ 答　(1)(ア)；(d)，(イ)；(a)，(ウ)；(c)
(2) A；デンプン，D；グルコース，E；スクロース
(3)ビウレット反応，キサントプロテイン反応から1つ
解説　実験1は，試薬を加えて非加熱で発色し，青紫色になることからヨウ素デンプン反応，実験2は，加熱して紫色に発色しているのでニンヒドリン反応，実験3は，加熱して赤色沈殿を生じているのでフェーリング液の還元。

⑥ 答　①イ，②ア，③ウ，④エ，⑤カ

p.491 練習問題

① 答　(1)(a)オ，ク，(b)キ，(c)イ，カ，(d)ア，(e)ウ，エ，(2)(b)イ，(c)ア，(d)ウ

② 答　(1)①(d)，②(e)，③(b)，④(a)，⑤(c)
(2)①(c)，②(e)，③(b)，④(d)

p.492 定期テスト予想問題

1 答　(1)①アミロース，②アミロペクチン，③青紫(青)，④ヨウ素デンプン，⑤デキストリン，(2)ア；(b)，イ；(c)，(3)グリコーゲン
解説　(2)デンプンにおけるグルコース分子どうしの結合は，直鎖状の部分は α-1, 4グリコシド結合，枝分かれ部分は α-1, 6グリコシド結合である。

2 答　(1)ア；ビスコース，イ；アセテート
(2)(a) $3n(CH_3CO)_2O$，
(b)，(c) $[C_6H_7O_2(OCOCH_3)_3]_n$，
$3nCH_3COOH$（(b)，(c)は順不同）
(3) $[C_6H_7O_2(ONO_2)_3]_n$，(4) 82 g
解説　(2)セルロースに無水酢酸を反応させてトリアセチルセルロースをつくる反応は，次の化学反応式で表される。

$$[C_6H_7O_2(OH)_3]_n + 3n(CH_3CO)_2O \longrightarrow [C_6H_7O_2(OCOCH_3)_3]_n + 3nCH_3COOH$$

(3)トリニトロセルロースは，セルロースがもつ $-OH$ と硝酸 $HONO_2$ のエステル化によるもので，化学式は $[C_6H_7O_2(ONO_2)_3]_n$ である。
(4)セルロース，ジアセチルセルロースそれぞれの分子量は，$[C_6H_7O_2(OH)_3]_n = 162n$，$[C_6H_7O_2(OH)(OCOCH_3)_2]_n = 246n$
セルロース1 molからは，ジアセチルセルロース1 molが生成するので，$54\text{ g} \times \dfrac{246n}{162n} = 82\text{ g}$

3 答　(1)ア；D，イ；G，ウ；B，エ；F
(2)あ；1，い；2，う；1，え；1，お；2，か；1，き；2
解説　グルコースは，鎖状構造で1位の炭素原子がホルミル基になり，フルクトースは鎖状構造で2位の炭素原子がカルボニル基になる。スクロースでは，グルコースとフルクトース双方の還元性を示す炭素原子同士がグリコシド結合しているため，還元性を示さない。

4 答　(1) 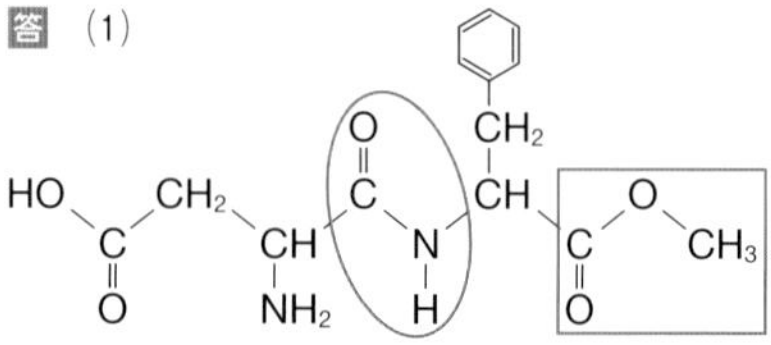
(2) 294，(3) 6種類

解説　(2)カルボキシ基がメチルエステルになると，分子量は14増える。2分子のアミノ酸がペプチド結合すると，分子量は18減る。したがって，

$$133+165+14-18=294$$

(3)L-アスパラギン酸(Asp)のカルボキシ基(2つ)とL-フェニルアラニン(Phe)のアミノ基でペプチド結合する場合と，L-アスパラギン酸のアミノ基とL-フェニルアラニンのカルボキシ基でペプチド結合する場合，さらに同一のアミノ酸2分子でペプチド結合する場合を考える。左のアミノ酸のカルボキシ基と右のアミノ酸のアミノ基がペプチド結合したとすると，

Asp①－Phe，Asp②－Phe，Phe－Asp，
Asp①－Asp，Asp②－Asp，Phe－Phe

5 答　(1)(a)エ，(b)ア，(c)ク，(d)ケ，(e)オ，(f)ウ，(g)イ，(h)キ，(2)水素結合

6 答　(1)(a)アクリル繊維(ポリアクリロニトリル)，(b)ポリエチレンテレフタラート，(c)ナイロン6，(d)ビニロン

(2)
$$\left[\begin{array}{c}\text{—N—(CH}_2)_6\text{—N—C—(CH}_2)_4\text{—C—}\end{array}\right]_n$$
（N上にH，C上に=O）

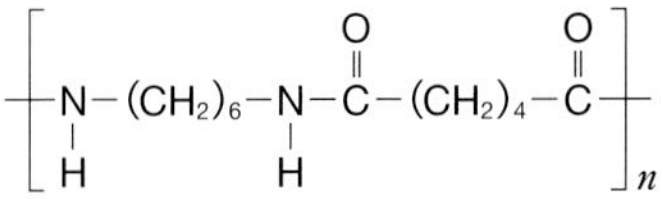

(3)(a)イ，(b)ア，(c)ウ，(4)33 %

解説　(2)ナイロン66はヘキサメチレンジアミンとアジピン酸の縮合重合によって得られる。

(3)(a)はアクリロニトリル$CH_2=CH(CN)$の付加重合，(b)はテレフタル酸HOOC-⟨ベンゼン環⟩-COOHとエチレングリコール$HO-(CH_2)_2-OH$の縮合重合，(c)はε-カプロラクタム

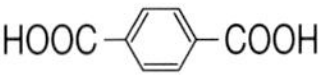

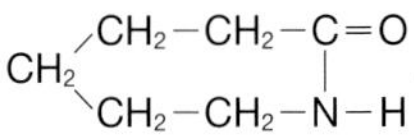

CH_2(-$CH_2-CH_2-C=O$)(-CH_2-CH_2-N-H)の開環重合でつくられる。

(4)ポリビニルアルコール $\left[CH_2-CH(OH)\right]_n$ のうち，－OHが残る部分とアセタール化される部分を分けて書くと，次のようになる。

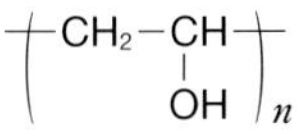

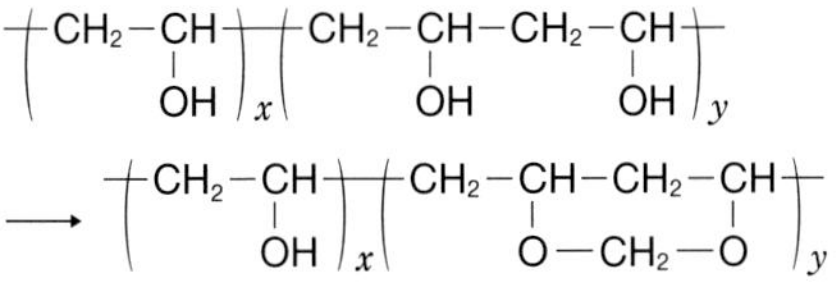

$$\left[CH_2-CH(OH)\right]_x\left[CH_2-CH(OH)-CH_2-CH(OH)\right]_y$$
$$\longrightarrow \left[CH_2-CH(OH)\right]_x\left[CH_2-CH-CH_2-CH\ (\text{O}-CH_2-\text{O})\right]_y$$

質量の変化は，$44x+88y \longrightarrow 44x+100y$

よって，$\dfrac{46}{44}=\dfrac{44x+100y}{44x+88y}$より，

$$y=0.25x$$

全体のOHは$x+2y$で，$x+2\times0.25x=1.50x$

このうち，アセタール化されたOHは，

$$2y=2\times0.25x=0.50x$$

よって，$\dfrac{0.50x}{1.50x}\times100\fallingdotseq33\ \%$

7 答　(1)①(c)，②(b)，③(f)，④(d)，⑤(e)，(2)ア；(b)，イ；(e)，ウ；(f)，エ；(d)，(3)4.8×10^2

解説　(3) 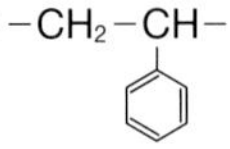 $-CH_2-CH(C_6H_5)-$ 単位の式量は104であるから，

求める平均重合度nは，

$$n=\frac{5.0\times10^4}{104}\fallingdotseq4.8\times10^2$$

•第8編

化学が果たす役割

p.520 練習問題

① 答　青銅；(i)，④，
ステンレス鋼；(e)，③，
ジュラルミン；(g)，②

解説　青銅は銅とスズの合金で，ブロンズともいう。ステンレス鋼には，鉄・クロムの合金である13-クロムステンレス鋼や，鉄・クロム・ニッケルの合金である18-8ステンレス鋼がある。ジュラルミンはアルミニウム，銅，マグネシウム，マンガンなどがおもな組成である。Ⅱ群①ははんだのことで，Ⅰ群の(a)。

② 答　ウ

解説　ウ…セメントに砂と砂利を混ぜたものはコンクリート。モルタルはセメントに砂を混ぜたもの。

③ 答　①ジアゾ化，②p-ヒドロキシアゾベンゼン，③ジアゾカップリング

④ $C_6H_5-N=N-C_6H_4-OH$

⑤, ⑥ C_6H_5-OH，N_2（⑤, ⑥は順不同）

p.521

総合問題❷

1 答　問１(1)カ，(2)キ，(3)イ，(4)ク，(5)ウ，(6)ア，(7)ケ，(8)エ，(9)オ

問２①硝酸銀；Ag_2S，硝酸銅（Ⅱ）；CuS，②青緑色

2 答　(1)カ，(2)キ，(3)ウ，(4)ケ，(5)ア，(6)コ，(7)オ，(8)ク，(9)イ，(10)エ

3 答　問１(i)オ，(ii)ウ

問２高い

問３ルシャトリエ

問４ $2NH_4Cl + Ca(OH)_2 \longrightarrow CaCl_2 + 2H_2O + 2NH_3$

問５ 5.0×10^3 L

問６ -46 kJ/mol

問７(1)2.7 L，(2)3.0×10^7 Pa，(3)3.3×10^{-15} Pa^{-2}

解説　問５ $NH_3 + 2O_2 \longrightarrow HNO_3 + H_2O$

より，NH_3とHNO_3の物質量比は1：1であるから，$HNO_3 = 63$　より，必要なNH_3は

$$\frac{20 \times 10^3 \times \frac{63}{100}}{63} = 2.0 \times 10^2 \text{ mol}$$

気体の状態方程式より

$$1.0 \times 10^5 \times V = 2.0 \times 10^2 \times 8.3 \times 10^3 \times 300$$

よって，　$V = 4.98 \times 10^3$ L

問６　アンモニアの生成は

$\frac{1}{2}N_2 + \frac{3}{2}H_2 \longrightarrow NH_3$と表されるから，

（結合が切断されるときのエンタルピー変化）
＋（結合が生成するときのエンタルピー変化）
＝（反応物の結合エネルギーの総和）
＋（－生成物の結合エネルギーの総和）より

$$946 \text{ kJ/mol} \times \frac{1}{2} + 436 \text{ kJ/mol} \times \frac{3}{2} - 391 \times 3 \text{ kJ/mol} = -46 \text{ kJ/mol}$$

問７(1)平衡前後の物質量の量的関係〔mol〕は

	N_2	＋ $3H_2$	$\longrightarrow$ $2NH_3$
はじめ	10.0	30.0	0
反応	-6.0	-18.0	$+12.0$
平衡時	4.0	12.0	12.0

気体の状態方程式より

$$7.0 \times 10^7 \times V = 28.0 \times 8.3 \times 10^3 \times 800$$

となるので，　$V = 2.65$ L

(2)分圧＝全圧×モル分率　より

$$7.0 \times 10^7 \text{ Pa} \times \frac{12.0}{28.0} = 3.0 \times 10^7 \text{ Pa}$$

(3)同様に窒素と水素の分圧を求めると

$$p_{N_2} = 7.0 \times 10^7 \times \frac{4.0}{28.0} \text{ Pa} = 1.0 \times 10^7 \text{ Pa},$$

$p_{H_2} = 3.0 \times 10^7$ Paであるから，圧平衡定数K_pは，

$$K_p = \frac{(3.0 \times 10^7)^2 \text{ Pa}^2}{1.0 \times 10^7 \text{ Pa} \times (3.0 \times 10^7 \text{ Pa})^3} = 3.33 \times 10^{-15} \text{ Pa}^{-2}$$

4 答　問１(1)1.3×10^{-8} cm，(2)4.2×10^{-22} g，(3)63

問２ 30 g

問３(1)0.92 mol/kg，(2)-0.38 ℃，(3)(i)53 g，(ii)15 g

問４(1)0.62 L，(2)1.9×10^3秒

解説　問１(1)

$$\frac{\sqrt{2} \times 3.6 \times 10^{-8} \text{ cm}}{4} = 1.4 \times 0.90 \times 10^{-8} = 1.26 \times 10^{-8} \text{ cm}$$

(2) $(3.6\times10^{-8})^3\ \mathrm{cm^3}\times9.0\ \mathrm{g/cm^3}$

$=47\times10^{-24}\times9.0\ \mathrm{g}$

$=4.23\times10^{-22}\ \mathrm{g}$

(3) $\dfrac{4.23\times10^{-22}}{4}\times6.0\times10^{23}$

$=4.23\times10^{-22}\times1.5\times10^{23}$

$=63.4$

問2 反応式は

$3Cu+8HNO_3$

$\longrightarrow 3Cu(NO_3)_2+4H_2O+2NO$

であるから，47 ℃，1.0×10^5 Paのもとで8.3 Lの一酸化窒素の物質量nは，

$1.0\times10^5\times8.3=n\times8.3\times10^3\times320$より

$n=\dfrac{1.0}{3.2}$ molなので，これを発生させる銅の質量は，

$\dfrac{1.0}{3.2}\ \mathrm{mol}\times\dfrac{3}{2}\times64\ \mathrm{g/mol}=30\ \mathrm{g}$

問3 (1) 25.0 gの結晶中には，無水物16.0 gと水和水9.0 gが含まれるので，質量モル濃度は，$CuSO_4$のモル質量が160 g/molより

$\dfrac{16.0}{160}\ \mathrm{mol}\times\dfrac{1000}{109\ \mathrm{kg}}=\dfrac{100}{109}\ \mathrm{mol/kg}$

$=0.917\cdots\ \mathrm{mol/kg}$

(2) この水溶液は水984 gに$CuSO_4$ 0.100 molを溶かしたものになる。水溶液中で

$CuSO_4\longrightarrow Cu^{2+}+SO_4{}^{2-}$

と電離するので，凝固点降下Δtは，

$\Delta t=1.85\ \mathrm{K\cdot kg/mol}\times(0.100\times2)\ \mathrm{mol}\times\dfrac{1000}{984\ \mathrm{kg}}$

$=0.376\ \mathrm{K}$

よって，凝固点は -0.376 ℃。

(3)(i) 結晶w〔g〕中には，無水物が$w\times\dfrac{160}{250}$〔g〕含まれるから，

$\dfrac{無水物}{飽和溶液}=\dfrac{20}{120}=\dfrac{w\times\dfrac{160}{250}}{150\ \mathrm{g}+w}$

が成り立つ。これより$w=52.8$ g

(ii) 50 gの結晶中には，32 gの無水物が含まれるから，x〔g〕の結晶が析出すると

$\dfrac{無水物}{飽和溶液}=\dfrac{20}{120}=\dfrac{32\ \mathrm{g}-x\times\dfrac{160}{250}}{150\ \mathrm{g}-x}$

が成り立つ。これより　$x=14.7$ g

問4 (1) 各極での反応は

陰極；$Cu^{2+}+2e^-\longrightarrow Cu$

陽極；$2H_2O\longrightarrow O_2+4H^++4e^-$

であるから，陰極で3.2 g (0.050 mol)の銅が析出したとき，電子e^-は0.10 mol流れて，陽極では酸素が0.025 mol発生する。

$1.0\times10^5\times V=0.025\times8.3\times10^3\times300$

より　$V=0.622$ L

(2) $0.10\times9.65\times10^4=5.0\times t$より，$t=1930$秒

5 **答** **問1** (a)ア，(b)オ

問2 分子量；117，状態；分子間の水素結合により大部分が二量体になっている。

問3 -486 kJ/mol

問4 (1) 3.3×10^{-3} mol/L，(2) 8.1×10^{-5} mol/L，(3) 1.2×10^{-9} mol/L

解説　**問2** 酢酸の分子量をMとおくと

$5.50-4.19=5.12\times\dfrac{1.50}{M}\times\dfrac{1000}{50.0}$となるので，これを解くと，$M=117.2\cdots$

問3 反応エンタルピー＝(反応物が単体になるときのエンタルピー変化)＋(単体から生成物が生成するときのエンタルピー変化)

＝(－反応物の生成エンタルピー)＋(生成物の生成エンタルピー)

であるから，酢酸の燃焼の反応

CH_3COOH (液) $+2O_2$ (気)

$\longrightarrow 2CO_2$ (気) $+2H_2O$ (液)

$\Delta H=-874$ kJ

より，求める生成エンタルピーをQとおくと

-874 J

$=-Q+2\times(-394\ \mathrm{J})+2\times(-286\ \mathrm{J})$

が成り立つ。これより，$Q=-486$ J

問4 (1) 酢酸の電離度αは1に比べて十分小さいので，$1-\alpha\fallingdotseq1$と近似すると$K_a=c\alpha^2$より

$\alpha=\sqrt{\dfrac{K_a}{c}}$。よって，

$[H^+]=c\alpha=\sqrt{cK_a}$

$=\sqrt{0.40\times2.7\times10^{-5}}\ \mathrm{mol/L}$

$=3.3\times10^{-3}\ \mathrm{mol/L}$

(2)反応前後の物質量の量的関係〔mol〕は，

$$CH_3COOH + NaOH \longrightarrow CH_3COONa + H_2O$$

反応前　$0.40\times\frac{50}{1000}$　$0.10\times\frac{50}{1000}$　0　(多量)

反応後　$0.30\times\frac{50}{1000}$　0　$0.10\times\frac{50}{1000}$　(多量)

となるから，$[CH_3COOH]=$

$\left(0.40\times\frac{50}{1000}-0.10\times\frac{50}{1000}\right)\text{mol}\times\frac{1000}{100\text{ L}}$

$=0.15\text{ mol/L}$

$[CH_3COO^-]=0.10\times\frac{50}{1000}\text{mol}\times\frac{1000}{100\text{ L}}$

$=0.050\text{ mol/L}$

$[H^+]=K_a\times\frac{[CH_3COOH]}{[CH_3COO^-]}$

$=2.7\times10^{-5}\times\frac{0.15}{0.050}\text{ mol/L}$

$=8.1\times10^{-5}\text{ mol/L}$

(3)中和で生成した酢酸ナトリウムの酢酸イオンが次のように加水分解し，塩基性を示す。

$CH_3COO^- + H_2O \rightleftarrows CH_3COOH + OH^-$

ここで，$c=[CH_3COO^-]$，

$x=[CH_3COOH]=[OH^-]$とすると，$c\gg x$より$c-x\fallingdotseq c$と近似できるので，

$$K_h=\frac{[CH_3COOH][OH^-]}{[CH_3COO^-]}=\frac{x^2}{c-x}\fallingdotseq\frac{x^2}{c}$$

となる。一方，

$$K_h=\frac{[CH_3COOH][OH^-]}{[CH_3COO^-]}=\frac{[CH_3COOH][OH^-][H^+]}{[CH_3COO^-][H^+]}=\frac{K_W}{K_a}$$

であるから，$[OH^-]=x=\sqrt{\frac{cK_W}{K_a}}$，

$[H^+]=x=\sqrt{\frac{K_aK_W}{c}}$ となる。また，中和により0.20 mol/Lの酢酸ナトリウム水溶液になることから，

$[H^+]=\sqrt{\frac{2.7\times10^{-5}\times1.0\times10^{-14}}{0.20}}\text{ mol/L}$

$=1.2\times10^{-9}\text{ mol/L}$

6 **答**　問1ア；一次，イ；>C=O，

ウ；水素，エ；α-ヘリックス，オ；水素，

カ；変性，キ；キサントプロテイン，ク；赤紫，

ケ；ビウレット，コ；光合成

サ；α-グルコース，シ；らせん，

ス；枝分かれ，セ；β-グルコース，

ソ；鎖状(直鎖状)，タ；グリセリン，

チ；飽和脂肪酸，ツ；不飽和脂肪酸，

テ；けん化

問2 グリシン

問3 塩析

問4 チンダル現象

問5 スクロース

問6 リパーゼ

事項・物質名さくいん

赤数字は中心的に説明してあるページを示す。

あ

い

う

え

お

か

き

く

し

す

せ

そ

た

ち

て

る

れ

ろ

化学式さくいん

赤数字は中心的に説明してあるページを示す。

A・B

C

F

H・I

K・L

M・N・O

P・R・S

T・V・Z

②

□ 写真提供

NEC　OPO　PIXTA　㈱アフロ　京セラ㈱　シャープ㈱　炭素繊維協会　テルモ㈱　東レ㈱

仲下雄久　古河電気工業㈱　フロンティアカーボン㈱　iStock/PhanuwatNandee

ranmaru/Shutterstock.com　Ronald Plett/Shutterstock.com

ANDREW LAMBERT PHOTOGRAPHY/SCIENCE PHOTO LIBRARY

［編者紹介］

戸嶋直樹（としま・なおき）

1939年山口県生まれ。大阪大学工学部応用化学科を卒業，同大学院博士課程修了。工学博士。東京大学工学部助手・講師・助教授・教授を経て，1996年より山口東京理科大学教授。2005年から同先進材料研究所所長兼務。2014年より山口東京理科大学（現山陽小野田市立山口東京理科大学）名誉教授。2015年より2022年まで同特任教授。

専攻は，有機化学から高分子化学，特に金属ナノ粒子触媒・導電性高分子。おもな著書（共編著）に，『高分子錯体触媒』・『光エネルギー変換』・『高分子錯体』・『機能高分子材料の科学』・『分子がつくるナノの不思議』・『実験で学ぶ化学の世界』・『化学実験とゲーテ……』などがある。化学展・出張講義・SSHなどで，化学教育・化学普及にも熱心に携わる。

瀬川浩司（せがわ・ひろし）

1961年神奈川県生まれ。京都大学工学部を卒業，同大学院博士課程修了。工学博士。京都大学助手，東京大学助教授，同先端科学技術研究センター教授・附属産学連携新エネルギー研究施設長を経て，2016年より同大学院総合文化研究科広域科学専攻教授。2012年より同教養学部附属教養教育高度化機構環境エネルギー科学特別部門長。2019年より同サステイナブル未来社会創造プラットフォーム代表。2020年より同工学系研究科化学システム工学専攻兼担。

専攻は，光化学，電気化学，分子科学，材料化学，構造化学，熱力学，エネルギー科学。ペロブスカイト太陽電池や蓄電機能内蔵太陽電池など，再生可能エネルギー導入拡大に役立つ次世代太陽電池の研究を進めている。

□ 執筆協力　歌川晶子　梶山正明　亀谷進　谷川貴信

□ 編集協力　㈱オルタナプロ　㈱エディット　平松元子

□ 本文デザイン　㈱ライラック

□ 図版作成　小倉デザイン事務所　㈱オルタナプロ　甲斐美奈子　ソーケンレイアウトスタジオ　田中雅信　藤立育弘

□ 写真提供　p.583に記載

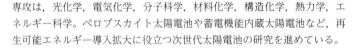

シグマベスト

理解しやすい 化学＋化学基礎

編　者　戸嶋直樹・瀬川浩司

発行者　益井英郎

印刷所　中村印刷株式会社

発行所　株式会社文英堂

〒601-8121　京都市南区上鳥羽大物町28

〒162-0832　東京都新宿区岩戸町17

（代表）03-3269-4231

元素の

族
周期
1
2
3
4
5
6
7
8
9
例
元素名
原子番号
原子量
元素記号
常温で気体
常温で液体
常温で固体
Ra 放射性元素
水素 1 H 1.008
リチウム 3 Li 6.941
ベリリウム 4 Be 9.012
ナトリウム 11 Na 22.99
マグネシウム 12 Mg 24.31
遷移元素（他は典型元素）
カリウム 19 K 39.10
カルシウム 20 Ca 40.08
スカンジウム 21 Sc 44.96
チタン 22 Ti 47.87
バナジウム 23 V 50.94
クロム 24 Cr 52.00
マンガン 25 Mn 54.94
鉄 26 Fe 55.85
コバルト 27 Co 58.93
ルビジウム 37 Rb 85.47
ストロンチウム 38 Sr 87.62
イットリウム 39 Y 88.91
ジルコニウム 40 Zr 91.22
ニオブ 41 Nb 92.91
モリブデン 42 Mo 95.95
テクネチウム 43 Tc [99]
ルテニウム 44 Ru 101.1
ロジウム 45 Rh 102.9
セシウム 55 Cs 132.9
バリウム 56 Ba 137.3
ランタノイド 57〜71
ハフニウム 72 Hf 178.5
タンタル 73 Ta 180.9
タングステン 74 W 183.8
レニウム 75 Re 186.2
オスミウム 76 Os 190.2
イリジウム 77 Ir 192.2
フランシウム 87 Fr [223]
ラジウム 88 Ra [226]
アクチノイド 89〜103
ラザホージウム 104 Rf [267]
ドブニウム 105 Db [268]
シーボーギウム 106 Sg [271]
ボーリウム 107 Bh [272]
ハッシウム 108 Hs [277]
マイトネリウム 109 Mt [276]
アルカリ金属
アルカリ土類金属
ランタン 57 La 138.9
セリウム 58 Ce 140.1
プラセオジム 59 Pr 140.9
ネオジム 60 Nd 144.2
プロメチウム 61 Pm [145]
サマリウム 62 Sm 150.4
アクチニウム 89 Ac [227]
トリウム 90 Th 232.0
プロトアクチニウム 91 Pa 231.0
ウラン 92 U 238.0
ネプツニウム 93 Np [237]
プルトニウム 94 Pu [239]
※104番以降の元素の詳しい性質はわかっていない。